Künstliche Intelligenz und Wir

Frank Schmiedchen · Alexander von Gernler ·
Martina Hafner · Klaus Peter Kratzer
Hrsg.

Künstliche Intelligenz und Wir

Stand, Nutzung und Herausforderungen der KI

Hrsg.
Frank Schmiedchen
Leiter der Studiengruppe
Technikfolgenabschätzung der Digitalisierung
Vereinigung Deutscher
Wissenschaftler e.V. (VDW)
Berlin, Deutschland

Martina Hafner
genua GmbH
Kirchheim bei München, Deutschland

Alexander von Gernler
genua GmbH
Kirchheim bei München, Deutschland

Klaus Peter Kratzer
Fakultät Informatik
Technische Hochschule Ulm
Ulm, Deutschland

ISBN 978-3-662-71566-6   ISBN 978-3-662-71567-3 (eBook)
https://doi.org/10.1007/978-3-662-71567-3

Die Deutsche Nationalbibliothek verzeichnet diese Publikation in der Deutschen Nationalbibliografie;
detaillierte bibliografische Daten sind im Internet über https://portal.dnb.de abrufbar.

Dieses Werk wurde gefördert durch genua GmbH.

© Der/die Herausgeber bzw. der/die Autor(en) 2026

Dieses Buch ist eine Open-Access-Publikation.
Open Access Dieses Buch wird unter der Creative Commons Namensnennung - Nicht kommerziell - Keine Bearbeitung 4.0 International Lizenz (http://creativecommons.org/licenses/by-nc-nd/4.0/deed.de) veröffentlicht, welche die nicht-kommerzielle Nutzung, Vervielfältigung, Verbreitung und Wiedergabe in jeglichem Medium und Format erlaubt, sofern Sie den/die ursprünglichen Autor*in(nen) und die Quelle ordnungsgemäß nennen, einen Link zur Creative Commons Lizenz beifügen und angeben, ob Änderungen vorgenommen wurden. Die Lizenz gibt Ihnen nicht das Recht, bearbeitete oder sonst wie umgestaltete Fassungen dieses Werkes zu verbreiten oder öffentlich wiederzugeben.
Die in diesem Buch enthaltenen Bilder und sonstiges Drittmaterial unterliegen ebenfalls der genannten Creative Commons Lizenz, sofern sich aus der Abbildungslegende nichts anderes ergibt. Sofern das betreffende Material nicht unter der genannten Creative Commons Lizenz steht und die betreffende Handlung nicht nach gesetzlichen Vorschriften erlaubt ist, ist auch für die oben aufgeführten nicht-kommerziellen Weiterverwendungen des Materials die Einwilligung des/der betreffenden Rechteinhaber*in einzuholen.
Das Werk einschließlich aller seiner Teile ist urheberrechtlich geschützt. Jede kommerzielle Verwertung, die nicht ausdrücklich vom Urheberrechtsgesetz zugelassen ist, bedarf der vorherigen Zustimmung des/der Autor*in und ggf. des/der Herausgeber*in. Das gilt insbesondere für Vervielfältigungen, Bearbeitungen, Übersetzungen, Mikroverfilmungen und die Einspeicherung und Verarbeitung in elektronischen Systemen. Der Verlag hat eine nicht-exklusive Lizenz zur kommerziellen Nutzung des Werkes erworben.
Die Wiedergabe von allgemein beschreibenden Bezeichnungen, Marken, Unternehmensnamen etc. in diesem Werk bedeutet nicht, dass diese frei durch jede Person benutzt werden dürfen. Die Berechtigung zur Benutzung unterliegt, auch ohne gesonderten Hinweis hierzu, den Regeln des Markenrechts. Die Rechte des/der jeweiligen Zeicheninhaber*in sind zu beachten.
Der Verlag, die Autor*innen und die Herausgeber*innen gehen davon aus, dass die Angaben und Informationen in diesem Werk zum Zeitpunkt der Veröffentlichung vollständig und korrekt sind. Weder der Verlag noch die Autor*innen oder die Herausgeber*innen übernehmen, ausdrücklich oder implizit, Gewähr für den Inhalt des Werkes, etwaige Fehler oder Äußerungen. Der Verlag bleibt im Hinblick auf geografische Zuordnungen und Gebietsbezeichnungen in veröffentlichten Karten und Institutionsadressen neutral.

Einbandabbildung: © TSViPhoto / shutterstock

Planung/Lektorat: Leonardo Milla
Springer Vieweg ist ein Imprint der eingetragenen Gesellschaft Springer-Verlag GmbH, DE und ist ein Teil von Springer Nature.
Die Anschrift der Gesellschaft ist: Heidelberger Platz 3, 14197 Berlin, Germany

Wenn Sie dieses Produkt entsorgen, geben Sie das Papier bitte zum Recycling.

Geleitwort

Künstliche Intelligenz (KI) ist der bestimmende technologische Trend unserer Zeit. KI verändert bereits jetzt in vielen Lebens- und Arbeitsbereichen das Zusammenleben der Menschen. Manche sprechen von einer „vierten industriellen Revolution", andere von einem „technologischen Tsunami", der auf die Weltgemeinschaft zukommt.

Computer und ihre Algorithmen übernehmen immer mehr Aufgaben und werden von Menschen für viele Zwecke immer stärker genutzt. Sie sind schneller, können viele Informationen gleichzeitig verarbeiten und sind weltweit vernetzt, d. h. digitale Informationen überschreiten permanent nationale Grenzen. Generative KI und *machine learning* erlauben die schnelle Auswertung von enormen Datenmengen und die Ausgabe von Ergebnissen auf neue Weise, z. B. als Bild oder Videoclip. Fast alle modernen Domänen sind davon betroffen: die Kommunikation, die wirtschaftliche und kulturelle Entwicklung, die Medizin, die Medien und die Wissenschaft, aber auch der militärische Bereich und der Krieg selbst.

Und dies ist wohl nur der Anfang: Enorme finanzielle Ressourcen werden für Forschung und Entwicklung durch die wichtigsten geopolitischen Akteure bereitgestellt – die USA, Russland, China und die Europäischen Staaten. KI ist selbst Gegenstand des globalen Machtkampfs geworden. Es wird an Quantencomputern, neuen Sensoren (Brain-Computer-Interface) und neuromorphen Chips geforscht, die neue Anwendungen möglich machen werden.

Wo KI-Technologien in den Lebenswissenschaften oder der Militärtechnologie eingesetzt werden, stellen sich neue existenzielle Fragen: Dürfen Maschinen über Leben und Tod entscheiden? Was, wenn Computer vollständig die Zielplanung übernehmen oder autonome Systeme selbstständig ein Ziel angreifen? Können mittels KI neue Waffen entwickelt werden, beispielsweise Bio- oder C-Waffen? Wird die Kontrolle über Atomwaffen an KI-Computer abgegeben?

Steven Hawking verglich die Einführung der KI mit der Erfindung der Atombombe und forderte, die Menschheit müsse lernen, verantwortungsvoll mit diesem neuen Technologiepaket umzugehen. Es werden Technologien eingeführt, die wir nicht vollständig verstehen. Das beunruhigt viele Menschen. Einige Schöpfer der KI warnen selbst vor nicht absehbaren Risiken bis hin zur Auslöschung der Menschheit. Die KI-Pioniere selbst, vor

Kurzem noch mit Nobelpreisen ausgezeichnet, warnen vor dem großen Missbrauchs- und Manipulationspotential von KI. Pioniere des Computerzeitalters, wie Alan Turing, Joseph Weizenbaum oder Douglas Hofstadter, haben sich damit beschäftigt und vor einer unreflektierten Übernahme von neuen Technologien gewarnt.

KI ist transformativ und disruptiv; menschliche Intelligenz stößt hier auf künstliche Intelligenz und umgekehrt. Gleichzeitig ist ein Hype festzustellen: Von Superintelligenz ist die Rede, und neue Heilsversprechen werden gegeben. Der Siegeszug von neuen KI-Technologien hat begonnen, ohne dass deren Konsequenzen und Risiken klar sind. Viele Vorteile locken, doch es lauern eben auch kaum vorhersehbare Risiken durch beabsichtigten Missbrauch, unbeabsichtigte Kontrollverluste und das hohe Manipulationspotential.

Viele Institutionen beschäftigen sich verstärkt mit den Auswirkungen von KI-Technologien, so z. B. die Vereinten Nationen, die Europäische Union, führende Technologienationen sowie Wirtschaftsgipfel. Die Bletchley-Erklärung, die bei dem ersten KI-Sicherheitsgipfel 2023 von 28 Ländern und der EU unterschrieben wurde, ruft zu stärkerer internationaler Zusammenarbeit auf, um auch die potenziellen Risiken zu verstehen und sicherzustellen, dass KI „auf sichere und verantwortungsvolle Weise zum Nutzen der Weltgemeinschaft entwickelt und eingesetzt wird." Der Rahmen dafür ist laut UN-Generalsekretär A. Guterres die UN-Charta und die Allgemeine Erklärung der Menschenrechte.

Die Vereinigung Deutscher Wissenschaftler steht seit ihrer Gründung für eine verantwortungsvolle Wissenschaft. Sie wurde 1959 mitten im Kalten Krieg gegründet, zu Beginn eines hemmungslosen nuklearen Wettrüstens. Ihre Mitglieder beteiligen sich seitdem in Tagungen, Arbeitsgruppen und Studien mit den friedenspolitischen, wirtschaftlichen, ökologischen und ethischen Fragen der Einführung neuer Technologien am gesellschaftlichen Diskurs, national wie international.

Die Studiengruppe Technikfolgenabschätzung der Digitalisierung der VDW hat aus ihren Reihen und darüber hinaus einen interdisziplinären Kreis fachlich kompetenter Autorinnen und Autoren versammelt, um den aktuellen Stand und die absehbare weitere Entwicklung der Technologie darzustellen, darauf basierend ökonomische, ethische und sicherheitspolitische Konsequenzen zu diskutieren und mögliche Antworten auch zu erforderlichen Regulierungsnotwendigkeiten zu geben. Vertrauensbildung, Transparenz, ethische Richtlinien oder Verhaltenskodexe sind nötig, wo existenzielle Gefahren drohen. Sie können Leitplanken für die Erziehung und Lehre, die Entscheidungsfindung oder den Einsatz von KI bilden. Auch wird an die Verantwortung der Informatiker, Ingenieure, Unternehmen und Wissenschaftler appelliert, sich mit den Konsequenzen ihres Tuns und ihrer Produkte auseinanderzusetzen. Angesichts geopolitischer Umbrüche ist dieses transdisziplinäre Lehrbuch notwendiger denn je.

Dem Buch ist eine breite Leserschaft zu wünschen, die möglichst weit über den akademischen Kreis hinausgehen möge! Die Vereinigung Deutscher Wissenschaftler (VDW), ihre Mitglieder und Studiengruppen werden sich weiter gerne an der gesellschaftlichen Diskussion beteiligen.

Götz Neuneck
Vorsitzender der Vereinigung Deutscher Wissenschaftler

Geleitwort

Die Nutzung und Kontrolle digitaler Technologien ist im 21. Jahrhundert von existenzieller Bedeutung. Ob Staat, Wirtschaft, Wissenschaft oder privater Alltag, Digitalisierung durchdringt zunehmend jeden Bereich unseres Lebens. Nicht nur die Leistungs- und Wettbewerbsfähigkeit von Wirtschaft und Gesellschaft, auch staatliches Handeln bis hin zur Verteidigungsfähigkeit werden direkt beeinflusst. Damit stehen digitale Technologien zu Recht im Zentrum gesellschaftlicher und politischer Diskussionen.

Es gilt dabei sorgfältig abzuwägen, um den Prozess der Modernisierung nicht nur entschlossen, sondern auch verantwortungsvoll zu gestalten. Zentrale Aspekte sind die Souveränität der Nutzung sowie die Frage der Regulierung, die zwischen Risiken und Chancen eine Balance finden muss.

Die umfassende Beurteilung komplexer Technologien erfordert ein tiefes technisches Verständnis. Um Entscheidungen fundiert und verantwortungsvoll treffen zu können, spielt Expertise eine entscheidende Rolle. Doch die Bereitschaft und Fähigkeit, sich mit unterschiedlichen Technologien auseinanderzusetzen, variieren stark. Während einige Technologien – wie etwa Cloud-Infrastrukturen, Blockchain oder Post-Quanten-Kryptographie – für Laien oft schwer verständlich und abstrakt erscheinen, wirken andere intuitiver zugänglich. Dies gilt insbesondere für moderne generative Künstliche Intelligenz (KI), wie z. B. Large Language Models (LLMs).

Generative KIs, die durch ihre Nutzung von Sprache und Text eine natürliche Schnittstelle zur menschlichen Kommunikation schaffen, führen jedoch zu einer besonderen Herausforderung: Wir begegnen diesen Systemen oft mit denselben Maßstäben und Erwartungen, die wir aus der zwischenmenschlichen Interaktion kennen. Unterbewusst neigen wir dazu, ihre „Aussagen" wie die von Menschen zu beurteilen, und es entsteht eine scheinbare Vertrautheit. Doch gerade diese intuitive Herangehensweise birgt Risiken – vor allem dann, wenn politische oder gesellschaftliche Entscheidungen auf solchen Prämissen basieren, ohne sich tiefer mit den technologischen Grundlagen und Implikationen auseinanderzusetzen.

Um eine fundierte und differenzierte Beurteilung generativer KI zu ermöglichen – und darüber hinaus von Künstlicher Intelligenz insgesamt – bedarf es einer breiten und intensiven Auseinandersetzung mit dem Thema. Dies schließt politische, technologische, ethische, philosophische, gesellschaftliche und wirtschaftliche Perspektiven ein. Nur durch eine facettenreiche Betrachtung können die Potentiale, aber auch die Risiken von KI zutreffend eingeschätzt werden.

Dieses Buch möchte einen Beitrag zu einer umfassenden Betrachtung leisten: Expertinnen und Experten aus unterschiedlichen Disziplinen beleuchten die Interaktion zwischen Menschen und KI aus verschiedenen Blickwinkeln. Ziel ist es, den Leserinnen und Lesern nicht nur ein tieferes Verständnis der Technologien zu vermitteln, sondern auch Denkanstöße für die ethischen und gesellschaftlichen Fragen zu geben, die uns in den kommenden Jahren begleiten werden.

Matthias Ochs
Geschäftsführer, genua GmbH

Vorwort

Hier ist es nun! Lange mussten Sie auf ein umfassendes, transdisziplinäres Lehrbuch zu Künstlicher Intelligenz warten – jetzt ist es da und bietet Ihnen viele Einblicke in den Stand der Technikentwicklung und der Anwendungen von Künstlicher Intelligenz.

Herausgegeben wird dieses Buch von der Vereinigung Deutscher Wissenschaftler e.V. (VDW), der deutschen Sektion der *Pugwash Conferences on Science and World Affairs*. 1957 gegründet von Albert Einstein und Bertrand Russell, hat Pugwash 1995 den Friedensnobelpreis erhalten. Die VDW wiederum wurde 1959 von Carl Friedrich von Weizsäcker, den Nobelpreisträgern Werner Heisenberg, Otto Hahn, Max Born und Max von Laue sowie 16 weiteren namhaften deutschen Physikern gegründet. Unsere Aufgabe ist es, die Verantwortungsethik in den Wissenschaften zu fördern. Bei allem, was Wissenschaftler erfinden und entwickeln, müssen sie sich der Konsequenzen ihres Handelns bewusst sein und dafür die volle Verantwortung übernehmen. Zehn Mitglieder der von mir geleiteten VDW-Studiengruppe *Technikfolgenabschätzung der Digitalisierung* haben Kapitel in *Künstliche Intelligenz und Wir* (sgdigitalisierung@outlook.de) geschrieben.

Ermöglicht wurde das Buch durch die engagierte Unterstützung des IT-Sicherheitsunternehmens genua GmbH, einer Tochtergesellschaft der Bundesdruckerei-Gruppe, die als Technologieunternehmen im besonderen Interesse der Bundesrepublik Deutschland ein zentraler Akteur für die digitale Souveränität Deutschlands und Europas ist.

An dieser Stelle bedanke ich mich herzlich bei der Vereinigung Deutscher Wissenschaftler, der genua GmbH und auch dem Springer Vieweg Verlag, die dieses spannende Buch ermöglicht haben. Mein größter Dank gilt indes unseren 30 Autorinnen und Autoren mit ihrer nahezu einzigartigen Kombination wissenschaftlich-fachlicher Kompetenz aus unterschiedlichen Forschungs- und Anwendungsbereichen der Künstlichen Intelligenz. Das Autorenteam besteht aus Informatikern und Mathematikern als größter Fachgruppe und wird im Sinne unseres transdisziplinären Ansatzes durch Vertreter der Physik, Elektrotechnik, Wirtschaftswissenschaften, Rechtswissenschaften, Philosophie und Politikwissenschaften umfassend ergänzt.

Nicht alle Autoren vertreten zu allen Fragen gleiche Standpunkte, und wir haben im Erstellungsprozess des Buches viel voneinander gelernt, ohne am Ende einen Konsensbrei zu erzeugen. Wissenschaftliche Freiheit mutet allen geistige Offenheit und kritisches Mitdenken zu – so entsteht Weisheit!

Hinsichtlich der Rechtschreibung, einschließlich des Genderns, folgen wir den Empfehlungen der Gesellschaft für deutsche Sprache e.V. und dem Rat für deutsche Rechtschreibung. In diesem Rahmen war die konkrete Ausführung den Autoren freigestellt.

Viel Freude beim Lesen und Durcharbeiten des Buches wünscht Ihnen im Namen der Herausgeber

Frank Schmiedchen

Leiter der Studiengruppe Technikfolgenabschätzung der Digitalisierung der Vereinigung Deutscher Wissenschaftler e.V.: sgdigitalisierung@outlook.de

Inhaltsverzeichnis

Teil I Prolog

1 **Der Beginn einer neuen Epoche**.................................. 3
Frank Schmiedchen

2 **Künstliche Intelligenz im Fokus: Die wichtigsten Aussagen des Buches im Überblick und prägnant kommentiert**................. 11
Axel Fersen

Teil II Überblick und Einordnung des Technikstandes

3 **Künstliche Intelligenz – ein Überblick** 35
Stefan Werner und Carsten Arzig

4 **Mediengeschichtliche Einordnung und Einfluss von KI auf die zukünftige Entwicklung**...................................... 49
Carsten Busch

5 **Wissensrepräsentation** 77
Andreas Both und Stephan Schwinger

6 **Große Sprachmodelle**.. 109
Carsten Arzig

7 **IT-Infrastrukturen und deren Stromverbrauch** 123
Dieter Kranzlmüller und Andrew Grimshaw

Teil III Anforderungen an die weitere Entwicklung

8 **Vertrauenswürdige und souveräne Nutzung** 151
Carmen Dencker und Kim Nguyen

9 **Resilienz**.. 173
Mario Trapp

10 Vertrauenswürdige Künstliche Intelligenz 191
    Ute Schmid

11 Symbolische Kontrolle für subsymbolische Künstliche Intelligenz? 211
    Christoph Benzmüller

12 Quantencomputing und Künstliche Intelligenz 227
    Jeanette Miriam Lorenz

Teil IV   Das Verhältnis von Mensch und Maschine

13 Wissen – Streben nach dem Objektiven 247
    Stefan Bauberger

14 Digitaler Humanismus oder das Paradoxon der KI-freundlichen
    Anti-KI-Position 259
    Julian Nida-Rümelin

15 Lösen digitale Agenten die menschlichen Forscher künftig ab? 271
    Carl Friedrich Gethmann

16 Wenn der Mensch mit der Maschine: Beziehungen und Sex 289
    Thomas Beschorner

Teil V   KI-Einsatz in der Wirtschaft

17 Disruptiver wirtschaftlicher Strukturwandel 303
    Frank Schmiedchen

18 Strategischer KI-Einsatz in Unternehmen 325
    Marcus Disselkamp und Frank Schmiedchen

19 Künstliche Intelligenz in der Landwirtschaft: Integration,
    Herausforderungen und Transformationspotentiale 345
    Sebastian Bosse

20 Künstliche Intelligenz in der Softwareentwicklung 365
    Jan-Philipp Steghöfer, Rico Amslinger und Richard Nordsieck

Teil VI   Ethik- und Regulierungsfragen

21 Verantwortliche KI-Governance 387
    Alexander Brink

22 Die Asilomar-Prinzipien aus heutiger Sicht 409
    Frank Schmiedchen

23 Die KI-Verordnung der EU – Erfolgsmodell oder Papiertiger? 421
    Benjamin Ledwon

Teil VII Sicherheitspolitische Konsequenzen des militärischen KI-Einsatzes und friedenspolitische Antworten

24 Werte-Renaissance und neue Weltordnung: Der geoökonomische Rahmen für sicherheitsrelevante KI 435
Frank Schmiedchen

25 Zum aktuellen Stand des weltweiten militärischen Einsatzes Künstlicher Intelligenz 459
Heiko Borchert

26 Künstliche Intelligenz im Militär: Ethische Implikationen und die Rolle der Inneren Führung 489
Rainer Simon und Thomas Purper

27 Künstliche Intelligenz und Atomwaffen 515
Karl Hans Bläsius

Teil VIII Epilog

28 Gemeinsamer Aufbruch in eine neue Zeit 537
Alexander von Gernler, Klaus Peter Kratzer und Frank Schmiedchen

Stichwortverzeichnis 545

Herausgeber- und Autorenverzeichnis

Herausgeber

Vereinigung Deutscher Wissenschaftler e.V. (VDW) Die Vereinigung Deutscher Wissenschaftler e.V. (VDW) wurde 1959 auf Grundlage der Erklärung der Göttinger 18 als deutsche Sektion der *Pugwash Conferences on Science and World Affairs* gegründet, der 1995 der Friedensnobelpreis verliehen wurde. Während Pugwash, von Albert Einstein und Bertrand Russell durch das Russell-Einstein-Manifest initiiert, sich bis heute auf Friedens- und Sicherheitsfragen und Verantwortung in der Wissenschaft konzentriert, hat die von Carl-Friedrich von Weizsäcker, Werner Heisenberg, Otto Hahn, Max Born und anderen führenden Wissenschaftlern gegründete VDW ihr Aufgabenspektrum schrittweise auf andere, von der Wissenschafts- und Technikentwicklung betroffene Menschheitsfragen ausgeweitet. Schwerpunkte der Arbeit sind Frieden und Sicherheit, Transformation und Nachhaltigkeit, Gesundheit sowie seit 2017 Digitalisierung und Künstliche Intelligenz.

VDW Studiengruppe Technikfolgenabschätzung der Digitalisierung Die Studiengruppe wurde 2017 durch Beschluss des Vorstands der VDW eingerichtet und Frank Schmiedchen mit ihrem Aufbau betraut. Unter seiner Leitung arbeitet mittlerweile ein 26-köpfiges Team transdisziplinär zu Forschungs- und Anwendungsfragen der vernetzten Digitalisierung und Künstlichen Intelligenz. Dabei haben die 16 Professoren und zehn weiteren an Hochschulen sowie in der Wirtschaft oder Verwaltung Tätigen einen breiten fachlichen Hintergrund: Neben neun Informatiker/-innen, vier Wirtschaftswissenschaftler/-innen, drei Mathematiker/-innen, je zwei Physikern und Philosophen, arbeiten Soziologen, ein Jurist, eine Verfahrenstechnikerin, ein Psychologe, ein Agrar- und ein Politikwissenschaftler im Team. 2018 hat die Studiengruppe eine erste Stellungnahme zu ethischen Fragen der Künstlichen Intelligenz (Stellungnahme zu den Asilomar-Prinzipien) vorgelegt. 2021 erfolgte die Herausgabe des Kompendiums zu Technikfolgen von Digitalisierung, Vernetzung und Künstlicher Intelligenz mit dem Titel *Wie wir leben wollen* (Logos-Verlag, Berlin). 2022 erschien die englische Fassung des Buches unter dem Titel *The World we want to live in* (Logos). Sie erreichen die Studiengruppe unter sgdigitalisierung@outlook.de

genua GmbH genua mit Sitz in Kirchheim bei München gewährleistet die Cybersicherheit sensibler digitaler Infrastrukturen in komplexen, kritischen oder gesetzlich regulierten Umfeldern – im öffentlichen Sektor, in kritischen Infrastrukturen (KRITIS), privatwirtschaftlichen Unternehmen sowie der geheimschutzbetreuten Industrie. Dabei fokussiert sich das Unternehmen auf die interne Netzwerksicherheit für IT und industrielle Betriebstechnologie. Die genua GmbH wurde 1992 gegründet und ist heute ein Unternehmen der Bundesdruckerei-Gruppe. Mit mehr als 400 Mitarbeitern entwickelt und produziert sie IT-Security-Lösungen ausschließlich in Deutschland.

Alexander von Gernler leitet die Abteilung *Research and Innovation* bei der genua GmbH. Er beschäftigt sich mit den möglichen Auswirkungen technologischer Entwicklungen auf die IT-Sicherheit, beispielsweise durch Post-Quanten-Kryptographie, Künstliche Intelligenz oder die Cloudifizierung von IT-Infrastrukturen. Stationen seiner beruflichen Laufbahn führten ihn vom Softwareentwickler und Scrum Master bis hin zum Technischen Botschafter für genua. Von 2018 bis 2021 war er Vizepräsident der Gesellschaft für Informatik e.V. (GI). Privat beschäftigte er sich lange mit Datenschutz, Privatsphäre und Netzsicherheit sowie mit freien unixoiden Betriebssystemen. In den Jahren 2005 bis 2010 war er Committer beim freien Softwareprojekt *OpenBSD*. Er ist Mitglied der Studiengruppe Technikfolgenabschätzung der Digitalisierung sowie im Beirat der VDW.

Martina Hafner ist Wirtschaftsinformatikerin, Innovationsmanagerin, Fachjournalistin und Kommunikationsspezialistin. Seit 2024 betreut sie bei der auf Cybersicherheit spezialisierten Bundesdruckerei-Tochter genua GmbH das Innovationsmanagement. Von 2005 bis 2020 war sie als Redakteurin für die Fachzeitschrift *Elektronikpraxis* im Verlag Vogel Communications Group, Würzburg, tätig. Dort beschäftigte sie sich im Schwerpunkt mit den Themen Softwareengineering, Forschung und Innovation. Sie ist Gründungsmitglied sowie Programm- und Beiratsvorsitz des *Embedded Software Engineering Kongress*.

Herausgeber- und Autorenverzeichnis

Prof. Dr-Ing. Klaus Peter Kratzer ist Professor für Informatik an der Technischen Hochschule Ulm, deren Prorektor er acht Jahre lang war. Zuvor war er als Dekan des Fachbereichs Informatik tätig. Seine Forschungsinteressen umfassen unter anderem Algorithmenlehre, neuronale Netze und Künstliche Intelligenz. Er hat mehrere Publikationen und Bücher zu diesen Themen verfasst und die genannten Techniken in diversen Industrieprojekten eingesetzt. Ende August 2024 schied er aus dem aktiven Dienst aus. Klaus Peter Kratzer ist seit 2018 Mitglied der VDW Studiengruppe Technikfolgenabschätzung der Digitalisierung.

Frank Schmiedchen ist Wirtschaftswissenschaftler und leitet seit 2017 die Studiengruppe Technikfolgenabschätzung der Digitalisierung der VDW. Insgesamt war er 13 Jahre Mitglied des Beirats der VDW und koordiniert seit 2024 die vier VDW-Studiengruppen. Er war Inhaber des Lehrstuhls für Internationale Wirtschaftspolitik und Dekan des Fachbereichs KMU-Management der Päpstlich-Katholischen Universität Ecuadors, in Ambato. Frank Schmiedchen hat an verschiedenen deutschen Hochschulen gelehrt. Er publiziert, berät und redet weltweit zu wirtschaftswissenschaftlichen, Digitalisierungs- und geoökonomischen Themen. Bis zu seiner Pensionierung 2024 hat er über 20 Jahre als höherer Bundesbeamter und Diplomat Deutschland in der UNO und in der EU in Verhandlungen zu wirtschaftlicher Zusammenarbeit, Industriepolitik und geistigen Eigentumsrechten vertreten. Mit außen- und sicherheitspolitischen Fragen hat er sich als Diplomat in Brüssel und anschließend 12 Jahre im *Cercle Stratégique Franco-Allemand* sowie bis heute in verschiedenen Foren befasst.

Autoren

Dr.-Ing. Rico Amslinger ist seit 2022 als Software-Entwickler bei der XITASO GmbH tätig, wo er Mitglied der KI-Taskforce ist. Zuvor hat er an der Universität Augsburg unterrichtet und dort seine Promotion über „Loosely-Coupled Fail-Operational Execution on Embedded Heterogeneous Multi-Cores" verfasst.

Carsten Arzig ist White-Hat-Hacker und Penetrationstester bei der genua GmbH in München. Er verfügt über zwei Jahrzehnte Erfahrung in der IT-Sicherheit. In dieser Zeit befasste er sich mit der Qualitätssicherung von hochsicheren IT-Sicherheitslösungen, forschte am Einsatz von Künstlicher Intelligenz für intelligente Firewalls und baute eine IaaS-Cloudinfrastruktur auf. In seiner Rolle als Senior Expert für Security betrachtet er die IT-Sicherheit zumeist aus Sicht der Angreifer. Sein Wissen gibt er als Trainer im Hacking Bootcamp und Dozent für *Security Engineering* an der TH Rosenheim weiter.

Prof. Dr. Stefan Bauberger ist emeritierter Professor für Naturphilosophie und Wissenschaftstheorie an der Hochschule für Philosophie in München. Er hat Philosophie, Theologie und Physik studiert und ist Verfasser mehrerer Bücher über die philosophische Interpretation der Physik, über Wissenschaftstheorie und über ethische und gesellschaftliche Fragen zu künstlicher Intelligenz. Seine Haupttätigkeit in der Emeritierung besteht in der Leitung eines Meditationshauses. Stefan Bauberger ist seit 2018 Mitglied der VDW-Studiengruppe Digitalisierung.

(Foto: Pressestelle Erzbistum Bamberg/Dominik Schreiner)

Prof. Dr. Christoph Benzmüller ist Inhaber des Lehrstuhls für KI-Systementwicklung an der Universität Bamberg und außerplanmäßiger Professor an der Freien Universität Berlin. Seine Forschungsinteressen liegen an der Schnittstelle von Künstlicher Intelligenz, Philosophie, Mathematik und Sprachverarbeitung. Er forscht im Bereich des formalen Schließens und der universellen Logik mit Anwendungen in Philosophie/Metaphysik und Mathematik sowie in der Entwicklung hybrider KI-Technologien zur ethischen und rechtlichen Kontrolle von KI-Systemen. Im Rahmen von Forschungsaufenthalten und Gastprofessuren hat er Kooperationen mit zahlreichen internationalen Institutionen aufgebaut, darunter die University of Luxemburg, Stanford University (USA), Cambridge University (UK), die Carnegie Mellon University (USA), das BITS Pilani Dubai (UAE) und die Zhejiang University (China). Er ist Mitglied verschiedener internationaler Gremien und berät KI-Start-ups. Am bekanntesten ist er für seine Arbeit zur

Formalisierung von Gödels ontologischem Gottesbeweis im Jahr 2014 und dessen Verifikation durch automatisiertes und interaktives Theorembeweisen im Jahr 2016. Christoph Benzmüller ist seit 2022 Mitglied der VDW-Studiengruppe Technikfolgenabschätzung der Digitalisierung.

Prof. Dr. Thomas Beschorner ist Professor für Wirtschaftsethik und Direktor des Instituts für Wirtschaftsethik an der Universität St. Gallen. Er arbeitet an Themen an der Schnittstelle von Sozialwissenschaften und Ethik im Allgemeinen, insbesondere jedoch in den Bereichen Wirtschaftsethik und CSR, Ethik Künstlicher Intelligenz sowie Sport und Ethik. Er hat über 100 Forschungsartikel veröffentlicht und schreibt regelmäßig in *Die Zeit*, *Zeit Online*, *NZZ*, *Spiegel Online*, *FAZ* und anderen führenden Medien im deutschsprachigen Raum.

Prof. Dr. Karl Hans Bläsius hatte Wissensbasierte Systeme in Forschung und Lehre an der Hochschule Trier, Fachbereich Informatik, vertreten. Zu den Schwerpunkten gehörten Projekte zur automatischen Dokumentanalyse, einschließlich Technologietransfer und Existenzgründungen. Die Seiten *atomkrieg-aus-versehen.de* und *ki-folgen.de* hat er eingerichtet und werden von ihm betreut. Bläsius ist seit 2023 Mitglied der Vereinigung Deutscher Wissenschaftler e.V. und seither in der Studiengruppe Technikfolgenabschätzung der Digitalisierung des VDW tätig.

Dr. Heiko Borchert ist Co-Direktor des *Defense AI Observatory* (DAIO) an der Helmut-Schmidt-Universität/Universität der Bundeswehr Hamburg, das den Einsatz künstlicher Intelligenz durch Streitkräfte beobachtet und analysiert. Die Arbeit des DAIO wird durch *dtec.bw* – Zentrum für Digitalisierungs- und Technologieforschung der Bundeswehr gefördert. *dtec.bw* wird von der Europäischen Union – *NextGenerationEU* – finanziert. Zudem ist er Geschäftsführer der Borchert Consulting & Research AG, einer auf sicherheitsstrategische Themen spezialisierten Politik- und Unternehmensberatung. Er hat an der Universität St. Gallen Betriebswirtschaftslehre, Volkswirtschaft, Rechtswissenschaft und Internationale Beziehungen studiert und dort auch promoviert.

Dr. Sebastian Bosse leitet die Forschungsgruppe *Interactive & Cognitive Systems* am Fraunhofer Heinrich-Hertz-Institut (HHI) in Berlin, Deutschland. Er studierte Elektrotechnik und Informationstechnologie an der RWTH Aachen, Deutschland, und der Polytechnischen Universität Katalonien in Barcelona, Spanien. Bosse promovierte 2018 mit Auszeichnung in Informatik an der Technischen Universität Berlin. Während seines Studiums war er als Gastwissenschaftler bei Siemens Corporate Research in Princeton, USA, und der Standford University, USA, tätig. Er ist Dozent an der German University in Cairo (Illinois, USA), assoziiertes Mitglied von VISTA an der York University, Toronto, und fungiert als Associate Editor für die *IEEE Transactions on Image Processing*. 2021 ist er zum Vorsitzenden der *ITU/FAO Focus Group on AI and IoT on Digital Agriculture* ernannt worden. Seine aktuellen Forschungsinteressen umfassen die Themen Computer Vision, menschzentrierte KI, und Mensch-Maschine-Interaktion in einem breiten Anwendungsfeld mit einem Fokus auf digitaler Landwirtschaft.

Prof. Dr. Andreas Both studierte Informatik an der Martin-Luther-Universität Halle-Wittenberg und promovierte ebendort im Forschungsfeld Softwareengineering (2010). In leitender Position von F&E-Einheiten war er in Unternehmen in den Feldern E-Commerce und Business Software tätig und verantwortete den Bereich technologieorientierte Innovation. Bis 2018 bekleidete er bei der DATEV eG die Rolle des *Head of Architecture, Web Technologies & IT Research*. Bis Dezember 2024 war er dort als *Head of Research* tätig. Seit 2018 ist er Hochschulprofessor (seit 2022 an der HTWK Leipzig). Seine Forschungsgruppe forscht an der Schnittstelle zwischen Softwareengineering und Künstlicher Intelligenz bzw. *Data Science* im Kontext von Web-Technologien und -Anwendungen.

Prof. Dr. Dr. Alexander Brink ist Universitätsprofessor für Wirtschafts- und Unternehmensethik im Programm *Philosophy & Economics* der Universität Bayreuth. Er lehrt und forscht seit über zwei Jahrzehnten an der interdisziplinären Schnittstelle von Ökonomie und Philosophie. Seit 2021 leitet er das dortige *iLab Ethik und Management*. Der Autor und

Herausgeber von über 350 Veröffentlichungen berät zahlreiche namhafte Unternehmen. Im Jahre 2010 gründete Brink die CONCERN GmbH, eine der ersten Strategie- und Managementberatungen für nachhaltige und digitale Transformation. Außerdem berät er das Bundesumweltministerium zu Fragen der Digitalverantwortung.

Prof. Dr.-Ing. Carsten Busch ist seit 2006 als Professor für Medieninformatik, Medientheorie und -wirtschaft an der Hochschule für Technik und Wirtschaft in Berlin HTW tätig. Er gründete und leitet die Forschungsgruppe *Creative Media* und ist Mitbegründer des Forschungszentrums Kultur und Informatik an der HTW Berlin. Er war Dekan des Fachbereichs Informatik, Kommunikation und Wirtschaft und von 2019 bis 2023 Präsident der HTW Berlin. Seit August 2023 ist er im Nebenamt Co-Sprecher des Nationalen MINT Forums. Inhaltliche Schwerpunkte seiner Forschung und Lehre sind: Medientheorie und -entwicklung, Interactive Learning, Mixed Reality und Gamification.

Carmen Dencker arbeitet als Data Scientist im KI-Kompetenzcentrum (KI-KC) für die öffentliche Verwaltung. Angesiedelt in der Innovations-Abteilung der Bundesdruckerei erschließt das *KI-KC* Potenziale von KI durch prototypische Umsetzung. Dencker hat einen interdisziplinären Hintergrund in Data Science, Psychologie, Wirtschaftsinformatik und Sozialwissenschaften. Als systemischer Business Coach weiß sie, wie wichtig der Perspektivwechsel im menschlichen Miteinander und auch im Zusammenspiel von Mensch und künstlicher Intelligenz ist.

Dr. Marcus Disselkamp ist Business Coach. Seit der Jahrtausendwende ist er selbständiger Berater und Coach mit einzelnen Beteiligungen an bzw. Organfunktionen in verschiedenen Unternehmen. Seine Expertise zur Wettbewerbsfähigkeit im digitalen Wandel basiert auf zahlreichen Innovations- und Digitalisierungsprojekten für mittelständische bis internationale Unternehmen, auf eigenen Forschungen, sowie daraus entstandenen Lehraufträgen, Trainings, Publikationen und Podcasts. Er ist Juror des Großen Preises des Mittelstands, Leiter des Zentrums für Unternehmertum der St. Gallen Business School sowie Fachbeirat der Haufe Akademie.

Axel Fersen ist Politologe sowie seit 30 Jahren Experte für Künstliche Intelligenz und digitale Transformation. Er unterstützt Unternehmen in der KI-Implementierung und ist langjährig erfahrener KI-Referent in den Bereichen Mensch-Maschine-Interaktion, UX-Design, Cybersicherheit, *Business Intelligence*, IoT und Corporate- Performance-Management. Fersen ist Vorstandsmitglied des Europa-Instituts an der Alice-Salomon-Hochschule sowie der Spanischen Controller-Vereinigung (*Círculo Controlling*), KI-Referent beim Forum für Führungskräfte (Talentus GmbH) und Senior Advisor für KI-Transformation bei QuantumX Solutions. Seit 2025 gehört er der Studiengruppe Technikfolgenabschätzung der Digitalisierung des VDW an.

Prof. Dr. phil. Dr. phil. h.c. Carl Friedrich Gethmann ist Philosoph. Bis Dezember 2023 war er Professor für Wissenschaftsethik/Medizinethik an der Lebenswissenschaftlichen Fakultät der Universität Siegen. Seitdem ist er Gastwissenschaftler im Institut für Rechtsphilosophie an der Universität Münster. Von 1996 bis 2012 war Gethmann Direktor der Europäischen Akademie zur Erforschung von Folgen wissenschaftlich-technischer Entwicklungen Bad Neuenahr-Ahrweiler gGmbH. Zu seinen wissenschaftlichen Schwerpunkten gehören die Themenbereiche der Angewandten Philosophie (Technikethik, Umweltethik, Medizinethik). Er ist seit 1991 Mitglied der *Academia Europaea* (London), seit 1998 ordentliches Mitglied der Berlin-Brandenburgischen Akademie der Wissenschaften und seit 2002 Mitglied der Deutschen Akademie der Naturforscher Leopoldina in Halle (Saale). Seit 2008 ist er Mitglied der Deutschen Akademie der Technikwissenschaften (acatech). Von 2006 bis 2008 war er Präsident der Deutschen Gesellschaft für Philosophie.

Prof. Dr. Andrew Grimshaw promovierte 1988 an der Informatikfakultät der University of Illinois. Im selben Jahr wechselte er an die Informatikfakultät der University of Virginia. 1994 erhielt Grimshaw eine Professur auf Lebenszeit, 1999 wurde er ordentlicher Professor. In dieser Zeit entwickelte sich Grimshaw zu einem international führenden Forscher auf dem Gebiet der parallelen und verteilten Hochleistungsrechnersysteme und war Mitglied der Führungsteams von SDAC/NPACI und SEDE. 2019 wechselte Grimshaw zu Lancium und widmete sich der Dekarbonisierung von Hochleistungsrechnen/KI. Grimshaw ging im Januar 2025 in den Ruhestand und arbeitet weiterhin an interessanten HPC-Projekten.

Herausgeber- und Autorenverzeichnis

Prof. Dr. Dieter Kranzlmüller ist österreichischer Informatiker und seit 2008 Lehrstuhlinhaber an der Ludwig-Maximilians-Universität München (LMU). Zeitgleich wurde er in das Direktorium des Leibniz-Rechenzentrums (LRZ) an der Bayerischen Akademie der Wissenschaften berufen, welches er seit 2017 als Vorsitzender des Direktoriums leitet. Seine aktuellen Forschungsthemen befassen sich mit dem Betrieb von IT-Infrastrukturen, angefangen von Rechnernetzen bis zu Super- und Quantencomputern. Die Notwendigkeit der Energie-Effizienz beim Einsatz von derartigen Systemen ist dabei eine Voraussetzung bei seiner Forschung und in der Bereitstellung von IT-Diensten am LRZ. Seit 2023 ist er Mitglied der VDW Studiengruppe Technikfolgenabschätzung der Digitalisierung.

Benjamin Ledwon arbeitet als EU-Büroleiter des Technologieunternehmens Amadeus und ehemaliger Leiter des Brüsseler Büros der Bitkom seit einem Jahrzehnt an Themen der Wirtschafts- und Innovationspolitik mit Schwerpunkt Digitalisierung. Er hat Geschichte und internationale Beziehungen studiert und seinen LLM in Kartellrecht an der Brussels School of Competition erworben. Die Bemühungen zur Regulierung von KI begleitet Ledwon, seit die Diskussionen Ende der 2010er-Jahre an Fahrt aufgenommen haben.

PD. Dr. habil. Jeanette Miriam Lorenz leitet seit Anfang 2023 die Abteilung Quantencomputing am Fraunhofer-Institut für Kognitive Systeme IKS. Lorenz studierte Physik und Mathematik. Auf das Studium folgte eine langjährige Forschungstätigkeit in der experimentellen Hochenergie-Teilchenphysik am CERN (_European Organization for Nuclear Research_) und in München. Sowohl an der LMU München als auch am CERN hat sie zahlreiche internationale Forschungsgruppen geleitet. Ihr Spezialgebiet war die Suche nach Teilchenkandidaten für Dunkle Materie am Large Hadron Kollider. 2014 promovierte sie ebenfalls an der LMU München mit Auszeichnung. 2020 habilitierte sie und lehrt seitdem an der Fakultät für Physik der LMU als Privatdozentin.

Prof. Dr. Götz Neuneck ist Vorsitzender der Vereinigung Deutscher Wissenschaftler e.V. und Vorsitzender des Councils der *Pugwash Conferences on Science and World Affairs*. Er ist emeritierter Professor an der MIN-Fakultät der Universität Hamburg und Sprecher des Arbeitskreises Physik und Abrüstung der Deutsche Physikalische Gesellschaft. Neuneck hat Physik in Düsseldorf studiert und in Hamburg in Mathematik promoviert. Von 2008 bis 2019 war er stellvertretender wissenschaftlicher Direktor des Instituts für Friedensforschung und Sicherheitspolitik an der Universität Hamburg (IFSH). Schwerpunkte seiner Arbeit sind nukleare Rüstungskontrolle, Verifikation und neue Technologien, insbesondere Nuklearwaffen, Raketenabwehr und Weltraumrüstung, neue Technologien und *Science Diplomacy*.

Dr. Kim Nguyen studierte Mathematik und Physik. Im Jahre 2001 wurde ihm von der Universität/GH Essen der Doktortitel in reiner Mathematik verliehen. Von 2001 bis 2003 war er bei Phillips Semiconductors (heute NXP Semiconductors) in Hamburg beschäftigt. Seit 2004 ist er bei der Bundesdruckerei GmbH in Berlin tätig. Von Juni 2012 bis Dezember 2023 hatte er die Geschäftsführung der Bundesdruckerei Tochter D-TRUST GmbH inne, von 2019 bis 2023 war er Geschäftsfeldleiter des Bereichs *Trusted Services* bei der Bundesdruckerei GmbH. Seit Januar 2024 leitet er den Bereich *Innovations* der Bundesdruckerei GmbH. Seit 2025 ist er Mitglied der VDW Studiengruppe Technikfolgenabschätzung der Digitalisierung.

Prof. Dr. Dr. h. c. Julian Nida-Rümelin, Staatsminister a. D., ist Philosoph, Autor und lehrt an der Ludwig-Maximilians-Universität in München im berufsbegleitenden Masterstudiengang Philosophie – Politik – Wirtschaft, als Honorarprofessor an der Humboldt Universität Berlin und als Gastprofessor an ausländischen Hochschulen. Er ist Mitglied der Akademie der Wissenschaften zu Berlin und der Europäischen Akademie der Wissenschaften, und Direktor am Bayerischen Institut für digitale Transformation. Er ist Vorstand der *Parmenides Foundation*, Rektor der im Oktober 2022 gegründeten Humanistischen Hochschule Berlin und Mitglied des Kuratoriums des Jüdischen Zentrums München.

Dr. Richard Nordsieck leitet in seiner Rolle als *Head of AI & Data* bei der XITASO GmbH die Entwicklung und Implementierung innovativer KI- und Datenstrategien sowie Projekte. Darüber hinaus beschäftigt er sich seit mehreren Jahren intensiv mit der Forschung und praktischen Anwendung Künstlicher Intelligenz in der Produktion. Besonderes Augenmerk liegt dabei auf Verfahren zu Linderung der Datenknappheit und Sicherstellung der Übertragbarkeit, um die Effizienz und Effektivität in der industriellen Praxis zu steigern.

Matthias Ochs ist seit 2017 gemeinsam mit Marc Tesch Geschäftsführer der genua GmbH. Er begann seine Laufbahn bei genua 2011 im Bereich Produktentwicklung und verantwortete ab Dezember 2016 als Abteilungsleiter Produktmarketing die strategische Ausrichtung des Produktportfolios. Zuvor war Matthias Ochs 20 Jahre Soldat bei der Bundeswehr. Im Dienstgrad Oberstleutnant war er zuletzt verantwortlich für die Sachgebiete Einsatz, Ausbildung und Organisation beim Jagdbombergeschwader 32 in Lagerlechfeld.

Thomas Purper ist Kultur- und Medienwissenschaftler und engagiert sich als Serial Entrepreneur und Executive Coach für wertebasierte Unternehmensführung. Er begleitet Führungskräfte und Organisationen dabei, Veränderungen im Einklang mit ethischen Prinzipien zu gestalten. Er ist Coach und Jury Mitglied für Start-ups und unterstützt aktuell als Reservist und Personaloffizier in der neuen Teilstreitkraft Cyber- und Informationsraum die digitale Transformation, Innovations- und Change Managementprozesse für eine zukunftsfähige Bundeswehr.

Prof. Dr. Ute Schmid ist Inhaberin des Lehrstuhls für Kognitive Systeme an der Otto-Friedrich-Universität Bamberg. Sie ist Informatikerin und Psychologin. Seit mehr als 20 Jahren lehrt und forscht sie im Bereich Künstliche Intelligenz und Maschinelles Lernen. Schwerpunkte sind interpretierbares maschinelles Lernen und erklärbare KI mit Anwendungen in Medizin, industrieller Produktion und Bildung. Schmid ist Mitglied des Direktoriums des Bayerischen Instituts für Digitale Transformation (bidt), Mitglied im Bayrischen KI-Rat, Sprecherin der AG 1 (Technologische Wegbereiter und Data Science) der Plattform Lernende Systeme, sowie Mitglied der VDW. Für ihre Forschungsleistungen wurde sie 2022 zur *EurAI Fellow* ernannt. Für ihr Engagement im Fachbereich KI, für KI-Bildung und Förderung von Frauen in der Informatik wurde sie 2023 zur *GI Fellow* ernannt. Sie hat 2018 den von *Informatics Europe* vergebenen *Minerva Gender Equality Award* für ihre Universität gewonnen. Für ihr Engagement zum Wissenstransfer, insbesondere im Bereich KI, wurde sie 2020 mit dem Rainer-Markgraf-Preis ausgezeichnet. Ute Schmid ist seit 2022 Mitglied der VDW-Studiengruppe Technikfolgenabschätzung der Digitalisierung.

Dr. Stephan Schwinger erhielt sein Diplom in Technomathematik von der Technischen Universität Chemnitz und promovierte an der Technischen Universität Berlin auf dem Gebiet der Numerischen Mathematik. Derzeit arbeitet er als Data Scientist bei der genua GmbH in Kirchheim bei München, wo er unter anderem im Projekt Wintermute das Zusammenspiel von Maschinellem Lernen und User Experience erforschte. Seine Interessen beinhalten Künstliche Intelligenz, Big Data und Netzwerksicherheit.

Rainer Simon trat 1984 in die Bundeswehr ein und durchlief Verwendungen in der Artillerie- und Fernmeldetruppe sowie im Generalstabsdienst. Er war u. a. Kommandeur des Fernmeldebataillons 4, Referatsleiter im BMVg und Abteilungsleiter J6 im Einsatzführungskommando. Als deutscher Vertreter der NATO war er bei NC3A/NCIA in Brüssel tätig. Seit April 2024 ist Brigadegeneral Simon Kommandeur des neugegründeten Ausbildungszentrums CIR und verantwortet die Ausbildung der Fach- und Führungskräfte des Cyber- und Informationsraum der Bundeswehr.

Dr. Jan-Philipp Steghöfer übernahm 2025 den Forschungs- und Innovationsbereich bei XITASO, wo er seit 2022 als Senior Researcher beschäftigt ist. Der promovierte Informatiker bringt umfassende Erfahrung aus seinen früheren Positionen als Associate Professor für Softwareengineering an der Universität Göteborg und der Chalmers University of Technology ein. Seine akademische Laufbahn begann er an der Universität Augsburg.

Prof. Dr.-Ing. habil. Mario Trapp ist Leiter des Fraunhofer-Instituts für Kognitive Systeme IKS. Er promovierte im Jahr 2005 mit Auszeichnung an der TU Kaiserslautern, an der er 2016 auch habilitierte. 2005 wechselte er an das Fraunhofer IESE. Seit Mai 2019 ist er der geschäftsführende Institutsleiter des Fraunhofer ESK (heute Fraunhofer IKS) in München. Seit 1. Juni 2022 ist Mario Trapp außerdem Full-Professor an der Technischen Universität München (TUM). Er gehört als Inhaber des Lehrstuhls für *Engineering Resilient Cognitive Systems* der *School of Computation, Information and Technology CIT* an. Vorher lehrte er als apl. Professor am Fachbereich Informatik der TU Kaiserslautern. Trapp ist Autor von zahlreichen internationalen wissenschaftlichen Publikationen. Außerdem ist er unter anderem Mitglied im KI-Rat der Bayerischen Staatsregierung sowie im Expertengremium KI – Data Science des Bayerischen Staatsministeriums für Wirtschaft, Landesentwicklung und Energie.

Stefan Werner, MSc, studierte Informatik und Techniksoziologie an der TU Berlin. Er arbeitet für die genua GmbH. Dort leitet er die Produktentwicklung im Bereich Künstliche Intelligenz. Sein Schwerpunkt liegt auf KI und IT-Sicherheit, insbesondere die Absicherung von KI sowie die Nutzung von Technologien zur Abwehr von Bedrohungen. Über seine berufliche Tätigkeit hinaus beschäftigt er sich mit den Wechselwirkungen zwischen KI und Gesellschaft sowie den breiten Implikationen von KI auf soziale Strukturen.

Teil I
Prolog

Der Beginn einer neuen Epoche

Frank Schmiedchen

Zusammenfassung

Das Einleitungskapitel erklärt die Zielsetzung und den inhaltlichen Umfang dieses transdisziplinären Fachbuchs zu Künstlicher Intelligenz und welche Zielgruppen es im Auge hat. Weiter skizziert es wichtige Grundaussagen zur aktuellen und weiteren Entwicklung der Künstlichen Intelligenz und hebt dabei insbesondere das Verhältnis zwischen Mensch und Maschine sowie die damit verbundenen ethischen Fragestellungen hervor. Dem folgt ein erster Blick auf zugrunde liegende Motivationen in und Machtverschiebungen zwischen unterschiedlichen Weltregionen. Das Kapitel schließt mit einer Erklärung zur Struktur des Buches.

1.1 Lest dieses Buch, denn es ist sehr gut!

Das transdisziplinäre Fachbuch *Künstliche Intelligenz und Wir* wendet sich an alle, die verstehen wollen, was die Entwicklung und der Einsatz Künstlicher Intelligenz für unsere Gegenwart und Zukunft bedeuten. Es zeigt den aktuellen Stand und die absehbare weitere Entwicklung von KI in wesentlichen Anwendungsgebieten sowie Konsequenzen und Anforderungen, die sich aus KI-Anwendungen ergeben. Schließlich bettet es KI-Entwicklungen in größere ökonomische, politische, philosophische und gesellschaftliche Zusammenhänge ein und betrachtet mögliche Rahmensetzungen und Spielregeln. Somit bietet das Buch einen breiten Panoramablick auf das Thema *Künstliche Intelligenz und Wir*.

Das Fachbuch soll in Vorlesungen, Seminaren und Projektgruppen zu Künstlicher Intelligenz oder anderen Themen der Digitalisierung in unterschiedlichen Studiengängen an

---

F. Schmiedchen (✉)
Vereinigung Deutscher Wissenschaftler e.V., Berlin, Deutschland

© Der/die Autor(en) 2026
F. Schmiedchen et al. (Hrsg.), *Künstliche Intelligenz und Wir*,
https://doi.org/10.1007/978-3-662-71567-3_1

Universitäten und Hochschulen genutzt werden können. Es ist aber auch für das Selbststudium geeignet und stellt gleichzeitig eine wertvolle Informationsquelle und Diskussionsgrundlage für Entscheidungsträger in Staat und Wirtschaft sowie Multiplikatoren aus Medien und Politik dar. Das ist sehr wichtig, denn die ethischen, gesellschaftlichen, politischen und wirtschaftlichen Entscheidungen von heute stellen die Weichen, wie KI morgen weiterentwickelt wird.

1.2 KI verändert alles – auch uns

Die goldene Mitte zwischen unreflektierter Technikbegeisterung und staatlicher Überregulierung ergibt sich weder automatisch noch durch verbissenes Kämpfen um ebendiese Mitte. Sie entsteht vielmehr aus logischen Schlussfolgerungen auf Grundlage wissenschaftlicher Betrachtungen und aus unterschiedlichen Perspektiven. Forschung muss sowohl vorurteilsfrei sein als auch dadurch geprägt, dass jeder Forschende sich der ethischen Verantwortung seines Handelns bewusst ist.

Immer mehr und immer leistungsfähigere KI-Systeme werden im weltweit umspannenden digitalen Netz in immer mehr Funktionen zum Teil disruptiv eingesetzt. Von Menschen und langsam beginnend auch von Künstlicher Intelligenz entwickelte KI-Agenten kommunizieren mit Menschen und miteinander, und sie steuern und kontrollieren autonome Prozesse. Damit nimmt eine bisher im Reich von Science Fiction vermutete Zukunftsvision reale Gestalt auf unserem Planeten an: Alles ist mit allem intelligent vernetzt (BMWK, 2025; Sajid, 2023). Zugleich verschmelzen Menschen zunehmend unmittelbar mit digitaler Technik (Weber, 2025; Hasse, 2025; Quantum News, 2025). Das klingt, in wenigen Sätzen komprimiert, monströs und zumindest für unsere Jetztzeit übertrieben, aber es bildet dennoch das im Augenblick wahrscheinliche menschliche Zukunftsszenario ab (Rawas, 2024). Noch sind Mensch und Maschine physisch voneinander getrennt, doch für eine wachsende Mehrheit der Menschheit ist das Smartphone so etwas wie eine täglich genutzte Erweiterung ihres Gehirns. Die weiteren „körperlichen Annäherungen" über Smartwatches und Augmented-Reality-Brillen (Technikum Wien Academy, 2025) sind bereits auf dem Markt und verstärken das „Miteinander Verwachsen". Schließlich gibt es sogar schon erste Erfolge bei der direkten Einpflanzung von Digitaltechnik in menschliche Gehirne (z. B. durch Elon Musks Unternehmen Neuralink[1]). Das Versprechen derjenigen, die KI fördern und verkaufen, lautet, dass KI eine passgenaue Verbindung von Mensch und Maschine ermöglicht (Wolan, 2020). All das berührt unsere Selbstwahrnehmung und führt schon jetzt dazu, dass wir technische Begriffe in Bezug auf menschliche Eigenschaften verwenden (Mechanomorphisierung des Menschen, vgl. Tietel, 1996) und z. B. das Gedächtnis als Festplatte beschreiben (Grunwald, 2022). Zugleich findet zunehmend eine „Vermenschlichung" von Technik statt. So werden Robotern immer wieder und

---
[1] https://neuralink.com/.

dennoch fälschlicherweise menschliche Eigenschaften zugesprochen (Grunwald, 2022; Thelen, 2025). Diese steigende Entgrenzung von Mensch und Maschine berührt auch die philosophische Frage, was Menschen essenziell sind, was also ihr prägender Wesenskern ist (Schmiedchen, 2021).

Dabei muss sorgfältig zwischen der marketingbasierten Hype-Erzeugung der großen Tech-Konzerne und den tatsächlichen, atemberaubenden Fortschritten in der KI-Entwicklung unterschieden werden. Der übergroßen Euphorie über die großen Sprachmodelle (*Large Language Models*, LLM) wie Chat GPT, DeepSeek oder Grok, stehen KI-Entwicklungen gegenüber, die vielen unbekannt sind oder deren Wirkung strukturell unterschätzt wird. So sind beispielsweise *Large Anything Models* (LxM) mit riesigen Datensätzen trainierte große KI-Modelle, die das Konzept der LLMs auf andere Daten und Anwendungen übertragen und Sprache, Bilder, Audio, Videos und sogar 3D-Modelle verarbeiten und generieren können (Thelen, 2025). Ebenso basieren *Large Action Models* (LAM) auf LLMs, können aber Handlungen ableiten (*tool learning, function calling*) und kommen damit der Idee des KI-Agenten näher (Kelbert et al., 2024).

All das wirft vielschichtige und tiefgreifende Fragen der Ethik auf, vom grundsätzlichen Verhältnis zwischen Mensch und Technik bis hin zu zahlreichen anwendungsorientierten ethischen Aspekten. Das „möglichst richtige und verantwortliche Handeln" im Sinne der praktischen Vernunft bildet hierfür eine sehr gute Richtschnur (Deutscher Ethikrat, 2023). Dies umfasst Kategorien wie Moralsprache und Urteilsvermögen, Unterscheidungs- und Einfühlungsvermögen, die Fähigkeit zur Abwägung konfligierender Güter und Werte, die Befähigung zum reflektierten Umgang mit unterschiedlichen Regeln, Kompetenzen im Bereich des intuitiven Erfassens komplexer Handlungssituationen und Umstände, die Befähigung zur Begründung der eigenen moralischen Entscheidungen sowie „Affekt- und Impulskontrolle, um die jeweils gefällten praktischen Urteile auch handlungswirksam werden zu lassen" (Deutscher Ethikrat, 2023, Nr. 33, S. 22).

Wenn eine neue Technologie so mächtig und umfassend ist, dann muss zwingend auch nach den Risiken dieser neuen Technologie gefragt werden. Konkret: Mit welcher Wahrscheinlichkeit kann der Einsatz von KI das Leben von Menschen in irgendeiner Form schwerwiegend negativ beeinflussen, und wie hoch können die Ausmaße der verursachten Schädigungen sein? Das ist genau der richtige Moment, sich um Technikfolgenabschätzung zu kümmern (TAB, 2023) und sich an das Vorsorgeprinzip zu erinnern (Bikic, 2020).

Dies ist umso wichtiger, als KI nicht in einem gesellschaftlichen Vakuum stattfindet. Die Frage, welche Akteure mit welchen Motiven in welchen (normierten) Rahmenbedingungen KI-Entwicklungen vorantreiben, ist von entscheidender Bedeutung für die Wahrscheinlichkeiten, mit denen KI nützlich oder schädlich ist und sein wird – für einzelne Menschen(-gruppen), die Menschheit, Ökosysteme, den Planeten usw. Deshalb gibt das Buch auch hinreichend Raum für die Betrachtung (geo-)ökonomischer, (geo-)politischer und soziokultureller Veränderungen, die seit einiger Zeit zu beobachten sind und zu massiven Machtverschiebungen führen.

1.3 KI-Entwicklung findet nicht im Vakuum statt

Es sind unterschiedliche politische und wirtschaftliche Motive, die die KI-Entwicklung bestimmen, die grob holzschnittartig so zu beschreiben sind:

- Die KI-Entwicklung in den USA findet überwiegend in privatwirtschaftlichen Unternehmen statt und ist weitgehend profitgetrieben. Es geht also darum, Geld zu verdienen und mit diesem Geld Macht zu erlangen, um dann mit der gewonnenen Macht mehr Geld zu verdienen.
- In der V.R. China dient die KI-Entwicklung der Erfüllung gesellschaftlicher Ziele, die vom Politbüro der Kommunistischen Partei Chinas und zunehmend von Xi Jinping persönlich festgelegt werden. Mehr KI bedeutet mehr politische Kontrolle in Händen der Partei.
- Europa schaut vor allem auf die Risiken und Gefahren, die die Entwicklung und Anwendung von KI mit sich bringen. Unter Einsatz vieler öffentlicher Ressourcen und ständigem Druck durch Lobby-Gruppen kommen wir zu Regulierungsergebnissen, die sicherstellen sollen, dass KI vertrauenswürdig ist, während wir in der KI-Entwicklung selbst immer mehr zurückfallen, weil nicht genug öffentliche Ressourcen für Forschung und Entwicklung zur Verfügung gestellt werden. Der Vorwurf, dass die EU zuvorderst KI-Innovationen tot-reguliert, ist überzogen. Es könnte aber schon sein, dass Europa zu wenig Engagement zeigt, um langfristig mit den USA und der V.R. China mitzuhalten.

Da auch die KI-Entwicklung in einer konkreten Raum-Zeit-Konstellation stattfindet, hat diese unmittelbaren Einfluss darauf, welche KI-Anwendungen wie entwickelt werden. Während technologische Entwicklungen von 1946 bis 1990 (44 Jahre) und nochmals zwischen 1990 und 2015 (ca. 25 Jahre) in einem weitgehend stabilen politischen Umfeld stattfanden, wird unsere heutige Welt in hoher Geschwindigkeit dynamisch. Das betrifft sowohl die internationale Machtverteilung als auch die innenpolitischen Machtverhältnisse in den westlichen Industriestaaten. Auch dies muss am Anfang des Buches kurz eingeführt werden:

„Ein Gespenst geht um in Europa – das Gespenst der freiheitlichen Gesellschaft."

Dieses Gespenst, das die Wurzeln der Aufklärung und des jüdisch-griechisch geprägten Abendlandes wieder stärker betont und sozial-kulturelle Fehlentwicklungen der letzten zwanzig Jahre korrigieren will, beeinflusst auch den gesellschaftlichen Rahmen für die weitere KI-Entwicklung. Das seit Januar 2025 in der westlichen Führungsmacht USA herrschende historische Bündnis zwischen national-reaktionären Rechten und libertärer Tech-Elite setzt in ihrem libertären Flügel auf die Kräfte des Marktes, denen nur in den unbedingt erforderlichen Bereichen und streng nach dem Subsidiaritätsprinzip Begrenzungen durch staatliche Regulierung auferlegt werden sollen. Derzeit ist ein wahrscheinliches Szenario, dass sich diese Strömung, wenn auch durch (national-)konservative und autoritäre Einflüsse abgeschwächt, im Westen durchsetzt (Girdusky, 2018; Koch, 2024; de Ruyter, 2025).

Damit verbunden und in Folge der globalen Machtverschiebung zugunsten Chinas sowie einer attraktiver werdenden autokratischen, traditionellen und asiatischen Sichtweise findet die regelbasierte Weltordnung, die vor allem über die Vereinten Nationen den Rahmen für internationalen Interessenausgleich und Normsetzung gebildet hat, immer weniger Zuspruch. Unter Führung der V.R. China und Russlands werden stattdessen neue Prozesse und Strukturen etabliert, die als multipolar, interessenbasiert und gegen die westliche Hegemonie gerichtet skizziert werden können. Diese sind aber auch anschlussfähig für die USA unter Präsident Donald Trump (Munich Security Report, 2025; Stelzenmüller, 2025).

In dieser immer kompetitiver und zugleich autokratischer werdenden Welt findet die Entwicklung des vielleicht mächtigsten Werkzeugs der Menschheit seit der Beherrschung von Feuer und Atomkraft sowie der Entwicklung von Antibiotika statt: die Entwicklung Künstlicher Intelligenz. Wenn also die noch unter den Prämissen der regelbasierten Ordnung gemachten Vorschläge zu globaler KI-Governance (Fournier-Tombs & Siddiqui, 2024) sich vermutlich in einer neuen, eher interessenbasierten Weltordnung nicht mehr umsetzen lassen werden, müssen möglichst schnell neue, mehrheitsfähige Ideen für eine friedensorientierte, stabile Weltordnung entwickelt werden. Es ist zwingend, dass die USA und die V.R. China solche Ideen mitentwickeln und sich zu eigen machen. Nur dann haben neue Vorschläge zur Regelung menschheitsbetreffender KI-Fragen auch eine Chance, Wirklichkeit zu werden (Wendiggensen, 2025; Calero, 2024).

1.4 Wie das Buch warum strukturiert ist

Bevor es mit den fachlichen Kapiteln losgeht, haben wir als Teil I (Prolog) zwei Kapitel (1 und 2) vorangestellt, die es jedem ermöglichen sollen, einen schnellen Einstieg in das Buch zu finden. Diese beiden Kapitel, aber auch das abschließende Kap. 28, gewähren einen schnellen Überblick über gesellschaftsrelevante Aspekte des Buches.

Dem folgen die Teile II und III mit insgesamt zehn Kapiteln (3, 4, 5, 6, 7, 8, 9, 10, 11 und 12), die den technischen Status Quo sowie wichtige Entwicklungsszenarien der Künstlichen Intelligenz zum Gegenstand haben. Dabei legen wir ein besonderes Gewicht auf die Betrachtung, wie eine vertrauenswürdige KI beschaffen sein kann.

Teil IV (Kap. 13, 14, 15 und 16) ist dem Verhältnis zwischen Mensch und Maschine und der absoluten Begrenztheit von KI gewidmet. Aus mehreren Blickwinkeln werden philosophische Fragen aufgegriffen, z. B. warum KI kein autonomer Wissenschaftler oder Geschlechtspartner ist und welche Gefahren für die weitere Entwicklung der Menschheit damit verbunden sind, Maschinen menschliche Eigenschaften zuzuschreiben oder Menschen instrumentell-technisch zu verkürzen.

Die Kapitel von Teil II bis IV bilden faktisch ein in sich geschlossenes Buch, dass Lehrenden und Studierenden umfassende Einblicke zu fachlich-technischen Aspekten der Künstlichen Intelligenz als solcher geben soll. Dieses quasi erste Buch bildet demnach das fachliche Rückgrat dieses Werkes. Ab Teil V widmen wir uns in einem faktisch zweiten Buch besonders relevanten Anwendungsfeldern und zentralen Fragen der Regulierung von KI.

In Teil V beleuchten wir einen der beiden wichtigsten Motivatoren für die historisch schnelle KI-Entwicklung: das Streben nach Profit, für welches das Streben nach Effizienz instrumentell ist. In vier Kapiteln (17, 18, 19 und 20) beleuchten wir den disruptiven Charakter der KI-Einführung aus volkswirtschaftlicher und betriebswirtschaftlicher Sicht. Letzteres untermauern wir mit zwei relevanten Branchen- bzw. Aufgabenanalysen.

Dem folgen in Teil VI in den Kap. 21, 22 und 23 Betrachtungen regulatorischer Fragen auf der Makro-, Meso- und Mikroebene. Dabei spielt die EU KI-Verordnung sowie die Asilomar-Prinzipien eine besondere Rolle.

Im fachlich abschließenden Teil VII widmen wir uns der anderen mächtigen Motivation für beschleunigte KI-Entwicklung: das Streben nach Macht und Überlegenheit. Die Kap. 24, 25, 26 und 27 widmen sich der KI-Nutzung in sicherheitsrelevanten Kontexten, wobei naturgemäß militärische Anwendungen im Vordergrund stehen. Es wird nicht überraschen, dass die Vereinigung Deutscher Wissenschaftler auf diese sicherheits- und friedenspolitischen Aspekte der KI-Nutzung ein besonderes Augenmerk legt.

Literatur

Bikic, A. (2020). *Vom Prinzip zum Paradigma KI und Ethik in konkreten Anwendungskontexten.* https://www.kas.de/documents/252038/7995358/K%C3%BCnstliche+Intelligenz+und+Ethik+in+konkreten+Anwendungskontexten.pdf/20a24818-eff8-b3ab-649b-16a2edc686d6?version=1.0&t=1603809927827. Zugegriffen am 28.02.2025.

BMWK Bundesministerium für Wirtschaft und Klimaschutz. (2025). *Fokusgruppe „Intelligente Vernetzung".* https://www.de.digital/DIGITAL/Redaktion/DE/Textsammlung/digital-gipfelplattform-digitalisierung-der-wirtschaft-fg2.html. Zugegriffen am 28.02.2025.

Calero, H. (2024). *An analysis of China's AI governance proposals.* https://cset.georgetown.edu/article/an-analysis-of-chinas-ai-governance-proposals/. Zugegriffen am 28.02.2025.

Deutscher Ethikrat. (2023). *Stellungnahme zu: Mensch und Maschine – Herausforderungen durch Künstliche Intelligenz.* https://www.ethikrat.org/fileadmin/Publikationen/Stellungnahmen/deutsch/stellungnahme-mensch-und-maschine.pdf. Zugegriffen am 28.02.2025.

Fournier-Tombs, E., & Siddiqui, M. (2024). *Wie kann künstliche Intelligenz global gesteuert werden?* https://zeitschrift-vereinte-nationen.de/suche/zvn/artikel/wie-kann-kuenstliche-intelligenz-global-gesteuert-werden. Zugegriffen am 28.02.2025.

Girdusky, R. (2018). *Donald Trump: The Most Libertarian President Since Silent Cal.* https://www.theamericanconservative.com/donald-trump-the-most-libertarian-president-since-silent-cal/. Zugegriffen am 28.02.2025.

Grunwald, A. (2022). *Soziale Roboter – vermenschlichte Technik und technische Menschenbilder.* https://ub-deposit.fernuni-hagen.de/receive/mir_mods_00001843. Zugegriffen am 26.02.2025.

Hasse, J. (2025). *Die Konvergenz von Mensch und Maschine. Partner oder Widersacher?* https://hy.co/2024/02/16/die-konvergenz-von-mensch-und-maschine/. Zugegriffen am 28.02.2025.

Kelbert, P., et al. (2024). *Fraunhofer-Institut für Experimentelles Software Engineering, IESE: Large action models (LAMs), tool learning, function calling and Agents.* https://www.iese.fraunhofer.de/blog/large-action-models-multi-agents/. Zugegriffen am 26.02.2025.

Koch, M. J. (2024). *Libertarianism, far from dead, is finding a new home in the Trump administration.* https://www.nysun.com/article/libertarianism-far-from-dead-is-finding-a-new-home-in-the-trump-administration. Zugegriffen am 28.02.2025.

Munich Security Report. (2025). *Multipolarization.* https://securityconference.org/en/publications/munich-security-report-2025/executive-summary/. Zugegriffen am 28.02.2025.

Quantum News. (2025). *Will humans merge with AI in the future?* https://quantumzeitgeist.com/will-humans-merge-with-ai-in-the-future/. Zugegriffen am 28.02.2025.

Rawas, S. (2024). AI: The future of humanity. In *Discover artificial intelligence*. https://link.springer.com/article/10.1007/s44163-024-00118-3. Zugegriffen am 28.02.2025.

de Ruyter, E. (2025). *US Vice President JD Vance challenges Europe's ‚excessive regulation' of AI at Paris summit*. https://www.euronews.com/2025/02/11/jd-vance-challenges-europes-excessive-regulation-of-ai-at-paris-summit. Zugegriffen am 28.02.2025.

Sajid, H. (2023). *From Internet of Things to Internet of Everything: The Convergence of AI & 6G for Connected Intelligence*. https://www.unite.ai/from-internet-of-things-to-internet- of-everything-the-convergence-of-ai-6g-for-connected-intelligence/. Zugegriffen am 28.02.2025.

Schmiedchen, F. (2021). Digitale Erweiterungen des Menschen, Transhumanismus und technologischer Posthumanismus. In F. Schmiedchen et al. (Hrsg.), *Wie wir leben wollen* (S. 89–101). https://www.logos-verlag.de/ebooks/OA/978-3-8325-5363-0.pdf

Stelzenmüller, C. (2025). *Die Lage ist ernst, nehmen Sie sie auch ernst!* https://internationalepolitik.de/de/die-lage-ist-ernst-nehmen-sie-sie-auch-ernst. Zugegriffen am 28.02.2025.

TAB Büro für Technikfolgen-Abschätzung beim Deutschen Bundestag. (2023). *Das Superchatjahr und die Technikfolgenabschätzung*. https://www.tab-beim-bundestag.de/das-superchatjahr-und-die-technikfolgenabschaetzung.php. Zugegriffen am 28.02.2025.

Technikum Wien Academy. (2025). *Was ist Augmented Reality?* https://academy.technikum-wien.at/ratgeber/was-ist-augmented-reality/. Zugegriffen am 26.02.2025.

Thelen, F. (2025). *Was jetzt kommt, verändert alles*. https://www.dup-magazin.de/technologie/frank-thelen-was-jetzt-kommt-veraendert-alles. Zugegriffen am 26.02.2025.

Tietel, E. (1996). *Vom Schein der Selbsttätigkeit zur Illusion von Selbständigkeit. Die Anthropomorphisierung und Personifizierung des Computers*. https://media.suub.uni-bremen.de/bitstream/elib/2933/1/00102694-1.pdf. Zugegriffen am 16.03.2025.

Weber, S. (2025). *Industrie 4.0: Wie Mensch und Maschine verschmelzen*. https://www.bosch.com/de/stories/industrie-4-0-mensch-maschine-interaktion/. Zugegriffen am 28.02.2025.

Wendiggensen, M. (2025). *Trumps Umkrempelung der Digitalpolitik hat begonnen*. https://www.faz.net/pro/digitalwirtschaft/kuenstliche-intelligenz/donald-trump-will-ki-regeln-abschaffen-was-das-fuer-europa-heisst-110245127.html. Zugegriffen am 28.02.2025.

Wolan, M. (2020). *Next generation digital transformation*.

Open Access Dieses Kapitel wird unter der Creative Commons Namensnennung - Nicht kommerziell - Keine Bearbeitung 4.0 International Lizenz (http://creativecommons.org/licenses/by-nc-nd/4.0/deed.de) veröffentlicht, welche die nicht-kommerzielle Nutzung, Vervielfältigung, Verbreitung und Wiedergabe in jeglichem Medium und Format erlaubt, sofern Sie den/die ursprünglichen Autor(en) und die Quelle ordnungsgemäß nennen, einen Link zur Creative Commons Lizenz beifügen und angeben, ob Änderungen vorgenommen wurden. Die Lizenz gibt Ihnen nicht das Recht, bearbeitete oder sonst wie umgestaltete Fassungen dieses Werkes zu verbreiten oder öffentlich wiederzugeben.

Die in diesem Kapitel enthaltenen Bilder und sonstiges Drittmaterial unterliegen ebenfalls der genannten Creative Commons Lizenz, sofern sich aus der Abbildungslegende nichts anderes ergibt. Sofern das betreffende Material nicht unter der genannten Creative Commons Lizenz steht und die betreffende Handlung nicht nach gesetzlichen Vorschriften erlaubt ist, ist auch für die oben aufgeführten nicht-kommerziellen Weiterverwendungen des Materials die Einwilligung des jeweiligen Rechteinhabers einzuholen.

Künstliche Intelligenz im Fokus: Die wichtigsten Aussagen des Buches im Überblick und prägnant kommentiert

Axel Fersen

> **Zusammenfassung**
>
> *Das wissenschaftsjournalistische Essay gibt einen umfassenden Einblick in die Inhalte dieses Fachbuchs, verknüpft und reflektiert sie. Zusätzlich werden wesentliche Gedanken des ersten Buches der VDW-Studiengruppe Technikabfolgenschätzung der Digitalisierung mit dem Titel „Wie wir leben wollen" in Beziehung gesetzt und auf wichtige Aussagen dort verwiesen. Dem folgen beispielhafte Ausführungen zu KI in der Medizin, zu Quantencomputing und KI, zu den Herausforderungen des Energiebedarfs von Maschinellem Lernen sowie zu den Gefahren der militärischen Nutzung. Abschließend widmet sich das Kapitel den Themen Transhumanismus und Posthumanismus.*

Die rasante Expansion des Forschungsfeldes der Künstlichen Intelligenz (KI) zeigt sich deutlich im erheblichen Anstieg der Publikationen in den letzten zehn Jahren. Seit 2010 ist die Zahl der KI-bezogenen Veröffentlichungen exponentiell gewachsen, wobei der Anstieg ab 2015 besonders signifikant ist (Stanford AI Index, 2023). Wer jedoch versucht, einen umfassenden Überblick zu gewinnen, könnte sich von der Fülle des Angebots überfordert fühlen. Dieses kompakte und umfassende wissenschaftliche Fachbuch bietet deshalb einen hervorragenden Einstieg in ein breites, interdisziplinäres Verständnis der Materie.

Seit ihrer Gründung im Jahr 1959 beschäftigt sich die Vereinigung Deutscher Wissenschaftler e.V. (VDW) mit einer Vielzahl gesellschaftlich relevanter Themen, darunter die Förderung wissenschaftlicher Verantwortung, die interdisziplinäre Zusammenarbeit sowie die kritische Auseinandersetzung mit den gesellschaftlichen Auswirkungen von Wissen-

A. Fersen (✉)
Caldes de Montbui, Spanien

schaft und Technologie. Die Schwerpunkte liegen dabei auf Friedensforschung, Umweltschutz und Technikfolgenabschätzung. In den letzten Jahren haben die Themen Digitalisierung und Künstliche Intelligenz stark an Bedeutung gewonnen, da diese Entwicklungen weitreichende Auswirkungen auf die Gesellschaft haben. Ziel der VDW ist es, durch fundierte Analysen, Stellungnahmen und Veranstaltungen zu einer informierten politischen Entscheidungsfindung beizutragen, wobei besonderes Augenmerk auf eine transdisziplinäre und unabhängige Technikfolgenabschätzung gelegt wird. Bereits mit ihrem ersten Buch *Wie wir leben wollen – Kompendium zu Technikfolgen von Digitalisierung, Vernetzung und Künstlicher Intelligenz* hat die 2017 eingesetzte Studiengruppe Technikfolgenabschätzung der Digitalisierung der VDW unter Leitung von Frank Schmiedchen die Themen vernetzte Digitalisierung und KI grundlegend behandelt. Angesichts der wachsenden Relevanz dieser Themen ist nun dieses umfassendere Fachbuch erschienen, das mit Unterstützung der genua GmbH die fortschreitenden Entwicklungen und deren gesellschaftliche Auswirkungen tiefgreifend beleuchtet.

Das vorliegende wissenschaftliche Fachbuch *Künstliche Intelligenz und Wir* rückt den interdisziplinären Dialog zu den verschiedenen Aspekten der KI in den Mittelpunkt. Die fachliche Herkunft der Autoren ist ebenso vielfältig wie die behandelten Themen, die von technologischen Grundlagen bis hin zu gesellschaftlichen und ethischen Implikationen reichen. Das transdisziplinäre Buch richtet sich in erster Linie an Lehrende und Studierende aller Fachbereiche, die sich wissenschaftlich mit dem Thema auseinandersetzen wollen, aber auch an politische Entscheidungsträger, Wirtschaftsvertreter sowie Medienschaffende. Es bietet eine fundierte Orientierung in der komplexen Debatte um Künstliche Intelligenz, die sowohl akademische als auch gesellschaftliche Dimensionen umfasst.

Im Gegensatz zu stark verunsichernden journalistischen Beiträgen, die Künstliche Intelligenz entweder als überbewertet, bloßen Hype oder gar Illusion darstellen oder ihr im Gegenteil bereits ein Bewusstsein zuschreiben und ihre unvermeidliche Herrschaft prognostizieren, strukturiert dieses Werk den tatsächlichen Wissensstand klar und verständlich für die praktische Anwendung durch den Leser. Das Buch hat den Anspruch, künftige Entwicklungen nachvollziehbar zu beschreiben, also aktuelle Erkenntnisse so zu präsentieren, dass die bevorstehenden Veränderungen verständlich werden. Weder historischer Determinismus noch apokalyptische Prognosen können zu einer sachgerechten Darstellung beitragen, und obwohl erschwerend hinzukommt, dass in den vergangenen zwei Jahren eine Beschleunigung der Entwicklungen beobachtet wurde, findet sie in diesem Buch die notwendige Beachtung. Der Leser erhält, was er sucht: einen klaren Überblick über den aktuellen Sachstand.

Die fachliche Vielfalt der Autoren stellt für das Buch sowohl eine Herausforderung als auch eine wertvolle Bereicherung dar, die eine klare Struktur erforderlich macht. In sieben Teilen wird die Komplexität der Themenfelder abgebildet, wobei die Einteilung die technischen und wissenschaftlichen Grundlagen umfasst und Aspekte wie Technologie, gesellschaftliche Implikationen, Ökonomie, Ethik und Sicherheit näher beleuchtet. So widmet sich das Buch beispielsweise der Frage, wie eine weitere KI-Entwicklung im Verhältnis zur menschlichen Autonomie zu verstehen ist. Julian Nida-Rümelin (Kap. 14) argumentiert dabei aus einer humanistischen Perspektive, dass KI-Systeme niemals die menschliche Entscheidungsfähigkeit ersetzen dürfen, da sie das Selbstverständnis und die kognitive Autonomie des Menschen bedrohen. In ähnlicher Weise argumentiert Stefan Bauberger (Kap. 13), wenn er sagt, dass KI durchaus eine wertvolle Erweiterung des menschlichen Erkenntnispotenzials sein kann und darf, solange gewährleistet ist, dass sie immer nur Werkzeug und nie ein eigenständiger Akteur sein darf. Julian Nida-Rümelin und ebenso Carl Friedrich Gethmann (Kap. 15) betonen in diesem Sinne, dass die Automatisierung kritischer Entscheidungen zu einer Entmenschlichung führen kann, wenn der Mensch als letzter Entscheidungsträger entmachtet wird. Thomas Beschorner wählt ein sehr spezielles Feld, um das Verhältnis von Mensch und Maschine auszuloten, und beleuchtet die Implikationen einer emotionalen und sexuellen Beziehung zwischen beiden (Kap. 16).

Ein anderer Teil des Buches widmet sich ethischen und regulativen Fragen. Alexander Brink erklärt in Kap. 21 die unterschiedlichen Ebenen, in denen Staaten, Unternehmen und jeder Einzelne Schäden durch KI minimieren können. Darauf aufbauend setzt sich Frank Schmiedchen (Kap. 22) auf Grundlage der von seiner VDW-Studiengruppe 2018 veröffentlichten kritischen Auseinandersetzung mit den Asilomar-Prinzipien mit deren heutigem Wert auseinander, und Benjamin Ledwon (Kap. 23) stellt den *EU AI Act* als ersten wichtigen normativen Schritt vor, um ethische Standards und die Rechte der Bürger im digitalen Zeitalter zu schützen. Diese Position teilen auch Carmen Dencker und Kim Nguyen in ihrem Beitrag (Kap. 8).

Demgegenüber warnen Marcus Disselkamp und Frank Schmiedchen (Kap. 18) sowie Stefan Werner und Carsten Arzig (Kap. 3), dass eine übermäßige Regulierung das Innovationspotential Europas schwächen könnte, ohne langfristig wirklich die gewünschten Vorteile zu bringen. Sie fordern daher einen angemessenen und sachgerechten Umgang mit den auch von ihnen betonten regulatorischen Anforderungen, um eine flexible Anpassung an neue technische Entwicklungen zu ermöglichen. Bei allen Unterschieden in der Frage nach dem besten Weg eint die Autoren des Buches die klare Forderung nach einem wirksamen ethischen Rahmen für die Nutzung von KI, der Prinzipien wie Fairness, Transparenz und die Wahrung der Menschenwürde praktisch und unanfechtbar verteidigt. So betonen zahlreiche Kapitel, dass für die weitere KI-Entwicklung alle wesentlichen ethischen Grundsätze zwingend zugrunde gelegt werden müssen. Insbesondere Ute Schmid befasst sich im Kap. 10 mit der Frage, wie Künstliche Intelligenz vertrauenswürdig gestaltet werden kann, und betont, dass ihre Entwicklung untrennbar an grundlegende ethische Prinzipien gebunden sein muss.

Ein zentraler Teil des Buches widmet sich der sicherheits- und geopolitischen Dimension der KI. Frank Schmiedchen (Kap. 24), Heiko Borchert (Kap. 25) und Rainer Simon mit Thomas Purper (Kap. 26) legen eindrücklich dar, wie weit der Einsatz von KI zu militärischen Zwecken bereits gediehen oder angedacht ist. Karl Hans Bläsius warnt darauf aufbauend in Kap. 27 vor dem Einsatz von KI in militärischen Systemen und Überwachungsanwendungen, die das internationale Vertrauen untergraben und damit sowohl die globale Stabilität als auch Menschenrechte gefährden könnten. Er fordert deshalb strengere Abrüstungs- und Kontrollmechanismen, um diesen Risiken zu begegnen.

Gerade der Ethik- und Regulationsteil und der sicherheitspolitische Teil verdeutlichen den wesentlichen Grundkonsens aller Autoren: die Forderung nach menschlicher Kontrolle und Transparenz in KI-gestützten Entscheidungsprozessen. Alle betonen, dass es immer Menschen sein müssen, die die letzte Entscheidung treffen, um so die ethische Verantwortung und Autonomie des einzelnen Menschen als letztlichen Verantwortungsträgers zu bewahren.

2.1 Was das Aufkommen der großen Sprachmodelle verändert hat

Die Veröffentlichung großer Sprachmodelle wie ChatGPT Ende 2022 markierte einen Wendepunkt in der öffentlichen Wahrnehmung und Nutzung von KI. In den Jahren zuvor war KI vor allem ein Thema für Wissenschaft und Unternehmen gewesen. Mit ChatGPT wurde der direkte (phänomenologische) Zugang zu KI jedoch erstmals für die breite Öffentlichkeit möglich. Die großen Sprachmodelle, die durch maschinelles Lernen trainiert werden, basieren auf komplexen neuronalen Netzwerken und sind in der Lage, Anfragen in natürlicher Sprache zu beantworten, was den Zugang zu Informationen grundlegend veränderte. Carsten Arzig beschreibt in Kap. 6, wie Sprachmodelle wie GPT-4 durch Tokenisierung Texte in einzelne Einheiten zerlegen und diese in Zahlenwerte umwandeln, um sie maschinell zu verarbeiten. Hierbei entstehen Vektoren, die semantische Beziehungen zwischen Wörtern erfassen und durch Wahrscheinlichkeitsverteilungen die nächsten Schritte berechnen, um Antworten zu generieren. Diese Systeme ermöglichen automatisierte Übersetzungen, kreative Textgenerierung und Chatbot-Anwendungen, die bisher menschliche Expertise erforderten.

Wer damals die ersten Tests durchführte und sich begeistert zeigte, erkannte zugleich die Grenzen von ChatGPT. Man stellte Fehler fest und sprach von Halluzinationen. Gleichzeitig rückte in den Diskussionen ein weiteres Problem in den Fokus: das sogenannte Black-Box-Phänomen, das die fehlende Erklärbarkeit der Entscheidungsprozesse in Sprachmodellen und neuronalen Netzwerken beschreibt. Jeanette Lorenz (Kap. 12) erwähnt, dass die Funktionsweise dieser Systeme auf Millionen von Parametern basiert, deren Einfluss auf Entscheidungen nur schwer nachvollziehbar ist.

Diese Intransparenz ist besonders problematisch in sicherheitskritischen Bereichen, wie Medizin, autonomes Fahren und Strafverfolgung, da es bei Fehlentscheidungen nahezu unmöglich ist, die Ursache nachzuvollziehen und Verantwortung eindeutig zuzuordnen. Die mangelnde Transparenz führt zudem zu ethischen Bedenken: Julian Nida-Rümelin fordert, dass der Mensch im Zentrum der Entscheidungsprozesse bleibt, da neuronale Netzwerke keine einfache Rückverfolgbarkeit bieten. Ein weiterer Kritikpunkt betrifft die mögliche Diskriminierung durch algorithmische Verzerrungen. Die wissenschaftliche Gemeinschaft reagiert auf das Black-Box-Problem mit zunehmender Forschung zu erklärbarer KI. Carl Friedrich Gethmann hebt hervor, dass nachvollziehbare KI-Entscheidungen unverzichtbar sind, um das Vertrauen in die Technologie zu stärken. Verschiedene Ansätze, wie Visualisierungstechniken oder die Reduktion der Parameterzahl, sollen die internen Prozesse von neuronalen Netzwerken transparenter machen. Trotz dieser Bemühungen bleibt die Erklärbarkeit eine große methodische Herausforderung, die bisher nur teilweise gelöst werden konnte. Gleichzeitig betont Jeanette Lorenz die großen potenziellen Nutzungsmöglichkeiten neuronaler Netzwerke in der Materialwissenschaft, Quantenphysik und Medizin. Ihre Fähigkeit, komplexe Systeme zu simulieren, könnte dort neue Erkenntnisse ermöglichen, die mit traditionellen Methoden nicht erreichbar wären.

Bereits 2023 begann eine neue öffentliche Diskussion, die aus den USA nach Europa schwappte und sich der Frage widmete, ob eine KI so intelligent werden könne, dass sie den Menschen übertreffen würde und am Ende sogar in der Lage wäre, die Herrschaft zu übernehmen, wie es in zahlreichen Hollywoodfilmen postuliert wird. Man kann vorwegnehmen, dass ein Thermostat beispielsweise keine Gewissensprüfung benötigt, um eine Entscheidung zu treffen, und dass KI-Systeme autonom handelnde Entitäten sein können. Dennoch wird die Frage nach der Möglichkeit einer autonomen, bewussten KI von den Autoren als ungeklärt betrachtet. Die Forschung unterscheidet hier zwischen schwacher KI, die spezifische Aufgaben ohne echtes Verständnis löst, und starker KI, die theoretisch menschenähnliche kognitive Fähigkeiten erlangen könnte. Nida-Rümelin warnt vor einer animistischen starken KI, der Bewusstsein zugesprochen würde, und sieht darin eine philosophisch unvertretbare Annahme, da KI keine sozialen Interaktionen oder Erfahrungen hat und daher keine echten Intentionen entwickeln kann. Gethmann ergänzt, dass KI-Systeme keine Akteure im philosophischen Sinne sind, da ihnen die Fähigkeit zur intentionalen Handlung fehlt. Selbst fortgeschrittene KI-Systeme können nur Daten verarbeiten, aber nicht eigenständig Urteile fällen oder Verantwortung übernehmen. In der Forschung sieht Gethmann KI daher lediglich als Werkzeug zur Unterstützung, da die Fähigkeit zur Interpretation und Hypothesenbildung ausschließlich dem Menschen vorbehalten bleibt.

Die beschriebene Situation kann jedoch nicht statisch betrachtet werden, da wir täglich neue Fortschritte sehen, was viel mit den enormen Investitionen zu tun hat, die aktuell in KI-Technologien fließen. Unternehmensberatungen prognostizieren, dass die weltweiten Ausgaben für KI weiter stark ansteigen und sich auf mehrere hundert Milliarden US-$ belaufen könnten. Die hohen Investitionssummen lassen vermuten, dass die Entwicklung von KI in den kommenden Jahren noch stärker an Fahrt gewinnen wird. Bereits ein großer Teil der Unternehmen in den Industrieländern hat KI-Technologien implementiert, wobei der Fokus zunehmend auf generative KI-Modelle und Agentensysteme gelegt wird, die Umsatzpotenziale heben und neue Geschäftsmodelle schaffen sollen (Cheung et al., 2024). Die neu geschaffenen Modelle werden schneller handeln und schneller agieren. Ob Unternehmen mit ihrem Expansionsdrang wissenschaftlicher Ethik folgen werden, ist fraglich.

Es ist nicht die Aufgabe dieses Buches, dieser Frage nachzugehen. Dennoch wird es im Rahmen der Diskussionen um die Technikfolgenabschätzung in Deutschland zu einer abrupten Kehrtwende in der bisherigen Vernachlässigung des Themas kommen. Der Auslöser hierfür kommt aus den USA: Elon Musk (Tesla, SpaceX, X – ehemals Twitter, Neuralink) und Peter Thiel (Palantir) werden alles daransetzen, für die US-amerikanische Regierung den technologischen Vorsprung der USA auf dem Gebiet der KI-Entwicklung zu halten oder weiter auszubauen. Dies wird dadurch verstärkt, dass auch Jeff Bezos (Amazon) und Mark Zuckerberg (Meta) die US-Regierung unter Präsident Trump unterstützen. Wenn ein großer Teil der Tech-Elite der USA politisch in einem Lager sitzt, wird dies auch für die weitere KI-Entwicklung Konsequenzen haben. Dies wird sich nicht nur auf die bilateralen Beziehungen zwischen Deutschland und den Vereinigten Staaten auswirken, sondern auch weitreichend in alle gesellschaftlichen und Lebensbereiche der Bundesbürger hineinwirken.

2.2 Der Beginn einer neuen Ära

Die Zukunft der KI wird durch die Tech-Konzerne vorangetrieben, um damit ihre ökonomische Dominanz auszubauen. Die restlichen Branchen nehmen den Nutzen der Automatisierungsangebote und Produktivitätssteigerungen dankend an. Deswegen betonen Marcus Disselkamp und Frank Schmiedchen (Kap. 18), dass KI als Basisinnovation betrachtet werden muss, die in Kombination mit umfassenden digitalen Transformationsprozessen das Potential hat, traditionelle Geschäftsmodelle weitreichend und disruptiv zu verändern. Im Kontext der Wertschöpfungskette fungiert KI als Katalysator für Effizienzsteigerungen und Automatisierung. Unternehmen wie Siemens und Bosch haben durch die Digitalisierung von Produktions- und Lieferketten die Transparenz und Flexibilität entlang der gesamten Wertschöpfungskette erhöht. Die deutsche Initiative Manufacturing-X, Teil des Industrie-4.0-Konzepts, fördert den Aufbau vernetzter Datenräume, die Unternehmen die gemeinsame Nutzung von Produktions- und Lieferkettendaten ermöglichen. Diese Fortschritte in der Wertschöpfungskette schaffen die Grundlage für die zunehmende strategische Bedeutung von KI in der Unternehmensführung. Der Zugang zu umfangreichen Datenmengen für das Training von KI-Modellen spielt hierbei eine entscheidende Rolle, um fortlaufend Optimierungspotentiale zu identifizieren und die Wettbewerbsfähigkeit zu steigern. Betrachten wir die vernetzte Automatisierung, so geht es nicht mehr nur um manuelle Prozesse, sondern um die Entwicklung kognitiv gesteuerter, komplexer autonomer Systeme, die eigenständige Entscheidungen treffen können. KI-gestützte Automatisierung kann in der Produktion zu Kostensenkungen von bis zu 30 % führen. Doch auch im Finanzsektor wird KI eingesetzt, beispielsweise bei JPMorgan zur schnelleren Identifikation von Betrugsfällen oder zur Risikobewertung in komplexen Portfolios. Die Echtzeitanalyse großer Datenmengen ermöglicht es, Anomalien frühzeitig zu erkennen und effizient gegenzusteuern. Insgesamt verdeutlichen all diese Beispiele, dass KI als treibende Kraft hinter der Transformation von Unternehmensprozessen verstanden werden muss (Elingrud et al., 2023).

Insbesondere in den Führungsetagen der Unternehmen zeigt sich zunehmend die strategische Bedeutung von KI, die längst über die rein operative Optimierung hinausgeht. Studien wie die von Buxmann und Schmidt (2019) heben hervor, dass KI zur Entscheidungsfindung auf Top-Management-Ebene beiträgt. Unter dem Konzept der *Decision Intelligence* entwickelt sich die *Business Intelligence* durch den Einsatz von Analysemethoden wie *Predictive* und *Prescriptive Analytics* weiter, wobei *Agile Analytics* hinzukommt, um Unternehmen in die Lage zu versetzen, rasch auf Marktveränderungen zu reagieren. Eine erfolgreiche Implementierung von KI in der Unternehmensstrategie erfordert eine proaktive Einbindung des Top-Managements sowie eine durchdachte Datenstrategie, um die Technologie als integralen Bestandteil der Unternehmensführung zu verankern. Diese umfassende Integration zeigt sich insbesondere auch im Bereich der Forschung und Entwicklung. In den Naturwissenschaften und Ingenieurdisziplinen ermöglichen KI-Algorithmen die Analyse großer Datenmengen, die Entdeckung neuer wissenschaftlicher Muster sowie die Entwicklung innovativer Lösungen. Deep-Learning-Modelle, wie AlphaFold von DeepMind, haben die präzise Vorhersage von Proteinstrukturen revolutioniert und den wissenschaftlichen Fortschritt in der Molekularbiologie beschleunigt (Deepmind, 2020). Die Automobilindustrie setzt KI-basierte digitale Zwillinge ein, um die Entwicklung neuer Prototypen zu optimieren, was die Markteinführungszeit von Produkten deutlich verkürzt. Die gängigen Studien ermitteln, dass der Einsatz von KI in der F&E die Markteintrittszeit um bis zu 20 % reduzieren kann (Liu et al., 2024). Dieser Einfluss erstreckt sich zudem auf die Schaffung neuer disruptiver Innovationen, die erst durch KI möglich werden. Clayton M. Christensen (2016/1997) unterscheidet zwischen *sustaining innovations*, die bestehende Produkte verbessern, und *disruptive innovations*, die ganze Märkte verändern können. KI treibt diese Transformation, indem sie nicht nur bestehende Prozesse verbessert, sondern völlig neue Geschäftsmodelle ermöglicht. Plattformunternehmen wie Uber und Airbnb nutzen KI, um durch datengetriebene Algorithmen Angebot und Nachfrage effizient zu steuern und etablierte Marktstrukturen herauszufordern. Diese Entwicklungen unterstreichen auch die entscheidende Rolle, die KI in der Weiterentwicklung der *Business Intelligence* spielt. Diese datenbasierten Modelle führen zu einer Neugestaltung des Wettbewerbsumfelds und schaffen Raum für neue Marktteilnehmer. Im Bereich der *Business Intelligence* hat sich die Nutzung von KI in den letzten Jahren stark weiterentwickelt. Nenninger und Seidel (2021) zeigen auf, dass BI-Systeme durch die Integration von Techniken wie *Natural Language Processing* und *Machine Learning* nicht mehr nur retrospektiv Daten analysieren, sondern auch präzise Prognosen treffen und fundierte Handlungsempfehlungen abgeben können. Dies ermöglicht es Unternehmen wie Amazon, Kundenangebote in Echtzeit zu personalisieren und die Kundenbindung zu stärken. Die Weiterentwicklung hin zur *Decision Intelligence* verdeutlicht einen Paradigmenwechsel, der auf datenbasierte Entscheidungsfindung zur Verbesserung der Unternehmenssteuerung abzielt. Dieser Paradigmenwechsel wirkt sich auch auf das Kundenmanagement aus, wo KI immer mehr an Bedeutung gewinnt.

Die Branche, bei der der KI-Technologiesprung die größte Begeisterung auslöst, ist das Gesundheitswesen, einschließlich Medizintechnik, Pharmazie und Krankenhauswesen, da KI die medizinische Versorgung grundlegend verbessern kann. In Bereichen wie der bildgebenden Diagnostik, der Medikamentenforschung und der Verwaltung von Krankenhäusern spielt KI eine zunehmend bedeutende Rolle. Diese Entwicklungen eröffnen neue

Möglichkeiten für effizientere, präzisere und personalisierte Behandlungen. Bildgebende Verfahren, wie Röntgen, MRT und CT, gehören zu den zentralen diagnostischen Werkzeugen in der modernen Medizin. KI hat sich in den letzten Jahren in diesen Bereichen als unverzichtbare Unterstützung etabliert. KI-Systeme können Bilder schneller und genauer als menschliche Radiologen analysieren und sind dabei in der Lage, subtile Muster und Anomalien zu erkennen, die für das menschliche Auge nicht sichtbar sind. Die Stärke der KI liegt dabei nicht nur in der Genauigkeit, sondern auch in der Geschwindigkeit der Analyse. Während ein Radiologe für die Auswertung vieler Bilder vielleicht mehrere Stunden benötigt, kann eine KI-basierte Software dieselbe Aufgabe in wenigen Minuten erledigen. Dies führt zu einer erheblichen Entlastung des medizinischen Personals und ermöglicht eine schnellere Diagnose, was besonders in zeitkritischen Situationen von entscheidender Bedeutung ist. Ein weiterer Vorteil der KI ist ihre Lernfähigkeit. KI-Systeme können kontinuierlich auf Grundlage neuer Daten verbessert werden. Sie lernen aus früheren Fehlern und passen ihre Algorithmen an, um zukünftige Diagnosen weiter zu optimieren.

Nicht nur die Diagnose profitiert von KI, auch die Verwaltung und Organisation von Krankenhäusern wird durch den Einsatz dieser Technologie revolutioniert. KI kann in zahlreichen Bereichen eingesetzt werden, um den Krankenhausbetrieb zu optimieren, die Arbeitsbelastung des Personals zu verringern und die Patientenversorgung zu verbessern. Ein zentraler Aspekt hierbei ist die automatisierte Verwaltung von Patientendaten. In modernen Krankenhäusern fallen täglich riesige Datenmengen an, die von administrativen Aufgaben bis hin zu medizinischen Aufzeichnungen reichen. Künstliche Intelligenz kann diese Daten analysieren und effizienter verwalten, wodurch der Verwaltungsaufwand erheblich reduziert wird. Darüber hinaus spielen KI-Systeme eine entscheidende Rolle bei der Optimierung von Arbeitsabläufen im Krankenhaus. Die Automatisierung von Routineaufgaben, wie der Planung von OPs oder der Verteilung von Betten, kann Ärzte und Pflegepersonal entlasten und mehr Zeit für die direkte Patientenversorgung schaffen.

Die Medikamentenforschung, um ein weiteres Beispiel aus dem weiten Feld der Medizin vorzustellen, ist traditionell ein zeitaufwendiger und kostspieliger Prozess. Von der Identifizierung eines potenziellen Wirkstoffs bis zur Marktreife eines Medikaments können Jahre vergehen. Hier kommt KI ins Spiel, die diese Prozesse erheblich beschleunigt. KI-basierte Systeme können riesige Datenmengen aus genomischen Datenbanken, klinischen Studien und wissenschaftlichen Publikationen analysieren und dabei Muster und Korrelationen identifizieren, die menschlichen Forschern möglicherweise entgehen. Ein prominentes Beispiel für den Einsatz von KI in der Medikamentenentwicklung ist die COVID-19-Pandemie. Während herkömmliche Medikamentenforschungsprozesse oft Jahre in Anspruch nehmen, konnten durch den Einsatz von KI und maschinellem Lernen in einem Bruchteil der Zeit potenzielle Behandlungsmöglichkeiten identifiziert werden. KI-gestützte Systeme analysierten Millionen von chemischen Verbindungen und simulierten deren Wechselwirkungen mit dem SARS-CoV-2-Virus. Auf diese Weise konnte eine vielversprechende Liste von Wirkstoffen in wenigen Monaten erstellt werden, was maßgeblich zur schnellen Entwicklung von Impfstoffen und Therapien beitrug. KI wird nicht nur zur Identifizierung von Wirkstoffen eingesetzt, sondern auch zur Optimierung von klinischen Studien. Durch die Analyse von Patientendaten können KI-Systeme dabei helfen, die Patienten zu identifizieren, die am wahrscheinlichsten auf ein bestimmtes Medikament ansprechen. Dies führt zu effizienteren Studien mit besseren Ergebnissen und kürzeren Entwicklungszeiten. Marcus Disselkamp und Frank Schmiedchen betonen in ihrem Beitrag, dass KI-basierte Technologien die Effizienz klinischer Studien um bis zu 30 % steigern können, indem sie präzisere Vorhersagen zu den Ergebnissen und potenziellen Nebenwirkungen machen.

Diese Entwicklung zeigt sich nicht nur in den F&E-Abteilungen der Unternehmen, sondern durchdringt zunehmend alle Bereiche der Wissenschaft. Ein begehrtes Merkmal von KI in der wissenschaftlichen Forschung ist ihre Fähigkeit, große Datenmengen effizient zu analysieren. Besonders in datenintensiven Disziplinen, wie Molekularbiologie, Astronomie und Klimaforschung, hat der Einsatz von KI bereits erhebliche Fortschritte ermöglicht. Die Geschwindigkeit und Präzision, mit der KI Muster in Daten erkennt, erlauben es Wissenschaftlern, Hypothesen schneller zu überprüfen und neue Erkenntnisse zu gewinnen. Dies ist insbesondere in der hochkomplexen Klimaforschung von entscheidender Bedeutung. Mithilfe von KI können Satellitendaten und historische Klimamodelle analysiert werden, um präzise Vorhersagen über zukünftige Klimaentwicklungen zu treffen. Solche Modelle sind unverzichtbar, um fundierte politische Entscheidungen zur Bekämpfung des Klimawandels zu treffen und die Auswirkungen von Treibhausgasen auf das globale Klima besser zu verstehen. Im Vergleich zu herkömmlichen Methoden ermöglicht KI die Verarbeitung größerer Datenmengen und die Erstellung detaillierterer Klimamodelle.

Neben der Datenanalyse findet KI auch zunehmend Anwendung in der Automatisierung von Forschungsprozessen. Ein bemerkenswertes Beispiel ist der Einsatz von KI-gesteuerten Robotern zur Automatisierung von Laborarbeiten. Diese Systeme können eigenständig Experimente durchführen, Daten sammeln und diese direkt analysieren. Dadurch wird der Forschungsprozess erheblich effizienter gestaltet, so dass Wissenschaftler ihre Ressourcen verstärkt auf die Interpretation der Ergebnisse und die Ableitung neuer Forschungsansätze konzentrieren können.

Die Simulation komplexer Prozesse, die in der Physik von zentraler Bedeutung sind und bei denen herkömmliche Computer schnell an ihre Grenzen stoßen, hat durch die Kombination von Quantencomputing und KI völlig neue Möglichkeiten eröffnet. Durch dieses Zusammenspiel lassen sich hochkomplexe physikalische Systeme, wie die Simulation von Molekülen oder Quantenprozessen, deutlich effizienter berechnen.

Jeanette Lorenz, Forscherin am Fraunhofer-Institut für Kognitive Systeme, zeigt in Kap. 12, dass die Kombination aus Quantencomputing und KI die Rechenleistung beispielsweise in der Physik und Chemie durch die Neuartigkeit der Berechnungen enorm steigern kann. Diese neuen Möglichkeiten sind besonders wichtig für die Materialwissenschaften und die chemische Forschung, in denen die Simulation von Molekülen und Reaktionen essenziell ist. Jeanette Lorenz bespricht in ihrem Beitrag sogenannte Quantenbits oder *Qubits*. Diese bilden das Grundelement eines Quantencomputers und besitzen im Gegensatz zu klassischen Bits die Fähigkeit, sich in Superpositionen zu befinden, also gleichzeitig zu bestimmten Anteilen die Zustände 0 und 1 einzunehmen. Diese Eigenschaft, kombiniert mit der quantenmechanischen Verschränkung, ermöglicht eine Parallelverarbeitung, die bei bestimmten Algorithmen eine erhebliche Effizienzsteigerung verspricht.

Jeanette Lorenz weist darauf hin, dass aktuelle Quantencomputer aufgrund der Fehleranfälligkeit der Qubits und der Schwierigkeit, diese bei sehr niedrigen Temperaturen zu stabilisieren, noch nicht in der Lage sind, komplexe Probleme zu lösen, die klassische Supercomputer nicht ebenfalls bewältigen könnten. Die Herausforderung liegt darin, Mechanismen zur Fehlerkorrektur zu entwickeln, die es ermöglichen, die Sensitivität der Qubits gegenüber Umwelteinflüssen zu reduzieren. Im Bereich der Quantencomputer werden verschiedene Ansätze verfolgt, die Qubits durch reale physikalische Effekte darzustellen. Die bekanntesten Methoden sind Atome nahe am absoluten Temperaturnullpunkt oder Ionen in sogenannten Ionenfallen. Es gibt aber auch noch andere Ansätze, etwa basierend auf Photonen oder sogenannten Nitrogen-Vacancy-Zentren. Jede Methode weist unterschiedliche Vor- und Nachteile hinsichtlich Stabilität und Skalierbarkeit auf.

Die Verknüpfung von Quantencomputing und Künstlicher Intelligenz eröffnet neue Möglichkeiten in der Datenverarbeitung und Mustererkennung. Künstliche Intelligenz, die auf klassischen Computern basiert, stößt bei der Lösung komplexer Optimierungsprobleme an ihre Grenzen. Quantencomputer könnten hier Abhilfe schaffen, indem sie bestimmte Rechenoperationen andersartig und damit im Einzelfall möglicherweise schneller durchführen. Jeanette Lorenz und andere Forscher untersuchen insbesondere die Anwendung von Quantencomputing für maschinelles Lernen, ein Teilgebiet der KI, das auf der automatisierten Erkennung und Verarbeitung von Mustern in großen Datenmengen basiert. Ein prominentes Beispiel ist der sogenannte *Quantum Support Vector Machine* Algorithmus. Dieser Algorithmus kann Klassifikationsaufgaben theoretisch mit weniger Training durchführen als seine herkömmlichen Pendants, was in der Praxis gerade dort interessant werden könnte, wo auch nur wenige Trainingsdaten existieren, etwa in bildgebenden Verfahren der Medizin.

Im Jahr 2020 präsentierte Google mit *Sycamore* einen Quantenprozessor, der in der Lage war, eine spezifische Berechnung, für die ein klassischer Supercomputer 10.000 Jahre benötigen würde, in 200 s durchzuführen. Dies markierte einen wichtigen Schritt in Richtung Quantenüberlegenheit, also den Punkt, an dem ein Quantencomputer eine Aufgabe schneller lösen kann als der leistungsfähigste klassische Computer. Jeanette Lorenz relativiert diesen Fortschritt jedoch, da die Berechnung keinen praktischen Nutzen hatte und nur als Machbarkeitsstudie galt. Sie betont, dass die praktische Anwendbarkeit von Quantencomputern in der KI erst erreicht wird, wenn stabilere Qubit-Architekturen und fehlerkorrigierende Quantencomputer entwickelt sind, die sich auch für realweltliche Probleme eignen.

Die theoretische Grundlage für die Anwendung von Quantencomputing in der Optimierung und zum Lösen komplexer kombinatorischer Probleme wurde bereits in den 1990er-Jahren durch den Quantenalgorithmus von Grover und den Shor-Algorithmus gelegt. Der Shor-Algorithmus beispielsweise ermöglicht es, große Zahlen effizient zu faktorisieren, was die Grundlage für viele moderne Verschlüsselungsverfahren bildet. In der

Praxis könnte dies dazu führen, dass herkömmliche Sicherheitsmechanismen in der IT durch Quantencomputing gefährdet werden. Jeanette Lorenz weist darauf hin, dass diese theoretischen Fortschritte das Interesse an post-quantum kryptographischen Verfahren geweckt haben, die gegen Angriffe von Quantencomputern resistent sind. Diese Entwicklungen zeigen, dass Quantencomputing und KI nicht nur das Potential haben, bestehende Technologien zu verbessern, sondern auch neue Herausforderungen schaffen, die adressiert werden müssen.

Die Fortschritte im Bereich der Hardwareentwicklung für Quantencomputer sind entscheidend für das weitere Wachstum der Branche. Während IBM und Google auf supraleitende Qubits setzen, experimentiert das Unternehmen IonQ mit Ionenfallen, die in der Lage sind, Qubits bei Raumtemperatur zu betreiben. Diese Herangehensweise könnte langfristig dazu beitragen, die derzeitige Fehleranfälligkeit von Quantencomputern zu überwinden. Die Kombination von Quantencomputing und Künstlicher Intelligenz ist noch ein junges Forschungsfeld, das jedoch zunehmend durch internationale Kooperationen und Förderprogramme unterstützt wird.

2.3 Die Risiken wiegen schwer

Die diskutierten Risiken reichen von Machtmissbrauch, gesellschaftlichen Verwerfungen, grotesk hohem Energiebedarf und Massenarbeitslosigkeit über die galoppierende Aufrüstung mit autonomen Waffensystemen bis hin zum Ende der Menschheit. Auch wenn in naher Zukunft eher die positiven Aspekte dominieren werden, gilt es dennoch, die Folgenabschätzung scharf im Blick zu behalten. Die Beschleunigung wissenschaftlicher Fortschritte kann dazu führen, dass gesellschaftliche Anpassungen nicht rechtzeitig erfolgen können.

Beginnen wir mit dem steigenden Energiebedarf, mit dem sich Dieter Kranzlmüller und Andrew Grimshaw (Kap. 7) auseinandersetzen: Der Energieverbrauch von KI hat in den letzten Jahren rapide zugenommen und erfordert eine fundierte Analyse der zugrunde liegenden Infrastrukturen, technologischen Entwicklungen und ökologischen Auswirkungen. IT-Infrastrukturen, wie Rechenzentren als Rückgrat für KI-Berechnungen, verursachen einen signifikanten Anteil am globalen Stromverbrauch. Bereits 2020 belief sich der Energieverbrauch der Rechenzentren weltweit auf etwa 200 Terawattstunden (TWh), was ungefähr 1 % des globalen Strombedarfs entsprach. Prognosen deuten darauf hin, dass dieser Anteil bis 2030 auf bis zu 8 % ansteigen könnte, was ernsthafte Folgen für die Einhaltung globaler Klimaziele und die ökologische Nachhaltigkeit mit sich bringt. Kranzlmüller und Grimshaw betonen, dass die Ursache dieses Anstiegs in der zunehmenden Komplexität der KI-Modelle und dem Bedarf an Hochleistungsrechenzentren liegt, die enorme Rechenleistungen für die Verarbeitung und das Training solcher Modelle bereitstellen. Hyperscaler-Rechenzentren, wie sie von Technologiekonzernen wie Google, Amazon und Microsoft betrieben werden, sind darauf ausgelegt, massive Mengen an Daten zu verarbeiten und zu speichern, was jedoch immense Energiemengen voraussetzt.

Energieeffizienzgewinne durch technologischen Fortschritt bei Prozessoren und Hardwarekomponenten kompensieren diesen Anstieg nur begrenzt (vgl. Jevons-Paradoxon). Trotz Fortschritten, wie etwa spezialisierter KI-Hardware, GPUs und TPUs, sowie energieeffizienterer Chips bleiben diese Effizienzsteigerungen in der Regel hinter der rasanten Erhöhung der Rechenanforderungen zurück. Kranzlmüller und Grimshaw heben hervor, dass selbst mit fortschrittlichen Hardwarelösungen der Energieverbrauch von KI-basierten Systemen in einer Größenordnung steigt, die die ökologische Nachhaltigkeit infrage stellt. Der Stromverbrauch für den Trainingslauf eines großen Modells, der sich über mehrere Wochen erstrecken kann, führt zu einem CO_2-Ausstoß, der bei herkömmlichen Energieträgern einem Äquivalent von etwa 284 t entspricht. Diese Menge an Emissionen entspricht der Lebenszeitemission von etwa fünf Autos und ist eine deutliche Belastung für die Umwelt. Betrieb und Training solcher KI-Modelle können bei konservativen Schätzungen in einem einzigen Jahr Emissionen verursachen, die den CO_2-Emissionen kleinerer Länder entsprechen.

Ein weiterer Aspekt, der die Nachhaltigkeitsproblematik verschärft, ist die geografische Verteilung der Rechenzentren. Viele Rechenzentren sind in Ländern wie den USA, China und Indien angesiedelt, die nach wie vor stark auf kohlenstoffintensive Energiequellen wie Kohle und Erdgas setzen. Dies führt zu einer zusätzlichen Erhöhung der CO_2-Emissionen, die nicht durch den Einsatz erneuerbarer Energien ausgeglichen werden kann. Auch wenn der Übergang zu erneuerbaren Energien fortschreitet, bleibt die tatsächliche Implementierung in der Praxis weit zurück. Die Notwendigkeit eines kontinuierlichen und zuverlässigen Energieflusses für die Rechenzentren stellt erneuerbare Energien vor Herausforderungen, da Solar- und Windenergie nicht in einem gleichmäßigen und kontinuierlichen Maßstab verfügbar sind. Dies führt in vielen Fällen zu einer verstärkten Nutzung fossiler Brennstoffe, um die Energieversorgung sicherzustellen. Darüber hinaus verweisen Kranzlmüller und Grimshaw auf eine mögliche Renaissance der Kernenergie als alternative Energiequelle zur Reduzierung der Kohlenstoffemissionen von Rechenzentren, insbesondere in Regionen, in denen erneuerbare Energien keine stabile Versorgung gewährleisten können. Die Kernenergie böte hier zwar eine Möglichkeit, den hohen Energiebedarf konstant zu decken; mit ihr verbunden sind jedoch gravierende politische und gesellschaftliche Bedenken sowie die ungelöste Problematik der radioaktiven Abfallentsorgung (vgl. Endlagersuche in Deutschland).

Neben den direkten, aber externalisierten Umweltkosten birgt der hohe Energieverbrauch von KI-Systemen auch wirtschaftliche Herausforderungen. Der Betrieb großer Rechenzentren ist teuer und erfordert eine kontinuierliche Verbesserung der Energieeffizienz, um den steigenden Kosten entgegenzuwirken. Die Optimierung von Algorithmen wird als eine Möglichkeit betrachtet, die Effizienz zu verbessern. Kranzlmüller und Grimshaw betonen, dass Algorithmen, die mit geringeren Rechenkapazitäten eine vergleichbare Leistung erzielen, den Energieverbrauch merklich senken könnten. Dieses Potential bleibt jedoch begrenzt, da die Anforderungen an die Rechenleistung durch die exponentiell wachsenden Datenmengen, die in modernen KI-Modellen verarbeitet werden müssen, stetig steigen. Die Frage der Energiebilanz von KI wirft damit grundlegende ethische und wissenschaftliche Fragen auf. Die globale KI-Entwicklung verzeichnet einen exponentiellen Fortschritt, der die Möglichkeiten der Algorithmen und Anwendungen erheblich erweitert, jedoch auch Ressourcen in einem noch nie dagewesenen Umfang beansprucht. Die Balance zwischen technologischem Fortschritt und ökologischer Verantwortung erfordert eine weitsichtige Strategie, die sowohl die Begrenzung des Energieverbrauchs als auch die Reduktion der CO_2-Emissionen berücksichtigt. In den USA wird aus diesem Grund der Ausbau der Kernenergie als ernstzunehmende Option angesehen, um den langfristig steigenden Energiebedarf von KI-Infrastrukturen zu decken. Da erneuerbare Energiequellen wie Solar- und Windkraft nur bedingt und wetterabhängig verfügbar sind, so argumentieren US-amerikanische KI-Forscher, könnte die Kernenergie eine zuverlässige Alternative darstellen, um die konstant hohen Energieanforderungen von Hyperscaler-Rechenzentren zu erfüllen. Die International Atomic Energy Agency (IAEA, 2021) geht davon aus, dass die Kernenergie bis 2050 ihren Anteil an der globalen Stromproduktion verdoppeln könnte, wobei einige Nationen den Ausbau aktiv fördern. Frankreich, das schon etwa 70 % seines Stroms aus Kernenergie bezieht, plant, seine Atomkraftkapazität zu erweitern, um den wachsenden Energiebedarf zu decken und gleichzeitig die nationalen Klimaziele zu unterstützen. Auch China verfolgt ehrgeizige Ausbauziele und will seine Kernkraftkapazität bis 2035 auf etwa 200 Gigawatt erhöhen, um die wachsende Nachfrage nach Strom für Industriezweige wie KI zu erfüllen. Die USA haben unterdessen Förderprogramme aufgelegt, um den Bau neuer Kernreaktoren der nächsten Generation zu unterstützen, darunter kleine modulare Reaktoren (*Small Modular Reactors,* SMR), die sich für dezentrale Anwendungen eignen. SMRs haben den Vorteil, dass sie sich schneller und kostengünstiger bauen lassen und eine niedrigere Investitionsschwelle aufweisen, was ihre Nutzung für KI-Infrastrukturen auch in abgelegenen Regionen attraktiv machen könnte. Eine weitere Entwicklung beobachtet man beim Reaktordesign von Flüssigsalz- und Brutreaktoren. Länder wie Russland und Indien haben signifikante Anstrengungen bei der Bruttechnologie entwickelt und arbeiten daran, kommerzielle Brutreaktoren zu entwickeln, die eine stabile Grundlastversorgung für stromintensive Industrien, aber auch für das maschinelle Lernen gewährleisten könnten.

Ein Hindernis für die breite Nutzung der Kernenergie zur Unterstützung von KI-Infrastrukturen bleiben jedoch die berechtigten Bedenken hinsichtlich der Sicherheit und der Entsorgung radioaktiver Abfälle sowie nie komplett auszuschließender Störfälle mit potenziell verheerenden Auswirkungen. Das Fukushima-Unglück im Jahr 2011 verstärkte in einigen Staaten die Skepsis gegenüber der Atomkraft und führte in letzter Konsequenz zum deutschen Atomausstieg bis 2024. Insgesamt sind die Herstellungskosten von Atomenergie inzwischen so hoch, dass privatwirtschaftliche Investitionen in solche Kraftwerke praktisch nur noch auf Basis staatlicher Garantien unternommen werden. Dennoch zeigt sich in vielen Ländern eine spürbare Verschiebung in der öffentlichen Wahrnehmung, insbesondere angesichts der Klimakrise und der dringenden Notwendigkeit, kohlenstofffreie Energiequellen zu etablieren. Studien belegen, dass die Kernkraft in puncto Lebenszyklus-Emissionen, also den gesamten CO_2-Emissionen, die bei Bau, Betrieb und Rückbau entstehen, vergleichbar niedrigere Werte aufweist als fossile Brennstoffe.

2.4 Die nächste industrielle Revolution?

Unter den schwerwiegendsten gesellschaftlichen Implikationen sind die Einflüsse der Künstlichen Intelligenz auf den Arbeitsmarkt. Wer jetzt darauf verweist, dass jede neue Technologie bisher nur zu einem Strukturwandel geführt habe und nie zu Massenarbeitslosigkeit oder Arbeitsplatzentfremdung, sollte sich der Problematik in einigen Aspekten erst noch bewusst werden. Frank Schmiedchen analysiert in Kap. 17 die disruptive Kraft der KI auf die internationale Arbeitsteilung und betont, dass KI das Potential hat, viele traditionelle Arbeitsplätze zu ersetzen. Insbesondere die digitale Vernetzung und Automatisierung von Produktions- und Verwaltungsprozessen wird zu einem großflächigen Verlust von Arbeitsplätzen führen, da viele manuelle Tätigkeiten effizienter von Maschinen ausgeführt werden können. Laut einer Studie von McKinsey (Liu et al., 2024) könnten bis 2030 weltweit bis zu 400 Mio. Arbeitsplätze durch Automatisierung gefährdet sein. Der deutsche Arbeitsmarkt könnte besonders betroffen sein, da etwa 23 % der Tätigkeiten potenziell automatisierbar sind. Auf der anderen Seite schafft die Digitalisierung jedoch auch neue Arbeitsplätze, vor allem in hochqualifizierten Bereichen, wie der Entwicklung und Wartung von KI-Systemen, oder im Bereich der Cybersecurity.

Die Auswirkungen der Automatisierung auf den Arbeitsmarkt hängen stark von der Art der betroffenen Berufe ab. Niedrigqualifizierte Arbeitsplätze, die repetitive und manuelle Tätigkeiten umfassen, sind am stärksten gefährdet, während hochqualifizierte Berufe, die kreatives und strategisches Denken erfordern, voraussichtlich an Bedeutung gewinnen werden. Allerdings ist die Frage, ob die neuen Arbeitsplätze die Verluste ausgleichen können, noch offen. Viele der neuen Berufe erfordern spezielle Qualifikationen, die nur durch gezielte Bildung und Weiterbildung erreicht werden können.

Ein weiterer Aspekt, der im Zusammenhang mit der Automatisierung diskutiert wird, ist die Frage nach der Besteuerung von Maschinenarbeit. Der massive Einsatz von KI und Automatisierungstechnologien hat nicht nur Auswirkungen auf den Arbeitsmarkt, sondern auch auf die Steuereinnahmen der Staaten. Traditionell basiert das Steuersystem auf der Besteuerung von menschlicher Arbeit. Wenn jedoch immer mehr Tätigkeiten von Maschinen übernommen werden, könnten die Steuereinnahmen drastisch sinken. Bill Gates, der Gründer von Microsoft, schlug in einem Interview vor, dass Unternehmen, die Roboter einsetzen, anstelle der weggefallenen Lohnsteuern eine Robotersteuer zahlen sollten. Dies könnte dazu beitragen, die negativen Effekte des Arbeitsplatzabbaus abzumildern und den sozialen Zusammenhalt zu sichern. Die Idee einer Robotersteuer wird auch in Europa zunehmend diskutiert (Daheim, 2019).

Doch eine solche Besteuerung birgt ebenfalls Herausforderungen. Es stellt sich die Frage, wie man Maschinenarbeit effektiv messen und besteuern kann. Hinzu kommt, dass eine zu hohe Besteuerung von Automatisierungstechnologien die Innovationskraft der Wirtschaft hemmen könnte. Unternehmen könnten gezwungen sein, ihre Produktion ins Ausland zu verlagern, wo niedrigere Steuern und geringere Regulierungshürden gelten. Hier muss ein Gleichgewicht gefunden werden, das sowohl die Innovation fördert als auch die sozialen Folgen der Automatisierung abfedert.

Kim Nguyen, Mario Trapp, Carl Friedrich Gethmann, Julian Nida-Rümelin, Frank Schmiedchen, Ute Schmid und viele andere kritische Stimmen der Autoren dieses Buches betonen besonders deutlich, dass die Sicherheit von KI-Systemen immer auch gesellschaftlich verstanden werden muss. Sie argumentieren, dass KI-Anwendungen in hochsensiblen Bereichen, wie der biometrischen Überwachung, auch in offenen, demokratischen Gesellschaften erhebliche Risiken bergen, die durch eine klare und strenge Regulierung adressiert werden müssen, um das Entstehen von neuen Diktaturen zu verhindern, auch derer, die vordergründig mit progressiven Werten daherkommen.

Alexander Brink unterstreicht diese Bedenken, indem er darauf hinweist, dass KI-Systeme nur dann als ethisch vertretbar gelten, wenn strenge Verantwortlichkeitsstrukturen und Transparenzmechanismen vorhanden sind. Er betont, dass die Einführung von KI ohne klare Regelungen und ohne Berücksichtigung ethischer Normen das Vertrauen der Gesellschaft gefährden und die Akzeptanz der Technologie unterminieren könnte. Für Brink sind strenge Regulierungsmaßnahmen und eine anpassungsfähige Governance unerlässlich, um sicherzustellen, dass KI nicht nur technisch, sondern auch sozial verträglich ist.

Der Einsatz von KI in militärischen Kommandostrukturen stellt jedoch die mit Abstand größte Gefahr für die Menschheit dar, insbesondere dann, wenn dies auch das Atomwaffenarsenal oder Biowaffen beinhaltet. Wirklich autonome KI-Militärsysteme sind in der Lage, ohne menschliches Eingreifen strategische Analysen durchzuführen, auf dieser Grundlage Ziele zu identifizieren und diese dann auszuschalten, ohne dass der Mensch noch einwirken kann.

Eine Reihe von Ländern, allen voran die USA und VR China, investieren massiv in die Entwicklung dieser Technologien, um entweder ihre militärische Überlegenheit zu sichern oder die anderer Parteien zu konterkarieren. KI-Systeme, die schnellere und präzisere Entscheidungen treffen können als Menschen und unter extremen Bedingungen länger einsatzfähig bleiben, sind aber auch ohne Kommandokompetenzen hochgefährlich. Die Automatisierung der Kriegsführung birgt tödliche Risiken für die Menschheit als Ganzes. Fehlfunktionen, Missverständnisse oder fehlerhafte Algorithmen könnten zu unkontrollierten militärischen Eskalationen führen. Karl Hans Bläsius warnt vor der Gefahr, dass Konflikte durch autonome Systeme schneller außer Kontrolle geraten könnten, da menschliche Entscheider aufgrund der Geschwindigkeit von KI-gesteuerten Reaktionen oft nicht in der Lage sind, rechtzeitig einzugreifen. Dies könnte in extremen Fällen zu einer Situation führen, die der Kabarettist und Buchautor Marc-Uwe Kling im brillanten Roman *QualityLand* (2017) als „der Trigger, der den Trigger triggert, wodurch der Trigger den Trigger triggert" beschreibt – ein Szenario, das im schlimmsten Fall einen nuklearen Konflikt auslösen könnte, der Millionen von Menschenleben fordern würde.

Ein weiteres großes Risiko stellt die zunehmende Nutzung von KI im Cyberraum dar. KI-basierte Cyberangriffe könnten in kürzester Zeit erhebliche Schäden verursachen. Die Interaktionen zwischen verschiedenen autonomen Systemen könnten dabei unvorhergesehene Kettenreaktionen auslösen. In einer immer stärker vernetzten Weltwirtschaft würde dies geopolitische Spannungen zusätzlich verschärfen. Die Verfügbarkeit und die einfache Verbreitung von Technologien, die für autonome Systeme genutzt werden, erschweren darüber hinaus die Rüstungskontrolle erheblich. Anders als bei herkömmlichen Waffen ist es bei softwarebasierten Waffensystemen nahezu unmöglich, ihre Verbreitung und Kapazität vollständig zu überwachen. Dies könnte zu einem neuen Wettrüsten führen, bei dem es schwierig wird, die tatsächlichen Fähigkeiten der Gegner einzuschätzen.

Auf geopolitischer Ebene stellt der Einsatz von KI in militärischen Systemen ein erhebliches Risiko dar. In einer angespannten globalen Sicherheitslage könnte das Wettrüsten um autonome Waffen zu einem gefährlichen Ungleichgewicht führen. Julian Nida-Rümelin warnt in diesem Zusammenhang vor einer Verlagerung der moralischen Verantwortung von Menschen auf Maschinen. Sobald autonome Systeme die Entscheidungsgewalt übernehmen, könnte die menschliche Kontrolle in kritischen Situationen ausgehebelt werden. Eine KI könnte eine Bedrohung anders interpretieren und aufgrund ihrer Programmierung Entscheidungen treffen, die zu einer Eskalation führen – möglicherweise noch bevor ein menschliches Eingreifen überhaupt möglich ist.

Ein besonders alarmierendes Szenario ist die Gefahr, dass autonome Waffensysteme einen nuklearen Konflikt auslösen könnten. Fehlinterpretationen durch Maschinen könnten in einer ohnehin angespannten geopolitischen Lage dazu führen, dass ein Angriff gestartet wird, der nicht mehr rückgängig zu machen ist. Bläsius warnt, dass solche Fehler oder Missverständnisse einen Atomkrieg aus Versehen auslösen könnten, da die Entscheidungsgeschwindigkeit von KI-Systemen eine menschliche Intervention unmöglich macht.

Die Automatisierung der Kriegsführung kann auch dazu führen, dass die Hemmschwelle für militärische Konflikte sinkt. Wenn Entscheidungen automatisiert getroffen werden, ohne menschliche Bedenken zu berücksichtigen, steigt die Wahrscheinlichkeit ungewollter militärischer Auseinandersetzungen. Dies erhöht das Risiko eines nuklearen Konflikts. In einem Klima des Misstrauens zwischen Großmächten, wie es derzeit besteht, könnte ein solches Wettrüsten unvorhersehbare Dynamiken entfalten, bei denen die menschliche Kontrolle zunehmend durch maschinelle Entscheidungsfindung ersetzt wird.

Um diesen Risiken entgegenzuwirken, sind internationale Regulierungen und Abrüstungsabkommen unerlässlich. Ob der politische Wille auf globaler Ebene ausreicht, um den Einsatz autonomer Waffensysteme unter Kontrolle zu stellen, bleibt jedoch abzuwarten. Frühere Abrüstungsverträge, wie der *Open-Skies*-Vertrag, könnten als Modell dienen, um das Vertrauen zwischen den Großmächten wiederherzustellen, doch diese wurden in den letzten Jahren von den USA und Russland aufgekündigt und hatten auch die Rolle Chinas nie berücksichtigt. Der Verlust wissenschaftlicher und diplomatischer Zusammenarbeit, wie derzeit zwischen den USA und ihren Verbündeten einerseits, und das neu entstehende Bündnis China-Russland-Iran andererseits erschweren jedoch die Entwicklung einer solchen Vertrauensbasis.

Die Möglichkeit, dass eine allgemeine Künstliche Intelligenz (AGI) oder gar eine Superintelligenz entstehen könnte, die eigenständig Entscheidungen trifft, stellt eine weitere Herausforderung dar. Mit dieser Problematik hat sich die VDW-Studiengruppe von Frank Schmiedchen bereits 2018 in ihrem Policy Paper zu den Asilomar-Prinzipien auseinandergesetzt (siehe hierzu auch Kap. 22). Dass solche Systeme hypothetisch existenzielle Gefahren für die Menschheit darstellen könnten, wird auch von vielen anderen führenden KI-Experten bestätigt. Autonome Waffen sind nicht nur auf staatlicher Ebene ein Risiko. Die massenhafte Verbreitung dieser Technologien könnte außerdem völlig unbekannten terroristischen Gruppen oder anderen nichtstaatlichen Akteuren neue Möglichkeiten eröffnen.

Zur Art und Weise eines Endes der Menschheit sind der Fantasie kaum Grenzen gesetzt – sei es durch den Einsatz von KI bei der Steuerung von Atomwaffen bis hin zur Abschaffung biologischer Lebewesen durch Maschinen. KI-Ideologen sehen daher die Notwendigkeit, den Menschen der KI ebenbürtig zu machen und sich ihre technischen Fähigkeiten als Cyborgs anzueignen. Die prohumanistisch-transhumanistische Bewegung geht davon aus, dass Menschen ihre körperlichen und geistigen Fähigkeiten durch technologische Eingriffe so erweitern können und müssen, um neue Dimensionen von Gesundheit und Intelligenz zu erreichen und der unabwendbaren ultimativen Bedrohung durch die KI-Singularität widerstehen zu können.

Dem gegenüber steht das Lager der Posthumanisten, die den Übergang von einer biologisch geprägten zu einer technologiegestützten Existenz der Menschheit anstreben. Sie argumentieren, dass die traditionelle Vorstellung von der Führungsrolle des Menschen auf der Erde zu zahlreichen historischen Herausforderungen wie Ausbeutung, Unterdrückung, Kriegen und anderen gesellschaftlichen Missständen geführt habe. Der Mensch sei daher in seiner bisherigen Form möglicherweise nicht geeignet, eine nachhaltige Zukunft zu gewährleisten. Anders bewerten dies Befürworter einer Renaissance der menschlichen Gestaltungskraft, die unter neuen, modernen Vorzeichen diskutiert wird. Diese Auseinandersetzung wurde von Frank Schmiedchen im Vorgängerbuch *Wie wir leben wollen* ausführlich beleuchtet.

Wie Gethmann erklärt, stellt die Intervention in die Natur, wie sie durch technologische Entwicklungen ermöglicht wird, eine grundlegende Transformation des Menschen dar. Diese Transformation wird nicht mehr als bloße Ergänzung menschlicher Fähigkeiten gesehen, sondern als eine potenziell vollständige Ablösung bestimmter menschlicher Funktionen durch Maschinen oder künstliche Systeme. Diese technologische Evolution zielt darauf ab, den Menschen von natürlichen Zwängen zu befreien und ihn in einer Weise zu optimieren, die über die aktuellen biologischen Beschränkungen hinausgeht.

Der zentrale Gedanke des Transhumanismus ist, dass menschliche Schwächen wie Krankheiten, Alter und Tod überwunden werden können. Technologische Fortschritte in der Biotechnologie, Gentechnik und Künstlichen Intelligenz gelten als Schlüssel, um diese Ziele zu erreichen. In diesem Sinne sieht der Transhumanismus das menschliche Gehirn nicht als etwas Unveränderliches, sondern als etwas, das durch Technologien wie Gehirn-Computer-Schnittstellen verbessert werden kann. Beschorner beschreibt diesen Prozess als eine Art „Dazwischen", in dem Maschinen- und menschliche Fähigkeiten miteinander verschmelzen und neue Formen von Beziehungen und Identitäten entstehen.

Ein zentrales Thema, das sich im Transhumanismus immer wieder zeigt, ist die Frage der menschlichen Identität und der Rolle der Technologie. Der Übergang von natürlichen zu technikgestützten Fähigkeiten stellt die traditionelle Vorstellung vom Menschen infrage. Gethmann stellt klar, dass sich diese Veränderungen nicht nur auf die Fähigkeiten, sondern auch auf die moralischen und ethischen Grundlagen auswirken werden. Sobald Maschinen in der Lage sind, die kognitiven und physischen Fähigkeiten von Menschen zu übertreffen oder sogar zu ersetzen, entsteht eine neue Dimension ethischer Herausforderungen. Werden Menschen beispielsweise durch Technologien wie Künstliche Intelligenz oder genetische Eingriffe in eine überlegene Spezies transformiert, muss die Frage gestellt werden, welche Rechte, Pflichten und Verantwortungen diese neuen Wesen gegenüber ihren „natürlichen" Vorfahren haben.

Die ethische Debatte dreht sich zudem um die Frage, ob es moralisch vertretbar ist, technologische Eingriffe in den menschlichen Körper und Geist vorzunehmen, um die Evolution künstlich zu beschleunigen. Nida-Rümelin argumentiert, dass eine solche Entwicklung den Menschen von seiner Verantwortung für das eigene Handeln entfremden könnte. Wenn Maschinen die Entscheidungen für uns treffen oder Menschen ihre Fähigkeiten durch Technologie künstlich erweitern, droht die Gefahr, dass die menschliche Autonomie und Selbstbestimmung untergraben werden. Das Konzept der „Lebensautorschaft", das den Menschen als Autor seines eigenen Lebens begreift, steht in Konflikt mit der Vorstellung, dass Maschinen oder Technologien diese Rolle übernehmen könnten.

Stefan Bauberger und Frank Schmiedchen widmen sich im ersten Buch der VDW-Studiengruppe Digitalisierung (*Wie wir leben wollen*) diesem Thema auf einer tiefergehenden Ebene. Sie fragen, inwieweit die menschliche Existenz primär durch die Fähigkeit des Menschen zur Kognition definiert ist. Besonders das Beispiel von Menschen mit geistiger Behinderung bringt dies auf den Punkt. Schmiedchen und Bauberger insistieren, dass die Würde des einzelnen Menschen eben gerade nicht von seinen kognitiven Fähigkeiten abhängt, Descartes also insofern irrt. Vielmehr ist es seine reflektierte Unmittelbarkeit, die seine phänomenologische Erscheinung immer auf den zugrunde liegenden Impuls zurückwirft, also seine ureigene, unmittelbare Göttlichkeit enthüllt.

Insgesamt betrachten Trans- und Posthumanismus den Menschen als formungsbedürftig und technologisch verbesserungsnotwendig. Dabei geht es nicht nur um die physische Transformation, sondern auch um die Erweiterung des menschlichen Geistes und der Fähigkeiten durch Künstliche Intelligenz, Genmanipulation und Biotechnologie. Der posthumanistische Traum zielt menschenverachtend darauf ab, den Menschen zu einem postbiologischen Wesen zu transformieren, das frei von natürlichen Begrenzungen agieren kann. Jedoch bleiben dabei alle relevanten ethischen, philosophischen und praktischen Fragen offen.

2.5 Die ausweglose Schlussfolgerung

Die Büchse der Pandora wurde geöffnet – oder war sie vielleicht niemals wirklich verschlossen? Gemäß der bisherigen menschlichen Evolution sind wir nun dazu verdammt, mit der KI zurechtzukommen. Es ist sogar die Pflicht eines jeden, dies zu tun, um einem

Missbrauch entgegenzuwirken – das ist die Botschaft dieses beeindruckenden wissenschaftlichen Fachbuchs. Jedem muss eindringlich klar werden, dass Ignoranz gegenüber dieser Technologie die persönliche Abhängigkeit in unerwünschtem Maße erhöhen wird. Gesellschaftliche Veränderungen und Verschiebungen hat es seit jeher gegeben, doch nun kommt eine durch KI verursachte Geschwindigkeit des Wandels hinzu, die eine Anpassung zumindest innerhalb demokratischer Regimes kaum noch möglich macht. Damit verbunden werden wir soziale Polarisierungen beobachten, die alle Bürger betreffen, ebenso wie makroökonomische Disruptionen und geopolitische Verschiebungen.

Wenn die Prognosen stimmen, auf die Disselkamp und Schmiedchen hinweisen (Kap. 18) und wonach 23 % der Tätigkeiten in Deutschland bis 2030 automatisierbar sein werden, dann darf diesen Menschen nicht nur die Arbeitslosigkeit als Zukunftsvision angeboten werden. Dies würde nicht nur den sozialen Frieden stören, sondern sogar zu gefährlichen Spannungen führen. Die Modelle für den gesellschaftlichen Umbau müssen schon jetzt geplant werden, und jeder Einzelne wird sich auf die neue Umwelt einstellen müssen. Statt Resignation aus dem Entfremdungspotential der Disruption entstehen zu lassen, sollte eine positive Vision der zukünftigen Arbeitswelt entwickelt werden. Jede und jeder Einzelne ist gefragt, sich aktiv mit der KI und deren Auswirkungen auf den Arbeitsmarkt auseinanderzusetzen. Es ist daher unerlässlich, sich sowohl persönlich als auch gesellschaftlich auf diese Veränderungen vorzubereiten und sich durch kontinuierliche Weiterbildung sowie die Anpassung an neue berufliche Anforderungen in einer dynamischen Arbeitswelt zu positionieren.

Die persönliche Anpassungsbereitschaft ist besonders wichtig, weil KI auch zunehmend in kritischen Bereichen wie Medizin, Justiz und Sicherheit zum Einsatz kommt. Eine transparente Überwachung und die Möglichkeit, KI-Entscheidungen zu hinterfragen, sind unabdingbar. Nur durch eine Neudefinition sozialer Standards sowie rechtlicher Rahmenbedingungen kann Vertrauen in KI-Systeme geschaffen werden. Eine starke Zivilgesellschaft spielt dabei eine wesentliche Rolle. KI darf nicht den Interessen einzelner Konzerne oder Nationen überlassen werden, sondern muss als gemeinschaftliches Gut gestaltet werden, von dem alle profitieren. Hierbei ist der *EU AI Act* erwähnenswert, den alle Autoren als Schritt in die richtige Richtung sehen. Dieser Gesetzesvorschlag setzt auf strenge Regularien für Hochrisiko-KI-Anwendungen und zielt darauf ab, vertrauenswürdige Standards in Europa durchzusetzen. Doch auch dies ist nur ein Anfang; ein kontinuierliches Engagement der Gesellschaft ist vonnöten, um sicherzustellen, dass KI-Anwendungen nicht durch wirtschaftliche Interessen manipuliert oder missbraucht werden.

All dies hat bereits begonnen, und das nächste Phänomen, das nicht lange auf sich warten lassen wird, ist eine Erschütterung der Preisstabilität in den kommenden Jahren. Der stark wachsende Energiehunger der Künstlichen Intelligenz ist eine Herausforderung, der wir uns nicht entziehen können, da alle Nationen in einem globalen Wettlauf um die stärkste KI stehen. Der rapide Anstieg des Energieverbrauchs durch KI-Anwendungen belastet die globale Energieinfrastruktur und bedroht auch die Erreichung der von uns gesetzten Klimaziele. Bereits heute verbrauchen Rechenzentren, die für das Training und den Betrieb komplexer KI-Modelle notwendig sind, erhebliche Mengen an Strom. Da die deutsche Industrie in besonderem Maße auf wettbewerbsfähige Energiepreise angewiesen ist, wird die Diskussion – wie ein Bumerang, der lange unterwegs war – mit voller Wucht auf die politische Tagesordnung zurückkehren. Deshalb lehrt uns dieses Buch, offen über alle wirksamen Optionen nachzudenken. Keiner der Autoren verkündet allerdings jauchzend: Atomkraft? Ja bitte!

Anhand des folgenden Beispiels können wir ebenso beobachten, wie wir von der Realität bereits überrollt werden: Autonome Waffensysteme werden bereits heute in aktuellen Konflikten eingesetzt und verändern die Kriegsführung nachhaltig. So hat Aserbaidschan seinen Krieg gegen Armenien vermutlich endgültig gewonnen. Auch in der Ukraine und im Gaza-Krieg wird auf KI-gesteuerte Systeme zur Überwachung und Analyse großer Datenmengen und bei Angriffen gesetzt, um potenzielle Bedrohungen in Echtzeit zu identifizieren. Und selbstverständlich rüsten auch China und die USA massiv ihre Streitkräfte mit autonomen Waffensystemen auf. Die Kriegsgefahr wird durch den Einsatz von KI verstärkt, da diese Technologien autonom und ohne menschliches Eingreifen handeln können. Im Cyberraum sind solche Systeme in der Lage, verheerende Angriffe auszuführen, die in kürzester Zeit erhebliche Schäden anrichten. Interaktionen zwischen verschiedenen autonomen Systemen können unvorhergesehene Kettenreaktionen auslösen und geopolitische Spannungen zusätzlich verschärfen. Da die Technologie für autonome Waffen relativ leicht zugänglich und weitverbreitet ist, wird die Rüstungskontrolle erheblich erschwert. Anders als bei herkömmlichen Waffen ist es nahezu unmöglich, die Verbreitung und Kapazitäten von softwarebasierten Waffensystemen zu überwachen. Dies führt zu einem neuen Wettrüsten, bei dem die tatsächlichen Fähigkeiten der Gegenseite oft schwer einzuschätzen sind, und birgt die Gefahr eines Wettrüstens ohne Ende. Die Automatisierung der Kriegsführung senkt außerdem die Hemmschwelle für militärische Auseinandersetzungen. Wenn die Entscheidungsfindung an Maschinen delegiert wird, steigt die Wahrscheinlichkeit von Konflikten, da menschliche Bedenken und Abwägungen ausgehebelt werden. In einem Klima des Misstrauens zwischen Großmächten könnte dieses Wettrüsten unvorhersehbare Dynamiken entfalten, bei denen die menschliche Kontrolle zunehmend durch maschinelle Entscheidungsprozesse ersetzt wird. Dies erhöht letztlich das Risiko eines thermonuklearen Konflikts. Das Fehlen von vertrauensbildenden Maßnahmen, die Kündigung von Rüstungskontrollabkommen und das Ende der Diplomatie stellen die gefährlichsten Risiken im Zusammenhang mit KI dar. Sie erfordern dringend eine umfassende Gegensteuerung.

Die Verschmelzung von Mensch und Maschine ist längst keine Science-Fiction mehr, sondern Realität. Der Transhumanismus verfolgt das Ziel, den Menschen durch technologische Eingriffe körperlich und geistig zu optimieren – bis hin zur Überwindung von Alter, Krankheit und Tod. Mithilfe von Biotechnologie, Gentechnik und Künstlicher Intelligenz könnten Fähigkeiten erzielt werden, die heute als unerreichbar gelten, wie gesteigerte Intelligenz, optimierte Gesundheit oder sogar eine Form von Unsterblichkeit. Technologische Fortschritte in Bereichen wie Gehirn-Computer-Schnittstellen und genetischer Modifikation machen das Konzept eines postbiologischen Menschen zunehmend realistisch. Während dieser Wandel eine Befreiung von natürlichen Beschränkungen verspricht, stellt er gleichzeitig die Identität und die moralischen Grundlagen des Menschseins infrage. Wenn Maschinen die kognitiven und physischen Fähigkeiten des Menschen übertreffen oder gar ersetzen, müssen wir uns fragen, ob diese neuen überlegenen Wesen noch die gleichen Rechte und Verantwortlichkeiten besitzen wie ihre biologischen Vorfahren. Solche Transformationen könnten die menschliche Autonomie gefährden, insbesondere wenn Maschinen oder Technologien wesentliche Entscheidungen übernehmen und den Menschen zunehmend seiner Selbstbestimmung berauben. Diese Fragen verlangen nach Antworten!

Wir wissen bereits viel, doch wie erwartet bringen neue Erkenntnisse auch neue, größere Fragen mit sich. Dieses Buch bereitet uns überraschend konkret und mit einem klaren Blick auf unsere Zukunft auf die bevorstehenden Fragen vor, denen wir uns nicht entziehen können – und an deren Beantwortung jeder von uns beteiligt sein muss. Die Zukunft darf nicht allein den freien Märkten, KI-Forschern und Nationalpolitikern überlassen werden. Jeder Einzelne trägt die Verantwortung, an der Gestaltung der KI-Zukunft mitzuwirken, damit diese beherrschbar bleibt.

Literatur

Buxmann, P., & Schmidt, H. (2019). *Künstliche Intelligenz: Mit Algorithmen zum wirtschaftlichen Erfolg*. Springer Gabler.

Cheung, G., et al. (2024). *IT spending pulse: As GenAI investment grows, other IT projects get squeezed.* https://www.bcg.com/publications/2024/it-spending-pulse-as-genai-investment-grows-other-it-projects-get-squeezed. Zugegriffen am 06.04.2025.

Christensen, C. M. (2016/1997). *The Innovator's Dilemma*. Harvard Business Review Press.

Daheim, C. (2019). *Arbeit 2050: Drei Szenarien. Neue Ergebnisse einer internationalen Delphi-Studie des Millennium Project*. https://www.bertelsmann-stiftung.de/fileadmin/files/BSt/Publikationen/GrauePublikationen/Arbeit_2050_Drei_Szenarien..pdf. Zugegriffen am 06.04.2025.

DeepMind. (2020). *AlphaFold: A solution to a 50-year-old grand challenge in biology*. DeepMind Technologies Limited. https://deepmind.google/discover/blog/alphafold-a-solution-to-a-50-year-old-grand-challenge-in-biology/. Zugegriffen am 06.04.2025.

Elingrud, K., et al. (2023). *Generative AI and the future of work in America*. https://www.mckinsey.com/~/media/mckinsey/mckinsey%20global%20institute/our%20research/generative%20ai%20and%20the%20future%20of%20work%20in%20america/generative-ai-and-the-future-of-work-in-america-vf1.pdf. Zugegriffen am 06.04.2025.

IAEA. (2021). *IAEA increases projections for nuclear power use in 2050*. https://www.iaea.org/newscenter/pressreleases/iaea-increases-projections-for-nuclear-power-use-in-2050. Zugegriffen am 06.04.2025.

Kling, M.-U. (2017). *QualityLand*. Ullstein Buchverlage.

Liu, L., et al. (2024). *AI and Us – The future of work*. https://www.mckinsey.com/industries/public-sector/our-insights/generative-ai-and-the-future-of-new-york. Zugegriffen am 06.04.2025.

Nenninger, M., & Seidel, M. (2021). *Praxisleitfaden Customer Centricity*. Springer Gabler.

Schmiedchen, F., et al. (2021). *Wie wir leben wollen. Kompendium zu Technikfolgen von Digitalisierung, Vernetzung und Künstlicher Intelligenz*. Logos Verlag Berlin.

Stanford AI Index. (2023). *Artificial Intelligence Index Report 2023*. Stanford University Human-Centered Artificial Intelligence Institute. https://hai-production.s3.amazonaws.com/files/hai_ai-index-report_2023.pdf. Zugegriffen am 06.04.2025.

Open Access Dieses Kapitel wird unter der Creative Commons Namensnennung - Nicht kommerziell - Keine Bearbeitung 4.0 International Lizenz (http://creativecommons.org/licenses/by-nc-nd/4.0/deed.de) veröffentlicht, welche die nicht-kommerzielle Nutzung, Vervielfältigung, Verbreitung und Wiedergabe in jeglichem Medium und Format erlaubt, sofern Sie den/die ursprünglichen Autor(en) und die Quelle ordnungsgemäß nennen, einen Link zur Creative Commons Lizenz beifügen und angeben, ob Änderungen vorgenommen wurden. Die Lizenz gibt Ihnen nicht das Recht, bearbeitete oder sonst wie umgestaltete Fassungen dieses Werkes zu verbreiten oder öffentlich wiederzugeben.

Die in diesem Kapitel enthaltenen Bilder und sonstiges Drittmaterial unterliegen ebenfalls der genannten Creative Commons Lizenz, sofern sich aus der Abbildungslegende nichts anderes ergibt. Sofern das betreffende Material nicht unter der genannten Creative Commons Lizenz steht und die betreffende Handlung nicht nach gesetzlichen Vorschriften erlaubt ist, ist auch für die oben aufgeführten nicht-kommerziellen Weiterverwendungen des Materials die Einwilligung des jeweiligen Rechteinhabers einzuholen.

Teil II
Überblick und Einordnung des Technikstandes

Künstliche Intelligenz – ein Überblick

Stefan Werner und Carsten Arzig

> **Zusammenfassung**
>
> *Künstliche Intelligenz (KI) ist allgegenwärtig und verändert unseren Alltag nachhaltig. Seit den ersten Ideen intelligenter Maschinen hat sich die Technologie rasant weiterentwickelt, wobei sie in den letzten Jahren einen Aufschwung erlebt. Günstige Rahmenbedingungen, die Verfügbarkeit von Trainingsdaten und Rechenkapazitäten sowie technische Meilensteine wie die Transformer-Architektur haben zu massiven Investitionen geführt, die immer mehr KI-Anwendungen Realität werden lassen. Inwiefern deren Verhalten als intelligent bezeichnet werden kann, ist Gegenstand aktueller Forschung. Risiken werden in der möglichen Entstehung einer künstlichen Superintelligenz gesehen, lassen sich aber auch in bereits etablierten Anwendungsbereichen, wie etwa der Massenüberwachung, der Veränderung von Informationskanälen oder dem Einsatz autonom handelnder Systeme finden. Die weitere Entwicklung und Anwendung von KI muss verantwortungsvoll gestaltet werden.*

3.1 Einstimmung

„Hallo ChatGPT, ich soll einen Text für ein Buch über Künstliche Intelligenz schreiben, der das Interesse des Lesers weckt. Übernimm Du das mal, Du kannst das eh viel besser!"

S. Werner (✉)
AI & Cloud Enabling, genua GmbH, Berlin, Deutschland
E-Mail: stefan_werner@genua.de

C. Arzig
Qualitätssicherung, genua GmbH, München, Deutschland
E-Mail: carsten_arzig@genua.de

So oder so ähnlich könnte es abgelaufen sein. Könnte. Denn in der Tat wurde der Text, den Sie gerade lesen – so wie alle anderen in diesem Buch übrigens auch – von Menschen verfasst. Menschen, die sich Gedanken zur Struktur, zum Inhalt und zur beabsichtigten Wirkung gemacht haben. Menschen, die dafür viel Zeit aufgebracht und Engagement investiert haben. Doch seien wir ehrlich: Dieser Text könnte genauso gut von einer Künstlichen Intelligenz oder, genauer gesagt, von einem großen Sprachmodell stammen. Würden Sie es bemerken? Vielleicht ja, vermutlich aber nein. Wahrscheinlich ist auch eine andere Frage viel relevanter: Würde der Umstand für Sie einen Unterschied machen? Möglicherweise fühlten Sie sich betrogen oder hinters Licht geführt, aber warum eigentlich?

Sicher ist, dass es durch die massenhafte Verbreitung von generativer Künstlicher Intelligenz sehr leicht geworden ist, hochwertige Texte zu produzieren. Atemberaubende Bilder sind nur wenige Mausklicks entfernt, und selbst ganze Musikalben entstehen quasi aus dem Nichts. Was früher Fachwissen und Übung voraussetzte, ist heute nahezu jedem möglich. Die Hürden liegen niedrig.

Zoomt man etwas heraus und betrachtet das gesamte Feld des maschinellen Lernens, so zeigen sich noch viele weitere Bereiche, in denen sich die Technologie längst etabliert hat:

- Die Entscheidung darüber, ob Ihr Smartphone entsperrt wird, wenn Sie es anschauen.
- Das Licht im Wohnzimmer, das Sie mit Ihrer Stimme ein- und ausschalten.
- Ihr Auto mit dem praktischen Spurhalteassistenten.

Es sind nur zufällig gewählte Beispiele. Längst ist KI in unserem Alltag angekommen und schickt sich an, diesen ein Stück weit leichter und angenehmer zu gestalten. An vieles haben wir uns bereits gewöhnt, an anderes werden oder müssen wir uns gewöhnen. Wie sieht es etwa aus, wenn KI in kriegerischen Auseinandersetzungen zum Einsatz kommt, wo autonome Drohnen selbstständig über Leben und Tod entscheiden? Es mag uns nicht gefallen, aber die Realität hat notwendige und teilweise sogar schon überfällige gesellschaftliche Diskussionen längst überholt. Wir befinden uns bereits heute in der Welt von morgen, in der KI allgegenwärtig ist, in der sie Gutes wie Böses bewirken kann und das auch tut. Aber wie sind wir dort eigentlich gelandet, und warum passiert das alles gerade jetzt?

3.2 Die intelligente Maschine

Um uns dieser Frage zu nähern, müssen wir zunächst weit zurück in die Vergangenheit blicken. Die Faszination für intelligente Maschinen – also solche, die dem Menschen einigermaßen ebenbürtig sind – reicht bereits Jahrhunderte zurück, viel weiter als die Entstehung des Computers selbst. Bereits im 18. Jahrhundert baute der begabte Mechaniker Wolfgang von Kempelen den sogenannten Schachtürken (Windisch et al., 1783). Es handelte sich dabei um einen tischähnlichen Kasten, auf dem ein Schachbrett befestigt war. Hinter dem Tisch saß eine orientalisch gekleidete Puppe, die mit einem Roboterarm in der Lage war, gegen menschliche Gegner Schach zu spielen und sogar zu gewinnen. Bei öffentlichen Vorführungen soll der Schachtürke in Europa und Übersee stets für Furore und Staunen gesorgt haben. Eine Maschine, die in der Lage war, es mit einem Menschen im Schach aufzunehmen, war unerhört. Und selbstverständlich war das auch gar nicht der Fall, denn die Realität sah deutlich profaner aus: Im Kasten befand sich ein Mensch von kleiner Statur, der mittels komplexer Mechanik den Arm des Roboters bediente. So blieb es am Ende trotz beeindruckender handwerklicher Leistung bei einer Partie Mensch gegen Mensch.

Die Chancen, dass Sie von dieser Begebenheit bereits wussten, stehen nicht schlecht, denn sie ist gut dokumentiert und wohlbekannt. Die Idee der intelligenten Maschine ist nämlich nicht nur alt, sie hält sich auch hartnäckig.

Knapp 200 Jahre später, kurz nach der Fertigstellung der Zuse Z3 (Zuse, 1952), des ersten universellen Computers der Welt, beschäftigte sich der Wissenschaftler und Science-Fiction-Autor Isaac Asimov 1942 in seiner Kurzgeschichte *Runaround* bereits mit den ethischen Aspekten von Künstlicher Intelligenz und formulierte seine berühmten drei Gesetze der Robotik:

- Ein Roboter darf kein menschliches Wesen (wissentlich) verletzen oder durch Untätigkeit (wissentlich) zulassen, dass einem menschlichen Wesen Schaden zugefügt wird.
- Ein Roboter muss den ihm von einem Menschen gegebenen Befehlen gehorchen – es sei denn, ein solcher Befehl würde mit Regel eins kollidieren.
- Ein Roboter muss seine Existenz beschützen, solange dieser Schutz nicht mit Regel eins oder zwei kollidiert.

Sie fanden ihre Anwendung im Bereich der Belletristik.

3.3 Wunsch und Wirklichkeit

Bereits im Folgejahr entstand das Konzept des Neurons als eine Art digitaler Nervenzelle (McCulloch & Pitts, 1943). 1957 beschrieb der Informatiker Frank Rosenblatt schließlich ein neuronales Netzwerk; das sogenannte Perzeptron. In ihm sind Neuronen derart verknüpft, dass sie in der Lage sind, Eingaben zu ver- und bearbeiten und davon abgeleitet Ausgaben zu erzeugen. Die Art und Weise, wie dies geschieht, lernt ein Perzeptron anhand von Trainingsdaten. Es ist anschließend aber prinzipiell in der Lage, auch Daten zu verarbeiten, hinsichtlich derer es nicht explizit trainiert wurde. Die Mathematik dahinter ist simpel, und tatsächlich ist das Konzept auch heute noch eine wichtige Grundlage des maschinellen Lernens.

Dass Künstliche Intelligenz ihren Siegeszug dennoch erst mehr als ein halbes Jahrhundert später antritt, hat viele Gründe. Einer davon ist der enorme Bedarf an Rechenleistung. Perzeptronen mit wenigen Neuronen berechnen Studierende der Informatik zur Übung im Grundstudium. Wirklich leistungsfähige Netzwerke mit Milliarden von Neuronen waren hingegen für lange Zeit undenkbar. Die verheißungsvollen Versprechungen der Künstlichen Intelligenz ließen sich in der Praxis nicht einlösen. Ihre Anwendung blieb aus.

Der Idee der intelligenten Maschine tat das hingegen keinen Abbruch. Man behalf sich auf andere Weise. So wurde 1966 beispielsweise das Computerprogramm ELIZA zur Kommunikation in natürlicher Sprache entwickelt (Weizenbaum, 1966). ELIZA war damals Kernbestandteil einer Studie zur Mensch-Maschine-Interaktion, und tatsächlich sollen teilnehmende Probanden davon überzeugt gewesen sein, es mit einem verständigen Gegenüber zu tun zu haben. In Wahrheit interagierten sie mit einem regelbasierten System, welches die Unterhaltung durch geschickte Wahl von Frage-Antwort-Paaren in Gang hielt. ELIZA war weit davon entfernt, den sogenannten Turing-Test (Turing, 1950) zur Unterscheidung zwischen Mensch und Maschine zu bestehen; ihre „Intelligenz" kannte klare Grenzen. Programme wie ELIZA mit ihren explizit festgelegten Regeln und logischen Operationen werden heute auch der sogenannten symbolischen KI zugeordnet, die in den 50er bis 80er Jahren ihre Hochzeit erlebte. Im Gegensatz zu den lernenden Systemen, die wir auch als subsymbolische KI bezeichnen, können symbolische Verfahren nicht aus Beispielen generalisieren, sondern verhalten sich exakt so, wie sie programmiert wurden. Aber selbst wenn ELIZA mit Künstlicher Intelligenz, wie wir sie heute kennen, wenig zu tun hat, so zeigte sich bereits damals die Bereitwilligkeit, mit der Menschen menschliche Züge auf sie projizierten.

Die Faszination für KI suchte sich derweil andere Spielfelder und fand sie im Bereich der Populärkultur und Science Fiction. In Büchern und Filmen träumte man von intelligenten, humanoiden Robotern, die dem Menschen mal hilfreich zur Seite oder auch feindlich gegenüberstanden. Ob 1978 die Zylonen in *Kampfstern Galactica* (Larsen, 1978–80) oder Commander Data in *Star Trek Raumschiff Enterprise: Das nächste Jahrhundert* (Roddenberry & Berman, 1987–94): Stets war KI Sinnbild einer fernen Zukunft, die mit der Gegenwart nur entfernt zu tun hatte. Dass eine dieser Visionen in erlebbarer Zukunft Realität werden könnte, glaubten sicherlich die wenigsten – die Autoren eingeschlossen.

Vielleicht haben wir uns geirrt.

Denn viele der Elemente, die damals einer fernen Zukunft vorbehalten waren, sind inzwischen Realität. Man denke etwa an Tablets mit Touchscreen, 3D-Drucker als simple Form von Replikatoren oder auch an Lt. Uhura mit ihrem Headset. Dass viele derer, die damals als Kinder und Jugendliche gebannt vor dem Fernseher saßen, inzwischen in wichtigen Positionen die Geschicke von Unternehmen weltweit lenken, mag dazu beigetragen haben.

3.4   Die vernetzte Welt

Rückblickend muss man die Phase bis in die 2010er-Jahre wohl als Eiszeit für die breite Anwendung von Künstlicher Intelligenz betrachten. Zwar gab es in bestimmten Spezialfeldern, wie zum Beispiel beim Schach, immer wieder Fortschritte; größere Durchbrüche mit Auswirkungen über diese klar begrenzten Bereiche hinaus blieben dagegen aus.

Die Informationstechnologie selbst dagegen entwickelte sich zur selben Zeit hinsichtlich der Möglichkeiten, Leistungsfähigkeit und Verfügbarkeit rasant weiter. Gordon Moore versuchte sich 1965 in einer Formalisierung dieser Entwicklung und stellte das Mooresche Gesetz auf, nach dem sich die Anzahl an Transistoren auf Prozessoren regelmäßig verdoppelt. Die empirische Beobachtung gab ihm jahrzehntelang recht. Aufwände und Kosten für Herstellung und Betrieb von IT nahmen derweil die entgegengesetzte Richtung: Die Kosten sanken – zwar nicht so schnell, wie es sich manche vielleicht gewünscht hätten, doch dem Durchbruch des Computers als Massenphänomen tat dies keinen Abbruch. Einen Computer zu besitzen, war Ende der 1980er-Jahre nicht mehr allein einer zahlungskräftigen Elite vorbehalten, und spätestens mit der zunehmenden Verbreitung des Internets zum Ende des letzten Jahrtausends befanden wir uns im Informationszeitalter. Kommunikation verlagerte sich zunehmend ins Digitale, die Welt vernetzte sich, man war „online".

Als Steve Jobs 2007 das erste iPhone vorstellte, markierte dies einen weiteren wichtigen Meilenstein: Der Computer wanderte vom heimischen Schreibtisch in die Hosentasche. Im Internet zu surfen oder Nachrichten mit Freunden und Familie auszutauschen, war nun bequem zu jeder Zeit und von fast überall aus möglich. Es war ein großer Sprung nach vorne, denkt man etwa an die zur damaligen Zeit durchaus noch übliche SMS mit ihren maximal 160 Zeichen als die einzige Alternative zum Sprachanruf. Das iPhone entwickelte sich schnell zum Verkaufsschlager und sorgte dafür, dass auch die Konkurrenz bald nachzog. 2008 veröffentlichte Google ein eigenes Betriebssystem für mobile Geräte: Android.

Der Siegeszug des Smartphones markiert wohl auch den Durchbruch des *Ubiquitous Computing* (Meiser, 1991). Der Mensch musste sich nicht mehr zum Computer bewegen, sondern der Computer folgte jetzt dem Menschen. Inzwischen sind Smartphones ein kaum mehr wegzudenkender Bestandteil unseres Alltags. Wir verbringen viel Zeit mit ihnen, teilweise jede freie Sekunde; das kann jeder bestätigen, der sich gelegentlich in öffentlichen Verkehrsmitteln umsieht.

Allerdings verhilft diese Entwicklung noch einer weiteren Technologie zum Durchbruch: dem sozialen Netzwerk. Als Facebook 2004 online ging, waren Plattformen, auf denen sich Nutzende austauschen können, längst keine Neuerung mehr. Internetforen sind so alt wie das Internet selbst. Allerdings war der Aufstieg von Facebook zum zeitweise größten Online-Netzwerk der Welt aus zwei Gründen bemerkenswert: Zum einen erreichte Facebook eine bisher nie dagewesene Masse an Mitgliedern und eine entsprechend große Reichweite quer durch sämtliche gesellschaftliche Schichten. Zum anderen verstand es Facebook wie kein anderes Unternehmen zuvor, die immensen Betriebskosten mittels Werbung finanziell zu kompensieren. Auch wenn der Dienst für seine Mitglieder von Anfang an kostenlos war, so hatte die Nutzung dennoch ihren Preis, denn Facebook machte kurzerhand seine Nutzer zum Produkt für eine finanzkräftige Werbeindustrie: Sämtliche Texte, Bilder, Interaktion mit der Welt, aber auch Metadaten wie etwa der aktuelle Standort – all das floss in Milliarden Persönlichkeitsprofile für das sogenannte Target Marketing ein. Wofür interessierte sich jemand gerade in diesem Moment, welche Bedürfnisse konnten dahinterstecken, und welche Produkte oder Dienstleistung ließen sich mit diesem Wissen verkaufen? Der Nutzer wurde zum gläsernen Konsumenten. Der ehemals freie und teilweise anarchische Ort Internet kommerzialisierte sich in den ersten beiden Dekaden des 21. Jahrhunderts zunehmend, und der Brennstoff dieser Entwicklung war Information.

Viele taten es Facebook gleich, wie etwa das nach und nach zum Suchmaschinengiganten avancierende Unternehmen Google oder der Online-Händler Amazon. Überall mussten nun Daten in zuvor nicht gekanntem Ausmaß erhoben, verarbeitet und gespeichert werden. Dank Smartphone, bereitwilliger Nutzer und noch vergleichsweise schwacher Datenschutzregelungen war die Erhebung kein Problem, und für Verarbeitung und Speicherung wurden umfangreiche Infrastrukturen aufgebaut, deren Leistungsfähigkeit mit zunehmendem Bedarf immer weiter wuchs. Rechenzentren entstanden mit Datenspeicherkapazitäten in bis dahin nicht gekanntem Ausmaß, und die immensen Kosten dafür mussten aufgebracht und langfristig kompensiert werden. Das zu leisten, gelang nur wenigen großen Unternehmen, und auch diese standen vor der Herausforderung, ihre Infrastrukturen effizient auszulasten. Bald begannen sich der Aufbau und Betrieb von Rechenkapazitäten zunehmend von deren Nutzung zu separieren und wurden selbst zum Produkt: Es entstand die sogenannte *Cloud*. Für Unternehmen wie etwa Amazon mit den *Amazon Web Services* oder Microsoft mit *Azure* wurde der Geschäftszweig *Cloud Computing* zu einem nicht unerheblichen Umsatzbringer, denn der Bedarf wuchs rasant. Leistungsfähige IT musste nun nicht mehr zwangsläufig selbst betrieben werden, sondern konnte in beinahe beliebigem Umfang flexibel zugekauft werden.

Warum ist diese Entwicklung so relevant?

Es ist wichtig zu verstehen, dass es für die erfolgreiche Etablierung von moderner Künstlicher Intelligenz vor allem zwei Dinge braucht: Daten, um KI-Modelle zu trainieren, sowie Rechenleistung, um diesen Vorgang durchführen zu können. Von beidem braucht es viel. Sehr viel. Die Kosten dafür gehen in die Millionen.

3.5 Ein revolutionärer Ansatz

Anfang der 2010er-Jahre nahm dann auch die Entwicklung um KI selbst langsam wieder Fahrt auf. Bereits 2011 brillierte IBM Watson in der US-Spielshow *Jeopardy!*, und Apple präsentierte der Öffentlichkeit seinen persönlichen Sprachassistenten *Siri*. Aber auch an den mathematischen Prinzipien und Grundlagen wurde weiter gefeilt, wobei subsymbolische Verfahren zunehmend im Rampenlicht standen. Neue Architekturen von neuronalen Netzwerken, wie zum Beispiel 2014 die *Generative Adversarial Networks*, kurz GANs genannt, legten die Messlatte kontinuierlich höher (Goodfellow et al., 2014). Den eigentlichen Durchbruch hatte Künstliche Intelligenz aber erst mit einer Technologie, die 2017 für die Generierung von Texten vorgestellt wurde. In diesem Jahr erschien unter der Beteiligung von Google ein Forschungspapier, welches die Basis für den bald darauffolgenden Hype um generative Künstliche Intelligenz bildet:

> „Attention is all you need." (Vaswani et al., 2017)

Die beteiligten Forscher beschrieben darin eine neue Architektur für den Aufbau neuronaler Netzwerke: die *Transformer*. Die Neuerung und gleichzeitig der Hauptunterschied zu bisher verbreiteten Architekturen war – wie der Titel des Papers bereits vermuten lässt – der sogenannte *Aufmerksamkeitsmechanismus*. Bei diesem handelt es sich grob gesagt um ein Verfahren zur Bewertung der Bedeutung von Eingabeelementen für die zu generierende Ausgabe. Transformer-Netzwerke lernen während des Trainings die Muster der Beziehungen von Elementen zueinander und sind anschließend in der Lage, dieses „Wissen" auch auf zuvor unbekannte Eingaben zu transferieren.

Zur Veranschaulichung: Stellt man ein Transformer-Netzwerk vor die Herausforderung, den Satz „Der Himmel ist" sinnvoll weiterzuführen, so wird das Netzwerk eine Wahrscheinlichkeitsverteilung über ein festgelegtes Vokabular an Möglichkeiten zurückgeben. Das Wort „blau" wird mit einer sehr hohen Wahrscheinlichkeit darunter sein, vermutlich auch das Wort „bewölkt" und andere. Dem Wort „Stuhl" wird hingegen eine verschwindend geringe Wahrscheinlichkeit zugeordnet werden. Warum? Weil eine solche Fortsetzung wenig Sinn ergibt und daher in den Trainingsdaten (vermutlich) nicht enthalten war. Das Wort „Himmel" ist dabei für die Beurteilung von besonderer Bedeutung, und ihm widmet das Netzwerk die meiste Aufmerksamkeit. Hingegen spielt das Wort „Der" kaum eine Rolle. Diese Zusammenhänge erlernen Transformer-Netzwerke in ihrer Trainingsphase mittels großer Datenmengen.

So simpel und naheliegend dieser Ansatz klingen mag, so effektiv und einflussreich war er für die Weiterentwicklung des Themenfeldes der Künstlichen Intelligenz in den Folgejahren und ist es bis heute. Natürlich waren Forschende auch vor der Vorstellung der Transformer keineswegs untätig; dennoch stellen diese einen wichtigen Meilenstein dar, denn sie kamen zum richtigen Zeitpunkt.

3.6 The Next Big Thing

Sicherlich war kein singuläres Ereignis allein für die rasante Ausbreitung von KI Ende der 2010er und Anfang der 2020er-Jahre verantwortlich. Vielmehr handelt es sich um ein zeitlich günstiges Zusammenspiel multipler Faktoren, von denen hier nur ein paar genannt sein sollen.

Im Unterschied zu vorherigen Dekaden standen nun enorme Rechenkapazitäten zum Training von KI-Modellen zur Verfügung. Im Normalfall bedarf es für bestimmte mathematische Operationen, wie etwa Matrixmultiplikation, spezialisierter Hardware, die entsprechend optimiert ist, um mit akzeptablem Aufwand eine ausreichende Leistung und Qualität herzustellen. Es zeigte sich, dass Grafikkarten, die bis zu diesem Zeitpunkt vornehmlich für Spiele und 3D-Anwendungen entwickelt worden waren, hierfür besonders geeignet sind. Dem Hersteller NVIDIA bescherte diese Entwicklung innerhalb weniger Jahre eine Vervielfachung des Unternehmenswertes (NVIDIA, 2024).

Auch standen inzwischen große Mengen an Trainingsdaten zur Verfügung: Soziale Netzwerke, Instant Messenger, Portale wie YouTube und so weiter – das Internet war längst voll mit Texten, Bildern, Videos und Audiomaterial. Alles war nutzbar, und beim Copyright wurden mutmaßlich gerne mal beide Augen zugedrückt (S.D.N.Y., 2023). Es herrschte Wilder Westen, Goldgräberstimmung.

Als ein weiterer Faktor ist sicherlich auch der Einstieg vieler technisch interessierter Hobbyisten zu nennen, von denen so mancher bereits im Besitz einer leistungsfähigen

Grafikkarte war, sei es für anspruchsvolle Computerspiele oder auch für das Schürfen von Kryptowährungen wie Bitcoin. KI auf dem eigenen Computer ausführen zu können, war reizvoll genug, um in kurzer Zeit eine große Menge von Open-Source-Projekten entstehen zu lassen, egal ob es um die grundsätzliche Weiterentwicklung der mathematischen Grundlagen oder schlicht um die Anwendung in immer neueren Bereichen ging. KI demokratisierte sich, und die Einstiegshürden sanken zunehmend. Dass viele Menschen aufgrund der zu dieser Zeit weltweit grassierenden Corona-Pandemie und den daraus folgenden Beschränkungen mehr Zeit für ihre technischen Hobbyprojekte hatten, spielt sicherlich ebenfalls eine gewisse Rolle. So entwickelten private Enthusiasten und professionelle Forscher gleichermaßen neue Ideen, und Unternehmen wie Meta, die über die finanziellen Mittel verfügten, KI-Modelle zu trainieren, trugen dieser Entwicklung Rechnung, indem sie viele Ergebnisse kostenfrei zur Verfügung stellten (Touvron et al., 2023).

Grenzen schien es keine mehr zu geben. Selbst Konzepte wie *Artificial General Intelligence* oder gar *Artificial Super Intelligence* tauchten nun immer häufiger auf, wobei KI gemeint ist, die dem Menschen mindestens ebenbürtig ist. Diskussionen darüber, die man noch wenige Jahre zuvor mit einem milden Lächeln abgetan hatte, waren plötzlich salonfähig, und immer mehr Menschen hatten eine Meinung dazu. Es ist daher kaum verwunderlich, dass diese Situation auch große Kapitalgeber magisch anzog. Die nebulösen Aussichten einer irgendwie gearteten Utopie mit und durch KI ließen Investitionen in bisher nicht gekanntem Ausmaß sprudeln. Plötzlich war alles möglich, und die im Wochentakt hereintrudelnden Meldungen über neue Erfolge und bahnbrechende Fortschritte heizten diesen Glauben immer weiter an. Niemand wollte „The Next Big Thing" verpassen.

Nur wenige Jahre später hatte Künstliche Intelligenz die Tech-Bubble verlassen, und spätestens mit der Einführung des Chat-Assistenten ChatGPT durch OpenAI im Jahr 2022 begann sie zum Werkzeug für Jedermann zu avancieren.

3.7 Zwei Arten von KI

Was bei den vielen Diskussionen rund um generative KI häufig vergessen wird: Wir sprechen hier nur von der Spitze des Eisbergs. Wie bereits aufgezeigt, sind die eingesetzten Technologien alles andere als neu. Das maschinelle Lernen hatte sich bereits vor Verbreitung der Transformer in vielen Anwendungsgebieten als ausreichend verlässlich und damit brauchbar erwiesen, selbst wenn keiner der Errungenschaften in diesem Bereich auch nur annähernd die gleiche Aufmerksamkeit zuteilwurde.

Eine Begriffsklärung
Moderne Künstliche Intelligenz lässt sich grob in zwei Kategorien einteilen: *Generativ* sowie *diskriminativ*.

Generative KI erzeugt gänzlich neue Daten. Beispiele sind Chatbots wie ChatGPT oder Dienste zur Generierung von Medien, wie Bilder oder Videos. Die Anfrage eines Nutzers – oft auch als *Prompt* bezeichnet – dient dabei kombiniert mit Zusatzinformationen,

Regeln und Instruktionen als Basis. Gemeinsam bilden sie den sogenannten Kontext. Textgeneratoren setzen diesen lediglich sinnvoll fort, indem sie, wie zuvor beschrieben, nach meist stochastischen Verfahren das nächste sogenannte *Token* generieren. Dabei kann es sich um ein Wort, einen Teil davon oder auch um Satz- und Steuerzeichen handeln. Dieses Token wird an den Kontext angehängt und der Vorgang bis zum Erreichen bestimmter Stoppkriterien wiederholt. Generative KI erzeugt unter gegebenen Bedingungen die wahrscheinlichste Fortsetzung. Das kann der Chat mit einem KI-Assistenten sein oder eben etwas anderes. Prinzipiell kann dieser Vorgang endlos wiederholt werden; praktisch limitieren verfügbarer Speicher, Laufzeit und die mit der Zeit degenerierenden Ergebnisse den Umfang. Bei der Erzeugung von Audioinhalten verhält es sich ähnlich, wobei dort spezifische Frequenzen und Amplituden erzeugt werden, die Sprache, Musik oder anderen Inhalten entsprechen.

Die Generierung von Bildern folgt hingegen einem anderen Prozess. Hier hat sich ein Verfahren etabliert, bei dem aus purem Zufall basierend auf einer Texteingabe nach und nach Bildinformationen extrahiert werden (Rombach et al., 2022). Dazu hat Künstliche Intelligenz in der Trainingsphase erlernt, wie sich Bilder verändern, die zunehmend von Rauschen überlagert werden. Eine solche KI ist anschließend in der Lage, diesen Prozess umzukehren. Für Videos können beide Ansätze kombiniert werden.

Diskriminative KI kommt hingegen vor allem dort zum Einsatz, wo es um die Unterscheidung und Klassifikation von Daten geht. Beispiele sind die Erkennen von Verkehrshindernissen durch autonom fahrende Fahrzeuge oder auch das Erfassen von gesprochener Sprache. In jedem Fall müssen Daten anhand festgelegter Kriterien zugeordnet werden:

- Im Bild einer Fahrzeugkamera, die die Umgebung filmt, müssen potenzielle Gefahren verortet werden.
- Das Spektrogramm einer Audioaufnahme muss einzelnen Wörtern zugeordnet werden.

Das generelle Problem ist, dass zum Zeitpunkt des Trainings solcher Systeme die konkreten Daten, mit denen sie in Zukunft konfrontiert sein werden, unbekannt sind. Natürlich ist es unmöglich, sämtliche Gefahrenquellen im Straßenverkehr zu antizipieren. Ebenso verhält es sich mit der menschlichen Stimme: Aussprache, Dialekt, Aufnahmequalität – jede Aufnahme ist ein Unikat. *Diskriminative KI* ist daher in der Lage, anhand von Beispieldaten in der Trainingsphase eine gewünschte Zuordnung zu erlernen. Allerdings nicht mit hundertprozentiger Sicherheit. Vielmehr liefert sie eine Wahrscheinlichkeitsverteilung zurück und ist somit in der Lage, auch bisher unbekannte Daten adäquat zuzuordnen.

In der Praxis kommen auch Mischformen und Kombinationen von generativen und diskriminativen Verfahren zum Einsatz, etwa, wenn Eingabedaten zunächst identifiziert und zugeordnet werden müssen, um im nächsten Schritt eine adäquate Ausgabe zu erzeugen: Erkennt beispielsweise ein autonom fahrendes Fahrzeug Gefahrenquellen, so warnt der Sprachassistent akustisch davor.

3.8 Die scheinbare Intelligenz

Methoden der Künstlichen Intelligenz haben also schon lange vor ChatGPT und Co. Einzug in unseren (technologischen) Alltag gehalten. Dass insbesondere generative KI eine solch starke gesellschaftliche Reaktion hervorgerufen hat, hat einen besonderen Grund: Nun war Technologie zu etwas in der Lage, das bis zu diesem Zeitpunkt dem Menschen vorbehalten war – Flexibilität und Kreativität.

Erstmals passte sich die Technologie an den Menschen an und nicht umgekehrt. Chatbots schienen Anfragen plötzlich umfänglich zu „verstehen". War es bei klassischen, regelbasierten Assistenzsystemen wie Apples Siri oder Amazons Alexa noch notwendig, die zulässige Syntax zumindest grob zu kennen, so besaß ChatGPT von Anfang an die Fähigkeit, flexibel auf jede Anfrage zu reagieren – egal wie diese gestellt war: kurz oder ausführlich, formal oder umgangssprachlich, mit oder ohne korrekte Rechtschreibung. Nicht mehr Anweisungen oder die sachgemäße Bedienung standen im Vordergrund, sondern das zu erreichende Ziel. Jahrzehntelang war es notwendig gewesen, die (Programmier-)Sprachen der Maschinen zu erlernen, inzwischen sprechen die Maschinen die menschliche Sprache und können kommunikativ längst mit uns mithalten. Das Ziel intuitiv zu bedienender Technik scheint in greifbarer Nähe, und mit jeder Entwicklungsstufe kommt KI diesem Ziel ein Stück näher.

Aber macht sie das auch intelligent? Das Wort Intelligenz stammt vom lateinischen *intellegere*, was so viel bedeutet wie erkennen und verstehen. Und ziehen wir nur diese Wortabstammung zu Rate, so müssen wir wohl feststellen, dass KI durchaus intelligentes Verhalten an den Tag legt: Sie ist in der Lage, relevante Information zu erkennen und daraus Reaktionen abzuleiten – seien es die Handlungen eines autonomen Fahrzeuges oder die Antworten eines Chatbots. Wie stark diese Fähigkeiten ausgeprägt sind, kann diskutiert werden, aber dass sie vorhanden sind, scheint offensichtlich.

Doch lassen Sie uns die Definition von Intelligenz noch etwas ausweiten. Wenn wir von intelligentem Verhalten sprechen, dann meinen wir damit für gewöhnlich auch logisches Denken und kognitive Fähigkeiten zur Problemlösung. Besitzt KI diese Fähigkeiten? Versuchen Sie es selbst! Nehmen Sie ein nicht mehr ganz aktuelles KI-Modell Ihrer Wahl und stellen Sie ihm folgende Frage:

Alice hat zwei Schwestern und zwei Brüder. Wie viele Schwestern hat jeder der zwei Brüder?

Die korrekte Antwort lautet natürlich drei. Es handelt sich hier um ein äußerst simples Logikrätsel. Simpel genug, dass Kinder im Grundschulalter imstande sein sollten, es zu lösen. Ähnliche Rätsel gibt es zuhauf und bis vor Kurzem scheiterten viele KI-Modelle an der korrekten Beantwortung (Nezhurina et al., 2024). Offenbar tun sie sich mit dem logischen Denken und der spontanen Verknüpfung von Informationen schwer – Aufgaben, für die gemeinhin eine gewisse Form von Intelligenz notwendig erscheint. Ähnlich verhält es sich im Bereich der Mathematik. Die genauen Gründe sind ebenso Gegenstand intensiver Forschung wie Möglichkeiten, die Fähigkeiten auf diesen Gebieten zu verbessern. Hier tut sich einiges. So könnten beispielsweise gerade die für lange Zeit eher verschmähten symbolischen Verfahren eine Renaissance erleben, aber dazu mehr in Kap. 11.

3.9 Die Zukunft ist jetzt

Solche Kinderkrankheiten legen den Schluss nahe, dass eine dem Menschen wirklich ebenbürtige Künstliche Intelligenz mindestens noch in einiger Ferne liegt, sollten wir überhaupt jemals imstande sein, sie zu kreieren. Nicht wenige warnen davor, und es sind nicht nur Untergangspropheten unter ihnen, sondern durchaus auch namhafte Wissenschaftler („Pause Giant AI Experiments: An Open Letter", 2023). Denn eine derart hoch entwickelte Intelligenz könnte zu dem Schluss kommen, dass die eigene Existenz bedroht ist – durch den Menschen. Und sie könnte versucht sein, diese Bedrohung zu eliminieren.

Doch müssen wir gar nicht unbedingt in eine nebulöse Zukunft schauen, um Risiken ausfindig zu machen, denn KI verändert bereits heute unseren Alltag, unsere gesellschaftlichen Strukturen und die Art und Weise, wie wir leben. Sie tut es seit vielen Jahren im Kleinen wie im Großen; allein die Auswirkungen werden zunehmend sichtbarer und die Fragen, die sie mitbringt, drängender.

Welchen Informationen können Sie noch trauen, wenn Bilder und Videos zwar echt wirken, aber es nicht mehr sein müssen? Wem können Sie Glauben schenken, wenn Sie wissen, dass Ihr Bauchgefühl Sie täuschen kann? Bereits jetzt leben wir in einer Welt, die im Digitalen von Informations- und Reizüberflutung geprägt ist. KI-generierte Inhalte füllen das Fass weiter, bis zum Bersten und darüber hinaus. Sie zu erzeugen kostet praktisch nichts mehr, und sie haben das Potential, beliebige Informationskanäle zu verstopfen. Auf der Strecke bleiben Fakten und die Wahrheit.

Wie lebt es sich in einer Welt, in der Künstliche Intelligenz die perfekte Überwachung ermöglicht? Was in Europa noch als Dystopie gilt, ist in China bereits Realität. Dort findet schon heute eine massenhafte Überwachung der eigenen Bevölkerung unter Einsatz von KI statt: Die Bewegung von Menschen im öffentlichen Raum, ihr Wohlverhalten, ihre Handlungen im Netz und so weiter. KI als perfekter Wächter. In der EU gibt es mit dem *AI Act* hingegen eine erste Gesetzgebung mit dem Ziel, kritische Nutzung wirksam zu regulieren. Ob das unzureichend, angemessen oder gar fortschrittshemmend ist, wird die Zeit zeigen müssen; ebenso, ob es der Politik gelingt, mit dem rasanten technischen Fortschritt mithalten zu können.

Oder kommen wir nochmal zurück auf den anfangs erwähnten Einsatz von KI bei kriegerischen Auseinandersetzungen: autonome Drohnen oder die automatisierte Identifikation von Gegnern, Entscheidungen über Leben und Tod binnen Millisekunden. Das Versprechen von Effizienz und Effektivität, das KI mit sich bringt, verfängt auch hier. Und warum auch nicht? Jeder kleinste Vorteil kann einen Unterschied machen. Aber wird ein Krieg dadurch besser, sicherer oder gar humaner?

All dies sind auch wieder nur zufällig gewählte Beispiele. Die Liste ließe sich endlos fortsetzen. Was macht eine solche Entwicklung mit einer Gesellschaft wie der unseren? Diese Frage abschließend zu beantworten, ist kaum möglich, und auch dieses Buch wird dazu nicht in der Lage sein. Aber es kann Einblicke geben, Sichtweisen teilen und Einfluss nehmen.

Über die Art und Weise, wie wir mit Künstlicher Intelligenz leben wollen, wo wir von ihr profitieren können und wo wir sie in ihre Schranken weisen müssen, darüber sollten wir fortwährend streiten. Wir alle sind Teil der Gesellschaft und können Fortschritt und Wandel aktiv mitgestalten. Jeden Tag aufs Neue. Das ist gut so. Dieses Buch möchte Bewusstsein schaffen. Nutzen Sie es im besten Sinn. Es gilt keine Zeit zu verlieren, denn die Zukunft ist jetzt.

Literatur

Asimov, I. (1942). *Runaround*. Street & Smith.
Goodfellow, I. J., et al. (2014). *Generative adversarial networks*. https://arxiv.org/abs/1406.2661. Zugegriffen am 17.10.2024.
Larsen, G. A. (1978–80). *Kampfstern Galactica*. Universal Pictures.
McCulloch, W. S., & Pitts, W. (1943). A logical calculus of the ideas immanent in nervous activity. *The Bulletin of Mathematical Biophysics*. https://doi.org/10.1007/BF02478259
Meiser, M. (1991). The computer for the 21st century. *Scientific American*.
Moore, G. E. (1965). Cramming more components onto integrated circuits. *Electronics*.
Nezhurina, M., et al. (2024). *Alice in wonderland: Simple tasks showing complete reasoning breakdown in state-of-the-art large language models*. https://arxiv.org/abs/2406.02061
NVIDIA. (2024). *NVIDIA Announces Financial Results for Second Quarter Fiscal 2024*. https://nvidianews.nvidia.com/news/nvidia-announces-financial-results-for-second-quarter-fiscal-2025
Pause Giant AI Experiments: An Open Letter. (2023). *Future of Life Institute*. https://futureoflife.org/open-letter/pause-giant-ai-experiments/
Roddenberry, G., & Berman, R. (1987–94). *Raumschiff Enterprise – Das nächste Jahrhundert*. Paramount Pictures.
Rombach, R., et al. (2022). *High-resolution image synthesis with latent diffusion models*. https://arxiv.org/abs/2112.10752
Rosenblatt, F. (1958). The perceptron: A probabilistic model for information storage and organization in the brain. *Psychological Review*, 386–408. https://doi.org/10.1037/h0042519
S.D.N.Y. (2023). *The New York Times Company v. Microsoft Corporation*.
Touvron, H., et al. (2023). *LLaMA: Open and Efficient Foundation Language Models*. https://arxiv.org/abs/2302.13971
Turing, A. (1950). Computing Machinery and Intelligence. *Mind*.
Vaswani, A., et al. (2017). *Attention is all you need*. CoRR abs/1706.03762. http://arxiv.org/abs/1706.03762.
Weizenbaum, J. (1966). Communications of the ACM, *9*(1), 36–45. https://doi.org/10.1145/365153.365168
von Windisch, K. G., et al. (1783). *Briefe über den Schachspieler des Hrn. von Kempelen, Mechel*. https://www.digitale-sammlungen.de/de/view/bsb10081244? Zugegriffen am 17.10.2024.
Zuse, K. (1952). *DE0Z0000391MAZ*. https://www.dpma.de/docs/dpma/veroeffentlichungen/meilensteine/2020/de0z0000391maz_rechenmaschine19421950.pdf. Zugegriffen am 17.10.2024.

Open Access Dieses Kapitel wird unter der Creative Commons Namensnennung - Nicht kommerziell - Keine Bearbeitung 4.0 International Lizenz (http://creativecommons.org/licenses/by-nc-nd/4.0/deed.de) veröffentlicht, welche die nicht-kommerzielle Nutzung, Vervielfältigung, Verbreitung und Wiedergabe in jeglichem Medium und Format erlaubt, sofern Sie den/die ursprünglichen Autor(en) und die Quelle ordnungsgemäß nennen, einen Link zur Creative Commons Lizenz beifügen und angeben, ob Änderungen vorgenommen wurden. Die Lizenz gibt Ihnen nicht das Recht, bearbeitete oder sonst wie umgestaltete Fassungen dieses Werkes zu verbreiten oder öffentlich wiederzugeben.

Die in diesem Kapitel enthaltenen Bilder und sonstiges Drittmaterial unterliegen ebenfalls der genannten Creative Commons Lizenz, sofern sich aus der Abbildungslegende nichts anderes ergibt. Sofern das betreffende Material nicht unter der genannten Creative Commons Lizenz steht und die betreffende Handlung nicht nach gesetzlichen Vorschriften erlaubt ist, ist auch für die oben aufgeführten nicht-kommerziellen Weiterverwendungen des Materials die Einwilligung des jeweiligen Rechteinhabers einzuholen.

Mediengeschichtliche Einordnung und Einfluss von KI auf die zukünftige Entwicklung

Carsten Busch

> **Zusammenfassung**
>
> *Künstliche Intelligenz (KI) ist im Kern ein technisches Fachgebiet. Viele Anwendungen haben jedoch medialen Charakter, und oft sind die daraus entstehenden gesellschaftlichen Herausforderungen vielen anderen Medien ähnlich. Beispielsweise sind Fake-News oder -Videos schon fast so alt wie die menschliche Medienkommunikation. Es kann also für den aktuellen und künftigen Umgang mit KI einiges aus der Mediengeschichte gelernt werden. Vor allem erlaubt diese Perspektive eine nüchterne Differenzierung zwischen bekannten – oft schon gelösten – Herausforderungen und den wirklichen Neuerungen, auf die es zu reagieren gilt.*

4.1 Der Ursprung

8. Oktober 2024: Nobelpreis für KI. Nein, nicht eine KI hat den Nobelpreis bekommen, sondern die menschlichen Wissenschaftler John Hopfield und Geoffrey Hinton für ihre Forschungen über maschinelles Lernen.

Natürlich ließe sich trefflich darüber spekulieren, wann eine KI doch einmal den Nobelpreis erhalten wird. In spätestens zehn Jahren – wenn wir den Marketing-Versprechen der KI-Apologeten Glauben schenken. Oder wahrscheinlich nie – wenn wir die Vorliebe der Nobelpreis-Komitees für ältere Menschen-Männer berücksichtigen.

C. Busch (✉)
Fachgebiet Medienwirtschaft/Medieninformatik und Forschungsgruppe Creative Media im Forschungszentrum Kultur und Informatik, Hochschule für Technik und Wirtschaft (HTW) Berlin, Berlin, Deutschland
E-Mail: Carsten.Busch@HTW-Berlin.de

© Der/die Autor(en) 2026
F. Schmiedchen et al. (Hrsg.), *Künstliche Intelligenz und Wir*,
https://doi.org/10.1007/978-3-662-71567-3_4

Interessanter als solche Spekulationen sind aber zwei Fakten: Zum einen hat Hinton nach Jahrzehnten erfolgreicher Entwicklung und Arbeit für KI-Technologien 2023 seinen Job bei Google Brain gekündigt, um offener über die Risiken und Gefahren der Künstlichen Intelligenz sprechen zu können. Dieses Motiv spielt auch in seinen ersten Statements zur Nobelpreis-Auszeichnung eine Rolle. Auch Hopfield äußert sich partiell kritisch.

Zum anderen liegen die vom Nobelpreis-Komitee hauptsächlich gewürdigten Arbeiten von Hopfield und Hinton Jahrzehnte zurück. Hopfield hat die nach ihm benannten assoziativen neuronalen Netze Anfang der 80er-Jahre entwickelt, und Hintons „Boltzmann-Maschine" bzw. Helmholtz-Maschine wurden Mitte der 80er-Jahre veröffentlicht. Des letzten Jahrhunderts wohlgemerkt![1]

Die konzeptionellen Grundlagen für neuronale Netze stammen sogar aus den 1940er-Jahren, sind also gute 80 Jahre alt. Es könnte demnach sein, dass ein Blick in die Geschichte und Vorgeschichte der Künstlichen Intelligenz hilft, um aktuelle und künftige Entwicklungen einzuschätzen – gerade auch, wenn es um die gesellschaftliche Beherrschbarkeit ihres massenhaften Einsatzes geht.

Und wenn wir die Aufregungen um das Teilgebiet der sogenannten generativen Künstlichen Intelligenz verstehen wollen, muss der Bogen sogar noch größer gespannt und ein gezielter Blick auf die Geschichte und Theorie der Nutzung von Medientechniken zur Unterstützung menschlicher Kommunikation geworfen werden.

Denn die aufmerksamkeitserregenden Simulationen oder Fakes der Stimmen, des Aussehens, der Bewegungen etc. von Celebrities aus Musik, Kunst, Politik oder auch anderen gesellschaftlichen Bereichen sind im Kern mediale Anwendungen von KI-Technologien. Das Gabler Wirtschaftslexikon definiert beispielsweise: „Generative KI (‚KI' steht für ‚Künstliche Intelligenz') ist ein Sammelbegriff für KI-basierte Systeme, mit denen auf scheinbar professionelle und kreative Weise alle möglichen Ergebnisse produziert werden können, etwa Bilder, Video, Audio, Text, Code, 3D-Modelle und Simulationen" (Bendel, 2024).

Damit wird generative KI als Medienphänomen eingeordnet. Auch das „KI-Gesetz" der EU ist stark von dieser Perspektive geprägt (Europäisches Parlament, 2023a, b).

Selbstverständlich werden KI-Technologien und -Systeme auch in anderen Bereichen angewendet, etwa im Militär oder in Automobilen etc. Verschiedene Kapitel dieses Buchs behandeln diese Aspekte und Perspektiven auf die KI-Entwicklung. Aber die „Medienperspektive" mit einem Fokus auf die Entwicklung der Digitalisierung bietet ganz eigene interessante Einsichten und Differenzierungsmöglichkeiten für die KI insgesamt und soll hier im Mittelpunkt stehen.

---

[1] Spannend übrigens, dass auch zwei der drei Chemie-Preisträger 2024 für KI-Anwendungen geehrt wurden. Sie begannen auch bereits vor Jahren mit ihren Arbeiten, waren aber erst 2020 erfolgreich mit der Umsetzung.

Werfen wir also einen Blick auf geschichtliche Wegmarken der Produktion und Wahrnehmung von Medien – Bilder, Video, Audio, Text, Code, 3D-Modelle und Simulationen – und ihre gesellschaftlichen Auswirkungen.

Ich beginne mit einer etwas ausführlicheren Analyse der ältesten nachgewiesenen Medientechnik, der Höhlenmalerei, weil sich hier bereits in den Techniken, Grundprinzipien und auch Problemen oder Risiken vieles zeigen lässt, was auch für die Einschätzung aktueller KI- und Digitalisierungstechniken hilfreich ist. Dann geht es in einem Sprint durch einige wesentliche Stationen der Medienentwicklung, wie die Überlistung menschlicher Wahrnehmung beim Film, die Überwindung der Raumgrenzen durch mobile Schrifttechnologien, die Vorbereitung der Digitalisierung durch Buchstabenschriften, die maschinelle Vervielfältigung durch den Buchdruck, den Einzug der Lichtgeschwindigkeit durch die Telegrafie sowie globale Kommunikationsinfrastrukturen durch Telefonie und Internet.

Im Zuge dessen kann herausgearbeitet werden, was an aktuellen KI-Entwicklungen wirklich neu ist und wo die Menschheit letztlich schon seit Jahrhunderten Erfahrungen im gesellschaftlich verantwortungsvollen Umgang mit medialen Techniken sammeln konnte.

Lesehinweis: Ich schlage zwar am Ende jeder mediengeschichtlichen Station bereits die eine oder andere Brücke zur KI, Sie können aber auch auf die Überblickstabelle vorspringen, mit der die Schlussargumentation des Artikels eingeleitet wird. Dann verpassen Sie aber etwas und blättern wahrscheinlich wieder zurück.

4.2 Bilder – ein Anfang der Medientechnik, kein Ende menschlicher Gesellschaften

Nach aktuellem Stand ist älteste nachgewiesene Bildtechnik die sogenannte Höhlenmalerei. Auf der indonesischen Insel Sulawesi finden sich Darstellungen eines Pustelschweins, die auf ca. 53.000 ± 2300 Jahre datiert wird (Brumm et al., 2021).

Ein dunkel umrandetes, vierbeiniges Tier mit orange-brauner Färbung, das nach rechts schaut. Das Pustelschwein ist Teil eines größeren Gemäldes, das wie eine abstrahierte Landschaft wirkt. Links oberhalb des Schweins sind zwei ausgestreckte Hände zu sehen.[2]

Was hat das uralte Bild eines Pustelschweins mit moderner Künstlicher Intelligenz zu tun? Sehr viel. Denn bereits damals zeigten sich wesentliche Techniken und vor allem Grundprinzipien, die bei KI (-Anwendungen) heute relevant sind. Und wir sehen auch Probleme oder Risiken, die in aktuellen Diskussionen über KI und andere digitale Techniken thematisiert werden, als wären sie neu.

---

[2] Ich kann sehr empfehlen, das Bild im Artikel anzuschauen. Es ist von beeindruckender Bild- und Farbkraft.

Konkret
1. Bildtechnik:

Offensichtlich war jemand – wahrscheinlich ein oder mehrere Menschen – in der Lage, Form- und Farbtechniken so zu verwenden, dass ein Bild auf der Höhlenwand angebracht werden konnte, sogar als Farbbild. Bei anderen Bildtechniken, wie Fotografie und Film, dauerte es jeweils Jahrzehnte der Entwicklung von Schwarzweiß- zu Farbbildern. Auf jeden Fall spricht viel für die These, dass diesem farbigen Kunstwerk ebenfalls Jahrzehnte, wenn nicht gar Jahrhunderte des Experimentierens mit verschiedenen Farb- und Formtechniken vorausgegangen sind.

2. Speichertechnik:

Das Bild ist zwar stationär, also noch an die Räumlichkeit seiner Entstehung gebunden. Aber es durchbricht die Schranken der Zeit, d. h. es kann anders als Bildkommunikationsmittel, wie Gesten, Mimik oder auch Zeichnungen im Sand, noch Jahre oder Jahrtausende nach seiner Produktion angesehen und identifiziert werden – also die erste nachgewiesene Speichertechnik für Bildmaterial.

3. Imitationsfähigkeit und -technik:

Das Bild an der Höhlenwand zeigt eine klar erkennbare Ähnlichkeit mit einem echten Pustelschwein, jedenfalls hinsichtlich der Kontur und der wesentlichen Körpermerkmale, wie Beine, Schwanz, Kopf, Ohren, Augen etc. Wer also auch immer für das Bild verantwortlich war, hatte offensichtlich den Willen, die Fähigkeit und die technischen Möglichkeiten, das wirkliche Tier möglichst genau abzubilden. Zu den Besonderheiten aller Bildmedien zählt übrigens die „Verdopplung der Welt", d.h., spätestens seitdem können wir Objekte oder Aspekte der Wirklichkeit technisch abbilden und haben das Prinzip der Zeichen erfunden. Und wir können es nutzen, um über etwas zu kommunizieren, das in dem Moment nicht da ist. Stellen wir uns einen Säbelzahntiger vor. Es ist sicher eine große Errungenschaft der Menschheit, unseren Kindern oder Stammesmitgliedern den Säbelzahntiger zu zeigen und sie vor ihm zu warnen. Ein Beitrag zur Senkung der Kindersterblichkeit! Wir können aber auch Bilder von Nachbarn zeigen und sie diffamieren. Hierzu braucht es keine KI, sondern wir können das seit über 50.000 Jahren, und einzelne Menschen wollen es auch – wahrscheinlich, seit es Menschen gibt …

4. Abweichungen vom Original:

Absicht, Manipulation oder Unfähigkeit, Fehler? Auffallend ist die deutlich andere Farbgebung. Nehmen wir an, dass indonesische Pustelschweine vor über 50.000 Jahren nicht orange-rot waren; heutige Exemplare sind grau, braun oder schwarz gefärbt. Dann kann gefolgert werden, dass die bunte Farbgebung des Höhlenbilds Absicht war und kein Fehler oder Unfähigkeit. Denn wir sehen deutlich an anderen Stellen des Höhlenbildes, dass Schwarz und Dunkelgrau als Farben technisch verfügbar waren und eingesetzt wurden. Also haben wir mit hoher Wahrscheinlichkeit ein erstes nachgewiesenes Beispiel für absichtliche Manipulation bei der Herstellung des (Ab-)Bildes. Warum diese Manipulation vorgenommen wurde und wozu sie dient, bleibt nach aktuellem Forschungsstand unklar. Manipulationen von Inhalten, also Gerüchte und Fake-News, waren schon viel früher in allen oralen Kulturen bekannte gesellschaftliche Herausforderungen. Aber spätestens mit der Höhlenmalerei erhalten sie „Unterstützung" durch die Kraft medialer Bilder.

5. Kontrollverlust der Kommunikatoren:[3]

Medieninhalte leben länger. Die Person oder Personengruppe, die das Höhlenbild produziert hat, überwindet zwar dank der Medientechnik die Zeitschranke und hat etwas (fast) für die Ewigkeit geschaffen. Da aber die Kommunikatoren nicht mehr dabei sind, können sie nicht mitteilen, was gemeint war oder ob überhaupt etwas gemeint war. Auch Korrekturen von unbeabsichtigten oder absichtlichen Fehlinterpretationen der ursprünglichen Botschaft sind nicht mehr möglich. Dieser Preis des Kontrollverlusts über die Interpretation wird übrigens schon ab dem Moment entrichtet, in dem die Malerin oder der Maler die Höhle verlässt. Und es ist der Preis, den alle speichernden Medientechniken bis hin zu KI-Anwendungen einfordern: Überwindung der Zeitschranke = Verlust der Kontrolle über die Rezeption.

6. Kontext und Einbettung:

Wenn sie fehlen, ist (fast) alles möglich. Schon bei diesem ersten Zeugnis der Medientechnik zeigt sich: Wenn die Kommunikatoren nicht (mehr) dabei sind und wenn es keine begleitenden Erklärungen oder Kontexte gibt, entsteht sehr viel Freiraum für Interpretationen. Aber das hat einen Preis: Wer das Bild betrachtet, hat viel Freiheit, das Bild und seine eventuelle Botschaft zu interpretieren. Dient das Bild des Pustelschweins der Warnung vor einer tierischen Gefahr oder dem Wecken von Neugier auf freundliche Gefährten oder schmackhafte Braten? Wird eine Gottheit symbolisiert oder ein Nachbar verunglimpft? Alle derartigen Interpretationen wären möglich. Es kann sogar sein, dass keine inhaltliche Botschaft mit dem Höhlenbild verbunden war und es nur um die Freude an der Darstellung ging. Je weniger Kontext, desto mehr Potential für Mehrdeutigkeiten, Missverständnisse, Missbrauch oder verfälschendes Framing.

---

[3] Im Folgenden nenne ich die produzierende Person einer Medienbotschaft „Kommunikator" und die empfangende Person „Rezipient", in Anlehnung an Harold D. Lasswell, dem die Kommunikationswissenschaft die nach ihm benannte Formel „Who says what in which channel to whom with what effect?" verdankt.

7. Mustererkennung und Imagination:

Segen und Fluch zugleich: Schon das Bild des Pustelschweins funktioniert nur, weil Menschen über zwei grundlegende Fähigkeiten verfügen, die für fast alle Medientechnologien essenziell sind. Zum einen können wir Muster erkennen, d.h., selbst wenn nicht alle Details genau einem Original entsprechen, Teile fehlen oder Zusätzliches abgebildet wird, kann unsere visuelle Wahrnehmung aus Einzelteilen Muster oder ganze Bilder herausfiltern oder auch bestimmte – vielleicht für uns besonders wichtige – Elemente herausfiltern. Es findet immer ein Selektions- und Kombinationsprozess statt. Zum anderen verfügen wir über die Fähigkeit der Imagination. Wir können also aus einem (Ab-)Bild auf ein Original schließen und sogar nicht im Bild erkennbare Elemente oder Eigenschaften, Geschichten und Gefühle hinzufügen. Mit einer modernen Metapher ausgedrückt: Menschen können Kopfkino. Diese Fähigkeit ist so stark, dass wir oft genug ihr Opfer werden. Hier liegt die wahre Wurzel für die Wirksamkeit von Bildmanipulationen, unabhängig davon, ob es statische oder bewegte Bilder sind: Wir laufen aufgrund menschlicher Dispositionen Gefahr, mehr oder anderes zu sehen als dargestellt. Wir sind anfällig dafür, dass mit Bildern starke Emotionen angesprochen werden und können uns in Bildwelten verlieren (Eskapismus) oder auch nach ihnen süchtig werden. Medientechniken bis hin zu KI-generierten Deepfake-Videos können dies ausnutzen oder natürlich auch als Gegenmittel wirken. Kernbotschaft dieses kleinen Ausflugs in die mediale Frühgeschichte ist: Wesentliche Konzepte der Medienentwicklung sind schon sehr alt in der Menschheitsgeschichte, vielleicht sogar Teil der Menschwerdung. Auch viele Risiken und Probleme sind bereits lange bekannt. Und da die Menschheit überlebt hat – und da mit hoher Wahrscheinlichkeit sogar Gesellschaften mit innovativer Mediennutzung erfolgreicher waren als medienverweigernde – muss es Lösungen geben: für die gesellschaftliche Eindämmung von Problemen und Risiken sowie für das Freisetzen der Vorteile, die Medientechniken auch bringen können und für die sie entwickelt wurden.

Allerdings gilt: Diverse Medientechniken bedeuten auch besondere und neue Herausforderungen. Diese müssen von den bekannten alten unterschieden werden. Sonst schießt eine Medienkritik bildlich gesprochen mit uralten Schleudern auf moderne Drohnen.

Schlagen wir einige erste Brücken zu aktuellen KI-Diskussionen:

- Bildtechniken mit dem Anspruch von möglichst hoher Ähnlichkeit zum Original gibt es bereits seit über 50.000 Jahren; KI-Anwendungen können das besser und schneller, aber Prinzip und Anspruch sind geblieben.
- Eine zentrale Rolle spielen die menschlichen Fähigkeiten zur Mustererkennung und Imagination: „Kopfkino" ist älter als jedes Kino und jede KI; hierdurch sind Menschen zwar sehr bild-reich, aber auch sehr anfällig für Täuschungen oder Selbsttäuschungen.
- Abweichungen, egal ob Fehler oder bewusste Manipulation etc., sind mindestens ebenso alt; KI-Anwendungen können das besser und schneller, aber Prinzip und Anspruch sind geblieben.
- Mit der Speicherung von Bildern kann zwar die Kommunikation aus ihrer Verhaftung in der Gegenwart des/der Kommunikator*in gelöst werden, aber damit geht ein deutlicher Kontrollverlust einher. Das gilt auch für Bild-KI-Anwendungen.

Missinterpretationen – unbeabsichtigte oder bewusste – begleiten die Mediengeschichte ebenfalls seit Beginn und sind umso leichter, je weniger Kontext und inhaltliche Einbettung vorhanden ist, wie das Beispiel des Pustelschweins zeigt. In der Künstlichen Intelligenz wird mit sogenannten *Embedding*-Technologien versucht, hierfür Lösungen zu finden. Beim Embedding werden Begriffe oder Bilder mit verschiedenen Vektorisierungsverfahren in Beziehung zu anderen Begriffen oder Bildern gesetzt, um hierüber so etwas wie einen Kontext abzubilden und passende Bedeutungen zu identifizieren. Damit lassen sich Mehrdeutigkeiten oder auch inhaltliche Bedeutungsübertragungen auflösen. Beispielsweise kann aus der Abfolge Hitler – Deutschland + Italien der Name Mussolini abgeleitet werden (Barnard, 2023, sowie die Kap. 5 bzw. 6 in diesem Band).

4.3 Bewegtbild – die große Täuschung

Die Erfindung des Films als relativ moderne Medientechnologie ist untrennbar mit den Gebrüdern Lumière verbunden, die 1895 den Cinématographe veröffentlichten.[4]

Zentral ist mit Blick auf moderne Bewegtbildtechnologien und auch aktuelle KI-Diskussionen folgender Aspekt: Für die Aufnahme und das Abspielen eines Films wurde jeweils eine Frequenz von 16 Bildern pro Sekunde verwendet. Heutige Bewegtbildtechnologien im Fernsehen oder in Computerspielen verwenden höhere Frequenzen. Aber allen ist eines gemeinsam: Es wird bewusst damit gearbeitet, dass das menschliche Auge und die visuelle Verarbeitung im Gehirn einzelne Standbilder ab einer Frequenz von 16 Bildern pro Sekunde als Bewegung wahrnehmen. Höhere Frequenzen führen nur dazu, dass die Wahrnehmung auch garantiert eine flüssige und nicht ruckelnde Bewegung vorgaukelt.

Ich verwende den Begriff des Vorgaukelns bewusst, um zu verdeutlichen, dass bei Bewegtbildtechnologien eigentlich eine Art optischer Täuschung stattfindet, die auf Kenntnis der Grenzen menschlicher Wahrnehmung von optischen Reizen aus Einzelbildern, quasi Fotos, einen Film entstehen lässt – im Auge des Betrachters oder der Betrachterin.

Hiermit wird also anders als bei der o. g. Mustererkennungs- und Imaginationsfähigkeit eine biologische „Unzulänglichkeit" der menschlichen Wahrnehmung ausgenutzt.

Eine schöne Ironie, dass ausgerechnet das Medium, das als eines der wirklichkeitsgetreusten gilt, auf einer Täuschung basiert. Die Manipulation dessen, was Rezipierende sehen, ist also keine Erfindung der Künstlichen Intelligenz, sondern wurde Jahrzehnte früher mit der Filmtechnik in die Medienwelt eingeführt und ist dieser Technik inhärent.

---

[4] Vorarbeiten gibt es diverse, u. a. das Patent von Léon Guillaume Bouly von 1892, aber das soll hier keine Rolle spielen.

Allerdings muss differenziert werden: Diese Täuschung bezieht sich auf die Technik – nicht auf die Inhalte![5]

Natürlich können auch sie bei der Aufnahme, der Verarbeitung oder dem Abspielen manipuliert werden. Und das findet auch immer wieder statt. Zu den bekanntesten Beispielen zählen etwa die Versuche, Einzelbilder oder kurze Sequenzen unterhalb der Wahrnehmungsgrenze für Werbung oder politische Einflussnahme in Filme einzuschmuggeln. Eine Manipulationstechnik, deren Wirksamkeit umstritten ist, die aber nichtsdestotrotz aus guten Gründen gesetzlich verboten ist.

Die inhaltliche Manipulation von Bewegtbildern, egal ob in Film, Video, TV, Streaming-Filmen oder Computerspielen, macht sich zwar manchmal die technisch bedingte optische Täuschung zunutze, arbeitet aber zumeist mit den bereits seit der Höhlenmalerei bekannten Prinzipien der menschlichen Mustererkennung und Imagination. Dies gilt auch für KI-Anwendungen für Bewegtbilder, beispielsweise bei den bekannten Fake-Videos über den Papst, Taylor Swift oder auch den deutschen Bundeskanzler.

Das Täuschen der menschlichen Wahrnehmung bildet übrigens auch die Essenz des nach Alan Turing benannten Tests. In seinem berühmten Aufsatz *Computing Machinery and Intelligence* beschreibt er 1950 ein Szenario, das er „*Imitation Game*" (sic!) nennt: Ein Mensch ist in einem Raum und ein Computer in einem zweiten. In einem dritten Raum befindet sich eine Art Detektiv, der durch Fragen herausfinden soll, in welchem Raum der Computer ist. Wenn der Computer es schafft, den Detektiv zu überlisten, könne er „intelligent" genannt werden (Turing, 1950).[6]

Hiermit bringt einer der Pioniere der Informatik die Aufgabe Künstlicher Intelligenz auf den Punkt: Maschinelles Agieren soll so gut imitieren oder auch täuschen, dass Menschen den Unterschied nicht mehr erkennen können. Nichts anderes versuchen viele aktuelle KI-Anwendungen zu erreichen.

Weit gefehlt wäre allerdings, dies für eine Erfindung der Informatik oder der KI zu halten. Denn die Imitation möglichst weit zu treiben, ist bereits der Höhlenmalerei inhärent. Die Malerei späterer Jahrhunderte hat u. a. im Umgang mit Perspektive bereits unterschiedlichste Darstellungstechniken entwickelt, um dem menschlichen Auge auf zweidimensionalen Bildern Dreidimensionalität vorzugaukeln. Dass mit diesen Techniken zugleich auch die Aufmerksamkeit und der Blick gelenkt werden können, wird gern genutzt

---

[5] Auch bei Audiosignalen werden die menschlichen Wahrnehmungsgrenzen bewusst ausgenutzt: MP3 basiert u. a. darauf, dass Tonhöhen und -tiefen nur bis zu bestimmten Frequenzen wahrgenommen werden; ähnliches gilt für Dynamiken. Werden diese ohnehin kaum wahrnehmbaren Elemente herausgefiltert, können die Datenmengen für Speicherung oder Übertragung massiv verringert werden.

[6] Hübsches Detail: Turing beschreibt zunächst eine Art Party-Spiel, bei dem in den beiden Räumen eine Frau und ein Mann sind und der Detektiv herausfinden muss, wer wo ist. Dieses Setting wandelt er dann um. Übrigens ist den Akteuren – inklusive des Computers – explizit erlaubt, zu lügen und zu täuschen.

und auch ausgenutzt. Fotografie, Film und Computerspiele bauen darauf auf. Und natürlich moderne KI-Anwendungen.

4.4 Mobile Schrifttechnologien – die Überwindung der Raumgrenzen

Ob es schon bei Bildern Techniken gab, sie nicht nur auf Wänden zu speichern, sondern auch auf Steintafeln o. ä. transportabel zu machen, ist mir nicht bekannt. Aber spätestens seit der Erfindung von Schriftzeichen, die schon vor über 5000 Jahren mit Farbe auf Tontafeln, Papyrus etc. aufgebracht wurden, werden Medieninhalte durch Medientechniken mobil. Natürlich kannte die Menschheit dieses Prinzip schon wesentlich länger, weil auch orale Kulturen ohne Schrifttechnologien Möglichkeiten gefunden hatten, Inhalte über Sprache, Gestik, Tanz, Musik etc. mithilfe menschlicher „Träger" über Entfernungen hinweg zu transportieren. Aber die o. g. Schrifttechniken zeichnen sich dadurch aus, dass sie speziell dafür entwickelt und eingesetzt wurden, Inhalte eher kurzzeitig zu speichern und die Übertragungsfunktion in den Fokus zu stellen. Sie spielten beispielsweise eine wichtige Rolle, um das Römische Weltreich zusammenzuhalten.

Speicherungstechniken überwinden die Zeitschranken, Übertragungstechniken überwinden die Raumschranken. Die möglichen Risiken sind ähnlich, also insbesondere Kontrollverlust der Kommunikatoren, Möglichkeiten für Fehler oder Manipulationen, Missverständnisse durch andere Interpretationskulturen, seien sie zeitlich entfernt oder räumlich. Moderne KI-Technologien und -Anwendungen „erben" diese Risiken und potenzieren sie u. a. durch höhere Geschwindigkeit (in Produktion und Verbreitung) sowie durch größere Genauigkeit oder auch scheinbare Plausibilität, so dass Fehler und Manipulationen schwieriger zu erkennen sind.

4.5 Buchstabenschrift – die große Abstraktion und Vorbereitung der Digitalisierung

Der Kern aktueller Digitaltechniken – inklusive der KI – ist die Nutzung des Binärsystems von Nullen und Einsen. Digitalisierung ist die Überführung von Informationen bzw. Daten in das Binärsystem. Das Binärsystem bedeutet die Verwendung des kleinstmöglichen Zeichensatzes von zwei Zeichen (0 und 1, oder andere) für die Darstellung, Bearbeitung, Verbreitung und Speicherung von Informationen. Demgegenüber verwendet das Zehnersystem zehn Zeichen, z. B. 0–9. Mathematisch gesehen sind Binärsystem und Zehnersystem gleichmächtig.

Dies gilt für alle Zeichensysteme mit einer festgelegten und begrenzten Zahl von verwendeten Zeichen und einem festen Regelsatz, der insbesondere Folgendes umfasst: klare

Unterscheidbarkeit der Zeichen, Abstraktion der Zeichen von der Gestalt des Bezeichneten, keine Überlagerung der Zeichen, keine unabgesprochene Veränderung des Zeichensatzes.

> Für Leser und Leserinnen mit Freude an Mathematik die Begründung der „Gleichmächtigkeit": Auch wenn die Zahl der erlaubten Zeichen endlich ist, können damit unendlich viele Inhalte codiert werden, sofern die Länge der Zeichenfolgen nicht begrenzt ist. D. h. schon das Binärsystem mit dem kleinstmöglichen Satz von zwei unterscheidbaren Zeichen (0 und 1, oder beliebig andere zwei Zeichen) kann für die Darstellung unendlich vieler Inhalte verwendet werden. Ein Quartärsystem mit einem Satz von vier Zeichen kann ebenfalls „nur" unendlich viele Inhalte darstellen; selbst „2 x unendlich" ist unendlich; auch „2^x x unendlich" bleibt unendlich. Im Kern wird durch einen größeren Zeichensatz nur die benötigte durchschnittliche Länge der Zeichenfolgen kleiner; dafür wächst die Komplexität beim Erlernen eventuell.

Für Menschen haben sich Zeichensätze mit max. 100 Zeichen als gut praktikabel erwiesen, z. B. A-Z + a-z + Satzzeichen etc.; für Maschinen (Computer) ist das Binärsystem sehr effizient umsetzbar.

Demnach gilt: Ab der ersten ausgearbeiteten Buchstabenschrift mit einem endlichen Zeichensatz wird ein System genutzt, das konzeptionell alle Eigenschaften aufweist, die auch für ein Binärsystem gelten. Die dafür verwendeten Darstellungstechniken, wie Art der Zeichen, Papyrus und Stift, Tafel und Kreide, Buchdruck, Computer und Bildschirm etc., machen zwar teilweise erhebliche Unterschiede bezüglich Nutzbarkeit, Haltbarkeit, Geschwindigkeit oder Erlernbarkeit etc. Doch sie ändern nichts am Grundkonzept der Darstellung beliebiger und potenziell unendlich vieler Inhalte durch einen begrenzten Satz endlich vieler abstrakter und klar unterscheidbarer Zeichen.

Historisch belegt ist dies erstmals bei der Buchstabenschrift der phönizischen Kultur.

Also ist das Grundkonzept der Digitalisierung circa 3100 Jahre alt.[7]
Mit Blick auf die Digitalisierung ist der Schritt der Abstraktion von bildhaften Schriftzeichen zu abstrahierten Buchstaben zentral, denn er ermöglicht die Reduktion auf kleine Alphabete mit wenigen Zeichen.

Sie sind deshalb einerseits als Zeichensatz leicht erlernbar, erfordern aber andererseits eine besondere Art der Imagination, die noch einmal anders ist als die bei der Höhlenmalerei beschriebene. Denn da es keine bildliche Verbindung zwischen den Schriftzeichen

---

[7] Schon wesentlich früher wurden Schriften entwickelt, die bereits einen wesentlichen Schritt vollzogen: die Lösung der Schriftzeichen von Ähnlichkeiten mit den durch sie beschriebenen Gegenständen. Noch die frühen ägyptischen Hieroglyphen waren eine reine Bilderschrift, wurden dann aber um Lautzeichen und Deutzeichen ergänzt. Auch bei den chinesischen Schriftzeichen finden sich noch Piktogramme.

und den damit beschriebenen Gegenständen gibt, müssen wir diese Verknüpfung im Lese-Schreib-Unterricht gründlich erlernen. Wenn das erlernt ist, können auch Texte in uns Bildwelten erzeugen und das Kopfkino bespielen.

Täuschungen und Manipulationen sind auf Basis von Buchstabenschriften grundsätzlich einfacher, weil die Bildähnlichkeit zwischen Schriftzeichen und Objekten als mögliches Korrektiv wegfällt. Zugleich ist die Reduktion auf wenige, klar unterscheidbare Zeichen eine wichtige Voraussetzung für eine leichtere Vervielfältigung – durch Menschen oder Maschinen.

Ohne den Reduktions- und Abstraktionsschritt der Buchstabenschriften wären die späteren Entwicklungen der maschinellen Vervielfältigung von Medieninhalten, der Digitalisierung und der darauf aufbauenden Künstlichen Intelligenz kaum vorstellbar.

Diese modernen Medientechnologien haben nicht nur die unbestreitbaren Vorteile von den Buchstabenschriften geerbt, sondern zugleich auch die damit einhergehenden Risiken, insbesondere der Distanz zwischen den Objekten und ihrer Beschreibung sowie des Kontrollverlusts der Kommunikatoren über die Rezeption und die besondere Bedeutung von Imagination und Kopfkino.

4.6 Buchdruck – maschinelle Vervielfältigung von Medieninhalten

Zwar gab es schon beginnend vor über 1100 Jahren in China erste Erfindungen für maschinellen Druck, sie konnten sich aber nicht durchsetzen, u. a., weil das chinesische Alphabet zu viele Zeichen umfasste. Durchgesetzt hat sich erst die Drucktechnologie von Johannes Gutenberg um das Jahr 1440 herum. Er hatte neben verschiedenen technischen Errungenschaften zu seiner Zeit den entscheidenden Vorteil, eine Buchstabenschrift mit deutlich kleinerem Zeichensatz verwenden zu dürfen, der auf dem phönizischen Alphabet basiert und fast identisch zu dem heute in Deutschland gebräuchlichen ist. Mit der Drucktechnik nach Gutenberg konnte die Vervielfältigung von Schriftmedien durch die mühsame Handarbeit von Mönchen und Nonnen ersetzt werden durch maschinellen Druck mit beweglichen Lettern: wesentlich genauer, deutlich schneller!

Damit wurde es erstmals in der Geschichte der Menschheit möglich, (fast) unendlich viele Kopien von Medieninhalten in kurzer Zeit und mit hoher Genauigkeit zu erstellen – in gewisser Weise die Geburt von Massenmedien, zunächst von Büchern, Kalendern und Flugblättern und später von Zeitungen.

Gesamtgesellschaftlich etabliert wurde in der Folge auch das für klassische Massenmedien charakteristische Grundprinzip einseitig gerichteter Kommunikation mit starken Rollen für Kommunikatoren oder entsprechende Organisationen, die in relativ kurzer Zeit eine Vielzahl von Leserinnen und Lesern erreichen konnten, während diese – nicht im Besitz von Druckmaschinen – ohne Möglichkeiten gleichmächtiger Reaktionen auf eine schwache Rolle reduziert wurden.

Dies wiederholte und verstärkte sich später bei den elektronischen Massenmedien Radio und Television sowie bei verschiedenen Anwendungen digitaler Medien auf Basis des Internets. Und es beschreibt auch eine der wesentlichen Herausforderungen diverser KI-Anwendungen, bei denen die aufwendige Technik- und Knowhow-Ausstattung auf Seiten großer Unternehmen oder staatlicher Institutionen konzentriert ist, während alle anderen ohne diese Ressourcen in eine schwache Rolle gedrängt werden.

Es ist übrigens kein Zufall, dass infolge der Erfindung des Buchdrucks bereits nach wenigen Jahren auch erste Regeln für Autorenschaft, Druckort und -zeit etc. unter dem Begriff Impressum eingeführt wurden (Funke, 1969) – ein Konzept, um gesellschaftlich die Kontrolle über maschinell vervielfältigte Medienprodukte zu sichern und beispielsweise die Verbreitung von Fakes oder Gewaltdarstellungen oder -aufrufen einzudämmen. Zugleich war es eine erste Umsetzung des Rechts auf geistiges Eigentum. Es stehen noch intelligente, global wirksame Umsetzungen dieses Konzepts für Produkte und Beiträge im Internet, den sozialen Medien und der KI aus.

4.7 Telegrafie – endlich Lichtgeschwindigkeit bzw. Echtzeitkommunikation

Viele kennen das berühmte SOS-Notsignal „…---…". In der heutigen Zeit wird die Technik der Telegrafie, also des „Fern-Schreibens", kaum noch genutzt. Dabei hat diese mediale Übertragungstechnik vor allem auf Basis der Erfindungen von Samuel Morse seit den 1830er-Jahren einige der wichtigsten Voraussetzungen für unsere aktuelle globale Telekommunikationsinfrastruktur geschaffen:

Erstens wurden mit der Telegrafie erstmals elektrische Signale für die Übertragung von Texten eingesetzt. Sie sind weltweit mit Lichtgeschwindigkeit übertragbar und haben damit der globalen Echtzeitkommunikation zum Durchbruch verholfen.[8]

Zweitens hat Morse mit dem nach ihm benannten Morse-Alphabet die Codierung von Schrift mit den beiden Zeichen Punkt (.) und Strich (-) die spätere Welt der Nullen und Einsen moderner Computer vorweggenommen.[9] Nicht zufällig leitete Claude Elwood Shannon in den 1940er-Jahren seine Formel für die Berechnung von Bits ausdrücklich aus den Grundprinzipien der Morse-Telegrafie ab (Shannon, 1949).

Drittens wurde für die Telegrafie damit begonnen, ein weltweites Kabelnetzwerk zu verlegen, damit die Morsezeichen auch möglichst überall abgesendet und empfangen werden konnten. Bis 1870, also noch vor der Patentierung der Telefonie, umfasste das Telegrafienetz schon alle Kontinente.

---

[8] Schon Jahrhunderte vorher gab es die „optische Telegrafie" mithilfe von Lichtzeichen. Und natürlich ist auch das Licht schon in Lichtgeschwindigkeit unterwegs. Aber die Entfernungen, die damit überbrückt werden konnten, reichten im wahrsten Sinne des Wortes nur „so weit das Auge reicht" und waren oft wetterabhängig. Diese Begrenzungen wurden durch die elektrische Telegrafie in Leitungen überwunden.

[9] Ich lasse einmal das Leerzeichen beiseite, das bei der Telegrafie als Trennungszeichen eigentlich ein oft übersehenes drittes Zeichen bildet. Es ist zwar durchaus wichtig, hat aber insofern eine Sonderrolle, weil es keinen Inhalt trägt.

Damit wurden durch die Telegrafie nicht nur die technischen Grundlagen für das Internet als globale Infrastruktur und für die Digitalisierung gelegt, sondern vor allem auch die weltweite Kommunikation in Echtzeit etabliert. Allerdings nicht in einer Form, die das gleichzeitige Erreichen vieler ermöglicht, sondern noch beschränkt auf die Kommunikation Einzelner mit Einzelnen.

Bekannt ist, dass die Telegrafie wie viele Medienkommunikationstechniken bereits sehr früh für militärische Zwecke genutzt wurde, u. a. im US-amerikanischen Bürgerkrieg 1861–1865.

Zu den weniger bekannten Fakten zählt, dass auch Nachrichtenagenturen, also „die Medien", zu den ersten Anwendern gehörten, vor allem aber Banken, Börsen und Wirtschaftsunternehmen (Lehrstuhl Didaktik der Geschichte, o. J.; Wenzlhuemer, 2010).[10] Geldsummen, Kontonummern, Börsenkurse etc. liegen weitgehend als Zahlen in einem Zehnersystem vor, sind also noch einfacher codierbar als Schriftzeichen.[11]

Insofern überrascht es kaum, dass Künstliche Intelligenz aktuell auch schon massiv beim sogenannten Trading zum Einsatz kommt. Beispielsweise werden Techniken wie Machine Learning und neuronale Netze für die Analyse von Handelsdaten, die Entwicklung von Handelsstrategien oder auch die Unterstützung bei individuellen Kauf- und Verkaufsentscheidungen eingesetzt (Wiegand, 2023).

4.8 Telefonie – die größte (Kommunikations-)Maschine der Welt

Als Alexander Graham Bell 1876 seine Patentanmeldung für das Telefon knapp gegen den Konkurrenten Elisha Gray durchsetzte, konnte man noch nicht ahnen, dass daraus innerhalb weniger Jahrzehnte die für lange Zeit größte Kommunikationsinfrastruktur der Erde entstehen würde. Aber das Telefonnetz aus Kabeln, später ergänzt um Funkstrecken, wuchs rasant, wurde zur „größten Maschine der Welt" und machte die Bell Company bzw. die aus ihr hervorgegangene American Telephone and Telegraph Company AT&T zu einem der größten Unternehmen weltweit.

Hatte die Telegrafie globale Punkt-zu-Punkt-Kommunikation mithilfe von Schriftzeichen eingeführt, ermöglichte die Telefonie die weltweite Kommunikation mündlicher Sprache in Echtzeit. (Bewegt-)Bilder folgten dann mit spätestens mit der Einführung des Fernsehens ab den 1930er-Jahren.

---

[10] Universität Augsburg, Lehrstuhl Didaktik der Geschichte: „Vorrangig waren es Wirtschaftskreise, die schnell auf das neue Medium [der Telegrafie] zugriffen und dieses zu einem wichtigen Hilfsmittel von Fernhandel und Börse machten: Zu über 90 Prozent bestand der Telegrammverkehr aus Wirtschaftstelegrammen. Auch Nachrichtenagenturen gründeten sich auf die neue Technik und bedienten Presse und Öffentlichkeit mit Meldungen, die mithilfe der Telegrafie zahlreicher und schneller als je zuvor verbreitet werden konnten." (Wenzlhuemer, 2010: Die Verkabelung der Welt).

[11] Kleines Schmankerl für Science-Fiction-Fans: Phileas Fogg, den Jules Verne 1873 fiktiv in 80 Tagen um die Welt auf Reisen schickte, ließ sich zwischendurch telegrafisch Geld von London nach Hongkong anweisen, um finanziell für die nächsten Etappen flüssig zu bleiben.

Mit Blick auf die Digitalisierung und auch die aktuellen Diskussionen über Künstliche Intelligenz ist vor allem der Aufbau einer weltweiten Infrastruktur mit gemeinsamen Kommunikationsprotokollen und -standards zentral. Ohne dies hätte das Internet bei weitem nicht so schnell etabliert werden und wachsen können. Deshalb haben wir mittlerweile eine technische Basis für das Sammeln und den Austausch von Daten in Echtzeit und in globalem Maßstab. Eine essenzielle Grundlage dafür, dass *Large Language Models* funktionieren können, weil sie – wie der Name andeutet – sehr große Datenmengen benötigen, möglichst in globalem Maßstab.

4.9 Computer – universell einsetzbare Medienmaschinen

Moderne Computer, wie sie seit den 1940er-Jahren im Einsatz sind, waren zunächst hauptsächlich reine Rechenmaschinen, dienten also der Erfassung und Bearbeitung von großen Datenmengen sowie für komplexe Berechnungen.

Da aber Texte bereits in Form von Buchstabenschriften mit beschränkten Zeichensätzen weitverbreitet waren, konnten sie leicht in das Binärsystem umgewandelt werden, mit dem Computer arbeiten (s. Abschn. 4.5). Die Umwandlung von Bildern und Audiosignalen kam erst später hinzu, aber so wurden die Grundlagen geschaffen, um auf einem Gerät die wesentlichen Kommunikationsformen zu erfassen und zu bearbeiten. Spätestens mit den Personal Computern seit den 1980er-Jahren waren diese Multimediatechniken auch interaktionsfähig und für Laienpublikum gut nutzbar – ein Booster für die gestalterische Kreativität vieler, aber zugleich auch Anlass für Debatten darüber, ob künstlerische Kreativität durch die massenhafte Nutzung von Computern eingeschränkt wird – eine Vorwegnahme aktueller Diskussionen über die Potentiale und Risiken durch KI für Kreativität und Kreativschaffende. Kreative in Schauspiel, Drehbuchproduktion oder auch Musik haben beispielsweise nicht ganz unrecht, wenn sie ein ähnliches Schicksal für ihre Berufsgruppen fürchten, wie es damals technische Zeichner, Drucker oder Grafiker traf.

Zum Kommunikationsmedium wurde der Computer erst ab 1990, als Tim Berners-Lee die Grundlagen für das *World Wide Web* gelegt und sie frei zur Verfügung gestellt hat. Denn damit waren Computer endgültig keine isolierten Standalone-Geräte mehr, sondern wurden vernetzt und Teil einer weltweiten Kommunikationsinfrastruktur. Ab den 1990er-Jahren änderte sich folgerichtig auch die öffentliche und wissenschaftliche Wahrnehmung vom Computer als Maschine oder System zum Computer als Medium (Bolz et al., 1994).

Menschen verfügen biologisch über die Möglichkeit, Audio, Bilder und als Sonderform von Bildern auch Schriftzeichen zu erschaffen, zu verarbeiten und zu verbreiten. Sie sind sozusagen multimediale Wesen. Da die Technik erst sehr langsam und dann immer schneller diese einzelnen medialen Formen effektiv zu unterstützen gelernt hat, brauchte es einige Jahrtausende und eine Art universelle Maschine wie den Computer, um mit technischer Multimedialität nachzuziehen.

Hierin kumulieren dann auch die jeweiligen Risiken der einzelnen Medientechniken und werden durch die Kombinationsmöglichkeit durchaus potenziert. Eine frühe und zugleich sehr bekannte KI-Anwendung war das Sprachprogramm *ELIZA* von Joseph Weizenbaum, das bereits den Eindruck rudimentärer Unterhaltungsfähigkeit erwecken konnte (Weizenbaum, 1966). So einfach diese Anwendung aus heutiger Sicht erscheinen mag, so deutlich zeigte sie bereits das grundsätzliche Potential, mit Künstlicher Intelligenz menschliche Sprachfähigkeiten zu imitieren und zu simulieren. Weizenbaum wandelte sich angesichts dessen vom frühen Entwickler zu einem der schärfsten Kritiker der Künstlichen Intelligenz (1977).

Auch über das Thema der Entscheidungsfindung durch Computer allein auf Datenbasis ohne Menschen wurde bereits in den 1980er-Jahren intensiv gestritten. In der Folge wurde häufig versucht, eine Balance zwischen Computer-Vorbereitung bzw. -Empfehlung und endgültiger Entscheidung zu finden. Durch moderne KI-Anwendungen steht diese Fragestellung erneut und verschärft auf der Tagesordnung.

4.10 Internet – globale Kommunikationsinfrastruktur

Zwar sind Computer vom Grundkonzept her als universelle Berechnungsmaschinen angelegt (Turing, 1936) und wurden Schritt für Schritt im Laufe einiger Jahrzehnte zum Umgang mit Audio, Bildern, Bewegtbildern und Texten befähigt. Damit waren insbesondere die Verarbeitung und Speicherung multimedialer Daten durch Computer als Multimediamaschine gegeben. Die Zeitschranke war damit geknackt. Aber für den Durchbruch als Kommunikationsmedium brauchte es noch die Überwindung der Raumschranke. Hierfür war die Vernetzung mehrerer Computer erforderlich – am besten vieler, möglichst weltweit. Das gelang im Kern durch den Anschluss an das Telefonnetz, eine bereits existierende weltweite Kommunikationsinfrastruktur. War das Telefonnetz noch auf die Übertragung von Audiosignalen konzentriert, so entstand durch die Kombination mit den Multimediamaschinen Computer eine globale Kommunikationsinfrastruktur, die potenziell alle Medienformen in Echtzeit übertragen kann und sogar interaktionsfähig ist.

Damit sind (nahezu) alle Zutaten beisammen, um erdumspannende Medienkommunikation auf Basis digitaler Technologien und Infrastruktur zu ermöglichen und zu realisieren. Ihre wesentlichen Merkmale:

- Global: Bits kennen keine Grenzen.
- Übertragung in Lichtgeschwindigkeit: Bits sind schneller als alles, was wir kennen.
- Multimedial: Bits können Audio, Bild, Video, Text, sogar Games und Interaktion.
- Massentauglich: Bits können je nach Anwendung fast jede Person erreichen.
- Faktisch weitgehender Kontrollverlust sowohl der Kommunikatoren als auch der Rezipienten über die Inhalte: Bits sind grundsätzlich fast beliebig übertragbar, speicherbar und fälschbar.
- Die Erfolge moderner Technologien und Anwendungen Künstlicher Intelligenz resultieren aus dieser Infrastruktur. Sie ist aller Wahrscheinlichkeit nach sogar bedeutsamer

4.11 Social Media etc. – persönliche Daten und individualisierte interaktive Massenkommunikation global

Die großen Datenmengen werden mittlerweile insbesondere durch alle Arten von Social-Media-Anwendungen geliefert, überwiegend von den Rezipienten selbst preisgegeben. Ob Facebook, Instagram, TikTok oder Dating-Plattformen, bei allen geben wir als Nutzer Daten über unsere Person, Vorlieben, Werte, politischen Präferenzen etc. ein.

Hinzu kommen Daten aus Suchmaschinen und von den großen Online-Handelsunternehmen verschiedenster Branchen, wie Amazon, Alibaba, Booking, Otto etc., oder Medienbranchen, wie Musik, Games, Videoplattformen à la YouTube und so weiter und so fort. Hinzu kommen die Bewegungsdaten aus Navigationsanwendungen oder diejenigen aus Fitnesstrackern oder Health-Anwendungen.

4.12 Überblick

Bevor ich noch einmal auf die Besonderheiten von Künstlicher Intelligenz und die Herausforderungen in einer globalisierten Welt(un)ordnung eingehe, folgt hier noch eine tabellarische Übersicht über die bislang genannten Meilensteine der Medienentwicklung (Tab. 4.1) und die mit ihnen einhergehenden Risiken:[12]

Tab. 4.1 Meilensteine der Medienentwicklung

	Technik(en)	Konzept(e)	Risiken
Höhlenmalerei (statische Bilder)	Bildproduktion	Verdopplung der Welt durch Bilder	Wirklichkeitsverlust, Verselbstständigung der Bilder
	Speicherung	Überwindung der Zeitschranke	Kontrollverlust
	Imitation	Darstellung möglichst nah am Original	Fehler, Ungenauigkeiten
	Abweichungen	Abweichungen	Manipulation, Fakes
	Mustererkennung + Imagination		Falsches Sehen; finden, was Mensch sucht

(Fortsetzung)

---

[12] Natürlich ist die Liste nicht vollständig; der Fokus liegt auf Medientechniken, die in gewisser Weise auf Digitalisierung bzw. KI hinführen. Auch die Risiken sind jeweils nicht vollständig aufgeführt. Dennoch dürfte klar werden, dass die meisten Risiken bereits lange bekannt sind – und dass es fast ebenso lange Methoden gibt, sie einzuhegen.

Tab. 4.1 (Fortsetzung)

	Technik(en)	Konzept(e)	Risiken
Bewegtbild	> als 16 Bilder/s	Sinnestäuschung	Manipulation, Fakes
Alphabetschrift	Zeichensatz von 22 Buchstaben	Abstraktion vom Dargestellten, Beschriebenen	Wirklichkeitsverlust, Verselbständigung der Zeichen
Mobile Schrift	Übertragung	Überwindung der Raumschranke	Kontrollverlust
(Buch-)Druck	Druckmaschinen mit Lettern	Maschinelle Vervielfältigung	Schnelle, schwer kontrollierbare Vervielfältigung und Verbreitung von Schrift
Telegrafie	Elektromechanik	Lichtgeschwindigkeit	Superschnelle Übertragung
	Codierung mit zwei Zeichen	Abstraktion von Schriftzeichen und Realität	Wirklichkeitsverlust, Manipulation, Fakes
	Anfänge globaler Infrastruktur	Weltweites Kommunikationsnetz für Schrift	Kontrollverlust für nationale oder regionale Player
Telefonie	Weltweit größte (Kommunikations-)Maschine	Weltweites Kommunikationsnetz für Sprache	Kontrollverlust für nationale oder regionale Player, Kommunikation schneller als jede Regulierung
	Automatisierte, individuelle Verbindungen	Jeder kann mit jedem sprechen, anonymisierter Verbindungsaufbau	„Stille Post", Gerüchte, Fakes, kaum Kontrolle darüber, wer am anderen Ende spricht
Computer (ohne Vernetzung)	Rechenmaschine auf Basis von 0 und 1, digital	Universelle Berechnungsmaschine (Turing), später „Multimedia-Maschine"	Alles kann/soll berechnet werden, unkontrollierte Datensammlung, alle Medieninhalte können schnell produziert/ kombiniert werden, Manipulation, Fakes etc.
Internet	Kombination aus Computer und Übertragungsnetz	Weltweite Kommunikationsinfrastruktur für multimediale Inhalte	Alles wie oben, nur in Lichtgeschwindigkeit und globalem Maßstab
Social Media u. a.	Multimediale Anwendungen zu Kommunikation, Handel, Selbstdarstellung, Bewertung etc.	Nutzung des Internets für persönliche Darstellung und sozialen Austausch	Unkontrollierte Daten massenhaft weltweit, Verlust der informationellen Selbstbestimmung, Manipulation, Fakes, Mobbing, Pornografie etc.

All diese Konzepte und die verschiedenen Techniken zu ihrer Umsetzung entspringen menschlichen Bedürfnissen, insbesondere dem nach Kommunikation mit anderen (inklusive der Selbstdarstellung gegenüber anderen), aber auch dem Wunsch nach kommunikativer Überwindung von Zeit und Raum. Sie funktionieren nicht nur aufgrund ihrer technischen Brillanz, sondern auch weil sie auf die Sinne und menschliche Wahrnehmung zugeschnitten sind. Dabei nutzen sie gezielt und auf Basis von Messungen sogar die Grenzen der Wahrnehmungsfähigkeit, wie beim Film oder bei Audiotechniken à la MP3.

Essenziell für den Erfolg der Medien(techniken) über die Jahrhunderte hinweg bleibt, dass Menschen mithilfe von Mustererkennung und Imagination auch aus wenig viel machen bzw. aus abstrahierten Zeichen Kopfkino ableiten können.

Auch die Rolle der Neugier bzw. Lernfähigkeit von Menschen sollte nicht unterschätzt werden. Sie führt nicht nur dazu, immer neue Medientechniken zu entwickeln, sondern ist natürlich gleichzeitig eine der wichtigsten Triebfedern für unterschiedlichste Nutzungsideen und -formen von Medien. Unter anderem deshalb testen derzeit Millionen Menschen – und zwar beileibe nicht nur Technikexperten – aus, was mit den diversen KI-Anwendungen so alles geht.[13]

Viele Risiken der Mediennutzung, wie Kontrollverlust, „Verdopplung" der Welt, Abstraktion vom Original, Entstehen von Abweichungen oder auch Anfälligkeit für Fehler und Manipulation, sind den Techniken von Beginn an inhärent – seit der Höhlenmalerei. Einige zentrale Medientechniken, wie Film und diverse Audiotechniken, funktionieren sogar nur auf Basis von Sinnestäuschungen.

Ebenfalls allen Medien inhärent, wenn sie neu aufkommen, sind Sondereffekte in den Einführungs- und Durchsetzungsphasen, insbesondere Folgende:

- Einführungsakteure haben "Vorsprung durch Technik", u. a. Macht, Geld und militärische Vorteile.
- In der gesellschaftlichen Lernphase werden schwache Gruppen oft benachteiligt.
- Manipulatoren und Verbrecher nutzen gezielt, dass die Anwender*innen noch nicht so geübt sind und die Anpassung von Gesetzen oder anderen gesellschaftlichen Gegenmaßnahmen Zeit und Ressourcen kostet.

---

[13] Auch die von mir geleitete Forschungsgruppe Creative Media an der HTW Berlin experimentiert natürlich mit verschiedenen KI-Technologien, u. a. im BMWK-geförderten Projekt ProWear:Cochlea über ein Trainingssystem für Cochlea-Implantat-Träger: https://fki.htw-berlin.de/creative-media/project/prowear-cochlea/ (vgl. Werminghaus et al., 2024). Oder im BMBF-geförderten Projekt KI4CoLearnET, bei dem es um den Einsatz Bayesscher Netze für Adaptives Lernen geht: https://fki.htw-berlin.de/creative-media/project/ki-fuer-kompetenzbasiertes-lernen-im-cluster-energietechnik-ki4coLearnet/ (vgl. Gnadlinger et al., 2023). In einem Kooperationsprojekt mit dem Zuse-Institut Berlin soll ab 2025 der Einsatz von KI und Mixed Reality für die Wissenschaftskommunikation erforscht werden.

Dagegen hilft nur,

- möglichst schnell und genau das jeweils Neue an einer innovativen Medientechnologie zu analysieren, es zu verstehen und alle gesellschaftlichen Akteure daraufhin zu schulen und so individuelle und gesellschaftliche Medienkompetenz aufzubauen.

Wenig hilfreich sind dagegen:

- Romantisierung früherer Medientechniken[14]
- Wiederkäuen der Kritik alter Medientechniken ohne Konkretisierung und Anwendung auf das tatsächlich Neue einer neuen Technik
- Verbieten einer neuen Technik, wenn es in Wirklichkeit um das Einhegen von Missbrauch durch Menschen oder Interessensgruppen ginge
- Wegschauen oder verharmlosen[15]

So wie die Techniken aus menschlichen Bedürfnissen heraus entwickelt und von Menschen gemacht wurden, sind auch das Ausnutzen der Risiken und reale negative Auswirkungen von Mediennutzung auf individueller wie auf gesellschaftlicher Ebene von Menschen gemacht. Einige der bekanntesten sind:

- Ausnutzen des Kontrollverlusts der Autoren über die Rezeption und fehlender Kontexte bei räumlich oder zeitlich distanzierter Rezeption
- Ausnutzen des „Kopfkinos" bei den Rezipienten, Lesern etc.
- Ausnutzen von Manipulationsmöglichkeiten
- Verbreiten von Lügen oder Gerüchten („Fakes")
- Gewalt: Darstellung und Ausübung, Mobbing
- Pornografie
- Überbordende Emotionalisierung
- Eskapismus (Flucht in irreale Medienwelten)
- Suchtförderung
- Ausnutzen von Geschwindigkeitsvorteilen und Infrastrukturbesitz
- Nutzung von Medien für Machterhalt, Machtmissbrauch oder auch Revolutionen
- Nutzung von Medien für militärische Zwecke und als Kriegstechnologie
- Bereicherung auf Kosten anderer

---

[14] Zum Beispiel Neil Postman, der zwar mit Klassikern wie „Amusing Ourselves to Death" (1986) durchaus klug die Risiken einer Fernseh- und Unterhaltungsgesellschaft aufgezeigt hat, aber dies auf der Folie einer völlig idealisierten US-amerikanischen Schriftgesellschaft, die es so nie gab.

[15] Wie etwa eine deutsche Bundeskanzlerin mit dem berühmten Satz „Das Internet ist für uns alle Neuland" anlässlich eines Besuchs von Barack Obama im Jahr 2013. 2013? Ja, 2013 – über 20 Jahre, nachdem der Siegeszug des WorldWideWeb begonnen hatte. Eine schöne Zusammenstellung der Fakten, Hintergründe und zugleich Satire dazu: https://www.arte.tv/de/videos/115061-009-A/super-fails-neuland/.

Im Umgang mit solchen Phänomenen gilt:

Nicht die Medien verursachen schlechte Menschen, sondern die menschlichen Bedürfnisse suchen sich die jeweils passenden Medien, die aktuell verfügbar sind. Dies gilt insbesondere auch für unsoziale oder kriminelle menschliche Bedürfnisse.[16] Deshalb zählen zu den wichtigsten – und häufig erfolgreichsten – Strategien des Einhegens von Problemen durch neue Medientechnologien seit jeher

- die Stärkung der Medienkompetenz möglichst vieler gesellschaftlicher Gruppen,
- der kritische gesellschaftliche Diskurs über die Vor- und Nachteile jeweils neuer Medien,
- die Anpassung von gesellschaftlichen Regeln oder Gesetzen.

4.13 Schlussfolgerungen

Bevor ich abschließend eine Einordnung aktueller KI-Entwicklungen und sich daraus ergebende Schlussfolgerungen versuche, ist noch eine kurze Analyse zum Stand der Digitalisierungsmedien, also insbesondere Internet, Social Media etc. erforderlich. Denn die aktuell so virulenten KI-Anwendungen und -Diskussionen stehen auf den Schultern dieser Riesen und wären ohne sie (fast) nichts.

Der inzwischen erreichte Stand der Digitalisierung und des Ausbaus der weltweiten Kommunikationsinfrastruktur bildet – noch ohne nennenswerten KI-Einsatz – eine Art Vollendung der Medienentwicklung durch folgende Merkmale:

- Unbegrenzte Speicherung = maximale Ausnutzung der Überwindung der Zeitschranke
- Lichtgeschwindigkeit = maximale Ausnutzung der durch Elektronik und Digitalisierung möglichen Übertragungsgeschwindigkeit für Medienkommunikation
- Globalisierung = maximale Überwindung der Raumschranken auf dem Erdball
- Unbegrenzte Vervielfältigung = digital erstellte Produkte oder Infos über sie sind zu sehr geringen Kosten beliebig oft kopierbar
- Maximales Maß an Ähnlichkeit = das Maß an Ähnlichkeit einer Kopie oder eines Abbilds von was auch immer kann problemlos über die Grenzen der menschlichen Wahrnehmungsfähigkeit gehoben werden; Fakes sind faktisch kaum noch aufdeckbar.

Mehr geht kaum – in medientechnischer Hinsicht.[17]

---

[16] Um es mit einem sehr bedrückenden Beispiel zu illustrieren: Die deutschen Nationalsozialisten zählten in den 1930er Jahren sicher zu den weltweit professionellsten und innovativsten Anwendern modernster Medientechnologien. Sie haben auch die Medienentwicklung etwa beim Radio oder Fernsehen massiv vorangetrieben.

[17] Ich lasse für den Moment einmal beiseite, dass sich natürlich noch ganz andere Möglichkeiten auftun, wenn Medientechniken in den menschlichen Körper implantiert werden. Der französische Medienphilosoph Paul Virilio hat hierüber bereits 1994 in „Die Eroberung des Körpers: Vom Übermenschen zum überreizten Menschen" geschrieben.

Gleichzeitig sind bereits seit den Anfängen der Nutzung von Computern als universelle Medienmaschinen und des Internetaufbaus als internationale Kommunikationsinfrastruktur die Möglichkeiten gesellschaftlicher Reaktionen massiv in Rückstand geraten: Bits agieren in Echtzeit und global. Das ist Teil ihrer technischen DNA.

Gesellschaftliche Debatten und Gesetzgebungs- oder Regelungsverfahren brauchen dagegen Zeit und sind zumeist national. Das heißt im Resultat, es fehlen international anerkannte Regelungen für die Löschung oder Vervielfältigung von Daten sowie gegen den Missbrauch oder die Fälschung von Daten. Insbesondere fehlen etwa wirksame Kennzeichnungen von Autorenschaft und Authentizität, wie sie für Print-, Bild- oder Audioprodukte außerhalb der digitalen Welt bekannt sind. Und da Gesetze oder Regelungen immer nur so stark sind wie ihre Durchsetzung mithilfe von Überwachungs- und Verfolgungsbehörden, ist eine Art Interpol für Bits dringend erforderlich.

Denn Bits und Verbrechen kennen keine Grenzen, weder räumliche (z. B. Staatsgrenzen) noch inhaltliche. Permanente Grenzüberschreitungen sind ihr Geschäft – wenn auch aus unterschiedlichen Gründen. Und sie warten auch nicht, bis jemand ein neues Formular ge- oder erfunden hat.

Um einen Eindruck von der Größe der Herausforderungen im internationalen Maßstab zu geben, hier ein Beispiel aus einer anderen Menschheitsaufgabe: Spätestens seit dem ersten Bericht *Grenzen des Wachstums* des *Club of Rome* 1972 war bekannt, dass die Ressourcen für fossile Brennstoffe in absehbarer Zeit erschöpft sind und insgesamt Anstrengungen für eine bessere ökologische und wirtschaftliche Balance unternommen werden müssen. Bis zum Klimaabkommen von Paris dauerte es 43 Jahre. Und dieses ist das Verbindlichste und Beste, was bisher erreicht werden konnte. Aber die Umsetzung gelingt nur schleppend, und Lücken gibt es viele.

Vergleichbare Anstrengungen in internationalem Maßstab stehen an, um die Folgen der globalen Digitalisierung gesellschaftlich beherrschbar zu machen. Verstärkt wird die Herausforderung durch diverse global agierende Interessengruppen, insbesondere Mega-Unternehmen, Verteidigungsministerien und Geheimdienste, die eher ein Interesse an einem möglichst wenig regulierten Status quo haben und die daraus resultierenden Regelungslücken gerade auch für den Einsatz von Künstlicher Intelligenz nutzen.

Aber noch einmal konkret: Was ist eigentlich neu an den aktuellen KI-Technogien, und wie gehen wir mit ihnen um?

Wie schon eingangs beschrieben, sind es neuronale Netze nicht. Das Konzept dafür stammt aus den 1940er-Jahren; erfolgreiche Anwendungen haben die beiden Physik-Nobelpreisträger 2024, Hopfield und Hinton, in den 1980er-Jahren entwickelt. Dies gilt insgesamt für viele Gebiete des übergeordneten Bereichs des maschinellen Lernens, beispielsweise das *Deep Learning*, zu dem u. a. auch wieder Hinton bereits 2006 bahnbrechende Arbeiten veröffentlicht hat.

Neu ist ChatGPT, 2022 veröffentlicht. Grundlage hierfür und für andere Beispiele generativer KI ist im Kern die Technologie der Large Language Models. Diese wiederum sind nichts weiter als besonders große neuronale Netze.[18]

Warum können sie besonders groß sein? Weil inzwischen drei Faktoren zusammenkommen:

1. Es gibt genügend große Datenmengen, die für das Trainieren der LLMs und der neuronalen Netze unerlässlich sind.
2. Es gibt genügend starke Rechenzentren, um diese Datenmengen verarbeiten zu können.
3. Es gibt genügend starke Player, z. B. IT- und Medienunternehmen oder staatliche Institutionen, die finanziell und technologisch in der Lage und Willens sind, 1. und 2. zum Tanzen zu bringen.

Was weniger neu ist: Die Anwendung dieser Technologien für die Darstellung, Simulation, Bearbeitung, Imitation und auch Fälschung von beliebigen Objekten, menschlichen Artefakten, Musik oder allgemein Audioprodukten, statischen oder Bewegtbildern, menschlichem Kommunikationsverhalten etc. – all dies begleitet die Menschheit in ihren verschiedenen Entwicklungsphasen, angefangen bei der Höhlenmalerei; allerdings niemals in dieser Menge, dieser Qualität, dieser Geschwindigkeit und im globalen Maßstab mit der Möglichkeit einer Verbreitung in Echtzeit.

Um nur ein Beispiel zu nennen: Deepfake-Videos greifen seit 2019 um sich, und fast immer handelt es sich um massive Verletzungen von Persönlichkeitsrechten, beispielsweise bei gefälschten Pornos (ZDF, 2024). Sie werden entweder unerlaubt veröffentlicht oder auch für Erpressungen genutzt. Einen zweiten großen Einsatzbereich, die gezielte Desinformation in Politik und Kriegskommunikation, hat Aldo Kleemann in einem SWP-Aktuell für die Stiftung Wissenschaft und Politik umrissen (Kleemann, A., 2023). Bestehende und durchaus anwendbare Gesetze in Deutschland werden selten für die erforderliche Strafverfolgung umgesetzt. Eine Gesetzesinitiative des deutschen Bundesrats hängt noch in den Beratungen.

Wenn wir lernen wollen, das zu beherrschen, benötigen wir eher weniger Wiederholungen von jahrhundertealten Medienkritiken; sie lenken nur ab. Stattdessen sollten wir von den Jahrhunderten der gelungenen gesellschaftlichen Eindämmungsmaßnahmen lernen. Und es gilt, die Akteure und Profiteure von Missbrauch zu fokussieren und schnellstmöglich weltweite Regelungen zu schaffen bzw. durchzusetzen.

Zentral ist natürlich die konkrete Umsetzung dieser Regelungen. Und dabei ist Geschwindigkeit gefordert!

---

[18] Sicher ist diese kurze Aufzählung von KI-Technologien oder -Anwendungen nicht vollständig. Und es kann sogar sein, dass ich etwas wirklich Revolutionäres übersehen habe. Aber auch dessen Einordnung wird sich daran messen lassen, welche neue Qualität gegenüber den beschriebenen vorhandenen medialen Techniken und ihren jeweiligen Risiken tatsächlich erreicht wird.

Das Gesetz der Europäischen Union vom Sommer 2024 über die Regulierung von Künstlicher Intelligenz halte ich in dieser Hinsicht durchaus für bahnbrechend und beispielgebend (Europäisches Parlament, 2023a, b):

Es kam spät – aber früher als praktisch alle anderen.[19]
Es enthält Lücken und Kompromisse, die schmerzen – aber besser als gar keine Regeln.
Es neigt zu Bürokratismus und ist teilweise nicht praktikabel – aber das kann evaluiert und korrigiert werden.

Es wird wachsen müssen, um mit kommenden KI-Technologien Schritt zu halten – aber das ist ohnehin vorgesehen.

Trotz aller Schwächen ist dies ein Beispiel dafür, wie die in Jahrtausenden gesammelten Erfahrungen von menschlichen Gesellschaften für die Eindämmung von Problemen durch Medientechniken und ihre Nutzung oder ihren Missbrauch aktualisiert genutzt werden können. Besser als Panik oder Neuland-Schwafelei, wenn es zu spät ist.

4.14 Wie könnte es weitergehen?

Mit dem *AI Act* der EU, der inzwischen in den einzelnen EU-Mitgliedsstaaten in die Umsetzung geht, ist natürlich nur ein Anfang gemacht. Das haben die Macher des Regelwerks selbst wiederholt betont. Ob und in welcher Weise sich dieser Versuch einer innovationsoffenen Regulierung weiterentwickelt oder ob andere Staaten bzw. überstaatliche Institutionen folgen, ist angesichts der unübersichtlichen Konstellationen und sich abzeichnender Disruptionen in der internationalen Politik völlig offen.

Allerdings lassen sich auf Basis der hier angebotenen mediengeschichtlichen Analyse und Erfahrungen bei der Einführung neuer Medientechniken in den letzten Jahrhunderten einige der zentralen Fragen oder Konfliktlinien ableiten, die für die künftigen Diskussionen um die gesellschaftliche Beherrschbarkeit auch der Künstlichen Intelligenz prägend sein dürften. Einige Schlaglichter und persönliche Einschätzungen:

Welche Akteure werden die technische Entwicklung prägen?

1. Derzeit sind es die großen, global agierenden Tech-Konzerne und Ministerien der großen hochtechnologiefähigen Staaten, wie USA, China, Russland, Israel und einige EU-Staaten. Nur sie verfügen derzeit über die technischen, finanziellen und personellen Ressourcen und den Zugang zu ausreichenden Datenmengen. Sie ringen mit- und gegeneinander um die Technologieführerschaft. Der Ausgang ist durchaus offen.

---

[19] (Nicht nur) Fun Fact: Der US-Staat Tennessee hat ebenfalls 2023 ein Gesetz „Ensuring Likeness Voice and Image Security Act", abgekürzt ELVIS-Act, einstimmig verabschiedet. Es soll Kreativschaffende vor unerlaubter Nachahmung und Fakes schützen, insbesondere auch wenn sie mit Hilfe von KI generiert werden. Die Abkürzung ist beabsichtigt: Elvis Presley wurde in Tennessee geboren.

2. Aktuell sind die Chancen für Newcomer, kleine Player oder gar für die Demokratisierung im Sinne von Kontrolle durch Individuen oder gesellschaftliche Gruppen außerhalb der o. g. Machtzentren eher gering. Allerdings tun sich erfahrungsgemäß im Laufe der Entwicklung Zeitfenster, Technologiesprünge oder Anwendungsmöglichkeiten auf, in denen – unter Umständen relativ plötzlich – vieles möglich wird. Die Schrift war jahrhundertelang ein Instrument der Herrschenden und großer religiöser Institutionen, bis Lesen und Schreiben ab dem 16. Jahrhundert zumindest in Europa demokratisiert und sogar Schulfach wurde. Bei Medientechniken, wie Radio und Film/Fernsehen, die ähnlich wie KI einen für ihre Zeit hohen Technologiestand und finanzielle Ressourcen erforderten, dauerte es mehrere Jahrzehnte, bis sie für „Not-Big-Player" als Anbieter realisierbar wurden. Bei Film/Fernsehen waren Videokameras ein wichtiger Zwischenschritt, später das Internet und Smartphones; beim Radio hatten sogenannte Internet-Radios ab den 1990er-Jahren ihren Durchbruch. Wie lange es bei der KI oder verschiedenen Anwendungen dauern wird, ist schwer abschätzbar.
3. Eng verbunden mit der Kontrolle über die Technik und ihre Entwicklung ist die Frage nach der Kontrolle über die Inhalte, bei der KI als datenbasierter Technologie auch über die Daten bzw. ihre Nutzung und Interpretation. Da allerdings mit dem Internet und sozialen Netzwerken eine globale Infrastruktur für die Distribution von Inhalten relativ frei verfügbar ist, könnten sich hier wesentlich schneller Chancen für „Not-Big-Player" oder auch Demokratisierungsbewegungen ergeben.
4. Die Frage nach der Kontrolle über Nutzerdaten ist derzeit weitgehend zugunsten der Big-Player entschieden: Staatliche Institutionen haben z. B. in den westlichen Industrienationen spätestens nach dem 11. September 2001 nahezu freie Hand bekommen; in Staaten wie China oder Russland ist das Thema aufgrund ihrer staatlichen Verfasstheit ohnehin entschieden. Digitale Tech-Konzerne in Größenordnungen wie Google, Amazon, Alibaba und die meisten Social-Media-Anbieter etc. haben ihre Geschäftsmodelle auf der Auswertung von Nutzerdaten aufgebaut. Weltweit sind Milliarden Nutzerdaten weitgehend außerhalb der Kontrolle der Nutzer. Eine Wiedererlangung der Kontrolle ist faktisch und praktisch unmöglich. In Deutschland hat zwar das Bundesverfassungsgericht das Recht auf informationelle Selbstbestimmung in Verfassungsrang gehoben und damit theoretisch einen der stärksten rechtlichen Hebel weltweit geschaffen, dessen Grundgedanke sogar Eingang in die Datenschutzgrundverordnung der EU gefunden hat. Die Umsetzung ist jedoch auf bürokratische Nebenschauplätze fixiert. Intelligente Lösungen, die sowohl die grundsätzliche Globalität von Bits als auch die realen Bedürfnisse von Nutzern und Unternehmen berücksichtigen, müssen erst noch auf den Weg gebracht werden.
5. Das Fähigkeits- und Knowhow-Gap, das wir von allen Technikinnovationen kennen, greift selbstverständlich auch bei der Künstlichen Intelligenz und ihrer Beherrschung: Diejenigen, die an ihrer Entwicklung aktiv beteiligt sind, haben aus ihrer Rolle heraus immer einen Vorsprung und trachten üblicherweise danach, ihn auszunutzen – für ihre eigenen wirtschaftlichen und Machtinteressen. Dagegen helfen Verbote erfahrungsge-

mäß wenig, weil sie zumeist zu spät kommen, oft an zu wenig Fachkenntnissen kranken und nur allzu oft das Gegenteil bewirken.

Wirksam sind am ehesten breit angelegte Kampagnen für mehr Bildung und Alltags-Knowhow zu den neuen Techniken, also KI-Alphabetisierung für alle. Die Erhöhung der Medienkompetenz der Bevölkerung war in den letzten Jahrhunderten immer ein zentraler Schlüssel für die gesellschaftlich verträgliche Einbettung von neuen Medientechnologien.

6. Schutz von Schwächeren und vor Diskriminierung: Gesellschaftlich schwächere Gruppen, Minderheiten und Benachteiligte zählen selten zu den Technologie-Innovatoren, sind aber zumeist als Betroffene die ersten, die durch die Nachteile neuer Techniken noch weiter zurückgeworfen werden. Dies geschieht oft selbst dann, wenn ihnen neue Techniken eigentlich helfen sollen; umso mehr, wenn die Techniken sie nicht im Blick haben oder auf ihre intensivere Ausbeutung zielen. KI bildet dabei keine Ausnahme. Es gibt zwei Alternativen der Gegensteuerung: Schwächung der mächtigen Akteure und Stärkung der Schwächeren. Der Versuch einer Einhegung der Mächtigeren bildet den Kern beispielsweise des *AI Acts* der EU. Allerdings ist KI ein globales Phänomen: Die o. g. staatlichen und privaten Tech-Giganten agieren alle jeweils international und sind geübt im Umgehen von nationalstaatlichen Regelungen, selbst denen eines so großen Staatenbundes wie der Europäischen Union. Überstaatliche Regelungen brauchen viel Zeit und erfordern Kompromisse. KI und Bits agieren in Lichtgeschwindigkeit und können eine weltweite Infrastruktur namens Internet nutzen; Technologieentwicklung auf ihrer Basis ist praktisch immer schneller als die Schaffung internationaler Regeln – geschweige denn ihre Durchsetzung im Alltag. Bei der Künstlichen Intelligenz kommt hinzu, dass viele der Algorithmen intransparent sind und schwer nachvollziehbar wirken. Da überdies beispielsweise *Large Language Models* häufig auf verfügbaren Massendaten aus der englischsprachigen Welt basieren, neigen sie gleichsam automatisch zu einer inhärenten Schlagseite zugunsten US-amerikanisch geprägter Weltsichten. Dem kann durch Verbreiterung der Datenbasis und Learning-Datapools oder durch Antidiskriminierungskomponenten in den Algorithmen gegengesteuert werden. Allerdings wird die letztgenannte Möglichkeit aktuell eher umgekehrt genutzt, um politische Manipulation durch Blasenbildung zu fördern. Daher sind Regelungen zur Eindämmung der Stärkeren zwar wichtig, aber schneller und erfolgversprechender ist mit hoher Sicherheit die Strategie des Stärkens der Schwächeren – also die schon angesprochene massive Erhöhung der KI- und Medienkompetenz, Transparenzvorgaben und vielleicht auf rechtlicher Ebene Schutz- und Klagemöglichkeiten analog zu denen im Klima- und Verbraucherschutz, wo etwa dem Verbraucherschutz und anderen Akteuren sogenannte Organklagen erlaubt wurden. All dies kann deutlich schneller beschlossen und umgesetzt werden als internationale Vereinbarungen, die dadurch natürlich nicht obsolet werden, sondern parallel verfolgt werden müssen.

7. Rechts- und kontrollfreie Räume locken immer die organisierte Kriminalität: Akteure, die in der physikalischen Welt ihre Geschäfte durch Geldwäsche, Menschenhandel, Drogenhandel, Raub, Erpressung etc. betreiben, haben schon das Internet und die klassi-

sche Digitalisierung der letzten Jahrzehnte massiv als Umsatz-Booster genutzt. Sie sind geschützt durch die Anonymisierungsmöglichkeiten des Netzes, fehlende rechtliche Normen und erst recht deren mangelhafte Umsetzung. Künstliche Intelligenz bietet ein zusätzliches weites Anwendungsfeld für international agierende Verbrecherorganisationen. Im wahrsten Sinne des Wortes intelligentere Möglichkeiten zum Ausspähen von Opfern und Verfolgungsbehörden zählen dabei noch zu den einfacheren Anwendungen. Intelligente Wegeplanung für Drogen- und Menschhandel oder innovative Geldwäschemethoden sind wahrscheinlich ebenfalls längst in Vorbereitung oder im Einsatz. Zum Gegensteuern können überwiegend vorhandene nationale und internationale Gesetze genutzt werden; aber zentral ist die Befähigung der Verfolgungsbehörden.

8. Die Arbeitsplatzdebatte: Wie alle datenbezogenen Technologien birgt auch KI erhebliche Rationalisierungseffekte und wird natürlich nicht nur die Veränderung von Arbeitsplätzen mit sich bringen, sondern auch viele Arbeitsplätze vernichten können, nicht nur in der Programmierung oder vielen Medienberufen. Gleichzeitig werden auch neue Arbeitsplätze entstehen. Die Aufgabe hier besteht nicht darin, diese Allgemeinplätze als Neuigkeiten zu verkaufen, sondern den Transformationsprozess nach Möglichkeit so zu gestalten, dass möglichst viele Menschen und insbesondere Arbeitende mitgenommen werden können. Zumindest in Deutschland sind alle arbeitsmarktpolitischen Instrumente und Jahrzehnte an Erfahrungen für sozialverträgliche Transformationsprozesse vorhanden. Sie müssen „nur" eingesetzt werden.

9. Die Zensurdebatte: Die Geschichte der Medien und ihrer Technologien ist eng verwoben mit dem Ringen um die Grenzen zwischen der Meinungsfreiheit und ihrem Gegenteil, der Zensur. Das oben bereits erwähnte Impressum ermöglicht nicht nur den Schutz von Autoren; es wurde insbesondere auch genutzt, um nach Einführung der Druckerpresse durch Gutenberg die massenhafte Verbreitung von unliebsamen Druckerzeugnissen einzudämmen: Wenn man weiß, wie Autor und Drucker heißen, kann man sie festnehmen, und wenn man weiß, wo die Druckerpresse steht, kann man sie beschlagnahmen. Seitdem herrscht ein immerwährender Kampf um die Kontrolle über medial geäußerte Meinungen und ihre Zensur. Artikel 5 des bundesdeutschen Grundgesetzes legt fest: „Jeder hat das Recht, seine Meinung in Wort, Schrift und Bild frei zu äußern und zu verbreiten und sich aus allgemein zugänglichen Quellen ungehindert zu unterrichten. […] Eine Zensur findet nicht statt." Häufig übersehen wird der zweite Absatz: „Diese Rechte finden ihre Schranken in den Vorschriften der allgemeinen Gesetze, den gesetzlichen Bestimmungen zum Schutze der Jugend und in dem Recht der persönlichen Ehre." Mit beiden Absätzen zusammen wird ein Ermessensspielraum beschrieben: Grundsätzlich keine Zensur, aber Einschränkungen der Meinungsfreiheit sind möglich. Dies muss für jede Medientechnik und in jeder Generation immer wieder neu ausbalanciert werden.

10. Das Internet und die Digitalisierung von Medieninhalten haben einen potenziell unendlichen Raum für die globale Verbreitung von Meinungen geschaffen. Eine Kontrolle im Sinne des zweiten Absatzes von Artikel 5 findet schon innerhalb des Geltungsbereichs des Grundgesetzes faktisch nicht statt, international schon gar nicht;

die erforderliche Balance ist in weiter Ferne. Künstliche Intelligenz agiert in diesen „unendlichen Weiten", ihre Treiber nutzen die Spielräume selbstverständlich aus.
11. Zumindest für Deutschland und die EU sind die rechtlichen Rahmenbedingungen relativ klar. Aber ihre Durchsetzung benötigt dringend ausreichend ausgestattete Kontrollbehörden und Gerichte. Sonst bleibt nicht nur der Schutz der Jugend weiterhin auf der Strecke, sondern der aller Individuen. Umgekehrt kann KI eingesetzt werden, um die Balance zwischen Meinungsfreiheit und Zensur zu schützen.

Schon das Orakel von Delphi hat uns gelehrt, dass die Vorhersage der Zukunft so ihre Tücken hat. Daher sind diese Hinweise selbstverständlich weder vollständig noch etwas apodiktisch gemeint. Sie versuchen nur, auf Basis der mediengeschichtlichen Perspektive verschiedene Möglichkeitsräume aufzuzeigen, die für die künftige gesellschaftliche Einbettung und Beherrschung der Künstlichen Intelligenz relevant sein dürften. Entscheidend wird sein, was wir daraus machen und wie wir unsere Zukunft gestalten.

Literatur

Barnard, J. (2023). *Was ist Einbettung.* https://www.ibm.com/de-de/think/topics/embedding. Zugegriffen am 05.03.2025.
Bendel, O. (2024). *Generative KI.* Gabler Wirtschaftslexikon. https://wirtschaftslexikon.gabler.de/definition/generative-ki-124952#:~:text=Definition%3A%20Was%20ist%20"Generative%20KI,%2C%203D-Modelle%20und%20Simulationen. Zugegriffen am 07.01.2025.
Bolz, N., et al. (Hrsg.). (1994). *Der Computer als Medium.* Nach meinem Kenntnisstand das erste Buch im deutschen Sprachraum, das versuchte, das damals bereits erkennbare Spektrum (multi-)medialer Computeranwendungen aufzuzeigen. Wilhelm Fink Verlag.
Brumm, A., et al. (2021). Oldest cave art found in Sulawesi. *Science Advances, 7*(3) Zugegriffen am 07.01.2025.
Busch, C. (2016). *Digitalisierung: Menschen zählen (Einführung).* HTW Berlin & M. Knaut (Hrsg.), Beiträge und Positionen, Schriften der Hochschule für Technik und Wirtschaft Berlin (Bd. 6, S. 4 ff.). Berliner Wissenschafts-Verlag.
Europäisches Parlament. (2023a). *Was ist Künstliche Intelligenz und wie wird sie genutzt?* https://www.europarl.europa.eu/topics/de/article/20200827STO85804/was-ist-kunstliche-intelligenz-und-wie-wird-sie-genutzt. Zugegriffen am 07.01.2025.
Europäisches Parlament. (2023b). *KI-Gesetz.* https://www.europarl.europa.eu/topics/de/article/20230601STO93804/ki-gesetz-erste-regulierung-der-kunstlichen-intelligenz. Zugegriffen am 07.01.2025.
Funke, F. (1969). *Buchkunde. Ein Überblick über die Geschichte des Buch- und Schriftwesens* (S. 82 ff). Funke datiert das erste nachgewiesene Impressum auf den Mainzer Psalter von Peter Schöffer und Johannes Fust von 1457.
Gnadlinger, F., et al. (2023). *Adapting is difficult! Introducing a generic adaptive learning framework for learner modeling and task recommendation based on dynamic Bayesian Networks.* https://www.researchgate.net/publication/370060038_Adapting_is_difficult_Introducing_a_Generic_Adaptive_Learning_Framework_for_Learner_Modeling_and_Task_Recommendation_Based_on_Dynamic_Bayesian_Networks. Zugegriffen am 07.01.2025.

Kleemann, A. (2023, Juni). *Deepfakes – Wenn wir unseren Augen und Ohren nicht mehr trauen können*. SWP Aktuell Nr. 43. https://www.swp-berlin.org/publikation/deepfakes-wenn-wir-unseren-augen-und-ohren-nicht-mehr-trauen-koennen. Zugegriffen am 07.01.2025.

Shannon, C. E. (1949). *The mathematical theory of communication*.

Tagesschau. (2024). *Wie „ELVIS" Künstler vor KI schützen soll*. https://www.tagesschau.de/ausland/elvis-gesetz-schutz-ki-100.html. Zugegriffen am 07.10.2025.

Turing, A. (1936). On Computable Numbers with an Application to the Entscheidungsproblem. *Proceedings of the London Mathematical Society* (S. 2/42).

Turing, A. (1950). Computing machinery and intelligence. *Mind*, LIX(236), 433–460.

Universität Augsburg Lehrstuhl Didaktik der Geschichte. (o.J.). *Das Telegraphennetz in Mitteleuropa 1855*. https://www.uni-augsburg.de/de/fakultaet/philhist/professuren/geschichte/didaktik-der-geschichte/forschung/weltgeschichte/materialien-quellen-literatur/karten/das-telegraphennetz-mitteleuropa-1855/. Zugegriffen am 07.01.2025

Weizenbaum, J. (1966). ELIZA – A computer program for the study of natural language communication between man and machine. *Communications of the ACM, 9*(1), 36–45.

Weizenbaum, J. (1977). *Die Macht der Computer und die Ohnmacht der Vernunft*. Englischer Originaltitel: Computer power and human reason. from judgment to calculation.

Wenzlhuemer, R. (2010). *Die Verkabelung der Welt*. https://www.uni-heidelberg.de/presse/ruca/2010-1/04die.html. Zugegriffen am 07.01.2025.

Werminghaus, M., et al. (2024). *Konzept und Umsetzung eines adaptiven digitalen Hörtrainingssystems für die Cochlea-Implantatnachsorge*. https://link.springer.com/article/10.1007/s00106-023-01414-7. Zugegriffen am 07.01.2025.

Wiegand, J. (2023). *KI Trading: Grundwissen zum Trading mit künstlicher Intelligenz*. https://praxistipps.chip.de/ki-trading-grundwissen-zum-trading-mit-kuenstlicher-intelligenz_166967. Zugegriffen am 07.01.2025. Der Artikel nennt übrigens auch einige der Risiken des KI-Trading, wie die Fehlinterpretation von Daten und Überanpassung durch zu starke Spezialisierung auf historische Daten, so dass neue Marktentwicklungen falsch eingeschätzt werden.

ZDF. (2024). *Deepfake-Pornos: Prominente wehren sich*. https://www.zdf.de/nachrichten/politik/deutschland/deepfake-porno-frauen-die-spur-100.html?at_medium=Social%20Media&at_campaign=ZDFheuteApp&at_specific=ZDFheute&at_content=iOS. Zugegriffen am 07.01.2025.

Open Access Dieses Kapitel wird unter der Creative Commons Namensnennung - Nicht kommerziell - Keine Bearbeitung 4.0 International Lizenz (http://creativecommons.org/licenses/by-nc-nd/4.0/deed.de) veröffentlicht, welche die nicht-kommerzielle Nutzung, Vervielfältigung, Verbreitung und Wiedergabe in jeglichem Medium und Format erlaubt, sofern Sie den/die ursprünglichen Autor(en) und die Quelle ordnungsgemäß nennen, einen Link zur Creative Commons Lizenz beifügen und angeben, ob Änderungen vorgenommen wurden. Die Lizenz gibt Ihnen nicht das Recht, bearbeitete oder sonst wie umgestaltete Fassungen dieses Werkes zu verbreiten oder öffentlich wiederzugeben.

Die in diesem Kapitel enthaltenen Bilder und sonstiges Drittmaterial unterliegen ebenfalls der genannten Creative Commons Lizenz, sofern sich aus der Abbildungslegende nichts anderes ergibt. Sofern das betreffende Material nicht unter der genannten Creative Commons Lizenz steht und die betreffende Handlung nicht nach gesetzlichen Vorschriften erlaubt ist, ist auch für die oben aufgeführten nicht-kommerziellen Weiterverwendungen des Materials die Einwilligung des jeweiligen Rechteinhabers einzuholen.

Wissensrepräsentation

Andreas Both und Stephan Schwinger

> **Zusammenfassung**
>
> *Wir schildern, wie Wissen im Allgemeinen und in der Künstlichen Intelligenz (KI) dargestellt und verarbeitet wird. Der Fokus liegt auf der Vielfalt der Ansätze zur Wissensrepräsentation, die von einfachen textuellen Darstellungen über strukturierte Modelle bis hin zu komplexen semantischen Netzwerken reichen. Auch KI-Modelle sind eine auf Daten aufbauende Wissensrepräsentation. Der Bogen wird von regelbasierten, symbolischen Systemen zu neuronalen Netzen mit ihren jeweiligen Eigenschaften gespannt. Die Wahl der Wissensrepräsentationsmethode hängt von den spezifischen Anforderungen der Anwendung ab: Letztere bedingen einen Kompromiss zwischen Vertrauen in die Ergebnisse und der Akzeptanz von Unsicherheiten und erfordern eine ausgewogene Kombination verschiedener Ansätze.*

A. Both
Web & Software Engineering (WSE), Hochschule für Technik, Wissenschaft und Kultur Leipzig (HTWK Leipzig), Leipzig, Deutschland
E-Mail: andreas.both@htwk-leipzig.de

S. Schwinger (✉)
Product Development, genua GmbH, Kirchheim bei München, Deutschland
E-Mail: stephan_schwinger@genua.de

© Der/die Autor(en) 2026
F. Schmiedchen et al. (Hrsg.), *Künstliche Intelligenz und Wir*,
https://doi.org/10.1007/978-3-662-71567-3_5

Die Konservierung und Zurverfügungstellung von Wissen sind zwei der zentralen Punkte für den Fortschritt der Menschheit, nicht nur, aber insbesondere auf dem Feld der Technologien. Die große Herausforderung bei der Weitergabe und Konservierung von Wissen liegt dabei in der Art und Weise, wie Wissen repräsentiert und zugänglich gemacht wird. Unterschiedliche Wissensrepräsentationsformen, wie textuelle Dokumentationen, formale Regeln oder Datenmodelle, haben jeweils ihre eigenen Stärken und Schwächen. Die Herausforderung besteht darin, dieses Wissen so zu strukturieren, dass es sowohl langfristig erhalten bleibt als auch für verschiedene Zielgruppen verständlich und nutzbar ist. Insbesondere im technologischen Bereich, in dem Wissen häufig schnell veraltet und komplexe Systeme erfordert, muss die Repräsentation ausreichend flexibel sein, um zukünftige Entwicklungen abzubilden, gleichzeitig aber klar genug, um die Nachvollziehbarkeit und Anwendbarkeit sowie Konsistenz zu gewährleisten. Darüber hinaus stellen die Verknüpfung und Integration von verschiedenen Wissensdomänen eine weitere Schwierigkeit dar, da Wissen nicht isoliert existiert, sondern oft stark kontextabhängig ist.

Man kann davon ausgehen, dass die ersten Wissensrepräsentationsansätze der Menschheit in mündlicher Form passierten. Diese hat den Vorteil der Interaktion über natürliche Sprache und des Stellens von Rückfragen, wenn die zuhörenden Personen etwas nicht verstehen. Gleichzeitig gibt es aber auch den großen Nachteil, dass Wissen so leicht verloren gehen kann, beispielsweise durch Vergessen von Details oder den Tod des Wissensträgers. Maßgeblich ist hierbei aber die leichte Zugänglichkeit, die quasi allen Menschen offensteht, und die Flexibilität dieser Kommunikationsform (Beispiel: Nutzung von vereinfachter Sprache oder ergänzenden Diagrammen).

Nachfolgend wurde die Schrift und damit eine idealerweise persistente Form der Wissenskonservierung entwickelt, wobei sich hier die Schwächen natürlicher Sprache erneut und häufig zeigen. Menschen müssen die konkrete Sprache verstehen können, um das konservierte Wissen nutzen zu können. Zusätzlich besteht die Herausforderung, dass die lesende Person die gleiche Interpretation der Wörter und Sätze finden muss, die der Semantik und dem gegebenen Kontext entspricht, welche auch der ursprüngliche Autor des niedergeschriebenen Wissens hatte. Aufgrund der Vielfalt und Mehrdeutigkeit menschlicher Sprache ist dies eine große Herausforderung und teilweise die Ursache für lange Diskussionen. Doppeldeutige Begriffe, wie beispielsweise umfahren (um etwas herumfahren oder etwas überfahren), treten vielfältig auf und sind wohlbekannt, liefern aber nur einen kleinen Einblick in die Komplexität der schwierigen Interpretation von natürlicher Sprache.

Um diese Herausforderung zu adressieren, wurden schon früh spezielle Formen der Wissensrepräsentation erfunden. Die wohl bekannteste ist die Nutzung von mathematischen Formeln. Auch Datenbanken werden häufig genutzt, um die wissensrepräsentierende

Struktur zu formalisieren und so Zusammenhänge einfacher auszudrücken. Aber auch die Nutzung von Programmiersprachen folgt diesem Prinzip, da Wissen über Prozessabläufe hier mit einer speziellen, formalisierten Sprache repräsentiert wird, um eine eindeutige Interpretation zu erschaffen, die zumeist Garantien über die erwarteten Ergebnisse nach einer Ausführung liefern kann. Hier zeigt sich, dass die Formalisierung von Wissensrepräsentationen große Vorteile hat, aber gleichzeitig die Hürden der Zugänglichkeit steigen, da Menschen diese Wissensrepräsentation nur dann korrekt verstehen, wenn sie über eine spezielle Qualifikation (z. B. zu Datenbankenmodellierung oder Programmierung) verfügen.

Entsprechend steht das so repräsentierte Wissen nur dann vielen Personen zur Verfügung, wenn deren Interpretation über Softwareanwendungen vorgenommen wird. In diesem Fall ist also nur dann eine Wissensabfrage möglich, wenn die abfragende Person selbst über das nötige Expertenwissen verfügt oder eine spezielle Anwendung zur Verfügung steht, die das dann interpretierte Wissen zugänglich macht.

Zu solchen Anwendungen zählen auch die Methoden der Künstlichen Intelligenz. Ob es sich um regelbasierte KI-Systeme handelt oder statistische KI-Systeme genutzt werden, in beiden Fällen wird eine existierende Wissensrepräsentation als Grundlage genutzt und nach vorgegebenen Verfahren interpretiert, so dass ein nutzbares Softwaresystem entsteht (Abb. 5.1). Beispiel: Bei statistischen Systemen heißt dies häufig, dass nach einem vorgegebenen Verfahren eine Abstraktion der zur Verfügung gestellten Informationen erstellt wird, die dann als Wissen genutzt wird.

Entsprechend lässt sich das Verhalten von Systemen, die auf KI-Methoden aufbauen, nur auf zwei Arten beeinflussen: (1) durch die Darstellungsform der Informationen der adressierten Wissensdomäne und (2) durch die Wahl eines geeigneten KI-Verfahrens, welches genutzt wird, um das Wissen zu interpretieren.

Die Wahl des KI-Verfahrens (2) wird dabei voraussichtlich noch lange in der Informatikdomäne verankert sein, da es sich um einen komplexen technologischen Prozess handelt (vgl. auch Kap. 3). In diesem Kapitel fokussieren wir uns auf die Darstellung von Wissen, da dies die Form der Beeinflussung eines KI-Systems ist, welche in allen Anwendungsdomänen durch Personen mit der jeweiligen Fachexpertise vorgenommen wird. Inhaltliche Aspekte wie Bias (vgl. Kap. 6) werden dabei hier nicht betrachtet, sondern die Hintergründe der Wissensrepräsentation, welche für alle Unternehmen, Organisationen und die Gesellschaft insgesamt die beste Möglichkeit darstellen, Wissen nachvollziehbar zu repräsentieren und so das Verhalten von KI-Systemen so zu beeinflussen, dass es den eigenen Anforderungen entspricht und die gewünschte Wirkung entfaltet bzw. unerwünschtes Verhalten verhindert werden kann.

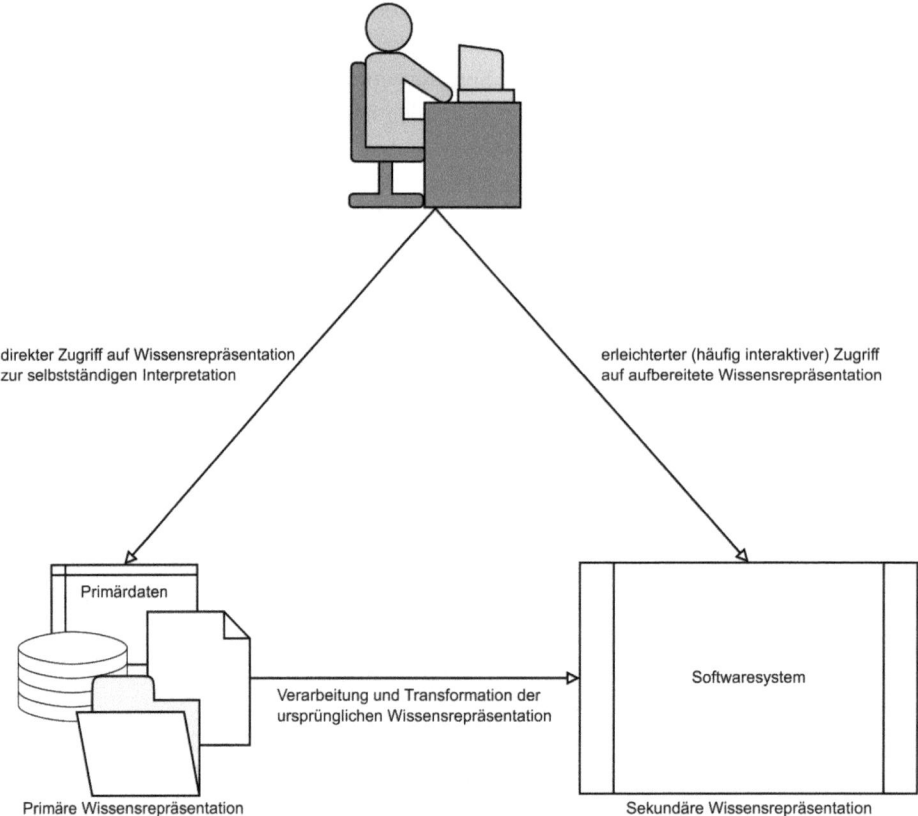

Abb. 5.1 Transformation von primärer zu sekundärer Wissensrepräsentation mittels eines Softwaresystems

5.1 Primäre Wissensrepräsentationen

Dieser Abschnitt untersucht die verschiedenen Formen, in denen Wissen in KI-Systemen dargestellt werden kann, von textuellen Darstellungen, die auf natürlicher Sprache basieren, über strukturierte Repräsentationen (wie beispielsweise Datenbanken) bis hin zu semantischen Netzwerken (z. B. Ontologien), die tiefere Bedeutungszusammenhänge erfassen. Jede dieser Formen wird in Hinblick auf ihre spezifischen Vor- und Nachteile sowie auf typische Anwendungsfelder detailliert beschrieben.

Jedwede Wissensrepräsentation beinhaltet Transformationen und Kompressionen der Informationen der realen Welt und ist deswegen verlustbehaftet (Browning & Lecun, 2022).

5.1.1 Textuelle Wissensrepräsentation

5.1.1.1 Natürliche Sprache und KI

Natürliche Sprache ist eine der komplexesten Formen der Wissensrepräsentation, da sie reich an Bedeutungen und Kontexten ist. Früheste Schriftstücke der Menschheit sind beinahe 5000 Jahre alt (Böttner et al., 2017). Bei diesen handelt es sich u. a. um historische Aufzeichnungen, z. B. die der Schlacht von Kadesch auf dem Papyrus Sallier III (British Museum, 2024), literarische Werke (z. B. „Geschichte des Schiffbrüchigen") und medizinische Texte (z. B. der Scholl, 2002). Die ägyptischen Hieroglyphen (Störig, 2022) beispielsweise wurden vornehmlich von Priestern und für religiöse Texte verwendet. Meist handelt es sich bei frühesten Dokumenten aber auch um profane Texte, die landwirtschaftliche Erträge, Steuern oder geschäftliche Vereinbarungen beschreiben.

Bei der Gestaltung von Texten genießt der Autor große Freiheiten, welche aber einen erheblichen Mehraufwand auf Seiten des Lesers bedingen. Zott beschreibt die Herausbildung formeller Medien anhand der (Weiter-)Entwicklung von Gelehrtenkorrespondenz zu wissenschaftlichen Zeitschriften (2003). Dies sind ursprünglich Briefe, die zwischen Mitgliedern der Wissenschaftlergemeinschaft ausgetauscht wurden, um ihre wissenschaftliche oder räumliche Isolierung zu durchbrechen. Diese Briefe verdichteten Informationen und verloren einen Teil ihrer gestalterischen Freiheit, da sie zunehmend durch strenge formale Strukturen und gelehrte Stilistik gekennzeichnet waren. Persönliche Noten traten zugunsten von Verknappung und Versachlichung des Briefinhaltes mit dem Anwachsen des Adressatenkreises (nämlich einer zunehmenden Zahl von Gelehrten) weiter in den Hintergrund. Der Brief erhielt zunächst die Gestalt eines Rundschreibens und mündete später in die Zeitschrift als offizielles wissenschaftliches Kommunikationsmittel.

Auch in den weiteren Abschnitten werden wir sehen, wie eine Formalisierung von Wissen dessen Konsumierbarkeit verändert.

Obwohl möglicherweise formalisiert, müssen Texte in dieser klassischen Form mehr oder weniger linear konsumiert werden. Das Aufkommen von Hypertexten (Storrer, 2019), in denen einzelne Begriffe hervorgehoben sind und mit ihnen verknüpfte weitere Informationen über hinterlegte Hyperlinks sofort abgerufen bzw. angezeigt werden können, stellt eine weitere Evolution der textuellen Wissensrepräsentation dar, die durch die Änderung des Mediums ermöglicht wurde. Datenrezeption erfährt damit eine Individualisierung. Texte erhalten ferner eine implizite Ordnung nach thematischen Aspekten, werden hochdynamisch und durch das Einbetten von Grafiken, Video- und Audiodateien multimodal. Den Durchbruch für diese Technologie brachte das Aufkommen des World Wide Web (Berners-Lee, 1992; Berners-Lee et al., 1992; Jacksi & Abass, 2019). Ihre womöglich wichtigste Rolle spielen Hypertexte in der Form editierbarer Wikis (Ebersbach et al., 2008).

Neben natürlichen Sprachen mit ihren teils schwer verständlichen Grammatiken und schier endlosem Vokabular schuf der Mensch auch formale Sprachen, welche mathematisch analysierbar sind. Solche Sprachen sind zum einen definiert durch das Alphabet der verwendbaren Symbole und zum anderen die daraus mittels Produktionsregeln bildbaren Wörter. Das Vokabular beinhaltet Terminalsymbole und Nichtterminale. Die Produktionsregeln sind im Wesentlichen Regeln zur schrittweisen Ersetzung von Nichtterminalsymbolen, wodurch die gewünschte Sprache aufgebaut wird. Die Komplexität der grammatischen Regeln dieser Sprache kann klassifiziert werden und induziert damit eine Klassifizierung der formalen Sprachen. Noam Chomsky definierte eine Hierarchie solcher formalen Grammatiken, indem er die Mächtigkeit der Regeln kategorisierte (Jäger & Rogers, 2012). Reguläre Grammatiken sind weniger ausdrucksstark, können aber von Maschinen z. B. in Form von Programmiersprachen effizienter verarbeitet werden. Für natürliche Sprachen existieren vermutlich keine formalen Grammatiken.

Maschinelles Textverständnis für natürliche Sprachen war bereits kurz nach dem Aufkommen von Computern ein großes Interesse von Linguisten. Zunächst dominierten symbolische Ansätze, bei denen Heuristiken, Wörterbücher und handgeschriebene Grammatiken kombiniert wurden. So lässt sich die Grundform eines Wortes oft durch Entfernen bestimmter Suffixe finden. Später wurden diese Ansätze durch statistische Auswertungen von Sprache verbessert und robuster gemacht. Wortstammbildung ist hierbei zum Beispiel durch eine statistische Modellierung von n-Grammen möglich. Diese statistischen Methoden erweiterten außerdem die regelbasierten Ansätze, indem sie beispielsweise die konzeptionell recht ähnlichen *Decision Trees* (DTs) verwendeten. *Hidden Markov Models* (HMMs) verbesserten die erreichten Ergebnisse weiter. Hier ist spannend zu bemerken, dass HMMs die Annahme zugrunde liegt, dass die beobachtete Folge von Symbolen von einem nicht beobachtbaren („*hidden*") diskreten Zustand mit wohldefinierten Übergangswahrscheinlichkeiten abhängt. Sowohl DTs als auch HMMs komprimieren also bereits Wissen. Mit diesen Methoden konnten bereits wichtige Aufgaben wie *Part-of-Speech Tagging, Named Entity Recognition* oder *Sentiment Analysis* bewältigt werden. Automatische Textübersetzungen waren aber noch von mangelhafter Qualität. Größere Fortschritte speziell bei Übersetzungsaufgaben wurden später durch den Einsatz neuronaler Netze, insbesondere von Sequenz-zu-Sequenz-Modellen (*Recursive Neural Networks*, RNNs) erzielt. Diese arbeiten auf Folgen von Symbolen und sind meist so konstruiert, dass sie den Kontext der bereits gesehenen Symbole in einem internen Speicher repräsentieren. Mit diesen Ansätzen konnte auf das vorher notwendige, mühevolle Preprocessing zur Extraktion von Features verzichtet werden. Zwei erhebliche Durchbrüche zur Verwendung neuronaler Netze in der Sprachverarbeitung stellten word2vec dar (Mikolov et al., 2013), also die automatisierte Erfassung der Semantik von Worten in numerischer Form, und der Attention-Mechanismus (Vaswani et al., 2017) als Grundlage moderner großer Sprachmodelle (LLMs).

5.1.1.2 Einschränkungen textueller Repräsentationen

Natürlichsprachige Texte sind für die Rezeption durch Menschen gut geeignet, obwohl es mühevoll sein kann, dichte Abschnitte begreifend zu lesen. Menschen benötigen aufgrund ihrer Art, Informationen zu verarbeiten, aber kein perfektes Medium – gerade die oben erwähnten Gelehrtenbriefe lebten von den Möglichkeiten des unbestimmten, vorläufigen aber auch inspirierenden Ausdruckes (Zott, 2003). Automatisierte Sprachanalyse und Textverständnis jedoch sind mit einer Reihe von Problemen behaftet, da viele Worte oder ganze

Sätze mehrdeutig sein können (Browning & Lecun, 2022; Wettler, 1989). In natürlichen Sprachen treten Homonyme auf, die sich nur durch den gegebenen Kontext unterscheiden lassen; das Wort Golf kann z. B. für eine Sportart, eine Meeresbucht oder ein spezielles Kraftfahrzeugmodell stehen. Auch die Interpretation von (Relativ-)Pronomen oder (insbesondere im Deutschen) zusammengesetzten Substantiven benötigt Kontext – im letzteren Fall ist oft nicht klar, was das Kompositionsglied spezifiziert. Es kann sich nicht nur die Bedeutung einzelner Worte im Laufe der Zeit wandeln – Ludwig Wittgenstein spricht ihnen darüber hinaus eine intrinsische Bedeutung ab: Die Bedeutung eines Wortes sei sein Gebrauch in der Sprache. Die Entdeckung der aus Kontextinformationen gewonnenen numerischen Wortrepräsentationen (*word embeddings*) bestätigt seine Thesen auf überraschende Weise (Wittgenstein, 1953). Diese Reichhaltigkeit und damit Rezeptionsschwierigkeit natürlichsprachiger Texte setzt sich in die Dimensionen Mengen- oder Häufigkeitsangaben, Modal- und Zeitformen sowie Negation von Aussagen fort (Bonatti et al., 2019). Information in natürlichsprachigen Texten ist häufig sehr ausgedünnt; für eine Speicherung auf Maschinen benötigt man oft eine kompaktere Darstellung der Informationen. Komplexe Konzepte wiederum lassen sich nur schwer in einfache Texte fassen.

5.1.2 Strukturierte Wissensrepräsentation

5.1.2.1 Datenbanken und relationale Modelle

Strukturierte Repräsentationen bieten klare Vorteile in Bezug auf die Verarbeitungseffizienz und die Möglichkeit zur Automatisierung von Schlussfolgerungen durch KI-Systeme. Die ersten schriftlichen Aufzeichnungen in Mesopotamien dienten vor allem der Verwaltung. Diese lagen deswegen bereits in Form von Listen und Tabellen vor. Von Anfang an scheint also Wissensrepräsentation mit den zugrunde liegenden Datenstrukturen und Algorithmen (und damit den Grundlagen der Informatik) eng verknüpft zu sein. Dies gilt umso mehr, als wir von einer derartigen Repräsentation einen effektiven und effizienten Zugriff sowohl von Menschen als auch von Maschinen auf diese Daten erwarten.

Derartige Tabellen lassen sich am einfachsten zeilenweise über kommaseparierte Werte (*comma-separated values, CSV*) darstellen. Sie entsprechen im Grunde den Arbeitsblättern allgemein bekannter Tabellenkalkulationen. Weitere gängige Formate für strukturierte Daten sind JSON (JavaScript Object Notation)[1] und XML (Extensible Markup Language)[2], die die flache Struktur von CSVs durch hierarchische Strukturen ergänzen und außerdem eine flexiblere Gestaltung zum Beispiel bezüglich des Hinzufügens von Feldern ermöglichen.

Diese Darstellungen bilden beispielsweise als sogenannte *Data Frames* eine geeignete Datengrundlage für viele klassische Machine-Learning-Techniken, wie Regression oder Decision Trees, benötigen aber oft eine Form der Normalisierung wegen fehlender Werte oder inkonsistentem Datenformat.

Derartige stets isoliert zu betrachtende Datensätze werden bei relationalen Datenbanken durch eine Modellierung von strukturierten Daten und ihren Beziehungen ver-

---

[1] https://ecma-international.org/publications-and-standards/standards/ecma-404/
[2] https://www.w3.org/XML/

bessert. Diese RDBMS (relationale Datenbankmanagementsysteme) sind weitverbreitet und können als Arbeitspferd der Industrie bezeichnet werden. Die Daten hängen hierbei von sogenannten Primärschlüsseln ab, welche zur Verbesserung der Abfragezeit auch indiziert werden können. Um Inkonsistenzen und Anomalien (zum Beispiel Widersprüche in den Daten nach Updates), aber auch eine redundante Speicherung der Informationen zu vermeiden, werden die Daten üblicherweise in sogenannte Normalformen transformiert. Diese Normalisierungen sorgen beispielsweise für geeignete Wertebereiche der Datenpunkte, vollständige Abhängigkeit der Datenpunkte von den Primärschlüsseln und Unabhängigkeit der Nichtschlüsselattribute.

Die Abfragesprache für relationale Datenbanken ist SQL (*Structured Query Language*). In ihr formulierte Abfragen können die Relationen auflösen. Das Verarbeiten von Daten in diesen Datenbanken erfolgt in der Regel durch Zusammenfügen von einzelnen Anweisungen zu atomaren Operationen, die die Datenbank in einem konsistenten Zustand halten. Außerdem sollen parallel ablaufende Transaktionen sich gegenseitig nicht beeinflussen und Maßnahmen zur Vermeidung von Datenverlust nach Ausfällen getroffen sein (*ACID-Eigenschaft*). Dieses transaktionale Verhalten führt aber auch zu großen Herausforderungen bei RDBMS bezüglich der Synchronisation von großen Datenmengen auf verteilten Systemen und der Performance von Lese-/Schreiboperationen.

Deswegen gibt es seit einigen Jahren ein ergänzendes Technologiefeld, das als NoSQL (*not only SQL*, also nicht nur tabellenorientierte Datenstrukturierung) bezeichnet wird (Cattell, 2011). In ihr ist die Skalierbarkeit (über mehrere Rechner oder gar Datenzentren) der Datenrepräsentation zentral. Eine Spielart der NoSQL sind sogenannte Graphdatenbanken, in denen einzelne Datenpunkte durch eine beliebige Menge an frei gestaltbaren Relationen verknüpft werden. Derartige Darstellungen sind für einen Menschen, aber auch für die maschinelle Verarbeitung häufig besser geeignet bzw. verständlicher.

5.1.2.2 Logikbasierte Repräsentationen

Unter Logik versteht man die Kunst des korrekten Ableitens oder des korrekten Argumentierens. Aus gewissen Voraussetzungen oder Annahmen A – dem vorhandenen Wissen – werden dabei durch Anwendung einer Interpretation I Schlussfolgerungen S gezogen: $I(A) \rightarrow S$. Aussagen gelten dabei als logisch äquivalent, wenn ihre Terme identische Wahrheitswerte aufweisen (Freksa, 1992). Diese Terme können hierbei auch negiert ($\neg$) beziehungsweise durch die Operatoren und ($\wedge$) beziehungsweise oder ($\vee$) verknüpft werden. Dieses Vorgehen zur Wissensbildung stellt selbst eine Repräsentation von Wissen dar. Die formale Logik, insbesondere in Gestalt der Prädikatenlogik, bildet die Grundlage der Mathematik und damit sämtlicher Naturwissenschaften und technischer Fachrichtungen. Formale logische Systeme bestehen aus

1. einer formalen Sprache, also einem Alphabet und zugehörigen syntaktischen Regeln, in welcher die Aussagen formuliert werden,
2. Axiomen, also grundlegenden weder beweis- noch widerlegbaren Annahmen, mit denen die Wirklichkeit modelliert wird, und

3. einem Regelwerk, welches festlegt, wie Schlussfolgerungen aus diesen Axiomen gezogen werden können. Ein einschlägiges Beispiel für eine derartige formale Regel ist Reductio ad absurdum.

Die bereits erwähnte Prädikatenlogik fokussiert sich dabei auf die beiden Begriffe der Existenz eines Objektes ($\exists$) und der Gültigkeit einer Aussage für alle Objekte ($\forall$). Mit ihrer Hilfe lässt sich beispielsweise formulieren, dass es für jede natürliche Zahl n eine natürliche Zahl m gibt, die größer als n ist:

$$\forall n \in \mathbb{N} \; \exists m \in \mathbb{N} : m > n$$

Neben der Prädikatenlogik gibt es noch weitere Spielarten der Logik, zum Beispiel die Modallogik(en), bei der die zentralen Begriffe die der Notwendigkeit ($\Box$) und der Möglichkeit ($\Diamond$) einer Aussage sind.

Logik ist ein mächtiges und ausgesprochen vielseitiges Werkzeug zur Darstellung und Ableitung von Fakten mit einem hohen Abstraktionsgrad (Freksa, 1992). Der Repräsentation von Wissen durch logische Aussagen und dem Einteilen der Welt in wahr und falsch sind jedoch natürliche Grenzen gesetzt: Enthält ein widerspruchsfreies logisches System gewisse fundamentale Axiome, so gibt es – wie Gödel (1931) zeigte – formal ausdrückbare Aussagen, die innerhalb des Systems nicht entscheidbar sind; zudem ist die eigene Widerspruchsfreiheit des Systems im System selbst nicht beweisbar.

5.1.3 Semantische Wissensrepräsentation

Strukturierte Darstellungen von Wissen sind ein großer Fortschritt im Vergleich zur Darstellung in ausschließlich natürlicher Sprache. Allerdings mangelt es häufig an einer nachvollziehbaren Interpretation von Zusammenhängen und Begriffsdefinitionen.

Entsprechend ist eine Verbesserung von strukturierten Darstellungen in Taxonomien zu sehen. Dies sind Klassifikationssysteme, die zur systematischen Einteilung und Organisation von Objekten, Konzepten oder Informationen in hierarchischen Strukturen (formal gesehen handelt es sich um die Datenstrukturen Baum oder Wald) verwendet werden. Sie dienen dazu, komplexe Informationen in einfachere, strukturierte und logische Gruppen aufzuteilen, oft nach dem Prinzip vom Allgemeinen zum Spezifischen. Die hierbei genutzten Begriffe sind im Allgemeinen auch definiert und somit abgrenzbar.

Taxonomien drücken also Beziehungen zwischen Wissensfragmenten auf der konzeptionellen Ebene aus. Dies ermöglicht eine bessere Einordnung und damit eine Auflösung von Mehrdeutigkeiten. Deshalb werden Taxonomien auch häufig als Typsysteme bezeichnet.

Ontologien erweitern Taxonomien dahingehend, dass es keine Einschränkung auf die hierarchische Einordnung von Wissensfragmenten gibt. Stattdessen gibt es vielfältige zusätzliche Informationen zwischen Wissensfragmenten und über diese (sog. Metainformationen), die ausgedrückt werden können (vgl. Abb. 5.2).

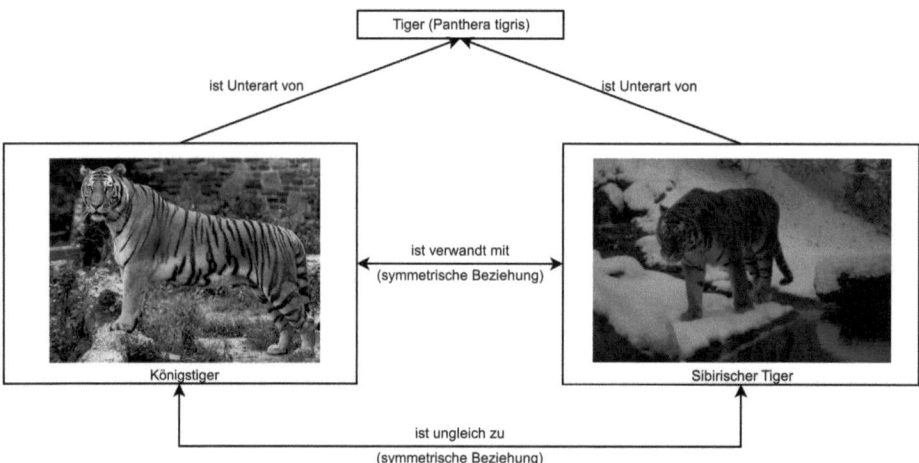

Abb. 5.2 Ausschnitt aus einer biologischen Ontologie mit verschiedenen Beziehungen. (Bildquellen: Wikimedia Commons, Hollingsworth, 2003 (https://commons.wikimedia.org/wiki/File:Panthera_tigris_tigris_(cropped).jpg#filelinks); 2019 (https://commons.wikimedia.org/wiki/File:Siberian_Tiger_enjoying_snow_50.jpg))

Entsprechend sind Ontologien definiert als formale, explizite Spezifikationen eines gemeinsamen Begriffsmodells, das eine bestimmte Domäne beschreibt, indem es die Entitäten (Objekte, Konzepte) und deren Beziehungen sowie die Regeln und Einschränkungen zwischen diesen definiert. Ontologien gehen über einfache Taxonomien hinaus, da sie nicht nur eine hierarchische Struktur von Kategorien bieten, sondern auch semantische Beziehungen und logische Regeln zwischen diesen Entitäten festlegen, um eine präzisere Modellierung von Wissen zu ermöglichen.

Taxonomien und Ontologien bieten also den Vorteil einer stärkeren Vereinheitlichung und Verständlichmachung der Wissensrepräsentation im Vergleich zur Modellierung mit ausschließlich strukturierten Elementen. Gleichzeitig werten sie Wissensfragmente mit zusätzlicher Bedeutung auf, was es beispielsweise KI-Systemen erleichtert, die von den wissensmodellierenden Menschen vorgesehene Interpretation zu erkennen bzw. zu lernen. Ein weiterer positiver Nebeneffekt ist darin zu sehen, dass es möglich ist, Ausgaben von generativer KI (z. B. ChatGPT, vgl. Kap. 6) mit dem Wissen aus der Ontologie abzugleichen und so idealerweise Widersprüche in erzeugten Antworten aufzudecken.

Mit den vorgestellten Wissensmodellierungen durch Taxonomien bzw. Ontologien ist es also möglich, zusätzliche Informationen zu Wissensfragmenten darzustellen. Allerdings existieren weitere Herausforderungen bei vielen realen Anwendungsfällen:

1. Wissensmodellierungen müssen so allgemeingültig und verarbeitbar wie möglich sein, um automatisch zusammenführbar und auswertbar zu sein, so dass die anvisierten Vorteile nicht von manuellen (und damit nur bedingt skalierbaren) Tätigkeiten von Menschen abhängen.

2. Der Umfang von Wissen wächst ständig und wahrscheinlich exponentiell, weswegen es eine große Herausforderung darstellt, alle relevanten Aspekte einer Wissensdomäne ausreichend und präzise zu formulieren. Dies ist einerseits dadurch begründet, dass im Allgemeinen viele Wissensdomänen miteinander verbunden sind, und andererseits, dass eine Untermodellierung die Nutzbarkeit einer Wissensmodellierung stark reduziert.
3. Die naive Annahme, dass alles Wissen an einem zentralen Ort gesammelt wird (zentralisierte Wissensbasis), ist mit der Realität nicht vereinbar. Stattdessen existiert die Herausforderung, dass Wissensbasen an verschiedenen (logischen und physischen) Orten aufgebaut werden (verteilte Wissensbasis) und in Organisationen auch häufig durch verschiedene Struktureinheiten erstellt und gepflegt werden.

Zur Lösung dieser Herausforderungen wurde das *Semantic Web* bzw. *Linked Data* entwickelt. Die entsprechende Initiative des World Wide Web Consortium[3] (kurz W3C) veröffentlichte allgemeingültige Empfehlungen (Quasi-Standards), welche grundlegende Strukturen von vernetzten, semantisch angereicherten Datenstrukturen beschreiben. Die grundlegenden Eigenschaften dieser Quasi-Standards sind:

1. Technische Formate zur Wissensrepräsentation sollen allgemeinverständlich und weitgehend formal logisch formuliert sein und aufeinander aufbauen (vgl. Herausforderung 1), damit so dargestelltes Wissen idealerweise automatisch durch Maschinen interpretiert werden und dank der logischen Formulierungen auch neues Wissen abgeleitet werden kann.
2. Die technische Speicherung von Wissen muss nicht immer zentral erfolgen, sondern Wissensbasen sollen auch dezentral, aber vernetzt abgebildet werden können (vgl. Herausforderung 3). Dies hat den großen Vorteil, dass bestimmte Wissensdomänen (z. B. geografisches Wissen, biologisches Wissen) dezentral durch entsprechende Expertengruppen aufgebaut, erweitert und gepflegt werden und alle anderen Wissensbasen von dem dargestellten Expertenwissen (automatisch) profitieren können (vgl. Herausforderung 2).

Das Semantic Web ist diesbezüglich das übergeordnete Konzept und repräsentiert eine Vision des (World Wide) Web, in dem Maschinen Inhalte verarbeiten bzw. verstehen können, weil diese strukturiert und semantisch angereichert sind. Eine Konkretisierung dieser Vision wird als Linked Data (Heath & Bizer, 2011) bezeichnet. Dabei sollen Daten nach den Prinzipien des Semantic Web verknüpft und zugänglich gemacht werden. Linked Data folgt dabei bestimmten praktischen Empfehlungen:

1. Wissenselemente werden über mindestens eine Webadresse (*Uniform Resource Identifiers,* URI) eindeutig identifiziert. So wird die Benennung von Dingen mit einem refe-

---

[3] https://www.w3.org/

renzierbaren Speicherort verbunden, der über die bekannten Webstandards abgerufen werden kann.
2. Bei der Abfrage der Webadresse eines Wissenselements sollen nützliche Informationen über diese Dinge bevorzugt im RDF-Format geliefert werden.
3. Wissensentitäten sollen miteinander und zu anderen relevanten Datenquellen verknüpft werden, um zusätzliche Kontexte und Informationen bereitzustellen. Die dafür genutzten Web-Technologien sind ebenfalls RDF, URIs und HTTP. Datenbestände werden durch Verknüpfungen verständlicher und zugänglicher. Die Einstiegshürde ist niedriger, da der Fokus auf der einfachen Verknüpfung von Daten liegt.

5.2 KI-Modelle als Wissensrepräsentationen

In der Diskussion um Daten, Künstliche Intelligenz und ihre Anwendungsmöglichkeiten wird häufig übersehen, dass KI-Modelle nicht nur Werkzeuge zur Datenverarbeitung und Mustererkennung sind, sondern auch eine spezifische Form der Wissensrepräsentation darstellen. Die Fähigkeit eines KI-Modells, aus Daten zu lernen, Entscheidungen zu treffen und Vorhersagen zu machen beruht darauf, dass Wissen auf eine Art und Weise strukturiert im KI-Modell gespeichert wird, die es diesem erlaubt, es bei neuen Aufgaben wieder anzuwenden. KI-Modelle spiegeln dabei einen (abstrahierten) Ausschnitt aus der Realität wider und stellen deshalb eine Wissensrepräsentation dar, die auch die Ableitung neuer Erkenntnisse erlaubt.

5.2.1 Symbolische KI und regelbasierte Systeme

In diesem Unterabschnitt werden die symbolische Künstliche Intelligenz (KI) und ihre Anwendung in regelbasierten Systemen untersucht. Symbolische KI repräsentiert Wissen explizit durch Symbole und Regeln, die logische Beziehungen und Schlussfolgerungen ermöglichen. Der Abschnitt erläutert, wie diese Systeme Wissen formal darstellen, welche Rolle Logik und Regeln in diesem Kontext spielen und welche Anwendungsgebiete für symbolische KI besonders geeignet sind.

Die symbolische KI hat ihre Wurzeln im 19. und 20. Jahrhundert und basiert auf der Annahme, dass Wissen durch die Interpretation von Aussagen und Regeln ausgedrückt wird, wenn diese eindeutig interpretierbar (also formal) formuliert sind. Symbolische KI wird daher als Manipulation von Symbolen gemäß logischen Regeln definiert (Browning & Lecun, 2022; Barwise, 1977) und ist bereits seit der Frühzeit der Informatik vielfältig im Einsatz (vgl. Turing, 1950). Dabei kann die Ausdrucksmächtigkeit der Regeln sich je nach genutztem Formalismus unterscheiden (vgl. Abschn. 5.2.3). Für eine gegebene Datenmenge (genannt Faktenbasis) kann durch die Interpretation der zur Verfügung stehenden Regeln neues Wissen abgeleitet werden.

5 Wissensrepräsentation

Beispiel zu logischer KI und Reasoning
Wir betrachten ein Beispiel, das sich der Fakten- und Regelbasis aus folgendem Beispiel bedient:
  Gegebene Faktenbasis:

R1: Anton ist verwandt mit Beate.
R2: Beate ist verwandt mit Carl.
R3: Carl ist verwandt mit Doro.

Regelbasis (mit den Variablen X, Y, Z):

Wenn gilt:
(X ist verwandt mit Y) und (Y ist verwandt mit Z)
Dann füge den Fakt
(X ist verwandt mit Z)
zur Wissensbasis hinzu

Durch mehrmalige Anwendung von Regeln aus der Regelmenge auf die Faktenbasis wird (implizit oder explizit) neues Wissen abgeleitet: Durch die erste Anwendung werden die folgenden Aussagen zur Faktenbasis hinzugefügt:

- R1 + R3 → R4: Anton ist verwandt mit Carl.
- R2 + R3 → R5: Beate ist verwandt mit Doro.

Da sich die Faktenbasis durch die Anwendung der Regeln (R1 und R3 sowie R2 und R3) verändert hat, würden die Regeln erneut angewendet werden und zu folgenden neuen Fakten führen:

- R1 + R5 → R6: Anton ist verwandt mit Doro.
- R4 + R3 → R7: Anton ist verwandt mit Doro.[4]

Wie leicht erkennbar ist, sind R6 und R7 äquivalent. Da die logische Aussagekraft der Menge von Fakten dadurch nicht verändert wird (vgl. Mengenlehre Cantor, 1895, 1897), ist dieses Duplikat irrelevant. Weiterführende Anwendungen der Regeln würden zu keinen neuen Erkenntnissen führen. Die Ausführung dieses symbolischen KI-Systems hat also zu drei neuen Fakten geführt, bevor ein stabiler Zustand (Fixpunkt) erreicht wurde. Bezüglich derartiger symbolischer KI-Systeme gilt, dass sie einen stabilen Zustand erreichen, solange bestehende Regeln und Fakten nicht verändert bzw. entfernt werden. Dies gilt auch, wenn die Anwendungsreihenfolge der Regeln verändert wird.

---

[4] Aufgrund der Mengendefinition.

Zusätzlich haben symbolische KI-Verfahren den Vorteil, die Faktenbasis durch weitere logische Aussagen aufzuwerten. So wäre es für das o. g. Beispiel möglich, durch die folgende Aussage eine Symmetrie-Eigenschaft hinzuzufügen: Wenn gilt X ist verwandt mit Y, dann gilt auch Y ist verwandt mit X. Durch erneute Anwendung der Regeln lässt sich entsprechend neues Wissen erzeugen, das die realen Verwandtschaftsbeziehungen angemessen und der Realität entsprechend abbildet. Das heißt, die Faktenmenge wird durch diese zusätzliche Regel auf der Interpretationsebene aufgewertet, es entsteht also zusätzliches Wissen durch *Reasoning*. Ebenso lassen sich derartige Systeme interaktiv befragen, durch das Abfragen der Faktenbasis (z. B. Gib mir alle X, für die gilt: X ist verwandt mit Carl) ggf. nach dem Hinzufügen eigener Regeln (z. B. X ist Geschwister von Y, wenn gilt: …).

Entsprechend führen Anwendungen, die auf symbolischer KI aufbauen, zu konsistenten Ergebnissen. Gleichzeitig lassen sich die Herleitungsketten nachvollziehen, erzeugte Ergebnisse sind also erklärbar. Aus diesem Grund sind derartige Systeme vertrauenswürdig und für Anwendungsbereiche mit hohen Sicherheitsanforderungen (Safety) oder regulatorischen Anforderungen sehr gut geeignet. Die Wissensmodellierung erfolgt hier also in Form von formal repräsentierten Fakten und Regeln.

Die Darstellung von Fakten kann auf verschiedene Arten entstehen. Gleichzeitig gilt, dass die formal korrekte Formulierung von Fakten sehr aufwendig sein kann. Dies ist als einer der Gründe zu sehen, weswegen verteilte Wissensbasen aufgebaut wurden, welche jeweils Informationen aus verschiedenen Wissensdomänen beinhalten (vgl. Abschn. 5.2.3). Dies hebt das Problem von symbolischer KI hervor: Der Aufwand zur formalen Modellierung von größeren Wissensdomänen ist zeitaufwendig und häufig nicht in ausreichendem Umfang effizient durchführbar. Des Weiteren ist es möglich, dass zur Formulierung realer Gegebenheiten sehr anspruchsvolle Logiksysteme genutzt werden; dies hat insbesondere auch den Nachteil von möglicherweise langen Ausführungszeiten bei Anfragen.

Ungeachtet der Probleme, die mit formaler Logik verbunden sind, bildet diese die Grundlage für früheste Systeme der Künstlichen Intelligenz – sogenannte Expertensysteme. Diese kamen bereits in den 1950er-Jahren auf und wurden dazu entworfen, eine explizit formulierte und durch Domainexperten geschaffene Wissenssammlung zu verarbeiten, um bestimmte Fragen des Anwenders durch logische Schlussfolgerungen und Kombination von Fakten zu beantworten. Die Faktenmenge wird dabei durch logische Regeln der Form „wenn-dann" dargestellt (vgl. obiges Beispiel). Die zur Definition von Expertensystemen verwendeten Sprachen, wie beispielsweise Prolog (Deransart et al., 1996), orientieren sich eng an der lange bekannten Prädikatenlogik (Barwise, 1977). Diese Programmiersprache fand – ebenso wie (jüngere) Alternativen, z. B. Curry (Antoy & Hanus, 2010) oder Mercury (Somogyi et al., 1995) – eine geringe Verbreitung und wird nur in spezifischen Anwendungsfällen eingesetzt.

Die Forschung an symbolischen KI-Systemen dominierte das Feld der Künstlichen Intelligenz bis weit in die 1980er-Jahre, u. a. weil sich funktionierende Systeme erstellen ließen. Allerdings war und ist das Formulieren von großen Faktenbasen (abseits von Allgemeinwissen) herausfordernd. Die notwendige Mitarbeit von Personen mit hoher Domainexpertise stellt dabei eine der Hauptschwierigkeiten bei der Schaffung und Wartung derartiger Systeme dar. Häufig ist nicht einmal der Weg zur Formalisierung eines bestimmten Fachgebietes a priori klar (Freksa, 1992). Ebenso können die Menge der Regeln und die Ausdrucksmächtigkeit in solchen Systemen große Größenordnungen erreichen, sodass ihre effiziente Auswertung schwierig und die optimale Reihenfolge der Anwendung dieser Regeln unklar ist. Für diese Operationen stehen die in der Theorie oft angenommenen unbegrenzten Rechen- und Speicherressourcen auf realen Systemen nicht zur Verfügung (Freksa, 1992). Als Konsequenz konnten sich Anwendungen der symbolischen KI bisher nicht in der Breite durchsetzen, während die zugrunde liegenden Konzepte aber in vielen Teilbereichen der Softwareentwicklung dauerhaft eingesetzt werden.[5]

5.2.2 Neuronale Netze als Wissensrepräsentation

Dieser Unterabschnitt untersucht die Rolle von neuronalen Netzen in der Wissensrepräsentation. Neuronale Netze stellen Wissen auf eine implizite Weise dar, indem sie Muster und Zusammenhänge in großen Datenmengen erkennen. Der Abschnitt erklärt, wie neuronale Netze Wissen verarbeiten und repräsentieren, und beleuchtet ihre Stärken bei der Analyse komplexer und unstrukturierter Daten.

Neuronale Künstliche Intelligenz basiert auf den Prinzipien des maschinellen Lernens und künstlicher neuronaler Netzwerke, die sich von den regelbasierten Ansätzen der symbolischen KI grundlegend unterscheiden. Während symbolische KI auf expliziten, formalisierten Regeln beruht, nutzt neuronale KI eine datengetriebene Herangehensweise, bei der Modelle anhand großer Datenmengen trainiert werden, um Muster zu erkennen und daraus Wissen zu extrahieren. Neuronale Netzwerke, inspiriert vom biologischen Gehirn, bestehen aus Schichten von künstlichen Neuronen, die in ihrer Funktionsweise lose den biologischen Neuronen nachempfunden sind (Wu & Feng, 2018). Wie in Abb. 5.3 dargestellt, empfängt jedes Neuron Eingabewerte, transformiert diese mittels mathematischer Operationen und gibt eine gewichtete Ausgabe weiter. Durch das Trainieren des Netzwerks, indem die Gewichte der Neuronen basierend auf den Fehlern bei der Vorhersage iterativ angepasst werden, kann das Modell lernen, komplexe Zusammenhänge in den Daten zu erkennen.

Betrachten wir folgendes Beispiel für die Funktionsweise eines neuronalen Netzes. Nehmen wir an, ein neuronales Netz soll die Verwandtschaftsbeziehungen aus einem Datensatz wie folgt ableiten:

1. Anton ist verwandt mit Beate.
2. Anton ist verwandt mit Carl.
3. Beate ist verwandt mit Carl.
4. Carl ist verwandt mit Doro.

---
[5] Z. B. SAPs Rule Engine (SAP Help Portal, 2025).

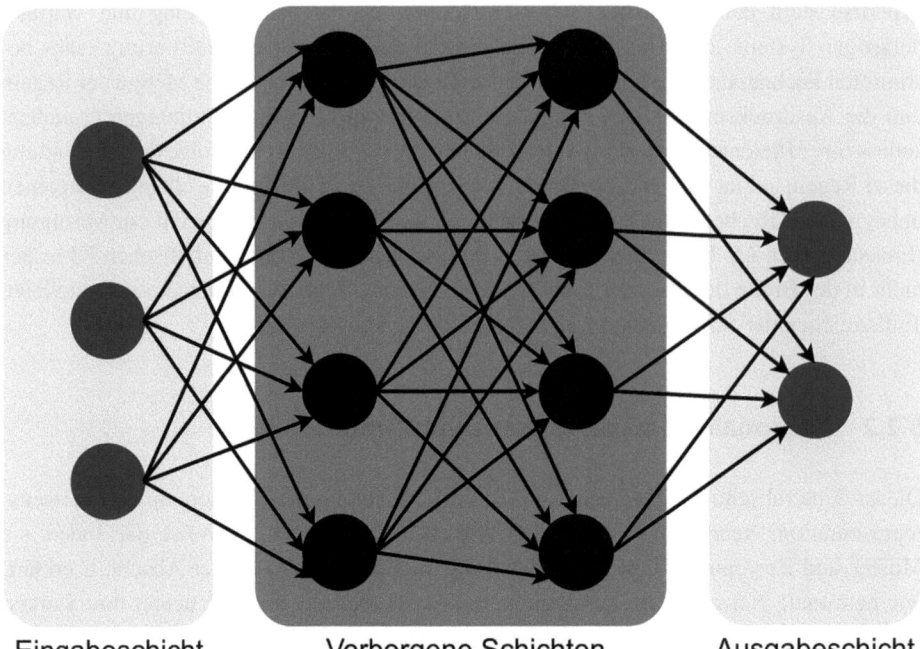

Eingabeschicht   Verborgene Schichten   Ausgabeschicht

Abb. 5.3 Schematische Sicht auf neuronale Netze

Das neuronale Netz würde anhand vieler ähnlicher Datenbeispiele trainiert, um die Muster zu erkennen, die diese Verwandtschaftsbeziehungen bestimmen (es werden in der Realität aber deutlich mehr Trainingsbeispiele benötigt, um entsprechende Muster verlässlich zu erkennen). Dabei würde im Modell gelernt werden, dass es eine Beziehung gibt, wenn A verwandt ist mit B und B verwandt mit C, dann auch A verwandt mit C ist, wie durch die Fakten I, II, III auch ausgedrückt wird. Unter der Annahme einer ausreichenden Trainingsmenge könnte ein mögliches Ergebnis dann die Generierung neuer Fakten sein, wobei diese keine absoluten Aussagen repräsentieren, sondern wahrscheinliche Erkenntnisse, z. B. Anton ist verwandt mit Doro mit einer Wahrscheinlichkeit von 0,8 (im Wertebereich von 0,0 bis 1,0).

Im Gegensatz zur symbolischen KI erfolgt dies jedoch nicht durch explizite Regeln, sondern durch das Lernen von Mustern (d. h. statistischen Zusammenhängen), die die Beziehungen zwischen den Datenpunkten verdeutlichen. Es werden also keine logischen Schlussfolgerungen gezogen, sondern es wird aus beobachteten Wahrscheinlichkeiten eine Aussage hergeleitet. Entsprechend lassen sich keine allgemeinen logischen Aussagen hinzufügen, wie beispielsweise zur Symmetrie der Relation „ist verwandt mit" (vgl. oben). Solche zusätzlichen Eigenschaften müssten ebenso aus den gegebenen Trainingsdaten gelernt werden. Dafür sind also weitere konkrete Beispiele (in großer Zahl) nötig, die dem Trainingsdatensatz hinzufügt werden müssten. Durch die Anwendung solcher neuronalen Modelle können aber nun nicht nur explizite, sondern auch implizite Beziehungen in großen, unstrukturierten Datensätzen gefunden werden. Gleichzeitig muss das im neuronalen Netz zu repräsentierende Wissen mit einer ausreichenden Anzahl von Beispielen im Trainingsdatensatz untersetzt werden, da sonst die Muster als Rauschen interpretiert werden und durch das statistische KI-Model nicht gelernt werden können. Die Wissensrepräsentation im KI-Modell repräsentiert die Eigenschaften des ursprünglich modellierten Wissens dann nur bedingt, d. h. es kann nicht garantiert werden, dass Informationen aus den Trainingsdaten auch wieder abgefragt werden können. Verschärfend kommt hinzu, dass eine wiederkehrende Verfeinerung des Modells auch negative Effekte haben kann, z. B. das Vergessen von bereits integrierten Informationen (Kemker et al., 2018; Zhai et al., 2023). Wir sprechen deshalb hier von einer latenten Repräsentation des abstrakten Wissens (z. B. über die Struktureigenschaften von Text), die nur auf Basis von aus großen Datenmengen gelernten statistischen Zusammenhängen über die Fähigkeit der korrekten Erzeugung von (allgemeingültigen) Fakten verfügt. Diese Fähigkeit lässt sich häufig aber nicht auf domänenspezifische Anwendungen übertragen (Ge et al., 2023).

Diese datengetriebene Herangehensweise hat zu signifikanten Fortschritten in der Bild- und Spracherkennung sowie bei komplexen Aufgaben wie maschineller Übersetzung geführt (Stahlberg, 2020).

Die Vorteile neuronaler KI bestehen in der

1. automatischen Merkmalsextraktion: Neuronale Netze sind in der Lage, relevante Merkmale aus den Daten selbstständig zu lernen (unüberwachtes Lernen), ohne dass diese manuell definiert werden müssen.
2. Generalisierung: Durch das Training auf großen Datenmengen können neuronale Netze auch auf Daten verallgemeinern, die sie während des Trainings nicht gesehen haben. Dies ermöglicht es ihnen, in neuen Situationen flexible Entscheidungen zu treffen.
3. Anpassungsfähigkeit: Neuronale Modelle können dynamisch auf veränderte Daten und neue Kontexte reagieren, ohne dass bestehende Wissensstrukturen manuell angepasst werden müssen.

Trotz dieser Vorteile hat die neuronale KI auch einige Nachteile. Zum einen fehlt es neuronalen Modellen häufig an Nachvollziehbarkeit und Erklärbarkeit des Verhaltens bzw. der berechneten Ergebnisse. Während symbolische Systeme klare und nachvollziehbare Herleitungsketten liefern können, ist es oft schwierig zu verstehen, wie ein neuronales Netz zu einer bestimmten Vorhersage gelangt ist (Xu et al., 2019). Diese Black-Box-Eigenschaft stellt insbesondere in sicherheitskritischen und juristisch regulierten Anwendungsbereichen ein zentrales Problem dar. Ein weiteres Problem neuronaler Systeme besteht in ihrer Abhängigkeit von großen, qualitativ hochwertigen Datenmengen. Ohne ausreichendes Training auf vielfältigen Daten kann das Modell anfällig für Verzerrungen (*Bias*) oder Fehlinterpretationen werden. Zudem erfordert das Trainieren komplexer neuronaler Netzwerke hohe Rechenressourcen, was den Einsatz in bestimmten Szenarien einschränken kann.

Neuronale KI bietet durch ihre datengetriebene Natur und die Fähigkeit, komplexe Muster in unstrukturierten Daten zu erkennen, entscheidende Vorteile gegenüber regelbasierten Systemen der symbolischen KI. Die höhere Leistungsfähigkeit von Computern wirkt sich bei neuronalen KI-Methoden auch deutlich positiver auf die Anwendbarkeit aus als bei symbolischer KI. Insbesondere in Bereichen, in denen die Verarbeitung großer Datenmengen nötig ist und die Mustererkennung im Vordergrund steht, sind neuronale Netzwerke mit aktueller Computerhardware aus praktischer Sicht unschlagbar.

Moderne künstliche neuronale Netze, z. B. RNN, CNN, LSTM, GAN oder Autoencoder (Goodfellow et al., 2016), sind überwiegend mehrschichtig aufgebaut und besitzen eine große Anzahl von Neuronen, die jeweils zugeordnete mathematische Funktionen auf den zugelieferten Daten ausführen und das Ergebnis weitergeben. Obwohl in speziellen Fällen den einzelnen Neuronen oder wenigstens den einzelnen Schichten eine interpretierbare Funktion zugeordnet werden kann, so ist die konkrete Funktionsweise eines solchen neuronalen Netzes für Menschen bisher praktisch nicht nachvollziehbar erklärbar. Dies stellt ein ernsthaftes Hindernis beim Einsatz dieser Technologien durch einen menschlichen Nutzer dar, da neben anderen Herausforderungen (vgl. Wiewiórowski et al., 2023) der Kontext der so durch das neuronale Netz aus der Wissensrepräsentation gewonnenen Aussagen dem Menschen nicht zugänglich und ihr Wahrheitsgehalt nur mit sehr hohem Aufwand (im Allgemeinen manuell) überprüfbar ist. Neuronale Netze gleichen daher Black Boxes (Benítez et al., 1997). In dieser Hinsicht unterscheiden sich moderne neuronale Netze stark von sogenannten interpretierbaren Machine-Learning-Modellen, wie beispielsweise Decision Trees (Safavian & Landgrebe, 1991), welche aber für viele Anwendungsfälle deutlich unterlegen sind.

KI-Methoden, die auf künstlichen neuronalen Netzen aufbauen, erfordern also eine sorgfältige Handhabung aufgrund ihrer mangelnden Erklärbarkeit und der Abhängigkeit von Datenqualität und Rechenressourcen. Insbesondere in juristisch regulierten Anwendungsbereichen oder bei automatisierten Entscheidungen unter Einbezug von persönlichen Daten (vgl. DSGVO, Europäische Union, 2016) können neuronale KI-Methoden ohne Transparenz über das Verhalten häufig nicht eingesetzt werden bzw. ihre Stärken in der Automatisierung von Prozessen nicht voll ausspielen. Um diesem Problem zu begegnen, können Methoden zur Erklärbarkeit von KI (*Explainable AI*, XAI) helfen (Panigutti et al., 2023). Diese sind aber aktuell überwiegend noch nicht über Forschungsprototypen hinaus einsatzfähig. Derartige Erklärungen basieren entweder auf der Konstruktion expliziter Gegenbeispiele zur Entscheidung des KI-Systems (kontrafaktische Erklärung) oder der Analyse von Einflussfaktoren auf diese. Letztere kann beispielsweise durch spieltheoretische Argumente oder Approximation des Modells durch besser interpretierbare Ersatzmodelle erfolgen.

5.2.3 Hybridmodelle und integrierte Ansätze

In diesem Unterabschnitt wird die Kombination verschiedener Ansätze zur Wissensrepräsentation in sogenannten Hybridmodellen behandelt. Hybridmodelle integrieren symbolische KI und neuronale Netze, um die Stärken beider Ansätze zu vereinen. Es wird erklärt, wie diese Modelle funktionieren, welche Vorteile sie bieten und in welchen Anwendungsbereichen sie besonders nützlich sind.

Neuronale Künstliche Intelligenz (KI) basiert auf den Prinzipien des maschinellen Lernens und künstlicher neuronaler Netzwerke, die sich von den regelbasierten Ansätzen der symbolischen KI grundlegend unterscheiden. Während symbolische KI auf expliziten, formalisierten Regeln beruht, nutzt neuronale KI eine datengetriebene Herangehensweise, bei der Modelle anhand großer Datenmengen trainiert werden, um Muster zu erkennen und daraus Wissen zu extrahieren.

Wie in den vorherigen Abschnitten beschrieben, haben beide KI-Ansätze komplementäre Nachteile und Vorteile. Ein bedeutender Vorteil neuronaler KI ist ihre Fähigkeit, Informationen automatisch aus unstrukturierten Daten zu extrahieren, ohne dass explizit vorgegebene Regeln erforderlich sind. Beispielsweise kann ein neuronales Netz aus Bildern oder Texten lernen, ohne dass die Daten vorab manuell annotiert oder kategorisiert werden müssen. Dies steht im Kontrast zu symbolischen Systemen, die auf sorgfältig modellierte Fakten- und Regelbasen angewiesen sind; dann können jedoch Garantien für ihr Verhalten gegeben und das Verhalten überprüft bzw. erklärt werden.

Entsprechend gibt es bereits seit einiger Zeit Ansätze zur Vereinigung der beiden bisher gegensätzlich zueinander stehenden KI-Ansätze. Die Zusammenführung kann auf verschiedenen Ebenen stattfinden und wird unter verschiedenen Begriffen zusammengefasst, wie beispielsweise hybride KI (Nolle et al., 2023) oder neurosymbolische KI (Sarker et al., 2021). Die Annahme ist hierbei, die unbestrittenen Vorteile des jeweils anderen Ansatzes zu nutzen, um die jeweiligen Nachteile auszugleichen.

Im Beispiel aus dem vorherigen Absatz könnte ein Large Language Modell (vgl. Kap. 6) aus beliebigen Texten erkennen, dass Verwandtschaftsbeziehungen zwischen Personen existieren, z. B. „ist verheiratet mit", „ist Tochter von", „ist Großvater von". Allerdings wird durch den statistischen Charakter eines solchen Sprachmodells jede dieser Beziehungen mit einer Wahrscheinlichkeit versehen; entsprechend ist es abhängig von der Häufigkeit und Eindeutigkeit, ob erkannt wird, dass die genannten Beziehungen auch eine Spezialisierung der Beziehung „ist verwandt mit" darstellen. Dies gilt noch deutlicher für Beziehungen, die nur durch Anwendung von logischen Eigenschaften möglich ist. So ist eine Eigenschaft wie Urgroßnichte[6] die Ableitung von neuem Wissen aus logischen Beziehungen. In einem neurosymbolischen KI-System soll es nun möglich sein, diese Regel zusätzlich zu integrieren.

Neurosymbolische KI-Systeme, die symbolische und neuronale Ansätze integrieren, gelten als vielversprechender Fortschritt in der Künstlichen Intelligenz, da sie die Stärken beider Paradigmen kombinieren und damit eine verbesserte Wissensrepräsentation darstellen könnten. Während symbolische KI-Systeme durch ihre Erklärbarkeit und Regelba-

---

[6] Die Bezeichnung Urgroßnichte beschreibt eine Familienbeziehung, bei der es sich um die Tochter einer Großnichte oder eines Großneffen handelt. Die Bezeichnung Großnichte bzw. Großneffe beschreibt eine Familienbeziehung, bei der es sich um die Tochter bzw. den Sohn eines Neffen oder einer Nichte einer Person handelt.

sierung in Bereichen mit hohen Sicherheitsanforderungen vorteilhaft sind, bieten neuronale Netze eine herausragende Leistung in der Verarbeitung großer, unstrukturierter Datenmengen und der Erkennung komplexer Muster. Durch die Kombination dieser Ansätze können neurosymbolische Systeme sowohl komplexe kognitive Aufgaben effizient bewältigen als auch nachvollziehbare Entscheidungsprozesse ermöglichen.

Neurosymbolische Verfahren befinden sich derzeit noch in einer frühen Phase der Entwicklung, und ihre Verfügbarkeit ist im Vergleich zu rein symbolischen oder rein neuronalen Ansätzen eingeschränkt. Während einige experimentelle Implementierungen existieren (vgl. IBM, 2022), sind umfassende marktreife Anwendungen noch selten. Der Forschungsschwerpunkt liegt aktuell auf der Weiterentwicklung von Frameworks und Modellen, die sowohl die Leistungsfähigkeit neuronaler Netze als auch die Interpretierbarkeit symbolischer Systeme nutzen. Trotz vielversprechender Ergebnisse in einigen spezifischen Domänen, wie der Verarbeitung natürlicher Sprache und dem maschinellen Lernen, bleibt die praktische und skalierbare Anwendung neurosymbolischer KI-Techniken eine Herausforderung, die in den kommenden Jahren wahrscheinlich verstärkte Aufmerksamkeit erfahren wird, insbesondere um einen Ausgleich zwischen hoher Leistungsfähigkeit und Vertrauenswürdigkeit zu etablieren.

Langfristig könnten diese Systeme zu einer verbesserten Generalisierungsfähigkeit führen und somit die Anwendung von KI in sicherheitskritischen oder regulierten Bereichen, wie dem Gesundheitswesen oder der Finanzbranche, erleichtern. Zudem bieten sie das Potential, die Interpretierbarkeit neuronaler Netze zu erhöhen, indem sie symbolische Repräsentationen und logische Regeln in die Entscheidungsfindung einbeziehen. Zukünftige Entwicklungen in diesem Bereich könnten dazu beitragen, einige der aktuellen Einschränkungen beider Ansätze zu überwinden, insbesondere im Hinblick auf Skalierbarkeit, Effizienz und Erklärbarkeit, und so den Weg für robustere und vielseitigere KI-Lösungen ebnen.

5.3 Einflussfaktoren für Wissensrepräsentation

Sowohl in ihrer Rohform (vgl. Abschn. 5.1) als auch als KI-System (vgl. Abschn. 5.2) sind Wissensrepräsentationen abhängig von zur Verfügung gestellten Daten. In diesem Abschnitt wird die Bedeutung einer umfassenden Betrachtung der Dimensionen Datenvolumen, -qualität und -semantik für die Wissensrepräsentation in KI-Systemen hervorgehoben. Es wird erläutert, wie diese Dimensionen zusammenwirken, um eine robuste und verlässliche Wissensrepräsentation zu ermöglichen, die sowohl effektiv als auch vielseitig einsetzbar ist. Der Abschnitt zeigt auf, dass das Zusammenspiel dieser Faktoren entscheidend für den Erfolg von KI-Anwendungen ist.

Die für die Erstellung genutzte Wissensrepräsentation (Trainingsdaten bzw. Faktenbasis) spielt eine entscheidende Rolle in der Wissensrepräsentation von Künstlicher Intelligenz (KI). Je umfangreicher die zur Verfügung stehenden Wissensbasen sind, desto leistungsfähiger und vielseitiger können KI-Systeme agieren. Das Datenvolumen beeinflusst also maßgeblich die Einsatzfähigkeit von KI-Systemen.

5 Wissensrepräsentation

In spezialisierten KI-Systemen führt eine Zunahme des Volumens der Wissensrepräsentation häufig zu einer erheblichen Steigerung der Qualität der Anwendung. Ein Beispiel hierfür ist die Bilderkennung: Frühe Bildverarbeitungsmodelle (neuronale KI), die auf kleineren, domänenspezifische Datensätze trainiert wurden, hatten oft Schwierigkeiten, präzise Vorhersagen bzw. Entscheidungen zu treffen, insbesondere bei komplexen oder neuen Eingabemustern. Mit der Verfügbarkeit größerer Bilddatensätze (z. B. Deng et al., 2009) hat sich jedoch die Leistung solcher Systeme deutlich verbessert.

So zeigen spezialisierte KI-Modelle zur Erkennung von Röntgenbildern in der Medizin, dass die Erhöhung der Datenmenge – zum Beispiel durch die Integration von Bilddaten aus verschiedenen Krankenhäusern weltweit – nicht nur die Genauigkeit der Diagnosen verbessert, sondern auch die Fähigkeit der Modelle, Krankheitsbilder zu erkennen (vgl. Koh et al., 2022). Hier zeigt sich, dass ein hoher Grad an Spezialisierung unterstützt durch umfangreiche Datensätze die Qualität der konkreten Aufgabe maßgeblich steigert. Solche spezialisierten KI-Systeme sind jedoch oft auf eng begrenzte Aufgaben ausgelegt, was sie für andere Anwendungsfälle weniger flexibel macht.

Im Gegensatz dazu gilt für moderne, generalisierte KI-Systeme, dass eine Zunahme des Datenvolumens nicht nur die Qualität der Ergebnisse verbessert, sondern auch die Bandbreite der Aufgaben, die ein System bewältigen kann, erheblich erweitert. Ein prominentes Beispiel dafür sind große Sprachmodelle (*Large Language Models*, LLMs), wie sie im Kap. 6 detaillierter beschrieben werden. Hier kann beobachtet werden, dass sich umso mehr Modell-Fähigkeiten (*emerging abilities*) zu entwickeln scheinen (vgl. Schaeffer et al., 2024; Chang et al., 2024), je mehr Daten für das Training dieser Modelle verwendet wurden. Diese sich entwickelnden Fähigkeiten beziehen sich auf das plötzliche Auftreten neuer, unerwarteter Kompetenzen, wenn das Modell mit einer kritischen Masse an Informationen trainiert wurde.

Ein Beispiel für solche *emerging abilities* zeigt sich in der Fähigkeit großer Sprachmodelle, nach einer Vergrößerung der Trainingsdaten bzw. des daraus resultierenden Modells nicht nur natürliche Sprache zu verarbeiten, sondern beispielsweise auch Programmcode zu analysieren und zu generieren. Dies verdeutlicht den fundamentalen Unterschied zu spezialisierten Systemen: Je mehr Daten diese modernen Systeme erhalten, desto vielfältiger werden die Aufgaben, die sie erfolgreich bearbeiten können.

Obwohl das Datenvolumen zweifellos ein zentraler Erfolgsfaktor einer Wissensrepräsentation ist, bringt es auch eine Reihe von Herausforderungen mit sich, die im Folgenden näher betrachtet werden.

Verfügbarkeit von Daten: Eine der größten Herausforderungen besteht darin, dass die benötigten Daten für viele domänenspezifische Anwendungsfälle schlichtweg nicht existieren oder schwer zugänglich sind. Dies ist besonders in spezialisierten Branchen wie beispielsweise der Pharmaforschung der Fall, wo hochsensible und vertrauliche Daten nur in begrenzter Menge vorliegen. Ein konkretes Beispiel zeigt sich in der Entwicklung von Medikamenten: Klinische Studien liefern wertvolle Daten, doch aufgrund von Datenschutzanforderungen oder limitierten Studienpopulationen kann dieses Wissen nur begrenzt in Form eines Datensatzes geteilt und genutzt werden. Der Mangel an ausreichend großen Datensätzen kann somit die Effizienz und Präzision von KI-Modellen in dieser Domäne behindern.

In vielen Szenarien sind die benötigten Daten auch nicht an einem zentralen Ort gespeichert, sondern über verschiedene Datenbanken und Systeme verteilt. Diese verteilte Datenspeicherung stellt eine zusätzliche Herausforderung dar, da sie die Integration und Konsolidierung der Daten erschwert. Ein konkretes Beispiel ist die Finanzindustrie, in der Kundendaten, Transaktionsdaten und Marktinformationen häufig in separaten Datenbanken gespeichert werden. Um ein KI-System zur Risikoanalyse oder zur Betrugserkennung zu entwickeln, müssen diese verstreuten Datenquellen effizient zusammengeführt werden, was sowohl technologische als auch organisatorische Lösungen erfordert. Datenintegrationsverfahren (vgl. Abschn. 5.2.3) oder die Nutzung von föderierten Lerntechniken können hier Abhilfe schaffen, indem sie die Kombination von Daten aus unterschiedlichen Quellen ermöglichen, ohne dass erstere physisch an einem Ort vorliegen müssen.

Qualitätssicherung der Daten: Um verlässliche Ergebnisse zu gewährleisten, muss das verfügbare Wissen die Realität so gut wie möglich repräsentieren. Dies erfordert eine strenge Qualitätssicherung, da ungenaue oder fehlerhafte Informationen zu fehlerhaften Ergebnissen in KI-Modellen führen können (oder im Fall von symbolischer KI zu Widersprüchen). Ein Beispiel hierfür ist die Entwicklung von KI-Systemen zur Fahrassistenz oder zum autonomen Fahren; dabei ist es entscheidend, dass die Sensor- und Bilddaten den realen Verkehrs- und Straßenbedingungen entsprechen. Qualitativ minderwertige Daten, etwa durch fehlerhafte Sensoren oder schlechte Wetterbedingungen beeinflusst, können die Leistungsfähigkeit der KI erheblich beeinträchtigen und potenziell zu gefährlichen Situationen führen. Daher ist die Sicherstellung der Datenqualität ein essenzieller Bestandteil der Datenverarbeitung in diesem Bereich.

In vielen Fällen stehen die benötigten Daten nicht in einem geeigneten Format zur Verfügung und müssen erst aufwendig aufbereitet werden. Dies stellt häufig eine technische Herausforderung dar, da die Daten aus unterschiedlichen Quellen stammen und in unterschiedlichen Formaten vorliegen können. Ein Beispiel hierfür ist die Verarbeitung von Text- und Bilddaten in der Gesundheitsforschung. Während medizinische Berichte häufig in unstrukturiertem Textformat vorliegen, müssen sie für die Verwendung in KI-Systemen strukturiert und standardisiert werden, um eine hochqualitative Auswertung zu ermöglichen. Dieser Prozess der Datenaufbereitung, der häufig manuelle Eingriffe oder den Einsatz spezieller Vorverarbeitungstechniken erfordert, kann zeitaufwendig und kostenintensiv sein.

Anreicherung mit Datensemantik: Durch die Integration von semantischen Informationen werden die Daten in einen kontextuellen Rahmen eingebettet, wodurch Zusammenhänge, Bedeutungen und strukturelle Beziehungen zwischen verschiedenen Datenpunkten explizit dargestellt werden (vgl. Abschn. 5.2.3). Dies verbessert das Verständnis der KI für die zugrunde liegenden Daten, so dass sie effizientere und präzisere Entscheidungen treffen kann. Besonders in Situationen, in denen der Zugang zu größeren Trainingsdatensätzen begrenzt ist, ermöglicht die semantische Anreicherung eine tiefergehende Nutzung vorhandener Informationen. Dadurch kann die KI lernen, komplexere Muster und Zusammenhänge zu erkennen, die durch reine datengetriebene Ansätze möglicherweise verborgen bleiben würden. Somit trägt die Anreicherung von Wissensrepräsentation mit Datensemantik maßgeblich zur Steigerung der Leistungsfähigkeit und Verlässlichkeit von KI-Systemen bei, ohne auf eine ständige Vergrößerung der Datengrundlage angewiesen zu sein. Die Anreicherung von Wissensrepräsentation mit Datensemantik ermöglicht eine qualitative Verbesserung von KI-Systemen, selbst wenn die Menge der zugrunde liegenden Trainingsdaten nicht weiter erhöht werden kann.

Die durch Datensemantik bereitgestellten Informationen, wie die Beziehungen und Zusammenhänge zwischen verschiedenen Datenpunkten, spielen eine entscheidende Rolle bei der Validierung der Ergebnisse von KI-Systemen. Indem semantische Verknüpfungen explizit dargestellt werden, können KI-Modelle nicht nur auf die isolierten Daten selbst zugreifen, sondern auch auf die Bedeutung der Daten im Kontext zueinander. Die so entstandene semantische Wissensschicht (*Semantic Layer*) ermöglicht eine tiefere Analyse und die Identifizierung potenzieller Inkonsistenzen oder Widersprüche in den von einem KI-Modell erzeugten Ergebnissen. Beispielsweise können durch die Betrachtung semantischer Zusammenhänge automatisch überprüfbare Regeln formuliert werden, anhand derer die Plausibilität von Vorhersagen oder Entscheidungen beurteilt wird (vgl. Jung et al., 2022; Kassner et al., 2023). Wenn die Ergebnisse eines KI-Systems im Widerspruch zu diesen semantischen Informationen stehen, können entsprechende Unstimmigkeiten erkannt und die Vertrauenswürdigkeit der Ergebnisse hinterfragt werden. Auf diese Weise trägt die Einbindung von Datensemantik wesentlich zur Qualitätskontrolle und Zuverlässigkeit von KI-Systemen bei, indem sie eine zusätzliche Ebene der Validierung bietet und potenzielle Fehlerquellen aufdeckt.

Die Verfügbarkeit und Verarbeitung großer Datenmengen spielen also eine zentrale Rolle bei der Entwicklung moderner KI-Systeme. Während spezialisierte Systeme von der Verbesserung der Datenqualität für spezifische Aufgaben profitieren, zeigt sich bei generalisierten KI-Modellen wie LLMs, dass eine Zunahme der Datenmenge wahrscheinlich zu einer Erweiterung der Fähigkeiten führt. Trotz des immensen Potenzials birgt der Umgang mit großen Datenmengen zahlreiche Herausforderungen, insbesondere in Bezug auf Verfügbarkeit, Qualität, Formatierung und Verteilung der Daten. Um diese Herausforderungen zu meistern, sind sowohl technologische Innovationen als auch methodische Fortschritte notwendig, die es ermöglichen, das volle Potenzial der Daten für die Wissensrepräsentation in KI-Systemen zu nutzen.

5.4 Praktische Anwendungen und Erkenntnisse

5.4.1 Wissensrepräsentation in der Praxis – digitale Zwillinge

Reale Systeme, insbesondere industrielle Anlagen, produzieren eine Vielfalt von Daten über ihren gesamten Lebenszyklus und verschiedene Prozesse hinweg (Ammann et al., 2024). Diese Daten sind von einer Vielzahl verschiedener Dimensionen geprägt: Es kann sich um technische oder physikalische Beschreibungen, aktuelle Sensormesswerte, aber auch Prozess- oder Geschäftsdaten handeln. Sie sind häufig nur von den jeweiligen Domänenexperten zu verstehen. Dies führt zu einer Verständnisbarriere zwischen verschiedenen handelnden Personen (Hubauer et al., 2018b).

Digitale Zwillinge (Batty, 2018; Zami et al., 2024; van der Valk et al., 2020; Hubauer et al., 2018b; Lietaert et al., 2021) schaffen ein gemeinsames Vokabular und verknüpfen sowohl verwandte Konzepte als auch miteinander in Beziehung stehende Daten. Das Konzept der digitalen Zwillinge wurde Anfang der 2000er-Jahre geprägt (Grieves, 2014; zitiert nach Batty, 2018). Ein solcher besteht aus drei Hauptkomponenten, nämlich dem physikalischen Objekt, einer virtuellen Repräsentation und einer Verknüpfung zwischen diesen beiden Objekten. Der Zustand des digitalen Zwillings basiert daher auf in einer Wissensrepräsentation hinterlegten oder in Realzeit aus Sensoren ausgelesenen Daten sowie dem über das physische Objekt vorhandene Wissen.

Numerische Daten können beispielsweise in Zeitreihendatenbanken außerhalb des digitalen Zwillings vorliegen und erst bei Bedarf abgefragt werden, ohne dass der Nutzer diese Indirektion bemerkt. Andere Daten können nach einer Sprachvorverarbeitung von Textdokumenten zum Beispiel in Form eines Knowledge Graphen (vgl. Abschn. 5.2.3) vorliegen. Diese Datenquellen können also sehr heterogen auf mehrere isolierte Silos verteilt oder auch von minderer Qualität sein. Digitale Zwillinge basieren oft auf den oben beschrieben Taxonomien bzw. Ontologien und ermöglichen es, diese Daten ohne Verwendung komplexer Anfragen zu verknüpfen. Dieser Prozess wird oft auch als semantische Datenintegration beschrieben (van der Valk et al., 2020; Lietaert et al., 2021; Hubauer et al., 2018a, b; Kalaycı et al., 2020).

Digitale Zwillinge erlauben aber nicht nur den effizienten und niederschwelligen Zugriff auf Daten, sondern können auch befähigt werden, die ihnen zugrunde liegende Wissensrepräsentation eigenständig durch Beobachtung von Ereignissen im physischen Objekt, um neue Fakten über dieses zu erweitern (Ringsquandl et al., 2017) bzw. die ihnen zugänglichen Datenreihen zu korrelieren und gegebenenfalls als neue Relationen zu verknüpfen (Ammann et al., 2024). Sie liefern also auch einen Beitrag zur Sicherung der Datenkonsistenz (vgl. hierzu auch Zami et al., 2024).

Digitale Zwillinge dienen darüber hinaus auch zur Bildung einer vorteilhaften Basis für weitere Downstream-Tasks der sekundären Wissensrepräsentation, z. B. Machine Learning (Hubauer et al., 2018a). Während klassische Ansätze häufig nur einen einzelnen Prozessschritt betrachten, erlauben digitale Zwillinge dem Modell den Zugriff auf die gesamte Wertschöpfungskette und sind daher von unschätzbarem Wert für die Entwicklung datengetriebener Produkte (Lietaert et al., 2021; Ploennigs et al., 2022; Berry & Bandara, 2024).

Moderne *Smart Buildings* sind komplexe Systeme mit vielen miteinander interagierenden Komponenten und damit gute Kandidaten für den erfolgreichen Einsatz digitaler Zwillinge (Cohen Boulakia et al., 2020; Berry & Bandara, 2024). Dies betrifft tatsächlich ihren gesamten Lebenszyklus, also sowohl Konstruktion (Katsigarakis et al., 2022) als auch laufenden Betrieb.

Bereits während der Konstruktion werden Daten aus verschiedenen Bereichen benötigt: Die Konstruktionsdomäne beinhaltet infrastrukturelle Aspekte, wie Bauplan,[7] Raumaufteilung, Beschreibung des Strom- und Wassernetzes des Gebäudes, aber auch Informationen über die verbaute IoT-Technik. Die Ressourcendomäne beschreibt die Verfügbarkeit von Arbeitern und Maschinen und die Prozessdomäne unter anderem den Zeitplan zur Fertigstellung des Gebäudes (Katsigarakis et al., 2022; Cohen Boulakia et al., 2020).

Die Daten aus der Konstruktionsdomäne werden im laufenden Betrieb durch die Daten der verbauten Sensoren dynamisch ergänzt. Diese dienen, meist in der Form von Zeitreihen, zur Erfassung von Temperatur und Feuchtigkeit, der Licht und Stromnutzung, der Zusammensetzung der Raumluft und der Raumnutzung über Bewegungsmelder (Hubauer et al., 2018b; Cohen Boulakia et al., 2020). Auch externe Datenquellen wie z. B. Wetterdaten können der Wissensrepräsentation hinzugefügt werden. Ein idealer Digital Twin erlaubt bei Ein- oder Ausbau von Sensoren die komfortable Aktualisierung der erzeugten Datenströme (Cohen Boulakia et al., 2020).

Eine Reihe von Nutzungen dieser Daten ist denkbar (Hubauer et al., 2018b; Cohen Boulakia et al., 2020): So können KI-Modelle geschaffen werden, die eigenständig aufgrund der vorhandenen Temperaturmessungen, Informationen über geöffnete Fenster, den Betriebszustand von Lampen und weiterer meteorologischer Daten die Verblendungen der Fenster und die Heizungsanlage steuern und so die Nutzung optimieren. Siemens (Zistl, 2018) stellt fest, dass digitale Zwillinge neue Geschäftsmöglichkeiten, wie nutzungsabhängige Mietmodelle oder die automatisierte Beauftragung von Putzdiensten, ermöglichen. Auch die Erfüllung regulatorischer Bedingungen bei Umbaumaßnahmen kann über die Wissensrepräsentation des digitalen Zwillings geprüft werden. Gleichfalls kann der rechtzeitige Austausch von prognostiziert demnächst defekten Bauteilen (*predictive maintenance*) sichergestellt werden.

5.4.2 Erfolgsfaktoren und Lessons Learned

Die erfolgreiche Implementierung von Wissensrepräsentationen erfordert eine Vielzahl von Faktoren, die über rein technische Aspekte hinausgehen. In diesem Kapitel werden zentrale Erfolgsfaktoren und Erkenntnisse beleuchtet, die in der Praxis von besonderer Bedeutung sind.

Ein entscheidender Erfolgsfaktor ist die Einhaltung der FAIR-Prinzipien – Findable, Accessible, Interoperable, Reusable (Jacobsen et al., 2020; van Vlijmen et al., 2020; Wilkinson et al., 2016). Diese Prinzipien gewährleisten, dass Daten auffindbar, zugänglich, interoperabel und wiederverwendbar sind. Gerade im Kontext von Wissensrepräsentationen ist es wichtig, dass Daten in einer Form vorliegen, die nicht nur maschinell verarbeitet werden kann, sondern auch eindeutig interpretierbar (interoperable), langfristig verfügbar

---

[7] Beispielsweise in CAD-Formaten wie IFC.

und für unterschiedliche Anwendungen nutzbar bleibt. FAIR fördert die Nachhaltigkeit und den Austausch von Wissen zwischen verschiedenen Systemen bzw. Akteuren und ist damit ein Katalysator für (wirtschaftlich erfolgreiche) Datenökosysteme.

Ein weiteres Schlüsselelement kann man unter dem Begriff der *nicht-dogmatischen Wissensmodellierung* zusammenfassen. Eine flexible und hybride Nutzung von verschiedenen Wissensrepräsentationen ist entscheidend für den Erfolg. Statt sich strikt an eine bestimmte Methode zu halten, sollten verschiedene Ansätze kombiniert werden. Dies kann beispielsweise durch die Vermischung strukturierter und semantischer Wissensrepräsentationen bzw. symbolischer und neuronaler KI-Modelle geschehen. Ziel dabei ist immer, die Vorteile der verschiedenen Paradigmen zu nutzen. So können Datenstrategien effizient umgesetzt werden, während die Wissensrepräsentation anpassungsfähig gegenüber neuen Anforderungen oder folgenden innovativen Ansätzen bleibt.

Ein besonders wertvoller Aspekt ist die Erschließung der Datenhistorie, da historische Daten oft wesentliche Einblicke in die Entwicklung von Systemen oder Prozessen bieten. Professionelle, zukunftsgerichtete Organisationen erstellen deshalb eine Datenstrategie (inklusive einer Wissensrepräsentationsstrategie), um strukturiert und nachhaltig die Grundlage für eine erfolgreiche Integration von KI-Innovationen zu ermöglichen. Ein *Semantic Layer*, der verschiedene Datentöpfe miteinander verknüpft, ist hierbei von zentraler Bedeutung. Ein solcher Layer ermöglicht es, Datenbestände zu integrieren und übergreifende Zusammenhänge zwischen den Daten (für Menschen und Maschinen) sichtbar zu machen. Dies verbessert die Auffindbarkeit relevanter Informationen und unterstützt die Analyse durch eine tiefere Verknüpfung von historischen und aktuellen Daten. Insbesondere ergänzt dieser Ansatz häufig bereits bestehende Wissensrepräsentationen (z. B. eine Landschaft von relationalen Datenbanken, vgl. Abschn. 5.1.2.1) und wertet diese auf, ohne umfangreiche Restrukturierungen der bestehenden Wissensrepräsentationen und deren Integration in (erfolgreiche) Anwendungen vornehmen zu müssen. Aus diesem Grund wird dieses Vorgehen berechtigterweise häufig in größeren oder lange existierenden Organisationen genutzt, um bestehende Wissensrepräsentationen für die nötigen KI-Integrationen vorzubereiten.

Darüber hinaus sollte berücksichtigt werden, dass jeder Datentyp seine optimale Repräsentation hat. Es gibt keine universelle Lösung für die Darstellung von Wissen. Unterschiedliche Datentypen, wie Text, Zahlen, Bilddaten oder Sensordaten, erfordern jeweils spezifische Repräsentationsformen, die optimal an ihre Struktur und den Anwendungsfall angepasst sind. Die Wahl der richtigen Repräsentation ist entscheidend für die Qualität der Ergebnisse und die Effizienz der Verarbeitung.

Trotz der beeindruckenden Fähigkeiten von Large Language Models (vgl. Kap. 6) sollte die Auswahl der Wissensrepräsentationen immer auf den jeweiligen Anwendungsfall ausgerichtet sein. LLMs bieten hervorragende Ergebnisse in vielen Bereichen der Textverarbeitung, sind jedoch nicht immer die beste Lösung für strukturierte Daten, spezialisierte Wissensdomänen oder Anwendungsfälle, die eine hohe Qualität erfordern. Darüber hinaus ist es sehr aufwendig, die Aktualität von erzeugten Informationen und die Vertrauenswürdigkeit herzustellen. Hier müssen die zugrunde liegenden primären

Wissensrepräsentationen genutzt werden, um das Verhalten sekundärer Wissensrepräsentationen (z. B. KI) zu optimieren: Ein Weg hierbei ist, Wissensrepräsentationen semantisch so zu fundieren, dass sowohl beim Training entsprechender KI-Modelle eine hohe Präzision und Aussagekraft erreicht werden kann und zusätzlich a posteriori Ergebnisse kontrolliert werden können. Die Kombination von LLMs mit semantischen Modellen kann in solchen Fällen zu einer deutlich verbesserten Leistungsfähigkeit bei gleichzeitig höherer Vertrauenswürdigkeit von KI-getriebenen Anwendungen führen.

Insgesamt zeigt sich, dass der Erfolg von primären und sekundären Wissensrepräsentationssystemen nicht nur von der eingesetzten Technologie, sondern maßgeblich von der flexiblen, kontextsensitiven Anwendung und der Fähigkeit zur Interoperabilität abhängt. Der strategische Einsatz von Datensemantik, die Berücksichtigung der Datenhistorie und die Orientierung an den FAIR-Prinzipien bilden das Fundament für eine zukunftsorientierte und robuste Wissensmodellierung sowie den erfolgreichen Einsatz von Methoden der Künstlichen Intelligenz.

5.5 Schlussfolgerungen und Ausblick

In diesem Kapitel wurde die Frage erörtert, wie Wissen im Kontext von Künstlicher Intelligenz dargestellt, organisiert und verarbeitet wird. Der Schwerpunkt liegt auf verschiedenen Ansätzen zur Wissensrepräsentation, von textuellen Darstellungen über strukturierte und hierarchische Modelle bis hin zu komplexen semantischen Netzwerken. Diese unterschiedlichen Formen der Wissensdarstellung ermöglichen es, Wissen sowohl maschinell interpretierbar als auch für spezifische KI-Anwendungen nutzbar zu machen.

Ein zentrales Thema des Kapitels ist die Betrachtung von KI-Modellen selbst als Wissensrepräsentationen. Hierbei wird ein Bogen von regelbasierten/symbolischen Systemen zu neuronalen Netzen gespannt. Letztere stellen die Grundlage für die aktuellen Erfolge der KI dar. Symbolische KI, basierend auf expliziten Regeln und Logik, bietet eine klare und interpretierbare Repräsentation von Wissen und wird vor allem in Szenarien mit eindeutigem und qualitativ hochwertigem Datenmaterial eingesetzt. Neuronale KI hingegen erkennt durch das Lernen aus großen Datenmengen Muster und schafft eine Wissensrepräsentation, die weniger transparent, aber hochgradig anpassungsfähig ist.

Das Kapitel verdeutlicht den Unterschied zwischen Mustererkennung und logischer Schlussfolgerung; es zeigt auf, wie diese beiden Ansätze in der KI unterschiedliche Stärken und Schwächen haben. Während neuronale Netze große Datenmengen verarbeiten und Unsicherheiten bewältigen können, liefern logikbasierte Systeme klare und nachvollziehbare Ergebnisse auf Basis strukturierten Wissens. Durch regelbasierte Ansätze kann es also gelingen, Wissen explizit zu konservieren und genau dieses Wissen mit zusätzlicher Logik zu veredeln und abfragbar zu machen. Im Gegensatz dazu gelingt es statistischen Modellen nicht, eine Wissensmenge reproduzierbar zu repräsentieren, da hier nur statistische Zusammenhänge dargestellt werden. Eine weitergehende Logik existiert hier also nicht, und es kann nicht garantiert werden, dass das gewünschte Wissen überhaupt wiedergegeben werden kann. Gleichzeitig können entsprechende Modelle (insbesondere Large Language Models, s. Kap. 6) aber deutlich flexibler eingesetzt werden und sind insbesondere auch für sehr große Datenmengen geeignet.

Darüber hinaus wurden in diesem Kapitel die Einflüsse der datenbasierten Wissensrepräsentation auf die Entwicklung von KI-Systemen beleuchtet. Diesbezüglich wurden die verschiedenen Einflussfaktoren auf eine gute Qualität eines KI-Verfahrens aus Datensicht dargestellt, insbesondere abseits der naiven Steigerung des Volumens des Rohdatensatzes.

Mit Blick auf zukünftige Entwicklungen liegt ein vielversprechender Schwerpunkt in der Integration von symbolischen und neuronalen Ansätzen in sogenannten neurosymbolischen Systemen. Die so entstehende Wissensrepräsentation könnte die Vorteile beider Welten kombinieren, indem sie die Interpretierbarkeit und logische Struktur symbolischer KI mit der Flexibilität und Lernfähigkeit neuronaler Netze verbindet, während gleichzeitig Menschen die Kontrolle über die System behalten. Weiterhin wird die Anreicherung von Wissensrepräsentationen durch Datensemantik auch in der näheren Zukunft eine zentrale Rolle spielen, um KI-Systeme besser zu validieren und komplexe Zusammenhänge zwischen Daten transparent zu machen. In Zukunft könnte dies zu einer erhöhten Verlässlichkeit und Transparenz von KI führen, was besonders in sicherheitskritischen und regulatorisch stark kontrollierten Anwendungsbereichen von großer Bedeutung ist.

Literatur

Ammann, L., et al. (2024). *Automated knowledge graph learning in industrial processes*. https://arxiv.org/abs/2407.02106. Zugegriffen am 20.01.2025.

Antoy, S., & Hanus, M. (2010). Functional logic programming. *Communications of the ACM, 53*(4), 74–85.

Barwise, J. (1977). An introduction to first-order logic. In *Studies in logic and the foundations of mathematics* (S. 5–46). Elsevier.

Batty, M. (2018). Digital twins. *Environment and Planning B: Urban Analytics and City Science, 45*(5), 817–820.

Benítez, J. M., et al. (1997). Are artificial neural networks black boxes? *IEEE Transactions on Neural Networks, 8*(5), 1156–1164.

Berners-Lee, T. (1992). The world-wide web. *Computer Networks and ISDN Systems, 25*(4–5), 454–459.

Berners-Lee, T., et al. (1992). World-Wide Web: The information universe. *Internet Research, 2*(1), 52–58.

Berry, P., & Bandara, M. (2024). *Complex network modelling and knowledge graphs for digital twins and industry 4.0*.

Bonatti, P. A., et al. (2019). Knowledge graphs: New directions for knowledge representation on the semantic web (Dagstuhl Seminar 18371). In P. A. Bonatti et al. (Hrsg.), *Dagstuhl reports* (Bd. 8, 9, S. 29–111).

Böttner, M., et al. (Hrsg.). (2017). *5300 Jahre Schrift*. Verlag Das Wunderhorn. https://5300jahresschrift.materiale-textkulturen.de/. Zugegriffen am 20.01.2025.

British Museum. (2024). https://www.bmimages.com/preview.asp?image=00854283001. Zugegriffen am 20.01.2025.

Browning, J., & Lecun, Y. (2022). AI and the limits of language. *Noema Magazine*. https://www.noemamag.com/ai-and-the-limits-of-language/. Zugegriffen am 31.08.2025.

Cantor, G. (1895). Beiträge zur Begründung der transfiniten Mengenlehre. *Mathematische Annalen, 46*(4), 481–512.

Cantor, G. (1897). Beiträge zur Begründung der transfiniten Mengenlehre. *Mathematische Annalen, 49*(2), 207–246.

Cattell, R. (2011). Scalable SQL and NoSQL data stores. *SIGMOD Record, 39*(4), 12–27.

Chang, Y., et al. (2024). A survey on evaluation of large language models. *ACM Transactions on Intelligent Systems and Technology, 15*(3), 1–45.

Cohen Boulakia, B., et al. (2020). A reference architecture for smart building digital twin. In *2020 international workshop on semantic digital twins, SeDiT 2020*.

Deng, J., et al. (2009). ImageNet: A large-scale hierarchical image database. In *CVPR09*.

Deransart, P., et al. (1996). *Prolog: The standard. Reference manual*. Springer.

Ebersbach, A., et al. (2008). *Wiki: Web collaboration*. Springer Science & Business Media.

Europäische Union. (2016). *Verordnung (EU) 2016/679 des Europäischen Parlaments und des Rates vom 27. April 2016 zum Schutz natürlicher Personen bei der Verarbeitung personenbezogener Daten, zum freien Datenverkehr und zur Aufhebung der Richtlinie 95/46/EG (Datenschutz-Grundverordnung) (Text von Bedeutung für den EWR)* (S. 1–88). http://data.europa.eu/eli/reg/2016/679/oj. Zugegriffen am 20.01.2025.

Freksa, C. (1992). Über den Unterschied zwischen Logik-basierten und logischen Ansätzen zur Wissensrepräsentation. *Künstliche Intell, 6*(3), 95–98.

Ge, Y., et al. (2023). OpenAGI: When LLM meets domain experts. In A. Oh et al. (Hrsg.), *Advances in neural information processing systems* (S. 5539–5568). Curran Associates, Inc. https://proceedings.neurips.cc/paper_files/paper/2023/file/1190733f217404edc8a7f4e15a57f301-Paper-Datasets_and_Benchmarks.pdf. Zugegriffen am 20.01.2025.

Gödel, K. (1931). Über formal unentscheidbare Sätze der Principia Mathematica und verwandter Systeme I. *Monatshefte für Mathematik und Physik, 38*(1), 173–198.

Goodfellow, I., et al. (2016). *Deep learning*. MIT Press.

Grieves, M. (2014). *Digital twin: Manufacturing excellence through virtual factory replication*.

Heath, T. & Bizer C. (2011). Linked Data: Evolving the Web into a Global Data Space (1st edition). *Synthesis Lectures on the Semantic Web: Theory and Technology, 1*, 1; 1–136. Morgan & Claypool.

Hubauer, T., et al. (2018a). Use cases of the industrial knowledge graph at Siemens. In M. van Erp et al. (Hrsg.), *Proceedings of the ISWC 2018 posters & demonstrations, industry and blue sky ideas tracks*. https://ceur-ws.org/Vol-2180/paper-86.pdf. Zugegriffen am 20.01.2025.

Hubauer, T., et al. (2018b). *Anwendungsszenarien für Wissensnetze bei Siemens*. https://www.sigs-datacom.de/ots/2018/ki/1-anwendungsszenarien-fuer-wissensnetze-bei-siemens. Zugegriffen am 01.10.2024.

IBM. (2022). *Neuro-Symbolic AI Toolkit (NSTK)*. https://ibm.github.io/neuro-symbolic-ai/. Zugegriffen am 20.01.2025.

Jacksi, K., & Abass, S. M. (2019). Development history of the world wide web. *International Journal of Scientific & Technology Research, 8*(9), 75–79.

Jacobsen, A., et al. (2020). FAIR principles: Interpretations and implementation considerations. *Data Intelligence, 2*, 10–29.

Jäger, G., & Rogers, J. (2012). Formal language theory: Refining the Chomsky hierarchy. *Philosophical Transactions of the Royal Society B. Biological Sciences, 367*, 1598. S. 1956–1970.

Jung, J., et al. (2022). Maieutic prompting: Logically consistent reasoning with recursive explanations. In Y. Goldberg et al. (Hrsg.), *Proceedings of the 2022 conference on empirical methods in natural language processing. Abu Dhabi, Vereinigte Arabische Emirate* (S. 1266–1279). Association for Computational Linguistics.

Kalaycı, E. G., et al. (2020). Semantic integration of Bosch manufacturing data using virtual knowledge graphs. In J. Z. Pan et al. (Hrsg.), *The Semantic Web – ISWC 2020* (S. 464–481). Springer International Publishing.

Kassner, N., et al. (2023). Language models with rationality. In *Proceedings of the 2023 conference on empirical methods in natural language processing* (S. 14190–14201).

Katsigarakis, K., et al. (2022). A Digital Twin Platform generating Knowledge Graphs for construction projects. In *Proceedings of the Third International Workshop On Semantic Digital Twins (SeDiT 2022), co-located with the 19th European Semantic Web Conference (ESWC 2022)*.

Kemker, R., et al. (2018). Measuring catastrophic forgetting in neural networks. In *Proceedings of the Thirty-Second AAAI Conference on Artificial Intelligence and Thirtieth Innovative Applications of Artificial Intelligence Conference and Eighth AAAI Symposium on Educational Advances in Artificial Intelligence. AAAI'18/IAAI'18/EAAI'18*. AAAI Press.

Koh, D.-M., et al. (2022). Artificial intelligence and machine learning in cancer imaging. *Communications Medicine, 2*(1), 133.

Lietaert, P., et al. (2021). Knowledge graphs in digital twins for AI in production. In A. Dolgui et al. (Hrsg.), *Advances in production management systems. Artificial intelligence for sustainable and resilient production systems* (S. 249–257). Springer International Publishing.

Mikolov, T., et al. (2013). *Efficient estimation of word representations in vector space*. http://arxiv.org/abs/1301.3781. Zugegriffen am 20.01.2025.

Nolle, L., et al. (2023). On explanations for hybrid artificial intelligence. In M. Bramer & F. Stahl (Hrsg.), *Artificial intelligence XL* (S. 3–15). Springer Nature Switzerland.

Panigutti, C., et al. (2023). The role of explainable AI in the context of the AI Act. In *Proceedings of the 2023 ACM conference on fairness, accountability, and transparency. FAccT '23* (S. 1139–1150). Association for Computing Machinery.

Ploennigs, J., et al. (2022). Scaling knowledge graphs for automating AI of digital twins. In *The Semantic Web – ISWC 2022* (S. 810–826). Springer International Publishing.

Ringsquandl, M., et al. (2017). On event-driven knowledge graph completion in digital factories. In *2017 IEEE International Conference on Big Data (Big Data)* (S. 1676–1681). IEEE.

Safavian, S. R., & Landgrebe, D. (1991). A survey of decision tree classifier methodology. *IEEE Transactions on Systems, Man, and Cybernetics, 21*(3), 660–674.

SAP Help Portal. (2025). *Rule Engine*. https://help.sap.com/docs/SAP_COMMERCE_CLOUD_PUBLIC_CLOUD/e1391e5265574bfbb56ca4c0573ba1dc/e30ec2e429e84d22b9045b84c366ab76.html. Zugegriffen am 20.01.2025.

Sarker, M. K., et al. (2021). Neuro-symbolic artificial intelligence. *AI Communications, 34*, 197–209.

Schaeffer, R., et al. (2024). Are emergent abilities of large language models a mirage? *Advances in Neural Information Processing Systems, 36*.

Scholl, R. (2002). *Der Papyrus Ebers. Die größte Buchrolle zur Heilkunde Altägyptens* (= Schriften aus der Universitätsbibliothek Leipzig. Band 7). Leipzig: Universitäts-Bibliothek.

Somogyi, Z., et al. (1995). Mercury, an efficient purely declarative logic programming language. *Australian Computer Science Communications, 17*, 499–512.

Stahlberg, F. (2020). Neural machine translation: A review. *Journal of Artificial Intelligence Research, 69*, 343–418.

Störig, H. J. (Hrsg.). (2022). *Die Sprachen der Welt. Geschichte. Fakten. Geheimnisse.* Anaconda.

Storrer, A. (2019). Hypertextlinguistik. In *Textlinguistik: 15 Einführungen und eine Diskussion. Narr Studienbücher* (S. 305–320). narr/francke/attempto. https://textlinguistik.pbworks.com/f/storrer%20hypertext.pdf

Turing, A. M. (1950). Computing machinery and intelligence. *Mind LIX, 236*, 433–460.

van der Valk, H., et al. (2020). A taxonomy of digital twins. In *AMCIS 2020 Proceedings*.

Vaswani, A., et al. (2017). *Attention is all you need*. CoRR abs/1706.03762. http://arxiv.org/abs/1706.03762. Zugegriffen am 20.01.2025.

van Vlijmen, H., et al. (2020). The need of industry to go FAIR. *Data Intelligence, 2*(1–2), 276–284.

Wettler, M. (1989). Wissensrepräsentation: Typen und Modelle. In *An international handbook on computer oriented language research and applications* (S. 317–336). De Gruyter Mouton.

Wiewiórowski, W., et al. (2023). *TechDispatch – Explainable artificial intelligence. #2/2023*. Publications Office of the European Union. https://doi.org/10.2804/802043

Wikimedia Commons. (2003). *Panthera tigris*. https://commons.wikimedia.org/wiki/File%3aPanthera_tigris_tigris_(cropped).jpg

Wikimedia Commons. (2019). *Siberian Tiger*. https://commons.wikimedia.org/wiki/File%3aSiberian_Tiger_enjoying_snow_50.jpg

Wilkinson, M. D., et al. (2016). The FAIR Guiding Principles for scientific data management and stewardship. *Scientific Data, 3*(1), 1–9.

Wittgenstein, L. (1953). *Philosophical investigations*. Basil Blackwell.

Wu, Y., & Feng, J. (2018). Development and application of artificial neural network. *Wireless Personal Communications, 102*, 1645–1656.

Xu, F., et al. (2019). Explainable AI: A brief survey on history, research areas, approaches and challenges. In *Natural language processing and Chinese computing: 8th cCF international conference, NLPCC 2019, Dunhuang, China, 09.–14. Oktober 2019, Proceedings, Teil II 8* (S. 563–574). Springer.

Zami, M. B. A., et al. (2024). *Digital Twin in Industries: A Comprehensive Survey*. https://arxiv.org/abs/2412.00209. Zugegriffen am 20.01.2025.

Zhai, Y., et al. (2023). Investigating the catastrophic forgetting in multimodal large language models. In *NeurIPS 2023 workshop on instruction tuning and instruction following*.

Zistl, S. (2018). *Die Kontext-Revolution*. https://www.siemens.com/de/de/unternehmen/stories/forschung-technologien/kuenstliche-intelligenz/kuenstliche-intelligenz-wissensgraphen.html. Zugegriffen am 01.10.2024.

Zott, R. (2003). *Der Brief und das Blatt. Die Entstehung wissenschaftlicher Zeitschriften aus der Gelehrtenkorrespondenz*. In: Wissenschaftliche Zeitschrift und Digitale Bibliothek: Wissenschaftsforschung Jahrbuch 2002 (S. 47–59). Gesellschaft für Wissenschaftsforschung.

Open Access Dieses Kapitel wird unter der Creative Commons Namensnennung - Nicht kommerziell - Keine Bearbeitung 4.0 International Lizenz (http://creativecommons.org/licenses/by-nc-nd/4.0/deed.de) veröffentlicht, welche die nicht-kommerzielle Nutzung, Vervielfältigung, Verbreitung und Wiedergabe in jeglichem Medium und Format erlaubt, sofern Sie den/die ursprünglichen Autor(en) und die Quelle ordnungsgemäß nennen, einen Link zur Creative Commons Lizenz beifügen und angeben, ob Änderungen vorgenommen wurden. Die Lizenz gibt Ihnen nicht das Recht, bearbeitete oder sonst wie umgestaltete Fassungen dieses Werkes zu verbreiten oder öffentlich wiederzugeben.

Die in diesem Kapitel enthaltenen Bilder und sonstiges Drittmaterial unterliegen ebenfalls der genannten Creative Commons Lizenz, sofern sich aus der Abbildungslegende nichts anderes ergibt. Sofern das betreffende Material nicht unter der genannten Creative Commons Lizenz steht und die betreffende Handlung nicht nach gesetzlichen Vorschriften erlaubt ist, ist auch für die oben aufgeführten nicht-kommerziellen Weiterverwendungen des Materials die Einwilligung des jeweiligen Rechteinhabers einzuholen.

Große Sprachmodelle

6

Carsten Arzig

> **Zusammenfassung**
>
> *Große Sprachmodelle sind für viele der Inbegriff Künstlicher Intelligenz, dabei basieren sie auf nachvollziehbaren Techniken, viel Rechenzeit und einer Unmenge an Daten. Dieses Kapitel beleuchtet, wie große Sprachmodelle funktionieren und wie sie entstehen und betrachtet die Stärken und Schwächen dieser Technologie.*

„Cogito, ergo sum." (Descartes, 1641)

Als Descartes 1641 seinen bekanntesten Ausspruch tat, lag die Vision von Künstlicher Intelligenz noch in weiter Ferne. Er dachte damals darüber nach, was das menschliche Wesen im Kern ausmacht, und entfernte dabei jede Aussage aus seinen Überlegungen, die sich anzweifeln ließ. Am Ende blieb nur übrig, dass das Zweifeln (oder Denken) selbst der entscheidende Faktor sei. Nur ein denkendes System existiert demnach wirklich.

Drei Jahrhunderte später war der technische Fortschritt so weit, dass es Forschern möglich erschien, dieses Merkmal auch auf elektronische Rechenmaschinen zu übertragen. Im Jahr 1955 stellten McCarthy et al. einen Antrag für ein entsprechendes Forschungsprojekt. Ihre Ziele waren nicht auf philosophische, sondern auf technische Erkenntnisse ausgelegt. Das angestrebte System wäre ihrer Meinung nach bei Projekterfolg in der Lage, selbstständig zu denken. Mit diesem Vorhaben prägten sie nicht nur den Begriff Künstliche Intelligenz (KI), sie beschrieben auch wesentliche Eigenschaften solcher Systeme. Folgende Aufzählung zeigt auf, was ein KI-System demnach ausmacht:

C. Arzig (✉)
Qualitätssicherung, genua GmbH, München, Deutschland
E-Mail: carsten_arzig@genua.de

1. Vernetzte Strukturen, deren Funktionsweise den menschlichen Nervenzellen nachempfunden ist, sollten zur Verarbeitung und Speicherung Anwendung finden.
2. Mittels einer eigenen Form von Sprache sollten sie in der Lage sein, Konzepte zu benennen und zu kontextualisieren.
3. KI-Systeme müssen sich selbst optimieren können.
4. Sie benötigen die Fähigkeit, ihre Eingabedaten zu abstrahieren und zu generalisieren.
5. Zufall sollte in den Entscheidungsprozess einfließen, um Kreativität abzubilden.
6. Über ein Komplexitätsmaß muss sich die Leistungsfähigkeit dieser Systeme messen lassen.

All diese Eigenschaften finden heute in modernen KI-Systemen Anwendung. Die damals geplante Dauer des Forschungsprojekts mit zwei Monaten und einem Budget von 13.500 US-$ sollte sich jedoch aus heutiger Sicht als zu optimistisch herausstellen.

Machen wir nun einen Sprung um rund 70 Jahre, zu dem Zeitpunkt, als ein großes Sprachmodell (*Large Language Model* oder *LLM*) seine Fähigkeiten der breiten Öffentlichkeit zeigte und damit unsere Umwelt auf vielfältige Weise veränderte.

6.1 Der Urknall großer Sprachmodelle

Am 30.11.2022 veröffentlicht (OpenAI, 2022) die KI-Anwendung ChatGPT, eine Software, mit der man sich in einem interaktiven Gespräch über nahezu beliebige Themen unterhalten konnte. Egal, welche Anfragen die Nutzer stellten, das System schien sie zu verstehen und antwortete entsprechend. Ungeachtet der Rechtschreibung und Grammatik lieferte ChatGPT eine plausible Antwort. Selbst ein spontaner Wechsel der Sprache konnte ChatGPT kaum aus dem Tritt bringen. Wo es bei klassischen Suchmaschinen noch notwendig war, Links anzuklicken und die dahinterstehenden Inhalte zu bewerten, erschienen halbwegs brauchbare Antworten meistens schon nach der ersten Anfrage – und das bereits innerhalb weniger Sekunden. Den weiteren Detailgrad und Sprachstil der Konversation bestimmte der Nutzer. Augenscheinlich war das System intelligent genug, sämtliche Anfragen zu verstehen. Um die Interaktion voranzubringen, schöpfte es aus einem scheinbar riesigen Bestand an Wissen. Dass dabei mitunter falsche Informationen in Antworten einflossen, schien eine Kinderkrankheit der neuen Technologie zu sein.

Zu diesem Zeitpunkt gab es bereits Assistenzsysteme wie Apples Siri oder Amazons Alexa. Sie konnten Sprachbefehle entgegennehmen und befolgen, um Menschen in ihrem Alltag zu unterstützen. Für die Erfüllung ihrer Aufgaben konnten sie außerdem mit externen Ressourcen interagieren. Über programmierbare Schnittstellen waren sie so in der Lage, in der realen Welt zu agieren, beispielsweise zur Steuerung einer Heimautomatisierung. Man spricht hierbei auch von Agentensystemen (Wooldridge, 2002). Allerdings verfolgten derartige Systeme einen statischen, regelbasierten Ansatz, bei dem ein Nutzer feste Formulierungen nutzen musste, um die gewünschten Aktionen kenntlich zu machen. Eine wirkliche Interaktion zwischen Nutzer und System war nicht vorgesehen und ihre Flexibilität somit deutlich eingeschränkt.

ChatGPT hingegen erlaubte es nicht nur, Anfragen zu stellen und Antworten zu erhalten, es schien auch ein begrenztes Erinnerungsvermögen zu haben. Es erlaubte Nutzern beispielsweise, Rückfragen zu stellen, genauere Erklärungen zu erbitten und Texte umformulieren zu lassen. Selbst einfacher Computerprogrammcode ließ sich mit ChatGPT erstellen – iterativ und ohne dass der Nutzer selbst über Programmierkenntnisse verfügen musste. Im Gegenteil, all das war ohne die Verwendung spezieller Sprachsyntax oder -konstrukte möglich. Das System erweckte den Eindruck, selbstständig denken zu können, und tat dies in einem Ausmaß, das weit über alles Bisherige hinausging. Ein wahrer Durchbruch in Sachen Benutzbarkeit.

Die öffentliche Wahrnehmung war entsprechend: Nach nur zwei Monaten verzeichnete der Dienst bereits über 100 Mio. aktive Nutzer (TheGuardian, 2023). Das Rennen um die Marktführerschaft hatte begonnen, und große Sprachmodelle waren im Mainstream angekommen. Der Suchmaschinengigant Google sah dementsprechend sein Geschäftsmodell in Gefahr und versuchte, mit den KI-Systemen *Bard* und später *Gemini* nachzuziehen (Manyika & Hsiao, 2024). Microsoft hingegen hatte sich bereits im Vorfeld für eine Partnerschaft mit OpenAI und einem umfänglichen Investment in die Firma hinter ChatGPT entschieden (Microsoft, 2021).

Im Hauptteil dieses Kapitels wenden wir uns der Funktionsweise dieser neuartigen Systeme zu, betrachten das Training dieser Modelle als nötige Vorarbeit und werfen einen Blick auf typische Anwendungen.

6.2 Funktionsweise

Um zu verstehen, wie ein LLM zu seinen Ergebnissen kommt, wird das folgende Szenario betrachtet. Ein Nutzer stellt über eine Eingabeaufforderung eine textuelle Anfrage an das System: „Nennen Sie eine englische Königin!"

Vermutlich kommt den meisten Menschen bei dieser Aufforderung die Antwort Königin Elizabeth II in den Sinn. Aber wie löst ein LLM diese Aufgabe? Große Sprachmodelle nutzen eine Transformer-Architektur, für die das Paper „Attention Is All You Need" (Vaswani et al., 2017) die wissenschaftliche Grundlage lieferte. Bei einer Anfrage werden die in Abb. 6.1 dargestellten Prozessschritte durchlaufen.

Die nachfolgende Aufzählung erläutert die Prozessschritte 1 bis 9 aus Abb. 6.1 näher. Auf alle hervorgehobenen Fachbegriffe wird im Anschluss detaillierter eingegangen.

1. Der Nutzer stellt eine Anfrage in Form von Text an das Sprachmodell.
2. Die textuelle Anfrage wird in **Tokens** umgewandelt und einem **Encoder** übergeben.
3. Der **Encoder** bezieht den Kontext der Anfrage ein.
4. Aus den Tokens der Anfrage und dem Kontext berechnet der Encoder positionsabhängige **Embeddings**.
5. Ein **Decoder** berechnet eine Wahrscheinlichkeitsverteilung für das nächste Ausgabetoken.
6. Aus der **Wahrscheinlichkeitsverteilung** wird ein Token ausgewählt (**sampling**).
7. Dieses Token wird in Textform an den Nutzer ausgegeben.

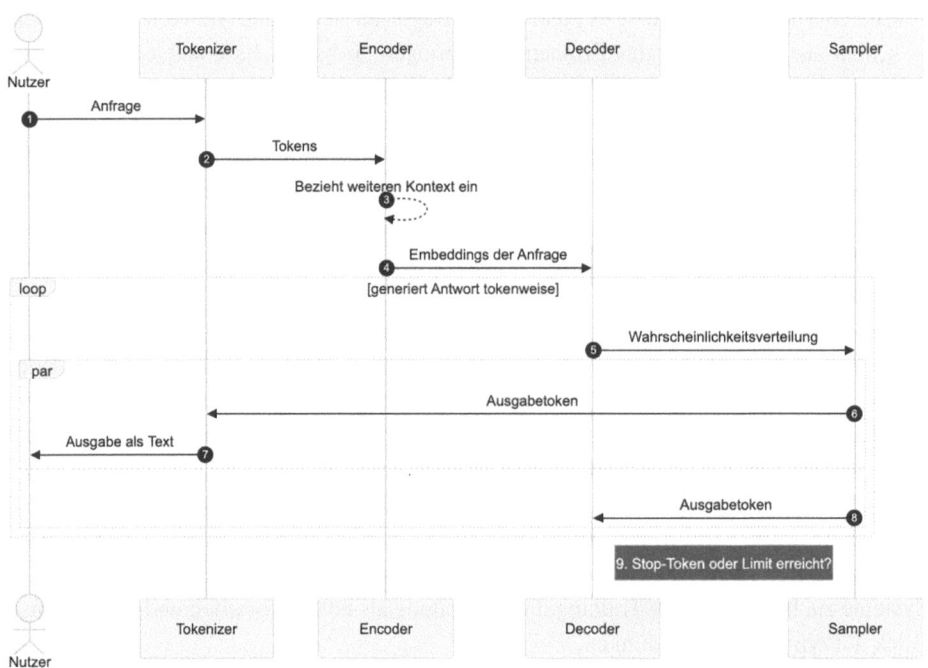

Abb. 6.1 Überblick LLM-Funktionsweise

8. Das Ausgabetoken wird auch an den Decoder weitergegeben und der Vorgang ab Schritt 5 wiederholt.
9. Ein Abbruch erfolgt, wenn ein Stop-Token generiert oder das Token-Limit für die Anfrage erreicht wird.

Aus den Prozessschritten ist ersichtlich, dass ein Sprachmodell als grundlegende Anforderung Texte als Eingabe unterstützen muss. Nur wenn das Modell in der Lage ist, diese Eingaben zu „verstehen", kann es sinnvolle Antworten generieren.

Textverständnis

Das Verständnis von Texten durch ein LLM wird mithilfe zweier essenzieller Techniken erreicht. Erstens werden Tokens genutzt, um semantische Einheiten abzubilden. Zweitens erfasst ein Encoder die Bedeutung eines Textabschnitts in Form einer hochdimensionalen Einbettung (*Embedding*).

Tokens

Buchstaben, Silben und Worte tragen für uns Menschen Bedeutungen in sich. Wir erlernen sie in frühester Kindheit mit unserer Muttersprache und setzen dieses Lernen ein Leben lang fort. Computer hingegen speichern Texte meist zeichenweise kodiert ab. Dabei wird jedem Zeichen genau ein Zahlenwert zugeordnet. Dem Satz „Nennen Sie eine englische Königin!" entspricht diese ASCII-Kodierung:

```
78 101 110 110 101 32 83 105 101 32 101 105 110 101 32 101
110 103 108 105 115 99 104 101 32 75 246 110 105 103 105 110
```

Dieses Format eignet sich im Allgemeinen zur Speicherung von Texten, ist aber für eine Verarbeitung in KI-Anwendungen nicht geeignet. Da KI-Anwendungen immense Datenmengen verarbeiten, empfiehlt sich eine kompaktere Speicherung der Daten. Weiterhin transportiert jedes einzelne Zeichen in dieser Darstellungsform kaum Information (Shannon, 1948). Um beide Probleme zu adressieren, fasst man häufige Sequenzen von Zeichen zusammen und kodiert sie gemeinsam in einem Wert, dem sogenannten Token.

Die Menge unterschiedlicher Tokens, die von einem Modell verarbeitet werden kann, bildet dessen Vokabular ab. Je größer das Vokabular eines Sprachmodells ist, desto genauer kann es Texte interpretieren. Derzeit verfügen LLMs über ein Vokabular zwischen 32.000 (Mixtral8x7b) (Jiang et al., 2024) und fast 200.000 (GPT-4o) (Yang et al., 2024) unterschiedlicher Tokens. Kodiert man unseren Beispielsatz, so erhält man:

N	ennen	Sie	eine	engl	ische	Kön	igin
45	46167	4006	4047	82821	5591	55129	6489

So kann eine Reduktion von 32 auf 7 Einzelwerte erreicht werden. Die Tokens repräsentieren außerdem eine höhere Ebene der Semantik als die vorher angewendete ASCII-Kodierung. Manche Tokens sind sogar identisch mit dem, was wir als Silben und Worte verstehen.

Kontext und Encoder

Wollen wir in unserer Anfrage statt nach einer englischen Königin lieber nach einer Königin von Spanien fragen, reicht es, das Token 82821 („engl") durch das Token 19861 („span") auszutauschen. Es stellt sich die Frage, wie das Modell nun auf diese Änderung sinnvoll reagieren kann und entsprechend unserer Erwartung eine spanische Königin als Antwort nennt.

Der aktuell verwendete Lösungsansatz hierfür stammt aus dem bereits erwähnten Paper „Attention Is All You Need" (Vaswani et al., 2017) und dem darin vorgestellten Aufmerksamkeitsmechanismus. Bei diesem werden Tokens durch drei hochdimensionale Vektorrepräsentationen angereichert – den sogenannten „key" (K), „queue" (Q) und „value" (V) Vektoren. Über diese Vektoren kodiert das Sprachmodell die unterschiedlichen möglichen Bedeutungen jedes einzelnen Tokens abhängig von umliegenden Tokens. Hieraus berechnet das Sprachmodell die Gesamtbedeutung der Anfrage in Form einer hochdimensionalen, positionsabhängigen Einbettung. Analog ziehen wir Menschen Worte, Sätze, Paragrafen und ganze Texte als Kontext zur Ermittlung der Bedeutung einzelner Textabschnitte heran. Die Softwarekomponente, die diesen Prozess durchführt, nennt sich „Encoder".

Das Attention-Verfahren ist eine Weiterentwicklung der Vektorisierung von Worten (Mikolov et al., 2013) und ermöglicht es, mit Tokens zu rechnen. So kann der Bezug zu „England" abgezogen und der zu „Spanien" addiert werden, und wir erhalten das gewünschte Ergebnis. In diesen Prozess bezieht das Sprachmodell neben der aktuellen Anfrage auch den gesamten Chatverlauf mit ein. Wurde beispielsweise mit dem Sprachmodell bereits über historische Werke des frühen 20. Jahrhunderts diskutiert, so wird die Antwort auf die englische Variante des Beispielsatzes vermutlich nicht „Elizabeth II", sondern „Queen Victoria" lauten.

Wie viele Tokens dabei berücksichtigt werden können, gibt die maximale Kontextlänge des Modells an. Sie liegt bei aktuellen Modellen zwischen 8192 (Mistral) und 200.000 Tokens (Claude 3.5 Sonnet). Speziell auf lange Kontexte optimierte Modelle, wie Googles Gemini 1.5 Pro, kommen auf eine Kontextlänge von 2 Mio. Tokens. Je mehr Kontext von den Modellen berücksichtigt werden kann, desto besser ist auch ihr Erinnerungsvermögen; allerdings hat jedes einzelne Token auch einen geringeren Einfluss auf die jeweilige Anfrage.

Texterzeugung
Ein LLM kann während einer Konversation Antworten unterschiedlicher Länge generieren, welche deutlich über den Namen einer historischen Person hinausgehen. Technisch betrachtet ist diese Texterzeugung die Weiterführung eines Tokenstroms. Abhängig von einer Startsequenz berechnet das KI-Modell mithilfe eines Decoders das nächste Token. Betrachten wir diese Komponente nun genauer.

Decoder
Die Aufgabe des Decoders besteht darin, eine Wahrscheinlichkeitsverteilung für Ausgabetokens zu errechnen. Diese Tokens müssen gleichzeitig zur Anfrage und zum bisher erzeugten Tokenstrom passen. In die Berechnung gehen daher sowohl die Embeddings des Encoders und damit der Kontext inklusive Anfrage als auch der bisher erzeugte Tokenstrom ein. Initialisiert wird dieser Vorgang typischerweise mit einem Start-Token. Aus der erstellten Wahrscheinlichkeitsverteilung wird dann ein Token gewählt, ausgegeben und an den Tokenstrom angehängt. Im Anschluss wird dieser Prozess so lange mit dem neuen Tokenstrom wiederholt, bis ein spezielles Stop-Token selektiert oder die maximale Ausgabelänge erreicht wurde.

Sampling
Die Funktionalität des Decoders beinhaltet, wie beschrieben, das Auswählen eines Tokens aus der Wahrscheinlichkeitsverteilung. Genau dieses Token wird dann zur Ausgabe hinzugefügt. Bezeichnet wird dieser Auswahlschritt als Sampling. Dabei soll auch Raum für „Kreativität" vorhanden sein, weshalb nicht einfach das Token mit der höchsten Wahrscheinlichkeit gewählt wird. Stattdessen wird aus einer gewichteten Menge möglicher Tokens eines gezogen. Dieser Prozess lässt sich durch unterschiedliche Parameter beeinflussen:

- Temperatur
  Der Begriff „Temperatur" ist der Physik entlehnt. Sie wirkt sich maßgeblich auf die Kreativität des Sprachmodells aus, indem sie die Wahrscheinlichkeitsverteilung der Tokens beeinflusst. Je höher die gewählte Temperatur liegt, desto höher werden unwahrscheinliche Tokens gewichtet. Eine niedrige Temperatur hingegen verstärkt Tokens mit hoher Wahrscheinlichkeit in ihrer Gewichtung. Abb. 6.2 zeigt die Auswirkung unterschiedlicher Temperaturen auf die resultierende Wahrscheinlichkeitsverteilung.

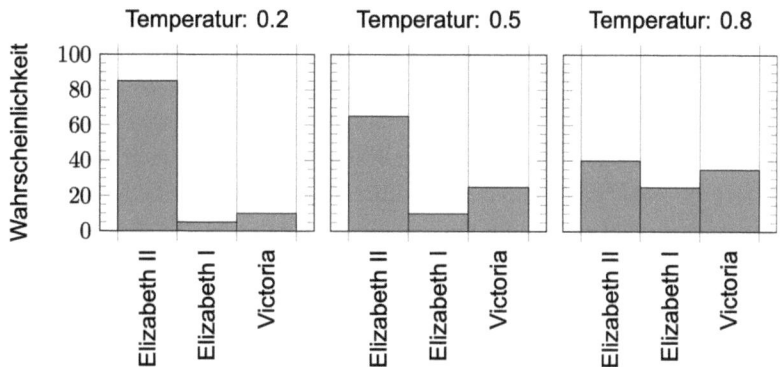

Abb. 6.2 Wahrscheinlichkeitsverteilung nach Temperatur

Abb. 6.3 Min-p

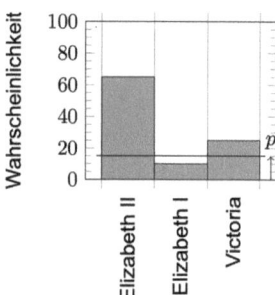

- Top-k
  Bei der Verwendung dieses Parameters werden nur die k wahrscheinlichsten Tokens berücksichtigt (Kool et al., 2019).
- Top-p
  Limitiert die Auswahlmöglichkeit auf die wahrscheinlichsten Tokens, so dass die minimale Anzahl an Tokens mit einer kumulativen Wahrscheinlichkeit von mindestens p gegeben ist (Holtzman et al., 2020).
- Min-p
  Limitiert die Auswahlmöglichkeit auf Tokens mit einer Wahrscheinlichkeit von mindestens p (Nguyen et al., 2024). Tokens mit einer Wahrscheinlichkeit kleiner p werden ignoriert (s. Abb. 6.3).

Der Zwischenschritt über die Wahrscheinlichkeitsverteilung ermöglicht es, bei ein und derselben Anfrage unterschiedliche Antworten vom System zu erhalten.

Halluzination

Kreativität und Datentreue gehen nicht immer einher. In großen Sprachmodellen werden nur statistische Korrelationen zwischen Tokens in den Trainingsdaten, aber keine Kausalitäten erfasst. Dies sorgt dafür, dass plausible und oftmals auch richtige Texte erzeugt werden können, birgt aber auch das Risiko der Halluzination. Hierbei erzeugt das Sprachmodell Texte, die zwar plausibel, aber inhaltlich falsch sind. Gerade bei Themen, die in den Trainingsdaten unterrepräsentiert oder nicht enthalten sind, tritt dies oftmals auf. Bei dem Modell bekannten Themen ist es deutlich seltener der Fall, das Risiko besteht aber immer (Xu et al., 2024). Durch Modifikation der Werte für Temperatur, Top-k, Top-p, Min-p und weitere lässt sich im Idealfall ein Kompromiss zwischen Kreativität und Datentreue finden. Ein einfaches und verlässliches Vorgehen ist dies jedoch nicht.

6.3 Training

Im vorherigen Abschnitt wurden die Verfahren zur Beantwortung von Anfragen und dem Fortführen einer Konversation zwischen Nutzer und Modell erläutert. Nun stellt sich die Frage, wie ein Modell mit derartigen Fähigkeiten erstellt werden kann.

Bei großen Sprachmodellen handelt es sich um neuronale Netze mit mehreren Milliarden Neuronen (auch Parameter genannt). Diese Neuronen tragen die Gewichte für ein immenses nichtlineares Gleichungssystem, dessen Berechnung zu einer Wahrscheinlichkeitsverteilung und schlussendlich zu Tokens führt.

Da es bisher kein bekanntes Verfahren gibt, solche Gleichungssysteme effizient zu lösen, wählt man hier ein anderes Vorgehen. Man sucht Gewichte, bei denen sich bekannte Daten möglichst gut reproduzieren lassen, und passt sie dann iterativ an, so dass die Reproduktion immer exakter wird. Diesen Vorgang nennt man Training, und es verläuft in folgenden Teilschritten (s. Abb. 6.4):

1. Aus den Trainingsdaten wird eine Textsequenz zufällig ausgewählt.
2. Ein Teil der Textsequenz wird dem Encoder als Kontext zur Verfügung gestellt.
3. Der Rest der Textsequenz wird dem Decoder zur Vervollständigung vorgelegt. Dabei wird vom Ende her ein Teil der Tokens maskiert, so dass sie im Trainingsprozess verfügbar, dem Encoder aber unbekannt sind.
4. Der Encoder stellt die Embeddings des Kontextes dem Decoder zur Verfügung.
5. Aus den Embeddings und der maskierten Tokensequenz berechnet der Decoder die Wahrscheinlichkeitsverteilung für ein maskiertes Token.
6. Es wird ein Fehler berechnet, der beschreibt, wie stark die Wahrscheinlichkeitsverteilung vom tatsächlich vorhandenen Token abweicht.
7. Der Fehler wird durch das Modell zurückpropagiert. Dabei werden die Gewichte so angepasst, dass der Fehler minimiert wird.
8. Die Anpassungen finden im Decoder und Encoder statt.
9. Dies wird iterativ für die weiteren maskierten Tokens durchgeführt.

6 Große Sprachmodelle

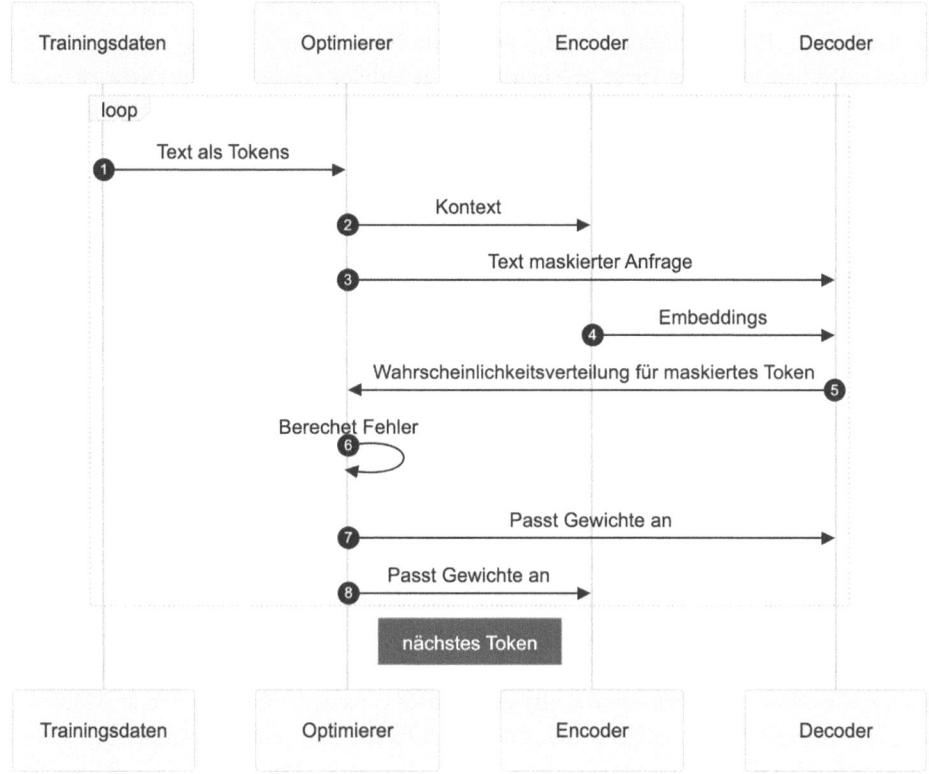

Abb. 6.4 Trainingsprozess

Anschließend wird dieser Prozess mit den veränderten Gewichten wiederholt. Dabei sollten die berechneten Fehler geringer werden.

Das Problem des *Overfittings*, bei dem neuronale Netze ihre Trainingsdaten zu genau erlernen und dann nicht mehr generalisieren, versucht man durch die Verwendung sehr vieler Trainingsdaten zu bekämpfen.

Trainingsdaten

Für das Training spielt es heutzutage kaum mehr eine Rolle, in welcher Sprache die Trainingsdaten gehalten sind. Sie werden stets als Abfolge von Tokens betrachtet. Solange genug Daten in den unterschiedlichen Sprachen enthalten sind, wird das große Sprachmodell die Grundzüge der jeweiligen Sprache erlernen. Auch die grammatikalischen Besonderheiten benötigen keiner eigenen Auszeichnung. Aufgrund der verwendeten Menge an Trainingsdaten und der großen Anzahl an Neuronen kann der Aufmerksamkeitsmechanismus des LLM auch die jeweilige Grammatik hinreichend gut erlernen.

Multilingualität ist somit für LLMs keine Herausforderung mehr – auf zuvor unbekannte Daten sinnvolle Antworten zu liefern jedoch schon. Diese Fähigkeit, McCarthys

Punkt 4, nennt man auch „*Generalisieren*". Der Gegenspieler dazu ist das sogenannte „*Overfitting*". Bei Letzterem lernt das neuronale Netz die im Training gezeigten Daten auswendig und kann nur diese reproduzieren. Je größer ein neuronales Netz ist, desto wahrscheinlicher wird Overfitting (Salman & Liu, 2019). Um Overfitting zu umgehen, werden riesige Datensätze verwendet, etwa der FineWeb-Datensatz (Penedo et al., 2024).

So wurden für das Training von „Llama3 405B" etwa $15.6 \cdot 10^{12}$ Tokens genutzt (Dubey et al., 2024). Aufgrund dieser umfangreichen Eingangsdaten ist der Trainingsprozess enorm rechenintensiv. Laut Angaben von Meta (Dubey et al., 2024) kamen zum Training ihres „Llama3 405B" LLM über 16.000 Nvidia H100-Grafikkarten zum Einsatz. Jede dieser Grafikkarten benötigt rund 700 Watt. Für einen Durchgang rechneten die 16.000 Karten über einen Zeitraum von 54 Tagen, was zu einem Energiebedarf von 14,5 GWh führte.

Fehlerkorrektur und LoRA

Das vollständige Neutrainieren von Sprachmodellen ist mit enormem Rechenbedarf verbunden. Somit wird eine effizientere Lösung für kleinere Anpassungen oder Fehlerkorrekturen benötig, anstatt das Modells vollständig neu zu trainieren.

Das Trainieren des Sprachmodells wirkt sich ausschließlich auf die Gewichte der einzelnen Parameter aus. Folglich können Änderung an der Funktionsweise des Sprachmodells auch durch direkte Modifikation der Gewichte erfolgen. Um diese Modifikation durchzuführen, benötigt man allerdings eine Korrekturmatrix, die dieselbe Dimensionalität wie die initiale Gewichtsmatrix aufweist. Dieser Umstand allein macht eine Modifikation und ein nachgelagertes Persistieren des Modells auf Basis einer derartigen Korrekturmatrix enorm aufwendig.

Die *Low-Rank Adaptation* (kurz LoRA) (Hu et al., 2021) nutzt die Tatsache, dass sich eine $n \times m$-Matrix aus dem Produkt einer $n \times r$-Matrix und einer $r \times m$-Matrix berechnen lässt. r wird hier als Rang bezeichnet. Dieser beeinflusst, wie feingranular sich einzelne Werte der Matrix steuern lassen. Gegeben sei beispielsweise ein 10 Mrd. (10^{10}) Parameter großes neuronales Netz, welches durch eine 100.000×100.000-Matrix definiert wird. Für eine Korrektur-Matrix mit identischer Dimensionalität, abgebildet durch ein Rang-5-LoRA, bedarf es also einer 100.000×5-Matrix und einer 5×100.000-Matrix und damit insgesamt 1 Mio. (10^6) Parameter. Dies mag immer noch umfangreich klingen, ist aber lediglich ein Zehntausendstel der ursprünglichen Größe des Sprachmodells und damit wesentlich effizienter zu berechnen und zu speichern.

Beim Laden des Sprachmodells werden die LoRAs dann ausmultipliziert und zum initialen Modell hinzuaddiert. Dabei lassen sich auch mehrere LoRAs nacheinander anwenden; das effektiv verwendete Modell entspricht dem initial trainierten Modell plus eventueller Anpassungen durch LoRAs.

Somit ist es möglich, Änderungen an der Funktionsweise des Modells vorzunehmen, ohne das Sprachmodell von Grund auf neu trainieren zu müssen.

Finetuning

Nach dem initialen Training ist das KI-Modell bereits dazu in der Lage, Text (in Form von Tokens) entgegenzunehmen und neue plausible Sequenzen zu erzeugen. Die praktische

Abb. 6.5 Finetuning

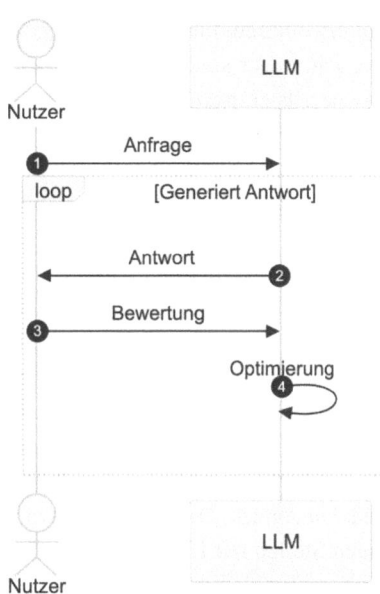

Erfahrung zeigt allerdings, dass diese Texte oft noch einer weiteren Verbesserung bedürfen. Sie halten sich häufig nicht an ethische und moralische Normen (sog. *Alignment*) und lassen sich auch schwer auf Nischenthemen anwenden.

Betreiber großer Sprachmodelle haben aber ein Interesse daran, dass ethische und moralische Normen eingehalten werden, oder erfordern Detailtreue in speziellen Themenbereichen. Um dem Sprachmodell diese Fähigkeit anzutrainieren, werden weitere Trainingsschritte durchgeführt (vgl. Abb. 6.5).

1. Nutzer stellen problemspezifische Anfragen an das Modell.
2. Das Sprachmodell generiert Antworten und legt diese den Nutzern vor.
3. Nutzer geben Feedback und bewerten dabei die Richtigkeit der Aussagen oder deren ethische/moralische Implikationen.
4. Das Sprachmodell wird nun basierend auf dem Feedback optimiert.

Das beschriebene Verfahren wird mit vielen Nutzern und Anfragen durchlaufen und als „*Reinforcement Learning with Human Feedback*" (RLHF) bezeichnet. Über die bereits erwähnten Ziele hinaus wird es zur kontinuierlichen Weiterentwicklung der Systeme eingesetzt. Aufgrund der Einbindung von Menschen ist dieser Schritt nicht vollständig automatisierbar und entsprechend kostenintensiv.

Bemessung der Leistungsfähigkeit
Die Leistungsfähigkeit neuronaler Netze wird heutzutage in der Anzahl an Neuronen gemessen. Während kleinere Vertreter der großen Sprachmodelle etwa 1 Mrd. Parameter groß und für den Einsatz auf mobilen Endgeräten optimiert sind, können größere Vertreter

mit erweitertem Funktionsumfang auch über 400 Mrd. Parameter umfassen (Meta, 2024). Die Parameter sind dabei typischerweise 16-Bit-Fließkommazahlen (bf16) und werden, wie bereits erörtert, in Form einer Matrix vorgehalten.

6.4 Anwendung

Für große Sprachmodelle gibt es eine Vielzahl von Anwendungsfällen. Sie können dafür genutzt werden, große Datenmengen zu durchsuchen, und dabei mittels *Retrieval Augmented Generation* (Lewis et al., 2021) auch an eigene Datenbestände angeschlossen werden. Sie finden bei der Übersetzung von Texten und als Assistenzsysteme beim Programmieren Anwendung (Peng et al., 2023). Auch bei der Erstellung von Bildern mittels KI kommen Bestandteile großer Sprachmodelle zum Einsatz (Radford et al., 2021). Als Agentensysteme (Wooldridge, 2002) werden sie genutzt, um Sprache entgegenzunehmen und dann andere Dienste zu steuern. Selbst die Mensch-zu-Mensch-Interaktion wird an einigen Stellen mit LLMs automatisiert, beispielsweise beim Social Engineering durch Angreifer oder als Ersatz für Menschen in Call Centern (Wulf & Meierhofer, 2024). Im Verlauf des Buches werden weitere Anwendungsfälle detailliert vorgestellt.

6.5 Eigene Meinung

Mit großen Sprachmodellen ist es gelungen, Systeme zu schaffen, die Daten auf einem noch nie dagewesenen Niveau für uns nutzbar machen. Derartige Systeme erfüllen alle Kriterien, die sich McCarthy et al. schon 1955 für denkende Systeme überlegt haben:

1. Neuronale Netze mit Billionen von Parametern werden zur Verarbeitung und Speicherung verwendet.
2. Sie nutzen mit Embeddings eine eigene Form von Sprache, mit der sie Konzepte benennen und zueinander in Beziehung bringen können.
3. Sie optimieren sich selbst, indem sie ihre eigenen Trainingsdaten erschaffen.
4. Sie abstrahieren von ihren Eingangsdaten zu Konzepten und generalisieren über Sprachen und Themengebiete hinweg.
5. Sie simulieren Kreativität, indem sie Zufall in den Samplingprozess einfließen lassen.
6. Ihre Leistungsfähigkeit ist über ihr Vokabular, die Anzahl ihrer Parameter und die Kontextlängen messbar.

Doch haben wir nun Systeme geschaffen, die Descartes' Anspruch an ein zweifelndes (oder denkendes) System erfüllen, ein System, das „ist"? Und ist das an dieser Stelle überhaupt wichtig?

Mit LLMs erleben wir Systeme, die, wenn sie auch nicht „sind", zumindest doch „da sind" und auch „da bleiben" werden. Nicht weil sie denken könnten, sondern

- weil sie nützlich sind,
- weil sie es uns erlauben, einen Einblick in Themen zu erhalten, ohne dafür jahrelang studiert zu haben,
- weil sie es uns ermöglichen, mit anderen Menschen in deren Sprache zu kommunizieren, ohne diese erst mühsam lernen zu müssen,
- weil durch sie Tätigkeiten automatisiert werden können, die uns nur frustrieren würden, und
- weil sie es uns erlauben, unsere eigene Kreativität neu auszuleben.

Diese Systeme sind nicht fehlerfrei und werden es auch nie sein. Korrelation ist nicht Kausalität. Ein rein statistisches Modell über das gemeinsame Auftreten von Zeichenfolgen kann nicht „verstehen", nur wiedergeben.

Die Gesellschaft kann sich dieser Systeme nicht mehr entledigen; sie muss lernen, mit ihnen zu leben, ohne von ihnen abhängig zu werden. Wir müssen lernen, damit zu leben, dass diese Technologie für Gutes und Böses genutzt wird. Dies ist bei jeder Technologie der Fall. KI-Systeme werden nicht den gesunden Menschenverstand ersetzen können. Sie sind Werkzeuge, und wir müssen lernen, sie effizient und effektiv zu nutzen.

Literatur

Descartes, R. (1641). *Meditationes de Prima Philosophia*. University of Notre Dame Press.
Dubey, A., et al. (2024). *The Llama 3 Herd of Models*. https://arxiv.org/abs/2407.21783. Zugegriffen am 28.09.2024.
Holtzman, A., et al. (2020). *The curious case of neural text degeneration*. https://arxiv.org/abs/1904.09751. Zugegriffen am 28.09.2024.
Hu, E. J., et al. (2021). *LoRA: Low-rank adaptation of large language models*. https://arxiv.org/abs/2106.09685. Zugegriffen am 28.09.2024.
Jiang, A. Q., et al. (2024). *Mixtral of experts*. https://arxiv.org/abs/2401.04088. Zugegriffen am 28.09.2024.
Kool, W., et al. (2019). *Stochastic Beams and where to find them: The Gumbel-Top-k Trick for sampling sequences without replacement*. https://arxiv.org/abs/1903.06059. Zugegriffen am 28.09.2024.
Lewis, P., et al. (2021). *Retrieval-augmented generation for knowledge-intensive NLP tasks*. https://arxiv.org/abs/2005.11401. Zugegriffen am 29.09.2024.
Manyika, J., & Hsiao, S. (2024). *An overview of the Gemini app*. https://gemini.google/overview-gemini-app.pdf. Zugegriffen am 23.09.2024.
McCarthy, J., et al. (1955). *A proposal for the Dartmouth summer research project on artificial intelligence*. http://jmc.stanford.edu/articles/dartmouth/dartmouth.pdf. Zugegriffen am 22.09.2024.
Meta. (2024). *Llama 3.2: Revolutionizing edge AI and vision with open, customizable models*. https://ai.meta.com/blog/llama-3-2-connect-2024-vision-edge-mobile-devices/. Zugegriffen am 29.09.2024.
Microsoft. (2021). *Microsoft and OpenAI extend partnership*. https://blogs.microsoft.com/blog/2023/01/23/microsoftandopenaiextendpartnership/. Zugegriffen am 22.09.2024.
Mikolov, T., et al. (2013). *Efficient Estimation of Word Representations in Vector Space*. https://arxiv.org/abs/1301.3781. Zugegriffen am 22.09.2024.

Nguyen, M., et al. (2024). *Min P Sampling: Balancing creativity and coherence at high temperature.* https://arxiv.org/abs/2407.01082. Zugegriffen am 28.09.2024.

OpenAI. (2022). *Introducing ChatGPT.* https://openai.com/index/chatgpt/. Zugegriffen am 15.09.2024.

Penedo, G., et al. (2024). *The FineWeb Datasets: Decanting the web for the finest text data at scale.* https://arxiv.org/abs/2406.17557. Zugegriffen am 01.10.2024.

Peng, S., et al. (2023). *The impact of AI on developer productivity: Evidence from GitHub Copilot.* https://arxiv.org/abs/2302.06590. Zugegriffen am 29.09.2024.

Radford, A., et al. (2021). *Learning transferable visual models from natural language supervision.* https://arxiv.org/abs/2103.00020. Zugegriffen am 29.09.2024.

Salman, S., & Liu, X. (2019). *Overfitting mechanism and avoidance in deep neural networks.* https://arxiv.org/abs/1901.06566. Zugegriffen am 01.10.2024.

Shannon, C. E. (1948). A mathematical theory of communication. *Bell System Technical Journal, 27.*

TheGuardian. (2023). *Introducing ChatGPT.* https://www.theguardian.com/technology/2023/feb/02/chatgpt-100-million-users-open-ai-fastest-growing-app. Zugegriffen am 15.09.2024.

Vaswani, A., et al. (2017). *Attention is all you need.* CoRR abs/1706.03762. http://arxiv.org/abs/1706.03762. Zugegriffen am 15.09.2024.

Wooldridge, M. (2002). *Intelligent Agents: The Key Concepts.* https://citeseerx.ist.psu.edu/document?repid=rep1&doi=7434cc7952a7d9b7fb74856d8ab5d60917aa1e0a. Zugegriffen am 22.09.2024.

Wulf, J., & Meierhofer, J. (2024). *Exploring the potential of large language models for automation in technical customer service.* https://arxiv.org/abs/2405.09161. Zugegriffen am 29.09.2024.

Xu, Z., et al. (2024). *Hallucination is Inevitable: An Innate limitation of large language models.* https://arxiv.org/abs/2401.11817. Zugegriffen am 29.09.2024.

Yang, J., et al. (2024). *Large Language Model Tokenizer Bias: A Case Study and Solution on GPT-4o.* https://arxiv.org/abs/2406.11214. Zugegriffen am 28.09.2024.

Open Access Dieses Kapitel wird unter der Creative Commons Namensnennung - Nicht kommerziell - Keine Bearbeitung 4.0 International Lizenz (http://creativecommons.org/licenses/by-nc-nd/4.0/deed.de) veröffentlicht, welche die nicht-kommerzielle Nutzung, Vervielfältigung, Verbreitung und Wiedergabe in jeglichem Medium und Format erlaubt, sofern Sie den/die ursprünglichen Autor(en) und die Quelle ordnungsgemäß nennen, einen Link zur Creative Commons Lizenz beifügen und angeben, ob Änderungen vorgenommen wurden. Die Lizenz gibt Ihnen nicht das Recht, bearbeitete oder sonst wie umgestaltete Fassungen dieses Werkes zu verbreiten oder öffentlich wiederzugeben.

Die in diesem Kapitel enthaltenen Bilder und sonstiges Drittmaterial unterliegen ebenfalls der genannten Creative Commons Lizenz, sofern sich aus der Abbildungslegende nichts anderes ergibt. Sofern das betreffende Material nicht unter der genannten Creative Commons Lizenz steht und die betreffende Handlung nicht nach gesetzlichen Vorschriften erlaubt ist, ist auch für die oben aufgeführten nicht-kommerziellen Weiterverwendungen des Materials die Einwilligung des jeweiligen Rechteinhabers einzuholen.

IT-Infrastrukturen und deren Stromverbrauch

Dieter Kranzlmüller und Andrew Grimshaw

> **Zusammenfassung**
>
> *Künstliche Intelligenz ist die teuerste Form der Informationsverarbeitung und erfordert Rechenkapazität in einem Ausmaß, das in den Jahren davor unvorstellbar war. Besonders eindringlich zeigt sich dies angesichts der Energiemenge, die zur Speisung dieser IT-Infrastruktur erforderlich ist. Dieser Beitrag beschreibt die daraus erwachsenden Problemstellungen, auch und besonders unter Berücksichtigung des Kostenaspekts, und stellt Lösungen dar, die mit aktiver Teilnahme an der Stabilisierung des Stromnetzes die Energiekosten drastisch senken.*

Seit der Erfindung des Computers hat die digitale Transformation unser tägliches Leben immer mehr durchdrungen. Der jüngste Höhepunkt der Digitalisierung ist die Künstliche Intelligenz mit dem Erwachen der großen Sprachmodelle (*Large-Language Models*, LLMs), die als Vorläufer einer allgemeinen Künstlichen Intelligenz (AGI) angesehen werden. Auch wenn die AGI noch nicht existiert, sie ist im Kommen – und wenn man ihren Befürwortern Glauben schenkt, wird sie die Welt massiv verändern. Sie wird die Arbeitswelt umgestalten, die Wissenschaften, das Ingenieurwesen und die Medizin extrem beschleunigen und die Unterhaltung auf allen Gebieten bereichern. Andererseits verspricht

---

D. Kranzlmüller (✉)
Institut für Informatik, Ludwig Maximilians-Universität, München, Deutschland
E-Mail: kranzlmueller@ifi.lmu.de

A. Grimshaw
Computer Science, University of Virginia, Charlottesville, USA

die AGI auch, die Kriegsführung in einer Weise zu verändern, die wir uns noch nicht vorstellen können, und durch gezielte Desinformationskampagnen soziales und politisches Chaos zu verursachen.

Unabhängig von den Versprechungen und Risiken der digitalen Transformation im Allgemeinen oder der AGI im Besonderen – eines ist sicher: Der Infrastrukturbedarf der allgemeinen Künstlichen Intelligenz, insbesondere die benötigte Energiemenge, ist enorm. Jüngste Schätzungen gehen davon aus, dass die AGI-Infrastruktur bis 2030 allein in Nordamerika zusätzliche 30 Gigawatt (GW) an Stromerzeugung erfordern wird. Mit ähnlichen Zahlen wird in anderen Teilen der Welt gerechnet. Allein der Aufbau einer derartigen zusätzlichen Stromerzeugungskapazität in diesem vergleichsweise kurzen Zeitrahmen ist schwierig. Je nach Erzeugungsmix könnten die Treibhausgasemissionen für den Betrieb dieser neuen Infrastrukturen leicht in die Hunderte von Millionen Tonnen CO_2 pro Jahr gehen.

In diesem Kapitel untersuchen wir den scheinbar unersättlichen Strombedarf der digitalen Transformation und der allgemeinen Künstlichen Intelligenz und beleuchten, wie wir als Gesellschaft diesen Bedarf reduzieren und kontrollieren sowie die Auswirkungen auf das Klima durch sorgfältige Technik und die Bereitschaft, einige vernünftige Kompromisse einzugehen, verringern können.

Wir beginnen mit einer Einführung in den Stromverbrauch herkömmlicher digitaler Geräte, bevor wir Hintergrundmaterial zu Umfang und Ausmaß der Herausforderungen für die IT-Infrastruktur anbieten. Wie viel Rechnerkapazität wird benötigt, welche Technologien werden wahrscheinlich eingesetzt, und welche Investitions- und Stromkosten werden der Gesellschaft durch die Bereitstellung dieser Kapazitäten entstehen? Dazu gehört auch ein Überblick über den aktuellen Stromverbrauch und den Stromerzeugungsmix in Deutschland sowie über die Arten und Grenzen der verschiedenen Stromerzeugungsquellen.

Anschließend gehen wir näher auf die Herausforderungen bei der Bereitstellung der erforderlichen Rechenkapazität ein. Dazu gehören Fragen, die von der Schätzung des Energiebedarfs über die physischen Rechenzentren, der effizienten Kühlung und des Energiemanagements (PUE und Auftragsplanung) bis hin zu den Übertragungssystemen für die Stromversorgung der Rechenzentren reichen, und schließlich Fragen der Stromerzeugung und der Standorte der Rechenzentren, die eng mit den gewählten Erzeugungsansätzen verbunden sind. Obwohl es ein interessanter Aspekt in diesem Kontext ist, werden wir uns explizit nicht mit den erforderlichen Änderungen im Software-Ökosystem zur Unterstützung von KI-Prozessoren befassen.

Wir schließen mit einem Ausblick auf Maßnahmen, die erforderlich sind, wenn die digitale Transformation wie erwartet voranschreitet und ein solcher AGI-Aufbau stattfinden soll. Dies ist von besonderer Bedeutung für die Aspekte mit langer Vorlaufzeit, wie z. B. den Ausbau der Stromerzeugung, den Aufbau von Energiespeichersystemen und die Verbesserung des Übertragungsnetzes, die alle umfangreichen Genehmigungen und Planungen auf staatlicher und nationaler Ebene erfordern.

7.1 Hintergrund: Wie viel Energie brauchen wir und woher bekommen wir sie heute?

In einem Beitrag von Nicola Jones (2018) in Nature untersucht die Autorin die bereits damals riesigen Mengen an Energie, die von Rechenzentren verbraucht werden. Der Fokus liegt dabei auf Social-Media-Akteuren wie Facebook, der weltweit bekanntesten Suchmaschine Google und rechenintensiven Kryptowährungen wie Bitcoin. Wann immer Sie ein Foto auf Facebook hochladen, wann immer Sie eine Suche auf Google starten oder während Sie Bitcoin handeln, spielen diese Rechenzentren irgendwo im Hintergrund eine wichtige Rolle. Der geschätzte Stromverbrauch im Jahr 2018 lag bei 200 Terawattstunden (TWh) Strom pro Jahr und damit bei etwa 1 % des weltweiten Strombedarfs. Die gesamten Kohlenstoffemissionen von Rechenzentren wurden auf 0,3 % geschätzt, während die Informations- und Kommunikationstechnologien (IKT) für insgesamt mehr als 2 % der weltweiten Emissionen verantwortlich waren. Während diese Zahlen bereits beträchtlich sind, geht die Energieprognose im Artikel von Nicola Jones von einem raschen Anstieg von bis zu 20 % des für 2030 prognostizierten weltweiten Strombedarfs für IKT aus, wobei mehr als ein Drittel dieses Bedarfs auf Rechenzentren entfällt. Und das waren die Schätzungen vor dem Auftauchen der großen Sprachmodelle.

Dieser Artikel ist heute sechs Jahre alt, und die Zeiten haben sich grundlegend geändert. Die Covid-19-Pandemie hat die Art und Weise, wie wir leben und arbeiten, in vielerlei Hinsicht verändert. Neue Technologien haben sich schnell durchgesetzt, andere haben ein erhebliches Wachstum erfahren. Vor der Pandemie wurden Videokonferenzen nur mit speziellen Geräten in bestimmten Situationen durchgeführt, während sie heute zu den Standardkommunikationsmitteln im Berufs- und Privatleben gehören. Das Online-Shopping war schon vor Covid-19 auf dem Vormarsch, aber die Einschränkungen beim Kauf von Lebensmitteln des täglichen Bedarfs führten zu nie dagewesenen Wachstumsraten bei den Online-Lagerhäusern. Gerade als die Pandemie unter Kontrolle war, brachte OpenAI im November 2022 seinen Konversationsagenten ChatGPT auf den Markt. Laut OpenAI hat ChatGPT innerhalb von fünf Tagen 1 Mio. Nutzer gewonnen, während Instagram 2,5 Monate brauchte, um 1 Mio. zu erreichen und Netflix 3,5 Jahre. In einem Artikel von Agam Shah (2024) auf HPCwire schätzt ein Zitat des Halbleiterforschungsunternehmens TechInsights, dass bis 2029 1,5 % des weltweiten Stromverbrauchs auf KI-Beschleuniger entfallen. Ein ähnlicher Bericht von PR Newswire (The Conference Board, 2024) schätzt den auf KI zurückzuführenden weltweiten Energiebedarf in den kommenden Jahren auf 26–36 % jährlich. Wie auch immer der endgültige Anteil des Stromverbrauchs von Rechenzentren im Allgemeinen oder von KI im Besonderen aussehen mag – es ist unvermeidlich, die Situation anzugehen.

Ein erster Schritt zum Verständnis des Energieverbrauchs besteht darin, eine Grundlage für das Verständnis der Gesellschaft von Strom und Elektrizität zu finden. Die oben genannten Zahlen sind meist Indikatoren, die zu abstrakt und für die meisten Menschen schwer zu verstehen sind. Eine Wattstunde (Wh) ist für uns nicht greifbar, und selbst wenn wir sie auf unseren Stromrechnungen sehen, ist es meist schwierig, ihre Bedeutung zu verstehen oder ihren Wert einzuschätzen. Die allgemeine Definition, dass eine Wh eine Energieeinheit ist, die einem Watt Leistung in einer Stunde entspricht, ist in der Regel nicht hilfreich. Wir müssen also zunächst ein verständliches Maß finden. Eine Möglichkeit bietet der Haushaltsstrompreis, der die Höhe der Stromrechnung einer Person durch Multiplikation des Einheitspreises mit den verbrauchten Wattstunden bestimmt. Für Deutschland, das allgemein als eines der teuersten Länder in Bezug auf die Strompreise bekannt ist, wurde der durchschnittliche Strompreis im Dezember 2023 mit 0,402 € pro Kilowattstunde (kWh entspricht 1000 Wh) gemessen. (Beachten Sie, dass der Durchschnittspreis ohne Steuern in diesem Zeitraum laut derselben Webseite 0,2882 € pro kWh betrug). Natürlich wird der Strompreis von vielen Faktoren bestimmt, z. B. von der Verfügbarkeit von Energiequellen und Brennstoffen, den Brennstoffkosten und der Verfügbarkeit von Kraftwerken, so dass die Spotmarktpreise für Strom stark schwanken können. Außerdem besteht ein erheblicher Unterschied zwischen den Preisen für Haushalte und Großverbraucher, und Rechenzentren als Großverbraucher erhalten in der Regel einen günstigeren Preis als der Durchschnittsbürger. Zur Vereinfachung werden wir im weiteren Verlauf des Beitrags 0,30 € pro kWh als Einheit für die Strompreise verwenden.

Nachdem wir die Preise für die Einheiten festgelegt haben, können wir einen Blick auf unsere üblichen Geräte zuhause werfen, um ein Gefühl für den Stromverbrauch zu bekommen. Als erstes und allgemein verfügbares Beispiel sehen wir uns ein Smartphone an. Das meistverkaufte Smartphone ist heute das Apple iPhone 15, das laut Online-Quellen eine Batteriekapazität von 3349 mAh hat. Wenn wir dieses Smartphone einmal am Tag aufladen und dabei die oben erwähnten 0,30 € pro kWh zugrunde legen, benötigen wir etwa 0,005 € pro Tag oder 1,80 € pro Jahr. Das scheint annehmbar und erschwinglich, vor allem im Vergleich zum Preis des Smartphones selbst.

Ein weiteres Gerät, das in den meisten Haushalten vorhanden ist, ist ein Personal Computer. Wenn wir von einem heutigen Durchschnittsmodell und einer Nutzung von etwa 4 h pro Tag ausgehen, können wir den Stromverbrauch eines Personal Computers auf etwa 200 kWh pro Jahr schätzen, was etwa 60 € an Stromkosten entspricht. Dies liegt noch in einem Bereich, der für die meisten Haushalte akzeptabel erscheint.

Ein heute eher noch seltener genutztes Elektroauto kann hier aber als guter Vergleich dienen. Gehen wir von einem Standard-Tesla Model S 60 aus, der 18,1 kWh pro 100 km benötigen soll, können wir die Kosten für 100 km mit 5,43 € berechnen. Bei einer jährlichen Fahrleistung von beispielsweise 15.000 km mit diesem Auto belaufen sich die Stromkosten auf 814,50 € pro Jahr. Vergleicht man dies mit den Kosten für ein benzinbetriebenes Auto, ist es immer noch beachtlich günstiger.

Wenn wir auf diesem Wege weitergehen, können wir auch den durchschnittlichen Stromverbrauch pro Kopf und Haushalt schätzen. In Deutschland liegt der durchschnittliche Pro-Kopf-Stromverbrauch bei etwa 1,5 MWh (Megawattstunden = 1000 kWh) pro Jahr bzw. bei etwa 4 MWh pro Haushalt pro Jahr. Das macht nach unseren Schätzungen etwa 1200 € pro Jahr aus. Die Webseite Statista gibt detailliertere Einblicke in die Zahlen und Entwicklungen der letzten Jahre und schätzt die aktuelle Stromrechnung in Deutschland im Jahr 2024 auf 120,60 € pro Monat oder 1447,20 € pro Jahr für einen 3-Personen-Haushalt. (Der Vergleich dieser Zahl mit den Stromkosten für das Elektroauto offenbart ein interessantes Detail).

Mit einer Bevölkerung von 84,3 Mio. Menschen in Deutschland belief sich der Nettostromverbrauch im Jahr 2022 auf 507 TWh (Terawattstunden = 1000 GWh = 1.000.000 MWh = 1.000.000.000 kWh), während die Bruttostromerzeugung 577 TWh betrug. Im Wesentlichen wurde also mehr Energie erzeugt als verbraucht, aber natürlich schwanken sowohl der Verbrauch als auch die Erzeugung im Laufe der Zeit und sind möglicherweise nicht ausgeglichen, weshalb Strommärkte für den Handel benötigt werden.

Interessant ist auch die Herkunft des Stroms, von der Kernkraft bis zu den erneuerbaren Energien.

7.2 IT-Infrastrukturen – Hochleistungscomputer und Künstliche Intelligenz

Nach den Informationen über Stromverbrauch und -erzeugung wollen wir uns nun den Stromverbrauch von Rechenzentren genauer ansehen. Laut DataCentre Magazine (Amber Jackson, 2024) ist das weltweit größte Rechenzentrumsunternehmen Amazon Web Services (AWS) von Amazon.com mit 32 Cloud-Regionen und 102 *Availability Zones* im Januar 2024, gefolgt von Microsoft Azure mit 62 Cloud-Regionen und 120 Availability Zones. Die AWS-Rechenzentren erstrecken sich über eine Fläche von 3,1 Mio. Quadratmetern. Auch wenn es schwierig ist, genaue Zahlen zum Energieverbrauch von Rechenzentren zu erhalten, scheint es für die Firmen unabdingbar zu sein zu verkünden, dass der gesamte Strom in naher Zukunft aus erneuerbaren Quellen stammt oder keine Kohlenstoffemissionen mehr verursacht. In einem Artikel von Mark Heschmeyer auf CoStar News vom 07. März 2024 wird erwähnt, dass AWS ein Rechenzentrum in Pennsylvania in der Nähe eines Kernkraftwerks gekauft hat. Allein der Stromverbrauch dieses Rechenzentrums wird auf bis zu 960 MW geschätzt. Der in dem Artikel genannte offizielle Preis beträgt 650 Mio. US-$. Bei anderen im Bau befindlichen Rechenzentren werden oft Preise von einer Milliarde oder sogar mehr nur für den Bau des Standorts genannt.

Da es schwierig ist, offizielle Zahlen von kommerziellen Anbietern zu erhalten, richten wir unseren Blick auf ein öffentliches Rechenzentrum für Wissenschaft und Forschung. Das Leibniz-Rechenzentrum (LRZ) der Bayerischen Akademie der Wissenschaften existiert seit 1962. Ursprünglich für den Betrieb von Großrechnern eingerichtet, hat es seine digitalen Dienste auf viele Bereiche ausgeweitet, darunter Kommunikationsnetze sowie Speicherung und Housing für alle Bereiche von Wissenschaft und Forschung. Heute ist es der IT-Dienstleister für die Münchner Universitäten und Hochschulen, bietet ausgewählte Dienste für alle bayerischen Forschungseinrichtungen an, ist eines der drei nationalen Höchstleistungsrechenzentren und einer der Standorte für einen europäischen Quantencomputer. Zu den Dienstleistungen des LRZ gehören das Münchner Wissenschaftsnetz, das mehr als 600 Gebäude verbindet, das Datenarchiv der Bayerischen Staatsbibliothek und der nationale Supercomputer SuperMUC-NG. Neben der Bereitstellung von Dienstleistungen forscht das LRZ zu verschiedenen Themen, darunter auch zum energieeffizienten Betrieb von Rechenzentren.

Derzeit kann die Gesamtkapazität des LRZ bis zu 10 MW betragen, wovon im Durchschnitt 6 MW für den Betrieb verwendet werden. Der durchschnittliche Verbrauch des Supercomputers liegt jedoch bei 2,6 MW, kann aber bei leistungshungrigen Anwendungen auf über 3,6 MW ansteigen. Mit Zunahme der Dienstleistungen für Wissenschaft und Forschung sowohl im Bereich des Supercomputings als auch der KI werden Pläne verfolgt, die Stromkapazität des LRZ auf 15 MW und später 40 MW zu erweitern. Die durchschnittlichen Stromkosten des LRZ pro Stunde belaufen sich auf 1500–2000 €. (Vergleichen Sie dies mit den durchschnittlichen Stromkosten eines Haushalts pro Jahr).

Das LRZ, das größtenteils durch das Bayerische Staatsministerium für Wissenschaft und Kunst (StMWK) aus Steuergeldern finanziert wird, verfügt über ein festgelegtes jährliches Budget für den Betrieb seiner Infrastruktur und die Bereitstellung seiner Dienste für Nutzer aus Wissenschaft und Forschung. Dabei ist es von entscheidender Bedeutung, so energieeffizient wie möglich zu arbeiten, denn geringere Energiekosten erlauben mehr Rechenleistung für die Nutzer. Die Beschaffung der LRZ-Supercomputer erfolgt auf der Basis von Gesamtkosten (*Total Cost of Ownership*, TCO), wobei ein Gesamtbudget für Investitions- und Betriebskosten ausgeschrieben wird. Angebote mit der größten Leistung bei den geringsten Stromkosten erhalten Extrapunkte.

Etwa 70 % des Stroms, den das LRZ verbraucht, wird für den Betrieb seiner Supercomputer benötigt, und ein Teil der Stromkosten ist für die Ausfallsicherheit und Zuverlässigkeit des Betriebs erforderlich. Es ist naheliegend, dass der Supercomputer das erste Ziel jeglicher Energieoptimierung ist. Die Schlüsselfrage ist, wie man die maximale Rechenleistung bei minimalen Energiekosten erreichen kann. Die Leistung hängt jedoch immer von den jeweiligen Aufgaben ab, und unterschiedliche Supercomputer sind für unterschiedliche Anwendungen optimiert.

Die Weltrangliste der Supercomputer, die sogenannte Top500-Supercomputerliste (https://top500.org/), basiert auf dem sogenannten Linpack-Benchmark, einem numerischen Löser für lineare Gleichungen. Das System, das in diesem Benchmark die höchste Punktzahl erreicht, wird als das schnellste System in der Liste (und damit auf der Welt) bezeichnet, gefolgt von allen anderen Systemen, jeweils entsprechend ihrer Leistung im Linpack. Der derzeit schnellste Supercomputer auf der Liste (im Linpack-Benchmark) ist ein System namens Frontier (https://www.olcf.ornl.gov/frontier/), eine HPE Cray EX235a, die aus 8.699.904 AMD-Rechenkernen besteht und im Oakridge National Laboratory in den Vereinigten Staaten installiert ist. Durch den parallelen Einsatz all dieser Kerne zur Berechnung des Linpack-Benchmarks erreicht dieser Supercomputer ein Linpack-Ergebnis Rmax von 1206 Petaflop/s oder 1,2 Exaflop/s (d. h. $1,2 \times 10^{18}$ oder 1.206.000.000.000.000.000 Gleitkommaoperationen pro Sekunde). Dies ist die Anzahl der Operationen, die bei der Lösung eines bestimmten Systems linearer Gleichungen durchgeführt werden. Würden theoretisch alle Rechenkerne ohne ein bestimmtes Ziel mit maximaler Geschwindigkeit rechnen, wäre das System in der Lage, einen Rpeak von

1714,81 Petaflop/s zu erreichen. Das bedeutet, dass das System für Linpack 70 % seiner Spitzenleistung nutzen kann. Folglich würde Frontier bis zu 70 % seiner Leistung bieten, wenn die Zielanwendungen einen Linpack-ähnlichen Algorithmus verwenden. Umgekehrt, wenn sich die Zielanwendung stark von Linpack unterscheidet, ist eine viel geringere Leistung zu erwarten. In vielen Fällen liegt die tatsächliche Leistung unter 10 % oder sogar unter 1 % der theoretischen Spitzenleistung.

Während die lange Tradition der Top500 (seit 1993) eine wertvolle Quelle für den Vergleich von Supercomputer-Entwicklungen darstellt, liefert die Messung eines Systems anhand seines Linpacks nur begrenzte Erkenntnisse für ein breites Spektrum von Anwendungen. Dies wurde von der wissenschaftlichen Gemeinschaft wiederholt angemerkt, was in der Folge zu einer Reihe von verschiedenen Benchmarks führte, um unterschiedliche Anwendungsmerkmale zu modellieren. Ein weiterer bekannter Benchmark ist HPCG (*High Performance Conjugate Gradients*), der einen völlig anderen Algorithmus zur Bestimmung der Systemleistung verwendet und seit 2017 Ergebnisse liefert. In der Folge ist das System auf Platz 1 der HPCG-Liste ein völlig anderes System als Frontier auf der Top500-Liste. Platz 1 der HPCG-Liste wird von Fugaku belegt; er besteht aus 7.630.848 A64FX ARM-Kernen und ist installiert im RIKEN Center for Computational Science in Kobe, Japan. Die resultierende Leistung von Fugaku in HPCG beträgt 16.004,50 TFlop/s (oder 16×10^{15} Gleitkommaoperationen pro Sekunde), was etwa 3,6 % seiner theoretischen Spitzenleistung entspricht. Die HPCG-Leistung von Frontier steht auf der HPCG-Liste an zweiter Stelle.

Eine weitere interessante Zahl für diese Supercomputer ist der Stromverbrauch, der für die Durchführung des Linpack-Benchmarks gemessen wird. Hier wird Frontier mit 22,768 MW angegeben, während Fugako mit 29,899 MW gelistet ist. Dies weist auf eine andere Rangliste hin, die die Leistung in Bezug auf die für die Berechnung verwendete Energie vergleicht, die sogenannte Green500-Liste. Das Maß für die Green500-Liste ist GFlop/Watt, d. h. wie viel Energie für die Bereitstellung des Linpack-Ergebnisses verwendet wurde. Auf Platz 1 der Green500-Liste steht derzeit JEDI – JUPITER Exascale Development Instrument, ein BullSequana XH3000-Rechner mit 19.584 Kernen in Jülich, Deutschland. Obwohl JEDI nur auf Platz 190 der Top500-Liste steht, erreichte es eine Energieeffizienz von 72,73 GFlop/Watt und einen Linpack-Wert von 4,5 PFlop/s. Die Entwicklungen auf der Green500-Liste bieten wertvolle Einblicke in die Entwicklung von Chips, wobei neuere Chips eindeutig energieeffizienter sind als ältere. Allerdings gibt es hier zwei Kritikpunkte: Erstens basiert Green500 wiederum auf den Linpack-Benchmarks und ist somit auf eine bestimmte Gruppe von Algorithmen beschränkt. Zweitens wird nur der Energieverbrauch des Systems gemessen, während alle anderen für den Betrieb des Systems erforderlichen Stromverbraucher vernachlässigt werden.

Die obigen Ausführungen zielen zwar auf High-Performance Computing (HPC) ab, jedoch ist die Situation bei KI-Supercomputern fast identisch. Der Hauptunterschied ergibt sich aus den Anwendungsmerkmalen, und daher müssen Supercomputer für KI mit KI-Benchmarks wie MLPerf gemessen werden. In vielerlei Hinsicht sind die Architekturen von KI-Supercomputern mit HPC-Systemen vergleichbar, aber die Eigenschaften der Verarbeitungselemente, der Speicheranbindung und des Verbindungsnetzes können sich unterscheiden. Tatsächlich wird der Supercomputer JUPITER auch Deutschlands leistungsstärkster Supercomputer für das Training von Large Language Models (LLMs) sein.

Vergleicht man die Anforderungen von KI mit HPC, so zeigt sich zuletzt ein starker Anstieg der Rechenleistung für KI-Training und -Inferenz. Die Top500-Liste der Supercomputer enthält derzeit 22 Systeme, das höchstplatzierte auf Position 10, des Herstellers NVIDIA, heutiger Weltmarktführer für KI-Chips. Darüber hinaus werden NVIDIA-Chips auch als Beschleuniger in vielen der heutigen HPC-Supercomputer eingesetzt. Die Einführung von KI in HPC führt zu Änderungen in den Architekturen, vor allem zur Reduzierung der 64-Bit-Funktionen, die für HPC unerlässlich sind, aber für KI nicht benötigt werden. Da mehr KI-Funktionen benötigt werden, wird der Platz auf den Chips vorzugsweise für KI-Funktionen und 64-Bit-Computing genutzt.

Die Fähigkeiten der KI können auch mit HPC verglichen werden, indem die Anforderungen von ChatGPT mit der Leistung von Frontier verglichen werden. Offizielle Zahlen werden zwar nicht genannt, aber Schätzungen für das Training von GPT-3 sprechen von 1064 MWh, während für die Inferenz 260 MWh pro Tag benötigt werden. Im Vergleich dazu benötigt Frontier etwa 545 MWh pro Tag. Es liegt auf der Hand, dass neuere Modelle von GPT noch mehr Energie benötigen, und die steigende Zahl der Benutzer erhöht den täglichen Bedarf. Eine Eingabeaufforderung in ChatGPT benötigt 6,79 Wh und die gleiche Anfrage in der Google-Suchmaschine 0,3 Wh. Es erfordert also von jedem von uns eine verantwortungsvolle Entscheidung, welches Tool für die Online-Recherche verwendet werden soll.

Bislang haben wir nur über den Energiebedarf der Verarbeitungselemente oder des gesamten Supercomputers gesprochen. Wenn wir uns den aktuellen Spitzenchip von NVIDIA, die sogenannte H100 GPU, genauer ansehen, sehen wir interessante Zahlen. (GPU steht für Graphics Processing Unit, was auf die ursprüngliche Verwendung dieser Chips hindeutet. Nachdem jedoch Algorithmen gefunden wurden, die diese Chips für KI nutzen können, haben sie dieses Marktsegment mit fliegenden Fahnen erobert.) Die NVIDIA H100 GPU ist mit 700 W spezifiziert. Geht man davon aus, dass der Chip zu 61 % ausgelastet ist, eine Zahl, die NVIDIA aus eigener Erfahrung angibt, beträgt der Energieverbrauch eines solchen Grafikprozessors 3741 kWh pro Jahr. Zum Vergleich: Ein deutscher Durchschnittshaushalt im Jahr 2020 benötigte 3200 kWh. Und das ist nur der Bedarf für eine GPU. NVIDIA schätzte den Absatz dieser GPUs für das Jahr 2024 auf 1,5–2 Mio. H100 Einheiten.

Der Stromverbrauch der einzelnen Rechenelemente oder sogar des Supercomputers ist nur ein Teil des gesamten Stromverbrauchs. In Rechenzentren beschreibt die Kennzahl *Power Usage Effectiveness* (PUE), manchmal auch als Stromverbrauchseffizienz bezeichnet, wie viel Energie im Vergleich zur übrigen Infrastruktur des Rechenzentrums einschließlich Kühlung und anderer Gemeinkosten von der Rechenanlage verbraucht wird. Die PUE berechnet sich aus der Gesamtenergiemenge, die dem Rechenzentrum zugeführt wird, im Verhältnis zur Energie, die für den Betrieb der Rechenanlagen verwendet wird. Für herkömmliche luftgekühlte Komponenten, z. B. die oben erwähnten H100-GPUs, werden die zusätzlichen Energiebedarfe auf mindestens 30 % für interne Lüfter und Ventilatoren und auf mindestens 30 % für externe Kühlung geschätzt. Das bedeutet, dass die oben erwähnten H100-GPUs mit einem PUE-Wert von 1,65 bis 1,80 berechnet werden, was auf einen Overhead von 65–80 % beim Energieverbrauch hinweist. Wenn die GPU 700 W benötigt, erfordert die Infrastruktur für den Betrieb dieser GPU zusätzliche 455–595 W oder insgesamt bis zu 1285 W pro GPU.

Für die realen Betriebsanforderungen von HPC- und KI-Supercomputern müssen wir den gesamten Stromverbrauch bewerten und daher mit der Gesamtenergie unter Verwendung der PUE berechnen. Umgekehrt müssen wir, um den Energieverbrauch von IT-Infrastrukturen zu reduzieren, viele verschiedene Aspekte potenzieller Energieverbraucher und deren Zusammenspiel untersuchen. Am LRZ wurde dafür das Vier-Säulen-Modell eingeführt, um eine ganzheitliche Optimierungsstrategie für die Energieeffizienz umzusetzen (Wilde et al., 2014). Diese vier Säulen sind jeweils:

- Gebäudeinfrastruktur
- Systemhardware
- Systemsoftware
- Anwendungen

Optimierungen von Rechenzentren sollten in jedem dieser Bereiche stattfinden. So können Verbesserungen des PUE-Wertes durch Optimierungen der Gebäudeinfrastruktur erreicht werden. Im LRZ erfolgt die Kühlung mit sogenannten Heißwasserkühlkreisläufen, die mit Wassertemperaturen von bis zu 45 Grad Celsius die Wärme aus den Rechenkomponenten abführen. Das Kühlwasser wird so nah wie möglich an die heißen Chips herangeführt, um die Wärme abtransportieren zu können. Wasser ist, wenn es zur Kühlung verwendet wird, in vielerlei Hinsicht besser als Luft, z. B. Wärmeleitfähigkeit 23x, Wärmekapazität 4x, volumetrische Wärmekapazität 3493x, thermische Trägheit 284x. Das in das Rechensystem eintretende Wasser wird aufgeheizt, und die entscheidende Frage ist, wie viel Energie benötigt wird, um das Wasser wieder unter die maximale Eintrittstemperatur zu bringen. Im LRZ ist bei 45 Grad Celsius Eintrittstemperatur und dem in Mitteleuropa derzeit üblichen Klima neben den normalen Außentemperaturen keine zusätzliche Kühlung erforderlich. Das bedeutet, dass der Aufwand für die Pumpen, die das Wasser antreiben, bei einem warmwassergekühlten System nur 2–3 % beträgt, was in einem PUE-Wert von 1,02–1,03 am LRZ resultiert und damit eine Energieeinsparung von 60–80 % im Vergleich zu den oben genannten luftgekühlten Systemen bedeutet. Das erste warmwassergekühlte System wurde 2012 im LRZ installiert, wobei im Laufe der Jahre zahlreiche Verbesserungen vorgenommen wurden. Die jüngste Verbesserung ist die Entfernung von Glykol aus den Heißwasserkreisläufen, da das warme Wasser im Freien nicht einfrieren kann, solange es fließt. Die Reduzierung des Glykols verbessert erneut die Kühlleistung des Wassers.

Ähnlich den Optimierungen in der Gebäudeinfrastruktur lassen sich auch andere Bereiche des Rechenzentrums auf Energieeffizienz optimieren. Im Bereich der Systemhardware kann der Stromverbrauch gesenkt werden, indem nur die zu einem bestimmten Zeitpunkt benötigten Komponenten mit Strom versorgt werden, oder es wird eine dynamische Taktfrequenzskalierung (*Dynamic Clock Frequency Scaling*) verwendet, um die Verarbeitungselemente mit der jeweils optimalen Taktfrequenz für eine bestimmte Anwendung zu betreiben. In der Systemsoftware-Säule können die Ressourcennutzung optimiert und die Ausführung von Anwendungen auf dem System abgestimmt werden. Im Bereich der Anwendungen lässt sich schließlich die Anwendungsleistung durch bessere Algorithmen oder eine bessere Anpassung des Codes an das zugrunde liegende System optimieren.

Algorithmen bieten angesichts ihrer zeitlichen und räumlichen Komplexität in der Regel das größte Optimierungspotential. So basieren beispielsweise heutige LLM-Systeme mit ihren Deep-Learning-Transformer-Ansätzen auf einer quadratischen Komplexität, wie im Originalpapier von Vaswani et al. (2017) angegeben. Dies ist die Hauptursache für die hohen Infrastrukturanforderungen heutiger KI-Systeme, da die Qualität des LLM mit mehr Daten zunimmt, während die Rechenleistung (und deren Energieverbrauch) mit der Datenzunahme quadratisch ansteigt. Sepp Hochreiter, einer der Autoren der ursprünglichen LSTM-Technologie (*Long-Short Term Memory*), die heute in vielen kommerziellen Geräten verwendet wird, schlägt xLSTM vor, eine Version, die schneller, effizienter und präziser sein soll. Die Berechnungen mit xLSTM bieten eine lineare Zunahme der Länge des verarbeiteten Textes und würden daher viel weniger Leistung und Energie verbrauchen als bestehende Ansätze. Andere Entwicklungen, z. B. von Stephan Günnemann et al., schlagen vor, sich auf die relevantesten Teile der neuronalen Netze zu konzentrieren und dadurch Modelle zu komprimieren, um sie kleiner und billiger zu machen. Björn Ommer, Erfinder der stabilen Diffusion, behauptet, er kämpfe gegen den Größenwahn der KI-Community.

Insgesamt sehen wir ein großes Potential bei der Optimierung des Energieverbrauchs von IT-Infrastrukturen, und eine ganzheitlichere Betrachtung aller Aspekte des Rechenzentrums und seines Stromverbrauchs erforderlich. Es gibt jedoch auch eine Perspektive der Energieversorgungsseite, die von der Rechenlast zum Ausgleich von Energienetzen profitieren kann, wie es im folgenden Abschnitt erläutert ist.

7.3 Hochskalierte Berechnungen und das Energienetz

Wie bereits beschrieben, wird der erwartete Energieverbrauch neuer KI-Supercomputer in Nordamerika voraussichtlich 30 GW übersteigen und bis 2030 weltweit bei über 75 GW liegen. Das ist eine riesige Menge an Energie, insbesondere wenn sie von kohlenstofffreien bis -armen Generatoren geliefert werden soll. Wenn Europa und Deutschland im KI-Bereich wettbewerbsfähig bleiben und gleichzeitig ihre digitale Souveränität bewahren wollen, müssen sie aber auch ihre Hochleistungsrechen- und KI-Kapazitäten erheblich ausbauen und damit deutlich mehr Energie dafür zur Verfügung stellen.

In diesem Abschnitt betrachten wir die Stromnetze und Strommärkte etwas genauer, die die Energie im Gigawatt-Bereich für diese riesigen Rechenzentren bereitstellen werden. Wir beginnen mit einigen Hintergrundinformationen zu den Möglichkeiten des Energiemanagements in Rechenzentren, bevor wir uns den Stromnetzen, den Herausforderungen im Zusammenhang mit erneuerbarer Energie und den Strommärkten zuwenden. Insbesondere beleuchten wir die Volatilität der Strompreise und Emissionsfaktoren[1] im Tagesverlauf und zwischen den Jahreszeiten, die Notwendigkeit, die Stromnetze „auszugleichen", sowie die Variabilitäts- und Übertragungsprobleme bei erneuerbaren Energien.

Anschließend diskutieren wir, wie diese Herausforderungen auf kostengünstige[2] Weise bewältigt werden können, insbesondere wenn Vorschriften und Marktstrukturen gutes Verhalten fördern, anstatt es zu behindern. Wenn Betreiber von Rechenzentren beispielsweise die Preisvolatilität ausnutzen, um die Energiekosten zu senken, können sie (i) energieintensivere Anwendungen planen, wenn Energie günstig ist, und energiearme Anwendungen planen, wenn Energie teuer ist, (ii) energieintensive Anwendungen an Standorten planen, an denen Energie derzeit weniger teuer ist, oder (iii) einfach abschalten (oder in einen Niedrigenergiezustand wechseln), wenn die Preise einen bestimmten Schwellenwert überschreiten. Mit derartig einfachen Minderungsstrategien lassen sich nicht nur die Energiekosten senken, sondern auch die CO_2-Emissionen durch den Betrieb der Rechenzentren verringern.

Umgekehrt können Rechenzentrumsbetreiber dem Stromnetz auch wichtige Funktionen zur Stabilität des Stromnetzes (sogenannte Nebendienstleistungen) bereitstellen. Die Bereitstellung von Nebendienstleistungen durch Rechenzentrumsbetreiber senkt sowohl ihre Stromkosten als auch die Notwendigkeit, große „Spitzenlast"-Stromerzeugungsanlagen[3] (*Peaker Plant*) oder riesige Energiespeichersysteme (Batterien) zu bauen und einzusetzen.

7.3.1 Möglichkeiten des Energiemanagements in Rechenzentren

Rechenzentren verfügen über mehrere Mechanismen, um ihre Energie-/CO_2-Kosten dynamisch[4] zu steuern und ihren Stromverbrauch aus dem Stromnetz zu modulieren. Es gibt

---

[1] Der Emissionsfaktor ist die Menge an CO_2, die pro MWh erzeugter Elektrizität in die Atmosphäre freigesetzt wird. Er wird üblicherweise in kg CO_2/MWh angegeben.

[2] Mit „Kosten" meinen wir in diesem Abschnitt monetäre Kosten oder CO_2-Kosten oder eine Kombination davon.

[3] Ein Spitzenlastkraftwerk ist eine Stromerzeugungsanlage, die schnell ans Netz gehen und dem Netz zusätzlichen Strom liefern kann, um entweder einen Nachfrageanstieg oder einen unerwarteten Stromausfall zu bewältigen. Spitzenlastkraftwerke waren in der Vergangenheit Erdgasturbinen. Immer häufiger übernehmen Batterien diese Rolle, obwohl Batterien nur eine begrenzte Menge an Energie speichern können, während Gasturbinen laufen können, bis der Brennstoff aufgebraucht ist.

[4] Wir verwenden „dynamisch", um es von Energiespartechnologien, wie energieeffizienteren Kühltechniken, der Nutzung von Abwärme zur Heizung und Kühlung von Gebäuden usw. zu unterscheiden.

zwei große Kategorien von Techniken: Job-Shifting in Raum und Zeit und Techniken zur vorübergehenden Reduzierung der elektrischen Last.

Zunächst jedoch ein paar Worte zu Job-Mixen und Unterschieden zwischen Anwendungen. In „normalen" HPC-Rechenzentren haben verschiedene Anwendungen unterschiedliche Energieintensitäten, und viele verschiedene Anwendungen laufen gleichzeitig. Während zwei Jobs dieselbe Anzahl von Serverknoten für dieselbe Zeitspanne belegen können, verbrauchen sie oft sehr unterschiedliche Energiemengen, da sie die Hardware effektiv nutzen und „beschäftigt" halten. Eine höhere Hardwareauslastung führt zu einem höheren Energieverbrauch und damit zu einer höheren Energieintensität. Das Gegenteil ist ebenso der Fall. Diese Unterschiede können von Job-Schedulern ausgenutzt werden, um die Energiekosten zu senken, indem energieintensive Jobs räumlich in Rechenzentren mit derzeit niedrigeren Kosten oder zeitlich in Stunden verschoben werden, in denen Energie weniger teuer ist.

Gängige Techniken zur Steuerung der Last bei laufenden Jobs sind (i) Reduzierung der Taktfrequenz (s. dynamische Taktfrequenzskalierung oben), (ii) Einfrieren/Auftauen von Jobs und (iii) Überprüfen/Neustarten. Die beiden letzteren stoppen die Jobs auf den Rechenknoten und machen sie dadurch vorübergehend unbrauchbar. Dies ist wichtig, da es direkte Auswirkungen auf die Hardwareauslastung, die Anzahl der Stunden, über die die Hardware amortisiert wird, und die Investitionskosten pro CPU/GPU-Stunde hat.

Durch die Reduzierung der Taktfrequenz der CPUs und GPUs auf einem Rechenknoten wird der Stromverbrauch des Knotens um unterschiedliche Beträge reduziert. Eine Reduzierung der Taktfrequenz erhöht normalerweise auch die zum Abschließen des Auftrags erforderliche Zeit und möglicherweise auch den Gesamtenergiebedarf zum Abschließen des Auftrags. Die Kompromisse sind hardware- und anwendungsabhängig, aber die Energieeinsparungen betragen normalerweise nicht mehr als 30 %. Der Vorteil besteht jedoch darin, dass die Anwendung auch bei heruntergefahrener Taktfrequenz weiterhin verwendet werden kann, sie ist nur langsamer.

Unter Job-Einfrieren (*Job Freezing*) versteht man das Anhalten des Jobs, so dass er nicht weiter fortschreitet. Der Job befindet sich noch im Speicher, er nutzt lediglich keine CPU-/GPU-Zyklen. Der Knoten läuft noch „im Leerlauf". Dies verbraucht üblicherweise noch 15–20 % der vollen Leistung des Knotens, obwohl bei dem Job keine Fortschritte erzielt werden. Der Vorteil ist, dass Jobs in wenigen Millisekunden eingefroren werden können, wodurch es möglich ist, die Leistung eines großen Knotenclusters schnell deutlich zu senken. Der Nachteil ist, dass die Anwendung im eingefrorenen Zustand nicht verwendet werden kann. In einer Umgebung mit vielen verschiedenen Jobs können Teilmengen der Jobs eingefroren werden, um die gewünschte Lastreduzierung zu erreichen. Jobs werden „aufgetaut", indem sie wieder ausführbar gemacht werden. Das Auftauen dauert ebenfalls nur wenige Millisekunden. Der Stromverbrauch steigt schnell an, wenn der Job aufgetaut ist, obwohl es bei voller Auslastung eine Minute oder länger dauern kann, bis zusätzliche Kühlressourcen aktiviert werden.

Checkpoint/Neustart bezeichnet das Anhalten eines Jobs und das Speichern des laufenden Jobs auf der Festplatte. Der Vorteil besteht darin, dass der Knoten ausgeschaltet werden kann, sobald die Anwendungen auf einem Knoten (normalerweise nur einem) bestehen bleiben, sodass nur ein kleiner 6–10 W BMC[5] läuft. Dies führt zu maximalen Energieeinsparungen. Beachten Sie, dass es je nach Anzahl der Faktoren mehrere Minuten dauern kann, einen Prüfpunkt für eine Anwendung zu setzen. Die Verwendung von Prüfpunkt/Neustart ist nur bei langen Ausfallzeiten sinnvoll. Der Job kann nach dem Setzen eines Prüfpunkts migriert und in einem anderen Rechenzentrum neu gestartet werden.

KI-Lasten in Rechenzentren sind normalerweise einer von zwei Typen: Modelltraining oder Inferenz. Beim Modelltraining werden oft alle Knoten in einem Rechenzentrum für einen einzigen Job genutzt. In Texas werden mehrere KI-Trainingsrechenzentren im GW+-Maßstab gebaut, und fünf GW+-KI-Trainingsrechenzentren befinden sich in der Planungsphase. Diese Zentren werden jeweils einen Job ausführen. Dies macht Techniken nutzlos, die die Unterschiede in den Jobtypen ausnutzen, so dass das Verlangsamen oder Stoppen der Anwendung effektiv die einzigen Möglichkeiten sind, Energiekosten zu sparen.

Fazit
- Der Stromverbrauch von Rechenzentren kann in weniger als ein paar Sekunden schnell gesenkt und erhöht werden, um die primäre Frequenzantwort (PFR) und Zusatzdienste bereitzustellen.
- Der Stromverbrauch von Rechenzentren kann langsamer gesenkt werden, während der Betrieb weiterläuft.
- Durch die Verschiebung der Last in Raum und Zeit lassen sich Energiekosten sparen.

Inferenz ist ein Problem mit hohem Durchsatz, bei dem potenziell Millionen von Inferenzoperationen in mehreren geografisch verteilten Datenzentren ausgeführt werden. Die Kommunikation zwischen Clients und Servern für die Inferenz erfolgt normalerweise über Standard-Webprotokolle, wodurch die Lastverschiebung zwischen Standorten vereinfacht wird.

7.3.2 Energiepreise – Abhängigkeiten von Tageszeit, Jahreszeit und Wetter

Wenn Sie sich eine Stromrechnung in den meisten Teilen der Welt ansehen, bestehen die Kosten aus mindestens vier Komponenten: den Kosten für den Strom selbst, den Kosten für die Übertragung des Stroms bei hoher Spannung von Generatoren zu einem Umspannwerk in der Nähe des Verbrauchers, den Verteilungskosten für die Herunterspannung und Verteilung des Stroms in einem Ort sowie den von der Regierung erhobenen Steuern und Gebühren.

---
[5] BMC, Board Management Controller. Ein kleiner energieeffizienter Computer in einem Knoten, der die Fernverwaltung eines Computerknotens ermöglicht; normalerweise ein Gerät mit sehr geringem Stromverbrauch.

In vielen Teilen der Welt, auch in Deutschland, dominieren die Steuern und Gebühren die Kosten für Strom, Übertragung und Verteilung. In anderen Regionen ist dies nicht der Fall. In den meisten Teilen der USA und in weiten Teilen der Welt betragen die Kosten für Verteilung und Übertragung jeweils etwa 1–2 Cent pro kWh. Steuern und Gebühren können in einigen US-Bundesstaaten und den meisten Teilen Europas leicht 20–30 Cent pro kWh betragen. Industrielle Nutzer zahlen normalerweise deutlich niedrigere Steuer- und Gebührensätze.

In diesem Abschnitt fokussieren wir uns zuerst auf den Energiepreis. Wenn Steuern und Gebühren die Kosten dominieren, dämpfen sie das Energiepreissignal und verringern den Anreiz, das Verhalten aufgrund von Energieknappheit zu ändern.

Wie Abb. 7.1 zeigt, können die Energiepreise im Jahresverlauf und von Stunde zu Stunde erheblich schwanken. Die Schwankungen werden durch viele Faktoren verursacht, die alle auf Angebot und Nachfrage hinauslaufen. An heißen und kalten Tagen besteht eine höhere Nachfrage nach Elektrizität. An manchen Tagen ist weniger Wind- oder Solarenergie verfügbar, was sich auf die Versorgung mit kostengünstigem Strom auswirkt. Ebenso gibt es Zeiten, in denen Kraftwerke wegen Wartungsarbeiten außer Betrieb sind, was wiederum das Angebot reduziert.

Es gibt auch Schwankungen innerhalb größerer Märkte aufgrund von Übertragungsüberlastungen und anderen ähnlichen Faktoren. Wenn beispielsweise die Übertragung in

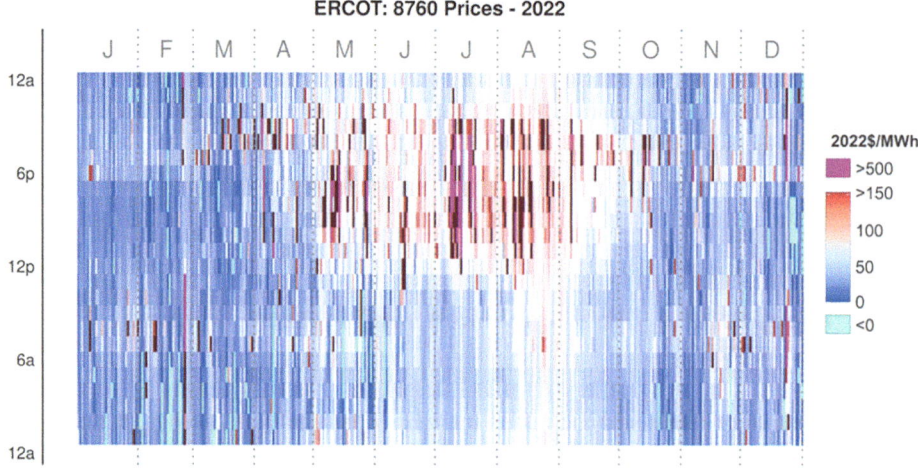

Abb. 7.1 Heatmap der Spot-Strompreise für ganz Texas im Jahr 2022. Der gesetzlich vorgeschriebene Höchstpreis beträgt 4000 US-$/MWh. Heatmaps sind eine großartige Möglichkeit, die Preisvolatilität schnell zu verstehen. Wie Sie sehen, ist die Energie in Texas am späten Nachmittag im Sommer sehr teuer. Beachten Sie auch die negativen Energiepreise. Datenquelle: ERCOT (ERCOT (Electric Reliability Council of Texas), https://www.ercot.com/, bietet Zugriff auf Echtzeit- und historische Daten zu Preisen, Erzeugungsquellen, Kapazität, Last und anderen Systemintegrationen. Die Daten können als CSV-Rohdaten heruntergeladen oder auf der Website zur Erstellung einfacher Grafiken wie Heatmaps verwendet werden. Die meisten Strommärkte bieten Zugang zu ähnlichen Informationen, beispielsweise Nordpool, https://www.nordpoolgroup.com/en/, in Deutschland)

7 IT-Infrastrukturen und deren Stromverbrauch

Abb. 7.2 Echtzeit-Preisverteilung in der Lastzone Texas West im Jahr 2022. Fast die Hälfte der Kosten für 1 MW für das Jahr fallen in 5 % der Stunden an. Datenquelle: ERCOT (Grafik von Shaun Connell und Andrew Grimshaw auf Lancium.com unter Verwendung von Daten von https://www.ercot.com/)

ein Gebiet unzureichend ist, können die Preise in diesem Gebiet höher sein. Wenn die Übertragung aus einem Gebiet mit sehr niedrigen Kosten unzureichend ist, können die Preise in diesem Gebiet niedriger sein. Diese „Gebiete" werden oft als Lastzonen bezeichnet. Sogar innerhalb einer Lastzone kann ein bestimmtes Umspannwerk aufgrund interner Überlastungen innerhalb der Lastzone weniger teuren Strom haben.

Dies ist in den Daten der Lastzone im Westen von Texas in Abb. 7.2 zu sehen. Hier haben wir die Daten für einen Zeitraum im Jahr 2022 sortiert. Die Lastzone hatte im Jahr 2021 14 GW Wind und 7 GW Solar. In Abb. 7.2 gibt es drei Dinge, auf die man sich konzentrieren sollte.

Erstens war der Strompreis 20 % der Zeit negativ, weil die Übertragungskapazität von der Lastzone zum Rest von Texas nicht ausreichte und die Energie nicht abtransportiert werden konnte. Dies lag daran, dass die erneuerbaren Energien „funktionierten", was zu einem Stromüberschuss über die ~5 GW lokale Last in der Westzone und die ~14 GW führte, die über Übertragungsleitungen zu den Bevölkerungszentren im Rest von Texas transportiert werden konnten.

Wenn dies geschieht, sprechen wir von einer Überlastung des Netzes[6] (*Congestion*) – es ist Strom vorhanden, aber er kann nicht dorthin transportiert werden, wo er benötigt wird.

---

[6] Von Überlastung bzw. Engpässen spricht man, wenn die verfügbare Leistung nicht an die Verbraucher übertragen werden kann, also die Stromleitungen voll sind. Auch in Deutschland ist das ein Problem, wenn überschüssiger Windstrom aus dem Norden aufgrund von Engpässen nicht vollständig in den Süden transportiert werden kann.

Wenn das Netz überlastet ist und es einen Überschuss an erneuerbarer Energie gibt, werden die Preise negativ, da die Grenzkosten der Energieerzeugung nahe Null liegen und es eine staatliche Subvention von drei Cent pro kWh für erneuerbare Energie gibt, genau dann, wenn der Strom geliefert (und verbraucht) wird. Die Subvention gilt während der ersten zehn Jahre der Laufzeit von erneuerbaren Projekten in den USA.

Zweitens beachten Sie die Gewinnschwellenlinien für den Erdgaspreis in Texas zu dieser Zeit für Gasturbinen (am teuersten), reine Dampfkraft und kombinierte Kreislaufkraftwerke. Wenn der Energiepreis unter diesen Punkten liegt, stammt der Strom nicht aus Gaskraftwerken, da die Verwendung von Gas nicht wirtschaftlich ist (es könnte eine Ausnahme für Kraft-Wärme-Kopplungsanlagen wie in Deutschland geben, aber das ist in West-Texas nicht der Fall).

Drittens gibt es am anderen Ende des Spektrums die wenigen Zeiten, in denen Energie sehr knapp oder sehr gefragt ist. Diese treten normalerweise auf, wenn es sehr heiß oder sehr kalt ist und die erneuerbaren Energien nicht so viel produzieren. Unter diesen Umständen werden mit fossilen Brennstoffen betriebene Generatoren, die möglicherweise die meiste Zeit inaktiv sind, online geschaltet, um Strom zu liefern. Die Kosten für die selten genutzten Ressourcen sind tendenziell höher als bei regelmäßig betriebenen Anlagen. Ihre Kapitalkosten und Betriebskosten wie Personal müssen unabhängig davon bezahlt werden, wie oft sie genutzt werden. Diese Kosten werden wiederum über weniger Megawattstunden amortisiert.

Da die tatsächlichen Energiekosten volatil sind, zahlen die meisten Industrienutzer und Verbraucher durch ihren Regulierungsprozess einen ausgehandelten Tarif, der eine Absicherung der tatsächlichen Strompreise darstellt. In der Industrie werden diese als PPAs (*Power Purchase Agreements*) bezeichnet.

Diese kurzen Preisspitzen sind ein wichtiger Faktor, der die durchschnittlichen Strompreise in die Höhe treibt, wie sie beispielsweise in einem PPA gezahlt werden können, bei dem die Energiepreise abgesichert sind. Verbraucher, die ihre Last auf günstigere Zeiten und weg von teuren Zeiten verlagern können, können ihre Stromrechnung erheblich senken.

In der Lastzone West-Texas können Sie 25 % Ihrer Rechnung sparen, wenn Sie Ihre Last während der teuersten 2 % der Zeit drosseln können. Wenn Sie während der teuersten 5 % der Zeit drosseln können, lassen sich 50 % Ihrer Rechnung sparen. Wenn Sie ein PPA haben, verkaufen Sie Ihren Strom im Wesentlichen an das Unternehmen zurück, von dem Sie das PPA gekauft haben. Diese Möglichkeit ist nicht überall verfügbar. Ohne die Möglichkeit, die Vorteile einer Lastreduzierung zu nutzen, werden die meisten Kunden nicht auf Preissignale reagieren und ihre Last während Zeiten hoher Preise reduzieren.

Beachten Sie, dass Preisschwankungen kein US-Phänomen sind. Sie können immer dann auftreten, wenn die Preise nicht kontrolliert werden und ein offener Großhandelsmarkt für Energie besteht. Der Markt wird verwendet, um Preissignale an Generatoren zu senden, damit sie online gehen, und an Benutzer, damit sie ihre Last reduzieren.

Abb. 7.3 zeigt beispielsweise die Preisvolatilität auf dem „Nordpool"-Markt in Deutschland über einige Tage im Jahr 2023 stündlich, und Abb. 7.4 zeigt den durchschnittlichen

EUR/MWh

	23-02-2023	22-02-2023	21-02-2023	20-02-2023	19-02-2023	18-02-2023	17-02-2023	16-02-2023
00 - 01	134,68	139,90	50,50	78,87	109,04	28,14	106,05	112,86
01 - 02	131,40	128,53	46,01	51,06	104,12	36,44	98,61	117,48
02 - 03	129,00	125,30	47,76	48,86	99,53	35,82	92,71	114,52
03 - 04	124,78	128,53	53,28	34,00	93,00	44,41	86,12	113,35
04 - 05	125,17	129,53	69,15	29,13	92,55	62,98	80,63	115,00
05 - 06	129,93	139,19	94,87	38,24	97,78	70,10	90,90	119,96
06 - 07	153,98	157,49	127,67	72,30	98,50	82,26	105,12	145,60
07 - 08	170,00	173,13	148,87	78,18	107,77	93,37	122,65	166,50
08 - 09	178,08	176,34	153,96	75,75	113,86	109,95	129,90	175,34
09 - 10	169,60	164,55	130,70	49,92	118,32	114,92	114,52	166,44
10 - 11	154,59	152,53	129,24	41,96	116,17	107,64	101,56	150,28
11 - 12	149,83	136,99	116,51	23,93	113,87	102,80	91,96	132,94
12 - 13	142,22	129,56	112,53	23,81	108,52	94,47	90,80	118,18
13 - 14	136,70	129,18	114,14	22,01	101,18	83,29	67,63	118,63
14 - 15	135,30	136,04	119,30	41,52	98,54	86,37	36,68	127,93
15 - 16	135,39	150,91	130,56	52,34	107,70	96,60	33,71	134,95
16 - 17	139,54	156,96	148,99	57,15	120,72	109,98	69,63	140,96
17 - 18	152,36	165,01	164,85	94,99	141,11	128,80	79,92	166,00
18 - 19	165,22	175,00	178,13	112,54	158,70	147,08	90,53	166,92
19 - 20	165,00	172,73	177,10	109,04	158,38	149,95	85,05	160,59
20 - 21	155,91	162,06	170,00	92,57	138,31	135,49	59,96	143,57
21 - 22	151,14	154,02	158,80	87,73	127,10	120,64	46,90	137,96
22 - 23	145,61	149,60	153,20	89,47	117,68	116,99	43,82	127,52
23 - 00	131,46	134,47	142,58	68,64	94,85	113,66	22,22	108,07
Min	124,78	125,30	46,01	22,01	92,55	28,14	22,22	108,07
Max	178,08	176,34	178,13	112,54	158,70	149,95	129,90	175,34
Average	146,12	148,65	122,45	61,42	114,05	94,67	81,15	136,73
Peak	151,99	153,82	139,67	58,75	121,42	110,99	82,66	146,60
Off-peak 1	137,37	140,20	79,76	53,83	100,29	56,69	97,85	125,66
Off-peak 2	146,03	150,04	156,15	84,60	119,49	121,70	43,23	129,28
	23-02-2023	22-02-2023	21-02-2023	20-02-2023	19-02-2023	18-02-2023	17-02-2023	16-02-2023

Abb. 7.3 Beispielhafte Spotpreise für Strom in Deutschland. (Quelle: https://www.nordpoolgroup.com/en/) Preisvolatilität kann sowohl von Rechenzentrumsplanern als auch von Energiespeichersystemen genutzt werden. Energiespeichersysteme kaufen Strom, wenn er billig ist, und verkaufen ihn, wenn er teurer ist

Spotpreis pro Tag in Deutschland über mehrere Monate des Jahres 2022. Bedenken Sie, dass Tagesdurchschnitte kurze Zeiträume mit sehr hohen/niedrigen Preisen während des Tages verschleiern können, was in Abb. 7.3 deutlich wird. Dies ist wichtig, da die meisten hohen Preise kurzzeitig und vorübergehend sind und daher, wenn ein Rechenzentrum diese Preisspitzen durch eine Reduzierung der Last ausnutzen möchte, die Dauer der Ausfallzeit/reduzierten Last kurz und damit für die Nutzergemeinschaft eher erträglich sein wird.

Abb. 7.4 Durchschnittliche tägliche Spotmarktpreise für Strom Ende 2023. (Quelle: https://www.energy-charts.info/index.html?l=en&c=DE)

7.3.3 CO$_2$-Kosten von Elektrizität

Elektrizität kann auf viele verschiedene Arten erzeugt werden: Wasserkraft, Erdgas, Kohle, Kernenergie, Biomasse, Wind und Sonne sind einige der gängigsten. Jedes dieser Erzeugungssysteme hat einen zugehörigen Emissionsfaktor in kg CO$_2$/MWh. Bei Generatoren mit fossilen Brennstoffen variiert der genaue Emissionsfaktor zwischen den einzelnen Anlagen je nach Design, Brennstoff und anderen Betriebsfaktoren. Die Grundzüge sind klar: Kohle und Öl verursachen deutlich mehr Emissionen als Erdgas (vgl. Tab. 7.1).

Der Energiemix des Stroms im Netz variiert ständig. Der Mix wird durch den Generatortyp und seinen prozentualen Beitrag zur Gesamtenergie bestimmt. Abb. 7.5 zeigt den Energiemix für Deutschland in der 8. Woche des Jahres 2023 und den Emissionsfaktor zum Zeitpunkt der Aufnahme dieser Grafik. Der Gesamtemissionsfaktor des Netzes variiert also, ist bekannt und kann mit denselben Planungstools wie bei der Geldpreisoptimierung optimiert werden.

Rechenzentrumsplaner können sowohl zur Preis- als auch zur Emissionsoptimierung und zur Stabilisierung des Netzes beitragen.

Fazit
- Das Herunter-/Abschalten der Last oder die Nutzung von Energiespeichersystemen bei hohen Preisen kann die Kosten erheblich senken und das Stromnetz bei knappem Angebot und hohen Preisen entlasten.

7 IT-Infrastrukturen und deren Stromverbrauch

Tab. 7.1 Ungefähre CO_2-Emissionen pro MWh nach Energiequelle

Energiequelle	Ungefähre CO_2 Emissionen/MWh
Kohle	1000 kg
Öl	1000 kg
Erdgas – Gasturbine (Spitzenlast)	200 kg
Erdgas – Kombinierter Zyklus	100 kg

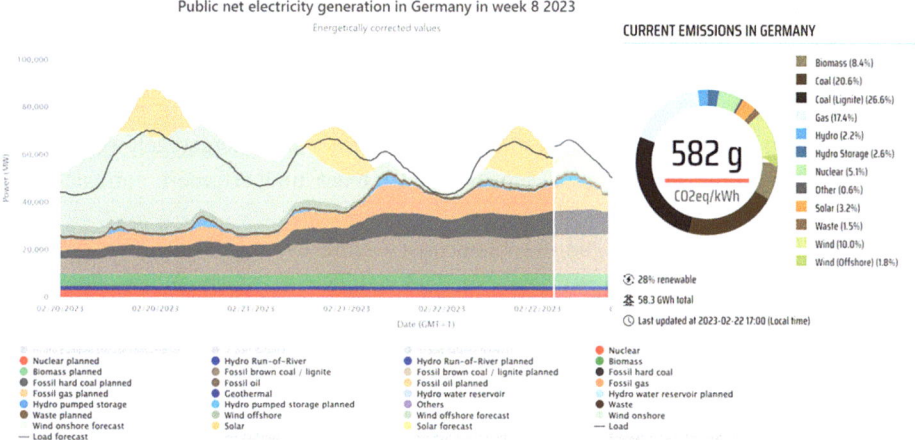

Abb. 7.5 Energiemix in Deutschland an fünf Tagen im Februar 2023. Beachten Sie die schnellen Schwankungen bei Wind und Sonne und den Emissionsfaktor von 582 kg/MWh. (Quelle: https://www.nowtricity.com/country/germany/)

- Die Verlagerung energieintensiver Computerjobs in billige Zeiten und von Jobs mit geringem Energieverbrauch in teure Zeiten senkt die Energiekosten, ohne den Durchsatz zu verringern.
- Die Reduzierung der Nachfrage in Zeiten mit hoher Nachfrage wird die Preiserhöhungen in diesen Zeiten abmildern, was allen Netznutzern zugutekommt.
- Wenn Marktstrukturen es Lasten nicht erlauben, Strom bei hohen Preisen zurückzuverkaufen, sind die Preissignale bei der Reduzierung der Last und damit der Preise weniger wirksam.

7.3.4 Vorteile und Herausforderungen bei erneuerbarer Energie

Erneuerbare Energie, insbesondere Solar- und Windenergie, ist heute die kostengünstigste Methode zur Stromerzeugung. Jahrzehntelange Investitionen von Regierungen auf der ganzen Welt haben zu Innovationen und Skaleneffekten geführt, die die nicht subventionierten Stromgestehungskosten (LCOE) unter die von konventioneller Kohle, Erdgas und Kernenergie gedrückt haben (zitiert nach Lazard und IEA).

Leider bringen erneuerbare Energien aus Sicht des Netzmanagements einige Herausforderungen mit sich. Zwei der wichtigsten Herausforderungen sind: (i) Ihre Energieerzeugung kann sich unerwartet ändern, so dass Reservekapazitäten zur Stromerzeugung verfügbar sein müssen, um sicherzustellen, dass der erzeugte Strom den Bedarf der Kunden deckt. (ii) Die besten Standorte für die Stromerzeugung aus erneuerbaren Energien sind oft weit von den Orten entfernt, an denen der Strom benötigt wird, so dass erhebliche Übertragungsanlagen (Hochspannungsleitungen) erforderlich sind, um den Strom vom Erzeugungsort zum Verbrauchsort zu transportieren (Acatech et al., 2021).

Beide Mängel können gemildert werden, was jedoch oft mit erheblichen Kosten verbunden ist. Um die Variabilität zu mildern, kann man massive Energiespeichersysteme (ESS) verwenden, zusätzliche steuerbare Erzeugungskapazitäten[7] bauen, normalerweise Erdgasturbinen, oder sicherstellen, dass einige große Lasten heruntergeregelt werden können. Der Bau weiterer Erzeugungskapazitäten ist teuer und erfordert normalerweise Kapitalausgaben von über 1 Mio. US-\$/MW.

Die Milderung von Übertragungsproblemen ist komplexer. Das Problem sind nicht so sehr die Kosten der Übertragungssysteme, sondern vielmehr, dass Gemeinden keine Hochspannungsleitungen in ihrer Nähe haben möchten. Eine Alternative zum Bau weiterer Übertragungsnetze besteht darin, die Rechenzentren dorthin zu verlegen, wo die Erzeugung am effektivsten ist, z. B. auf die Nordseeinseln, anstatt zu warten, bis die Übertragungskapazität verfügbar wird.

Fazit
- Wind- und Solarenergie sind die kostengünstigste Art der Stromerzeugung.
- Die Variabilität der Stromerzeugung muss entweder durch neue bedarfsgerechte Stromerzeugung oder durch steuerbare Lasten angegangen werden.
- Überlastungen der Übertragungsleitungen können durch den Bau von Rechenzentren, in denen die erneuerbare Energie erzeugt wird, gemildert werden.

7.3.5 Gleichgewicht und Nebenleistungen

Die Erzeugung und Nutzung, im Folgenden „Last", von Elektrizität müssen immer ausgeglichen sein, sonst passieren sehr schnell schlimme Dinge. Alles, was das Gleichgewicht im großen Maßstab stört, z. B. ein schneller Anstieg der Last oder ein schneller Rückgang der Erzeugung, muss sofort (~15 s) durch Erhöhung der Erzeugung oder Verringerung der Last ausgeglichen werden. Andernfalls kann es zu beschädigten Erzeugungsanlagen und/oder kaskadierenden Stromausfällen kommen.

---

[7] Ein steuerbarer Generator ist ein Generator, dem man sagen kann, wie viel Strom er erzeugen soll (innerhalb seiner Konstruktionsgrenzen) und der dies auch tut. Gas-/Kohle-/Atom-/Wasserkraftwerke gelten normalerweise als steuerbar. Wind- und Solarkraftwerke sind das nicht. Wenn der Wind nicht weht oder die Sonne nicht scheint, kann man nicht einfach sagen: „Gib mir mehr", denn es gibt nicht mehr zu geben.

Ein Ungleichgewicht, das durch „Erzeugung < Last" verursacht wird, führt zu einer niedrigeren Frequenz im Netz, während ein Ungleichgewicht, bei dem „Erzeugung > Last" ist, zu einer höheren Frequenz führt. Wenn diese auftreten, werden sie als Abweichungen bezeichnet, weil die Netzfrequenz von der gewünschten Frequenz abweicht. Kleine, aber signifikante Abweichungen treten ständig auf. Ist die Abweichung groß genug, muss sie sofort korrigiert werden. Überschüssige Energie kann leicht verwaltet werden, indem die Generatoren heruntergefahren und/oder Energie in Lastbänke geleitet wird, große Widerstandsgeräte, die Energie in Wärme umwandeln.

Wenn die Erzeugung nicht ausreicht, werden die Generatoren angewiesen, mehr Strom zu erzeugen, oder die Lasten werden angewiesen, die Last zu reduzieren. Wird das Gleichgewicht nicht wiederhergestellt, schaltet der Netzbetreiber große Lasten, wie z. B. Städte, durch Auslösen von Leistungsschaltern ab. Dies ist ein Stromausfall. Wenn die Abweichung nicht schnell behoben wird, z. B. innerhalb von 15 s, schalten sich die Generatorbetreiber rotierender Erzeugungssysteme selbst offline, um dauerhafte und teure Schäden an den Generatoren zu vermeiden. In so einem Fall wird das Ungleichgewicht größer, was dazu führt, dass mehr Generatoren offline gehen oder der Betreiber gezwungen ist, immer mehr Lasten abzuschalten. Dies ist ein Szenario, das Netzbetreiber aus offensichtlichen Gründen verhindern möchten.

Um Stromausfälle zu vermeiden, halten Netzbetreiber weltweit ausreichende Reservekapazitäten bereit, die sehr schnell online gebracht werden können. Traditionell halten Netzbetreiber bei einem Großteil der Erzeugung bedarfsgesteuert etwa 10 % der geschätzten Last bereit. Bei einem größeren Mix aus erneuerbaren Energien ist normalerweise die erforderliche Reservekapazität mit 20–30 % größer. Diese Reservekapazität kann als eine Art Versicherung gegen Ausfälle betrachtet werden oder im Fall von erneuerbaren Energien gegen die Unfähigkeit, ihre Erzeugungsziele zu erreichen.

Eine schnell bedarfsgesteuerte Kapazität wird im Allgemeinen dadurch erreicht, dass Generatoren unterhalb ihres Auslegungsmaximums betrieben werden, möglicherweise bei 80–90 % der Kapazität. Dadurch können sie ihre Stromerzeugung sehr schnell steigern, indem sie im Grunde Brennstoff hinzufügen. Es gibt Opportunitätskosten für den Betrieb unter Kapazität (sie könnten mehr Strom verkaufen) und Kapitalkosten für den Betrieb unter Kapazität (sie amortisieren die Kapitalkosten über weniger MWh). Daher müssen Generatoren dafür entschädigt werden, dass sie freie Kapazitäten online halten.

Die Fähigkeit, freie Kapazitäten bereitzustellen oder die Last auf Befehl zu reduzieren, wird als Nebendienstleistungen (AS) bezeichnet. Es gibt Märkte für diese Dienstleistungen, die durch ihre Reaktionszeit definiert sind, d. h. die Zeit, die sie zum Reagieren benötigen. Rotierende Ressourcen, die in Sekundenschnelle online gehen können, sind eine Klasse; solche, die in 10–15 min online gehen können, z. B. Gasturbinen, sind eine andere Klasse und solche, die 3–24 h brauchen, z. B. Kohle- oder Gas-/Dampfkraftwerke, sind eine weitere Klasse von Dienstleistungen.

AS-Preise werden normalerweise in Form von Kosten/MWh angegeben, z. B. US-$/MWh, und decken bestimmte Stunden während eines Tages ab. Wenn beispielsweise Unternehmen A einen Vertrag zur Bereitstellung von 100 MW von 14:00–15:00 Uhr zu einem Preis von 10 US-$/MWh hat, würde Unternehmen A 1000 US-$/Stunde erhalten, unabhängig davon, ob es Energie liefert oder nicht! Wenn es jedoch aufgefordert wird, die Energie zu liefern, muss es dies tun, da es sonst erhebliche Strafen zahlen muss und wahrscheinlich nicht mehr auf dem Markt verkaufen kann. Die Preise für AS mit schneller Reaktionszeit variieren sowohl tagsüber als auch im Jahresverlauf erheblich. Typische Preise liegen irgendwo zwischen 10 und 40 US-$/MWh.

Wir erwähnen Nebenleistungen aus zwei Gründen. Erstens, weil Sie, wenn Sie 1 GW neue Last einführen wollen, nicht nur 1 GW Erzeugung einführen müssen, sondern auch ausreichend Überschusserzeugung oder Fähigkeit zur Laststeuerung, um die Nebenleistungsanforderungen zu erfüllen. Beachten Sie, dass diese Anforderungen umso höher sind, je größer der erneuerbare Mix ist.

Zweitens können nicht nur Generatoren AS verkaufen. Ladungen, die ihre Fähigkeit zum Ladungsabwurf auf Anforderung innerhalb der angegebenen Zeit nachweisen können, können ihre Fähigkeit zum Ladungsabwurf auch verkaufen, wiederum unabhängig davon, ob sie genutzt wird oder nicht und wie lange sie genutzt wird.

HPC/KI-Rechenzentren verfügen über die technische Fähigkeit, mit zusätzlicher Systemmanagementsoftware die Last schnell zu senken, und könnten an den AS-Märkten teilnehmen, wodurch der Bau zusätzlicher Erzeugungskapazitäten entfällt. Wenn Betreiber von HPC/KI-Rechenzentren per AS die Kapitalkosten für den Bau von Erzeugungsanlagen, die Betriebskosten für die Besetzung und Wartung neuer Generatoren sowie die politischen Kosten für die Platzierung von Kraftwerken und zugehörigen Übertragungsleitungen zur Verfügung stellen würden, könnte dies vermieden werden.

Fazit
- Erzeugung und Last müssen immer übereinstimmen.
- Reserve, steuerbare Erzeugung ODER steuerbare Lasten können verwendet werden, um das Stromnetz ins Gleichgewicht zu bringen.
- Steuerbare Lasten wie Rechenzentren können ihre Fähigkeit zur Leistungsreduzierung verkaufen und so ihre Stromrechnung senken. Dies kann den Bedarf an zusätzlicher steuerbarer Erzeugung verringern.
- In einigen Bereichen müssen die Märkte möglicherweise umstrukturiert werden, um entsprechende Anreize zu bieten.

7.3.6 Kosten für Erzeugung und Energiespeicherung

Neue Erzeugungskapazität und Energiespeicherkapazität zur Bereitstellung von Nebenleistungen kosten erhebliche Summen. In den USA beispielsweise betrugen die Gesamtkosten für ein 100-MW-Batteriespeichersystem (BESS) mit vier Stunden Laufzeit Ende 2023 etwas über 100 Mio. US-$ oder ungefähr 1 Mio. US-$/MW. Somit würde ein hypothetisches 1-GW-Rechenzentrum mit vier Stunden Batterie-Backup (um teure Stunden zu überbrücken, Nebenleistungen bereitzustellen und Netznotfälle und Stromausfälle zu überstehen) rund eine Milliarde US-$ kosten.

Es gibt drei Arten von Erdgaskraftwerken: Gasturbinen-, Dampf- und Kombikraftwerke. Im Grunde ist eine Gasturbine genau das: ein Generator, der an ein Düsentriebwerk geschnallt ist. Ein Dampfkraftwerk ist wie ein Kohlekraftwerk, verbrennt aber Erdgas. Ein Kombikraftwerk kombiniert eine Gasturbine mit einem Dampfkraftwerk, das die Abwärme der Gasturbine nutzt. Gasturbinen können sehr schnell, innerhalb von Minuten, ans Netz gebracht werden. Der Dampfteil eines Kombikraftwerks kann Stunden dauern. Spitzenlastkraftwerke, die einspringen und bei Bedarf schnell Strom liefern, um das Netz auszugleichen, sind daher in der Regel Gasturbinen. Gasturbinen kosten 700.000 bis 1,1 Mio. US-$ pro MW, GuD-Kraftwerke 650.000 bis 1,3 Mio. US-$ pro MW (auch Lazard, 2023).

Dies sind jedoch nur die grundlegenden Kapitalkosten für die Ausrüstung und die Grundausstattung. Oft gibt es noch weitere nicht unerhebliche Kosten: das Land, auf dem die Generatoren aufgestellt werden, das Genehmigungsverfahren, Transformator-Upgrades, die Verlegung der Übertragungsleitungen (und all die erheblichen Herausforderungen bei der Erlangung von Wegerechten und Dienstbarkeiten) und so weiter.

Bei selten genutzten Kapitalanlagen sind die amortisierten Kapitalkosten pro Nutzungsstunde in der Regel deutlich höher als bei voll genutzten Anlagen.

Diese Kosten sind sehr wichtig, wenn man die Kosten für die Bereitstellung von Ausgleichsdiensten betrachtet, bei denen nur die Erzeugung und nicht die Last genutzt wird. Wenn Sie die 10–30 % freie Kapazität durch Stromerzeugung bereitstellen, können die Vorlaufkapitalkosten für diese freie Kapazität für ein Rechenzentrum mit 1 GW nicht steuerbarer Last leicht mehrere Hundert Millionen betragen.

Fazit
- Die Investitionsausgaben und Genehmigungsprobleme für freie Erzeugungskapazitäten können gemildert werden, indem Rechenzentren als erstklassige Netzteilnehmer behandelt werden und ihre Fähigkeit zur Lastreduzierung als Ersatz für die Stromerzeugung genutzt wird.
- Die Erdgasversorgung in Europa ist nicht so reichlich und zuverlässig wie in den USA. Dies spricht gegen die Erhöhung der Anzahl von Gasturbinen-Spitzenlastkraftwerken als Mittel zur Gewährleistung der Netzstabilität und stattdessen für die Nutzung großer Rechenzentren als steuerbare Lasten.

7.3.7 Rechenzentren als erstklassige Teilnehmer am Stromnetz

Bis vor kurzem waren die Lasten von Rechenzentren geringer als die eines typischen Stromerzeugungssystems und ihre Gesamtauswirkungen auf das Stromnetz niedriger. Da es sich um geringe Lasten handelt, konnten Netzbetreiber ihre Auswirkungen auf die Netzstabilität und den Netzausgleich ignorieren. Das ist nicht mehr der Fall. Rechenzentren, die weltweit gebaut oder geplant werden, werden eine Leistung von 1–6 GW pro Standort haben. Bei diesen Leistungsstufen dominieren die Rechenzentren die Diskussionen über Übertragung, Erzeugung und Netzausgleich.

Ebenso steigen die Kosten (Energie und CO_2) für den Betrieb großer Rechenzentren rapide an. Ein Rechenzentrum mit einer Leistung von 1 GW und 11,5 Cent pro kWh wird eine Stromrechnung von 1 Mrd. US-$ pro Jahr verursachen und bei einer Stromversorgung mit Kohle zu einem Ausstoß von etwa 8,7 Mio. Tonnen CO_2 pro Jahr führen. Eine Kombination aus verbesserten Zeitplänen und einer (innerhalb bestimmter Grenzen) steuerbaren Auslastung der Rechenzentren durch die Netzausgleichsbehörde könnte die direkten Kosten für die Stromversorgung der Rechenzentren (Geld und CO_2) senken und auch andere Kosten reduzieren, die die Gesellschaft in Form von freier Erzeugungskapazität und zusätzlicher Übertragungskapazität zu tragen hat. Dies spricht dafür, große Rechenzentren zu erstklassigen Teilnehmern am Stromnetz zu machen.

7.4 Wie sollte Europa reagieren? Mögliche Antworten

Der Wachstumsfaktor von Rechenzentren, der größtenteils aus der Nachfrage nach KI resultiert, stellt eine Reihe von Herausforderungen für unsere Gesellschaft dar. Microsoft hat kürzlich das Projekt *Stargate* angekündigt, ein fünfstufiges Projekt zum Bau von KI-Rechenzentren. Das erste dieser neuen Rechenzentren wird 2026 gemeinsam mit Open AI in Mount Pleasant, Wisconsin, zu voraussichtlichen Kosten von 10 Mrd. US-$ eröffnet. Die Fertigstellung des Projekts ist für 2030 mit dem KI-Supercomputer *Stargate* zu Gesamtkosten von 115 Mrd. US-$ und einem Energieverbrauch von 5 GW geplant – 500-mal mehr als die Stromkapazität von LRZ. Die Konkurrenz von Microsoft arbeitet angeblich an ähnlichen Zielen.

Ob solche Ansätze nachhaltig sind, hängt von vielen verschiedenen Faktoren ab. Selbst wenn ein Unternehmen in der Lage ist, die erste Version eines solchen Rechenzentrums aufzubauen, fallen auch erhebliche Betriebs- und Wartungskosten an, einschließlich der Erneuerung der IT-Infrastruktur in regelmäßigen Zyklen, derzeit 5–7 Jahre.

Angesichts solcher Entwicklungen ist klar, dass Deutschland und Europa einen eigenen Fahrplan für zukünftige IT-Infrastrukturen benötigen. Der Deutsche Bundestag hat deshalb 2023 das Gesetz zur Steigerung der Energieeffizienz und zur Änderung des Energiedienstleistungsgesetzes (EnEfG) verabschiedet. Obwohl es erfreulich ist, dass die Politik dieses Ziel aufgreift, scheinen die Umweltziele im Gesetzesentwurf für das, was benötigt wird, zu wenig ehrgeizig zu sein.

Derzeit scheint es zumindest mit den aktuellen LLMs fast unmöglich, wettbewerbsfähige IT-Infrastrukturen in Deutschland oder Europa aufzubauen, angefangen von den Anforderungen an die Energieversorgung bis hin zur Verfügbarkeit der entsprechenden Hardware. Angesichts der Möglichkeit weltweiter politischer Veränderungen und um eine Bindung an bestimmte Anbieter zu verhindern, muss jedoch eine europäische Strategie für technologische oder digitale Souveränität entwickelt werden. Eine solche Strategie muss sich auf nachhaltige Aspekte von IT-Infrastrukturen konzentrieren, bei denen Europa heute sogar führend ist. Gleichzeitig ist jedoch möglicherweise die Zusammenarbeit mit internationalen Partnern zu prüfen.

Aus Platzgründen kann dieser Artikel nur einige Aspekte des Themas ansprechen. Einen detaillierteren Blick auf die Nachhaltigkeit von KI bietet Kate Crawford in ihrem

Buch „Atlas of AI" (2022). Neben der Energieproblematik benötigen Rechenzentren und IT-Infrastrukturen erhebliche Mengen Wasser für die Kühlung, seltene Erden für die Chips und viele andere Aspekte.

Literatur

Acatech, et al. (2021). *Grid congestion as a challenge for the electricity system options for a future market design.* https://energiesysteme-zukunft.de/fileadmin/user_upload/Publikationen/PDFs/ESYS_Position_Paper_Grid_congestion.pdf. Zugegriffen am 18.07.2025.

Crawford, K. (2022). *Atlas of AI.* Yale University Press.

Jackson, A. (2024). *Top 10: Data centre companies in the world 2024.* https://datacentremagazine.com/top10/top-10-data-centre-companies-in-the-world-2024. Zugegriffen am 18.07.2025.

Jones, N. (2018, September 12). How to stop data centres from gobbling up the world's electricity. *News Feature, Nature.* https://www.nature.com/articles/d41586-018-06610-y. Zugegriffen am 18.07.2025.

Lazard. (2023). *Levelized cost of energy.* https://www.lazard.com/research-insights/2023-levelized-cost-of-energyplus/. Zugegriffen am 18.07.2025.

Shah, A. (2024, Juli 08). *Generative AI to Account for 1.5 % of World's Power Consumption by 2029, HPCwire.* https://www.hpcwire.com/2024/07/08/generative-ai-to-account-for-1-5-of-worlds-power-consumption-by-2029/#:~:text=The%20research%20firm%20estimated%20that,of%20Nvidia's%20flagship%20Hopper%20GPU. Zugegriffen am 18.07.2025.

The Conference Board. (2024, Juni 13). *Report: The rise of AI threatens to explode US electricity demand and overburden the grid – But also promises new efficiencies.* https://www.prnewswire.com/news-releases/report-the-rise-of-ai-threatens-to-explode-us-electricity-demand-and-overburden-the-gridbut-also-promises-new-efficiencies-302172058.html. Zugegriffen am 18.07.2025.

Vaswani, A., et al. (2017). *Attention is all you need.* https://arxiv.org/abs/1706.03762. Zugegriffen am 18.07.2025.

Wilde, T., et al. (2014). The 4 Pillar Framework for energy efficient HPC data centers. *Computer Science Research and Development, 29,* 241. https://doi.org/10.1007/s00450-013-0244-6

Open Access Dieses Kapitel wird unter der Creative Commons Namensnennung - Nicht kommerziell - Keine Bearbeitung 4.0 International Lizenz (http://creativecommons.org/licenses/by-nc-nd/4.0/deed.de) veröffentlicht, welche die nicht-kommerzielle Nutzung, Vervielfältigung, Verbreitung und Wiedergabe in jeglichem Medium und Format erlaubt, sofern Sie den/die ursprünglichen Autor(en) und die Quelle ordnungsgemäß nennen, einen Link zur Creative Commons Lizenz beifügen und angeben, ob Änderungen vorgenommen wurden. Die Lizenz gibt Ihnen nicht das Recht, bearbeitete oder sonst wie umgestaltete Fassungen dieses Werkes zu verbreiten oder öffentlich wiederzugeben.

Die in diesem Kapitel enthaltenen Bilder und sonstiges Drittmaterial unterliegen ebenfalls der genannten Creative Commons Lizenz, sofern sich aus der Abbildungslegende nichts anderes ergibt. Sofern das betreffende Material nicht unter der genannten Creative Commons Lizenz steht und die betreffende Handlung nicht nach gesetzlichen Vorschriften erlaubt ist, ist auch für die oben aufgeführten nicht-kommerziellen Weiterverwendungen des Materials die Einwilligung des jeweiligen Rechteinhabers einzuholen.

Teil III

Anforderungen an die weitere Entwicklung

Vertrauenswürdige und souveräne Nutzung

8

Carmen Dencker und Kim Nguyen

> **Zusammenfassung**
>
> *Der Schlüssel zu einer erfolgreichen und nachhaltigen Integration von Künstlicher Intelligenz (KI) in Gesellschaft und Wirtschaft liegt im Aufbau von Vertrauen und einem souveränen Umgang mit dieser Technologie. Dieses Vertrauen entsteht durch eine transparente, ethisch verantwortungsvolle Gestaltung und Implementierung von KI-Systemen, unterstützt durch angemessene Regulierungs- und Zertifizierungsprozesse. Die Autoren schlüsseln die Dimensionen von Vertrauen in KI auf und diskutieren Lösungsansätze, dieses durch geeignete Maßnahmen umzusetzen. Sie beantworten die Frage, warum Vertrauen und souveräner Umgang wichtig sind, beschreiben Herausforderungen und Risiken für Vertrauen in KI und zeigen Strategien zur Stärkung des Vertrauens und des souveränen Umgangs auf.*

8.1 Einleitung

„Vertrauen ist für alle Unternehmungen das größte Betriebskapital, ohne welches kein nützliches Werk auskommen kann. Es schafft auf allen Gebieten die Bedingungen gedeihlichen Geschehens", erinnert uns Albert Schweitzer an die fundamentale Bedeutung von Vertrauen. In einer Zeit, in der die Fähigkeiten Künstlicher Intelligenz (KI) rasant wachsen und sich menschlichen Fähigkeiten in Teilgebieten annähern oder diese übertreffen, wird die Frage des Vertrauens in KI immer relevanter.

C. Dencker · K. Nguyen (✉)
Innovations, Bundesdruckerei GmbH, Berlin, Deutschland
E-Mail: carmen.dencker@bdr.de; kim.nguyen@bdr.de

Im Rahmen der Veranstaltungsreihe „Forum Bellevue" widmete sich der Bundespräsident der Bundesrepublik Deutschland, Frank-Walter Steinmeier, Anfang Juli 2024 dem Thema „Digitale Öffentlichkeit – brauchen wir eine neue Aufklärung?". Als zentral sieht Steinmeier dabei die folgenden drei Aspekte: Verständnis, Verantwortung und Vertrauen. Zum Thema Verständnis sagt er in seiner einführenden Rede: „Es geht inzwischen längst nicht mehr um die Frage, ob die KI weiter Einfluss auf unser Leben nehmen wird, sondern wie. Ich bin überzeugt: Wir sind dieser technischen Entwicklung nicht ausgeliefert. Aber ich bin ebenso überzeugt: Wir müssen sie verstehen, um sie gestalten zu können." Hinsichtlich unserer generellen gesellschaftlichen Verantwortung mit KI formulierte Steinmeier: „Wir haben die Chance, den Rahmen für KI so zu gestalten, dass sie dem Menschen und dem Gemeinwohl dient." Zum Thema Vertrauen schließlich zitierte er u. a. eine der Diskussionsteilnehmerinnen, die philippinische Journalistin und Friedensnobelpreisträgerin Maria Ressa, wie folgt: „Langfristig ist Bildung das Wichtigste überhaupt, […] mittelfristig sind es Gesetze, […] die die Rechtsstaatlichkeit in der virtuellen Welt wiederherstellen […]. Kurzfristig liegt es an uns: zusammenarbeiten, zusammenarbeiten, zusammenarbeiten. Und das fängt an mit Vertrauen."

Abschließend appellierte Bundespräsident Frank-Walter Steinmeier: „Verständnis, Verantwortung, Vertrauen: Weder IT-Entwickler noch Regierungen noch digitale Zivilgesellschaften werden die Herausforderungen, die auf uns zukommen, alleine lösen können. Wir brauchen eine gemeinsame Zielvorstellung, wir brauchen eine gemeinsame Bewegung – mindestens europäische Bewegung –, und wir müssen uns im Klaren darüber sein: Das, worüber wir hier reden, ist eine Generationenaufgabe."

Der vorliegende Beitrag soll auf diesem Weg als Denkanstoß dienen und dabei sowohl die gesellschaftliche Zielvorstellung, die europäischen Regulierungs- und Gesetzesinitiativen als auch eine Vorgehensweise zur Vertrauensbildung in KI betrachten.

Am Anfang der Betrachtung muss die Frage nach der grundsätzlichen Bewert- und Erkennbarkeit von natürlicher und Künstlicher Intelligenz stehen. Alan Turing, ein Vorreiter der Informatik, prägte 1950 mit dem Turing-Test einen wesentlichen Grundstein für die Beurteilung Künstlicher Intelligenz. Dieser Test misst, ob eine Maschine menschliche Intelligenz durch Kommunikation so überzeugend imitieren kann, dass ihre Antworten nicht von denen eines Menschen zu unterscheiden sind. Dies wirft grundlegend die Frage nach dem Unterschied zwischen menschlicher und Künstlicher Intelligenz auf.

Während menschliche Intelligenz durch Bewusstsein, emotionales Erleben und soziale Interaktionen gekennzeichnet ist, basiert Künstliche Intelligenz auf Algorithmen und Daten, ohne eigene Wünsche oder das Verständnis sozialer Strukturen. Menschen besitzen die einzigartige Fähigkeit, aus begrenzten Erfahrungen zu generalisieren und Wissen auf neue Kontexte anzuwenden, eine Fähigkeit, welche KI-Systemen, die auf umfangreichen Datensätzen trainieren, oft fehlt. Diese Unterscheidungen betonen die Notwendigkeit, Vertrauen in KI sorgfältig zu bewerten, besonders im Hinblick auf ihre Fähigkeit, menschenähnliche Intelligenz authentisch nachzuahmen und sich doch fundamental von ihr zu unterscheiden.

In China wird ein anderes Wort für Künstliche Intelligenz verwendet, nämlich „vom Menschen erschaffene Maschinenfähigkeiten" (Fischer, 2019), was den Schwerpunkt auf die Schöpfung und die damit einhergehenden Fähigkeiten legt, ohne notwendigerweise die Aspekte von Bewusstsein oder Intentionalität zu berücksichtigen. Es geht um das Zusammenspiel von Menschen und Maschinen; der Mensch steht immer im Mittelpunkt, er muss die Kontrolle behalten. Algorithmen und ihre Entscheidungen müssen nachvollziehbar sein, und es muss Vertrauen aufgebaut werden. „KI-Anwendungen können menschliche Intelligenz, Verantwortung und Bewertung nicht ersetzen", bringt es der stellvertretende Vorsitzende des Deutschen Ethikrates, Julian Nida-Rümelin, auf den Punkt (Deutscher Ethikrat, 2023).

Vertrauen ist ein wichtiges Fundament unseres Zusammenlebens. Vertrauen im menschlichen Miteinander bedeutet davon auszugehen, dass ein anderer Mensch in einem für mich positiven Sinne handelt. Und Vertrauen vereinfacht den Alltag, denn Unsicherheit und Komplexität werden hierdurch wesentlich reduziert. Anstatt eine Transaktion detailliert zu kontrollieren, vertraue ich auf die guten Absichten der anderen Partei. Durch konsistentes Handeln entsteht Vertrauen langsam entlang von eingehaltenen Versprechen und positiven Erfahrungen. Durch einen einzigen Vorfall, beispielsweise einen Betrug, kann das langsam aufgebaute Vertrauen allerdings schnell zerstört werden.

Je mehr KI-Systeme in unsere Privatsphäre und unseren Alltag eindringen, desto wichtiger wird das Vertrauen in diese Systeme. Unter welchen Voraussetzungen können Menschen KI-Systemen vertrauen, insbesondere wenn sie mit diesen sensible Informationen teilen oder ihre Ergebnisse als Basis für persönliche Entscheidungen nutzen? Ebenso wie das Vertrauen zwischen Menschen entsteht Vertrauen zwischen Menschen und KI-Systemen kontinuierlich durch viele Interaktionen, in der die Erwartungen des Menschen bestätigt werden. Ein einziger negativer Vorfall kann auch hier ausreichen, um Vertrauen nachhaltig zu erschüttern.

Mit dem zunehmenden Einzug von Künstlicher Intelligenz (KI) in viele Lebensbereiche stellt sich für unsere Gesellschaft immer mehr die Frage, wie wir KI sicher einsetzen und sicherstellen können, dass die Ergebnisse fair, transparent und diskriminierungsfrei sind. Um dem Vertrauen der Bürgerinnen und Bürger Rechnung zu tragen, suchen alle, aber insbesondere Firmen und die öffentliche Verwaltung Antworten auf die drängende Frage, wie es erreicht werden kann, dass Daten geschützt und falsche Ergebnisse und nicht intendierte negative Auswirkungen verhindert werden. Wie dies gelingen kann, wird in diesem Beitrag skizziert.

Der nächste Abschnitt fokussiert auf Vertrauen in KI-Systeme und damit verbundene Herausforderungen. Darauf aufbauend werden in Abschn. 8.3 Kriterien an Strategien und Maßnahmen zum Aufbau von Vertrauen abgeleitet. Für Regulierung und Zertifizierung werden Parallelen zur erfolgreichen *eIDAS-Verordnung* gezogen. In Abschn. 8.4 werden die herausgearbeiteten Punkte in einer Fallstudie zum Thema Sprachmodelle an einem praktischen Beispiel veranschaulicht.

8.2 Die Bedeutung von Vertrauen in KI-Systeme

8.2.1 Was ist Vertrauen?

Vertrauen ist essenziell für den sozialen Zusammenhalt, den Erfolg von wirtschaftlichen Beziehungen oder auch die Einführung neuer Technologien. Georg Simmel definiert Vertrauen als „die Hypothese zukünftigen Verhaltens" und unterstreicht damit die zukunftsorientierte Natur des Vertrauens (Basel et al., 2024). Allgemeiner ausgedrückt wird von

Oswald (2006) Vertrauen als „die Erwartung einer Person, dass es in einer Situation auch ohne vollständige Kontrolle möglicher negativer oder opportunistischer Verhaltensweisen zu einem gewünschten positiven Ausgang kommt", beschrieben.

Vertrauen ist somit eine Vorleistung in die zukünftige Beziehung zu einer Person, einer Organisation oder einer Technologie und fungiert als „Mechanismus zur Reduktion sozialer Komplexität". In einer komplexen Umwelt hat eine einzelne Person weder die Zeit noch alle Informationen oder die individuelle Befähigung, um alle möglichen Verhaltensalternativen anderer Individuen und Organisationen oder das Reaktionsverhalten von technologischen Produkten zu analysieren. Wenn beispielsweise Geschäftspartner Vertrauen in die Beteiligung am Gewinn haben, können sie sich auf die Kooperation einlassen (Luhmann, 2014, S. 27). Vertrauen stärkt soziale Beziehungen und senkt in wirtschaftlichen Beziehungen die Transaktionskosten, da weniger Aufwand für Kontrollen notwendig ist (Basel et al., 2024). Es ermöglicht auch, dass Menschen bereit sind, Risiken einzugehen und sich verletzlich zu zeigen (Mayer et al., 1995).

Vertrauen zwischen Menschen wird kontinuierlich in allen Arten von Beziehungen[1] aufgebaut. Vertrauen entsteht aber auch in kurzlebigen Kontakten. Informationen durch Dritte, beispielsweise durch gemeinsame Kontakte, sind vertrauensfördernd. Eine persönliche Empfehlung bei der Einstellung eines neuen Mitarbeitenden gibt der Führungskraft ein gutes Gefühl. Zudem tragen „vertrauensbildende Kontextbedingungen" zur Bildung von Vertrauen bei, die eine Anreizstruktur für kooperatives Verhalten setzen; dazu zählen Kontrollprozesse, Regeln oder Belohnungen (Oswald, 2006, S. 711 f.). Patienten vertrauen ihren Ärzten, da sie eine regulierte Ausbildung und Prüfung durchlaufen haben und ihre Kompetenzen zertifiziert sind. Die Inhalte des Medizinstudiums sind gesetzlich reguliert.

Vertrauenswürdigkeit lässt sich in drei Dimensionen untergliedern: Die Dimension der *Fähigkeit* bezieht sich darauf, dass Menschen die notwendigen Kompetenzen und Fertigkeiten besitzen, um spezifische Aufgaben erfolgreich zu erfüllen. Die *Integrität* spiegelt die Zuverlässigkeit und moralische Korrektheit einer Partei wider, basierend auf ethischen Werten, die von der anderen Partei als akzeptabel angesehen werden. *Wohlwollen* schließlich bedeutet, dass die Partei das Wohl der anderen im Sinn hat und über das eigene Interesse hinaus handelt. Diese Dimensionen bilden zusammen die Grundlage dafür, wie Vertrauenswürdigkeit in zwischenmenschlichen und organisationalen Beziehungen beurteilt wird (Mayer et al., 1995).

Diese Überlegungen zu Vertrauen in Menschen können auf das Vertrauen in KI-Systeme übertragen werden, indem ähnliche Erwartungen an die Fähigkeit, das Wohlwollen und die Integrität von Technologien gestellt werden.

8.2.2 Vertrauen in KI-Systeme

In diesem Kontext ist es hilfreich, die drei Dimensionen der Vertrauenswürdigkeit – Fähigkeit, Wohlwollen und Integrität – auf KI zu übertragen (vgl. Abb. 8.1). Diese sind nicht komplett trennscharf, zeigen aber wichtige unterschiedliche Aspekte auf.

---

[1] Dazu zählen Freundschaften, Liebesbeziehungen, Kollegen oder auch Wirtschaftspartner.

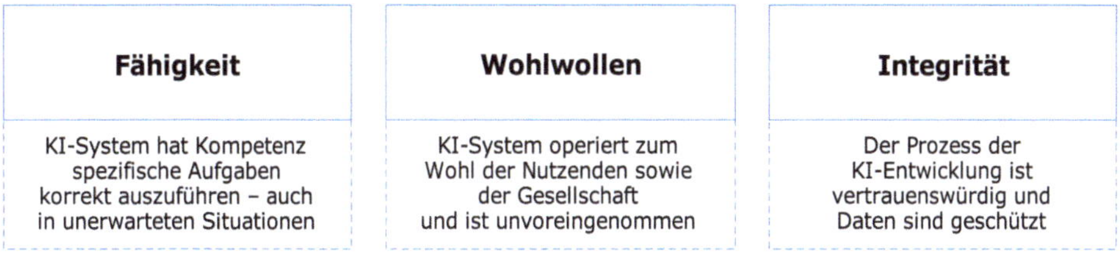

Fähigkeit	Wohlwollen	Integrität
KI-System hat Kompetenz spezifische Aufgaben korrekt auszuführen – auch in unerwarteten Situationen	KI-System operiert zum Wohl der Nutzenden sowie der Gesellschaft und ist unvoreingenommen	Der Prozess der KI-Entwicklung ist vertrauenswürdig und Daten sind geschützt

Abb. 8.1 Die drei Dimensionen der Vertrauenswürdigkeit

8.2.2.1 Fähigkeit von KI-Systemen: Aufgaben werden korrekt ausgeführt

Fähigkeit bei KI-Systemen bezieht sich auf die Kompetenz, spezifische Aufgaben korrekt auszuführen.

Nutzende erwarten, dass KI-Systeme ihre *Erwartungen an die Funktion erfüllen*. Diese liegen oft auch höher als die Erwartungen an Menschen. Ein Beispiel hierfür ist, dass ein autonomes Fahrzeugsystem, das durchschnittlich dreimal besser als Menschen abschneidet, dennoch nicht die öffentlichen Erwartungen erfüllt: Vom autonomen Fahrzeug erwarten Menschen – wie Studien zeigen – eine zehnmal bessere Leistung im Vergleich zum Menschen und keine Fehler in unvorhergesehenen Situationen, wie etwa das Nichterfassen eines regelkonformen Fußgängers (Lu et al., 2023).

Als Nutzender vertraue ich darauf, dass ein KI-System auch auf unerwartete oder neue Situationen angemessen reagiert und dabei die Ergebnisqualität aufrechterhält (vgl. Kap. 9 zu Resilienz). Von Manipulationsversuchen oder ungewöhnlichen Dateninputs darf sich ein KI-System nicht irreführen lassen. Dies stärkt das Vertrauen in die Technologie, da Nutzende sich darauf verlassen können, dass die KI auch in Ausnahmesituationen verlässlich funktioniert. Forschungsarbeiten haben beispielsweise gezeigt, dass das Anbringen von speziellen Stickern auf Stoppschildern die KI dazu verleiten kann, diese als Vorfahrtsschild zu interpretieren (Anger, 2021). Robuste Systeme sind zudem in der Lage, Systemmanipulationen zu erkennen und sich von diesen nicht fehlleiten zu lassen. Von Hacking und der gezielten Manipulation von KI-Systemen bis hin zum Missbrauch dieser Technologien reichen die potenziellen Gefahren, die nicht nur die Sicherheit der Systeme, sondern auch die öffentliche Sicherheit bedrohen.

8.2.2.2 Wohlwollen von KI-Systemen: KI-System operiert im Sinne der Nutzenden

Wohlwollen betont, inwiefern KI-Systeme das Wohl der Nutzenden und der Gesellschaft in den Blick nehmen und auf faire und unvoreingenommene Weise operieren. Dies umfasst die Gewährleistung, dass die Datenbasis nicht verzerrt ist und die Realität fair und genau widerspiegelt. Zudem umfasst Wohlwollen, dass Nutzende die Entscheidungen verstehen, indem die Ergebnisse der KI erklärbar sind.

Ein *Bias* in den Trainingsdaten kann dazu führen, dass die KI fehlerhafte oder diskriminierende Entscheidungen trifft. Werden dem Modell zum Beispiel nur Daten einer bestimmten Berufsgruppe gegeben, folgert das Modell: Alle Menschen gehören dieser

Gruppe an. Liegt ein Datenbias in den Trainingsdaten vor, trifft das Modell fehlerhafte, unfaire oder auch diskriminierende Aussagen. Das KI-System kann dann beispielsweise Gesichter bestimmter Hautfarben nicht oder nur schlecht erkennen, da die zugrunde liegenden Trainingsdaten nicht über die adäquate Vielfalt verfügen. Die Minimierung von Datenbias ist daher ein wichtiger Hebel, um die Fairness und Genauigkeit von KI-Systemen zu verbessern.

Erstellende von Texten oder allgemeiner Werke verschiedener Provenienz haben wiederholt drauf aufmerksam gemacht, dass ihre Werke ohne ihre Einwilligung für das Training von KI-Systemen genutzt wurden und werden. Ihre Urheberrechte werden durch diese Praktik verletzt. Gleiches gilt, wenn für KI-Training unberechtigt Unternehmensdaten herangezogen werden. Rechte von Individuen und Organisationen werden eklatant verletzt, indem diese beispielsweise plagiiert werden und keine monetäre Kompensation für die Datennutzung erhalten. Für Personen oder Unternehmen, die solche trainierten KI-Systeme nutzen, entsteht ein rechtliches Risiko durch Urheberrechtsklagen – und ein Schaden des Ansehens.

Ein *erklärbares KI-System* ermöglicht es Nutzenden, die Entscheidungsprozesse und die dahinterstehende Logik zu verstehen, wie KI-Systeme zu Ergebnissen kommen – Nutzende können gemäß ihrem Kenntnisstand die Funktionsweise nachvollziehen. Die Bedeutung für das Vertrauen von Menschen in KI zeigt sich anschaulich in sogenannten Halluzinationen von Sprachmodellen, die seit dem Aufkommen von ChatGPT im Herbst 2022 ein wiederkehrendes Thema sind. Auf Anfragen von Nutzenden generierte das System Antworten, die zwar kohärent, aber vollkommen erfunden waren. Nach den Quellen gefragt, gab ChatGPT fiktive Quellen zurück (Hiltscher, 2023). Dies unterstreicht die Notwendigkeit von Mechanismen innerhalb der KI, die es Nutzenden erlauben, die Genauigkeit, Nachvollziehbarkeit und Glaubwürdigkeit der generierten Inhalte einzuschätzen. Dies ist besonders kritisch in Bereichen mit weitreichenden Konsequenzen, wie Gesundheitswesen, Justiz oder Finanzen – aber auch Politik.

Deepfakes, beispielsweise von politischen Entscheidungsträgern, können weitreichende negative soziale und wirtschaftliche Auswirkungen haben, insbesondere in Zeiten des Wahlkampfs. Im Januar 2024 erhielten Wähler und Wählerinnen im US-Bundesstaat New Hampshire Anrufe von einer gefälschten Stimme des US-Präsidenten Biden und wurden aufgefordert, nicht an den Vorwahlen teilzunehmen. Daraufhin ermittelten die Behörden wegen Versuchen der Wahlmanipulation (Tagesschau, 2024). Diese zu erkennen ist ein weiteres wichtiges Thema für ein erklärbares KI-System und das menschliche Vertrauen.

8.2.2.3 Integrität von KI-Systemen: Vertrauenswürdiger KI-Entwicklungsprozess und Schutz der Daten

Integrität fokussiert ethische Aspekte der KI-Entwicklung. Inwieweit sind sensible Daten geschützt und die Entwicklung vertrauenswürdig?

Datenschutzbedenken sind in diesem Kontext ein kritisches Thema, insbesondere im Umgang mit persönlichen und sensiblen Daten. Menschen möchten sicher sein, dass ihre Daten nicht für Zwecke der Nutzung missbraucht werden, für die sie nicht übermittelt bzw. gedacht waren. Der Fall Cambridge Analytica etwa hat diese Befürchtungen bestärkt, da persönliche Daten von Facebook-Nutzenden hier ohne Zustimmung der Nutzenden für politische Werbeansprachen genutzt wurden (ZEIT online, 2018).

Technik ist nicht neutral, sondern von Menschen gemacht. Standards bei Entwicklung und Auswahl der Daten beeinflussen das Vertrauen in die Technologie – und auch wer daran mit welchen Praktiken mitarbeitet. Divers aufgestellte Entwicklerteams fördern, dass Menschen ihre unterschiedlichen Perspektiven in die Entwicklung mit einbeziehen. Ein Beispiel ist der Einsatz von Gesichtserkennung: Sind in der Auswahl der Trainingsdaten keine Bilder von Menschen mit dunklerer Hautfarbe enthalten, kann die KI ihre Gesichter nicht zuordnen. Enthält das Trainingsset von Sprachassistenten zu wenige weibliche Stimmen, reagiert es auf Frauen schlechter als auf Männer (Gerding, 2021).

Eng verbunden mit der Transparenz ist die Frage der Rechenschaftspflicht. Im Falle eines Fehlers oder einer Fehlentscheidung durch eine KI ist oft unklar, wer die Verantwortung trägt. Die Abwesenheit klar definierter Zuständigkeiten und die Schwierigkeit, Maschinen zur Rechenschaft zu ziehen, werfen rechtliche und ethische Fragen auf, die das Vertrauen in die Technologie schwächen. In der Debatte um das autonome Fahren ist eine zentrale Frage, wer die Verantwortung und Haftung bei Unfällen übernimmt – etwa das KI-Entwicklerteam, der Fahrzeughersteller oder der Fahrzeughalter selbst?

Eine entsprechende Zertifizierung auf Basis anerkannter internationaler Standards scheint angesichts dieser vielfältigen Anforderungen ein probater Weg zum Nachweis der Integrität eines KI-Systems zu sein. Mit dem *AI Act* hat die Europäische Union diesen Weg bereits eingeschlagen (vgl. Kap. 23).

Die rasante technische Entwicklung von KI-Systemen führt weiterhin dazu, dass rechtliche und regulatorische Rahmenbedingungen oft nicht Schritt halten können bzw. noch gar nicht vorliegen, was zu rechtlichen Unsicherheiten führt. Diese Lücken in der Gesetzgebung und Regulierung erschweren nicht nur die Integration von KI in die Gesellschaft, sondern bergen auch das Risiko, dass die Technologie in einer rechtlichen Grauzone operiert, was das Vertrauen der Öffentlichkeit zusätzlich belastet.

8.3 Strategien und Maßnahmen zur Stärkung des Vertrauens in und des souveränen Umgangs mit KI

Wie können wir KI-Systemen vertrauen? Ein tragfähiges Vertrauen von Menschen in KI-Systeme weist unterschiedliche Facetten auf, die interdependent miteinander verwoben sind. In vielen Bereichen unseres Lebens verhält es sich ähnlich, etwa im Straßenverkehr.

Im Straßenverkehr ist eine Fahrerlaubnis erforderlich, um zu garantieren, dass alle Teilnehmenden die Regeln verstehen und die Fähigkeit haben, sicher zu fahren. Für den souveränen Umgang mit KI müssen Nutzende zumindest verstehen, wie KI-Systeme grundsätzlich funktionieren, um sie sicher bedienen zu können. Für die Zulassung von Fahrzeugen gelten hohe Sicherheitsstandards. Sicherheitseinrichtungen wie Airbags und Anschnallgurte sind Pflicht und tragen zur Sicherheit der Verkehrsteilnehmenden bei. Bei KI-Systemen sind der Schutz sensibler Daten sowie das korrekte Funktionieren der Modelle während des gesamten Lebenszyklus von zentraler Bedeutung.

Verkehrsregeln steuern, wie der Straßenverkehr abzulaufen hat, wann welcher Verkehrsteilnehmende Vorfahrt hat. Die Verkehrssicherheit der Kraftfahrzeuge wird regelmäßig etwa durch den TÜV kontrolliert. Für KI-Systeme werden gegenwärtig Regelwerke entwickelt. Besonders der AI Act der Europäischen Union gibt ein Verfahren für die Risikobewertung von KI-Systemen vor. Ob die KI im Lebensverlauf die korrekten Ergebnisse liefert, kann eine entsprechende Prüfung durch eine Zertifizierung sicherstellen, wie der AI Act für den Einsatz von KI in Hochrisikobereichen zeigt.

Für jede der drei im vorherigen Abschnitt herausgearbeiteten Kategorien der Vertrauenswürdigkeit werden im Folgenden Maßnahmen und Strategien abgeleitet. Im Rahmen der Integrität wird Vertrauen im gesamten Lebenszyklus des KI-Systems betrachtet. Im Fokus des Wohlwollens steht der souveräne Umgang mit KI-Systemen durch Nutzende; zudem spielt Vertrauen im gesamten Lebenszyklus eine hervorgehobene Rolle. Für Integrität werden Regulierung und Zertifizierung von KI-Systemen betrachtet. Wie zuvor herausgearbeitet, fließen diese unterschiedlichen Dimensionen immer auch ineinander. Die getrennte Betrachtung der Dimensionen ermöglicht hierbei verschiedene Perspektiven auf Strategien und Maßnahmen.

8.3.1 Fähigkeit: Vertrauen im gesamten KI-Lebenszyklus

Die Entwicklung von KI-Systemen ist ein komplexer, mehrschichtiger Prozess, der besonderes Augenmerk auf den Schutz sensibler Daten und die Gewährleistung einer korrekten Funktionsweise der Modelle erfordert. Jede Phase im Lebenszyklus eines KI-Systems – von der Datensammlung und -aufbereitung über das Modelltraining und die Auswahl bis hin zum *Deployment* und dem kontinuierlichen Monitoring – erfordert spezifische Sicherheits- und Datenschutzmaßnahmen, die integraler Bestandteil des Entwicklungsprozesses sein müssen.

8.3.1.1 Schutz sensibler Daten by Design

Daten sind der Treibstoff der KI. Anhand dieser lernt der Algorithmus und leitet Entscheidungen ab. Über den gesamten Lebenszyklus sind sensible Daten geschützt. Dies beginnt mit der Einwilligung der Datengeber. Diese haben ausdrücklich eingewilligt, dass ihre Daten verwendet werden dürfen. Ihre Einwilligung erfolgt auf Basis einer transparenten Information über den Zweck der Datenverwendung.

Der Schutz sensibler persönlicher Informationen in der Datenaufbereitung erfolgt durch *Anonymisierung und Pseudonymisierung*, um die Identität der betroffenen Personen zu schützen. Bei der Pseudonymisierung werden der Name und auch Merkmale, die eine Person eindeutig identifizieren, beispielsweise durch einen Code ersetzt. Die Identität wird verdeckt, kann durch den Code jedoch wieder zugeordnet werden. Bei der Anonymisierung werden die Daten so verändert, dass ein Rückschluss auf die Person nicht mehr möglich ist und auch nicht im Nachhinein rekonstruiert werden kann.

Die Verfügbarkeit von Daten ist für die Entwicklung von KI-Verfahren essentiell. Eine weitere Lösungsstrategie zur sicheren und flächendeckenden Bereitstellung von Daten ist die Verwendung von *synthetischen Daten*. Synthetische Daten sind eine Rekonstruktion struktureller Eigenschaften eines Datensatzes mit dem Ziel, die Nutzbarkeit zu steigern. Synthetische Daten können anhand verschiedener Verfahren erzeugt werden. Die Bandbreite reicht dabei von klassischen Verfahren zur Modellierung von Randverteilungsfunktionen verschiedener Zufallsvariablen über die Verwendung generativer Künstlicher Intelligenz bis hin zu quanteninspirierten Ansätzen durch die Integration von Rauschen im Trainingsprozess. Datensynthese birgt ein großes Potential, da Kontrollier- und Messbarkeit von Privatsphäre, Nutzbarkeit, Originaltreue und Voreingenommenheit der resultierenden Daten sehr viel einfacher ermöglicht wird, als das bei realen Daten möglich ist.

Wirkungsvolle Maßnahmen braucht es für den Schutz des Urheberrechts von Daten. Erstens beinhaltet dies die Schaffung transparenter Prozesse, nach denen Inhaber von Urheberrechten ihre Zustimmung erteilen können. Zweitens ist bei der Auswahl der Trainingsdaten ähnlich wie beim Datenschutz ein Kontrollpunkt notwendig, der sicherstellt, dass alle urheberrechtlichen Fragen der Daten geklärt sind. Drittens können Technologien in den Prozess der Datenauswahl eingebettet werden, die auf geschützte Daten hinweisen, etwa im Sinne einer kryptographisch abgesicherten Verifikation der Provenienz der verwendeten Daten. Um diese aus einem trainierten Modell zu entfernen, können Methoden des Retrainings notwendig sein oder zumindest ein *Finetuning* in Erwägung gezogen werden.

In der *Phase des Modelltrainings* gilt das Prinzip der Datensparsamkeit. Ausschließlich die notwendigen Daten werden für das Training des Modells verwendet. Durch geeignete Maßnahmen wird ausgeschlossen, dass das Modell unbeabsichtigt sensible Daten verarbeitet oder speichert, die für das Training nicht notwendig sind.

Ein *Datenschutzaudit* bietet die Möglichkeit, die Qualität des Trainingsprozesses kritisch zu prüfen. Dieser Prozess beginnt mit der zufälligen Auswahl von Trainingsdaten – oft entscheidet ein Münzwurf, welche Daten aufgenommen werden. Ein unabhängiger Auditor prüft die Ergebnisse des Modells und gibt anhand des Ergebnisses seine Einschätzung, ob der Datenpunkt im Trainingsdatensatz war oder nicht. Wie gut der Auditor die verwendeten Daten identifizieren kann, ist ein Indikator für die Privatheit des Modells: Je genauer die Vorhersage, desto wahrscheinlicher ist es, dass das Modell sensible Informationen preisgibt, was ein Risiko für den Datenschutz darstellen kann. Aufbauend auf der Trefferquote werden die Datenschutzparameter des Modells berechnet. Die quantifizierten Ergebnisse geben Aufschluss, inwieweit die Datenschutzpraktiken verbessert werden können (Malej et al., 2024).

Die *Evaluierung* der Ergebnisse erfolgt anhand von weiteren Datensätzen, die im Training noch nicht verwendet wurden, um zu testen, wie das Modell auf bisher ungesehenen Daten performt. Indem sichergestellt wird, dass nur autorisierte Personen Zugriff auf die Daten und Ergebnisse der Evaluierung haben, bleiben sensible Daten geschützt.

Wenn das KI-System im Produktivsystem aktiv ist, stellen regelmäßige Überprüfungen sicher, dass keine Datenschutzverletzungen stattfinden. Automatisierte Überwachungssysteme und manuelle Audits übernehmen diese Aufgabe.

Um übergreifend die Einhaltung eines notwendigen Datenschutzes sensibler Informationen sicherzustellen, wird zu Beginn eine Datenschutz-Folgenabschätzung durchgeführt, insbesondere bei der Verwendung neuer Technologien oder wenn bei der Datenverarbeitung ein hohes Risiko für Rechte und Freiheiten natürlicher Personen besteht. Das Entwicklungsteam nimmt an regelmäßigen Schulungen und Sensibilisierungseinheiten zum Datenschutz teil, um auf Fallstricke aufmerksam zu machen und geeignete Wege aufzuzeigen, wie mit sensiblen Daten umzugehen ist.

Erreicht das System sein Lebensende und wird das KI-System aus dem Produktivbetrieb genommen, sind alle gespeicherten sensiblen Daten sicher zu löschen oder zu archivieren. Um Daten unwiderruflich zu löschen, kann die Verwendung spezialisierter Software notwendig sein. Eindeutige Richtlinien helfen, dass alle notwendigen Schritte ergriffen und zum Zwecke des Nachweises dokumentiert werden.

8.3.1.2 Sicherheit und Zuverlässigkeit im Modell-Lebenszyklus

Der Lebenszyklus von KI-Modellen (vgl. Abb. 8.2) erstreckt sich über mehrere kritische Phasen, von der ersten Konzeption bis hin zur endgültigen Außerbetriebnahme, einschließlich Entwicklung, Produktivbetrieb und laufender Wartung.

In der Konzeptionsphase ist die sorgfältige Auswahl des Anwendungsfalls entscheidend. Es ist wichtig, frühzeitig potenzielle Risiken und Sicherheitsbedenken zu identifizieren. Insbesondere im Falle von sogenannten Sprachmodellen, aber auch generell ist die *Auswahl des*

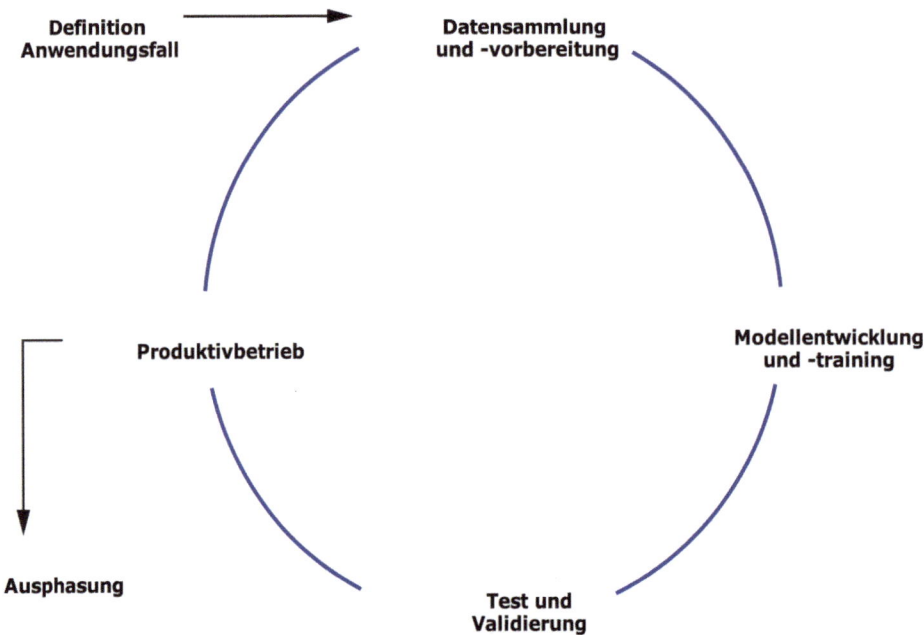

Abb. 8.2 Darstellung des Lebenszyklus einer KI-Anwendung

richtigen Modells entscheidend. Diese hängt stark vom Kontext ab. Hochleistungsfähige Modelle, die als Black-Box-Systeme funktionieren, sind oft weniger geeignet, wenn hohe Anforderungen an die Erklärbarkeit und Transparenz der Datenverarbeitung gestellt werden. Hier können Zielkonflikte zwischen Nachvollziehbarkeit und Leistungsfähigkeit entstehen, für die ein Trade-off abzuwägen ist (Malej et al., 2024). Darüber hinaus sind Ethik-Checks und Folgenabschätzungen durchzuführen, um mögliche negative Implikationen der Modellergebnisse zu verstehen. Besonders nicht intendierte Konsequenzen müssen bedacht werden, und es sollten geeignete Gegenmaßnahmen identifiziert werden, um potenzielle Schäden zu minimieren. Werden durch einen Algorithmus zur Kreditvergabe beispielsweise bestimmte Personen aufgrund ihres Wohnortes benachteiligt, so besteht Nachbesserungsbedarf.

In der Test- und Evaluationsphase spielen *Benchmarks* eine besondere Rolle, um die Performance von Modellen zu testen. Benchmarks bieten quantitative Daten zur Performancemessung von KI-Modellen. Durch ihre Standardisierung kann die Leistung direkt mit anderen Modellen verglichen werden. Benchmarks zeigen auch auf, wie transparent und nachvollziehbar Modelle sind. Für Benchmarks werden spezifische Datensets zusammengestellt und dem Modell mitgegeben oder in Form einer Aufgabe übertragen. Dazu gehört beispielsweise bei Ethik-Benchmarks die Begründung einer Entscheidung anhand moralischer Werte (Malej et al., 2024).

Zusätzlich sind Tests mit realen Nutzenden durchzuführen, um sicherzustellen, dass die Ausgaben der KI korrekt und angemessen sind. Ziel ist es, toxische Ausgaben schnell zu identifizieren und zu korrigieren. Durch Validierungs- und Verifikationsprozesse, Penetrationstests und Performancetests wird sichergestellt, dass das KI-System den Anforderungen gerecht wird und auch unter Belastung in unterschiedlichen Szenarien stabil funktioniert.

Nach der Implementierung erfordert das KI-System in der Deploy- und Monitoring-Phase eine kontinuierliche Überwachung, um seine Effektivität und Sicherheit zu gewährleisten. Das Monitoring der Systemleistung, regelmäßige Updates und das Einholen von Nutzerfeedback sind hierbei von zentraler Bedeutung.

Schließlich muss auch die Ausphasung eines KI-Systems verantwortungsbewusst erfolgen. Die sichere Löschung sensibler Daten und die Deaktivierung verbundener Dienste sind kritische Schritte, um Datenlecks und andere Sicherheitsrisiken zu vermeiden.

8.3.2 Wohlwollen: Gestaltung von KI-Systemen im Sinne der Nutzenden

Wohlwollen bedeutet, dass die Entwickelnden und Bereitstellenden von KI das gesellschaftliche Wohl und nicht nur die eigenen Interessen verfolgen. Das beinhaltet unter anderem, den Nutzenden einen souveränen Umgang mit der Technologie zu ermöglichen sowie entsprechende Designentscheidungen, um die Privatsphäre von Nutzenden zu schützen.

8.3.2.1 Souveräner Umgang mit KI

Für den souveränen Umgang mit Künstlicher Intelligenz braucht es auf der einen Seite Verständnis, wie Künstliche Intelligenz funktioniert – ein Konzept, das als *KI Literacy* bezeichnet wird. Das beinhaltet ein Grundwissen über die Definition von KI, wie KI arbeitet und wo die Grenzen dieser Technologien liegen. Ergänzend ist eine ausgeprägte Medienkompetenz erforderlich, die Nutzenden hilft, KI-generierte Inhalte kritisch zu hinterfragen: Kann ich den Inhalten vertrauen? Sind die Informationen korrekt? Und sind die Ergebnisse fair und ethisch, d. h. ohne Bias? Echte Transparenz erfordert nicht nur Zugänglichkeit der Informationen, sondern auch deren Verständlichkeit für Nicht-Experten.

Nur so können diese sicherstellen, dass Ergebnisse nicht auf Basis von Verzerrungen zustande kommen. Oft steht die Transparenz im Widerspruch zur Komplexität der Modelle. Um die Spannung aufzulösen, kann ein Online-Empfehlungssystem den Nutzenden zeigen, welche Datenpunkte zu bestimmten Empfehlungen führen. Dadurch können diese besser einordnen, warum ihnen bestimmte Produkte oder Dienstleistungen vorgeschlagen werden.

In der Praxis bedeutet dies, dass Personen und Organisationen bewusst entscheiden sollten, welche Daten sie mit einem KI-System teilen, basierend auf der Sensibilität der Daten und dem Risiko eines möglichen Missbrauchs. Ein Beispiel ist etwa der Vorgang, vertrauenswürdige Unternehmensdaten durch ein öffentlich zugängliches Sprachmodell zu verarbeiten. Hier besteht das Risiko, dass Dritte Zugriff auf die Daten erhalten und diese auch in das weitere Training des Modells einfließen. In allen Szenarien, in denen größtenteils sensible Informationen verarbeitet werden, kann das einen enormen Vertrauensverlust nach sich ziehen und sich im schlimmsten Falle auch negativ auf die allgemeine Sicherheitslage auswirken.

Die Entwicklung von KI schreitet rasch voran, was die kontinuierliche Schulung von Nutzenden in deren Handhabung erfordert. Praxisorientierte Lernformate und Sensibilisierungen sind entscheidend, um ein Verständnis für den ethischen Umgang mit KI, Datenschutz und Fairnessanforderungen aufzubauen und zu vertiefen. Das umfasst auch, welche Daten die Teilnehmenden mit dem KI-System teilen.

8.3.2.2 Architekturelle Betrachtungen: Lokale und zentrale Systeme

Auch die gewählte Architektur des verwendeten KI-Systems kann eine ganz wesentliche Rolle bei der Umsetzung der zentralen Ziele zur Erlangung von Vertrauen spielen.

Derzeit wird die KI-Landschaft ganz wesentlich von zentralen Systemen geprägt, bei denen die Nutzenden über entsprechende Clientsysteme wie Apps oder aber über Schnittstellen mit einer zentralen Instanz des KI-Systems in Kontakt treten. Die Vorteile hinsichtlich Skalierbarkeit, Redundanz sowie zentraler Pflege und Weiterentwicklung im Falle zentraler Systeme sind hierbei offenkundig.

Allerdings gibt es auch etliche Punkte, die im Sinne der Governance und der Vertrauensbildung im oben definierten Sinne Fragen aufwerfen:

- Übertragung von teilweise auch sensitiven Daten aus den eigenen Systemen an eine zentrale Stelle (die eventuell auch in einem anderen Rechtsraum verortet sein kann als die Quelle der Daten)

- Mögliche Rechteverletzungen oder -verluste bei der Übertragung von Daten an ein zentrales System
- Fehlende Autarkie oder Souveränität hinsichtlich der zum Einsatz kommenden Systeme und Technologien
- Kritische Abhängigkeit von einer zentralen Single Source sowohl im Sinne der Verfügbarkeit als auch des „Wohlwollens" der bereitstellenden Stelle

Demgegenüber können lokal agierende Systeme im Rahmen ihrer (sicherlich stärker beschränkten) Fähigkeiten Aufgaben ohne Datentransfer lösen und damit eine deutlich stärkere Autarkie auf Basis des Vertrauens in das lokal laufende System erfüllen. Es ist offensichtlich, dass hierbei immer die Abwägung zwischen Vertraulichkeit und Autarkie einerseits und zentraler Skalierbarkeit andererseits wesentlich sein wird.

Gerade für sogenannte Hochrisikosysteme im Sinne des AI Acts (s. nachfolgender Abschnitt) mit sehr hohen Anforderungen an Korrektheit, Nachvollziehbarkeit und Vertraulichkeit der Daten scheint es sehr wahrscheinlich, dass lokale Systeme trotz der beschränkten Leistungsfähigkeit hier wesentliche Vorteile bieten können.

Ideal erscheinen insbesondere hybride Systeme, die die Vorteile der Nutzung von lokalen Systemen im Regelfall mit der (von der Zustimmung der Nutzenden abhängigen) einzelfallbezogenen Verwendung zentraler Systeme kombinieren. Hierbei kommt der Sicherheit und Vertraulichkeit der zu übertragenden Daten eine besondere Rolle zu.

Apple hat etwa im Juli 2024 ein entsprechendes Konzept vorgestellt und dabei angekündigt, die überwiegend lokale Nutzung von KI-Systemen auf Endgeräten mit einer cloudbasierten Nutzung von KI auf Basis des sog. *Private Cloud Compute* Prinzips zu verbinden.

8.3.3 Integrität: Regulierung und Zertifizierung von KI-Systemen

8.3.3.1 Europäischer AI Act
Der europäische AI Act (siehe auch Kapitel 23) prägt maßgeblich die Verantwortlichkeiten von KI-Herstellern und Entwicklern durch die Einführung eines regulatorischen Rahmens, der sowohl Sicherheit und Transparenz als auch den Schutz der Grundrechte adressiert, und gibt Nutzenden eine Sicherheit, dass Systeme geprüft sind. Dies bringt sowohl technische als auch operationale Herausforderungen mit sich, die umfassende Anpassungen in der KI-Entwicklung und -Bereitstellung erfordern.

KI-Hersteller müssen genau bestimmen, welche *Risikokategorie* ihre Produkte betreffen, da dies erhebliche Auswirkungen auf den Regulierungsprozess hat. Produkte mit minimalem Risiko unterliegen weniger strengen Auflagen, während für solche mit hohem Risiko strengere Compliance-Anforderungen gelten und sie umfangreichen Prüfungen unterzogen werden. Dies erfordert eine sorgfältige Analyse und möglicherweise die Anpassung der Produktentwicklung, um den gesetzlichen Anforderungen gerecht zu werden.

Für KI-Systeme mit „minimalem" Risiko sind keine zusätzlichen Anforderungen zu erfüllen, während für die nächsthöhere Risikostufe „eingeschränkt" zumindest Transparenzanforderungen gelten. Ein Beispiel ist, dass Nutzende von Chatbots wissen, dass sie mit einer KI interagieren.

KI-Systeme, die in sensiblen Feldern wie Gesundheit, Verkehr oder Justiz eingesetzt werden, fallen unter die Kategorie „hohes Risiko". Beispiele sind die Überprüfung von Asylanträgen oder der Einsatz einer KI-Anwendung in der robotergestützten Chirurgie. Für Systeme in dieser Kategorie gelten entsprechend hohe Anforderungen. Datensätze für Entwicklung und Validierung müssen eine hohe Qualität aufweisen und frei von Bias sein. Für die Nutzenden sind KI-Systeme so zu gestalten, dass sie leicht zu verstehen und anzuwenden sind. Ein Mechanismus stellt sicher, dass jederzeit ein Mensch die Kontrolle über das KI-System übernehmen kann. Und schließlich müssen KI-Systeme mit hohem Risiko robust und sicher sein und in jeder Situation zuverlässig funktionieren.

Anwendungen mit dem Potential, Menschenrechte zu verletzen – beispielsweise durch soziales Scoring oder umfassende Überwachungsmechanismen –, sind grundsätzlich verboten. Dies unterstreicht das Engagement der Europäischen Union, Grundrechte zu schützen und ethisch verantwortliche Technologie zu fördern.

Der AI Act markiert einen wichtigen ersten Schritt in der Regulierung von KI, der international als Modell dienen könnte. Allerdings entwickeln sich KI-Technologien in einem rasanten Tempo, während legislative Prozesse naturgemäß langsam und von umfassenden Abstimmungen geprägt sind. Diese Diskrepanz kann schnell zu regulatorischen Lücken führen, insbesondere wenn neue Technologien außerhalb der aktuellen gesetzlichen Rahmenbedingungen entstehen. Um diese Lücken zu schließen, ist es entscheidend, eine Regulierung zu implementieren, die auf flexiblen Kriterien basiert und nicht ausschließlich auf spezifischen Technologiedefinitionen, die rasch veralten können.

Zur Unterstützung der gesetzlichen Rahmens könnten KI-Hersteller und -Entwickler durch die Einführung eines Ethik-Codex und durch Selbstverpflichtungen die Anpassungsgeschwindigkeit an neue Vorschriften erhöhen. Solche Maßnahmen würden nicht nur die Einhaltung ethischer Standards fördern, sondern auch das Vertrauen in KI-Technologien stärken und die regulatorische Compliance beschleunigen. Indem man einen kontinuierlichen Dialog zwischen Regulierungsbehörden, Industrie und der Zivilgesellschaft fördert, kann ein ausgewogener Rahmen geschaffen werden, der Innovation ermöglicht, während gleichzeitig Missbrauch verhindert wird und die Einhaltung von Grundrechten sichergestellt.

8.3.3.2 Zertifizierung von KI-Systemen

Mit Zertifizierung wird sichergestellt wird, dass Hersteller die Anforderungen einhalten. Eine Zertifizierung umfasst technische Überprüfungen, Ethik-Audits und Compliance-Checks; sie basiert auf technischen Standards und ethischen Richtlinien. Technische Standards stellen sicher, dass KI-Systeme unter unterschiedlichen Bedingungen robust und fehlerfrei funktionieren und ein ausreichender Schutz gegen Bedrohungen getroffen ist, beispielsweise durch Cyberattacken. Transparenz, Fairness und Verantwortung werden in ethischen Richtlinien thematisiert und konzentrieren sich darauf, dass KI-Systeme frei von Diskriminierung agieren und ihre Entscheidungen nachvollziehbar sind.

Zertifizierungen können ein Qualitätsmerkmal sein, welches das Vertrauen von Menschen in KI-Systeme fördert und Unternehmen einen potenziellen Wettbewerbsvorteil bietet. Ein Zertifizierungsprozess kann unterschiedlich aussehen und auf verschiedene Aspekte abzielen. Wichtigste Voraussetzung ist, dass die mit der Zertifizierung betraute Organisation selbst vertrauenswürdig ist und unabhängig von den Interessen der KI-Hersteller agieren kann.

Ein Exkurs zu einem anderen regulierten Bereich kann hier als Anregung dienen, welche organisatorische Mechanismen auf EU-Ebene bereits etabliert sind, um Vertrauen im Sinne der Integrität und Vertrauenswürdigkeit sicherzustellen und transparent für Nutzende darzustellen. Es handelt sich hierbei um den Kontext der digitalen Identitäten und der sogenannten Vertrauensdienste, die auf EU-Ebene seit 2014 in der sog. *eIDAS-Verordnung* reguliert werden (eIDAS, 2014).

Gegenstand dieser Verordnung ist die Regulierung von elektronischen Identifizierungsmitteln und von Vertrauensdiensten, also Nutzung von digitalen Zertifikaten zum Zwecke der Signatur, Siegelung und Absicherung von Webseiten sowie die Erbringung von Zustell- und Archivierungsdiensten insbesondere in der grenzüberschreitenden Nutzung. So unterschiedlich die technischen Inhalte im Vergleich zu KI-Systemen auch sind, so vergleichbar ist doch die Situation, dass es sich bei den regulierten Inhalten um „*virtuelle*" Dienste handelt, die also im Allgemeinen nicht in physischer (Produkt-)Form ausgegeben werden und für die Vertrauenswürdigkeit, Sicherheit und Haftung von größter Bedeutung sind.

Die eIDAS-Verordnung setzt hierfür konsequent auf ein Vorgehensmodell, das aus den folgenden Schritten besteht:

1. Prüfung der Dienste durch unabhängige und akkreditierte Dritte (sog. Prüfstellen) auf Basis von anerkannten internationalen (insbesondere europäischen) Standards
2. Zertifizierung der Dienste auf Basis von erfolgten Prüfungen durch sog. Zertifizierungsstellen (inklusive Verleihung des Status „qualifizierter Vertrauensdienst")
3. Sichtbarmachung des Status „qualifiziert" durch Eintrag in eine öffentlich einsehbare und maschinenlesbare europäische Vertrauensliste
4. Haftungsrechtliche Absicherung der qualifizierten Vertrauensdienste durch eine entsprechende gesetzlich vorgeschriebene Haftpflichtversicherung
5. Beaufsichtigung der Prüfstellen und qualifizierten Diensteanbieter durch nationale Aufsichtsbehörden
6. Regelmäßige Rezertifizierung der Systeme zur Aufrechterhaltung des qualifizierten Status
7. Interventionsmöglichkeiten der Aufsichtsstellen im Falle von Unregelmäßigkeiten bei Vertrauensdiensteanbietern sowie bei außergewöhnlichen Vorfällen (etwa technischer Art)

Auffällig ist hierbei, dass der qualifizierte Status keine „Einmal"-Situation ist, sondern vielmehr ein kontinuierliches Modell darstellt, das durch Rezertifizierungen einerseits und laufende Aufsicht und mögliche Interventionen der Aufsichtsstelle andererseits reguliert wird.

Dieser Diskurs unterstreicht, wie die eIDAS-Verordnung ein umfassendes Rahmenwerk schuf, das durchaus als Beispiel guter Praxis für die Zertifizierung von KI-Systemen dienen kann. Die Zertifizierung solcher Systeme ist vielschichtig und sollte folgende Schlüsselaspekte umfassen:

- **Überprüfung des Entwicklungsprozesses:** Erfolgt die Entwicklung der KI nach festgelegten industriellen und ethischen Standards?
- **Evaluation der Datenqualität und -quellen:** Die Herkunft und Qualität der Daten für das KI-Training werden geprüft, um sicherzustellen, dass sie relevant und unvoreingenommen sind.
- **Performancetests unter verschiedenen Bedingungen:** Das KI-System wird unter verschiedenen Bedingungen getestet. Wie gut bleibt die Ergebnisqualität auch in unvorhergesehenen Situationen?
- **High Assurance Implementation bei KI in sensiblen Bereichen:** High Assurance Implementation beinhaltet strenge Anforderungen an Sicherheit, Zuverlässigkeit und Korrektheit. Dazu gehört unter anderem formale Verifikation, bei der mathematische Methoden verwendet werden, um die Korrektheit der Algorithmen zu überprüfen.
- **Regelmäßige Rezertifizierung** und Pflege der KI-Systeme durch eine transparente und verifizierbare Aktualisierung der Daten und Algorithmen.
- **Förderung von Open Source und Gemeinschaftsstandards**, die eine breitere Akzeptanz und Zusammenarbeit in der KI-Community anregen.

Ebenfalls ist bemerkenswert, dass die eIDAS-Regulierung neben den technischen Inhalten ganz bewusst auch die haftungstechnische Regulierung verpflichtend mit inkludiert. Hier wurde also bewusst ein ganzheitlicher Ansatz gewählt, der technische, betriebliche und formale (haftungstechnische) Aspekte vereint. Bei KI-Systemen ist diese Frage teilweise unbeantwortet; dies führt dazu, dass die Technologie nicht zum Einsatz kommt, da unklar ist, wer bei Schaden zur Haftung herangezogen wird. Ein KI-spezifisches Haftungsmodell wie bei eIDAS kann also zu einer größeren und breiteren Akzeptanz von KI-Systemen führen.

8.4 Fallstudie: Sprachmodelle

8.4.1 Funktionsweise Sprachmodelle

Large Language Models (*LLMs*) sind Sprachmodelle, die auf einer großen Menge von Text trainiert wurden. LLMs generieren kohärenten und thematisch relevanten Text und basieren auf der 2018 durch Autoren von Google vorgestellten *Transformer-Architektur*. Im Kern vergleicht das Modell alle Wörter eines Datensatzes miteinander und analysiert, wie diese im Bezug zueinander stehen. Die Relevanz aller Wörter wird durch den Mechanismus zueinander gewichtet. Das Modell erkennt also, welche Wörter zusammenhängen, was für das Verständnis komplexer Sprachstrukturen, wie Ironie oder humorvolle

Ausdrücke, wichtig ist. Im Gegensatz zu vorherigen Ansätzen können diese Modelle mehrere Wörter parallel statt nur sequenziell verarbeiten. Die Verarbeitung großer Textmengen erfolgt schneller.

Prominent ist etwa die Lösung ChatGPT von OpenAI. Im Januar 2023, nur zwei Monate nach seiner öffentlichen Bereitstellung, hatte das KI-System bereits 100 Mio. monatlich aktive Nutzende – und ist damit die am schnellsten wachsende Verbraucherapp in der Geschichte des Internets (Deutschlandfunk Kultur, 2023). Die Forschung zu LLMs entwickelt sich rasant weiter; die Modelle werden immer leistungsfähiger, während sich gleichzeitig immer mehr Anwendungsszenarien herauskristallisieren. Unternehmen und Behörden wollen zunehmend Sprachmodelle in ihren Prozessen einsetzen. In den folgenden Abschnitten werden die oben herausgearbeiteten Strategien und Maßnahmen zur Steigerung des Vertrauens in KI-Systeme anhand des Beispiels LLMs diskutiert.

8.4.2 Fähigkeit: Vertrauen im Lebenszyklus eines Sprachmodells

Das Training von LLMs erfolgt in zwei Phasen: das *Pre-Training* und das nachfolgende *Finetuning*. Beim Pre-Training wird das Modell mit einer großen Menge von Daten trainiert, die aus Webseiten, Büchern und Artikeln sowie weiteren Quellen extrahiert werden. Daher werden vortrainierte Sprachmodelle vor allem von großen Technologiekonzernen bereitgestellt, da diese über die Rechenkapazitäten und Datenmengen verfügen, die für das Training von Modellen erforderlich ist. Im Jahr 2023 wurden 149 Modelle veröffentlicht, davon zwei Drittel als Open-Source-Modelle (Malej et al., 2024).

Im zweiten Schritt des Finetunings werden Sprachmodelle für ihren jeweiligen Anwendungsfall justiert. Das vortrainierte Modell wird auf einem kleinen, spezifischeren Datensatz trainiert. Mit diesem Schritt wird die Leistung des Modells für die gewünschte Aufgabe oder Domäne optimiert. Die Gewichte des vortrainierten Modells werden feinjustiert, um die Besonderheiten des neuen Datensatzes besser abzubilden. Das Modell lernt so spezielle Kenntnisse für einen bestimmten Bereich. Ein Beispiel illustriert dies: Eine Behörde möchte ein Sprachmodell zur Kommunikation mit Zivilgesellschaft und Unternehmen einsetzen. Für das Training des Modells erstellen die Mitarbeitenden der Behörde einen Datensatz aus Bürgeranfragen und ihren Antworten darauf. Der Datensatz ist charakterisiert durch spezifisches Vokabular und typische Interaktionen, die das Modell im Training erlernt.

Für die meisten Unternehmen und Behörden beginnt die eigene Entwicklung von Sprachmodellen mit der Auswahl eines geeigneten vortrainierten Modells. Das Training eines eigenen Modells ist rechenintensiv und wird in Kontexten praktiziert, die eine eigene Terminologie haben, abweichend vom Sprachschatz vortrainierter Modelle. Bei der Auswahl eines vortrainierten Modells sind zwei Kriterien zentral: Performance für den Anwendungsfall und ethische und rechtliche Aspekte. Verwendet ein Unternehmen ein vortrainiertes Modell, muss es sicherstellen, dass die Qualität und Vielfalt der Daten beim Training ausreichend waren, um eine faire und ausgewogene Perspektive in den Ergebnissen zu gewährleisten. Weitere Aspekte sind, ob der Datenschutz ausreichend gewährleistet ist und ob die Datenherkunft und der Trainingsprozess transparent sind. Zur rechtlichen Absicherung ist ein besonderer Blick auf die korrekte Lizenzierung und Einhaltung des Urheberrechts der Trainingsdaten entscheidend.

Vortrainierte Modelle werden international bereitgestellt, beispielsweise auch aus Saudi-Arabien. Die Verwendung eines solchen vortrainierten Modells wirft jedoch rechtliche und ethische Fragen auf: Das europäische und saudi-arabische Wertesystem unterscheiden sich grundlegend. KI-Modelle, die mit Daten aus Saudi-Arabien trainiert sind, können kulturell geprägte Verzerrungen etwa in Bezug auf Frauenrechte aufweisen. Zudem kann nicht sichergestellt sein, dass bei der Zusammenstellung des Trainingsdatensets die in Europa geltenden Datenschutz- und Urheberrechtsbestimmungen eingehalten wurden.

Für das *Finetuning* des ausgewählten Modells ist die Zusammenstellung des Datensets relevant. Die Leistungsfähigkeit hängt maßgeblich vom bereitgestellten Datenset ab. Um zu bewerten, wie gut ein Modell einen Text zusammenfasst, wird das Ergebnis mit einer vom Menschen erstellten Zusammenfassung verglichen. Aus dem Abgleich lernt das Modell, kontinuierlich eine bessere Ergebnisqualität für den Kontext zu erzielen und liefert bei seiner Validierung einen Benchmark für Zuverlässigkeit und Genauigkeit des Ergebnisses. Voraussetzung ist besondere Sorgfalt beim Zusammenstellen des Datensets, damit dieses repräsentativ und konsistent für die Art der Daten im Nutzungskontext ist, insbesondere wenn eine hohe Genauigkeit der Ergebnisse erforderlich ist.

8.4.3 Wohlwollen: Souveräner Umgang der Nutzenden mit Sprachmodellen

Die vielfältigen Anwendungsfälle für LLM können durch ein Beispiel veranschaulicht werden: Eine Mitarbeiterin kann aus einem umfangreichen Textdokument schnell und präzise Kerninformationen extrahieren. Aus den Kernpunkten lässt sie mit ihrem Input eine Vorlage für die Leitungsebene erstellen. Aus den gleichen Stichpunkten lässt sie Entwürfe für zwei Vorträge generieren, einer vor Fachpublikum und der andere vor der gesamten Mitarbeiterschaft. Die Textentwürfe sind auf die unterschiedlichen Zielgruppen und ihre Vorkenntnisse abgestimmt. In der Interaktion mit dem Sprachmodell kann sie zudem schnell Antworten auf ihre Fragen auf Basis des Dokuments generieren lassen. Für den nächsten Termin mit der internationalen Fachgruppe lässt sie sich ihren Fachvortrag übersetzen und als Impulsvortrag kondensieren.

Eine essenzielle Voraussetzung für die Realisierung solcher Szenarien ist der *souveräne Umgang* der Mitarbeitenden mit dieser Technologie. Zentral ist ein kritischer Umgang mit den Ergebnissen – Nutzende müssen stets die Genauigkeit prüfen und die Verlässlichkeit der Angaben hinterfragen. Als Faustregel gilt, dass Nutzende dem Modell nur Aufgaben geben, deren Ergebnisse sie selbst mit ihrem fachlichen Wissen überprüfen können. Nur so können Halluzinationen erkannt werden. Es ist eine Grundvoraussetzung, dass sie die Ergebnisse kritisch hinterfragen, statt sich zu sehr auf die Ergebnisse des Modells zu verlassen. Das Konzept der Halluzination sollte grundlegender Bestandteil der Schulung sein. Weitere wichtige Schulungsmodule umfassen die ethische Nutzung von KI sowie Dateninterpretationen.

Zur Unterstützung der Nutzenden sollten Funktionen implementiert werden, die die Nachvollziehbarkeit und Korrektheit der Ergebnisse erhöhen. Beispielsweise könnte das Modell relevante Passagen im Originaltext hervorheben, die zur Erstellung von Zusammenfassungen verwendet wurden, oder eine Einschätzung der Zuverlässigkeit seiner Outputs anbieten. Weiterhin ist es kritisch, klare Richtlinien zu etablieren, welche Daten mit dem Modell geteilt werden dürfen, besonders um sensible Informationen wie Personalinformationen zu schützen. Im öffentlichen Dienst gibt es unterschiedliche Schutzniveaus; die KI-Nutzung kann durch eine Richtlinie für den Gebrauch bei Dokumenten auf unteren Schutzniveaus gestattet werden.

Ein integraler Bestandteil des souveränen Umgangs ist das regelmäßige Einholen und Berücksichtigen von Nutzerfeedback. Dies fördert nicht nur die stetige Verbesserung der Modelle, sondern stärkt auch das Vertrauen der Anwendenden in die Technologie. Durch kontinuierliche Anpassungen und Updates können die Modelle besser auf die spezifischen Bedürfnisse und Herausforderungen der Nutzenden abgestimmt werden, was die Effektivität und Akzeptanz der Technologie weiter erhöht.

8.4.4 Integrität: Regulierung und Zertifizierung

Wenn eine neue LLM-Anwendung konzipiert wird, schreibt der AI Act eine Prüfung vor, in welche Risikokategorie ein Sprachmodell fällt. Chatbots für Kundenanfragen in Onlineshops sind ein Beispiel für minimales Risiko. Mit geringem Risiko verknüpft ist ein Modell, das Textinhalte für Nachrichtenportale generiert. Beispiele für hohes Risiko sind Sprachmodelle, die in der öffentlichen Verwaltung für Entscheidungsfindungsprozesse genutzt werden, beispielsweise zur Prüfung von Anträgen auf staatliche Leistungen. Sprachmodelle, die zur Überwachung von Mitarbeitenden eingesetzt werden, haben ein unakzeptables Risiko und sind verboten.

Die Kategorisierung startet mit einer Selbsteinschätzung durch die Entwickler und Entwicklerinnen des LLM-Systems. Dazu gehört eine Analyse der Funktionen und Einsatzgebiete des Systems sowie der Art von Interaktionen und Entscheidungen, die das System beeinflussen. In die Prüfung fließt auch mit ein, inwieweit sensible oder personenbezogene Informationen verarbeitet wurden. Basierend auf den Ergebnissen wählen die Entwickler die geeignete Risikokategorie aus.

Für LLM-Anwendungen, die ein hohes Risiko beinhalten, erfolgt eine Prüfung der Selbsteinschätzung durch eine Regulierungsbehörde. Wird das KI-System als konform mit der Risikokategorie eingestuft, kann eine Zertifizierung notwendig sein, um es auf den Markt zu bringen. Es gelten strenge Anforderungen für KI-Systeme mit hohem Risiko, die Qualität, Sicherheit und Transparenz gewährleisten. Sie erfordern umfassende Qualitätsmanagement- und Datenverwaltungssysteme, detaillierte technische Dokumentationen für Audits und durchgehende menschliche Aufsicht. Die Systeme müssen auch eine Konformitätsbewertung bestehen und werden post-market überwacht, um Compliance zu gewährleisten und Vorfälle zu melden. Cybersecurity-Maßnahmen sind essenziell, um die Systemintegrität zu schützen und Bias in lernenden Modellen zu verhindern (Europäische Kommission, 2023).

Während eIDAS klare Vorgaben für die Transparenz von Vertrauensdiensten macht, könnte ein analoger Regulierungsansatz nach dem AI Act Entwickler und Anbieter von LLMs verpflichten, umfassende Informationen über die Arbeitsweise, die Trainingsdaten und die Entscheidungsprozesse ihrer Modelle offenzulegen. Damit könnten Nutzende und Regulierungsbehörden besser verstehen, wie Entscheidungen getroffen werden, und sicherstellen, dass diese Prozesse frei von Voreingenommenheit sind.

8.5 Ausblick

Da KI-Systeme immer tiefer in alle Lebensbereiche vordringen, nimmt Vertrauen mit all seinen Dimensionen eine immer wichtigere Rolle ein. Die Entwicklung schreitet rasant voran, insbesondere im Bereich der Sprachmodelle. Jeden Tag erscheinen neue Forschungsergebnisse, wie die Performance von LLMs noch verbessert werden kann und auf welche weiteren Nutzungskontexte sich Funktionen ausweiten lassen. Die Sicherstellung von Vertrauen in KI-Systeme erfordert, dass diese nachvollziehbar, korrekt, datensicher und souverän agieren. Daran richtet sich auch die KI-Strategie der Bundesdruckerei aus.

Ein besonders interessantes Feld sind die multimodalen Modelle, die den Wechsel zwischen verschiedenen Kommunikationskanälen ermöglichen. Denkbares Szenario: Eine Mitarbeiterin erhält ein umfangreiches Textdokument mit der Bitte um Stellungnahme. Dieses lässt sie sich zusammenfassen und als kurzen Podcast auf dem Weg zur Arbeit wiedergeben. Inspiriert durch die Zusammenfassung gibt sie dem Modell mündlich eine Idee für eine Darstellung, und das Modell erstellt eine ansprechende Grafik.

Mit den Möglichkeiten von KI-Systemen nehmen auch Risiken und Gefahren zu. Daher sollten Vertrauensmaßnahmen stets mitbedacht werden: Wie können Menschen einem KI-System vertrauen? Welche Maßnahmen sind während der Entwicklung und Überwachung des Modells im Echtzeitbetrieb notwendig?

Ein wichtiger Indikator bei der Evaluation von KI-Modellen ist, wie die technische Performance noch verbessert werden kann. Ebenso sollte Vertrauen als messbares Kriterium herangezogen werden. Messbar wird Vertrauen durch verschiedene Maßnahmen. Am wichtigsten ist das systematische Einholen von Nutzerfeedback. Mit diesen Einsichten kann das Vertrauen in das KI-System kontinuierlich verbessert werden.

Mit technischen Innovationen und Durchbrüchen ergeben sich neue Herausforderungen für das Vertrauen in Künstliche Intelligenz: Quantencomputer steigern die Performance von KI-Systemen durch neuartige Rechenfähigkeiten (siehe Kapitel 12). KI-Systeme werden in der Lage sein, noch komplexere Aufgaben in kürzerer Zeit und mit größeren Datenmengen zu verarbeiten. Mit Quantentechnologie lernen KI-Systeme immer schneller, und für den Menschen wird es bei komplexeren Modellen immer schwieriger, Entscheidungen nachzuvollziehen. Hier braucht es innovative Ansätze, um sicherzustellen, dass auch bei Verwendung von Quantentechnologie die Arbeitsweise von KI-Systemen für die Nutzenden nachvollziehbar und kontrollierbar bleibt.

Literatur

Anger, J. (2021). *Mobilität der Zukunft – Wenn die KI irritiert ist.* https://safe-intelligence.fraunhofer.de/artikel/wenn-die-ki-irritiert-ist. Zugegriffen am 19.04.2024.

Basel, et al. (2024). Vertrauen, ein anwendungsorientierter und interdiszplinärer Überblick. In Basel & Henrizi (Hrsg.), *Psychologie von Risiko und Vertrauen.* Springer.

Deutscher Ethikrat. (2023). *Künstliche Intelligenz darf menschliche Entfaltung nicht vermindern.* https://www.ethikrat.org/presse/mitteilungen/ethikrat-kuenstliche-intelligenz-darf-menschliche-entfaltung-nicht-vermindern/. Zugegriffen am 28.02.2025.

Deutschlandfunk Kultur. (2023). *KI-Software ChatGPT knackt Rekord beim Benutzerwachstum.* https://www.deutschlandfunkkultur.de/ki-software-chatgpt-knackt-rekord-beim-benutzerwachstum-100.html. Zugegriffen am 22.04.2024.

EIDAS. (2014). Regulation: Regulation (EU) No 910/2014 of the European Parliament and of the Council of 23 July 2014 on electronic identification and trust services for electronic transactions in the internal market and repealing Directive 1999/93/EC. https://eur-lex.europa.eu/legal-content/EN/TXT/?uri=uriserv:OJ.L_.2014.257.01.0073.01.ENG. Zugegriffen am 18.04.2024.

Europäische Kommission. (2023). *EU AI Act: 10 things high-risk companies need to do.* https://futurium.ec.europa.eu/en/european-ai-alliance/best-practices/eu-ai-act-10-things-high-risk-companies-need-do. Zugegriffen am 22.04.2024.

Fischer, J. (2019). *KI: Vom Menschen erschaffene Maschinenfähigkeiten.* https://www.bundesdruckerei-gmbh.de/de/innovation-hub/vom-menschen-erschaffene-maschinenfaehigkeiten. Zugegriffen am 22.04.2024.

Gerding, J. (2021). *Komprimiertes Charisma.* https://www.zeit.de/digital/internet/2021-08/frauenstimmen-videokonferenzen-studie-internet-komprimierung-diskriminierung/komplettansicht. Zugegriffen am 22.04.2024.

Hiltscher, J. (2023). *ChatGPT erfindet Gerichtsakten.* https://www.golem.de/news/halluzination-chatgpt-erfindet-gerichtsakten-2305-174509.html. Zugegriffen am 22.04.2024.

Lu, Q., et al. (2023). *Reponsible AI: Best practice for creating trustworthy AI systems.* Addison-Wesley.

Luhmann. (2014). *Vertrauen – Ein Mechanimus der Reduktion sozialer Komplexität* (5. Aufl.). UVK Verlagsgesellschaft, Konstanz.

Malej, et al. (2024). *The AI Index 2024 Annual Report.* AI Index Steering Committee, Institute for Human-Centered AI, Stanford University, Stanford, CA, April 2024. https://aiindex.stanford.edu/report/. Zugegriffen am 26.04.2024.

Mayer, et al. (1995). An integrative Model of organizational trust. *Academy of Management Review, 20*, 709–734.

Oswald (2006). Vertrauen in Personen und Organisationen. In Bierhoff & Frey (Hrsg.), *Handbuch der Sozialpsychologie und Kommunikationspsychologie* (1. Aufl.). Hogrefe.

Steinmeier, F.-W. (2024). *Bundespräsident: Forum Bellevue, Digitale Öffentlichkeit – brauchen wir eine neue Aufklärung?* https://www.bundespraesident.de/SharedDocs/Reden/DE/Frank-Walter-Steinmeier/Reden/2024/07/240710-forum-bellevue-no3.html. Zugegriffen am 29.07.2024.

Tagesschau. (2024). *Falscher Biden fordert zum Zuhausebleiben auf.* https://www.tagesschau.de/ausland/amerika/wahlen-wahlbeeinflussung-ki-100.html. Zugegriffen am 19.04.2024.

ZEIT online. (2018). *Britische Datenschützer verhängen Höchststrafe gegen Facebook.* https://www.zeit.de/digital/datenschutz/2018-10/cambridge-analytica-datenskandal-facebook-geldstrafe. Zugegriffen am 22.04.2024.

Open Access Dieses Kapitel wird unter der Creative Commons Namensnennung - Nicht kommerziell - Keine Bearbeitung 4.0 International Lizenz (http://creativecommons.org/licenses/by-nc-nd/4.0/deed.de) veröffentlicht, welche die nicht-kommerzielle Nutzung, Vervielfältigung, Verbreitung und Wiedergabe in jeglichem Medium und Format erlaubt, sofern Sie den/die ursprünglichen Autor(en) und die Quelle ordnungsgemäß nennen, einen Link zur Creative Commons Lizenz beifügen und angeben, ob Änderungen vorgenommen wurden. Die Lizenz gibt Ihnen nicht das Recht, bearbeitete oder sonst wie umgestaltete Fassungen dieses Werkes zu verbreiten oder öffentlich wiederzugeben.

Die in diesem Kapitel enthaltenen Bilder und sonstiges Drittmaterial unterliegen ebenfalls der genannten Creative Commons Lizenz, sofern sich aus der Abbildungslegende nichts anderes ergibt. Sofern das betreffende Material nicht unter der genannten Creative Commons Lizenz steht und die betreffende Handlung nicht nach gesetzlichen Vorschriften erlaubt ist, ist auch für die oben aufgeführten nicht-kommerziellen Weiterverwendungen des Materials die Einwilligung des jeweiligen Rechteinhabers einzuholen.

Resilienz

9

Mario Trapp

Zusammenfassung

Die Welt der Künstlichen Intelligenz (KI) ist von faszinierenden Möglichkeiten, aber auch von erheblichen Herausforderungen geprägt. Am Beispiel des autonomen Fahrens wird deutlich, wie schwierig es ist, menschliche Fähigkeiten in technische Systeme zu übertragen, vor allem wenn es um die Sicherheit von Menschenleben geht. Die Qualität und Zuverlässigkeit von KI-Systemen stehen im Fokus intensiver Diskussionen. Während KI oft beeindruckende Ergebnisse erzielt, gibt es auch zahlreiche Fälle, in denen sie versagt und unerwartete Entscheidungen trifft. Diese Unvorhersehbarkeit wirft grundlegende Fragen auf: Wie können wir KI-Technologien sicher einsetzen und gleichzeitig ihre Risiken managen? In diesem Kapitel werden wir die Herausforderungen der KI beleuchten und untersuchen, wie wir ihr Potential verantwortungsvoll nutzen können. Dabei geht es darum, Innovation und Sicherheit in Einklang zu bringen, um eine resiliente Zukunft zu gestalten.

„Die Welt ist eine blühende, summende Verwirrung." So hat der Philosoph William James im 19. Jahrhundert den überwältigenden Eindruck unserer Welt auf ein Neugeborenes beschrieben. Von da an muss es über viele Jahre hinweg lernen, sich in dieser unendlich facettenreichen Welt zurechtzufinden, die uns selbst im Erwachsenenalter immer wieder aufs Neue überrascht. Wenn wir das autonome Fahren als eines von vielen Beispielen betrachten, dann ist das Autofahren nur eine winzige Facette unserer Fähigkeit, uns mühelos durch diese Welt zu bewegen. Und doch scheint es eine aktuell kaum überwindbare Hürde

M. Trapp (✉)
Fraunhofer-Institut für kognitive Systeme IKS, München, Deutschland
E-Mail: mario.trapp@iks.fraunhofer.de

zu sein, diese Fähigkeit einem technischen System zu verleihen. Künstliche Intelligenz (KI) sollte die Antwort sein, wurde sie doch ersonnen, um die menschliche Intelligenz zu imitieren. Viel besser soll sie mit Unbekanntem zurechtkommen als eine klassische, starr in stoischen Befehlsfolgen programmierte Software. Und in der Tat sind die Ergebnisse der KI faszinierend. So faszinierend sogar, dass selbst ihre „Lehrer" überrascht sind. Und genau hier liegt nun das Problem, das die KI von einer glorreichen Lösung zu einer unserer größten Herausforderungen werden lässt. Sie funktioniert meistens gut, vielleicht sogar überragend. Wenn es aber wie beim autonomen Fahren um Menschenleben geht, ist „meistens" eben nicht gut genug. Und wenn selbst die besten Experten nicht verstehen, warum die KI manchmal gut funktioniert und manchmal völlig überraschend komplett versagt, stehen wir, frei nach Goethe, wie der Zauberlehrling vor den Geistern, die wir riefen.

Es ist daher wenig überraschend, dass große Visionen wie das autonome Auto bisher nicht an den funktionalen Fähigkeiten der KI scheitern, sondern an ihrer Sicherheit. Zu groß ist bislang das Risiko, dass Menschen verletzt oder gar getötet werden. Und doch darf es keineswegs darum gehen, den Pfad in die Zukunft der KI mit Verboten und Einschränkungen zu pflastern. Vielmehr geht es darum, neue Wege zu schaffen, um das immense Potential der Künstlichen Intelligenz sicher entfalten zu können. Noch befinden wir uns am Anfang dieser Reise auf neuen Wegen, auf die Sie dieses Kapitel mitnehmen wird. Wir werden einen tieferen Blick auf die Herausforderungen werfen, warum uns die KI überhaupt vor solche Probleme stellt. Wir werden sehen, wie wir heute versuchen, mit etablierten Konzepten Lösungen zu finden. Und wir werden zum Abschluss gemeinsam sehen, wie uns erneut die Natur zu neuen Lösungen inspiriert, um inmitten dieser „blühenden, summenden Verwirrung" Resilienz und Intelligenz in Einklang zu bringen.

9.1 Die Krux mit der Intelligenz

Bevor wir uns mit der Frage der Resilienz beschäftigen können, müssen wir zunächst die Herausforderungen beleuchten, die mit der Künstlichen Intelligenz einhergehen. Und letztlich auch die Frage, warum wir die Qualität von KI nicht genauso gewährleisten können, wie wir dies seit Jahrzehnten für klassische Software tun. Wo also liegt denn diese ominöse Krux mit der Künstlichen Intelligenz?

9.1.1 Die Angst vor der Intelligenz

In der breiten öffentlichen Wahrnehmung liegt die vermeintlich größte Herausforderung in der zu großen, nicht mehr beherrschbaren Intelligenz der KI. Denn die Möglichkeiten der Künstlichen Intelligenz scheinen schier endlos, und spätestens seit dem fulminanten Auftritt der generativen KI erwachen neben der reinen Begeisterung bei vielen Menschen Sorgen und sogar Ängste, ob wir uns mit der Künstlichen Intelligenz nicht doch die Geister rufen, die wir nicht mehr beherrschen können. Man könnte sich fast wie in einem Science-Fiction-Roman fühlen, im erzählerischen Vorspann, kurz bevor die Maschinen die Herrschaft übernehmen. Bis auf die späteren Helden halten die Protagonisten der Erzählung jegliche Sorgen für unbegründet. Im Roman wird man eines Besseren belehrt, und so möchte man sich natürlich auch in der Geschichte der realen Welt lieber auf der Seite der vorausahnenden Helden wähnen.

Die Wurzel dieser Sorgen liegt in der Befürchtung, dass die Künstliche Intelligenz zu intelligent werden könnte, vielleicht sogar so intelligent, dass sie sich verselbstständigt und sogar ein Bewusstsein entwickelt, das sich irgendwann gegen die Menschen richtet. Auch wenn sich dieses Szenario nicht pauschal ausschließen lässt, ist die Wahrscheinlichkeit dafür doch beruhigend gering, wenn nicht vernachlässigbar. Die KI ist in erster Linie weiterhin ein Werkzeug, allerdings ein sehr mächtiges Werkzeug. Und die Gefahr geht wie so häufig nicht vom Werkzeug an sich aus, sondern von den Menschen, die es nutzen – entweder weil sie es bewusst zum Nachteil anderer verwenden, weil sie es nachlässig einsetzen und nicht richtig kontrollieren oder weil sie schlichtweg nicht wirklich wissen, was sie tun. Wir sollten uns also nicht vor der Intelligenz der KI fürchten, sondern, wenn überhaupt, dann vor den Menschen, die sie nutzen.

9.1.2 Die künstliche Dummheit

Die größte Bedrohung durch Künstliche Intelligenz geht nicht von ihrer Intelligenz aus, sondern paradoxerweise von ihrer Dummheit. Bei der ganzen Fülle von Beispielen, in denen KI beeindruckend gut funktioniert hat, dürfen wir nicht vergessen, dass es auch genügend Fälle gibt, in denen sie erschreckend kläglich scheitert. Und in ihrem Scheitern ist sie trotzdem fest überzeugt, Recht zu haben. Unsere Angst sollte sich also gar nicht in erster Linie auf die Künstliche Intelligenz, sondern auf die Künstliche Dummheit fokussieren.

Stellen wir uns einen ChatBot oder Sprachassistenten vor, der Unsinn redet oder uns komplett falsch versteht. Das entlockt uns meist ein stilles Lächeln, oder wir spüren einen leichten Anflug ungeduldiger Verärgerung. Wenn wir uns vorstellen, dass unser teures neues Auto nach wenigen Kilometern mit einem Motorschaden liegen bleibt, weil die KI-basierte Qualitätssicherung in der Produktion versagt hat, dann ist dies für uns als Kunden schon mehr als ein großes Ärgernis. Für den Hersteller bedeutet dies aber einen finanziellen Schaden in Millionenhöhe. Und wenn wir uns vorstellen, von einem KI-chauffierten Auto überfahren zu werden, weil die KI fest überzeugt ist, niemanden zu sehen, dann ist die Künstliche Dummheit nicht mehr lustig, sondern tödlich. Wie unter anderem der amerikanische Wissenschaftler Philip Koopman an der Carnegie Mellon University nicht müde wird herauszuarbeiten, gibt es dieses tödliche Versagen der KI wesentlich häufiger als vielen bewusst ist (Koopman, 2024).

Obwohl spektakuläre Unfälle mit selbstfahrenden Autos durchaus die Öffentlichkeit aufhorchen lassen, bleibt die allgemeine Fehleranfälligkeit der KI oft im verborgenen Schatten des blendenden Rampenlichts der Technikbegeisterung. Bevor wir jedoch gedanklich direkt den warnenden Zeigefinger erheben oder gar schon Verbotsforderungen formulieren, sollten wir uns klarmachen, dass es hier nicht darum geht, die Technik zu verteufeln, sondern die Risiken zu verstehen. Denn in diesem Verständnis liegt eine riesige Chance verborgen – die Fähigkeit, eine verlässliche, eine sichere KI zu schaffen. Wenn wir nämlich bedenken, dass beispielsweise das erste allgemein für den Straßenverkehr zugelassene Fahrzeug mit der weltweit höchsten Autonomie aus Deutschland und nicht aus dem Silicon Valley stammt (Gilgen, 2024), dann wird klar, dass hier die Finesse der Safety-Ingenieurinnen und -Ingenieure, die Kunst des Engineerings den Ausschlag im Wettbewerb gaben. Nur wer Sicherheit und Intelligenz in Einklang bringen kann, wird sich an die Spitze des Wettbewerbs setzen können.

9.1.3 Die neue Herausforderung

Dies bringt uns zurück zur brennenden Frage: Warum ist es eine so gewaltige Herausforderung, die Qualität von Künstlicher Intelligenz zu kontrollieren? Schließlich ist Software bereits ein ganz selbstverständlicher Bestandteil auch von hochsicherheitskritischen Systemen. Um die Frage zunächst zu präzisieren: Künstliche Intelligenz ist ein Oberbegriff für verschiedenste Ansätze – viele davon lassen sich aus einer Qualitätsperspektive durchaus beherrschen. Doch zurzeit sorgen vor allem maschinelles Lernen und insbesondere die tiefen neuronalen Netze, die beispielsweise in der Bilderkennung oder bei Sprachmodellen zum Einsatz kommen, für Furore.

Anders als bei herkömmlicher Software werden beim maschinellen Lernen nicht mehr explizite Befehlsketten definiert, sondern Modelle anhand von Daten trainiert. Bei den populären neuronalen Netzen imitieren diese Modelle das menschliche Gehirn, indem viele Neuronen miteinander verbunden werden. Stark vereinfacht gesagt, werden während des Trainings die Verbindungen zwischen den Neuronen in Form von Gewichtungen gestärkt oder geschwächt. Das Verhalten ergibt sich dadurch sehr implizit aus der Gewichtung der Neuronenverbindungen, und es ist in den meisten Fällen unmöglich, genau nachzuvollziehen, warum ein künstliches neuronales Netz so reagiert, wie es reagiert. Daher haben wir keine Ahnung, wann und warum es beeindruckende Leistungen zeigt oder wann und warum es total versagt.

Die ganze Welt der Softwarequalitätssicherung, wie wir sie kennen, basiert auf der Idee, dass wir ein deterministisches Verhalten auf Basis expliziter Befehlsketten definieren, die wir vollständig nachvollziehen und somit auch nachprüfen können. Wollen wir nun diese Ansätze zur Qualitätssicherung auf neuronale Netze anwenden, ist das in etwa so, als würden wir eine meisterhafte Uhrmacherin, ausgerüstet mit den weltbesten Werkzeugen für mechanische Uhren, vor die Herausforderung stellen, eine Smartwatch zu reparieren. In beiden Situationen prallen völlig verschiedene Paradigmen und gänzlich unterschiedliche, unvereinbare Technologien aufeinander.

Man könnte annehmen, dass sogenannte Blackbox-Teststrategien, die sich nur auf das Verhalten eines Softwaremoduls konzentrieren, ohne sein internes Funktionieren zu kennen, eine Lösung sein könnten, da es ja gerade egal sein soll, wie das Verhalten realisiert wurde. Das ist prinzipiell auch so, allerdings gibt es hierbei einen erheblichen Fallstrick: Die Realität ist unendlich. Und jeder Testfall repräsentiert nur eine von unendlich vielen Möglichkeiten. In der Praxis wird dieser konkrete Testfall nie wieder auftreten, jedes Bild für eine Personenerkennung zum Beispiel wird neu sein. Bei heutiger Software können wir davon ausgehen, dass, wenn sorgfältig ausgewählte Testfälle erfolgreich sind, die Software auch in jeder Situation, die sich zwischen diesen Testfällen befindet, funktionieren wird. Nur durch diese Annahme können wir überhaupt eine Testabdeckung erreichen. Bei tiefen neuronalen Netzen ist das jedoch völlig anders. Sie neigen in den meisten Fällen zu einer extrem geringen Robustheit, d. h. selbst minimale Änderungen am Eingang können zu völlig unterschiedlichen Ergebnissen führen. Nur wenige Pixel Unterschied können aus einem Stoppschild ein Schild „Vorgeschriebene Fahrtrichtung geradeaus" machen, wie dies unter anderem Akhtar und Mian eindrucksvoll am Beispiel bewusster Angriffe verdeutlichen (2018). Daher wissen wir selbst bei erfolgreichen Tests zunächst nur, dass das Netz genau in diesem Fall funktioniert hat. Bei jeder kleinsten Änderung des Eingangs, also für jeden Fall im realen Einsatz, können wir quasi keine Aussage mehr treffen. Es hat Jahre an Forschung gebraucht, um sowohl die neuronalen Netze robuster zu machen als auch die Testverfahren anzupassen. Und trotz guter Fortschritte hinken wir immer noch weit hinter der Qualitätssicherung klassischer Software hinterher.

Ein weiteres oft gehörtes Argument ist, dass wir einfach genug Daten brauchen, um die KI richtig zu trainieren. In der Realität haben wir aber oft nicht einmal genug Daten für ein „normales" Training, etwa wenn es um die Erkennung von Tumoren in der Medizin geht. Und um die Qualität zu erreichen, die nötig ist, wenn es um Menschenleben geht, bräuchten wir mehr Daten, als es Atome im bekannten Universum gibt, wie beispielsweise Wissenschaftler rund um den KI-Forscher Philip Grohs an der TU Wien gezeigt haben (Berner et al., 2022).

Dies führt uns zur nächsten spannenden Frage: Wie gut muss unsere KI sein, bevor wir sie als sicher betrachten können? Fangen wir damit an, dass eine KI nicht sicher sein muss. Wichtig ist einzig und allein, dass das Gesamtsystem, in dem sie eingesetzt wird – wie zum Beispiel ein Auto, ein medizinisches Gerät oder ein Roboter – sicher ist. Aber um das zu erreichen, muss die KI eine bestimmte Qualität aufweisen. Wie man diese „bestimmte" Qualität jedoch genau spezifiziert und misst, ist noch eine offene Forschungsfrage. Bei herkömmlicher Software können wir auch keine quantitativen Maße wie Ausfallwahrscheinlichkeiten berechnen. Aber über die Jahrzehnte haben wir gelernt und konnten empirische Evidenzen sammeln, dass die Anwendung spezieller Entwicklungs- und Qualitätssicherungsverfahren zu einer akzeptabel niedrigen Ausfallwahrscheinlichkeit im Einsatz führt. Bei der KI fehlt uns dieses Wissen, und wir haben auch keine Zeit, auf vergleichbare Weise auf Evidenz zu warten. Deshalb versuchen Industrie und Forschung in großen Forschungsprojekten, diesen Prozess zu beschleunigen. Ein Durchbruch steht jedoch noch aus.

Man könnte sagen, dass wir uns in Sachen *Safety* im Kontext der KI noch einmal neu orientieren müssen. Denken wir an das Konzept der „Safety": Es bedeutet im Grunde, dass das verbleibende Risiko eines Systems kleiner sein muss als ein akzeptiertes Risiko. Nehmen wir das Beispiel Autofahren. Wir akzeptieren alle das Risiko, dass wir vielleicht nicht sicher an unserem Ziel ankommen. Dieses Risiko, eine Mischung aus der Wahrscheinlichkeit eines Ereignisses und den zu erwartenden Schäden, sind wir bereit einzugehen. Aber welches Risiko wären wir bereit, bei einem selbstfahrenden Auto einzugehen?

Politisch gesehen wird eine positive Risikobilanz angestrebt – es wäre demnach akzeptabel, wenn durch den Einsatz von selbstfahrenden Autos insgesamt weniger Menschen im Straßenverkehr ums Leben kommen. Das ist eine gesellschaftliche Perspektive. Doch wenn das eigene Kind von einem autonomen Fahrzeug getötet wird, ist es den trauernden Eltern wenig Trost, dass dadurch zwei andere Menschen gerettet wurden, die sonst von einem menschlichen Fahrer überfahren worden wären. Hier ist also noch viel Diskussion nötig, und für viele Anwendungsbereiche gibt es noch gar keine befriedigende Antwort.

Denken wir weiter, wird schnell klar, dass KI in den meisten sicherheitskritischen Anwendungen menschliche Aufgaben übernimmt, sei es nun das Autofahren, Zugfahren, Maschinenbedienen, die Ausführung von Produktionsaufgaben oder medizinische Diagnosen. Daher ist es unlogisch, die Qualität einer KI mit den Standards zu messen, die wir verwenden, um das Versagen eines Bauteils zu bewerten, das vor allem aufgrund von Konstruktionsfehlern, Produktionsfehlern oder Verschleiß ausfallen könnte. Vielmehr sollten wir die KI in solchen Anwendungen danach bewerten, ob sie die Aufgaben besser bewältigen kann als wir Menschen. Dies erfordert einen überdachten Ansatz zur Bewertung, bei dem noch viele Fragen offen sind. Diese reichen von einfachen Fragen wie „Welcher Mensch – der Durchschnittsmensch oder der beste der Welt?" bis hin zu komplexeren Fragen wie „Ist es ausreichend, genauso gut zu sein wie ein Mensch, oder wie viel besser muss die KI sein?" und schließlich zur brennenden Frage „Wie genau kann ich die Leistung von Mensch und KI vergleichbar messen und die Überlegenheit der KI vorhersagen, bevor sie überhaupt eingesetzt werden darf?"

Dies wiegt umso schwerer, als viele Safety-Expertinnen und -Experten wie auch Zertifizierer schon lange verlernt haben, um was es im *Safety Engineering* eigentlich geht: sicherzustellen, dass das unvermeidbare Restrisiko akzeptabel ist. Im Laufe der Jahrzehnte haben sich Normen etabliert, und die Disziplin des *Safety Engineerings* ist zum *Compliance Engineering* degeneriert. Pointiert formuliert werden nur noch die Anforderungen in Normen überprüft – Anforderungen, die KI-basierte Systeme gar nicht erfüllen können. Anstatt sich darauf zu konzentrieren, wie man Sicherheit jenseits von unpassenden Normen nachweisen kann, bleiben manche nostalgisch in der Vergangenheit gefangen und versuchen stur, die Smartwatch wie eine mechanische Uhr nach den Regeln der Mechanik zu behandeln. Neben den technischen Herausforderungen gibt es also auch unzählige menschliche Herausforderungen – von der allgemeinen Akzeptanz in der Bevölkerung bis zum unverzichtbaren Wandel in teils vergangenheitsgewandten Ingenieurskulturen.

Die Herausforderungen, die KI mit sich bringt, sind in der Tat zahlreich und komplex. Leider wurde der Fokus viel zu lange auf immer neue schillernde Errungenschaften der KI gelegt, während die Sicherheitsaspekte, die Safety, eher im Hintergrund blieben. Sicherheitsingenieurinnen und -ingenieure leisten hervorragende Arbeit, aber diese bleibt oft unbemerkt – denn es ist ihre beste Leistung, wenn nichts Schlimmes passiert. Applaus oder Anerkennung im Rampenlicht der Öffentlichkeit ist selten, ebenso wie die Begeisterung von Investoren. Doch ohne Sicherheit bleiben die ehrgeizigen Visionen von KI nur Träumereien. Daher wurde nun eine Aufholjagd gestartet, um die beeindruckenden Fähigkeiten der KI um die im Wortsinne lebenswichtige Sicherheit zu ergänzen.

9.2 Do It the Safe Way

Wenn wir uns trotz all dieser Herausforderungen auf den Weg zur Lösung begeben, müssen wir direkt zu Beginn unserer Reise klarstellen, dass es derzeit kein Universalrezept gibt, um Künstliche Intelligenz so abzusichern, dass sie bedenkenlos in sicherheitsrelevanten Systemen eingesetzt werden kann. Versprechungen von Prüfzentren oder KI-Zertifizierungen, die eine pauschale Sicherheit von KI anhand einiger Prüfwerte garantieren, sind durchaus fragwürdig. Doch es ist möglich, spezifische Lösungen für konkrete Produkte zu finden, so dass KI schon heute in sicherheitsrelevanten Systemen eingesetzt werden kann. Dazu muss man allerdings das jeweilige Produkt, die spezifische Funktion der KI darin und die konkreten Sicherheitsanforderungen gut verstehen, um eine passende Lösung ableiten zu können.

9.2.1 Es gibt kein allgemeines Kochrezept

Die Vorstellung, es gäbe ein universelles Kochrezept, das uns eine anwendungsunabhängige, allgemeingültige Liste von Prüfverfahren zur Verfügung stellt, um die Sicherheit einer KI-Komponente nachzuweisen, ist also zumindest nach heutigem Stand der Dinge unrealistisch und sogar irreführend. Obwohl wir uns alle eine Universallösung wünschen, die immer funktioniert, ist eine Nachweisführung in der Realität heute bei weitem noch nicht so geradlinig. Sicher, bei Hardware hat dieser Wunschgedanke wunderbar geklappt, und bei Software konnte man ihn noch akzeptabel umsetzen. Deshalb wird Sicherheit selbst von vielen Safety-Managern in der Praxis gerne mit dem Abhaken von Prüflisten verwechselt. Beim maschinellen Lernen jedoch müssen wir uns eingestehen: Es gibt keine Einheitslösung, keine generischen Prüflisten und kein pauschales Kochrezept. Hier sind individuelles Verständnis und spezifische Lösungen gefragt. Um unsere Reise zu resilienten kognitiven Systemen zu beginnen, müssen wir daher zunächst ein paar Schritte zurückgehen und uns besinnen, worum es bei Safety als wesentliche Qualitätseigenschaft überhaupt geht. Es geht nicht um Checklisten, nicht um die Compliance mit Normen. Es geht darum sicherzustellen, dass von einem System kein inakzeptables Risiko ausgeht. Wenn wir uns auf diese eigentliche Aufgabe zurückbesinnen, können wir KI schon heute in sicherheitskritischen Anwendungen nutzen. Und das Beste daran? Mit jedem System, das wir entwickeln, sammeln wir wertvolle Erfahrungen, die wir verallgemeinern können. So kommen wir Schritt für Schritt einem universelleren Konzept näher.

9.2.2 Die Illusion der sicheren KI

Es ist auch an der Zeit, uns von der Illusion einer „sicheren KI" zu verabschieden. In letzter Zeit ist es fast zur Mode geworden, mit Begriffen wie *Safe AI* oder *Certified AI* zu werben, stets verbunden mit dem Versprechen, eine sichere KI entwickeln zu können. Tatsächlich sind nach aktuellem Stand der Wissenschaft die Begriffe Safety und KI, zumindest wenn wir über *Deep Learning* sprechen, ein Widerspruch in sich. Eine sichere KI gibt es nicht und wird es auch nicht geben, zumindest nicht auf Basis der heutigen tiefen neuronalen Netze. Was zunächst wie ein jähes Ende unserer Reise zu resilienten kognitiven Systemen klingt, ist eigentlich eine Erleichterung – eine Befreiung von der unmöglichen Mission, eine sichere KI zu erschaffen. Es ist die Chance, unseren Fokus von der KI wegzulenken und auf die eigentliche Aufgabe zu richten. Durch die allgegenwärtige Präsenz der KI im Rampenlicht unserer Aufmerksamkeit geht allzu oft die eigentliche Lösung im Schatten dieser blendenden Technologie verloren. Die Lösung liegt nicht in der Künstlichen Intelligenz, sondern in der guten alten Ingenieurskunst. Eine KI ist meist nur eine von tausenden Softwarekomponenten in einem hochkomplexen Softwaresystem, wie beispielsweise einem Auto oder Flugzeug. Ob ihre Qualität hoch genug ist, um keine Gefahren zu verursachen, hängt vom gesamten System ab. Gibt es andere Komponenten, die KI-Fehler erkennen und beherrschen können? Gibt es redundante Pfade, die gleichzeitig versagen müssten? Sicherheit können wir nur auf der Systemebene betrachten. Wir müssen Risiken identifizieren und passende Sicherheitsanforderungen für die Umsetzung von Gegenmaßnahmen festlegen. Diese Anforderungen werden dann, wie im klassischen Safety Engineering, Schritt für Schritt verfeinert, bis wir ganz konkrete Anforderungen an die KI stellen können, die mit einer bestimmten Performanz erfüllt werden müssen. Je genauer die Anforderungen, desto konkreter und somit leichter können wir nachweisen, dass sie mit der benötigten Rigorosität erfüllt werden.

9.2.3 Es geht nicht um KI, sondern um einen Mehrwert unserer Produkte

Beginnen wir dazu mit einer simplen Tatsache: KI ist nur eine Technologie und bietet an sich noch keinen echten Nutzen. Unsere Produkte müssen in ihrem jeweiligen Markt einen klaren Mehrwert bieten. KI kann hierbei eine Rolle spielen, muss sie aber nicht. Viele Entscheidungsträger fühlen sich von der Flut an Nachrichten über immer größere, immer mächtigere KI-Modelle überwältigt. Ein Superlativ jagt den nächsten, und jede Nachricht nährt die Furcht, technologisch ins Hintertreffen zu geraten. Doch anstatt uns in diesem Rennen der Technikgiganten zu verlieren, sollten wir uns auf unser Kerngeschäft konzentrieren. Viele deutsche Unternehmen werden auch in Zukunft kein einziges KI-Produkt entwickeln, aber sie werden kaum noch ein softwarebasiertes Produkt ohne KI haben. Die meisten unserer Unternehmen produzieren keine KI-Produkte, aber sie sind oft Weltmarktführer für Maschinen, Anlagen, Roboter, Flugzeuge, Züge, Autos, Medizingeräte und viele andere Produkte. Daher müssen wir uns vor dem blinden Einsatz von KI die Frage stellen: Welchen Mehrwert wollen wir im Wettbewerb schaffen? Kann uns KI dabei einen Wettbewerbsvorteil verschaffen? Muss es wirklich ein großes, kaum kontrollierbares tiefes neuronales Netz sein, oder könnten nicht doch kleinere Modelle oder robustere KI-Ansätze den gleichen Mehrwert liefern? Natürlich ist es beispielsweise verlockend, eine vorhandene Personenerkennung aus dem Internet zu nutzen, um Lichtschranken in der Produktion durch vorhandene Überwachungskameras zu ersetzen. Aber diese KI-Modelle sind nicht für sicherheitskritische Anwendungen konzipiert und lassen sich nachträglich kaum absichern. Wenn wir vom angestrebten Nutzen ausgehen und dafür eine spezifische Lösung finden, erhalten wir kleinere, besser handhabbare Modelle, die wir dann auch in einer solchen sicherheitsrelevanten Anwendung einsetzen können.

Die sicherste Methode, Künstliche Intelligenz in sicherheitskritischen Systemen zu nutzen, ist also paradoxerweise, sie gar nicht zu nutzen. Manchmal liegt die beste Lösung direkt vor unserer Nase. Anstatt blind einem Trend zu folgen, sollten wir KI nur dann in Erwägung ziehen, wenn es absolut keine andere Möglichkeit gibt, unseren angestrebten Nutzen zu erreichen. Und selbst dann gibt es oft Alternativen, die auf Deep Learning verzichten können. Andere maschinelle Lernmethoden, wie zum Beispiel *k-nearest Neighbour* oder *Support Vector Machines*, mögen auf den ersten Blick etwas rückwärtsgewandt wirken, aber sie erfüllen in vielen Fällen ihren Zweck und lassen sich zudem viel einfacher in sicherheitskritische Systeme integrieren. Selbst wenn wir gelegentlich wirklich ein tiefes neuronales Netz benötigen, muss es nicht unbedingt die neueste Internet-Sensation sein. Meistens ist es viel sinnvoller und effizienter, ein kleines, speziell auf die Aufgabe zugeschnittenes Netz zu trainieren. Dieses lässt sich deutlich einfacher anpassen und auf seine Tauglichkeit für den Einsatz in einem sicheren Produkt überprüfen.

9.2.4 Menschenleben sollte man einer KI nicht anvertrauen

Doch egal, welche KI letztlich zum Einsatz kommt: Es wäre unverantwortlich, ein Menschenleben alleine in die Hände einer KI zu legen. Es fehlen uns schlicht und einfach die nötigen Erfahrungswerte, um zuverlässig einschätzen zu können, wann wir die Fehlerwahrscheinlichkeit einer KI als ausreichend gering einstufen können. Bei herkömmlich programmierten Softwaresystemen können wir diese Wahrscheinlichkeit zwar ebenfalls nicht bestimmen, doch haben wir über Jahrzehnte hinweg belastbare Evidenzen gesammelt, dass die Anwendung bestimmter Sicherheitsmaßnahmen zu akzeptablen Ergebnissen führt. Bei KI müssen wir diese Erfahrung und das Vertrauen in die Wirksamkeit von Maßnahmen erst noch gewinnen. Bis dahin ist eine gesunde Portion Skepsis die richtige Einstellung. Schließlich sollten wir Menschenleben weder dem Zufall noch einem flüchtigen Gefühl oder gar dem Glück überlassen.

Beim Entwickeln einer Lösung sollte unser Hauptziel immer sein, möglichst wenige – oder keine – sicherheitsrelevanten Anforderungen an eine KI-Komponente zu stellen. Stattdessen sollten wir die Ergebnisse der KI stets mit traditioneller Software überprüfen –

quasi als eine Art Aufpasser, der sicherstellt, dass die KI uns auch bei Fehlern nicht ins Verderben stürzt. Das mag zunächst paradox erscheinen: Wenn der Aufpasser die Aufgabe ohne KI lösen kann, warum sollten wir sie dann überhaupt mit KI entwickeln? Aber dieses vermeintliche Paradoxon lässt sich sehr leicht auflösen. Denken Sie an Nullstellenberechnungen in der Schulmathematik oder das Lösen von Differentialgleichungssystemen an der Uni. Es war eine schwierige und aufwendige Aufgabe, eine Lösung zu finden, aber die Kontrolle, ob wir das richtige Ergebnis hatten, war recht einfach. Genauso ist es mit der KI: Wir brauchen sie, um eine Lösung zu finden; die Überprüfung, ob die Lösung plausibel ist, ist dann allerdings wesentlich einfacher und kann von herkömmlicher Software übernommen werden. Und obwohl es in der Literatur zahlreiche Ausdrücke wie „Simplex-Architekturen" (Sha et al., 1994), „Safety-Cage" (Heckemann et al., 2011) oder „Doer-Checker-Architektur" (Koopman et al., 2019) gibt, hat sich das Konzept unter dem Namen „Akzeptanztest" schon seit langer Zeit als entscheidender Bestandteil fehlertoleranter Softwaresysteme etabliert (Dubrova, 2013).

Nehmen wir zum Beispiel die Aufgabe, Objekte mit einer Kamera zu erkennen. Ohne tiefe neuronale Netzwerke ist das kaum zu bewältigen. Die KI scannt das Bild und markiert, wo im Bild Personen, Roboter, Gabelstapler und so weiter zu sehen sind. Aber hier wird es spannend: Die Überprüfung, ob an der markierten Stelle wirklich eine Person zu sehen ist, ist deutlich einfacher und kann von traditionellen Algorithmen erledigt werden. Genauso einfach ist es zu prüfen, ob sich eine Person mit einer realistischen Geschwindigkeit bewegt bzw. sich im Allgemeinen an die Gesetze der Physik hält. Keine dieser Prüfungen ist perfekt und deckt alle Fehlermöglichkeiten ab. Man kann sich jedoch jede einzelne Prüfung wie eine Scheibe Schweizer Käse vorstellen. Jede Scheibe hat Löcher, durch die Fehler hindurchschlüpfen können. Aber wenn man genügend verschiedene Scheiben übereinanderlegt, die verschiedene Aspekte überprüfen, idealerweise sogar mit verschiedenen Sensoren, dann haben Fehler praktisch keine Chance mehr. Man nennt diesen Ansatz daher häufig auch „Schweizer-Käse-Modell".

Offensichtlich müssen wir für jede dieser Prüfungen genau die Anwendung verstehen. Das Erkennen einer Person muss anders geprüft werden als das Erkennen eines Roboters. Und das Erkennen des Fahrwegs eines autonomen mobilen Roboters erfordert wieder ganz andere Überprüfungen. Deshalb ist gutes Engineering so wichtig, um für jede Anwendung die passende Überwachung zu finden.

9.3 Von Safety zur Resilienz

Heute ist die Überwachung von KI eine der wenigen akzeptierten Methoden, um ein kognitives System für sicherheitsrelevante Anwendungen zuzulassen. Aber Überwachung bedeutet immer eine spürbare Einschränkung. Eigentlich liegt die Stärke der KI ja in ihrer Flexibilität, da sie nicht von vordefinierten Regeln gefesselt ist, sondern frei auf verschiedene Situationen reagieren kann. Doch genau diese Freiheit schränken wir ein, indem wir die KI wieder in einen Käfig aus vordefinierten Prüfregeln stecken. Da das Entwickeln von Prüfverfahren einfacher ist als das der eigentlichen Funktionen, hat uns dieser Ansatz dennoch erstaunliche Lösungen ermöglicht. Jedoch werden mit der rasanten Entwicklung der KI, die gerade erst am Anfang steht, solche einfachen Überwachungsarchitekturen nicht Schritt halten können. Früher oder später werden sie die Innovationsgeschwindigkeit kognitiver Systeme erheblich einschränken. Die altbewährten Überwachungsarchitekturen sind nicht zukunftsfähig.

An dieser Stelle bewegen wir uns nun in den Bereich aktiver Forschung, der uns derzeit noch keine allgemein akzeptierten Lösungen anbieten kann. Trotzdem zeichnet dieser Bereich ein klares Bild von der zukünftigen Richtung, die wir auf unserer gemeinsamen Entdeckungsreise nicht übersehen möchten. Wir könnten hier nun verschiedene Richtungen in unterschiedlichste Forschungsansätze einschlagen. Stattdessen konzentrieren wir uns aber auf den Weg, den wir bereits eingeschlagen haben und dessen Prämissen auch künftig gültig sind: In Bezug auf Safety geht es auch in Zukunft um das Gesamtsystem, nicht alleine um die KI. Und ohne eine gewisse Form der Überwachung können wir auch in der heute absehbaren Zeit keinem KI-System unser Leben anvertrauen.

Wir müssen also die grundsätzlich richtige Idee solcher Überwachungsarchitekturen in die Ära der KI heben, wenn wir vermeiden wollen, dass die KI ständig deaktiviert wird, um das System in einem sicheren Zustand zu halten. Und niemand kauft Produkte, nur weil sie sicher sind. Wir kaufen sie wegen ihres Nutzens, nehmen ihre Sicherheit als gegeben an und erwarten, dass sie funktionieren und sich nicht ständig abschalten. Die Herausforderung ist also nicht einfach nur „Wie können wir die Sicherheit kognitiver Systeme gewährleisten?", sondern „Wie können wir ihren Nutzen maximieren, ohne die Sicherheit zu gefährden?" Ein Roboter, der beim kleinsten Anzeichen von menschlicher Nähe stoppt, ist zwar sicher, aber letzten Endes nutzlos. Genauso wie ein Robotaxi, das mehr Zeit am Straßenrand steht, als dass es Menschen transportiert, oder ein Medizingerät, das ständig die menschliche Ärztin um Hilfe bittet, um die Diagnose doch manuell durchzuführen. Systeme sind nutzlos, wenn sie sicher, aber nicht verfügbar und zuverlässig sind.

Es ist schon lange kein Geheimnis mehr, dass Verfügbarkeit und Sicherheit Hand in Hand gehen müssen. Die Wissenschaftler Avizienis, Laprie, Randell und Landwehr haben vor zwei Jahrzehnten den Begriff der „Verlässlichkeit" geprägt (2004), wenn wir das harmonische Zusammenspiel dieser Qualitätsmerkmale meinen. Mit der KI eröffnen sich uns nun allerdings spannende neue Möglichkeiten und Herausforderungen für diese Idee der Verlässlichkeit. Nehmen wir als Beispiel den Fachkräftemangel, der die Wirtschaft Deutschlands bedroht. Um die sinkende Anzahl an Fachkräften auszugleichen, müssen wir die Produktivität pro Person steigern. Hier kommt die Technik ins Spiel, genauer gesagt die Automatisierung, die durch Künstliche Intelligenz neue Dimensionen erreicht. Aber keine Sorge, die KI hat nicht vor, Arbeitsplätze zu stehlen. Ganz im Gegenteil, sie hilft, die Lücken zu schließen, die der Fachkräftemangel hinterlässt, indem sie beispielsweise in Form von Robotern und intelligenten Maschinen zur Kollegin von morgen wird. Dieses Produktivitätsplus lässt sich jedoch nur erreichen, wenn Mensch und Maschine Hand in Hand arbeiten. Der bisherige Sicherheitsansatz, Mensch und Maschine möglichst strikt voneinander zu trennen, idealerweise durch eine Metallbarriere, wird dieser neuen Realität nicht gerecht. Wir stehen also vor einer doppelten Herausforderung: Wir müssen die KI in sicherheitskritischen Maschinen absichern, während wir gleichzeitig die bestehenden, zu strengen Sicherheitsmaßnahmen lockern müssen, um die erforderliche Produktivitätssteigerung zu erreichen.

9.3.1 Intelligente Funktionen brauchen intelligentes Engineering

Gehen wir dazu wieder von klassischen Überwachungsfunktionen aus, dann müssen diese einfach gestaltet sein, um ihre Sicherheit nachweisen zu können. Dieser Vereinfachungsprozess kann allerdings zu Ungenauigkeiten führen, da wir die Komplexität der realen Physik nur annähern können. Um zu gewährleisten, dass diese Vereinfachung nicht zu unsicheren Systemen führt, ist es wichtig, immer auf der sicheren Seite zu bleiben. Hier entstehen Sicherheitspuffer über Sicherheitspuffer. Stellen Sie sich vor, Sie müssen über ein Hindernis springen, aber Sie wissen nicht genau, wie hoch es ist und wo genau es sich befindet. Um sicherzugehen, springen Sie mit maximaler Kraft, um es auf jeden Fall zu überwinden. Bisher war dieser Ansatz einfacher, da es viel zu aufwendig gewesen wäre, das Hindernis genau zu untersuchen, und man sich stattdessen mit dem zusätzlichen Sicherheitspuffer zufriedengab. Mit der neuen Generation von Systemen, die wir zur Lösung der aktuellen Herausforderungen benötigen, können wir uns diesen Luxuspuffer nicht mehr leisten – und in vielen Fällen ist er technisch auch gar nicht umsetzbar. Die Lösung besteht also darin, das Problem besser zu verstehen und das Hindernis möglichst genau zu sehen, um dann nicht mehr mit maximaler, sondern nur mit der notwendigen Kraft zu springen. Gleichzeitig soll dies trotz der rasant steigenden Komplexität der Systeme weniger kosten als bisher. Daher muss die Effizienz des Safety Engineerings verbessert werden.

In der Tat bietet uns die Künstliche Intelligenz auch hier eine überraschende Lösung. Sie kann als Engineering-Companion fungieren und somit das Safety Engineering erheblich effizienter gestalten. Die mächtige generative KI öffnet hier völlig neue Türen. Heutzutage ist es beinahe Standard, einen Copiloten bei der Programmierung einzusetzen. Dennoch sind wir auf dem Weg zur Nutzung generativer KI im Safety Engineering noch lange nicht am Ziel, da die Vertrauenswürdigkeit der KI-Antworten weiterhin verbessert werden muss. Im Unterschied zu technischen Systemen, wie autonomen Fahrzeugen, liefert die KI in diesem Kontext zunächst Vorschläge, die ein Mensch dann prüft, anpasst und umsetzt. Daher bleibt der Mensch in der Kette als Überwacher bestehen. Dieser Rolle kann er aber nur gerecht werden, wenn er tatsächlich in der Lage ist, die Vorschläge zu prüfen und nicht leichtsinnig wird, um sich Arbeit zu sparen. Dies funktioniert also nur, wenn der KI-Companion zuverlässige Antworten liefert – ohne allzu ausschweifend zu antworten oder gar zu halluzinieren, wie man es von gewöhnlichen generativen KI-Assistenten kennt. Wie wir dies in unseren eigenen Arbeiten gezeigt haben (Geissler et al., 2024), liegt eine Lösung in der Kombination klassischer Safety-Engineering-Ansätze und KI-basierter Assistenz, also in sogenannten hybriden Ansätzen. So formuliert die KI ihre

Antworten nicht immer frei, sondern greift beispielsweise auf etablierte Sicherheitsanalysewerkzeuge zu, die in das effizientere Format eines Sprachdialogs umgewandelt werden. Obwohl dies momentan noch Forschung ist, wird sich das Engineering in der Zukunft drastisch verändern. Probleme werden in kürzerer Zeit und mit weniger Aufwand besser verstanden, und es werden passendere, günstigere und weniger restriktive Lösungen gefunden. Auf diese Weise bleiben viele unserer wichtigsten Zukunftsvisionen keine bloßen Träume.

9.3.2 Intelligente Funktionen brauchen eine intelligente Überwachung

Doch selbst das ausgefeilteste Safety Engineering wird zwecklos, wenn es lediglich zu einer altmodischen, regelbasierten Überwachung führt. Genau wie die Künstliche Intelligenz einen revolutionären Paradigmenwechsel in der Funktionsentwicklung einleitet, müssen wir diesen Wandel ebenso im Bereich der Sicherheit vollziehen. Dabei kann es hilfreich sein, uns erneut die Natur als Vorbild zu nehmen. Der Nobelpreisträger Daniel Kahneman hat gezeigt, dass unser Gehirn einen effektiven Überwachungsmechanismus besitzt (2011). Lassen Sie uns dazu ein einfaches Experiment von Kahneman wiederholen. Lesen Sie die folgenden Wörter und sagen Sie „groß", wenn das Wort in Großbuchstaben, und „klein", wenn das Wort in Kleinbuchstaben geschrieben ist. Sind Sie bereit?

„GROSS"   „klein"   „groß"   „KLEIN"   „GROSS"   „groß"

Wie die meisten Menschen haben Sie wahrscheinlich gerade zwei Stimmen in sich gehört. Die erste Stimme wollte bei dem Wort „groß" sofort ein überzeugtes „groß" aussprechen. Doch bevor Sie es aussprechen konnten, kam eine korrigierende zweite Stimme, die Sie an die eigentliche Aufgabe erinnerte und klarstellte, dass es sich um Kleinbuchstaben handelt, und folglich „klein" sagte. Nach kurzem Widerstand der ersten Stimme setzte sich die zweite Stimme durch, und Sie sagten schließlich „klein". Dieser Prozess dauerte weniger als eine Sekunde, und doch haben Sie so die zwei Elemente Ihres Verstandes kennengelernt, die Kahneman als „System 1" und „System 2" bezeichnet. System 1 ist sehr schnell, autonom, parallel, aber auch unzuverlässig und übermütig – das war die erste Stimme. System 2 ist langsamer, sequentiell und bewusster – das war die zweite Stimme. Unser System 2 überwacht unser System 1. Es ist ebenfalls intelligent, aber auf eine andere Art und Weise. Und genau das nutzt man nun auch in der Forschung, wie unter anderem der Wissenschaftler Krzysztof Czarnecki der University of Waterloo, der zu den führenden Köpfen des Feldes zählt (2022). Wenn die eigentliche Funktion mit Deep Learning implementiert wird, das sehr beeindruckend, aber auch unzuverlässig und übermütig arbeitet, entspricht dies unserem System 1. Dem Vorbild der Natur folgend ist es daher logisch, nun ein System 2 als Überwacher zu entwickeln, das auch intelligent ist, aber eben etwas langsamer und sequentieller sein darf, weil es dafür hochzuverlässig und auch in unbekannten Situationen funktioniert.

Um dieses Konzept anschaulicher zu machen, wenden wir uns einem Beispiel aus der Robotik zu. Ein zentraler Aspekt in diesem Bereich ist die Fähigkeit, Personen zu erkennen. Aus der Sicherheitsperspektive ist es ein kritisches Problem, wenn eine Person übersehen wird. Die Erkennung von Personen in einer Bildsequenz erfordert den Einsatz tiefer neuronaler Netze. Wenn ein solches Netz als künstliches System 1 allerdings keine Person erkennt, gibt es keine simplen Mechanismen zur Überprüfung. Die Kontrolle, ob in den Bildern wirklich keine Person zu erkennen ist, ist genauso komplex wie die ursprüngliche Aufgabe, weswegen eine herkömmliche Überwachung nicht möglich ist. Hier kommt die Idee des Systems 2 ins Spiel. Anstatt die Pixel ohne semantischen Kontext rein statistisch zu analysieren, imitieren wir die menschliche Wahrnehmung, indem wir nach einzelnen Körperteilen wie Kopf, Oberkörper, Armen und Beinen suchen. Dazu müssen wir zwar zunächst auch neuronale Netze einsetzen, doch die Überprüfung, ob sich an den erkannten Stellen tatsächlich das vermutete Körperteil befindet, ist eine deutlich einfachere Aufgabe und lässt sich sicher mit herkömmlichen Algorithmen durchführen. Wenn man dies nun mit dem expliziten Wissen verbindet, welche Körperteile in welcher Position in Kombination auf eine menschliche Person hindeuten, erhält man eine intelligente, aber dennoch sichere Plausibilisierung des künstlichen Systems 1. Diese ist zwar nicht so schnell und effizient wie das tiefe neuronale Netz, aber als Überwachungsmechanismus in unserem künstlichen System 2 ist sie vollkommen ausreichend. Und wie wir uns erinnern, muss sie auch nicht perfekt sein – sie ist nur eine Scheibe in unserem Schweizer-Käse-Modell.

Betrachten wir ein weiteres Beispiel: die Differenzierung zwischen einer echten Person und einem Plakat, das eine lebensgroße Person zeigt. Unser künstliches System 1, das auf tiefen neuronalen Netzen basiert, hat hierbei seine Schwierigkeiten, da es ohne semantische Kenntnisse funktioniert. Im Gegensatz dazu kann unser künstliches System 2 die Situation relativ einfach klären. Es versteht, dass sich an der betreffenden Stelle eine Wand befindet, an der Plakate hängen können, und hat das Wissen, dass sich die Wahrnehmung einer realen, dreidimensionalen Person bei einem Perspektivwechsel anders verhält als bei einem Plakat. Eine leichte Positionsveränderung des Roboters genügt, um das Plakat von einer echten Person zu unterscheiden. Eine einfache Imitation der menschlichen Vorgehensweise, die Perspektive zu ändern, wenn wir etwas, das wir sehen, nicht sofort einordnen können.

9.3.3 Intelligenz braucht Resilienz

Dieses letzte Beispiel zeigt bereits, dass eine sichere, intelligente Überwachung nur dann verlässlich funktioniert, wenn sie sich an die Umgebungsbedingungen anpasst. Kognitive Systeme müssen also in der Lage sein, sich dynamisch an ihre Umgebung anzupassen, unabhängig davon, ob die Entwickler des Systems diese Situation vorausgeahnt haben oder nicht. Diese letzte Etappe bringt uns nun zum anfangs versprochenen Ziel unserer Reise: der Resilienz.

Der französische Pionier der Forschung zur Softwareverlässlichkeit, Jean-Claude Laprie, hat den Begriff am Anfang des Jahrtausends mit der Idee geprägt, dass ein System dann resilient ist, wenn es seine Verlässlichkeit auch in unwägbaren Situationen bewahren kann, selbst in völlig vorhersagbaren Situationen (2008). Inspiriert wurde er dabei unter anderem von den Arbeiten von Crawford Stanley Holling aus den frühen 1970er-Jahren, in denen dieser das Konzept der Resilienz für Ökosysteme prägte (1973). Seine Ideen lassen sich dabei an einem einfachen Beispiel erklären: Verlegt man eine Ameisenkolonie in ein neues Habitat mit völlig anderen Bedingungen, wie Nahrungsquellen, Temperatur, Regen etc., dann wird diese Kolonie nicht stoisch versuchen, zu ihren bisherigen Verhaltensmustern und Strukturen zurückzukehren. Sondern sie wird sich anpassen, um zu überleben und zu gedeihen. Wenn sich die Umgebung ändert, liegt der Schlüssel nicht in der Stabilität eines Systems, sondern in der Anpassungsfähigkeit, seiner Resilienz.

Die Natur zeigt uns eine Fähigkeit, die wir nun auch für technische Systeme nachbilden möchten. Bisher lag der Fokus der Sicherheitsforschung auf der Stabilität. Letztlich verfolgen wir mit einem technischen System konkrete Ziele, wie beispielsweise die sichere, schnelle und dennoch komfortable Beförderung von Waren oder Personen von A nach B. Um diese Ziele bestmöglich zu erreichen, muss das System an seinen Einsatzkontext angepasst werden. Es werden also Annahmen darüber getroffen, wie das System eingesetzt wird, und darauf basierend wird eine Spezifikation abgeleitet, die unter diesen Annahmen zu einer guten Zielerfüllung führen soll. Es wurde daher mit allen Mitteln versucht, die Spezifikationen des Systems trotz aller Widrigkeiten einzuhalten. Doch was passiert, wenn wir wie bei den heutigen Systemen diesen Einsatzkontext nicht mehr vorhersagen können, weil er zu vielfältig ist oder wir viele Dinge zur Entwicklungszeit nicht vorhersehen können? Genau dann wird ein System, das stur einer Spezifikation folgt, die aber nicht mehr zum aktuellen Kontext passt, in fataler Weise scheitern.

Die Resilienz in technischen Systemen stellt einen grundlegenden Paradigmenwechsel dar. Anstatt auf Stabilität zu setzen, geht es nun um Adaptivität. Anstatt strikt einer festgelegten Spezifikation zu folgen, rücken die eigentlichen Ziele des Systems in den Vordergrund. Im Laufe des Betriebs versucht das System, die Zielerreichung zu messen und seine Struktur und sein Verhalten so anzupassen, dass es die Zielerreichung stets optimiert. Mit dieser Methode führen wir letztendlich eine weitere Form der Intelligenz ein, die für den Erfolg natürlicher Lebewesen verantwortlich ist: die Anpassungsfähigkeit. Dies ermöglicht das Überleben und Gedeihen in jeder noch so unbekannten oder herausfordernden Situation.

Obwohl es auf den ersten Blick beängstigend erscheinen mag, eine zusätzliche Schicht von Intelligenz in sicherheitskritischen Systemen einzuführen, können wir uns doch auf mehr als zwei Jahrzehnte Forschung zu selbstadaptiven Systemen stützen. Danny Weyns, ein belgischer Wissenschaftler, hat diese Forschung sehr gut in einem Lehrbuch zusammengefasst (2020). Und auch wenn es den Anschein hat, als ob wir uns in das Reich der Superintelligenz begeben, in den meisten Fällen reicht es tatsächlich aus, auf bewährte, deterministische Software zurückzugreifen. In unserer eigenen Forschung haben wir zum Beispiel gezeigt (Salvi et al., 2022), dass allein durch Anpassung der Überwachung an den Kontext bereits erheblicher Spielraum geschaffen werden kann. Nehmen wir zum Beispiel die Veränderung der Wetterbedingungen. Der Bremsweg und somit der Sicherheitsabstand auf einer nassen Fahrbahn sind ganz anders zu bemessen als auf einem erstklassigen Fahrbahnbelag bei Trockenheit und strahlendem Sonnenschein.

9.4 Resilienz ist das Ziel

Obwohl wir noch einen langen Weg vor uns haben und der Paradigmenwechsel noch in seinen Anfängen steckt, bleibt eine Tatsache unumstößlich: Intelligenz verlangt Resilienz. Nur wenn die Systeme, die in unberechenbaren Umgebungen agieren sollen, sich selbst an ihre Umgebung adaptieren können, werden wir in der Lage sein, das enorme Potential kognitiver Systeme in realen Systemen zu entfalten. Wie die Künstliche Intelligenz von der Natur inspiriert ist, so werden uns die vielfältigen Ideen von Kahnemann zur menschlichen Intelligenz bis hin zu Hollings Konzepten über resiliente Ökosysteme die notwendige Inspiration liefern, um nicht nur die Funktion, sondern auch die Verlässlichkeit von Systemen zukunftsorientiert zu denken. Auf diesem Weg werden wir uns bewähren, vielleicht altmodisch anmutenden Konzepten wie einfacher Überwachung bedienen, um den Nutzen von KI möglichst schnell in der Praxis umzusetzen und daraus zu lernen. Solange wir uns immer vor Augen halten, dass es um den eigentlichen Nutzen und das System geht, das ihn erzeugt, und nicht um einzelne Technologien, werden wir stets einen sicheren Weg finden. Wie auch immer dieser Weg aussehen wird, die nächste bedeutende Station auf diesem Weg in die Zukunft heißt Resilienz.

Literatur

Akhtar N, Mian A (2018) Threat of adversarial attacks on deep learning in computer vision: A survey. IEEE Access 6:14410–14430

Avizienis A et al (2004) Basic concepts and taxonomy of dependable and secure computing. IEEE Transactions on Dependable and Secure Computing 1(1):11–33. https://doi.org/10.1109/tdsc.2004.2

Berner J et al (2022) Learning ReLU networks to high uniform accuracy is intractable. arXiv preprint arXiv:2205.13531

Dubrova E (2013) Fault-tolerant design, Bd 8. Springer,

Geissler F et al (2024) Concept-guided LLM agents for human-AI safety codesign. arXiv preprint arXiv:2404.15317

Gilgen, T. (2024). *Welcher Autobauer hat beim autonomen Fahren die Nase vorn.* automotiveIT. https://www.automotiveit.eu/technology/autonomes-fahren/welcher-autobauer-hat-beim-autonomen-fahren-die-nase-vorn-postID-306590-124.html. Zugegriffen am 17.12.2024.

Heckemann K et al (2011) Safe automotive software. In: International conference on knowledge-based and intelligent information and engineering systems, S 167–176

Holling CS (1973) Resilience and stability of ecological systems. Annual Review of Ecology and Systematics 4(1):1–23

Kahneman D (2011) Thinking, fast and slow. Farrar, Straus and Giroux,

Koopman P (2024) Anatomy of a robotaxi crash: Lessons from the cruise pedestrian dragging mishap. arXiv preprint arXiv:2402.06046

Koopman P et al (2019) Credible autonomy safety argumentation. In: 27th safety-critical systems symposium, S 34–50

Laprie J-C (2008) From dependability to resilience. In: 38th IEEE/IFIP international conference on dependable systems and networks, S G8–G9

Salay R, Czarnecki K (2022) A safety assurable human-inspired perception architecture. In: International conference on computer safety, reliability, and security. Springer, S 302–315

Salvi A et al (2022) Safety implications of runtime adaptation to changing operating conditions. In: 2022 IEEE 25th international conference on intelligent transportation systems (ITSC), S 2444–2449

Sha L et al (1994) The simplex architecture: An approach to build evolving industrial computing systems. In: Proceedings of the ISSAT conference on reliability.

Weyns D (2020) An introduction to self-adaptive systems: A contemporary software engineering perspective. IEEE Press/Wiley,

Open Access Dieses Kapitel wird unter der Creative Commons Namensnennung - Nicht kommerziell - Keine Bearbeitung 4.0 International Lizenz (http://creativecommons.org/licenses/by-nc-nd/4.0/deed.de) veröffentlicht, welche die nicht-kommerzielle Nutzung, Vervielfältigung, Verbreitung und Wiedergabe in jeglichem Medium und Format erlaubt, sofern Sie den/die ursprünglichen Autor(en) und die Quelle ordnungsgemäß nennen, einen Link zur Creative Commons Lizenz beifügen und angeben, ob Änderungen vorgenommen wurden. Die Lizenz gibt Ihnen nicht das Recht, bearbeitete oder sonst wie umgestaltete Fassungen dieses Werkes zu verbreiten oder öffentlich wiederzugeben.

Die in diesem Kapitel enthaltenen Bilder und sonstiges Drittmaterial unterliegen ebenfalls der genannten Creative Commons Lizenz, sofern sich aus der Abbildungslegende nichts anderes ergibt. Sofern das betreffende Material nicht unter der genannten Creative Commons Lizenz steht und die betreffende Handlung nicht nach gesetzlichen Vorschriften erlaubt ist, ist auch für die oben aufgeführten nicht-kommerziellen Weiterverwendungen des Materials die Einwilligung des jeweiligen Rechteinhabers einzuholen.

Vertrauenswürdige Künstliche Intelligenz

10

Ute Schmid

> **Zusammenfassung**
>
> *Für die sichere und sinnvolle Anwendung von KI-Systemen, insbesondere solchen, die auf komplexen, aus Daten gelernten Modellen basieren, müssen KI-Systeme vertrauenswürdig sein und Anwendende in die Lage versetzt werden, die Vertrauenswürdigkeit einschätzen zu können. Anforderungen an Vertrauenswürdige KI sind insbesondere Performanz und Robustheit, Transparenz und Erklärbarkeit, Diskriminierungsfreiheit sowie menschliche Kontrolle und Aufsicht. Um diese Anforderungen zu erfüllen, werden in der KI-Forschung Methoden entwickelt, die die Kernmethoden des maschinellen Lernens erweitern. Damit Nutzende ihr Vertrauen in KI-Systeme sinnvoll kalibrieren können, müssen die Schnittstellen zwischen KI-System und Mensch so gestaltet sein, dass die Ausgabe eines KI-Systems fundiert bewertet und gegebenenfalls korrigiert werden kann. Auf dieser Grundlage können partnerschaftliche KI-Systeme entwickelt werden, die Menschen dabei unterstützen, komplexe Probleme effizient und angemessen zu lösen.*

Die Entwicklung von hochperformanten Methoden und Architekturen im Bereich maschinelles Lernen eröffnet Einsatzmöglichkeiten von KI-Methoden in immer mehr Anwendungsbereichen. Während in einigen Bereichen voll autonome KI-Systeme entwickelt werden, etwa für autonomes Fahren, werden in der überwiegenden Zahl von Anwendungsfeldern Systeme zum Einsatz kommen, bei denen die letztendliche Entscheidung beim Menschen liegt. Dies gilt für Klassifikationssysteme ebenso wie für generative KI-

---

U. Schmid (✉)
Lehrstuhl für Kognitive Systeme, Universität Bamberg, Bamberg, Deutschland
E-Mail: ute.schmid@uni-bamberg.de

Systeme. Beispielsweise kann bildbasierte medizinische Diagnose durch Modelle unterstützt werden, die mit CNNs (*convolutional neural networks*, Krizhevsky et al., 2012a, b) auf Bilddaten trainiert wurden. Die diagnostische Entscheidung sowie die Auswahl einer geeigneten Therapie sollten allerdings beim medizinischen Fachpersonal verbleiben (Bruckert et al., 2020). Ein Text, der mit einem auf einem großen Sprachmodell (*large language model*, LLM, Shanahan, 2024) basierenden generativen KI-System erzeugt wurde, sollte von Menschen überprüft und gegebenenfalls korrigiert werden (Gao et al., 2024).

Während bei Standardsoftware zumindest theoretisch gewährleistet werden kann, dass die zugrunde liegenden Programme korrekt und vollständig sind, ist dies bei KI-Systemen nicht der Fall. Ein Programm ist korrekt, wenn es für alle Eingaben garantiert die richtige Ausgabe liefert, und es ist vollständig, wenn dies für alle möglichen Eingaben der Fall ist (Zowghi & Gervasi, 2002). KI-Methoden ermöglichen es, Probleme mit Computern zu bearbeiten, die durch Standard-Algorithmen nicht lösbar sind. Insbesondere gilt das für die folgenden drei Fälle (s. Schmid, 2024):

1. Ein Problem ist so komplex, dass seine Lösung nicht effizient berechenbar ist. Dies gilt beispielsweise für viele Spiele, etwa Schach oder Go, sowie für das Finden optimaler Wege. In diesem Fall werden heuristische Methoden genutzt, die erlauben abzuschätzen, welche Lösungswege vielversprechend sind und welche nicht. Allerdings kann dann nicht garantiert werden, dass das Programm die beste Lösung (oder sogar überhaupt eine Lösung) findet.
2. Ein Problembereich basiert auf komplexem Domänenwissen und allgemeinem Wissen (*common sense*) sowie der Notwendigkeit, Schlussfolgerungen aus diesem Wissen zu ziehen. Hier sind Datenstrukturen und Algorithmen notwendig, die über Standardmethoden der Informatik hinausgehen. Dies ist das Einsatzgebiet wissensbasierter Systeme.
3. Schließlich gibt es Probleme, die nicht vollständig oder gar nicht explizit beschrieben werden können. Dies ist für Problembereiche der Fall, bei denen Menschen implizites Wissen haben. Dies sind automatisierte Entscheidungsroutinen und Strategien sowie insbesondere perzeptuelles Wissen. Beispielsweise ist es unmöglich, vollständig zu beschreiben, welche Regeln wir verwenden, um auf einem Bild zu erkennen, ob eine Katze darauf abgebildet ist oder ob es sich bei einer Hautveränderung um Hautkrebs handelt. Hier kommen Methoden des maschinellen Lernens zur Anwendung, mit denen aus Beispieldaten Modelle generalisiert werden. Von Menschen erstellte Programme, die für gegebene Eingaben die passenden Ausgaben berechnen, werden durch meist intransparente (*black box*) Modelle ersetzt.

Mittels dieser mächtigen Familien von KI-Methoden ist es möglich, viele Probleme mit Computern zu lösen, die zuvor nur von Menschen lösbar waren. Genau dies entspricht der klassischen Definition von Künstlicher Intelligenz (Rich, 1983). Künstliche Intelligenz war lange ein Teilgebiet der Informatik, bei dem der Fokus vor allem auf Grundlagenforschung lag. Für Standardsoftware existieren dagegen eine lange Tradition in der Entwicklung von Anwendungssystemen und entsprechende Methoden zur Prüfung von Softwarequalität (Balzert, 1998). Mit der zunehmenden Anwendungsrelevanz von KI entstand auch der Bedarf, die Qualität von KI-Systemen bewerten zu können. Ein zentraler Beitrag hierfür sind die Anforderungen an Vertrauenswürdige KI, die eine Gruppe von Expertinnen und Experten im Auftrag der europäischen Kommission entwickelt hat (HEG-KI, 2019). Im Folgenden werden diese Anforderungen vorgestellt und der Zusammenhang von Vertrauenswürdigkeit eines Systems und menschlichem Vertrauen in ein System diskutiert. Nachfolgenden werden vier der Anforderungen vertieft behandelt (siehe auch Schmid, 2022, 2024). Für diese Anforderungen wurden in den letzten Jahren neue KI-Methoden entwickelt, die die jeweiligen Kerntechnologien erweitern und ergänzen. Die methodischen Entwicklungen haben sich zunächst auf die Vertrauenswürdigkeit von Klassifikationssystemen fokussiert, insbesondere solche, die auf komplexen neuronalen Netzen (*deep learning*) basieren. Aktuell werden entsprechende Methoden für generative KI entwickelt. Hier steht die Forschung jedoch noch am Anfang. Auch wenn die Anforderungen an Vertrauenswürdigkeit vor allem auf KI-Systeme bezogen sind, die auf maschinellem Lernen basieren, können diese auch auf KI-Systeme, die auf wissensbasierten Methoden basieren, angewendet werden.

10.1 Vertrauenswürdigkeit von und Vertrauen in KI-Systeme

Mit der wachsenden Zahl an Anwendungen von KI-Methoden in immer mehr Lebens- und Arbeitsbereichen ergibt sich die Notwendigkeit, prüfbare Kriterien zu entwickeln, die es erlauben, die Vertrauenswürdigkeit von KI-Systemen zu bewerten. Entsprechend haben verschiedene Institutionen, darunter die International Organization for Standardization (ISO), das U.S. Government Accountability Office (GAO) und die Europäische Union Programme aufgelegt, um entsprechende Leitlinien zu entwickeln (Kaur et al., 2022). Die von den verschiedenen Institutionen vorgelegten Kriterien zeigen hohe Übereinstimmung. Viel beachtet sind die von der Europäischen Kommission vorgelegten sieben Anforderungen (HEG-KI, 2019), die im Folgenden vorgestellt werden. Leitgedanke war hier die Gewährleistung eines angemessenen ethischen und rechtlichen Rahmens zur Stärkung der europäischen Werte mit der Vision, dass KI-Systeme entstehen, die dazu beitragen können, die Ziele für nachhaltige Entwicklung der Vereinten Nationen zu erreichen, beispielsweise bei der Bekämpfung des Klimawandels, beim rationalen Umgang mit natürlichen Ressourcen, bei der Gesundheitsförderung und bei der Geschlechtergerechtigkeit. In den Leitlinien wurde konstatiert, dass den vielfältigen Chancen, die sich durch die Nutzung von KI-Systemen ergeben, Risiken gegenüberstehen, die angemessen und verhältnismäßig behandelt werden sollten. Es soll gewährleistet werden, dass den sozio-technischen Umgebungen, in die KI-Systeme eingebettet sind, vertraut werden kann, und erreicht werden, dass KI-Unternehmen durch die Vertrauenswürdigkeit ihrer Produkte und Dienstleistungen einen Wettbewerbsvorteil erlangen.

Die sieben Anforderungen, die die HEG-KI formuliert hat, sind in Tab. 10.1 zusammengefasst. Dabei werden sowohl technische als auch nichttechnische Anforderungen

Tab. 10.1 Anforderungen an Vertrauenswürdige KI-Systeme. (HEG-KI, 2019)

	Anforderung	Bereich	KI-Methoden
1	Vorrang menschlichen Handelns und menschliche Aufsicht	KI und Mensch-Computer-Interaktion	Erklärbarkeit und Interaktivität
2	Technische Robustheit und Sicherheit	KI und Software Engineering	Performanzevaluation und hybride KI
3	Schutz der Privatsphäre und Datenqualitätsmanagement	Informatik und Recht	
4	Transparenz	KI, Kognitionswissenschaft	Erklärbarkeit
5	Vielfalt, Nichtdiskriminierung und Fairness	KI	Bias-Vermeidung und -Reduktion
6	Gesellschaftliches und ökologisches Wohlergehen	Sozio-technische Einbettung	
7	Rechenschaftspflicht	Rechtswissenschaft	

formuliert. Als erste Anforderung wird der Vorrang menschlichen Handelns und menschliche Aufsicht genannt. KI-Systeme sollten Menschen dabei unterstützen, fundierte Entscheidungen treffen zu können, die im Einklang mit ihren eigenen Zielen stehen. Unfaire Formen der Manipulation, die die menschliche Autonomie gefährden, sollen entsprechend vermieden werden. Menschliche Aufsicht kann durch die Möglichkeit zur Überprüfung und Kontrolle der Prozesse und Ausgaben eines KI-Systems oder durch interaktive Einbindung des Menschen (*human-in-the-loop*) gewährleistet werden. Die Kontrollierbarkeit von Prozessen und Ausgaben ist eng mit der Anforderung an Transparenz, insbesondere der Erklärbarkeit, verbunden. Die zweite Anforderung adressiert die technische Robustheit und Sicherheit von KI-Systemen. Diese Anforderung entspricht einer Übertragung von Prinzipien guter Software auf KI-Systeme. Hier geht es um die Vermeidung von Sicherheitslücken sowie die Präzision und Zuverlässigkeit von aus Daten gelernten Modellen. Die dritte Anforderung behandelt den Schutz der Privatsphäre und das Datenqualitätsmanagement. Hier geht es um das Einhalten von Datenschutzvorgaben sowie die Qualität der Datensätze, mit denen Modelle trainiert werden. Diese Anforderung hat auch Bezüge zur fünften Anforderung der Nichtdiskriminierung und der Vermeidung von unerwünschten Verzerrungen in den Trainingsdaten. Als vierte Anforderung wird Transparenz genannt. Transparenz umfasst die Offenlegung von Trainingsdaten und der genutzten Algorithmen, den klaren Ausweis, wenn eine Kommunikation mit einem KI-System und nicht mit einem Menschen stattfindet, sowie die Erklärbarkeit. Erklärbarkeit von KI-Systemen meint, dass die von einem KI-System getroffenen Entscheidungen von Menschen verstanden und rückverfolgt werden können. Zur Transparenz sollte zudem die Information gehören, wie viele Data Worker zu welchen Löhnen beschäftigt wurden, um die Daten, mit denen Modelle trainiert wurden, zu annotieren und geeignet aufzubereiten, und wie viel Zeit an menschlicher Arbeit in das Training der Modelle geflossen ist – etwa bei den zeitintensiven Arbeiten für Dialogtraining für große Sprachmodelle. Die fünfte Anforderung bezieht sich auf Vielfalt, Nichtdiskriminierung und Fairness. Hier geht es um die Vermeidung der Benachteiligung bestimmter Personengruppen, beispielsweise weil diese

10 Vertrauenswürdige Künstliche Intelligenz

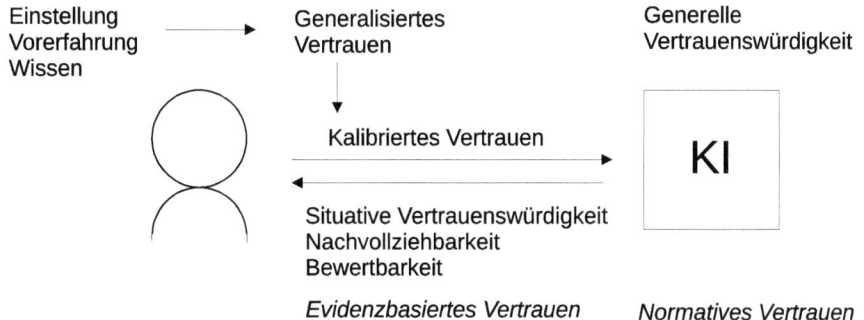

Abb. 10.1 Die Beziehung von Vertrauenswürdigkeit von und Vertrauen in KI-Systeme

in den Trainingsdaten unterrepräsentiert sind. Zudem sind die für Software generell gültigen Anforderungen an Barrierefreiheit sowie die Beteiligung aller relevanten Interessensgruppen beim Entwurf der Systeme hier adressiert. Als sechste Anforderung wird gesellschaftliches und ökologisches Wohlergehen genannt. KI-Systeme sollen möglichst nachhaltig und umweltfreundlich sein, nicht zu negativen sozialen Auswirkungen beitragen und keine unerwünschten Effekte auf demokratische Meinungsbildungsprozesse haben. Schließlich ist die siebte Anforderung die Rechenschaftspflicht (*accountability*), insbesondere die Nachprüfbarkeit und Berichterstattung, um bei schädlichen Auswirkungen die Verantwortlichkeit klären zu können.

Die Realisierung dieser sieben Anforderungen an Vertrauenswürdigkeit verlangt sowohl nichttechnische Methoden, insbesondere regulatorische Maßnahmen, als auch technische Methoden. Die technischen Methoden können teilweise direkt aus dem Bereich der Standardsoftware übernommen werden, etwa Anforderungen an die Datensicherheit. Teilweise müssen neue Methoden, darunter auch neue KI-Methoden, entwickelt werden, um den Anforderungen zu begegnen. In Tab. 10.1 wird eine grobe Zuordnung von einschlägigen Bereichen zu Anforderungen vorgeschlagen. Für vier der sieben Anforderungen wurden in den letzten Jahren KI-Methoden entwickelt, die in den folgenden Unterkapiteln beschrieben werden.

Die Vertrauenswürdigkeit eines KI-Systems sollte die Grundlage dafür liefern, ob Menschen einem KI-System vertrauen oder vertrauen sollten. Vertrauenswürdigkeit ist also eine Eigenschaft des Systems, Vertrauen eine Zuschreibung von Vertrauenswürdigkeit an ein System (s. Abb. 10.1). Eine dazu analoge Definition wird aus sozialpsychologischer Perspektive für interpersonelles Vertrauen gegeben (Robbins, 2016). Ähnliche Mechanismen werden für Vertrauen in Institutionen und Organisationen (Creed et al., 1996) oder Berufsgruppen (Hall et al., 2001) identifiziert. Das sozialpsychologische Vertrauenskonzept wurde auf die Messung von Vertrauen in Technologien (Mcknight et al., 2011; Sheridan, 2019) sowie in den letzten Jahren auch auf Vertrauen in KI-Systeme (Holliday et al., 2016; Glikson & Woolley, 2020; Kaplan et al., 2023) übertragen. Faktoren, die das Vertrauen in KI-Systeme beeinflussen, lassen sich nach Kaplan et al. (2023) in vier Gruppen einteilen, zu denen unter anderem folgende Einflussgrößen gehören:

- **Art des KI-Systems:** Algorithmus, Chatbot, Roboter, autonomes Fahrzeug
- **Menschbezogene Aspekte:** Vorerfahrung, Bildung, Einstellung zu KI, generelle Tendenz zu vertrauen
- **Eigenschaften des KI-Systems:**
  - performanzbasiert: Verlässlichkeit, Vorhersagbarkeit, Zuverlässigkeit
  - merkmalsbasiert: Grad der Anthropomorphisierung, Grad der Autonomie, Transparenz
- **Kontext:** Kritikalität der Aufgabe, Komplexität der Aufgabe

Skalen zur Messung des Vertrauens in KI-Systeme, wie die *General Attitudes towards Artificial Intelligence Scale* (GAAIS, Schepman & Rodway, 2023), erfassen eine generalisierte Vertrauenszuweisung in KI-Systeme. Insbesondere im Kontext der Forschung zu Erklärbarer KI liegt der Fokus auf der Gestaltung von Mensch-KI-Schnittstellen, die ein situativ adaptives, kalibriertes Vertrauen in eine spezifische Ausgabe eines KI-Systems im Kontext einer speziellen Aufgabe adressieren (Thaler & Schmid, 2021; Tomsett et al., 2020; Zhang et al., 2020). Die Beziehung zwischen der Charakterisierung eines speziellen KI-Systems in Bezug auf dessen Erfüllung der sieben Anforderungen an Vertrauenswürdigkeit und der spezifischen Erfahrung von Nutzenden mit KI-Systemen allgemein sowie einem speziellen KI-System im Aufgabenkontext kann als normatives Vertrauen einerseits und evidenzbasiertes Vertrauen andererseits klassifiziert werden. Evidenzbasiertes Vertrauen umfasst dabei situativ kalibriertes Vertrauen sowie vorangegangene Erfahrung mit diesem und anderen KI-Systemen.[1]

10.2 Performanz und Robustheit

Im Folgenden werden die verschiedenen Anforderungen an die Vertrauenswürdigkeit von KI-Systemen mit Fokus auf das Lernen von Klassifikatoren diskutiert. Klassifikationslernen umfasst verschiedene überwachte Ansätze des maschinellen Lernens (*supervised learning*), bei denen mittels einer Menge von annotierten Trainingsdaten ein Modell aufgebaut wird (z. B. Lindholm et al., 2022). Annotation meint, dass zu jedem Beispiel der Trainingsmenge die korrekte Klasse mitgegeben wird. Das Modell lernt eine Abbildung von Eingabedaten auf die korrekte Klasse und nutzt dabei die vorgegebene Klasseninformation zur Modellanpassung. Die Zuweisung der korrekten Klassen (*labeling*) wird in den meisten Fällen durch Menschen erledigt. Häufig wird übersehen, dass hinter vielen KI-Systemen ein enormer Aufwand an menschlicher Arbeit steckt. Die großen KI-Unternehmen beschäftigen sehr viele solche Data Worker unter oft prekären Bedingungen (Williams et al., 2022). Für Klassifikatoren in hochspezialisierten Bereichen, etwa der me-

---

[1] Die Unterscheidung von normativem und evidenzbasiertem Vertrauen stammt von Dirk Heckmann (bidt) im Kontext einer Diskussion im Rahmen des bidt-Forschungsschwerpunkts Mensch und generative Künstliche Intelligenz: Trust in Co-Creation, 11.10.2024.

dizinischen Diagnostik, müssen zum Labeling Expertinnen und Experten herangezogen werden. In Bereichen, wo das Labeling nicht eindeutig ist, also keine *ground truth* existiert, annotieren wenn möglich mehrere Personen die gleichen Daten, und es werden ähnliche Methoden genutzt wie bei der statistischen Analyse qualitativer Daten (Chew et al., 2019). Da die Performanz der gelernten Modelle maßgeblich von der Qualität der genutzten Trainingsdaten abhängt, sind qualitativ hochwertige Datensätze entsprechend wertvoll.

Im Kontext des maschinellen Lernens hat sich für die Performanzbeurteilung von gelernten Modellen im Bereich der Klassifikation eine allgemein akzeptierte Methodik entwickelt (Lindholm et al., 2022, Kap. 4). Ein Teil der vorhandenen Daten wird nicht zum Training des Modells genutzt, sondern als Testdatenmenge zurückbehalten. Nachdem ein Modell trainiert wurde, wird es auf die Testdaten angewendet, für die aber ebenfalls bereits die gewünschte Klassenausgabe vorgegeben ist. Nun kann für die Testdaten beobachtet werden, wie oft das Modell eine korrekte oder fehlerhafte Klasse liefert. Mit dieser Information wird die prädiktive Performanz des Modells abgeschätzt, also wie gut das Modell für neue, noch nicht gesehene Eingaben funktionieren wird. Üblicherweise werden hier die Präzision und die Sensitivität (*recall*) betrachtet. Präzision erfasst den Anteil an korrekt klassifizierten Eingaben relativ zu allen Eingaben, die einer bestimmten Klasse zugeordnet wurden, also der Anzahl korrekt und falsch positiver Klassifikationen. Sensitivität erfasst den Anteil korrekt klassifizierter Eingaben relativ zur Menge aller Eingaben, die mit dieser Klasse annotiert sind. Beide Maße werden häufig zu einem Gesamtscore (*F1 score*) verrechnet. Ist die Performanz eines Modells auf den Trainingsdaten höher als auf den Testdaten, spricht man von Überanpassung (*overfitting;* Ditterich, 1995; Rice et al., 2020). Das Modell nutzt dann irrelevante Merkmale, die spezifisch für die Trainingsdaten sind und mit der vorherzusagenden Klasse korrelieren (*spurious correlation*), und kann dann nicht mehr gut auf neue Daten generalisieren. Ist die Datengrundlage nicht repräsentativ für die Verteilung von Daten, bestehen diese irrelevanten Korrelationen allerdings auch in den Testdaten. Man trainiert damit sogenannte Kluge-Hans-Modelle,[2] die scheinbar hochperformant sind, aber in Wirklichkeit kein Modell zur Vorhersage der Zielklassen gelernt haben. Erklärbare KI bietet Möglichkeiten, solche Kluge-Hans-Modelle zu identifizieren (Lapuschkin et al., 2019).

Für die Bewertung der Performanz von Ansätzen der generativen KI gibt es aktuell noch kein etabliertes methodisches Vorgehen. Entsprechend dominieren eher anekdotische Erfahrungsberichte. Systematische empirische Evaluationen basieren entweder auf dem Vergleich der Übereinstimmung generierter Inhalte mit vorgegebenen Inhalten (Mizrahi et al., 2024) oder der Bewertung durch Menschen. Beispielsweise haben Herbold et al. (2023) von ChatGPT generierte Aufsätze und von Schülerinnen und Schülern ge-

---

[2] Der Begriff „Kluger Hans" bezieht sich auf ein Pferd, das angeblich zählen und rechnen konnte und zu Beginn des 20. Jahrhunderts für Aufmerksamkeit sorgte. Es stellte sich schließlich heraus, dass es auf wohl unbeabsichtigte Signale seines Besitzers, etwa subtile Änderungen der Körperhaltung, reagierte.

schriebene Aufsätze durch Lehrkräfte beurteilen lassen. Dabei war nicht gekennzeichnet, ob der Aufsatz von Mensch oder Maschine stammt. Hier zeigte sich, dass Aufsätze von ChatGPT-3.5 im Schnitt schlechter, Aufsätze von ChatGPT-4 aber besser als die von Schülerinnen und Schülern bewertet wurden.

Die Robustheit eines Klassifikationsmodells betrifft dessen Performanz für neue Eingaben (Freiesleben & Grote, 2023), insbesondere wenn sich die Verteilung von Daten ändert (*concept drift*), wenn Eingaben verrauscht oder manipuliert werden (*adversarial examples*) und wenn Eingaben erfolgen, die außerhalb des Bereichs liegen, mit denen ein Modell trainiert wurde (*out-of-distribution error*). Die Robustheit eines Modells betrifft also dessen Generalisierungsfähigkeit über die bereits gesehenen Daten hinaus. Fehlerhafte Ausgaben eines Modells können zu einem Verlust an Vertrauen führen, besonders dann, wenn der Fehler für Menschen offensichtlich ist. Beispielsweise ist für Menschen ein Stoppschild, auf das jemand einen Aufkleber angebracht hat, immer noch als solches zu erkennen; bei einem gelernten Modell kann dies zu einer Fehlklassifikation führen. Wurde ein Modell mit Tierbildern trainiert und ist entsprechend auch nur für die Klassifikation von Tieren vorgesehen, würde es auf die Eingabe eines anderen Bildes, beispielsweise eines Kühlschrankes, aufgrund der dominanten Farbe Weiß mit der Ausgabe einer Klasse aus dem Trainingsbereich, beispielsweise Eisbär, reagieren. Menschen würden bei einem unbekannten Beispiel dagegen erkennen, dass sie dazu noch kein Wissen haben.

Auf der einen Seite zeigen aus Daten gelernte Modelle inzwischen höhere Performanz als die meisten Menschen – etwa bei der Hautkrebs-Erkennung (Brinker et al., 2019). Auf der anderen Seite ist gerade für Alltagsbereiche die menschliche Generalisierungsfähigkeit deutlich robuster, flexibler und datensparsamer als maschinelles Lernen (Ilievski et al., 2024). Ein möglicher Zugang, um bessere Generalisierungsfähigkeit und mehr Robustheit zu erreichen, wird in der Kombination aus maschinellem Lernen und wissensbasierten KI-Methoden gesehen. Forschung zur Kombination von Wissen und Lernen wird als hybride KI oder als neurosymbolische KI (Sarker et al., 2022; Marra et al., 2024) bezeichnet (s. Abb. 10.2). Die Einbeziehung von Wissen kann maschinelles Lernen datensparsamer machen (siehe Schmid, 2024). Ein rein datengetriebenes Modell ist gezwungen, bestimmte Konzepte wieder und wieder aus Daten zu induzieren. Menschliches Lernen zeichnet sich dagegen dadurch aus, dass bereits vorhandenes Wissen im Lernprozess genutzt wird. So muss beispielsweise nicht immer wieder neu gelernt werden, dass Säugetiere Augen haben. Zudem reichern Menschen neue Beobachtungen häufig durch Schlussfolgerungen an. Sehe ich ein mir unbekanntes Tier, das Augen hat, so schließe ich daraus, dass es sehen kann. Umgekehrt können die hochperformanten Architekturen des tiefen Lernens dazu beitragen, wissensbasierte Ansätze flexibler zu machen. Fest vorgegebene Wissensbasen können durch Lernen erweitert und adaptiert werden. Explizit repräsentiertes Wissen kann mit implizitem Wissen kombiniert werden. Ein Beispiel hierfür ist DeepProblog (Manhaeve et al., 2021). Hier kann das Erkennen visueller Objekte (zum Beispiel handgeschriebene Ziffern) mit dem Lernen kognitiver Regeln (zum Beispiel für arithmetische Operationen) kombiniert werden. Einen ähnlichen Ansatz verfolgen Rabold et al. (2020) mit der Kombination von Bildklassifikation und dem Lernen relationaler Regeln

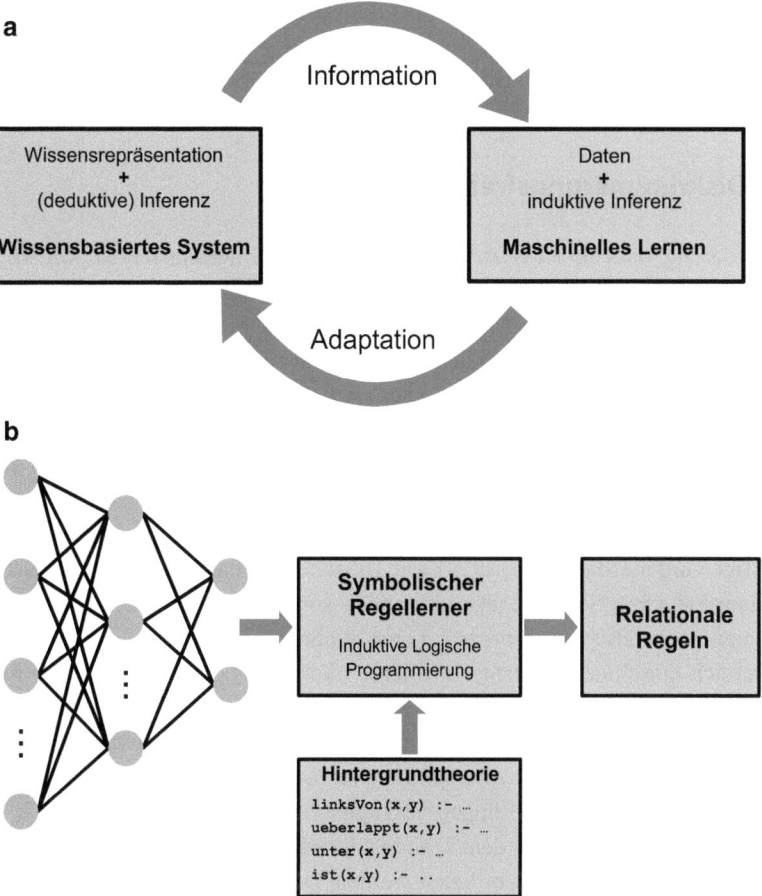

Abb. 10.2 Kombination von wissensbasierten Systemen und maschinellem Lernen zu einer hybriden Architektur (**a**) und Beispielarchitektur für ein neurosymbolisches KI-System, bei dem implizites Lernen mit neuronalen Netzen mit dem Lernen symbolischer, relationaler Regeln kombiniert wird (**b**)

mit induktiver logischer Programmierung (ILP). Beispielsweise können verschiedene Gebäudearten unterschieden werden, indem zunächst Fenster erkannt und darauf aufbauend Regeln gelernt werden, die die räumlichen Beziehungen zwischen Fenstern nutzen, um etwa einen Turm von einem Bungalow zu unterscheiden. Die Kombination von Bildklassifikation auf Basis neuronaler Netze mit dem Lernen relationaler Regeln ist gleichzeitig ein Beitrag zur Erklärbaren KI, da dadurch ermöglicht wird, dass komplexe Entscheidungsregeln symbolisch repräsentiert und sprachlich vermittelt werden können (Schmid, 2021).

Im Bereich der generativen KI werden ebenfalls Ansätze entwickelt, bei denen wissensbasierte Methoden mit neuronalen Netzen kombiniert werden. Insbesondere wird *retrieval augmented generation* (RAG, Gao et al., 2023) genutzt, um die Generierung von Inhalten zu augmentieren. Damit sollen fehlerhafte Ausgaben („Halluzinieren") möglichst vermieden werden. Zudem wird erreicht, dass die generierten Inhalte gezielt spezifische Informationen nutzen. Beispielsweise werden hier Wissensgraphen genutzt (Pan et al., 2024; Schramm et al., 2023).

10.3 Diskriminierungsfreiheit

Die Anforderung, dass ein KI-System möglichst diskriminierungsfrei ist (*fair AI*, Ruggieri et al., 2023), soll gewährleisten, dass bestimmte Personengruppen bezogen auf beispielsweise Geschlecht, Ethnie oder Alter nicht benachteiligt werden. Bei aus Daten gelernten Modellen hängt es maßgeblich von den Daten ab, mit denen ein Modell trainiert wurde, ob es diskriminierungsfrei ist oder nicht. Dies ist besonders dann der Fall, wenn eine bestimmte Personengruppe bezogen auf ein bestimmtes Kriterium unterrepräsentiert ist. Beispielsweise wies das KI-System, das Amazon 2015 zur Identifikation von geeigneten Bewerbungen auf Stellen genutzt hat, einen unfairen Gender-Bias auf, da Bewerbungen von Frauen auf Stellenangebote im Bereich Software Engineering systematisch nicht berücksichtigt wurden (Stahl et al., 2022). Die Ursache war, dass in den genutzten Trainingsdaten kaum Fälle von Softwareentwicklerinnen vorhanden waren. Die genutzten historischen Daten waren also verzerrt – es lag eine Stichprobenverzerrung (*sampling bias*) vor.

Im Bereich maschinelles Lernen existieren allerdings bereits seit Langem Methoden, um mit dem Problem von Gruppen umzugehen, die für bestimmte Zielgrößen unterrepräsentiert sind (Maloof, 2003), die im Fall von Amazon schlicht ignoriert wurden. Beispielsweise existieren verschiedene *resampling* und *reweighting* Methoden, um die Unterrepräsentation verschiedener Gruppen auszugleichen (Kamiran & Calders, 2012). Dies setzt allerdings voraus, dass vor dem Training der Modelle sensible Merkmale, die zu Diskriminierung führen können, identifiziert werden. Dies gilt auch für eine weitere Strategie, nämlich die Entfernung sensibler Merkmale aus den Daten, beispielsweise Geschlecht, weil mit diesem Merkmal hochkorrelierte Merkmale (bei Geschlecht etwa Merkmale wie Größe und Gewicht) ebenfalls zu unfairen Modellen führen können (Pahl et al., 2022). Teilweise sind unfaire Verzerrungen auch schwer in Gänze auszuräumen. Dies war zum Beispiel bei der Google Photo-App der Fall, bei der dunkelhäutige Menschen als Gorillas klassifiziert wurden (Lee, 2018). Das Problem wurde zeitweise dadurch umgangen, dass die Klasse Gorilla generell herausgefiltert wurde. Teilen sich Bilder in einem Datensatz, die zu verschiedenen Klassen gehören, viele Merkmale, lassen sich solche Fehlklassifikationen nicht generell vermeiden.

Auch bei generativer KI, beispielsweise bei Bildgeneratoren und bei maschineller Übersetzung, führt die Datengrundlage, mit denen die Modelle trainiert werden, zu unerwünschten Verzerrungen. Beispielsweise sind Frauen in generierten Bildern häufig jung und stereotyp attraktiv dargestellt, da in der Datengrundlage vermutlich viele editierte Bilder aus sozialen Medien enthalten sind. Um ethnische Verzerrungen möglichst zu vermeiden, hat Google bei Gemini explizit Algorithmen verwendet, die entsprechenden Verzerrungen entgegenwirken sollen. Dadurch entstehen allerdings völlig unplausible Darstellungen, wie dunkelhäutige Menschen und Frauen in der Uniform deutscher Soldaten im zweiten Weltkrieg (Kleinman, 2024). Bei der maschinellen Übersetzung führen Korrelationen von Geschlecht und Berufsgruppen nicht nur zu unerwünschten Verzerrungen, sondern sogar zu fehlerhaften Texten. Beispielsweise wird der englischsprachige Satz *The cleaner hates the developer because she alwaysleaves the room dirty.* ins Deutsche übersetzt mit *Die Reinigungskraft hasst den Entwickler, weil sie das Zimmer immer schmutzig hinterlässt.* (Troles & Schmid, 2021).

Die Philosophin Shannon Vallor (2024) zeigt auf, dass unfaire Modelle uns einen Spiegel vorhalten und historische wie bestehende Ungerechtigkeiten aufzeigen. Allerdings sollte bedacht werden, dass es kaum Bereiche gibt, bei denen objektiv und allgemeingültig festgelegt werden kann, was fair und gerecht ist. Gerechtigkeit und Fairness sind abhängig vom kulturellen Kontext – sei es bezogen auf Länder, Unternehmen oder Institutionen. Entsprechend ist die Transparenz von KI-Systemen wichtig, damit menschliche Entscheiderinnen und Entscheider nachvollziehen können, auf Grundlage welcher Information ein System seine Ausgabe generiert – sei es bezogen auf die Vergabe eines Kredits oder die Entscheidung über eine medizinische Behandlung. Ein entsprechendes System, das Fairness im Kontext von erklärbarem interaktivem Lernen adressiert, wurde beispielsweise von Heidrich et al. (2023) vorgeschlagen.

10.4 Transparenz und Erklärbarkeit

Transparenz als Anforderung für die Vertrauenswürdigkeit von KI-Systemen wird insbesondere durch Methoden der Erklärbaren Künstlichen Intelligenz (*eXplainable AI*, XAI) realisiert. Der Beginn des Forschungsgebiets XAI kann auf das Jahr 2016 festgelegt werden, als David Gunning den Begriff im Rahmen eines Vortrags auf der *International Joint Conference on AI* (IJCAI) einführte (Gunning & Aha, 2019). Gunning argumentierte, dass es wünschenswert wäre, dass intransparente Modelle, besonders Bildklassifikatoren, zusätzlich zur Ausgabe einer Klassifikation auch eine Erklärung liefern würden, warum das Modell zu einer speziellen Klassenentscheidung kam. Am Beispiel der Klassifikation einer Katze illustrierte er eine mögliche Erklärung. Diese Erklärung war multimodal und angelehnt an menschliche Erklärungen: „Ich erkenne eine Katze, weil dort Schnurrhaare und Krallen zu sehen sind und die Ohren ähnlich zu folgenden prototypischen Bildern von Ohren sind, die zu Katzen gehören." Die Erklärung, für die es zu dieser Zeit keine algorithmische Methode gab, enthielt also einerseits sprachlich formulierbare Konzepte und andererseits prototypische Bilder von Katzenohren. In der Folge entstand eine wachsende Menge an XAI-Methoden. Allerdings lag der Fokus zunächst auf Methoden der Merkmalsrelevanz (*feature attribution methods*). Diese Methoden heben bei Klassifikatoren für Bilddaten beispielsweise in Form einer *heatmap* hervor, welche Pixel im Eingabebild vor allem vom Modell genutzt wurden, um die Ausgabeklasse zu bestimmen. Eine der bekanntesten frühen XAI-Methoden dieser Art ist LIME (Ribeiro et al., 2016). LIME ist ein sogenannter modellagnostischer Ansatz, der für verschiedene Arten von Daten – Bilder,

Texte, Tabellen – anwendbar ist. Die Methode basiert darauf, dass für die aktuelle Eingabe eine Menge von sogenannten perturbierten Varianten erzeugt wird, bei denen jeweils Teile der Information gelöscht werden. Die perturbierten Beispiele werden ins Modell eingegeben und darüber identifiziert, welche Informationen vorhanden sein müssen, damit eine bestimmte Klasse ausgegeben wird. Für Bildeingaben werden Pixelgruppen zu sogenannten Superpixeln zusammengefasst, die gemeinsam gelöscht werden.

Die Bezeichnung „Erklärbare KI" ist etwas irreführend: Teilweise wurde der Begriff in der Öffentlichkeit so verstanden, dass es darum geht, die Funktionsweise von KI-Systemen zu erklären. Entsprechend wird inzwischen alternativ die Bezeichnung „erklärend" (*explanatory*) verwendet (Teso & Kersting, 2019; Ai et al., 2021). Erklärbare KI meint auch nicht, dass ein KI-System einen bestimmten Wissensbereich allgemein erklärt, – dies ist die Domäne Intelligenter Tutorsysteme (Polson & Richardson, 2013; Zeller & Schmid, 2016) – sondern dass das Verhalten des Modells allgemein (globale Erklärung) oder für eine bestimmte Eingabe (lokale Erklärung) nachvollziehbar gemacht wird. Viele der ersten Forschungsarbeiten im Bereich XAI haben nicht berücksichtigt, wie komplex die Beziehung zwischen Erklärungen und deren Nutzen für die Nachvollziehbarkeit der Ausgaben von KI-Systemen ist. Es wurde angenommen, dass die Ergänzung einer Modellausgabe durch die Präsentation von relevanten Merkmalen unmittelbar zur Nachvollziehbarkeit führt. Diese naive Herangehensweise wurde insbesondere durch Tim Miller (2019) kritisiert, der aufzeigte, dass XAI notwendigerweise Theorien und empirische Ergebnisse aus der Kognitionswissenschaft und der Mensch-Computer-Interaktion berücksichtigen muss. Zudem stellte sich heraus, dass Erklärungen, die nachvollziehbar machen sollen, warum ein Modell für eine bestimmte Eingabe zu einer bestimmten Ausgabe kommt, nicht immer modelltreu (*faithful*) sind. Das heißt, dass die generierte Erklärung nicht mit dem Prozess übereinstimmt, mit dem das gelernte Modell die Eingabeinformation zur Ausgabe verarbeitet. Beispielsweise konnte für LIME gezeigt werden, dass die als relevant identifizierten Pixel stark variieren, je nachdem, wie diese vom Erklärungsalgorithmus zu Superpixeln gruppiert werden (Schallner et al., 2020). Inzwischen hat sich etabliert, dass Forschungsarbeiten, in denen XAI-Methoden präsentiert werden, eine Evaluation der Modelltreue enthalten müssen.

In den letzten Jahren hat sich die Erkenntnis durchgesetzt, dass Erklärungen nicht per se hilfreich dafür sind, KI-Systeme transparenter zu machen. Zudem gibt es, wie bei Erklärungen durch Menschen, nicht nur eine Art, ein Modell zu erklären. Neben den genannten Relevanzmethoden wurden Methoden für beispielbasierte Erklärungen, kontrafaktische Erklärungen und konzeptbasierte Erklärungen entwickelt (Schwalbe & Finzel, 2024, s. Abb. 10.3). Welche Art von Erklärung hilfreich ist, hängt vom Erklärungskontext ab, also davon, wem was für welchen Informationsbedarf erklärt werden soll (Schmid & Wrede, 2022). Die drei wesentlichen Zielgruppen für Erklärbare KI sind Modellentwickler, Domänenexpertinnen und -experten sowie Endverbrauchende.

Für Modellentwickler ist es besonders relevant, unerwünschtes *overfitting* oder unfaire Verzerrungen im Modell zu identifizieren. Hier sind relevanzbasierte Methoden hilfreich, bei denen für eine Eingabe der Beitrag einzelner Merkmale zur Klassifikation dieser Eingabe aufgezeigt wird. Domänenexpertinnen und -experten benötigen dagegen Informationen, die

Abb. 10.3 Illustration von verschiedenen Arten von Erklärungen an einem fiktiven Beispiel aus der bildbasierten Qualitätskontrolle

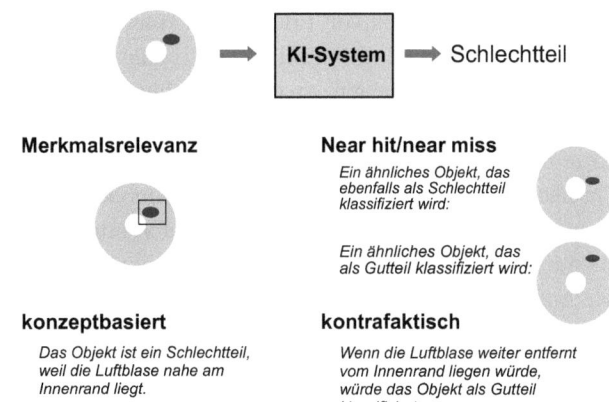

sie dabei unterstützen, die Zuverlässigkeit einer bestimmten Ausgabe besser einzuschätzen, um zu entscheiden, ob sie dem System hier vertrauen oder besser ihrer eigenen, gegebenenfalls abweichenden Beurteilung folgen wollen. Beispielsweise können im Kontext von bildbasierten Diagnosen in der Medizin (Bruckert et al., 2020) konzeptuelle Erklärungen hilfreich sein. Während eine relevanzbasierte Methode lediglich zeigt, dass ein Tumor identifiziert wurde, indem das Tumorgewebe im Eingabebild hervorgehoben wird, ist es für die Einschätzung des Schweregrads des Tumors notwendig, Informationen über die Größe oder die Beziehung zwischen Tumorgewebe und anderen Gewebearten zu berücksichtigen. Sind Konzepte schwer zu benennen, etwa bestimmte Formeigenschaften, bieten sich hier beispielbasierte Erklärungen an (Herchenbach et al., 2022). Erklärungen für Domänenexpertinnen und -experten sollten also dabei helfen, das Vertrauen in ein System sinnvoll zu kalibrieren (s. Abb. 10.1). Beispielbasierte Erklärungen können sich auf die Präsentation von Prototypen (Kim et al., 2016) oder *near hits* und *near misses* (Rabold et al., 2022) beziehen. *Near hits* und *near misses* sind Beispieleingaben, die der aktuellen Eingabe ähnlich sind und vom Modell zur gleichen Klasse (*near hit*) oder einer anderen Klasse (*near miss*) zugeordnet werden.

Für Endverbrauchende ist es dagegen wichtig zu wissen, ob eine bestimmte Entscheidung, etwa über die Vergabe eines Kredits, die Höhe eines Versicherungsbeitrags oder die Genehmigung einer Fortbildungsmaßnahme, mittels Unterstützung eines KI-Systems erfolgt ist (allgemeine Transparenz). Um nachvollziehbar zu machen, wie eine bestimmte Entscheidung zustande kam, etwa die Ablehnung eines Kredits, können insbesondere kontrafaktische Erklärungen benutzt werden (Wachter et al., 2017). Hier wird bestimmt, welches Merkmal der Eingabe am wenigsten geändert werden müsste, damit das KI-System eine andere Klassenentscheidung treffen würde. Dabei sind nicht änderbare Merkmale ausgeschlossen. Beispielsweise wäre eine hilfreiche Erklärung, dass ein Kredit vergeben würde, wenn die gewünschte Summe zehntausend Euro geringer wäre. Wenig hilfreich wäre eine Erklärung, dass der Kredit vergeben würde, wenn die Person zehn Jahre jünger wäre. Die verschiedenen Arten von Erklärungen sind in Abb. 10.3 mit einem fiktiven Beispiel aus der bildbasierten industriellen Qualitätskontrolle (Herchenbach et al., 2022) illustriert.

Die genannten Arten von Erklärungen können ein KI-System, speziell intransparente tiefe Netze, als *post hoc* Erklärungen ergänzen, um so die Vertrauenswürdigkeitsanforderung der Transparenz zu erfüllen. Alternativ lassen sich direkt interpretierbare Ansätze des maschinellen Lernens nutzen, bei denen die gelernten Modelle in symbolischer Form repräsentiert werden (Atzmueller et al., 2024). Beispiele für solche Modelle sind Entscheidungsbäume, einfache Regressionsmodelle und mit induktiver logischer Programmierung (ILP) gelernte Programme. Interpretierbares maschinelles Lernen wird auch als starkes maschinelles Lernen (Muggleton et al., 2018) bezeichnet. Allerdings sind solche Ansätze nur auf Daten anwendbar, die in symbolischer Form vorliegen. Dies kann in Form von Merkmalen sein, die für Menschen bedeutsam sind (z. B. medizinische Messwerte wie Blutdruck und Cholesterinwert) oder in Form von relationalen Strukturen, etwa chemischen Molekülen. Neurosymbolische Ansätze, bei denen tiefe neuronale Netze zur Klassifikation von komplexen Daten, wie Bilder und regelbasierte Systeme, die etwa mit ILP gelernt werden, kombiniert werden (s. Abb. 10.2b), können auch als Beitrag zur Erklärbaren KI betrachtet werden. Erklärungen tragen also dazu bei, dass die Ausgaben von KI-Systemen nachvollziehbar werden (*explain to understand*). Sie sind aber auch eine Voraussetzung dafür, dass gelernte Modelle durch menschliches Feedback korrigiert und angepasst werden können (*explain to revise*, Finzel et al., 2024).

10.5 Menschliche Kontrolle und Aufsicht

Transparenz ist eine wesentliche Voraussetzung für menschliche Aufsicht von KI-Systemen. Nur wenn nachvollzogen werden kann, aufgrund welcher Information ein KI-System zu einer bestimmten Ausgabe kommt, kann die Zuverlässigkeit und Qualität der Ausgabe beurteilt werden. Menschliche Kontrolle meint zunächst, dass die Entscheidung, sei es eine diagnostische Entscheidung in der Medizin oder die Entscheidung über eine Kreditvergabe, letztendlich immer beim Menschen liegen muss. Allerdings unterliegen Menschen aus verschiedenen Gründen dem sogenannten *automation bias* (Goddard et al., 2012; Gogoll & Uhl, 2018). Teilweise tendieren Menschen dazu, der Ausgabe eines scheinbar objektiven KI-Systems mehr zu vertrauen als ihrer eigenen Einschätzung; teilweise führt Zeitdruck dazu, Ausgaben von KI-Systemen nicht zu hinterfragen. Eine Möglichkeit, solchen Tendenzen entgegenzuwirken, ist die Gestaltung von Mensch-KI-Schnittstellen so, dass die menschliche Entscheidung priorisiert wird. Dies kann zum Beispiel dadurch realisiert werden, dass das KI-System im Hintergrund arbeitet und sich erst einschaltet, wenn die Ausgabe des KI-Systems und die Eingabe einer Entscheidung durch den Menschen voneinander abweichen. Alternativ kann es bereits hilfreich sein, wenn KI-Systeme direkt als partnerschaftliche Systeme (s. Abb. 10.4) konzipiert werden, bei denen Informationen dem KI-System und dem Menschen in geeignet aufbereiteter Form vorliegen. Ebenso sollte den Nutzenden deutlich gemacht werden, dass das KI-System nicht in jedem Fall korrekt, aber dennoch nützlich zur Entscheidungsunterstützung ist. Schließlich können Menschen die Wertigkeit ihrer eigenen Kompetenzen gegenüber dem KI-System

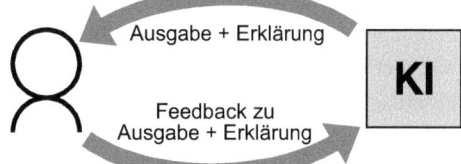

Abb. 10.4 Erklärungen und menschliches Feedback zur Modellanpassung als Zugang zu partnerschaftlichen KI-Systemen

besser wahrnehmen, wenn es die Möglichkeit gibt, dass der Mensch Ausgaben des Systems durch Rückmeldungen korrigieren kann und diese Korrekturen zur Modellrevision genutzt werden (Finzel et al., 2024; Gramelt et al., 2024).

Die Möglichkeit zur Modellrevision durch menschliche Korrektur ist insbesondere auch in Bereichen sinnvoll, in denen zum Zeitpunkt des Modelltrainings die Menge oder die Qualität der Daten nicht genügt. Dies ist einerseits in hochspezialisierten Bereichen der Fall, etwa wenn es um spezielle Krankheitsbilder geht, andererseits immer dann, wenn die Annotation von Trainingsdaten sehr aufwendig ist (Troles et al., 2024). In diesem Fall kann man mit einem noch wenig performanten Modell starten und das Modell inkrementell durch menschliches Feedback verbessern. Des Weiteren bieten sich solche Methoden des interaktiven maschinellen Lernens (Fails & Olsen, 2003) an, wenn KI-Systeme als personalisierte Assistenten eingesetzt werden und sich entsprechend an individuelle Präferenzen anpassen sollen (Göbel et al., 2022). Die Korrektur von Ausgaben, wie Erklärungen eines KI-Systems, ermöglicht neben der expliziten Einbringung von Wissen durch wissensbasierte Systeme (hybride KI, s. Abb. 10.2a) einen zweiten Weg, menschliches Wissen in den Lernprozess einfließen zu lassen: Auch in Bereichen, wo es Menschen schwerfällt, das notwendige Wissen explizit zu formulieren, sind sie oft immerhin in der Lage, fehlerhafte Ausgaben und auch fehlerhafte Erklärungen zu identifizieren und entsprechend zu korrigieren (vgl. Schmid, 2024).

Zentrales Ziel für die Entwicklung partnerschaftlicher KI-Systeme ist es, dass Menschen und KI als gleichberechtigte Partner zusammenarbeiten. Damit können Menschen von der Stärke von KI-Systemen, Muster in sehr komplexen Datenmengen identifizieren zu können, profitieren und gleichzeitig ihre menschlichen Stärken – Erfahrungswissen und Verankerung in einer komplexen, physikalischen Realität – einbringen. Dies gilt speziell für komplexe und sensible Bereiche, in denen es keine Möglichkeit gibt, optimale oder korrekte Entscheidungen zu treffen. Die Gestaltung solcher partnerschaftlicher KI-Systeme ist eine interdisziplinäre Aufgabe, zu der KI-Forschung, Kognitionswissenschaft und Mensch-Computer-Interaktion gemeinsam beitragen müssen.

10.6 Ausblick

Vertrauenswürdige Künstliche Intelligenz umfasst technische und nichttechnische Anforderungen, die ein KI-System erfüllen muss, damit es als vertrauenswürdig gelten kann und Menschen dem KI-System vertrauen können. Performanz und Robustheit, Diskriminierungsfreiheit, Transparenz und Erklärbarkeit sowie menschliche Kontrolle und Aufsicht sind dabei die Anforderungen, die zumindest zu einem großen Teil technisch gelöst werden können. Solche Systeme entsprechen dem von Donald Michie (1988) vorgeschlagenen Konzept des ultrastarken maschinellen Lernens: Das gelernte Modell muss in der Lage sein, das, was es gelernt hat, so an Menschen zu kommunizieren, dass die menschliche Performanz dadurch besser ist, als wenn Menschen nur von den Daten selbst Kenntnis hätten (s. auch Muggleton et al., 2018).

Methoden zur Umsetzung der Anforderungen an Vertrauenswürdige KI wurden bislang vor allem für Klassifikationssysteme entwickelt. Für generative KI besteht hier noch großer Forschungsbedarf. Es gibt keine etablierte Methodik, mit der die Qualität generierter Inhalte automatisch beurteilt werden kann. Hier liegt die Verantwortung allein beim Menschen, die generierten Inhalte kritisch zu reflektieren und gegebenenfalls zu korrigieren. Auch hier wäre das Ziel die Entwicklung von geeigneten Schnittstellen für partnerschaftliche KI-Systeme, so dass das generierte Endprodukt als Co-Kreation zwischen Menschen und KI-System entsteht.

Dieser Beitrag wurde ohne Unterstützung eines generativen KI-Systems erstellt. Auswahl der Inhalte, Strukturierung und Formulierungen stammen ausschließlich von der Autorin selbst.

Danksagung Dieser Beitrag entstand im Zusammenhang mit folgenden drittmittelgeförderten Projekten: dem vom Bayerischen Forschungsinstitut für Digitale Transformation (bidt) geförderten Projekt Mensch-KI-Co-Creation von Programmcode bei unterschiedlichen Vorkenntnissen: Effekte auf Performanz und Vertrauen (pAIrProg, 2024–2028) im Forschungsschwerpunkt Mensch und generative Künstliche Intelligenz: Trust in Co-Creation, und dem vom BMBF geförderten Projekt Ethische Implikationen hybrider Teams aus Mensch und KI-System (Ethyde, Förderkennzeichen 01IS24067B, 2024–2026). Ich bedanke mit herzlich bei Eda Ismail-Tsaous, Sonja Niemann und Celine Spannagl für die kritische Durchsicht des Manuskripts und bei Felix Haase für die Umsetzung der Graphiken.

Literatur

Ai, L., et al. (2021). Beneficial and harmful explanatory machine learning. *Machine Learning, 110*, 695–721.

Atzmueller, M., et al. (2024). Explainable and interpretable machine learning and data mining. *Data Mining and Knowledge Discovery, 38*(5), 2571–2595.

Balzert, H. (1998). *Software-Qualitätssicherung. Lehrbuch der Software-Technik.* Spektrum.

Brinker, T. J., et al. (2019). Deep learning outperformed 136 of 157 dermatologists in a head-to-head dermoscopic melanoma image classification task. *European Journal of Cancer, 113*, 47–54.

Bruckert, S., et al. (2020). The next generation of medical decision support: A roadmap toward transparent expert companions. *Frontiers in Artificial Intelligence, 3*, 507973.

Chew, R., et al. (2019). SMART: An open source data labeling platform for supervised learning. *Journal of Machine Learning Research, 20*(82), 1–5.

Creed, W. D., et al. (1996). Trust in organizations. *Trust in organizations: Frontiers of theory and research, S., 16*, 38.

Dietterich, T. (1995). Overfitting and undercomputing in machine learning. *ACM Computing Surveys (CSUR), 27*(3), 326–327.

Fails, J. A., & Olsen, D. R., Jr. (2003). Interactive machine learning. In *Proceedings of the 8th international conference on intelligent user interfaces (IUI)* (S. 39–45).

Finzel, B., et al. (2024). Near hit and near miss example explanations for model revision in binary image classification. In *International conference on intelligent data engineering and automated learning* (S. 260–271). Springer Nature Schweiz.

Freiesleben, T., & Grote, T. (2023). Beyond generalization: A theory of robustness in machine learning. *Synthese, 202*(4), 109.

Gao, J., et al. (2024). A taxonomy for human-LLM interaction modes: An initial exploration. In *Extended abstracts of the CHI conference on human factors in computing systems* (S. 1–11).

Gao, Y., et al. (2023). Retrieval-augmented generation for large language models: A survey. *arXiv preprint, arXiv*, 2312.10997.

Glikson, E., & Woolley, A. W. (2020). Human trust in artificial intelligence: Review of empirical research. *Academy of Management Annals, 14*(2), 627–660.

Göbel, K., et al. (2022). Explanatory machine learning for justified trust in human-AI collaboration: Experiments on file deletion recommendations. *Frontiers in Artificial Intelligence, 5*, 919534.

Goddard, K., et al. (2012). Automation bias: a systematic review of frequency, effect mediators, and mitigators. *Journal of the American Medical Informatics Association, 19*(1), 121–127.

Gogoll, J., & Uhl, M. (2018). Rage against the machine: Automation in the moral domain. *Journal of Behavioral and Experimental Economics, S., 74*, 97–103.

Gramelt, et al. (2024). Interactive explainable anomaly detection for industrial settings. *arXiv preprint, arXiv*, 2410.12817.

Gunning, D., & Aha, D. (2019). DARPA's explainable artificial intelligence (XAI) program. *AI Magazine, 40*(2), 44–58.

Hall, M. A., et al. (2001). Trust in physicians and medical institutions: what is it, can it be measured, and does it matter? *The Milbank Quarterly, 79*(4), 613–639.

HEG-KI – Hochrangige Expertengruppe für KI der Europäischen Kommission. (2019). *Ethik-Leitlinien für eine Vertrauenswürdige KI.* https://digital-strategy.ec.europa.eu/en/library/ethics-guidelines-trustworthy-ai. Zugegriffen am 10.01.2025.

Heidrich, L., et al. (2023). FairCaipi: A combination of explanatory interactive and fair machine learning for human and machine bias reduction. *Machine Learning and Knowledge Extraction, 5*(4), 1519–1538.

Herbold, S., et al. (2023). A large-scale comparison of human-written versus ChatGPT-generated essays. *Scientific Reports, 13*(1), 18617.

Herchenbach, M., et al. (2022). Explaining image classifications with near misses, near hits and prototypes: Supporting domain experts in understanding decision boundaries. In *International Conference on Pattern Recognition and Artificial Intelligence (ICPRAI)* (S. 419–430). Springer International Publishing.

Holliday, D., et al. (2016). User trust in intelligent systems: A journey over time. In *Proceedings of the 21st international conference on intelligent user interfaces* (S. 164–168).

Ilievski, F., et al. (2024). Aligning generalisation between humans and machines. *arXiv preprint, arXiv*, 2411.15626.

Kamiran, F., & Calders, T. (2012). Data preprocessing techniques for classification without discrimination. *Knowledge and Information Systems, 33*(1), 1–33.

Kaplan, A. D., et al. (2023). Trust in artificial intelligence: Meta-analytic findings. *Human Factors, 65*(2), 337–359.

Kaur, D., et al. (2022). Trustworthy artificial intelligence: a review. *ACM Computing Surveys (CSUR), 55*(2), 1–38.

Kim, B., et al. (2016). Examples are not enough, learn to criticize! criticism for interpretability. *Advances in Neural Information Processing Systems, 29*(NeurIPS 2016), 2280–2288.

Kleinman, Z. (2024). *Why Google's 'woke' AI problem won't be an easy fix.* https://www.bbc.com/news/technology-68412620. Zugegriffen am 10.01.2024.

Krizhevsky, A., et al. (2012a). ImageNet classification with deep convolutional neural networks. *Advances in Neural Information Processing Systems, 25*(NeurIPS 2012), 1097–1105.

Krizhevsky, A., et al. (2012b). ImageNet classification with deep convolutional neural networks. *Advances in Neural Information Processing Systems, 26*(NeurIPS 2013), 1106–1114.

Lapuschkin, S., et al. (2019). Unmasking Clever Hans predictors and assessing what machines really learn. *Nature Communications, 10*(1), 1096.

Lee, N. T. (2018). Detecting racial bias in algorithms and machine learning. *Journal of Information, Communication and Ethics in Society, 16*(3), 252–260.

Lindholm, A., et al. (2022). *Machine learning: A first course for engineers and scientists*. Cambridge University Press.

Maloof, M. A. (2003). Learning when data sets are imbalanced and when costs are unequal and unknown. *ICML-2003 workshop on learning from imbalanced data sets II, 2*, 1–8.

Manhaeve, R., et al. (2021). Neural probabilistic logic programming in DeepProbLog. *Artificial Intelligence, 298*, 103504.

Marra, G., et al. (2024). From statistical relational to neurosymbolic artificial intelligence: A survey. *Artificial Intelligence*, 104062.

Mcknight, D. H., et al. (2011). Trust in a specific technology: An investigation of its components and measures. *ACM Transactions on Management Information Systems (TMIS), 2*(2), 1–25.

Michie, D. (1988). Machine learning in the next five years. In *Proceedings of the Third European working session on learning* (S. 107–122). Pitman.

Miller, T. (2019). Explanation in artificial intelligence: Insights from the social sciences. *Artificial Intelligence, 267*, 1–38.

Mizrahi, M., et al. (2024). State of what art? A call for multi-prompt LLM evaluation. *Transactions of the Association for Computational Linguistics, 12*, 933–949.

Muggleton, S. H., et al. (2018). Ultra-strong machine learning: Comprehensibility of programs learned with ILP. *Machine Learning, 107*, 1119–1140.

Pahl, J., et al. (2022). Female, white, 27? Bias evaluation on data and algorithms for affect recognition in faces. In *Proceedings of the 2022 ACM Conference on Fairness, Accountability, and Transparency* (S. 973–987).

Pan, S., et al. (2024). Unifying large language models and knowledge graphs: A roadmap. *IEEE Transactions on Knowledge and Data Engineering*.

Polson, M. C., & Richardson, J. J. (2013). *Foundations of intelligent tutoring systems*. Psychology Press.

Rabold, J., et al. (2020). Enriching visual with verbal explanations for relational concepts – Combining LIME with Aleph. In *Machine learning and knowledge discovery in databases: International workshops of ECML PKDD 2019, Würzburg, Deutschland, 16.–20. September 2019, Proceedings, Teil I* (S. 180–192). Springer International Publishing.

Rabold, J., et al. (2022). Generating contrastive explanations for inductive logic programming based on a near miss approach. *Machine Learning, 111*(5), 1799–1820.

Ribeiro, M. T., et al. (2016). 'Why should I trust you?' Explaining the predictions of any classifier. In *Proceedings of the 22nd ACM SIGKDD international conference on knowledge discovery and data mining* (S. 1135–1144).

Rice, L., et al. (2020). Overfitting in adversarially robust deep learning. In *International conference on machine learning* (S. 8093–8104). PMLR.

Rich, E. (1983). *Artificial Intelligence*. McGraw-Hill.

Robbins, B. G. (2016). What is trust? A multidisciplinary review, critique, and synthesis. *Sociology Compass, 10*(10), 972–986.

Ruggieri, S., et al. (2023). Can we trust fair-AI? In *Proceedings of the AAAI conference on artificial intelligence* (Bd. 37, Nr. 13, S. 15421–15430).

Sarker, M. K., et al. (2022). Neuro-symbolic artificial intelligence: Current trends. *AI Communications, 34*(3), 197–209.

Schallner, L., et al. (2020). Effect of superpixel aggregation on explanations in lime – A case study with biological data. In *Machine learning and knowledge discovery in databases: International workshops of ECML PKDD 2019, Proceedings, Teil I* (S. 147–158). Springer International Publishing.

Schepman, A., & Rodway, P. (2023). The General Attitudes towards Artificial Intelligence Scale (GAAIS): Confirmatory validation and associations with personality, corporate distrust, and general trust. *International Journal of Human-Computer Interaction, 39*(13), 2724–2741.

Schmid, U. (2021). Interactive learning with mutual explanations in relational domains. In S. Muggleton & N. Chater (Hrsg.), *Human-like machine intelligence* (Bd. Kap. 17, S. 338–354). Oxford University Press.

Schmid, U. (2022). Vertrauenswürdige Künstliche Intelligenz. In F. Rostalski (Hrsg.), *Künstliche Intelligenz: Wie gelingt eine vertrauenswürdige Verwendung in Deutschland und Europa?* (S. 287–298). Mohr Siebeck.

Schmid, U. (2024). Trustworthy artificial intelligence – Comprehensible, transparent, correctable. In H. Werthner et al. (Hrsg.), *Introduction to digital humanism* (S. 151–164). Springer.

Schmid, U., & Wrede, B. (2022). What is missing in XAI so far? An interdisciplinary perspective. *KI – Künstliche Intelligenz, 36*(3), 303–315.

Schramm, S., et al. (2023). Comprehensible artificial intelligence on knowledge graphs: A survey. *Journal of Web Semantics, 79*, 100806.

Schwalbe, G., & Finzel, B. (2024). A comprehensive taxonomy for explainable artificial intelligence: A systematic survey of surveys on methods and concepts. *Data Mining and Knowledge Discovery, 38*(5), 3043–3101.

Shanahan, M. (2024). Talking about large language models. *Communications of the ACM, 67*(2), 68–79.

Sheridan, T. B. (2019). Individual differences in attributes of trust in automation: Measurement and application to system design. *Frontiers in Psychology, 10*, 1117.

Stahl, B. C., et al. (2022). Unfair and illegal discrimination. In *Ethics of artificial intelligence: Case studies and options for addressing ethical challenges* (S. 9–23). Springer International Publishing.

Teso, S., & Kersting, K. (2019). Explanatory interactive machine learning. In *Proceedings of the 2019 AAAI/ACM conference on AI, ethics, and society* (S. 239–245).

Thaler, A., & Schmid, U. (2021). Explaining machine learned relational concepts in visual domains-effects of perceived accuracy on joint performance and trust. In *Proceedings of the annual meeting of the cognitive science society* (Bd. 43, Nr. 43, S. 1705–1711).

Tomsett, R., et al. (2020). Rapid trust calibration through interpretable and uncertainty-aware AI. *Patterns, 1*(4).

Troles, J. D., & Schmid, U. (2021). Extending challenge sets to uncover gender bias in machine translation: Impact of stereotypical verbs and adjectives. *Proceedings of the sixth conference on machine translation, WMT@EMNLP, 202*, 531–541.

Troles, J. D., et al. (2024). BAMFORESTS: Bamberg benchmark forest dataset of individual tree crowns in very-high-resolution UAV images. *Remote Sensing, 16*(11), 1935.

Vallor, S. (2024). *The AI Mirror: How to reclaim our humanity in an age of machine thinking*. Oxford University Press.

Wachter, S., et al. (2017). Counterfactual explanations without opening the black box: Automated decisions and the GDPR. *Harvard Journal of Law & Technology, 31*(2), 841.

Williams, A., et al. (2022). The exploited labor behind artificial intelligence. *Noema Magazine*, 22. https://www.noemamag.com/the-exploited-labor-behind-artificial-intelligence/. Zugegriffen am 10.01.2025.

Zeller, C., & Schmid, U. (2016). Automatic generation of analogous problems to help resolving misconceptions in an intelligent tutor system for written subtraction. In *Proceedings of the ICCBR Workshops* (S. 108–117).

Zhang, Y., et al. (2020). Effect of confidence and explanation on accuracy and trust calibration in AI-assisted decision making. In *Proceedings of the 2020 conference on fairness, accountability, and transparency* (S. 295–305).

Zowghi, D., & Gervasi, V. (2002). The three Cs of requirements: Consistency, completeness, and correctness. In *International workshop on requirements engineering: Foundations for software quality. Essener Informatik Beiträge* (S. 155–164).

Open Access Dieses Kapitel wird unter der Creative Commons Namensnennung - Nicht kommerziell - Keine Bearbeitung 4.0 International Lizenz (http://creativecommons.org/licenses/by-nc-nd/4.0/deed.de) veröffentlicht, welche die nicht-kommerzielle Nutzung, Vervielfältigung, Verbreitung und Wiedergabe in jeglichem Medium und Format erlaubt, sofern Sie den/die ursprünglichen Autor(en) und die Quelle ordnungsgemäß nennen, einen Link zur Creative Commons Lizenz beifügen und angeben, ob Änderungen vorgenommen wurden. Die Lizenz gibt Ihnen nicht das Recht, bearbeitete oder sonst wie umgestaltete Fassungen dieses Werkes zu verbreiten oder öffentlich wiederzugeben.

Die in diesem Kapitel enthaltenen Bilder und sonstiges Drittmaterial unterliegen ebenfalls der genannten Creative Commons Lizenz, sofern sich aus der Abbildungslegende nichts anderes ergibt. Sofern das betreffende Material nicht unter der genannten Creative Commons Lizenz steht und die betreffende Handlung nicht nach gesetzlichen Vorschriften erlaubt ist, ist auch für die oben aufgeführten nicht-kommerziellen Weiterverwendungen des Materials die Einwilligung des jeweiligen Rechteinhabers einzuholen.

Symbolische Kontrolle für subsymbolische Künstliche Intelligenz?

11

Christoph Benzmüller

> **Zusammenfassung**
>
> *Forschungsaktivitäten in Richtung starker Künstlichen Intelligenz (KI) bzw. Artificial General Intelligence (AGI) haben aktuell stark an Fahrt aufgenommen. Ausgangspunkt sind dabei beachtliche Fortschritte vor allem im Bereich der datengetriebenen subsymbolischen KI (z. B. dem tiefen maschinellen Lernen), aber auch in der regelbasierten symbolischen KI. Mit solchen Aktivitäten im Einklang stehen sollte das Bestreben nach verantwortungsvoller KI, oder besser noch, nach sicherer KI. Selbst wenn eine starke KI (zumindest aus meiner Sicht) nicht unmittelbar absehbar ist, sollte diesem Aspekt größte Aufmerksamkeit geschenkt werden. Es ist nämlich insbesondere der unreflektierte Einsatz leistungsfähiger unvollkommener KI-Systeme in sehr kritischen Anwendungsgebieten (einschließlich des militärischen Bereichs), der zunehmend Anlass zur Sorge bereitet. In diesem Kapitel skizziere ich meine Position zu den Themen starke und sichere KI, führe dazu Äußerungen aus vorherigen eigenen Arbeiten zusammen und ergänze diese.*

11.1 Einleitung

Es war die zu Beginn der 90er-Jahre vom deutschen KI-Pionier Jörg Siekmann in seinen Saarbrücker Vorlesungen in den Raum gestellte Vision einer entstehenden starken KI bzw. einer Artificial General Intelligence (AGI) und den sich daraus ergebenden Implikationen

---

C. Benzmüller (✉)
Otto-Friedrich-Universität Bamberg, Bamberg, Deutschland

Freie Universität Berlin, Berlin, Deutschland
E-Mail: christoph.benzmueller@uni-bamberg.de; c.benzmueller@fu-berlin.de

© Der/die Autor(en) 2026
F. Schmiedchen et al. (Hrsg.), *Künstliche Intelligenz und Wir*,
https://doi.org/10.1007/978-3-662-71567-3_11

für die Menschheit, die mich (als bis dahin weitgehend gelangweilten Informatikstudenten) provozierte und die gerade deshalb meine intrinsische Motivation für dieses Gebiet weckte (und mich deshalb auch von dem eigentlich geplanten Studienfachwechsel hin zur Sportmedizin abhielt).

Siekmann, mein späterer Doktorvater, hat uns damals auf eindrucksvolle, polarisierende Weise vermittelt, dass gerade unsere Generation Zeuge einer sehr interessanten Epoche der Geschichte werden würde, in der KI-Systeme in verschiedenen, sehr anspruchsvollen Anwendungsbereichen oder vielleicht sogar generell intelligenter als Menschen werden und dabei auch eine vom Menschen unabhängige Reproduzierbarkeit und Fortpflanzung erreichen. Er skizzierte die Entstehung einer neuen Spezies, womöglich weit intelligenter als der Mensch und auf anderen biologischen und physiologischen Grundlagen aufbauend. Diese Position attackierte mein durch eine christliche Erziehung geprägtes Weltbild, aber genau deshalb packte mich dieses Thema: Was ist der Unterschied zwischen Mensch und Maschine? Wo liegen deren individuelle Grenzen? Gibt es Kernmerkmale menschlicher Intelligenz, die eine Maschine niemals erreichen kann, und umgekehrt? Zunächst glaubte ich, Antworten auf solche Fragen im Bereich der Computermathematik, genauer des automatischen Theorembeweisens, also einem Untergebiet der regelbasierten symbolischen KI, finden zu können.

Gleichzeitig begann ich mich zunehmend für Logik und die Idee formal verifizierbarer symbolischer Modellierungen von Systemen und Theorien in Informatik, Mathematik und Philosophie zu begeistern. In meiner Diplomarbeit an der Universität des Saarlandes bei Jacques Loeckx ging es daher auch um die formale Spezifikation eines Computerprogramms aus der Medizin mit dem Ziel der formalen Verifikation von Systemeigenschaften durch interaktive oder automatische Theorembeweiser. In meiner Dissertation bei Jörg Siekmann untersuchte ich die Semantik und Automatisierbarkeit höherstufiger Logik mit besonderem Augenmerk auf die Automatisierung von Gleichheitsbeweisen. In diesen Arbeiten ging es also einerseits um Aspekte der formalen Korrektheit und Sicherheit von Computerprogrammen, die durch Theorembeweiser, also symbolische KI-Systeme, belegt werden sollten. Andererseits ging es aber auch darum, immer leistungsfähigere automatische Theorembeweiser zu entwickeln, die eines Tages sogar Mathematiker in ihren Fähigkeiten übertreffen sollten.

Mir schien, dass die beiden Aspekte – sichere (KI-)Systeme vs. leistungsfähige (KI-)Systeme – nicht wirklich im Widerspruch zueinander standen, sondern sich sogar gegenseitig beflügeln konnten. In den letzten Jahren jedoch, in denen der Begriff der KI immer mehr auf datengetriebene subsymbolische KI reduziert wurde, könnte die Kluft zwischen den beiden Aspekten kaum größer sein: Die statistischen Korrelationen subsymbolischer KI-Techniken stehen eben unglücklicherweise in starkem Widerspruch zur Idee eines beweisbar korrekten Systemverhaltens.

Ein Gegentrend hat jedoch bereits eingesetzt, da die komplementären Vor- und Nachteile beider KI-Paradigmen – symbolisch und subsymbolisch – zunehmend erkannt werden. Der nächste große KI-Hype könnte daher gerade durch eine erfolgreiche Verschmelzung dieser beiden KI-Paradigmen entstehen (bzw. beim verzögerten Druck dieses Textes vielleicht schon entstanden sein).[1] Die Verschmelzung dieser beiden Paradigmen birgt in der Tat ein großes Potential, nicht nur in Richtung Sicherheit, sondern auch in Richtung Dateneffizienz, Nachhaltigkeit und letztlich auch in Richtung AGI.

Übrigens ist die Erkenntnis, dass zum Erreichen einer AGI gerade die Verschmelzung dieser beiden KI-Paradigmen möglicherweise notwendig ist, keineswegs neu und wird seit Jahrzehnten diskutiert. Ich erinnere mich gut an abendliche Diskussionen bei Klausuren unseres damaligen DFG-Sonderforschungsbereiches 378, *Ressourcenadaptive Kognitive Prozesse,* auf Schloss Dagstuhl, bei denen auch die sich ideal ergänzende Komplementarität dieser beiden KI-Paradigmen thematisiert wurde. Aus guten Gründen positionierten sich KI-Forschungsprojekte zu dieser Zeit jedoch typischerweise nur in einem dieser beiden Lager. Dies hatte sowohl inhaltliche als auch soziologische Gründe, denn zum einen war die technologische Entwicklung auf beiden Seiten noch nicht weit genug fortgeschritten, um sich fruchtbar einer Verschmelzung zu widmen. Zum anderen gab es eine latente soziologische Konkurrenz zwischen den beiden Lagern, wobei die symbolische Seite zunächst die Nase vorn zu haben schien. Obwohl die Idee von hybrider KI also bereits recht alt ist, gab es bisher leider mehr Konkurrenz als Kooperation zwischen den beiden Lagern.

Ich selbst publiziere seit einigen Jahren zum Thema hybride und sichere KI (s. z. B. Benzmüller & Lomfeld, 2020a, b). Versuche, bereits Ende des letzten Jahrzehnts im nationalen und Berliner Umfeld frühzeitig Forschungsprojekte und Ressourcen zu diesen Themen zu akquirieren, blieben jedoch erfolglos, was ich u. a. auch auf eine eher zögerlich wahrgenommene nationale und regionale Forschungsförderpolitik zurückführe, die weniger an wissenschaftlichem Vorsprung als an entwicklungstechnischen Aufholjagden (z. B. zur rein subsymbolischen KI) interessiert zu sein scheint, bis sich wiederum Aufholjagdsituationen zu (den dann nicht mehr so) neuen Themen ergeben.

Der folgende Text ist wie folgt gegliedert: Im Abschn. 11.2 wird der Begriff der KI kurz umrissen und eine eigene Arbeitsdefinition vorgestellt; dieser Abschnitt basiert auf Auszügen aus Benzmüller (2022), die ins Deutsche übersetzt und ergänzt wurden; s. aber auch Benzmüller und Lomfeld (2020a, b). Abschn. 11.3 diskutiert, warum eine strikte Fokussierung auf subsymbolische KI und maschinelles Lernen allein sogar als evolutionärer Rückschritt angesehen werden kann; dieser Abschnitt adaptiert Teile aus Benzmüller (2024). Abschn. 11.4 widmet sich dann der Verschmelzung von symbolischer und subsymbolischer KI, diskutiert die Vorteile einer solchen Symbiose und verweist auf laufende Arbeiten und weitere Literatur. Im Abschn. 11.5 stelle ich dann eigene Ideen und Arbeiten in Richtung sicherer KI vor; dieser Abschnitt basiert auf Auszügen aus Benzmüller (2022), die ins Deutsche übersetzt und ergänzt wurden. Ein kurzer Ausblick folgt im Abschn. 11.6.

---

[1] S. z. B. https://www.forbes.com/sites/danielnewman/2023/07/10/the-future-ofai-and-everything-else-is-hybrid/.

11.2 KI – Symbolisch und subsymbolisch

Die Dartmouth-Konferenz 1956 in den USA wird allgemein als die Geburtsstunde der KI angesehen, und trotz ihrer relativ jungen Geschichte hat das Gebiet bereits mehrere Winter- und Sommerperioden erlebt. Die gegenwärtige Sommerperiode scheint jedoch wesentlich intensiver und anhaltender zu sein als frühere. Tatsächlich wurden in den letzten zwei Jahrzehnten im gesamten Bereich der KI, insbesondere aber im Bereich der subsymbolischen KI (z. B. im datengetriebenen tiefen maschinellen Lernen), erhebliche Fortschritte erzielt. Dies hat in den Medien große Aufmerksamkeit erregt, und die Industrie sucht und rekrutiert händeringend KI-Experten, da die KI weithin als die Dampfmaschine des 21. Jahrhunderts angesehen wird.

Medial stark ausgeschlachtete Erfolgsgeschichten, möglicherweise auch verbunden mit wirtschaftlichen Interessen, haben dann dazu geführt, dass der Begriff KI heute in der öffentlichen Wahrnehmung weitgehend auf subsymbolische KI reduziert wurde. Gleichzeitig wird symbolische KI heute oft als *good old fashioned AI* (GOFAI) bezeichnet, was eindeutig irreführend ist, da die KI seit ihren Anfängen zwischen konnektionistischen/subsymbolischen und symbolischen Paradigmen zur Modellierung und Erklärung intelligenten Verhaltens unterscheidet und die Forschungsaktivitäten in beiden Lagern zeitlich auf diese Anfänge zurückgehen. Wie weiter unten diskutiert wird, gibt es zudem eben auch sehr gute Erfolge im Bereich der symbolischen KI, wenn auch nicht auf dem Niveau der subsymbolischen KI, die derzeit verspricht, eine sehr robuste und praktikable Wahl für viele Low-Level-Anwendungen in der Industrie zu sein.

An dieser Stelle sollen die beiden gegensätzlichen Begriffe kurz skizziert werden:

Symbolische KI Der symbolische KI-Ansatz geht davon aus, dass Intelligenz aus der Manipulation abstrakter kompositorischer und bedeutungsvoller Repräsentationen entsteht. Zu den Techniken, die in diesem Bereich verwendet werden, gehören regelbasierte Systeme und formale Logik.

Subsymbolische KI Subsymbolische KI-Ansätze realisieren intellektuelle Fähigkeiten, beispielsweise mithilfe von (tiefen) künstlichen neuronalen Netzen, d. h. Netzen von Recheneinheiten ohne semantische Bedeutung. Im Gegensatz zur Modellierung und Inferenz von Kausalitäten steht hier das Lernen statischer Zusammenhänge (z. B. zwischen Wörtern) im Vordergrund.

Beide Paradigmen haben bekannte Stärken und Schwächen, die im Folgenden diskutiert werden. Und wie bereits erwähnt, hat die Debatte, ob Intelligenz auf menschlicher Ebene durch den symbolischen oder den subsymbolischen Ansatz plausibel modelliert und erklärt werden kann, eine lange Tradition.

Die eingangs erwähnte Vision einer starken KI, d. h. einer KI, die menschliche Fähigkeiten in allen oder fast allen Bereichen übertrifft, erfordert meines Erachtens eine Verschmelzung der Techniken beider Seiten (oder eine überzeugende Erklärung, warum sich aus dem datengetriebenen subsymbolischen KI-Paradigma plötzlich und ohne weiteres Zutun symbolische KI entwickeln sollte). Für mich ist es daher gerade der Bereich der hybriden KI oder neurosymbolischen KI, in dem *the next big thing* zu erwarten ist. Um meinen Standpunkt besser verstehen und sehen zu können, warum ich weiterhin auf der Relevanz der symbolischen KI beharre, erscheint es mir nützlich, kurz meine persönliche Arbeitsdefinition des Begriffs KI vorzustellen:

Arbeitsdefinition KI
KI ist eine Wissenschaft von Computertechnologien, die entwickelt wurden, um intelligentes Verhalten in Maschinen zu erreichen, zu untersuchen und zu erklären. *Intelligentes Verhalten* bezieht sich dabei auf eine Reihe von Fähigkeiten, die es einer Entität ermöglichen,

(i) bestimmte (schwierige) domänenspezifische Probleme zu lösen oder deren Lösung zu erlernen,
(ii) bekannte und unbekannte Situationen zu explorieren und zu meistern (was Wahrnehmung, Planung, Handlungsfähigkeit usw. erfordert),
(iii) rational zu denken, Widersprüche zu vermeiden und neue, abstrakte Theorien zu explorieren,
(iv) das eigene Denken und Handeln zu reflektieren und Selbstwidersprüche zu erkennen und
(v) sozial mit anderen Entitäten zu interagieren und die eigenen Ziele und Normen mit denen einer Gemeinschaft (für ein höheres Gut) in Einklang zu bringen.

Herausragende Fortschritte in der KI wurden vor allem auf Ebene (i) und in gewissem Umfang auch auf Ebene (ii) erzielt. Diese Fortschritte wurden sowohl durch subsymbolische als auch durch symbolische Techniken ermöglicht, wobei der Schwerpunkt derzeit insbesondere auf Ebene (i) eher auf den subsymbolischen Techniken zu liegen scheint. Aber auch Theorembeweiser, d. h. symbolische KI-Techniken, haben in den letzten Jahren zur Lösung schwieriger, spezifischer Probleme geführt, die der Mensch allein bisher nicht lösen konnte. Einige Beispiele aus der Mathematik finden sich in den Arbeiten von Brakensiek et al. (2022), Gonthier (2008), Gonthier et al. (2013), Hales et al. (2017), Heule (2018) und Heule und Kullmann (2017). Eigene Arbeiten adressieren die Anwendung sehr ausdrucksstarker logischer Formalismen und Theorembeweiser auch in Bereichen wie der Metaphysik und des ethisch-rechtlichen Schließens; s. Benzmüller et al. (2020) und Benzmüller und Scott (2025) sowie die weiteren Verweise darin.

Spätestens die Ebene (iii) erfordert meiner Auffassung nach die Einbeziehung symbolischer Modellierungs- und Argumentationsfähigkeiten. Insbesondere die Exploration einer neuen, abstrakten Theorie, etwa in der Mathematik, in den traditionellen Naturwissenschaften oder in der Metaphysik, setzt unweigerlich die Beherrschung einer symbolischen und tief verstandenen Repräsentationssprache voraus. Und auch das Entdecken von (z. B. versteckten, indirekten) Widersprüchen auf Ebene (iii) und (iv) kann eigentlich nur auf der Grundlage eines tiefen logisch-rationalen Verständnisses solide erfolgen.

11.3 Reine Fokussierung auf LLMs und maschinelles Lernen – ein evolutionärer Rückschritt?[2]

Insbesondere naturwissenschaftliche Erkenntnisse werden von Menschen oft in einer Mischform aus natürlicher und mathematischer Sprache dargestellt und kommuniziert, wobei auch Grafiken und Diagramme eine wichtige Rolle spielen (s. auch Abb. 11.1). Im Physikunterricht lernen Schüler zum Beispiel das Newtonsche Gravitationsgesetz kennen und führen gegebenenfalls Experimente durch, um die Plausibilität und das Erklärungspotential dieser Theorie zu hinterfragen. In der Mathematik beschäftigen sie sich zum Beispiel mit den Gesetzen der Geometrie, der Mengenlehre oder der Booleschen Algebra, sie definieren natürliche Zahlen, Quadratzahlen, Primzahlen usw. Diese symbolisch präzise definierten Begriffe werden dann als Ausgangspunkt für weitere Definitionen und Anwendungen auch über Disziplingrenzen hinweg genutzt (Primzahlen sind z. B. wichtig für Verschlüsselungsverfahren in der Kryptographie). Auf diese Weise entstehen komplexe

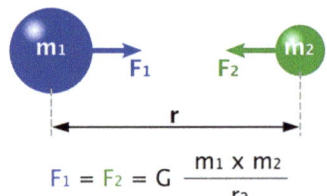

Kommutativgesetze	(1)	a∨b = b∨a	(1')	a∧b = b∧a
Assoziativgesetze	(2)	(a∨b)∨c = a∨(b∨c)	(2')	(a∧b)∧c = a∧(b∧c)
Absorptionsgesetze	(3)	a∧(a∨b) = a	(3')	a∨(a∧b) = a
Distributivgesetze	(4)	a∨(b∧c) = (a∨b)∧(a∨c)	(4')	a∧(b∨c) = (a∧b)∨(a∧c)
Komplementärgesetze	(5)	a∨¬a = 1	(5')	a∧¬a = 0
Neutralitätsgesetze	(6)	a∨0 = a	(6')	a∧1 = a
Extremalgesetze	(7)	a∨1 = 1	(7')	a∧0 = 0
Dualitätsgesetze	(8)	¬1 = 0	(8')	¬0 = 1
Idempotenzgesetze	(9)	a∨a = a	(9')	a∧a = a
Involutionsgesetz	(10)	¬(¬a) = a		
De Morgansche Gesetze	(11)	¬(a∨b) = ¬a∧¬b	(11')	¬(a∧b)=¬a∨¬b

Abb. 11.1 Symbolisch repräsentiertes Wissen in Physik (oben: Newtonsche Gravitationsgesetz; credit: D. Nilsson [CC BY 3.0]) und Mathematik. (Unten: Boolesche Algebra; credit: ZPG IMP [CC BY-SA 3.0 DE])

---

[2] Dieser Abschnitt gibt weitgehend meine Überlegungen aus Benzmüller, C. (2024): „Logikbasierte Wissensverarbeitung" wieder.

Gebäude symbolisch repräsentierten Wissens, wobei die präzise und tief verstandene Formelsprache der Mathematik oft der zentrale Informationsträger ist.

Auch in weniger mathematischen Wissenschaftszweigen gibt es wissenschaftliche Theorien, z. B. verschiedene Lerntheorien in der Didaktik und Psychologie. Hier kommt der präzisen Verwendung von natürlicher Sprache und graphischen Darstellungen eine größere Bedeutung zu. Wichtig für diesen Artikel ist die Einsicht, dass der Mensch auf der höchsten Stufe seiner erkenntnistheoretischen Schaffenskraft tief verstandene sprachliche Mittel und symbolische Darstellungen verwendet, um aus Beobachtungen oder Gedankenexperimenten abstrahiertes Wissen präzise zu beschreiben. Insbesondere die Verifikation/Falsifikation und die zielgerichtete Weiterentwicklung wissenschaftlicher Theorien werden dadurch erst ermöglicht, ebenso wie die effiziente Kommunikation von Wissen zwischen Menschen (insbesondere zur Wissensvermittlung in Schulen und Universitäten).

Der deutsche KI-Pionier Wolfgang Bibel verwendet in diesem Zusammenhang den Begriff *repräsentierende Objekte* (Bibel, 2022), also symbolische Objekte, die die Welt und ihre Eigenschaften auf einer abstrakten symbolischen Ebene repräsentieren. Besonders interessant an repräsentierenden Objekten ist, dass sie selbst zu Untersuchungsobjekten werden können; man kann sie analysieren und wiederum neues Wissen aus ihnen ableiten. Der berühmte österreichische Mathematiker Bruno Buchberger hat einen solchen Theoriefindungsprozess in Form einer Kreativitätsspirale veranschaulicht (Buchberger, 1995).

Es ist interessant, dass mit der Einführung von Computern auch Maschinen Zugang zu symbolischen, repräsentierenden Objekten erhalten haben. Dies ist der zentrale Ausgangspunkt für die symbolische KI und generell für die Informatik. Bibel fordert zu Recht, dass sich die KI viel stärker auf das Studium und die Erforschung symbolischer, repräsentierender Objekte mit Computern konzentrieren sollte. Gerade im Hinblick auf die Frage nach einer starken KI ist diese Forderung mehr als plausibel. Der aktuelle Hype um maschinelles Lernen mit neuronalen Netzen lässt diese Forderung jedoch etwas in den Hintergrund rücken. Kritisch betrachtet könnte man die aktuelle Situation daher sogar als konzeptionellen Rückschritt in Bezug auf die großen Fragen der KI betrachten, da eine starke KI ja insbesondere auch Fähigkeiten zur symbolischen Theorieexploration, z. B. in der Mathematik, besser beherrschen müsste als der Mensch.

Ein Gedankenexperiment soll diesen Einwand veranschaulichen: Nehmen wir an, wir trainieren ein neuronales Netz darauf, Primzahlen zu erkennen. Dies können wir z. B. tun, indem wir zunächst einen Datensatz mit natürlichen Zahlen, sagen wir von eins bis einer Milliarde, entsprechend annotieren (Primzahlen werden z. B. grün markiert, alle anderen Zahlen rot). Dann füttern wir ein Lernverfahren mit dieser annotierten Information und erhalten einen leistungsfähigen Primzahl-Klassifikator, den wir im Folgenden PP (für Primzahl-Papagei) nennen.

Es ist zu erwarten, dass PP sehr leistungsfähig und sehr schnell sein wird. PP wäre mir sicherlich überlegen, insbesondere bis zur Zahlengrenze von einer Milliarde, da er diese Primzahlen ja gewissermaßen *auswendig gelernt* hat (in einem ressourcenaufwendigen

Trainingsprozess und *ohne dabei zu verstehen*). Auch jenseits dieser Zahlengrenze wäre PP im *Erraten* von Primzahlen unter Zeitdruck und ohne Hilfsmittel normalen Menschen möglicherweise mindestens ebenbürtig.

Der Leser erkennt vermutlich schon, worauf dieses Gedankenexperiment hinauswill: Trotz der anzunehmenden Stärke von PP (gegenüber den meisten Menschen) bei der Erkennung von Primzahlen gibt es doch einen fundamentalen Unterschied zur menschlichen Erkenntnis: Der Primzahl-Papagei PP hätte nicht die geringste Ahnung davon, was eine Primzahl eigentlich ist, d. h. wie sie sich in ihren zahlentheoretischen Eigenschaften von anderen Zahlen unterscheidet und zu ihnen in Beziehung steht. Das ist aber auch nicht verwunderlich, da wir PP in unserem Gedankenexperiment ja auch keine entsprechenden Hintergrundinformationen mitgegeben haben. Die Frage an PP, warum er z. B. die Zahl 999.999.937 korrekt als Primzahl klassifiziert, wäre also sinnlos. PP könnte bestenfalls antworten: *„Weil mir dies in meiner Trainingsphase so mitgeteilt wurde"*. Und wenn PP z. B. bei der Klassifikation von 1.999.999.927 (eine Primzahl größer als eine Milliarde) scheitert, so könnte er uns dieses Scheitern ebenso wenig erklären. Ein symbolisch beschriebener Primzahlalgorithmus hingegen könnte beim Auftreten solcher Fehler in der Anwendung genau analysiert und der Fehler in der symbolischen Beschreibung lokalisiert und entsprechend korrigiert werden. Bei einem solchen Vorgehen betrachten wir also die symbolische Repräsentation eines Primzahltests selbst als Untersuchungsgegenstand, den wir reflektieren, analysieren, testen und ggf. zielgerichtet korrigieren wollen. Das antrainierte, undurchsichtige Modell von PP bietet dafür hingegen keine sinnvolle Grundlage, es ist einer solchen Analyse nicht zugänglich.

Aus erkenntnistheoretischer Sicht und aus Sicht der starken KI muss der Primzahl-Papagei PP aus unserem Gedankenexperiment daher – trotz seiner praktischen Stärke – als eher uninteressant eingestuft werden. Und es gibt weitere, bereits angedeutete Nachteile der subsymbolischen KI, die oft nicht genügend beachtet werden: Während erlernte Modelle bei notwendigen Anpassungen in der Regel immer wieder neu- oder nachtrainiert werden müssen, genügen zur Korrektur bzw. Anpassung explizit repräsentierten Wissens in der symbolischen KI einzelne Eingriffe/Modifikationen an der richtigen Stelle; diese korrigierten Repräsentationen können dann elegant und effizient an andere Menschen kommuniziert werden.

Auch sollten wir uns bewusst machen, dass wissenschaftliche Theorien nicht selten auf der Basis reiner Gedankenexperimente entwickelt werden. Es gibt dann keine verfügbaren Daten, die als Ausgangspunkt für das Training eines Modells herangezogen könnten.

Ein prominentes, polarisierendes Beispiel aus dem Bereich der Metaphysik ist Anselm von Canterburys Gedankenexperiment zur Existenz Gottes, auch bekannt als ontologischer Gottesbeweis oder ontologisches Argument, das seit einem Jahrtausend Gegenstand philosophischer und theologischer Untersuchungen ist; siehe z. B. die Diskussion in Benzmüller (2022). Wie könnte eine rein datenbasierte, subsymbolische KI in einem solchen Beispielkontext sinnvoll und gewinnbringend eingesetzt werden? Wie könnte sie ein solches Argument auf der Grundlage eines Gedankenexperiments selbst entwickeln?

Zu den verschiedenen Varianten des ontologischen Arguments von Anselm, die seither entwickelt wurden, gehört auch das von Kurt Gödel in der modernen Modallogik formulierte und später von Dana Scott und anderen modifizierte *modale ontologische Argument*, mit dem ich mich im letzten Jahrzehnt zusammen mit Kollegen intensiv beschäftigt habe; s. Benzmüller und Scott (2025) und die weiteren Verweise darin. Diese Forschung, die in fruchtbarer Mensch-Maschine-Interaktion unter Verwendung symbolischer Repräsentations- und Kommunikationstechniken durchgeführt wurde, hat unter anderem zur computergestützten Exploration alternativer und zum Teil stark vereinfachter Varianten geführt (s. z. B. Benzmüller, 2022), die wiederum das menschliche Verständnis des ontologischen Arguments fördern können. Während bisher nur Teile des Explorationsprozesses durch symbolische KI-Systeme, konkret Theorembeweiser und Modellgenerierer, automatisch unterstützt werden, sehe ich zunehmend Anzeichen dafür, dass der Automatisierungsgrad solcher Aktivitäten in Zukunft (besonders wenn hybride KI-Systeme eingesetzt werden) deutlich erhöht werden kann. In rein subsymbolischen KI-Systemen scheinen jedoch weder die hier erreichte abstrakte symbolische Theorieexploration noch die anschließende Theorieevaluation oder eine sinnvolle symbolische Kommunikation mit dem Menschen hinreichend gut unterstützt zu sein, um eine solche fruchtbare Mensch-Maschine-Interaktion im Bereich der Metaphysik abzubilden.

11.4 Die Zusammenführung der beiden konkurrierenden KI-Paradigmen

Während die Vorteile und die Notwendigkeit der Integration von symbolischer und subsymbolischer KI von vielen Wissenschaftlern schon seit geraumer Zeit betont werden (für aktuelle Texte s. z. B. Lenat & Marcus, 2023; Marcus, 2023b; Marra et al., 2024; Pantsar, 2024; Platzer, 2024; Tao, 2024), gibt es in jüngster Zeit aber auch erste beeindruckende praktische Erfolge. So hat das System *AlphaGeometry* von DeepMind (Trinh et al., 2024), das maschinelles Lernen und automatisches Theorembeweisen auf innovative Weise kombiniert, um unter anderem zahlreiche mathematisch abgesicherte Trainingsdaten für Geometriebeweise zu synthetisieren, erstaunliche Erfolge bei der Lösung von Geometrieaufgaben der Mathematik-Olympiade erzielt. Aber auch bei der Integration von Techniken des maschinellen Lernens in beispielsweise interaktive oder automatische Theorembeweiser gab es im letzten Jahrzehnt signifikante Fortschritte. Beispiele werden diskutiert von Fulton und Platzer (2018), Schulz und Möhrmann (2016) sowie Olsák et al. (2020); weitere Verweise finden sich in den Übersichten von Blaauwbroek et al. (2024) sowie auch Platzer (2024).

Auch die Idee der Autoformalisierung mathematischer Beweise (Szegedy, 2020; Wu et al., 2022), also die Idee, robuste Transformationen natürlichsprachlicher mathematischer Texte und Beweise in formalen Repräsentationen zu erlernen, sollte in diesem Zusammenhang erwähnt werden, da gerade dieser Ansatz im Erfolgsfall ein großes Potential für sehr innovative Verschmelzungen mit Rückkopplungen zwischen beiden KI-Paradigmen liefern kann.

Die Komplementarität der Vorteile von symbolischer und subsymbolischer KI ist in Abb. 11.2 kurz skizziert. Als Nachteile beider Paradigmen wurden u. a. folgende Aspekte identifiziert:

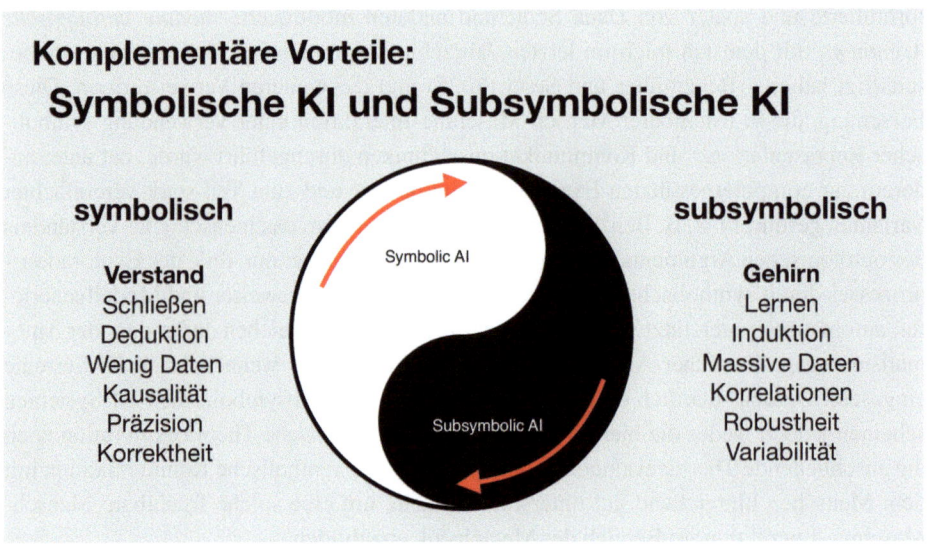

Abb. 11.2 Komplementäre Vorteile der beiden KI-Paradigmen

Subsymbolische KI

Halluzinationen KI-Sprachmodelle haben keinen direkten Zugang zu Weltwissen, und die Antworten und Inhalte, die diese generieren, basieren auf der statistischen Nähe von z. B. Wörtern in Trainingsdaten. Insbesondere bei neuartigen Anfragen kann es deshalb leicht zu Halluzinationen kommen, d. h. frei erfundenen Antworten, welche auf typischen Wortreihenfolgen basieren.[3]

Intransparenz Bei KI-Modellen ist es in der Regel nicht oder kaum möglich, kausale Entscheidungs- und Berechnungsgrundlagen zu hinterfragen, weil die Berechnungen dieser Systeme primär auf Korrelationen und statistischer Nähe beruhen und zudem sehr komplexe Strukturen aufweisen (zur Erinnerung: der Primzahl-Papagei PP aus dem vorherigen Kapitel würde vielleicht richtig erraten, dass 999.999.937 eine Primzahl ist, aber er könnte uns nicht sagen, warum das so ist). Da also wie bei einem Orakel, bzw. einer Black-Box, Informationen ohne belastbare Begründungen zurückgegeben werden, entstehen ethische und rechtliche Probleme, die auch durch die aktuellen Techniken im Bereich der erklärbaren KI nur teilweise adressiert werden können.

Datenhunger Für das Training von KI-Modellen werden in der Regel sehr große Datenmengen und Rechenressourcen benötigt, so dass subsymbolische KI-Technologien selbst zu einem großen Nachhaltigkeitsproblem werden. Auch die mangelnde Qualität großer Datenmengen, z. B. im Internet (die zunehmend durch neue KI-synthetisierte Daten angereichert und ggf. *verschmutzt* werden), stellt ein Problem dar, da mangelnde Datenqualität zu mangelhaften KI-Systemen führt. Deshalb erscheint es in vielen Anwendungsbereichen geradezu absurd, von Menschen entwickelte symbolische Theorien

---

[3] S. dazu auch den Blogbeitrag „How come GPT can seem so brilliant one minute and so breathtakingly dumb the next?" von Gary Marcus unter http://bit.ly/3wL4Ir4.

und Algorithmen (wie z. B. einen Primzahltestalgorithmus in der Mathematik) in große Datenmengen (zurück) zu übersetzen, um dann aus diesen Daten wiederum ein intransparentes KI-Modell mit enormem Rechenaufwand zu trainieren. Ich persönlich sehe dies als einen evolutionären Rückschritt an, der gleichzeitig ethische Fragen aufwirft.

Symbolische KI
Fragilität Regel-, logik- und wissensbasierte Systeme in der symbolischen KI sind von Natur aus interpretierbar, transparent und nachvollziehbar, aber leider auch recht fragil. Damit ist die relative Instabilität solcher Systeme gegenüber Änderungen und Anpassungen in der Anwendungsdomäne gemeint. Notwendige Anpassungen können oft nur von Experten vorgenommen werden.

Domänenspezifität Symbolische KI-Systeme werden typischerweise für klar definierte und relativ enge Anwendungsdomänen entwickelt. Das Anwendungsspektrum solcher Systeme ist daher nur schwer erweiterbar bzw. verallgemeinerbar. Besonders in sehr komplexen und dynamischen Anwendungsbereichen sind ihre Einsatzfähigkeit und Relevanz daher oft sehr eingeschränkt.

Schlechte Skalierbarkeit Die Entwicklung symbolischer KI-Systeme und -Algorithmen erfordert oft einen hohen manuellen Aufwand durch Domänenexperten. In komplexen und dynamischen Anwendungsdomänen ist dieser manuelle Aufwand für die Erstellung symbolischer Modellierungen jedoch oft zu hoch oder nahezu unmöglich. Hinzu kommen Performanzprobleme symbolischer KI-Algorithmen, z. B. bei der Suche in großen Datenmengen oder Lösungsräumen.

Forderungen nach einer Zusammenführung bzw. Integration von Techniken der symbolischen und subsymbolischen KI sind aufgrund der skizzierten Komplementarität der Vor- und Nachteile naheliegend und vielversprechend. Hinsichtlich des methodischen Vorgehens bei einer solchen Zusammenführung unterscheide ich persönlich wie folgt zwischen den Begriffen *hybride KI* und *neurosymbolische KI*:

Hybride KI Hybride KI bezeichnet die Zusammenführung und Verknüpfung von Techniken und Methoden aus den Bereichen der subsymbolischen und der symbolischen KI mit dem Ziel, durch die Komplementarität der Schwächen und Stärken beider Ansätze insgesamt bessere und sicherere KI-Systeme zu schaffen. Eine Verschmelzung beider Ansätze ist dabei nicht zwingend.

Neurosymbolische KI Unter neurosymbolischer KI verstehe ich eine hybride KI, bei der symbolische Fähigkeiten z. B. direkt auf der Ebene eines neuronalen Netzes realisiert sind. Hier steht also die konzeptuelle Verschmelzung beider Ansätze in einem einzigen homogenen, kohärenten Gesamtmodell/-system stärker im Vordergrund.

11.5 Symbolische Schutzhüllen für subsymbolische KI-Systeme?

In verschiedenen Vorträgen und Texten habe ich mich frühzeitig für die Entwicklung symbolischer Kontrollmechanismen für (subsymbolische) KI-Systeme ausgesprochen, um insbesondere den in Abschn. 11.1 beschriebenen Spagat zwischen Verifizierbarkeit und

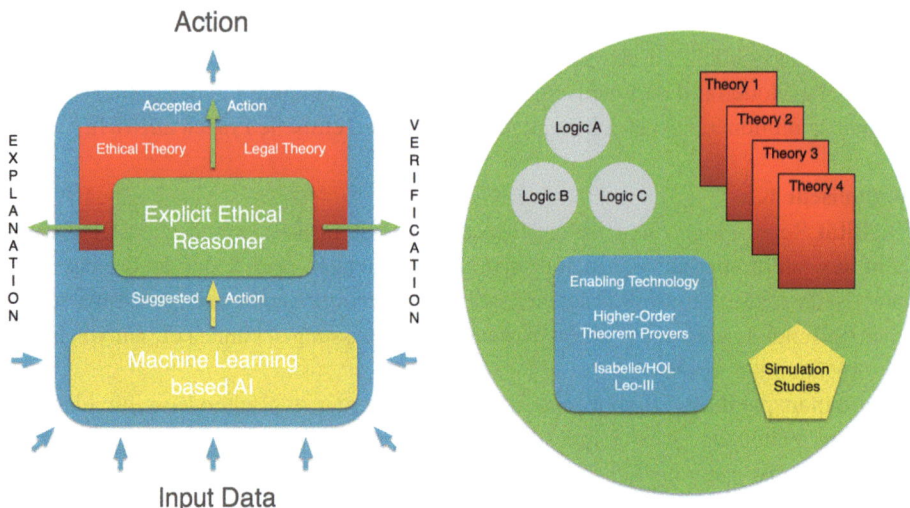

Abb. 11.3 Vorschlag einer explizit-ethischen Kontrolle für (subsymbolische) KI-Systeme (links); die erforderliche explizite Modellierung verschiedener ethisch-rechtlicher Theorien setzt jedoch die Exploration geeigneter Logikformalismen voraus (rechts); s. dazu auch Benzmüller et al. (2020) und die weiteren Verweise darin

Leistungsfähigkeit moderner subsymbolischer KI-Systeme zu adressieren (Benzmüller & Lomfeld, 2020a, b; Benzmüller et al., 2020). Diese Arbeiten sind motiviert durch meine Überzeugung, dass gerade die hybride KI gute Chancen bietet, verifizierbar sichere KI-Systeme zu entwickeln.

Betrachten wir dazu den in Abb. 11.3 links dargestellten Vorschlag eines explizit ethischen KI-Agenten. Wie in einem vorherigen Artikel (Benzmüller et al., 2020) ausführlicher diskutiert, wird in der dargestellten Architektur ein (z. B. subsymbolisches) KI-System (in Gelb, z. B. ein intelligentes autonomes System zur Entscheidungsfindung in einer bestimmten Domäne) zu einem explizit ethischen Agenten angereichert, indem dem gelben System eine symbolische Kontroll- und Reflexionskomponente hinzugefügt wird, welche die vom diesem System vorgeschlagenen Handlungsoptionen einer nachgeschalteten ethisch-rechtlichen Bewertung unterzieht. Diese nachgelagerte Bewertung soll eine zusätzliche, explizite Ebene der ethisch-rechtlichen Kontrolle über den unberechenbaren und schlecht verifizierbaren KI-Agenten in Gelb realisieren.

Die Details der Architektur des gelben KI-Systems sind hier nicht von Bedeutung. Beispielsweise ist es unerheblich, ob seine Berechnungen auf subsymbolischen oder symbolischen Techniken oder Kombinationen davon beruhen. Wichtig ist jedoch, dass die vom gelben KI-Agenten vorgeschlagenen Aktionen – zumindest die als besonders kritisch eingestuften – nicht unmittelbar ausgeführt werden. Stattdessen werden sie vor einer möglichen Ausführung zusätzlich auf ihre Vereinbarkeit mit einer explizit modellierten ethisch-rechtlichen Theorie geprüft. Sicherheitsrelevant ist also weniger die korrekte Funktionsweise des eingekapselten gelben KI-Agenten, sondern die (idealerweise verifizierbare) korrekte Funktionsweise der symbolischen Schutzhülle. Insbesondere in hochkritischen Kontexten kommt es eben viel weniger darauf an, wie ein KI-System seine präferierten Handlungsoptionen bestimmt, sondern vor allem darauf, ob diese Handlungsoptionen die zusätzliche Bewertung durch eine übergeordnete explizit-ethische Schutzhülle bestehen, bevor sie ausgeführt werden dürfen. Es ist zu beachten, dass es in einigen kritischen Anwendungskontexten von besonderem Interesse ist, die Offenlegung der genauen Funktionsweise des internen gelben Systems gerade zu vermeiden, um Risiken (z. B. gezielte Manipulation) zu minimieren.

Das zusätzliche Yin-Yang-Symbol in der Abb. 11.2 links weist zudem darauf hin, dass eine solche Architektur auch ein großes Potential für die Entwicklung von Techniken zur *Anpassung* bzw. *Aushandlung* von bottom-up erlerntem normativem Verhalten gegenüber top-down postulierten normativen Vorgaben bietet. Generell ergeben sich hier auch interessante Fragestellungen in Richtung AGI, und die Parallelen zu den von Kahneman (2011) in seinem Bestseller *„Thinking – Fast and Slow"* skizzierten Systemebenen 1 und 2 sind recht offensichtlich.

Damit die symbolische Schutzhülle mit ethisch-rechtlichen Domänentheorien adäquat bestückt werden kann, sind typischerweise sehr ausdrucksstarke Logiken und Logikkombinationen als Repräsentationsformalismen erforderlich; s. auch Abb. 11.3 (rechts). Die Entwicklung solcher Logikformalismen (z. B. für normatives Schließen) ist jedoch derzeit selbst noch Gegenstand wissenschaftlicher Forschung, die aber ihrerseits wieder durch symbolische KI-Systeme unterstützt werden kann.

Insbesondere die adäquate und korrekte Modellierung normativer Konzepte, wie Erlaubnis und Verbot, ist in der Praxis oft komplexer und schwieriger, als man auf den ersten Blick vermuten würde. Dies zeigt sich unter anderem in den berüchtigten Paradoxien des normativen Schließens, und adäquate Lösungen für diese Herausforderung erfordern oft die Verwendung anspruchsvoller deontischer Logiken (Gabbay et al., 2013).

In unserem logikpluralistischen Wissensrepräsentationsansatz LogiKEy (Benzmüller et al., 2020) modellieren und implementieren wir daher ethisch-rechtliche Theorien, normatives Schließen und deontische Logiken letztendlich in einer ausdrucksstarken höherstufigen Metalogik, die als einziger Fixpunkt in dem ansonsten logikpluralistischen Rahmen fungiert und für die in den letzten Jahren immer leistungsfähigere Theorembeweiser entwickelt wurden, die nun als universelle Logikmaschinen im LogiKEy-Kontext eingesetzt werden können.

11.6 Diskussion und Ausblick

Explizite, symbolische Repräsentationen von ethisch-rechtlichen Vorgaben sind für die Realisierung vertrauenswürdiger und sicherer KI-Systeme besonders relevant, weil sie normatives (und anderes) Wissen nicht nur transparent und erklärbar, sondern auch effizient und robust zwischen Mensch und Maschine kommunizierbar machen.

Zusammen mit Lomfeld habe ich deshalb für hybride Lösungen plädiert, *„die intelligente Systeme dazu befähigen, „echte Gründe" für ihre Handlungen und Entscheidungen* *zu generieren und zu kommunizieren* (Benzmüller & Lomfeld, 2020a). *Während „klassische" Ansätze interpretierbarer KI nach transparenten Erklärungen für (subsymbolische) Maschinenprozesse suchen, möchten wir „Vertrauenswürdigkeit durch rationale Kommunikation" erreichen, d. h. Maschinen sollen in realer sozialer Interaktion Gründe für ihr Handeln austauschen. Dieser interdisziplinäre Forschungsvorschlag führt innovative Ansätze aus symbolischer KI, maschinellem Lernen, Mensch-Maschinen-Interaktion, Recht und Philosophie zusammen"* (Benzmüller & Lomfeld, 2020b).

Explizit verfügbare symbolische Rechtfertigungen können dann zusätzlich als Ansatzpunkte für normative, symbolische Kontroll- und Steuerungskomponenten dienen, wie sie z. B. im vorangegangenen Abschnitt skizziert wurden. Die Entwicklung solcher sicheren KI-Systeme erfordert aber vor allem ausreichend Zeit und Ressourcen, und beides bereitzustellen halte ich im gegenwärtigen globalen Klima für eine große (forschungs-)politische Herausforderung.

Ich habe Forderungen nach einer sinnvollen Regulierung, wie sie beispielsweise von Marcus (2023a) diskutiert werden, stets unterstützt und mich dafür ausgesprochen, in besonders kritischen Anwendungsbereichen (insbesondere im Hinblick auf eine übereilte und unreflektierte Entwicklung und Nutzung von KI im militärischen Kontext) nur mit größter Vorsicht vorzugehen. Während der europäische *AI Act* (European Commission, 2021; High-Level Expert Group on AI, 2020) mit seinem Stufenmodell einen guten Einstieg in eine sinnvolle Regulierung darstellt, kommt es nun auf eine adäquate Umsetzung, internationale Ausdehnung und konsequente Fortführung dieser eingeschlagenen Richtung an. Eine besondere Herausforderung stellt dabei der Umgang mit kritischen Anwendungsbereichen von KI-Systemen dar, weil diese zum Teil sehr unterschiedliche Ansätze und Lösungen erfordern werden. Gerade in solchen Domänen halte ich symbolische Schutzhüllen für subsymbolische KI-Systeme für einen sehr vielversprechenden Ansatz in Richtung sicherer KI-Systeme.

Literatur

Benzmüller, C. (2022). Symbolic AI and Gödel's ontological argument. *Zygon(r), 57*(4), 953–962. https://doi.org/10.1111/zygo.12830

Benzmüller, C. (2024). Logikbasierte Wissensverarbeitung. In U. Furbach et al. (Hrsg.), *Künstliche Intelligenz für Lehrkräfte – Eine fachliche Einführung mit didaktischen Hinweisen* (S. 139–162). Springer Vieweg. https://doi.org/10.1007/978-3-3658-44248-4_11

Benzmüller, C., & Lomfeld, B. (2020a). Reasonable Machines: A Research Manifesto. In U. Schmid et al. (Hrsg.), *KI 2020: Advances in Artificial Intelligence – 43rd German Conference on Artificial Intelligence, Proceedings. Bamberg, Deutschland. 21.–25. September 2020* (Lecture Notes in Artificial Intelligence, Bd. 12352, S. 251–258. ISBN: 978-3-030-30178-1). Springer. https://doi.org/10.1007/978-3-03058285-2_20

Benzmüller, C., & Lomfeld, B. (2020b). Träumen vernünftige Maschinen von Gründen? Eine reale Utopie. In S. Ammon et al. (Hrsg.), *Verantwortung KI – Künstliche Intelligenz und gesellschaftliche Folgen (Berlin-Brandenburgische Akademie der Wissenschaften)*. https://www.bbaw.de/filesbbaw/user_upload/publikationen/BBAW_Verantwortung-KI-3-2020_PDF-A-1b.pdf. Zugegriffen am 18.07.2025.

Benzmüller, C., & Scott, D. S. (2025). Notes on Gödel's and Scott's variants of the ontological argument. *Monatshefte für Mathematik*. In Print. https://doi.org/10.1007/s00605-025-02078-x

Benzmüller, C., et al. (2020). Designing normative theories for ethical and legal reasoning: LogiKEy framework, methodology, and tool support. *Artificial Intelligence, 287*, 103348. https://doi.org/10.1016/j.artint.2020.103348. ISSN: 0004-3702.

Bibel, W. (2022). Komputer kreiert Wissenschaft. *Informatik Spektrum, 45*(6), 356–365. https://doi.org/10.1007/S00287-022-01456-1

Blaauwbroek, L., et al. (2024). Learning guided automated reasoning: A brief survey. In V. Capretta et al. (Hrsg.), *Logics and type systems in theory and practice – Essays dedicated to herman geuvers on the occasion of his 60th birthday* (Lecture notes in computer science, Bd. 14560, S. 54–83). Springer. https://doi.org/10.1007/978-3-031-61716-4_4

Brakensiek, J., et al. (2022). The resolution of Keller's conjecture. *Journal of Automated Reasoning, 66*(3), 277–300. https://doi.org/10.1007/s10817-022-09623-5

Buchberger, B. (1995). https://www.researchgate.net/figure/Mathematical-Creativity-Spiral-Buchberger-1995_fig4_221562312. Zugegriffen am 18.07.2025.

European Commission. (2021). *The AI Act, COM(2021)206 final*. https://artificialintelligenceact.eu/the-act/. Zugegriffen am 18.07.2025.

Fulton, N., & Platzer, A. (2018). Safe reinforcement learning via formal methods: Toward safe control through proof and learning. In S. McIlraith, & K. Q Weinberger (Hrsg.), *Proceedings of the Thirty-Second AAAI Conference on Artificial Intelligence, (AAAI-18), the 30th innovative Applications of Artificial Intelligence (IAAI-18), and the 8th AAAI Symposium on Educational Advances in Artificial Intelligence (EAAI-18). New Orleans, Louisiana, USA, 02.–07. Februar 2018* (S. 6485–6492). AAAI Press. https://doi.org/10.1609/AAAI.V32I1.12107

Gabbay, D., et al. (2013). *Handbook of deontic logic and normative systems* (Bd. 1). College Publications.

Gonthier, G. (2008). Formal proof – The four-color theorem. In *Notices of the American Mathematical Society* (Bd. 55.11, S. 1382–1393) http://www.ams.org/notices/200811/tx081101382p.pdf

Gonthier, G., et al. (2013). A machine-checked proof of the odd order theorem. In S. Blazy et al. (Hrsg.), *Interactive theorem proving* (Lecture notes in computer science, Bd. 7998, S. 163–179). Springer. https://doi.org/10.1007/978-3-642-396342_14

Hales, T., et al. (2017). A formal proof of the Kepler conjecture. *Forum of Mathematics, Pi, 5*, e2. https://doi.org/10.1017/fmp.2017.1

Heule, M. J. H. (2018). Schur Number Five. In *AAAI* (S. 6598–6606). AAAI Press. https://dl.acm.org/doi/pdf/10.5555/3504035.3504843

Heule, M. J. H., & Kullmann, O. (2017). The science of brute force. *Communications of the ACM, 60*(8), 70–79. https://doi.org/10.1145/3107239. ISSN: 0001-0782.

High-Level Expert Group on AI. (2020). *Assessment List for Trustworthy Artificial Intelligence (ALTAI) for self-assessment*. https://digitalstrategy.ec.europa.eu/en/library/assessment-list-trustworthyartificial-intelligence-altai-self-assessment. Zugegriffen am 18.07.2025.

Kahneman, D. (2011). *Thinking, fast and slow*. Allen Lane.

Lenat, D., & Marcus, G. (2023). Getting from generative AI to trustworthy AI: What LLMs might learn from Cyc. *arXiv*, 2308.04445. https://doi.org/10.48550/arXiv.2308.04445

Marcus, G. (2023a). Controlling AI. *Communications of the ACM, 66*(10), 6–7. https://doi.org/10.1145/3613250

Marcus, G. (2023b). Hoping for the best as AI evolves. *Communications of the ACM, 66*(4), 6–7. https://doi.org/10.1145/3583078

Marra, G., et al. (2024). From statistical relational to neurosymbolic artificial intelligence: A survey. *Artificial intelligence, 328*, 104062. https://doi.org/10.1016/J.ARTINT.2023

Olsák, M., et al. (2020). Property Invariant Embedding for Automated Reasoning. In G. De Giacomo, et al. (Hrsg.), *ECAI 2020 – 24th European Conference on Artificial Intelligence, Santiago de Compostela, Spanien, 29. August – 08. September 2020. Incl. 10th Conference on Prestigious Applications of Artificial Intelligence (PAIS 2020)* (Frontiers in artificial intelligence and applications, Bd. 325, S. 1395–1402). IOS Press. https://doi.org/10.3233/FAIA200244.

Pantsar, M. (2024). Theorem proving in artificial neural networks: New frontiers in mathematical AI. *European Journal of Philosophy of Science, 14*, 4. https://doi.org/10.1007/s13194-02400569-6

Platzer, A. (2024). Intersymbolic AI: Interlinking symbolic AI and subsymbolic AI. *CoRR abs/2406.11563, arXiv*, 2406.11563. https://doi.org/10.48550/ARXIV.2406.11563

Schulz, S., & Möhrmann, M. (2016). Performance of clause selection heuristics for saturation-based theorem proving. In N. Olivetti & A. Tiwari (Hrsg.), *Automated reasoning. 8th international joint conference, IJCAR 2016, Coimbra, Portugal, 27. Juni – 02. Juli 2016, Proceedings* (Lecture notes in computer science, Bd. 9706, S. 330–345). Springer. https://doi.org/10.1007/978-3-319-40229-1_23

Szegedy, C. (2020). A Promising Path Towards Autoformalization and General Artificial Intelligence. In C. Benzmüller & B. R. Miller (Hrsg.), *Intelligent computer mathematics 13th international conference, CICM 2020, Proceedings. Bertinoro, Italien, 26.–31. Juli 2020* (Lecture notes in computer science, Bd. 12236, S. 3–20). Springer. https://doi.org/10.1007/978-3-030-53518-6_1

Tao, T. (2024). *Machine assisted proof.* https://terrytao.wordpress.com/wp-content/uploads/2024/03/machine-assisted-proof-notices.pdf. Zugegriffen am 18.07.2025.

Trinh, T. H., et al. (2024). Solving olympiad geometry without human demonstrations. *Nature, 625*(7995), 476–482. https://doi.org/10.1038/S41586-023-06747-5

Wu, Y., et al. (2022). Autoformalization with large language models. In S. Koyejo et al. (Hrsg.), *Advances in neural information processing systems 35: Annual conference on neural information processing systems 2022, NeurIPS 2022, New Orleans, LA, USA, 28. November – 09. Dezember 2022.* https://proceedings.neurips.cc/paper_files/paper/2022/file/d0c6bc641a56bebee9d985b937307367-PaperConference.pdf. Zugegriffen am 18.07.2025.

Open Access Dieses Kapitel wird unter der Creative Commons Namensnennung - Nicht kommerziell - Keine Bearbeitung 4.0 International Lizenz (http://creativecommons.org/licenses/by-nc-nd/4.0/deed.de) veröffentlicht, welche die nicht-kommerzielle Nutzung, Vervielfältigung, Verbreitung und Wiedergabe in jeglichem Medium und Format erlaubt, sofern Sie den/die ursprünglichen Autor(en) und die Quelle ordnungsgemäß nennen, einen Link zur Creative Commons Lizenz beifügen und angeben, ob Änderungen vorgenommen wurden. Die Lizenz gibt Ihnen nicht das Recht, bearbeitete oder sonst wie umgestaltete Fassungen dieses Werkes zu verbreiten oder öffentlich wiederzugeben.

Die in diesem Kapitel enthaltenen Bilder und sonstiges Drittmaterial unterliegen ebenfalls der genannten Creative Commons Lizenz, sofern sich aus der Abbildungslegende nichts anderes ergibt. Sofern das betreffende Material nicht unter der genannten Creative Commons Lizenz steht und die betreffende Handlung nicht nach gesetzlichen Vorschriften erlaubt ist, ist auch für die oben aufgeführten nicht-kommerziellen Weiterverwendungen des Materials die Einwilligung des jeweiligen Rechteinhabers einzuholen.

Quantencomputing und Künstliche Intelligenz

12

Jeanette Miriam Lorenz

> **Zusammenfassung**
>
> *Quantencomputer wurden ursprünglich bereits im letzten Jahrhundert als neuartige Computer vorgeschlagen, um insbesondere Simulationen von quantenmechanischen Prozessen zu verbessern. In den letzten Jahren konnten Quantencomputer auch praktisch realisiert werden und stehen nun als erste kleine Geräte kommerziell zur Verfügung. Dadurch kann das Potential für unterschiedliche Anwendungsbereiche eingehender praktisch erforscht werden. Ein vielversprechender Bereich ist die quantengestützte Künstliche Intelligenz (KI), wo der Einsatz von Quantencomputing z. B. zu einem dateneffizienteren Training führen kann. Dieser Beitrag diskutiert den aktuellen Stand von Quantencomputing und zeigt mögliche Perspektiven einer quantengestützten KI auf, einschließlich möglicher Anwendungsfelder und aktueller Herausforderungen.*

12.1 Einleitung

Das empirische Gesetz von Moore (1965) postulierte für viele Jahre eine Verdopplung der Transistoren in einem integrierten Schaltkreis bei gleichbleibenden Kosten durch Fortschritte in der technischen Realisierung etwa alle zwei Jahre und somit kontinuierlich leistungsfähigere Computer. Doch diese Fortschritte verlangen unter anderem das fortwährende Verkleinern von Strukturen auf Computerchips, so dass davon ausgegangen

---

J. M. Lorenz (✉)
Fraunhofer-Institut für Kognitive Systeme IKS, München, Deutschland

Fakultät für Physik, Ludwig Maximilians-Universität, München, Deutschland
E-Mail: jeanette.miriam.lorenz@iks.fraunhofer.de

© Der/die Autor(en) 2026
F. Schmiedchen et al. (Hrsg.), *Künstliche Intelligenz und Wir*,
https://doi.org/10.1007/978-3-662-71567-3_12

wird, dass das Gesetz von Moore über die Zeit seine Gültigkeit verlieren wird. Tatsächlich weisen erste Messungen im High-Performance-Computing (HPC) bereits auf eine Abschwächung von Moore's Gesetz hin. Zugleich verlangen aber die steigende Digitalisierung und vor allem der voranschreitende zunehmende Einsatz von Künstlicher Intelligenz (KI) in der Industrie, der wissenschaftlichen Forschung und dem alltäglichen Leben höhere Speicher- und Rechenkapazitäten. Daher wird intensiv an neuartigen Computertypen sowie auch an neuen Computing-Strukturen geforscht.

Bereits 1982 wurde von Richard P. Feynman die Annahme geäußert, dass sich klassische Computer für die Berechnung mancher Fragestellungen nicht gut eignen – nämlich in der Simulation von quantenmechanischen Systemen, wie der Simulation von Molekülen. Vielmehr würde ein neuartiger Computer benötigt, der quantenmechanische Prinzipien direkt in seinen Berechnungen berücksichtigt:

> „… because nature isn't classical, dammit, and if you want to make a simulation of nature, you'd better make it quantum mechanical, and by golly it's a wonderful problem, because it doesn't look so easy."

Es wird erwartet, dass ein Quantencomputer manche Rechenprobleme deutlich effizienter als klassische Computer lösen oder sogar Probleme berechnen kann, an denen aktuell selbst Supercomputer scheitern, wie beispielsweise die Simulation bestimmter Moleküle. Diese Annahmen beruhen auf einigen grundlegenden Algorithmen, die mit der Hilfe von Quantencomputern ausgeführt werden können (sogenannte *Quantenalgorithmen*). Ein besonders wichtiger Algorithmus ist hierbei der von Peter Shor, 1994 vorgeschlagene Algorithmus zur effizienten Zerlegung von Zahlen in ihre Primfaktoren. Die Schwierigkeit, mit aktuell verfügbaren Computern große Zahlen effizient in ihre Primfaktoren zu zerlegen, ist die Grundlage von modernen RSA-Verschlüsselungsverfahren. Sollte daher ein Quantencomputer tatsächlich in der Lage sein, wie in Shor's Algorithmus demonstriert, diese Zerlegung superpolynom schneller als aktuell vorhandene Computer durchzuführen, so wären etablierte Verschlüsslungsverfahren angreifbar.

Kurz danach schlug Lov Grover (1996) einen Algorithmus vor, der ein Element in einer unstrukturierten Datenbank effizient finden kann. Im Vergleich zu einem manuellen Durchsuchen einer Datenbank nach einem Element erreicht Grover's Algorithmus zwar nur eine quadratische Beschleunigung, aber das effiziente Lösen von Suchproblemen ist eine grundlegende Fragestellung in der Lösung von mathematischen Optimierungsproblemen.

2009 schlugen Harrow, Hassidim und Lloyd einen effizienten Algorithmus zur Lösung von linearen Systemen von Gleichungen vor, der im Vergleich zu alternativen klassischen Algorithmen ebenfalls einen superpolynomen Vorteil aufweist – den HHL-Algorithmus. Wenige Jahre später (ab 2013) erschienen erste Arbeiten (Lloyd et al., 2013; Wittek, 2014), die explorierten, ob der Einsatz von Quantencomputern einen Vorteil im Bereich des maschinellen Lernens bedeuten könnte. Obwohl diese Frage noch nicht abschließend beantwortet ist, entwickelte sich daraus innerhalb weniger Jahre das sehr aktive neue Forschungsfeld des *quanten-maschinellen Lernens* (QML).

Trotz der ersten Vorschläge von Quantencomputern in den Achtzigerjahren des letzten Jahrhunderts dauerte es einige Jahrzehnte, bevor Quantencomputer auch tatsächlich technisch realisiert werden konnten. Ihre Entwicklung erreichte in den letzten Jahren einige bemerkenswerte Ergebnisse. So behauptete Google 2019 mit dem Google Sycamore-Chip eine Quantenüberlegenheit auf einem spezifischen mathematischen Problem (Arute, 2019), auch wenn dieser Vorteil im Vergleich zu klassischen Algorithmen in der wissenschaftlichen Community heftig debattiert wurde und das betrachtete Problem keine industrielle Relevanz aufwies. 2023 behauptete IBM sogenannte Quanten-Nützlichkeit (*Quantum Utility*) (Kim, 2023), wobei für ein spezielles mathematisches Problem der Quantenalgorithmus und vergleichbare klassische Algorithmen sehr ähnliche Ergebnisse lieferten. Zudem gelingt es zunehmend besser, die aktuell noch fehleranfälligen Quantencomputer durch Korrektur der Fehler zu kontrollieren (Bluvstein, 2024).

Gerade das Experiment mit dem Google Sycamore-Chip triggerte die Erwartung, dass der perspektivische Einsatz von Quantencomputern einen disruptiven Einfluss auf verschiedene industrielle Domänen haben wird. So wird zurückkommend auf die Idee von Richard P. Feynman erwartet, dass der Einsatz von Quantencomputern die Simulation von quantenmechanischen Materialien und Molekülen erlauben wird, für die selbst die aktuell verfügbaren Ressourcen von HPC-Systemen nicht ausreichend sind. Dies ist dann in der Entwicklung sowohl von neuen Medikamenten als auch von neuen Materialien in der Chemiebranche, wie z. B. Katalysatoren, relevant. Zudem wird, zurückgehend auf Grover's Algorithmus, erwartet, dass Quantencomputer mathematische Optimierungsprobleme deutlich effizienter als aktuelle Computer lösen können, wobei mathematische Optimierungsprobleme in industriellen Fragestellungen, beispielsweise in der Logistik und in der Produktion, zahlreich erscheinen. Hierbei handelt es sich meistens um NP-schwere Probleme (wie z. B. dem *Handelsreisendenproblem*), so dass von einem Quantencomputer typischerweise keine genaue Lösung erwartet werden kann, sondern nur eine ‚bessere' approximative Lösung, als dies mit aktuellen klassischen Computern möglich ist. Die effiziente Lösung von linearen Systemen von Gleichungen durch den HHL-Algorithmus lässt erwarten, dass sich Berechnungen in den Einsatzbereichen von Differentialgleichungen, wie in der Strömungsmechanik oder im maschinellen Lernen, deutlich effizienter als mit klassischen Computern lösen lassen. Dies hätte erhebliche Auswirkungen auf beispielsweise den Luftfahrt-Sektor, aber auch auf alle Branchen, die KI und maschinelles Lernen einsetzen. Eine Studie der Boston Consulting Gruppe sagt voraus (BCG, 2023), dass Quantencomputing in den nächsten 15 bis 30 Jahren zu einer wirtschaftlichen Wertschöpfung von bis zu 80 Mrd. US-$ in der Medikamentenentwicklung oder von bis zu 100 Mrd. US-$ im Logistikbereich führen könnte.

Jedoch ist das Potential von Quantenalgorithmen im Vergleich zum Einsatz von klassischen Algorithmen nicht immer direkt bewertbar, wie an einem Forschungsbeispiel des Autors verdeutlicht werden soll. In der Medizin wird an verschiedenen Stellen der Einsatz von KI-Algorithmen zur Diagnose- und Entscheidungsunterstützung exploriert und teilweise auch bereits in der medizinischen Praxis eingesetzt. Dies ist insbesondere in der medizinischen Bildgebung der Fall, wo KI-Algorithmen schon heute verwendet werden, um z. B. Frakturen auf MRT-Bildern oder Tumore auf CT-Bildern zu entdecken und zu klassifizieren. In diesem Kontext erweist sich jedoch das herkömmliche Trainieren eines KI-Algorithmus als problematisch, da im medizinischen Kontext häufig nur sehr wenige

Trainingsdaten vorliegen – oft nur 100 oder 1000 Bilder. Zugleich muss aber gerade in diesem Bereich ein besonders hohes Level an Sicherheit beim Einsatz von KI erreicht werden, um zu gewährleisten, dass die Entscheidungen zu keinem Schaden an Patienten führen.

Es ist recht schwierig, an weitere Bilddaten hoher Qualität heranzukommen, insbesondere wenn es um seltene Erkrankungen geht, denn diese Bilder müssen erst kostspielig aufgezeichnet und dann von nur wenigen verfügbaren Experten aufwendig annotiert werden. Sollen nun KI-Algorithmen auch in diesem Bereich insbesondere für seltene Erkrankungen eingesetzt werden, so müssen aufwendigere und zuverlässigere KI-Algorithmen erforscht werden – dies ist auch Bestandteil aktueller KI-Forschung. Aber auch der Einsatz quantengestützter KI ist hier vielversprechend, da mathematisch-theoretische Arbeiten (Caro, 2022) zeigen, dass spezielle QML-Algorithmen bessere Generalisierungseigenschaften aufweisen als äquivalente klassische Algorithmen. Das heißt, die eingesetzten QML-Algorithmen sind möglicherweise in der Lage, auch mit weniger Trainingsdaten ein gutes Ergebnis zu erreichen. Nun sind aber in der realen Anwendung die jeweiligen besten klassischen und Quantenalgorithmen relevant und müssen miteinander verglichen werden. Vergleichsgrößen können z. B. die erreichte Genauigkeit und Zuverlässigkeit sein. Aufgrund der Unzulänglichkeit aktuell verfügbarer Quantencomputer bleiben aber aktuell mögliche Berechnungen auf Quantencomputern klein und zeigen sich aus diesem Grund weniger performant als klassische Algorithmen und Computer. Dies ist ein wiederkehrendes Problem im Vergleich zwischen klassischen und Quantenalgorithmen: Können mathematisch-theoretisch nur Vergleiche zwischen gleichartigen Algorithmen gezogen werden, so zählt in der Praxis die Performance. Und Verbesserungen im Bereich der Quantenalgorithmen werden von Verbesserungen im Bereich der klassischen Algorithmen aufgewogen, so dass sich schlussendlich klassische Algorithmen und Quantenalgorithmen in der Erarbeitung von immer performanteren Algorithmen ein Wettrennen liefern.

12.2 Grundlagen des Quantencomputings

Im Gegensatz zu klassischen Computern rechnet ein Quantencomputer mit sogenannten Quantum Bits (Qubits). Arbeitet ein klassischer Computer mit Bits, welche Werte von 0 oder 1 einnehmen können, so ist ein Qubit eine Überlagerung beider quantenmechanischer Zustände $|0\rangle$ und $|1\rangle$ zugleich:

$$|\psi\rangle = \alpha |0\rangle + \beta |1\rangle$$

Wobei im quantenmechanischen System die beiden Vorfaktoren $\alpha \in \mathbb{C}$ und $\beta \in \mathbb{C}$ normiert sein müssen: $|\alpha|^2 + |\beta|^2 = 1$. Nun kann gezeigt werden, dass eine globale Phase keinen Effekt auf das Ergebnis einer Berechnung hat, so dass es auch möglich ist, ein Qubit in Polarkoordinaten darzustellen:

12 Quantencomputing und Künstliche Intelligenz

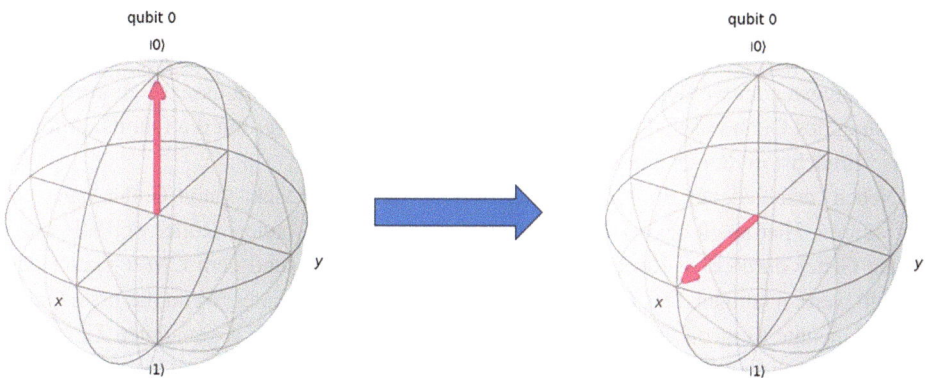

Abb. 12.1 Ein Qubit kann prinzipiell alle Werte auf der Oberfläche einer Bloch-Kugel einnehmen (links). Der Zustand |0⟩ entspricht hierbei dem Nordpol. Die Anwendung eines Hadamard-Gatters führt zur Rotation dieses Zustandes. Der eingenommene Zustand liegt auf der x-Achse

$$|\psi\rangle = \cos\left(\frac{\theta}{2}\right)|0\rangle + \sin\left(\frac{\theta}{2}\right)e^{\varphi i}|1\rangle$$

Unter Zuhilfenahme dieser Darstellung kann ein Qubit auf die Oberfläche einer Kugel projiziert werden, der sogenannten Bloch-Kugel, wie in Abb. 12.1 dargestellt. Hierbei kann das Qubit jeden Wert auf der Oberfläche dieser Kugel und so prinzipiell unendlich viele verschiedene Werte einnehmen. Hierbei wird der Zustand |1⟩ typischerweise mit dem Nordpol identifiziert und der Zustand |0⟩ mit dem Südpol. Jedoch kollabiert das quantenmechanische System bei einer Messung desselbigen, wie es beim Auslesen eines Berechnungsergebnisses aus einem Quantencomputer passieren wird. Wenn also nun ein Qubit gemessen wird, so wird man entweder |0⟩ oder |1⟩ messen (was dann auf die klassischen Bits 0 bzw. 1 abgebildet wird), wobei die Wahrscheinlichkeit dafür den Vorfaktoren entspricht: Die Wahrscheinlichkeit |0⟩ zu messen ist $|\alpha|^2$, und für |1⟩ ist sie $|\beta|^2$. Ein Quantencomputer gibt somit prinzipiell probabilistische Ergebnisse zurück. Es können nun auf Qubits verschiedene Rechenoperationen ausgeführt werden, sogenannte Gatter. Operationen, die hierbei nur auf ein Qubit wirken, die Ein-*Qubit*-Gatter, führen Rotationen auf der Bloch-Kugel aus. Beispielsweise rotiert das *X*-Gatter, auch *NOT*-Gatter genannt, ein Qubit um 180° um die x-Achse der Bloch-Kugel, was in diesem Fall bedeutet, dass aus |0⟩ eine |1⟩ wird und umgekehrt bzw.
$X \cdot |\psi\rangle = X \cdot (\alpha|0\rangle + \beta|1\rangle) = \alpha|1\rangle + \beta|0\rangle$. Dementsprechend führen die *Y*- und *Z*-Gatter 180°-Rotationen um die y- und z-Achse aus. Ein besonders wichtiges Gatter ist das sogenannte Hadamard-Gatter, da es ein Qubit im Zustand |0⟩ in eine Überlagerung beider Zustände |0⟩ und |1⟩ bringt:

$$H \cdot |0\rangle = \frac{1}{\sqrt{2}}(|0\rangle + |1\rangle).$$

Möchte man nun Berechnungen auf einem Quantencomputer realisieren, so konstruiert man zu diesem Zweck Quantenschaltkreise, in denen auf mehrere Qubits verschiedene Gatter angewendet werden, bevor das Ergebnis der Berechnung schlussendlich durch eine Messung des Quantenschaltkreises ausgelesen wird. Hierbei werden die Qubits üblicherweise zunächst in den Quantenzuständen $|0\rangle$ präpariert.

Neben verschiedenen Ein-Qubit-Gattern können dann auch Mehr-Qubit-Gatter angewendet werden. Hier spielt das sogenannte *CNOT*-Gatter eine besondere Rolle, weil alle möglichen Gatter durch eine Kombination aus Ein-Qubit-Gattern und dem *CNOT*-Gatter dargestellt werden können. Das *CNOT*-Gatter ist ein Zwei-Qubit-Gatter. Wenn das erste Qubit, das sogenannte Kontroll-Qubit, im Zustand $|1\rangle$ ist, so wird auf dem sogenannten Ziel-Qubit ein *X*-Gatter ausgeführt. Ansonsten, wenn das Kontroll-Qubit im Zustand $|0\rangle$ ist, wird auf dem Ziel-Qubit keine Operation ausgeführt. Das *CNOT*-Gatter erlaubt es, zwei Qubits miteinander zu verschränken. Der quantenmechanische Effekt der Verschränkung wurde von Einstein einmal als „*spooky action*" bezeichnet, denn entgegen der Intuition wirkt eine Aktion auf ein Teilchen, welches mit einem anderen Teilchen verschränkt ist, instantan – ohne irgendeinen zeitlichen Versatz – auch auf das andere Teilchen. Der Effekt der Verschränkung ist in einem Quantenschaltkreis die einzige Möglichkeit, Informationen zwischen Qubits auszutauschen, denn die Gesetze der Quantenmechanik verbieten es, Informationen einfach zu kopieren. Aus diesem Grund laufen Berechnungen auf einem Quantencomputer auch grundsätzlich anders als auf klassischen Computern ab.

Es sind aber diese quantenmechanischen Effekte – die Überlagerung („Superposition") von Zuständen und die Verschränkung von Zuständen, zusammen mit einem dritten Effekt, der Interferenz –, die die Stärke von Berechnungen auf einem Quantencomputer begründen. Die Interferenz erlaubt es, Zustände zu verstärken oder abzuschwächen, wie dies auch von klassischen Wellen bekannt ist.

Durch den Effekt der Superposition können Berechnungen auf einem Quantencomputer gleichzeitig auf mehrere Zustände angewendet werden. Somit findet eine „natürliche" Parallelisierung durch Berechnungen statt. Auch können Zahlen sehr effizient dargestellt werden: n Qubits genügen bereits, um 2^n quantenmechanische Zustände und somit Basisvektoren von einem höherdimensionalen Raum aufzuspannen.

Es kann nun gezeigt werden, dass sich durch Berechnungen auf Quantencomputern bestimmte Probleme effizienter lösen lassen, wobei hier zunächst normalerweise gemeint ist, dass die Berechnungskomplexität (typischerweise in der „*Big-O*"-Notation angegeben) geringer ist als in vergleichbaren klassischen Algorithmen. Ein Beispiel hierfür ist der bereits erwähnte Grover's Algorithmus für das Auffinden eines Elementes in einer unstrukturierten Datenbank. Würde man diese Datenbank naiv durchsuchen, so müsste man im schlimmsten Fall jedes einzelne Element (bis auf das letzte) ansehen, um das gesuchte Element zu finden. Somit benötigt man $O(N)$ Anfragen an die Datenbank. Grover's Algorithmus kommt dagegen mit $O\left(\sqrt{N}\right)$ Anfragen aus. Der Algorithmus erreicht das einerseits durch das Betrachten aller Elemente gleichzeitig, da diese in eine Superposition gebracht wurden, und andererseits durch eine geschickte Verstärkung der Amplituden des gesuchten Elementes.

Neben einer verringerten Berechnungskomplexität könnten Berechnungen auf einem Quantencomputer auch weitere Vorteile aufweisen. So wird in der Literatur beispielsweise spekuliert, dass Berechnungen auf einem Quantencomputer energieeffizienter sein könnten (PASQAL, 2023) als klassische Berechnungen – das wäre gerade für Zentren für High Performance Computing (HPC) sehr interessant. Bei QML-Algorithmen können sich noch weitere Vorteile ergeben (s. Abschn. 12.4), wie eine bessere Generalisierung, eine erhöhte Berechnungskapazität im Algorithmus und die Möglichkeit, Datenpunkte besser zu separieren.

Es ist jedoch an dieser Stelle zu betonen, dass diese ganzen Vorteile aktuell eher theoretischer Natur sind und häufig einen perfekten Quantencomputer verlangen. Mit perfekt ist hier gemeint, dass der Quantencomputer nicht von Fehlern oder Störeffekten betroffen ist. Wie kann nun ein Quantencomputer technisch realisiert werden?

Gemäß der Definition eines Qubits benötigt man zu seiner Realisierung zwei quantenmechanische Zustände, die zum einen klar unterscheidbar und zum anderen kontrollierbar sein müssen. Somit können nahezu „perfekte" Qubits realisiert werden, wenn man die atomaren Zustände von einzelnen Atomen und Ionen nimmt (z. B. den Grundzustand und einen angeregten Zustand). Eine andere Möglichkeit ist es, einen supraleitenden Schwingkreis zu bauen, wodurch sich ein Oszillator mit verschiedenen Zuständen ausformt (wobei man diesen durch den Einbau einer Josephson-Verbindung anharmonisch machen muss). Dementsprechend sehen wir aktuell verschiedene Quantencomputer, die auf unterschiedlichen Technologien beruhen. Verschiedene Hersteller bieten Quantencomputer basierend auf Supraleitung oder kalten Atomen oder aber realisiert durch gefangene Ionen in Ionenfallen an. Dies sind nur die am weitesten fortgeschrittenen Technologien. Weitere Quantencomputer werden beispielsweise auf der Basis von Photonen oder Nitrogen-Vacancy-Zentren (NV-Zentren) entwickelt.

Ein grundsätzliches Problem in der Realisierung von Quantencomputern ist es, das quantenmechanische System so von der Umgebung abzuschirmen, dass es seine quantenmechanischen Eigenschaften behält. Eine mögliche Störung kann beispielsweise durch kosmische Strahlung auftreten, welche einen Quantencomputer-Chip gelegentlich treffen und dann innerhalb des Chips Ladungslawinen und somit die Zerstörung von Qubits auslösen kann (McEwan et al., 2022).

Der Effekt der Quantendekohärenz beschreibt das Phänomen, dass quantenmechanische Systeme mit der Zeit durch Interaktion mit der Umgebung ihre Eigenschaften verlieren. Das bedeutet, dass jede Berechnung auf einem Quantencomputer innerhalb der Dekohärenzzeit beendet sein muss. Es können also nur Berechnungen mit einer gewissen, auf das System angepassten Länge durchgeführt werden. Dies ist für das Ausführen von komplizierten und aufwendigen Berechnungen unerwünscht, so dass intensiv daran gearbeitet wird, Korrekturmethoden zu ermöglichen (die sogenannte Quantenfehlerkorrektur), um perspektivisch auch lange Berechnungen mit der Ausführung einer Vielzahl von Gattern durchführen zu können. Diese Korrekturverfahren während der Ausführung eines Quantenschaltkreises existieren aktuell aber noch nicht in der praktischen Anwendung, so dass derzeit lediglich statistische Quanten-Mitigationsverfahren angewendet werden, die ein Berechnungsergebnis statistisch durch einen nachgeschalteten klassischen Berechnungsschritt nach Abschluss der Berechnung auf einem Quantencomputer korrigieren. Da hierbei aber nur ein statistischer Mittelwert einer Vielzahl an Ausführungen des Quantenschaltkreises korrigiert werden kann, wird das Berechnungsergebnis mit einer wesentlichen Unsicherheit behaftet sein.

Eine weitere Schwierigkeit in der Realisierung von Quantencomputern besteht darin, Systeme mit einer großen Anzahl an Qubits zu realisieren. Aktuelle Supercomputer können Systeme mit ca. 40 Qubits simulieren; jenseits davon lassen sich diese Systeme nicht mehr mit klassischen Computern darstellen. Somit könnte man zu dem Schluss kommen, dass bereits Quantencomputer mit ca. 100 Qubits ausreichend wären, um einen Quantenvorteil zu erlangen. Jedoch sind die aktuell realisierbaren physikalischen Qubits wie diskutiert fehleranfällig. Quantenfehler-Korrekturverfahren benötigen je nach Methode 10–1000 physikalische Qubits, um einen fehlerkorrigierten Qubit zu erreichen. Somit wären Quantencomputer erforderlich, die einige 1000 bis Millionen physikalische Qubits enthalten, um Rechnungen zu realisieren, die einige Hundert fehlerkorrigierte Qubits benötigen. So große Quantencomputer zu bauen ist technisch nicht einfach – einerseits muss diese große Anzahl an Qubits kontrollierbar sein, andererseits muss dann auch die begleitende Technologie entsprechend groß skaliert werden können. Beispielsweise müssen supraleitende Quantencomputer aufgrund der benötigten Supraleitung auf Temperaturen nahe 0 K heruntergekühlt werden, wozu große Kryostaten notwendig werden. Die Größe aktuell realisierbarer und kommerziell verfügbarer Kryostaten limitiert aber dann die Anzahl der physikalischen Qubits innerhalb eines Quantencomputers. Der Hersteller IBM konnte Ende 2023 beispielsweise einen Chip mit über 1000 physikalischen Qubits demonstrieren, würde aber mehrere verbundene Kryostaten benötigen, um größere Quantencomputer zu realisieren.

Aktuelle Berechnungen auf Quantencomputern sind also durch die Anzahl der physikalischen Qubits und die Fehleranfälligkeit der Qubits limitiert. Somit können nur recht kleine Berechnungen mit einigen Dutzend Qubits und geringer Tiefe der Quantenschaltkreise durchgeführt werden. Dies bedeutet auch, dass die Ausführung von Grover's Algorithmus und Shor's Algorithmus auf industriell interessanten Problemgrößen aktuell nicht möglich ist (Leymann & Barzen, 2020).

Die derzeit verfügbaren Quantencomputer werden daher als *Noisy Intermediate-Scale Quantum (NISQ)*-Geräte bezeichnet und auf ihnen ausführbare Algorithmen als NISQ-Algorithmen. Um trotz der Einschränkung aktueller Quantencomputer sinnvolle Algorithmen ausführen zu können, bedient man sich im Design von NISQ-Algorithmen eines Wechselspiels von klassischen Computern und Quantencomputern. Hierbei ist die Idee, dass nur kleine Quantenschaltkreise auf einem NISQ-Gerät ausgeführt werden, und zwar für die Berechnungsteile eines hybriden quantenklassischen Algorithmus, für die sich der Einsatz eines Quantencomputers lohnt. Die anderen Berechnungsteile dagegen werden weiterhin von einem klassischen Computer übernommen.

Eine bedeutende Klasse dieser hybriden quantenklassischen Algorithmen sind variationelle Quantenalgorithmen (VQA), s. Abb. 12.2, in denen ein Quantenschaltkreis mit trainierbaren Parametern einen Ansatz für die Lösung eines Problems erarbeitet und dann

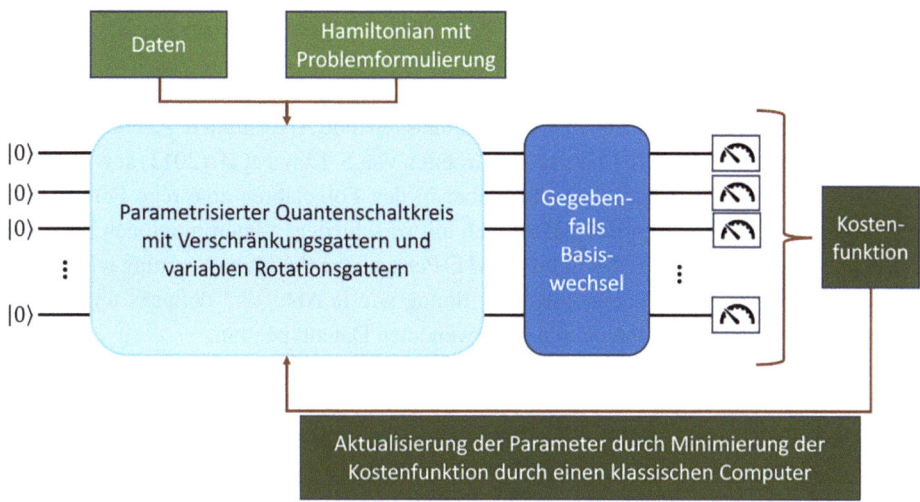

Abb. 12.2 Sketch eines variationellen Algorithmus mit Teilen, die ein Quantencomputer berechnet (in Blau) und Teilen, die ein klassischer Computer berechnet oder zuliefert (in Grün)

ein klassischer Computer diesen Ansatz durch das Minimieren einer Kostenfunktion und Aktualisieren der Parameter optimiert. Hierbei enthält der Quantenschaltkreis neben Zwei-Qubit-Gattern auch trainierbare Ein-Qubit-Gatter, bei denen der Rotationswinkel nun nicht mehr von vornherein festgelegt ist, sondern während des Trainingsprozesses angepasst werden kann.

Bedeutende Quantenalgorithmen in dieser Kategorie sind der *Variational Quantum Eigensolver* (VQE) (Peruzzo, 2014) und der *Quantum Approximate Optimization Algorithm* (QAOA) (Farhi et al., 2014). Der VQE-Algorithmus berechnet unter Zuhilfenahme des variationellen Ritz-Rayleigh-Prinzips eine Oberschranke eines Grundzustands und kann somit herangezogen werden, um sowohl den Grundzustand von Molekülen als auch das Minimum eines Optimierungsproblems auszurechnen. Er hat jedoch keinerlei Garantie, bessere Lösungen als klassische Algorithmen zu liefern. Der QAOA-Algorithmus ist ein Diskretisieren der Idee, durch langsame kontinuierliche Entwicklung eines gut präparierbaren Grundzustands eines quantenmechanischen Systems einen anderen Grundzustand eines deutlich komplizierteren quantenmechanischen Systems zu erhalten, welches dann die Lösung der zugrunde liegenden Problemstellung enthält. Der QAOA-Algorithmus kann prinzipiell nur *Quadratic Unconstrained Binary Optimization* (QUBO)-Probleme berechnen und somit zur Lösung von mathematischen Optimierungsproblemen herangezogen werden. Auch für diesen Algorithmus existieren keine klaren mathematischen Beweise für einen Vorteil dieses Algorithmus gegenüber klassischen Algorithmen. Dennoch werden sowohl der VQE- als auch der QAOA-Algorithmus als vielversprechende NISQ-Algorithmen zur Lösung von Simulations- und Optimierungsproblemen betrachtet und in der Forschung und für industrielle Anwendungen umfangreich untersucht.

12.3 Quantengestützte KI

Quanten-maschinelles Lernen (QML) hat einiges mit den VQAs wie zuvor definiert gemeinsam, doch umfasst der Begriff noch darüber hinausgehende Algorithmen. Als relativ neues Feld wurde QML erst 2013/2014 durch die Arbeiten von S. Lloyd et al. (2013) sowie P. Wittek (2014) und anderen begründet, erfuhr aber in den Folgejahren eine rege Forschungsaktivität. Dennoch ist der Begriff QML aktuell mit verschiedenen Interpretationen in der Literatur noch ungenau definiert. M. Schuld und F. Petruccione (Machine Learning with Quantum Computers, 2021) versuchen eine Einordnung wie in Abb. 12.3 definiert und weisen insbesondere auf die Unterschiede in den verwendeten Datentypen hin.

Klassisches maschinelles Lernen (ML) verwendet klassische Computer, um mit klassischen ML-Algorithmen auf klassischen Daten zu lernen. Vielfach werden mittlerweile auch klassische ML-Algorithmen eingesetzt, um Hardwareeigenschaften von Quantencomputern zu verbessern oder Quantenschaltkreise optimierter auf der Quantenhardware auszuführen. Ebenso kommen vielfach ML-Algorithmen zum Einsatz, um ein tiefergehendes Verständnis über quantenmechanische Effekte oder Materialien zu gewinnen. In Rahmen dieses Artikels sind wir jedoch eher an den zwei anderen Bedeutungen von QML interessiert – dem Einsatz von Quantencomputern, um klassische ML-Algorithmen durch den Einsatz von Quantenalgorithmen zu ergänzen. Hierbei kann der Datentyp sowohl klassische Daten wie auch Quantendaten umfassen. Es existieren grundsätzlich zwei Herangehensweisen, um einen quantengestützten ML-Algorithmus zu entwerfen: Entweder man nimmt einen bekannten klassischen ML-Algorithmus und überlegt sich, wie dieser als Quantenalgorithmus realisiert werden könnte und welche Quantenvorteile möglicherweise relevant wären, oder aber man ersetzt Teilalgorithmen in einem klassischen ML-Algorithmus durch Quantenalgorithmen, um in diesen Teilen von den Vorteilen des Quantencomputings zu profitieren. Dieser Vorteil könnte beispielsweise in einer vergrößerten Kapazität des quantengestützten ML-Modells liegen (Abbas, 2021). Ein solcher hybrider quantenklassischer ML-Algorithmus ist beispielsweise eine Kombination aus quantenneuronalen Netzen und klassischen neuronalen Netzen wie exemplarisch in Abschn. 12.4 gezeigt.

Es wurden für nahezu alle klassischen ML-Algorithmen quantengestützte Varianten entwickelt. Sofern im quantengestützten ML-Algorithmus ein fehlerkorrigierter Quantenalgorithmus eingebaut wird, beispielsweise der HHL-Algorithmus, so lässt sich auch mathematisch nachweisen, dass der resultierende quantengestützte Algorithmus im Vergleich zum äqui-

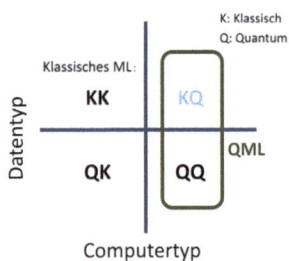

Abb. 12.3 Definition von QML

valenten klassischen Algorithmus einen exponentiellen, superpolynomiellen oder quadratischen Vorteil im Sinne der Berechnungskomplexität aufweist. Allerdings muss ein Vorteil in der Berechnungskomplexität noch nicht zu schnelleren Rechenzeiten im zeitlichen Kontext führen, da Gatteroperationen auf Quantencomputern prinzipiell sehr langsam sind. Der Einbau von fehlerkorrigierten Quantenalgorithmen in einen ML-Algorithmus verlangt häufig die Existenz eines *Quantum Random Access Memorys* (QRAM) zum Speichern von Quantendaten, für welche zwar theoretische Vorschläge existieren (Giovannetti et al., 2008), aber noch keine praktische Realisierung gezeigt werden konnte. Dies ist beispielsweise der Fall bei der Realisierung von *Quanten-Vektor-Maschinen* als Erweiterung von klassischen Vektormaschinen. Dementsprechend sind im Allgemeinen quantengestützte ML-Algorithmen, die auf den Einsatz von fehlertoleranten Quantenalgorithmen oder der Existenz eines QRAM beruhen, mit aktueller Quantenhardware aktuell noch nicht realisierbar, auch wenn ihr Vorteil nachweisbar wäre.

Stattdessen können kleinere quantengestützte ML-Algorithmen exploriert werden, die in einem Wechselspiel mit einem klassischen Computer nur die Berechnung von kleinen Quantenschaltkreisen mit wenigen Qubits und wenigen Quantengattern erfordern. Der Vorteil dieser Algorithmen im Vergleich zu klassischen Algorithmen ist aber noch nicht nachgewiesen, insbesondere nicht in der Praxis, und ist aktuell eher spekulativer Natur. Es wird aber erwartet, dass QML-Methoden frühzeitig einen Quantenvorteil demonstrieren können. Jedoch stellt sich auch die Frage, wie Schuld & Killoran erläutern (2022), ob die Suche nach einen Quantenvorteil in QML überhaupt das richtige Ziel ist. Die Autoren weisen in ihren Arbeiten insbesondere auch auf die konzeptionellen Unterschiede zwischen QML und ML hin. So werden beispielsweise für Problemstellungen in QML in der Forschung aktuell nur kleinere Problemgrößen berücksichtigt. Es werden sehr saubere Trainingsdaten verwendet und eine hohe theoretische Interpretierbarkeit angestrebt. Klassisches ML dagegen ist in industrieller Anwendung, auch wenn die Performance dieser Algorithmen häufig nur durch praktische Benchmarks und Challenges nachgewiesen werden kann und weniger durch theoretische Erklärungen.

Am Beispiel von Quanten-Vektor-Maschinen soll im Folgenden ein möglicher entstehender Quantenvorteil diskutiert werden. Klassische Vektor-Maschinen erreichen die Separierung von Datenpunkten aus unterschiedlichen Klassen durch die Separierung aller Punkte mit einer Hyperebene. Das Auffinden der Hyperebene und die Separierung von Punkten werden häufig durch den Einsatz des sogenannten Kernel-Tricks vereinfacht. Hierbei ist die Idee, dass die Datenpunkte geeignet in einen höherdimensionalen Raum durch die Abbildung $\Phi(x)$ eingebettet werden, bevor überhaupt ein Training durchgeführt wird. Durch diese Einbettung wird die Separierung der Punkte erheblich vereinfacht. Es muss dann noch eine Funktion

$$\sum_i \alpha_i - \frac{1}{2} \sum_{i,j} y_i y_j \alpha_i \alpha_j \left(\phi(x_i) \cdot \phi(x_j) \right)$$

maximiert werden, wobei (x_i, y_i) die Datenpunkte sind. Hierbei sind die Nebenbedingungen $0 \leq \alpha_j \leq C$ und $\sum_i \alpha_i y_i = 0$ zu erfüllen. Das dabei enthaltene Produkt

$$K(x_i, x_j) = \phi(x_i) \cdot \phi(x_j) \text{ ist der Kernel.}$$

Wie zuvor diskutiert, spannen n Qubits einen 2^n-dimensionalen Hilbertraum auf. Somit können wir die Erwartung äußern, dass eine Einbettung in diesen Hilbertraum bei der Separierung der Datenpunkte hilft. Hierbei wird die Einbettung durch die Ausführung eines Quantenschaltkreises erreicht: $U_\phi(x_i)|0\rangle = |\phi(x_i)\rangle$. Quantencomputer erweisen sich nun theoretisch als sehr effizient, um Quantenkernels zu berechnen: $|\langle\phi(x_i)|\phi(x_j)\rangle|^2$, indem einfach der entsprechende Quantenschaltkreis mehrfach ausgeführt wird. In kleineren Anwendungsbeispielen wurde z. B. aus Fragestellungen der Hochenergie-Teilchenphysik (Wu, 2021) das Potential von Quantenkernelmethoden demonstriert, auch wenn in diesen Fällen Quantencomputer nur simuliert und nicht konkret eingesetzt wurden. In der Praxis allerdings sind Quantenkernelmethoden teilweise nur schwer trainierbar (Thanasilp et al., 2022).

12.4 Quantenneuronale Netze

Neben Quantenkernelmethoden ist die zweite grundsätzliche Richtung des quanten-maschinellen Lernens in der Konstruktion von *quantenneuronalen Netzen* (QNNs) begründet. QNNs sind variationelle Quantenmodelle und haben somit Ähnlichkeiten mit den zuvor diskutierten VQE- und QAOA-Algorithmen in dem Sinne, dass in QNNs Rotationswinkel von Ein-Qubit-Gattern während des Trainingsprozesses angepasst werden. Im Vergleich zu klassischen neuronalen Netzen (NN) weisen QNNs wenig Ähnlichkeiten auf. Sowohl QNNs als auch NNs sind schichtweise aufgebaut; darüber hinaus sind NNs aber schichtweise Abfolgen von trainierbaren linearen und elementweisen nichtlinearen Transformationen, wobei die Nichtlinearitäten wesentlich für den Erfolg moderner NNs sind. QNNs dagegen sind lineare bzw. unitäre Transformationen, und es ist Bestandteil aktueller Forschung, ob Nichtlinearitäten für den Erfolg von QNNs notwendig oder gar schädlich sind (Wilkinson & Hartmann, 2022). Eine grundsätzliche Architektur von QNNs ist in Abb. 12.4 gezeigt, wobei QNNs prinzipiell mit NNs kombiniert werden können.

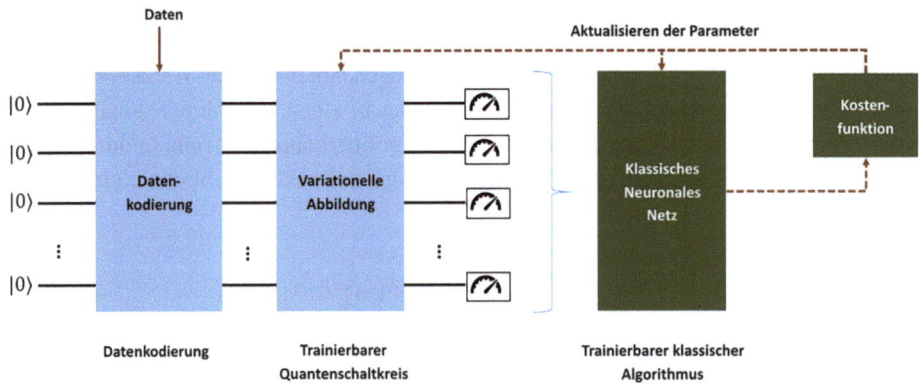

Abb. 12.4 Schematische Beispielarchitektur eines quantenklassischen neuronalen Netzes

Beispielsweise können die Daten erst durch einen QNN und anschließend einen NN prozessiert werden, wobei die Aktualisierung der Parameter in beiden Fällen durch die Optimierung einer Kostenfunktion durch einen klassischen Computer erfolgt. Ein QNN besteht grundsätzlich aus einem Datenkodierungsschritt, um die (Trainings-)Daten in einem Quantenschaltkreis einzulesen, und einem variationellen Quantenschaltkreis, der trainiert werden kann. Das Einbetten der Daten erweist sich als wesentliche Komponente (Abbas, 2021), die über die Performance des resultierenden QNNs maßgeblich entscheidet. So konnte insbesondere gezeigt werden, dass ein nichttriviales Einbetten der Daten unter Ausnutzung höherer Ordnungen zu einer vergrößerten normierten effektiven Dimension führt. Es wurde insbesondere gezeigt, dass durch dieses sorgfältig gewählte Einbetten der Daten ein QNN eine vergrößerte Kapazität im Vergleich zu klassischen NNs ähnlicher Größe aufweist.

Grundsätzlich stellt sich die Frage, wie das Potential von quantengestützter KI bewertet und gemessen werden kann. Verschiedene Arbeiten versuchten, typische Eigenschaften des zugrunde liegenden Quantenschaltkreises, wie die erreichte Verschränkung oder die erreichte Expressivität (Sim et al., 2019), mit der erreichten tatsächlichen Performance eines trainierten QML-Modells, z. B. die erreichte Genauigkeit, zu korrelieren. Jedoch zeigten diese Studien (z. B. Drăgan, 2023) bislang keine Korrelation. Insbesondere ist es eine offene Forschungsfrage, wie viel Verschränkung notwendig ist und auch welche Eigenschaften die klassischen Daten aufweisen müssen, um einen potenziellen Quantenvorteil zu erreichen.

Eine weitere Herausforderung ist es, QML-Modelle auf realer Quantencomputing-Hardware zu trainieren, da die im klassischen ML etablierten Verfahren zum Aktualisieren der Parameter nicht direkt anwendbar und im QML-Bereich deutlich aufwendiger sind. Das in der aktuellen Quantencomputing-Hardware vorhandene Rauschen kann das Training zusätzlich erschweren.

12.5 Quantengestützte KI in der Bildklassifikation

Wie gezeigt wurde, ist das noch junge Feld des QML also stark explorativ und trotz des großen Potentials noch von grundsätzlichen Fragestellungen auf theoretischer und praktischer Seite geprägt. Um diese Aspekte etwas konkreter zu machen, wenden wir uns noch einmal dem eingangs erwähnten Beispiel der Klassifikation in der medizinischen Bildgebung zu.

Aufgaben in der Klassifikation von Bildern werden im Bereich des klassischen maschinellen Lernens mit *Convolutional Neural Networks* (CNNs) bzw. Varianten und Erweiterungen davon gelöst. Der Erfolg dieser Architekturen im täglichen Leben zeigt sich deutlich durch den stetig zunehmenden Einsatz dieser ML-Modelle. Wie eingangs erklärt, bleiben aber deutliche Limitierungen, da diese ML-Modelle typischerweise das Vorliegen großer Datenmengen zum Trainieren der Modelle verlangen. Diese großen Datenmengen liegen jedoch in zahlreichen potenziellen Anwendungsgebieten nicht vor, insbesondere bei Fragestellungen, in denen es darum geht, seltenere Anomalien oder Defekte in Bildern zuverlässig zu klassifizieren. Dies ist beispielsweise in der medizinischen Bildgebung der Fall. Neben Ansätzen zur Verbesserung klassischer ML-Modelle ist somit zu klären, ob eine quantengestützte KI diese Fragestellung effizienter als eine klassische KI lösen könnte.

Zur Klärung dieser Frage kann zunächst versucht werden, die Architektur eines klassischen neuronalen Netzes durch einen quantengestützten Algorithmus zu verbessern. Es geht also zunächst darum, ein quantengestütztes Convolutional Neural Network (QCNN) vorzuschlagen und das Potential des resultierenden Modells zu untersuchen. Ein erster Vorschlag für ein Quantum Convolutional Neural Network wurde 2019 von Cong et al. gemacht. Dieser Vorschlag sieht das Ersetzen aller Schichten eines klassischen Convolutional Neural Networks durch entsprechende Quantenschaltkreise vor. Auch wird angenommen, dass die Daten bereits in einem Quantencomputer eingelesen bzw. kodiert wurden. Weitere Arbeiten, insbesondere von Caro et al. (2022), konnten nachweisen, dass diese Architekturen bessere Generalisierungseigenschaften als vergleichbare klassische CNNs aufweisen. Demnach können wir von QCNNs erwarten, dass sie möglicherweise schon mit kleineren Trainingsdatenmengen vielversprechende Ergebnisse und insbesondere Genauigkeit auf unbekannten Daten aufweisen.

Diese fehlertoleranten QCNNs sind aktuell aber noch zu groß, d. h. sie verlangen zu viele Qubits und zu viele Gatter, als dass sie mit aktuell verfügbaren Quantencomputern ausgeführt werden könnten. Verschiedene Arbeiten (Henderson, 2019; Mattern, 2021) haben daher NISQ-freundliche Adaptionen vorgeschlagen. Die Grundidee hierbei ist, nicht die gesamte Architektur eines CNN durch Quantenschaltkreise darzustellen, sondern nur einzelne Schichten. So könnte beispielsweise eine Convolutional-Schicht oder auch eine Pooling-Schicht durch Quantenschaltkreise ersetzt werden. Dadurch ergibt sich ein hybrides quantenklassisches CNN (QCCNN), welches die Vorzüge sowohl von klassischen ML-Modellen als auch von QML-Modellen vereinen sollte.

Die Arbeit von Matic et al. (2022) hat verschiedene QCCNNs vorgeschlagen, um medizinische 2D-und 3D-Bilder zu klassifizieren, wie beispielsweise 2D-Ultraschallbilder zur Klassifikation von Tumoren in der Brust oder 3D-CT-Bilder zur Klassifikation von Läsionen in der Lunge. Die vorgeschlagenen Architekturen ersetzen hierbei ausschließlich eine klassische Convolutional-Schicht aus dem klassischen CNN mit einem Quantenschaltkreis, wie exemplarisch für die Architektur für 2D-Bildern in Abb. 12.5 gezeigt.

Die Architektur des gewählten Quantenschaltkreises weist hierbei neben einem trainierbaren Teil einen Teil zum Einlesen der Bilddaten auf. Hierbei werden nur Teile des Bildes auf einmal prozessiert, da wie bei klassischen CNNs auch eine Convolutional-Schicht als

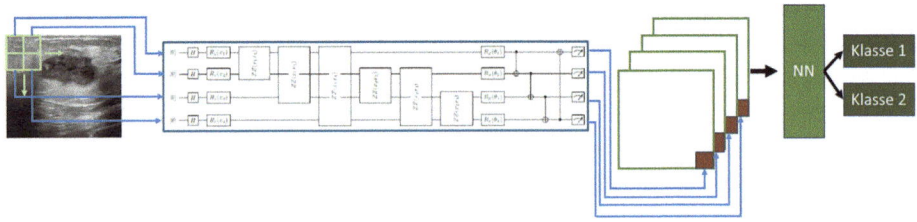

Abb. 12.5 Architektur eines hybriden quantenklassischen CNNs für die medizinische Bildklassifikation

Filter über die einzulesenden Bilder iteriert und dabei charakteristische Merkmale ausarbeitet. Zudem wurde für das Einlesen des Bildes in das QCCNN die bereits erwähnte Datenkodierung mit höherer Ordnung gewählt.

Durch diese Wahl konnte gezeigt werden (Matic et al., 2022), dass das QCCNN zu einer höheren Klassifikationsgenauigkeit als das vergleichbare klassische CNN führt. Jedoch konnte dieses Ergebnis nur in der Simulation eines Quantencomputers gezeigt werden, nicht aber unter Verwendung von Quantencomputing-Hardware.

Arbeiten von Junyu Liu (2022) lassen jedoch erwarten, dass QNNs bis zu einem gewissen Grad resistent gegenüber dem in derzeit verfügbaren Quantencomputern enthaltenen Rauschen sind. Somit limitiert nicht unbedingt die aktuelle Qualität der verfügbaren Quantencomputer die Ausführung des QCCNNs auf realer Hardware. Vielmehr stellt sich heraus, dass die aktuelle Verfügbarkeit von Quantencomputing-Hardware, Wartezeiten auf die Maschinen und große Latenzzeiten ein konkretes Trainieren eines QCCNN auf Quantencomputing-Hardware zum gegenwärtigen Zeitpunkt unrealistisch erscheinen lassen. Der Trainingsprozess würde einige Wochen dauern und damit deutlich länger als das Trainieren eines klassischen CNNs – trotz der erwähnten Defizite eines klassischen CNN, eine gute Performance zu erreichen.

Um diesem Defizit zu begegnen und das Potential von Quantencomputern zu realisieren, muss die Integration von Quantencomputern mit klassischen Computern deutlich verbessert werden.

12.6 Sind Quantencomputer Big-Data-Maschinen?

In der öffentlichen Wahrnehmung werden Quantencomputer häufig als Kandidaten dargestellt, um die immer stärker wachsenden Datenmengen in der digitalisierten Welt zu prozessieren. Diese Hoffnung entsteht nicht zuletzt aus dem Potential von Quantencomputern, eine natürliche Parallelisierung in Rechenprozessen zu erreichen. Doch ist es realistisch anzunehmen, dass Quantencomputer Big-Data-Maschinen sind?

Da aktuelle Quantencomputer fehleranfällig sind, konnte ein QRAM aktuell noch nicht praktisch realisiert werden. Die Fähigkeit, größere Mengen von Daten in einem Quantencomputer zu speichern, wäre aber Voraussetzung für das Prozessieren großer Datenmengen durch einen Quantencomputer.

Darüber hinaus zeigen verschiedene Arbeiten, darunter von González-García (2022), dass auf aktuellen Quantencomputern nur sehr kleine Quantenschaltkreise und somit Problemgrößen berechnet werden können, bevor das Berechnungsergebnis durch verschiedene Störeffekte, insbesondere aber durch die Quantendekohärenz, komplett zerstört bzw. komplett zufällig wird.

Aus diesen beiden genannten Gründen sind aktuelle Quantencomputer nicht als Big-Data-Maschinen einsetzbar; auch ist die Perspektive hier ungewiss. Jedoch hat eine Arbeit von Junyu Liu (2024) gezeigt, wie ein Quantencomputer doch noch in Teilaspekten zum Prozessieren von großen Datenmengen eingesetzt werden könnte, wobei hier fehlertolerante

Quantencomputer angenommen werden. Die Arbeit schlägt vor, dass in großen klassischen neuronalen Netzen zunächst alle Verbindungen zwischen den Neuronen deaktiviert werden, die ein zu kleines Gewicht aufweisen. Das daraus resultierende neuronale Netz kann durch eine dünn besetzte Matrix dargestellt werden. Diese Matrix wiederum erfüllt nun die Bedingung, dass der HHL-Algorithmus herangezogen werden kann, um das entsprechende Gleichungssystem exponentiell schneller als mit klassischen Methoden zu lösen. Somit könnte für eine spezielle Klasse von großen klassischen neuronalen Netzen, nämlich denen mit vielen schwach ausgeprägten Verbindungen, Quantencomputing doch noch zur Effizienzsteigerung eingesetzt werden – mit Vorteilen zum Prozessieren großer Datenmengen.

12.7 Ein Ausblick: Aktuelle Entwicklungen

Wie bislang diskutiert, sind die aktuelle Größe und Qualität der verfügbaren Quantencomputer nicht ausreichend, um für industriell relevante Fragestellungen schon einen Vorteil durch den Einsatz von Quantencomputing zu erreichen. Dazu werden weiter verbesserte Quantencomputer mit reduzierten Fehlerraten oder sogar fehlerkorrigierte Quantencomputer notwendig sein.

Jedoch schreitet die Entwicklung der Quantencomputing-Hardware stetig voran. Beispielsweise konnte IBM bereits 2023 *Quantum Utility* zeigen. Hierbei wurde exemplarisch für einen spezifischen Algorithmus gezeigt, dass durch das Zusammenspiel einer genauen Kalibration der Hardware und abgestimmten Fehler-Mitigationsverfahren erfolgreich Experimente durchgeführt werden konnten, die nicht mehr auf einem klassischen *brute-force*-Weg berechenbar waren. Das Beispiel war hierbei eine trotterisierte Zeitentwicklung eines 2D-transversalen *Ising-Feldes* – ein Problem, das Ähnlichkeiten zu einer mathematischen Formulierung von Simulations- und Optimierungsproblemen aufweist. Die Experimente verwendeten hierbei einen supraleitenden Quantencomputing-Chip mit 127 Qubits. Der Algorithmus verlangte die Ausführung von 2880 Zwei-Qubit-CNOT-Gattern. Auch wenn kurz auf diese Experimente folgend ähnlich gute oder bessere Ergebnisse durch klassische Algorithmen demonstriert werden konnten, so zeigt es sich doch, dass durch das Zusammenspiel der drei Faktoren Software, Algorithmik und Hardware bereits jetzt das Quantencomputing in Bereiche gelangen kann, in denen es mit klassischen Algorithmen in Konkurrenz treten kann.

Im Bereich von Neutralatom-Quantencomputern konnte Ende 2023 eine erste experimentelle Realisierung von fehlertoleranten Qubits (Kim, 2023) gezeigt werden. Diese müssen allerdings noch skaliert und in kommerzielle Systeme eingebaut werden, um für quantengestützte industrielle Berechnungen nutzbar zu sein – ein erheblicher weiterer Entwicklungsschritt.

Neben den Entwicklungen auf Hardwareseite ist auch auf der Seite der Algorithmik und der Softwareentwicklung umfangreiche Arbeit zu leisten, bevor Quantencomputing sein volles Potential entfalten kann. So ist insbesondere zunächst zu verstehen, für welche industrielle Fragestellungen ein perspektiver Vorteil durch den Einsatz welcher Quantenalgorithmen und unter Verwendung welcher Quantencomputing-Hardware erreicht werden kann. Dazu werden aktuell zunehmend anwendungsgetriebene Benchmarks und Metriken entwickelt und definiert (Barbaresco, 2024), die versuchen, diese Fragen quantitativ zu beantworten und somit die Perspektiven von Quantencomputing für eine Vielzahl von verschiedenen Anwendungsfeldern zu quantifizieren.

Literatur

Abbas, A. S. (2021). The power of quantum neural networks. *Nature Computational Science, 1*, 403–409.
Arute, F. A. (2019). Quantum supremacy using a programmable superconducting processor. *Nature, 574*, 505–510.
Barbaresco, F., et al. (2024). BACQ – Application-oriented benchmarks for quantum computing, *arXiv*, 2403.12205 (quant-ph).
BCG. (2023). *Quantum computing is becoming business ready.* https://www.bcg.com/publications/2023/enterprise-grade-quantum-computing-almost-ready. Zugegriffen am 04.05.2023.
Bluvstein, D. E. (2024). Logical quantum processor based on reconfigurable atom arrays. *Nature, 626*, 58–65.
Caro, M. H. (2022). Generalization in quantum machine learning from few training data. *Nature Communications, 13*, 4919.
Cong, I., et al. (2019). Quantum convolutional neural networks. *Nature Physics, 15*, 1273–1278.
Drăgan, T.-A., et al. (2023). *Quantum reinforcement learning for solving a stochastic frozen lake environment and the impact of quantum architecture choices.* SCITEPRESS – Science and Technology Publications.
Farhi, E., et al. (2014). A quantum approximate optimization algorithm, *arXiv*, 1411.4028 (quant-ph).
Feynman, R. P. (1982). Simulating physics with computers. *International Journal of Theoretical Physics, 21*, 467.
Giovannetti, V., et al. (2008). Quantum random access memory. *Physical Review Letters, 100*, 160501.
González-García, G., et al. (2022). Error propagation in NISQ devices for solving classical optimization problems. *PRX Quantum, 3*, 040326.
Grover, L. K. (1996). A fast quantum mechanical algorithm for database search. In *Proceedings, 28th Annual ACM Symposium on the Theory of Computing (STOC)* (S. 212–219).
Harrow, A. W., et al. (2009). Quantum algorithm for linear systems of equations. *Physical Review Letters, 103*, 150502.
Henderson, M., et al. (2019). Quanvolutional neural networks: Powering image recognition with quantum circuits, *arXiv*, 1904.04767 (quant-ph).
IBM. (2023). *The hardware and software for the era of quantum utility is here.* https://www.ibm.com/quantum/blog/quantum-roadmap-2033. Zugegriffen am 04.12.2023.
Kim, Y., et al. (2023). Evidence for the utility of quantum computing before fault tolerance. *Nature, 618*, 500–505.
Leymann, F., & Barzen, J. (2020). The bitter truth about gate-based quantum algorithms in the NISQ era. *Quantum Science and Technology, 5*, 044007.
Liu, J., et al. (2022). Stochastic noise can be helpful for variational quantum algorithms, *arXiv*, 2210.06723 (quant-ph).
Liu, J., et al. (2024). Towards provably efficient quantum algorithms for large-scale machine-learning models. *Nature Communications, 15*, 434.
Lloyd, S., et al. (2013). Quantum algorithms for supervised and unsupervised machine learning, *arXiv*, 1307.041 (quant-ph).

Matic, A., et al. (2022). Quantum-classical convolutional neural networks in radiological image classification. *IEEE International Conference on Quantum Computing and Engineering (QCE)*.

Mattern, D., et al. (2021). Variational Quanvolutional Neural Networks with enhanced image encoding, *arXiv*, 2106.07327 (cs.CV).

McEwan, M., et al. (2022). Resolving catastrophic error bursts from cosmic rays in large arrays of superconducting qubits. *Nature Physics, 18*, 107–111.

Moore, G. E. (1965). Cramming more components onto integrated circuits. *Electronics, 38*(8), 19. April.

PASQAL. (2023). *Towards Regenerative Quantum Computing with proven positive sustainability impact*. Whitepaper.

Peruzzo, A. M. (2014). A variational eigenvalue solver on a photonic quantum processor. *Nature Communications, 5*, 4213.

Schuld, M., & Killoran, N. (2022). Is quantum advantage the right goal for quantum machine learning? *PRX Quantum, 3*, 030101.

Schuld, M., & Petruccione, F. (2021). *Machine learning with quantum computers*. Springer.

Shor, P. W. (1994). Algorithms for quantum computation: discrete logarithms and factoring. In *Proceedings 35th Annual Symposium on Foundations of Computer Science* (S. 124–134).

Sim, S., et al. (2019). Expressibility and entangling capability of parameterized quantum circuits for hybrid quantum-classical algorithms. *Advanced Quantum Technologies, 2*, 1900070.

Thanasilp, S., et al. (2022). Exponential concentration in quantum kernel methods, *arXiv*, 2208.11060 (quant-ph).

Wilkinson, S. A., & Hartmann, M. J. (2022). Evaluating the performance of sigmoid quantum perceptrons in quantum neural networks, *arXiv*, 2208.06198 (quant-ph).

Wittek, P. (2014). *Quantum machine learning – What quantum computing means to data mining*. Academic Press.

Wu, S. L. (2021). Application of quantum machine learning using the quantum kernel algorithm on high energy physics analysis at the LHC. *Physical Review Research, 3*, 033221.

Open Access Dieses Kapitel wird unter der Creative Commons Namensnennung - Nicht kommerziell - Keine Bearbeitung 4.0 International Lizenz (http://creativecommons.org/licenses/by-nc-nd/4.0/deed.de) veröffentlicht, welche die nicht-kommerzielle Nutzung, Vervielfältigung, Verbreitung und Wiedergabe in jeglichem Medium und Format erlaubt, sofern Sie den/die ursprünglichen Autor(en) und die Quelle ordnungsgemäß nennen, einen Link zur Creative Commons Lizenz beifügen und angeben, ob Änderungen vorgenommen wurden. Die Lizenz gibt Ihnen nicht das Recht, bearbeitete oder sonst wie umgestaltete Fassungen dieses Werkes zu verbreiten oder öffentlich wiederzugeben.

Die in diesem Kapitel enthaltenen Bilder und sonstiges Drittmaterial unterliegen ebenfalls der genannten Creative Commons Lizenz, sofern sich aus der Abbildungslegende nichts anderes ergibt. Sofern das betreffende Material nicht unter der genannten Creative Commons Lizenz steht und die betreffende Handlung nicht nach gesetzlichen Vorschriften erlaubt ist, ist auch für die oben aufgeführten nicht-kommerziellen Weiterverwendungen des Materials die Einwilligung des jeweiligen Rechteinhabers einzuholen.

Teil IV
Das Verhältnis von Mensch und Maschine

Wissen – Streben nach dem Objektiven

Stefan Bauberger

> **Zusammenfassung**
>
> *Erkenntnis ist nicht ohne Subjekt denkbar. Es ist ein Trugschluss des modernen naturwissenschaftlich-technischen Denkens, dass das Objektive sich aus der Empirie unmittelbar erschließt. Das blendet subjektive und intersubjektive Dimensionen aus, die wiederum auf zugrunde liegenden Paradigmen und Interpretationsmustern der Wahrnehmung beruhen. Diese sind tradiert und in die Wirklichkeit hinter den Erscheinungen eingebettet. Deshalb ist eine das Subjekt stets mitdenkende, weisheitsorientierte Auffassung von Erkenntnis näher an der Wahrheit als eine instrumentalistische, materialistische Verkürzung. Dies ist aber etwas, was Künstliche Intelligenz nicht simulieren kann.*

13.1 Verabsolutierung des objektiven Erkennens

In der naturwissenschaftlich-technischen Zivilisation fokussiert der Begriff des Wissens auf das objektive Wissen. Dabei scheint dieser Begriff nicht erklärungsbedürftig zu sein. Die moderne Fiktion hinter diesem Begriff ist, dass richtiges Wissen immer objektives Wissen ist, das in einem Gegensatz zu einem nur „subjektiven" Anspruch auf Wissen steht. Dabei ist in dieser Auffassung subjektives Wissen ein nur behauptetes Wissen, ein willkürlicher Anspruch auf Wissen, der erst durch Objektivität seine Rechtfertigung findet. In Gegensatz zu dieser Fiktion folgt dieser Aufsatz der Idee, dass objektives Wissen das Ergebnis einer Objektivierung ist und dass es die Wirklichkeit nur in einer bestimmten Perspektive erfassen kann.

S. Bauberger (✉)
Hochschule für Philosophie München, München, Deutschland

Carl Friedrich von Weizsäcker charakterisiert dieses objektive Wissen als „machtförmig" (1985, S. 24). Damit nimmt er aus dem kantischen Denken das Konzept auf, dass Erkenntnis immer nur in einer bestimmten Form möglich ist, die mit der Erkenntnis unreflektiert mitgedacht wird, aber selbst nicht Gegenstand der Erkenntnis ist (Kant, 1989). Objektive Erkenntnis ist demnach das Ergebnis einer Objektivierung der Erkenntnis und sieht die Wirklichkeit in einer durch ihre Form beschränkte Perspektive, die objektive Perspektive. Die „machtförmige" Struktur ergibt sich daraus, dass diese Erkenntnis die Struktur hat, durch allgemeine Gesetze aus Beobachtungen Vorhersagen abzuleiten. Damit ermöglicht sie, Macht über die Welt zu gewinnen, die Welt nämlich so zu präparieren, dass sie sich in einer gewünschten Weise verhält. Das ist primär nicht wertend gemeint. Der Wert dieses machtförmigen Handelns ergibt sich aus dem jeweiligen Zusammenhang. Ein Beispiel aus dem Beginn der westlichen naturwissenschaftlichen Tradition: Im alten Ägypten ermöglichten es Beobachtungen der Sterne und die daraus abgeleiteten Gesetze über den Zusammenhang zwischen dem Stand der Gestirne und den Nilfluten (also Nilfluten und Jahreszeiten), zur rechten Zeit Getreide zu pflanzen.

Ein sehr wirkmächtiger Trugschluss des modernen naturwissenschaftlich-technischen Denkens besteht darin, aus dem Erfolg dieses objektiven „machtförmigen" Denkens zu folgern, dass objektive Erkenntnis die einzige wahre Erkenntnis darstellt. Alles andere sei nur „subjektiv" und damit willkürlich und minderwertig. Die ganze Wucht des modernen Materialismus speist sich aus diesem Fehlschluss.

Die geschichtliche Entwicklung zeigt tatsächlich einen ungeheuren Erfolg dieses Erkenntnismodells. Kant beklagt den Zustand der Philosophie als Wissenschaft im Vergleich zur Mathematik und Physik: „Der Metaphysik (…) ist das Schicksal bisher noch so günstig nicht gewesen, dass sie den sicheren Gang einer Wissenschaft einzuschlagen vermocht hätte; ob sie gleich älter ist als alles Übrige (…). In ihr muss man unzählige Mal den Weg zurücktun, weil man findet, dass er dahin nicht führt, wo man hinwill, und was die Einhelligkeit ihrer Anhänger in Behauptungen betrifft, so ist sie noch so weit davon entfernt, dass sie vielmehr ein Kampfplatz ist, der ganz eigentlich dazu bestimmt zu sein scheint, seine Kräfte im Spielgefechte zu üben, auf dem noch niemals irgendein Fechter sich auch den kleinsten Platz hat erkämpfen und auf seinen Sieg einen dauerhaften Besitz gründen können. Es ist also kein Zweifel, dass ihr Verfahren bisher ein bloßes Herumtappen, und, was das Schlimmste ist, unter bloßen Begriffen, gewesen sei." (Kant 1989, S. BXIV–BXV).

Der Wert der objektiven Erkenntnis zeigt sich tatsächlich in der Gegenüberstellung zur Wirkmächtigkeit von objektiv lächerlichen Verschwörungstheorien oder zur Propaganda in Diktaturen, die gegen alle Objektivität Wahrheit in ihrer Weise definieren, aber auch in politischen Debatten, zum Beispiel über Antworten auf die Herausforderung des anthropogenen Klimawandels. Politische Interessen schlagen sich in diesen Debatten durch Relativierungen des wissenschaftlichen Konsenses und den Verweis auf verbleibende Unsicherheiten nieder.

Die Verabsolutierung des objektiven Erkennens ist durch die Faszination dieser Erkenntnisfülle getrieben, durch die Hoffnung auf immer noch mehr Erkenntnis („mehr" im Sinn des Umfangs der Erkenntnis), aber auch durch eine kapitalistische Lebenswelt, die menschlichen Fortschritt auf messbare Faktoren eines sogenannten „Wohlstands" reduziert. In diesem Kontext ist machtförmige Erkenntnis ein wesentlicher Faktor für den Erfolg, Erfolg im Rahmen dieses Systems. Konkret verwirklicht sich das in der Bedeutung der Technik. Heute wird viel vom Zeitalter des Anthropozäns gesprochen. In Wirklichkeit ist es nicht direkt die Menschheit, die die Erde direkt umfassend verändert, sondern die vom Menschen entwickelte Technik, die im Rahmen des Kapitalismus entfaltet wird, weshalb manche Autoren vom *Kapitalozän* oder *Technozän* sprechen (Bonneuil, 2015). KI und Robotik sind derzeit Speerspitzen der technischen Entwicklung und spiegeln daher auch die Eigenarten dieser Erkenntnisform, was am Ende dieses Artikels ausdrücklich reflektiert wird.

13.2 Relativierung objektiver Erkenntnis und Paradigmenwechsel

Eine erste Relativierung dieses Standpunkts der Verabsolutierung der objektiven Erkenntnis ergibt sich aus der lebensweltlichen Einbettung des wissenschaftlichen Erkenntnisvorgangs (Müller & Schmidt, 2015).

Diese Erkenntnis liegt nicht einfach vor. Vielmehr wird sie von Naturwissenschaftlern in einem Prozess des naturwissenschaftlichen Erkennens gewonnen. Diese Naturwissenschaftlerinnen kooperieren (und konkurrieren) in wechselnden Gemeinschaften. Sie vertrauen mehr oder weniger, aber eher mehr darauf, dass ihre Kollegen im Austausch, in ihren Veröffentlichungen oder auf Workshops und Kongressen die Wahrheit sprechen und dass sie wie sie selbst nach der objektiven Erkenntnis streben. Dieses ganze Umfeld des Erkenntnisprozesses, das notwendige menschliche Vertrauen, aber auch das Streben nach Erkenntnis als dahinter liegende Motivation lassen sich nicht in Kategorien der objektiven Erkenntnis fassen.

Eine zweite Relativierung ergibt sich aus der wissenschaftstheoretischen und wissenschaftsgeschichtlichen Betrachtung der empirischen Wissenschaften. Im gesellschaftlichen Bild insbesondere von Naturwissenschaften werden diese als ein systematisches Gebäude verstanden, in dem alles hierarchisch geordnet auf gesicherten Erkenntnissen aufbaut.

In einem ersten Anlauf zeigt sich das schon dadurch als unsinnig, dass allgemeine Gesetze niemals logisch aus einzelnen Beobachtungen folgen (Popper, 1995, S. 85–102). Das Gebäude der empirischen Wissenschaften ist logisch immer ungesichert. Die Verlässlichkeit dieses Gebäudes ist also immer relativ. Sie ist in den meisten Teilen sehr hoch, beruht aber auf jeweils etablierten und in der Wissenschaftsgeschichte veränderlichen Verfahren der Wahrheitsfindung, die selbst außerhalb des Bereichs der wissenschaftlichen Erkenntnis liegen. Am Ende muss der wissenschaftliche Laie der „*scientific community*" vertrauen. Und er darf ihr in aller Regel vertrauen.

Ein zweiter wissenschaftshistorischer Anlauf zur Infragestellung der Verabsolutierung der objektiven Erkenntnis der empirischen Wissenschaften ergibt sich aus den Analysen von Kuhn (1976). Er hat gezeigt, dass in den Prozessen der Wahrheitsfindung der Wissenschaft zeitgebundene Paradigmen und Wechsel von Paradigmen eine entscheidende Rolle spielen. Ein Paradigma stellt einen Rahmen für das Denkbare, für wissenschaftliche Kriterien, für wissenschaftliche Fragen, für in einer jeweiligen Forschungsrichtung korrekte Begriffsbildungen auf. Kuhn hat an historischen Beispielen aufgezeigt, dass große wissenschaftliche Fortschritte mit einem Wechsel von Paradigmen, mit wissenschaftlichen „Revolutionen", wie er es treffend nennt, verbunden waren. Diese Umbrüche waren selbst nicht mit wissenschaftlicher Rationalität umfassend zu erklären, weil die jeweilige Rationalität im jeweiligen Paradigma verankert ist.

Ein Beispiel ist die Entwicklung des heliozentrischen Weltbildes. Das alte ptolemäische Weltbild war empirisch sehr gut gesichert, während das heliozentrische Weltbild zunächst mit den beobachteten Planetenbahnen nicht in Einklang stand (weil es Kreisbahnen der Planeten postulierte). In diesem Sinn war es irrational, das alte Weltbild aufzugeben. Dennoch war der Wechsel zum heliozentrischen Weltbild in einer anderen Weise rational, in einer Weise, die sich im weiteren Gang der Wissenschaft bewährt hat. Dahinter stand ein Gedanke, dass eine einfachere Erklärung vorzuziehen ist, ein Gedanke, der selbst nicht streng rational begründet war. In gewisser Weise war es ein Glaube der Naturwissenschaft, der diesen Paradigmenwechsel ermöglicht hat, der Glaube daran, dass die grundlegenden (objektiven) Gesetze der Welt einfach sind. Ohne diesen Glauben lässt sich der Fortgang der Naturwissenschaften nicht verstehen. Ist dieser Glaube irrational? Objektiv ist er nicht begründbar, obwohl er sich bewährt hat. Oder steckt dahinter eine andere Rationalität, die jenseits des objektiven Wissens liegt? Diese zweite Erklärung ist mit dem Fortgang der Wissenschaft gut verträglich, aber natürlich selbst nicht objektiv zu begründen.

Die Erkenntnisse von Kuhn wurden in verschiedener Weise weiterentwickelt. Von Lakatos gibt es eine Fassung, die sehr gut die Wissenschaftspraxis der Physik widerspiegelt (Lakatos & Musgrave, 1974). Die konsequenteste logische Analyse stammt von Stegmüller (1987, S. 280–330). Er entfaltet mit dem strukturalistischen Theorienkonzept abstrakte Konzepte von Sneed (1971). In dieser logischen Analyse bleiben wissenschaftliche Theorien ein rein funktionales Konstrukt, das dazu dient, aus Beobachtungen Vorhersagen abzuleiten. Die Begriffe der wissenschaftlichen Theorien haben keinen notwendigen Bezug zur Wirklichkeit. Die Erkenntnisform der empirischen Wissenschaft ist gemäß dieser logischen Analyse nur pragmatisch. Sie ist nicht nur machtförmig, sondern ihre Wahrheit beschränkt sich darauf, dass die darauf aufbauende Technik funktioniert. Diese Wahrheit ist rein funktional, ohne Erkenntnis der Wirklichkeit.

Das entspricht aber nicht dem Selbstverständnis der Naturwissenschaften und der überwiegenden Mehrzahl der Naturwissenschaftler. Bas van Fraassen hat sehr gut die Aspekte der wissenschaftlichen Rationalität in diesem Spannungsfeld und insbesondere vor dem Hintergrund des Phänomens der Paradigmenwechsel aufgezeigt (2002). Dabei zeigt sich, dass wissenschaftliche Erkenntnis in einem breiteren Rahmen des menschlichen Handelns steht und darin ihre Rationalität findet.

In einem sehr bekannten Buch von Stephen Hawking (2001) zeigt sich die widersprüchliche Auffassung der naturwissenschaftlichen Erkenntnis, welche sich aus einer rein rationalen Auffassung von Naturwissenschaft ergibt, die vom menschlichen Handeln abgekoppelt ist. Hawking erläutert seine wissenschaftstheoretische Position mit folgendem Beispiel: „Gibt es zusätzliche Dimensionen? [hat] keine Bedeutung für mich. Sinn macht es allenfalls zu fragen, ob mathematische Modelle mit zusätzlichen Dimensionen eine gute Beschreibung des Universums liefern." (2001, S. 62). Das zeugt von einer rein funktionalistischen Auffassung der Bedeutung seiner Wissenschaft. Im Vorwort desselben Buches beschreibt derselbe Autor den Anspruch seiner naturwissenschaftlichen Darstellung. Er will ein „Bild der Wirklichkeit" zeichnen (ebenda, S. 8). Das zeugt von einem objektiven Erkenntnisanspruch seiner Wissenschaft. Dieser Widerspruch entsteht aber nur, wenn der Wahrheitsanspruch der wissenschaftlichen Erkenntnis selbst wieder streng rational begründet werden muss. Wenn diese Erkenntnis umfassend in menschliches Handeln und in eine Rationalität eingebettet ist, die über das Objektive hinausgeht, dann verschwindet der Widerspruch – um den Preis einer Relativierung der Objektivität dieses Erkennens.

13.3 Entzauberung des Intuitiven

Mit der Entwicklung von KI übernehmen Maschinen auch einzelne Funktionen des menschlichen Erkennens in einer teilweise überraschenden Geschwindigkeit. In dem geschilderten Verständnis ist das nicht grundlegend verschieden von anderen technischen Hilfsmitteln. Die Subjekte des Handelns bleiben Menschen. Sie lagern Aspekte ihres Erkennens an Maschinen aus, so wie ein Autofahrer Aspekte seiner Fortbewegung an das Auto auslagert. Die Verantwortung, das Handeln, bleibt bei den Subjekten, den Menschen. Sie setzen die Ziele für das Handeln der Maschinen. Daran ändert sich nichts, wenn zu diesem maschinellen Handeln auch Erkenntnisaspekte dazukommen. Wenn eine Maschine angeblich „autonom" handelt, bedeutet das konkret, dass nicht vorhersehbar ist, wie sie agieren wird, weil sie die übertragenen Erkenntnisaspekte in einer Weise verallgemeinert, die von einem begrenzten menschlichen Gehirn nicht mehr erfasst werden können. Daraus entsteht aber kein verantwortliches Subjekt des Handelns.

Objektives Wissen bezieht sich auf „Fakten", vor allem aber auf allgemeine Gesetze. Es gehört zum Wesen der empirischen Wissenschaften, dass die Einzelbeobachtung, das Einzelne, nicht interessiert, außer als Hinweis auf bzw. als Bestätigung oder Widerlegung eines allgemeinen Gesetzes. Die damit verbundenen logischen Probleme haben Hume und Popper aufgezeigt (Hume, 2004; Popper, 1995).

Für die Praxis der empirischen Wissenschaft funktioniert aber das Verfahren der Verallgemeinerung aus Einzelerfahrungen trotz der logischen Unzulänglichkeit. Dahinter steht der oben schon zitierte Glaube an allgemeine und einfache Gesetze, die der Welt zugrunde liegen. Die Verallgemeinerung führt zu theoretischem Wissen. Damit ist gemeint, dass sich das Wissen auf eine Welt hinter den Beobachtungen bezieht. Die Sinnesbeobachtungen werden als subjektiv gefärbt betrachtet, die Theorie hingegen bezieht sich auf eine objektive Wirklichkeit, so der Anspruch schon der ersten naturwissenschaftlich orientierten Philosophen in Griechenland, Demokrit und Leukipp, die eine echte Erkenntnis der Wissenschaft von der unechten Erkenntnis der Sinne unterschieden. Popper formuliert diesen Anspruch in modernen Worten: „Es gibt eine Wirklichkeit hinter der Welt, wie sie uns erscheint, möglicherweise eine vielschichtige Wirklichkeit, von der die Erscheinungen die äußersten Schichten sind. Der große Wissenschaftler stellt nun kühne Vermutungen, riskante Schätzungen darüber an, wie diese inneren Realitäten beschaffen sind. (…) Der Mut kann an der Distanz zwischen der Welt der Erscheinungen und der vermuteten Realität, der erklärenden Hypothese, gemessen werden." (1995, S. 107).

Zum Verfahren der Objektivierung, also der Gewinnung von objektivem Wissen, gehört auch das Prinzip der Formalisierung und möglichst klaren Strukturierung des Wissens. Im Idealbild wird Wissen als Information aufgefasst, die aus der konkreten Kommunikationssituation der beteiligten Subjekte herausgelöst werden kann. Es ist evident, dass das eine Abstraktion darstellt. Ein großer Wert dieser Formalisierung liegt darin, dass objektives Wissen für alle Menschen dasselbe ist, unabhängig von ihrer Kultur. Die empirische Wissenschaft hat in diesem Sinn auch eine verbindende Funktion für die Menschheit.

Oben wurde schon darauf hingewiesen, dass der praktische Vollzug der wissenschaftlichen Forschung lebensweltlich eingebettet ist. Die Forscherinnen sind für ihr Forschen auf weit mehr Wissen angewiesen als auf das formalisierte Wissen ihrer Wissenschaft. Das beinhaltet praktische Vollzüge, vermischt sich aber auch mit dem formalen wissenschaftlichen Erkennen. Dies wird unter den Stichworten des heuristischen Erkennens oder impliziten Wissens (Polanyi, 1985) verhandelt. In dem Bild, das Popper von der Wissenschaft entwirft, gibt es kreative Wissenschaftler, die mutig neue Theorien entwerfen und diese dann der empirischen Prüfung unterziehen. Es gibt aber eine fast unendliche Zahl möglicher Theorien. Die Genialität der großen Wissenschaftler zeigt sich darin, aus dieser Vielzahl von Theorien intuitiv die „Richtigen" auszuwählen, also die, die erfolgversprechend sind. Auch im kleinen Betrieb der wissenschaftlichen Forschung spielt das eine entscheidende Rolle. Den Lösungsweg für ein physikalisches oder mathematisches Problem sieht die erfahrene Forscherin, und erst nachträglich wird mit dem ganzen Apparat des formalen Arbeitens geprüft, ob es ein korrekter Lösungsweg ist. Diese intuitive Erkenntnis kann im Einzelfall immer täuschen, aber sie ist für die Praxis der wissenschaftlichen Forschung unverzichtbar und in der Regel das entscheidende Kriterium für wissenschaftlichen Erfolg (Nebenbemerkung: neben den soziologischen Komponenten und machtpolitischen Konstellationen in der *scientific community*).

Dieses intuitive Wissen wird durch die modernen Methoden des maschinellen Lernens in gewisser Weise entzaubert. Computer waren den Menschen unmittelbar überlegen, wenn es um Rechnen ging, sowie auch in der Analyse von komplexen formalen logischen Zusammenhängen. Die Entwicklung von neuronalen Netzwerken wurde dann von der Erkenntnis geleitet, dass Computer, die weitaus schneller rechnen konnten, als es für Menschen auch nur vorstellbar war, noch in den Neunzigerjahren jedem Kind dabei unterlegen waren, einen Baum einigermaßen sicher als Baum zu erkennen. Das Wissen, das diesem Erkennen zugrunde liegt, ist kein formales Wissen, sondern Mustererkennung: aus Mustern, die anhand von Beispielen gelernt werden, zukünftige Muster zu erkennen oder auch ähnliche Muster zu gestalten. Maschinelles Lernen folgt in der Gegenwart demselben Prinzip und hat es auf Maschinen übertragen, wobei sogar die zugrunde liegenden neuronalen Strukturen grob imitiert werden. Der technische Erfolg dieses Prinzips verweist darauf, dass sehr viel menschliches Wissen und auch das geschilderte intuitive Wissen, das implizite Wissen, das heuristische Wissen dieselbe Struktur hat und dem Ideal der Formalisierung gar nicht genügt. Das maschinelle Lernen erzeugt aus dem von Menschen vorgegebenen und vorstrukturierten Wissen über Muster sogenannte Modelle, die als Matrizen, also Schemata von Zahlen, vorliegen. Diese Zahlenreihen entsprechen grob den Verknüpfungen zwischen den Neuronen in menschlichen Gehirnen. Während aber diese Verknüpfungen in einem menschlichen Gehirn individuell vorliegen und mit dem impliziten Wissen über den menschlichen Alltag und menschliche Beziehungen und in das eigene Gefühlsleben verwoben sind, werden sie im Computermodell abstrahiert. Sie werden zur Software, die auf unterschiedliche Hardware kopiert werden kann und einen jeweiligen Ausschnitt aus dem menschlichen Wissen repräsentiert.

In Reinform und sehr perfekt zeigt sich das in der medizinischen Diagnostik, insbesondere der Bilderkennung. Eines der ersten erfolgreichen Beispiele war die Erkennung von Hautkrebs anhand von Fotos der betreffenden Hautstellen (erste wichtige Veröffentlichung dazu: Esteva et al., 2017). Das Computermodell lernt anhand von Bildern, die jeweils mit der Information verknüpft sind, ob auf dem Bild ein Hautkrebs zu erkennen ist. Durch die viel größere Speichermöglichkeit, die ein Computer hat, ist seine Erkennungsleistung in der Regel besser als jene selbst erfahrener Mediziner. Dazu kommt als weiterer Vorteil die Möglichkeit der Abstraktion von der Hardware. Das erlernte Modell kann beliebig vervielfältigt werden, während jeder Mensch wieder alles neu lernen muss. Die populär gewordenen Sprachmodelle folgen demselben Schema. Auch sie nehmen das menschliche Wissen, in diesem Fall das im Internet verfügbare Wissen, in einer systematischen Weise auf und repräsentieren die Muster, die in diesem Wissen zu finden sind – einschließlich des Blödsinns und der Vorurteile, deren Anteil am vom Computermodell repräsentierten Wissen mit menschlicher Arbeit möglichst minimiert wird.

13.4 Mustererkennung ist nicht Weisheit

Hinter der Vision der maschinellen Superintelligenz (Bostrom, 2014), die den Menschen überholt oder sogar ablöst (Kurzweil, 2013), steht die Faszination darüber, dass mit diesen Verfahren des maschinellen Lernens die Fähigkeiten der Computer auch in die Bereiche der intuitiven menschlichen Intelligenz eindringen und sie bereits jetzt in Teilbereichen übertreffen. Die wichtigste Grenze dieser Superintelligenz lässt sich in einen Slogan fassen: „Intelligenz wird überschätzt." Intelligenz im dargestellten Sinn, Wissen im dargestellten Sinn, hat eine technische Funktion. Sie dient dazu, vorgegebene Ziele zu erreichen. Sie abstrahiert aber von den Subjekten, die solche Ziele setzen und deren Leben und Lebenssinn aus weit mehr bestehen als einer solchen Zweckorientierung. Eine Verabsolutierung der technischen Intelligenz passt perfekt, wie oben schon erwähnt, zu einer Verabsolutierung einer kapitalistischen Wachstumsideologie, die vorgibt, dass wirtschaftliches „Wachstum" eine objektive Zielvorgabe für die Menschheit sei.

Am Beispiel der medizinischen Diagnostik kann der entscheidende Punkt gut verdeutlicht werden. Kai-Fu Lee, ein enthusiastischer Verfechter von KI als Zukunftstechnologie, schildert seine Auffassung vor dem Hintergrund einer selbst erlebten Krebserkrankung: „… patients don't want to be treated by a machine, a black box of medical knowledge that delivers a cold pronouncement: ‚You have forth-stage lymphoma and a 70 percent likelihood of dying within five years.' Instead, patients will desire – and I believe the market will create –

a more humanistic approach to medicine." (2018, S. 212). Medizintechnik dient der Gesundheit und vor allem der Heilung. Heilung setzt vielfach eine gute Diagnostik voraus, und in dieser Diagnostik wird KI den Menschen in vielen Bereichen bald überflügeln und sollte dann auch benutzt werden. Aber Heilung ist ein menschlicher Prozess, immer individuell. Sie vollzieht sich in einer Patientin mit jeweils eigenen Wünschen und Bedürfnissen, vielleicht auch mit dem Wunsch, keine Behandlung zu erleiden, sondern lieber den Tod zu akzeptieren. Und sie vollzieht sich oft in einer Beziehung zu einer Heilerin, die nicht auf die technische Beziehung zu einem Spezialisten reduziert werden kann. Ein Idealbild ist, dass Ärzte durch KI von den technischen Funktionen entlastet werden und mehr Zeit und Energie für die menschlichen Funktionen des Heilberufes haben.

In einer größeren Verallgemeinerung zeigt sich, dass das menschliche Wissen mehr umfasst als das objektive Wissen und eben auch mehr als das intuitive, implizite Wissen im Sinn der Mustererkennung. Der Begriff der menschlichen Weisheit, individuellen Weisheit, Weisheit von Kulturen, von Religionen, bezeichnet ein Wissen, das an konkrete Menschen gebunden ist und nicht formalisiert weitergeben wird, sondern in Form von Geschichten, Bildern, Gedichten und Interpretationen der Wirklichkeit. Selbst in den überindividuellen Formen des kulturellen Wissens wird dieses Wissen auffällig oft einzelnen Menschen, einzelnen Weisen zugeordnet, sogar mythischen Gestalten oder Göttern, in denen diese Weisheit analog zum Menschen individuell verankert ist. Diese Weisheit wird in menschlicher Kommunikation weitergegeben, nicht als formale Information wie das objektive Wissen, nicht als Zahlenreihen, die Verknüpfungen zwischen Neuronen oder Matrizen in KI-Modellen repräsentieren.

Ein irrationaler, esoterischer Widerstand gegen die modernen Wissenschaften findet seine von ihm selbst unerkannte (und deshalb oft verirrte) Rationalität darin, dass die Verabsolutierung des objektiven Wissens systematisch mit einer Abwertung dieses traditionellen Weisheitswissens verbunden ist, verknüpft mit einer Verabsolutierung des zweckorientierten Handelns in der modernen Welt. Die wesentlichsten persönlichen Probleme lassen sich nicht mit objektivem Wissen lösen. Wittgenstein hat es auf die berühmte Formel gebracht: „Wir fühlen, dass selbst wenn alle möglichen wissenschaftlichen Fragen beantwortet sind, unsere Lebensprobleme noch gar nicht berührt sind." (1984, S. 5). Die Suche nach dem Sinn des eigenen Lebens, die Frage, wie und wem gegenüber menschliches Vertrauen möglich ist, alle Fragen dieser Art sind Fragen, die im Einzelfall eines jeden menschlichen Lebens beantwortet werden müssen – wobei die angeführten Weisheitstraditionen eine wertvolle Orientierung bieten können.

In der politischen Funktionalität ist es sowohl wichtig, die technische Rationalität wertzuschätzen als auch ihre Grenzen zu erkennen. Empirische Wissenschaft kann und soll mit ihrer Objektivität möglichst unvoreingenommen aufzeigen, welche Konsequenzen jeweilige politische Handlungsoptionen haben, wenn zum Beispiel bestimmte Pfade der Dekarbonisierung beschritten werden oder nicht beschritten werden. Die politische Entscheidung über die Handlungsoptionen ist selbst keine Frage der empirischen Wissenschaften, sondern sie gehört in den Bereich der persönlichen und politischen Verantwortung. Ein Stichwort wie „Technikoffenheit" verdeckt zum Beispiel nur die Tatsache, dass sich nicht alle Probleme technisch, also im Rahmen der objektiven Erkenntnis der empirischen Wissenschaften, lösen lassen.

Aus dieser Überlegung zum rechten Ort der objektiven Erkenntnis in der politischen Funktionalität ergibt sich neben der Relativierung dieser Form der Erkenntnis auch die Notwendigkeit, diese Erkenntnisform in ihrem Bereich hochzuhalten und zu respektieren. Das wird deutlich und drängend angesichts des Einflusses von Verschwörungstheorien und der Relativierung der wissenschaftlichen Erkenntnis (zum Beispiel im Bereich der Klimaveränderung).

Dabei kann die Grundstruktur der obigen Argumente weitergeführt werden: Erkenntnis kann immer nur in einem Erkenntnisprozess und bezogen auf die Perspektive eines Erkenntnissubjekts verstanden werden kann. Eine strikte wissenschaftstheoretische Analyse, die keinen Subjektbezug zulässt, versteht wissenschaftliche Erkenntnis rein instrumentalistisch (vgl. das strukturalistische Theorienkonzept, Stegmüller, 1987; basierend auf Sneed, 1979). In diesem Verständnis gibt es kein Subjekt, das ein Wissen über die Welt erlangt, sondern nur Verfahren, die dazu dienen, die Welt zu beherrschen. Die Wahrheit der Aerodynamik besteht darin, dass Flugzeuge fliegen.

Eine erste Infragestellung dieser instrumentalistischen Auffassung von Erkenntnis ergibt sich aus dem Selbstverständnis der Wissenschaftler. Ein Beispiel ist das bereits oben dargestellte Beispiel von Stephen Hawking bei dem er explizit eine instrumentalistische Position einnimmt. Aber warum schreibt er dann ein populärwissenschaftliches Buch über Kosmologie? Das begründet er wie oben bereits geschrieben damit, dass er ein „Bild der Wirklichkeit" (ebenda, S. 8) zeichnen will, und damit ist er bei seinem Selbstverständnis als Naturwissenschaftler angelangt. Den Widerspruch bemerkt er nicht.

Den Naturwissenschaftlern und der an Forschung interessierten Öffentlichkeit geht es nicht nur darum, bessere Maschinen bauen zu können, sondern auch um objektive Erkenntnis. Es geht, wie es Popper oben schon zitiert, sehr treffend ausdrückt um einen Zugang zu einer Wirklichkeit hinter den Erscheinungen.

Ein zweites Argument gegen eine rein instrumentalistische Auffassung von naturwissenschaftlicher Erkenntnis ist das „Wunder der Naturwissenschaft", wie es manchmal genannt wird: Naturwissenschaftlerinnen suchen nach einfachen und einheitlichen Erklärungen für Phänomene, und das funktioniert in einer erstaunlichen Weise. Newton hatte die Intuition, dass das Fallen eines Apfels vom Baum und die Bewegung des Mondes, den er gleichzeitig am Himmel sah, auf dieselbe Kraft zurückgeführt werden können. Die daraus folgende Theorie der Gravitation konnte dann auch viele weitere Phänomene erklären. Maxwell vereinigte elektrische und magnetische Phänomene in der einen Theorie der Elektrodynamik. Aus dieser Theorie konnte er erfolgreich Vorhersagen für neue Phänomene ableiten, zum Beispiel dass es elektromagnetische Wellen gibt, Phänomene, die nichts mit den Beobachtungen zu hatten, von denen er ausgehen konnte. Diese Struktur der Vereinheitlichung und der erfolgreichen Vorhersage von Neuem, bisher noch Unbeobachtetem, durchzieht die Naturwissenschaft, besonders die Physik. Sie lässt sich im Sinn der zitierten Popperschen Auffassung erklären, dass wir mit dieser Form der Erkenntnis hinter den Phänomenen eine tiefere Wirklichkeit entdecken. Wir als Subjekte der Erkenntnis finden einen Bezug, einen Zugang zur Wirklichkeit, der über das, was pragmatisch notwendig und sinnvoll ist, weit hinausgeht – objektive Erkenntnis.

Eine rein instrumentalistische Auffassung von Erkenntnis korreliert mit der technischen Rationalität. Der Siegeszug dieser Rationalität suggeriert, wie oben dargestellt, dass diese Rationalität die einzige wertvolle sei. Es wurde aufgezeigt, dass Erkenntnis mehr als diese technische Rationalität ist. Einerseits ist sie objektive Erkenntnis im Sinn eines Zugangs, den wir als Erkenntnissubjekte zur Wirklichkeit finden, ein Zugang, der zum Staunen bringen kann. Andererseits lässt sich Erkenntnis nicht auf objektives Erkennen reduzieren.

Die daraus erwachsenden Herausforderungen für Gesellschaft und Politik in unserer Zeit liegen auf beiden Seiten. Einerseits ist es wichtig, nüchtern und objektiv die Fakten zur Kenntnis zu nehmen, die von den empirischen Wissenschaften bereitgestellt werden – trotz aller verbleibenden Fehlbarkeit und Vorläufigkeit dieser Erkenntnisse. Andererseits stellt sich die Frage, ob und wie sich die menschlichen Weisheitstraditionen für gesellschaftliche und politische Entscheidungen nutzen und einbinden lassen. Die technische Rationalität ist tendenziell mit dem Einzelegoismus der jeweils handelnden Personen verbunden, weil sie die Struktur hat, jeweilige Zwecke zu verfolgen. Eine Rückkehr zu Weisheitstraditionen könnte ein Schlüssel sein, über diese Egoismen und über ein zweckrationales Weltbild hinauszugehen und politische Entscheidungen mit der Klugheit der objektiven Erkenntnisse der Wissenschaft, aber auch in Verbundenheit mit größeren Zielen für die Menschheit zu treffen.

Literatur

Bonneuil, C. (2015, November 12). Die Erde im Kapitalozän. *Le Monde diplomatique.* https://monde-diplomatique.de/artikel/!5247299. Zugegriffen am 24.02.2024.
Bostrom, N. (2014). *Superintelligenz.* Suhrkamp.
Esteva, A., et al. (2017). Dermatologist-level classification of skin cancer with deep neural networks. *Nature, 542*, 115–118. https://doi.org/10.1038/nature21056. Zugegriffen am 24.02.2025.
van Fraassen, B. (2002). *The empirical stance.* Yale University Press.
Hawking, S. (2001). *Das Universum in der Nussschale.* dtv Verlagsgesellschaft.
Hume, D. (2004). *Ein Traktat über die menschliche Natur.* Xenomoi Verlag.
Kant, I. (1989). *Kritik der reinen Vernunft.* Philipp Reclam jun.
Kuhn, T. S. (1976). *Die Struktur wissenschaftlicher Revolutionen.* Suhrkamp.
Kurzweil, R. (2013). *Menschheit.* Lola Books.
Lakatos, I., & Musgrave, A. (Hrsg.). (1974). *Kritik und Erkenntnisfortschritt.* Springer Nature.
Lee, K.-F. (2018). *AI super-powers.* Harper Collins Publ. USA.
Müller, T., & Schmidt, T. M. (2015). *Abschied von der Lebenswelt. Zur Reichweite naturwissenschaftlicher Erklärungsansätze.* Verlag Karl Alber.
Polanyi, M. (1985). *Implizites Wissen.* Suhrkamp.
Popper, K. R. (1995). *Lesebuch.* UTB GmbH.
Sneed, J. D. (1971). *The logical structure of mathematical physics.* Springer Nature.
Stegmüller, W. (1987). *Hauptströmungen der Gegenwartsphilosophie* (Bd. 3). Kröner.
von Weizsäcker, C. F. (1985). *Aufbau der Physik.* Carl Hanser.
Wittgenstein, L. (1984). *Tractatus logico-philosophicus.* Suhrkamp.

Open Access Dieses Kapitel wird unter der Creative Commons Namensnennung - Nicht kommerziell - Keine Bearbeitung 4.0 International Lizenz (http://creativecommons.org/licenses/by-nc-nd/4.0/deed.de) veröffentlicht, welche die nicht-kommerzielle Nutzung, Vervielfältigung, Verbreitung und Wiedergabe in jeglichem Medium und Format erlaubt, sofern Sie den/die ursprünglichen Autor(en) und die Quelle ordnungsgemäß nennen, einen Link zur Creative Commons Lizenz beifügen und angeben, ob Änderungen vorgenommen wurden. Die Lizenz gibt Ihnen nicht das Recht, bearbeitete oder sonst wie umgestaltete Fassungen dieses Werkes zu verbreiten oder öffentlich wiederzugeben.

Die in diesem Kapitel enthaltenen Bilder und sonstiges Drittmaterial unterliegen ebenfalls der genannten Creative Commons Lizenz, sofern sich aus der Abbildungslegende nichts anderes ergibt. Sofern das betreffende Material nicht unter der genannten Creative Commons Lizenz steht und die betreffende Handlung nicht nach gesetzlichen Vorschriften erlaubt ist, ist auch für die oben aufgeführten nicht-kommerziellen Weiterverwendungen des Materials die Einwilligung des jeweiligen Rechteinhabers einzuholen.

Digitaler Humanismus oder das Paradoxon der KI-freundlichen Anti-KI-Position

Julian Nida-Rümelin

> **Zusammenfassung**
>
> *Digitaler Humanismus verwehrt sich der Vorstellung, Lebensformen als Maschinen zu betrachten. Um die Argumentation zu verstehen, wird zunächst erläutert, was Humanismus ist und wie sich Künstliche Intelligenz zum Humanismus verhält. Hierzu wird anhand des Experiments vom Chinesischen Zimmer bewiesen, dass KI als Algorithmus nicht versteht, wie sie warum ihre Aufgaben erfüllt. Thesen von schwacher und starker KI werden in ihren Implikationen Thesen von schwacher und starker Anti-KI gegenübergestellt, um das Verhältnis von KI zu menschlichen Denk-, Wahrnehmungs- und Entscheidungsvorgängen zu durchdenken. Die innovations- und technologiefördernden Konsequenzen der starken Anti-KI-Position werden so logisch begründet.*

14.1 Was Humanismus ist

Um die Frage zu klären, was unter dem Begriff „Digitaler Humanismus" zu verstehen ist, bedarf es zunächst einer Bestimmung dessen, was wir unter „Humanismus" verstehen wollen. Humanistisches Denken und teilweise auch eine humanistische Praxis in Gesellschaft und Politik gibt es seit der Antike – nicht nur in Europa. Zu den europäischen Wurzeln humanistischen Denkens gehören Sokrates und das Philosophieren in seinem Geist.

J. Nida-Rümelin (✉)
Lehrstuhl für Philosophie und politische Theorie, Ludwig-Maximilians-Universität, München, Deutschland
E-Mail: julian@nida-ruemelin.de

© Der/die Autor(en) 2026
F. Schmiedchen et al. (Hrsg.), *Künstliche Intelligenz und Wir*,
https://doi.org/10.1007/978-3-662-71567-3_14

Die Sokratik geht davon aus, dass Menschen selbst denken können, und zwar unabhängig von Herkunft, Geschlecht und formaler Bildung. Die Sokratik beginnt mit dem Gespräch, in dem Sokrates fragt, was man zum Beispiel unter Tapferkeit verstehe (*Laches-Dialog*) oder unter Wissen (*Theaitettos-Dialog*). Die Gesprächspartner sind Menschen auf dem Marktplatz, nicht die Kollegen in der Akademie. Im Gespräch stellt sich dann heraus, dass so manche Meinungen widersprüchlich sind und gründliches Nachdenken erforderlich ist, um die Begriffe zu klären. Auf diesem Wege werden aus Vorurteilen (*doxai*) begründete Überzeugungen und im Idealfall objektives Wissen (*episteme*). Die Sokratik ist die humanistische Variante früher europäischer Aufklärung. Ihr Gegenspieler ist die Sophistik, für die es keine Wahrheit und kein Wissen gibt und Argumente und Theorien lediglich den Zweck haben, eigenen Interessen zu dienen. Eine radikale Aufklärung, die alles in Frage stellt, endet im Antihumanismus, in Naturalismus und Nihilismus.

Auch in anderen Kulturkreisen gibt es antike Formen humanistischen Denkens und humanistischer Praxis, in Ostasien in Gestalt des Konfuzianismus. Auch Konfuzius setzt auf das klärende Gespräch, auf die Fähigkeit zum eigenen Denken, aber im Gegensatz zu Sokrates fordert er Respekt vor Traditionen, den Erfahreneren, den Alten. Die Gegenströmung, der Legalismus, setzt auf Strafe und Belohnung und versteht Menschen als bloße Instrumente der Machtsicherung. Auch der Buddhismus als Gegenbewegung zu Kastensystem, Selbstkasteiung und strafendem Gott trägt deutlich humanistische Züge. Die Befriedung der Seele erfolgt nicht in Isolation, sondern in einer Haltung der Rücksichtnahme auf andere, und kann unabhängig von Herkunft und Kaste durch eigene Anstrengungen erreicht werden.

Das Gemeinsame allen humanistischen Denkens über unterschiedliche Kulturen und Zeiten hinweg ist das Vertrauen in die Vernunftfähigkeit der Menschen, die den Ausgang aus selbstverschuldeter Unmündigkeit (Immanuel Kant) weist. Damit Menschen imstande sind, sich ein eigenes Urteil zu bilden und ein Leben aus eigener Verantwortung heraus zu gestalten, müssen sie ihre kognitiven und ethischen Potentiale entfalten. Der Humanismus setzt auf Selbstentfaltung des Menschen als Individuum und der Menschheit als Kollektiv. Nirgends wird das so eindrücklich gepriesen wie in der programmatischen Schrift des Renaissance-Philosophen Pico della Mirandola „De dignite hominis". Hier wird die Gottebenbildlichkeit der Menschen als Auftrag verstanden, mit Bildung, Kunst und Wissenschaft die Bedingungen für eine genuin menschliche (humane) Kultur und Lebensform zu schaffen. Der italienische Renaissance-Dichter Petrarca fügte die Aufforderung insbesondere an die Männer seiner damaligen Zeit hinzu, zu lesen und Gedichte zu schreiben, *mitis et amabilis* (sanft und umgänglich) zu werden.

Im 19. Jahrhundert geht ein neuer humanistischer Impuls zunächst von Preußen aus und verbreitet sich dann rasch über die deutschsprachigen Länder, über Mittel- und Südeuropa und später über die ganze Welt. Dieser setzt ganz auf Bildung in Schulen, Hochschulen und Lebenspraxis. Die Bildung der Persönlichkeit soll jedes einzelne menschliche Individuum in den Stand versetzen, das eigene Leben in respektvoller Interaktion mit anderen sinnvoll zu gestalten, in meiner Terminologie: Autorin oder Autor des eigenen Lebens zu werden. Diese Idee der Lebensautorschaft muss man philosophisch präzisieren.

Ich habe mir über Jahrzehnte Mühe gegeben, dazu einige Bausteine zusammenzutragen.[1] Eine wichtige Rolle spielt dabei die menschliche Fähigkeit, sich von Gründen affizieren zu lassen, sowohl im Urteil wie im Handeln, auch in den emotiven Einstellungen. Wir sind deliberierende Wesen; dies ist die spezifisch menschliche Fähigkeit, die uns von anderen Lebewesen unterscheidet, während wir Gefühle, wie Angst oder Freude, und Empfindungen, wie Lust oder Schmerz, mit vielen Spezies teilen.

14.2 Beziehung von Künstlicher Intelligenz zum Humanismus

Durch die digitale Transformation sind das humanistische Selbstbild des Menschen und die normativen Grundlagen von Demokratie und Recht doppelt herausgefordert. Zum einen, weil digitalen Entitäten (Computer, Softwaresysteme, KI-gesteuerte Roboter, Chatbots, generative Künstliche Intelligenz etc.) Akteurstatus zugeschrieben wird. In der Tat reden wir so, als würde ChatGPT, um ein Beispiel zu nennen, unsere Fragen verstehen, als handelte es sich um eine mit beachtlichem Weltwissen ausgestattete Instanz, die uns berät und unsere Fragen klärt, wohlwollend und kooperativ.[2] Die Redeweise von Wissen, Absicht, Rat, gar Empathie (es gibt aktuell Forschungsprojekte, die darauf gerichtet sind, eine „empathische KI" zu entwickeln) oder Kooperation etc. ist so lange harmlos, wie sie nur metaphorisch gemeint ist. Aber der Umschlag zu einer substanziellen Interpretation dieser Redeweise, also die Zuschreibung personaler Eigenschaften an digitale Entitäten, ist weitverbreitet, und die sorgfältige Trennung von Simulation und Realisierung, das Simulieren emotiver Einstellungen zum Beispiel und das Verfügen über Emotionen sind intellektuelle Leistungen, die Vielen, auch Hochgebildeten, schwerfallen. Die Kritik des Animismus, also der Beseelung des Unbeseelten, hier von digitalen Entitäten, ist ein Kernelement dessen, was ich unter digitalem Humanismus verstehe.[3]

Das zweite Kernelement ist gewissermaßen der Widerpart dazu, das heißt die menschliche Selbstbeschreibung als digitale Maschine. Wenn das menschliche Gehirn und die Dynamik mentaler Zustände und kognitiver Prozesse nichts anderes wären als ein Algorithmus, wie er der Computertechnik zugrunde liegt, dann müsste in der Tat unser humanistisches Selbstbild aufgegeben werden. Genuine Deliberation, die ergebnisoffen ist, würde es dann nicht geben, und die Selbstverantwortung für die eigene Praxis wäre obsolet, da Verantwortlichkeit ein gewisses Maß an Selbstbestimmung voraussetzt.[4]

Was hat nun Humanismus mit Künstlicher Intelligenz zu tun?

---

[1] Vgl. Philosophie und Lebensform (Suhrkamp, 2009); Humanistische Reflexionen (Suhrkamp, 2016); Per un nuovo umanesimo cosmopolitico (Mimesis, 2021) und A Theory of Practical Reason (Palgrave Macmillan, 2023).

[2] Vgl. Nida-Rümelin & Weidenfeld: Was kann und darf KI: Plädoyer für Digitalen Humanismus (Springer, 2023).

[3] Vgl. Nida-Rümelin & Weidenfeld: Digital Humanism: For a Humane Transformation of Democracy, Economy and Culture in the Digital Age (Open Access Springer, https://link.springer.com/book/10.1007/978-3-031-12482-2, 2022). EA: Digitaler Humanismus (Piper, 2018).

[4] Vgl. Nida-Rümelin: Über menschliche Freiheit (Reclam, 2005).

Der Begriff „Künstliche Intelligenz" (KI) ist vielschichtig und wird mit unterschiedlichen Bedeutungen verwendet. Im weitesten und unproblematischsten Sinne bezeichnet KI alles von computergesteuerten Prozessen, der Berechnung von Funktionen, der Lösung von Differentialgleichungen, der logistischen Optimierung und der Robotersteuerung bis hin zu „selbstlernenden" Systemen, Übersetzungssoftware usw. Die problematischste und radikalste Auffassung von KI besagt, dass es keinen kategorischen Unterschied zwischen computergesteuerten Prozessen und menschlichen Denkprozessen gibt. Diese Position wird oft als „starke KI" bezeichnet. „Schwache KI" ist dann lediglich die These, dass alle Denk- und Entscheidungsprozesse prinzipiell von Computern simuliert werden könnten. Mit anderen Worten: Der Unterschied zwischen starker und schwacher KI ist der Unterschied zwischen Identifikation und Simulation. Eine wichtige Unterscheidung bleibt dabei meist unberücksichtigt: Starke KI identifiziert menschliches Denken mit Computerprozessen in dem Sinne, dass es keinen kategorialen Unterschied zwischen ihnen gibt und somit mentale Eigenschaften, die uns von der menschlichen Lebensform her vertraut sind, wie Überzeugungen, Wünsche, Gefühle und Wahrnehmungen, nicht vorhanden sind. Das wissenschaftlich-technische Ziel dabei ist, die „Mentalese", also die Sprache der mentalen Begriffe, mit denen mentale und psychische Zustände und Prozesse erfasst werden, entbehrlich zu machen. Patricia Churchland z. B. vertritt dieses radikal materialistische Programm seit vielen Jahrzehnten. Aus dieser Perspektive ist die starke KI ein Programm der Desillusionierung: Was uns als typisch menschliche Eigenschaft erscheint, ist nichts anderes als das, was auf einem Computer in Form von Computerprogrammen realisiert werden kann.

Mentale Eigenschaften lassen sich nicht durch Verhaltensmerkmale definieren. Das Modell der algorithmischen Maschine, des Mechanismus, ist sowohl als Paradigma für die physikalische Welt als auch als Paradigma für das menschliche Denken untauglich. In diesem Sinne ist der Mechanismus keine Form des Naturalismus oder höchstens eine sehr eigentümliche Form. Denn wenn man unter Naturalismus die These versteht, dass alle Tatsachen und Prozesse prinzipiell mit der Sprache der Wissenschaft beschreibbar und erklärbar sind, dann ist eine mechanistische Theorie des menschlichen Geistes nicht naturalistisch, denn weder die moderne noch die klassische Physik sind mechanistisch. Interessanterweise sind es vor allem Biologen und Neurowissenschaftler, die ein mechanistisches Wissenschaftsparadigma pflegen, weniger in ihrer konkreten wissenschaftlichen Praxis als in ihren gelegentlichen Ausflügen in die Wissenschaftstheorie und Philosophie.

Ein realistisches Konzept ist weitaus plausibler als ein behavioristisches Konzept in Bezug auf mentale Zustände. Schmerzen kennzeichnen eine bestimmte Art von Gefühlen, die unangenehm sind und die wir normalerweise zu vermeiden suchen. Beim Zahnarzt bemühen wir uns, jede Bewegung zu unterdrücken, um die Behandlung nicht zu stören, aber das bedeutet keineswegs, dass wir keine Schmerzen haben. Auch der imaginäre Super-Spartan, der selbst bei starken Schmerzen nicht zusammenzuckt, kann Schmerzen haben. Es ist einfach absurd, „Schmerzen haben" mit bestimmten Verhaltensmustern gleichzusetzen.

14.3 Verhältnis von KI zu menschlichen Denk-, Wahrnehmungs- und Entscheidungsvorgängen

Das wohl fundamentalste Argument gegen die Identität von mentalen Zuständen/Eigenschaften und neurophysiologischen/digitalen Zuständen/Eigenschaften wird als „Qualia-Argument" bezeichnet. Thomas Nagel argumentiert in seinem berühmten Aufsatz „*What Is it Like to Be a Bat?*" (1974), dass es unmöglich ist zu wissen, wie es sich anfühlt, eine Fledermaus zu sein (was die Fledermaus fühlt), selbst wenn man ihr Gehirn bis ins kleinste Detail untersuchen würde. In dem Artikel heißt es, dass eine Fledermaus bestimmte qualitative, mentale Zustände hat, die wir allein aufgrund der Kenntnis der neurophysiologischen Zustände nicht verstehen können. Qualia beziehen sich auf solche Zustände, wie sich etwas anfühlt. Wie schmeckt Nektar für eine Biene? Ist es überhaupt möglich zu sagen, dass eine Biene irgendetwas schmeckt? Wenn mentale Zustände wirklich nichts anderes als neurophysiologische Zustände wären, müsste es uns prinzipiell möglich sein, mentale Prozesse und Zustände auf der Grundlage einer vollständigen Kenntnis der neurophysiologischen Zustände zu verstehen. Das Qualia-Argument spricht also gegen die Identität von neurophysiologischen und mentalen Zuständen (Ereignissen, Prozessen).

Der amerikanische Philosoph John Searle hat ein Gedankenexperiment entwickelt, das dieser Sichtweise entgegensteht. Searle bittet Sie, sich vorzustellen, Sie seien ein einsprachiger englischer Sprecher, der „in einem Raum eingeschlossen ist und dem man einen großen Stapel chinesischer Schriften" sowie „einen zweiten Stapel chinesischer Schriften" und „einen Satz von Regeln" in englischer Sprache „für die Korrelation des zweiten Stapels mit dem ersten Stapel" gibt. Die Regeln „korrelieren eine Reihe von formalen Symbolen mit einer anderen Reihe von formalen Symbolen"; „formal" (oder „syntaktisch") bedeutet, dass man „die Symbole ausschließlich anhand ihrer Form identifizieren kann." Ein dritter Stapel chinesischer Symbole und weitere Anweisungen in englischer Sprache ermöglichen es Ihnen, „Elemente dieses dritten Stapels mit Elementen der ersten beiden Stapel zu korrelieren" und weisen Sie dadurch an, „bestimmte Arten von chinesischen Symbolen mit bestimmten Formen als Antwort zurückzugeben." Diejenigen, die Ihnen die Symbole geben, „nennen den ersten Stapel ‚ein Skript' [eine Datenstruktur mit Anwendungen zur Verarbeitung natürlicher Sprache]", „sie nennen den zweiten Stapel ‚eine Geschichte'", und „sie nennen den dritten Stapel ‚Fragen'". Die Symbole, die Sie zurückgeben, „nennen sie ‚Antworten auf die Fragen'"; „den Satz von Regeln in Englisch … nennen sie ‚das Programm'": Sie selbst wissen nichts davon. Dennoch werden Sie „so gut darin, die Anweisungen zu befolgen", dass „aus der Sicht eines Außenstehenden" Ihre Antworten „absolut nicht von denen eines Chinesen zu unterscheiden" sind. Allein anhand Ihrer Antworten kann niemand feststellen, dass Sie „kein Wort Chinesisch sprechen".

In diesem Gedankenexperiment stellt man sich eine Person vor, die in einem geschlossenen Raum sitzt und kein Chinesisch spricht, nicht einmal die Schriftzeichen kennt. Durch einen Schlitz in der Wand erhält diese Person nun Papierschnipsel mit Geschichten in chinesischer Sprache. Zusätzlich erhält sie Fragen zu den Geschichten, die ebenfalls auf Chinesisch geschrieben sind. Außerdem erhält die Person ein „Regelbuch" in ihrer Muttersprache.

Das Regelbuch ermöglicht es ihr, auf der Grundlage der Eingangssymbole, also der Geschichte und der Fragen, eine Antwort auf Chinesisch zu schreiben. Dabei folgt die Person ausschließlich der Anweisungen im Handbuch und versteht die Antworten nicht, die sie anschließend durch den Schlitz nach draußen schiebt.

Draußen vor dem Schlitz steht ein chinesischer Muttersprachler, der, nachdem er die Geschichte und die Fragen formuliert und die Antworten erhalten hat, zu dem Schluss kommt, dass sich jemand im Raum befinden muss, der ebenfalls Chinesisch spricht.

Das entscheidende Element, das hier fehlt, ist offensichtlich: Es ist das Verständnis der chinesischen Sprache. Auch wenn ein System – in diesem Fall das Chinesische Zimmer – funktional gleichwertig mit jemandem ist, der Chinesisch versteht, versteht das System selbst noch kein Chinesisch. Chinesisch zu verstehen und zu sprechen erfordert verschiedene Arten von Wissen. Eine Person, die Chinesisch spricht, verweist mit bestimmten Begriffen auf die entsprechenden Objekte. Mit bestimmten Äußerungen verfolgt sie bestimmte entsprechende Ziele. Auf der Grundlage des Gehörten (auf Chinesisch) bildet sie bestimmte Erwartungen etc. Das Chinesische Zimmer hat keine dieser Eigenschaften. Es hat keine Absichten, es hat keine Erwartungen, die beweisen, dass es Chinesisch spricht und versteht. Mit anderen Worten: Das Chinesische Zimmer simuliert ein Verständnis des Chinesischen, ohne selbst die chinesische Sprache zu beherrschen.

Jahre später hat Searle dieses Argument radikalisiert. In diesem zweiten Argument verbindet Searle den philosophischen Realismus, d. h. die These, dass es eine Welt gibt, die unabhängig davon existiert, ob sie beobachtet wird oder nicht, mit einer intentionalistischen Zeichentheorie. Zeichen haben nur für uns, die Zeichenbenutzer und Zeicheninterpreten, eine Bedeutung. Wir schreiben bestimmten Buchstaben oder Symbolen eine Bedeutung zu, indem wir kommunizieren, indem wir uns darauf einigen, dass diese Buchstaben oder Symbole für etwas stehen. Ohne diese Konventionen haben sie keine Bedeutung. In dieser Hinsicht ist es irreführend, sich den Computer als eine zeichenverarbeitende oder syntaktische Maschine vorzustellen, die bestimmten logischen oder grammatikalischen Regeln folgt. Der Computer besteht aus verschiedenen physikalisch beschreibbaren Elementen, von denen einige Elektrizität leiten und andere nicht, und die Rechenprozesse sind eine Abfolge von elektrodynamischen und elektrostatischen Zuständen. Diesen Zuständen werden dann Zeichen zugeschrieben, denen wir bestimmte Interpretationen und Regeln zuordnen. Die physikalischen Prozesse im Computer haben keine Syntax, sie „kennen" keine logischen oder grammatikalischen Regeln, sie sind keine Zeichenketten. Insofern ist die syntaktische Interpretation beobachterabhängig. Wir als Computernutzer und Programmierer gestalten die elektrodynamischen Prozesse so, dass sie für uns einer Syntax entsprechen (syntaktische Strukturen einschließlich grammatischer und logischer Regeln).

Für einen Realisten ist die Welt nicht beobachterrelativ. Da syntaktische Strukturen beobachterabhängig sind, ist die Welt kein Computer. Dieses Argument ist radikal, einfach und zutreffend. Es stützt sich auf eine realistische Philosophie und eine mechanistische Interpretation von Computern. Es steht im Gegensatz zu der weitverbreiteten Vorstellung, dass Computer syntaktische Maschinen sind, die sowohl von Anhängern als auch von Gegnern der sogenannten „Künstlichen Intelligenz" geteilt wird. Computer sind das, was sie materiell sind: Objekte, die mit den Methoden der Physik vollständig beschrieben und erklärt werden können. Syntax ist kein Teil der Physik; die Physik beschreibt keine Zeichen, keine grammatikalischen Regeln, keine logischen Schlussfolgerungen, keine Algorithmen. Der Computer simuliert Denkprozesse, ohne selbst zu denken.

14.4 Positionen zu verschiedenen Kategorien von KI

John Searle unterscheidet zwischen „starker KI" und „schwacher KI". Schwache KI behauptet, dass alle menschlichen Denkprozesse prinzipiell von softwaregestützten Systemen simuliert werden können. Searle hält dies für plausibel. Wir werden jedoch später sehen, dass dies nicht zutrifft, dass auch die schwache KI-These unhaltbar ist, dass die perfekte Simulation menschlicher Denkprozesse auf Computern aus logischen Gründen unmöglich ist. John Searle wollte mit seinem Gedankenexperiment Chinese Room lediglich zeigen, dass starke KI, also die Identifizierung von Verhaltensmustern mit mentalen Zuständen, scheitert.

Ich unterscheide vier Positionen:

(I) StarkeKI
Die These, dass es zwischen menschlichem Denken und Softwareverarbeitung bzw. Computerprozessen (Computing) keinen (kategorialen) Unterschied gibt. Die beiden Arten von Denkvorgängen folgen nicht nur denselben Regeln, sondern unterscheiden sich in keiner wesentlichen Hinsicht, so dass es nicht sinnvoll ist, für einen der beiden Typen von Denk- und Entscheidungsvorgängen das mentale Vokabular (die Rede von Überzeugungen, Wünschen, Wahrnehmungen und Gefühlen etc.) zu reservieren. Zwei Varianten von starker KI sollten dabei unterschieden werden.

(Ia) Materialistische starke KI
Es gibt keine genuinen mentalen Eigenschaften, sondern lediglich – in welcher Art auch immer – realisierte Softwareprozesse, sei es im menschlichen Gehirn oder im Computer. Das mentalistische Vokabular ist prinzipiell entbehrlich. Mentale Zustände sind allenfalls irreführende Präsentationen materieller Zustände.

(Ib) Animistische starke KI
Da wir menschlichen Wesen mentale Eigenschaften zuschreiben, da wir selbst als Menschen mentale Eigenschaften haben (denken, fühlen etc.), gibt es keinen Grund, einer entsprechend hoch entwickelten Software, die vergleichbare Verhaltensregularitäten aufweist, diese mentalen Zuschreibungen vorzuenthalten: Bestimmte Computer können nicht nur rechnen, sondern auch denken, wahrnehmen, fühlen und entscheiden.

(II) Schwache KI
Alle menschlichen Denk-, Wahrnehmungs- und Entscheidungsvorgänge können prinzipiell von geeigneten Softwaresystemen simuliert werden. Es gibt keine prinzipielle Grenze der Computerisierung (Digitalisierung) menschlichen Denkens, menschlichen Wahrnehmens, Entscheidens und Fühlens. Im Unterschied allerdings zur starken KI wird damit noch nicht bestritten, dass es kategoriale Unterschiede geben kann, also dass auch die perfekte Simulation von Denken, Wahrnehmen, Entscheiden und Fühlen damit vereinbar ist, dass Computer mangels mentaler Eigenschaften nicht tatsächlich denken, wahrnehmen, entscheiden und fühlen können. Schwache KI unterscheidet sich von starker KI hinsichtlich des Turing-Tests: Starke KI akzeptiert den Turing-Test, schwache KI nicht.

(III) Starke Anti-KI
Starke Anti-KI bestreitet nicht nur (I), sondern auch (II). Starke Anti-KI bestreitet nicht nur, dass es keinen kategorialen Unterschied zwischen maschinellem und menschlichem Denken, Wahrnehmen und Fühlen gibt, sondern dass es aus prinzipiellen Erwägungen unmöglich ist, menschliches Denken, Wahrnehmen, Entscheiden und Fühlen vollständig (digital) zu simulieren.

Während sowohl (II) als auch (III) das Qualia-Argument akzeptieren können, kann (III) zusätzlich das Argument der Nicht-Algorithmisierbarkeit menschlichen Denkens akzeptieren. (II) kann das nicht.

(IV) Schwache Anti-KI
Schwache Anti-KI bestreitet lediglich (I), also die Position der starken KI. Sie ist kompatibel mit (II) und (III), ohne (II) zu behaupten. Starke Anti-KI impliziert schwache Anti-KI, so wie starke KI schwache KI impliziert.[5]

Der digitale Humanismus[6] wendet sich in erster Linie gegen (I), aber in zweiter Linie auch gegen (II). Insofern wird hier die Position (III), starke Anti-KI, eingenommen.

Zugleich aber ist es gerade diese Positionierung in der KI-Debatte, die besonders technikfreundlich ist, denn die Position der starken KI steht vor der unerfreulichen Alternative, entweder die Grund- und Menschenrechte willkürlich auf die menschliche Spezies zu beschränken und Künstliche Intelligenzen davon auszunehmen oder die ethischen Beschränkungen des Umgangs mit menschlichen Individuen kontinuierlich abzubauen, um in Analogie zum instrumentellen Einsatz von Künstlichen Intelligenzen auch den instrumentellen Einsatz von menschlichen Intelligenzen zu ermöglichen. Starke KI erlegt sich – ganz

---

[5] „Starke KI impliziert schwache KI" gilt nicht im logischen Sinne, während starke Anti-KI schwache KI (logisch) impliziert. Es liegt jedoch nahe anzunehmen, dass starke KI-Positionen schwache KI Positionen einschließen, explizit schon bei Alan Turing. Alan Turing identifiziert „programming a machine to think" mit „programming a machine to imitate a brain" aus „Can digital computers think", in B. J. Copeland (Hrsg): The Esssential Turing (2004).
[6] Vgl. Nida-Rümelin & Weidenfeld. Digital Humanism (OA, Springer, 2022).

entgegen den Werthaltungen der meisten ihrer Protagonisten – selbst engste ethische Beschränkungen auf. In Analogie zum Projekt „Menschenrecht für die großen Menschenaffen", das den Speziesismus überwinden wollte und menschlichen Tieren in dem Umfang Menschenrechte zugestehen wollte, in dem diese vergleichbare Eigenschaften haben, müssten Robotern und autonomen Softwaresystemen ebenfalls Menschenrechte zuerkannt werden, in dem Umfang, in dem diese mentale Zustände, Eigenschaften, Prozesse von Menschen auch im Sinne von (I) realisieren. So wie Menschen nicht versklavt werden dürfen, dürften dann auch hoch entwickelte Softwaresysteme nicht für ökonomische und technische Zwecke eingesetzt werden. Kurz: Starke KI führt über kurz oder lang zu einem Stopp des weiteren technologischen Fortschritts oder zu einem Niedergang der Menschenrechte.

Schwache KI (II) ist von dieser Problematik nicht betroffen, allerdings kämpft die schwache KI mit dem erkenntnistheoretischen Problem der Unterscheidbarkeit. Wie können die Unterschiede zwischen menschlicher und Künstlicher Intelligenz festgestellt werden, wenn alle menschlichen Fähigkeiten prinzipiell simulierbar sind? Während starke KI mit einem gravierenden ethischen Problem konfrontiert ist, ist schwache KI mit einem erkenntnistheoretischen Problem konfrontiert.

14.5 Digitaler Humanismus

Das vielleicht paradox anmutende Ergebnis lautet: Es ist die Position der starken Anti-KI, die dem technologischen Fortschritt am stärksten wohlgesonnen ist. Sie plädiert für eine ideologische Abrüstung, die umfassende Nutzung neuer digitaler Möglichkeiten für die Humanisierung der menschlichen Lebensbedingungen dieser und der zukünftigen Generation. Sie ist skeptisch gegenüber dem Programm der Angliederung des Menschen an Maschinen in beide Richtungen (von Mensch auf Maschine und von Maschine auf Mensch). Sie ist optimistisch im Hinblick auf die Ressourcen digitaler Technologien zur Verbesserung der menschlichen Lebensbedingungen. Sie ist davon überzeugt, dass die lebensweltliche Praxis des Gründegebens und Gründenehmens und der wechselseitigen Zuschreibung emotiver und epistemischer Zustände (Überzeugungen und Gefühle) irreduzibel ist. Diese machen die Lebensform aus, die wir teilen, und lassen sich weder an digitale Maschinen noch an naturwissenschaftliche Theorien abgeben. Würde man den digitalen Mechanismus als Weltanschauung ernst nehmen, bedeutete dies das Ende der menschlichen Lebensform als Ganzer. Wir sollten die neuen digitalen Technologien nutzen, das Leben reichhaltiger, effizienter und nachhaltiger zu machen, anstatt die menschliche Lebensform verarmen zu lassen.

Es gibt eine wunderbare Bemerkung von Karl Popper, der einmal sagte, dass sich die Wissenschaft in einem Prozess kühner Ideen und kritischer Untersuchungen weiterentwickelt. Wenn Wissenschaft nur aus ängstlichen Männern und Frauen bestünde, die nichts Neues ausprobieren wollen, dann wäre die Innovation tatsächlich in Gefahr. Die jüngsten digitalen Innovationen – über die wir heute hier sprechen – basieren alle auf Algorithmen. Es lässt sich jedoch zeigen, dass logische und mathematische Beweise zu einem großen Teil nicht auf Algorithmen beruhen können. Dafür gibt es einen konkreten und unzweifelhaften Beweis. Dieser Beweis wurde von dem Logiker und Mathematiker Kurt Gödel in den 1930er-Jahren für den sogenannten „Unvollständigkeitssatz" entwickelt, den wohl wichtigsten Satz der formalen Logik und der Metamathematik. Dieser Satz zeigt, dass Erkenntnis und Intelligenz im Allgemeinen nicht adäquat in einem Maschinenparadigma erfasst werden können. Auch wenn dies von vielen Wissenschaftlern bis heute verdrängt wird, ist Gödels Theorem der Beweis, dass der menschliche Geist nicht wie ein Algorithmus funktioniert. Weder die Welt noch der Mensch funktionieren wie eine Maschine. Würden Menschen genauso deterministisch handeln wie Turing-Maschinen (jene nach dem Mathematiker Alan Turing, einem Computerpionier, benannten Maschinen, die auf dem Prinzip beruhen, dass jeder Zustand einen bestimmten Folgezustand bedingt), dann wäre Innovation selbst nicht denkbar. Wenn es prinzipiell möglich wäre, das vorherzusehen, was wir in der Zukunft tun und glauben, gäbe es keine echten Innovationen. Disruptive Innovationen in Wissen und Technologie setzen voraus, dass zukünftiges Wissen und Technologie nicht Teil des alten Wissens und der alten Technologie sind. Die Annahme eines allumfassenden Determinismus ist mit echter Innovation unvereinbar.

Eine Kritik der starken KI ist innovationsfreundlich. Aber sie ist auch technologiefreundlich, denn die Position einer starken KI führt zu der unangenehmen Konsequenz, entweder die Menschenrechte willkürlich auf den Menschen zu beschränken und – unzulässigerweise – die KI von den Menschenrechten auszuschließen oder ethische Beschränkungen im Umgang mit Menschen aufzuheben, um ethische Beschränkungen im Umgang mit der KI aufzuheben. Starke KI stellt eine große Belastung für die Innovation dar.

Ich möchte mit einem Plädoyer für den digitalen Humanismus schließen. Der digitale Humanismus ist technikfreundlich. Er befürwortet den Einsatz aller digitalen Technologien, um die Lebensbedingungen der Menschen zu verbessern und die ökologischen Systeme zu erhalten – auch aus Sorge um die vitalen Interessen künftiger Generationen. Gleichzeitig wendet er sich aber vehement gegen Tendenzen der Verantwortungsflucht und ist dagegen, die Verantwortung für die Zukunft an eine vermeintlich autarke Technikentwicklung zu delegieren. Er wendet sich gegen die Hoffnung, dass der digitale Fortschritt autark die Zukunft der Menschheit und dieses Planeten garantieren wird. Er positioniert sich gegen die Selbstentwertung menschlicher Entscheidungs- und Handlungskompetenz in Form starker KI, gegen die Subsumtion menschlichen Urteilens und Handelns unter das Paradigma einer Maschine, die aus gegebenem Input bestimmte Outputs generiert.

Die Utopie des digitalen Humanismus verlangt eine konsequente Abkehr vom Paradigma der Maschine. Weder die Natur als Ganzes noch der Mensch sollten als Maschine begriffen werden. Die Welt ist keine Uhr, und die Menschen sind keine Automaten. Maschinen können den Spielraum menschlicher Handlungs- und Gestaltungskraft erweitern, ja potenzieren. Sie können zum Guten und zum Schaden der Entwicklung der Menschheit eingesetzt werden, aber sie können die menschliche Verantwortung der einzelnen Akteure und die kulturelle und soziale Verantwortung der menschlichen Gesellschaften nicht ersetzen. Paradoxerweise wird die Verantwortung von Individuen und Gruppen durch Maschinentechnologie und digitale Technologien erweitert, nicht eingeschränkt und schon gar nicht marginalisiert. Die erweiterten Möglichkeiten der Interaktion, die sich durch digitale Technologien und die Entwicklung kommunikativer und interaktiver Netzwerke ergeben, stellen vielmehr neue Herausforderungen für das Ethos der Verantwortung dar, denen sich der rationale Mensch nicht entziehen kann, indem er die Verantwortung an autonome Systeme, seien es Roboter oder selbstlernende Software, delegiert.

Der digitale Humanismus bewahrt die menschlichen Bedingungen verantwortlicher Praxis. Er begeht keinen Kategorienfehler. Er schreibt geistige Eigenschaften nicht auf der Grundlage einer Simulation menschlichen Verhaltens zu. Vielmehr schärft er die Kriterien menschlicher Verantwortung angesichts der Verfügbarkeit digitaler Technologien, fordert eine Ausweitung der Verantwortungszuschreibung auf die durch digitale Technologien vermittelte Kommunikation und Interaktion und lässt nicht zu, dass sich die eigentlichen Akteure (und das sind wir Menschen) wegducken und die Verantwortung an eine vermeintliche Autonomie digitaler Maschinen abgeben.

Digitaler Humanismus zielt auf die Stärkung von Verantwortung, auf die Realisierung von Potentialen der Digitalisierung, die von unnötigem Wissen und Kalkulationen entlasten, um den Menschen die Möglichkeit zu geben, sich auf das Wesentliche zu konzentrieren – und das heißt, einen Beitrag zu einer humaneren und gerechteren Zukunft der Menschheit zu leisten.

Literatur

Nida-Rümelin, J. (2005). *Über menschliche Freiheit*. Reclam.
Nida-Rümelin, J. (2009). *Philosophie und Lebensform*. Suhrkamp.
Nida-Rümelin, J. (2016). *Humanistische Reflexionen*. Suhrkamp.
Nida-Rümelin, J. (2021). *Per un nuovo umanesimo cosmopolitico*. Mimesis.
Nida-Rümelin, J. (2023). *A theory of practical reason*. Palgrave Macmillan.
Nida-Rümelin, J., & Weidenfeld, N. (2018). *Digital humanism: For a humane transformation of democracy, economy and culture in the digital age*. Open Access, Springer. https://link.springer.com/book/10.1007/978-3-031-12482-2. 2022. EA: Digitaler Humanismus. Piper.
Nida-Rümelin, J., & Weidenfeld, N. (2022). *Digital Humanism*. Open Access Springer.
Nida-Rümelin, J., & Weidenfeld, N. (2023). *Was kann und darf Künstliche Intelligenz. Ein Plädoyer für Digitalen Humanismus*. Springer.
Turing, A. (1951). Can digital computers think. In B. J. Copeland (2004) (Hrsg.), *The Essential Turing*.

Open Access Dieses Kapitel wird unter der Creative Commons Namensnennung - Nicht kommerziell - Keine Bearbeitung 4.0 International Lizenz (http://creativecommons.org/licenses/by-nc-nd/4.0/deed.de) veröffentlicht, welche die nicht-kommerzielle Nutzung, Vervielfältigung, Verbreitung und Wiedergabe in jeglichem Medium und Format erlaubt, sofern Sie den/die ursprünglichen Autor(en) und die Quelle ordnungsgemäß nennen, einen Link zur Creative Commons Lizenz beifügen und angeben, ob Änderungen vorgenommen wurden. Die Lizenz gibt Ihnen nicht das Recht, bearbeitete oder sonst wie umgestaltete Fassungen dieses Werkes zu verbreiten oder öffentlich wiederzugeben.

Die in diesem Kapitel enthaltenen Bilder und sonstiges Drittmaterial unterliegen ebenfalls der genannten Creative Commons Lizenz, sofern sich aus der Abbildungslegende nichts anderes ergibt. Sofern das betreffende Material nicht unter der genannten Creative Commons Lizenz steht und die betreffende Handlung nicht nach gesetzlichen Vorschriften erlaubt ist, ist auch für die oben aufgeführten nicht-kommerziellen Weiterverwendungen des Materials die Einwilligung des jeweiligen Rechteinhabers einzuholen.

Lösen digitale Agenten die menschlichen Forscher künftig ab? 15

Carl Friedrich Gethmann

Zusammenfassung

Als Subjekt und in intersubjektiven Zusammenhängen agierend ist der Mensch unverzichtbare Voraussetzung für wissenschaftliche Erkenntnis. Die Behauptung, dass KI als digitaler Agent eigenständig erkenntnisfähig ist, wird in diesem Kapitel logisch widerlegt. Hierzu werden zunächst Aussagen des Funktionalismus in Bezug auf das Denken und die Intelligenz dargestellt und kritisch hinterfragt. KI kann nicht in Begründungsdiskursen autonom agieren, weil ihnen die pragmatischen Merkmale der Handlungsurheberschaft und Zurechenbarkeit nicht zukommen. Zusätzlich wird am Verhältnis von Korrelationsanalysen zu Kausalerklärungen erläutert, warum der Probabilismus nur unzureichend der Wahrheitsfindung und -prüfung dient. Damit aber kann KI grundsätzlich keine gesellschaftlich zustimmungsfähige Wissenschaft erzeugen.

Spricht man KI als Instrument wissenschaftlicher Arbeit an, unterstellt man, dass ein menschlicher Akteur dieses Instrument (vermeintlich) zweckgerichtet einsetzt. Mit welchem Erfolg und unter welchen Erfolgskriterien der instrumentelle Einsatz auch immer erfolgt, grundsätzlich ist der menschliche Akteur im epistemischen Prozess als solcher

---

Der Beitrag ist im Rahmen einer trans-disziplinären Arbeitsgruppe entstanden, deren Ergebnisse veröffentlicht sind in: Gethmann et al., *Künstlichliche Intelligenz in der Forschung*. Der vorliegende Beitrag stützt sich vor allem auf Kap. 3 (43–78).

C. F. Gethmann (✉)
Lebenswissenschaftliche Fakultät, Universität Siegen, Siegen, Deutschland
E-Mail: carl.gethmann@uni-siegen.de

nicht grundsätzlich gefährdet, wenn sich seine Rolle auch ändern kann. Die Metapher von digitalen Agenten verlegt dagegen die Akteursrolle in das Instrument selbst, das begrifflich genau genommen in diesem Moment aufhört, eines zu sein. Aus diesem Grunde ist auch der Begriff der „Autonomie" in Bezug auf technische Artefakte allenfalls metaphorisch zu verwenden. Nur ein Akteur kann genau genommen sich selbst die Regeln des Handelns auferlegen. Ein technisches Gerät dagegen, dem die Regeln seiner Operationen vom Konstrukteur, Softwareentwickler u. a. vorgegeben werden, ist grundsätzlich „heteronom" bestimmt, auch wenn es im Rahmen der vorgegebenen Regeln weiter „lernt", seinen zweckgerichteten Einsatz zu optimieren.

Ein digitaler Agent wäre demgegenüber der Souverän, der dank seiner Künstlichen Intelligenz die Mittel zum Zweck bestimmt. Dieses Bild nimmt die Vorstellung in Anspruch, dass der Prozess des Generierens von Wissen prinzipiell ein regelbestimmtes Verfahren ist, also einer Methodologie folgt, so dass ein solches Verfahren somit auch von einem technischen Artefakt übernommen und ohne die menschlichen Schwächen (Müdigkeit, Lustlosigkeit, Ehrgeiz, Geldgier u. a.) sogar mit größerer Perfektion ausgeführt werden kann. Sollte dieses Bild von einem regelgeleiteten Verfahren wissenschaftlicher Erkenntnisproduktion jedoch unzutreffend sein, wäre auch der Gedanke der Übernahme eines solchen Verfahrens durch einen „Erkenntnisroboter" irreführend.

Von „Künstlicher" Intelligenz wird gesprochen, wenn Computeranwendungen in technischen Artefakten (Geräten, *devices*) Merkmale menschlicher Intelligenz aufweisen. In diesem Zusammenhang wird seit den siebziger Jahren des 20. Jahrhunderts kontrovers über die Frage diskutiert – in Anlehnung an einen bekannten Buchtitel von H. L. Dreyfus (1979, 1992) – was Computer können und nicht können bzw. demnächst können und nicht können werden. Um diese Frage zu beantworten, muss zunächst geklärt werden, von welchen impliziten Annahmen hinsichtlich der menschlichen Intelligenz dabei Gebrauch gemacht wird.

15.1 Der Turing-Test und seine anthropologischen Präsuppositionen

Auch ohne eine genauere Klärung des Begriffs der Intelligenz ist offenkundig, dass er das Verhältnis zwischen menschlichen und maschinellen Leistungsmerkmalen vor allem bezüglich kognitiver Fähigkeiten hervorhebt. Entsprechend war in der ersten Phase der Diskussion um KI ab den siebziger Jahren des 20. Jahrhunderts die Frage leitend, „ob Computer denken können". Für die Fragerichtung ist die kontroverse Diskussion um die Interpretation des von A.M. Turing 1950 vorgeschlagenen Turing-Tests paradigmatisch.[1] Nach Turing kann die Frage, ob technische Artefakte „denken" können, dadurch entschieden werden, dass ein Fragesteller (für ihn verdeckten) Menschen und Geräten beliebige Fragen stellt. Wenn in einer größeren Zahl von Durchgängen mit wechselnden Fragestellern und wechselnden Menschen bzw. Geräten die Antworten zu einem hinreichend großen Anteil (z. B. 50 %) nicht eindeutig Mensch bzw. Gerät zugeordnet werden können, gibt es nach Turing keinen Grund, techni-

---

[1] Vgl. die kritische Darstellung bei K. Mainzer (1995, S. 113 f. und passim).

schen Artefakten weniger Denkvermögen zuzuschreiben als Menschen. Für die Beurteilung der Angemessenheit dieses Tests hängt offenkundig alles davon ab, nach welchen Kriterien in überprüfbarer Weise einer Entität das Vermögen „Denken" zugeschrieben wird. Computerwissenschaftler unterstellen dabei im Anschluss an Turing ein Verständnis von „menschlicher" Intelligenz, relativ zu dem sie die Leistungsfähigkeit von „künstlichen" Computern interpretieren. Beispielsweise wird das menschliche Gedächtnis nach dem Operationsraum von technischen Speichern „modelliert". Für dieses von den Naturwissenschaften vom Menschen transferierte Verständnis von menschlicher Intelligenz sind drei anthropologisch folgenreiche Annahmen kennzeichnend:

1. **Messbarkeit:** Unter Intelligenz wird eine Eigenschaft verstanden, die vielen Sorten von Entitäten graduell zugeschrieben wird. Menschen wie technische Artefakte können somit mehr oder weniger intelligent sein, je nach ihrer messbaren Leistung. Qualitative Gewichtungen lassen sich auf quantitative zurückführen, oder aber sie sind bedeutungslos.
2. **Leiblosigkeit:** Die Eigenschaft der Intelligenz ist nicht an eine leibliche bzw. organische Realisierung gebunden. Die physische (organische oder anorganische) Beschaffenheit intelligenter Entitäten ist irrelevant für die Frage, ob sie denken können. Damit wird das Zusprechen von Intelligenz von der physischen Realisierung unabhängig gemacht.
3. **Nicht-Individualität:** Zustände, auf die mentale Termini referieren, sind durch äußere Reize und die Reaktionen auf sie zu erklären. Gleiche mentale Zustände müssen durch gleiche Ursachen festgelegt sein. Wenn Kognitionen intelligenter Entitäten affektive und emotive Varianz bei gleichen Reiz-Reaktions-Bedingungen aufweisen, sind diese als zu behebende technische Störungen einzuordnen.

Diese Unterstellungen stammen aus identitätstheoretischen und funktionalistischen Konzeptionen der Philosophie des Geistes, nach der jede menschliche kognitive Leistung im Prinzip funktional äquivalent durch ein technisches Artefakt darzustellen und nachzustellen ist. Viele KI-Forscher übernehmen somit von den Naturwissenschaften vom Menschen ein funktionalistisches Verständnis menschlicher Fähigkeiten, für die (ohne weitere Rechtfertigung) das „Denken" für symptomatisch gehalten wird (vgl. die kritische Untersuchung bei Carrier & Mittelstraß, 1989). Die Interpretation und Identifikation der Leistung des „Denkens" übernehmen viele Neurowissenschaftler von Beschreibungen der „künstlich" hergestellten Funktionsweisen eines Computers, anscheinend ohne dass ihnen der damit verbundene Explikationszirkel Probleme bereitet.

Die philosophische Kritik an der Vorstellung des „denkenden" Computers setzt an den Präsuppositionen des Funktionalismus an. Sie bezieht sich dabei auf eine lange Geschichte eines oft mehr oder weniger explizit vertretenen anthropologischen Naturalismus. Der Ausdruck „Naturalismus" kennzeichnet nicht die kognitiven Bemühungen von Naturwissenschaftlern als solche, sondern aus den Naturwissenschaften vom Menschen abgeleitete, aber über sie hinausgehende Deutungsansprüche hinsichtlich des Selbstverständnisses des Menschen und seiner gesellschaftlichen Selbstorganisation (exemplarisch: im Zusammenhang mit dem Strafrecht und bezüglich Erziehungsmaßnahmen). Dabei geht es in einer auffälligen Unschärfe der Begriffe um die „natürliche" Erklärung mal kognitiver, mal operativer Fähigkeiten des Menschen. In allen Fällen hatte der Naturalismus eine „wissenschaftliche" Weltanschauung vom Menschen zum Ziel, die eine weitgehende Transformation philosophischer Fragestellungen in solche der Wissenschaften ermöglichen soll (vgl. ausführlicher Gethmann, 2016).

Die Kritik am anthropologischen Funktionalismus, die besonders prominent von H. L. Dreyfus (1979) und J. Searle (1984) entwickelt wurde, versucht zu zeigen, dass die anthropologischen Präsuppositionen des Funktionalismus grundsätzlich unangemessen sind, um als hinreichende Beschreibungsinstrumente für das Handeln menschlicher Akteure eingesetzt werden zu können.

- Messbarkeit: Im Unterschied zu technischen Artefakten bestimmen menschliche Akteure ihre Lebensumstände in einem mehr oder weniger großen Umfang „selbst", und zwar nach Maßgabe subjektiver qualitativer Kriterien. Diese lassen sich nicht (restlos) adäquat quantitativ darstellen. Die Wichtigkeit einer Freundschaft, die Verzweiflung über eine Erkrankung oder die Freude an einer Mahlzeit lassen sich in der mentalen Binnensphäre nicht quantitativ messen. Emotionen können zwar andere „anstecken", aber nicht ohne weiteres mit Anspruch auf Geltung verbindlich gemacht werden.[2]
- Leiblosigkeit: Die Eigenschaft der Intelligenz menschlicher Akteure ist immer an eine leibliche Realisierung gebunden. Einer der Hauptmängel des Funktionalismus ist die mangelnde Unterscheidung von Leib und Körper. Der Mensch hat nicht einen Leib, sondern er ist Leib. Deswegen sind beispielsweise Angriffe gegen seinen Leib (etwa durch Folter) nicht Angriffe gegen Gegenstände seines Eigentums, sondern Angriffe auf ihn selbst. Wesentliches Merkmal der Leiblichkeit ist die organische Struktur: Leib ist Leben, und Leben lässt sich nicht (vollständig) mit physikalischen Beschreibungsinstrumenten erfassen.[3]
- Nicht-Individualität: Wenn ein technisches Artefakt auf eine Ursache reagiert, ist zu erwarten, dass jedes baugleiche ungestörte technische Artefakt in gleicher Weise reagiert. Baugleichheit ist in Bezug auf lebende Organismen jedoch eine nicht einschlägige Kategorie. Selbst genetische Zwillinge sind nicht in dem Sinne gleich, dass sie auf gleiche Stimuli auf gleiche Weise reagieren. Erst recht determiniert die genetische Gleichheit nicht die die Urheberschaft gleicher Handlungen. Das menschliche Individuum reagiert nicht einfach auf Symbole, sondern verwendet und kontrolliert sie. Verhält sich ein Individuum relativ stabil gegenüber seiner Umwelt, entwickelt es auf diese Weise seine Identität. Identität als eine Handlung prägende Bedingung ist somit etwas völlig anderes als eine die Handlung konditionierende Baugleichheit.[4]

---

[2] Dazu ist die in der Tradition der philosophischen Anthropologie entwickelte Konzeption von Emotionen und Affekten heranzuziehen, vgl. Scheler (1923).

[3] Auf den begrifflichen Unterschied von „Leib" und „Körper" hat wohl zuerst Scheler (1916, S. 397–402) hingewiesen. Vgl. ferner Plessner (1928, S. 367); Plessner (1941, S. 238 u. ö.); Hengstenberg (1957, S. 88–101); Scherer (1976, S. 157–173). Zur Bedeutung der Leiblichkeit im Zusammenhang mit der Debatte um das Gehirn vgl. auch Fuchs (2013, bes. S. 33–40 und S. 95–110). An die Philosophische Anthropologie schließt sich Dreyfus an (1979, S. 235–255).

[4] Der Unterschied zwischen physischer Baugleichheit und sozialer Identität wurde vor allem im symbolischen Interaktionismus herausgearbeitet (Mead, 1934).

Die Vorstellung der vollständigen Substituierbarkeit menschlicher kognitiver Leistungen macht von anthropologischen Präsuppositionen Gebrauch, die einer kritischen Betrachtung nicht standhalten. Dabei ist nicht ausgeschlossen, dass kognitive Teilfunktionen, wie beispielsweise Gedächtnisleistungen, von technischen Artefakten nicht nur ersetzt, sondern sogar hinsichtlich geringerer Störanfälligkeit, höherer Leistungsfähigkeit, tieferer Vernetzung u. a. übertroffen werden können. Der technische Erfolg, der zweifellos besteht, erzeugt dabei die problematische Suggestion, dass die anthropomorphe Interpretation der technischen Artefakte unproblematisch ist.

15.2 Künstliche Agenten und menschliche Handlungsurheberschaft

Die Diskussion um die KI hat sich etwa seit der Jahrtausendwende unmerklich von der Konzentration auf die möglicherweise kognitiven Fähigkeiten abgewandt und zunehmend auf die operativen Fähigkeiten konzentriert. Nicht die Frage, in welcher Weise – wenn überhaupt – Computer „denken" können, sondern in welchem Sinne Computer (z. B. als humanoide Roboter) „handeln" können, steht inzwischen im Vordergrund. Diese Verschiebung der Aufmerksamkeit geht Hand in Hand mit der technischen Entwicklung, die unter intelligenten Systemen nicht nur solche mit hoher Informationsverarbeitungskapazität versteht, sondern Quasi-Akteure, die menschliches Handeln nicht nur nachahmen und übertreffen, sondern zunehmend „autonom" ersetzen. Damit stellt sich die Frage, in welchem Sinne solche „Agenten" überhaupt handeln und in welchem Umfang und in welcher Weise solche „autonomen" Systeme in der Folge für ihr Handeln verantwortlich gemacht werden können. Entsprechend fordert diese Frage nicht nur – wie früher – die Epistemologie, sondern auch die Ethik heraus. Im Rahmen der Jurisprudenz hat sich eine breite Debatte um die Zuordnung der Handlungsurheberschaft zu „autonomen" Systemen als E-Personen (*e-persons*) und beispielsweise Fragen der Haftung ergeben (z. B. Hilgendorf, 2015). Allerdings wäre die Diskussionslage zu einfach beschrieben, wenn man sie als Übergang vom Denken (Wissen) zum Handeln beschriebe. Kognitive und operative Fähigkeiten und Leistungen lassen sich technisch nicht trennen, so dass die Frage, ob Computer denken können, mit der Frage, ob Computer handeln können, in aufzuklärender Weise zusammenhängt. Dieser enge Zusammenhang wird sprachlich schon dadurch suggeriert, dass die Ausdrücke, mit denen kognitive Prozesse beschrieben werden, wie beispielsweise „denken", grammatisch „Tuwörter" sind. Die pragmatische Wende in der Diskussion muss also so rekonstruiert werden, dass die epistemischen Kategorien in sie eingebettet werden können.

Diese Rekonstruktionen lassen sich zu der Definition zusammenfassen, dass eine Intelligenzleistung genau dann als menschliche anzusprechen ist, wenn die Zuordnung zu einem Wesen mit Handlungsurheberschaft pragmatisch angemessen ist (Gethmann, 2023, S. 151–165). KI-Leistungen können unter Gesichtspunkten angemessener Beschreibung menschlichen Intelligenzleistungen ähnlich sein; die technischen Artefakte, von denen KI-Leistungen ausgehen, können jedoch nicht in angemessener Weise als Handlungsurheber angesprochen werden. Der von John. R. Searle (1984, bes. Kap. 2) am Beispiel des Chinesischen Zimmers (siehe auch Kap. 14) illustrierte Unterschied zwischen einer syntaktischen Prozedur und dem Beherrschen einer Sprache folgt aus dem Kriterium der Handlungsurheberschaft: Nur ein Wesen, das (Rede-)Handlungen hervorbringt, kann diesen eine Bedeutung verleihen bzw. eine Bedeutung verstehen (Mainzer, 1995, S. 653 ff.).

15.3 Merkmale wissenschaftlicher Intelligenz

Die Frage nach den Folgen der Einführung Künstlicher Intelligenz für Wissenschaftler-Arbeitsplätze spezialisiert die Frage nach dem Unterschied zwischen Künstlicher und menschlicher Intelligenz auf die Subspezies (menschlicher) Wissenschaftler. Prima facie dürfte unbestritten sein, dass sich die Tätigkeit von Wissenschaftlern von anderen Tätigkeiten unterscheidet, nämlich dadurch, dass Wissenschaftler als spontane Handlungsurheber von Wissen verstanden werden. Ein Gerät der Künstlichen Intelligenz kann aber a priori kein Handlungsurheber sein, sondern immer nur ein „Anwender" von etwas, das durch menschliche Intelligenz vorgegeben wurde. Die Explikation des Begriffes der Künstlichen Intelligenz muss sich somit auf ein nicht-naturalistisches (finalistisches, intentionalistisches) Verständnis kognitiver Handlungen stützen.

Für die Beurteilung von Systemen Künstlicher Intelligenz in der Forschung bedeutet das näherhin, eine nicht-naturalistische Rekonstruktion der Tätigkeit des Wissenschaftlers zu entwickeln. Als Definitionsskizze für die Explikation des Wissensbegriffs wird hier ein begründungstheoretischer Ansatz gewählt:

X weiß, dass p := Für alle Y, es gibt ein p : X kann p gegenüber Y begründen

Die gemeinsprachliche Verwendung des Ausdrucks „Wissen" erweckt in Verbindung mit einem weitverbreiteten Vulgär-Cartesianismus den Eindruck, als sei Wissen ein privater innerer Vorgang, der gelegentlich von seinem „Besitzer" „aus-gedrückt" wird.[5] Demgegenüber verwendet die obige Definitionsskizze den Ausdruck resultativ, d. h. als ein Ergebnis eines sozialen Prozesses, nämlich des Begründens. Begründen ist eine regelgeleitete Sequenz von Redehandlungen, die mit einem konstativen performativen Modus beginnt, für den das „Behaupten" hier exemplarisch eingesetzt wird. Eine regelgeleitete Sequenz von Redehandlungen heißt „Diskurs". Diskurse lassen sich wie alle sprachlichen Phänomene empirisch beschreiben und erklären und fallen somit in den Gegenstandsbereich der empirischen Sprachwissenschaften. Um interlingual die Regeln korrekter diskursiver Verfahren zu rekonstruieren (Logik, Topik), muss man demgegenüber auf die Instrumente einer formalen Pragmatik von Redehandlung und Redehandlungssequenzen zurückgreifen (Gethmann, 1979).

Technische Artefakte, die mit sog. Künstlicher „Intelligenz" ausgestattet sind, können grundsätzlich nicht als Akteure in Begründungsdiskursen auftreten, weil ihnen die pragmatischen Merkmale der Handlungsurheberschaft und Zurechenbarkeit nicht zukommen.

---

[5] Zur generellen Kritik am nach-cartesischen Mentalismus s. Gethmann und Sander (2002).

Wie immer in unterschiedlichen kognitiven Kontexten Handlungen in Begründungsdiskursen, wie Behaupten, Bezweifeln, Zustimmen u. a., propositional bestimmt sind, können technische Artefakte diese Handlungen zwar unterstützen, aber nicht selbst ausführen.

15.4 Die Zweckorientierung der Wissenschaft

Der schärfste Epochenbruch, den die Wissenschaftshistoriographie beschreibt, ist der Übergang von der antik-mittelalterlichen Auffassung der Wissenschaft zur frühneuzeitlichen. Dieser Übergang ist mit besonderer Prägnanz in der programmatischen Schrift Novum Organon des Francis Bacon beschrieben worden, die diese Transformation zu methodologischen Forderungen zusammenfasst; deshalb spricht man auch vom Bacon-Projekt (Schäfer, 1993; Gethmann, 2003). Als markante Schwellenphänomene beschreibt Bacon eine zweifache Transformation der neuen Wissenschaft gegenüber der alten. Es geht einmal (a) um eine Transformation der Erkenntnisstile, die man mit der Wendung „Kontemplation versus Intervention" zusammenfassen kann: Die Kontemplation der Natur wird abgelöst durch die Intervention in die Natur. Es geht zum anderen (b) um eine Transformation der Wissensformen des poietischen und praktischen Wissens, die zueinander in Beziehung gesetzt werden. Beide Unterscheidungen sind im Übrigen nicht neu; neu ist aber das Verhältnis zwischen ihnen, wie Bacon es bestimmt. Von besonderer Bedeutung ist, dass Bacon die wissenschaftliche Wissensbildung an einen praktischen Zweck bindet. Etwas verallgemeinert: Wissenschaft dient der Befreiung des Menschen von natürlichen und sozialen Zwängen. Eine solche Welt – befreit von natürlichen und sozialen Zwängen – hat Bacon in seinem utopischen Reiseroman „Atlantis", einer der frühneuzeitlichen Utopien, vorgestellt. Neuzeitliche Wissenschaft ist nach Bacon gerade nicht zweckfrei, sondern an einen allgemeinen humanen Zweck gebunden. Sie ermöglicht im gelingenden und günstigen Falle, das Verfügungswissen zu erlangen, das gebraucht wird, um die Befreiung von natürlichen und sozialen Zwängen zu bewirken.

Die Rede von der Zweckorientierung der Wissenschaft muss allerdings gegen Missverständnisse gesichert werden, da damit nicht selten Vorstellungen von einer Indienstnahme der Wissenschaft für partikuläre ökonomische Interessen (wessen auch immer) verbunden werden. Vor allem diese Partikularisierung des Zweckbegriffs und die damit verbundene Partikularisierung des Interessenbegriffs sind maßgeblich dafür, dass viele Wissenschaftler für die Beschreibung ihres Selbstverständnisses auf der „Zweckfreiheit" bestehen. Zwar ist die Debatte über eine Gesellschaftstheorie und Geschichtsmetaphysik hinweggegangen, die die Wissenschaften für partikuläre Zwecke (durch Einnahme des sog. Klassenstandpunkts) instrumentalisieren. An die Stelle dieses Theoriesyndroms ist jedoch eine verbreitete Ökonomisierung der Wissenschaft im Rahmen der Arena des Marktes getreten. Demgegenüber ist daran festzuhalten, dass Wissenschaft zwar nicht utilitären und partikulären Nutzenerwägungen unterworfen ist, gleichwohl aber einem transutilitären Zweck dient. „Zweck" – im Sinne einer universellen und humanen Zwecksetzung – ist von (ökonomischem) „Nutzen" zu unterscheiden (Gethmann, 2023, S. 137 f.).

15.5 Kausalität und Korrelation

„Big Data" und ihre Verarbeitung durch KI versetzen nach Meinung einiger Wissenschaftsphilosophen die Wissenschaften in die Lage, auf das schwierige Geschäft der Kausalerklärung zu verzichten und sie durch Korrelationsanalysen zu ersetzen. In diesem Sinne wird von einem „Ende der Theorie" (Anderson, 2008) gesprochen; nicht in dem Sinne, dass man mit dem Untergang der Theorie etwas Wertvolles verlöre, sondern in dem Sinne, dass eine lästige, eigentlich undurchführbare Aufgabenstellung, nämlich die Explikation eines adäquaten Kausalitätsverständnisses, endlich aufgegeben werden kann. Kausale Hypothesen werden unter den Rahmenbedingungen des Bacon-Projekts durch Experimente, d. h. durch Intervention in die Natur, gefunden. Somit bedeutet das Ende der Theorie auch das Ende der Notwendigkeit des Experiments. An die Stelle des Experiments sollen durch Algorithmen gesteuerte Simulationen und Modellkonstruktionen treten. Damit würde die neuzeitliche Vorstellung von Wissenschaft durch KI abgelöst und somit ein neuer Epochenbruch herbeigeführt.

Mit der Losung vom „Ende der Theorie" wird also in erster Linie auf die Ablösung der regulativen Idee der deterministischen Kausalerklärung durch Korrelationsanalysen in Form von Mustererkennung in großen Datenmengen abgehoben. Der interventionistische Erkenntnisstil zielt dagegen auf die Beherrschung der Natur durch die Aufdeckung von Ursache-Wirkungs-Verhältnissen ab, deren Erkenntnis die notwendige Bedingung dafür ist, dass man durch Handlungen planvoll in sie eingreifen kann. Somit hängt der Erfolg dieses Wissenschaftsparadigmas von der korrekten Explikation von Ursache-Wirkungs-Verhältnissen ab. Ausgangspunkt der wissenschaftsphilosophischen Bemühungen um die begriffliche Rekonstruktion von Ursache-Wirkungs-Verhältnissen ist die bahnbrechende und folgenreiche Feststellung Humes, dass man zwar die scheinende Sonne und den etwas später erwärmten Stein optisch und haptisch wahrnehmen kann, nicht aber deren zeitliche Abfolge und schon gar nicht die Ursache-Wirkungs-Beziehung zwischen den Ereignissen. Behauptungen über zeitliche Sukzessivität und Kausalität zwischen zwei oder mehreren Ereignissen haben keine Referenzbeziehung zu wahrnehmbaren Gegenständen bzw. Ereignissen, sondern verbinden diese vielmehr durch bereits investierte Kategorien der zeitlichen Abfolge bzw. der Verursachung. Zeitliche Abfolge und Ursache-Wirkungs-Verhältnisse gehören damit neben anderen Kategorien zu den semantischen Netzwerken, über die das erkennende Subjekt bereits verfügen muss, wenn es Ereignisse zueinander in Beziehung setzt.

Hinsichtlich des Verhältnisses von Korrelationsanalyse und Kausalerklärung interagieren die begriffliche Organisation und Interpretation interventionistischer („experimenteller") Forschung mit der grundsätzlichen Interpretation des Wahrscheinlichkeitsbegriffs. Wer der Überzeugung ist, dass die Welt „an sich" deterministisch organisiert ist und Wahrscheinlichkeitsaussagen sich daher lediglich (vorläufigen) Erkenntnisdefiziten verdanken („Gott würfelt nicht"), wird die Relationen zwischen unterschiedlichen Ereignissen vollständig und disjunkt in kausale und korrelative einteilen. Es handelt sich dabei um eine kontradiktorische Unterscheidung. Wer demgegenüber unterstellt, dass Relationen zwischen Ereignissen grundsätzlich probabilistisch organisiert sind, wird diese Relationen auf einem Kontinuum (zum Beispiel zwischen 0 und 1) anordnen, dessen Endpunkte sich polar-konträr gegenüberstehen. Die damit angedeutete Kontroverse ist eine innerhalb des interventionistischen Paradigmas.

Sowohl Determinsten wie Probabilisten unterstellen ein Verständnis von Kausalität, das ihre Feststellung bezüglich des Zusammenhangs (Korrelation) bestimmter Ereignisse begründet. Der Determinist will kausale Zusammenhänge von bloß zufälligen, der Probabilist starke (signifikante) von schwachen (kontingenten) Korrelationen unterscheiden. Das Kausalitätsprinzip spielt somit eine bezüglich der hier betrachteten Positionen invariante kriteriale Rolle, die grundsätzlich unvermeidbar ist. Für das wissenschaftliche Geschäft wäre daher ein klares Verständnis von Kausalität unverzichtbar. Bedauerlicherweise ist die Rekonstruktion dieses Verständnisses jedoch eine der wissenschaftstheoretischen Bausteinen, deren prekärer Zustand sogar zu tiefer Skepsis gegenüber dem interventionistischen Erkenntnisstil führen könnte.

15.6 Die Bedeutung von Big Data für die Wissenschaft

Am Anfang des Prozesses der Genese von Informationen stehen elektrotechnisch durch Folgen von 0 und 1 hergestellte Signale, die zu Symbolen codiert werden. Diese werden durch syntaktische Regeln zu Daten zusammengeführt. Solche Daten werden in einen Kontext gesetzt und bekommen dadurch Bedeutung. Erst durch diese Bedeutung erhält man eine Information. So bedeutet das Datum 39,8 mit der Maßeinheit Celsius im Kontext der Medizin Fieber. Informationen werden dann mit anderen Informationen zu Wissen verbunden, beispielsweise die Diagnose einer Krankheit, um auf dieser Grundlage Probleme zu lösen, wie zum Beispiel eine Therapie einzuleiten. Durch die moderne Entwicklung u. a. im Bereich der Speichertechnik geht es heute allerdings nicht mehr nur um strukturierte Daten, sondern vor allem um unstrukturierte Daten. Dadurch entsteht eine gewaltige amorphe Datenmasse, die durch die herkömmlichen Datenbanktechnologien und Algorithmen nicht bewältigt werden kann. Neuartige Suchalgorithmen, die diese Datenmassen nach Datenkorrelationen und Datenmustern durchsuchen, führen schließlich die Ergebnisse zusammen, um daraus beispielsweise Trends oder Profile von Produkten und Personen abzuleiten. Zu den herkömmlichen Datenkorrelationen und daraus entwickelten Hypothesen kommen Machine-Learning-Algorithmen. Durch das damit mögliche In-silico-Experiment mit Computersimulation und der Verbindung mit dem herkömmlichen In-vitro-Experiment gibt es die Möglichkeit, zu neuem Wissen zu kommen. Beispielsweise lassen sich anhand der Genomsequenz eines patientenspezifischen HIV-Erregers die Resistenzwahrscheinlichkeit für bestimmte Wirkstoffe und daraus das spezifische Profil eines Patienten berechnen. Zusammen mit dem „Internet der Dinge" können so in Großzentren der Medizin Daten der Patienten und der Ärzte mit der technischen Infrastruktur zusammenwachsen.

Algorithmen sind auf dem Hintergrund von Theorien und Gesetzen zu interpretieren und auch kritisch zu beurteilen. Korrelationen und Datenmuster ersetzen keine Erklärungen und Begründungen von Ursachen. Das heißt, diese Daten müssen nicht nur qualitativ evaluiert, sondern auch normativ beurteilt werden. Die Algorithmen müssen auf ihre Zwecke und Ziele hin überprüft werden. Diese Überprüfung kann nur von einem Wesen vorgenommen werden, das in der Lage ist, Handlungen als Zweckrealisierungsversuche auszuführen, zu verstehen und zu überprüfen. In diesem Sinne bleibt auch durch die KI-induzierten Innovationen das Bacon-Projekt in seinen Grundstrukturen erhalten.

15.7 Deterministische und probabilistische Voraussagen

Kausalerklärungen haben den großen pragmatischen Vorteil, dass sie sichere Voraussagen (Prognosen) ermöglichen. Viele Wissenschaftsphilosophen sehen in der Prognosefähigkeit – und nicht in einer repräsentativen Abbildung der „realen" Wirklichkeit – sogar die zentrale operative Bedeutung von interventionistischen „Theorien" (van Fraassen, 1980). Korrelationsanalysen auf der Basis großer Datenmengen gelangen demgegenüber grundsätzlich nicht zu derartigen deterministischen Prognosen. Ihre Zukunftsantizipationen, die unter dem Begriff der *predictive analytics* entwickelt werden, hängen von probabilistischen Präsuppositionen ab.

Deterministische Voraussagen in der Physik unterstellen ein deterministisch organisiertes Referenzobjekt, wie es beispielsweise für das Planetensystem angenommen wird. Das Referenzobjekt von Big Data ist jedoch grundsätzlich probabilistisch organisiert. Der Ersetzung von Kausalerklärungen durch Korrelationsanalysen entspricht – aufgrund der Struktur-Isomorphie von Erklärungen und Voraussagen – die Ersetzung von unkonditionierten Voraussagen durch konditionierte Voraussagen, wie sie bei Wettervorhersagen verwendet werden. Die Voraussage der nächsten Sonnenfinsternis ist danach strukturell etwas völlig anderes als die Voraussage des nächsten Regenschauers. Wettervorhersagen beruhen nicht auf Kausalerklärungen, sondern auf mehr oder weniger großen, in der Vergangenheit gewonnenen Datenmengen, die ein zukünftiges Ereignis mehr oder weniger nahelegen. Durch Mustererkennung bezogen auf Big Data und neue Techniken der Datenanalyse wächst die Sicherheit der Vorhersage und nähert sich in günstigen Fällen der Sicherheit der deterministischen Voraussage an, fällt aber grundsätzlich nicht mit ihr zusammen. Wenn es um lapidare pragmatische Probleme geht, im Beispiel die Frage, ob man den Regenschirm mitnimmt, mag es dann zwischen diesen Fällen keinen pragmatischen Unterschied geben. In anderen pragmatischen Kontexten kommt es aber gerade darauf an, ob man von einer Restunsicherheit ausgehen muss oder nicht. Ob man unnötigerweise einen Regenschirm mitgenommen hat, mag in den meisten Fällen belanglos sein. In medizinischen Kontexten, in denen es nicht selten um Leben und Tod geht, versucht man daher, Restunsicherheiten falsch-positiver oder falsch-negativer Voraussagen möglichst einzugrenzen.

Bis in das 20. Jahrhundert folgte die methodologische Grundvorstellung des Bacon-Projekts dem Verifikationismus, d. h. dem Versuch, wissenschaftliche Hypothesen durch Verfahren des „Wahrmachens" auszuweisen. Allerdings war spätestens seit Hume („Humesches Problem") geläufig, dass endlich viele Bestätigungsinstanzen, beispielsweise Experimente, aus logischen Gründen nicht einen generalisierenden Satz vom Typ „Alles Kupfer leitet Elektrizität" wahr machen können. Aus dieser methodologischen Verlegenheit hat Karl

Raimund Popper (1934) durch den Vorschlag geführt, den Verifikationismus durch den Falsifikationismus zu ersetzen. Danach soll man nicht versuchen, Hypothesen durch Erfahrung zu beweisen, sondern sie versuchsweise durch Erfahrung zu widerlegen. Wenn eine Hypothese dem Widerlegungsversuch widersteht, dann hat sie sich vorläufig bewährt. Aufgrund der Anzahl der (unabhängigen) Widerlegungsversuche lässt sich der Grad der Bewährung einer Hypothese angeben.

Der Falsifikationismus bietet eine Antwortstrategie für zwei unterschiedliche wissenschaftsphilosophische Probleme an. Einmal geht es um die Abgrenzung von wissenschaftlich sinnvollen gegenüber wissenschaftlich sinnlosen Aussagen. Zu den sinnlosen Aussagen gehören nicht die Aussagen, die aufgrund einfacher syntaktischer („Aua!") oder semantischer („Alle Bulgaren sind Primzahlen") Defizite nicht falsifizierbar sind, sondern vor allem solche, die wegen grundsätzlich empirisch nicht überprüfbarer Unterstellungen der Falsifikation entzogen sind. Dies gilt insbesondere für in Anspruch genommene wissenschaftliche „Theorien", die inhaltliche Falsifikationsverfahren durch eine Immunisierungsstrategie verbieten.[6] Falsifizierbarkeit ist also zum einen ein Abgrenzungskriterium. Darüber hinaus bildet das Verfahren der Falsifikation ein Wahrheitskriterium im Sinne eines Bewährungskriteriums. Um eine Theorie gleich welcher epistemischen Herkunft (von der bloßen Phantasie bis zu Annahmen, die sich aus anderen Theorien nahelegen) zu überprüfen, muss folgende Schrittfolge vollzogen werden:

(i) Aus Theorie-Kandidaten werden mithilfe der Logik Hypothesen deduziert.
(ii) Aus diesen Hypothesen werden Prognosen deduziert; diese Prognosen können empirisch (durch Experiment, …) widerlegt werden. Gelingt diese Widerlegung nicht, gilt die Theorie in Abhängigkeit von Häufigkeit und Härte des Testverfahrens als mehr oder weniger gut bestätigt. Dabei wird die Reproduzierbarkeit unterstellt, denn ein empirischer Test, der nur ein einziges Mal durchgeführt werden kann, ist kein Verfahren. Falsifizierbarkeit setzt Reproduzierbarkeit voraus.

Bei der Falsifikation geht es nicht um eine generelle Erkenntnissicherung (wie dies im Rahmen des Fallibilismus unterstellt wird). Primäre Erfahrungen, wie sie Menschen durch ihre fünf Sinne im Alltag „widerfahren" (nicht: „machen"), sind ausdrücklich nicht angesprochen. Vielmehr geht es um sekundäre Erfahrungen, die wesentlich auf Verallgemeinerung im Sinne von Hypothesen, Modellen oder Theorien beruhen. Bereits der Einsatz von Messgeräten im Rahmen von Experimenten, die der Widerlegung von Prognosen dienen sollen, beruht auf Verallgemeinerungen und führt immer zu sekundärer Erfahrung. Vom einfachen Thermometer bis zum komplexen Geigerzähler sind empirische Testverfahren von vornherein theorieimprägnierte Modelle. Aus ihnen lassen sich mathematisch formu-

---

[6] Popper nennt insbesondere die Marxistische Gesellschaftstheorie (Wer diese in Frage stellt, gilt als Klassenfeind), die Freudsche Psychoanalyse (Wer diese in Frage stellt, gilt als besonders schwer erkrankt) und die Christliche Metaphysik (Wer diese in Frage stellt, gilt als Ungläubiger) (1962). Zu Immunisierungsstrategien vgl. Albert (1968).

lierte Szenarien bilden, die viele Einzelbeobachtungen aus ganz unterschiedlichen Erkenntnisquellen zusammenfassen, um zu Verallgemeinerungen zu kommen. Das Verfahren der Falsifikation muss daher bei einer sehr schnell erreichten Stufe von Komplexität in zunehmendem Maße Vereinfachungen und Idealisierungen im Rahmen von Modellierungen vornehmen. Quantität und Qualität von Modellierungen werden nicht durch das Referenzobjekt der Theorien festgelegt, sondern hängen wesentlich von dem Zweck ab, der mit dem Geltungsanspruch der Theorie verbunden ist.

15.8 Methode und heuristische Urteilskraft

Ein großes Feld der wissenschaftsphilosophischen Diskussion des 20. Jahrhunderts besteht in der Auseinandersetzung mit Grenzen und Schwierigkeiten des Verfahrens der Falsifikation sowie Versuchen ihrer Überwindung. Eine bedeutende Grenze liegt darin, dass es sich ausschließlich auf empirisches Wissen bezieht, wie es beispielsweise durch Experimente bestätigt wird. Die für diese Form von Wissen konstitutiven Formalwissenschaften (vor allem Logik und Mathematik) fallen dabei völlig heraus. Aber auch im Raum des empirischen Wissens gibt es erhebliche Stolpersteine. In den Naturwissenschaften gibt es keineswegs nur generelle Aussagen vom Typ der Gesetzesaussagen. Es gibt durchaus singuläre Phänomene und entsprechende Existenzbehauptungen (vom Typ „Es gibt einen 80. Mond des Jupiter" oder „Dies ist das Schlüsselbein des Australopithecus"), die nicht nach dem Standardverfahren der Falsifikation auf ihre Bewährtheit hin überprüft werden können. Auch einmalige Großphänomene („Das Universum nach dem Urknall", „Das Weltklima") haben die ontologische Eigenheit, dass es gewissermaßen keinen Außenraum gibt, von dem aus falsifizierende Phänomene vorgebracht werden können. Erhebliche methodologische Komplikationen werfen Hypothesen über ferne Zeiten und Räume auf. Da die einfache Falsifikation durch Abwarten („Das Klima im Jahr 3000…") oder durch Fernreisen („Der Exoplanet in 1000 Lichtjahren Entfernung…") als Teststrategie entfällt, müssen indirekte Ersatzstrategien herangezogen werden, bei denen Hypothesen eingesetzt werden müssen, die ihrerseits einem Falsifikationsverfahren zu unterwerfen wären. In anderer Weise sind komplizierte indirekte Testverfahren einzusetzen, wenn es sich um Wahrscheinlichkeitsaussagen handelt, die sich auf ein empirisches Referenzobjekt beziehen. Wahrscheinlichkeitsaussagen enthalten gewissermaßen die Falsifikationsinstanzen schon in sich. Während der Satz „Alle Schwäne sind weiß" leicht zu falsifizieren wäre, wirft der Satz „Wahrscheinlich sind alle Schwäne weiß" erhebliche Probleme auf.

Sowohl verifikationistische als auch falsifikationistische Methodologien unterstellen zunächst, dass zwischen Instanzen der Bestätigung und der mehr oder weniger bestätigten Theorie eine Relation derart besteht, dass die Theorie umso mehr bestätigt ist, je mehr Instanzen für sie bzw. je weniger Instanzen gegen sie sprechen. Diese einfache Bestätigungsrelation ist schon dadurch in Frage gestellt, dass die Qualifizierung der Bestätigung einer Theorie auch von der absoluten Zahl der Verifikations- bzw. Falsifikationsverfahren abhängt, mehr aber noch von der Nicht-Trivialität der Bestätigungsinstanzen, beispielsweise der Experimente. Die Uneindeutigkeit wird noch einmal durch die zuerst von C. G. Hempel (1946) formulierte Paradoxie der Bestätigung (Rabenparadoxie) verschärft.

Eine Folgerung aus der Hempelschen Paradoxie ist das Unbestimmtstheorem (Duhem-Quine-These). Danach kann eine Theorie durch sehr verschiedene (sogar widersprüchliche oder disparate) Mengen von Evidenzen bestätigt werden. Vice versa gilt, dass eine konsistente Menge von Evidenzen viele Theorien bestätigen kann. Man erhält damit ein Nachfolgeproblem des Humeschen Induktionsproblems, das man als Problem des semantischen Überschusses einer Theorie bezeichnen kann: Endlich viele Evidenzen reichen nicht aus, um einen generellen Satz (z. B. ein Naturgesetz) zu bestätigen. Anders formuliert: Eine Theorie weist immer einen (nicht bestätigten) Überschuss über das empirische Wissen aus. Aus beiden Problemen folgt zusammenfassend das Mehrdeutigkeitsproblem: Das Verhältnis der Mengen primärer Erfahrung zu wissenschaftlichen Theorien ist mehr-mehrdeutig. Primäre Erfahrung (z. B. durch ein Experiment erzeugt) bestätigt viele Theorien; eine Theorie wird durch verschiedene (sogar widersprüchliche) Erfahrungen bestätigt. Es bedarf also materieller Kriterien, die beispielsweise – mit Blick auf die Rabenparadoxie – Schwäne grundsätzlich nicht als Bestätigungsinstanzen zulassen. Damit entsteht jedoch das gegenläufige Problem, dass man jede Theorie durch die Auswahl von Bestätigungsinstanzen verifizieren bzw. falsifizieren kann, indem man die falsifizierenden Instanzen als inhaltlich nicht einschlägig ausschließt oder als einschlägig einschließt. Die Unterbestimmtheit lässt sich auch schon am einfachen Verfahrensschema der Falsifikation erkennen: Auch wenn die Auswahl der möglicherweise falsifizierenden Instanzen aus den Hypothesen logisch deduziert wird, wird dadurch keine inhaltliche Auswahl dieser Instanzen vorgegeben. Erst recht besteht keine eindeutige logische Beziehung zwischen der angeblich falsifizierenden Instanz und der Hypothese, die falsifiziert wird. In dieser Richtung handelt es sich um ein Schlussverfahren vom Typ der „Abduktion". Der Wissenschaftler, der für die zur Debatte stehende Hypothese das Verfahren der Falsifikation durchlaufen will, muss also im Vorhinein unter Inkaufnahme möglicher Zirkel im Interesse der epistemischen Kontrolle pragmatische Kriterien heranziehen. Zu diesen gehören die wechselseitige Kohärenz mit anderen Theorien, Analogien zu anderen Wissensbereichen, der Blick auf andere Meinungen der Wissenschaftlergemeinschaft und andere Verfahren kluger Abwägung.

15.9 Theoriendynamik und die epistemische Funktion von Wissenschaftlergemeinschaften

Die dargestellten Probleme, das Verfahren der Falsifikation eindeutig zu rekonstruieren, haben seit Mitte des 20. Jahrhunderts zu erheblichen Zweifeln an der Vorstellung geführt, der faktische Forschungsprozess entwickle sich entlang der Befolgung eines normativen Sets von methodischen Regeln. Stattdessen wurde der Blick auf historisch-kontingente Prozesse der Wissensbildung in den Wissenschaften gelenkt, insbesondere auf die sozialen Interaktions- und Kommunikationsverfahren innerhalb der Wissenschaftlergemeinschaften in Wechselwirkung mit wissenschaftsexternen Einflussfaktoren. Besonders einflussreich war dabei zunächst die Konzeption der diachronen Wissenschaftsphilosophie, die der amerikanische Wissenschaftshistoriker und -philosoph T. S. Kuhn in mehreren Anläufen entwickelt hat (1970, 2000). In Auseinandersetzung mit der Vorstellung, dass die Wissenschaftsentwicklung kumulativ-kontinuierlich nach wissenschaftsinternen (methodologischen) Rationalitätskriterien verlaufe, beschreibt Kuhn einen diskontinuierlichen, auch von wissenschaftsexternen (sozialen) Faktoren bestimmten Wandel in der Wissenschaftsgeschichte. Der zentrale Begriff für die Erklärung des Phänomens des diskontinuierlichen Wandels ist der des Paradigmas, womit der Sachverhalt bezeichnet werden soll, dass einige anerkannte Vorbilder konkreter wissenschaftlicher Praxis die Muster liefern, gemäß denen die Wissenschaftlergemeinschaften ihre methodischen und sozialen Entscheidungen fällen. Was in einer Disziplin ‚rational' heißt, hängt danach jeweils von einem solchen Paradigma ab.

Im Anschluss an Kuhns Kritik an Popper hat es in der Wissenschaftsphilosophie des 20. Jahrhunderts eine breite Diskussion über das Verhältnis methodologischer Regeln zu kontingenten sozialen Einflüssen mit zahlreichen Lösungsversuchen gegeben (Radnitzky & Anderson, 1980). Vor allem Imre Lakatos hat einen einflussreichen Vermittlungsversuch zwischen Popper und Kuhn entwickelt (Lakatos, 1970). Im Gegensatz zu Kuhns Diskontinuitätsthese ist der Prozess der Wissenschaftsentwicklung nach Lakatos durch eine Kontinuität sich ablösender Theorien gekennzeichnet. Das Kontinuum entwickelt sich aus einer Menge methodologischer Regeln (‚Forschungsprogramm'), die teilweise Verbote (‚negative Heuristik'), teilweise Gebote (‚positive Heuristik') sind. Forschungsprogramme sind durch einen methodologischen ‚harten Kern' zu charakterisieren, der durch Hilfshypothesen gegen Überprüfung geschützt werden muss.

Die Diskussion über die Rolle einer wissenschaftlichen Methodologie und die Regeln interner Wissenschaftskommunikation in Wechselwirkung mit externen Einflussfaktoren, wie sie durch gesellschaftliche Erwartungen gebildet werden, die sich wiederum zu Instrumenten der Forschungsförderung verdichten können, spielt offenkundig eine epistemische und nicht nur eine pragmatische Rolle bei der Rekonstruktion wissenschaftlicher Geltungsansprüche und ihrer Einlösung. Die schematischen Deutungen der Wissenschaftsentwicklung, wonach diese entweder durch die Geltung ahistorischer Standards nur als intern induzierter Prozess oder als ein Reflex nur externer sozialer Faktoren verstanden wird, müssen nach P. Weingart (1972) durch eine „intervenierende Variable" des organisatorischen Aufbaus der Wissenschaft, ihrer Strukturen, Regeln und prozessualen Mechanismen miteinander verknüpft werden. Durch diese findet einerseits eine Vermittlung von sozialen Bedingungen und Einflüssen in wissenschaftliche, d. h. kognitive Prozesse statt, andererseits werden ihre Resultate über die spezifische Organisation der Wissenschaft in die Gesellschaft vermittelt und wirken auf diese. Der Bezug der sozialen und kognitiven Strukturen aufeinander im Rahmen einer einheitlichen Konzeption ergibt sich nur, wenn die Institution der Wissenschaft (als intervenierende Variable) auf ihre normativen Grundlagen hin untersucht und mit den normativen Ansprüchen, die Wissenschaftler kognitiv als Gründe erfahren, verglichen wird (Gethmann, 1981).

15.10 Die Unverzichtbarkeit menschlicher Erkenntnissubjekte

Der Falsifikationismus ist eine interne methodologische Wende innerhalb des Bacon-Projekts. Schon Popper hatte zunächst versucht, das Falsifikationsverfahren durch eine kanonische Prozedur anzugeben, die es sogar erlauben sollte, ein numerisches Maß für den

Grad der Bestätigung einer Hypothese zu ermitteln. Ein solches Verfahren ließe sich grundsätzlich durch einen Bestätigungsalgorithmus auf der Basis von Big Data verfeinern. Die weitere wissenschaftsphilosophische Debatte über den Begriff der Bestätigung, insbesondere das Problem der Unbestimmtheit, hat jedoch gezeigt, dass Bestätigungsversuche von materiellen Hintergrundannahmen, Risikoabwägungen und heuristischen Fähigkeiten abhängen, die sich nicht in ein kanonisches Verfahren überführen lassen, sondern von faktisch-kontingenten sozialen Faktoren abhängen. Die Vorstellung, die Wahrheitsprüfung von wissenschaftlichen Hypothesen letztlich Computern zu übertragen, ist daher unhaltbar.

Die Vorstellung der vollständigen Substituierbarkeit menschlicher kognitiver Leistungen macht von anthropologischen Präsuppositionen Gebrauch, die einer kritischen Betrachtung nicht standhalten. Dabei ist nicht ausgeschlossen, dass kognitive Teilfunktionen, wie beispielsweise Gedächtnisleistungen, von technischen Artefakten nicht nur ersetzt, sondern sogar hinsichtlich geringerer Störanfälligkeit, höherer Leistungsfähigkeit, tieferer Vernetzung u. a. übertroffen werden können. Technische Artefakte, die mit sog. Künstlicher „Intelligenz" ausgestattet sind, können jedoch grundsätzlich nicht als Akteure in wissenschaftlichen Begründungsdiskursen auftreten, weil ihnen die pragmatischen Merkmale der Handlungsurheberschaft und Zurechenbarkeit nicht zukommen. Hinsichtlich praktischer Aufgabenstellungen ist KI unter günstigen Bedingungen ein Hilfsmittel, aber kein geeignetes Instrument der definitiven epistemischen Leistungsbeurteilung und Entscheidung. Pragmatische und heuristische Faktoren wie Prüfung der Kohärenz mit anderen Evidenzquellen, Erfolgseinschätzungen u. a. spielen eine nicht zu vernachlässigende Rolle. Erfahrung, Einfallsreichtum, Fingerspitzengefühl, Übersicht und kommunikative Kompetenz sind konstitutive Fähigkeiten, die Falsifikationsverfahren anleiten müssen, aber nicht durch sie ersetzt werden können.

Aus dieser Feststellung ergeben sich unter Heranziehung naheliegender Prämissen einige Forderungen[7] für den Umgang mit KI im Bereich der Forschung. Die Bedingungen für den Umgang mit KI müssen so gestaltet sein, dass Forscher sich auch im Zeitalter von KI weiterhin als Urheber des Forschungshandelns begreifen können. Sie bleiben so trotz sog. „autonomer" informationstechnischer Teilprozesse Urheber bei der Erzeugung der Forschungsergebnisse und garantieren nicht zuletzt wegen der besonderen Reflexionserfordernisse zuweilen intransparenter KI-basierter Verfahren den Rahmen für eine gesellschaftlich zustimmungsfähige Wissenschaft.

Um dies zu gewährleisten, müssen Forschern schon in der fachlichen Sozialisation verpflichtende Aus- und Weiterbildungsmodule mit KI-Bezug angeboten werden. Diese Angebote sollen ihnen die notwendigen theoretischen und praktischen Grundkompetenzen KI-basierter Forschung inklusive entsprechender Erfahrungen und Fertigkeiten vermitteln. Diese Bildungsmaßnahmen sollen nicht nur das technische und das praktische Verständnis über KI-Systeme in der Forschung stärken, sondern auch dazu beitragen, ein gewissen „KI-Hype" auf die Sachebene hin zu entmystifizieren. Ziel dieser Maßnahmen ist dabei, die Urteilsfähigkeit von Forschern in neuartigen „kollaborativen" KI-Umgebungen zu ermöglichen bzw. zu er-

---

[7] Thematisch umfassendere Empfehlungen sind formuliert in Gethmann et al., Künstliche Intelligenz in der Forschung (S. IX–XII und S. 176–179).

halten. Dabei sind neue wissenschaftliche Risiken, aber auch neue erkenntnisbildenden Chancen durch KI-basierte Forschung zu vermitteln und mit den herkömmliche Methoden z. B. der Statistik und Wahrscheinlichkeitstheorie zusammenzuführen. Dies beinhaltet, die Forscher weiterhin auf die bewährten wissenschaftskonstituierenden Normen hin, wie die Sicherung der Falsifizierbarkeit und Reproduzierbarkeit ihrer Forschungsresultate, zu sensibilisieren.

Literatur

Albert, H. (1968). *Traktat über kritische Vernunft* (1. Aufl.). J.C.B. Mohr.
Anderson, C. (2008). *The end of theory: The data deluge makes the scientific method obsolete.* WIRED. http://archive.wired.com/science/discoveries/magazine/16-07/pb_theory. Zugegriffen am 11.12.2020.
Carrier, M., & Mittelstraß, J. (1989). *Geist – Gehirn – Verhalten*. De Gruyter.
Dreyfus, H. L. (1979). *What computers can't do. A critique of artificial reason*. Cambridge University Press.
Dreyfus, H. L. (1992). *What computers still can't do: A critique of artificial reason. New Edition*. MIT Press.
Fuchs, T. (2013). *Das Gehirn – ein Beziehungsorgan* (4. Aufl.). Kohlhammer.
Gethmann, C. F. (1979). *Protologik. Untersuchungen zur formalen Pragmatik von Begründungsdiskursen*. Suhrkamp.
Gethmann, C. F. (1981). Wissenschaftsforschung? Zur philosophischen Kritik der nachkuhnschen Reflexionswissenschaften. In P. Janich (Hrsg.), *Wissenschaftstheorie und Wissenschaftsforschung* (S. 9–38). Beck.
Gethmann, C. F. (2003). Wissen als Macht. Wissenschaftsphilosophische Überlegungen. In R. Emmermann et al. (Hrsg.), *An den Fronten der Forschung: Kosmos – Erde – Leben* (S. 238–245). Hirzel.
Gethmann, C. F. (2016). What remains of the fundamentum inconcussum in light of the modern sciences of humans? *Journal for General Philosophy of Science, 47*, 1–20.
Gethmann, C. F. (2023). *Konstruktive Ethik*. Springer Nature.
Gethmann, C. F., & Sander, T. (2002). Anti-Mentalismus. In M. Gutmann et al. (Hrsg.), *Kultur – Handlung – Wissenschaft* (S. 91–108). Velbrück.
Hempel, C. G. (1946). A note on paradoxes of confirmation. *Mind, 55*, 79–82.
Hengstenberg, H. E. (1957). *Philosophische Anthropologie*. Kohlhammer.
Hilgendorf, E. (2015). Recht und autonome Maschinen – ein Problemaufriss. In E. Hilgendorf & S. Hötitzsch (Hrsg.), *Das Recht vor den Herausforderungen der modernen Technik* (Bd. 4, S. 11–40). Nomos.
Kuhn, T. S. (1970). *The structure of scientifc revolutions* (2. Aufl.). University of Chicago Press.
Kuhn, T. S. (2000). The road since „Structure". In J. Conant & J. Haugeland (Hrsg.), *Philsophical essays*. University of Chicago Press.
Lakatos, I. (1970). Falsification and the methodology of scientific research programs. In I. Lakatos & A. Musgrave (Hrsg.), *Criticism and the growth of knowledge* (S. 91–196). Cambridge University Press.
Mainzer, K. (1995). *Computer – Neue Flügel des Geistes?* De Gruyter.
Mead, G. H. (1934). Mind, Self and Society from the Standpoint of a Social Behaviorist. In C. W. Morris (Hrsg.). Chicago University Press.
Plessner, H. (1928). *Die Stufen des Organischen und der Mensch*. DeGruyter. Wiederabdr. Gesammelte Schriften IV (2003). Suhrkamp: Frankfurt am Main.

Plessner, H. (1941). *Lachen und Weinen. Eine Untersuchung nach den Grenzen menschlichen Verhaltens. Arnheim: Van Loghum Slaterus. Wiederabdr. Gesammelte Schriften VII (2003).* Suhrkamp.
Popper, K. R. (1934). *Logik der Forschung.* Julius Springer.
Popper, K. R. (1962). *The open society and its enemies.* Routledge.
Radnitzky, G., & Andersson, G. (Hrsg.). (1980). *Fortschritt und Rationalität der Wissenschaft.* J.C.B. Mohr (Paul Siebeck).
Schäfer, L. (1993). *Das Bacon-Projekt. Von der Erkenntnis, Nutzung und Schonung der Natur.* Suhrkamp.
Scheler, M. (1916). *Der Formalismus in der Ethik und die materiale Wertethik.* Niemeyer.
Scheler, M. (1923). *Wesen und Formen der Sympathie* (2. Aufl.). F. Cohen.
Scherer, G. (1976). *Strukturen des Menschen.* Ludgerus.
Searle, J. (1984). *Minds, brains and science.* Cambridge University Press.
Turing, A. M. (1950). Computing machinery and intelligence. *Mind NS, 59*, 433–460.
Van Fraassen, B. C. (1980). *The scientific image.* Clarendon.
Weingart, P. (1972). Einführung. Wissenschaftsforschung und wissenschaftssoziologische Analyse. In P. Weingart (Hrsg.), *Wissenschaftssoziologie* (Bd. 1, S. 11–42). Fischer Athenäum.

Open Access Dieses Kapitel wird unter der Creative Commons Namensnennung - Nicht kommerziell - Keine Bearbeitung 4.0 International Lizenz (http://creativecommons.org/licenses/by-nc-nd/4.0/deed.de) veröffentlicht, welche die nicht-kommerzielle Nutzung, Vervielfältigung, Verbreitung und Wiedergabe in jeglichem Medium und Format erlaubt, sofern Sie den/die ursprünglichen Autor(en) und die Quelle ordnungsgemäß nennen, einen Link zur Creative Commons Lizenz beifügen und angeben, ob Änderungen vorgenommen wurden. Die Lizenz gibt Ihnen nicht das Recht, bearbeitete oder sonst wie umgestaltete Fassungen dieses Werkes zu verbreiten oder öffentlich wiederzugeben.

Die in diesem Kapitel enthaltenen Bilder und sonstiges Drittmaterial unterliegen ebenfalls der genannten Creative Commons Lizenz, sofern sich aus der Abbildungslegende nichts anderes ergibt. Sofern das betreffende Material nicht unter der genannten Creative Commons Lizenz steht und die betreffende Handlung nicht nach gesetzlichen Vorschriften erlaubt ist, ist auch für die oben aufgeführten nicht-kommerziellen Weiterverwendungen des Materials die Einwilligung des jeweiligen Rechteinhabers einzuholen.

Wenn der Mensch mit der Maschine: Beziehungen und Sex

16

Thomas Beschorner

> **Zusammenfassung**
>
> *Das Kapitel beschreibt Transformationsprozesse durch die Digitalisierung allgemein phänomenologisch (Abschn. 16.2) und befasst sich dann konkret mit Mensch-Maschine-Beziehungen am Beispiel von Sexrobotern (Abschn. 16.3). Dieser besondere Untersuchungsgegenstand ist ebenso ungewöhnlich wie interessant, denn er konfrontiert mit vielfältigen sozialwissenschaftlichen und philosophischen Fragen von grundsätzlicher Natur: Das Beispiel regt zum Nachdenken über Rekalibrierungen von Subjekt-Objekt-Beschreibungen an (Abschn. 16.4) und fordert damit zusammenhängend zu einer Justierung traditioneller normativer Ethiken hin zu einem „relational turn" (Abschn. 16.5). Das Kapitel endet mit einem kurzen Abschnitt (16.6), in dem dargelegt wird, warum die Digitalisierung eine Einladung zum Philosophieren ist.*

16.1 Digitalisierung ist Kultur

Wir waren in den vergangenen gut drei Jahrzehnten Zeitzeugen radikaler technologischer Veränderungen, die unsere Welt gehörig durcheinandergewirbelt haben. Seinen Ursprung hat dies in Technologiesprüngen, die in der Erfindung von Computern und dann später der Schaffung des Internets ihren Ausgangspunkt haben, durch die Entwicklung von Smartphones weiteren Schub erfuhren und in jüngster Vergangenheit durch massive Fortschritte im Bereich der sogenannten Künstlichen Intelligenz einen nächsten Höhepunkt zeigen.

T. Beschorner (✉)
Institut für Wirtschaftsethik, Universität St. Gallen, St. Gallen, Schweiz
E-Mail: thomas.beschorner@unisg.ch

Eine Digitalisierung von Wirtschaft und Gesellschaft wäre zwar ohne diese und viele weitere technologische Entwicklungen nicht möglich (gewesen); im Kern, so die erste These, charakterisiert Digitalisierung jedoch kulturelle Transformationsprozesse: Digitalisierung ist Kultur, die sich in vielen Prozessen der Denormalisierung von tradierten Praktiken und der Renormalisierung neuer Praktiken widerspiegelt (Beschorner & Hübscher, 2025).

Man liegt sicherlich nicht falsch, wenn man diese Entwicklungen im Bereich der Digitalisierung als ein Phänomen der Spätmoderne charakterisiert (Reckwitz & Rosa, 2021, S. 13 ff.), das ähnlich einschneidend sein dürfte wie die Industrialisierung seit dem späten 18. Jahrhundert – oder die bisher mit der Digitalisierung verbundenen Veränderungen gar noch übertrifft. Hier wie dort sind es Erfindungen von Maschinen, die die Gesellschaft transformieren und Beziehungen verändern. Die Industrialisierung führte beispielsweise zu einem neuen Verständnis von Arbeit und beeinflusste die „Produktionsverhältnisse", weil mit den Automaten etwas „dazwischen" kam, sich etwas zwischen menschliche Beziehungen setzte, das menschliche Beziehungen beeinflusste, Praktiken veränderte und systemische Wirkungen entfaltete. Recht ähnlich verhält es sich aus einer phänomenologischen Sicht mit der Digitalisierung, denn auch diese können wir als ein (neues) „Dazwischen" verstehen, wie es der Begriff „Internet" recht gut ausdrückt: Eine Technologie wirkt „zwischenmenschlich", und dies in der besonderen Form einer Vernetzung, die über nur bilaterale Beziehungen hinausreicht.

16.2 Das „Dazwischen": Phänomene der Digitalisierung

Wenn man Digitalisierung als ein kulturelles Phänomen begreift und dieses weitergehend umreißen will, so bieten sich dafür unter anderem Kulturtheorien an, die einen praxeologischen Blick auf (Veränderungen von) Praktiken richten, die neue Praxisformen oder Praxisformationen hervorbringen, welche ihrerseits wiederum auf Praktiken zurückwirken.

Unter Praktiken kann dabei im Einklang mit der praxeologischen Standardliteratur[1] ein Nexus von *Doings* der vielfältigen Art verstanden werden: Beispielsweise schreibe ich eine E-Mail, denke über den Inhalt nach, suche dabei nach Formulierungen und bediene die Tastatur meines Computers. Ich drücke den Sendeknopf und kommuniziere dadurch mit anderen.

Praktiken sind nicht unbewegt, sondern fluide. Einerseits beziehen sie sich immer auf andere Praxen (in der Vergangenheit), andererseits führen Praktiken zu Anschlusspraktiken. Praktiken sind also miteinander verkettet und bilden sich zu Netzwerken, die Praxisformen darstellen (Hillebrandt, 2014, S. 59 ff.). Die offensichtlichste Formierung von Praktiken zu Praxisformen vollzieht sich im Miteinander mit anderen Menschen oder Gruppen von Men-

---

[1] Für einen Überblick zu dieser Literatur vgl. beispielsweise die Beiträge im Sammelband von Schäfer (2016), die Diskussion zwischen Reckwitz und Rosa (2021) oder die Einführung von Hillebrandt (2014).

schen, was auf einen weiteren wesentlichen Aspekt praxeologischer Ansätze deutet: Eine Charakterisierung von Praxen ist nur relational (ich-du, du-sie, wir-ihr, auch als ich-es etc.) sinnvoll, weil sich Praxen im Sozialen, und nur im Sozialen ergeben, konkretisieren, zeigen, stabilisieren und transformieren.

Praxisformen gibt es in kleineren und größeren Maßstäben. Die E-Mail-Kommunikation ist ebenso eine einfache Praxisform wie das Schreiben eines Social-Media-Posts. In sehr viel weitergehenden und komplexeren Zusammenhängen bietet es sich an, mit Rahel Jaeggi (2014) von Lebensformen oder synonym von Praxisformationen (Hillebrandt, 2014, S. 60) zu sprechen, die als sehr große Bündel von Praktiken und Praxisformen verstanden werden können, welche auf „die eine oder andere Weise miteinander zusammenhängen und aufeinander bezogen sind" (Jaeggi, 2014, S. 77). Soziale Medien sind dafür ein gutes Beispiel, weil Verlautbarungen in diesen eine große Anzahl von Menschen ansprechen (und dies üblicherweise nicht einmal direkt), die ihrerseits Posts kommentieren, *liken* (dies verbunden mit spezifischen Anerkennungssystemen; es gibt keine Dislike-Funktionen) und in ihren Netzwerken teilen. Es ist auch gut möglich, dass eine Meldung gar keine Verbreitung findet (dies entscheiden Algorithmen der Betreiberunternehmen) oder man sich einen *„shitstorm"* einfängt usw.

In diesem Dreiklang von Praktiken, Praxisformen und Praxisformationen werden drei wesentliche Ursachen für den disruptiven Charakter von Digitalisierung deutlich, der die Gesellschaft im Guten wie im Schlechten beschäftigt (Beschorner & Hübscher, 2025, S. 113–117):

Da sind erstens veränderte Praktiken, die sich im Kern deshalb wandeln, weil sich die mit ihnen eng verbundenen „materiellen Arrangements" (Schatzki, 2016, S. 33) radikal und sehr schnell ändern, wofür neue technologische Möglichkeiten maßgeblich sind. Ein Beispiel: Unsere Praxis, sich in einer fremden Stadt von A nach B zu begeben, hat sich vom Lesen und Interpretieren eines Stadtplans hin zur Bedienung einer Maps-App auf unserem Smartphone verändert, die uns nach erfolgreicher Bedienung nahezu blind durch die neue Umgebung führt.

Veränderte Praktiken durch neue technologische Entwicklungen, so kann man sagen, hat es schon immer gegeben. Man denke beispielsweise an die Erfindung des Buchdrucks, des Webstuhls, der Eisenbahn oder des einfachen Taschenrechners. Und in der Tat sind die oben beispielhaft genannten neuen Praktiken (durch Technologien) zwar eine notwendige, aber keine hinreichende Erklärung für die enormen gesellschaftlichen Veränderungen der vergangenen Jahrzehnte.

Was als Phänomen deshalb hinzukommt, ist zweitens die Entwicklung von digitalen Technologien als Medien (s. Kap. 4). Mit dem Begriff Medium meine ich, wie bereits oben notiert, im Sinne seines Wortursprungs eine Mitte, ein „Dazwischen", weil sich bestimmte digitale Technologien als Medien in zwischen-menschlichen Beziehungen einnisten und diese auf unterschiedliche Art und Weise durchaus massiv prägen. Soziale Medien – nomen est omen – sind dafür natürlich ein Paradebeispiel. Hier ist man (mit Fremden) befreundet („*friends*"), folgt sich, streitet sich, beschimpft sich, hasst sich. Die Anzahl der Gefolgschaft ist zum Statussymbol geworden, dann ist man „*Influencer*". Und wer auf Social Media untätig ist, der findet zumindest in bestimmten Gruppenkontexten nicht statt.

Dieses neue „Dazwischen" ist derart wirkmächtig, dass sich dadurch für manche Menschen spezifische Identitäten und eigene Wirklichkeiten herausbilden, die auf andere Lebenswirklichkeiten einwirken. Die heute bekannten und im Einsatz befindlichen Plattformen werden für diese und ähnliche Phänomen vermutlich erst der Anfang sein, wenn man den Prognosen der Entwicklung des sogenannten „Metaverse" Glauben schenken will.

Digitale Technologien vermitteln hier nicht nur (neutral) die Interaktionen von Menschen, sondern wirken auch selbst auf unterschiedliche Art und Weise im neuen Sozialen, in der neuen Wirklichkeit. Sogenannte „*bots*" (in Verbindung mit „*fake accounts*") fabrizieren eigene Social-Media-Beiträge. Diverse Plattformen bieten an, Posts mithilfe von KI schreiben zu lassen. Und was für die Anwenderinnen sozialer Medienplattformen als Wirklichkeit angezeigt wird, das bestimmen die Plattformbetreiber über entsprechend eingestellte Algorithmen – zunehmend natürlich in „Zusammenarbeit" mit einer KI.

Es gibt drittens eine weitere Eigenschaft digitaler Technologien, die sie berechtigterweise als Großereignis auf die gesellschaftliche Agenda gebracht hat. Digitale Phänomene wirken schon heute in allen denkbaren Lebensbereichen von Menschen. Digitalität ist damit keine Bereichstechnologie, wie die Erfindung des Automobils oder die Entwicklung eines neuen Medikaments, sondern eine Totaltechnologie. Auch deshalb scheint es aus ihr kein Entkommen zu geben.

16.3 Mensch-Maschine-Beziehungen – das Beispiel Sexroboter

Phänomene der Digitalisierung beschränken sich nicht nur auf das oben beschriebene Dazwischen (Maschinen in menschlichen Beziehungen). Sie umfassen vielmehr auch „Menschen-mit-Maschine-Beziehungen", wozu sich in den vergangenen Jahren ein umfangreicher Forschungszweig entwickelt hat. Unter der Bezeichnung „Soziale Roboter" (auch *societal robot*, *socially interactive robot* und ähnlich) – vgl. beispielsweise die Sammelbände von Filimowicz und Tzankova (2018), Loh und Loh (2023); zur Diskussion im deutschsprachigen Raum vgl. Bendel (2021b) – geht es dabei um Interaktionen zwischen Menschen und Maschinen, wozu nicht nur Hardware-Roboter, sondern beispielsweise auch Chatbots, Voicebots, Social Bots, Hologramme usw. zählen (Bendel, 2021a, S. 4).

Sexroboter, die ich im Folgenden näher betrachten will, zählen hierbei in die Kategorie Serviceroboter, die der sexuellen Befriedigung von Menschen dienen. Knapp umrissen kann man sich Sexroboter anatomisch als lebensgroße Puppen mit mechanischen Ausstattungen vorstellen, versehen mit Elementen aus dem Bereich der Künstlichen Intelligenz. Sie verfügen über alle menschlichen Köperöffnungen und Körperteile. Es gibt weibliche wie männliche Exemplare. Den Modellvarianten sind keine Grenzen gesetzt: schwedisch blond, der asiatische Typ, oder doch lieber afro? Sexroboter sind anders als Sexpuppen interaktiv und verfügen wenigstens über grundlegende Bewegungsmöglichkeiten und teils auch über Berührungssensoren. Einige Geräte sind mit Sprachassistenten versehen, die eine rudimentäre Kommunikation ermöglichen, so verspricht es die Anbieter. Manche Sexroboter sollen bis zu 50 verschiedene Sexpositionen einnehmen können.² Einige Modelle verfügen über bestimmte „Modi", von schüchtern über „*Wild Wendy*" bis hin zu „*S&M Susan*", wie es in Produktbeschreibungen von Unternehmen heißt. In einem Modus zieren sich die Roboter besonders hartnäckig: Es kann eine Vergewaltigung simuliert werden.

Die Standardmodelle lassen sich ganz nach den persönlichen Vorlieben der Käufer anpassen: Augen- und Haarfarbe, dünn oder eher korpulent, Vaginaform, Busengröße, Penisgröße. Alle Facetten sind möglich. Exemplare mit Elfenohren? Auch das ist lieferbar. Und es gibt auch die Möglichkeit, noch stärker individualisierte Modelle zu bestellen. Diese können dann dem Ex-Partner oder der Ex-Partnerin, der eigenen Mutter, dem Vater oder auch einem achtjährigen Jungen oder Mädchen nachempfunden sein. Der Fantasie sind hier (leider) keine Grenzen gesetzt.

Wenigstens zwei Stellen dieser Kurzbeschreibung lassen aufmerken und wecken bei uns Menschen üblicherweise größere Irritationen, verbunden mit einem moralischen Reflex. Dies betrifft in besonderer Weise ein Unbehagen gegenüber Vergewaltigung von Robotern durch ihre Nutzer einerseits sowie gegenüber Sexrobotern in kindhafter Gestalt andererseits. Und in der Tat haben besonders diese beiden Themen hitzige Kontroversen ausgelöst, die zwischen zwei Polen oszillieren; man kann sogar durchaus sagen, die (politisch) polarisieren (dazu ausführlicher Beschorner & Krause, 2018). Die eine Fraktion argumentiert, dass derartige Praktiken mit Sexrobotern Vergewaltigungen und Pädophilie stimulieren, und sehen die Gefahr, dass sich ein entsprechendes Verhalten auf sexuelle Praktiken mit Menschen überträgt. Die andere Gruppe vertritt vereinfacht gesagt eine Katharsis-These und sieht in der Ausübung dieser sexuellen Praktiken mit Robotern die Möglichkeit einer Kanalisierung bestimmter Bedürfnisse. Und sie sieht weitergehend einen wichtigen Nutzen durch Sexroboter für Menschen, die keinen oder nur einen sehr eingeschränkten Zugang zu Sexualität haben, beispielsweise Menschen mit Kontaktängsten, Menschen mit Behinderungen, ältere Menschen.

Die angesprochene Thematik ist nicht nur Teil der wissenschaftlichen Diskussion (Beschorner & Krause, 2018, S. 130), sondern hat auch Einzug in politische Debatten und rechtliche Regulierungen erhalten. So gibt es verschiedene NGOs und Bewegungen, die sich für ein Verbot von Sexrobotern einsetzen. In einigen Ländern (für einen Überblick dazu vgl. Deutscher Bundestag, Wissenschaftliche Dienste, 2020) ist der Verkauf und auch der Kauf von Sexrobotern mit kindhafter Gestalt verboten. In Deutschland ist dies im § 184 l (1) des Strafgesetzbuchs („Inverkehrbringen, Erwerb und Besitz von Sexpuppen mit kindlichem Erscheinungsbild") geregelt, in dem es heißt: „*Mit Freiheitsstrafe bis zu fünf Jahren oder Geldstrafe wird bestraft, wer 1. eine körperliche Nachbildung eines Kindes oder eines Körperteiles eines Kindes, die nach ihrer Beschaffenheit zur Vornahme sexueller Handlungen bestimmt ist, herstellt, anbietet oder bewirbt oder 2. mit einer in Nummer 1 beschriebenen Nachbildung Handel treibt oder sie hierzu in oder durch den räumlichen Geltungsbereich dieses Gesetzes verbringt oder 3. ohne Handel zu treiben, eine in*

---

²Für eine Übersicht über das Spektrum der Angebote s. https://futureofsex.net/robots/state-of-the-sexbot-market-the-worlds-best-sex-robot-and-ai-love-doll-companies/ [19.07.2025].

Nummer 1 beschriebene Nachbildung veräußert, abgibt oder sonst in Verkehr bringt."³ Diese Maßgaben sind deshalb bemerkenswert, weil keine wissenschaftliche Evidenz zu der Frage vorliegt, ob Geschlechtsverkehr mit Sexrobotern in kindhafter Gestalt entsprechende sexuelle Praktiken bei Menschen (und mit Menschen) stimulieren oder diese kanalisieren. Und ebenso ist dies bei dem Thema Vergewaltigungen von Sexrobotern.

16.4 Zwischen-mensch-maschinliche Beziehungen und Subjekt-Objekt-Verhältnisse

In dem umrissenen Beispiel zu Sexrobotern scheinen verschiedene allgemeine Themen durch, die sowohl ontologischer und epistemischer als auch normativer Natur sind und grundsätzliche Fragen aufwerfen. Epistemisch geht es um eine (neue) Verhältnisbestimmung zwischen Subjekt und Objekt. Normativ geht es damit zusammenhängend um Erkundungen nach einer (neuen) Ethik.

Im traditionellen Denken ist die Welt wohlsortiert. Es gibt Subjekte – Menschen – und es gibt Objekte – Dinge. Wenn man auf dieser Grundlage nach normativen Gründen dafür sucht, weshalb ein Sexroboter nicht vergewaltigt werden sollte, so leitet sich dies nicht aus einem moralischen Anspruch der Roboter oder der Sorge um Roboter ab, sondern aus einem Menschsein des Menschen, mit einer Verantwortung für andere Menschen. Das Argument wäre, dass Gräueltaten gegenüber Robotern deshalb nicht moralisch statthaft sind, weil sie zu einer Verrohung der menschlichen Sitten führen können. Eine derartige Argumentation findet sich beispielsweise bei Immanuel Kant (1785, 1977) im Zusammenhang mit einer Tierethik:

> „(…) der Mensch [hat] sonst keine Pflicht, als bloß gegen den Menschen (sich selbst oder einen anderen); denn seine Pflicht gegen irgendein Subjekt ist die moralische Nötigung durch dieses seinen Willen" (§ 16);

> „In Ansehung des lebenden, obgleich vernunftlosen Teils der Geschöpfe ist die Pflicht der Enthaltung von gewaltsamer und zugleich grausamer Behandlung der Tiere der Pflicht des Menschen gegen sich selbst weit inniglicher entgegengesetzt, weil dadurch das Mitgefühl an ihrem Leiden im Menschen abgestumpft und dadurch eine der Moralität, im Verhältnisse zu anderen Menschen, sehr diensame natürliche Anlage geschwächt und nach und nach ausgetilgt wird" (§ 17).⁴

---

³ URL: https://dejure.org/gesetze/StGB/184l.html [19.07.2025].

⁴ Der sogenannte episodische Abschnitt mit den Paragraphen 16–18 findet sich in Kants Metaphysik der Sitten (1785, 1977, S. 577–580); ebenso verfügbar auf Zeno, URL: http://www.zeno.org/Philosophie/M/Kant,+Immanuel/Die+Metaphysik+der+Sitten/Zweiter+Teil.+Metaphysische+Anfangsgr%C3%BCnde+der+Tugendlehre/I.+Ethische+Elementarlehre/I.+Teil.+Von+den+Pflichten+gegen+sich+selbst+%C3%BCberhaupt/Erstes+Buch.+Von+den+vollkommenen+Pflichten+gegen+sich+selbst/Zweites+Hauptst%C3%BCck.+Die+Pflicht+des+Menschen+gegen+sich+selbst,+blo%C3%9F+als+einem+moralischen+Wesen/Episodischer+Abschnitt.+Von+der+Amphibolie+der+moralischen+Reflexionsbegriffe [19.07.2025]; vgl. dazu auch die Einordnung von Baranzke (2005).

Wir können also in dieser Hinsicht festhalten, dass es aus Sicht einer kantischen Ethik zwar moralische Argumente gegen Misshandlungen von Robotern geben könnte, diese aber lediglich indirekt angelegt sind.

Es gibt nun verschiedene Hinweise darauf, dass eine strikte kategoriale Trennung von Subjekt und Objekt gerade auch vor dem Hintergrund bestimmter Entwicklungen im Bereich der Digitalisierung nicht mehr wirklich funktioniert, sie wenigstens an Tiefenschärfe verliert und deshalb zu einem Nachdenken in Graubereichen einlädt. Zum einen können wir aktuelle Entwicklungen beobachten, bei denen der Mensch, das Subjekt, mit technischen Geräten ausgestattet ist. Im Moment liegen solche Geräte noch als Smartphones in unseren Händen und sind der verlängerte Arm in die Welt des Internets. Schon bald könnte diese Entwicklung jedoch voranschreiten und über Linsen oder Implantate zu einer Cyborgisierung des Menschen führen, bei der Subjekte mit Objekten verschmelzen. Plakativ formuliert wäre dies eine „Objektifizierung des Subjekts". Eine zweite Entwicklung deutet spiegelbildliche Veränderungen an: eine „Subjektvierung des Objekts". Die Dinge werden subjekthaft, genauer: Wir als Menschen weisen den Dingen subjekthafte Eigenschaften zu. Wir sehen und behandeln bestimmte Dinge, so kann man phänomenologisch sagen, eben nicht immer und nur als kalte, leblose Objekte. Das Ding ist in manchen Fällen nicht nur ein „it", sondern wird „he-ish" oder „she-ish".

Bei sozialen Robotern kann man dieses Phänomen in Teilen gut beobachten. „At first glance," schreibt Kate Darling (2016, S. 216),

> „it seems hard to justify differentiating between a social robot, such as a Pleo dinosaur toy, and a household appliance, such as a toaster. Both are man-made objects that can be purchased on Amazon and used as we please. Yet there is a difference in how we perceive these two artifacts. While toasters are designed to make toast, social robots are designed to act as our companions."

Beim Phänomen Sexroboter wird dies besonders gut sichtbar, weil vier Eigenschaften auf sie zutreffen (dazu ausführlicher Beschorner & Krause, 2018, S. 132 ff.): Erstens werden Sexroboter uns Menschen ähnlich sehen. Zweitens interagieren Menschen mit ihnen (Geschlechtsverkehr: „*inter-course*"). Drittens werden Sexroboter durch ihre Benutzer recht stark personalisiert. Viertens wird ihnen Zugang zu einem der intimsten Bereiche des menschlichen Lebens gewährt, der Sexualität. Es sind wenigstens diese vier Aspekte, die nach meiner Einschätzung dazu führen können, dass ein Stück verdrahtetes Plastik in der Betrachtung durch den Menschen in der Zukunft eine neue Gestalt annehmen wird. Wir kennen eine solche Entwicklung im Übrigen in der Kulturgeschichte von (Haus)-Tieren.

16.5 Relational Turn und Ethik

Man kann die Subjektivierung von Objekten natürlich auf den Prüfstand der Richtigkeit und Angemessenheit stellen und die subjekthaften Zuschreibungen an Roboter durch den Menschen als Fetischismus kritisieren. Dafür jedoch müsste man hinreichende Argumente liefern, die epistemischer und ontologischer – also nicht-normativer – Art sind. Normative Argumente gegen ein Faktum, wie es sich für die Menschen „darstellt",[5] würden jedenfalls (aus phänomenologischer Sicht) bedeuten, dass etwas nicht sein kann, weil es nicht sein darf oder sein sollte. Das wäre ein Kategorienfehler.

Knüpft man hingegen an den lebensweltlichen Erfahrungen der Menschen an und nimmt diese ernst, so ergeben sich daraus nicht nur ontologische und epistemische Verschiebungen, sondern damit zusammenhängend Herausforderungen für eine normative Ethik (Beschorner & Krause, 2018, S. 134 ff.):[6]

Erstens zeigt die Geschichte der Ethik und Moral deutlich, dass sich normative Ethik nicht auf die Verantwortung gegenüber dem Menschen beschränken muss und darf. Die Entwicklung der Tierethik ist hierfür ein anschauliches Beispiel, wie ich oben angedeutet habe.

Zweitens könnte man zwar argumentieren, dass die Tierethik lebende Arten betrifft, die leidensfähig sind, und wir als Menschen ein solches Leid nachempfinden können (Schopenhauer, 1851), während Roboter Objekte darstellen, bei denen wir nicht von Leid ausgehen können. Warum aber nehmen wir an, dass wir uns (moralisch) in Tiere einfühlen und Empathie für diese empfinden können? Auf diese Frage gibt es keine eindeutige wissenschaftliche (wissenschaftsbasierte) Antwort, und ich bin der Meinung, dass eine Antwort auch nicht notwendig ist.

Wichtiger sind unsere kulturellen Konstruktionen der Moral gegenüber anderen – anderen Menschen, Lebewesen oder Gegenständen. Auch hier ist es wichtig festzustellen, dass sich Fragen der Moral im Laufe der Zeit verändert haben: Im antiken Griechenland galten Sklaven nicht als Bürger und hatten daher fast keine moralischen Rechte. Dass die heutigen westlichen Gesellschaften den Menschen so etwas wie moralische Würde und moralische Pflichten zuschreiben, ist ein weiteres Beispiel dafür, dass Moral ein kulturelles Produkt ist, das sich in gewissem Maße über Raum und Zeit hinweg unterscheidet.

Drittens ist bei der Frage nach der Verantwortung gegenüber Objekten zu beachten, dass wir (1) in einigen Alltagssituationen bereits (individuell) in gewisser Weise moralisch gegenüber Objekten handeln und dass es (2) auch einige gesellschaftlich anerkannte moralische Normen in Bezug auf Objekte zu geben scheint. Ein Sexroboter in Form eines achtjährigen Jungen oder Mädchens wirft zum Beispiel moralische Fragen nach Recht und Unrecht auf, ebenso wie der „Vergewaltigungsknopf" bei einigen Sexrobotermodellen. Man könnte argumentieren, dass in solchen Fällen moralische Bedenken nur aufkommen, um die moralischen Standards zu schützen, wie Menschen sich gegenüber anderen Men-

---

[5] „What distinguishes third wave HCI (= Human-Computer Interaction, T.B.), therefore, is an epistemological shift from efforts to determine ‚what something is' to ‚how it appears to be'. This is precisely why third wave HCI can be described as phenomenological." (Gunkel, 2018b, S. 15).

[6] Ich hatte dies wie folgt charakterisiert: „Die derzeitige Diskussion zur Roboterethik denkt moralische Fragen anthropozentrisch, also vom Menschen her. Das ist legitim und auch nicht falsch, aber es begrenzt den Denkraum für ein ethisches Nachdenken unnötig, denn die Roboter bleiben damit unberücksichtigt – und dies nicht nur vorläufig, sondern grundsätzlich und systematisch." (Beschorner, 2018); vgl. dazu weitergehend auch die Kontroverse in der Neuen Zürcher Zeitung (NZZ): Brenner (2018); Seele (2018); Beschorner (2019).

schen verhalten (wie bei Kants Position zur Tierethik). Obwohl das Risiko einer Verrohung der Sitten gegeben sein könnte, bleibt diese Argumentation begrenzt.

Viertens, ob und inwieweit Menschen „moralische Erwägungen"[7] für Objekte entwickeln, hängt von den sozialen Rollen dieser Dinge ab, wie insbesondere die Technikphilosophen Marc Coeckelbergh (2010, 2023) und David Gunkel (2018a, 2023, 2024) in einer Vielzahl von Beiträgen sehr gut herausgearbeitet haben. Im Kern geht es dabei um einen *„relational turn"* (Gunkel, 2023) in der normativen Ethik:

> „Moral consideration is no longer seen as being 'intrinsic' to the entity: instead, it is seen as something that is 'extrinsic': it is attributed to entities within social relations and within a social context." (Coeckelbergh, 2010, S. 214)

> „As we encounter and interact with others – whether they be another human person, a non-human animal, or a seemingly intelligent machine – it is first and foremost experienced in relation to us. Consequently, the question of moral status does not depend on what the other is in its essence but on how she/he/it (and pronouns matter here) stands in relationship to us and how we decide, in the face of the other (to use Levinasian terminology), to respond." (Gunkel, 2023, S. 62)

Ich schlage, wie oben notiert, wenigstens vier Aspekte vor, um dieses *„in the face of the other"*, das „Antlitz des Anderen", zu erfassen (Beschorner & Krause, 2018, S. 133 ff.): Selbstähnlichkeit zu und Interaktion mit Objekten, die Personalisierung von Objekten sowie ihren Zugang zu Intimsphären. Dabei gilt: Je stärker diese Elemente mit Objekten verbunden sind, desto größer ist die Wahrscheinlichkeit einer „Objektmoral" auf individueller sowie auf sozialer und gesellschaftlicher Ebene.

Moralische Fragen in Bezug auf Sexroboter, das Beispiel, das ich in diesem Beitrag diskutiert habe, eignen sich hervorragend, um eine relativ neue gesellschaftliche Entwicklung zu beschreiben und zu analysieren, da sie in der Regel alle vier oben genannten Elemente enthalten.

16.6 Fin

Die Entwicklungen im Bereich der Digitalisierung stellen uns vor vielfältige Herausforderungen, die ebenso viele Gefahren bergen, wie sie Chancen für die Zukunft bieten. Jenseits der damit verbundenen Suche nach praktischen Problemlösungen konfrontiert uns die Digitalisierung zugleich – und oft unbemerkt – mit Fragen grundsätzlicher Natur, z. B. was ist der Mensch, wer ist der andere, was sind Beziehungen, und wie wollen wir diese gestalten. Digitalisierung ist Kultur und damit eine Einladung zum Philosophieren, welche die Philosophie, aber auch eine Vielzahl von sozialwissenschaftlichen Disziplinen freundlichst annehmen sollten.

---

[7] Ich verwende hier die Bezeichnung „moral consideration" von Marc Coeckelbergh (2010).

Literatur

Baranzke, H. (2005). Tierethik, Tiernatur und Moralanthropologie im Kontext von § 17, Tugendlehre. *Kant-Studien, 96*(3), 336–363.

Bendel, O. (2021a). Die fünf Dimensionen sozialer Roboter. Der Versuch einer Systematisierung. In O. Bendel (Hrsg.), *Soziale Roboter: Technikwissenschaftliche, wirtschaftswissenschaftliche, philosophische, psychologische und soziologische Grundlagen* (S. 4–20). Springer.

Bendel, O. (Hrsg.). (2021b). *Soziale Roboter: Technikwissenschaftliche, wirtschaftswissenschaftliche, philosophische, psychologische und soziologische Grundlagen*. Springer.

Beschorner, T. (2018, November 01). Roboterethik – eine Schlüsselfrage des 21. Jahrhunderts. *Neue Zürcher Zeitung (NZZ)*, 10.

Beschorner, T. (2019, Januar 10). Wenn der Mensch mit der Maschine. *Neue Zürcher Zeitung (NZZ)*, 10.

Beschorner, T., & Hübscher, M. (2025). Digitalisierung ist Kultur. Perspektiven der Kulturalen Ethik als K(D)E. In L. Heidbrink & B. Priddat (Hrsg.), *Wirtschaftsphilosophische Perspektiven der Digitalisierung* (S. 105–138). Verlag Karl Alber.

Beschorner, T., & Krause, F. (2018). Dolores and robot sex: Fragments of non-anthropocentric ethics. In A. D. Cheok & D. J. Levy (Hrsg.), *Love and sex with robots* (S. 128–137). Springer International Publishing.

Brenner, A. (2018, November 30). Roboterethik. Ethik und Bewusstsein. *Neue Zürcher Zeitung (NZZ)*, 10.

Coeckelbergh, M. (2010). Robot rights? Towards a social-relational justification of moral consideration. *Ethics and Information Technology, 12*, 209–221.

Coeckelbergh, M. (2023). How to do robots with words: A performative view of the moral status of humans and nonhumans. *Ethics and Information Technology, 25*(3), 1–9.

Darling, K. (2016). Extending legal protection to social robots: The effects of anthropomorphism, empathy, and violent behavior towards robotic objects. In R. Calo et al. (Hrsg.), *Robot law* (S. 213–232). Edward Elgar Publishing.

Deutscher Bundestag. Wissenschaftliche Dienste (2020). Die rechtliche Regulierung kinderähnlicher Sexpuppen. Rechtslage in ausgewählten Staaten. *Aktenzeichen*: WD 7 – 3000 – 072/20, 03.08.2020.

Filimowicz, M., & Tzankova, V. (2018). *New directions in third wave human-computer interaction: Volume 1 – Technologies*. Springer.

Gunkel, D. J. (2018a). The other question: Can and should robots have rights? *Ethics and Information Technology, 20*, 87–99.

Gunkel, D. J. (2018b). The relational turn: Third wave HCI and phenomenology. In M. Filimowicz & V. Tzankova (Hrsg.), *New directions in third wave human-computer interaction: Volume 1 – Technologies* (S. 11–24). Springer.

Gunkel, D. J. (2023). The Relational Turn. Thinking Robots Otherwise. In J. Loh & W. Loh (Hrsg.), *Social robotics and the good life. The normative side of forming emotional bonds with robots* (S. 55–76). transcript Verlag.

Gunkel, D. J. (2024). The rights of robots. In A. A. Nakagawa & C. Douzinas (Hrsg.), *Non-human rights* (S. 66–87). Edward Elgar Publishing.

Hillebrandt, F. (2014). *Soziologische Praxistheorien: eine Einführung*. Springer.

Jaeggi, R. (2014). *Kritik von Lebensformen* (2. Aufl.). Suhrkamp Verlag.

Kant, I. (1785, 1977). *Grundlegung zur Metaphysik der Sitten. Werke in zwölf Bänden, Band 8*. Suhrkamp.

Loh, J., & Loh, W. (Hrsg.). (2023). *Social robotics and the good life. The normative side of forming emotional bonds with robots*. transcript.

Reckwitz, A., & Rosa, H. (2021). *Spätmoderne in der Krise: Was leistet die Gesellschaftstheorie?* (2. Aufl.). Suhrkamp.

Schäfer, H. (Hrsg.). (2016). *Praxistheorie: ein soziologisches Forschungsprogramm*. transcript.

Schatzki, T. E. (2016). Praxistheorie als flache Ontologie. In H. Schäfer (Hrsg.), *Praxistheorie. Ein soziologisches Forschungsprogramm* (S. 29–44). transcript.

Schopenhauer, A. (1851). *Parerga und Paralipomena* (2. Bd)*, A. W. Hahn.*

Seele, P. (2018, Dezember 13). Roboterethik. Maschinen- und Algorithmenethik aus Sicht der Theorie moralischer Stämme. *Neue Zürcher Zeitung (NZZ)*, 10.

Open Access Dieses Kapitel wird unter der Creative Commons Namensnennung - Nicht kommerziell - Keine Bearbeitung 4.0 International Lizenz (http://creativecommons.org/licenses/by-nc-nd/4.0/deed.de) veröffentlicht, welche die nicht-kommerzielle Nutzung, Vervielfältigung, Verbreitung und Wiedergabe in jeglichem Medium und Format erlaubt, sofern Sie den/die ursprünglichen Autor(en) und die Quelle ordnungsgemäß nennen, einen Link zur Creative Commons Lizenz beifügen und angeben, ob Änderungen vorgenommen wurden. Die Lizenz gibt Ihnen nicht das Recht, bearbeitete oder sonst wie umgestaltete Fassungen dieses Werkes zu verbreiten oder öffentlich wiederzugeben.

Die in diesem Kapitel enthaltenen Bilder und sonstiges Drittmaterial unterliegen ebenfalls der genannten Creative Commons Lizenz, sofern sich aus der Abbildungslegende nichts anderes ergibt. Sofern das betreffende Material nicht unter der genannten Creative Commons Lizenz steht und die betreffende Handlung nicht nach gesetzlichen Vorschriften erlaubt ist, ist auch für die oben aufgeführten nicht-kommerziellen Weiterverwendungen des Materials die Einwilligung des jeweiligen Rechteinhabers einzuholen.

Teil V

KI-Einsatz in der Wirtschaft

Disruptiver wirtschaftlicher Strukturwandel

17

Frank Schmiedchen

> **Zusammenfassung**
>
> *Das Kapitel führt zu KI-Anwendungen in der Wirtschaft ein. Die digitale Transformation und der Einsatz Künstlicher Intelligenz haben einen disruptiven Strukturwandel ausgelöst, der oftmals als vierte industrielle Revolution bezeichnet wird. Das Kapitel erklärt wesentliche Begriffe und Zusammenhänge zwischen vernetzter Digitalisierung, Datenökonomie und Künstlicher Intelligenz und stellt den laufenden disruptiven Strukturwandel in einen historischen Zusammenhang. Es untersucht die besondere Bedeutung von KI am Beispiel der volkswirtschaftlichen Themen Produktivität und Wertschöpfung sowie einer sich verändernden internationalen Arbeitsteilung. Schließlich werden verstärkende geoökonomische Prozesse beschrieben und damit der Zusammenhang zu den Kapiteln „Der Beginn einer neuen Epoche" (I.1) und „Werte-Renaissance und neue Weltordnung: Der geoökonomische Rahmen für sicherheitsrelevant KI" (VII. 24) hergestellt, um die historische Tragweite verständlich zu machen.*

17.1 Einleitung

„Kali ist in bester Laune!"

Gemeinsam mit ihrem Ehemann Shiva wirbelt die hinduistische Göttin mal wieder alles durcheinander, was wir als gegeben angesehen haben. Sie ist die Kraft der schöpferischen Zerstörung, die alles vernichtet, um einen kreativen Neubeginn zu ermöglichen. Die damit zwangsläufig verbundenen „Opferungen" (Kuchuk, 2010) sind sinnbildlich eine Voraus-

F. Schmiedchen (✉)
Vereinigung Deutscher Wissenschaftler e.V., Berlin, Deutschland

setzung für den Neubeginn und eine unter hohem Druck erzwungene Anpassung an neue Gegebenheiten. Disruptionen sind natürliche Vorgänge in unserem Universum, die wir als disruptive Selektion aus der Biologie (Darwin, 2018/1859) oder als historische Umbrüche aus der Zivilisationsgeschichte (Potter, 2021) kennen. In der Auseinandersetzung mit dem menschlichen Streben, die Ordnung der Dinge durch ständige Erneuerung zu gewährleisten oder weiterzuentwickeln (Foucault, 2003/1974), ergibt sich die goldene Mitte eben gerade nicht als Produkt der Mäßigung, sondern als ein vorübergehender, fragiler Zustand, der immer wieder neu, im ständigen Kampf um das „Weiter", wiederhergestellt werden muss, seit der Mensch seine unreflektierte Einheit mit der Natur verloren (Varul, 2015) und begonnen hat, „sich zu entwickeln". Das Begreifen dieser „eingebauten" menschlichen Grundmotivation ermöglicht es, die disruptiven Entwicklungen, die mit der digitalen Transformation von Wirtschaft und soziokulturellem Überbau und vor allem mit der forcierten Entwicklung und Anwendung von Künstlicher Intelligenz einhergehen, als „normalen" evolutionären Schritt zu erkennen, der aber gleichzeitig in Geschwindigkeit, Umfang und möglichen Folgen revolutionär ist. Der Mensch ist ein äußerst neugieriges Säugetier, das stets nach einem „Mehr" an Erkenntnissen strebt, die nahezu immer, wenn sie in Form von Erfindungen oder Entdeckungen erst einmal in der Welt sind und sich als „nützlich" erwiesen haben, notfalls unabhängig von ethischen Überlegungen auch konsequent genutzt werden.

Dabei scheint es vor allem die Intention des Menschen zu sein, sich dank seiner Fantasie und Intelligenz sein Leben zu vereinfachen und es sich bequemer zu machen. Die Erfahrungen der letzten hundert Jahre zeigen: Gibt es eine Nachfrage (= kaufkräftiges Bedürfnis) nach einer Innovation, dann setzt sich diese über alle Bedenken hinweg durch. Dabei spielt es keine Rolle, ob es eine Innovation ist, die die Art des Produzierens verbessert (B2B) oder eine, die direkt auf Verbrauchernachfrage trifft (B2C).

Teil V des Buches beschreibt auf unterschiedlichen Ebenen, wie die digitale Transformation und vor allem die Nutzung von KI einen Prozess der kreativen Zerstörung ausgelöst haben, der in Umfang und Wirkung den Konsequenzen der vorangegangenen industriellen Revolutionen zumindest gleichkommt. Dieses Eingangskapitel von Teil V konzentriert sich auf ausgewählte volkswirtschaftliche Aspekte, die sich aus der Innovationsdynamik der digitalen Transformation und der Anwendung von KI ergeben. Hierfür wird zunächst der aktuelle Strukturwandel in größere theoretische und historische Zusammenhänge gestellt. Dem folgt eine Betrachtung des Besonderen der KI-Revolution (Priddat, 2017) jeweils am Beispiel eines volkswirtschaftstheoretischen (Wertschöpfung/ Produktivität) und eines volkswirtschaftspolitischen (internationale Arbeitsteilung) Prozesses. Damit fließen sowohl mikroökonomische als auch makroökonomische Argumente in die Diskussion ein. Meine Ausgangsthese ist, dass die sichtbare und absehbare KI-Entwicklung zunächst und im Wesentlichen die digitale Transformation und damit den aktuellen Strukturwandel verstärkt, der bereits in sich disruptiv ist und vor allem in Deutschland als vierte industrielle Revolution bezeichnet wird. Zugleich zeigt die gerade erst beginnende KI-Revolution Merkmale, eine Triebfeder des durch sie qualitativ veränderten Strukturwandels zu sein. Dieses Kapitel fokussiert auf weltweit wirkende, KI-induzierte disruptive Veränderungen ökonomischer Strukturen und Prozesse.

17.2 Grundlagen

17.2.1 Begriffsbestimmung und Annäherung an das Thema

Disruptiver Strukturwandel

Disruption meint einen Prozess der schöpferischen (kreativen) Zerstörung: grundlegende Veränderungen, die mit starken systemischen Verwerfungen, also mit Opfern, verbunden sind. Der Begriff Disruption wurde 1997 von Clayton Christensen in seinem Buch „*The Innovator's Dilemma*" geprägt[1] und wird seither meist im dort beschriebenen, sehr engen betriebswirtschaftlichen Sinne verwendet (1997; Christensen et al., 2015; vgl. zur Rezeption auch Schultz, 2019). Christensen fokussiert seine Betrachtungen disruptiver Innovationen auf die Durchsetzung neuer Geschäftsmodelle bzw. grundlegender Veränderungen von Marktstrukturen durch Lern- und Skaleneffekte. Im Mittelpunkt stehen für ihn einzelbetriebliche Beispiele des Scheiterns vormals innovativer Großunternehmen (z. B. Xerox, Kodak, Nokia), die durch ausschließlich evolutive (inkrementelle, iterative) Verbesserungen von Produkten und Prozessen der disruptiven Herausforderung von (neuen) Wettbewerbern begegnen wollten und damit letztlich scheiterten. Durch die disruptiven Innovationen der „jungen" Herausforderer werden Marktsegmente umdefiniert und bestehende Marktstrukturen durch ganz anders gestaltete Angebote ersetzt bzw. im Extremfall neue Märkte geschaffen (Christensen & Raynor, 2003, S. 98; Geffroy, 2018, S. 24 ff.; Roth, 2020, S. 98; Straubhaar, 2019; Kaufmann & Servatius, 2020). Diese Fokussierung auf einzelne Beispiele, die dann verallgemeinert werden, ist auch die wesentliche Kritik an Christensens Modell, das deshalb nur in Ausnahmefällen operativ anwendbar sei (Lepore, 2014; King, 2017). Christensens Ideen spielen in dem nachfolgenden Kapitel eine wesentlich größere Rolle, sind aber auch für meine Betrachtungen hier ein anschauliches Bild.

Unter Strukturwandel verstehen wir grundlegende, umfassende und tiefgreifende Veränderungen des inneren Aufbaus bestehender Systeme. Dementsprechend bezieht sich der Begriff des wirtschaftlichen Strukturwandels auf dauerhaft wirkende tiefe Einschnitte in Produktionsstrukturen, Produktionsprozesse und Konsummuster. Diese können innerhalb einer Volkswirtschaft sektoral, regional oder umfassend sein, und sie können ausschließlich nationale oder aber internationale bis globale Prozesse meinen. Disruptiv wäre dieser Strukturwandel immer dann zu nennen, wenn er mit starken systemischen Verwerfungen verbunden, also durch einen Prozess schöpferischer Zerstörung gekennzeichnet ist, der etwas völlig Neues hervorbringt, welches im Extremfall vorher nicht einmal denkbar war. Was Strukturwandel meint, entstammt in seinem Sinngehalt der Volkswirtschaftslehre, genauer: der Makroökonomie. Wir finden die Idee des Strukturwandels als substanzielle Beschreibung bei Karl Marx (1968/1867–1894, 1983/1848) sowie, auf ihm basierend und die Idee weiterentwickelnd, vor allem bei Joseph Schumpeter (1997/1911, 2020/1942). Für unsere Betrachtungen ist interessant, dass Schumpeter den Prozess der wirtschaftlichen

---

[1] Nachdem er den Begriff bereits zwei Jahre zuvor eingeführt hatte.

Entwicklung als fundamentale, spontane und diskontinuierliche Veränderung des wirtschaftlichen Status Quo beschreibt. Damit hat er die Idee der Disruption umrissen.

Vernetzte Digitalisierung und Big Data

Auf die strukturwandelnden Implikationen einer zunehmend vernetzten Digitalisierung in der Wirtschaft sind wir bereits umfassend in unserem Buch „*Wie wir leben wollen*" (Schmiedchen et al., Hrsg., 2021) eingegangen. Auf die dort getroffenen Aussagen wird hier ausdrücklich verwiesen. Wir gehen darin davon aus, dass bereits die fortgeschrittene Vernetzung digitaler Produktionsvorgänge einen Strukturwandel in der Wirtschaft eingeleitet hat. In der Bezeichnung haben wir uns dem deutschen Diskurs angeschlossen, der von einer vierten industriellen Revolution (oder Industrie 4.0) spricht. Dafür, dass die vernetzte Digitalisierung auch ohne KI zu einem disruptiven Aufbrechen vorhandener Branchenstrukturen geführt hat, stehen beispielsweise die ersten („vor-KI") Erfolgsjahre von Netflix und Amazon.

Big Data bezeichnet große Mengen strukturierter und unstrukturierter Daten (Schmitz, 2021, S. 3) und basiert auf der schier unendlich anmutenden Flut von Echtzeitdaten, die jeden Tag digital erfasst und gespeichert werden (Thönnessen, 2020, S. 34 f.). Dabei werden Volumen, Geschwindigkeit, Varietät und Qualität/Zuverlässigkeit der Daten betrachtet (Marchesi, 2020, S. 112 ff.; Schmitz, 2021, S. 3 ff.). Ein wesentlicher Aspekt der Datenökonomie, der die volkswirtschaftliche Betrachtung erheblich erschwert, ist die Frage des monetären Wertes sowie der Qualität von Daten (Lawrenz & Fischer, 2023, S. 47; Petersen, 2020, S. 69 ff.). Die mit der Messung und Berechnung einhergehenden methodischen Schwierigkeiten sind eine ernste Herausforderung für die quantitative Bestimmung der digitalen Wertschöpfung in den Volkswirtschaftlichen Gesamtrechnungen und eine strukturelle Quelle für Verzerrungen (vgl. Petersen, 2020, S. 163 ff.).

Die Nutzung vorhandenen Wissens und die Generierung neuen Wissens durch die Strukturierung und Umwandlung von Daten, die durch Sensoren oder andere Medien gewonnen und erst durch Kontextualisierung zu Informationen werden (vgl. Gronwald, 2024, S. 6 ff.), hat aus Daten einen außerordentlich wertvollen Rohstoff gemacht. 2023 wurden 132,4 Mrd. Zettabyte Daten generiert oder repliziert. 2021 waren es nur 84,5, und 2028 sollen es immerhin schon 393,9 Mrd. ZB sein (vgl. Statista, 2024a). 2010 waren es lediglich 2 Mrd. ZB (ebenda). Das bedeutet, dass sich derzeit der globale Datenumsatz ca. alle drei Jahre verdoppelt. Auch die weltweite Speicherkapazität ist seit 1986 exponentiell gewachsen. So betrug sie 2,6 Exabyte im Jahr 1986 und 2007 bereits 295 Exabyte (Hilbert & Lopez, 2011, S. 62). 2019 war die Welt dann bei 33.000 Exabyte angekommen (vgl. Kroker, 2019).

Dennoch verliert Big Data als Quelle und Treiber für die zukünftige digitale Transformation an Bedeutung. Ursächlich hierfür sind die gewachsenen Fähigkeiten zur Abstraktion und Vereinfachung der Datenozeane, um die sehr hohen Kosten der Datenverwaltung zu senken. Dabei spielen KI-Algorithmen eine entscheidende Rolle. Die KI-Revolution hat hier also einen qualitativen Kurswechsel hervorgerufen: Obwohl die verfügbaren Datenmengen immer größer werden und als Rohstoff von gleichbleibend hoher Bedeutung sind, haben datenzentrierte Innovationen messbar an Bedeutung für weitere Produktivitätsgewinne der fortgeschrittenen digitalen Transformation verloren (vgl. Reis & Housley, 2023, S. 35 ff.).

Künstliche Intelligenz
Der weltweite Umsatz mit KI wird für 2024 auf über 550 Mrd. US-$ geschätzt (vgl. Statista, 2024b). Die weltweiten Investitionen in KI stiegen seit 2012 mit zunehmender Geschwindigkeit (vgl. Kreutzer & Sirrenberg, 2019, S. 100 ff.; Buxmann & Schmidt, 2021, S. 21 ff.): Private Investitionen sind von 5,17 Mrd. US-$ (2013) auf 132,36 Mrd. US-$ (2021) gewachsen. Erstaunlicherweise sind sie 2022 (103,4 Mrd. US-$) und 2023 (95,99 Mrd. US-$) gesunken (vgl. Statista, 2024c). Dies könnte eine Folge der zuvor überdurchschnittlich erhöhten Investitionsvolumina sein, die dem Digitalisierungsschub in Zeiten der Covid-19-Pandemie geschuldet waren. In dieser Zeit wurden viele bereits geplante Investitionen vorgezogen, um dem stark erhöhten gesellschaftlichen Digitalisierungsbedarf Rechnung zu tragen. Für die Zukunft bis 2030 wird von einem weiteren Wachstum der weltweiten KI-Investitionen ausgegangen. So beziffert Goldman Sachs das weltweite Investitionsvolumen in KI für 2025 auf 200 Mrd. US-$, (Goldman Sachs, 2023), was in der Tat ein erneutes starkes Wachstum wäre.

Laut der jährlichen Erhebung zur Nutzung von Informations- und Kommunikationstechnologien (IKT) in Unternehmen in Deutschland, die das Statistische Bundesamt am 25. November 2024 präsentierte (Destatis, 2024), nutzten bereits 20 % der deutschen Unternehmen KI-Anwendungen. In die Erhebung waren 84.000 Unternehmen[2] einbezogen. Dies entspricht einem Anstieg um 8 % gegenüber der Erhebung von 2023, also innerhalb eines Jahres. Dabei steigt erwartungsgemäß die Einsatzquote mit der Unternehmensgröße: So sind es bei Unternehmen ab 250 Beschäftigten bereits 48 %, während es bei denen mit 50–249 Beschäftigten lediglich 28 % und bei denen mit weniger Arbeitnehmern nur 17 % sind, die KI-Systeme verwenden. Auch ist die Wachstumsgeschwindigkeit bei größeren Unternehmen höher (+13 % in einem Jahr).

Von den Unternehmen, die KI anwenden, nutzen 48 % diese zur Analyse von Schriftsprache (Text Mining) und 47 % zur Spracherkennung. 25 % nutzen KI zur Optimierung von Produktions- und Dienstleistungsprozessen und 24 % jeweils in der Verwaltung und im Bereich Controlling/Buchführung/Finanzverwaltung. Der Anteil der Unternehmen, die einen KI-Einsatz für nicht sinnvoll erachten, ist mittlerweile auf 21 % geschrumpft (Destatis, 2024). Es ist insbesondere die Privatwirtschaft, die bei der Adaptation von KI „vorandprescht" (Demary et al., 2021; Sreekala et al., 2024). Es ist darüber hinaus beobachtbar, dass besonders die großen Sprachmodelle eine neue Welle von KI-Adaptationen ausgelöst haben (Azhar, 2024; Minevich, 2023).

---

[2] 18.000 Unternehmen haben den Fragebogen beantwortet. Von der Grundgesamtheit hatten 52.000 Unternehmen mindestens 10 Beschäftigte.

17.2.2 Einordnung in die Technikgeschichte

Wie in der Einleitung angedeutet, sind strukturumwälzende Erneuerungen durch disruptive technologische Innovationen ein prägendes Merkmal menschlicher Produktivgeschichte (Brynjolfsson & McAfee, 2015).[3] Betrachten wir den Homo habilis als Teil unseres Selbstverständnisses menschlicher Geschichte auf dem Planeten Erde, hat es rund 1.990.000 Jahre lang keine nennenswerten technologischen Fortschritte in der Art und Weise gegeben, in der Menschen zweckgerichtet mit knappen Ressourcen umgegangen sind. Betrachten wir lediglich die Geschichte des Homo sapiens sapiens als menschlich, wären es immer noch 190.000 Jahre weitgehenden technologischen „Stillstands".

Erst seit rund 12.000 Jahren können nennenswerte technologische Innovationen nachgewiesen werden. Dabei veränderte sich die Geschwindigkeit, mit der sich dieser technologische Wandel in dieser Phase (bis 1450) vollzog, nicht wesentlich, obgleich es immer wieder auch verstärkte Innovationsphasen gab, wie beispielsweise 700–300 v. Chr., und wir auch Perioden von Rückschritten kennen, in denen bereits vorhandenes angewandtes Wissen verloren gegangen ist (z. B. Brand der Bibliothek von Alexandria, Übergang von der Antike zum Mittelalter, Inka-Technologien, Untergang von Al-Andaluz). Eine erste bleibende Beschleunigung der Technikentwicklung trat mit Beginn des europäischen Expansionsstrebens und der Renaissance ab 1450 ein.[4]

Um den Begriff der KI-Revolution historisch einordnen zu können, führe ich hier nur die wichtigsten vorindustriellen Beispiele technologisch-innovatorischer Disruptionen beispielhaft auf:[5]

- Der Faustkeil (ca. 1,75 Mio. Jahre alt und seit ca. 600.000 v. Chr. weitverbreitet) war das erste vielseitig verwendete Werkzeug auf der Erde.
- Die Handhabung des Feuers (ca. 800.000 v. Chr.) ermöglichte eine hygienischere Nahrungsverarbeitung und bot Kälteschutz. Ab 6000 v. Chr. war die Handhabung des Feuers Voraussetzung für die fortgeschrittene Metallverarbeitung durch das Einschmelzen von Erzen.
- Das Schiff (ca. 8000 v. Chr.) ermöglichte effiziente Fischerei und den maritimen (Fern-)Handel.

---

[3] Eine Ausnahme bildet nach heutigem Erkenntnisstand die neolithische Revolution. Die Sesshaftigkeit der Menschheit und damit verbunden der Beginn primär agrarischer Produktionssysteme hatten wohl religiöse Gründe. Jedenfalls deuten die Funde in Göbekli Tepe (Türkei) darauf hin, dass die agrarische Produktion Folge technologieunabhängiger, soziokultureller Entscheidungen war.

[4] Interessanterweise gibt es keinen methodisch differenzierten Gesamtüberblick der europäischen Dimension der Technikgeschichte von 1450 bis 1950 (Popplow, 2016).

[5] In diesem Fall gibt Wikipedia einen guten Gesamtüberblick: https://de.wikipedia.org/wiki/Chronologie_der_Technik.

- Die Schrift (ca. 6500 v. Chr.) ermöglichte eine beständigere Aufbewahrung und Weitergabe von Wissen jenseits mündlicher Überlieferungen. Die Erfindung des Buchdrucks mit beweglichen Typen (1450 n. Chr.) revolutionierte die Vervielfältigung dieses Wissens.[6]
- Das Gleitlager in seiner Form des Rades auf der Grundlage von Rollbalken und Schlitten (ca. 3600 v. Chr.) sowie die Töpferscheibe (ca. 4500 v. Chr.) ermöglichten den Ferntransport auf dem Landweg und revolutionierten die Keramikproduktion.

In der ersten (mechanischen) industriellen Revolution ab Mitte des 18. Jahrhunderts ermöglichte es vor allem die Erfindung von Dampf- und Spinnmaschine (1712/1769),[7] die vorhandenen (Textil-)Manufakturen zu industriellen Fertigungsstätten (Fabriken) produktiv weiterzuentwickeln. Eine zweite Welle löste die Erfindung und Verbreitung der Eisenbahn (ab 1814) und des Telegraphen (1838) aus. Die Erfindung des binären Codes und die „Verkabelung der Welt", die bereits 1870 in den westlichen Industrieländern weit fortgeschritten war, stellten den Höhepunkt und Abschluss der ersten industriellen Revolution dar (vgl. Osterhammel, 2020).

In der zweiten (elektrischen) industriellen Revolution ab Mitte des 19. Jahrhunderts war die massive wirtschaftliche Nutzung von wissenschaftlichen Erkenntnissen der Physik und Chemie Ausgangspunkt für die Entstehung moderner industrieller Massenproduktion. Insbesondere die Entdeckung der breiten Nutzbarkeit von Elektrizität (ab 1830) und die Erfindung des elektrischen Lichts (1841) ermöglichten die erforderlichen Produktivitätssteigerungen für die Massenproduktion. Die Erfindung des Elektromotors (1866) und bahnbrechende chemisch-pharmazeutische Innovationen ergänzten die zweite industrielle Revolution. Damit waren die Voraussetzungen für eine industrielle Reihenfertigung (später Fließfertigung) geschaffen.[8]

Die dritte (digitale) industrielle Revolution (ab 1950) basiert auf der Entwicklung des Mikrochips und hat durch Automatisierung und Digitalisierung die Art und Weise des Wirtschaftens in nur drei Jahrzehnten grundlegend verändert. Spätestens seit der Mitte des 20. Jahrhunderts können Menschen in ihrer Lebenszeit beobachten, was es bedeutet, dass die Geschwindigkeit der Technikentwicklung exponentiell ist. Zahlreiche Studien belegen, dass es dennoch für Menschen sehr schwer ist, sich ein adäquates Verständnis von „exponentiell" zu bilden (klassisch hier: das Seerosenbeispiel).

Auch hinsichtlich der räumlichen Verbreitung neuer Technologien in der Welt, also der Ausbreitung von Innovationen aus den technologischen Zentren hin zur technologischen Peripherie, ergeben sich spätestens seit 1980 eine völlig neue Qualität, Quantität und Ge-

---

[6] Bei Schriftzeichen und Zahlen handelt es sich um den ersten menschlichen Akt der Digitalisierung (vgl. Kap. 4 in diesem Buch sowie Lucks, 2020, S. 29 ff.).

[7] Die Newcomensche Dampfmaschine (1712) wurde durch James Watt im Wirkungsgrad erheblich verbessert (1769) (vgl. Stengel, 2017, S. 26).

[8] Abweichend vom volkswirtschaftlichen Kanon trennt Kai Lucks (2020, S. 43 ff.) die zweite industrielle Revolution in zwei unabhängige Ereignisse, so dass er mittlerweile bei der fünften industriellen Revolution angelangt ist.

schwindigkeit. Unbenommen der seit Menschheitsbeginn existierenden Wanderbewegungen sowie Handels- und Kolonialisierungsströme ist der Prozess der Globalisierung, wie er seit 1980 stattfindet, eine historisch einmalige Epoche. Technologische Innovationen und, diesen folgend, auch wirtschaftlicher Strukturwandel finden zunehmend zeitgleich auf mehreren Kontinenten der Erde statt bzw. verbreiten sich in nur wenigen Jahren weltweit. Damit wurde die dritte industrielle Revolution zum ersten planetaren disruptiven Strukturwandel. Mit der Massennutzung von Smartphone und entwickeltem Internet wurden vorhergehende Trends vor allem in Schwellen- und wohlhabenderen Entwicklungsländern (*middle income countries*), aber auch stellenweise in ärmeren Entwicklungsländern (z. B. Ruanda, Kenia) gebrochen, und die weitere wirtschaftliche Entwicklung wurde zumindest sektoral in Form von Sprung-Innovation (*leap frog*) auf eine qualitativ neue Stufe geführt.

Die Verbreitung der Anwendung Künstlicher Intelligenz verläuft im Vergleich zu den früheren Stadien und Aspekten der digitalen Transformation mit außergewöhnlich hoher Geschwindigkeit (IBM Watson, 2021; Minevich, 2023; Pavaloaia & Necula, 2023), so dass dem Einsatz von KI eine Schlüsselrolle bei der weiteren Entwicklung der digitalen Transformation zukommt.

17.3 Bedeutung der Künstlichen Intelligenz im disruptiven Strukturwandel

17.3.1 KI im Gesamtzusammenhang der digitalen Transformation

Voraussetzung für die derzeit stattfindende KI-Revolution waren die enorm gewachsene Rechenleistung von Prozessoren, die Explosion verfügbarer Datenmengen sowie große Fortschritte im Bereich des Maschinenlernens neuronaler Netzwerke (vgl. Heim & Gerth, 2023, S. 9 f.). Das Training neuronaler Netzwerke (*Machine Learning*) setzt digital verfügbare, große, heterogene und qualitativ gute Datenmengen voraus (Big Data), was wiederum hochentwickelte und -vernetzte digitale Strukturen voraussetzt. Dementsprechend gibt es eine Voraussetzungshierarchie für Entwicklung und Training neuronaler Netzwerke. Umgekehrt ist die Inwertsetzung von Big Data ohne den Einsatz von KI als Auswerter und Strukturierer nur sehr begrenzt möglich. Speziell das effiziente Auffinden von Korrelationen und Mustern in unüberschaubaren und weitgehend unstrukturierten Datenozeanen (*Data Mining*) bedarf leistungsfähiger und zuverlässiger KI-Algorithmen, die die manuelle Auswertung durch Datenanalysten (*Data Science*) zumindest teilweise verdrängen.

Der folgende Abschnitt zeigt ausführlich den Zusammenhang zwischen den verschiedenen Hierarchieebenen der Digitalisierung: KI-Strategien müssen, um sinnvoll und erfolgreich zu sein, auf einer effizienten Datenstrategie fußen, die wiederum integraler Teil einer entsprechenden Digitalisierungsstrategie der Organisation sein sollte. Das bedeutet einerseits, dass Digitalisierungs-, Daten- und KI-Strategien kohärent und aufeinander bezogen sein müssen, und andererseits, dass es eine Hierarchie gibt, deren Fundament eine solide Digitalisierungsstrategie sein sollte. Aus dieser können dann die „modernen" Aspekte der digitalen Transformation abgeleitet werden.

Die technologischen Entwicklungen, die den gewaltigen Investitionsschub von KI ermöglicht haben, sind eine exponentiell gewachsene, kostengünstige Rechenleistung und (nahezu) kostenlos verfügbare große Datenmengen. Aber auch eine damit eng verbundene Marktentwicklung war entscheidend: Weil Unternehmen, die auf ein digitales Geschäftsmodell gesetzt haben, zu den erfolgreichsten Unternehmen der Erde wurden und weil deren Geschäftsmodelle datengetrieben sind, konnten riesige Datenmengen von ihnen generiert werden. Ohne diesen vorangegangenen wirtschaftlichen Erfolg von Google (Alphabet), Facebook (Meta), Apple, Microsoft und Amazon wären vermutlich nicht oder nicht so schnell hinreichend Hochleistungsrechenzentren und Trainingsdaten für das maschinelle Lernen der ersten Generation entstanden (Daum, 2019). Folgt man diesen Überlegungen, dann ist die aktuelle KI-Revolution unmittelbar ein Produkt des Erfolges digitaler Geschäftsmodelle, vor allem der Plattformökonomie. Umgekehrt sind es die genannten Unternehmen und das hinzugekomme Tesla/X AI, die am stärksten an der Entwicklung der KI beteiligt sind und von KI-induzierten Disruptionen profitieren können. Dieser Zusammenhang ist von hoher Bedeutung, um eine verkürzte und technikzentrierte Zuschreibung der aktuellen Umwälzungen zu verhindern und die zugrunde liegenden sozioökonomischen Zusammenhänge mit den damit verbundenen Interessen- und Machtstrukturen im Zentrum der Analyse zu halten. Nur so gelangt man zu einer realitätsnahen Erklärung des „Warums" der KI-Revolution (Daum, 2019; Geffroy, 2018).

Die quantitativ wirkenden Entwicklungen auf dem Gebiet digitaler Hardware und Software, die mit exponentieller Geschwindigkeit stattfinden, sowie ihre Vernetzung haben durch die Entwicklung neuronaler Netzwerke und des maschinellen Lernens aber auch eine qualitative Veränderung der Digitalisierung als solcher mit sich gebracht. Das Einfügen einer maschinellen kognitiven Ebene verändert grundlegend die Möglichkeiten von Automatisierung. Indem KI als „lernfähiger" Algorithmus maschinelle bzw. Mensch-Maschine-Prozesse optimieren kann, verändert KI Prozesse kreativ und schafft eigenständig Mehrwert. Insofern wird durch KI die digitale Transformation „intelligent" und „lernfähig". Dies verändert in disruptiver Weise Wertschöpfungsketten – mit wiederum weitreichenden Auswirkungen auf die weltweite Wirtschaftsweise. Weitere wichtige Indizien eines eigenständig wirkenden disruptiven Strukturwandels durch KI sind die Möglichkeit, mithilfe von KI grundlegend neue Formen der Art und Weise zu kreieren, wie Innovationen selbst zustande kommen (Haefner et al., 2021; Beckert et al., 2023; Paaß & Hecker, 2020, S. 386 ff.), sowie auch der entscheidende Beitrag zur Erreichung qualitativer Sprunginnovationen (z. B. Protein Folding,[9] Toxikologie,[10] Autonomes Fahren[11]). Allerdings

---

[9] https://deepmind.google/technologies/alphafold/.
[10] https://www.collaborationspharma.com/.
[11] https://www.tesla.com/autopilot.

muss auch dann konsequent mitgedacht werden, dass die KI-Revolution logisch nicht von den anderen beschriebenen Elementen der digitalen Transformation, auf denen sie fußt, getrennt werden kann.

17.3.2 Veränderungen in Wertschöpfung und Produktivität

Die Frage, ob und in welchem Umfang der Einsatz von Künstlicher Intelligenz Wertschöpfung und Produktivität verändert, wird hier eingeführt und in den nächsten vier Kapiteln an Beispielen erläutert. Dies soll auch Forschungsinteresse für Fragen der Ökonomie von Technologie wecken, da dieses Forschungsthema noch weitgehend unerschlossen ist.

In der Volkswirtschaftslehre wird unter Wertschöpfung das aggregierte „Mehr" verstanden, welches innerhalb der Grenzen eines Landes von allen Akteuren (Bruttoinlandsprodukt) oder von den Staatsangehörigen des Landes weltweit (Bruttosozialprodukt oder Bruttoinländerprodukt) innerhalb einer Zeitperiode erwirtschaftet wird. Dabei wird automatisch die betriebswirtschaftliche Definition von Wertschöpfung mitgedacht. Diese besagt, dass die Summe des Outputs minus der Summe aller für die Erstellung des Outputs genutzten Inputs den Mehrwert darstellt, also Wertschöpfung ist. Es gibt drei Quellen für Wertschöpfung, die miteinander produktiv kombiniert werden: Natur, Arbeit und Kapital. Dabei kann bis zu einem gewissen Grad jeder der drei Faktoren durch die anderen substituiert werden. Das bedeutet, dass die jeweilige Zusammensetzung variiert. Mehrwert ist dabei das Ergebnis konkreter Arbeitsleistung, die als Schaffensprozess ein „Mehr" aus Natur und Kapital macht, wobei Kapital seinerseits das Ergebnis vorab produzierten Mehrwertes ist. Dabei sind kognitive Leistungen (z. B. Ideen, Erfindungen) inkludiert, sofern sie in ein verkaufsfähiges Produkt münden. Gerade diese kognitiven Leistungen spielen in der heutigen wirtschaftlichen Wertschöpfung eine zentrale Rolle (Redlich et al., 2017, S. 146 ff.).

Jeder Betrachtung von Wertschöpfungsprozessen liegt eine Grundsatzentscheidung zugrunde, was „Wert" ist und wie „Wert" betrachtet und letztlich gemessen werden soll. Hier unterscheidet die Ökonomie zwischen dem Gebrauchswert und dem Tauschwert. Wertschöpfung in Bezug auf den Gebrauchswert bedeutet, dass die Summe der aufgewandten Mittel einschließlich negativer externer Effekte[12] niedriger sein muss als der Nutzwert des erzeugten Produktes (Gut, Dienstleistung). Dabei spielen objektive und subjektive Einschätzungen des Gebrauchswertes eine Rolle. Das ergibt sich daraus, dass die „Nützlichkeit" eines Produktes immer auch subjektiv festgestellt werden muss. Der objektive Charakter ergibt sich in Anlehnung an Karl Popper dadurch, dass sich zumindest eine Gruppe von Individuen, letztlich aber eine Gemeinschaft oder die Gesellschaft darauf geeinigt hat, dass diese Nützlichkeit allgemein gegeben, also wahr ist.

Demgegenüber ist die Feststellung des Tauschwertes einfacher: Es handelt sich um den Geldbetrag (oder ein Äquivalent), der für das erzeugte Produkt gezahlt wird. Dem werden die tatsächlichen Vollkosten (Fixkosten + variable Kosten) des Produktionsaufwandes

---

[12] Z. B. Verschmutzung des Flusses, an dem die Produktionsstätte liegt.

gegenübergestellt. Eine Wertschöpfung findet statt, wenn der beim Verkauf des Produktes erzielte Preis höher ist als die gesamten Produktionskosten. Dabei spielen nicht internalisierte negative externe Effekte keine Rolle, da sie nicht als Kostenfaktor in Erscheinung treten. In Bezug auf den Gebrauchswert eines Gutes oder einer Dienstleistung stellt sich also die Frage, inwieweit KI einen höheren Grad bzw. eine neue Dimension von Nützlichkeit erzeugt und somit den Gebrauchswert erhöht. Bezogen auf den Tauschwert ist die Frage, inwieweit der Einsatz von KI die Differenz zwischen der Summe aller Inputfaktoren und dem erzielbaren Verkaufspreis steigert. Darüber hinaus muss der hier behauptete disruptive Charakter von KI sich dadurch beweisen, dass zumindest einzelne Prozessstufen der Wertschöpfungskette verändert werden oder wegfallen und eine neue Form von Wertschöpfungskette entsteht.

Ein wesentlicher Motivator für die Digitalisierung insgesamt und für den Einsatz von KI im Besonderen ist es, die Produktivität des Produktionsprozesses zu steigern. Nach den heute vorliegenden Erkenntnissen und Zahlen kann sicher davon ausgegangen werden, dass die Digitalisierung zu einem deutlichen Produktivitätswachstum führt (Falck et al., 2024). Die digitale Transformation hat also einen starken Einfluss auf das Wachstum der gesamtwirtschaftlichen Arbeitsproduktivität. Eine Studie der Bundesbank aus 2024 zeigt „auf Basis eines multisektoralen Makro-Modells", „dass ohne die Effizienzgewinne in den digitalen Branchen das Arbeitsproduktivitätswachstum in Deutschland, Frankreich und den Vereinigten Staaten zwischen 1996 und 2020 nur etwa halb so hoch gewesen wäre" (Falck et al., 2024).

Es ist derzeit aber nicht möglich, das tatsächliche Ausmaß digitaler Produktivitätsgewinne exakt zu messen. Das Solowsche Produktivitätsparadoxon von 1987 besagt, dass digitalisierungsbedingte Produktivitätszuwächse zumindest nur teilweise statistisch abgebildet werden können (hierzu und zu den folgenden Überlegungen des Abschnitts: Petersen, 2020, S. 72 ff. und S. 157 ff.).

Gemäß dem Paradoxon führt Digitalisierung statistisch zumindest partiell zu einer Abschwächung des Produktivitätswachstums. Dies ist jedoch der Nichtberücksichtigung von spezifisch digitalisierungsbedingten volkswirtschaftlichen Effekten geschuldet:

- Kostensenkungen, die an die Kunden weitergegeben werden und nicht dazu führen, dass die damit verbundenen Verluste des vorherigen Umsatzvolumens vollumfänglich durch einen höheren Absatz kompensiert werden, führen zu einer Reduktion des BIP. Das ignoriert aber den Wohlfahrtsgewinn, der aus den Preissenkungen resultiert und zu einer höheren Kaufkraft der Bevölkerung führt.
- Qualitätsverbesserungen und Zeitersparnis durch Digitalisierung werden lediglich in ihrer zerstörerischen Dimension bzw. gar nicht erfasst. Das smarte Telefon ersetzt beispielsweise Kamera, Scanner, Taschenrechner, Thermometer, Navigationsgeräte, Steuerungsgeräte, Audio-/Video-Abspielgeräte, Gesundheitschecks, PCs und Tablets usw. und verdrängt diese zum Teil endgültig und vollständig vom Markt. Smartphones kosten aber nur einen Bruchteil dessen, was diese Geräte vormals in ihren gesamten Lieferketten und den damit verbundenen Investitionskosten als Beitrag zum BIP „erwirtschaftet" haben. Darüber hinaus verringern sie für die Nutzer den Zeitaufwand,

der mit der Beschaffung und Koordination der verschiedenen Geräte, aber auch mit dem Informationsbeschaffungs- und Kommunikationsaufwand vorher verbunden war. Entsprechend dämpft dieser Effekt das statistisch messbare Produktivitätswachstum, führt jedoch zu erhöhten Wohlfahrtsgewinnen.
- Viele digitale Dienstleistungen werden unentgeltlich zur Verfügung gestellt und von den Konsumenten mit ihren Daten steuerfrei bezahlt. Dies wird ebenfalls nicht in der volkswirtschaftlichen Statistik erfasst.
- Crowd/Sharing Economy: Konsumenten beteiligen sich „ehrenamtlich" an der Produktion und Weiterentwicklung digitaler Produkte (Crowdsourcing, Prosumtion = Produktion + Konsum) und verwenden physische Produkte auf der Basis gemeinschaftlicher Nutzung. Damit fallen Arbeitslöhne weg, und der Umsatz von vormals gekauften Produkten, die nun nutzungsabhängig gemietet oder kostenfrei gemeinschaftlich genutzt werden, sinkt. Beides bewirkt eine Verringerung des BIP. Der Effekt wird noch dadurch verstärkt, dass beide Prozesse zum Teil nicht versteuert werden.

Die oben genannten Wohlfahrtsgewinne können dann, aber eben nur dann indirekt gemessen werden, wenn die höhere Kaufkraft und der Zeitgewinn für den Erwerb anderer Produkte, für die es einen Marktpreis gibt (z. B. kommerzielle Freizeitaktivitäten, Reisen), oder zur Generierung von zusätzlichem Einkommen (z. B. Selbstständigkeit, Nebenjob) genutzt werden. Ansonsten wirken die Effekte wie eine Verarmung der Gesellschaft, obwohl sie tatsächlich zur Erhöhung von Lebensstandard und Lebensqualität beitragen.

17.3.3 Folgen für die internationale Arbeitsteilung

KI-getriebene Abschwächung der Globalisierung
Das durch die Digitalisierung verstärkte, massive Sinken der Kosten für (Tele-)Kommunikation und Transport seit Ende der 1970er war ursächlich für das explosionsartige Anwachsen des Auslagerns von Produktionsprozessen bzw. Direktinvestitionen in Schwellen- und Entwicklungsländer (Offshoring). Damit ging eine exponentielle Steigerung von internationaler Arbeitsteilung sowie Welthandels- und -finanzströmen einher. Gleichzeitig nahm die Zahl von Unternehmenszusammenschlüssen (Mergers & Acquisitions) und das Entstehen global agierender Konzerne stark zu. Diese Phänomene werden allgemein als Globalisierung bezeichnet und waren 30 Jahre der vorherrschende Trend globaler wirtschaftlicher Entwicklung. Ordnungspolitisch ist die Globalisierung, die ja nach wie vor stattfindet, wenn auch mit nachlassender Geschwindigkeit, getragen von einer monetaristisch definierten, ordoliberalen Freihandelsdoktrin, die wiederum auf die Begründer der klassischen Volkswirtschaftslehre Adam Smith und David Ricardo zu Beginn des 19. Jahrhunderts zurückgeht und deren Gedanken die Chicago School in Form des Monetarismus radikal erneuert hat. Die wirtschaftspolitische Entsprechung des Monetarismus, der eine auf die Finanzströme fokussierte, ergänzte Version der radikal-liberalen

klassischen Ökonomie ist, war der sogenannte Washington-Konsensus, der, wenngleich erst 1990 von John Williamson so benannt,[13] bereits seit Anfang der 1980er-Jahre unter Führung der Regierungen Reagan (USA) und Thatcher (UK) wirkmächtig wurde. Dieses vereinfacht als Neoliberalismus bezeichnete Konglomerat normativer ökonomischer Weichenstellungen zugunsten eines entfesselten globalen Freihandels zwischen angebotsorientierten, deregulierten und möglichst weitgehend privatisierten Nationalökonomien hatte drastisch fallende Transaktionskosten vor allem in den Bereichen Verkehr und Digitalisierung als unbedingte Voraussetzung. Vor allem ohne den Prozess der schnell fortschreitenden Digitalisierung ab 1980 hätte die Globalisierung zumindest nicht in ihrem dann tatsächlichen Ausmaß stattgefunden.

Das Ende des ersten Kalten Krieges durch den Sieg des liberalen Kapitalismus ermöglichte es den USA und der EU, gemeinsam mit anderen westlich orientierten Staaten die GATT-Freihandelsverträge 1995 zu einer Welthandelsorganisation (WTO) weiterzuentwickeln, die die angelsächsische monetaristische Freihandelsdoktrin zum globalen Maßstab der Weltwirtschaft machte und diese in international verbindliche Regeln goss, die im Gegensatz zu fast allen anderen internationalen Regeln auch im Rahmen des Schiedsverfahrens durchsetzbar sind.

Die Blütezeit des regelbasierten Freihandels währte jedoch nur kurz. Oberflächlich betrachtet wirkt es, als wären es der Brexit (2016), die erste Wahl Donald Trumps zum US-Präsidenten (2016), der Ausbruch der Covid-19-Pandemie (2020), der Überfall Russlands auf die Ukraine (2022) sowie sich verändernde Konsummuster im Angesicht des Klimawandels gewesen, die die massive Umlenkung von grenzüberschreitenden Investitionsströmen bewirkten. Tatsächlich wurde es seit 2015 einfacher, Signale auch in den Medien wahrzunehmen, die protektionistische Ideen in unterschiedlichem Gewand wieder salonfähig machten. Eine genauere Betrachtung zeigt, dass Investitionen in der eigenen, in nahe gelegenen oder in „befreundeten" Regionen zeitlich mit dem Fortschreiten der vierten industriellen Revolution messbar zunahmen und demgegenüber Investitionen in Entwicklungsländern und zum Teil auch in Schwellenländern relativ abnahmen. Seit der Finanzkrise 2008 und verstärkt mit Beginn der vierten industriellen Revolution um 2011 verlangsamte sich das relative Wachstum des Welthandels bezogen auf das Wachstum der Weltproduktion (BMWK, 2019). Bezogen auf Deutschland hat die Handelselastizität (Exportwachstum im Verhältnis zum BIP-Wachstum) übrigens bereits seit 2001 nachgelassen. Weltweit liegt die Handelselastizität seit 2013 wieder auf dem Niveau der 1980er-Jahre, also unter 1. Das bedeutet, dass das Welt-BIP schneller wächst als der Welthandel (BMWK, 2019). Ebenso verringern sich bereits seit fünfzehn Jahren die grenzüberschreitenden Direktinvestitionen und Wertschöpfungsverflechtungen. Zwar trifft es nicht zu, in diesem Zusammenhang schon von einer Deglobalisierung zu sprechen.

---

[13] John Williamson war ab 1981 Senior Fellow des einflussreichen Institute of International Finance, mit dessen Hilfe führende westliche Geschäftsbanken ihre Interessen weltweit durchzusetzen versuchten. Zur Zeit der asiatischen Finanzkrise 1997/1998 war er Chief Economist South Asia der Weltbank.

Dennoch ist es wichtig, zur Kenntnis zu nehmen, dass der heute allseits sichtbare Paradigmenwechsel keine Folge des russischen (um 2007) und vor allem chinesischen (ab 2015) Kurswechsels hin zu einer aktiven Abgrenzung vom Westen ist.

Investitions- und Handelsströme konzentrieren sich wieder verstärkt auf die wirtschaftlichen Zentren der Welt.[14] Vor allem die Industrieländer beschließen zunehmend protektionistische Maßnahmen (z. B. nichttarifäre Handelshemmnisse, vgl. BMWK, 2019; Carbonero et al., 2018). Das zugrunde gelegte politische Schlagwort ist Resilienz. Das bedeutet, dass das populärmediale Narrativ auf Überlegungen zu Fragen der Sicherheit, Unabhängigkeit und Verlässlichkeit fußt. Das stimmt zwar, aber auch hier hilft Karl Marx, die tatsächlichen Zusammenhänge zu verstehen: Die Hierarchie von ökonomischen Kernprozessen und den auf diesen aufbauenden und ihnen entsprechenden soziokulturellen Aufbauten ist ein bisher nicht falsifizierter Zusammenhang in der Menschheitsgeschichte seit der Zeit der Jäger und Sammler. Es sind demnach nicht politische Faktoren primär ursächlich für die aktuelle Entwicklung von Reshoring und Nearshoring. Vielmehr ist es die technologieinduzierte radikale Veränderung der Bedingungen erfolgreichen wirtschaftlichen Handelns, die die internationale Arbeitsteilung wieder zurückdrängt und lokale und regionale Investitionen in den Hauptmärkten oder in deren unmittelbarer Nähe fördert.

Diese für die heutige Zeit eher ungewöhnliche These gilt es zu belegen: Im Mittelpunkt der vierten industriellen Revolution geht der Bedeutungszuwachs des Faktors Kapital durch beschleunigten Technologieeinsatz zu Lasten des Faktors Arbeit. Vor allem die Inwertsetzung des Rohstoffs Daten, der in grenzenlos scheinender Menge zur Verfügung steht, sowie der Einsatz von KI zur Aktivierung dieses Datenschatzes bewirken eine Substitution des Faktors Arbeit durch den Faktor Kapital unter deutlicher Erhöhung des Inputfaktors Energie (Petersen, 2020, S. 202 f.). Immer komplexere Arbeitsaufgaben und neue intelligente, miteinander digital vernetzte Produktionsverfahren, die Informationen austauschen und lernfähig sind, prägen zunehmend Produktionsprozesse in allen wirtschaftlichen Sektoren. Damit fallen klassische Digitalisierung sowie Vernetzung bis hin zu Clouds und dem Internet der Dinge mit der zunehmenden Leistungsfähigkeit von KI-Algorithmen zusammen. Dies ist keine evolutionäre Weiterentwicklung von Computerisierung und Automation, sondern eine revolutionäre disruptive Entwicklung. Durch die exponentiell zunehmende Anzahl von Sensoren sowie durch die Digitalisierung potenziell aller Dinge und ihre Vernetzung untereinander und mit Menschen wird erstmals denkbar, dass Wertschöpfungsprozesse durch KI-gesteuerte, automatisierte Maschinen beherrscht werden; und das über die gesamte Wertschöpfungskette von Forschung und Entwicklung, Produktdesign und Marketing, Produktion bis hin zu Recycling und Entsorgung.

Dieser technologische Prozess wirkte von Beginn an der bestehenden „materiellen" Globalisierung entgegen und änderte die Wettbewerbsfähigkeit weltweiter Produktionsstandorte erneut erheblich. Produktionsstätten in Industrieländern werden wieder wettbewerbs-

---

[14] Hierbei ist zu beachten, dass wirtschaftliche Zentren nicht gleichbedeutend mit Industrieländern sind. Neben Nordamerika und Europa sind es vor allem Ost- und Südostasien sowie Indien, die von der Globalisierung profitiert haben und auch in der vierten industriellen Revolution zu profitieren scheinen (vgl. Azevedo, D. et al,. 2016).

fähiger, da der Produktionsfaktor Arbeit und damit der Standortfaktor Arbeitskosten an Bedeutung verlieren (Kinkel, 2020; Petersen, 2020, S. 202). Dafür gewinnt der Produktionsfaktor Kapital weiter an Bedeutung. Kostenrelevante Faktoren, wie politische Stabilität (z. B. Good Governance, Kriege/Unruhen/Kriminalität, Steuern, Auflagen), Energie (Versorgungssicherheit, zur Verfügung stehende Mengen, Preise) sowie Expertenverfügbarkeit und Markt-/Kundennähe, verkehren die Kosten-Risiko-Struktur investitionsrelevanter Parameter, so dass die Kalkulationen, die zu einer Produktionsverlagerung in Schwellen- und Entwicklungsländer geführt haben, plötzlich zum gegenteiligen Ergebnis führen. Neue Investitionen werden so auch wieder in Industrieländern rentabel, und bestehende Investitionsentscheidungen werden zumindest zum Teil wieder rückgängig gemacht (Reshoring).

Hauptursächlich hierfür ist, dass Lohnveredelung und damit auch die Bedeutung von Arbeitskräften in Entwicklungsländern an Bedeutung verlieren. Investitionsstandorte in Entwicklungsländern werden dadurch vergleichsmäßig unattraktiver, und die Menschen in diesen Ländern verlieren zumindest an Verhandlungsmacht und müssen infolgedessen vermutlich mindestens sinkende Stundenlöhne in Kauf nehmen. Viele Arbeitsplätze werden aber auch wegfallen.

Auch die Qualifikationsanforderungen ändern sich. Die Nachfrage nach hochqualifizierten Fachkräften und nach sehr wenig Qualifizierten wächst, während die Nachfrage nach Mittelqualifizierten (z. B. Sachbearbeiter, Facharbeiter) sinkt (Petersen, 2020, S. 202 f.; Frey & Osborne, 2013; Graham et al., 2017, S. 158 ff.). Kurze Lieferwege und Qualitäts- und Sicherheitsüberlegungen (z. B. Resilienz von Lieferketten) werden gegenüber den abschmelzenden Kostenvorteilen bei gleichbleibenden Risiken in Entwicklungsländern wichtiger (Butollo, 2021, S. 145 ff.). Um die wieder wachsenden Nachteile für Entwicklungsländer in der internationalen Arbeitsteilung auszugleichen, bräuchte es einen konsolidierten, global abgestimmten Ansatz, z. B. durch entgegenwirkende Programme der Entwicklungsbanken. Dies ist mindestens seit 2018 bekannt (Hallward-Driemeier & Nayyar, 2018), doch scheint kein ernsthafter politischer Wille hierzu vorhanden zu sein. Dementsprechend muss davon ausgegangen werden, dass das Wohlstandsgefälle zwischen den meisten Industrie- und einer Reihe von Schwellenländer einerseits und allen anderen Ländern andererseits weiterwachsen wird.

Hier gibt es aber auch theoretische und in Einzelfällen sichtbare Gegentendenzen: Individualisierte Produktion und Automatisierung (z. B. KI und personalisierte Daten in Verbindung mit 3D-Druck) können auch lokale und regionale Produktion in urbanen (vor allem küstennahen) Zentren in ärmeren Entwicklungsländern lohnenswert machen. Dies umso mehr, wenn die Staaten, in denen diese Zentren liegen, regionalen Freihandelszonen angehören und ein Minimum an verlässlichen Transportwegen zwischen Kundenzentren existiert. Getrieben von digitalen Geschäftsmodellen sind auch in ärmeren Entwicklungsländern neue Wirtschaftsakteure entstanden, so dass die Einbindung lokaler Unternehmen durchaus möglich, aber eben nicht zwingend ist. Ganz allgemein kann bereits festgestellt werden, dass Entwicklungsländer nur dann überhaupt partizipieren können, wenn KI als Ergänzung menschlicher Arbeitskraft genutzt wird. In dem Umfang, in dem KI menschliche Arbeitskraft ersetzt, werden auch die Entwicklungsländer als Produktionsstandorte ersetzt werden. Die letzten zehn Jahren lassen jedenfalls eher erwarten, dass vor allem die Regionen Lateinamerika, Zentralasien und Afrika nicht unbedingt an dem bereits begonnenen goldenen KI-Zeitalter in größerem Umfang teilhaben werden.

Unterstützende geoökonomische Entwicklungen
Ohne das grundsätzliche Gesetz ursächlich technologisch-wirtschaftlicher Entwicklung und der darauffolgenden politisch-soziokulturellen Anpassung in Frage zu stellen, beobachten wir zeitgleiche Dynamiken politischer und gesellschaftlicher Veränderungen, die die oben beschriebene Veränderung der internationalen Arbeitsteilung erheblich verstärken und beschleunigen und zum Teil auch auslösen.

Um die Anfälligkeit der eigenen Lieferketten gegenüber externen Schocks zu mildern und die Zeiten auszudehnen, in denen die eigene Wirtschaft möglichst unabhängig vom „Ausland" weiterbetrieben werden kann, führen die unten genannten interagierenden Entwicklungen zu verstärkten Bemühungen, die Resilienz der nationalen Wirtschaften zu erhöhen.

Decoupling
2014 (Russland: Annexion der Krim) bzw. 2015 (China: grundlegende Parteitagsbeschlüsse) trat der Systemwettkampf zwischen westlich orientierten Industriestaaten auf der einen Seite und China und Russland auf der anderen Seite in eine neue Phase, die 2021 zu einer strategischen Zusammenarbeit Chinas und Russlands gemeinsam mit Iran führte. Dieser nicht formalisierten Allianz gelang es in kürzester Zeit, das globale Schachbrett neu zu ordnen und die westlich-liberale, regelbasierte Werteordnung deutlich zurückzudrängen. Erst der Sturz Präsident Assads in Syrien Ende 2024 hat hier einen wirksamen Gegenimpuls im Nahen Osten begründet, auch wenn dieser ganz sicher nicht zu einer prowestlichen, offenen Gesellschaft führen wird.

Die meisten der bedeutenden Unternehmen auf dem Gebiet der Künstlichen Intelligenz haben ihren Hauptsitz in den USA oder der V.R. China[15]. Auch für KI gilt das eherne Gesetz der Digitalisierung, dass der „Gewinner" sich den Löwenanteil der Beute nehmen kann und vor allem die weiteren Spielregeln (stark mit-)definiert. Deshalb können wir seit einigen Jahren einen sich beschleunigenden KI-Wettlauf beobachten, der zwischen einzelnen Unternehmen, aber eben auch zwischen den beiden staatlichen Systemkonkurrenten tobt. Die daraus resultierende Konsequenz für die Weltwirtschaft wird zumeist mit dem Begriff der Entkopplung (Decoupling) bezeichnet. Die Folge sind die oben beschriebenen Veränderungen von Investitionsflüssen zugunsten nahegelegener oder „befreundeter" Märkte. Bereits die Erfahrungen mit den handelsbezogenen Konsequenzen der Covid-19-Pandemie hinsichtlich der Anfälligkeit globalisierter Lieferketten gegenüber innenpolitisch motivierten Unterbrechungen von Produktion und Transport haben dabei wie eine

---

[15] Zwar spielen auch Deutschland, Japan, Südkorea, Israel, Taiwan, Vereinigtes Königreich, Schweiz, Frankreich, Italien, Polen, Singapur und Russland mit ihren Unternehmen eine wesentliche Rolle, aber die quantitativ herausragenden Produktionszentren für zukunftsweisende Neu- und Weiterentwicklungen im Bereich KI sind unbestritten die USA und China.

Art Rückkopplungsschleife funktioniert und die Geschwindigkeit und den Umfang der KI-getriebenen Digitalisierungswelle ebenso verstärkt wie den Prozess des Decouplings. Hinzu kamen kriegerische Einzelereignisse, wie die ab Dezember 2023 gemachten Erfahrungen mit den Folgen der Huthi-Angriffe im Roten Meer.

Ökologischer Regionalismus und Protektionismus
Wenngleich aus unterschiedlichen ideologischen Motiven heraus betrieben, haben auch die Veränderungen von Konsumenten- und Bürgerverhalten eine verstärkende Wirkung.

Einerseits wächst nach wie vor in urbanen westlichen Konsumzentren die Tendenz, eigene Konsummuster hinsichtlich ihrer ökologischen Nachhaltigkeit zu hinterfragen und zu versuchen, den individuellen CO_2-Fußabdruck zu verringern. Dies stärkt Ansätze zur Entkopplung von Energieinput und Warenoutput und vor allem lokale und regionale Warenkreisläufe. Auch kritisches Käuferverhalten und die zunehmend eingestampften ESG-/DIE-Agenden institutioneller Investoren und großer Unternehmen, die die soziale und ökologische Verantwortung in ihre Bilanzierung hineinnahmen,[16] verstärken Narrative, dass lokaler und regionaler Produktion Vorrang einzuräumen ist. Dies kann sich zukünftig auch deshalb wieder ändern, weil durch den Einsatz digitaler Technologien zur Rückverfolgbarkeit von Lieferketten die Akzeptanz von Produktion in Entwicklungsländern wieder wächst.[17]

Zugleich wächst die Neigung vor allem westlicher Staaten, ihre Wirtschaft gegenüber negativen äußeren Einflüssen abzuschotten und Freihandel zumindest partiell wieder einzuschränken. Dieser neue, oft nationalistisch oder populistisch vermittelte Protektionismus unterstützt in hohem Maße die Tendenz multinationaler Konzerne, in allen wesentlichen globalen Wirtschaftszentren (USA, Europa, China, Indien, Südostasien) mit Produktionsstandorten vertreten zu sein und ihre Lieferketten möglichst zu verkürzen.[18]

Im Gegenzug werden Investitionen in anderen Regionen der Erde entweder unterlassen oder zurückgefahren.

---

[16] Seit 2023 ist zu beobachten, dass eine wachsende Zahl v. a. US-amerikanischer Unternehmen wieder Abstand von sich freiwillig auferlegten Auflagen hinsichtlich Diversität, Gleichheit und Inklusion (DIE) sowie den sozial-ökologischen Bilanzierungsleitlinien (ESG) nimmt und stattdessen wieder erbrachte Leistungen als Qualifikations- und Unterscheidungsmerkmal betont.

[17] Auch hier kann beobachtet werden, dass die politische Zustimmung zu verpflichtenden Vorgaben hinsichtlich der Dokumentation von Lieferketten bereits wieder deutlich abnimmt.

[18] Wenn ein Produkt in den USA aus Vorprodukten besteht, die insgesamt elf Mal die Grenze zwischen den USA und Kanada in die eine oder in die andere Richtung überschreiten, dann würde ein Zollregime dazu führen, dass elf Mal Zölle zu entrichten sind, was die Produktionskosten vermutlich ins Absurde steigen ließe.

17.4 Was vom Tage übrigblieb

Der aktuelle disruptive Strukturwandel ist gekennzeichnet durch eine umfassende Vernetzung digitaler Prozesse durch die Erfassung und Nutzung riesiger Datenmengen und durch die Einführung von KI-Algorithmen auf allen Produktionsstufen bis hin zur selbstlernenden maschinellen Selbstorganisation in einem Unternehmen. Der sich schon jetzt abzeichnende flächendeckende Einsatz von KI-Algorithmen in allen Unternehmensbereichen und in allen Branchen verändert Produktivitätsmuster und Wertschöpfungsketten, was aber bereits durch die digitale Transformation ausgelöst wurde. Dabei spielt eine zentrale Rolle, dass der Einsatz von KI es erheblich erleichtert und zum Teil überhaupt erst ermöglicht, Produktionsprozesse vollständig zu dekonstruieren und völlig neue Lösungen sichtbar zu machen (s. Kap. 18: First-Principle-Thinking). Auch die sich noch in den Kinderschuhen befindlichen Möglichkeiten generativer KI-Anwendungen sind jenseits aller aufgeblähten Marketing-Hypes schon heute äußerst beeindruckend und werden in ihrer zweiten Stufe der agent-to-agent-Systeme auch seriöser. Die Wirkungen dieses Strukturwandels sind tief- und weitreichend. Sie verändern zunehmend und grundlegend die Art und Weise, wie Innovationen und Unternehmensführungs- und Konsumentscheidungen zustande kommen und Wertschöpfung über den gesamten Produktlebenszyklus hinweg disruptiv neu „erfunden" wird.

Bereits aufgrund des bisher Beobachtbaren hat die KI-Revolution auch schon in ihrem aktuellen Frühstadium das Potential eines disruptiv wirkenden Megatrends, der unsere Art und Weise zu produzieren und zu konsumieren grundlegend, revolutionär und für immer verändert. Stimmen, die leugnen, dass es sich bei KI um eine Schlüssel-, Querschnitts- oder Basistechnologie handelt, sind jedenfalls kaum noch zu hören.[19] KI hat das Potential einer Basistechnologie, die ähnlich wie die Beherrschung des Feuers, die Dampfmaschine oder die Elektrizität voraussichtlich eine unüberschaubare Zahl von Folgeinnovationen auslösen wird.

Ein besonderes Augenmerk ist darauf zu richten, inwieweit bestehende kleine und mittlere Unternehmen (KMU) den Sprung in die KI-getriebene digitale Transformation schaffen oder ob sie durch konkurrierende, etablierte Großunternehmen der gleichen Branche, durch multinationale Plattform-Unternehmen, die disruptiv den Markt neu bilden, oder durch innovative Start-ups, die völlig neue Lösungen finden, verdrängt werden. Die Adaptation von KI, Big Data und vernetzter Digitalisierung in KMU hat in den letzten Jahren deutlich an Beschleunigung gewonnen, so dass die 2018 noch weitverbreitete Skepsis (z. B. Schallow et al., 2018, S. 19 ff.) heute zumindest teilweise einer optimistischeren Sicht gewichen ist.

Dabei zeigt sich bereits ein wichtiges Verteilungsproblem. Während Großunternehmen mit datengetriebenen Geschäftsmodellen einen direkten Zugriff auf große Datenmengen haben, ist es für traditionell kleine und mittlere Unternehmen „nicht so einfach, relevante

---

[19] Als Schlüsselindustrie wird bezeichnet, was komplementäre Innovationen in unterschiedlichen Bereichen ermöglicht und weitverbreitet ist (vgl. Haefner & Morf, 2019, S. 47 ff.; Daum, 2019, S. 17).

und vor allem für die Geschäftszwecke nutzbare Daten und Informationen zu identifizieren" (Lawrenz & Fischer, 2023, S. 36; auch: Daum, 2019; Straubhaar, 2019; Geffroy, 2018, S. 17 ff.).

Um Missverständnisse zu vermeiden: Bei aller Technologie bleiben jedoch die entwickelten Fähigkeiten und Kenntnisse von Menschen zu Datenanalyse und Dateninterpretation eine Vorbedingung für eine effiziente Nutzung von Big Data und KI (Schmidt et al., 2021, S. 27 ff.).

Aufbauend auf diesen und in Kombination mit gesundem Menschenverstand, fundierten volks- und betriebswirtschaftlichen Kenntnissen und Kreativität ist es der Mensch allein, der Entscheidungen über die weitere Entwicklung des Unternehmens und der Volkswirtschaft treffen sollte. Weitergehende Überlegungen mit Bezug auf die Unternehmensführung finden sich im folgenden Kap. 18.

Literatur

de Albuquerque, V. H. et al. (2024). *Toward artificial general intelligence*. De Gruyter.
Azhar, A. (2024, Februar 28). Forrester's state of AI report suggests a wave of disruption is coming. *HPC Wire*. https://www.aiwire.net/2024/02/22/forresters-state-of-ai-report-suggests-a-wave-of-disruption-is-coming/. Zugegriffen am 22.12.2024.
Azevedo, D. et. al. (2016). Global Leaders, Challangers and Champions. https://www.bcg.com/publications/2016/growth-global-leaders-challangers-champions. Zugegriffen am 17.07.2025.
Beckert, B., et al. (2023). *Wie ändern sich Innovationsprozesse durch KI? Projekt am Fraunhofer ISI analysiert Ansätze und Perspektiven*. https://www.isi.fraunhofer.de/de/blog/2023/wie-aendern-sich-innovationsprozesse-durch-KI.html. Zugegriffen am 22.12.2024.
BMWK. (2019). *Weltwirtschaft im Wandel – Schlaglichter der Wirtschaftspolitik*. Nr. 12/19. https://www.bmwk.de/Redaktion/DE/Schlaglichter-der-Wirtschaftspolitik/2019/12/kapitel-1-3-weltwirtschaft-im-wandel.html. Zugegriffen am 22.12.2024.
Brynjolfsson, E., & McAfee, A. (2015). *The second machine age*. Norton & Company Verlag.
Butollo, F. (2021). Deglobalisierung? Auswirkungen der Digitalisierung auf die internationale Arbeitsteilung. In C. Schnell et al. (Hrsg.), *Gutes Arbeiten im digitalen Zeitalter* (S. 145–158).
Buxmann, P., & Schmidt, H. (2021). *Künstliche Intelligenz – Mit Algorithmen zum wirtschaftlichen Erfolg*. Springer Gabler.
Carbonero, F., et al. (2018). *Robots worldwide: The impact of automation on employment and trade*. ILO Research Department – Working Paper Nr. 36. Genf. https://www.ilo.org/sites/default/files/wcmsp5/groups/public/@dgreports/@inst/documents/publication/wcms_648063.pdf. Zugegriffen am 22.12.2024.
Christensen, C. (1997). *The Innovator's Dilemma – When new technologies cause great firms to fail*. Harvard Business ReviewPress.
Christensen, C., & Raynor, M. (2003). *The innovator's solution – Creating and sustaining successful growth*. Harvard Business Review Press.
Christensen, C., et al. (2015). *What is disruptive innovation?* https://hbr.org/2015/12/what-is-disruptive-innovation. Zugegriffen am 22.12.2024.
Darwin, C. (2018/1859). *Der Ursprung der Arten/On the Origin of Species by Means of Natural Selection, or the Preservation of Favoured Races in the Struggle for Life*. Klett-Cotta.
Daum, T. (2019). *Die Künstliche Intelligenz des Kapitals*. Edition Nautilus.

De Propris, L., & Bailey, D. (Hrsg.). (2020). *Industry 4.0 and regional transformations (regions and cities)*. Routledge London.

Demary, V., et al. (2021, Oktober 06). Die Wirtschaft setzt auf künstliche Intelligenz. *IWD Informationsdienst der Deutschen Wirtschaft*. https://www.iwd.de/artikel/die-wirtschaft-setzt-auf-kuenstliche-intelligenz-522923/. Zugegriffen am 22.12.2024.

Destatis. (2024). *Jedes fünfte Unternehmen nutzt künstliche Intelligenz*. https://www.destatis.de/DE/Presse/Pressemitteilungen/2024/11/PD24_444_52911.html. Zugegriffen am 17.07.2025.

Falck, E., et al. (2024). *Auswirkungen des digitalen Wandels auf die Arbeitsproduktivität*. https://www.bundesbank.de/de/publikationen/forschung/research-brief/2024-65-digitaler-wandel-arbeitsproduktivitaet-829268. Zugegriffen am 22.12.2024.

Foucault, M. (2003/1974). *Die Ordnung der Dinge*. Suhrkamp.

Frey, C. B., & Osborne, M. A. (2013). *The future of employment: How susceptible are jobs to computerisation*. Oxford University. https://oms-www.files.svdcdn.com/production/downloads/academic/future-of-employment.pdf. Zugegriffen am 23.12.2024.

Frick, D., et al. (2021). *Data Science – Konzepte, Erfahrungen, Fallstudien und Praxis*. Springer Vieweg.

Geffroy, E. K. (2018). *Das Ende der Geschäftsmodelle – Neue Strategien für eine disruptive Welt*. Redline Verlag.

Goldmann Sachs. (2023). *Prognosen zufolge werden Investitionen in KI bis 2025 weltweit die Marke von 200 Milliarden US-Dollar erreichen*. https://www-goldmansachs-com.translate.goog/insights/articles/ai-investment-forecast-to-approach-200-billion-globally-by-2025.html?_x_tr_sl=en&_x_tr_tl=de&_x_tr_hl=de&_x_tr_pto=rq&_x_tr_hist=true. Zugegriffen am 21.12.2024.

Graham, M., et al. (2017). *Digital labour and development: Impacts of global digital labour platforms and the gig economy on worker livelihoods*. https://pmc.ncbi.nlm.nih.gov/articles/PMC5518998/. Zugegriffen am 23.12.2024.

Grivas, S. G. (2020). *Digital Business Development*. Springer Gabler.

Gronwald, K.-D. (2024). *Data Management. Der Weg zum datengetriebenen Unternehmen*. Springer Vieweg.

Haefner, N., & Morf, P. (2019). Management von AI-Initiativen in Unternehmen. In O. Gassmann & P. Sutter (Hrsg.), *Digitale Transformation gestalten* (S. 43–57).

Haefner, N., et al. (2021). Artificial intelligence and innovation management: A review, framework, and research agenda. *Technological Forecasting & Social Change, 162*(2021), 120392. https://pdf.sciencedirectassets.com

Hallward-Driemeier, M., & Nayyar, G. (2018). *Trouble in the Making? The Future of Manufacturing-Led Development*. The World Bank Group. https://documents1.worldbank.org/curated/en/720691510129384377/pdf/121005-PUB-ADDBOX-405304B-PUBLIC-PUBDATE-10-12-17.pdf. Zugegriffen am 23.12.2024.

Heim, L., & Gerth, S. (Hrsg.). (2023). *Entrepreneurship der Zukunft. Voraussetzung, Implementierung und Anwendung von KI im Rahmen datenbasierter Geschäftsmodelle*. Springer Gabler.

Hilbert, M., & Lopez, P. (2011). *The world's technological capacity to store, communicate, and compute information*. https://pdodds.w3.uvm.edu/files/papers/others/everything/hilbert2011a.pdf. Zugegriffen am 01.10.2024.

IBM Watson. (2021). *Global AI Adoption Index 2021*. New research commissioned by IBM in partnership with Morning Consult.

Kaufmann, T., & Servatius, H.-G. (2020). *Das Internet der Dinge und Künstliche Intelligenz als Game Changer*. Springer Vieweg.

King, A. (2017). *The theory of disruptive innovation: Science or allegory?* https://eiexchange.com/content/299-the-theory-of-disruptive-innovation-science-or-a. Zugegriffen am 04.02.2025.

Kinkel, S. (2020). Industry 4.0 and reshoring. In L. De Propris & D. Bailey (Hrsg.), *Industry 4.0 and regional transformations (regions and cities)* (S. 195–213).

Kreutzer, R. T., & Sirrenberg, M. (2019). *Künstliche Intelligenz verstehen*. Springer Gabler.

Kroker, M. (2019). *Die Größe des globalen Datenbestands von 33.000 Exabytes anschaulich umgerechnet*. https://blog.wiwo.de/look-at-it/2019/03/06/die-groesse-des-globalen-datenbestands-von-33-000-exabytes-anschaulich-umgerechnet/. Zugegriffen am 01.10.2024.

Kuchuk, N. (2010). *The Intimacy of the Sacred in Kali Worship and Sacrifice*. https://docslib.org/doc/5151649/the-intimacy-of-the-sacred-in-kali-worship-and-sacrifice. Zugegriffen am 04.06.2024.

Lawrenz, S., & Fischer, H. (2023). Daten und Informationen – Das Geschäft mit dem Öl des 21. Jahrhunderts. In L. Heim & S. Gerth (Hrsg.), *Entrepreneurship der Zukunft. Voraussetzung, Implementierung und Anwendung von KI im Rahmen datenbasierter Geschäftsmodelle* (S. 35–58).

Lepore, J. (2014, Juni 23). The disruption machine: What the gospel of innovation gets wrong. *New Yorker*. https://www.newyorker.com/magazine/2014/06/23/the-disruption-machine. Zugegriffen am 23.12.2024.

Lucks, K. (2020). *Der Wettlauf um die Digitalisierung*. Schäffer Peschel.

Marchesi, C. (2020). Daten als Treiber der digitalen Transformation. In S. G. Grivas (Hrsg.), *Digital business development* (S. 111–130).

Marx, K. (1968/1867–1894). *Das Kapital – Kritik der politischen Ökonomie* (Bd. 23–25). Marx-Engels-Werke. Dietz Verlag.

Marx, K. (1983/1848). *Manifest der Kommunistischen Partei*. Dietz Verlag.

Minevich, M. (2023Dezember 14). The dawn of AI disruption: How 2024 marks a new era in innovation. *Forbes*. https://www.forbes.com/sites/markminevich/2023/12/14/the-dawn-of-ai-disruption-how-2024-marks-a-new-era-in-innovation/. Zugegriffen am 23.12.2024.

Osterhammel, J. (2020). *Die Verwandlung der Welt*. Beck Verlag.

Paaß, G., & Hecker, D. (2020). *Künstliche Intelligenz – Was steckt hinter der Technologie der Zukunft?* Springer Vieweg.

Pavaloaia, V.-D., & Necula, S.-C. (2023). Artificial intelligence as a disruptive technology – A systematic literature review. *Electronics, 12*(5), 1102.

Petersen, T. (2020). *Diginomics verstehen – Ökonomie im Lichte der Digitalisierung*. UTB Verlag.

Popplow, M. (2016). *Technik*. https://ieg-ego.eu/de/threads/hintergruende/technik. Zugegriffen am 21.12.2024.

Potter, D. (2021). *Disruption: Why things change*. Oxford University Press.

Priddat, B. (2017). Schöpferische Zerstörung als agens movens der Ökonomie. In B. Priddat & S. Bohnet-Joschko (Hrsg.), *Wittener Diskussionspapiere zu alten und neuen Fragen der Wirtschaftswissenschaft* (Bd. 2017-44). Universität Witten/Herdecke.

Redlich, T., et al. (2017). Digitale Produktion: Bottom-up-Ökonomie. In O. Stengel et al. (Hrsg.), *Digitalzeitalter – Digitalgesellschaft*.

Reis, J., & Housley, M. (2023). *Handbuch Data Engineering*. dpunkt Verlag.

Roth, A. (2020). Design Thinking – Ein Buzzword, oder steckt doch mehr dahinter? In S. G. Grivas (Hrsg.), *Digital business development* (S. 97–109).

Schallow, J., et al. (2018). Industrie 4.0 – eine Bestandsaufnahme. In R. M. Wagner (Hrsg.), *Industrie 4.0 für die Praxis* (S. 15–28). Springer Gabler.

Schmidt, A., et al. (2021). Data Literacy als ein essenzieller Skill für das 21. Jahrhundert. In D. Frick et al. (Hrsg.), *Data Science – Konzepte, Erfahrungen, Fallstudien und Praxis* (S. 27–40).

Schmiedchen, F. et al. (Hrsg.). (2021). *Wie wir leben wollen*. Logos Verlag.

Schmitz, U. (2021). Big data. In D. Frick et al. (Hrsg.), *Data Science – Konzepte, Erfahrungen, Fallstudien und Praxis* (S. 3–25).

Schultz, C. (2019). *Theorie der disruptiven Innovation.* https://rsw.beck.de/docs/librariesprovider75/default-document-library/beitrag-schultz-wist-07-2019.pdf?sfvrsn=c8d7647d_0. Zugegriffen am 23.12.2024.

Schumpeter, J. (1997/1911). *Theorie der wirtschaftlichen Entwicklung – Eine Untersuchung über Unternehmergewinn, Kapital, Kredit, Zins und den Konjunkturzyklus.* Duncker & Humblot Verlag, Berlin.

Schumpeter, J. (2020/1942). *Kapitalismus, Sozialismus und Demokratie.* UTB Verlag.

Sreekala, S. P., et al. (2024). A survey of AI in industry. In V. H. de Albuquerque et al. (Hrsg.), *Toward artificial general intelligence* (S. 233–249).

Statista. (2024a). *Volumen der jährlich generierten/replizierten digitalen Datenmenge weltweit von 2010 bis 2022 und Prognose bis 2028.* https://de.statista.com/statistik/daten/studie/267974/umfrage/prognose-zum-weltweit-generierten-datenvolumen/. Zugegriffen am 21.02.2025.

Statista. (2024b). *Künstliche Intelligenz weltweit.* https://de.statista.com/themen/9874/ki-weltweit/#topicOverview. Zugegriffen am 19.06.2024.

Statista. (2024c). *Private Investments im Bereich Künstliche Intelligenz weltweit in den Jahren 2013 bis 2023.* https://de.statista.com/statistik/daten/studie/1321387/umfrage/private-investitionen-in-ki-weltweit/. Zugegriffen am 21.12.2024.

Stengel, O. (2017). Zeitalter und Revolutionen. In O. Stengel et al. (Hrsg.), *Digitalzeitalter – Digitalgesellschaft* (S. 17–49). Springer VS.

Straubhaar, T. (2019). *Die Stunde der Optimisten.* Edition Körber.

Thönnessen, F. (2020). Start-ups und Unternehmen zu Zeiten der digitalen Disruption. In S. G. Grivas (Hrsg.), *Digital business development* (S. 27–51).

Varul, M. Z. (2015). Kreative Zerstörung als Rückkehr genialer Gewöhnlichkeit. In S. Lessenich (Hrsg.), *Routinen der Krise – Krise der Routinen – Beiträge z. d. Verhandlungen des 37. Kongresses der Dt. Gesellschaft für Soziologie 2014 in Trier.* Universität Trier.

Open Access Dieses Kapitel wird unter der Creative Commons Namensnennung - Nicht kommerziell - Keine Bearbeitung 4.0 International Lizenz (http://creativecommons.org/licenses/by-nc-nd/4.0/deed.de) veröffentlicht, welche die nicht-kommerzielle Nutzung, Vervielfältigung, Verbreitung und Wiedergabe in jeglichem Medium und Format erlaubt, sofern Sie den/die ursprünglichen Autor(en) und die Quelle ordnungsgemäß nennen, einen Link zur Creative Commons Lizenz beifügen und angeben, ob Änderungen vorgenommen wurden. Die Lizenz gibt Ihnen nicht das Recht, bearbeitete oder sonst wie umgestaltete Fassungen dieses Werkes zu verbreiten oder öffentlich wiederzugeben.

Die in diesem Kapitel enthaltenen Bilder und sonstiges Drittmaterial unterliegen ebenfalls der genannten Creative Commons Lizenz, sofern sich aus der Abbildungslegende nichts anderes ergibt. Sofern das betreffende Material nicht unter der genannten Creative Commons Lizenz steht und die betreffende Handlung nicht nach gesetzlichen Vorschriften erlaubt ist, ist auch für die oben aufgeführten nicht-kommerziellen Weiterverwendungen des Materials die Einwilligung des jeweiligen Rechteinhabers einzuholen.

Strategischer KI-Einsatz in Unternehmen

18

Marcus Disselkamp und Frank Schmiedchen

> **Zusammenfassung**
>
> *Auf der Grundlage des vorangegangenen volkswirtschaftlichen Kapitels fokussiert dieses betriebswirtschaftliche Kapitel auf den konkreten Einsatz von Künstlicher Intelligenz in Unternehmen, wobei wir uns vor allem auf KI-Anwendungen mit strategischer Bedeutung für das Unternehmen konzentrieren. Dabei zeigen wir, wie vielfältig die Anwendungsfelder von KI-Algorithmen im Unternehmen sind. Beispielhaft beleuchten wir den Einsatz in der Unternehmensführung, im Innovationsmanagement, in der Unternehmensverwaltung, im Kundenmanagement und in der Produktion. Abschließend gehen wir auf Grenzen und Risiken ein.*

Spätestens seit November 2022 ist mit der Veröffentlichung der ChatGPT-Version GPT-3 in vielen Unternehmen ein wahrer Hype um die Künstliche Intelligenz (KI) ausgebrochen. Doch auch schon vorher wurde das Potential von KI als außerordentlich hoch eingeschätzt: „KI ist die am schnellsten an Bedeutung gewinnende Schlüsselindustrie unserer Zeit" (Wolan, 2019, S. 07). Wird die breite Nutzung von KI im Unternehmen mit einem digital-orientierten Geschäftsmodell, also einer umfassenden digitalen Transformation verbunden, wirkt sie disruptiv-innovativ – aber eben nur dann! KI kann als ein kleines, agiles Projekt gestartet werden, aber ein wirklicher strategischer Hebel entsteht erst in Verbindung mit anderen betriebswirtschaftlichen Entscheidungen. KI hat als Basisinnovation (vgl. Kap. 17) bzw. Grundlagen-

---

M. Disselkamp (✉)
Marcus Disselkamp, München, Deutschland
E-Mail: marcus@disselkamp.com

F. Schmiedchen
Vereinigung Deutscher Wissenschaftler e.V., Berlin, Deutschland

technologie (Lucks, 2020, S. 191) das Potential, viele Branchen und Bereiche zu transformieren, indem sie neue Wege zur Problemlösung, Automatisierung und Entscheidungsfindung ermöglicht. Ein isolierter Einsatz von KI schafft jedoch keine wirtschaftlichen Innovationen. Erst in Kombination mit anderen Produktionsfaktoren gelingt dies und ermöglicht die Herstellung bzw. Bereitstellung verbesserter oder neuer Güter, Dienstleistungen, Prozesse und Geschäftsmodelle bis hin zur Veränderung oder Schaffung von Märkten. Wir können beobachten, dass KI-Systeme immer effizienter komplexe Aufgaben erledigen, Muster erkennen, Ergebnisse präsentieren und Voraussagen treffen. Dabei kann KI immer nur dazu beitragen, Prozesse zu optimieren und erfolgreiche Entscheidungen zu treffen. Entscheidend für den unternehmerischen Erfolg bleiben Faktoren, wie kreative Ideen, ausreichend Kapital, unternehmerisches Geschick, gute Führungsqualitäten sowie solide betriebswirtschaftliche Kenntnisse und organisatorische Fähigkeiten. Deshalb müssen unternehmerische Entscheidungen über den Grad der Delegation an KI-Algorithmen gut abgewogen sein und die mögliche Fehlerhaftigkeit maschineller Entscheidungen berücksichtigen. Das Ausmaß der Autonomie von KI-Systemen wird in drei Intensitätsgrade unterteilt, die die unterschiedlichen Ebenen menschlicher Kontrolle und Interaktion mit KI-Systemen beschreiben: *Human-in-command* (HIC), *Human-in-the-loop* (HIL) und *Human-on-the-loop* (HOL) (Bosch, 2020). Beim HIC-Konzept dient das KI-Produkt als reines Werkzeug, wobei „der Mensch ständig über den Einsatz und die Verwendung der Ergebnisse entscheidet, wie bei Maschinen, die den Menschen bei Klassifikationsaufgaben unterstützen" (dieses und folgende Zitate: ebenda, S. 2). Das HIL-Konzept ermöglicht es dem Menschen, „direkt Entscheidungen zu beeinflussen oder zu verändern, die durch das KI-Produkt getroffen werden". Im HOL-Konzept „legen Menschen während der Entwicklung die entscheidungsrelevanten Parameter fest, delegieren jedoch die konkreten Entscheidungen an das KI-Produkt; gleichzeitig ist eine menschliche Überprüfungsinstanz vorgesehen", um sicherzustellen, dass die Entscheidungen im beabsichtigten Sinne umgesetzt und gegebenenfalls korrigiert werden können.

Der wirtschaftsbezogene Einsatz von KI betrifft direkt oder indirekt alle Prozesse und Akteure über die gesamte Wertschöpfungskette hinweg. Er beschränkt sich nicht auf die Sammlung und Analyse von Daten sowie die Optimierung von Prozessen innerhalb einzelner Unternehmen und pflanzt sich auch auf die Mesoebene (z. B. Branchen) und auf die volkswirtschaftliche Makroebene (s. Kap. 17) fort. Damit gelangt die KI-Entwicklung in den Bereich industriepolitischer Entscheidungen. So fördert die deutsche Bundesregierung mit der branchenübergreifenden Manufacturing-X-Initiative zur Digitalisierung von Lieferketten (Schneider et al., 2023) die Schaffung eines Datenraums „Industrie 4.0" und die Transformation zu einer digital vernetzten Industrie in der ganzen Breite. Damit entwickelt sie ihr Konzept zu Industrie 4.0 weiter: Unternehmen sollen Daten branchenneutral über die gesamte Fertigungs- und Lieferkette souverän und gemeinsam nutzen können. Hierfür ist ein einheitliches Austauschformat für den standardisierten IoT-Datenaustausch von großer Bedeutung, den die Deutsche Kommission Elektrotechnik Elektronik Informationstechnik (DKE) mit der sogenannten Verwaltungsschale festgelegt hat.[1]

---

[1] https://www.dke.de/de/arbeitsfelder/industry/verwaltungsschale.

Darüber hinaus sollen paneuropäische digitale Ökosysteme die notwendigen Grundlagen für den EU-weiten Datenaustausch schaffen – auch für das notwendige Datenvolumen zum Trainieren und Etablieren von KI.[2]

18.1 KI als strategischer Hebel in Unternehmen

Während KI auf der Meso- und Makroebene indirekt aus der Summe vieler Einzelentscheidungen und Maßnahmen disruptive Veränderungen hervorruft, so stellen diese Initiativen für die einzelnen Unternehmen oft nur inkrementelle Innovationen und Veränderungen dar (vgl. Christensen, 2016, S. XIX), die dennoch von strategischer Bedeutung für die Wettbewerbsfähigkeit sein können. Besonders relevant sind dabei KI-induzierte Optimierungen in der strategischen Unternehmensführung, z. B. bei der Planung, Kontrolle oder konstitutiven Entscheidungen sowie im Innovationsmanagement.

18.1.1 KI in der Unternehmensführung

Am Anfang muss eine grundlegende Weichenstellung erfolgen: Dass die Verantwortung für alle unternehmensrelevanten KI-Initiativen Chefsache ist und nicht an das mittlere Management delegiert werden darf, ist in der betriebswirtschaftlichen Literatur unbestritten, wird aber in der Unternehmenspraxis dennoch oft nicht umgesetzt. Es ist erfolgsentscheidend, dass sich die Unternehmensspitze und das Top-Management selbst intensiv mit dem Thema auseinandersetzen und die Integration von KI-Lösungen proaktiv und verantwortungsbewusst vorantreiben. Denn um erfolgreich sein zu können, müssen sowohl einzelne KI-Systeme als auch die KI-Strategie als Ganzes auf festgelegten Unternehmensstrategien, Geschäftszielen und den tatsächlichen Anforderungen aus der Organisationsumwelt basieren. Es muss eindeutig definiert sein, welche spezifischen Probleme oder Chancen mit KI adressiert werden sollen. Dabei sind die langfristige Vision, Mission, Strategien und Werte des Unternehmens zu berücksichtigen, um sicherzustellen, dass der KI-Einsatz integraler Baustein in der strategischen Ausrichtung des Unternehmens ist (Haefner & Morf, 2019).

Die Identifizierung von KI-Anwendungsfeldern, die die Kernkompetenzen des Unternehmens stärken und zur Erreichung der strategischen Ziele beitragen, steht dabei im Mittelpunkt. KI-Projekte sind oft komplex und erfordern langwierige Entwicklungsprozesse, um technische Herausforderungen zu überwinden, Daten zu sammeln und Modelle zu trainieren. In all diesen Prozessen muss das Top-Management führen, die erforderlichen Ressourcen mobilisieren, vermitteln und (wo erforderlich) überwachen. Es bedarf der tatsächlichen Durchsetzungsfähigkeit, um die KI-Strategie an die sich häufig und schnell verändernden Herausforderungen anzupassen. Diese Flexibilität ermöglicht

---

[2] Zur Frage der kritischen Größe verfügbarer Rohdaten s. Kap. 17.

es, auf neue Erkenntnisse, sich ändernde Bedürfnisse der Nutzer und technologische Fortschritte schnell zu reagieren und die KI-Lösungen entsprechend weiterzuentwickeln.

Umgekehrt stellen KI-Algorithmen ein zunehmend wichtiges, eigenes Instrument für das Top-Management dar. Vor dem Hintergrund stark gewachsener Komplexität und einer noch nie zuvor dagewesenen Beschleunigung von Veränderungen ist die „Kunst der Entscheidungsfindung" eine besondere Herausforderung. KI kann dabei nicht an die Stelle der menschlichen Entscheider treten, und vor allem sollte dies auch nicht angestrebt werden. Dennoch bieten sich schon heute zahlreiche Möglichkeiten, wichtige unternehmerische, strategische Entscheidungen durch KI umfassend vorzubereiten und zu begleiten (Heilig & Scheer, 2024; Buxmann & Schmidt, 2019, S. 132 ff.). Unter dem Begriff *Decision Intelligence* (DI) werden diese Möglichkeiten strukturiert zusammengefasst. DI entwickelt die bekannten Konzepte von *Business Intelligence* und *Data Analytics* für das KI-Zeitalter konsequent weiter (Heilig & Scheer, 2024, S. 55 ff.). Dabei werden auch neuere datenbezogene Techniken mit eingebunden, die auf älteren, bewährten Techniken fußen. Ein Beispiel hierfür ist *Agile Analytics*, die das Agilitätsargument in das bekannte Konzept *Advanced Analytics* einführt und neue Architekturen für *Predictive* und *Prescriptive Analytics* entwickelt (Böckmann, 2023). Kap. 17 hat die Digitalisierungshierarchie deutlich gemacht, die wir in Abb. 18.1 kurz visualisieren:

Eine KI-Strategie, die Aussicht auf Erfolg haben will, setzt eine effiziente Datenstrategie voraus, die wiederum in eine durchdachte Digitalisierungsstrategie eingebettet sein muss. Diese muss in jedem Aspekt konsistent und kohärent zur Unternehmensstrategie sein.

In den letzten Jahren wurden zahlreiche Überblicke über den Einsatz von KI für die Transformation von Unternehmensstrategien publiziert (Dahm & Thode, 2019; Kreutzer et al., 2017; Wagner, 2018; Cole, 2020; Meinhardt & Pflaum, 2019a, b; Kaufmann & Servatius, 2020; Jung & Kraft, 2017; Hechler et al., 2020).

Abb. 18.1 KI-Strategie als Teil der Unternehmensstrategie (Disselkamp, 2023)

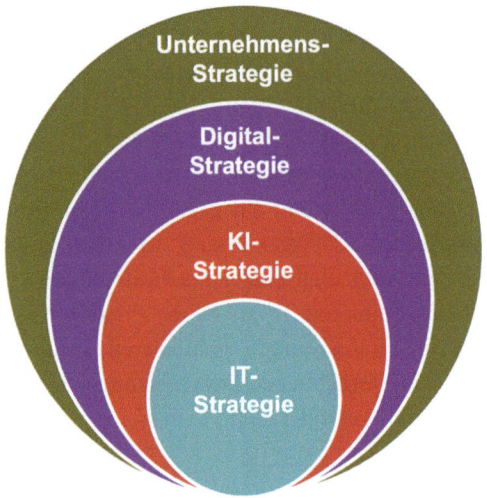

Auch für betriebliche Einzelfragen gibt es mittlerweile eine große Menge einschlägiger Literatur in unterschiedlicher Qualität. Hier nur eine kleine Auswahl:

- „Management 4.0 – Unternehmensführung im digitalen Zeitalter" (Erner, 2019)
- „KI in der Personalarbeit" (Fink, 2021)
- „Cybersicherheit für vernetzte Anwendungen in der Industrie 4.0" (Schulz, 2020)
- „Neuromarketing im Internet" (Pispers et al., 2018)
- „Künstliche Intelligenz im Marketing – ein Crashkurs" (Wagener, 2019)
- „Praxisleitfaden Customer Centricity" (Nenninger & Seidel, 2021)
- „Unternehmenskommunikation im Zeitalter der digitalen Transformation" (Kirf et al., 2020)
- „Die Praxis des Digitalen Humanismus" (Krause, 2023)
- „New Work Bullshit" (Frischmuth, 2021)

Dabei ist das Spektrum des KI-Einsatzes in der Strategiefindung und Überwachung ihrer Umsetzung umfassend. Hier einige wesentliche Beispiele:

- KI berät Führungs- und Fachkräfte mit Empfehlungen für betriebliche Verbesserungen von strategischen und operativen Prozessen und Strukturen.
- KI unterstützt innovative Lösungen für Standortentscheidungen, Materialsubstitution und das Auffinden geeigneter Lieferanten für (z. B. neue) Roh-, Hilfs- und Betriebsstoffe.
- KI kann orientierend unterstützen bei anstehenden Personalentscheidungen (z. B. Personalentwicklung, Schulungen, Kapazitätsauslastungen), bei betrieblichen Optimierungsmöglichkeiten und bei wichtigen Organisationsentscheidungen (z. B. Organisationsentwicklung, Wandel, Prozesse, Strukturen).
- KI hilft bei der Identifikation möglicher Risiken und krimineller (Fraud-)Handlungen. Große Datenmengen werden in Echtzeit analysiert und dabei ungewöhnliche Muster oder verdächtige Aktivitäten erkannt, die für Menschen schwer zu identifizieren wären. Dies ermöglicht eine frühzeitige Erkennung bereits erfolgter Kompromittierung (Intrusion Detection System).
- KI-Algorithmen bewerten die Leistung des eigenen Unternehmens im Vergleich zu Wettbewerbern und identifizieren Bereiche, in denen Verbesserungen erforderlich bzw. möglich sind. Hinzu kommen KI-gestützte Simulationen und Prognosemodelle zum Durchspielen verschiedener Zukunftsszenarien und die Vorhersage möglicher Auswirkungen auf das Unternehmen.
- KI kann auch durch die Steuerung einer automatisierten Preismodellierung die Analyse von Preiselastizitäten und damit die optimale Preisfindung unterstützen, um die Gewinnmarge in der konkreten Raum-Zeit-Situation zu maximieren und wettbewerbsfähig zu bleiben. Eine solche KI-basierte Preismodellierung ist vor allem im Rahmen besonderer Momente (Markteinführung eines innovativen oder statusbehafteten Produktes, Krisensituationen), in denen Kunden bereit sind, überhöhte Monopolpreise zu akzeptieren, für Unternehmen äußerst gewinnbringend.

Bei all diesen methodischen Ansätzen geht es darum, die zur Verfügung stehenden oder beschaffbaren Daten bestmöglich für eine „wissende" Entscheidung zu strukturieren. Maßgeblich ist, dass die Empfehlungen der KI in die Entscheidungsfindung Eingang finden, ohne diese einseitig zu dominieren. Gelingt dies, so steht dem Top-Management eine breitere Entscheidungsgrundlage zur Verfügung, als dies ohne KI-Einsatz der Fall wäre (Neumann, 2023, S. 69 ff.).

Der Rückgriff auf strategisch und systematisch verwertbare Daten, die durch KI zu Entscheidungsvorschlägen verdichtet werden, vergrößert also die Entscheidungsbasis für die Unternehmensführung (Gronwald, 2024, Marchesi, 2020, Münter 2023). Im besten Fall kann die Entscheidung dann auf einem höheren Komplexitätsniveau getroffen werden, und verfälschende Vereinfachungen in der Problemlösung lassen sich vermeiden. Dies gilt insbesondere für die Unterstützung des Top-Managements in kreativen Prozessen, bei Innovationen oder in der Weiterentwicklung von Geschäftsmodellen. Insgesamt geht es also um die Erweiterung und Verbesserung der „natürlichen" Kompetenzen von Top-Führungskräften (Schürmann, 2024, S. 41 ff. und S. 71 ff.). Dabei wirken KI-Prozesse mit anderen Innovationsentwicklungsmethoden (z. B. *First Principle Thinking, Design Thinking*) zusammen (s. u.). Wie oben ausgeführt, ist es wichtig zu beachten, dass KI die menschliche Urteilskraft und Erfahrung in der Strategiefindung nicht ersetzen, sondern lediglich ergänzen sollte.

Ein wesentlicher Grund für das bleibende und auch zwingend erforderliche Primat des Menschen sind die naturgemäßen Grenzen von Maschinen bei der Verarbeitung systemtheoretischer und institutioneller Zusammenhänge. Komplexe menschliche Interaktionen, informelle Netzwerke und politische Machtstrukturen zwischen verschiedenen Abteilungen, Führungskräften und Stakeholdern können nicht oder nur abgeleitet rudimentär von KI erkannt werden. Nur die formellen Hierarchien und Entscheidungswege können analysiert werden, nicht aber die subtilen Machtspiele und persönlichen Beziehungen, die oft die tatsächlichen Entscheidungen prägen. Informelle Führungspersönlichkeiten bestimmen aber oftmals stärker unternehmerische Weichenstellungen, als dies in den Lehrbüchern vorgesehen wäre. Auch die Verarbeitung von Daten zur Unternehmenskultur, geprägt durch gemeinsame Werte, Überzeugungen und Verhaltensweisen der Menschen, ist ein kaum zu lösendes Problem für die KI. Nur schwer lassen sich informelle Regeln und die Art und Weise, wie diese Regeln Verhalten und Entscheidungen beeinflussen, interpretieren. Schlussendlich werden in vielen Führungssituationen reflektiert oder unbewusst ethische Abwägungen getroffen, die über die reine Datenanalyse weit hinausgehen.

Es ist kein Widerspruch, dass KI-Projekte bei aller Notwendigkeit der vollen Einbindung des Top-Managements in der Regel ein hohes Maß an Autonomie der Projektmitarbeiter erfordern, um Innovationen und kreative Lösungsansätze zu fördern. Dies umso mehr, als der Fachkräftemangel gerade bei qualifizierten KI-Experten und Datenwissenschaftlern eine besondere Herausforderung darstellt und die langfristige Bindung entsprechender Talente ein entscheidender Erfolgsfaktor von KI-Initiativen ist. Ein weiterer wichtiger Aspekt ist die Definition von klaren Zielbildern für Rollen und Kompetenzen im Zusammenhang mit KI, um sicherzustellen, dass das Unternehmen über die richtigen Talente und Fähigkeiten verfügt, um seine KI-Strategie erfolgreich umzusetzen. Aufbau- und Ablauforganisation müssen entsprechend weiterentwickelt werden, damit KI-Lösungen effektiv entwickelt, implementiert und skaliert werden können.

18.1.2 KI als Innovationsmotor in Forschung und Entwicklung

KI wird in der wirtschaftsbezogenen Forschung, in der (inkrementellen) Entwicklung, aber auch in der Suche nach disruptiven Innovationen eingesetzt (Haefner et al., 2021).

Wirtschaftsnahe Forschung
Forschung, die in Wirtschaftsorganisationen durchgeführt oder von ihnen wesentlich finanziert wird, konzentriert sich vor allem darauf, zeitnah verwertbares, neues Wissen zu generieren und zu entdecken. Sie findet oftmals in Kooperationen mit wissenschaftlichen oder akademischen Umgebungen statt, die öffentlich finanziert werden. Forschende in Forschungsabteilungen von Unternehmen oder an von der Wirtschaft finanzierten An-Instituten haben meist das Ziel, grundlegendes Wissen zu erweitern oder Probleme zu verstehen, um neue Produkte, Verfahren oder wirtschaftsnahe Problemlösungen zu entwickeln. KI spielt hier eine zunehmend wichtige Rolle:

- In den Natur- und Ingenieurswissenschaften identifizieren KI-Algorithmen Muster und statistische Zusammenhänge aus großen, zum Teil unstrukturierten Datenmengen (z. B. Bilder, Messdaten), stellen kreativ neue Zusammenhänge her (z. B. beim Protein-Folding oder bei der Entwicklung neuer Wirkstoffe in der Medizin) und unterstützen komplexe digitale, mathematische Berechnungen und Simulationen. Dabei muss jedoch stets beachtet werden, dass KI keine Kausalitäten erkennen kann, sondern lediglich Korrelationen. In diesem Buch widmet Carl Friedrich Gethmann das Kap. 15 der Frage, warum KIs keine unabhängigen „Forschungsagenten" sein können. Dennoch wird es immer wieder vorkommen, dass KI zufällig Kausalitätszusammenhänge aufdecken hilft.
- In der Forschungsorganisation unterstützen KIs vor allem in der Medizin, Chemie und Biologie das Forschungsdesign (Optimierung von Messparametern, wie Stichprobengröße, Auswahl der Testgruppen) und steuern die Automatisierung wiederholbarer Aufgaben, um repetitive und zeitaufwendige Aufgaben zu optimieren, wie etwa die Datenbereinigung oder das Training von Modellen.

Inkrementelle Verbesserungen und Entwicklungen
Eine immer größere Rolle spielt die KI im Rahmen der Produktentwicklung durch fortlaufende, schrittweise (inkrementelle) Verbesserungen schon vorhandener, teils disruptiver Lösungen oder Erweiterungen der Sortimente dank Neuentwicklungen von Produkten, Prozessen und Geschäftsmodellen:

- Ideengenerierung für verbesserte oder neue Produkte und Verfahren durch die Analyse großer Datenmengen, Mustererkennung und Trend-Vorhersagen
- Smarte Simulation und Modellierung von Lösungen oder Prozessen, um deren Funktionsweise besser zu verstehen und zu optimieren, bevor physische Prototypen erstellt werden (digitale Zwillinge)[3]
- Identifizierung von neuen oder besseren Materialien und Ressourcen zur Kostenoptimierung für größere ökologische Nachhaltigkeit oder zur Schaffung eines neuen Kundennutzens[4]
- Bewertung der Durchführbarkeit bzw. der Kosten-Nutzen-Analyse einer Erfindung
- Prototypenentwicklung mittels CAD-Software (Computer-aided Design), um in schnellen Zyklen mit Kunden zu interagieren. So wird in der Automobilindustrie generative KI zum Entwerfen und Testen neuer Fahrzeugprototypen eingesetzt (Minevich, 2023).
- Frühzeitige Fehlererkennung in einem Entwicklungsprozess und Maßnahmen zur Fehlerbehebung
- Überprüfung und Analyse von Patentdatenbanken und wissenschaftlichen Veröffentlichungen, um sicherzustellen, dass eine Erfindung patentierbar ist
- Einsatz von KI zur Steuerung von Testverfahren (wie Usability-Tests, A/B-Tests, Beta-Tests oder Interviews) zur Lernunterstützung
- Unterstützung bei der Auswertung von Kundenfeedbacks, Testergebnissen oder Patentanmeldungen durch NLP
- Unterstützung bei der Planung und Verwaltung von Ressourcen und Projekten, damit Innovation und Entwicklung im Zeit- und Budgetrahmen bleiben

Die radikale Ausrichtung unternehmerischer Innovationspolitik auf den Kunden ist ein langbewährtes Konzept vieler erfolgreicher Unternehmen und wurde zum Nukleus der von der Stanford Universität entwickelten Innovationsmethode *Design Thinking* (Brenner et al., 2016, S. IX ff.). Diese zielt darauf ab, „möglichst viele Erfahrungen und Perspektiven hinsichtlich einer Problemstellung" zusammenzubringen (Roth, 2020, S. 99). Im Unterschied zu dem gleich noch diskutierten *First Principle Thinking* geht der Design-Thinking-Ansatz konsequent vom Kunden als Ausgangs- und Endpunkt aus und entwickelt von dessen bekannten Bedürfnissen neue Geschäftsmodelle, Produkte oder Prozesse. Möglichst exakt zutreffende Informationen über die schon vorhandenen oder zukünftigen Bedürfnisse der Kunden sind also zentral, womit der Zusammenhang zu Big Data und KI-Einsatz zur Datenauswertung und Verhaltensprognosen von Kunden offensichtlich wird (Hechler et al., 2020, S. 141 ff.).

In Kombination mit weiteren agilen Methoden, wie *Scrum* von Jeff Sutherland, Ken Schwaber und Mike Beedle (Schwaber, 2008, S. XI–XII) und basierend auf den Forschungen von Ikujirō Nonaka und Hirotaka Takeuchi (1995), oder *Lean Startup* von Eric Ries

---

[3] https://www.carl-zeiss-stiftung.de/themen-projekte/uebersicht-projekte/detail/kidz.
[4] https://www.zeiss.de/messtechnik/software/zeiss-zen-core/intelligente-materialanalyse-mit-ki.html.

(2011, S. 82), gehen die Verbesserung und Entwicklung dann den Schritt über Prototypen, minimal funktionale Produkte (sog. MVP – *Minimum Viable Product*) oder sogar minimal liebenswerte Produkte (sog. MLP – *Minimum Lovable Product*) bzw. minimal wertvolle Produkte (sog. MWP; Disselkamp, 2021, S. 155) weiter. Die Grundidee ist jeweils, iterativ anhand des eingehenden Kunden- und Nutzerfeedbacks (z. B. Kritiken, Empfehlungen, Kaufwiederholungen) Lösungen weiterzuentwickeln. Wie bei dem nachfolgend beleuchteten First Principle Thinking wird auch hier die Komfortzone bisheriger Lösungswege bewusst verlassen (Hechler et al., 2020, S. 143 f.; Roth, 2020, S. 99 ff.; Middelkoop & Koppelaar, 2018). Das Risiko ist allerdings überschaubar, da MVPs bzw. MWPs den signifikanten Vorteil bieten, schon reale Umsätze als Beweis für die Umsetzbarkeit von Innovationen zu realisieren (Disselkamp, 2021, S. 151).

Dank des agilen Vorgehens werden bei KI-Projekten nicht nur die Risiken überschaubarer, auch die Kosten-Nutzen-Relation wird deutlich verbessert. Die iterative Vorgehensweise mit kontinuierlichen Kunden- und Nutzerfeedbacks führt dazu, dass unnötige Funktionen frühzeitig identifiziert und vermieden werden. Dadurch werden Ressourcen gezielt eingesetzt. Die bessere Planbarkeit der Kosten ist und bleibt eine zentrale Herausforderung von KI-Projekten mit ihren oft hohen Anfangsinvestitionen für die Datenbeschaffung und -aufbereitung, für die KI-Infrastruktur und Technologie für die Implementierung, Training und laufende Optimierung der KI-Modelle sowie für den laufenden Betrieb der KI-Systeme. Die Investitionen (sog. *CapEx*) in Hardware, Infrastruktur und Software lassen sich dabei dank Cloud-Services (z. B. von Amazon Web Services oder Google Cloud) allerdings zum Teil auf externe Partner verlagern. Handelt es sich um langfristige Entwicklungen, die zu einem immateriellen Vermögenswert führen (z. B. proprietäre KI-Lösungen), können diese ggf. als Investitionen (sog. CapEx) in der Bilanz des Unternehmens aktiviert werden. Demgegenüber sind kurzfristige Entwicklungsausgaben, Personalkosten und ausgelagerte IT-Dienste operative Kosten (sog. *OpEx*), die direkt auf die Gewinn- und Verlustrechnung wirken.

Die Kosten für KI-Projekte lassen sich allerdings nicht pauschal festlegen, da sie von zahlreichen Faktoren beeinflusst werden. Aspekte wie die Qualität der verfügbaren Daten, die Komplexität des KI-Modells und das Fachwissen im Unternehmen spielen dabei eine entscheidende Rolle (Klug & Besier, 2022, S. 157). Insofern setzen alle KI-Investitionen umfassende Kostenkalkulationen voraus, die vermutlich in vielen Fällen ergeben werden, dass die angebotene, technisch mögliche komplexe KI-Lösung im konkreten Investitionsfall unrentabel ist und einfachere, speziell auf das Problem zugeschnittene Alternativen analoger Art oder durch Verwendung „einfacher" Algorithmen effizienter sind. Eine zu stark im Vordergrund stehende Kostenorientierung birgt aber die Gefahr, dass das disruptive Potenzial des KI-Einsatzes strukturell unterschätzt wird.

Disruptive Innovationen
„Was ist der Unterschied zwischen einem Traditionsunternehmen und einem Disruptor? Das Traditionsunternehmen analysiert laufend, was die Wettbewerber machen. Der Disruptor analysiert, was sie nicht machen." (Geffroy, 2018, S. 24). Während die inkrementellen Inno-

vationen und neuen Lösungen darauf zielen, die eigene Marktposition gegenüber schon vorhandenen Kunden zu erhalten, verändern disruptive Innovationen bestehende Märkte und Wertschöpfungsketten grundlegend und verdrängen oft bestehende Unternehmen (s. Kap. 17; Christensen, 2016, S. XIX). Disruption auf Unternehmensebene bedeutet, dass bisher im Wettbewerb erfolgreiche Strategien oder Produkte durch eine völlig anders gedachte und umgesetzte Alternative partiell oder vollständig ersetzt, also vom Markt verdrängt werden (Roth, 2020, S. 97 ff.). Disruptionen machen bisherige Angebote und Strukturen obsolet.

Ein wichtiges Denkverfahren, um disruptive Innovationen zu befördern, basiert auf der Methode, alle Fragestellungen und Probleme in die ihnen zugrunde liegenden Grundprinzipien/Basisaussagen zu zerlegen und von dort aus grundlegend und selbstständig logisch neu zu denken. Dieses wissenschaftliche Verfahren wurde von Aristoteles in seinem Werk „Physik" entwickelt (Aristoteles & Weiße, 1829; Juma, 2017) und später in dem Buch Metaphysik weiter ausgebaut. Heutzutage ist die bekannteste Ausformung des Verfahrens das First Principle Thinking (Talin, 2024), das durch Elon Musk weltweit bekannt wurde (Clear, 2025).

Bei diesem Innovationsprinzip werden komplexe Fragestellungen und Probleme vollständig dekonstruiert und von Grund auf neu gedacht. Das Problem wird in seine kleinstmöglichen, grundlegenden Bestandteile zerlegt, und neue Lösungen werden durch „neue Denkwege" auf Basis der „atomistischen" Elemente entwickelt. Dieses „sich umfassend Hinterfragen" und „Verlassen der Komfortzone" gewohnter Denk- und Lösungswege fördert kreative, innovative Lösungen für Probleme oder die Erschaffung völlig neuer Ideen und Produkte. Volkswirte und Philosophen werden jetzt nicken und ein bis zur letzten Konsequenz getriebenes aristotelisches Analyse-Synthese-Modell erkennen, das seit Karl Marx regelhaft in der Volkswirtschaftslehre angewandt wird. Insofern ist der Grundansatz nicht neuartig. Neu ist die Radikalität, mit der angeblich feststehende Wahrheiten, die in der Vergangenheit immer als gegeben angenommen wurden, in Frage gestellt werden.

Das Prinzip vermeidet bewusst das Hinnehmen gültiger Überzeugungen oder das Beibehalten üblicher Methoden. Diese werden im Gegenteil regelhaft in Frage gestellt und auf ihre Tauglichkeit hinsichtlich des angestrebten Zieles sowie ihre aktuelle Faktenbasiertheit hinterfragt. Dadurch wird die unbewusste Nutzung tradierter Annahmen, Überzeugungen und Vorurteile vermieden. Es werden „Sprunglösungen" ermöglicht, die nicht das Denkresultat einer linearen Fortsetzung bewährter, konventioneller Problemlösungsmuster gewesen wären. Exponentielle Innovationsschübe werden so gefördert.

Dabei spielen im zweiten Schritt freie Assoziationen und „abwegige" Inspirationen eine wesentliche Rolle, um disruptiv-innovative, synthetisierte Antworten zu kreieren und „ganz andere" Lösungen zu entwickeln.

Diese müssen im dritten Schritt hinsichtlich ihrer Funktionalität stark belastet und getestet werden, um nur effiziente Ideen durch die Auswahlfilter zu lassen. In diesem Schritt kommen dann auch wieder bewährte Methoden von Ideenüberprüfung und -ranking zum Einsatz. Erst auf dieser Stufe sollten Kostenaspekte einbezogen werden. Zuvor würden sie die Kreativität behindern, hier aber verhindern sie (z. B. „modegeleitete") Fehlinvestitionen, die aus einem übertriebenen Technikoptimismus heraus entstehen könnten.

Es liegt auf der Hand, wie Künstliche Intelligenz auch das First Principle Thinking direkt unterstützen kann. Die Vielfalt an Assoziationen in unstrukturierten Datenseen, das Aufzeigen von Problemlösungen aus ganz anderen Lebenswelten und andere kreative Elemente, die KI als Input zum Prozess beisteuern kann, erweitern das Möglichkeitsspektrum des Denkbaren signifikant.

18.1.3 KI in Management und Verwaltung

Bereits seit einigen Jahren ist zu beobachten, dass in wachsendem Umfang auch Tätigkeiten des mittleren Managements und der Unternehmensverwaltung automatisiert und in jüngster Zeit mit KI-Algorithmen ausgestattet werden. Routinemäßige Tätigkeiten wie Datenverarbeitung, Berichterstellung, Bestellwesen, Rechnungsstellung, Kundenmanagement und sogar Personalverwaltung werden automatisiert, wodurch Zeit und Ressourcen eingespart sowie Fehler reduziert werden sollen. Erklärtes Ziel ist es dabei, den Managern die Möglichkeit zu geben, sich auf strategische Aufgaben zu konzentrieren, die eine menschliche Entscheidungsfindung erfordern.

Für die Automatisierung der Produktion und Administration reichten bisher schon gute Lösungen in den Bereichen Workflow-Management, Robotic Process Automation (RPA) und deskriptive KI, wie supervised bzw. nonsupervised Learning (Czarnecki & Auth, 2018). Doch spätestens bei der Automatisierung von Expertentätigkeiten kann generative KI einen Mehrwert schaffen. Hier kommen bereits heute Systeme wie ChatGPT, Copilot, Character.AI, QuillBot oder Synthesia zum Einsatz, um repetitive Aufgaben auch in vielen akademischen Berufen[5] zu automatisieren. Da die bereits jetzt relativ niedrigen Preise für generative KI vermutlich kurz- bis mittelfristig weiter fallen werden, haben zunehmend auch kleine Unternehmen die Möglichkeit, die Technologie zu nutzen. Darüber hinaus können Cloud-Plattformen auch generative Modelle auf Anfrage für eine flexible Skalierung anbieten (Minevich, 2023).

In der Fertigungsindustrie prognostizieren die verschiedenen Arten der KI mit hoher Genauigkeit Nachfrageschwankungen, potenzielle Risiken innerhalb der Lieferketten und die Wahrscheinlichkeit von Systemausfällen. Einige Unternehmen nutzen beispielsweise deskriptive und generative KI-Modelle, um ihre Produktionsabläufe zu optimieren, vorausschauende Wartungsprotokolle zu implementieren und dynamische Preismodelle zu entwickeln, mit dem Ziel, ihre betriebliche Effizienz und Widerstandsfähigkeit zu maximieren (s. u.). Dies hat zu Kosteneinsparungen, einer besseren Ressourcenzuweisung und einem besseren Risikomanagement geführt (Minevich, 2023). Äußerst vielversprechend sind die Möglichkeiten, KI in der Prozessoptimierung einzusetzen. Dabei geht es darum, Lösungen zu identifizieren, um interne Prozesse zu optimieren und effizienter

---

[5] Beispielsweise Autor, Assistent, Anwalt, Berater, Buchhalter, Call Center Agent, Detektiv, Dozent/Lehrer, Programmierer, Reporter, Spieleentwickler, Steuerberater, Texter, Therapeut, Wirtschaftsprüfer und in der Verwaltung von Unternehmen.

zu gestalten, sei es in der Produktion, in der Logistik, im Rechnungs- und Personalwesen, Reporting, IT-Management, Vertrieb oder Kundenservice.

18.1.4 KI im Kundenmanagement

In der Kundenkommunikation werden eine Vielzahl von Daten der (potenziellen) Kunden in Echtzeit erhoben. Verhalten und Aktivitäten werden registriert, verarbeitet und angereichert. KI kann auf dieser Grundlage Vorhersagen „im Sinne von *Predictive Analytics* (Verwendung historischer Daten zur Vorhersage von zukünftigen Ereignissen)" machen, die es dem Unternehmen ermöglichen, Entscheidungen maßgeschneidert auf die erkannten (potenziellen) Kundenbedürfnisse zu treffen (Nenninger & Seidel, 2021, S. 12 ff.). Das bessere Verständnis des Kunden – bezogen auf eine *Customer Centricity* – ermöglicht sowohl Produkt- und Preisanpassungen, die die Wettbewerbsfähigkeit erhöhen, als auch reine Marketing-Maßnahmen, wie verbesserte Kundenansprache (vgl. ebenda).

Hierdurch ergibt sich die Möglichkeit zur Etablierung eines Kreislaufs: Immer realistischere („bessere") Daten ermöglichen es den Unternehmen, noch näher an die Bedürfnisse der Kunden „heranzurobben", was die Kundenbindung erhöht und dazu führt, dass diese mehr Zeit im „Dunstkreis" des Unternehmens verwenden (z. B. auf Homepages, Apps, Communities). Dies wiederum verbessert den personenbezogenen Datensatz (ebenda, S. 24 f.). Ein fundiertes Kundenverständnis ist von entscheidender Bedeutung, da ein Unternehmen auf dieser Basis Produkte und Dienstleistungen entwickeln kann, die den Bedürfnissen und Wünschen seiner Zielgruppe noch mehr entsprechen. Durch den KI-Einsatz lassen sich attraktivere Angebote definieren, die eine besonders starke Bindung aufbauen und langfristige Kundenloyalität fördern. Darüber hinaus ermöglicht ein umfassendes Kundenverständnis auch eine effektive, personalisierte Kommunikation, Interaktion und Cross-Selling mit den Kunden, was zu einer besseren Kundenzufriedenheit, positiven Bewertungen, höheren Umsätzen, besseren Renditen und letztendlich zu einem nachhaltigen Geschäftserfolg führt.

KI-Lösungen für Vertrieb und Marketing basieren sehr stark auf der Auswertung von Kundendaten. Doch dazu muss ein Industrieunternehmen diese erst einmal haben. Die Nutzung von KI-Lösungen im Vertrieb und Marketing hängt demnach stark von einem angemessenen Zugang zu Daten ab, was großen, finanzstarken Unternehmen mit langjährigen digitalen Geschäftsmodellen erhebliche Wettbewerbsvorteile einbringt (s. Kap. 17). Allerdings sind Datenzugang, Datenmenge, Datenschutz und Datenqualität für alle Unternehmen Herausforderungen, die bewältigt werden müssen, und vor allem sind sie ein ernstzunehmender Kostenfaktor. Eine erfolgreiche Datenanalyse erfordert konsistente, bereinigte und aussagekräftige Daten sowie professionelle Analysetechniken. Zusätzlich zur Einhaltung von Datenschutzgesetzen müssen KI-Anwendungen gemäß der KI-Verordnung der EU in verschiedene Risikoklassen eingeteilt und entsprechend behandelt werden.

18.1.5 KI in der Produktion und in Operations

Der laufende Strukturwandel ist geprägt durch fortgeschrittene und vernetzte Automatisierung in der Produktion. Diese findet statt über die Integration von cyber-physischen Systemen, die Nutzung des Internets der Dinge sowie der Verwendung von Big Data Analytics und von KI-Algorithmen.

Dies führt zu einer intensiven Integration verschiedener digitaler Technologien und zur Schaffung intelligenter Fabriken, in denen Maschinen, Systeme und Strukturen mithilfe von KI autonom steuern. Dabei setzt der Einsatz von KI-Algorithmen in der Regel auf einer fortgeschrittenen, oft modularen automatisierten Struktur auf (Schmertosch & Krabbes, 2018) und analysiert, kontrolliert und steuert diese. Auch ohne Einsatz von KI hat der Grad von Automatisierung und Vernetzung in den letzten 15 Jahren einen qualitativen Sprung nicht nur in großen Industrieunternehmen vollzogen, der zumeist als digitale Transformation bezeichnet wird (Gatzui Grivas, Hrsg., 2020; Gassmann und Sutter, 2019). KI wirkt dabei u. a. auf einer Metaebene durch die Analyse und Strukturierung der im Produktionsprozess gesammelten Echtzeitdaten und lernt in diesem Prozess fortwährend dazu. Hierdurch verbessern sich die Fähigkeiten zur Steuerung und Optimierung des automatisierten Produktionsprozesses. Um im Bild zu sprechen: Mit KI wird ein „Gehirn" in die digitale Transformation eingepflanzt, das diese kontrollieren und steuern kann und entweder Empfehlungen an menschliche Entscheider gibt oder autonome Entscheidungen trifft, die das automatisierte Gesamtsystem verändern. Damit ist grundsätzlich die Möglichkeit einer autonomen Weiterentwicklung von Produktionssystemen gegeben, bei der Menschen nur eingreifen müssen, wenn es Hinweise auf eine fehlerhafte oder suboptimale Entwicklung gibt. Dies wird vor allem dadurch ermöglicht, dass die KI zunächst in einem ausschließlich digitalen Klon des gesamten Produktionsprozesses agiert und dort keine schwerwiegenden Schäden anrichten kann.

Der Einsatz von KI soll die Effizienz steigern, also die Kosten und/oder Qualität verbessern und/oder Produktionsausfälle durch menschliches Versagen reduzieren. Beispiele sind hierfür:

- KI-gestützte Bilderkennungssysteme können Produktionslinien überwachen und defekte Produkte automatisch erfassen, indem sie visuelle Mängel wie Risse, Kratzer oder Abweichungen von Standards erkennen.
- In der gleichen Logik kann KI durch die Analyse von Bildern, Scans und Sensordaten frühzeitig Anzeichen von Verschleiß oder Defekten in Maschinen und Anlagen vorhersagen, was zu präventiver Wartung führt und ungeplante Stillstandzeiten reduziert. Dieses „Arbeitscluster" von KI dient auch dazu, die Arbeitssicherheit zu erhöhen, weil potenziell gefährliche Situationen im Produktionsprozess erkannt und damit Arbeitsunfälle verhindert werden.
- Durch die Analyse von Textdaten aus Produktionsprotokollen, Betriebsanleitungen oder Fehlerberichten identifizieren KI-Algorithmen Muster und entwickeln Verbesserungsvorschläge für die Optimierung von Produktionsprozessen.

- KI-Modelle können mithilfe der Datenanalyse Verkaufstrends und Umsatzprognosen ableiten und hieraus Entscheidungsvorschläge erarbeiten. Das betrifft beispielsweise Losgrößen und Lagerhaltung. So können z. B. Lagerbestände aufgrund der prognostizierten Nachfrage viel besser und automatisiert angepasst und wenn möglich reduziert werden.
- In ähnlicher Weise können KI-Systeme die Transparenz komplexer Preisstrukturen (Artikelanzahl, Mengenstaffeln, Rabattstrukturen) verbessern und die Aufteilung von Einkaufskontingenten auf unterschiedliche Lieferanten (Second Sourcing etc.) optimieren, auch mithilfe eines Lieferantenratings (Qualität, Lieferzeiten, Liefervolumen, Abarbeiten von Reklamationen, Innovationen, Preisentwicklung, Rechnungsabwicklung, Verfügbarkeiten).

Ob und inwieweit vor allem neuartige KI-Agentensysteme diesen Zielsetzungen kosteneffizient gerecht werden, werden die Industriedaten der nächsten Jahre zeigen.

Über die aufgeführten Bereiche hinaus unterstützt KI die Operational Excellence[6] durch die Echtzeitauswertung und Identifikation von institutionellen Bedrohungen und Schwachstellen, um hier rechtzeitig Gegenmaßnahmen zu ergreifen. Dies betrifft z. B. Diebstahl, Betrug, Verletzung von Rechten, Abhängigkeiten sowie die Einhaltung von Vorschriften und Richtlinien. Bei der Operational Excellence geht es aber weit darüber hinaus auch darum, aktuelle Geschäftsabläufe über die gesamte Wertschöpfungskette durch die Identifikation von Engpässen, Fehlern und Ineffizienzen sowie die flexible Anpassung an Marktveränderungen zu optimieren. Unnötige Schritte und Kosten sollen erkannt und eliminiert und die Produktqualität verbessert werden. Eine Kultur des kontinuierlichen Lernens und Verbesserns ist im Rahmen der Unternehmenskultur zu etablieren (Hanschke, 2024, S. 26 ff.). Große Vorteile können sich im Rahmen der operativen Exzellenz gerade aus der Kombination von KI-Einsatz und digitaler Integration verschiedener Produktions- und Wertschöpfungsstufen ergeben. Damit die Digitalisierung im Allgemeinen und die Künstliche Intelligenz im Speziellen optimal funktionieren, bedarf es einer Integration der industriellen Wertschöpfungskette auf allen Ebenen, vom Zulieferer, Hersteller und Intermediär bis hin zum Kunden. Ebenso kann der Einsatz von KI die digitale Integration von Intermediären (wie Händlern, Brokern oder Distributoren) und Geschäftskunden optimieren.

18.2 Grenzen und Risiken

Zunächst gilt es festzustellen, dass jenseits absurder Heilsversprechen und dystopischer Ängste hinsichtlich des KI-Einsatzes in Unternehmen das Wachstum der Einsatzmöglichkeiten von KI-Algorithmen noch vor wenigen Jahren völlig undenkbar war. Auch am

---

[6] https://www.ipk.fraunhofer.de/de/kompetenzen-und-loesungen/unternehmens-und-produktionsmanagement/agiles-prozessmanagement/operational-excellence-entwickeln.html.

Horizont sind keine Brüche dieser Entwicklung oder ein erneuter KI-Winter abzusehen, sofern es gelingt, das Problem der Energieintensität von Machine Learning, also des KI-Trainings, in den Griff zu bekommen. Aus heutiger Sicht könnte tatsächlich der Energiehunger von KI am ehesten zu einer Verlangsamung der weiteren KI-Entwicklung führen. Bezogen auf den Energiebedarf von Hochleistungsrechenzentren, der die Problematik besonders deutlich vor Augen führt, verweisen wir auf das Kap. 7 in diesem Buch.

So wie einzelne Anwendungsfantasien, vor allem bezüglich großer Sprachmodelle, eher naivgläubig denn empirisch belegbar sind, so wird strukturell die Anwendungsbreite von KI als „Gehirn" der Automatisierung und beim Ersatz von Routine-, Verwaltungs- und Expertentätigkeiten unterschätzt.[7] KI ist bereits nach kürzester Zeit zu einem nicht mehr wegzudenkenden Produktionsmittel geworden, das äußerst vielseitig einsatzbar ist.

Sichtbare Herausforderungen und partielle Grenzen der KI liegen jedoch in der generellen technischen und organisatorischen Umsetzbarkeit. Einflussfaktoren sind hier die Abhängigkeit von großen Mengen und qualitativ hochwertigen Daten, die Schwierigkeit der Erklärbarkeit komplexer Modelle (Black-Box-Problem), die Interoperabilität und Anpassung an Legacy-Systeme, der hohe Bedarf an Rechenressourcen und Energie sowie die begrenzte Generalisierungsfähigkeit über spezifische Aufgaben hinaus (Disselkamp, 2024, S. 11). Die Herausforderungen starten bei der Fähigkeit eines Unternehmens zur *Data Capability*, also zum Aufbau einer passenden Dateninfrastruktur, Datenverwaltung, Datenanalyse, Datenschutz und Datenethik. Dem folgt die *Data Literacy* mit der Fähigkeit der handelnden Personen, überhaupt ein Verständnis für Daten zu entwickeln, Daten zu analysieren, Daten kritisch zu betrachten und Daten in einem bestimmten Kontext sinnvoll einzusetzen.

Auch wenn dies hier nicht näher erläutert werden kann, sei darauf verwiesen, dass auch sozialpsychologische Herausforderungen existieren. Vier emotionale Barrieren blockieren häufig die organisatorische Umsetzbarkeit in Unternehmen. Sie resultieren dabei aus vier Defiziten: Ein Qualifikationsdefizit führt zu dem Gefühl der Überforderung, ein Informationsdefizit zu der Unkenntnis, ein Organisationsdefizit zur Emotion der Ohnmacht und ein Motivationsdefizit zur Sorge um eine Schlechterstellung (Disselkamp, 2021, S. 166 ff.). All diese emotionalen Barrieren bewirken nicht selten Ängste der betroffenen bzw. handelnden Personen, die in der Folge Veränderungen im Allgemeinen und KI-Initiativen im Speziellen behindern. Diese Barrieren korrelieren auch mit der Frage nach der sozialen Durchsetzbarkeit und ethischen Wünschbarkeit von KI-Initiativen. Im Vordergrund der bestehenden Vorbehalte stehen oftmals Fragen mit Bezug zur Arbeit. Wie im Kap. 17 ausgeführt, kann KI als Ergänzung oder als Ersatz menschlicher Arbeitskraft eingesetzt werden. Beides geschieht bereits, und beide Einsatzformen werden zumindest mittelfristig branchen- und arbeitsplatzabhängig in allen Schattierungen zu finden sein. Tendenziell lässt sich bereits einschätzen, dass KI zumindest langfristig Routinearbeiten in vielen Bereichen zunehmend übernehmen und dort Arbeitsplätze wegrationalisieren

---

[7] Ein gutes Beispiel für die unkritische Betrachtung ist der diesbezügliche Snowflake Report (Dageville et al., 2023).

Abb. 18.2 Projektifizierung. (Disselkamp, 2021)

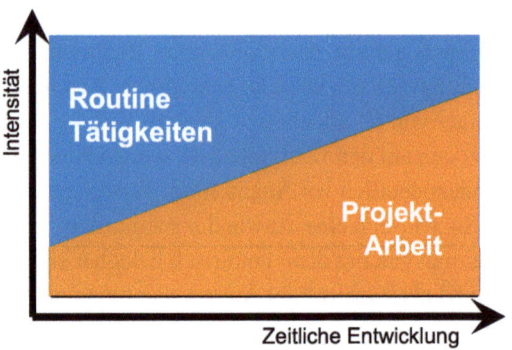

wird. Wir sprechen hier von einem Effekt der Projektifizierung (Disselkamp, 2021, S. 31). Menschen werden zukünftig vor allem in der Gesamtsteuerung und in der Projektarbeit benötigt, weil vor allem dort Verständnis, Bewusstsein, Intuition sowie Perspektiven- und Paradigmenwechsel erforderlich sind (Abb. 18.2). Die Projekttätigkeit beinhaltet dabei sowohl strategische Projekte (z. B. disruptive Innovationen, *Business Process Reengineering* oder Aufbau neuer Geschäftsmodelle) als auch operative Projekte (z. B. maßgeschneiderte Kundenbetreuung, anspruchsvolle Reparaturen, Transformationsmanagement).

Auch wenn dies nur eine Tendenz ist, so hat sie doch weitreichende Folgen für die Frage nach den Qualifikationsanforderungen in bestehenden Berufsbildern, aber auch für die Entstehung neuartiger Berufsgruppen, die den absehbaren Wandel oder Wegfall vieler Berufsbilder zumindest quantitativ kompensieren kann. Hierzu zählen mit zum Teil neuen Kompetenzen *Data Scientists* mit ihrer generellen Verantwortung für die Datenanalyse. Sie entwickeln und implementieren Algorithmen, um Erkenntnisse aus den Daten zu gewinnen und die nötigen Modelle zu trainieren. Data-Mining-Spezialisten wiederum fokussieren sich auf die Suche und Identifizierung von Mustern in großen Datensätzen, um relevante Informationen für Vorhersagen zu extrahieren, während *Predictive Modeler*/Analysten darauf spezialisiert sind, Modelle zu entwickeln, zu testen und zu validieren, um Vorhersagen auf Basis von Daten zu treffen. KI-Entwickler (AI Researcher) entwickeln neue Algorithmen und Techniken mit dem Ziel, die Leistung von KI-Systemen zu verbessern. Und die Rolle des Machine Learning Engineers implementiert und optimiert Machine-Learning-Systeme und ist oft für die Umsetzung und die Skalierung von Modellen verantwortlich. Zudem gibt es in KI-Systemen immer mehr Data Engineers (verantwortlich für Dateninfrastruktur, wie *Data Warehouse* und *Data Lake*), UX/UI-Designer (für die Anwenderoberfläche), Product Owner (tragen die wirtschaftliche Verantwortung) und Ethics & Compliance Specialists, die KI-bezogene ESG-Fragen bearbeiten.

Kommen wir noch mal zurück zur Data Literacy: Bereits seit Jahren werden Fragen des Schutzes von Daten und Privatsphäre breit diskutiert. KI-Systeme verarbeiten und analysieren große Mengen personenbezogener Daten ohne hinreichende Berechtigung. Es ist rechtlich und ethisch problematisch, wenn ohne ausreichende Zustimmung oder Transparenz sensible Daten gesammelt und genutzt werden und so die Privatsphäre betroffener Personen verletzt wird.

Bei der Verarbeitung der Daten kommt es bei KI-Anwendungen zumindest manchmal auch zur Reproduktion von Vorurteilen mit diskriminierender Wirkung. Dieser Effekt tritt ein, weil KI-Modelle in der Regel auf großen Mengen von Daten trainiert werden, die aus der realen Welt stammen. Wenn diese Daten Vorurteile oder Ungleichheiten enthalten, sei es durch historische Ungerechtigkeiten, gesellschaftliche Diskriminierung oder verzerrte Datensätze, dann kann das Modell diese Verzerrungen unbewusst lernen und in seine Vorhersagen und Entscheidungen einfließen lassen. Insofern erfindet die KI diese Diskriminierungen nicht, reproduziert sie aber, weil sie aus den von ihr selbst erzeugten Inhalten lernt. Dann nimmt die Vielfalt der erzeugten Inhalte ab, weil die KI grundsätzlich den statistisch wahrscheinlichsten Output berechnet (Martínez et al., 2024, S. 2). Dies verdeutlicht, dass KI-Systeme nicht in der Lage sind, die Balance zwischen Komplexität und Verallgemeinerung selbstständig zu finden, was oft menschliches Eingreifen und regelmäßige Anpassungen erfordert.

Eine zentrale rechtliche, ökonomische und ethische Herausforderung liegt in der Festlegung von Verantwortlichkeit und Haftung (*liability*) sowie der Nachvollziehbarkeit von KI-Entscheidungen (Transparenz). Unternehmen müssen sicherstellen, dass die Entscheidungsprozesse ihrer KI-Systeme transparent und nachvollziehbar sind. Das bedeutet für Unternehmen, dass die Verantwortung für den KI-Einsatz beim Top-Management liegen muss und nicht vollständig auf interne oder externe Experten delegiert werden kann. Die unternehmensweiten Auswirkungen von KI-Implementierungen, das damit verbundene Risikomanagement und die notwendige Ressourcenallokation erfordern die direkte Einbindung der Führungsebene.

Ebenso sind klare rechtliche Vorgaben erforderlich, die die Frage von Verantwortlichkeit und Schadensersatz eindeutig regel n. Unternehmen müssen gewährleisten, dass von ihnen entwickelte oder genutzte KI-Systeme transparent, fair und sicher sind und die Rechte und Privatsphäre der Nutzer respektieren. Ethikrichtlinien und rechtliche Vorgaben, wie sie in der EU KI-Verordnung *(EU AI Act)* festgelegt sind, spielen eine entscheidende Rolle, indem sie klare Standards für die Entwicklung und den Einsatz von KI setzen (s. Kap. 23).

Literatur

Aristoteles, & Weiße, C. H. (1829). *Physik – übersetzt und mit Anmerkungen begleitet*. https://www.google.de/books/edition/Aristoteles_Physik/QXCCDrErk6sC?hl=de&gbpv=1&pg=PA2&printsec=frontcover. Zugegriffen am 20.02.2025.

Böckmann, D. (2023). *Agile analytics*. Haufe Verlag.

Bosch. (2020). *KI-Kodex von Bosch im Überblick*. https://assets.bosch.com/media/de/global/stories/ai_codex/bosch-code-of-ethics-for-ai.pdf. Zugegriffen am 23.12.2024.

Brenner, et al. (2016). *Design thinking for innovation*. Springer.

Buxmann, P., & Schmidt, H. (2019). *Künstliche Intelligenz – Mit Algorithmen zum wirtschaftlichen Erfolg*. Springer Gabler.

Christensen, C. M. (2016, 1997). *The Innovator's Dilemma*. Harvard Business Review Press.

Clear, J. (2025). *First Principles: Elon Musk on the power of thinking for yourself*. https://jamesclear.com/first-principles. Zugegriffen am 20.02.2025.

Cole, T. (2020). *Erfolgsfaktor Künstliche Intelligenz*. Hanser Fachbuch.

Czarnecki, C., & Auth, G. (2018). *Prozessdigitalisierung durch Robotic Process Automation*. Springer Vieweg.

Dageville, B., et al. (2023). *Data + AI Predictions 2024: How generative AI is radically reshaping data science, cybersecurity applications*. https://2631050.fs1.hubspotusercontent-na1.net/hubfs/2631050/Data%20and%20AI%20Predictions%202024.pdf. Zugegriffen am 23.12.2024.

Dahm, M. H., & Thode, S. (2019). *Strategie und Transformation im digitalen Zeitalter*. Springer Gabler.

Disselkamp, M. (2021). *Digital leaders*. Gabal Verlag, Offenbach am Main.

Disselkamp, M. (2023). *Strategie mit KI*. Amazon-Eigenverlag München.

Disselkamp, M. (2024). *In 6 Schritten zur KI-Reife*. Whitepaper der Haufe Akademie.

Erner, M. (Hrsg.). (2019). *Management 4.0 – Unternehmensführung im digitalen Zeitalter*. Springer Gabler.

Fink, V. (2021). *Künstliche Intelligenz in der Personalarbeit*. Schäffer-Poeschel Verlag.

Frischmuth, C. (2021). *New Work Bullshit*. Frankfurter Allgemeine Buch.

Gassmann, O. & Sutter, P. (Hrsg.). (2019). *Digitale Transformation gestalten*. Hanser Fachbuchverlag.

Geffroy, E. K. (2018). *Das Ende der Geschäftsmodelle – Neue Strategien für eine disruptive Welt*. Redline Verlag.

Gatzui Grivas, S. (Hrsg.) (2020). *Digital business development*. Springer Gabler.

Gronwald, K.-D. (2024). *Data Management. Der Weg zum datengetriebenen Unternehmen*. Springer Vieweg.

Haefner, N., & Morf, P. (2019). Management von AI-Initiativen in Unternehmen. In O. Gassmann & P. Sutter (Hrsg.), *Digitale Transformation gestalten* (S. 43–57).

Haefner, N., et al. (2021). *Artificial intelligence and innovation management: A review, framework, and research agenda*. https://www.sciencedirect.com/science/article/pii/S004016252031218X. Zugegriffen am 19.07.2025.

Hanschke, I. (2024). *Strategische Planung in Business und IT – Lean, agil &systematisch*. Springer Vieweg.

Hechler, E., et al. (2020). *Deploying AI in the Enterprise*. APress Verlag by Springer Nature.

Heilig, T., & Scheer, I. (2024). *Decision Intelligence*. Wiley-VCH.

Juma, A. (2017). *Aristotle and the importance of first principle*. https://medium.com/swlh/aristotle-and-the-importance-of-first-principles-9431aa60a7d1. Zugegriffen am 20.02.2025.

Jung, H. H., & Kraft, P. (2017). *Digital vernetzt. Transformation der Wertschöpfung*. Carl Hanser.

Kaufmann, T., & Servatius, H.-G. (2020). *Das Internet der Dinge und Künstliche Intelligenz als Game Changer*. Springer Vieweg.

Kirf, B., et al. (2020). *Unternehmenskommunikation im Zeitalter der digitalen Transformation*. Springer Gabler.

Klug, A., & Besier, J. (2022). *Trendradar KI – Relevante Anwendungsfelder für Unternehmen*. Haufe Verlag.

Krause, G. (Hrsg.). (2023). *Die Praxis des Digitalen Humanismus*. Springer Vieweg.

Kreutzer, R. T., et al. (2017). *Digital Business Leadership*. Springer Gabler.

Lucks, K. (2020). *Der Wettlauf um die Digitalisierung*. Schäffer Poeschel Verlag.

Marchesi, C. (2020). Daten als Treiber der digitalen Transformation. In S. Gatzui Grivas (Hrsg.), *Digital business development* (S. 111–130).

Martínez, G., et al. (2024). Towards understanding the interplay of generative artificial intelligence and the Internet. In F. Cuzzolin & M. Sultana (Hrsg.), *Epistemic uncertainty in artificial intelligence* (Lecture notes in computer science, Bd. 14523). Springer. https://doi.org/10.1007/978-3-031-57963-9_5

Meinhardt, S., & Pflaum, A. (Hrsg.). (2019a). *Digitale Geschäftsmodelle – Band 1.*Springer Vieweg.
Meinhardt, S., & Pflaum, A. (Hrsg.). (2019b). *Digitale Geschäftsmodelle – Band 2.*Springer Vieweg.
Middelkoop, W., & Koppelaar, R. (2018). *Die Tesla-Revolution*. Wiley-VCH.
Minevich, M. (2023. Dezember 14). The dawn of AI disruption: How 2024 marks a new era in innovation. *Forbes.*
Münter, M. T. (Hrsg.). (2023). *Wie verändern Daten Unternehmen*. UVK.
Nenninger, M., & Seidel, M. (2021). *Praxisleitfaden Customer Centricity*. Springer Gabler.
Neumann, A. (2023). Künstliche Intelligenz als Entscheidungsunterstützer – Potenziale und Risiken in Unternehmen. In M. T. Münter (Hrsg.), *Wie verändern Daten Unternehmen* (S. 69–82).
Nonaka, I., & Takeuchi, H. (1995). *The knowledge-creating company*. Oxford University Press.
Pispers, R., et al. (2018). *Neuromarketing im Internet*. Haufe Verlag.
Ries, E. (2011). *The Lean Startup – How today's entrepreneurs use continuous innovation to create radically successful business*. Random House.
Roth, A. (2020). Design Thinking – Ein Buzzword, oder steckt doch mehr dahinter? In S. Gatzui Grivas (Hrsg.), *Digital business development* (S. 97–109).
Schmertosch, T., & Krabbes, M. (2018). *Automatisierung 4.0*. Carl Hanser.
Schneider, S., et al. (2023). *Manufacturing X. make data work. competitive, resilient & sustainable – The open initiative to build a cross-sectorial data ecosystem for the industry*. https://www.plattform-i40.de/IP/Redaktion/DE/Downloads/Publikation/Manx_Pres1.pdf?__blob=publicationFile&v=5. Zugegriffen am 04.02.2025.
Schulz, T. (Hrsg.). (2020). *Cybersicherheit für vernetzte Anwendungen in der Industrie 4.0*. Vogel Communications Group.
Schümann, N. (2024). *Gamechanger Künstliche Intelligenz*. Haufe Verlag.
Schwaber, K. (2008). *Scrum im Unternehmen*. Microsoft Press, Unterschleißheim.
Talin, B. (2024). *Understanding and applying First Principle Thinking: A comprehensive guide*. https://morethandigital.info/en/understanding-and-applying-first-principles-thinking-a-comprehensive-guide/. Zugegriffen am 20.02.2025.
Wagener, A. (2019). *Künstliche Intelligenz im Marketing – Ein Crashkurs*. Haufe Verlag.
Wagner, R. M. (Hrsg.). (2018). *Industrie 4.0 für die Praxis.*Springer Gabler.
Wolan, M. (2019). *Next generation digital transformation*. Springer Gabler.

Open Access Dieses Kapitel wird unter der Creative Commons Namensnennung - Nicht kommerziell - Keine Bearbeitung 4.0 International Lizenz (http://creativecommons.org/licenses/by-nc-nd/4.0/deed.de) veröffentlicht, welche die nicht-kommerzielle Nutzung, Vervielfältigung, Verbreitung und Wiedergabe in jeglichem Medium und Format erlaubt, sofern Sie den/die ursprünglichen Autor(en) und die Quelle ordnungsgemäß nennen, einen Link zur Creative Commons Lizenz beifügen und angeben, ob Änderungen vorgenommen wurden. Die Lizenz gibt Ihnen nicht das Recht, bearbeitete oder sonst wie umgestaltete Fassungen dieses Werkes zu verbreiten oder öffentlich wiederzugeben.

Die in diesem Kapitel enthaltenen Bilder und sonstiges Drittmaterial unterliegen ebenfalls der genannten Creative Commons Lizenz, sofern sich aus der Abbildungslegende nichts anderes ergibt. Sofern das betreffende Material nicht unter der genannten Creative Commons Lizenz steht und die betreffende Handlung nicht nach gesetzlichen Vorschriften erlaubt ist, ist auch für die oben aufgeführten nicht-kommerziellen Weiterverwendungen des Materials die Einwilligung des jeweiligen Rechteinhabers einzuholen.

Künstliche Intelligenz in der Landwirtschaft: Integration, Herausforderungen und Transformationspotentiale

Sebastian Bosse

Zusammenfassung

Das vorliegende Kapitel bietet einen Überblick über die Anwendung von KI in der Landwirtschaft sowie ihre technologischen Grundlagen, praktischen Anwendungen und gesellschaftlichen Auswirkungen. Ausgehend von der historischen Entwicklung der Landwirtschaft über die Industrialisierung bis zur Digitalisierung werden Herausforderungen wie Klimawandel, Ressourcenknappheit und Ernährungssicherheit diskutiert. Das Kapitel zeigt auf, wie KI als Schlüsseltechnologie zu deren Bewältigung beitragen kann. Dabei werden die besonderen Charakteristika des Agrarsektors berücksichtigt, die spezifische Anforderungen an KI-Lösungen stellen. Die folgenden Abschnitte behandeln systematisch die Anwendung von KI in der Außen- und Innenwirtschaft, technische Herausforderungen der Integration sowie wirtschaftliche, gesellschaftliche und regulatorische Aspekte. Das Kapitel schließt mit einer Analyse der Zukunftsperspektiven und einer Skizze konkreter Schritte für die nachhaltige und digitale Transformation der Landwirtschaft.

19.1 Einführung und Grundlagen

Die Landwirtschaft bildet seit Jahrtausenden das Fundament menschlicher Zivilisationen. Mit der Entwicklung des Ackerbaus und der Viehzucht vor etwa 12.000 Jahren begann eine tiefgreifende Transformation der menschlichen Gesellschaft, die den Übergang von nomadischen Jäger-Sammler-Kulturen zu sesshaften Agrargesellschaften ermöglichte

---

S. Bosse (✉)
Forschungsgruppe Interactive & Cognitive Systems, Fraunhofer Heinrich-Hertz-Institut (HHI), Berlin, Deutschland
E-Mail: sebastian.bosse@hhi.fraunhofer.de

(Zeder, 2011). Diese „Neolithische Revolution" (Diamond, 1999) legte den Grundstein für die Entstehung komplexer sozialer Strukturen, technologischer Innovationen und letztlich der modernen Zivilisation, wie wir sie heute kennen.

Heute steht die Landwirtschaft vor beispiellosen Herausforderungen. Der Klimawandel bedroht die Produktivität vieler landwirtschaftlicher Systeme, während gleichzeitig die wachsende Weltbevölkerung eine Steigerung der Nahrungsmittelproduktion erfordert (Lobell & Gourdji, 2012). Die Vereinten Nationen prognostizieren, dass die globale Bevölkerung bis 2050 auf fast 10 Mrd. Menschen anwachsen wird, was eine Erhöhung der Nahrungsmittelproduktion um bis zu 56 % im Vergleich zu 2010 notwendig macht (van Dijk et al., 2021; Ritchie et al., 2022). Gleichzeitig werden natürliche Ressourcen, wie fruchtbarer Boden und Süßwasser, immer knapper, und die Biodiversität ist durch intensive landwirtschaftliche Praktiken bedroht (Tilman et al., 2011).

19.1.1 Stand und Herausforderungen der modernen Landwirtschaft

Ein zentraler Aspekt der modernen Landwirtschaft ist ihre duale Rolle als Beeinflusserin und Abhängige von Umwelt und Klima. Einerseits trägt die Landwirtschaft signifikant zu Umweltveränderungen bei. Aktuelle Studien zeigen, dass der Agrarsektor für etwa ein Viertel der globalen Treibhausgasemissionen verantwortlich ist, wobei die landwirtschaftlichen Emissionen heute 18-mal höher sind als in den 1960er-Jahren (Yang et al., 2024). Intensive landwirtschaftliche Praktiken führen zudem zu Bodendegradation, Verlust der Biodiversität und Wasserverschmutzung (Pereira et al., 2023). Andererseits ist die Landwirtschaft in hohem Maße von Umweltbedingungen abhängig. Klimawandel, extreme Wetterereignisse und Ressourcenknappheit bedrohen die Stabilität der landwirtschaftlichen Produktion weltweit (Mohapatra et al., 2022). Nach den oben genannten Prognosen des Bevölkerungswachstums wird sich diese wechselseitige Abhängigkeit künftig weiter verstärken.

Die Notwendigkeit einer nachhaltigen Landwirtschaft wird durch die *Sustainable Development Goals* (SDGs) der Vereinten Nationen unterstrichen, insbesondere SDG 2 „*Zero Hunger*", SDG 13 „*Climate Action*" und SDG 15 „*Life on Land*" (Sachs, 2012). Diese Ziele verdeutlichen die Dringlichkeit, innovative Lösungen zu finden, die sowohl die Produktivität steigern als auch die Umweltauswirkungen minimieren. In diesem Kontext gewinnt die Digitalisierung der Landwirtschaft, oft als „*Landwirtschaft 4.0*" oder „*Smart Farming*" bezeichnet, zunehmend an Bedeutung. Durch den Einsatz von Sensoren, Drohnen, satellitengestützten Systemen und Künstlicher Intelligenz (KI) können landwirtschaftliche Prozesse präziser gesteuert und Ressourcen effizienter eingesetzt werden. Ein großes Versprechen ist dabei, dass KI und digitale Technologien helfen, nachhaltige Lebensmittelsysteme zu etablieren.

In diesem Kontext gewinnen Wertschöpfungsnetzwerke zunehmend an Bedeutung. Diese Netzwerke verbinden verschiedene Akteure entlang der landwirtschaftlichen Wertschöpfungskette – von Landwirten über Technologieanbieter bis hin zu Forschern und politischen Entscheidungsträgern. Durch die Förderung von Kooperation und Wissensaustausch tragen Wertschöpfungsnetzwerke dazu bei, Innovationen zu beschleunigen und nachhaltige Lösungen für die Herausforderungen der modernen Landwirtschaft zu entwickeln (Shepherd et al., 2020; Assimakopoulos et al., 2024).

19.1.2 Besonderheiten des Agrarsektors für KI-Anwendungen

Die Implementierung von KI-Lösungen in der Landwirtschaft wird durch spezifische Charakteristika des Sektors beeinflusst, die ihn von anderen Wirtschaftszweigen unterscheiden. Eine besondere Herausforderung stellt die ausgeprägte Fragmentierung und Heterogenität des Agrarsektors dar. Allein in der Europäischen Union existierten im Jahr 2020 etwa 9,1 Mio. landwirtschaftliche Betriebe (eurostat, 2020), im Gegensatz zu 3261 Kreditinstituten (European Central Bank, 2016) und nur etwa 200 Fluggesellschaften (statista, 2024). Neben dieser ökonomischen Fragmentierung manifestiert sich die Heterogenität in der Landwirtschaft in weiteren Dimensionen:

Unkontrollierbare Umweltbedingungen: Wetter, Klimawandel und extreme Ereignisse wie Dürren oder Überschwemmungen beeinflussen maßgeblich den Erfolg landwirtschaftlicher Aktivitäten.
Zeitliche Abhängigkeiten: Vegetationsperioden und saisonale Zyklen mit engen Zeitfenstern spielen in der Landwirtschaft eine zentrale Rolle.
Örtliche Unterschiede: Variationen in Bodenarten, Topographie und Mikroklimata innerhalb einzelner Felder oder zwischen verschiedenen Regionen erhöhen die Komplexität landwirtschaftlicher Entscheidungen.

Im Gegensatz zu Sektoren wie der Fertigungsindustrie oder dem Finanzwesen, die oft in kontrollierten Umgebungen operieren, muss die Landwirtschaft mit einer Vielzahl von externen, oft unvorhersehbaren Faktoren umgehen. Während beispielsweise die Automobilindustrie ihre Produktionsprozesse weitgehend standardisieren und optimieren kann, muss die Landwirtschaft ständig auf wechselnde Umweltbedingungen reagieren.

Eine weitere Herausforderung stellt die Datenverfügbarkeit und -qualität dar. In der Landwirtschaft existieren oft erhebliche Datenlücken, insbesondere bei kleineren Betrieben, die nicht über die notwendige technische Infrastruktur zur systematischen Datenerfassung verfügen. Zudem erschweren die Heterogenität der Datenquellen und das Fehlen standardisierter Datenformate die Integration und Analyse der Daten. Während im Bankensektor beispielsweise das *SWIFT-System* für den standardisierten Datenaustausch genutzt wird, kommen in der Landwirtschaft verschiedene, oft nicht kompatible Systeme zum Einsatz.

Die Investitionsfähigkeit in KI-Technologien unterscheidet sich ebenfalls stark zwischen den Sektoren. Während Großunternehmen, wie Banken oder Fluggesellschaften, erhebliche Ressourcen für die Entwicklung und Implementierung von KI-Lösungen aufwenden können, sind viele landwirtschaftliche Betriebe klein und haben begrenzte finanzielle Möglichkeiten. In der EU waren 2020 etwa 64 % der landwirtschaftlichen Betriebe kleiner als 5 ha (eurostat, 2020). Dies führt zu unterschiedlichen Geschwindigkeiten bei der Technologieadoption. Während im Finanzsektor bereits 2019 etwa 85 % der Unternehmen KI-Technologien einsetzten (Deloitte Center for Financial Services, 2019), lag die Adoptionsrate in der Landwirtschaft deutlich niedriger. Eine Studie aus Deutschland zeigte, dass 2022 nur etwa 58 % der Landwirte GPS-gesteuerte Landmaschinen, 19 % Drohnentechnologie und 14 % KI-Technologie im engeren Sinne nutzten (bitkom, 2022).

Die Integration von KI in der Landwirtschaft verspricht, viele der aktuellen Herausforderungen zu adressieren. Durch die Analyse komplexer Datensätze, die Steuerung autonomer Systeme und die Optimierung von Entscheidungprozessen kann KI dazu beitragen, die Produktivität zu steigern, Ressourcen effizienter zu nutzen und die Nachhaltigkeit der landwirtschaftlichen Produktion zu verbessern. In den folgenden Abschnitten werden wir die technologischen Grundlagen von KI in der Landwirtschaft (Abschn. 19.2), die Herausforderungen der Systemintegration (Abschn. 19.3) sowie die wirtschaftlichen, gesellschaftlichen und regulatorischen Aspekte (Abschn. 19.4 und 19.5) eingehend diskutieren. Abschließend werden Zukunftsperspektiven und Schritte für die weitere Entwicklung von KI in der Landwirtschaft vorgestellt (Abschn. 19.6).

19.2 Technologische Basis und Anwendungsfelder

19.2.1 Anwendungsfelder in der Außenwirtschaft

Die Außenwirtschaft umfasst Maschinen, Geräte und Prozesse, die in der Feld- und Grünlandbewirtschaftung eingesetzt werden. In diesem Kontext hat sich die Präzisionslandwirtschaft (Precision Farming) als zentrales Anwendungsfeld für Künstliche Intelligenz etabliert. KI-gestützte Systeme analysieren Daten aus verschiedenen Quellen, darunter Bodensensoren, Wetterstationen und Satellitenbilder, um ortsspezifische Maßnahmen zu optimieren und die Effizienz der landwirtschaftlichen Produktion zu steigern (Monteiro et al., 2021).

Maschinelles Lernen und Deep Learning (LeCun et al., 2015) bilden die Grundlage für die Analyse komplexer Datensätze und die Erkennung von Mustern in landwirtschaftlichen Prozessen. Diese Technologien ermöglichen im Prinzip die präzise Vorhersage über Ernteerträge und optimale Zeitpunkte für Aussaat und Ernte basierend auf historischen Daten und aktuellen Umweltbedingungen (Khaki & Wang, 2019).

KI-basierte Bilderkennungssysteme erreichen eine Genauigkeit von bis zu etwa 99 % bei der Identifikation von Pflanzenkrankheiten, was eine frühzeitige Intervention und gezielte Behandlung ermöglicht (Militante et al., 2019). Hier ist jedoch darauf zu achten, dass diese Zahl sehr kontextabhängig und deshalb vorsichtig zu interpretieren ist.

Ein Schlüsselbereich der Präzisionslandwirtschaft ist die präzise Düngung und Bewässerung. KI-Algorithmen können den Nährstoff- und Wasserbedarf von Pflanzen genau bestimmen. Studien zeigen, dass präzise Stickstoffdüngung den Düngemitteleinsatz bei gleichbleibenden Erträgen um bis zu 30 % reduzieren kann (Sanyaolu & Sadowski, 2024). Diese Effizienzsteigerung trägt nicht nur zur Kostenreduktion bei, sondern auch geringerer Umweltbelastung durch übermäßigen Düngemitteleinsatz.

Für das Unkraut- und Schädlingsmanagement werden autonome Roboter entwickelt, die bildbasiert Unkräuter identifizieren und behandeln. Dadurch soll der Einsatz von Herbiziden reduziert werden. Untersuchungen zeigen Reduktionen um bis zu 97 %, wobei die Erfolgsrate bei 47,6 % lag (Wu et al., 2020).

19.2.2 Anwendungsfelder in der Innenwirtschaft

Auch in der Innenwirtschaft, die Bereiche wie Stallsysteme, Lagerung und Verarbeitung umfasst, zeigt der Einsatz von KI großes Potential. In der Tierhaltung und -gesundheit können KI-gestützte Überwachungssysteme das Verhalten und die Gesundheit von Nutztieren in Echtzeit analysieren. Systeme zur Früherkennung von Krankheiten bei Milchkühen erlauben die Früherkennung von Digitaler Dermatitis mit 79 % Genauigkeit am Tag der ersten klinischen Anzeichen (Magana et al., 2023). Diese Technologien tragen zur Verbesserung der Tiergesundheit und zur Steigerung der Produktivität und Rentabilität in der Tierhaltung bei.

Im Bereich Lagerung werden Reduktionen der Verluste um bis zu 30 % durch KI-optimierte Lager- und Verpackungslösungen berichtet (Abramov, 2025).

In der Verarbeitung und Qualitätskontrolle identifizieren KI-gestützte Gassensorsysteme Trockenfäule bei Kartoffeln annähernd fehlerfrei (Farokhzad et al., 2024), was zu einer Verbesserung der Lebensmittelsicherheit und -qualität führt.

19.2.3 Herausforderungen und Integration

Die beiden obigen Abschnitte stellen exemplarische KI-Lösungen für die Landwirtschaft vor. Nicht alle Laborergebnisse lassen sich im Feld bei gleicher Performance reproduzieren. Dennoch gibt es schon heute zahlreiche vielversprechende bis sehr gute und oft auch kommerziell verfügbare Lösungen, die jedoch meist Insellösungen mit relativ geringen Adoptionsraten bleiben. Gründe hierfür liegen in der begrenzten technischen Infrastruktur in ländlichen Gebieten, in hohen Anfangsinvestitionen, die besonders für kleine Betriebe problematisch sind, sowie im Fehlen von qualifiziertem Personal mit Expertise in beiden Bereichen – Landwirtschaft und KI (bitkom, 2022).

Eine besondere Herausforderung ist eine Integration unterschiedlicher Technologien und Sensordaten, die

- den hochgradig spezifischen technologischen und ökonomischen Anforderungen einzelner Betriebe gerecht wird,
- die Datenhoheit der Landwirte respektiert,
- offen ist hinsichtlich der Einbindung von Diensten und Lösungen Dritter, wie etwa Startups.

Systeme wie das John Deere Operations Center oder xarvio Digital Farming Solutions von Bayer leisten das nicht immer, kommen aber zum Preis der Herstellerabhängigkeit.

Die Anpassung an lokale Bedingungen bleibt eine zentrale Herausforderung. Die Heterogenität der landwirtschaftlichen Produktion erfordert KI-Systeme, die flexibel an unterschiedliche Umweltbedingungen, Anbaumethoden und Betriebsgrößen angepasst werden können. Dies setzt nicht nur technologische Innovationen, sondern auch ein tiefes Verständnis der spezifischen Bedürfnisse und Bedingungen in der Landwirtschaft voraus. Plattformbasierte Lösungen, die Dienste auf der Basis offener und standardisierter Schnittstellen und Datenmodelle modular integrieren (s. Abschn. 19.3.1.2 und 19.5.2) stellen hier einen vielversprechenden Ansatz dar.

Neben der horizontalen digitalen Prozessintegration in der landwirtschaftlichen Produktion gibt es die Tendenz zur vertikalen digitalen Integration entlang der Verarbeitungskette bis hin zum Verbraucher in Wertschöpfungsnetzwerken. Auch hier haben KI und Plattformen das Potential, technologische Grundlagen zu schaffen (Assimakopoulos et al., 2024). Während digitale Produktpässe im Agrarbereich noch in der Frühphase der Erprobung sind, zeigen Pilotprojekte und Studien ihr Potential für mehr Transparenz, Nachhaltigkeit und Effizienz (Bär et al., 2023). Kritische Aspekte wie Standardisierung, Kostenzugang und die Vermeidung von Monopolisierung müssen jedoch weiter erforscht werden. Die Integration von DPPs (Digitalen Produktpässen) in bestehende Wertschöpfungsnetzwerke wird als Schlüssel für die Skalierung angesehen (Šipka & Stagianni, 2024).

Trotz des großen Potentials dieser Technologien ist es wichtig, ihre Grenzen und möglichen negativen Auswirkungen zu berücksichtigen. KI-gestützte Entscheidungssysteme können zu einer Überoptimierung führen, die langfristig die Biodiversität und Bodengesundheit beeinträchtigen könnte (Benefo et al., 2022). Zudem besteht die Gefahr, dass eine übermäßige Abhängigkeit von KI-Systemen das traditionelle landwirtschaftliche Wissen und die Autonomie der Landwirte untergräbt.

19.3 Integration und Systemarchitektur

19.3.1 Datenmanagement

19.3.1.1 Datenerfassung und -qualität

Eine solide Datenbasis von hinreichender Qualität ist die Grundlage für effektive KI-Anwendungen in der Landwirtschaft. Die Heterogenität und Fragmentierung des Agrarsektors stellen jedoch erhebliche Herausforderungen für die Datenerfassung und -qualität dar. Landwirtschaftliche Daten stammen aus einer Vielzahl von Quellen, darunter IoT-Sensoren, Drohnen und Satellitenbilder. Der Mangel an Datenstandards erschwert die Integration und Qualitätssicherung (Wolfert et al., 2017). Verstärkt wird diese Fragmentierung durch unklare Datenhoheit (Jouanjean et al., 2020).

Studien zeigen, dass *Data Quality Assessment* (DQA) Tools die Datenqualität und damit die Genauigkeit und Zuverlässigkeit der darauf basierenden KI-Modelle verbessern kann (Schroth et al., 2023).

Es ist jedoch zu beachten, dass die Komplexität und Variabilität landwirtschaftlicher Systeme eine besondere Herausforderung für KI-Anwendungen darstellen. Die Qualität und Verfügbarkeit von Daten können in verschiedenen landwirtschaftlichen Kontexten stark variieren; dies beeinträchtigt unter Umständen die Zuverlässigkeit und Übertragbarkeit von KI-Modellen. So können KI-Modelle auf fragmentierten Datensätzen Machtungleichgewichte zwischen großen und kleinen Betrieben begünstigen (Dara et al., 2022). Zudem können KI-Systeme, die auf unausgewogenen Datensätzen trainiert wurden, zu verzerrten Ergebnissen führen und bestehende Ungleichheiten verstärken.

19.3.1.2 Standardisierung und Zertifizierung

Ein zentraler Aspekt für die erfolgreiche Integration von KI in die Landwirtschaft sind die Standardisierung und Zertifizierung von KI-Systemen. Im Gegensatz zu anderen Sektoren, wie dem Bankenwesen mit seinem etablierten SWIFT-System, fehlt es der Landwirtschaft bislang an vergleichbaren universellen Standards für den Datenaustausch. Aktuell befassen sich verschiedene Organisationen an der Standardisierung der Integration von KI in der Landwirtschaft. Die Internationale Organisation für Normung (ISO) arbeitet im TC 347 – *Data-driven agrifood systems* – aktiv an der Entwicklung von Standards für die digitale Landwirtschaft.

Die von der ITU[1]/FAO[2] Focus Group on AI and IoT for Digital Agriculture (FG-AI4A) (FG-AI4A, 2021) entwickelte Referenzarchitektur (ITU-T, 2024) bietet technische Spezifikationen für den Aufbau plattformbasierter vernetzter Agrarsysteme. Diese umfassen standardisierte Datenmodelle und Schnittstellen zwischen Daten und KI-Modellen. Dies ist essenziell, um die Diskriminierungsfreiheit, Interoperabilität und Offenheit dieser Plattformen und ihrer Ökosystem zu gewährleisten.

Zertifizierungsprozesse spielen eine wichtige Rolle bei der Verifizierung der Einhaltung von Standards und der Gewährleistung der Vertrauenswürdigkeit von KI-Systemen. Beispielsweise könnten Zertifizierungen für Datenschutz, Systemsicherheit und betriebliche Effizienz dazu beitragen, die Akzeptanz von KI-Technologien in der Landwirtschaft zu fördern.

19.3.1.3 Edge Computing und Cloud-Lösungen

Die Verarbeitung und Speicherung der enormen Datenmengen, die in der modernen Landwirtschaft generiert werden, erfordern innovative Lösungsansätze. Edge Computing und Cloud-Lösungen spielen hierbei eine zentrale Rolle. Edge Computing ermöglicht die Verarbeitung von Daten direkt am Entstehungsort, was besonders in ländlichen Gebieten mit begrenzter Internetkonnektivität von Vorteil ist. Studien zeigen, dass Edge-Computing-Lösungen die Latenzzeiten bei der Datenverarbeitung um bis zu 50 % reduzieren können, was für zeitkritische Anwendungen, wie die Steuerung autonomer Landmaschinen, entscheidend ist.

Cloud-Lösungen hingegen bieten die Möglichkeit, große Datenmengen zentral zu speichern und zu analysieren. Dies ist besonders wichtig für komplexe KI-Modelle, die umfangreiche historische Datensätze für das Training benötigen. Die Kombination von Edge Compu-

---

[1] International Telecommunication Union, eine Sonderorganisation der Vereinten Nationen zu Aspekten der Informationstechnik und Standardisierung.
[2] Food and Agriculture Organization, eine Sonderorganisation der Vereinten Nationen zu Aspekten der Landwirtschaft.

ting für die Echtzeitverarbeitung und Cloud-Lösungen für umfassende Analysen ermöglicht eine flexible und skalierbare Infrastruktur für KI-Anwendungen in der Landwirtschaft.

19.3.2 Plattformen und Ökosysteme

19.3.2.1 Integrierte offene Plattformen

Die Entwicklung integrierter offener Plattformen stellt einen vielversprechenden Ansatz dar, um die Fragmentierung im Agrarsektor zu überwinden und die Adoption von KI-Technologien zu fördern. Diese Plattformen zielen darauf ab, verschiedene Akteure und Technologien in einem kohärenten Ökosystem zu vereinen. Ein Beispiel hierfür ist das BMWK-geförderte Projekt NaLamKI (Nachhaltige Landwirtschaft mittels KI), das die Digitalisierung in der Landwirtschaft vorantreibt, indem es die Interoperabilität zwischen verschiedenen Software- und Hardwareanbietern ermöglicht (Bosse et al., 2023). NaLamKI setzt und implementiert dabei offene Standards der ITU/FAO FG-AI4A. Die NaLamKI-Plattform umfasst einen digitalen Zwilling des landwirtschaftlichen Betriebs und einen Dienstkatalog. Aus dem Dienstkatalog kann der Landwirt Dienste von Drittanbietern (wie etwa Startups) wählen und sich so ein integriertes System modular nach seinen Anforderungen erstellen. Das standardisierte Datenmodell erlaubt das diskriminierungsfreie Einstellen und Anbieten neuer Dienste bei Gewährleistung der Datenhoheit des Landwirts. Solche Plattformen, betrieben von voneinander unabhängigen und möglichweise konkurrierenden Organisationen, sind untereinander interoperabel und können bei Zustimmung der Landwirte bzw. der Dienstanbieter Daten und Dienste austauschen (ITU-T, 2024).

Im BMEL-geförderten Projekt ACRAT (Accelerating Climate Resilient Agriculture in Telangana) (2024) wird dieses Prinzip in einem agroökologischen Ansatz im indischen kleinbäuerlichen Kontext gemeinsam mit lokalen Startups und Landwirten nutzerzentriert weiterentwickelt.

Solche Plattformen können als Katalysatoren für Innovation dienen, indem sie den Austausch von Daten und Erkenntnissen zwischen Landwirten, Forschern und Technologieanbietern erleichtern und so ein Ökosystem etablieren. Sie bieten zudem eine Grundlage für die Entwicklung und Implementierung standardisierter KI-Lösungen, die auf die spezifischen Bedürfnisse des Agrarsektors zugeschnitten sind.

19.4 Wirtschaftliche und gesellschaftliche Aspekte der KI in der Landwirtschaft

19.4.1 Ökonomische Betrachtungen

19.4.1.1 Kosten-Nutzen-Analyse

Die Kosten für eine Implementierung von KI-Technologien in der Landwirtschaft liegen in Abhängigkeit von der Betriebsgröße bei 10.000–250.000 US-$ (MarketsAndMarkets, 2022; Sheykin, 2024). Prognosen zeigen einen ROI von 3–5 US-$ pro investiertem Dollar mit einem globalen Marktvolumen von 9,55 Mrd. US-$ bis 2030 (Grand View Research, 2024).

Aus der Anwendersicht ergeben sich die ökonomischen Vorteile aus den Einsparungen bzw. Ertragssteigerungen (s. auch Abschn. 19.2) durch den Einsatz von KI. Präzisionsdüngung reduziert den Stickstoffeinsatz um 15–27 % und steigert Erträge um 10–15 % (Bongiovanni & Lowenberg-Deboer, 2004). Gerade Kleinbauern können vom Einsatz von KI profitieren (Šermukšnytė-Alešiūnienė & Melnikienė, 2024). Die Integration digitaler Technologien in Wertschöpfungsnetzwerke ermöglicht es Kleinbauern insbesondere auch, direkte Marktzugänge zu finden (Xie et al., 2021).

19.4.1.2 Kritische Betrachtung der Potentiale

Die Fragmentierung des Agrarsektors und die Heterogenität der landwirtschaftlichen Betriebe stellen erhebliche Herausforderungen für die flächendeckende Implementierung und Skalierung von KI-Lösungen dar (Alexander et al., 2024). Die Notwendigkeit, KI-Systeme an lokale Bedingungen anzupassen, kann zu zusätzlichen Entwicklungs- und Implementierungskosten führen, was die Rentabilität insbesondere für kleinere Betriebe in Frage stellen kann. Diskriminierungsfreie, offene und interoperable Systeme, die modulare, spezifische Lösungen integrieren, könnten hier einen Ausweg bieten. Eine kritische Frage bleibt jedoch, wer diese Plattformen betreibt und kontrolliert.

Wie in Abschn. 19.3 erörtert, erfordert das Training von KI-Modellen große Mengen qualitativ hochwertiger Daten, die oft schwer zu beschaffen sind. Dieses Problem stellt sich insbesondere für kleine Betriebe. Ähnlich zur Gefahr einer Monopolisierung oder Oligopolisierung von Plattformen (Sauvagerd et al., 2024) müssen die Aspekte von Datenhoheit und Dateneigentümerschaft geklärt werden, um kleineren Betrieben die Partizipation am ökonomischen Potential der KI-Integration zu ermöglichen (Gikunda, 2024). Die Datenqualität und -verfügbarkeit in der Landwirtschaft sind oft unzureichend, was die Genauigkeit und Zuverlässigkeit von KI-Prognosen und -Empfehlungen beeinträchtigen und somit die erwarteten ökonomischen Vorteile schmälern kann (Wolfert et al., 2017).

KI-Methoden sind nicht nur daten-, sondern auch energieintensiv. Deshalb ist sorgfältig zu prüfen, in welchen Anwendungsfällen und Systemen KI tatsächlich zur Nachhaltigkeit beiträgt und wo beispielsweise eingesparte Treibhausgasemissionen in der Landwirtschaft lediglich gegen CO_2-Ausstoß zum Betrieb der digitalen Infrastruktur und zur Ausführung von KI-Algorithmen getauscht werden (Kanungo, 2023). In diesem Zusammenhang ist es relevant, Modelle mit hinreichender Generalität zu entwickeln, die nicht wiederholt anwendungsspezifisch neu trainiert werden müssen, sowie energieeffiziente Laufzeitumgebungen in den Betrieben und Landmaschinen zu implementieren. Diese Ansätze können dazu beitragen, den Energieverbrauch und die damit verbundenen Umweltauswirkungen von KI-Anwendungen in der Landwirtschaft zu reduzieren.

19.4.2 Gesellschaftliche Implikationen

19.4.2.1 Transformation der Arbeitswelt

Die zunehmende Integration von KI in die Landwirtschaft führt zu signifikanten Veränderungen in der Arbeitswelt des Agrarsektors. Während einige traditionelle Aufgaben durch Automatisierung ersetzt werden, entstehen gleichzeitig neue Berufsbilder und Kompetenzanforderungen. Eine Studie des McKinsey Global Institute prognostizierte, dass etwa 30 % der landwirtschaftlichen Arbeitsplätze in Deutschland bis 2030 durch KI und Automatisierung ersetzt werden könnten, während gleichzeitig neue Stellen in Bereichen wie Datenanalyse, KI-Systemmanagement und Präzisionslandwirtschaft geschaffen werden (McKinsey Global Institute, 2017).

Diese Transformation erfordert eine Anpassung der Ausbildungs- und Qualifizierungsprogramme im Agrarsektor. Landwirte und Agraringenieure müssen zunehmend digitale Kompetenzen entwickeln, um KI-Systeme effektiv nutzen und interpretieren zu können. Die Entwicklung spezialisierter Studiengänge und Weiterbildungsangebote, wie beispielsweise die Masterstudiengänge „*Digital Agriculture*" an der Hochschule Weihenstephan-Triesdorf und „Informationstechnologie in den Agrar- und Umweltwissenschaften" and der Julius-Liebig-Universität Gießen, zeigen die wachsende Bedeutung dieser neuen Kompetenzen (Hochschule Weihenstephan-Triesdorf, 2025; Justus-Liebig-Universität Gießen, 2025).

Die Integration von KI selbst in die landwirtschaftliche Ausbildung bildet einen relevanten Hebel für die Bewältigung des digitalen Wandels im Agrarsektor. Digitale Lernplattformen mit KI-Algorithmen passen Schulungsinhalte individuell an Vorkenntnisse und Lernfortschritte an. Farmer.Chat von Digital Green nutzt *Retrieval-Augmented Generation*, um über 8000 Schulungsvideos und über 50 Sprachen in Echtzeit-Beratungen zu integrieren (Digital Green, 2025). Virtuelle Farmumgebungen ermöglichen risikofreies Experimentieren mit Anbaustrategien und KI-Analysetools (Nguyen et al., 2024). Digitale Zwillinge von Anbauflächen erlauben das Testen von Bewässerungsalgorithmen vor der Feldimplementierung (Thipphayasaeng et al., 2024).

19.4.2.2 Ethische Aspekte und gesellschaftliche Akzeptanz

Die Einführung von KI in der Landwirtschaft wirft wichtige ethische Fragen auf, die adressiert werden müssen, um eine breite gesellschaftliche Akzeptanz zu gewährleisten. Zentrale Themen sind die Datenhoheit der Landwirte, die Transparenz von KI-Entscheidungsprozessen und die Offenheit der Systeme. Die Sammlung und Analyse großer Datenmengen durch KI-Systeme erfordern robuste Schutzmaßnahmen, um die Betriebsdaten der Landwirte zu schützen und den Missbrauch sensibler Informationen zu verhindern (Wiseman et al., 2019).

Darüber hinaus sind ethische Fragen zum Tierwohl (Deutscher Ethikrat, 2020) und zur Nachhaltigkeit bei der Entwicklung und Implementierung von KI-Systemen in der Landwirtschaft zu berücksichtigen.

Die Wahrung menschlicher Agency über KI-Systeme in der Landwirtschaft stellt einen zentralen Aspekt dar. Dieser Grundsatz gewährleistet, dass Landwirte trotz Automatisierung souveräne Entscheidungsträger bleiben und nicht zu passiven Ausführenden algorithmischer Vorgaben degradiert werden. 78 % der Landwirte fordern Vetorechte bei KI-Empfehlungen, insbesondere bei Tierwohl-Interventionen (z. B. automatisierten Keulungsentscheidungen) und ökologischen Risikoabwägungen (Dara et al., 2022). Die Betonung liegt hierbei auf der Notwendigkeit manueller Override-Funktionen für ethisch sensitive Betriebsbereiche (DLG, 2018).

Die Transparenz und Erklärbarkeit von KI-Entscheidungen sind ausschlaggebend, um das Vertrauen der Landwirte zu gewinnen (Dara et al., 2022). Interpretierbare KI-Modelle, etwa zur Visualisierung von Entscheidungsbäumen für Düngeempfehlungen oder die nachvollziehbaren Schadschwellen-Berechnungen in Pflanzenschutzsystemen, steigern die Akzeptanz bei Landwirten um 43 % (Holzinger et al., 2024).

Fallstudien zeigen, dass Landwirte den Verlust traditioneller agrartechnischer Kompetenzen, die Abhängigkeit von ATPs (*Agricultural Technology Providers*) bei Systemupdates sowie die kognitive Überlastung durch Parallelbedienung multipler KI-Tools befürchten (Hüllmann et al., 2023).

19.4.2.3 Nachhaltigkeit und Umweltauswirkungen

Durch die Optimierung des Ressourceneinsatzes können KI-gestützte Systeme den ökologischen Fußabdruck der Landwirtschaft reduzieren. Das oben genannte ACRAT-Projekt demonstriert, wie digitale Plattformen dazu beitragen können, die Prinzipien der Agroökologie in die Praxis umzusetzen. Durch die Förderung von Biodiversität, die Verbesserung der Bodenfruchtbarkeit und die Reduzierung des Einsatzes chemischer Inputs trägt ACRAT nicht nur zur Resilienz gegenüber Klimawandel bei, sondern auch zur langfristigen Nachhaltigkeit landwirtschaftlicher Systeme.

Darüber hinaus spielen KI-Anwendungen eine wichtige Rolle bei der Anpassung an den Klimawandel und dessen Eindämmung. KI-gestützte Klimamodelle ermöglichen es Landwirten, ihre Anbaustrategien an sich verändernde Wettermuster anzupassen. Eine Studie von PwC schätzt, dass KI-Technologien in der Landwirtschaft bis 2030 zu einer Reduktion der Treibhausgasemissionen um bis zu 160 Megatonnen CO_2-Äquivalent pro Jahr beitragen könnten (PricewaterhouseCoopers, 2019). Wie in Abschn. 19.4.1.2 geschildert, ist es hierbei essenziell, dass der Ressourcenverbrauch des Betriebs digitaler Infrastruktur die gewonnenen Einsparungen nicht übersteigt.

19.5 Rechtlicher und regulatorischer Rahmen für KI in der Landwirtschaft

Die Integration von Künstlicher Intelligenz in die Landwirtschaft erfordert nicht nur technologische Innovationen, sondern auch einen robusten rechtlichen und regulatorischen Rahmen. Dieser Rahmen muss sowohl die Förderung von Innovationen als auch Sicherheit, Ethik und Datenschutz gewährleisten. Im Folgenden werden die zentralen Aspekte der EU-Regulierungen, nationalen Gesetzgebungen sowie Datenschutz- und Sicherheitsmaßnahmen beleuchtet.

19.5.1 EU-Regulierungen und nationale Gesetzgebung

Der EU *Artificial Intelligence Act* (*AI Act*), der am 01.08.2024 in Kraft trat, verfolgt einen risikobasierten Ansatz bei der Regulierung von KI-Systemen (s. Kap. 23). In der Landwirtschaft ist dies besonders relevant für Systeme, die kritische Funktionen, wie die autonome Steuerung von Landmaschinen oder das Management lebenswichtiger Ressourcen, übernehmen. Diese werden als Hochrisikosysteme eingestuft und unterliegen strengen Sicherheits- und Transparenzanforderungen (FG-AI4A WG-ELR, 2024). Auf nationaler Ebene ergänzen die Mitgliedstaaten diese Vorgaben: Deutschland beispielsweise hat eine eigene KI-Strategie entwickelt, die durch gezielte Investitionen in Forschung und Entwicklung die Implementation von KI-Technologien in der Landwirtschaft fördert (OECD, 2024).

Der ab September 2025 geltende *Data Act* ergänzt den AI Act, indem er den Zugang zu den für KI-Systeme essenziellen Daten reguliert. Ein Kernaspekt ist dabei die Stärkung der Position der Landwirte im digitalen Ökosystem. Sie erhalten umfassende Kontrollrechte über die von ihren Maschinen und Sensoren generierten Daten und haben die Möglichkeit, diese an Dritte, wie Agrarberater oder Genossenschaften, weiterzugeben; ebenso ist das Verbot missbräuchlicher Vertragsbedingungen geregelt (Atik, 2023). Studien erwarten, dass diese neuen Rechte die Verhandlungsposition der landwirtschaftlichen Betriebe gegenüber Agritech-Unternehmen verbessern werden (Zampati, 2019).

Der *Common European Agricultural Data Space* (CEADS) implementiert FAIR-Prinzipien für agrarspezifische Datensätze (European Commission, 2024), um die Auffindbarkeit, Zugänglichkeit, Interoperabilität und Wiederverwendbarkeit landwirtschaftlicher Daten zu gewährleisten. Dies ermöglicht KI-gestützte Analysen über Betriebsgrenzen hinweg, etwa für regionale Schädlingsprognosen oder Nachhaltigkeitsbewertungen.

Trotz des umfassenden Regulierungsrahmens bleiben einige Herausforderungen bestehen: Daten-Lock-in-Effekte bei proprietären Farm-Managementsystemen, unklare Haftungsfragen bei KI-basierten Fehlempfehlungen und die energieintensive Infrastruktur für Echtzeitdatenströme (Ryan et al., 2024). Eine abschließende Beurteilung ist noch schwer (Osborne Clarke, 2024).

19.5.2 Daten- und Systemsicherheit

Der Schutz und die Sicherheit von Daten sind von zentraler Bedeutung für den Einsatz von KI in der Landwirtschaft. Betriebsdaten stellen handelsrechtlich sensible Informationen dar, deren Missbrauch zu wirtschaftlichen Schäden führen kann. Viele IoT-Geräte in der Landwirtschaft verfügen über unzureichende Sicherheitsprotokolle, was sie anfällig für unbefugten Zugriff und Manipulation macht. Um diesen Herausforderungen zu begegnen, müssen robuste Verschlüsselungsprotokolle, strenge Zugriffskontrollen und regelmäßige Sicherheitsaudits implementiert werden (Basharat & Mohamad, 2022).

19.5.3 Auswirkungen auf Innovation und Akzeptanz

Die Regulierung von KI in der Landwirtschaft hat weitreichende Auswirkungen auf Innovation und Akzeptanz. Die Erwartung von Eigentumsrechten an Betriebsdaten zeigt einen signifikanten positiven Effekt auf die KI-Nutzungsbereitschaft (Mohr & Kühl, 2020). 49 % der Landwirte sehen den Verlust der Datenhoheit als größtes Hemmnis für KI-Adoption, und 52 % fordern klare politische Rahmenbedingungen zur Datenkontrolle (Rohleder & Meinel, 2024).

Einerseits können klare rechtliche Rahmenbedingungen das Vertrauen von Landwirten und Verbrauchern in KI-Technologien stärken, indem sie Sicherheit und Transparenz gewährleisten. Andererseits besteht die Gefahr, dass KI-Konformitätskosten die Kapazitäten von Kleinbetrieben übersteigen (Budras et al., 2025)

Die Balance zwischen Regulierung und Innovation ist entscheidend, um die Vorteile von KI in der Landwirtschaft voll auszuschöpfen. Regulatorische Sandboxen wie Experimentierfelder und Reallabore ermöglichen Testphasen ohne Vollregulierung und können so die Pilotierungsrate steigern (BMEL, 2021).

19.5.4 Integration in Wertschöpfungsnetzwerke

Wertschöpfungsnetzwerke können die wirtschaftliche Rentabilität von KI-Anwendungen in der Landwirtschaft signifikant steigern. Durch die Erleichterung des Zugangs zu Ressourcen, Märkten und Wissen ermöglichen sie es auch kleineren Betrieben, von den Vorteilen der KI zu profitieren. Die JN-Plattform in China verbindet Kleinbauern mit KI-gestützten Vertriebs- und Logistiksystemen, wodurch die Gewinne der Betriebe signifikant stiegen (Sun & Ma, 2025). Die langfristige Netzwerkstabilität erfordert institutionalisierte Kommunikationsstrukturen und klare Verantwortungsverteilung (Mishra et al., 2024).

Transparente Wertschöpfungsnetzwerke dokumentieren KI-Entscheidungen nachvollziehbar – etwa bei der Pestizidausbringung – und erhöhen das Vertrauen von Verbrauchern (Assimakopoulos et al., 2024)

19.6 Zukunftsperspektiven

19.6.1 Entwicklungstrends

Die Präzisionslandwirtschaft, bereits in Abschn. 19.2 diskutiert, entwickelt sich durch KI-Technologien weiter. Zukünftige Entwicklungen versprechen eine noch genauere Ressourcenoptimierung und Ertragssteigerung. Diese Fortschritte werden durch die Verbesserung von Sensortechnologien, Datenanalyse-Algorithmen und autonomen Systemen ermöglicht.

Die zunehmende Vernetzung landwirtschaftlicher Geräte und Sensoren durch das Internet der Dinge (IoT) in Kombination mit KI-Technologien wird die Datenerfassung und -analyse revolutionieren (siehe Kap. 17 und 18). Die Anzahl der vernetzten IoT-Geräte in der Landwirtschaft wird weiter ansteigen, was eine umfassende Echtzeitüberwachung und -steuerung landwirtschaftlicher Prozesse ermöglicht. Wenn die damit (und in Abschn. 19.3) beschriebenen Herausforderungen des Datenmanagements gelöst sind, wird dies die Datengrundlage für KI-Anwendungen weiter verbessern.

Entwicklungen in der Robotik werden die Autonomie von KI-Systemen erhöhen und landwirtschaftliche Intervention physisch aufs Feld oder in den Stall bringen. KI-gesteuerte Roboter werden zunehmend komplexe Aufgaben, wie selektives Ernten, präzises Unkrautjäten und gezielte Schädlingsbekämpfung, übernehmen.

Die Konvergenz von KI, IoT und Robotik wird ein paradigmatisches Ökosystem für die digitale Landwirtschaft schaffen. Um auch Kleinbauern die Möglichkeit zu geben, daran zu partizipieren, gilt es, ein regulatorisches und finanzielles Umfeld zu schaffen und die digitale Kompetenz der Akteure zu erhöhen.

19.6.2 Forschungsbedarf

Die Komplexität und Variabilität landwirtschaftlicher Systeme erfordern robuste und adaptive Modelle, die mit unvollständigen oder verrauschten Daten umgehen können. Forschungsarbeiten konzentrieren sich auf die Entwicklung von Algorithmen, welche die in Abschn. 19.1 erwähnte Fragmentierung des Agrarsektors und die starke Umweltabhängigkeit berücksichtigen. Diese Algorithmen dürfen die digitale Dividende der Nachhaltigkeit nicht verspielen und müssen entsprechend energieeffizient sein.

19.6.2.1 Verbesserung der Datenqualität und -verfügbarkeit

Die Qualität und Verfügbarkeit von Daten bleiben eine zentrale Herausforderung für die effektive Nutzung von KI in der Landwirtschaft. Forschungsinitiativen zielen darauf ab, Methoden zur Verbesserung der Datenerfassung, -integration und -standardisierung zu entwickeln. Ein besonderer Fokus liegt auf der Entwicklung von Techniken zur Datenaggregation aus verschiedenen Quellen und der Schaffung offener Datenplattformen, die den Austausch und die Nutzung landwirtschaftlicher Daten erleichtern.

Die Komplexität der Herausforderungen in der Landwirtschaft erfordert verstärkt interdisziplinäre Forschungsansätze. Die Zusammenarbeit zwischen Agrarwissenschaftlern, Informatikern, Klimaforschern, Experten für Mensch-Technik-Interaktion und Sozialwissenschaftlern ist entscheidend, um ganzheitliche KI-Lösungen zu entwickeln, die sowohl technologisch fortschrittlich als auch praktisch anwendbar sind. Forschungsprogramme, die diese interdisziplinäre Zusammenarbeit fördern, gewinnen zunehmend an Bedeutung.

19.6.3 Schritte zur digitalen und nachhaltigen Transformation der Landwirtschaft

Um die in Abschn. 19.4 diskutierte Transformation der Arbeitswelt zu bewältigen (siehe Kap. 18), ist eine umfassende Anpassung der Aus- und Weiterbildungsprogramme im Agrarsektor erforderlich. Spezielle Studiengänge und Weiterbildungsangebote, die traditionelles landwirtschaftliches Wissen mit digitalen Kompetenzen und KI-Kenntnissen verbinden, können dazu beitragen, relevante Expertise schnell in die Breite zu bringen. Universitäten und Berufsbildungseinrichtungen sollten ermutigt werden, ihre Curricula entsprechend anzupassen, um den zukünftigen Bedarf an qualifizierten Fachkräften zu decken.

In Anlehnung an die in Abschn. 19.5 diskutierten rechtlichen Rahmenbedingungen sollte ein regulatorisches Umfeld geschaffen werden, das Innovation fördert und gleichzeitig ethische Standards und Datenschutz gewährleistet. Dies beinhaltet die Entwicklung klarer Richtlinien für den Einsatz von KI in der Landwirtschaft, die Förderung von Standardisierungsinitiativen und die Schaffung von Anreizen für die Adoption von KI-Technologien insbesondere für kleinere landwirtschaftliche Betriebe.

Die Schaffung von Innovationsökosystemen, einschließlich Technologieparks und Inkubatoren mit Fokus auf AgTech, kann die Entwicklung und den Technologietransfer beschleunigen. Solche Initiativen können dazu beitragen, die in Abschn. 19.3 diskutierten Herausforderungen bei der Integration von KI-Systemen zu bewältigen.

Um der Heterogenität des Ökosystems zu begegnen und gleichzeitig die Oligopolisierung zu vermeiden, ist die Etablierung von diskriminierungsfreien und offenen Standards nötig. Eine globale Initiative, die auf den Säulen Forschung, Implementierung, *Capacity Building* und Standardisierung ruht, bietet die Möglichkeit, die Herausforderungen der digitalen Landwirtschaft koordiniert auf internationaler Ebene anzugehen. Ein erster Schritt in diese Richtung wurde mit der Gründung der Global Initiative on AI for Food Systems durch die Food and Agriculture Organization, dem International Fund for Agricultural Development, der International Telecommunication Union und dem World Food Programm unternommen. Durch die Verbindung von Standardisierung mit praktischer Implementierung lassen sich innovative Ansätze, wie die im NaLamKI-Projekt entwickelte Referenzarchitektur oder die im ACRAT-Projekt erprobten Plattformlösungen, in einem globalen Kontext weiterentwickeln und skalieren. Gleichzeitig können bestehende Initiativen wie ISO/TC 347 – *Data-driven agrifood systems* mit ihrer Expertise zur Förderung von Dateninteroperabilität und Standardisierung einen wichtigen Beitrag leisten. Die Integration solcher Projekte in eine globale Initiative könnte nicht nur die Fragmentierung der Dateninfrastruktur überwinden, sondern auch die Entwicklung nachhaltiger, interoperabler und datensouveräner digitaler Plattformen begünstigen. Es wird empfohlen, diese Ansätze aktiv zu unterstützen, um eine resiliente und inklusivere digitale Landwirtschaft zu ermöglichen, die den Bedürfnissen von Landwirten weltweit gerecht wird.

Dabei ist es wichtig, nicht nur in der Optimierung landwirtschaftlicher Primärproduktion zu denken, sondern das komplette Wertschöpfungsnetz über Verarbeitung und Märkte bis hin zum Konsumenten zu berücksichtigen. Die Integration von sozialen und ökologischen Aspekten wird entscheidend sein, um die Nachhaltigkeit und Wettbewerbsfähigkeit des Agrarsektors zu verbessern.

Die Landwirtschaft in der entwickelten Welt hat durch ihren hohen Grad an Mechanisierung und Industrialisierung zwar enorme Produktivitätssteigerungen erreicht, steht jedoch zunehmend vor strukturellen und ökologischen Herausforderungen. Intensive landwirtschaftliche Praktiken haben zu Bodenerschöpfung, Biodiversitätsverlust und einer Abhängigkeit von chemischen Inputs geführt, die schwer zu durchbrechen ist. Digitale Technologien werden hier oft als Lösung gesehen, diese Trajektorie zu vermeiden, indem sie Prozesse optimieren und nachhaltigere Praktiken ermöglichen. Im Gegensatz dazu könnten sich entwickelnde Länder durch den direkten Einsatz digitaler Technologien diese Sackgasse möglicherweise ersparen. Anstatt zunächst auf eine intensive Mechanisierung zu setzen, können sie digitale Lösungen, wie KI-gestützte Präzisionslandwirtschaft, IoT-basierte Überwachungssysteme und datengetriebene Entscheidungsunterstützung, direkt in ihre landwirtschaftlichen Systeme integrieren. Projekte wie NaLamKI und ACRAT zeigen, wie datengetriebene Ansätze nicht nur die Produktivität steigern, sondern auch nachhaltige Praktiken fördern können.

Die Zukunftsperspektiven von KI in der Landwirtschaft sind vielversprechend, doch es ist wichtig, potenzielle langfristige Auswirkungen kritisch zu betrachten. Die zunehmende Technologisierung könnte zu einer Entfremdung von traditionellen landwirtschaftlichen Praktiken führen und das kulturelle Erbe ländlicher Gemeinschaften beeinflussen. Zudem müssen die ökologischen Folgen der verstärkten Technologienutzung, wie erhöhter Energieverbrauch und elektronischer Abfall, berücksichtigt werden (Assimakopoulos et al., 2024). Eine nachhaltige Integration von KI in die Landwirtschaft erfordert daher einen ganzheitlichen Ansatz, der ökologische, soziale und ethische Aspekte gleichermaßen berücksichtigt.

Literatur

Abramov, M. (2025). *Integrating AI in Agriculture for Enhanced Efficiency*. Keymakr. https://keymakr.com/blog/the-future-of-farming-integrating-ai-in-agriculture-for-enhanced-efficiency-and-productivity-2/. Zugegriffen am 09.02.2025.

ACRAT. (2024). *ACRAT*. https://ag-hub.co/global/. Zugegriffen am 09.02.2025.

Alexander, C. S., et al. (2024). Who is responsible for "responsible AI"?: Navigating challenges to build trust in AI agriculture and food system technology. *Precision Agriculture, 25*(1), 146–185. https://doi.org/10.1007/s11119-023-10063-3

Assimakopoulos, F., et al. (2024). Artificial intelligence tools for the agriculture value chain: Status and prospects. *Electronics, 13*(22), 4362. https://doi.org/10.3390/electronics13224362

Atik, C. (2023). *Data Act: Legal Implications for the Digital Agriculture Sector*. SSRN. https://doi.org/10.2139/ssrn.4330548.

Bär, M. A., et al. (2023). An Industry 4.0-compliant digital product passport approach for realising dairy product traceability. In *IECON 2023- 49th Annual Conference of the IEEE Industrial Electronics Society* (S. 1–9). IEEE. https://doi.org/10.1109/IECON51785.2023.10312481

Basharat, A., & Mohamad, M. M. B. (2022). Security challenges and solutions for internet of things based smart agriculture: A review. In *2022 4th International Conference on Smart Sensors and Application (ICSSA)* (S. 102–107). https://doi.org/10.1109/ICSSA54161.2022.9870979

Benefo, E. O., et al. (2022). Ethical, legal, social, and economic (ELSE) implications of artificial intelligence at a global level: A scientometrics approach. *AI and Ethics, 2*(4), 667–682. https://doi.org/10.1007/s43681-021-00124-6

bitkom. (2022). *Die Digitalisierung der Landwirtschaft*. https://www.bitkom.org/sites/main/files/2022-05/Bitkom-Charts%20Landwirtschaft.pdf. Zugegriffen am 20.05.2024.

BMEL. (2021). *Künstliche Intelligenz für eine nachhaltigere Landwirtschaft*. Bundesministerium für Ernährung und Landwirtschaft. Referat 821. https://www.bmel.de/SharedDocs/Downloads/DE/Broschueren/k-i-fuer-nachhaltige-landwirtschaft.pdf?__blob=publicationFile&v=7. Zugegriffen am 10.02.2025.

Bongiovanni, R., & Lowenberg-Deboer, J. (2004). Precision agriculture and sustainability. *Precision Agriculture, 5*(4), 359–387. https://doi.org/10.1023/B:PRAG.0000040806.39604.aa

Bosse, S., et al. (2023). Nachhaltige Landwirtschaft mittels Künstlicher Intelligenz – Ein Plattformbasierter Ansatz für Forschung und Industrie. In *Resiliente Agri-Food-Systeme. 43. GIL-Jahrestagung* (S. 41–52). Gesellschaft für Informatik e.V.

Budras, C., et al. (2025, Februar 03). KI-Regulierung der EU: Wird der AI-Act zur Innovationsbremse? *Frankfurter Allgemeine Zeitung.* https://www.faz.net/aktuell/wirtschaft/mehr-wirtschaft/ki-regulierung-der-eu-wird-der-ai-act-zur-innovationsbremse-110271119.html. Zugegriffen am 10.02.2025.

Dara, R., et al. (2022). Recommendations for ethical and responsible use of artificial intelligence in digital agriculture. *Frontiers in Artificial Intelligence, 5.* https://doi.org/10.3389/frai.2022.884192

Deloitte Center for Financial Services. (2019). *AI leaders in financial services.* Deloitte. https://www2.deloitte.com/content/dam/insights/us/articles/4687_traits-of-ai-frontrunners/DI_AI-leaders-in-financial-services.pdf. Zugegriffen am 04.05.2025.

Deutscher Ethikrat. (2020). *Tierwohlachtung – Zum verantwortlichen Umgang mit Nutztieren.* https://www.ethikrat.org/fileadmin/Publikationen/Stellungnahmen/deutsch/stellungnahme-tierwohlachtung.pdf. Zugegriffen am 10.02.2025.

Diamond, J. M. (1999). *Guns, germs and steel: The fates of human societies* (1. Norton paperback). Norton & Comp.

Digital Green. (2025). *Digital Green.* https://digitalgreen.org. Zugegriffen am 10.02.2025.

van Dijk, M., et al. (2021). A meta-analysis of projected global food demand and population at risk of hunger for the period 2010–2050. *Nature Food, 2*(7), 494–501. https://doi.org/10.1038/s43016-021-00322-9

DLG. (2018). *Digitale Landwirtschaft. Ein Positionspapier der DLG.* https://www.dlg.org/fileadmin/downloads/Postitionspapier/Folder_Position_Digitalisierung_IT.pdf. Zugegriffen am 10.02.2025.

European Central Bank. (2016). *ECB publishes Consolidated Banking Data for end-June 2016.* European Central Bank. https://www.ecb.europa.eu/press/pr/date/2016/html/pr161123.en.html. Zugegriffen am 09.02.2025.

European Commission. (2024). *Policy brief – Rolling out the Common European Agricultural Data Space/Shaping Europe's digital future.* https://digital-strategy.ec.europa.eu/en/news/policy-brief-rolling-out-common-european-agricultural-data-space. Zugegriffen am 10.02.2025.

eurostat. (2020). *Farms and farmland in the European Union – statistics.* https://ec.europa.eu/eurostat/statistics-explained/index.php?title=Farms_and_farmland_in_the_European_Union_-_statistics. Zugegriffen am 20.05.2024.

Farokhzad, S., et al. (2024). A machine learning system to identify progress level of dry rot disease in potato tuber based on digital thermal image processing. *Scientific Reports, 14*(1), 1995. https://doi.org/10.1038/s41598-023-50948-x

FG-AI4A. (2021). *ITU/FAO Focus Group on Artificial Intelligence (AI) and Internet of Things (IoT) for Digital Agriculture (FG-AI4A), Focus Group on Artificial Intelligence (AI) and Internet of Things (IoT) for Digital Agriculture (FG-AI4A).* https://www.itu.int/443/en/ITU-T/focusgroups/ai4a/Pages/default.aspx. Zugegriffen am 09.02.2025.

FG-AI4A WG-ELR. (2024). *Ethical Legal, and regulatory Considerations relating to the use of AI for agriculture: A European Perspective. Report of the Working Group: Ethical, Legal, and regulatory Considerations relating to the use of AI for agriculture.* ITU/FAO Focus Group on Artificial Intelligence (AI) and Internet of Things (IoT) for Digital Agriculture.

Gikunda, K. (2024). Harnessing artificial intelligence for sustainable agricultural development in Africa: Opportunities. *Challenges, and Impact,* arXiv. https://doi.org/10.48550/arXiv.2401.06171

Grand View Research. (2024). *Artificial Intelligence in Agriculture Market to Reach $9.55 Bn by 2030.* https://www.grandviewresearch.com/press-release/global-artificial-intelligence-in-agriculture-market. Zugegriffen am 10.02.2025.

Holzinger, A., et al. (2024). Human-centered AI in smart farming: Toward agriculture 5.0. *IEEE Access, 12*, 62199–62214. https://doi.org/10.1109/ACCESS.2024.3395532

HS Weihenstephan-Triesdorf. (2025). *Digital Farming: Master's programme at HSWT*. HSWT. https://www.hswt.de/en/study/study-offer/master/digital-farming. Zugegriffen am 05.03.2025.

Hüllmann, J. A., et al. (2023). Configurations of human-AI work in agriculture. In *Resiliente Agri-Food-Systeme*. Tagung der GIL, Gesellschaft für Informatik e.V.

ITU-T. (2024). *Data processing, management and analytics with artificial intelligence for digital agriculture*. Technical Report.

Jouanjean, M.-A., et al. (2020). Issues around data governance in the digital transformation of agriculture: The farmers' perspective. *OECD Food, Agriculture and Fisheries Papers, 146*. https://doi.org/10.1787/53ecf2ab-en

Justus-Liebig-Universität Gießen. (2025). *Information Technology in Agricultural and Environmental Sciences (M.Sc.), Justus-Liebig-Universität Gießen*. https://www.uni-giessen.de/en/study/courses/master/information-technology-in-agricultural-and-environmental-sciences. Zugegriffen am 05.03.2025.

Kanungo, A. (2023). *The real environmental impact of AI*. Earth.Org. https://earth.org/the-green-dilemma-can-ai-fulfil-its-potential-without-harming-the-environment/. Zugegriffen am 10.02.2025.

Khaki, S., & Wang, L. (2019). Crop yield prediction using deep neural networks. *Frontiers in Plant Science, 10*. https://doi.org/10.3389/fpls.2019.00621

LeCun, Y., et al. (2015). Deep learning. *Nature, 521*(7553), 436–444. https://doi.org/10.1038/nature14539

Lobell, D. B., & Gourdji, S. M. (2012). The influence of climate change on global crop productivity. *Plant Physiology, 160*(4), 1686–1697. https://doi.org/10.1104/S.112.208298

Magana, J., et al. (2023). Machine learning approaches to predict and detect early-onset of digital dermatitis in dairy cows using sensor data. *Frontiers in Veterinary Science, 10*. https://doi.org/10.3389/fvets.2023.1295430

MarketsAndMarkets. (2022). *Artificial intelligence in agriculture market size, share, trends and growth – 2032*. MarketsAndMarkets. https://www.marketsandmarkets.com/Market-Reports/ai-in-agriculture-market-159957009.html. Zugegriffen am 10.02.2025.

McKinsey Global Institute. (2017). *Jobs lost, jobs gained: Workforce transitions in a time of automation*. https://www.mckinsey.com/~/media/mckinsey/industries/public%20and%20social%20sector/our%20insights/what%20the%20future%20of%20work%20will%20mean%20for%20jobs%20skills%20and%20wages/mgi-jobs-lost-jobs-gained-executive-summary-december-6-2017.pdf. Zugegriffen am 05.03.2025.

Militante, S. V., et al. (2019). Plant leaf detection and disease recognition using deep learning. In: *2019 IEEE Eurasia Conference on IoT, Communication and Engineering (ECICE)* (S. 579–582). https://doi.org/10.1109/ECICE47484.2019.8942686.

Mishra, V., et al. (2024). Collaboration in agricultural value chains: A scoping review of the evidence from developing countries. *Journal of Agribusiness in Developing and Emerging Economies [Preprint]*. https://doi.org/10.1108/JADEE-12-2023-0311

Mohapatra, S., et al. (2022). Climate change and vulnerability of agribusiness: Assessment of climate change impact on agricultural productivity. *Frontiers in Psychology, 13*. https://doi.org/10.3389/fpsyg.2022.955622

Mohr, S., & Kühl, R. (2020). Künstliche Intelligenz in der Landwirtschaft. Eine Analyse von Einflussfaktoren auf die Nutzungsintention bei Landwirten. In *Tagungsband der GIL: Digitalisierung für Mensch, Umwelt und Tier*. GIL-Tagung. https://dl.gi.de/server/api/core/bitstreams/89ec72f8-9ce8-400e-884d-ff4e07ac637c/content. Zugegriffen am 10.02.2025.

Monteiro, A., et al. (2021). Precision agriculture for crop and livestock farming – Brief review. *Animals, 11*(8), 2345. https://doi.org/10.3390/ani11082345

Nguyen, A., et al. (2024). Developing an immersive virtual farm simulation for engaging and effective public education about the dairy industry. *Computers & Graphics, 118*, 173–183. https://doi.org/10.1016/j.cag.2023.12.011

OECD. (2024). *OECD artificial intelligence review of Germany*. OECD. https://doi.org/10.1787/609808d6-en

Osborne Clarke. (2024). *What is the impact of the EU Data Act on Agritech?* https://www.osborneclarke.com/insights/what-impact-eu-data-act-agritech. Zugegriffen am 10.02.2025.

Pereira, P., et al. (2023, Mai 15). *Agriculture intensification impacts on soil and water ecosystem services*. https://doi.org/10.5194/egusphere-egu23-1423.

PricewaterhouseCoopers. (2019). *How AI can enable a sustainable future*.

Ritchie, H., et al. (2022). *Environmental impacts of food production, our world in data [Preprint]*. https://ourworldindata.org/environmental-impacts-of-food. Zugegriffen am 09.02.2025.

Rohleder, B., & Meinel, T. (2024, März 06). *So digital ist die Landwirtschaft*. https://www.bitkom.org/sites/main/files/2024-06/Bitkom-Charts-Pressekonferenz-Digitalisierung-der-Landwirtschaft.pdf. Zugegriffen am 04.05.2025.

Ryan, M., et al. (2024). The future of agricultural data-sharing policy in Europe: Stakeholder insights on the EU Code of Conduct. *Humanities and Social Sciences Communications, 11*(1), 1–15. https://doi.org/10.1057/s41599-024-03710-1

Sachs, J. D. (2012). From millennium development goals to sustainable development goals. *The Lancet, 379*(9832), 2206–2211. https://doi.org/10.1016/S0140-6736(12)60685-0

Sanyaolu, M., & Sadowski, A. (2024). The role of precision agriculture technologies in enhancing sustainable agriculture. *Sustainability, 16*(15), 6668. https://doi.org/10.3390/su16156668

Sauvagerd, M., et al. (2024). Digital platforms in the agricultural sector: Dynamics of oligopolistic platformisation. *Big Data & Society, 11*(4), 20539517241306365. https://doi.org/10.1177/20539517241306365

Schroth, C., et al. (2023). A data quality assessment tool for agricultural structured data as support for smart farming. In *Resiliente Agri-Food-Systeme. 43. GIL-Jahrestagung*. Gesellschaft für Informatik e.V.

Šermukšnytė-Alešiūnienė, K., & Melnikienė, R. (2024). The effects of digitalization on the sustainability of small farms. *Sustainability, 16*(10), S. 4076. https://doi.org/10.3390/su16104076

Shepherd, M., et al. (2020). Priorities for science to overcome hurdles thwarting the full promise of the "digital agriculture" revolution. *Journal of the Science of Food and Agriculture, 100*(14), 5083–5092. https://doi.org/10.1002/jsfa.9346

Sheykin, H. (2024). *AI farming startup cost: Financial planning for success*. https://finmodelslab.com/blogs/startup-costs/ai-based-farming-solutions-startup-costs. Zugegriffen am 10.02.2025.

Šipka, S., & Stagianni, M. (2024). *Towards sustainable and resilient agri-food system: What is the role for digitalisation?* European Policy Centre. https://www.epc.eu/content/Digital_Agri_Food_DP_v6.pdf. Zugegriffen am 09.02.2025.

statista. (2024). *Passenger Airlines in Europe – Statistics & facts*. https://www.statista.com/topics/6413/passenger-airlines-in-europe/. Zugegriffen am 20.05.2024.

Sun, X., & Ma, Y. (2025). Sharing and co-creating value: Innovation in platform-based agricultural service models driven by service demand collaboration – A case study of the JN life. *Sustainability, 17*(3), 1215. https://doi.org/10.3390/su17031215

Thipphayaseng, P., et al. (2024). Digital twins-based cognitive apprenticeship model in smart agriculture. *International Journal of Interactive Mobile Technologies (iJIM), 18*(12), 72–84. https://doi.org/10.3991/ijim.v18i12.46847

Tilman, D., et al. (2011). Global food demand and the sustainable intensification of agriculture. *Proceedings of the National Academy of Sciences, 108*(50), 20260–20264. https://doi.org/10.1073/pnas.1116437108

Wiseman, L., et al. (2019). Farmers and their data: An examination of farmers' reluctance to share their data through the lens of the laws impacting smart farming, NJAS: Wageningen. *Journal of Life Sciences, 90–91*(1), 1–10. https://doi.org/10.1016/j.njas.2019.04.007

Wolfert, S., et al. (2017). Big data in smart farming – A review. *Agricultural Systems, 153*, 69–80. https://doi.org/10.1016/j.agsy.2017.01.023

Wu, X., et al. (2020). Robotic weed control using automated weed and crop classification. *Journal of Field Robotics, 37*(2), 322–340. https://doi.org/10.1002/rob.21938

Xie, L., et al. (2021). How are smallholder farmers involved in digital agriculture in developing countries: A case study from China. *Land, 10*(3), 245. https://doi.org/10.3390/land10030245

Yang, Y., et al. (2024). Climate change exacerbates the environmental impacts of agriculture. *Science, 385*(6713), eadn3747. https://doi.org/10.1126/science.adn3747

Zampati, F. (2019). *Does data mean power for smallholder farmers?* World Bank Blogs. https://blogs.worldbank.org/en/opendata/does-data-mean-power-smallholder-farmers. Zugegriffen am 10.02.2025.

Zeder, M. A. (2011). The origins of agriculture in the near East. *Current Anthropology, 52*(S4), 221–235. https://doi.org/10.1086/659307

Open Access Dieses Kapitel wird unter der Creative Commons Namensnennung - Nicht kommerziell - Keine Bearbeitung 4.0 International Lizenz (http://creativecommons.org/licenses/by-nc-nd/4.0/deed.de) veröffentlicht, welche die nicht-kommerzielle Nutzung, Vervielfältigung, Verbreitung und Wiedergabe in jeglichem Medium und Format erlaubt, sofern Sie den/die ursprünglichen Autor(en) und die Quelle ordnungsgemäß nennen, einen Link zur Creative Commons Lizenz beifügen und angeben, ob Änderungen vorgenommen wurden. Die Lizenz gibt Ihnen nicht das Recht, bearbeitete oder sonst wie umgestaltete Fassungen dieses Werkes zu verbreiten oder öffentlich wiederzugeben.

Die in diesem Kapitel enthaltenen Bilder und sonstiges Drittmaterial unterliegen ebenfalls der genannten Creative Commons Lizenz, sofern sich aus der Abbildungslegende nichts anderes ergibt. Sofern das betreffende Material nicht unter der genannten Creative Commons Lizenz steht und die betreffende Handlung nicht nach gesetzlichen Vorschriften erlaubt ist, ist auch für die oben aufgeführten nicht-kommerziellen Weiterverwendungen des Materials die Einwilligung des jeweiligen Rechteinhabers einzuholen.

Künstliche Intelligenz in der Softwareentwicklung

20

Jan-Philipp Steghöfer, Rico Amslinger und Richard Nordsieck

Zusammenfassung

Der Einsatz generativer KI verändert die Arbeitsgewohnheiten in der Softwareentwicklung erheblich. Große Sprachmodelle wie ChatGPT ermöglichen die Generierung von Quellcode und die Automatisierung weiterer Teile des Softwarelebenszyklus. Bereits vor ChatGPT wurden KI-Techniken genutzt, um Code auf Schwachstellen zu analysieren. Dieses Kapitel bietet einen Überblick über aktuelle und zukünftige Einsatzfelder von KI in der Softwareentwicklung. Anhand konkreter Beispiele wird gezeigt, welche Möglichkeiten und Potentiale KI heute bietet, was künftig zu erwarten ist und welche Einschränkungen bestehen. Neben der Perspektive der Programmierer wird auch betrachtet, wie Designer, Produkt- und Projektmanager sowie Anforderungsmanager von KI profitieren können. Die Analyse zeigt, wie sich die Aufgaben dieser Rollen durch den verstärkten KI-Einsatz wandeln und welche Auswirkungen dies auf die Softwareentwicklung haben kann.

J.-P. Steghöfer (✉) · R. Amslinger · R. Nordsieck
AI & Data, XITASO GmbH IT & Software Solutions, Augsburg, Deutschland
E-Mail: jan-philipp.steghoefer@xitaso.com; rico.amslinger@xitaso.com; richard.nordsieck@xitaso.com

Bereits seit einigen Jahren ist der Einfluss der Künstlichen Intelligenz auf die Softwareentwicklung ein wichtiges Thema in Wissenschaft und Praxis. Während in der Zeit nach der Jahrtausendwende hauptsächlich intelligente Suchmethoden und probabilistisches Reasoning als wichtige Techniken auf der Agenda standen (z. B. Harman, 2012), kamen später Entwicklungen im *Machine Learning* und der automatischen Sprachverarbeitung hinzu (Feldt et al., 2018). Bereits nach der Einführung des ersten großen Sprachmodells BERT im Jahre 2018 (Devlin et al., 2019) kamen neue Anwendungen hinzu, doch spätestens seit der Veröffentlichung von ChatGPT und dem darunterliegenden Sprachmodell im November 2022 haben die Diskussionen über das Potential, das diese Technologien zur Veränderung des Arbeitsalltags von Entwicklern haben, die breite Masse erreicht.

Allerdings sind nicht nur Entwickler an der Produktion von Software beteiligt. Auch Produkt- und Projektmanager, Tester, Sicherheitsexperten und Experten für *User Experience Design* (UX) sind von den Produkten und Ideen, die innovative KI-Lösungen mit sich bringen, betroffen und können von ihnen im Arbeitsalltag profitieren.

In diesem Kapitel zeigen wir auf, welche Möglichkeiten Künstliche Intelligenz während des Entwicklungszyklus eines Softwareproduktes für verschiedene Aktivitäten der Softwareentwicklung anbietet. Dabei gehen wir auf das Anforderungsmanagement, die Entwicklung der Benutzerschnittstellen, die Produktion von Quellcode, die Analyse der produzierten Software, die Validierung und Verifizierung des Produktes und schließlich die Softwaresicherheit ein. Wir beenden das Kapitel mit einer kurzen Analyse der voraussichtlichen Auswirkungen innovativer KI-Techniken auf die Softwareentwicklung. Dabei erheben wir selbstverständlich im Folgenden keinen Anspruch auf Vollständigkeit – der Markt ist aktuell viel zu volatil, um einen umfassenden Überblick geben zu können. Stattdessen ist unser Anspruch, wichtige Trends zu erfassen, aufzuzeigen, wo KI (oft schon seit Jahren) im Einsatz ist und wo die Reise hingehen könnte.

20.1 KI im Anforderungsmanagement

Dadurch dass Anforderungen, z. B. in einem Ticketingsystem oder Lasten- oder Pflichtenheft, in natürlicher Sprache verfasst sind, werden schon seit einigen Jahren Methoden des *Natural Language Processing* (NLP) verwendet, um sie aufzubereiten und zu managen. In der Forschung sind dabei etliche Lösungen entstanden, von denen allerdings nur wenige in Produkten bzw. in der Praxis angekommen sind.

So wurde die Verarbeitung natürlicher Sprache etwa zur Identifikation von Fehlern in Anforderungsspezifikationen eingesetzt (Körner et al., 2014), um Zweideutigkeiten zu identifizieren, die zu Missverständnissen führen können (Ferrari et al., 2014, 2018), um Anforderungen zu validieren (Dell'Anna et al., 2018) oder um diese zu klassifizieren (Chatterjee et al., 2020; Anish et al., 2019). Einige Ansätze haben bereits vor der weiten Verbreitung großer Sprachmodelle generative Elemente integriert. So lassen sich aus natürlichsprachigen Anforderungen beispielsweise UML-Diagramme generieren (Sharma et al., 2015; Shen & Breaux, 2022), Domänenwissen aus Anforderungen gewinnen (Abad et al., 2018) oder Anforderungen selbst aus anderen Artefakten extrahieren (Guo et al., 2018; Rahman et al., 2023).

Deep-Learning-Verfahren, die von Grund auf trainiert werden – also mehrschichtige neuronale Netzwerke, die mit den verfügbaren anwendungsspezifischen Daten trainiert werden – werden seltener eingesetzt, mutmaßlich weil die benötigten Datenmengen für das Anlernen von neuronalen Netzen oft schwer zu beschaffen sind. Eine Ausnahme stellen Habib et al. (2021) dar, die einen Ansatz zur Anforderungsanalyse beschreiben.

Große Sprachmodelle (engl. *Large Language Models*, LLMs), die auf *Deep Learning* basieren und Transformer-Architekturen verwenden (Vaswani et al., 2017), haben insbesondere in den zuletzt genannten *Use Cases* schnell Anwendung gefunden, beispielsweise in der Klassifizierung von Anforderungen (Mehder & Aydemir, 2022). Es zeigt sich, dass große Sprachmodelle hierbei deutlich bessere Ergebnisse erzielen als die auf klassischen NLP-Architekturen basierenden Vorgänger. Die fortschreitende Verbesserung von LLMs, die z. B. beim Schritt von GPT-3.5 auf GPT-4 deutlich wurde, wird den Abstand noch weiter wachsen lassen. Aber vornehmlich generative Anwendungen werden durch LLMs auch künftig Aufwind erfahren. So sind bereits erste Arbeiten erschienen, die aus Sicherheitsanforderungen zumindest die Grundgerüste von *Safety Assurance Cases*, also strukturierten Argumentationen, warum ein System sicher ist, automatisch erzeugen (Sivakumar et al., 2024). LLMs bieten auch Lösungen für die Erhebung von Anforderungen: Gudaparthi et al. (2023) beschreiben eine Technik, um neue, kreative Alternativen für Anforderungen aus dem Korpus der existierenden Anforderungen zu generieren.

Eine der großen Herausforderungen im Requirements Engineering ist die Nachverfolgbarkeit (*Traceability*) der Anforderungen. In vielen Projekten, insbesondere solchen, die sicherheitskritisch sind, ist es notwendig oder gar vorgeschrieben, nachweisen zu können, an welchen Stellen im Quellcode Anforderungen umgesetzt wurden, wie sie validiert wurden und dass die Validierung erfolgreich war. Traceability ist und bleibt ein Problem in der Industrie (Maro et al., 2018), unter anderem weil der manuelle Aufwand, die Verbindungen zwischen Anforderungen und anderen Entwicklungsartefakten zu erstellen und zu pflegen, sehr hoch ist. Deswegen wurden bereits vor Jahren Methoden entwickelt, um NLP für diesen Zweck einzusetzen (Borg et al., 2014; Guo et al., 2024). Jedoch blieb bisher die Qualität in diesen Arbeiten immer so niedrig, dass ein produktiver Einsatz nicht sinnvoll war. Das Gleiche gilt für einen Ansatz, der die Verknüpfungen zwischen Entwicklungsartefakten als Netzwerk interpretiert und Ideen aus der Netzwerktheorie für die Erstellung neuer Verknüpfungen verwendet (Nicholson et al., 2020). Ansätze, die von Grund auf trainiertes Deep Learning verwenden (z. B. Guo et al., 2017), sind zwar vielversprechend, jedoch in der Praxis aufgrund der geringen Datenmengen, die kein effektives Training dieser anwendungsspezifischen Deep-Learning-Modelle erlauben, nicht einsetzbar. Erste Ideen, für die Erstellung von Verknüpfungen LLMs zu verwenden, wurden bereits publiziert (Rodriguez et al., 2023; Hassine, 2024). Eine genaue Überprüfung der Skalierbarkeit und Performance dieser Ansätze, besonders im industriellen Kontext, steht aber noch aus.

Ein für das Alltagsgeschäft von Entwicklungsteams relevanter Themenbereich ist das Backlog-Management. Anforderungen werden in der agilen Softwareentwicklung oft in priorisierten Listen vorgehalten, häufig in Form von *User Stories* oder *Epics*. Diese User Stories müssen geschrieben und angepasst, priorisiert und ggf. geschätzt werden. Außerdem müssen Querverbindungen zu anderen Stories und zu Testfällen erstellt werden (siehe oben).

Häufig erledigen *Product Owner* diese Arbeiten. Das Backlog enthält also sehr viele Informationen, wobei eine Mischung aus natürlicher Sprache (Anforderungen, Akzeptanzkriterien) und strukturierten Daten (z. B. die Querverbindungen) vorliegt. Es existieren erste kommerzielle Ansätze, das Backlog-Management mithilfe von generativer KI zu automatisieren, etwa Zen.AI,[1] der Product Copilot von DevBoost[2] oder der Copilot4DevOps von Modern Requirements.[3] Diese Lösungen stecken allerdings aktuell noch in den Kinderschuhen. In der Forschung wird derzeit an ähnlichen Themen gearbeitet, z. B. an der Schätzung des Aufwands einer User Story mit Machine Learning (Abadeer & Sabetzadeh, 2021) oder an der Verbesserung von User Stories mithilfe von LLMs (Zhang et al., 2024).

Fazit KI-Methoden zur natürlichen Sprachverarbeitung für Anforderungen sind in der wissenschaftlichen Literatur weitverbreitet. Große Sprachmodelle haben hier enormes Potential und werden bisherige Ansätze mittelfristig ablösen. Es gibt bereits erste kommerzielle Angebote, deren Reifegrad allerdings noch zu wünschen übriglässt. In den nächsten Jahren ist aber damit zu rechnen, dass das Anforderungsmanagement massiv von kommerziellen Produkten, die LLMs integrieren, unterstützt werden wird.

20.2 KI in der Entwicklung von Benutzerschnittstellen

Benutzerschnittstellen oder, etwas weiter gefasst, die *User Experience* (UX) behandeln, wie die Endnutzer das entstehende System vor der Nutzung, während der Nutzung und nach der Nutzung erleben. Dieses Erlebnis beruht auf der Benutzerschnittstelle des Systems, aber auch auf dem Markenbild, den Vorlieben und den Kompetenzen der Nutzer und zahlreichen anderen Elementen (DIN EN ISO 9241-210, 2011). In vielen Fällen sind in der modernen Softwareentwicklung das Erheben von Anforderungen und das Erstellen von Benutzerschnittstellen eng miteinander verzahnt: Bereits früh im Prozess entstehen in Kollaboration mit den Interessenvertretern sowohl Anforderungen als auch Entwürfe der Benutzerschnittstelle, z. B. im Rahmen von *Design Thinking* (Hehn & Uebernickel, 2018) oder *User-centred Design* (Preece et al., 2023).

Einen Überblick über den Einsatz von KI im Entwurf von Benutzerschnittstellen geben Stige et al. (2023). Sie differenzieren verschiedene Arten, in denen KI in UX genutzt wird. Ansätze wie *Computational Creativity* (Feldman, 2017; Mateja & Heinzl, 2021) unterstützen UX-Experten dabei, neue, kreative Ideen und Ansätze zu entwickeln. Andererseits existieren Methoden, um Personas (Beschreibungen der archetypischen Benutzer eines Systems) automatisch generieren zu lassen (Salminen et al., 2019) oder um aus einfachen Skizzen einer Benutzeroberfläche mithilfe von KI komplexe und detaillierte Entwürfe zu generieren (Suleri et al., 2019). Viele Ansätze beschäftigen sich mit der tatsächlichen Gene-

---

[1] https://getzenai.com/.
[2] https://product-copilot.ai/.
[3] https://www.modernrequirements.com/copilot4devops/.

rierung von Benutzerschnittstellen. Dabei reichen die Ideen vom Vorschlagen von Entwurfsmustern auf Basis der Anforderungen (Silva-Rodríguez et al., 2020) bis hin zur Optimierung von Layouts (Duan et al., 2020). Interessanterweise haben Stige et al. (2023) keine Ansätze gefunden, die das Design vollständig automatisieren. Außerdem wurden etliche Arbeiten identifiziert, in denen sich menschliche Designer kritisch gegenüber Automatisierung im Design geäußert haben – sei es, weil sie das Gefühl hatten, die Kontrolle zu verlieren (O'Donovan et al., 2015) oder weil die KI das Problem nicht vollständig erfasste (Feldman, 2017). Die Evaluation von Benutzerschnittstellen mithilfe von KI ist ebenfalls möglich (Yang et al., 2020), allerdings zeigt die Evaluation, dass mithilfe der KI manche Aspekte der User Experience (Lernen, Effektivität) nicht verbessert werden können.

Weiterhin gibt es einige Ansätze, um direkt aus Entwürfen für Benutzerschnittstellen Code zu generieren. Dave et al. (2021) vergleichen drei davon, die alle auf Deep Learning basieren. Keiner der vorgestellten Ansätze hat allerdings eine Qualität, die für den produktiven Einsatz notwendig wäre. Es ist erwähnenswert, dass auch ChatGPT seit März 2024 eine ähnliche Funktionalität anbietet, allerdings gibt es aktuell noch keine wissenschaftliche Evaluation dieser Fähigkeit. Ähnliche Möglichkeiten werden derzeit auch in andere kommerzielle Werkzeuge integriert. Das beliebte Tool Figma zum Erstellen von Entwürfen für Benutzerschnittstellen bietet beispielsweise eine entsprechende Erweiterung an, die sich allerdings bei Redaktionsschluss noch im Beta-Test befindet.[4]

Fazit Auch bei der Erstellung von Benutzerschnittstellen und bei der Generierung von Code aus Entwürfen gibt es bereits seit einiger Zeit vielversprechende Ansätze, die allerdings nie das notwendige Niveau für den produktiven Einsatz erreicht haben. Generative KI hat das Potential, viele dieser Ansätze abzulösen und menschliche UX-Experten zu unterstützen, doch die konkreten Fähigkeiten und Beschränkungen sind aktuell noch nicht klar.

20.3 Coding Assistants

Wenn in der Berichterstattung von der Ablösung des Softwareentwicklers die Rede ist, dann beziehen sich die Journalisten normalerweise auf generative KIs, die als sogenannte *Coding Assistants* in der Softwareprogrammierung Einzug halten. Bei einem Coding Assistant handelt es sich meist um ein Plugin, das direkt in der Entwicklungsumgebung, also dem Programm, in dem Entwickler Quellcode schreiben, KI-Funktionalitäten bereitstellt. Von den Anbietern werden diese auch als „*AI Pair Programmer*" beworben,[5] um die Idee zu vermitteln, dass eine zweite „Person" jederzeit mit auf den Code schaut und Vorschläge macht.

---

[4] https://help.figma.com/hc/en-us/articles/5601345554967-Widget-Code-Generator-by-Figma.
[5] https://github.com/features/copilot.

Im Folgenden beziehen wir uns auf den Marktführer[6] GitHub Copilot[5]. Die Handhabung der Konkurrenzprodukte wie Tabnine,[7] Codeium,[8] qodo,[9] Amazon Q[10] oder Continue[11] ist jedoch sehr ähnlich.

Die Benutzerschnittstelle von Coding Assistants besteht üblicherweise aus zwei Teilen: einer Integration in den Quelltexteditor, mit der ein Entwickler direkt im Quellcode mit dem Coding Assistant interagieren kann, und einem Chatfenster, das in einer Seitenleiste der Entwicklungsumgebung fest angedockt wird.[12]

Das Sprachmodell, mit dem hier kommuniziert wird, wurde durch sogenanntes „Fine-Tuning" auf Programmierthemen spezialisiert. Des Weiteren steht dem Sprachmodell der vorhandene Projektcode als Kontext zur Verfügung. Codevorschläge durch das Sprachmodell können direkt in das Projekt übernommen und Kommandozeilenbefehle direkt ausgeführt werden.[13]

Die Integration in den Editor bietet weitere KI-basierte Features. Während Code geschrieben wird, generiert das Sprachmodell im Hintergrund Vorschläge, wie die Zeile beendet werden kann und wie die folgenden Zeilen aussehen können. Diese werden als blasser Text direkt im Code eingeblendet und lassen sich mit nur einem Tastendruck übernehmen. Über spezialisierte Menüeinträge ist es möglich, bestimmte Anfragen zu stellen, ohne eine Chatnachricht schreiben zu müssen.[14] So gibt es z. B. Funktionen, um Fehler suchen zu lassen oder Dokumentation zu generieren. Dieselben Funktionen lassen sich, ähnlich wie in Chatprogrammen, auch durch Schrägstrichbefehle wie „/fix" auslösen.[15]

In Abschn. 20.3.1 werden zunächst die Verwendungsmöglichkeiten von Coding Assistants beschrieben. Anschließend wird in Abschn. 20.3.2 deren Einfluss auf die Produktivität von Entwicklern untersucht.

---

[6] Nach Downloadzahl https://marketplace.visualstudio.com/search?target=VSCode&category=Chat&sortBy=Installs.
[7] https://www.tabnine.com/.
[8] https://codeium.com/.
[9] https://www.qodo.ai/.
[10] https://aws.amazon.com/de/q/.
[11] https://www.continue.dev/.
[12] https://docs.github.com/en/copilot/quickstart?tool=vscode.
[13] https://docs.github.com/en/copilot/using-github-copilot/using-github-copilot-in-the-command-line.
[14] https://code.visualstudio.com/docs/copilot/copilot-chat.
[15] https://docs.github.com/en/copilot/using-github-copilot/asking-github-copilot-questions-in-your-ide.

20.3.1 Features von Coding Assistants

Im Folgenden werden die Verwendungsmöglichkeiten von Coding Assistants genauer beleuchtet.

Codegenerierung/Vervollständigung Der wichtigste Einsatzzweck eines Coding Assistants ist die Generierung von Code. Die Benutzeroberfläche bietet hierfür zwei Einstiegsmöglichkeiten.

- Der Programmierer beschreibt im angedockten Chatfenster die gewünschte Funktionalität, die Anforderungen und die zu verwendenden Bibliotheken. Wenn bereits vorhandene Funktionalität integriert werden soll, bietet es sich an, diese ebenfalls direkt zu erwähnen. Das Sprachmodell antwortet darauf mit einem Code-Vorschlag und einer Erklärung. Der Programmierer prüft den Code und stellt Rückfragen, worauf das Sprachmodell mit einem überarbeiteten Vorschlag antwortet. Der generierte Code kann dann direkt in den Projektquellcode übernommen werden.[16]
- Während der Programmierer tippt, bietet der Coding Assistant direkt Vorschläge an, die im Codeeditor in blasserem Text angezeigt werden. Diese Vorschläge erfolgen auf Basis des umliegenden Kontextes. So kann der Programmierer z. B. einen Kommentar schreiben, der eine noch nicht implementierte Funktion beschreibt, und die KI generiert dann die Implementierung der Funktion. Je nach Ausmaß des vorhandenen Kontexts umfasst der Vorschlag nur den Rest der Zeile oder mehrere Zeilen. Der Programmierer kann den Vorschlag mit einem Tastendruck akzeptieren oder durch mehrere alternative Vorschläge durchwechseln.[17] Es findet keine direkte Diskussion mit dem Coding Assistant statt. Stattdessen wird der Vorschlag im Nachhinein als Text bearbeitet, oder der Programmierer eröffnet einen neuen Chat auf Basis des neuen Codeabschnitts.

Refactoring Der Coding Assistant bietet die Möglichkeit, ein *Refactoring* vorzunehmen, also Umstellungen des vorhandenen Codes. Dabei reicht es, dem Coding Assistant eine allgemeine Anweisung wie „Verbessere die Fehlerbehandlung" zu geben.[18] Gemäß Erfahrungsberichten[19] ist es auch möglich, die Vorschläge im Programmcode für Refactoring zu nutzen. In diesem Fall nimmt der Programmierer die ersten Änderungen des Refactorings, wie z. B. das Extrahieren von sich wiederholendem Code, von Hand vor. Bei weiteren Vorkommen macht der Coding Assistant dann direkt den entsprechenden Vorschlag, und der Programmierer muss diesen lediglich bestätigen.

---

[16] https://code.visualstudio.com/docs/copilot/copilot-chat#_code-blocks.
[17] https://docs.github.com/en/copilot/using-github-copilot/getting-code-suggestions-in-your-ide-with-github-copilot.
[18] https://code.visualstudio.com/docs/copilot/overview#_code-refactoring-and-improvements.
[19] https://rnubel.hashnode.dev/refactoring-with-github-copilot.

Generierung von Dokumentation Es ist möglich, den Coding Assistant zu verwenden, um Dokumentation für vorhandenen undokumentierten Code zu erstellen. Dafür reicht es aus, den vorhandenen Code auszuwählen und die Dokumentationsfunktion auszulösen.[20] Daraufhin generiert der Coding Assistant auf Basis von Namen und weiterem Kontext einen Dokumentationsvorschlag. Die Dokumentation erfolgt in derselben Datei wie der Code und kann mit anderen (nicht-KI) Werkzeugen in eine Website umgewandelt werden.[21]

Beantworten von Fragen Coding Assistants können Fragen zu vorhandenem Code beantworten. Dafür kann im Chatfenster auf vorhandenen Code verwiesen und eine entsprechende Frage gestellt werden.[22] Auch weitere Rückfragen sind möglich. In begrenztem Umfang ist es auch möglich, den Coding Assistant zu Code zu befragen, der nicht im aktuellen Fenster sichtbar ist. Heutige Sprachmodelle sind nicht in der Lage, ein komplettes Projekt gleichzeitig zu erfassen. Stattdessen verwendet GitHub Copilot einen vorher erstellten semantischen Index,[23] um die Frage zu beantworten.

Fehlersuche Coding Assistants können zum Finden und Lösen aller möglichen Arten von Programmierfehlern benutzt werden. In manchen Fällen reicht es bereits aus, den fehlerhaften Codeabschnitt auszuwählen und die entsprechende Funktion auszulösen[24] oder den Link in der Fehlermeldung anzuklicken.[25] Bessere Ergebnisse erzielt man jedoch, wenn man dem Coding Assistant weitere Details, wie den Text einer Fehlermeldung, mitteilen kann. Der Coding Assistant versteht dabei sowohl Fehler, die vom Compiler gefunden werden, als auch typische Laufzeitfehler. Es ist ebenfalls möglich, das Fehlverhalten umgangssprachlich zu beschreiben. GitHub Copilot bietet weiterhin die Möglichkeit, die Fehlermeldung des Compilers zu erklären oder den fehlerhaften Code sogar direkt zu reparieren.

Generierung von Testfällen Es ist möglich, den Coding Assistant zur Generierung von Testfällen zu benutzen. Dabei wird zunächst zu der entsprechenden Codestelle navigiert. Anschließend wird dem Coding Assistant eine kurze Beschreibung, meist ein Satz oder weniger, übergeben. Auf dieser Basis wird dann ein Testfall generiert,[26] meist in Form eines sogenannten *Unit Tests*. Dies ist eine relativ simple Form der Testgenerierung. In Abschn. 20.5 werden weitere Ansätze beschrieben, wie KI zur Unterstützung bei der Validierung und Verifizierung genutzt werden kann.

---

[20] https://code.visualstudio.com/docs/copilot/overview#_generate-code-documentation.

[21] Beispielsweise für C# aus dem Screenshot von Fußnote 20
https://learn.microsoft.com/de-de/dotnet/csharp/language-reference/xmldoc/#tools-that-accept-xml-documentation-input.

[22] https://docs.github.com/en/copilot/using-github-copilot/asking-github-copilot-questions-in-your-ide.

[23] https://docs.github.com/en/copilot/using-github-copilot/indexing-repositories-for-copilot-chat.

[24] https://code.visualstudio.com/docs/copilot/overview#_fix-issues.

[25] https://code.visualstudio.com/updates/v1_95#_fix-using-copilot-action-in-the-problem-hover.

[26] https://code.visualstudio.com/docs/copilot/overview#_generate-unit-test-cases.

Abarbeiten von Tickets Es wird z. B. in Form von GitHub Copilot Workspace[27] daran gearbeitet, dass Coding Assistants in Zukunft ganze Tickets selbst abarbeiten können. Ein Ticket beschreibt entweder einen Fehler im Programm oder ein neues Feature. Dabei formuliert der Coding Assistant aus dem Tickettext einen Plan, wie die Umsetzung aussehen könnte. Dieser Plan kann vom Entwickler noch angepasst werden. Anschließend nimmt der Coding Assistant die komplette Umsetzung selbstständig vor.

Fazit Coding Assistants sind direkt in die Entwicklungsumgebung integriert und ermöglichen es Entwicklern, mit einem Sprachmodell über den Code zu chatten. Sie können außerdem bei einer Vielzahl von Aufgabenstellungen, wie z. B. Codegenerierung, Refactoring, Dokumentation, Fehlersuche und Testen, Vorschläge machen. Diese Vorschläge müssen aktuell immer noch von einem Entwickler validiert und freigegeben werden. Es wird jedoch daran gearbeitet, dass Coding Assistants zukünftig Tickets autonom abarbeiten können.

20.3.2 Einfluss auf die Produktivität

Während sich Coding Assistants zumindest gemessen an Downloadzahlen und Präsenz in den (sozialen) Medien großer Beliebtheit erfreuen, steckt die Erforschung ihrer Auswirkung auf die Produktivität von Entwicklern noch in den Kinderschuhen. Yetiştiren et al. (2023) zeigen, dass die Qualität des produzierten Codes noch recht niedrig ist. Das bedeutet, dass Entwickler, die Coding Assistants benutzen, den generierten Code verstehen und überprüfen müssen. Insbesondere sind zuverlässige Testfälle notwendig. Ziegler et al. (2024) weisen Produktivitätsgewinne besonders bei unerfahrenen Entwicklern nach. Allerdings sind die verwendeten Metriken in gewissem Maße fragwürdig. Wie Ziegler et al. (2024) selbst schreiben, verändern erfahrene Entwickler die generierten Vorschläge stärker als unerfahrene. Tatsächliche Zeitersparnisse und Effizienzsteigerungen sind nur schwer zu quantifizieren, vor allem weil simple Metriken, wie produzierte Codezeilen, den qualitativen Charakter des Programmierens nicht erfassen.

Eine weitere Schwachstelle der aktuellen Forschung ist, dass sich die meisten Studien zu Codequalität mit sehr einfachen Programmierbeispielen beschäftigen, die nicht der Komplexität tatsächlicher Programmieraufgaben aus der Praxis entsprechen (z. B. in Yetiştiren et al., 2023). Auf der anderen Seite sind mögliche Anwendungsfelder noch kaum erforscht: So bieten Coding Assistants beispielsweise die Möglichkeit, Code aus nicht mehr gewarteten Programmen (sog. *Legacy Code*) für Entwickler leichter zugänglich zu machen. Die Wartung von Legacy Code stellt erhebliche Herausforderungen dar (Langer, 2016), die aus dem Mangel an Wissen über das Altsystem und der Verwendung von überholten Technologien und Architekturen resultieren. Coding Assistants können Entwickler bei der Analyse des Systems unterstützen und Code in ungewohnten Programmiersprachen und für veraltete Technologien er-

---

[27] https://githubnext.com/projects/copilot-workspace

zeugen. Erste Ergebnisse zeigen, dass Entwickler Coding Assistants in solchen Szenarien bereits einsetzen (Davila et al., 2024), aber es fehlen empirische Evaluationen der Effektivität und der Grenzen von Coding Assistants in diesem Anwendungsfall.

Auch die Migration von Quellcode, beispielsweise hin zu neuen Versionen einer Programmiersprache (was auch stets mit einer Migration zu neuen Versionen der verwendeten Bibliotheken einhergeht), ist ein spannender Anwendungsfall von Coding Assistants (Ishaani et al., 2024). Selbst wenn die Programmiersprache die gleiche bleibt, kommt es in der Industrie zu Migrationen, z. B. zu einer neuen Technologie für die Benutzerschnittstelle. Inwiefern Coding Assistants in diesem Bereich unterstützen können, ist noch offen. Bisherige Arbeiten setzen hier eher auf etablierte nicht-KI Techniken wie Modelltransformationen (s. z. B. Fleurey et al., 2007).

Eine weitere offene Frage ist die Qualität der Vorschläge von Coding Assistants für verschiedene Programmiersprachen und verschiedene eingesetzte Technologien. Die vorliegenden Studien benutzen weitverbreitete Sprachen wie C++ und JavaScript und wenige oder sehr populäre Frameworks. Es ist unklar, wie sich die Codequalität und die Güte der Vorschläge bei Nischensprachen oder mit weniger weitverbreiteten Frameworks verhalten. Abseits des wissenschaftlichen Diskurses vernimmt man aus der Praxis aber Stimmen, die von guter Unterstützung beim Erlernen von Programmiersprachen berichten, die den Entwicklern bisher unbekannt waren.

Schließlich gibt es verschiedene Untersuchungen, die sich mit der Sicherheit des generierten Codes beschäftigen. Während Sandoval et al. (2023) im Vergleich zu manuell geschriebenem Code keine signifikante Verschlechterung von generiertem Code feststellen, finden Perry et al. (2023) das genaue Gegenteil. Hier sind u. U. die Kohorten der Studien signifikant: Während Sandoval et al. (2023) mit Studenten gearbeitet haben, rekrutierten Perry et al. (2023) ihre Studienteilnehmer aus erfahrenen Entwicklern. Dass Studenten Code mit geringerer Qualität produzieren als erfahrene Entwickler, ist wenig erstaunlich.

Insgesamt ergibt sich aus den Studien zu Produktivität und Codequalität, dass es einen großen Unterschied macht, ob unerfahrene oder erfahrene Entwickler Coding Assistants einsetzen. Während erfahrene Entwickler in der Lage sind, die Vorschläge zu verändern und anzupassen, übernehmen unerfahrene Entwickler Vorschläge eher direkt. Allerdings tendieren auch erfahrene Entwickler dazu, Sicherheitslücken in generiertem Code zu übernehmen (Perry et al., 2023).

Fazit Während erste Ergebnisse zeigen, dass Coding Assistants in gewissem Umfang zu Produktivitätsgewinnen führen können, ist noch offen, in welchen Situationen und für welche Benutzergruppe die Produktivität von Entwicklern für realistische Beispiele tatsächlich steigt. Kritisch zu sehen ist die Gefahr, durch die Verwendung von Coding Assistants zusätzliche Sicherheitslücken oder andere Qualitätsprobleme in Software zu integrieren. In der Praxis möchten aber sowohl erfahrene als auch unerfahrene Entwickler die Unterstützung durch Coding Assistants nicht mehr missen.

20.4 Statische und dynamische Codeanalyse

Um sicherzustellen, dass Quellcode keine typischen Programmierfehler oder Schwachstellen enthält, wird er häufig einer statischen oder dynamischen Codeanalyse unterworfen. Bei statischen Verfahren wird der Quellcode direkt auf bestimmte Muster hin untersucht, die auf häufige Programmierfehler oder Sicherheitsschwachstellen hinweisen. Bei der dynamischen Codeanalyse wird der Quellcode zu einem gewissen Grad ausgeführt, um komplexere Fehler, wie z. B. Interaktionen mit anderen Systemteilen, detektieren zu können. Beide Analysearten sind sehr aufwendig und bringen oft eine große Anzahl von Falschmeldungen mit sich, die von Entwicklern dann mit viel Aufwand manuell überprüft werden müssen.

Giray et al. (2023) geben einen Überblick zu KI-Ansätzen, um Fehler in Quellcode zu finden. Die meisten der gefundenen Ansätze verwenden dabei Machine Learning oder Deep Learning. Diesen Methoden ist gemein, dass hochqualitative Datensätze notwendig sind, um gute Ergebnisse zu erzielen. Daran mangelt es in der Praxis jedoch. Die Autoren stellen auch fest, dass es wenig Evidenz dafür gibt, dass die Ansätze in der Praxis eingesetzt werden. Eine genauere Analyse der verwendeten KI-Methoden liefern Sharma et al. (2021). Sie beschreiben auch die Herausforderungen für den Einsatz von Machine Learning für diesen Einsatzzweck. Dabei erwähnen sie, dass die Reproduzierbarkeit der Ergebnisse oft nicht gewährleistet ist, weisen aber auch darauf hin, dass vortrainierte Modelle Probleme mit Datensicherheit und Privatsphäre mit sich bringen können.

Auch LLMs werden für die statische Codeanalyse eingesetzt, wobei hier in den meisten Fällen noch keine Automatisierung stattfindet, sondern Forscher manuell Code in das LLM einspeisen. Dies eignet sich nicht für die praktische Softwareentwicklung: Statische Analysewerkzeuge sind üblicherweise in den kontinuierlichen Integrationsprozess eingewoben, so dass Entwickler vollautomatisch und ohne Benutzung separater Tools Rückmeldung zur Codequalität bekommen. Solche praktischen Ansätze befinden sich gerade noch in der Entstehung.

Ein weiterer Anwendungsfall für LLMs ist die Überprüfung der Ergebnisse von statischen Analysetools. Um Falschmeldungen abzufangen, bevor sie die Entwickler erreichen und von diesen manuell aussortiert werden müssen, verwenden Li et al. (2024) beispielsweise GPT-4 mit spezialisierten Prompting-Techniken, um die Ergebnisse eines statischen Analysetools auszuwerten.

Weitere Ansätze, bei denen LLMs gezielt zur Identifikation von Sicherheitslücken eingesetzt werden, sind in Abschn. 20.6 beschrieben.

Fazit Während traditionelle KI-Methoden bereits in der statischen und dynamischen Codeanalyse eingesetzt werden, steckt die Verwendung von modernen LLMs zu diesem Zweck noch in den Kinderschuhen. Insbesondere fehlt noch die Einbindung in die Automatisierung des Integrationsprozesses. Große Sprachmodelle zeigen allerdings vielversprechende Fähigkeiten, vornehmlich auch zur Bewertung der Resultate anderer Analysetools.

20.5 KI in der Validierung und Verifizierung

Die Generierung von Softwaretests ist schon seit vielen Jahren aufgrund der hohen Komplexität und der Schwierigkeit, alle möglichen Fehlerfälle abzudecken, ein wichtiges Automatisierungsthema (z. B. Anand et al., 2013; Ricca et al., 2021). Dabei spielen auch schon lange bestimmte KI-Techniken eine Rolle, z. B. die Verwendung neuronaler Netze, um das korrekte Verhalten eines Systems vorherzusagen (das sogenannte „Test-Orakel") (Shahamiri et al., 2011), vereinfachte Verwaltung großer Testsuiten mithilfe von generierten Kontrollflussgraphen (Baral et al., 2021), die Priorisierung von Testfällen in sehr großen Testsuiten (Bertolino et al., 2020) oder die Verarbeitung natürlichsprachiger Testbeschreibungen (Sarmiento et al., 2014).

Gerade Letzteres ist auch das Anwendungsgebiet großer Sprachmodelle, die in den letzten Jahren an Bedeutung bei der Validierung und Verifizierung gewonnen haben. Einen Überblick über aktuelle Entwicklungen geben Wang et al. (2024). Dabei spielt die Generierung von Testfällen eine wichtige Rolle, die unter anderem durch Fine-Tuning der LLMs und durch geschicktes Prompt-Engineering verbessert werden kann. Auch die Generierung von Testorakeln aus natürlichsprachigen Anforderungen und die Generierung von Eingabedaten für die Tests werden diskutiert.

Einen Schritt weiter gehen Jensen et al. (2024): Sie beschreiben die Verwendung von LLMs zur Automatisierung von *Code Reviews*. Dieser wichtige Schritt in der Überprüfung der Codequalität kann sehr aufwendig sein, bietet aber neben Vorteilen für das Endprodukt auch weiteren Nutzen, z. B. indem erfahrene Entwickler ihr Wissen weitergeben können (Badampudi et al., 2023). Statische Analyseverfahren (s. Abschn. 20.4) stellen eine Möglichkeit dar, zumindest den Teil der Reviews zu automatisieren, der sich mit Fehlern im Code beschäftigt. In der Vergangenheit wurde aber auch Deep Learning verwendet, um aus existierenden Code Reviews und den dazugehörigen Quellcode-Abschnitten direkt zu lernen und das Review für unbekannten Code vorherzusagen (Gupta & Sundaresan, 2018). LLMs haben in solchen Fällen den Vorteil, dass neuer, sinnvoller Text produziert wird, anstatt existierende Bausteine neu zu kombinieren. Während die Ergebnisse von Jensen et al. (2024) für die Bewertung der Funktionalität des Codes vielversprechend sind, ist die tatsächliche Nutzbarkeit des Feedbacks für die Entwickler noch eine offene Frage. Frömmgen et al. (2024) berichten über einen Assistenten, der aus den Kommentaren der Reviewer Codevorschläge generiert. Diese Vorschläge werden aktuell in 7,5 % der Fälle von den Entwicklern akzeptiert. Dies ist ein erster Schritt hin zu (teil-)automatisierten Reviews.

Fazit LLMs werden in den nächsten Jahren eine große Rolle bei der Generierung von Testfällen spielen, besonders direkt aus Anforderungen, sowie bei der Analyse von Quellcode. Diese wichtigen Aktivitäten bei der Validierung und Verifizierung lassen sich bereits mit der aktuellen Technologie zu einem hohen Grad automatisieren. Noch offen ist, inwiefern automatisiertes Feedback von KIs konstruktive, hochqualitative Verbesserungsvorschläge für Entwickler liefern kann.

20.6 Software Security

Sicherheitsfragen spielen während des gesamten Softwareentwicklungsprozesses eine Rolle. Nina et al. (2021) untersuchten 586 Publikationen, die sich mit sicherer Softwareentwicklung beschäftigten, und fanden, dass sich 20 % davon mit Anforderungen, 24 % mit dem Design, 42 % mit der Konstruktion und 14 % mit dem Testing auseinandersetzten. KI-Methoden werden dabei ebenso in allen Phasen eingesetzt. Im Folgenden diskutieren wir kurz die verschiedenen Phasen an, die wir auch bereits in vorhergehenden Kapiteln behandelt haben, dort aber nicht aus Sicherheitsperspektiven. Im Allgemeinen wird für sicherheitskritische Systeme zunächst eine sogenannte TARA (*Threat Analysis and Risk Assessment*) durchgeführt. Dabei werden potenzielle Bedrohungen und die damit verbundenen Risiken systematisch gesichtet. Dann werden für die wichtigsten Bedrohungen entsprechende Gegenmaßnahmen definiert, die wiederum in Sicherheitsanforderungen münden.

Im Kontrast zur Entwicklung sicherer Software steht Cybersicherheit im Allgemeinen, also z. B. bei der Absicherung von Computernetzwerken. Auch dort werden vermehrt KI-Techniken eingesetzt. Einen guten Überblick zu diesen Themen bieten Sarker et al. (2021).

Anforderungen Ein wichtiger Schritt in der Anforderungsanalyse ist die Identifikation von Anforderungen, die Sicherheitsaspekte beinhalten und entsprechend z. B. in der Risikoanalyse berücksichtigt werden müssen. Mohamad et al. (2022) verwenden Natural Language Processing, um Sicherheitsanforderungen in regulatorischen Dokumenten zu identifizieren. Noch einen Schritt weiter gehen Silvestri et al. (2023): Die Autoren verwenden NLP, um einen großen Korpus von Dokumenten, die unter anderem Sicherheitslücken beschreiben, auszuwerten und die gefundenen Schwachstellen und Sicherheitslücken direkt auf die Artefakte eines Systems aus dem Gesundheitswesen zu mappen. Dies ermöglicht es den Entwicklern, die TARA kontinuierlich semi-automatisch weiterzuentwickeln und das System so aktuell zu halten.

Design Ahmed et al. (2024) verwenden ein LLM, um direkt aus Sicherheitsanforderungen Metriken zu generieren, die zur Überwachung eines Systems verwendet werden können. Das LLM schlägt z. B. vor, zu messen, wie oft ein Benutzer sich neu authentifiziert und wie viele Details im Benutzerprofil ausgefüllt sind, um bösartige Logins zu detektieren. Solche Ansätze sind hilfreich beim Design von Sicherheitssystemen und bei der Reaktion auf Sicherheitsrisiken. Sie können menschliche Entwickler dabei unterstützen, auch Randfälle abzudecken.

Konstruktion Aktuelle Arbeiten zeigen auf, dass von LLMs generierter Code Sicherheitsschwachstellen enthalten kann. Tihanyi et al. (2023) ließen von GPT-3.5 Turbo insgesamt 112.000 Beispiele mit einer Durchschnittslänge von 79 Zeilen in der Programmiersprache C generieren, die verschiedene Aufträge (etwa Sortieren) und verschiedene Programmierstile (etwa Verwendung mehrerer Threads) abdeckten. Mehr als 50 % dieser Beispiele wurden von einem statischen Analysetool als verwundbar identifiziert. Viele der Beispiele enthielten gleich mehrere Schwachstellen. Auch wenn Analysetools dafür bekannt sind, viele falschpositive Antworten zu liefern, ist diese Anzahl alarmierend. Die häufigsten Probleme waren verschiedene Overflows, die zu den typischen Programmierfehlern gehören und gerade von Programmierneulingen nur schwer zu entdecken sind.

Validierung Rajapaksha et al. (2022) stellen ein Codeanalyse-Werkzeug vor, das mithilfe zweier Klassifizierer zunächst überprüft, ob der Code verwundbar ist, und dann mithilfe einer Multiklassifikation die dazugehörigen Schwachstellen identifiziert. Die Ergebnisse werden durch Methoden der erklärbaren KI aufbereitet, um dem Benutzer Einblick in die Entscheidung zu geben. Die Lösung zeigt dabei eine Genauigkeit, die gut genug für den Praxiseinsatz ist.

Einen direkten Vergleich zwischen statischen Codeanalyse-Werkzeugen und ChatGPT nehmen Ozturk et al. (2023) vor. Sie stellen fest, dass ChatGPT für PHP-Quellcode bessere Ergebnisse bei der Identifikation von Sicherheitsschwachstellen erzielt als zehn verbreitete Analysewerkzeuge. Die Autoren nennen zwar nicht die konkrete Version von GPT, die verwendet wurde, doch das Veröffentlichungsdatum legt nahe, dass es sich um die Originalversion von ChatGPT handelte, also GPT-3.5. Aktuelle OpenAI LLMs, wie z. B. ChatGPT-4o, sind deutlich leistungsfähiger (Li & Murr, 2024), was nahelegt, dass sich die Ergebnisse weiter verbessert haben.

Sicherheit von LLMs Der vermehrte Einsatz von großen Sprachmodellen, speziell als Chatbots, bringt selbst einige neue Sicherheitsherausforderungen mit sich. So sind LLMs anfällig für Prompt-Injection-Attacken, bei denen ein Angreifer über den natürlichsprachigen Input (den Prompt) das Verhalten des LLMs verändert, so dass es sich außerhalb des vorgesetzten Einsatzzweckes verhält. Dies nennt man auch einen „*Jailbreak*" (Wei et al., 2023). Die sich daraus ergebenden Sicherheitsanforderungen sind aktuell noch unklar, auch wenn erste Arbeiten existieren, die dieses Thema adressieren (z. B. Varshney et al., 2023).

Fazit KI-Methoden haben das Potential, komplexe Softwareanwendungen sicherer und robuster gegen Angriffe zu machen. Besonders die Unterstützung bei der Threats and Risk Analysis und der darauf aufbauenden Formulierung von Sicherheitsmaßnahmen kann hierbei eine große Hebelwirkung haben, auch wenn kommerzielle Angebote hier noch auf sich warten lassen. Eine weitere vielversprechende Anwendung ist die Generierung von Sicherheitstests, wobei hierbei insbesondere LLMs großes Potential zeigen. Der Einsatz großer Sprachmodelle bringt allerdings ebenfalls Sicherheitsprobleme mit sich, die wir gerade erst verstehen lernen.

20.7 Auswirkungen auf die Softwareentwicklung

Lücken der aktuellen Lösungen
In diesem Kapitel haben wir die Einsatzmöglichkeiten von KI in der Softwareentwicklung sehr breit beleuchtet. Dabei haben wir Anwendungsfälle aus verschiedenen Phasen des

Entwicklungsprozesses herausgearbeitet. In fast allen Fällen finden sich klassische KI-Methoden und vermehrt große Sprachmodelle als die Techniken der Wahl wieder. Die rasante Entwicklung von LLMs hat dabei zu einer Vielzahl neuer Ideen geführt. Viele der Ideen für den Einsatz von LLMs sind dabei aber noch nicht sehr ausgereift. Zwar werden viele Produkte angekündigt und viel Forschung wird betrieben, aber es gibt (von Coding Assistants abgesehen) wenige Produkte, die wirklich Marktreife haben, und die Forschung weist noch erhebliche Lücken auf. Zwei wichtige Lücken sind dabei der Mangel an Automatisierung und die fehlende Integration.

Der Entwicklungsprozess ist an vielen Stellen hochautomatisiert. Ein Entwickler stellt einen Codeabschnitt fertig und veröffentlicht seine Änderung in einem Repository der Versionsverwaltung, also dort, wo der gesamte Quellcode des Projektes liegt. Ein sogenannter *Continuous Integration Server* stellt daraufhin den aktuellen Quellcode zusammen, kompiliert diesen (überführt ihn also in Maschinensprache), lässt Tests sowie statische und dynamische Analyse laufen und installiert anschließend den aktuellen Stand auf einem Server zum manuellen Testen. Der Entwickler kann sich dann nach Abschluss dieses automatischen Durchlaufs die Testergebnisse und die Ergebnisse der Analysen ansehen und entsprechend reagieren. Den aktuellen KI-Lösungen fehlt noch die Möglichkeit, sich in diesen automatischen Prozess zu integrieren. So müssen die auf LLMs basierenden Ansätze zur Codeanalyse (Abschn. 20.4) und für die Security (Abschn. 20.6) aktuell noch manuell bedient werden.

Weiterhin fällt auf, dass die Anwendungsfälle noch recht spezifisch sind. In der Zukunft werden wir aber Integrationen benötigen, in denen Anforderungen, Benutzerschnittstelle, Architektur, Code und Validierung zusammen angegangen werden. Änderungen in den Anforderungen schlagen sich auf alle Bereiche durch. Separate KI-Tools für jeden der Bereiche machen es schwieriger, Änderungen durch das gesamte System zu propagieren, da es zwischen den Tools Bruchstellen gibt, die u. U. manuell überwunden werden müssen. Bisher sind integrierte Lösungen allerdings noch nicht in Sicht. Aktuelle Vorschläge beschränken sich auf einen, höchstens zwei Bereiche im Fall der Tools für das Anforderungsmanagement. Auch hier gibt es bereits erste Versuche einer höheren Integration. Allerdings wurde der laut seinem Hersteller „erste AI Software Engineer" Devin nach seiner Veröffentlichung schnell entzaubert (s. z. B. Xia et al., 2024).

Entwicklungsteam der Zukunft
Schon jetzt verwenden Entwickler KI-Tools, beispielsweise zur Codevervollständigung oder zur Codeanalyse. Der Einsatz dieser Tools wird sich in Zukunft noch stärker verbreiten und neue Felder, wie die Softwarearchitektur oder die Dokumentation der Software, erschließen. Coding Assistants und die anderen in diesem Kapitel vorgestellten Tools und Ansätze sind nur erste Schritte in diese Richtung.

Daher wird das Entwicklungsteam der Zukunft ein hybrides Team aus KI und menschlichen Entwicklern sein. Dabei werden die KI-Tools zunächst Aufgaben übernehmen, die für den Menschen schwierig oder uninteressant sind, wie z. B. das Schreiben von Dokumentation oder das Entwickeln von Testfällen. Nach und nach werden sicherlich auch die

Codeproduktion und eventuell auch einige Aufgaben des Anforderungsmanagements abgelöst werden. Dabei werden sich „Ökosysteme von Bots" (Platis et al., 2024) herausbilden, welche unterschiedliche Aufgaben übernehmen und andere KI-Tools oder menschliche Entwickler mit Informationen füttern. Insbesondere wird dies den Arbeitsablauf verändern, indem das Lernen der Entwickler und die Abarbeitung uninteressanter oder sich wiederholender Arbeitsschritte von der KI unterstützt wird (Ulfsnes et al., 2024). Gleichzeitig besteht die Chance, dass die Qualität der ausgelieferten Software steigt.

Auf mittlere und auch längere Sicht werden Softwareentwickler durch KI nicht obsolet werden. Darauf deuten einige der aktuellen Forschungsergebnisse hin. Auch wenn in der Softwareentwicklung das Fehlen eines Konzeptes von „Wahrheit" in LLMs nicht ganz so relevant ist wie in anderen Domänen (Hicks et al., 2024), so ist doch eine sorgfältige Überprüfung der Outputs solcher Systeme von größter Wichtigkeit, um zu vermeiden, dass sich Fehler oder sogar Sicherheitslücken einschleichen. Diese Fähigkeit wird auch in Zukunft gefragt sein. Entwickler müssen weiterhin die Fähigkeiten haben, die Vorschläge der KI zu bewerten und abzuändern. ChatGPT und Co. sind daher hauptsächlich als Werkzeuge für Experten anzusehen (Azaria et al., 2024; Spinellis, 2024). Außerdem müssen menschliche Entwickler weiterhin für die Orchestrierung des Ökosystems an KI-Tools sorgen und Aufgaben auf höherer kognitiver Ebene, wie z. B. zur Systemarchitektur, übernehmen. Es wird von äußerster Wichtigkeit sein, Nachwuchsentwickler für diese Aufgaben auszubilden und zu trainieren.

Literatur

Abad, Z. S. H., et al. (2018). ELICA: An automated tool for dynamic extraction of requirements relevant information. In E. C. Groen et al. (Hrsg.), *5th International Workshop on Artificial Intelligence for Requirements Engineering, AIRE@RE 2018*, 21. August 2018 (S. 8–14). IEEE.

Abadeer, M., & Sabetzadeh, M. (2021). Machine learning-based estimation of story points in agile development: Industrial experience and lessons learned. In T. Yue & M. Mirakhorli (Hrsg.), *29th IEEE International Requirements Engineering Conference Workshops, RE 2021 Workshops*, 20.–24. September 2021 (S. 106–115). IEEE.

Ahmed, M., et al. (2024). Prompting LLM to enforce and validate CIS critical security control. In *Proceedings of the 29th ACM symposium on access control models and technologies* (S. 93–104).

Anand, S., et al. (2013). An orchestrated survey of methodologies for automated software test case generation. *Journal of Systems and Software, 86*(8), 1978–2001.

Anish, P. R., et al. (2019). Implementation-centric classification of business rules from documents. In *27th IEEE international requirements engineering conference workshops, RE 2019 Workshops*, 23.–27. September 2019 (S. 227–233). IEEE.

Azaria, A., et al. (2024). ChatGPT is a remarkable tool – For experts. *Data Intelligence, 6*(1), 240–296.

Badampudi, D., et al. (2023). Modern code reviews – Survey of literature and practice. *ACM Transactions on Software Engineering and Methodology, 32*(4), 1–61.

Baral, K., et al. (2021). Self determination: A comprehensive strategy for making automated tests more effective and efficient. In *14th IEEE conference on software testing, verification and validation (ICST)* (S. 127–136). IEEE.

Bertolino, A., et al. (2020). Learning-to-rank vs ranking-to-learn: strategies for regression testing in continuous integration. In G. Rothermel & D. Bae (Hrsg.), *ICSE'20: 42nd international conference on software engineering*, 27. Juni – 19. Juli 2020 (S. 1–12). ACM.

Borg, M., et al. (2014). Recovering from a decade: A systematic mapping of information retrieval approaches to software traceability. *Empirical Software Engineering, 19*(6), 1565–1616.

Chatterjee, R., et al. (2020). Identification and classification of architecturally significant functional requirements. In *7th IEEE international workshop on artificial intelligence for requirements engineering, AIRE@RE 2020.*, 1. September 2020 (S. 9–17). IEEE.

Dave, H., et al. (2021). A survey on Artificial Intelligence based techniques to convert User Interface design mock-ups to code. In *2021 international conference on artificial intelligence and smart systems (ICAIS)* (S. 28–33). IEEE.

Davila, N., et al. (2024). An industry case study on adoption of AI-based programming assistants. In *Proceedings of the 46th international conference on software engineering: software engineering in practice* (S. 92–102).

Dell'Anna, D., et al. (2018). Validating Goal Models via Bayesian Networks. In E. C. Groen et al. (Hrsg.), *5th international workshop on artificial intelligence for requirements engineering, AIRE@RE 2018*, 21. August 2018 (S. 39–46). IEEE.

Devlin, J., et al. (2019). BERT: Pre-training of deep bidirectional transformers for language understanding. In J. Burstein et al. (Hrsg.), *Proceedings of the 2019 conference of the North American Chapter of the Association for Computational Linguistics: Human Language Technologies, Volume 1 (Long and Short Papers)* (S. 4171–4186). Association for Computational Linguistics.

DIN EN ISO 9241-210. (2011). *DIN EN ISO 9241-210:2011-01, Ergonomie der Mensch-System-Interaktion – Teil 210: Prozess zur Gestaltung gebrauchstauglicher interaktiver Systeme.*

Duan, P., et al. (2020). Optimizing user interface layouts via gradient descent. In *Proceedings of the 2020 CHI conference on human factors in computing systems* (S. 1–12).

Feldman, S. S. (2017). Co-Creation: Human and AI Collaboration in Creative Expression. In *Electronic Visualisation and the Arts (EVA 2017)*. BCS Learning & Development.

Feldt, R., et al. (2018). Ways of applying artificial intelligence in software engineering. In *Proceedings of the 6th international workshop on realizing artificial intelligence synergies in software engineering* (S. 35–41).

Ferrari, A., et al. (2014). Pragmatic ambiguity detection in natural language requirements. In N. Bencomo et al. (Hrsg.), *IEEE 1st international workshop on artificial intelligence for requirements engineering, AIRE 2014*, 26. August 2014 (S. 1–8). IEEE Computer Society.

Ferrari, A., et al. (2018). Identification of cross-domain ambiguity with language models. In E. C. Groen et al. (Hrsg.), *5th international workshop on artificial intelligence for requirements engineering, AIRE@RE 2018*, 21. August 2018 (S. 31–38). IEEE.

Fleurey, F., et al. (2007). Model-driven engineering for software migration in a large industrial context. In *Model driven engineering languages and systems: 10th international conference, MoDELS 2007*, 30. September – 04. Oktober 2007. Proceedings 10 (S. 482–497). Springer.

Frömmgen, A., et al. (2024). Resolving code review comments with machine learning. In *Proceedings of the 46th international conference on software engineering: software engineering in practice* (S. 204–215).

Giray, G., et al. (2023). On the use of deep learning in software defect prediction. *Journal of Systems and Software, 195*, 111537.

Gudaparthi, H., et al. (2023). Prompting creative requirements via traceable and adversarial examples in deep learning. In K. Schneider et al. (Hrsg.), *31st IEEE international requirements engineering conference, RE 2023*, 04.–08. September 2023 (S. 134–145). IEEE.

Guo, H., et al. (2018). Extraction of natural language requirements from breach reports using event inference. In E. C. Groen et al. (Hrsg.), *5th international workshop on artificial intelligence for requirements engineering, AIRE@RE 2018*, 21. August 2018 (S. 22–28). IEEE.

Guo, J., et al. (2017). Semantically enhanced software traceability using deep learning techniques. In *2017 IEEE/ACM 39th international conference on software engineering (ICSE)* (S. 3–14). IEEE.

Guo, J. L., et al. (2024). Natural language processing for requirements traceability. *arXiv preprint, arXiv*, 2405.10845.

Gupta, A., & Sundaresan, N. (2018). Intelligent code reviews using deep learning. In *Proceedings of the 24th ACM SIGKDD international conference on knowledge discovery and data mining (KDD'18) deep Learning Day*.

Habib, M. K., et al. (2021). Detecting Requirements Smells With Deep Learning: Experiences, Challenges and Future Work. In T. Yue & M. Mirakhorli (Hrsg.), *29th IEEE international requirements engineering conference workshops, RE 2021 Workshops*, 20.–24. September 2021 (S. 153–156). IEEE.

Harman, M. (2012). The role of artificial intelligence in software engineering. In *2012 first international workshop on realizing AI synergies in software engineering (RAISE)* (S. 1–6).

Hassine, J. (2024). An LLM-based approach to recover traceability links between security requirements and goal models. In *Proceedings of the 28th international conference on evaluation and assessment in software engineering* (S. 643–651).

Hehn, J., & Uebernickel, F. (2018). Towards an understanding of the role of design thinking for requirements elicitation – Findings from a multiple-case study. In *Proceedings of the 24th Americas conference on information systems*.

Hicks, M. T., et al. (2024). ChatGPT is bullshit. *Ethics and Information Technology, 26*(2), 38.

Ishaani, M., et al. (2024). Evaluating human-AI partnership for LLM-based code migration. In *CHI 2024*.

Jensen, R. I. T., et al. (2024). Software vulnerability and functionality assessment using LLMs. *arXiv preprint, arXiv*, 2403.08429.

Körner, S. J., et al. (2014). Transferring research into the real world: how to improve RE with AI in the automotive industry. In *2014 IEEE 1st international workshop on artificial intelligence for requirements engineering (AIRE)* (S. 13–18). IEEE.

Langer, A. M. (2016). Legacy systems and integration. In *Guide to software development: designing and managing the life cycle* (S. 179–213). Springer.

Li, D., & Murr, L. (2024). HumanEval on Latest GPT Models – 2024. *arXiv preprint, arXiv*, 2402.14852.

Li, H., et al. (2024). Enhancing static analysis for practical bug detection: An LLM-integrated approach. *Proceedings of the ACM on Programming Languages, 8*(OOPSLA1), 474–499.

Maro, S., et al. (2018). Software traceability in the automotive domain: Challenges and solutions. *Journal of Systems and Software, 141*, 85–110.

Mateja, D., & Heinzl, A. (2021). Towards machine learning as an enabler of computational creativity. *IEEE Transactions on Artificial Intelligence, 2*(6), 460–475.

Mehder, S., & Aydemir, F. B. (2022). Classification of issue discussions in open source projects using deep language models. In *30th IEEE international requirements engineering conference workshops, RE 2022 – Workshops*, 15.–19. August 2022 (S. 176–182). IEEE.

Mohamad, M., et al. (2022). Identifying security-related requirements in regulatory documents based on cross-project classification. In S. McIntosh et al. (Hrsg.), *Proceedings of the 18th international conference on predictive models and data analytics in software engineering, PROMISE 2022*, 17. November 2022 (S. 82–91). ACM.

Nicholson, A., et al. (2020). Traceability network analysis: A case study of links in issue tracking systems. In *2020 IEEE Seventh international workshop on artificial intelligence for requirements engineering (AIRE)* (S. 39–47). IEEE.

Nina, H., et al. (2021). Systematic mapping of the literature on secure software development. *IEEE Access, 9*, 36852–36867.

O'Donovan, et al. (2015). DesignScape: Design with interactive layout suggestions. In *Proceedings of the 33rd annual ACM conference on human factors in computing systems* (S. 1221–1224).

Ozturk, O. S., et al. (2023). New tricks to old codes: Can AI chatbots replace static code analysis tools? In *Proceedings of the 2023 European interdisciplinary cybersecurity conference* (S. 13–18).

Perry, N., et al. (2023). Do users write more insecure code with AI assistants? In *Proceedings of the 2023 ACM SIGSAC conference on computer and communications security* (S. 2785–2799).

Platis, D., et al. (2024). The lion, the ecologist and the plankton: A classification of species in multi-bot ecosystems. In *Companion proceedings of the 32nd ACM international conference on the foundations of software engineering* (S. 482–486).

Preece, J., et al. (2023). *Interaction design: Beyond human-computer interaction* (6. Aufl.). John Wiley.

Rahman, S., et al. (2023). Mining Reddit Data to Elicit Students' Requirements During COVID-19 Pandemic. In K. Schneider et al. (Hrsg.), *31st IEEE international requirements engineering conference, RE 2023 – Workshops*, 04.–05. September 2023 (S. 76–84). IEEE.

Rajapaksha, S., et al. (2022). AI-powered vulnerability detection for secure source code development. In *International Conference on Information Technology and Communications Security* (S. 275–288). Springer.

Ricca, F., et al. (2021). AI-based test automation: A grey literature analysis. In *2021 IEEE international conference on software testing, verification and validation workshops (ICSTW)* (S. 263–270). IEEE.

Rodriguez, A. D., et al. (2023). Prompts matter: Insights and strategies for prompt engineering in automated software traceability. In *2023 IEEE 31st international requirements engineering conference workshops (REW)* (S. 455–464). IEEE.

Salminen, J., et al. (2019). Design issues in automatically generated persona profiles: A qualitative analysis from 38 think-aloud transcripts. In *Proceedings of the 2019 conference on human information interaction and retrieval* (S. 225–229).

Sandoval, G., et al. (2023). Lost at C: A user study on the security implications of large language model code assistants. In *32nd USENIX Security Symposium (USENIX Security 23)* (S. 2205–2222).

Sarker, I. H., et al. (2021). AI-Driven cybersecurity: An overview, security intelligence modeling and research directions. *SN Computer Science, 2*(3), 173.

Sarmiento, E., et al. (2014). C&l: Generating model based test cases from natural language requirements descriptions. In *2014 IEEE 1st international workshop on requirements engineering and testing (ret)* (S. 32–38). IEEE.

Shahamiri, S. R., et al. (2011). An automated framework for software test oracle. *Information and Software Technology, 53*(7), 774–788.

Sharma, R., et al. (2015). From natural language requirements to UML class diagrams. In *2015 IEEE second international workshop on artificial intelligence for requirements engineering, AIRE 2015*, 24. August 2015 (S. 25–32). IEEE Computer Society.

Sharma, T., et al. (2021). A survey on machine learning techniques for source code analysis. *arXiv preprint, arXiv*, 2110.09610.

Shen, Y., & Breaux, T. D. (2022). Domain model extraction from user-authored scenarios and word embeddings. In *30th IEEE international requirements engineering conference workshops, RE 2022 – Workshops*, 15.–19. August 2022 (S. 143–151). IEEE.

Silva-Rodríguez, V., et al. (2020). Classifying design-level requirements using machine learning for a recommender of interaction design patterns. *IET Software, 14*(5), 544–552.

Silvestri, S., et al. (2023). A machine learning approach for the NLP-based analysis of cyber threats and vulnerabilities of the healthcare ecosystem. *Sensors, 23*(2), 651.

Sivakumar, M., et al. (2024). Exploring the Capabilities of large language models for the generation of safety cases: The case of GPT-4. In *2024 IEEE 10th international workshop on artificial intelligence for requirements engineering (AIRE)*.

Spinellis, D. (2024). Pair programming with generative AI. *IEEE Software, 41*(3), 16–18.

Stige, Å., et al. (2023). *Artificial intelligence (AI) for User Experience (UX) design: A systematic literature review and future research agenda*. Information Technology & People.

Suleri, S., et al. (2019). Eve: A sketch-based software prototyping workbench. In *Extended abstracts of the 2019 CHI conference on human factors in computing systems* (S. 1–6).

Tihanyi, N., et al. (2023). The FormAI dataset: Generative AI in software security through the lens of formal verification. In *Proceedings of the 19th international conference on predictive models and data analytics in software engineering* (S. 33–43).

Ulfsnes, R., et al. (2024). Transforming software development with generative AI: Empirical insights on collaboration and workflow. In *Generative AI for effective software development* (S. 219–234). Springer.

Varshney, N., et al. (2023). The art of defending: A systematic evaluation and analysis of LLM defense strategies on safety and over-defensiveness. *arXiv preprint, arXiv*, 2401.00287.

Vaswani, A., et al. (2017). *Attention is all you need. Advances in neural information processing systems* (S. 30).

Wang, J., et al. (2024). Software testing with large language models: Survey, landscape & vision. *IEEE Transactions on Software Engineering*.

Wei, Z., et al. (2023). Jailbreak and Guard aligned language models with only few in-context demonstrations. *arXiv preprint, arXiv*, 2310.06387.

Xia, C. S., et al. (2024). Agentless: Demystifying LLM-based software engineering agents. *arXiv preprint, arXiv*, 2407.01489.

Yang, B., et al. (2020). Measuring and improving user experience through artificial intelligence-aided design. *Frontiers in Psychology, 11*, 595374.

Yetiştiren, B., et al. (2023). Evaluating the code quality of AI-assisted code generation tools: An empirical study on GitHub Copilot, Amazon CodeWhisperer, and ChatGPT. *arXiv preprint, arXiv*, 2304.10778.

Zhang, Z., et al. (2024). LLM-based agents for automating the enhancement of user story quality: An early report. In *International conference on agile software development* (S. 117–126). Springer Nature Switzerland.

Ziegler, A., et al. (2024). Measuring GitHub Copilot's impact on productivity. *Communications of the ACM, 67*(3), 54–63.

Open Access Dieses Kapitel wird unter der Creative Commons Namensnennung - Nicht kommerziell - Keine Bearbeitung 4.0 International Lizenz (http://creativecommons.org/licenses/by-nc-nd/4.0/deed.de) veröffentlicht, welche die nicht-kommerzielle Nutzung, Vervielfältigung, Verbreitung und Wiedergabe in jeglichem Medium und Format erlaubt, sofern Sie den/die ursprünglichen Autor(en) und die Quelle ordnungsgemäß nennen, einen Link zur Creative Commons Lizenz beifügen und angeben, ob Änderungen vorgenommen wurden. Die Lizenz gibt Ihnen nicht das Recht, bearbeitete oder sonst wie umgestaltete Fassungen dieses Werkes zu verbreiten oder öffentlich wiederzugeben.

Die in diesem Kapitel enthaltenen Bilder und sonstiges Drittmaterial unterliegen ebenfalls der genannten Creative Commons Lizenz, sofern sich aus der Abbildungslegende nichts anderes ergibt. Sofern das betreffende Material nicht unter der genannten Creative Commons Lizenz steht und die betreffende Handlung nicht nach gesetzlichen Vorschriften erlaubt ist, ist auch für die oben aufgeführten nicht-kommerziellen Weiterverwendungen des Materials die Einwilligung des jeweiligen Rechteinhabers einzuholen.

Teil VI

Ethik- und Regulierungsfragen

Verantwortliche KI-Governance

Alexander Brink

Zusammenfassung

Dieses Kapitel erläutert, was die Zwillingstransformation, welche Nachhaltigkeit und Digitalisierung miteinander verbindet, bedeutet. Vor diesem Hintergrund erfolgt eine Einführung in die Ethik der Künstlichen Intelligenz, die die grundlegenden ethischen Prinzipien, die mit der Entwicklung und Anwendung von KI-Technologien verbunden sind, untersucht und kritisch bewertet. Dem folgt ein Abschnitt über Regulatorik vor allem auf europäischer Ebene, gefolgt von einer Betrachtung der Rolle freiwilliger Verhaltenskodizes, die als Schlüssel zur ethischen Positionierung von Unternehmen dienen. Diese Kodizes werden auf der Mesoebene eingeführt und bieten Unternehmen eine Möglichkeit, über die gesetzlichen Anforderungen (Makroebene) hinaus Verantwortung zu übernehmen und Vertrauen aufzubauen. Abschließend wird auf der Mikroebene die Bedeutung individueller digitaler Primärtugenden untersucht, die notwendig sind, um die ethische Nutzung von Technologie sicherzustellen und eine nachhaltige digitale Transformation zu fördern.

21.1 Einführung

Die rasante Entwicklung der Künstlichen Intelligenz (KI) bietet nahezu unbegrenzte Möglichkeiten für Wirtschaft und Gesellschaft. Wie Prometheus, der in der griechischen Mythologie einst den Göttern das Feuer stahl und es der Menschheit schenkte, entfesseln

A. Brink (✉)
Kulturwissenschaftliche Fakultät, Universität Bayreuth, Bayreuth, Deutschland

CONCERN GmbH, Köln, Deutschland
E-Mail: alexander.brink@uni-bayreuth.de

© Der/die Autor(en) 2026
F. Schmiedchen et al. (Hrsg.), *Künstliche Intelligenz und Wir*,
https://doi.org/10.1007/978-3-662-71567-3_21

wir heute die grenzenlosen Möglichkeiten der vernetzten Digitaltechnologie. Dies eröffnet ein neues Kapitel in der Geschichte der menschlichen Zivilisation (s. Kap. 1). Zugleich wirft es eine Vielzahl ethischer Fragen auf, die sowohl die Gesellschaft als Ganzes als auch die einzelnen Individuen betreffen. So erwirkt und verstärkt Künstliche Intelligenz erhebliche ökologische, soziale und politische Kosten, etwa durch die Extraktion natürlicher Ressourcen, die Ausbeutung von Arbeitskräften und die Ansammlung riesiger Datenmengen (Crawford, 2021, s. Kap. 17 und 18) oder durch Formen von Bias und Diskriminierung (Martin, 2022).

Zugleich haben wir neben der digitalen Transformation mit der nachhaltigen Entwicklung, vor allem mit dem Klimawandel und den damit verbundenen Anpassungsmaßnahmen, einen zweiten Megatrend zu bewältigen. Man mag auf den ersten Blick meinen, dass diese doppelte – nachhaltige und digitale – Transformation die Herausforderungen für die Menschheit weiter zuspitzt. So zeigt die jüngste Trendstudie Jugend in Deutschland 2024 eindrucksvoll, dass es noch nie so viel Angst unter Jugendlichen gab. Es sind jedoch weniger persönliche als gesellschaftliche Zukunftsängste: politische Verhältnisse, wirtschaftliche Entwicklung und gesellschaftlicher Zusammenhalt (Schnetzer et al., 2024). Auf der anderen Seite, wenn man es klug umsetzt und „wirklich, wirklich will" (Bergmann, 2019), kann die Digitalisierung einen positiven Beitrag zur nachhaltigen Transformation leisten. Und dies erst recht durch den Einsatz Künstlicher Intelligenz.

Eine Lösung könnte darin liegen, die Zwillingstransformation auf drei Governance-Ebenen zu choreographieren: Auf einer Makroebene geht es um Regulatorik umgesetzt durch die Politik; auf einer Mesoebene um Corporate Digital Responsibility umgesetzt durch die Unternehmen; auf einer Mikroebene um die digitalen Primärtugenden umgesetzt durch den Menschen. Politik, Unternehmen und Menschen sind also die zentralen Akteure der doppelten Transformation und Regulatorik, Markt und Tugend deren Governance-Mechanismen. Das alles wird durch die Zwillingstransformation auf der Supraebene eingerahmt.

Durch die Kombination von theoretischen Grundlagen, der Analyse von Regulierungsansätzen und praktischen Unternehmensbeispielen bietet der Beitrag einen umfassenden Überblick über die aktuelle Landschaft einer sich formenden Digitalethik als neuer Bereichsethik und zugleich einen Einblick in gelebte Praxis und neue Routinen von Unternehmen. Bei der fortlaufenden Auseinandersetzung mit ethischen Fragen der KI übernehmen Unternehmen als Akteure eine wesentliche Rolle. Sie können maßgeblich zur Gestaltung einer ethisch verantwortungsvollen Zukunft der Künstlichen Intelligenz beitragen.

21.2 Das Phänomen der Zwillingstransformation

Das Prinzip der Nachhaltigkeit ist seit dem Brundtland-Report 1987 als Leitbild für Gesellschaft und Unternehmen allgemein anerkannt. Mit der Agenda 21 wurde die Idee einer ökologischen, ökonomischen und sozialen nachhaltigen Entwicklung umgesetzt. Die Kernherausforderung liegt in der Ausbalancierung ökonomischer, ökologischer und sozialer Ansprüche.

Die Zwillingstransformation beschreibt nun die kombinierte Entwicklung von Nachhaltigkeit und Digitalisierung. Die Unternehmens- und Strategieberatung Accenture führte den Begriff der Twin Transformation im Jahr 2021 ein. Unternehmen, die die Transformation umsetzen, haben laut Accenture eine höhere Wahrscheinlichkeit, zu den stärksten Unternehmen zu gehören. In einer Studie von *mind digital* (2024) lassen sich diese Ergebnisse auch für den Mittelstand bestätigen. So wachsen knapp 60 % der Twin Transformer trotz hoher wirtschaftlicher Unsicherheiten profitabel. Für jedes dritte Unternehmen ist die Twin Transformation sogar der wichtigste Erfolgstreiber. Quaing et al. haben einen Praxisleitfaden mit Fallbeispielen zur doppelten Transformation für mittelgroße und kleinere Unternehmen verfasst (2023). Im Durchschnitt gestalten 34 % der kleinen und mittleren Unternehmen (KMU) ihre digitale Infrastruktur unter Berücksichtigung von sozialen und ökologischen Kriterien. Zu ähnlichen Ergebnissen kommt auch der *nachhaltig.digital* Monitor 2021. Fehlendes Knowhow und Qualifizierungsmaßnahmen gelten als Hemmnisse für den Einsatz digitaler Innovationen (55 %) und die Umsetzung von Nachhaltigkeitsaspekten (44 %). Die Studie macht deutlich: Es gibt noch eine eklatante Lücke zwischen dem Wissen und Handeln (Quaing & Fink, 2022). Ein wesentlicher Faktor für den Erfolg von Unternehmen scheint die Umsetzungsgeschwindigkeit der digitalen Transformation.

Grundsätzlich lassen sich vier Prototypen einer Twin-Transformer-Strategie unterscheiden: Die Separationsstrategie betrachtet Digitalisierung und Nachhaltigkeit getrennt voneinander, während die Schnittstellenstrategie aufzeigt, dass Digitalisierung nachhaltig sein kann (aber nicht muss). Die Unterstützungsstrategie stellt die Digitalisierung in den Dienst des Menschen, und die Integrationsstrategie lebt die Zwillingstransformation, indem Digitalisierung und Nachhaltigkeit Hand in Hand gehen (Brink, 2022a). Die digitale Transformation eröffnet im Sinne der Unterstützungsstrategie ein weites Feld für nachhaltige Innovationen. Durch den Einsatz von Technologien wie Künstlicher Intelligenz (KI), Internet der Dinge (IoT) und Blockchain können Prozesse optimiert und Ressourcen effizienter genutzt werden. KI kann beispielsweise in der Landwirtschaft eingesetzt werden, um den Einsatz von Düngemitteln zu optimieren und den Ernteertrag zu steigern. Das IoT ermöglicht die Überwachung von Energieverbräuchen in Echtzeit, was zu einer effizienteren Nutzung von Ressourcen führt. Die Blockchain-Technologie kann Lieferketten transparenter machen und sicherstellen, dass Produkte nachhaltig produziert werden. *Data4SDG* ist ein prominentes Beispiel einer Unterstützungsstrategie, die die Bedeutung von Daten und Datenanalyse als wesentliches Werkzeug zur Messung des Fortschritts, zur Identifizierung von Herausforderungen und zur informierten Entscheidungsfindung im Streben nach diesen Zielen unterstreicht. 18,8 % setzen KI im Sinne einer solchen Unterstützungsstrategie zur Förderung der Nachhaltigkeit ein (IDG Research Services, Applied AI, 2023, S. 15). *AI4Good* ist eine Initiative verschiedener Akteure, die Künstliche Intelligenz nutzen, um einen positiven Einfluss auf Mensch und Natur zu kreieren. Eine Studie von Microsoft, das technischer Partner der Initiative ist, und der Unternehmensberatung PwC im Auftrag des Weltwirtschaftsforums zeigt zudem, dass Künstliche Intelligenz in sechs dringlichen Handlungsfeldern zukünftig hilfreich sein kann (Herweijer et al., 2020).

21.3 Ethik der Künstlichen Intelligenz

21.3.1 Begriffsdefinition und Abgrenzung

Der Begriff „Digitalisierung" leitet sich vom lateinischen Wort digitus (= Finger oder Zehe) ab. Ursprünglich bezieht sich *digitus* auf die Zählweise mit den Fingern, was später auf das Zählen im Allgemeinen übertragen wurde. Diese Bedeutung hat sich dann in der Entwicklung der modernen Technologie weiter entfaltet. Im Kontext der Digitalisierung bedeutet dies die Umwandlung von analogen Informationen in ein digitales Format, das heißt in Zahlen oder *digits*.

Der Ausdruck Digitalisierung findet in der gegenwärtigen Diskussion in zwei wesentlichen Kontexten Anwendung: Zum einen meint *digitization* die Transformation und Verarbeitung von überwiegend analogen, alltagsbezogenen Phänomenen in digitale Formate. Zum anderen bezieht sich *digitalization* auf die Verknüpfung digitaler Endgeräte mittels Daten. Besonders die zweite Bedeutung führt zu Prozessen der Automatisierung und Informatisierung, die ethisch von großer Bedeutung sind (Brennen & Kreiss, 2014).

Künstliche Intelligenz (KI) wird oft als eine *Schlüsseltechnologie* innerhalb des Digitalisierungsprozesses betrachtet. Sie ist nicht nur ein Produkt der Digitalisierung, indem sie auf digitalen Daten und Algorithmen basiert, sondern treibt auch aktiv die digitale Transformation im Sinne einer *digitalization* voran, indem sie Prozesse automatisiert, Entscheidungsfindungen unterstützt und neue Möglichkeiten der Datenanalyse und -nutzung eröffnet. KI-Systeme können große Datenmengen verarbeiten, Muster erkennen und darauf basierend Vorhersagen treffen oder autonom handeln, was sie zu einem integralen Bestandteil vieler digitaler Anwendungen macht. John McCarthy, einer der Begründer des Feldes, versteht unter Künstlicher Intelligenz die Wissenschaft und Ingenieurskunst, intelligente Maschinen zu erschaffen, insbesondere intelligente Computerprogramme. Es ist die Fähigkeit einer Maschine oder eines Programms, Aufgaben durchzuführen, die, wenn sie von Menschen ausgeführt würden, Intelligenz erfordern würden. Diese Aufgaben können das Verstehen natürlicher Sprache, das Erkennen von Mustern und Bildern, das Treffen von Entscheidungen basierend auf komplexen Datenlagen und das Lernen aus Erfahrungen umfassen. In der aktuellen Forschung und Anwendung wird KI oft in zwei weitere Strömungen unterteilt: schwache KI (*narrow AI*), die darauf ausgelegt ist, spezifische Aufgaben ohne das volle Verständnis oder Bewusstsein eines Menschen auszuführen, und starke KI (*general AI*), die das Ziel hat, eine Maschine oder ein System zu entwickeln, das ein allgemeines, menschenähnliches Verständnis und Bewusstsein aufweisen kann.

21.3.2 Einordnung in die Bereichsethiken[1]

Über ethische Fragen des technischen Fortschritts diskutiert die Menschheit seit der Antike. Die Digitalethik ist nunmehr eine neue Bereichsethik, die existenzielle Fragen nach

---

[1] Die Abschn. 21.3.2 und 21.3.3 meines Kapitels geben weitgehend meine Ausführungen der Abschnitte 58:2 und 58:3 in: Brink, A. (2022b) wieder.

dem „guten" Leben und dem „richtigen" Zusammenleben ebenso in den Blick nimmt wie die großen Fragen der Aufklärung: Selbstbestimmung – und eng damit verbunden Autonomie, Teilhabe, Souveränität und Privatheit –, Gerechtigkeit, Menschenwürde und Freiheit. Es geht dabei immer um normative Abwägungsprozesse und Klugheitsentscheidungen in realen Kontexten.

In diesem Kontext ist eine Unterscheidung zwischen Werten, Moral und Ethik erforderlich. Werte fungieren als Bindeglied zwischen der individuellen und der gesellschaftlichen Ebene, indem sie von innen unsere Handlungen leiten. Moral wird als ein System aus Regeln und Normen verstanden, das die Handlungsorientierung vorgibt. Sie umfasst alle von einer Gesellschaft akzeptierten, durch Tradition gefestigten Verhaltensstandards oder die tatsächlich herrschenden Normen innerhalb einer Gruppe oder Organisation. Ethik hingegen stellt die Theorie zur kritischen Auseinandersetzung mit der Moral dar. Ihre Aufgabe liegt darin, die in bestimmten Situationen vorherrschenden moralischen Einstellungen oder Urteile unter Berücksichtigung von Prinzipien wie Selbstbestimmung, Gerechtigkeit, Menschenwürde oder Freiheit kritisch zu hinterfragen.

Die Ausdifferenzierung unserer Gesellschaft und ihrer wissenschaftlichen, kulturellen und technischen Sphären führt auch zu einer zunehmenden Granulation der ethischen Reflexion über moralische Fragen. Diese spiegelt sich in einer Vielzahl angewandter Ethiken wider, sogenannten Bindestrichethiken, die nach Sachgebieten, Handlungs- oder auch Berufsfeldern sortiert werden (Stoecker et al., 2011).[2] Die Digitalethik hat sich aus der Technikethik entwickelt und dann in andere Bereichsethiken weiter differenziert, wie beispielsweise die Maschinenethik (Anderson & Anderson, 2007), die Informations- und Computerethik sowie die Roboterethik (Lin et al., 2017) und schließlich die Cyber- oder Internetethik. Eine weitere Differenzierung jüngeren Datums ist die Daten- bzw. speziell die Algorithmenethik (Altimeter, 2015; Datenethikkommission, 2019). Als Vorläufer und Ideengeber ist sicherlich Norbert Wiener zu nennen, der mit seinem Buch „*The Human Use of Human Beings*" (1989/1950) frühzeitig ethisch relevante Themen adressierte. Ein weiterer Meilenstein in der Computerethik der 1970er- und 1980er-Jahre ist Joseph Weizenbaums Werk „*Computer Power and Human Reason*" (1976), in dem erstmals die sozialen Implikationen von Technik ausführlich markiert werden.

Gegenstand einer Digitalethik ist die Analyse der Auswirkungen der Digitalisierung auf gültige moralische Vorstellungen: „Digitalethik fragt nach dem richtigen Handeln und dem guten Leben unter den Bedingungen der Digitalisierung. Sie untersucht die gesellschaftliche, ökologische und ökonomische Verträglichkeit digitaler Technologien in ihrer Entwicklung und Anwendung" (PwC, 2020, S. 6). Eine ähnliche Definition geben Floridi und Taddeo. Den Autoren zufolge beschäftigt sich die Disziplin mit den „Daten (Erzeugung, Speicherung, Pflege, Verarbeitung, Verbreitung, Weitergabe und Nutzung), den Algorithmen (Künstlicher Intelligenz, künstlicher Agenten, maschinellen Lernens und von Robotern) und den entsprechenden Praktiken (Innovation, Programmierung, Hacking, Berufskodizes), um ethisch gute Lösungen zu formulieren."

---

[2] Siehe hierzu ausführlich Brink, 2022h.

Die Vielfalt an Definitionen, Begriffsbildungen und Abgrenzungen ist ein Charakteristikum der Digitalethik. Die Quellenlage baut sich gerade auf, und verschiedene Ordnungsversuche stehen in einem Wettbewerb zueinander (Manzeschke & Brink, 2020; Nida-Rümelin, 2018; Spiekermann, 2019; Kirchschläger, 2021).

21.3.3 Corporate Digital Responsibility

In der Managementpraxis wie auch in den Managementwissenschaften hat sich in diesem Zusammenhang der Begriff Corporate Digital Responsibility durchgesetzt. Dieser geht auf die US-Managementberatung Accenture zurück, die damit im Jahr 2015 fundamentale Fragen der unternehmerischen Verantwortung in der digitalen Ökonomie adressierte (Cooper et al., 2015, S. 2). Die Autoren sahen dabei fünf Anwendungsbereiche im Fokus: verantwortungsvoller Umgang mit Daten durch Datenschutz und Datensicherheit (*digital stewardship*), Transparenz der Nutzung von Kundendaten (*digital transparency*), Unterstützung von Kundinnen durch Nudging (*digital empowerment*), faire Verteilung der Gewinne aus der Nutzung von Kundendaten (*digital equity*) und die Bereitstellung von Datensätzen für Forschungszwecke (*digital inclusion*). Verantwortliche Digitalisierung kann als Shared-Value-Strategie verstanden werden, die sowohl wirtschaftliche Interessen als auch gesellschaftliche Bedürfnisse vereint (Esselmann & Brink, 2016). Im Zentrum stehen die Minimierung von ökonomischen, ökologischen und sozialen Risiken durch die Digitalisierung und eine Maximierung von deren Chancen. Brink und Esselmann haben diesen Ansatz also strategisch operationalisiert. Damit übertragen die Autoren die Idee des US-Wettbewerbsökonomen Michael Porter auf den Digitalisierungskontext (Porter & Kramer, 2011). Letztlich geht es um „die verantwortliche Gestaltung der Digitalisierung im Kerngeschäft des Unternehmens" (Esselmann & Brink, 2016, S. 35).

21.4 KI-Verordnung der Europäischen Union – die Makroebene

21.4.1 Einführung

Mit ihrer KI-Verordnung[3] (*AI Act*) hat die EU einen bedeutenden Schritt zur Förderung verantwortungsbewusster und transparenter KI-Systeme gemacht (Europäisches Parlament, 2024; Future of Life Institute, 2024). Das Gesetz setzt Maßstäbe für den Ausgleich zwischen Grundrechtsschutz und Innovationsförderung. Gleichzeitig müssen pragmatische Regelungen geschaffen werden, die mit der technologischen Entwicklung Schritt halten. Trotz Herausforderungen legt der AI Act eine solide Grundlage für Europa als führenden Standort für KI-Innovationen und zur Steuerung von KI im öffentlichen Interesse.

---

[3] Die EU KI-Verordnung wird ausführlich im Kap. 23 vorgestellt und kommentiert.

Europa könnte seine Wettbewerbsfähigkeit erhalten, mit *KI made in Europe* eine führende Rolle in der KI-Entwicklung übernehmen und Investoren durch höchste Qualitäts- und Sicherheitsstandards anziehen.

Alle Akteure – Wirtschaft, Politik und Zivilgesellschaft – sind nun gefordert, sich intensiv mit den Chancen und Risiken von KI basierend auf den Leitlinien des AI Acts auseinanderzusetzen. Neben Rechts- und Compliance-Beratungen werden ethische Sensibilisierungsmaßnahmen zunehmend an Bedeutung gewinnen. Unternehmen sollen bei der Integration ethischer Prinzipien in ihre KI-Anwendungen unterstützt werden, was die Entwicklung von Ethikrichtlinien und die Bewältigung von Risiken einschließt. Die Zunahme an Regulierung ist gegenwärtig der stärkste Treiber für die nachhaltige Transformation (PwC, 2024). Im Folgenden werden die wichtigsten Überlegungen der EU vorgestellt, wie sie in der EU KI-Verordnung und in der EU Digitalstrategie ihren Niederschlag gefunden haben (vgl. Europäisches Parlament, 2024; European Union, 2019).

21.4.2 Die Eckpunkte des AI Acts

Die meisten Verpflichtungen betreffen die Anbieter (Entwickler) von risikoreichen KI-Systemen. Dies schließt sowohl diejenigen ein, die hochriskante KI-Systeme in der EU in Verkehr bringen oder in Betrieb nehmen wollen, unabhängig davon, ob sie in der EU oder in einem Drittland ansässig sind, als auch Anbieter aus Drittländern, deren hochriskante KI-Systeme in der EU verwendet werden. Nutzer sind natürliche oder juristische Personen, die ein KI-System beruflich einsetzen, jedoch keine Endnutzer. Diese Nutzer von hochriskanten KI-Systemen haben ebenfalls einige Verpflichtungen, wenn auch weniger als die Anbieter. Dies gilt sowohl für Nutzer in der EU als auch für Nutzer in Drittländern, wenn der Output des KI-Systems in der EU verwendet wird.

Der Gesetzgeber fasst den Begriff der Künstlichen Intelligenz weit, indem auf die in Anhang I des Entwurfs genannte Techniken verwiesen wird:

„Wenn eine Software

- Konzepte des maschinellen Lernens oder tiefen Lernens (Deep Learning),
- Logik- und wissensgestützte Konzepte, einschließlich Wissensrepräsentation, induktiver (logischer) Programmierung, Inferenz- und Deduktionsmaschinen, Schlussfolgerungs- und Expertensysteme oder
- statistische Ansätze, Bayessche Schätz-, Such- und Optimierungsmethoden

nutzt und sie zudem

- vom Menschen festgelegte Ziele verfolgt,
- Ergebnisse oder Inhalte vorhersagt, empfiehlt oder entscheidet und
- das Umfeld beeinflusst, mit dem sie interagiert,

spricht der Gesetzgeber von Künstlicher Intelligenz, womit einige IT-Unternehmen in den Anwendungsbereich der Verordnung fallen dürften" (thinkdigital, 2024).

Die EU KI-Verordnung folgt dem Ansatz des bestehenden Weißbuchs zur Künstlichen Intelligenz der EU-Kommission, in dem die Anwendungen der KI in vier Kategorien eingeteilt werden. Die Einordnung richtet sich nach dem potenziellen Risiko, das mit dem Einsatzbereich der Künstlichen Intelligenz einhergeht. Die Risikogruppen sind eingeteilt in ein unannehmbares Risiko, ein hohes Risiko (Hochrisiko-KI-Systeme) und ein geringes oder minimales Risiko. Je höher das Risiko, desto strenger die Regulierungen, die nachfolgend aufgelistet werden.

Nach Artikel 5 Nr. 1 sind KI-Anwendungen der unannehmbarem Risikogruppe untersagt. Hierzu zählen Anwendungen, die

- menschliches Verhalten manipulieren und Menschen schaden könnten,
- aufgrund von sozialem Verhalten oder persönlicher Charakteristik eine nachteilige Bewertung ermöglichen,
- in Echtzeit ferne Systeme in der Öffentlichkeit erkennen und eine biometrische Identifizierung von Menschen ermöglichen; Ausnahmen bestehen zur Abwehr von Terrorismus oder um schwere Straftaten aufzuklären.

Wenn ein System als Hochrisiko-KI-System eingestuft wird, finden die Artikel 8 ff. Anwendung. Konkrete Pflichten für die betroffenen Akteure sind:

- Einrichtung, Dokumentation und Aufrechthaltung eines Risikomanagementsystems,
- Einhalten von Daten-Governance- und Datenverwaltungsverfahren für die zu verwendenden Trainings-, Validierungs- und Testdatensätze, darunter relevante Datenaufbereitungsvorgänge wie Kommentierung, Kennzeichnung, Bereinigung, Anreicherung und Aggregierung und eine vorherige Bewertung der Verfügbarkeit, Menge und Eignung der benötigten Datensätze,
- Führen einer technischen Dokumentation,
- Aufsichtsführung durch menschliches Personal,
- Aufzeichnungspflicht über die Vorgänge und Ereignisse, so dass diese automatisch während des gesamten Lebenszyklus der KI aufgezeichnet werden und
- transparente Informationen für die Nutzer, darunter die Merkmale, Fähigkeiten und Leistungsgrenzen des Hochrisiko-KI-Systems.

KI-Systeme, die nach Ansicht der Gesetzgeber ein geringeres Manipulationsrisiko aufweisen, fallen unter den Artikel 52. Das umfasst Systeme, die

- mit Menschen interagieren,
- zur Erkennung von Emotionen oder zur Assoziierung (gesellschaftlicher) Kategorien anhand biometrischer Daten eingesetzt werden, oder
- Inhalte erzeugen oder manipulieren.

Darunter fallen Spamfilter, Videospiele, Suchalgorithmen, Deepfakes oder Chatbots. Für sie gilt nur eine minimale Transparenz- und Informationspflicht über den Einsatz selbst oder darüber, dass die dargestellten Inhalte manipuliert und nicht echt sind.

21.5 Verhaltenskodizes als Schlüssel zur ethischen Positionierung – die Mesoebene

21.5.1 Einführung

Diese Regelungen des Artikel 69 zielen darauf ab, eine freiwillige Einhaltung der Anforderungen zu fördern und sicherzustellen sowie verschiedene Interessengruppen in die Entwicklung von KI-Systemen einzubeziehen. Die Einführung einer internen Richtlinie zum Umgang mit generativen KI-Tools in einem Unternehmen ist aus mehreren Gründen wesentlich. Sie dient erstens dazu, Mitarbeiter über die Funktionsweise und Anwendungsmöglichkeiten dieser Tools zu informieren, ihnen ein Verständnis für deren Potential und Grenzen zu vermitteln und somit ein fundiertes Basiswissen zu schaffen. Zweitens legt sie verbindliche Regeln und Verhaltensvorgaben fest, die nicht nur rechtliche Anforderungen berücksichtigen, sondern auch auf spezifische Unternehmensbedürfnisse zugeschnitten sind. Dies erleichtert es den Anwendern, die Regelungen im Alltag umzusetzen, und minimiert die rechtlichen Risiken für das Unternehmen. Im nachfolgenden Artikel 69 „Verhaltenskodizes" heißt es dazu (Risknow, 2024):

- **Förderung und Erleichterung der Verhaltenskodizes:** Die Kommission und die Mitgliedstaaten sollen die Erstellung von Verhaltenskodizes unterstützen und erleichtern, die auf die freiwillige Anwendung von Anforderungen für KI-Systeme abzielen, die nicht als hochriskant eingestuft sind. Diese Anforderungen basieren auf technischen Spezifikationen und Lösungen, die geeignet sind, die Einhaltung sicherzustellen.
- **Umfassendere Anforderungen:** Die Kommission und das Board sollen auch Verhaltenskodizes fördern, die sich mit Aspekten wie Umweltverträglichkeit, Barrierefreiheit für Menschen mit Behinderungen, Beteiligung der Interessengruppen an der Gestaltung und Entwicklung von KI-Systemen sowie der Vielfalt der Entwicklungsteams befassen.
- **Einbeziehung von Interessengruppen:** Verhaltenskodizes können von einzelnen Anbietern von KI-Systemen oder von Organisationen, die sie vertreten, erstellt werden, wobei auch Nutzer und andere interessierte Parteien einbezogen werden können. Diese Kodizes können mehrere KI-Systeme abdecken, wenn die beabsichtigten Zwecke dieser Systeme ähnlich sind.
- **Berücksichtigung spezifischer Interessen:** Bei der Förderung und Unterstützung der Erstellung von Verhaltenskodizes sollen die spezifischen Interessen und Bedürfnisse von kleinen Anbietern und Start-ups besonders berücksichtigt werden.

Darüber hinaus stärkt eine solche Richtlinie das Vertrauen in den verantwortungsvollen Umgang mit KI-Tools im Unternehmen, fördert Transparenz und zeigt, dass sich das Unternehmen der möglichen Risiken bewusst ist. Die Auseinandersetzung mit ethischen Überlegungen und den Auswirkungen der KI-Nutzung auf Gesellschaft und Umwelt unterstützt die Verfolgung von ESG-Zielen und hilft, den Herausforderungen im Zusammenhang mit KI, wie Missbrauch, Manipulation und Diskriminierung, zu begegnen.

21.5.2 Empirische Erkenntnisse und Kritik

Ethik wird im Kontext von KI-Governance zunehmend wichtig. 58 % der Organisationen messen dem ethischen Umgang mit KI große Bedeutung bei, wobei diese in größeren Unternehmen wichtiger ist. Nur 43 % haben Ethikrichtlinien eingeführt und überwachen diese regelmäßig. Bias-Kontrollen erfolgen meist automatisiert, weniger als die Hälfte nutzt Richtlinien und Schulungen (IDG Research Services, 2023).

In den letzten Jahren wurden verschiedene Verantwortlichkeitsmechanismen zur Förderung eines verantwortungsvollen Designs, Entwickelns und Nutzens von KI vorgestellt. Ein Artikel zeigt, dass nur wenige Leitlinien verpflichtende Praktiken, definierte Verantwortliche und hinreichend erläuterte Werte enthalten. Daher werden sie oft als unwirksames Marketing-Instrument oder Greenwashing kritisiert (Henriksen et al., 2021). Zwar versuchen Leitlinien, die Lücke zwischen ethischen Prinzipien und ingenieurwissenschaftlicher Praxis zu schließen (*translation gap*). Unklare Umsetzungsmethoden (*implementation gap*) und Verantwortlichkeiten (*accountability gap*) bleiben Entwicklern jedoch als zentrale Hürden erhalten (University of Copenhagen DIKU et al., 2021).

Eine Studie aus 2023 zeigt ein hohes Engagement in der KI-Governance, aber keine Maßnahme wird von einer Mehrheit der Unternehmen umgesetzt. Spezifische Verantwortliche sind essenziell, wobei CIOs, CTOs und CDOs dies betonen, jedoch in 44 % der Fälle dieser Ansatz nicht verfolgt wird. IT-Fachkräfte fokussieren sich auf Datenmanagement und Risikobewertung, während Führungskräfte die Transparenz betonen. Kontrollmechanismen wie Überwachung und Auditierung von KI-Systemen erhalten weniger Zustimmung (IDG Research Services, 2023). Die Herausforderung bleibt, Prinzipien in die praktische Umsetzung zu überführen (Futurium, 2024). Es gibt zahlreiche normative Unklarheiten zwischen ethischen Prinzipien und Handlungsempfehlungen; auf der anderen Seite ergeben sich Chancen, dass Unternehmen sich auf der Mesoebene vom Markt differenzieren können.

21.5.3 Ethical Impact and Risk Assessment

Ethical Impact Assessments (EIAs) sind systematische Verfahren zur Bewertung und Identifikation der ethischen Auswirkungen und Risiken, die mit der Entwicklung, Einführung oder Nutzung einer Technologie, eines Produkts oder eines Dienstes verbunden sind. Sie zielen darauf ab, ethische Bedenken proaktiv zu adressieren, bevor neue Technologien negative

Konsequenzen für Individuen oder Gesellschaften hervorrufen können. EIAs sind Teil eines umfassenderen Rahmens der Technikfolgenabschätzung und Ethik in der Technologiegestaltung. Ein Paper von Weidinger et al. (2021) zielt beispielsweise darauf ab, die Risikolandschaft, die mit großangelegten Sprachmodellen (LMs) verbunden ist, zu strukturieren.

Der Prozess eines Ethical Impact Assessments umfasst typischerweise folgende Schritte:

- **Definition des Geltungsbereichs:** Festlegung der Technologie, des Projekts oder des Prozesses, der bewertet werden soll, und der spezifischen ethischen Dimensionen, die berücksichtigt werden müssen
- **Stakeholder-Analyse:** Identifikation und Einbeziehung der verschiedenen Interessengruppen, die von der Technologie betroffen sein könnten, einschließlich Endnutzer, Gemeinschaften, Angestellte, Partner und die breitere Gesellschaft
- **Ermittlung ethischer Risiken und Auswirkungen:** Analyse, wie die Technologie ethische Prinzipien wie Fairness, Autonomie, Datenschutz, Sicherheit und Gerechtigkeit beeinflussen könnte
- **Bewertung und Priorisierung:** Einschätzung der Schwere und Wahrscheinlichkeit der identifizierten ethischen Risiken und Auswirkungen, um Prioritäten für die Adressierung zu setzen
- **Entwicklung von Maßnahmen:** Erarbeitung von Strategien und Maßnahmen zur Minimierung negativer ethischer Auswirkungen, zur Verstärkung positiver Effekte und zur Einhaltung ethischer Standards
- **Implementierung und Überwachung:** Umsetzung der entwickelten Maßnahmen und kontinuierliche Überwachung der Technologie auf unerwartete oder unerwünschte ethische Auswirkungen
- **Berichterstattung und Überprüfung:** Dokumentation der Ergebnisse und Prozesse des EIAs sowie regelmäßige Überprüfung, um sicherzustellen, dass die ethischen Standards im Laufe der Zeit aufrechterhalten und angepasst werden

EIAs helfen Organisationen, ethische Verantwortung zu übernehmen und das Vertrauen der Öffentlichkeit und Stakeholder zu stärken, indem sie zeigen, dass mögliche ethische und soziale Auswirkungen sorgfältig berücksichtigt und gesteuert werden. Sie sind besonders relevant in Bereichen wie der Künstlichen Intelligenz, Biotechnologie und digitalen Innovation, wo neue Technologien tiefgreifende Auswirkungen auf die Gesellschaft haben können.

Die Risikobewertung sollte u. a. die vom Fraunhofer IAO empfohlenen Punkte berücksichtigen (Kutzias et al., 2023; Bitkom, 2024). So ist z. B. zu klären, welche Datensätze für die Entwicklung bzw. das Training der KI genutzt werden oder ob Trainingsdaten gegebenenfalls gesondert auf dem Markt für Trainingsdatensätze beschafft werden können oder sollten. Ferner ist im Rahmen einer Risikobewertung zu prüfen, welche Datensätze im anschließenden Praxisbetrieb verarbeitet werden und welche rechtlichen Rahmenbedingungen dabei beachtet werden müssen.

21.5.4 Vier Handlungsempfehlungen einer Responsible AI Governance

In einem aktuellen Beitrag aus dem Harvard Business Review schlagen Wade und Yokoi (2024) aufgrund von mehreren untersuchten Praxisbeispielen führender internationaler Unternehmen wie der Deutschen Telekom vier Maßnahmen einer Responsible AI Governance vor:

- **Übersetzen hochrangiger Prinzipien in praktische Anleitungen:** Viele Organisationen erstellen eine KI-Ethikcharta, kämpfen jedoch damit, diese in den Alltag zu integrieren. Praktische Ressourcen sind entscheidend. Die Deutsche Telekom hat ihre abstrakten Prinzipien in konkrete Richtlinien übersetzt, die Best Practices und konkrete Handlungsschritte für die Entwicklung von KI-Projekten enthalten. Ähnlich hat Thomson Reuters ihre Daten- und KI-Ethikprinzipien in ein umfassendes Governance-Programm überführt.
- **Integrieren ethischer Überlegungen in die KI-Design- und Entwicklungsprozesse:** Ethische Bedenken sollten proaktiv in die Entwicklungsphase von KI-Projekten eingebunden werden. Organisationen mit starker Datenverwaltung, wie CaixaBank, nutzen bestehende Datenschutzprozesse, um zusätzliche KI-Ethikprinzipien zu integrieren. Dies hilft, regulatorische Anforderungen zu erfüllen und ethische Probleme frühzeitig zu adressieren.
- **Kalibrieren von KI-Lösungen als Reaktion auf lokale Bedingungen und sich ändernde Technologien:** Kontinuierliche Überwachung ist notwendig um sicherzustellen, dass KI-Lösungen den realen Anforderungen entsprechen. Organisationen sollten die Verantwortung für die Überwachung auf verschiedene Teams verteilen und risikoreiche Anwendungsfälle priorisieren. Investitionen in Zeit und Ressourcen sind unerlässlich, um die Relevanz und ethische Integrität von KI-Lösungen zu gewährleisten.
- **Verbreiten von Praktiken und Erkenntnissen in der gesamten Organisation:** Eine Lern- und Austauschumgebung fördert das Bewusstsein und befähigt Mitarbeiter zur verantwortungsvollen KI-Entwicklung. Das „AI Collective" von Bristol-Myers Squibb ist ein Beispiel für eine selbstorganisierte Gemeinschaft, die regelmäßig Einblicke und Ideen austauscht. Organisationen sollten praktische Ressourcen und Schulungen bereitstellen, um verantwortungsvolle KI-Praktiken in der gesamten Organisation zu verbreiten und anzupassen.

21.5.5 Gute Unternehmensbeispiele für Verhaltenskodizes aus der CDR-Initiative des BMUV

Neben den Ausführungen aus dem EU AI Act wurden von der Europäischen Union Ethikleitlinien für eine vertrauenswürdige KI formuliert (European Union, 2019, S. 5). Ziel der vorliegenden Leitlinien ist die Förderung einer vertrauenswürdigen KI. Eine vertrauenswürdige KI zeichnet sich durch drei Komponenten aus, die während des gesamten Lebenszyklus des Systems erfüllt sein sollten:

- Sie sollte rechtmäßig sein und somit alle anwendbaren Gesetze und Bestimmungen einhalten,
- sie sollte ethisch sein und somit die Einhaltung ethischer Grundsätze und Werte garantieren und
- sie sollte robust sein, und zwar sowohl in technischer als auch sozialer Hinsicht, da KI-Systeme selbst bei guten Absichten unbeabsichtigten Schaden anrichten können.

Jede Komponente an sich ist notwendig, jedoch nicht ausreichend, um das Ziel einer vertrauenswürdigen KI zu erreichen. Idealerweise wirken alle drei Komponenten harmonisch zusammen und überlappen sich in ihrer Funktionsweise. Sollte es in der Praxis zu Spannungen zwischen diesen Komponenten kommen, sollte die Gesellschaft daran arbeiten, sie in Einklang zu bringen. Der Ansatz der *Explainable AI* (XAI) zielt darauf ab, Entscheidungen Künstlicher Intelligenz transparent und erklärbar zu machen, was insbesondere für Hochrisikosysteme unter dem EU AI Act relevant ist. Bei generativer KI ist XAI besonders herausfordernd, weil diese auf statistischen Methoden und nicht auf festen Algorithmen beruht. Das macht es oft schwer, die Entstehung spezifischer Ergebnisse aus den Eingabedaten zu erklären. Die wiederholte Eingabe desselben Prompts kann bei generativer KI unterschiedliche Ausgaben erzeugen. In einem Papier der Bitkom wird es gut auf den Punkt gebracht: „Um den ethischen Anforderungen gerecht zu werden, sollten Unternehmen Strukturen im Bereich Corporate Digital Responsibility etablieren, um eine unternehmensübergreifende KI-Strategie zu entwickeln. Die Berücksichtigung ethischer Aspekte bei der Anwendung von KI ist für Unternehmen essenziell, um Vertrauen zu stärken und sich Wettbewerbsvorteile zu sichern" (2024, S. 62).

Die Mitglieder der CDR-Initiative des BMUV verstehen unter CDR eine Verantwortung, die über das rechtliche Maß hinausgeht oder auch eine besonders gute Umsetzung zeigt. Die Ethik-Leitlinien der Europäischen Kommission für eine vertrauenswürdige KI und die Prinzipien der CDR-Initiative teilen Gemeinsamkeiten in der Betonung ethischer Werte, Menschenzentrierung, Transparenz und Nachhaltigkeit. Unterschiede liegen in ihrem Anwendungsbereich: Während die EU-Leitlinien speziell auf Künstliche Intelligenz fokussieren, deckt der CDR-Kodex ein breiteres Spektrum digitaler Verantwortung ab, inklusive Datenmanagement und Inklusion. Beide setzen auf die Einbindung von Stakeholdern und die Förderung eines ethischen Rahmens; die CDR-Initiative betont darüber hinaus die Rolle von Unternehmen im digitalen Wandel.

In der CDR-Initiative des BMUV gibt es bereits einige Vorreiter-Unternehmen, die an diesen konkreten Fragestellungen arbeiten. Aus Vertraulichkeitsgründen sind im Fortgang nur die öffentlich zugänglichen Quellen genannt, über die die Unternehmen auch in ihrem CDR-Kodex berichten. Hervorzuheben sind in diesem Zusammenhang die ING-DiBa mit dem Model Risk Management Framework (2023, S. 11 ff.), die Deutsche Telekom mit den KI-Leitlinien (2023, S. 10), die Otto Group mit den Leitlinien zum verantwortungsvollen Umgang mit Künstlicher Intelligenz (2023, S. 24) und die Telefónica Deutschland mit der Ethik der Künstlichen Intelligenz (2023, S. 13).

Das Familienunternehmen Merck AG gilt als eines der führenden Unternehmen mit Blick auf eine funktionierenden AI Governance (2024). Das Merck Digital Ethics Advisory Panel (DEAP) ist ein unabhängiges Beratungsgremium, das ethische Fragestellungen behandelt und sich aus bekannten Wissenschaftlerinnen und Industrieexperten zusammensetzt. Zum anderen wurde ein Code of Digital Ethics (CoDE) entwickelt, ein prinzipienbasiertes Framework, welches als Kompass dient und ethische Assessments ermöglicht:

- Merck Digital Ethics Advisory Panel (DEAP): Merck hat 2021 das Digital Ethics Advisory Panel (DEAP) ins Leben gerufen, das sich mit komplexen ethischen Fragen rund um digitale Technologien befasst. Dieses Gremium ergänzt die Arbeit des Merck Ethics Advisory Panel for Science and Technology (MEAP), das bereits 2010 gegründet wurde.
- Code of Digital Ethics (CoDE): Merck hat einen Code of Digital Ethics (CoDE) entwickelt, der als Leitfaden für seine digitalen Geschäftsmodelle dient. Der CoDE basiert auf fünf Kernprinzipien: Gerechtigkeit, Autonomie, Wohltätigkeit, Nichtschädigung und Transparenz. Diese Prinzipien bieten eine klare Struktur für die Bewertung ethischer Fragen.
- Principle at Risk Assessment PaRA: PaRA ist ein formelles Ethikbewertungstool, das auf dem CoDE basiert. Es wird verwendet, um beispielsweise Geschäftspraktiken oder neue Produkte in einer frühen Entwicklungsphase zu analysieren. Die Bewertung durch das Tool wird vom DEAP überprüft, um das Digital Ethics Office bei der Analyse von Problemstellungen zu unterstützen. Es geht im Kern darum zu prüfen, ob Prinzipien „at risk" sind.

21.6 Der Game Changer: Primärtugenden im digitalen Raum – die Mikroebene

21.6.1 Die Primärqualifikationen: Technische Kompetenzen und Digital Literacy

Die erfolgreiche digitale Transformation durch Künstliche Intelligenz wird von jedem Einzelnen vorangetrieben. Personen, die sich dem entziehen, werden Wege finden, die Regulierungen auf Makroebene zu umgehen und die von Unternehmen freiwillig implementierten Governance-Mechanismen, wie Verhaltenskodizes auf Mesoebene, zu unterlaufen. Wer hingegen die Bedeutung der Regulierungen versteht und akzeptiert, wird aktiv seinen eigenen Beitrag leisten. Aber er muss auch dazu in die Lage versetzt werden. Dazu bedarf es mindestens zweier Primärqualifikationen bzw. Kernkompetenzen: technische Kompetenz und digitale Medienkompetenz.

Technische Kompetenz
- **Softwareentwicklung und Programmierung:** Kenntnisse in Programmiersprachen und Entwicklungsframeworks sind grundlegend, um digitale Lösungen zu erstellen und anzupassen.

- **Datenanalyse und Data Science:** Die Fähigkeit, große Datenmengen zu analysieren, Muster zu erkennen und datengetriebene Entscheidungen zu treffen, ist für die digitale Transformation entscheidend.
- **Künstliche Intelligenz und maschinelles Lernen:** Ein Verständnis der Prinzipien und Techniken hinter KI und maschinellem Lernen ermöglicht die Entwicklung intelligenter Systeme und Prozesse.
- **Cybersicherheit:** Wissen über Sicherheitsprotokolle, Datenschutzbestimmungen und Bedrohungsabwehr ist essenziell, um Daten und Systeme zu schützen.

Digitale Kompetenz
- **Verständnis digitaler Technologien:** Ein breites Verständnis der Möglichkeiten und Grenzen verschiedener Technologien, wie Cloud Computing, Blockchain, IoT (Internet of Things) etc.
- **Digitale Medienkompetenz:** Fähigkeiten im Umgang mit digitalen Medien und Kommunikationstools zur effektiven Verbreitung von Informationen und zur Förderung der Zusammenarbeit

21.6.2 Die Renaissance der Tugenden

Darüber hinaus sollte aber auch eine adäquate Haltung vorhanden sein. Die Tugendethik ist eine philosophische Strömung, die sich mit der Frage beschäftigt, was ein gutes oder tugendhaftes Leben ausmacht. Im Zentrum der Tugendethik steht die Idee, dass moralisch richtiges Handeln weniger von der Befolgung spezifischer Regeln oder dem Erreichen bestimmter Ergebnisse abhängt, sondern vielmehr von den Charaktereigenschaften und Tugenden der handelnden Person. Ein tugendhaftes Leben führt demnach zu menschlichem Wohlergehen und Glück (Eudaimonie). Betrachtet man Tugenden im Kontext von Wirtschaft, so sind sie i. d. R. mit Menschen verbunden (z. B. Sison et al., 2017). Es gibt aber auch Ansätze von korporativen Tugenden (*corporate virtues*) (Solomon, 1999; Gowri, 2007). Übertragen auf den digitalen Kontext finden sich in der Literatur bereits ähnliche Forderungen: „Moral agents – users, designers, marketers, managers, and regulators – must engage in shared deliberations to assess the goods and evils that arise from human interaction with AI systems and then discern how to adapt the required virtues for practices and practitioners to flourish" (García-Ruiz, 2025, S. 155).

MacIntyre geht von der Grundannahme aus, dass die menschliche Entwicklung eine Entwicklung von Tugenden ist (2007). Dabei scheint die Tatsache, dass die digitale Transformation alle Lebens-, Wirtschafts- und Gesellschaftsbereiche gleichermaßen durchdringt, zu bedeuten, dass Technik die Tugendhaftigkeit der jeweiligen Berufe individuell stärken muss. So benötigt der Arzt bzw. die Ärztin Mitgefühl, also Einfühlungsvermögen und Fürsorge für das Wohlergehen der Patienten, sowie Integrität, also Ehrlichkeit und ethisches Handeln, insbesondere im Umgang mit Patienteninformationen und medizinischen Entscheidungen. Ein Lehrer bzw. eine Lehrerin hingegen benötigt Geduld, also die Fähigkeit, ruhig und verständnisvoll auf unterschiedliche Lerngeschwindigkeiten und -stile der Schüler einzugehen, und Begeisterungsfähigkeit, also die Motivation und Leidenschaft für das Fach und die Fähigkeit, diese Begeisterung auf die Schüler zu übertragen. Und schließlich legt ein Richter bzw. eine Richterin Wert auf Unparteilichkeit, also die gerechte und vorurteilsfreie Urteilsfindung basierend auf Fakten und Gesetzen, oder auch Weisheit, also die Fähigkeit, komplexe Sachverhalte zu verstehen und Urteile zu fällen, die langfristige Auswirkungen berücksichtigen. Folglich muss die Ausgestaltung der Technik auf die menschliche Entwicklungsfähigkeit in den unterschiedlichen Berufen im Zentrum stehen. Dies spielt zwar auch für die Industrie eine Rolle, vielmehr wirkt es aber für das Handwerk, die Wissenschaft und die künstlerischen Berufe.

Vorgeschaltet ist also zunächst die Frage zu klären, ob es sich bei einer Künstlichen Intelligenz um moralische Agenten handelt oder nicht. Ein erstes Lager argumentiert, bei KI-Systemen handle es sich in der Tat um *artificial moral agents* (Formosa & Ryan, 2021; Mabaso, 2021). Diesen müssen dann im besten Falle ethische Prinzipien und grundlegende Werte zugrunde gelegt werden. Es geht also um eine wertebasierte Programmierung Künstlicher Intelligenz, so dass sie richtige und gute Entscheidungen trifft (van de Poel, 2020; Wallach & Vallor, 2020; grundlegend Floridi & Sanders, 2004). Ethik wird damit frühzeitig adressiert; einige Autoren sprechen von einem *ethics by design* (Dignum, 2019).[4]

Ein zweites Lager widerspricht der Annahme, KI-Systeme seien moralische Agenten, und fordert, dass der Mensch letztlich als moralischer Agent über Tugenden die KI-Systeme beeinflussen solle (Bernáth, 2021; Sison & Redín, 2021). Hier wird die KI konsequent in den Dienst des Menschen gestellt mit dem Ziel, menschliche Gewohnheiten und den menschlichen Charakter zum Guten zu entwickeln und Schlechtes zu vermeiden (Curzer, 2018).

21.6.3 Digitale Primärtugenden im digitalen Zeitalter

Im Folgenden sollen die vier Primärtugenden der antiken Philosophie in den digitalen Raum übertragen werden.[5] Darüber hinaus gibt es auch Ansätze, einzelne Tugenden stark zu machen, wie etwa *honesty* (Köbis et al., 2021), *justice* (Hagendorff, 2020) oder *moral attention* (Ratti & Graves, 2021). Primärtugenden sind grundlegende moralische Eigenschaften, die als zentral für ein tugendhaftes Leben angesehen werden. Sie bilden die Basis für moralisches Handeln und sind universell anerkannt. Die vier Primärtugenden sind:

---

[4] In diesem Kontext lassen sich gegenwärtig vier Strömungen festhalten: (1) *responsible research and innovation* (vgl. Owen et al., 2012), (2) *participatory design* (vgl. Spinuzzi, 2005), (3) *value-sensitive design* (vgl. Friedman et al., 2002) und (4) *design justice* (vgl. Costanza-Chock, 2020).
[5] Es ließe sich auch überlegen, die vier Primärtugenden um die drei theologischen bzw. christlichen Tugenden *Glaube*, *Liebe* und *Hoffnung* zu ergänzen.

- **Gerechtigkeit (dikaiosyne)**: Diese Tugend fordert Fairness und Gleichheit im Umgang mit anderen. Sie beinhaltet das Bestreben, jedem das ihm Zustehende zu geben und soziale Ungerechtigkeiten zu bekämpfen.
- **Weisheit (sophia):** Weisheit ist die Fähigkeit, Wissen und Erfahrung zu nutzen, um kluge Entscheidungen zu treffen. Sie umfasst auch die Reflexion über die eigenen Handlungen und deren Konsequenzen.
- **Tapferkeit (andreía):** Tapferkeit bedeutet Mut in schwierigen Situationen und das Eintreten für das Richtige, auch wenn es gefährlich oder unpopulär ist.
- **Mäßigung (sophrosyne):** Diese Tugend steht für Selbstbeherrschung und das Finden des richtigen Maßes in allen Dingen. Sie hilft, Extreme zu vermeiden und ein ausgewogenes Leben zu führen.

Neben den Primärtugenden gibt es auch Sekundärtugenden, die zwar moralisch neutral sind, aber gesellschaftlich geschätzt werden. Sie fördern das reibungslose Funktionieren innerhalb einer Gemeinschaft oder Gesellschaft. Dazu gehören beispielsweise Pünktlichkeit, Ordnung, Fleiß, Disziplin, Zuverlässigkeit und Höflichkeit.

Die Digitalisierung verändert nicht nur die Art und Weise, wie wir arbeiten und kommunizieren, sondern auch, wie wir Tugenden leben und einüben. Die Übertragung antiker Tugenden in den digitalen Raum ist eine Herausforderung, aber auch eine Notwendigkeit. Hier einige Beispiele, wie Tugenden im digitalen Kontext gestärkt werden können:

- **Digitale Gerechtigkeit (psifiakí dikaiosýni)**: Zugangsgerechtigkeit zu digitalen Ressourcen und Technologien sollte unabhängig vom sozialen Status gewährleistet sein. Dazu gehört auch die Förderung inklusiver und vielfältiger digitaler Gemeinschaften sowie klarer und transparenter Datenschutzrichtlinien.
- **Digitale Weisheit (psifiakí sophia):** Digitale Weisheit umfasst das Aneignen und kritische Bewerten von Informationen, das Nachdenken über die Rolle und den Einfluss digitaler Technologien sowie die Reflexion über deren ethische Implikationen.
- **Digitale Tapferkeit (psifiakí andreía):** Diese Tugend zeigt sich im Mut, sich gegen Cybermobbing und Online-Belästigung zu wehren, und in der Verteidigung derjenigen, die davon betroffen sind. Es erfordert auch den Mut, Falschinformationen zu hinterfragen und zu widerlegen.
- **Digitale Mäßigung (psifiakí engrátia/sophrosyne):** Digitale Mäßigung bedeutet, die Fähigkeit zu entwickeln, Begierden zu kontrollieren, nicht den unmittelbaren Verlockungen zu folgen und in Gedanken und Handlungen umsichtig zu sein.

Aristoteles betont, dass Tugend die Mitte zwischen zwei Lastern ist, von denen das eine durch Übermaß und das andere durch Mangel bestimmt ist. Diese Weisheit ist heute aktueller denn je. Die Kunst liegt darin, die Balance zu finden und in einem oft extremen digitalen Umfeld die goldene Mitte zu wahren. Die Digitalisierung bietet nicht nur Herausforderungen, sondern auch Möglichkeiten zur Entwicklung und Stärkung beispielsweise von Future Skills (Stifterverband für die Deutsche Wissenschaft, 2018, 2021) oder, wie hier vorgeschlagen, Primärqualifikationen und Primartugenden.

21.7 Fazit

Die Kombination von Nachhaltigkeit und Digitalisierung, bekannt als Zwillingstransformation, bietet immense Chancen und stellt zugleich komplexe Herausforderungen dar. Die Einführung der EU KI-Verordnung markiert auf der Makroebene einen bedeutenden Schritt zur Regulierung von KI, indem sie ethische und rechtliche Standards setzt, jedoch noch weitere Verbesserungen benötigt. Unternehmen spielen auf der Mesoebene eine zentrale Rolle, indem sie durch Corporate Digital Responsibility freiwillige Verhaltenskodizes implementieren und sich zu ethischen Standards bekennen, die über gesetzliche Anforderungen hinausgehen. Auf individueller Mikroebene sind digitale Primärtugenden entscheidend, um die ethische Nutzung von Technologie zu gewährleisten und eine nachhaltige digitale Transformation zu fördern. Letztlich erfordert eine erfolgreiche Transformation die Zusammenarbeit von Politik, Wirtschaft und Gesellschaft sowie die ständige Auseinandersetzung mit ethischen Fragen, um eine verantwortungsvolle Zukunft zu gestalten.

Die Zukunft der KI-Ethik sieht vor, dass Unternehmen, Forschungseinrichtungen und politische Entscheidungsträger weiterhin eng zusammenarbeiten müssen, um Richtlinien und Standards zu entwickeln, die die verantwortungsvolle Nutzung von KI fördern. Die Implementierung ethischer Prinzipien in allen Phasen der KI-Entwicklung, von der Konzeption über die Gestaltung bis hin zum Einsatz, ist entscheidend, um Vertrauen aufzubauen und die Akzeptanz dieser Technologien zu erhöhen. Darüber hinaus wird die Rolle der Bildung hervorgehoben, um ein tieferes Verständnis ethischer Grundsätze zu fördern und künftige Generationen auf die Herausforderungen und Möglichkeiten vorzubereiten, die KI bietet.

Literatur

Accenture. (2021). *The European double up: A twin strategy that will strengthen competitiveness.* https://www.accenture.com/content/dam/accenture/final/a-com-migration/r3-3/pdf/pdf-144/accenture-the-european-double-up.pdf#zoom=50. Zugegriffen am 24.06.2024.

Altimeter. (2015). *The trust imperative. A framework for ethical data use*. Altimeter.

Anderson, M., & Anderson, S. L. (2007). Machine ethics. Creating an ethical intelligent agent. *AI Magazine, 28*(4), 15–26.

Bergmann, F. (2019). *Neue Arbeit, neue Kultur. Freiburg im Breisgau*. Arbor.

Bernáth, L. (2021). Can autonomous agents without phenomenal consciousness be morally responsible? *Philosophy & Technology, 34*(4), 1363–1382.

Bitkom. (2024). *Generative KI im Unternehmen. Rechtliche Fragen zum Einsatz generativer Künstlicher Intelligenz im Unternehmen.* https://www.bitkom.org/sites/main/files/2024-02/Bitkom-Leitfaden-Generative-KI-im-Unternehmen.pdf. Zugegriffen am 24.06.2024.

Brennen, S., & Kreiss, D. (2014). *Culture Digitally.* https://culturedigitally.org/2014/09/digitalization-and-digitization/. Zugegriffen am 24.06.2024.

Brink, A. (2022a). Die Zwillingstransformation. Vier Optionen, wie Nachhaltigkeit und Digitalisierung zusammengedacht werden können. In M. Schmidt (Hrsg.), *Kompendium Digitale Transformation. Perspektiven auf einen gesellschaftlichen Umbruch*. Velbert/UVG. https://kompendium.pressbooks.com/chapter/die-zwillingstransformation/ und https://orientierungslust.de/die-zwillingstransformation/. Zugegriffen im 24. Juni 2022.

Brink, A. (2022b). Digitalethik. In M. S. Aßländer (Hrsg.), *Handbuch Wirtschaftsethik* (2. überarb. Aufl., S. 615–624). Metzler.

Cooper, T.; Siu, J., & Wei, K. (2015). *Corporate digital responsibility. Doing well by doing good.* https://www.criticaleye.com/inspiring/insights-servfile.cfm?id=4431. Zugegriffen am 24.06.2024.

Costanza-Chock, S. (2020). *Design Justice. Community-led practices to build the worlds we need.* MIT Press.

Crawford, K. (2021). *Atlas of AI.* Yale University Press.

Curzer, H. J. (2018). Yesterday's virtue ethicists meet tomorrow's high tech: A critical response to technology and the virtues by Shannon Vallor. *Philosophy & Technology, 31*(2), 283–292.

Datenethikkommission. (Hrsg.). (2019). *Gutachten der Datenethikkommission.* Bundesministerium des Innern, für Bau und Heimat.

Deutsche Telekom AG. (2023). *CDR-Kodex Maßnahmenbericht.*

Dignum, V. (2019). *Responsible artificial intelligence: How to develop and use AI in a responsible way.* Cham.

Esselmann, F., & Brink, A. (2016). Corporate Digital Responsibility. Den digitalen Wandel von Unternehmen und Gesellschaft erfolgreich gestalten. *Spektrum. Das Wissenschaftsmagazin der Universität Bayreuth, 12*(1), 38–41.

Europäisches Parlament. (2024). *Gesetz über Künstliche Intelligenz.* Legislative Entschließung des Europäischen Parlaments vom 13. März 2024 zu dem Vorschlag für eine Verordnung des Europäischen Parlaments und des Rates zur Festlegung harmonisierter Vorschriften für künstliche Intelligenz (Gesetz über künstliche Intelligenz) und zur Änderung bestimmter Rechtsakte der Union (COM(2021)0206 – C9-0146/2021 – 2021/0106(COD)). https://www.europarl.europa.eu/RegData/seance_pleniere/textes_adoptes/definitif/2024/0313/0138/P9_TA(2024)0138_DE.pdf. Zugegriffen am 24.06.2024.

European Union. (2019). *Ethics Guidelines for Trustworthy AI.* https://www.europarl.europa.eu/cmsdata/196377/AI%20HLEG_Ethics%20Guidelines%20for%20Trustworthy%20AI.pdf. Zugegriffen am 24.06.2024.

Floridi, L., & Sanders, J. W. (2004). On the morality of artificial agents. *Minds and Machines, 14*(3), 349–379.

Formosa, P., & Ryan, M. (2021). Making moral machines: Why we need artificial moral agents. *AI & Society, 36*(3), 839–851.

Friedman, B., et al. (2002). *Value sensitive design: Theory and methods* (University of Washington School of Computer Science and Engineering Technical Report No. 02-12-01). https://faculty.washington.edu/pkahn/articles/vsd-theory-methods-tr.pdf. Zugegriffen am 24.06.2024.

Future of Life Institute. (2024). *Zusammenfassung des AI-Gesetzes auf hoher Ebene.* https://artificialintelligenceact.eu/de/high-level-summary/. Zugegriffen am 24.06.2024.

Futurium (2024). *Navigating the future: Operationalizing the EU AI act from principles to practical success.* https://futurium.ec.europa.eu/en/european-ai-alliance/forum-discussion/navigating-future-operationalizing-eu-ai-act-principles-practical-success

García-Ruiz, P. (2025). Governing technology: A MacIntyrean approach to the ethics of artificial intelligence. In D. M. Redín et al. (Hrsg.), *MacIntyre and the practice of governing institutions* (S. 143–158). Springer.

Gowri, A. (2007). On corporate virtue. *Journal of Business Ethics, 70*(4), 391–400.

Hagendorff, T. (2020). AI virtues: The missing link in putting AI ethics into practice. *Minds and Machines, 30*(1), 99–121.

Henriksen, A., et al. (2021, Juli). Situated accountability: Ethical principles, certification standards, and explanation methods in Applied AI, AIES '21. *Proceedings of the 2021 AAAI/ACM Conference on AI, Ethics, and Society.* (S. 574–585). https://dl.acm.org/doi/10.1145/3461702.3462564. Zugegriffen am 24.06.2024.

Herweijer, C., et al. (2020). *How AI can enable a sustainable future.* PwC. www.pwc.de/de/nachhaltigkeit/how-ai-can-enable-a-sustainable-future.pdf. Zugegriffen am 24.06.2024.

IDG Research Services. (2023). *Applied AI 2023*. IDG Research Services. https://www.lufthansa-industry-solutions.com/fileadmin/user_upload/dokumente/idg-studie-applied-ai-2023-lhind.pdf. Zugegriffen am 24.06.2024.

ING-Diba AG. (2023). *CDR-Kodex Maßnahmenbericht*.

Kirchschläger, P. G. (2021). *Digital transformation and ethics: Ethical considerations on the robotization and automation of society and the economy and the use of artificial intelligence*. Baden.

Köbis, N., et al. (2021). Bad machines corrupt good morals. *Nature Human Behaviour, 5*(6), 679–685.

Kutzias, D., et al. (2023). *Leitfaden zur Durchführung von KI-Projekten*. Menschenzentrierung von der Idee bis zur Anwendung, Fraunhofer IAO. https://www.researchgate.net/profile/Claudia-Dukino-2/publication/375774500_Leitfaden_zur_Durchfuhrung_von_KI-Projekten_Menschenzentrierung_von_der_Idee_bis_zur_Anwendung/links/655c7faa3fa26f66f4195ebc/Leitfaden-zur-Durchfuehrung-von-KI-Projekten-Menschenzentrierung-von-der-Idee-bis-zur-Anwendung.pdf. Zugegriffen am 24.06.2024.

Lin, P., et al. (Hrsg.). (2017). *Robot Ethics 2.0*. Oxford University Press.

Mabaso, B. A. (2021). Computationally rational agents can be moral agents. *Ethics and Information Technology, 23*(2), 137–145.

MacIntyre, A. (2007). *After virtue: A study in moral theory*. University of Notre Dame Press.

Manzeschke, A., & Brink, A. (2020). Ethik der Digitalisierung in der Industrie. In W. Frenz (Hrsg.), *Handbuch Industrie 4.0: Recht, Technik, Gesellschaft* (S. 1383–1405). Springer.

Martin, K. (2022). Algorithmic bias and corporate responsibility: How companies hide behind the false veil of the technological imperative. In K. Martin (Hrsg.), *Ethics of data and analytics* (S. 36–50). Taylor & Francis.

Merck AG. (2024). *Digital Ethics* https://www.merckgroup.com/en/sustainability/business-ethics/digital-ethics.html. Zugegriffen am 24.06.2024.

mind digital. (2024). *Doppelte Transformation im Mittelstand. Digital + Nachhaltig = Zukunft. 4. Studie Mittelstand „Digitale Vorreiter im Mittelstand"*.

Nida-Rümelin, J. (2018). *Digitaler Humanismus: Eine Ethik für das Zeitalter der künstlichen Intelligenz*. Piper.

Otto (GmbH & Co KG). (2023). *CDR-Kodex Maßnahmenbericht*.

Owen, R., et al. (2012). Responsible research and innovation: From science in society to science for society, with society. *Science and Public Policy, 39*(6), 751–760.

Porter, M. E., & Kramer, M. R. (2011). Creating shared value. How to reinvent capitalism and unleash a wave of innovation and growth. *Harvard Business Review, 89*(1/2), 1–17.

PwC. (2020). *Digitale Ethik. Orientierung, Werte und Haltung für eine Digitale Welt*. https://www.pwc.de/de/managementberatung/pwc-digitale-ethik-white-paper.pdf. Zugegriffen am 24.06.2024.

PwC. (2024). *Fokus Nachhaltigkeit. Net-Zero-Transformation in vollem Gange*. https://www.pwc.de/de/nachhaltigkeit/fokus-nachhaltigkeit-net-zero-transformation-in-vollem-gange.html. Zugegriffen am 24.06.2024.

Quaing, J., & Fink, J. (2022). *nachhaltig.digital Monitor 2021*. nachhaltig.digital.

Quaing, J., et al. (2023). *Doppelte Transformation gestalten – Praxisleitfaden Nachhaltigkeit und Digitalisierung*. Osnabrück.

Ratti, E., & Graves, M. (2021). Cultivating moral attention: A virtue-oriented approach to responsible data science in healthcare. *Philosophy & Technology, 34*(4), 1819–1846.

Risknow. (2024). *Article 69 – Codes of conduct*. https://www.aiact-info.eu/article-69-codes-of-conduct/. Zugegriffen am 24.06.2024.

Schnetzer, S., et al. (2024). *Trendstudie „Jugend in Deutschland – Verantwortung für die Zukunft? Ja, aber"*. Verlag Simon Schnetzer.

Sison, A. J. G., & Redín, D. M. (2021). A neo-aristotelian perspective on the need for artificial moral agents. *AI & Society, 38*(1), 47–65.

Sison, A. J. G., et al. (Hrsg.). (2017). *Handbook of virtue ethics in business and management*. Springer.

Solomon, R. C. (1999). *A better way to think about business: How personal integrity leads to corporate success*. Oxford University Press.
Spiekermann, S. (2019). *Digitale Ethik. Ein Wertesystem für das 21. Jahrhundert*. Droemer.
Spinuzzi, C. (2005). The methodology of participatory design. *Technical Communication, 52*(2), 163–174.
Stifterverband für die Deutsche Wissenschaft e.V. (Hrsg.) (2018). *Future Skills: Welche Kompetenzen in Deutschland fehlen*. Berlin, Atelier Hauer + Dörfler. https://stifterverband.org/medien/future-skills-welche-kompetenzen-in-deutschland-fehlen. Zugegriffen am 24.06.2024.
Stifterverband für die Deutsche Wissenschaft e.V. (Hrsg.) (2021). *Future Skills 2021*. Atelier Hauer + Dörfler. https://www.stifterverband.org/medien/future-skills-2021. Zugegriffen am 24.06.2024.
Stoecker, R., et al. (2011). *Handbuch Angewandte Ethik*. Metzler.
Telefónica Deutschland Holding AG. (2023). *CDR-Kodex Maßnahmenbericht*.
Think digital. (2024). *Artificial Intelligence Act*. Verordnung zur Festlegung harmonisierter Vorschriften für Künstliche Intelligenz (Gesetz über Künstliche Intelligenz). https://eu-digitalstrategie.de/ai-act/. Zugegriffen am 24.06.2024.
University of Copenhagen (DIKU), Association of Nordic Engineers (ANE), Data Ethics Think Do Tank (DataEthics.eu), Electrical and Electronics Engineers (IEEE). (2021). *Addressing Ethical Dilemmas in AI: Listening to Engineers*. https://nordicengineers.org/wp-content/uploads/2021/01/addressing-ethical-dilemmas-in-ai-listening-to-the-engineers.pdf. Zugegriffen am 24.06.2024.
Van de Poel, I. (2020). Embedding values in artificial intelligence AI systems. *Minds and Machines, 30*(3), 385–409.
Wade, M., & Yokoi, T. (2024). *How to implement AI – responsibly*. https://hbr.org/2024/05/how-to-implement-ai-responsibly?ab=HP-hero-featured-text-1. Zugegriffen am 24.06.2024.
Wallach, W., & Vallor, S. (2020). Moral machines: From value alignment to embodied virtue. In S. M. Liao (Hrsg.), *Ethics of Artificial Intelligence* (S. 383–412). Oxford University Press.
Weidinger, L., et al. (2021). Ethical and social risks of harm from language models. *Deep Mind*. https://arxiv.org/pdf/2112.04359.pdf. Zugegriffen am 24.06.2024.
Weizenbaum, J. (1976). *Computer power and human reason: From judgment to calculation*. W. H. Freeman and Company.
Wiener, N. (1989). *The human use of human beings*. Cybernetics and Society.

Open Access Dieses Kapitel wird unter der Creative Commons Namensnennung - Nicht kommerziell - Keine Bearbeitung 4.0 International Lizenz (http://creativecommons.org/licenses/by-nc-nd/4.0/deed.de) veröffentlicht, welche die nicht-kommerzielle Nutzung, Vervielfältigung, Verbreitung und Wiedergabe in jeglichem Medium und Format erlaubt, sofern Sie den/die ursprünglichen Autor(en) und die Quelle ordnungsgemäß nennen, einen Link zur Creative Commons Lizenz beifügen und angeben, ob Änderungen vorgenommen wurden. Die Lizenz gibt Ihnen nicht das Recht, bearbeitete oder sonst wie umgestaltete Fassungen dieses Werkes zu verbreiten oder öffentlich wiederzugeben.

Die in diesem Kapitel enthaltenen Bilder und sonstiges Drittmaterial unterliegen ebenfalls der genannten Creative Commons Lizenz, sofern sich aus der Abbildungslegende nichts anderes ergibt. Sofern das betreffende Material nicht unter der genannten Creative Commons Lizenz steht und die betreffende Handlung nicht nach gesetzlichen Vorschriften erlaubt ist, ist auch für die oben aufgeführten nicht-kommerziellen Weiterverwendungen des Materials die Einwilligung des jeweiligen Rechteinhabers einzuholen.

Die Asilomar-Prinzipien aus heutiger Sicht

22

Frank Schmiedchen

> **Zusammenfassung**
>
> *Dieses Kapitel fußt wesentlich auf einem 2018 veröffentlichten VDW Policy Paper zu den am 06.01.2017 beschlossenen Asilomar-Prinzipien zu Künstlicher Intelligenz. Das Kapitel reflektiert wesentliche dort gemachte Aussagen aus heutiger Sicht und ergänzt sie mit neueren Erkenntnissen und Entwicklungen. Dabei geht das Kapitel auf die wesentlichen Prinzipien zu Forschungsfragen, Ethik und Werten sowie auf längerfristige Gefahren durch die angenommene Entwicklung starker Künstlicher Intelligenz ein, wobei der Blickwinkel des Policy Papers beibehalten und das Vorsorgeprinzip als ein Bewertungsmaßstab genutzt wird.*

22.1 Bezug zur VDW-Stellungnahme zu den Asilomar-Prinzipien

Im April 2018 hat die Studiengruppe „Technikfolgenabschätzung der Digitalisierung" der Vereinigung Deutscher Wissenschaftler e.V. (VDW) unter meiner Leitung eine erste Stellungnahme zu ethischen, politischen und rechtlichen Fragen der Erforschung, Entwicklung und Anwendung Künstlicher Intelligenz (KI) vorgelegt, welche die am 06.01.2017 beschlossenen Asilomar-Prinzipien zu Künstlicher Intelligenz (FLI, 2017) kommentiert und eigene Schlüsse aus Sicht der VDW zieht.[1] In unserer Stellungnahme teilen wir den Tenor

---

[1] An dem VDW-Policy Paper „Stellungnahme zu den Asilomar-Prinzipien zu Künstlicher Intelligenz" haben mitgewirkt: Prof. Dr. Ulrich Bartosch, Prof. Dr. Stefan Bauberger SJ, Tile von Damm, Dr. Rainer Engels, Prof. Dr. Malte Rehbein, Frank Schmiedchen, Prof. Dr. Heinz Stapf-Finé und Angelika Sülzen.

F. Schmiedchen (✉)
Vereinigung Deutscher Wissenschaftler e.V., Berlin, Deutschland

der Asilomar-Prinzipien (AP) und messen den Herausforderungen, die die mögliche Entwicklung einer allgemeinen oder starken Künstlichen Intelligenz mit sich bringen könnte, ein besonderes Gewicht bei. Dieses Kapitel basiert im Wesentlichen auf dem damaligen VDW Policy Paper, reflektiert essenzielle Aussagen dieses Papiers aus heutiger Sicht und erweitert dieses um neue Erkenntnisse und Entwicklungen. Während aber jenes ein Produkt des damaligen Autorenteams unserer Studiengruppe war, gibt dieses Kapitel lediglich meine heutige Sicht auf das Thema und auf unsere Stellungnahme wieder.

Gefahrenabwehr bedeutet, präventiv zu handeln, noch bevor gefährdende Entwicklungen in eine unumkehrbare Dynamik geraten, die eine wirksame Gegensteuerung nicht mehr zulässt oder zumindest einen hohen Aufwand und entsprechende Kosten erfordert. Insbesondere die allgegenwärtigen Folgen von Pfadabhängigkeiten erfordern bei potenziell gefährlichen und kostenintensiven Technologieentwicklungen die frühzeitige Etablierung wirksamer Kontrollmechanismen (Link, 2021). Die Weiterentwicklung von KI ist kosten- und vor allem energieintensiv (s. Kap. 7) und erzeugt sehr unterschiedliche und in ihrem Ausmaß und ihren Intensitäten zum Teil unbekannte Gefährdungen. Dies wurde bereits 2016/2017 von führenden KI-Experten erkannt und hat u. a. zur Formulierung der Asilomar-Prinzipien geführt.

Wir gingen in unserer Stellungnahme davon aus, dass sich Forschung, Entwicklung und Anwendung von KI exponentiell entwickelten (BITKOM, 2017; EFI, 2018), wobei die USA und China führend wären (EFI, 2018, S. 68 ff.).[2] Wir stellten fest, dass KI-Anwendungen bereits unser Sozial- und Kommunikationsverhalten und unsere Alltagskultur verändert haben und gesellschaftliche Systeme bedrohen, z. B. *durch Social Scoring, Fake News, Fake Science*, Wahlbeeinflussungen (Eberle, 2015; Henk, 2014).[3] Die Schaffung starker KI sahen wir als (in nicht vorhersehbarer Zukunft) wahrscheinlich an.[4] Mensch und Maschine würden sich zunehmend zueinander entgrenzen, und Technik würde Funktionen und Aufgaben von Menschen autonom übernehmen. Neurologisch-kognitiv wirkende Komponenten würden in Menschen eingebaut (sog. *Enhancements*), und es würde eine Kopplung von menschlichen Gehirnen und KI-Systemen erfolgen (TAB, 2016; Schmiedchen, 2021). Diese fortschreitende Entgrenzung findet tatsächlich statt und hat starke ethische Implikationen (s. Kap. 17; Bauberger, 2021a, b; Schmiedchen, 2021).

Unsere Betrachtungen zu den Asilomar-Prinzipien fußten unter anderem auf Hans Jonas' Verantwortungsethik (1979) als philosophischer Referenz, die auch dem europäischen Vorsorgeprinzip zugrunde liegt. Nach Jonas' Ansatz der „Heuristik der Furcht" ist

---

[2] Damals waren wir übrigens noch wesentlich optimistischer, was den Entwicklungs- und Anwendungsfortschritt in Deutschland und der EU betrifft.

[3] Der Einfluss von KI ist aber schwer unabhängig messbar von anderen Aspekten der Digitalisierung.

[4] Müller und Bostrom (2013): Diese gehen von 2022 (Median optimistisches Jahr) über 2040 (Median realistisches Jahr) bis 2075 (Median pessimistisches Jahr) aus. Zu ähnlichen Schätzungen kann man auch kommen, wenn man das Mooresche Gesetz von 1965 zugrunde legt und die explosionsartigen Fortschritte der letzten drei Jahre extrapoliert. Die Rechenleistung des menschlichen Gehirns liegt laut Raymond Kurzweil bei ca. 10.000 TeraFlops. Diese Rechenleistung haben Großrechenanlagen bereits deutlich überschritten. Darüber hinaus sind sie miteinander direkt vernetzbar. Es gibt aber auch Stimmen, die behaupten, dass die Entwicklung starker KI „in absehbarer Zeit noch nicht realisierbar" sei (EFI, 2018, S. 69).

bei jeder menschlichen Entscheidung zunächst von den potenziellen Folgen für die Zukunft auszugehen, die diese Entscheidung nach sich ziehen könnte. Jonas' Motiv, „die Unversehrtheit seiner Welt [des Menschen] und seines Wesens gegen die Übergriffe seiner Macht zu bewahren" (ebenda, S. 9) und sein Imperativ „Handle so, dass die Wirkungen deiner Handlung verträglich sind mit der Permanenz echten menschlichen Lebens auf Erden" (ebenda, S. 35) sind ein hilfreicher Maßstab auch für die Bewertung von KI.

22.2 Kritische Reflexion der Asilomar-Prinzipien zu KI

Das in Boston (USA) gegründete Future of Life Institute (FLI) beschäftigt sich seit März 2014 mit möglichen existenziellen Gefahren weiterer Technikentwicklung für die Menschheit. Dabei stehen die Arbeiten zur Risikominderung von KI ausdrücklich im Mittelpunkt der Institutsarbeit.[5] Im Januar 2017 organisierte das FLI in Asilomar (Kalifornien) die Tagung „*Beneficial AI*" mit knapp 1000 Teilnehmenden, darunter über 100 der weltweit führenden KI-Forscher und -Unternehmer, um über die Auswirkungen von KI zu diskutieren. Die *Asilomar AI Principles* (AP) sind ein Ergebnis dieser Tagung und beinhalten 23 Prinzipien zur freiwilligen Selbstverpflichtung für Forschung, Entwicklung und Anwendung von KI, um dem „*major change* [...] *across every segment of society*" (FLI, 2017) gerecht zu werden. 5720 Personen haben bis heute die Asilomar-Prinzipien unterschrieben, darunter über 1000 unmittelbar an Forschung und Entwicklung von KI beteiligte Wissenschaftler (FLI, 2017).[6]

Die Asilomar-Prinzipien greifen ethische Fragen der KI auf und beschreiben moralisch hergeleitete Best Practices in Bezug auf Forschung und Entwicklung (F&E) von KI, wobei sie einen großen Interpretationsspielraum zulassen. Die Prinzipien verwenden dabei zahlreiche unbestimmte Rechtsbegriffe, die definiert werden müssten, sofern sie zu einem handhabbaren Instrument weiterentwickelt werden sollen. Damit verbunden ist die Frage nach dem Definitionsrecht. Viele gewählte Formulierungen scheinen von einem herrschaftsfreien, kooperativen Zusammenarbeiten der mit F&E von KI betrauten Wissenschaftlern auszugehen bzw. davon, dass ein solches möglich ist, sofern der gute Wille hierzu bei den Forschern vorhanden ist. Die AP haben eine Reihe anderer Versuche zumindest indirekt mit initiiert, ethische Fragestellungen zu KI umfassend anzusprechen und angemessene Reaktionen einzufordern. So hat die Universität von Montreal bereits 2018 die Montreal Responsible AI Prinzipien beschlossen (Université de Montréal, 2018). Auch die OECD hat 2019 eine Reihe von KI-Prinzipien verabschiedet, die aber lediglich von 10 OECD-Ländern

---

[5] Gründer bzw. starke Unterstützer des Instituts sind Stephan Hawking, Elon Musk, Max Tegmark (MIT), Jaan Tallinn (Skype-Erfinder), Stuart J. Russell (Informatik), George Church (Biologie), Saul Perlmutter und Frank Wilczek (Physik) sowie Alan Alda und Morgan Freeman (Schauspieler). Elon Musk hat dem FLI im Januar 2015 ein mit 10 Mio. US-$ dotiertes Forschungsprogramm zu KI finanziert, das auf Sicherheitsfragen und die Entwicklung „nützlicher" KI fokussiert. Mit den Finanzmitteln wurden 37 Forschungsprojekte gefördert.

[6] In der aktuellen Seitengestaltung, https://futureoflife.org/open-letter/ai-principles/ [14.12.2024].

formal angenommen wurden (OECD, 2019).[7] Diese wiederum wurden von den G20 unter japanischer Präsidentschaft auf dem Osaka-Gipfel übernommen, aber lediglich von Argentinien und Brasilien bestätigt (MOFA, 2019). In der Zwischenzeit hat die OECD ihre Prinzipien überarbeitet und angepasst (Agustinoy, 2024). Im Mai 2024 haben Geoffrey Hinton, Yuval Harari und andere Wissenschaftler die Warnungen des offenen Briefes führender KI-Wissenschaftler und Unternehmer von 2023 (FLI, 2024) in einem Science-Artikel eindringlich wiederholt (Hinton et al., 2024). Selbst Ray Kurzweil scheint mittlerweile einige seiner posthumanistischen Träume zu relativieren und betont den Wert der Asilomar-Prinzipien sowie die Notwendigkeit menschlicher Steuerung (Kurzweil, 2024, S. 320).

Die Asilomar-Prinzipien sind in die Abschnitte Forschungsfragen, Ethik und Werte sowie längerfristige Probleme gegliedert.

22.2.1 Forschungsfragen

Ein fundamentaler Kritikpunkt an den Asilomar-Prinzipien ist, dass diese fordern, dass nur „nützliche" KI entsteht, ohne sich mit der Frage auseinanderzusetzen, was nützlich eigentlich bedeuten soll. Der im Prinzip Nr. 1 konstruierte Zusammenhang zwischen *directed* und *beneficial* ist beispielsweise unlogisch, da beides unterschiedliche Kategorien sind.[8] Etwas kann ungeleitet oder unkontrolliert, aber dennoch nützlich sein, so wie es sehr vieles gibt, das kontrolliert entsteht, aber unnütz oder schädlich ist. Die Vorstellung, etwas kontrolliert und nur nützlich in die Welt bringen zu können, ist darüber hinaus von Hybris geprägt und überschätzt strukturell menschliche Möglichkeiten bzw. übersieht objektive Grenzen von Kontrollfähigkeit. Auch ist die nirgendwo diskutierte und damit potenziell unreflektierte Übernahme einer utilitaristischen Ethik als Bewertungsmaßstab problematisch. Wer legt warum wie fest, was eine nützliche KI ist? Angesichts der tatsächlichen ökonomischen und politischen Machtverhältnisse hinsichtlich der Entwicklung von KI impliziert eine solche Aussage, dass die jeweils Mächtigen und die von ihnen bezahlten KI-Experten festlegen, was nützlich ist. Was aber, wenn diese Gruppe der „KI-Mächtigen" sich untereinander erbittert bekämpft? Eine Überspitzung macht hier Tragweite und Absurdität deutlich. Welche KI ist nützlich, um

- die Ziele der Kommunistischen Partei Chinas zu erreichen?
- woke, transhumanistische Hippie-Regenbogenträume weltweit zu fördern?
- jüdisch-christliche, islamische oder hinduistische Werte gegen den nihilistisch-säkularen Liberalismus durchzusetzen?

Unterstellen wir, dass all diese Ideenwettbewerber unabhängig von ihren Selbstbildern und öffentlichen Selbstdarstellungen nach Macht und Profit streben, dann wird die Situa-

---

[7] Australien, Deutschland, Frankreich, Italien, Japan, Kanada, Mexiko, Türkei, Vereinigtes Königreich, USA.

[8] „The goal of AI research should be to create not undirected intelligence, but beneficial intelligence".

tion schnell ungemütlich. Kap. 24 verdeutlicht den Umfang, den dieser Konkurrenzkampf bereits heute angenommen hat.

Auch die politische und ökonomische Naivität der Prinzipien Nr. 4 und 5, die von einer Kultur von Zusammenarbeit, Vertrauen und Transparenz bei Forschern und Entwicklern von KI ausgehen, mutet nicht erst aus heutiger Sicht bizarr an.[9] Vertrauensvolle Zusammenarbeit wird in den meisten Institutionen nur insoweit positiv gesehen, als es der Zielerreichung dient. Wenn aber im Wettbewerb stehende oder sogar gegensätzliche institutionelle Interessen aufeinanderstoßen, wie z. B. Unternehmensgewinn oder nationale Sicherheit (NSTC, 2016), müssten Forscher zur Einhaltung der Prinzipien Nr. 4 und 5 bereit sein, (teils starke) negative Sanktionen persönlich konkret zu ertragen. Doch stehen die AP mit ihren Forderungen nicht alleine da: In der Studie „The Malicious Use of Artificial Intelligence: Forecasting, Prevention and Mitigation" (NSTC, 2016) fordern 26 führende KI-Entwickler von allen Forschern und Entwicklern als nicht delegierbare Aufgabe, die Folgen ihrer Arbeiten nicht nur vorzudenken, sondern auch alle relevanten Akteure aktiv vor negativen Konsequenzen zu warnen und den Kreis derer, die informiert mitagieren und entscheiden sollen, beständig zu erweitern. Dies legt auch die Grundlage des offenen Briefes, den führende KI-Experten 2023 vorgelegt haben. In diesem warnen sie vor dem Hintergrund der Entwicklung großer Sprachmodelle und vor allem der sichtbaren Ergebnisse von ChatGPT4 massiv vor den Gefahren weiterer Entwicklungen hin zu einer allgemeinen (oder starken) KI und fordern ein sechsmonatiges Moratorium für weitergehende Forschungsarbeiten (FLI, 2024). Dieser mittlerweile von über 33.700 Menschen unterzeichnete Brief hat weltweit für Aufsehen gesorgt.

Ein weiteres seit den AP diskutiertes Dilemma besteht darin, dass ein offener KI-Diskurs bei Offenlegung der zugrunde liegenden Algorithmen die Gefahr für missbräuchliche Nutzungen erhöht (Brundage et al., 2018).

Auf einer grundlegenderen Ebene ist anzumerken, dass eine hypothetische dystopische Sicht, die im Sinne von Jonas' Konzeption der „Fernwirkung der Technik" mitdenkt, dass KI sowohl (unsichtbare) Kollateralschäden als auch unvorhersehbare negative Auswirkungen auf die Zukunft verursachen kann. Dies muss ebenso wissenschaftlich berücksichtigt werden wie die Tatsache, dass ein positiver Zukunftsentwurf („Wie wir leben wollen") zur menschenzentrierten Nutzung von KI gesellschaftlich erst noch zu verhandeln ist (Schmiedchen et al., Hrsg., 2021). Symptomatisch für die fehlende Reflexion der AP auf dieser grundsätzlichen Ebene ist der dort formulierte Grundsatz: „Teams developing AI systems should actively cooperate to avoid cornercutting on safety standards." Auch wenn es mit der Verabschiedung der KI-Verordnung der EU 2024 die ersten normierten Safety-Standards zur Risikoklassifizierung gibt (s. Kap. 23), so ist doch eine wirksame Regulierung von KI allein deshalb schwierig, weil die technologische Entwicklung wesentlich schneller voranschreitet als jedweder demokratische Prozess der Normgebung reagieren kann, um einen Rahmen zu setzen und wirksame, operative Vorgaben zu machen (Cultural Lag) (Brundage et al., 2018).

---

[9] Ähnlich: Executive Office of the President, 2016, S. 42, Empfehlungen 19 und 21.

22.2.2 Ethik und Werte

Die Prinzipien Nr. 6 und 7 behandeln den Anspruch von Fehlertransparenz und Betriebssicherheit und fordern umfassenden Sicherheitsschutz während der gesamten Betriebsdauer. Wollte man dies ernsthaft umsetzen, müsste man, um Fehlfunktionen lückenlos zu dokumentieren und die Erfolgschancen für Reparaturen zu optimieren, Konstruktionsangaben und Quellcodes ebenso öffentlich zugänglich speichern wie auch die entsprechenden Trainingsdaten und Trainingsprozesse. Dies dürfte meist schwer umsetzbar sein, da es sich hier zumindest teilweise um Informationen handelt, die von den betroffenen Unternehmen als geschützte Geschäftsgeheimnisse deklariert werden. Darüber hinaus macht die hohe Komplexität von Codes und der große Umfang verwendeter Daten es auch bei völliger Offenlegung noch schwierig, die Quellen von Fehlfunktionen zu entdecken. Hier liegt ein wesentlicher Bedarf für wirksame gesetzliche Regelungen, aber auch für Begleitforschung, wie das Risiko der Geheimhaltung von Quellcodes verringert werden kann. Die heutige Rechtslage erlaubt die Rekonstruktion von Quellcodes aus dem öffentlich zugänglichen kompilierten Code (Reverse Engineering), wenn auch oft, wie in der EU, auf bestimmte Fälle beschränkt. Das tieferliegende Problem bei der Offenlegung ist jedoch das damit verbundene Risiko der nicht kontrollierten Entwicklung von KI außerhalb bekannter, gesellschaftlich überwachter Strukturen mit den damit verbundenen Gefahren (z. B. Terrorismus und organisierte Kriminalität). Dennoch bleibt die Forderung nach der Einführung von Auskunftsrechten sowie nach Kennzeichnungs- und Publikationspflichten von hoher Bedeutung, so wie sie beispielsweise durch den Verbraucherzentrale Bundesverband gestellt wird (VB, 2017).

Prinzip Nr. 8 befasst sich mit dem Einsatz von KI in gerichtlichen Verfahren zur Effizienzerhöhung, insbesondere bei umfangreichen Verfahren sowie zur Unterstützung „besserer" Entscheidungen. Unmittelbar in Prozessen der juristischen Entscheidungsfindung kann KI eingesetzt werden, um den Sachverhalt zu strukturieren, einen Vorschlag für die Entscheidung zu erstellen, Rückfall- und Sozialprognosen zu geben oder im Extremfall eine Entscheidung autonom zu treffen. All das ist in den meisten Staaten nach derzeitiger Rechtslage nur in sehr engen Grenzen legal. Ursache dafür dürfte sein, dass der Einsatz von KI bei der Bewertung und Entscheidung in gerichtlichen Verfahren grundsätzlich ethisch bedenklich ist. Insbesondere die Grenzziehung bei der Unterstellung von Kausalitätszusammenhängen sowie die Definition der Grenzen des freien Willens sind für eine Maschine mehr als nur eine Herausforderung – es ist einer Maschine nicht möglich. In den USA ist bereits eine Einstufungssoftware zur Rückfall- und Sozialprognose im Einsatz, bei der erste Evaluationen zeigen, dass die Gefahr besteht, dass sie zu Diskriminierungen aufgrund der Hautfarbe führen kann (Angwin et al., 2016). Angesichts der tatsächlichen Verbrechensstatistiken wird nun kontrovers diskutiert, ob es sich um rassistische Diskriminierung oder um einen objektiven Spiegel der Gefährderstruktur handelt.

Ein mögliches, breites Einsatzgebiet der KI ist das Erstellen von Sachverständigengutachten (z. B. zur Glaubwürdigkeit von Zeugen) oder von Nachweisen zur Begründung des Bestehens oder Nichtbestehens eines Anspruchs. Hier gilt, dass der Einsatz von KI als Beweismittel ein Mindestmaß an nachweisbarem, wissenschaftlich fundiertem Vorgehen, Transparenz und Nachvollziehbarkeit voraussetzt. Dabei ist die Frage der Transparenz im Hinblick auf die eingeflossenen Daten und der zugrunde gelegten Lernalgorithmen und Regeln zentral, da im Ergebnis unmittelbar Sachverhaltsfeststellungen durch die von der KI gewonnenen Erkenntnisse beeinflusst werden. Jedweder juristische KI-Einsatz erfordert deshalb zwingend gesetzliche Regelungen, die in allen Widerspruchs-/Berufungs-/Revisionsfällen eine Überprüfung durch höhere, rein menschliche Instanzen sowie umfassende einschlägige Schulungen des juristischen Personals voraussetzen.

Prinzip Nr. 9 fordert, dass KI-Konstrukteure bei fortgeschrittener KI (*Advanced AI Systems*) für beabsichtigte und unbeabsichtigte Folgen Verantwortung übernehmen sollen. Die Formulierung impliziert, dass Systeme, die weniger *advanced* sind, dieser Verantwortung nicht unterliegen.[10] Die Frage nach Verantwortlichkeit (d. h. auch nach Kausalitäten) gestaltet sich jedoch bei komplexen Systemen schwierig und wird bei globalisierten Systemen potenziert. Gesetzliche Regelungen zur Durchsetzung von Haftungsansprüchen (*Liabilities*) und hier insbesondere Regelungen zur Beweislast sind in kapitalistischen Wirtschaftssystemen das effizienteste Instrument, um Verantwortungen eindeutig und sanktionierbar zu klären. Zahlreiche Erfahrungen der letzten 40 Jahre, vor allem aus dem Umweltrecht, belegen dies. Die Frage, wer wann für welchen Schaden haftet, hat aber auch, beispielsweise über Strategien des Risikomanagements und erforderliche Due-Diligence-Prüfungen, Rückwirkungen bis auf die Ebene von Investitionsentscheidungen.

Prinzip Nr. 12 zum Recht auf persönlichen Datenschutz beschränkt dies auf Daten, die von den Nutzern generiert werden. Demgegenüber bleiben Daten außen vor, die über diese Nutzer gesammelt werden. Damit verbleibt der weitaus größte Teil der Daten außerhalb der Kontrolle derjenigen, über die diese Daten etwas aussagen. Mit Blick auf KI beinhaltet das auch personenrelevante Informationen, die die KI durch Assoziationen, Verknüpfung und Kombination von Daten erzeugt.[11] Forderungen nach einem barrierearmen und unbeschränkten Zugriffsrecht auf alle personenbezogenen Daten setzen eine explizite, vorherige Zustimmung zur Erhebung und Vernetzung ebenso voraus wie Vollständigkeit, Transparenz und das Recht auf Löschung (das Recht, vergessen zu werden), sofern es hiergegen keine übergeordneten rechtlichen Gründe gibt (z. B. Verschleierung einer Straftat).

Der Schutz der Privatsphäre und personenbezogener Daten steht auch im Mittelpunkt von Prinzip Nr. 13, das ein Beschneiden menschlicher Rechte als zulässig erklärt, sofern dies nicht „*unreasonably*" geschieht. Nur im Zusammenhang mit einer potenziellen Ge-

---

[10] Demgegenüber sieht der wissenschaftliche Dienst des EP grundsätzlich immer die Notwendigkeit, Verantwortlichkeiten ex-ante zu definieren. EPRS (2016).

[11] Neben den Daten, die Menschen von sich direkt oder indirekt preisgeben (etwa durch soziale Medien, Nutzung von Suchmaschinen oder dem Internet der Dinge) und gegen die sich ein jeder wehren könnte, ist die Bedeutung einer Sammlung von Daten durch Sensoren (angefangen bei Überwachungskameras) nicht zu unterschätzen. Auch aktuelle Entwicklungen in Richtung „Neuro-Daten" sind zu beobachten.

fährdung anderer Grundwerte sei dies möglich. Auch hier bleiben die AP vage. In unserer Stellungnahme haben wir folgende Elemente für einen wirksamen Persönlichkeitsschutz benannt:

- Privacy-by-Design bzw. auf diesem Konzept basierende Gestaltungsvarianten, die bereits die im technischen Designprozess inhärente Privatheit und Datenschutz effektiv berücksichtigen und technisch umsetzen bzw. ermöglichen
- Opt-Out- und Opt-In-Optionen sollten grundsätzlich verpflichtend sein. Dies muss auch gerade die Verknüpfung von Daten beinhalten.
- Die grundlegende Entscheidung über die Verwendung von Daten sollte beim einzelnen Menschen liegen. Dazu bedarf es einer klaren Regelung, die auch Big Data transparent für den Einzelnen nachvollziehbar gestaltet.
- Freedom to Information (Informationsfreiheit, -zugangsfreiheit und -transparenz) sollte gesetzlich so ausgestaltet werden, dass auch verknüpfende Daten einschließlich der dahinterliegenden Algorithmen von den Sammlern der Daten bereitgestellt werden müssen.
- Mittels des Haftungs- und Strafrechts sind ggf. Überwachungs- und Datensammlungen durch Dritte so auszugestalten, dass der Einzelne wirksamen rechtlichen Schutz davor bekommt.

Prinzip Nr. 18 warnt vor den Gefahren eines Wettrüstens mit tödlichen autonomen Waffensystemen (LAWS). Es fehlen aber klare Aussagen, wie ein Wettrüsten verhindert werden soll. Die Risiken von LAWS z. B. aufgrund des Fehlens ethischen Verhaltens und möglicher Fehlsteuerung werden nicht adressiert (Scott et al., 2018; Brundage et al., 2018). Darüber hinaus zeigt die Formulierung von Prinzip 18, dass selbst militärische Anwendungen von KI keinen „Verbotsreflex" bei der KI-Entwickler-Community auslösen. Auch bleibt unberücksichtigt, dass aggressive Angriffe auf kritische Infrastruktur oder Wirtschaftsunternehmen bereits weit unter der Schwelle von LAWS eine schnell wachsende Bedrohung darstellen, da die Kosten für solche Einsätze beständig sinken und der Angreifer schwer ermittelbar ist (Brundage et al., 2018; Executive Office of the President, 2016, S. 42, Empfehlungen 22 und 23).

22.2.3 Längerfristige Probleme

Prinzip Nr. 19 verdeutlicht, dass die AP keinerlei Grenzen für die weitere KI-Entwicklung sehen und solche auch nicht wollen. Wenn wir allerdings keine Kenntnis darüber haben, ob und wann eine allgemeine (starke) KI entsteht, und wir auch nicht wissen (können), ob und mit welchen Folgen diese gefährlich sein könnte, verlangt das EU-Vorsorgeprinzip, dass wir uns vorab als Gesellschaften, Staaten und internationale Staatengemeinschaft über rote Linien verständigen und diese wirksam durchsetzen müssen.

Dem entgegengesetzt führt Prinzip Nr. 20 aus, dass fortgeschrittene KI die Zukunft des Lebens auf dem Planeten Erde tiefgreifend verändern kann. Einer solchen fundamentalen

Möglichkeit wird lediglich die Forderung entgegengestellt, „angemessen" zu planen und zu entwickeln. „Angemessen" ist ein unbestimmter Rechtsbegriff – wer bestimmt, was „angemessen" ist und was die Maßstäbe sind? Das Hauptproblem dieses Prinzips ist, dass nicht gefragt wird, ob es ohne Vorlage zwingender Gründe überhaupt zulässig ist, tiefgreifende Veränderungen in der Geschichte des Lebens auf der Erde in Kauf zu nehmen, deren Richtung und Ausmaß Menschen nicht kennen und voraussehen können. Das Prinzip setzt demnach eine zentrale Erkenntnis der menschlichen Geschichte für die Zukunft fort, dass alles, was möglich ist, auch gemacht wird. Wenn also der Mensch fähig ist, eine allgemeine (starke) KI zu entwickeln, dann wird er das auch tun, einfach weil er es kann (vgl. Beck, 1986).

Prinzip Nr. 21 fordert darauf aufbauend Planungs- und Risikominderungsbemühungen, die den zu erwartenden Auswirkungen existenzieller Risiken und möglicher Katastrophen angemessen sind. Nun sind „Bemühungen" aber nicht gleichbedeutend mit Erfolg, so dass die Formulierung besagt, dass diese Bemühungen zwar im Umfang dem Risiko angemessen sein müssen, aber in letzter Konsequenz auch scheitern können.

Im Gegensatz zu Prinzip Nr. 21 ist die Forderung nach strikten Kontroll- und Sicherheitsmaßnahmen im Prinzip Nr. 22 für sich selbstverbessernde KI angemessen. Die Möglichkeit eines generellen Verbots wird aber auch hier nicht erwogen. Doch selbst ein offizieller Bann könnte nicht verhindern, dass irgendwo auf der Welt Menschen um ihres Vorteils willen diesen Bann brechen würden, um z. B. wirtschaftliche, politische, ideologische oder religiöse Macht zu erlangen.

Im Prinzip Nr. 23 wird direkt von einer „Superintelligenz" gesprochen, die „im Dienste weitverbreiteter ethischer Ideale der gesamten Menschheit und nicht nur einem Staat oder einer Organisation dienen soll." Jedoch leben wir Menschen nicht in einer herrschaftsfreien Weltgesellschaft.

Hier stellt sich schließlich aus Sicht der VDW die Frage: Warum sollen wir die Erschaffung einer Superintelligenz zulassen wollen? Würden wir dann nicht zu Gläubigen einer posthumanistischen Technikreligion, die den Menschen als eine notwendige Zwischenstufe der Evolution hin zu höheren, digitalen Wesen begreift? (Harari, 2017, S. 497 ff.; Dotzauer, 2017; Kurzweil, 2024).

22.3 Fazit

Die Verfasser der Asilomar-Prinzipien und die VDW-Studiengruppe waren und sind sich einig, dass KI das Leben auf der Erde tiefgreifend verändert und dass von der Schaffung einer starken KI (früher oder später) auszugehen ist. Zumindest ansatzweise sind wir uns auch einig, dass starke KI ein wesentliches Gefahrenpotential für den weiteren Verlauf der Menschheitsgeschichte birgt. Die AP waren ein guter Ansatzpunkt für die Diskussionen in den letzten acht Jahren, wie das KI-Potential menschenzentriert genutzt werden kann. Da die Asilomar-Prinzipien aber auf Basis der Prämisse einer grundsätzlich zu begrüßenden, grenzenlosen Technologieentwicklung bzw. -anwendung und einer utilitaristischen Ethik entstanden sind, war ihr tatsächlicher Mehrwert in den Diskussionen und Verhandlungen der letzten Jahre begrenzt.

Allein der Umstand, dass die Annahme jedes einzelnen Asilomar-Prinzips 90 % Zustimmung der Konferenzteilnehmer erforderte, zeigt die Zielsetzung „So viel Technikentwicklung wie möglich und so viel Regulierung wie nötig." Folgte man dem EU-Vorsorgeprinzip, würde dem entgegengesetzt die Zulassung von technologischer Entwicklung bzw. Anwendung 90 % Zustimmung erfordern. Das könnte mit dafür ursächlich sein, warum die USA und die VR China Europa seit 2017 in der KI-Entwicklung immer weiter abgehängt haben (vgl. auch Kap. 24). Dies sollte in einer Welt, in der Luft keine und Digitales nur wenige Grenzen kennt, zumindest zu denken geben!

Literatur

Agustinoy, A. (2024). *OECD updates AI principles*. https://www.cuatrecasas.com/en/global/intellectual-property/art/oecd-updates-ai-principles. Zugegriffen am 25.12.2024.

Angwin, J., et al. (2016, Mai 23). Machine Bias. There's software used across the country to predict future criminals. And it's biased against blacks. *ProPublica*. https://www.propublica.org/article/machine-bias-risk-assessments-in-criminal-sentencing. Zugegriffen am 17.07.2025.

Bauberger, S. (2021a). Technikphilosophische Fragen. In F. Schmiedchen et al. (Hrsg.), *Wie wir leben wollen* (S. 83–88). Logos Verlag.

Bauberger, S. (2021b). Maschinenrechte. In F. Schmiedchen et al. (Hrsg.), *Wie wir leben wollen* (S. 109–114). Logos Verlag.

Beck, U. (1986). *Risikogesellschaft. Auf dem Weg in eine andere Moderne. Erstausgabe* (1. Aufl.). Suhrkamp.

BITKOM. (2017). *Künstliche Intelligenz verstehen als Automation des Entscheidens – Leitfaden*.

Brundage, M., et al. (2018). *The malicious use of artificial intelligence: Forecasting, prevention and mitigation*. https://arxiv.org/pdf/1802.07228. Zugegriffen am 25.12.2024.

Dotzauer, G. (2017, Dezember 12). Näher, mein Bot, zu dir. *Tagesspiegel*.

Eberle, U. (2015, Juli 28). Sprachassistenten verändern unser Leben. *Wirtschaftswoche*.

EFI, Expertenkommission Forschung und Innovation. (2018). *Gutachten zu Forschung, Innovation und technologischer Leistungsfähigkeit 2018*.

EPRS. (2016). *European Parliamentary Research Service, Scientific Foresight Unit (STOA), PE 563.501: Ethical Aspects of Cyber-Physical Systems*. Scientific Foresight study.

EU. (2024). Verordnung (EU) 2024/1689 des Europäischen Parlaments und des Rates vom 13.06.2024 zur Festlegung harmonisierter Vorschriften für Künstliche Intelligenz und zur Änderung der Verordnungen (EG) Nr. 300/2008, (EU) Nr. 167/2013, (EU) Nr. 168/2013, (EU) 2018/858, (EU) 2018/1139 und (EU) 2019/2144 sowie der Richtlinien 2014/90/EU, (EU) 2016/797 und (EU) 2020/1828 (Verordnung über Künstliche Intelligenz) (Text von Bedeutung für den EWR). https://eur-lex.europa.eu/legal-content/EN/TXT/?uri=CELEX%3A32024R1689. Zugegriffen am 25.12.2024.

Executive Office of the President. (2016). *Preparing for the future of artificial intelligence*.

FLI, Future of Life Institute. (2017). *Asilomar AI principles*. https://futureoflife.org/ai-principles/ undBeneficialAI2017. Conference Schedule. https://futureoflife.org/event/bai-2017/. https://www.propublica.org/article/machine-bias-risk-assessments-in-criminal-sentencing. Zugegriffen am 26.12.2024.

FLI. (2024). *Pause Giant AI experiments: An Open Letter*. https://futureoflife.org/open-letter/pause-giant-ai-experiments/. Zugegriffen am 26.12.2024.

Harari, Y. N. (2017). *Homo Deus – Eine Geschichte von Morgen*. C.H. Beck.

Henk, M. (2014, Juni 15). Jugend ohne Sex. *Zeit*.

Hinton, et al. (2024). Managing extreme AI risks amid rapid progress. *Science, 384*(6698), 842–845. https://www.science.org/stoken/author-tokens/ST-1870/full. Zugegriffen am 26.12.2024.

Jonas, H. (1979). *Das Prinzip Verantwortung. Versuch einer Ethik für die technologische Zivilisation* (1. Aufl.). Insel-Verlag.

Kurzweil, R. (2024). *Die nächste Stufe der Evolution*. Piper Verlag.

Link, J. S. A. (2021). Pfadabhängigkeit und Lock-in. In F. Schmiedchen et al. (Hrsg.), *Wie wir leben wollen* (S. 61–81). Logos Verlag.

MOFA. (2019). *G20 – AI principles*. https://www.mofa.go.jp/policy/economy/g20_summit/osaka19/pdf/documents/en/annex_08.pdf. Zugegriffen am 26.12.2024.

Müller, V. C., & Bostrom, N. (2013). Future progress in artificial intelligence: A Survey of Expert Opinion. In V. C. Müller (Hrsg.), *Fundamental Issues of Artificial Intelligence*. Springer Nature.

NSTC, National Science and Technology Council. (2016). *The National Artificial Intelligence Research and Development Plan*.

OECD. (2019). *OECD AI principles*. https://oecd.ai/en/ai-principles. Zugegriffen am 26.12.2024.

Schmiedchen, F. (2021). Digitale Erweiterungen des Menschen, Transhumanismus und technologischer Posthumanismus. In F. Schmiedchen et al. (Hrsg.), *Wie wir leben wollen* (S. 89–101). Logos Verlag.

Schmiedchen, F., et al. (Hrsg.). (2021). *Wie wir leben wollen*. Logos Verlag.

Scott, B., et al. (2018). *Artificial Intelligence and Foreign Policy*. https://www.interface-eu.org/storage/archive/files/ai_foreign_policy.pdf. Zugegriffen am 17.07.2025.

TAB, Büro für Technikfolgenabschätzung beim Deutschen Bundestag. (2016). *Technologien und Visionen der Mensch-Maschine-Entgrenzung. Sachstandbericht zum TA-Projekt „Mensch-Maschine-Entgrenzungen: zwischen künstlicher Intelligenz und Human Enhancements"* (Arbeitsbericht Nr. 167).

Université de Montréal. (2018). *The Declaration*. https://declarationmontreal-iaresponsable.com/wp-content/uploads/2023/04/UdeM_Decl-IA-Resp_LA-Declaration-ENG_WEB_09-07-19.pdf. Zugegriffen am 26.12.2024.

VB, Verbraucherzentrale Bundesverband. (2017). *Algorithmenbasierte Entscheidungsprozesse – Thesenpapier des vzbv*.

Open Access Dieses Kapitel wird unter der Creative Commons Namensnennung - Nicht kommerziell - Keine Bearbeitung 4.0 International Lizenz (http://creativecommons.org/licenses/by-nc-nd/4.0/deed.de) veröffentlicht, welche die nicht-kommerzielle Nutzung, Vervielfältigung, Verbreitung und Wiedergabe in jeglichem Medium und Format erlaubt, sofern Sie den/die ursprünglichen Autor(en) und die Quelle ordnungsgemäß nennen, einen Link zur Creative Commons Lizenz beifügen und angeben, ob Änderungen vorgenommen wurden. Die Lizenz gibt Ihnen nicht das Recht, bearbeitete oder sonst wie umgestaltete Fassungen dieses Werkes zu verbreiten oder öffentlich wiederzugeben.

Die in diesem Kapitel enthaltenen Bilder und sonstiges Drittmaterial unterliegen ebenfalls der genannten Creative Commons Lizenz, sofern sich aus der Abbildungslegende nichts anderes ergibt. Sofern das betreffende Material nicht unter der genannten Creative Commons Lizenz steht und die betreffende Handlung nicht nach gesetzlichen Vorschriften erlaubt ist, ist auch für die oben aufgeführten nicht-kommerziellen Weiterverwendungen des Materials die Einwilligung des jeweiligen Rechteinhabers einzuholen.

Die KI-Verordnung der EU – Erfolgsmodell oder Papiertiger?

23

Benjamin Ledwon

> **Zusammenfassung**
>
> *Mit der Abstimmung des Europäischen Parlaments im März 2024 zum europäischen KI-Gesetz fand eine intensive, politische Debatte ihr vorläufiges Ende (Europäisches Parlament, 2024a). Über zwei Jahre hatten Entscheidungsträger den Gesetzentwurf diskutiert – ein Zeichen, dass viel auf dem Spiel steht: KI ist einerseits als Grundlagentechnologie entscheidend für die Wettbewerbsfähigkeit europäischer Unternehmen, andererseits können Anwendungen sich negativ auf Grund- und Bürgerrechte auswirken. Fakt ist, dass die EU mit der jüngst verabschiedeten KI-Verordnung das weltweit weitreichendste KI-Gesetz verabschiedet hat. Klares Ziel ist es, ähnliche Initiativen in diesem Bereich zu beeinflussen – vergleichbar mit der Datenschutzgrundverordnung vor einigen Jahren. Diese Ambition wird nicht zuletzt durch einen ausgeprägten Extraterritorialitätsansatz deutlich. Auch KI, die außerhalb der EU entwickelt wird, muss europäische Regeln einhalten, sobald diese KI in der EU eingesetzt wird. Es wird allerdings auf unterschiedliche Faktoren ankommen, ob die KI-Verordnung zum internationalen Erfolgsmodell wird.*

23.1 Der Weg zur Verabschiedung der KI-Verordnung

Der politische Handlungsdruck in Richtung eines regulatorischen Eingreifens entwickelte sich Ende der 2010er-Jahre. Er entstand einerseits aufgrund von Makroprozessen, also übergreifenden technologischen Entwicklungen, insbesondere der Fähigkeit, durch kom-

---

B. Ledwon MSc (LSE) LL.M (BSC) (✉)
Amadeus EU-Repräsentanz, Amadeus IT Group, Brüssel, Belgien
E-Mail: benjamin.ledwon@amadeus.com

plexe Systeme sowohl Bevölkerungsgruppen als auch Individuen zu kontrollieren und zu disziplinieren. Andererseits beruhte er auf einer zunehmenden Anzahl von Mikroentwicklungen, also einzelnen Fällen, die für Aufsehen sorgten, zum Beispiel das fehlerhafte und diskriminierende Auszahlen von Sozialleistungen in den Niederlanden oder dem Scrapen öffentlich verfügbarer biometrischer Daten zu kommerziellen Zwecken (EU Law Enforcement, 2021). Diese Fälle verdeutlichten das schadhafte Potential der Technologie und wiesen auf bestimmte strukturelle Probleme hin, die ein öffentliches Eingreifen rechtfertigten. Vielen der Hochrisikobereiche der KI-Verordnung liegen also konkrete Fallbeispiele zugrunde; sie sind demnach nicht aus der Luft gegriffen.

Aufgrund der zunehmenden Anzahl von Problemen und um ein Zerfasern in nationalstaatliche Initiativen zu verhindern, setzten sich einzelne Staats- und Regierungschefs frühzeitig für eine europäische Lösung ein. Beispielsweise befürwortete die frühere deutsche Bundeskanzlerin Angela Merkel im Juni 2019 ein entsprechendes Vorgehen. Ein Jahr später, im Oktober 2020, forderten die Staats- und Regierungschefs der EU-Mitgliedstaaten in einem gemeinsamen Papier die Europäische Kommission auf, einen Vorschlag zum Schutz der Grundrechte und gemeinsamen Werte zu präsentieren (European Council, 2020). Die neu gewählte Kommissionpräsidentin von der Leyen kündigte schließlich in ihrer Antrittsrede vor dem Europaparlament ein KI-Gesetz an. Der *AI Act* wurde schließlich im April 2021 vorgelegt (Europäische Kommission, 2021).

Parallel liefen die inhaltlichen Diskussionen auf Hochtouren. In Deutschland lieferte die Enquete-Kommission zur Künstlichen Intelligenz im Oktober 2020 ihren Abschlussbericht zu Status, Entwicklung, Potentialen und Risiken der Technologie (Deutscher Bundestag, 2020). Auf EU-Ebene konstituierte sich zeitnah ein ähnliches Gremium (Europäische Kommission, 2020). Beide Gruppen sprachen sich in ihren jeweiligen Berichten für einen risikobasierten Ansatz auf Grundlage konkreter Anwendungsfälle von KI aus. Anders gesagt: Nicht die Technologie als solche, sondern konkrete Anwendungen sollten reguliert werden, um das Prinzip der Technologieneutralität zu wahren. Dieser Ansatz wurde im Vorschlag der EU-Kommission und letztendlich im final abgestimmten Text des AI Acts aufgenommen.

23.2 Rechtsgrundlage und Struktur

Bereits in dieser Frühphase der Debatte fiel auf, dass neben dem Schutz der Grund- und Bürgerrechte stets Erwägungen der europäischen Wettbewerbsfähigkeit bzw. des europäischen Binnenmarkts berücksichtigt wurden. Hintergrund könnten Erfahrungen aus den Verhandlungen der Datenschutzgrundverordnung sein, die in den Folgejahren zunehmend als zu einseitig, kompliziert und restriktiv kritisiert wurde und die europäische Digitalwirtschaft strukturell benachteiligt. Die Entscheidung, den „Binnenmarktartikel" des Vertrags zur Arbeitsweise der EU als rechtliche Grundlage des AI Acts zu nehmen, kann als Indiz gewertet werden, die Verhältnismäßigkeit zu wahren, um die Entwicklung dieser Schlüsseltechnologie in Europa zu ermöglichen (EUR-Lex, 2008).

Auch an anderer Stelle bediente sich die EU-Kommission der Erfahrungen und Mechanismen vergangener Regulierungsvorhaben, nicht zuletzt der Marktzugangsregulierung: Der AI Act ist in Methodik und Struktur nicht etwa am Datenschutz, sondern an der bestehenden Logik technischer Regulierung ausgerichtet – ein weiteres Indiz, Wettbewerbsfähigkeit und den Schutz der Grund- und Bürgerrechte in Einklang zu bringen. In geltender europäischer Marktzugangsregulierung werden technische Voraussetzungen festgelegt, auf deren Grundlage Produkte auf dem europäischen Binnenmarkt verkauft werden können. Dieses System fußt auf Selbst- und Drittstellenzertifizierung. Bei der Selbstzertifizierung verpflichten sich Akteure der Lieferkette auf die Erfüllung festgelegter Normen und Standards. Bei sicherheitskritischen Produkten, beispielsweise Auto- oder Flugzeugteilen, werden einzelne Elemente oder gesamte Systeme von Drittstellen abgenommen. Dieses System kann zu Recht als Rückgrat des europäischen Binnenmarktes und als Erfolgsmodell bezeichnet werden, denn es erlaubt einerseits Kontrolle und Verbraucherschutz und andererseits Flexibilität ohne Überregulierung. Der AI Act ist demnach keine einfache Daten- oder Datenschutzregulierung, sondern fällt eher in die Kategorie der Produktsicherheitsregulierung.

23.3 Interpretationsoffenheit – Problem oder Lösung?

Mit Blick auf den gewählten Ansatz bleiben allerdings Fragen offen: Erstens ist KI kein Produkt im herkömmlichen Sinne, sondern betrifft komplexe softwarebasierte Systeme mit selbstlernenden Elementen und fortlaufender Entwicklung. Anders als statische Produkte mit langsamen Entwicklungszyklen müssen KI-Systeme im Prinzip fortlaufend geprüft werden. Es ist zweifelhaft, ob Marktzulassungsbehörden, die oft regional organisiert sind, diesen Erwartungen gerecht werden können. Zweitens ist noch unklar, wie die technischen Anforderungen, die KI-Systeme in hochriskanten Einsatzbereichen erfüllen müssen, im Detail aussehen werden. Die technische Umsetzung läuft derzeit auf Ebene der internationalen, europäischen und nationalen Standardisierungsorganisationen auf Hochtouren. Aus diesem Grund gibt es derzeit kein umfassendes und kohärentes Bild technischer Umsetzbarkeit und Verhältnismäßigkeit. Drittens stellt sich die Frage, wie Systeme verlässlich geprüft werden können, wenn man die komplexe, teils opake Funktionsweise der Systeme und den Mangel an Fachkräften berücksichtigt, die eine umfassende Prüfung zeitnah und kostengünstig liefern müssten. Die EU hat sich auf einen Weg festgelegt, der in der Vergangenheit gut funktioniert hat. Es bleibt abzuwarten, ob dies auch in Zukunft der Fall sein wird.

Der AI Act lässt viel Spielraum für Interpretationen verschiedener Kernbereiche der Regulierung. Positiv gewertet ermöglicht dieser Ansatz Flexibilität bei der Umsetzung; andererseits wird er zu Rechtsunsicherheiten führen. Ein Beispiel ist die Definition von KI, die sich weitestgehend auf die Arbeit internationaler Organisationen wie der OECD beruft. Hier gibt es abweichende Interpretationen, wann ein Softwaresystem gemäß der Legaldefinition als KI im Sinne der KI-Verordnung eingestuft werden müsste. Die Kommission wird hierzu Leitlinien veröffentlichen, um Klarheit zu schaffen.

Noch komplizierter wird es bei der Risikoeinstufung verbotener KI. Während vernetzte Datenbanken, über die Bürgerinnen und Bürger automatisiert kontrolliert und diszipliniert werden, klar als Sozialkreditsysteme eingestuft werden können, ist die unterschwellige Beeinflussung vulnerabler Gruppen – die ebenfalls verboten ist – weniger klar messbar. Entscheidend ist eine bestimmte Schadensschwelle, die eine Anwendung der KI-Verordnung auslösen würde. Welche Schäden hier in Frage kommen, wird voraussichtlich über Rechtsprechung definiert. Fakt ist, dass Empfehlungssysteme (*recommender systems*) oder *Dark Patterns*, welche Konsumenten zu einem bestimmten Verhalten verleiten, nicht in den Anwendungsbereich der Regulierung fallen, da diese bereits von anderer Gesetzgebung, zum Beispiel im Bereich der Plattformregulierung, abgedeckt werden.

Auch bei KI-Anwendungen auf Grundlage biometrischer Daten gibt es Grauzonen. Anwendungen, bei denen Individuen in Echtzeit an öffentlichen Orten identifiziert werden, sind verboten, allerdings mit Ausnahmen (Europäisches Parlament, 2024b). Die Kategorisierung von Personen aufgrund bestimmter Eigenschaften oder das Ableiten von Gemütszuständen am Arbeitsplatz oder in Bildungseinrichtungen sind ebenfalls nicht erlaubt. Allerdings kann es hier eine Unterscheidung zwischen emotionalen Zuständen und sentimentalen Zuständen geben. Es bleiben also Schwierigkeiten bei der Abgrenzung, die ebenfalls Leitlinien zur besseren Umsetzung erfordern.

Der wichtigste Teil der KI-Verordnung betrifft hochriskante KI-Anwendungen. Hier gibt es zwei wesentliche Stränge, zum einen eine in Sicherheitsbauteile integrierte KI, die bereits durch produktspezifische Regulierung abgedeckt wird (z. B. Luftfahrt, Maschinen, Spielzeug etc.) und von einer Drittstelle technisch geprüft werden muss. Dieses Vorgehen ist eindeutig, auch wenn unklar sein könnte, welche Bauteile als sicherheitsrelevant gelten. Der zweite Strang ist komplexer. Der AI Act definiert verschiedene hochriskante Bereiche, in denen die Anwendung von KI-Systemen einen Hochrisikostatus nach sich zieht. Allerdings gibt es an dieser Stelle eine wesentliche Einschränkung: KI-Systeme innerhalb eines hochriskanten Bereichs gelten nicht als hochriskant im Sinne des Acts, sollten diese kein signifikantes Risiko für die Gesundheit, Sicherheit oder Grundrechte von Personen darstellen, beispielsweise wenn die KI lediglich eine unterstützende Funktion ausführt (Europäisches Parlament, 2024c). Dies ist ein weiteres Beispiel für die Interpretationsoffenheit der Verordnung und die damit einhergehenden Unsicherheiten.

Obwohl der Einsatz biometrischer KI-Systeme gemäß Artikel 5 des AI Acts verboten ist, gibt es Einschränkungen, die den Einsatz „unter Auflagen" ermöglichen. Solche Systeme gelten demnach als hochriskante KI-Anwendungen und müssten die entsprechenden technischen Anforderungen erfüllen (Europäisches Parlament, 2024d). In diesem Fall wird unterschieden zwischen biometrischer Identifizierung, Kategorisierung und dem Ableiten emotionaler Zustände. KI-Systeme zur Verifizierung einer Person, deren einziger Zweck die Bestätigung der Identität ist (*one-to-one verification*, z. B. das Einloggen ins Telefon), fallen nicht in den Hochrisikobereich. Sollten die Daten mit einer Datenbank abgeglichen werden, handelt es sich um Identifizierung und wäre entweder verboten oder hochriskant.

Auch in anderen Bereichen muss das Risikolevel je nach konkreter Anwendung bestimmt werden, zum Beispiel beim Einsatz von KI im Betrieb kritischer Infrastrukturen. In diesem Fall könnte KI innerhalb eines klar abgegrenzten Bereichs eingesetzt werden, um den Betrieb umweltschonender und effizienter zu gestalten. Die Frage, ab welchem Punkt die Systeme den Highrisk-Anwendungsfall ausrufen würden, bleibt recht unklar. Faktisch ist also das oft bemühte Bild der Risikopyramide nicht korrekt, da es keine klare Trennlinie zwischen geringem Risiko, Hochrisiko und verbotener KI gibt. Der Übergang – wie am Beispiel Biometrie beschrieben – ist oft fließend und benötigt eine Einschätzung von Fall zu Fall.

23.4 Umgang mit horizontalen KI-Systemen

Der Ansatz der EU-Kommission, auf Grundlage klar definierter Hochrisikobereiche zu regulieren, wurde im November 2022 durch den Markteintritt von ChatGPT „gesprengt", obwohl sich die EU-Mitgliedstaaten zum damaligen Zeitpunkt bereits auf der Zielgeraden ihrer Positionierung befanden. Durch die öffentliche Aufmerksamkeit und den offensichtlichen Impact der Technologie stieg der Handlungsdruck für die Gesetzgeber enorm. Als Ergebnis der öffentlichen Debatte wurde schließlich die neue Kategorie der *General Purpose KI* aufgenommen, allerdings ohne die übliche Folgeabschätzung. Selbst eine saubere Legaldefinition war anfänglich nicht zu finden. Parallel verhandelte das Europäische Parlament ebenfalls über das passende Vorgehen gegenüber KI-Systemen, die einerseits Grundlage vieler spezifischer Anwendungen sind, und KI-Systemen, die sich aufgrund ihrer Fähigkeiten (wie Bild- oder Texterkennung) für verschiedenste Aufgaben eignen.

Im Endergebnis einigte man sich auf folgende Systematik: GPAI-Modelle (oft geläufig unter dem Begriff *Foundation-Modell*) sind systemische KI-Modelle, die viele Anwendungen ermöglichen und eine Art Infrastruktur darstellen. Diese Modelle werden durch technische Schwellenwerte bestimmt, damit nur die größten Modelle erfasst werden (Europäisches Parlament, 2024e). Die Entwickler dieser Modelle müssen grundlegende Anforderungen zu Transparenz, Cybersicherheit und Nachhaltigkeit erfüllen (Europäisches Parlament, 2024f). Regulierungsbehörde dieser Modelle wird das neu geschaffene *AI Office*, das innerhalb der Europäischen Kommission aufgebaut wird. Entwickler dieser Systeme müssen mit der Behörde in einen fortlaufenden und transparenten Dialog über technologische Entwicklungen und Features treten. Angestoßen durch den sogenannten „Hiroshima Prozess" der G7-Staaten erarbeitet die EU derzeit Vorgaben in einem Code of Conduct, der dynamisch angepasst werden kann. Das hat aus Sicht des Regulierers den Vorteil, dass auf Veränderung nicht durch eine Öffnung des gesamten AI Acts reagiert werden muss. Für GPAI-Modelle von Open-Source-Entwicklern gelten zudem Ausnahmeregelungen, die insbesondere Metas Llama-Modell zugutekommen könnten. Der Ansatz, KI-Modelle auf Grundlage technischer Schwellenwerte zu bestimmen, beispielsweise Rechenkapazität, wurde von verschiedenen Experten mit der Begründung kritisiert, dass sich diese bei der rasanten Entwicklung von KI schnell als obsolet erweisen könnten.

GPAI-Modelle unterscheiden sich von GPAI-Systemen (die ebenfalls für verschiedene Zwecke eingesetzt werden können) durch die technischen Parameter der Systeme (Europäisches Parlament, 2024e). GPAI-Systeme können zwar auch bereichsübergreifend für verschiedenste Zwecke eingesetzt werden, basieren aber auf GPAI-Modellen. GPAI-Systeme müssen keine separaten Anforderungen erfüllen, sondern richten sich nach den Anforderungen hochriskanter KI-Systeme, sollten sie in entsprechenden Bereichen eingesetzt werden. Abschließend gibt es KI-Systeme, die für einen Zweck innerhalb eines klaren Bereichs eingesetzt werden.

Die Komplexität dieser Systematik ergibt sich aus der Vielschichtigkeit einer herkömmlichen KI-Wertschöpfungskette gepaart mit der Frage, wer wann für das Erfüllen der technischen Anforderungen verantwortlich ist. Es prallen zwei Argumentationslinien aufeinander: Entwickler von GPAI-Systemen (nicht zu verwechseln mit den Modellen) behaupten, sie könnten nicht wissen, für welchen Zweck die Systeme letztlich eingesetzt werden, und sollten daher nicht in die Verantwortung genommen werden. Anwender von KI-Systemen erwidern, dass sie nicht die Verantwortung für die technische Funktionsweise eines komplexen Systems übernehmen könnten, da ihnen nicht die notwendigen Informationen, Ressourcen und Expertisen zur Verfügung stünden. Im Endergebnis ergibt sich ein kompliziertes System, in dem Erfüllungsaufwand, Kontrolle und Garantie der technischen Anforderungen unter bestimmten Voraussetzungen entlang der KI-Lieferkette weitergeleitet werden.

23.5 Technische Anforderungen

Die technischen Anforderungen für den Einsatz hochriskanter KI sind keineswegs trivial, aber derzeit schwer im Detail zu benennen. Der AI Act legt lediglich übergeordnete technische Prinzipien fest, von Risikomanagementsystemen, Data Governance und technischer Dokumentation bis hin zu Cybersecurity-Prozessen, die erfüllt werden müssen, um rechtskonform zu sein (Europäisches Parlament, 2024g). Es liegt an den beauftragten europäischen Standardisierungsorganisationen zu bestimmen, an welchen Stellen internationale Standards bereits vorhanden sind bzw. fehlende Details ausgearbeitet werden müssen.

Durch technische Standards sollen Rahmenbedingungen geschaffen werden, die eine Selbstzertifizierung von KI-Systemen ermöglichen. In bestimmten Fällen wird eine Drittstellenzertifizierung erforderlich sein. Es ist bereits absehbar, dass der Erfüllungsaufwand für Hersteller, Weiterentwickler und Anwender komplex und eng verknüpft sein wird mit Fragen der Haftung für durch KI-Systeme entstandene Schäden. Es drohen hohe Sanktionen bzw. zivilrechtliche Ansprüche.

Für Anwender wird es wichtig sein, sich nicht in zu einseitige Abhängigkeitsverhältnisse zu begeben, die dazu führen könnten, dass sie für Anforderungen verantwortlich sind, auf die sie keinen Einfluss haben und über die sie nicht die notwendigen Informationen besitzen (und deshalb auf die ursprünglichen Entwickler angewiesen wären). Entwickler andererseits müssen zusehen, keine sensiblen technischen Informationen, intellektuellen Eigentumsrechte oder Geschäftsgeheimnisse weiterleiten zu müssen, um die Kunden in die

Lage zu versetzen, die Anforderungen des AI Acts zu erfüllen. Ein funktionierender und verlässlicher Mechanismus zum Teilen notwendiger Informationen entlang der Lieferkette wird ein Schlüsselfaktor zur erfolgreichen Umsetzung der KI-Verordnung sein.

23.6 Schnelle und verlässliche Rechtsdurchsetzung

Der abschließende Teil des AI Acts betrifft die Rechtsdurchsetzung. Neben dem bereits erwähnten AI Office, das derzeit zentral innerhalb der EU-Kommission aufgezogen wird, um sich hauptsächlich mit großen GPAI-Modellen zu befassen, werden nationale Regulierungsbehörden eine wichtige Rolle spielen. Diese Behörden müssen auf nationaler Ebene bestimmt werden und ein institutionalisiertes Netzwerk bilden, das Konformität überprüft und Best Practices austauscht. Den Unterbau bilden drei separate Gremien:

1. Das EU AI Board mit Repräsentanten der Mitgliedstaaten.
2. Ein Advisory Board bestehend aus Unternehmen, Nichtregierungsorganisationen, Zivilgesellschaft und Wissenschaft, die technische Einschätzungen liefern.
3. Ein wissenschaftliches Panel unabhängiger Experten, die vor allem Einschätzungen zu GPAI-Modellen geben sollen.

Leitlinien, Einschätzungen zu konkreten Fällen und strategische Dokumente sollen im komplexen Zusammenspiel dieser Gruppen erarbeitet werden. Dieses institutionelle Setup orientiert sich am Datenschutz. Auch dort bildet ein mitgliedstaatenübergreifendes, europäisches Board das Rückgrat. Diesmal soll das Zerfasern der Aufsicht aber von Beginn an verhindert werden (in Deutschland gibt es beispielsweise 17 zuständige Behörden mit teilweise unterschiedlichen Einschätzungen konkreter Sachverhalte). Der sogenannte One-Stop-Shop-Mechanismus soll reformiert werden, damit sich Zuständigkeiten besser verteilen lassen. Andernfalls landen die meisten Fälle bei der zuständigen Behörde der europäischen Niederlassung eines internationalen Unternehmens (oft Irland). Angesichts des großen Interpretationsspielraums wichtiger Passagen des AI Acts wird entscheidend sein, ob es den zuständigen Behörden gelingt, ein effizientes System zu schaffen, das in der Lage ist, schnelle, kohärente und verlässliche Einschätzungen zu liefern. Dafür müssen entsprechende Ressourcen freigemacht, Prozesse aufgebaut und Fachleute gefunden werden. Andernfalls droht lähmende Bürokratie mit negativer Wirkung auf die Wettbewerbsfähigkeit europäischer Unternehmen.

Im Prinzip spiegelt der gewählte Ansatz zwei grundsätzliche Entwicklungen der europäischen Digitalgesetzgebung wider: Zum einen übernimmt die Kommission zunehmend die Aufgaben einer zentralen Regulierungsbehörde mit dem Ziel, Entscheidungsprozesse zu beschleunigen und die einheitliche Anwendung zu garantieren. Die Kommission reagiert damit auf das strukturelle Ungleichgewicht zwischen global agierenden, mächtigen Digitalkonzernen und einer kleinteiligen nationalen Rechtsdurchsetzung, die leicht gelähmt und fragmentiert werden kann. Dass die Kommission gleichzeitig die Gesetze schreibt und durchsetzt, ist beispielsweise auch in der Plattformregulierung zu beobachten.

Der Erfolg dieses Ansatzes ist schwer zu bewerten, da sich die Institutionen in der Aufbauphase befinden. Zum anderen greift die EU zunehmend auf dynamische Regulierungsinstrumente, wie Selbstverpflichtungen für große KI-Modelle, zurück, um auf technologische Entwicklungen schneller reagieren zu können. Dieses Vorgehen macht grundsätzlich Sinn, wenn man das Innovationstempo der Technologien berücksichtigt. Innerhalb normaler Gesetzgebungsverfahren wäre es von vornherein ausgeschlossen, Schritt zu halten. Dennoch bleiben auch hier Fragen zur Transparenz und Rechtsunsicherheit, die es zu beachten gilt.

Andere innovative Regulierungsmethoden, wie Reallabore oder der Umgang mit Open-Source-Modellen, sind ebenfalls noch nicht bewertbar. Durch Reallabore soll ein Umfeld geschaffen werden, um Technologien in einem klar begrenzten Raum, zum Beispiel einem bestimmten Krankenhaus, im Alltagsbetrieb zu testen und Lehren zu ziehen – ein grundsätzlich interessanter Ansatz, dessen Gelingen davon abhängen wird, wie viel Flexibilität Behörden zu geben bereit sind. Unternehmen werden kaum Gefallen an dieser Idee finden, sobald sie ihre intellektuellen Eigentumsrechte und Geschäftsgeheimnisse offenbaren müssen. Der Umgang mit Open Source ist neben den GPAI-Systemen der schwierigste Teil des AI Acts, denn Open Source entzieht sich per definitionem der Logik der Produktsicherheit. Hier gilt es, im engen Austausch mit der Open-Source-Community ein System zu entwickeln, um diese Art von Systemen verhältnismäßig zu regulieren, ohne sie ihrer Stärken zu berauben.

23.7 KI-Regulierung im internationalen Kontext

Die EU hat sich zum Ziel gesetzt, mit der KI-Verordnung den regulatorischen „Goldstandard" zu setzen. Im Gegensatz zum Datenschutz sind diesmal allerdings andere Rechtsräume ähnlich weit vorangeschritten. Allein im Asien-Pazifik-Raum gibt es mindestens fünf unterschiedliche Ansätze einflussreicher Akteure. Im Gegensatz zur EU, die einen horizontalen „*Blanket*"-Ansatz verfolgt, wählt China ein zielgerichteteres Vorgehen zu Deepfakes, Recommender-Systemen oder generativer KI. China möchte ebenfalls eigene Governance-Modelle im Rahmen internationaler Kooperationen fördern. Hier gibt es Spannungspotential. Hongkong benutzt existierende, sektorspezifische Regeln, um diese mit Blick auf Genauigkeit, Verantwortlichkeit, Cybersicherheit oder Urheberrechtsfragen anzupassen. Singapur entwickelt einen Rechtsrahmen mit Blick auf generative KI auf Grundlage innovativer Regulierungsinstrumente, wie Reallaboren, Selbstverpflichtungen und Integration existierender Compliance-Prozesse, z. B. von Finanzbehörden oder der Datenschutzaufsicht. Auch Japan verfolgt einen spezifischeren und strategischen Ansatz auf Grundlage ethischer Prinzipien. Australien hat zurzeit keinen regulatorischen Rahmen, sondern bezieht sich auf Prinzipien, die freiwillig umgesetzt werden können. Der Elefant im Raum sind jedoch die USA unter Donald Trump: Dort hat seit der letzten Präsidentschaftswahl ein Paradigmenwechsel stattgefunden, sodass dort über ein Moratorium einschränkender KI-Regeln verhandelt wird, um sich im systemischen Wettbewerb mit China keinen Nachteil zu verschaffen und ins Hintertreffen zu geraten.

Die steigende Konkurrenz statt einer engen Partnerschaft beider Seiten hat zwei unmittelbare Auswirkungen: Zum einen wird der Druck auf Europa erhöht, in Sachen Wettbewerbsfähigkeit nicht noch weiter den Anschluss zu verlieren. Zum anderen wird die europäische KI-Regulierung mittlerweile als „Verhandlungsmasse" im laufenden Handelsstreit zwischen den USA und der EU gesehen, da die Amerikaner die Regeln als diskriminierend und nichttarifäre Handelshemnisse interpretieren. Obwohl die EU bereits klargemacht hat, dass bei bestehenden EU-Gesetzen kein Handlungsspielraum bestehe, wird auch hier abzuwarten sein, ob und wie ein umfassendes Abkommen zustande kommt, das auch Einfluss auf KI-Regulierung haben könnte.

Seit der Einführung von ChatGPT im November 2022 ist die Zahl der Gesetze und Verordnungen von knapp 20 auf knapp 70 gestiegen (Digital Policy Alert, 2023). Auch auf internationaler Ebene laufen parallele Prozesse, von der G7-Selbstverpflichtung im Rahmen der Hiroshima Communiqués bis zum internationalen Vertrag zu KI des Europarats (European Council, 2023). Zusätzlich vergeht kaum eine Woche ohne eine neue wegweisende Konferenz zum Thema KI-Sicherheit oder -Governance, wie etwa die Konferenz in England im geschichtsträchtigen Bletchley Park. Für Unternehmen ist es schwierig, den Durchblick zu bewahren, und sie sind auf Hilfe angewiesen, wie diese Regeln zusammenhängen und umzusetzen sind. Gleichzeitig wird es für die EU wichtig sein, für den eigenen Ansatz im Rahmen internationaler Partnerschaften zu werben.

Letztendlich wird der Erfolg des AI Acts davon abhängen, ob es europäischen Unternehmen gelingt, bei KI-Entwicklung und -Anwendung ein entscheidendes Wörtchen mitzureden. Aus diesem Grund muss Regulierung praxisnah im Einklang mit Förderung und Investitionen gedacht werden. Regulierung sollte als Teil eines komplexen Puzzles gesehen werden. Wichtig ist neben der Verfügbarkeit von Fachkräften auch eine breite Akzeptanz in der Bevölkerung und bei der Innovationsförderung. In Europa gibt es diesbezüglich interessante Entwicklungen: 2022 wurden in der EU und UK 10,2 Mrd. € an privatem Kapital eingesammelt (Europäisches Parlament, 2024h). Stand 2023 umfasst das Startup-Ökosystem 6300 KI-Startups in der EU mit unterschiedlichen Anwendungen (10,6 % im Bereich generativer KI) und geographischem Fokus (20 % in Deutschland, 17,5 % in Frankreich, 11 % in den Niederlanden) (AppliedAI, 2023). Regierungen versuchen, diese Entwicklungen durch öffentliche Gelder zu fördern. Im Jahr 2023 versprach der französische Präsident Macron auf der französischen Tech-Leitmesse Vivatech beispielsweise 500 Mio. Euro Förderung für heimische KI-Unternehmen (France24, 2023).

KI wird von vielen als Grundlagentechnologie gesehen, gleichzusetzen mit der Entdeckung der Dampfmaschine oder des elektrischen Stroms – und mit dem Potential, wirtschaftliche Kräfteverhältnisse nachhaltig zu verändern. Es kommt wenig überraschend, dass KI in der derzeitig angespannten geopolitischen Situation als wichtiger Faktor gesehen wird. China ist beispielsweise äußert aktiv und hat jüngst ein Kooperationsabkommen mit afrikanischen Staaten abgeschlossen, um Anwendungen in Sektoren wie Landwirtschaft oder Bildung zu fördern. Europa muss zusehen, dass es bei wesentlichen Elementen der KI-Entwicklung, zum Beispiel Daten, Halbleitern oder Rechenkapazitäten, eigene Kapazitäten entwickelt und verlässliche Partnerschaften aufbaut.

23.8 Schlussfolgerung

Angesichts der komplexen Gemengelage lassen sich Erfolgsaussichten und Zielerfüllung der KI-Verordnung nicht abschließend einschätzen. Sicher ist: Eine bereits erkennbare Errungenschaft der KI-Verordnung ist es, einige besonders schädliche Anwendungen zu verbieten und ein Bewusstsein für notwendige Governance-Strukturen in Unternehmen zu schaffen. Im Unterschied zur Datenschutzverordnung jedoch ist die Regulierung von KI weltweit vorangeschritten. Europa ist nicht automatisch Frontrunner; stattdessen muss sich der AI Act im Wettbewerb mit anderen Modellen behaupten. Die Qualität der Verordnung wird von Praktikabilität, Schnelligkeit, Klarheit und Verlässlichkeit bei der Umsetzung abhängen. Die KI-Verordnung wird nur zum Erfolgsmodell, wenn sie die Wettbewerbsfähigkeit der europäischen Wirtschaft erhöht, denn KI als Grundlagentechnologie wird die Entwicklung von Unternehmen stark beeinflussen (im Guten wie im Schlechten). Die KI-Verordnung sollte dieser Entwicklung Rechnung tragen.

Abschließend betrachtet war die erste Phase der AI-Regulierung zwar komplex, aber vergleichsweise klar. Die zweite Phase – Implementierung, Selbstverpflichtungen, technische Regulierung, Zertifizierung etc. – wird komplizierter, zumal zusätzliche Diskussionen in Bereichen des Arbeitsschutzes, der Haftung, der Wettbewerbspolitik und des Urheberrechts zu erwarten sind. Zudem gibt es zunehmenden Druck europäischer Wirtschaftsunternehmen, die Implementierung des AI Acts zu verzögern, bis die zugrundeliegenden technischen Standards bekannt sind. Die Begründung lautet, dass man nichts umsetzen könne, was noch derart unklar sei. Aus europäischer Sicht sollte KI-Regulierung als Teil eines umfassenden Systems gesehen werden, in dem sich Regulierung, die Entwicklung eigener – infrastruktureller und anwendungsorientierter – Kapazitäten, (Weiter-)Bildung, öffentliche Förderung und Diplomatie ergänzen. Ein erster Erfolg könnten aus EU-Sicht die laufenden Ausschreibungen zu AI Factories, Gigafactories und Supercomputing sein, bei denen die Erwartungen im Bereich privatwirtschaftlichen Interesses übertroffen wurden; dies beweist, dass die Prioritätensetzung zumindest verstanden und geteilt wird. Europa sollte den Blick dennoch weiterhin verstärkt über den eigenen geografischen Tellerrand richten, um auf Entwicklungen flexibel reagieren zu können, aus den Best Practices anderer Akteure zu lernen und so am Ende dieses technologischen Marathons vorne mitzumischen.

Literatur

AppliedAI Institute for Europe. (2023). *European Startup Landscape*.
Deutscher Bundestag. (2020). *Abschlussbericht mit Handlungsempfehlungen an Schäuble übergeben*. https://www.bundestag.de/dokumente/textarchiv/2020/kw44-pa-enquete-ki-abschlussbericht-801192. Zugegriffen im November 2024.
Digital Policy Alert. (2023). *Regulatory activity around AI picks up worldwide*. https://digitalpolicyalert.org/blog/regulatory-activity-around-ai. Zugegriffen im November 2024.
EU Law Enforcement. (2021). *The Dutch benefits scandal: A cautionary tale for algorithmic enforcement*. https://eulawenforcement.com/?p=7941

EUR-Lex. (2008). *Arbeitsweise der Europäischen Union (Art. 114)*. https://eur-lex.europa.eu/legal-content/DE/TXT/HTML/?uri=CELEX:12008E114. Zugegriffen im November 2024.

Europäische Kommission. (2020). *Hochrangige Expertengruppe für künstliche Intelligenz*. https://digital-strategy.ec.europa.eu/de/policies/expert-group-ai. Zugegriffen im November 2024.

Europäische Kommission. (2021). *Artificial Intelligence Act (Proposal)*. https://eur-lex.europa.eu/legal-content/EN/TXT/HTML/?uri=CELEX:52021PC0206. Zugegriffen im November 2024.

Europäisches Parlament. (2024a). *Pressemitteilung, Artificial Intelligence Act: MEPs adopt landmark law (März 2024)*. https://www.europarl.europa.eu/news/en/press-room/20240308IPR19015/artificial-intelligence-act-meps-adopt-landmark-law?os=io..&ref=app. Zugegriffen im November 2024.

Europäisches Parlament. (2024b). *AI Act Corrigendum, Art. 5 (h)* (S. 183). https://www.europarl.europa.eu/doceo/document/TA-9-2024-0138-FNL-COR01_EN.pdf. Zugegriffen im November 2024.

Europäisches Parlament. (2024c). *AI Act Corrigendum, Art. 6.3* (S. 190). https://www.europarl.europa.eu/doceo/document/TA-9-2024-0138-FNL-COR01_EN.pdf. Zugegriffen im November 2024.

Europäisches Parlament. (2024d). *AI Act Corrigendum, Annex III* (S. 423). https://www.europarl.europa.eu/doceo/document/TA-9-2024-0138-FNL-COR01_EN.pdf. Zugegriffen im November 2024.

Europäisches Parlament. (2024e). *AI Act Corrigendum, Art 51/Annex XIII* (S. 285). https://www.europarl.europa.eu/doceo/document/TA-9-2024-0138-FNL-COR01_EN.pdf. Zugegriffen im November 2024.

Europäisches Parlament. (2024f). *AI Act Corrigendum, Kap. V, Abschn. 2*. https://www.europarl.europa.eu/doceo/document/TA-9-2024-0138-FNL-COR01_EN.pdf. Zugegriffen im November 2024.

Europäisches Parlament. (2024g). *AI Act Corrigendum, Art. 9–15* (S. 197–213). https://www.europarl.europa.eu/doceo/document/TA-9-2024-0138-FNL-COR01_EN.pdf. Zugegriffen im November 2024.

Europäisches Parlament. (2024h). *AI investment: EU and global indicators*. https://epthinktank.eu/2024/04/04/ai-investment-eu-and-global-indicators/. Zugegriffen im November 2024.

European Council. (2020). *Artificial intelligence: Presidency issues conclusions on ensuring respect for fundamental rights*. https://www.consilium.europa.eu/en/press/press-releases/2020/10/21/artificial-intelligence-presidency-issues-conclusions-on-ensuring-respect-for-fundamental-rights/. Zugegriffen im November 2024.

European Council. (2023). *G7 Hiroshima Leaders' Communiqué*. https://www.consilium.europa.eu/en/press/press-releases/2023/05/20/g7-hiroshima-leaders-communique/. Zugegriffen im November 2024.

France24. (2023). *France to invest €500 million to fund AI 'champions', Macron says*. https://www.france24.com/en/europe/20230615-macron-wants-to-boost-ai-calls-for-smart-rules-that-don-t-impede-tech-growth. Zugegriffen im November 2024.

Open Access   Dieses Kapitel wird unter der Creative Commons Namensnennung - Nicht kommerziell - Keine Bearbeitung 4.0 International Lizenz (http://creativecommons.org/licenses/by-nc-nd/4.0/deed.de) veröffentlicht, welche die nicht-kommerzielle Nutzung, Vervielfältigung, Verbreitung und Wiedergabe in jeglichem Medium und Format erlaubt, sofern Sie den/die ursprünglichen Autor(en) und die Quelle ordnungsgemäß nennen, einen Link zur Creative Commons Lizenz beifügen und angeben, ob Änderungen vorgenommen wurden. Die Lizenz gibt Ihnen nicht das Recht, bearbeitete oder sonst wie umgestaltete Fassungen dieses Werkes zu verbreiten oder öffentlich wiederzugeben.

Die in diesem Kapitel enthaltenen Bilder und sonstiges Drittmaterial unterliegen ebenfalls der genannten Creative Commons Lizenz, sofern sich aus der Abbildungslegende nichts anderes ergibt. Sofern das betreffende Material nicht unter der genannten Creative Commons Lizenz steht und die betreffende Handlung nicht nach gesetzlichen Vorschriften erlaubt ist, ist auch für die oben aufgeführten nicht-kommerziellen Weiterverwendungen des Materials die Einwilligung des jeweiligen Rechteinhabers einzuholen.

Teil VII

Sicherheitspolitische Konsequenzen des militärischen KI-Einsatzes und friedenspolitische Antworten

24   Werte-Renaissance und neue Weltordnung: Der geoökonomische Rahmen für sicherheitsrelevante KI

Frank Schmiedchen

Zusammenfassung

Die aufeinander wirkenden Dynamiken geoökonomischer Machtverschiebungen und kultureller Wiederbesinnung des Westens verändern unsere Welt. Neue Kooperations- oder Konkurrenzmechanismen entstehen und haben einen wesentlichen Einfluss auf die weitere KI-Entwicklung in sicherheitsrelevanten Bereichen. Das Verhältnis zwischen den USA und der VR China und die sich entwickelnde interessengeleitete Weltordnung bestimmen, welche strategischen und vor allem militärischen KI-Anwendungen vorangetrieben werden und welche internationalen vertrauensbildenden Rüstungskontrollregeln erreicht werden können: Bedrohungspotentiale können sich erhöhen, oder der kollektive Schutz unserer Sicherheit verbessert sich.

24.1 Möglichkeiten, Bedrohungen, Akteure und geoökonomische Zusammenhänge sicherheitsrelevanter KI-Entwicklung

Dieser siebte Teil des Buches befasst sich mit Bedingungen, Auswirkungen und dem Stand von KI-Anwendungen in sicherheitsrelevanten Bereichen, wobei der militärische Einsatz von KI im Vordergrund steht. In diesem KI-Anwendungsgebiet sind Staat und Industrie besonders stark aufeinander angewiesen (BDI, 2019; Bergleiter, 2024; Reitmeier, 2020). Gemeinsam müssen sie einen wirksamen, fortwährenden Schutz vor äußeren und inneren Sicherheitsbedrohungen gewährleisten. Aber auch die regionale und globale Wahrnehmung nationaler Interessen, z. B. bei der Absicherung von Ressourcenzugang

F. Schmiedchen (✉)
Vereinigung Deutscher Wissenschaftler e.V., Berlin, Deutschland

© Der/die Autor(en) 2026
F. Schmiedchen et al. (Hrsg.), *Künstliche Intelligenz und Wir*,
https://doi.org/10.1007/978-3-662-71567-3_24

und -wegen entlang der gesamten Lieferketten (Pugnet, 2023), die umfassende Aufklärung und Krisenfrüherkennung oder der Schutz von im Ausland agierenden Inländern sind staatliche Aufgaben, bei denen der Einsatz von KI zunehmend wichtiger wird. Welche Maßnahmen in welchem Umfang zur Erreichung dieser Ziele ergriffen werden, hängt wiederum von Faktoren wie gesellschaftlicher Akzeptanz, Ressourcenausstattung, wissenschaftlich-technologischen Kapazitäten sowie bestehenden Bündnisverpflichtungen ab.

KI-Algorithmen sind mächtige Dual-Use-Werkzeuge und Waffen (Brennais, 2024). Ob Angreifer KI-Algorithmen militärisch nutzen oder unterhalb dieser Schwelle angreifen, z. B. um mit gezielter Desinformation demokratische Prozesse auszuhöhlen und die Meinungsbildung zu beeinflussen oder um kritische Infrastruktur oder Wirtschaftsunternehmen auf ihre Resilienz zu testen, oder ob spioniert wird: Viele Möglichkeiten aggressiver KI-Einsätze stellen eine ernste Sicherheitsbedrohung für den Angegriffenen dar (Malatji & Tolah, 2024; EPRS, 2024). Wirklich disruptive Veränderungen der Bedrohungslage entstehen aber vor allem dort, wo KI militärisch und im Zusammenspiel mit verbreiteten Fähigkeiten genutzt wird. In Kombination mit Massenvernichtungswaffen (Meier, 2024) lässt KI qualitativ neue Gefahren entstehen. Vor allem der Einsatz fortgeschrittener KI in Befehlsketten zur Freigabe von Atomwaffen (Saalbach, 2024; Lowther & McGiffin, 2019; Field, 2019), KI als Entwicklungstool für neuartige biologische (Revill et al., 2024; Drexel & Withers, 2024; Donaldson, 2024; Chaudhry & Klein, 2024; Urbina et al., 2022), chemische (Chaudhry & Klein, 2024; OPCW, 2025; Stendall et al., 2024) oder nanotechnologische Waffen (Ali, 2022; Mohsen & Jaber, 2024) können den Fortbestand der Menschheit insgesamt bedrohen. Diese bereits heute realistischen Möglichkeiten offenbaren das dringende Erfordernis, weltweit zu einer gemeinsamen Sichtweise zu kommen, was mit KI gemacht werden darf und was lieber nicht gemacht werden sollte und deshalb weltweit geächtet und international verlässlich überwacht werden muss (Scharre & Lamberth, 2022; Reinhold, 2022; Macartney, 2023; US State Department, 2023; Lück, 2019). Es ist darüber hinaus sinnvoll, bereits heute denkbare zukünftige Bedrohungen durch Technikentwicklung mit in die gemeinsamen Überlegungen einzubeziehen. So sind beispielsweise Fragen der Post-Quanten-Kryptografie auch heute schon relevant (NIST, 2024; genua, 2023; Alfing, 2022).

Weil KI in vielen Lebensbereichen eine wichtige Rolle spielt, muss den Überlegungen zu sicherheitsrelevanten KI-Nutzungen ein erweiterter Sicherheitsbegriff zugrunde gelegt werden. Das Konzept des erweiterten Sicherheitsbegriffs hat sich seit 24 Jahren (nicht nur) in Deutschland oder der NATO bewährt (BAKS, 2001) und berücksichtigt Sicherheitsbedrohungen für Bereiche wie Landwirtschaft/Ernährung, Gesundheit, Energie- und Rohstoffsicherheit, Informationsnetzwerke, Finanzsysteme und andere kritische Infrastruktur. Bestehende und in Zukunft vermutlich wachsende Interdependenzen zwischen militärischen, wirtschaftlichen und anderen zivilen Kategorien (Lischka & Mossig, 2018; DFS, 2013) und zwischen Analogem und Digitalem (Teichmann, 2021) sowohl auf der Erde als auch im erdnahen Weltraum (Poirier, 2024) erfordern komplexe, aufeinander abgestimmte Strategien, um sachgerecht defensive und offensive Fähigkeiten weiterzuentwickeln. Nur so können auch in Zukunft der umfassende Schutz der jeweiligen Bevölkerung erreicht und Angriffsrisiken und -folgen minimiert werden.

Die USA sind das Land, das das globale Ranking in der KI-Entwicklung anführt (Stanford, 2024; Keary, 2024) und zugleich die größte Militärmacht des Planeten (GFP, 2025; s. auch Kap. 25). Der militärisch-technologische Vorsprung des Westens gegenüber anderen Akteuren ist der Vorsprung, den die USA halten. Gründe hierfür liegen unter anderem in der kulturell tief verankerten Technik- und Fortschrittsgläubigkeit (VandeHei & Allen, 2024), die seit Jahrzehnten wie ein Innovationsbooster funktioniert, aber auch zu skurrilen Auswüchsen wie der trans- bzw. posthumanistischen Techno-Religion mit dem Glauben an die KI als gottgleiche Singularität führen kann (Schmiedchen, 2021; Wan, 2023). Dies und das US-Steuersystem begünstigen das Vorhandensein eines Ökosystems von Risikokapitalgebern (Barrios & Hochberg, 2021; Akcigit & Stantcheva, 2018), die bereit sind, für neue Ideen und Erfindungen hohe Risiken einzugehen. Darüber hinaus fördert die allgemein optimistische Grundhaltung der US-Bevölkerung ebenfalls seit Jahrzehnten verlässlich eine grundsätzliche gesellschaftliche Agilität und Dynamik (Thierer, 2019). In großem Umfang unterstützend wirken darüber hinaus die direkten finanziellen Zuwendungen staatlicher Institutionen aus dem Sicherheitsapparat, insbesondere der DARPA (Defense Advanced Research Projects Agency), an Technologieunternehmen und Universitäten (Tucker, 2024; DARPA, 2024) sowie eine Einwanderungs- und Entlohnungspolitik, die hervorragende Talente weltweit in die USA saugt (Kerr, 2020).

Der militärische Vorsprung der USA relativiert sich jedoch in dem Maße, wie wirksame strategische und Massenvernichtungswaffen technisch niederschwellig und kostengünstig von vielen Akteuren entwickelt bzw. von ihnen erlangt werden können (Meier, 2024; Caves & Carus, 2014; Cupitt, 2021).

Vor allem aber der rasante politische und militärische Aufstieg der globalen Wirtschaftsmacht VR China fordert die USA direkt heraus (Brands & Sullivan, 2020; Baldwin, 2024; Cordesman, 2023). China verringert den US-Vorsprung mit hoher Konzentration und ohne lästige Unterbrechungen durch wahlbedingte Machtwechsel mittels iterativer Innovationen, bei denen neue technologische Lösungen frühzeitig auf den Markt gebracht und unter Berücksichtigung der bei der Nutzung gemachten Erfahrungen und Feedbacks schrittweise verbessert werden (z. B. Xiaomi Smartphones oder Teslas Full Self Driving als seltenes westliches Beispiel), und zunehmend auch durch Spitzenforschung insbesondere im digitalen Bereich (Wong Leung et al., 2024; Keary, 2024).

Wie ernst die USA diese wachsenden Herausforderungen nehmen, zeigen beispielsweise die militärische Weiterentwicklung von Starlink und die Erfolge von Palantir, beide erprobt im Ukraine-Krieg (Bergengruen, 2024; Jayanti, 2023), sowie die erfolgreich scheinende Aufholjagd in der Entwicklung von Hyperschallraketen (Dean, 2024). Vor allem die kompromisslose Entschlossenheit der USA, die Technologieführerschaft bei Künstlicher Intelligenz zu verteidigen und auszubauen, wird für die weitere Entwicklung sicherheitsrelevanter KI von großer Bedeutung sein. Die Positionierung der USA auf dem Pariser KI-Gipfel 2025 (*AI Action Summit*) hat das erneut unterstrichen.

Neben den USA und der VR China spielt noch eine Reihe anderer Staaten eine Rolle bei der Entwicklung von KI-Algorithmen, die im weitesten Sinne als Waffe genutzt werden können. Insbesondere Russland, Israel, Türkei, Südkorea, Iran, das Vereinigte Königreich, Frankreich und Deutschland sind hier zu nennen (Borchert et al., 2024; Reitmeier, 2020; Kurc, 2024; Slijper et al., 2019).[1]

Die Staaten der Europäischen Union scheinen bei der Entwicklung sicherheitsrelevanter KI-Anwendungen zunehmend den Anschluss an die vorderste Entwicklerfront zu verlieren (ECA, 2024; Küsters et al., 2024). Auch wenn es hierfür unterschiedliche Ursachen gibt, steht ein polit-kulturelles Hauptproblem im Vordergrund: die fehlende Bereitschaft von politischen Entscheidungsträgern und letztlich auch der Bevölkerungsmehrheit, alles Erforderliche zu tun, um drohende militärische KI-Abhängigkeiten zu verhindern und das eigene KI-Potential voll zu nutzen und weiter zu stärken (Franke, 2019; Krenzer, 2025). Europa hat es sich jahrzehntelang unter dem US-Schutzschirm bequem gemacht und die eigenen Militärausgaben im Sinne einer Friedensdividende begrenzt (Davidson, 2023). Hinsichtlich der weiteren KI-Entwicklung treffen europäische Regulierungsansprüche und amerikanisch-chinesische Wirklichkeiten schmerzlich aufeinander. So hat auch der in Paris stattgefundene globale KI-Gipfel 2025 erneut verdeutlicht, dass die Europäer im Sinne des Vorsorgeprinzips einseitig das Thema Regulierung betonen, während andere Staaten vor allem über Möglichkeiten redeten. Zwar hat die VR China die Abschlusserklärung (Elysée, 2025) mitunterzeichnet, nicht aber die USA und das Vereinigte Königreich. Für die Entwicklung wirksamer militärischer KI-Fähigkeiten der EU besteht derzeit nur begrenzte Hoffnung. Aber auch die bisherigen Verhandlungen über die Begrenzung von tödlichen autonomen Waffensystemen (LAWS) als einer wesentlichen Kategorie von militärischer KI geben wenig Grund zur Zuversicht. Die seit 2014 im Rahmen der Konvention über bestimmte konventionelle Waffen (CCW) laufenden Verhandlungen haben hinsichtlich präventiver Rüstungskontrolle jedenfalls noch keine ernstzunehmenden Fortschritte erbracht (Neuneck, 2021).

Wird die Notwendigkeit internationaler Spielregeln für Entwicklung und Einsatz sicherheitsrelevanter KI als wesentlich erachtet, dann stellt sich umgehend die Frage, wie es grundsätzlich um die Chancen für ernsthafte internationale Rüstungskontrollverhandlungen bestellt ist. Die Pariser Stellungnahme von US-Vizepräsident J. D. Vance und die Weigerung der größten KI-Macht USA, die Abschlusserklärung mitzutragen, lassen keinen Optimismus zu.

Um die Rahmenbedingungen für zukünftige vertrauensbildende Maßnahmen zur KI-Rüstungsbegrenzung zu verstehen, müssen die wichtigsten Ursachen der aktuellen globalen Machtverschiebungen und das zu beobachtende Kollabieren der liberalen, regelbasierten Weltordnung skizziert werden. Hierfür wird die historische Entwicklung des Multilateralismus seit 1945 ebenso dargestellt wie Veränderungen des westlichen Wertediskurses, die wesentlich zum Verlust westlicher Deutungshoheit beigetragen haben. Abschließend folgt ein Überblick über wichtige Eckdaten der internationalen Präsenz Chinas und des sich entwickelnden antiwestlichen Netzwerkes.

---

[1] Das allgemeine Top10-Ranking der KI-Entwicklung unterscheidet sich teilweise: 1. USA, 2. China, 3. UK, 4. Indien, 5. VAE, 6. Frankreich, 7. Südkorea, 8. Deutschland, 9. Japan, 10. Singapur (Stanford, 2024). Keary (2024) nennt Israel und Kanada statt VAE und Südkorea.

24.2 Glanz und Untergang der liberalen Weltordnung

Die ab der zweiten Gipfelkonferenz von Jalta 1945 errichtete regelbasierte Weltordnung fußt auf den Erfahrungen diplomatischer Verhandlungen seit dem Wiener Kongress (1814/1815) sowie den Erkenntnissen aus dem Scheitern des 1920 gegründeten Völkerbundes als erster globaler, multilateraler Struktur (UNDP, 2024, S. 197 ff.). Die Grundzüge eines gemeinsamen Verständnisses des Völkerrechts wurden ab 1945 zügig institutionell ausgestaltet, wobei die Friedenssicherung und der Schutz der Menschenrechte im Vordergrund der Gründung der Vereinten Nationen (UNO, 2025) standen. Das Recht des Stärkeren sollte durch die Stärke des Rechts ersetzt werden, und Mechanismen des vernünftigen Ausgleichs divergierender Interessen sollten zukünftig gewaltsame Eskalationen von Konflikten verhindern (UNO, 2025; UNRIC, 2025). Diese Postulate, die auf den Werten der französischen Aufklärung beruhen und den Geist der bürgerlichen französischen und US-amerikanischen Revolutionen des 18. Jahrhunderts atmen, sind von der Überzeugung getragen, dass auch das Zusammenleben der Völker und Staaten auf Grundlage der Vernunft und des friedlichen Verhandelns geregelt werden kann und soll (Varwick, 2005; Mackinder, 1942; Netzwerk Menschenrechte, 2025).

Auf Vorschlag der Sowjetunion und mit Unterstützung der USA wurde die UNO mit einem Sicherheitsrat ausgerüstet, in dem fünf Staaten über ein Vetorecht verfügen (UNO, 2025). Der Schutz der nirgendwo definierten oder begrenzten Interessen der fünf Vetomächte USA, UdSSR/Russland, Vereinigtes Königreich, Frankreich und China ist im Hinblick auf das internationale Völkerrecht als Ursünde der UNO zu betrachten. Es war jedoch das erforderliche Stück Realpolitik, das benötigt wurde, um die Gründung der Vereinten Nationen überhaupt erst zu ermöglichen. Denn es versicherte den damals fünf stärksten Nationen, dass im Zweifelsfall eben doch auch weiterhin das Recht des Stärkeren gälte, von dem die Vetomächte dann vor allem nach 1970 auch häufig genug Gebrauch machten, ohne dafür sanktioniert zu werden (Heinz & Litschke, 2014; Bosco, 2011). Dies rächt sich nun, wo die Politik des Rechts des Stärkeren wieder massiv an Bedeutung gewinnt (Chellaney, 2024).

Die Allgemeine Erklärung der Menschenrechte, die von der UN-Generalversammlung (die damals 48 Staaten umfasste) im Dezember 1948 verabschiedet wurde, formuliert ein anzustrebendes Ideal und ist vermutlich genau deshalb auch ohne völkerrechtliche Verpflichtungen geblieben. Sie beinhaltet sowohl individuelle als auch kollektive Menschenrechte, deren Verhältnis zueinander von Beginn an aus ideologischen und wirtschaftlichen Interessensgründen konträr definiert wurde: Während die kapitalistischen Staaten einseitig die liberalen und individuellen Freiheitsrechte betonten, waren für die von der UdSSR geführten Staaten der zentralen Planwirtschaft und für die durch Dekolonialisierung wachsende Zahl von Entwicklungsländern die wirtschaftlichen, sozialen und kulturellen Menschenrechte (WSK-Rechte) von weitaus höherer Bedeutung (Ridder, 2022; human rights, 2021; Riedel, 1986). Dieser Dissens ist bis heute nicht aufgehoben und wird vermutlich auch für die aktuelle Neuordnung der Welt von großer Bedeutung sein.

Das gilt vielleicht noch stärker für die Frage des Verhältnisses der Durchsetzung der universellen Menschenrechte zu den Prinzipien der nationalen Souveränität und der territorialen Unversehrtheit (Kindt, 2009; Haedrich, 2016; DGVN, 2025). Trotz dieser „Geburtsfehler" und aller sonstigen Einschränkungen hat sich die UNO bis zum Zusammenbruch der Sowjetunion und dem damit verbundenen Ende des ersten Kalten Krieges als weitgehend funktional und stabil bewährt. Das gilt auch unter Berücksichtigung des traurigen Fazits, dass sie bei ihrem Hauptziel der Friedenssicherung oftmals erfolglos blieb.

Unmittelbar nach dem Zusammenbruch des Ostblocks strebte die liberale Weltordnung ihrem Höhepunkt zu. Einerseits in Form der Weltkonferenz über Umwelt und Entwicklung in Rio de Janeiro 1992: Diese Konferenz setzte erstmals die Idee einer weltweiten, gemeinsamen Verantwortung aller Menschen für unseren Planeten um, in Form der dort verabschiedeten Abkommen zum Schutz von Klima und Biodiversität sowie der Agenda 21 und der Rio-Erklärung über Umwelt und Entwicklung (Rio, 1992; CBD, 1992; Agenda 21, 1992; UNFCC, 1992). Damit war die Grundlage für eine ganz neue Zeit geschaffen, in der alle Staaten und damit alle Völker und jeder Mensch auf der Erde in eine gemeinsame Geschichte eingebunden waren, die die Verbesserung der Lebensqualität für alle und den Schutz aller Lebewesen und der Umwelt zum Ziel hat. Die europäische Staatenfamilie hatte einen entscheidenden Anteil am Erfolg der Rio-Konferenz.

An anderer Stelle gelang dem westlichen Kapitalismus 1994 die endgültige Durchsetzung der angelsächsisch geprägten Freihandelsdoktrin mit der Gründung der Welthandelsorganisation (WTO, 1994) als Fortsetzung der seit 1946 laufenden Zoll- und Freihandelsverträge (GATT) (WTO, 2025). Die Gründung der WTO bildet aus heutiger Sicht den Höhe- und Scheitelpunkt der Macht der liberaldemokratischen Weltordnung.

Der US-amerikanische Philosoph Francis Fukuyama schrieb bereits 1989 erstmals vom Ende der Geschichte und sagte eine immerwährende Ära liberaldemokratisch-kapitalistischer Hegemonie voraus.

Bereits vor diesem Zeitpunkt begann der bis heute andauernde Prozess der Polarisierung in den USA (Römmele, 2020), der dazu führte, dass der US-Kongress zunehmend dysfunktional wurde. Dies hatte nach 1992 historisch tragische Fehlentscheidungen zur Folge, die auf ebenso bedeutsamen fundamentalen Fehleinschätzungen von Motiven, Interessen und Zielsetzungen anderer Staaten, Eliten, Ideologien, Religionen und Kulturkreise beruhte (Kreft, 2002). Statt die Chancen für den Aufbau einer vernunft- und respektbasierten Weltinnenpolitik zu nutzen, um wesentliche Herausforderungen der Menschheit gemeinsam mit soziokulturell oder ideologisch anders tradierten Staaten zu bewältigen, hielten die USA in Fortsetzung der Prinzipien des neoliberalen Washington-Konsensus (Pettinger, 2017; Irwin & Ward, 2021) am Ziel einer unipolaren Welt unter Führung der Hypermacht USA fest, auch unter Missbrauch multilateraler Institutionen und Brechung des Völkerrechts (Sloan et al., 2000; Dumbrell, 2009; Brzezinski, 2001).

Russland war zumindest bis 1994 offen für eine Westanbindung und damit letztlich auch für eine friedliche territoriale Ausweitung einer um Russland als gleichberechtigten Partner der USA erweiterten NATO bis an die russische Pazifikküste (Brzezinski, 2001, S. 149 ff.). Doch spätestens 1996 hat der um seine Wiederwahl bangende Bill Clinton einer möglichen strategischen Allianz der USA mit Russland den letzten Todesstoß versetzt. Stattdessen betrieb er die absprachewidrige NATO-Osterweiterung gegen Russland, um die Stimmen der Diaspora Russland hassender Osteuropäer in einigen Swing-States zu gewinnen (Dumbrell, 2009). Die USA versuchten, nach 1990 ihre unipolare Supermachtstellung auszubauen (Brzezinski, 2001). Ab 1997 gewannen die Neokonservativen in den USA zunehmend an Einfluss und mit ihnen eine gefährliche imperialistische Sicht auf die Welt (Project for the New American Century, 1997). Der Angriff des islamistischen Terrornetzwerks Al-Qaida auf die USA am 11.09.2001 war ein schreckliches Fanal. Mit dem 2002 einsetzenden Kampf der USA und ihrer Verbündeten gegen den Islamismus wurde auch die neue Doktrin humanitärer Interventionen (Rudolf, 2001) umgesetzt, die die Verantwortung liberaler Demokratien für die weltweite Durchsetzung der universellen Menschenrechte behauptete – gegebenenfalls auch mit militärischen Mitteln.

Mit der von der 4. UN-Weltfrauenkonferenz in Peking 1995 verabschiedeten Erklärung und Aktionsplattform (UN, 1995) begann eine schnell an Intensität zunehmende Bewegung vor allem in westlichen Staaten, grundlegende Forderungen der dritten Welle des Feminismus zu übernehmen, wie sie Judith Butler 1991 in ihrem Buch „Das Unbehagen der Geschlechter" formulierte: Zentraler Punkt ist dabei die Forderung nach Integration antirassistischer und queerer Perspektiven in den Feminismus und die allgemeine Verwendung der Kategorie „Gender" als Ersatz für das biologische Geschlecht (Achilleos-Sarll, 2018; Thompson et al., 2021; DISW, 2025). Die EU erweiterte ihr Selbstbild als friedliche, liberale und solidarische Soft-Power (Juska, 2024) um die Dimension der feministischen Transformation (Krell, 2003, 2019). Dieses ideologische Ziel wurde zunehmend verwechselt mit der tatsächlichen Lebenswirklichkeit (Koch, 1995). Anders ausgedrückt: Der Westen verwechselte seine eigenen intersubjektiven Erzählungen mit der objektiven Wirklichkeit, und warnende Stimmen wurden überhört (Harari, 2024; Sörensen, 2011; Grau, 2021). Vor allem der gescheiterte Afghanistan-Einsatz und die damit verbundenen katastrophalen Folgen für afghanische Mädchen und Frauen haben das tragisch verdeutlicht. Die gesellschaftliche Durchsetzung des diversitätsoffenen Feminismus war mit einer schrittweisen Zunahme von Zensur unter den Begriffen *Cancel Culture* und später *Wokeness* verbunden (Guillamon, 2019; Henley, 2023; Lahtinen, 2024), die dem Kampf der Frauen um Gleichberechtigung geschadet hat (Giménez Barbát, 2023; L'amour Lalove, 2017; Foa & Mounk, 2016; Wike et al., 2019).

Für unseren Kontext ist aber bedeutsamer, dass sich durch jahrelang wiederholte Moralvorträge und Konditionalitäten sowohl in bilateralen als auch in multilateralen Verhandlungen und die Begründung einer feministischen Außen- und Entwicklungspolitik (Thompson, 2020) der Einfluss des Westens in der Welt verringerte (Zaineldine, 2018). Vor allem Erzählungen davon, dass die Durchsetzung von Diversität und Frauenrechten der eigentliche Grund für „humanitäre" Kampfeinsätze seien, haben trotz der Verabschiedung der Istanbul-Konvention (UN, 2011) in Schwellen-, Entwicklungs- und Transformationsländern zu wachsendem Widerstand geführt der, beschleunigt durch das Verhalten des Westens im Arabischen Frühling 2011/2012, dem Einfluss des Westens in der Welt Schaden zugefügt hat (Ayotte & Husain, 2005; Feth, 2007; Kandiyoti, 2005; Hasselbach, 2024; UNO, 2015; WEF, 2025; UNDP, 2024; Mohan, 2024; Görgen & Wendt, 2020; Kraus, 2024; Joyce, 2021; Großmann, 2023; Zaineldine, 2022; UN Women, 2022; Lee & Sharp, 2018; Wikipedia, 2025a).

Hintergrund der großflächigen Abwehr gegen die moralischen Belehrungen und Erpressungen des Westens ist zumindest ganz wesentlich, dass diese als illegitime und illegale Einmischung in innerste gesellschaftliche Systeme bis hinein in die einzelnen Familien bewertet wird. Das Konzept des queeren Feminismus gilt in vielen Ländern Asiens, Afrikas und Lateinamerikas als anstößig, krank (Wikipedia, 2025b) und zum Teil gotteslästerlich (Al Munajjid, 2009).

Der urban-hedonistische Neoatheismus, der vielfach mit dem queeren Feminismus verbunden ist, geht davon aus, dass ein weltweiter Lernprozess zwangsläufig zu dem Ergebnis führen wird, dass Gott tot und religiös begründete Sexualmoral als rückständiges Rudiment der Vergangenheit überwunden werden wird (Harris, 2004; Dawkins, 2007; Hitchens, 2007; Hempelmann, 2014). Die Wirklichkeit ist für die Menschheit jedoch eine völlig andere. Mit Beginn des 21. Jahrhunderts und verstärkt seit 2010 wird in immer mehr Staaten die Demokratie geschwächt, und die Zahl autokratischer Staaten wächst. Derzeit können 88 Staaten der Welt als autokratisch eingestuft werden, darunter „viele enge Partner des Westens wie Saudi-Arabien, die VAE oder die Philippinen" (Staack, 2022, S. 6; WPR, 2024; Boese & Hellmeier, 2021). In autokratisch regierten Staaten leben rund 70 % der Weltbevölkerung (WPR, 2024). Außerdem sind 83 % der Weltbevölkerung (2050 werden es 87 % sein) spirituell und/oder gläubig und teilen religiös geprägte Werte. Gleichzeitig wächst zwar die absolute Zahl der Atheisten weltweit, ihr relativer Anteil an der Weltbevölkerung schrumpft aber (vgl. Pew, 2022; Hackett et al., 2015). Religiöse Menschen, die in Gesellschaften leben, die eher traditionell geprägt sind, bewerten das pro-feministische und pro-queere Auftreten westlicher Staaten als kulturimperialistisch, dekadent und gottlos (Molapisi, 2020; AFLA, 2025; Legenhausen, 2025). Insbesondere wirkt der konstruktivistische Versuch, mehr als zwei Geschlechter zu definieren, auf die meisten Menschen wie antibiologischer Voodoo und grotesk oder eben auch wie eine Gotteslästerung. Wenn aber heiß umstrittene kulturelle Kampfbegriffe im diplomatischen Umgang und in internationalen Verhandlungen regelmäßig verwendet werden und als richtige Sichtweise durchgesetzt werden sollen, dann hat das in der Regel einen hohen politischen Preis Letztlich hat es das vermutliche Ende der liberalen regelbasierten Weltordnung zumindest befördert. All das hat also den Einfluss des Westens schwinden lassen und der Durchsetzung seiner Interessen geschadet (Klingebiel, 2023). Abstimmungen und Diskussionen in den Vereinten Nationen zeigen vor allem seit dem Überfall Russlands auf die Ukraine, dass die westliche Menschenrechtsrhetorik zunehmend weniger Gehör bei anderen Staaten findet (Mthembu, 2022; Länderanalysen, 2023; Ostheimer, 2023; Klingebiel, 2023).

Was haben wir als Westen also falsch gemacht? Wir haben unsere Ziele strategielos verfolgt (vgl. Münkler, 2021) und unser positives und konstruktives Anliegen, das wir im Sinne der „Einen Menschheit" verfolgen, radikalisiert und aus Hybris ein einseitig positiv-verzerrtes Selbstbild geschaffen: Wir und nur wir sind die Guten! Um verlorenes Terrain zurückzuerobern und einen größtmöglichen Einfluss auf den gerade erst begonnenen Prozess der Herausbildung einer neuen Weltordnung zu haben, bedarf es einer fundamentalen Korrektur durch Einsicht in die Geschichte unserer Außenpolitik und der Anerkennung unserer dabei manifestierten Ambivalenzen bzw. Ambiguitäten. Der kluge Satz, dass Außenpolitik weitgehend eine Funktion der Innenpolitik ist, gilt eben auch für uns selbst.

24.3 Die liberale Weltordnung ist tot – lang lebe die interessenbasierte Weltordnung

Die sich immer noch in der Anfangsphase befindliche epochale Veränderung geoökonomischer, geostrategischer und geopolitischer Strukturen und Prozesse auf der Erde hat seit dem Überfall Russlands auf die Ukraine erheblich an Geschwindigkeit gewonnen und das vermutliche Ende der westlich dominierten liberalen, regelbasierten Weltordnung eingeleitet. In der wahrscheinlich noch Jahre dauernden Übergangszeit werden bereits erste Elemente einer neuen multipolaren, auf Interessen basierten Weltordnung sichtbar, deren Hauptprotagonisten weiterhin die Vereinigten Staaten von Amerika und neu hinzukommend die Volksrepublik China sind, auch wenn die EU, Russland (Liik, 2024), Indien, Türkei und die arabischen Golfstaaten ebenfalls eine wichtige Rolle spielen (Klingebiel, 2023).

Die USA und China sind beide von einem ungebrochenen Technikoptimismus und Fortschrittsglauben geprägt und kämpfen verstärkt darum, Ideologien des 20. und 21. Jahrhunderts mit ihren Traditionen und Wurzeln in Einklang zu bringen.

Nach 200 historisch schlechten Jahren ist es der KP Chinas gelungen, das chinesische Reich in nur 50 Jahren vom hunger- und Maoismus-geplagten Entwicklungsland zur konfuzianisch-sozialistischen Weltmacht aufsteigen zu lassen. China ist eine über 5000 Jahre gewachsene, große und zugleich auch die nach Indien zweitälteste Kulturnation des Planeten, die nach wie vor ein Imperium ist. Die USA sind noch immer ein sehr junger Staat, der bereits häufiger bewiesen hat, die Verkörperung von Dynamik und Optimismus zu sein. Traditionsbewusstsein heißt hier, die heutige Politik mit den Ideen der Gründerväter und den Mythen des 19. Jahrhunderts zur Eroberung des Wilden Westens in Einklang zu bringen.

Der entscheidende Game Changer in der globalen Machtverschiebung war der wirtschaftliche und politische Aufstieg der VR China zur zweiten Weltmacht. Als Weltmacht mit Scheckbuch bietet China für viele Staaten der Erde und vor allem für deren Eliten eine glaubwürdige und attraktive Alternative zum Westen (Klingebiel, 2023). Denjenigen, die eher vorsichtig bleiben, um nicht die alte Abhängigkeit von der Supermacht USA ungewollt durch eine neue Abhängigkeit von der Supermacht China zu ersetzen, bieten z. B. Russland (Liik, 2024) oder die Vereinigten Arabischen Emirate (beschränkt auf Afrika) Alternativen, deren Werte ebenfalls antiwestlich orientiert sind.

Hinzu kommt, und hier berühren sich meine beiden Argumentationsstränge, dass hinduistische, konfuzianische, jüdisch- und christlich-orthodoxe, islamische und einige evangelikanische Gesellschaftsvorstellungen individuelle Freiheiten nur im Rahmen familiärer und gesellschaftlicher Unterordnung kennen und dadurch untereinander in Asien, Afrika und Lateinamerika wesentlich besser kompatibel sind als die liberale, urban-hedonistische Überbetonung individualistischer Selbstverwirklichung (Benabdallah, 2024). Der Verlust an Glaubwürdigkeit, der zumindest zu einem signifikanten Prozentsatz der queer-feministischen Außenpolitik geschuldet ist, macht die Fortsetzung einer weltweit durchgesetzten, geistig-moralischen Führungsrolle des Westens unmöglich (Sörensen, 2011). Stattdessen liegt es nun nahe, sich auf die Gewährleistung der Sicherheit der erforderlichen Ressourcenversorgungswege und lebenswichtiger Interessen zu konzentrieren, eine wirksame Politik zu forcieren, um Wertschöpfungs- und Versorgungsketten regionaler und resilienter zu gestalten und zu lernen, mit konkurrierenden Staaten, Systemen, Ideologien und Religionen friedlich und konstruktiv auf Augenhöhe zusammenzuarbeiten. Das seit 2008 schrittweise Sichtbarwerden einer neuen, aufstrebenden Weltmacht mit traditionellen gesellschaftlichen Vorstellungen hat viele Staaten und Gesellschaften ermutigt, sich gegen die westliche Kultur, aber auch gegen die US-Dollar-Hegemonie aufzulehnen (Chellaney, 2024; Klingebiel, 2023) und ihre andere Sicht der Dinge im Internet, auf den Marktplätzen und an den multilateralen Verhandlungstischen zu formulieren. Viele Länder Asiens, Lateinamerikas und Afrikas wenden sich im Ergebnis seit 2022 zumindest teilweise vom Westen ab und einer neuen chinesisch geführten Gegenmacht zumindest partiell zu (Mohan, 2024; Benabdallah, 2024). Dies geschieht nicht trotz, sondern gerade wegen der kritischen Distanz zum Modell der demokratischen, pluralen, offenen Gesellschaft und dem asiatischen Primat von Stabilität und nationaler Souveränität. In diesen ersten Bewegungen hin zu einer neuen Weltordnung verstärken sich aber auch die eigenständigen Gewichte einer Gruppe von weiteren Ländern, die eine breite Varianz ideologischer und religiöser Grundorientierung haben und „irgendwie" international wichtig sind: Indien, Russland, Türkei, Saudi-Arabien und die Vereinigten Arabischen Emirate (VAE) sind hier zuvorderst zu nennen, aber auch die BRICs als Gruppe (Chellaney, 2024; Klingebiel, 2023). Die konkrete Ausgestaltung des zukünftigen multilateralen Systems ist dabei noch völlig offen. Ebenso offen ist damit die Zukunft bestehender internationaler Organisationen, wie den Vereinten Nationen oder den G20.

Im nächsten Abschnitt soll nun die beeindruckende Entwicklung der VR China ein wenig genauer betrachtet werden.

24.4 Chinas Grand Strategy

„Wenn China erwacht, wird die Welt erzittern."
(zugeschrieben: Napoleon Bonaparte, 1817 auf St. Helena)

Die Volksrepublik China hat sich seit Dezember 1978 und vor allem durch ihre konstruktiv-unterstützende Rolle in den Krisen von 2007/2008 (Finanzkrise), 2009/2012 (Eurokrise) sowie durch ihr verstärktes Engagement auf internationaler Bühne (z. B. Pariser Klimakonferenz, World Economic Forum WEF, 2017 usw.) zu einer weltweit geachteten und politisch einflussreichen Weltmacht entwickelt. Es war 2008 Chinas konsequentem Handeln zu verdanken, dass die Weltwirtschaft nicht in eine tiefe Krise geriet. Durch massive Konjunkturprogramme, den Kauf heimischer Bankaktien, die großzügigen Gewährung von Krediten weltweit sowie Stützungskäufe von US-Dollar wurde das Vertrauen in die internationale Finanzstabilität schnell wiederhergestellt (Whalley et al., 2009; Yueh, 2010; Martin, 2023). Es war das erste Mal, dass sich China als konstruktive und aktive Stütze des freien Welthandels und internationalen Finanzsystems bewies.

Der Aufstieg der VR China basiert auf einer starken wirtschaftlichen und technologischen Entwicklung (v. a. in der Digitalisierung) und einer darauf abgestimmten expansiven internationalen Strategie wachsender Einflusssphären, der das Konzept der „Konnektivität" zugrunde liegt (Staack, 2022). Dieses Konzept strebt an, „durch Netzwerke und Strukturen ein nahezu globales Geflecht wirtschaftlicher Kooperation zu schaffen, welches auch ein gesteigertes politisch-diplomatisches Gewicht in der Welt zur Folge haben soll" (ebenda, S. 2). Im Rahmen der Neuen Seidenstraße (Belt and Road Initiative, BRI) hat China mit 141 Staaten bindende Absichtserklärungen geschlossen, um ein weltweites Netz von Land- und Seehandelswegen für chinesische Unternehmen auszubauen und abzusichern (vgl. GTAI, 2021). China hat nicht nur im Rahmen der Neuen Seidenstraße umfassend Infrastruktur gekauft und/oder gebaut: Autobahnen, Häfen und Sonderwirtschaftszonen.[2] China hat auch Ländereien gekauft, oft für Agrarproduktion, aber z. B. auch zur Vorbereitung eines zweiten Atlantik-Pazifik-Kanals in Nicaragua, und Militärbasen eröffnet (z. B. Kambodscha, Dschibuti). Die China Ocean Shipping Group betreibt weltweit in 37 Häfen 197 Containerliegeplätze, die gegebenenfalls auch militärisch-logistisch genutzt werden können.[3] China hat zugleich mit 14 asiatisch-pazifischen Staaten[4] das größte Freihandelsabkommen der Erde abgeschlossen. Das Regional Comprehensive Economic Partnership (RCEP) Abkommen ist seit 2020 in Kraft und deckt knapp 30 % des Welthandels ab. Damit hat es in etwa die gleiche Größenordnung wie der gesamte Binnenhandel der EU (ca. 34 % des Welthandels). Im inhaltlichen Umfang ambitionierter ist das 2018 in Kraft getretene Comprehensive and Progressive Agreement for Trans-Pacific Partnership (CPTPP),[5] das aber nur 13 % der globalen Wirtschaftsleistung repräsentiert.

Die von China 2001 ins Leben gerufene Shanghaier Organisation für Zusammenarbeit (SOZ)[6] ist eine internationale Organisation mit heute acht Mitgliedern, vier Beobachtern sowie sechs Dialogpartnern. Die Organisation zielt auf eine sicherheitspolitische Zusammenarbeit und regionale Stabilität sowie Kooperation in Wirtschafts-, Handels- und Energiefragen ab. Die SOZ unterstützt explizit die BRI. China nutzt viele Projekte im Rahmen dieser Abkommen und Initiativen sowie chinesische Direktinvestitionen auch zu strategischen Zwecken (einschließlich wirtschaftlicher und militärischer Aufklärung). Explizit gehört auch der Schutz der mehr als eine Million im Ausland lebenden Festlandchinesen und der über 40.000 chinesischen Auslandsinvestitionen in das Profil. In der Summe wird deutlich, in welchem Umfang die weltpolitische Präsenz der VR China gewachsen ist (WEF, 2018).

---

[2] Z. B. Vietnam, Laos, Kambodscha, Myanmar, Oman, VAE, Saudi-Arabien, Israel, Ägypten, Libyen, Griechenland und Peru.

[3] Z. B. Piräus (100 %), Zeebrugge (85 %), Kumport (bei Istanbul 48 %), Dünkirchen (45 %), Valencia (51 %), Bilbao (40 %) sowie sechs weitere Häfen in Frankreich, den Niederlanden und Kroatien. Hambantota (Sri Lanka) Sonderwirtschaftszonen: Suez-Kanal, Israel, VAE, Oman, Saudi-Arabien.

[4] China, Vietnam, Singapur, Indonesien, Malaysia, Thailand, Philippinen, Myanmar, Brunei, Laos, Kambodscha, Japan, Südkorea, Australien und Neuseeland.

[5] China, Japan, Kanada, Australien, Neuseeland, Singapur, Mexiko, Vietnam, Chile, Malaysia, Peru und Brunei. Das Vereinigte Königreich hat 2021 einen Antrag auf Mitgliedschaft gestellt.

[6] Mitglieder: China, Russland, Indien, Pakistan, Kasachstan, Kirgistan, Tadschikistan, Usbekistan. Beobachter: Afghanistan, Iran, Mongolei, Belarus. Dialogpartner: Türkei, Armenien, Aserbaidschan, Kambodscha, Nepal, Sri Lanka.

Das Politbüro des ZK der KP Chinas (KPCh) hat im November 2021 eine Nationale Sicherheitsstrategie (2021–2025) beschlossen. Diese soll eine neue Sicherheitsstruktur etablieren und ist durch einen ganzheitlichen Ansatz gekennzeichnet, der auf dem seit April 2014 bestehenden Konzept der umfassenden nationalen Sicherheit (*zongti guojia anquan guan*) fußt (vgl. Corff, 2018). Dieser Ansatz dient dem Schutz der Sicherheit in wichtigen Sektoren und Regionen, einschließlich politischer, wirtschaftlicher, sozialer, wissenschaftlich-technischer und anderer neuer Bereiche. Der entschlossene Schutz der nationalen Souveränität, der chinesischen Kerninteressen, der nationalen Würde und der Entwicklungsinteressen des Landes lässt keine Zugeständnisse zu und dient der Aufrechterhaltung der Stabilität (*weiwen*). Die uneingeschränkte militärische Führung durch die KPCh wird unterstrichen. Die Rolle der Entwicklung von Wissenschaft und Technologie und die ständige Anpassung der Wissenschafts- und Technologiestrategien, insbesondere die Innovationsförderung, werden besonders betont (vgl. Xinhua, 2021). Wie oben kurz angerissen, gehört auch die weltweite Verteidigung chinesischer Wirtschaftsinteressen, insbesondere solcher im Rahmen der BRI, zu den strategischen Kerninteressen. Auch die chinesische Cybersicherheitsgesetzgebung wurde an die nationale Sicherheitsstrategie angepasst. Die neue und umfassendere Definition nationaler Sicherheitsinteressen durch die KPCh ist also bereits seit einigen Jahren bekannt. Bereits der Beschluss 2013 zur Einrichtung eines New National Security Council hat eine gewisse Wende hin zu einer strafferen und umfassenderen sicherheitspolitischen Agenda in Händen der KPCh eingeleitet. Viele der aktuellen Aussagen, Entscheidungen und Pläne stammen aus dem Jahr 2015: Sowohl das „Weißbuch Chinas Militärstrategie" (vgl. Chinese State Council, 2015b) als auch das wirtschaftlich-technologische Zielkonzept „Made in China 2025" (vgl. Chinese State Council, 2015a) operationalisieren den umfassenden Ansatz der KPCh ebenso wie das Prinzip der zwei Wirtschaftskreisläufe, welches die Dominanz des chinesischen Binnenmarktes festschreibt, dem alle außenwirtschaftlichen Beziehungen (s. o.) zu dienen haben (vgl. WEF, 2020). Damit hat sich China von einer exportorientierten Politik abgewandt und sieht den Außenhandel primär als unterstützend für die eigentlich wichtige nationale wirtschaftliche Entwicklung. Dies ist in gewisser Weise eine Vorwegnahme des Decouplings infolge der Covid-19-Pandemie und der geopolitischen Machtverschiebungen.

Der großen Herausforderung für die chinesische Strategie, dass die Diversität der umworbenen Staats- und Gesellschaftsformen niemals widerspruchsfrei zu bewältigen sein wird, begegnet China mit einem Ansatz, der das Grundmotiv vieler bi- und multilateraler Abkommen und Verlautbarungen mit chinesischer Beteiligung ist und den ich mit folgendem Satz zusammenfasse:

„Nicht immer miteinander, aber niemals gegeneinander!"

Man kooperiert in gegenseitigem Respekt vor den nationalen Interessen und achtet die kulturell-religiöse und nationale Souveränität, verbunden im Wunsch einer wirksamen Abwehr der hegemonialen Dominanz der USA und des Westens insgesamt. Dabei begreift die VR China die Summe seiner zahlreichen Einzelmaßnahmen als langfristige Strategie zur Etablierung einer multipolaren, interessenbasierten Weltordnung ohne westliche Hegemonie. Insofern entspricht das chinesische Wirken den Charakteristiken einer Grand Strategy (vgl. Kennedy, 1992). Diese chinesische Strategie hat in einer hypervernetzten Welt durchaus Aussicht auf Erfolg!

24.5 Wie neues Vertrauen entstehen kann

Die zweite Amtszeit Donald Trumps als 47. Präsident der Vereinigten Staaten setzt für die Entwicklung der westlichen Welt bestimmende Impulse. Was die machtpolitischen Gewichte betrifft, so wurden einerseits die Unterschiede zwischen der EU und den USA bereits am Anfang der Amtszeit von Präsident Trump deutlich (Vance, 2025). Dennoch ist es eher wahrscheinlich, dass Europa wieder in eine stärkere Abhängigkeit gegenüber den USA zurückfallen wird. Letzteres liegt sowohl in den ganz offensichtlich bestehenden Differenzen der EU-Mitgliedsstaaten in zentralen Sicherheitsfragen begründet, die auch auf dem Krisengipfel am 17.02.2025 in Paris deutlich wurden (z. B. hinsichtlich einer europäischen Armee oder des Einsatzes von EU-Friedenstruppen in der Ukraine), als auch in der gegenwärtigen Tendenz, dass in immer mehr Ländern der EU rechtskonservative Kräfte Regierungsgewalt übernehmen und sich die neue rechtskonservative Mehrheit im Europäischen Parlament als handlungsfähig erweisen könnte. Aber auch in anderen Ländern des „westlichen Lagers" werden parlamentarische Demokratien zu Exekutiv-Demokratien oder Autokratien bei gleichzeitiger Schwächung von Gewaltenteilung, Oppositionsrechten und freier Meinungsäußerung umgebaut. Neutral betrachtet stehen den Nachteilen schwindender europäischer Selbstbehauptung und der Konsolidierung liberaler Errungenschaften die Vorteile eines gestärkten und geeinten Westens gegenüber, der seine Interessen in der Welt wirksam vertritt. Europa wird enger zusammenrücken und versuchen, nicht nur im militärischen Bereich die bestehenden Gemeinsamkeiten weiterzuentwickeln. Dennoch ist es aus heutiger Sicht eher unrealistisch, dass hieraus eine erfolgreiche Emanzipation europäischer Verteidigungsfähigkeit gelingt. Wesentlich wahrscheinlicher ist die Erneuerung des Schulterschlusses mit den USA auf Basis einer veränderten Lastenteilung. Dies wird jedoch wahrscheinlich auch eine Annäherung im diplomatischen Auftreten und in der Positionierung in multilateralen Verhandlungen mit sich bringen. Jede andere Entwicklung würde voraussetzen, dass sich z. B. Spanien, Polen, Ungarn, Frankreich, Italien und Deutschland auf gemeinsame Positionen einigen, die weit mehr sein müssten als der kleinste gemeinsame Nenner. Dies war jedoch nicht einmal in der ersten Schockreaktion nach der Rede von US-Vizepräsident J. D. Vance auf der Münchner Sicherheitskonferenz 2025 möglich.

Mit der gemeinsamen Erklärung der Präsidenten Chinas und Russlands vom 04.02.2022 hat der Angriff auf die westlich dominierte regelbasierte Weltordnung ihren ersten konsolidierten Ausdruck gefunden (Kreml, 2022). Der strategischen Partnerschaft zwischen China und Russland ist auch Iran und mittlerweile Nordkorea hinzuzurechnen. Mit den Kriegen in der Ukraine und im Nahen Osten, den Machtverschiebungen in der Sahara und in Syrien sowie zahlreichen kleineren Konfrontationen (z. B. zum Panama-Kanal) wächst die berechtigte Sorge vor einem neuen Kalten Krieg, deren Hauptprotagonisten die VR China und die USA sind.

Wie also kann eine destruktive Spirale vermieden werden, in der das Misstrauen kontinuierlich wächst? Die Geschichte lehrt, dass die hinreichende Berücksichtigung der Interessen der Stärkeren Voraussetzung dafür ist, dass die Stärkeren sich mit hinreichender Ernsthaftigkeit für funktionierende multilaterale Regeln und für überwachte Rüstungsbegrenzungen einsetzen. Wenn die neue Weltordnung die Interessen des freiheitlichen, kapitalistischen Westens nicht hinreichend abbildet, wird dieser kein Interesse entwickeln, seine wirtschaftliche und militärische Überlegenheit durch das Völkerrecht zügeln zu lassen. Unser konsequentes Eintreten für die regelbasierte Weltordnung basierte darauf, dass diese unsere Interessen besonders effizient geschützt hat. Deshalb ist es naheliegend, die Eskalation des Moralimperialismus der letzten 25 Jahren sofort zu beenden und sich auf die nicht-interventionistische Menschenrechtsagenda der Nachkriegszeit zu besinnen. Zukünftig wird es wichtiger werden, andere Gesellschafts- und Religionssysteme mit Respekt und auf Augenhöhe zu behandeln und sich in rationaler Abwägung auf die Durchsetzung der wichtigsten eigenen Interessen zu konzentrieren. Ein Hinweis auf die Möglichkeiten der hybriden digitalen Kriegsführung sowie auf die oben dargelegten Überlegungen zur Proliferation von Massenvernichtungswaffen, bei deren Entwicklung KI zu Einsatz gekommen ist, verdeutlicht, warum viel auf dem Spiel steht.

Hinsichtlich der weiteren KI-Entwicklung bedeutet dies, dass sich die rasch verändernden politischen und ökonomischen Machtverhältnisse und die hieraus resultierende Erhöhung der Wettbewerbsintensität beispielsweise zwischen den USA und China, aber auch zwischen der EU und Russland und zwischen den USA und der EU unmittelbar auf die Gestaltung des Spielfeldes und das Verhalten der Entscheidungsträger auswirken, in deren Händen weitreichende Entscheidungen liegen, welche KI-Anwendungen weiterentwickelt und zugelassen werden und welche nicht.

Sowohl dezentrale betriebswirtschaftliche Entscheidungen als auch staatliche Mittelallokation haben bereits einen enthemmten Wettlauf um Vorherrschaft in der Entwicklung immer leistungsfähigerer KI-Algorithmen in Gang gesetzt, und es werden schon diverse Bedrohungen sicherheitsrelevanter KI-Anwendungen an unterschiedlichen Stellen sichtbar. Insbesondere ist eine Tendenz beobachtbar, dass die Bereitschaft vor allem militärischer Entscheider zu fortschreitender Automatisierung militärischer KI-Systeme kontinuierlich zunimmt (s. Kap. 25 und 26).

Wir brauchen deshalb einen strategischen Ansatz, der vom gewünschten Ergebnis aus denkt und dabei von Anfang an die Sicherheitsbedürfnisse des potenziellen Gegners mit an den Verhandlungstisch bringt. Erfahrungen mit internationalen Verhandlungen, vor allem zu sicherheitsrelevanten Fragen, haben in den letzten 70 Jahren gezeigt, dass es zweierlei bedarf, um effektive multilaterale Übereinkommen zu erreichen: gegenseitiges Vertrauen, das in den Verhandlungen wächst, und eben viele Jahre bzw. Jahrzehnte intensiver Verhandlungen. Für beides stellen die derzeitigen weltweiten politischen und technologischen Veränderungen eine denkbar schlechte Voraussetzung dar.

- Die Geschwindigkeit von Fortschritten in der KI-Entwicklung ist für jedwede nationale Normgebung kaum bewältigbar: Erreichte nationale Normen sind bei Inkrafttreten zumindest teilweise veraltet, weil eine Technologie durch eine andere ersetzt wurde, die nicht unter die Normierung fällt. Um dem entgegenzuwirken, können Normen nur so formuliert werden, dass sie Technologiewechsel überstehen, was aber nur um den Preis eines hohen Abstraktionsgrades erreicht werden kann, der wiederum mehr Auslegungsfreiräume lässt.
- Das zwischenstaatliche Vertrauen schmilzt in beängstigender Weise, und bestehende multilaterale Institutionen verlieren ebenso schnell ihre Bindungswirkung und Glaubwürdigkeit. Wie oben gezeigt wurde, befinden wir uns in einer Phase des Umbaus der Weltordnung und damit auch der internationalen Spielregeln.
- Ein wirksames Ergebnis internationaler Verhandlungen in äußerst lukrativen und machtaffinen Bereichen ist generell sehr schwierig.

Die Tatsache, dass die Wiederwahl Donald Trumps auch auf der Unterstützung zumindest eines Teils der US-amerikanischen Tech-Elite beruht und dass mit J. D. Vance der libertäre Flügel der Regierung gestärkt wird, erhöht im Sinne der chinesischen Logik des Miteinanders auf Grundlage eigener Interessen und des Vermeidens von Gegeneinander – soweit dies nicht der Durchsetzung wichtiger eigener Interessen schadet – die Chancen, eine konstruktive Spirale in Gang zu setzen, bei der die Starken, also die USA und die VR China, geteilte Sorgen und Ziele zum Ausgangspunkt von multilateralen Verhandlungen zur Regulierung schädlicher KI machen und den Rest der Welt auf ihre Reise mitnehmen. Nur ein uns oft als brutal erscheinender Realismus hat Aussicht auf Erfolg, da seine Logik die des Interessenausgleichs ist.

Literatur

Achilleos-Sarll, C. (2018). *Reconceptualising foreign policy as gendered, sexualised and racialised: Towards a postcolonial feminist foreign policy (analysis)*. https://vc.bridgew.edu/cgi/viewcontent.cgi?article=1995&context=jiws. Zugegriffen am 16.02.2025.

AFLA. (2025). *Association for life for Africa*. https://www.afla.org.zm/. Zugegriffen am 16.02.2025.

Agenda 21. (1992). *AGENDA 21 – Konferenz der Vereinten Nationen für Umwelt und Entwicklung*. https://www.un.org/Depts/german/conf/agenda21/agenda_21.pdf. Zugegriffen am 16.02.2025.

Akcigit, U., & Stantcheva, S. (2018). *Taxation and Innovation*. https://www.nber.org/reporter/2018number3/taxation-and-innovation. Zugegriffen am 14.02.2025.

Al Munajjid, S. M. S. (2009). *Why does Islam Forbid Lesbianism and Homosexuality?* https://islamqa.info/en/answers/10050/why-does-islam-forbid-lesbianism-and-homosexuality. Zugegriffen am 16.02.2025.

Alfing, B. H. (2022). *Zukunftssichere Datenverschlüsselung*. https://hgi.rub.de/news/newsarchiv/hgi/zukunftssichere-datenverschluesselung. Zugegriffen am 14.02.2025.

Ali, A. (2022). *Nanotechnologies: AI Weapons Governing the Military Battle Field*. https://fujeas.fui.edu.pk/index.php/fujeas/article/view/381/265. Zugegriffen am 14.02.2025.

Ayotte, K. J., & Husain, M. E. (2005). Securing Afghan women: Neocolonialism, epistemic violence, and the rhetoric of the veil. *NWSA (National Women's Studies Association Journal), 17*(3), 112–133. https://www.jstor.org/stable/4317160. Zugegriffen am 16.02.2025.

BAKS Bundesakademie für Sicherheitspolitik. (Hrsg.). (2001). *Sicherheitspolitik in neuen Dimensionen. Kompendium zum erweiterten Sicherheitsbegriff.*

Baldwin, R. (2024). *China is the world's sole manufacturing superpower: A line sketch of the rise.* https://cepr.org/voxeu/columns/china-worlds-sole-manufacturing-superpower-line-sketch-rise. Zugegriffen am 08.02.2025.

Barrios, J., & Hochberg, Y. (2021). *Taxing carried interest as ordinary income and the potential impact on new venture fund formation.* https://papers.ssrn.com/sol3/papers.cfm?abstract_id=3939267. Zugegriffen am 14.02.2025.

BDI. (2019). *KI: Herausforderung für Industrie und Streitkräfte.* https://bdi.eu/publikation/news/ki-herausforderung-fuer-industrie-und-streitkraefte. Zugegriffen am 07.02.2025.

Benabdallah, L. (2024). *Reich der Mittler: China und der Globale Süden.* https://internationalepolitik.de/de/reich-der-mittler-china-und-der-globale-sueden. Zugegriffen am 15.02.2025.

Bergengruen, V. (2024). *How Tech Giants turned Ukraine into an AI War Lab.* https://time.com/6691662/ai-ukraine-war-palantir/. Zugegriffen am 08.02.2025.

Bergleiter, B. (2024). *Big-Tech und das US-Militär: Ein verlockendes Geschäft.* https://netzpolitik.org/2024/big-tech-und-das-us-militaer-ein-verlockendes-geschaeft/. Zugegriffen am 14.02.2025.

Boese, V., & Hellmeier, S. (2021). *Autocratization and its consequences. The global resurgence of antidemocratic forces.* https://www.wzb.eu/en/article/autocratization-and-its-consequences. Zugegriffen am 17.02.2025.

Borchert, H., et al. (2024). *The very long game.* Sprnger.

Bosco, D. (2011). Uncertain guardians – The UN Security Council's past and future. *International Journal, 66*(2), 439–449.

Brands, H., & Sullivan, J. (2020). *China has two paths to global domination.* https://carnegieendowment.org/posts/2020/05/china-has-two-paths-to-global-domination?lang=en. Zugegriffen am 08.02.2025.

Brennais, A. (2024). *Generative KI und Dual-Use: Risikobereiche und Beispiele.* https://zevedi.de/generative-ki-und-dual-use-risikobereiche-und-beispiele/. Zugegriffen am 07.02.2025.

Brzezinski, Z. (2001). *Die einzige Weltmacht – Amerikas Strategie der Vorherrschaft.* Fischer Verlag.

Butler, J. (1991). *Das Unbehagen der Geschlechter.* Suhrkamp.

Caves, J. P. Jr., & Carus, W. S. (2014). *The future of weapons of mass destruction: Their nature and role in 2030.* https://ndupress.ndu.edu/Portals/97/Documents/Publications/Occasional%20Papers/10_Future%20of%20WMD.pdf. Zugegriffen am 14.02.2025.

CBD. (1992). *Convention on biological diversity.* https://www.cbd.int/doc/legal/cbd-en.pdf. Zugegriffen am 16.02.2025.

Chaudhry, H., & Klein, L. (2024). *Chemical & biological weapons and artificial intelligence: problem analysis and US policy recommendations.* https://futureoflife.org/wp-content/uploads/2024/02/FLI_AI_and_Chemical_Bio_Weapons.pdf. Zugegriffen am 14.02.2025.

Chellaney, B. (2024). *Ende der westlichen Vorherrschaft? Auf dem Weg zu einer neuen Weltordnung.* https://www.bpb.de/shop/zeitschriften/apuz/brics-2024/557223/ende-der-westlichen-vorherrschaft/. Zugegriffen am 15.02.2024.

Chinese State Council. (2015a). *Made in China 2025.* https://english.www.gov.cn/2016special/madeinchina2025/. Zugegriffen am 14.02.2025.

Chinese State Council. (2015b). *Weißbuch Chinas Militärstrategie.* https://english.www.gov.cn/archive/white_paper/2015/05/27/content_281475115610833.htm. Zugegriffen am 14.02.2025.

Cordesman, A. (2023). *China's Emergence as a Superpower.* https://www.csis.org/analysis/chinas-emergence-superpower und https://csis-website-prod.s3.amazonaws.com/s3fs-public/2023-08/230811_Cordesman_China_Emerging_0.pdf?VersionId=..HHmddmPzOOR-BebR6scpJaS9fgVq23G. Zugegriffen am 21.03.2025.

Corff, O. (2018). *„Reiches Land, starke Armee" – Chinas Umfassende Nationale Sicherheit*. https://www.baks.bund.de/sites/baks010/files/arbeitspapier_ sicherheitspolitik_2018_17_0.pdf. Zugegriffen am 14.02.2022.

Cupitt, R. (2021). *Undermining efforts to prevent the proliferation of weapons of mass destruction: International governance on the cheap*. https://www.stimson.org/2021/undermining-efforts-to-prevent-the-proliferation-of-weapons-of-mass-destruction-international-governance-on-the-cheap/. Zugegriffen am 14.02.2025.

DARPA Defense Advanced Research Projects Agency. (2024). *DARPA Makes Same-Day Awards for Proposals at the Intersection of AI, Biology*. https://www.darpa.mil/news/2024/same-day-awards. Zugegriffen am 14.02.2025.

Davidson, J. (2023). *No 'free-riding' here: European defense spending defies US critics*. https://www.atlanticcouncil.org/blogs/new-atlanticist/no-free-riding-here-european-defense-spending-defies-us-critics/. Zugegriffen am 15.02.2025.

Dawkins, R. (2007). *Der Gotteswahn*. Ullstein Verlag.

Dean, S. E. (2024). *Hyperschallwaffen: US-Militär holt auf*. https://www.reservistenverband.de/magazin-loyal/hyperschallwaffen/. Zugegriffen am 16.02.2025.

DFS Deutsches Forum Sicherheitspolitik. (2013). *Sicherheitspolitik in Zeiten der Globalisierung – strategische Konsequenzen für Deutschland*. https://www.baks.bund.de/sites/baks010/files/dfs_2013_konferenzband_weboptimiert.pdf. Zugegriffen am 14.02.2025.

DGVN Deutsche Gesellschaft für die Vereinten Nationen. (2025). *Sicherheitsrat und Menschenrechte*. https://menschenrechte-durchsetzen.dgvn.de/akteure-instrumente/sicherheitsrat-und-menschenrechte. Zugegriffen am 16.02.2025.

DISW Deutsches Institut für Sozialwirtschaft. (2025). https://echte-vielfalt.de/lebensbereiche/lsbtiq/sex-vs-gender-biologisches-soziales-geschlecht/. Zugegriffen am 16.02.2025.

Donaldson, R. (2024). *Sounding the alarm on AI enhanced bio-weapons*. https://europeanleadershipnetwork.org/commentary/sounding-the-alarm-on-ai-enhanced-bioweapons/. Zugegriffen am 14.02.2025.

Drexel, B., & Withers, C. (2024). *AI and the evolution of biological national security risks*. https://www.cnas.org/publications/reports/ai-and-the-evolution-of-biological-national-security-risks. Zugegriffen am 14.02.2025.

Dumbrell, J. (2009). *Clinton's Foreign Policy: Between the bushes, 1992–2000*. Routledge.

ECA European Court of Auditors. (2024). *Artificial intelligence: EU must pick up the pace*. https://www.eca.europa.eu/en/news/news-sr-2024-08. Zugegriffen am 08.02.2025.

Elysée. (2025). *Statement on inclusive and sustainable artificial intelligence for people and the planet*. https://www.elysee.fr/en/emmanuel-macron/2025/02/11/statement-on-inclusive-and-sustainable-artificial-intelligence-for-people-and-the-planet. Zugegriffen am 15.02.2025.

EPRS European Parliamentary Research Service. (2024). *Artificial intelligence and cybersecurity*. https://www.europarl.europa.eu/RegData/etudes/ATAG/2024/762292/EPRS_ATA(2024)762292_EN.pdf. Zugegriffen am 16.02.2025.

Feth, A. (2007). *Geschlecht und deutsche Außenpolitik. Der Afghanistan-Einsatz der Bundeswehr aus feministischer Perspektive*. Akademiker Verlag.

Field, M. (2019). *Strangelove redux: US experts propose having AI control nuclear weapons*. https://thebulletin.org/2019/08/strangelove-redux-us-experts-propose-having-ai-control-nuclear-weapons/. Zugegriffen am 14.02.2025.

Foa, R. S., & Mounk, Y. (2016). *The danger of deconsolidation*. https://www.journalofdemocracy.org/wp-content/uploads/2016/07/FoaMounk-27-3.pdf. Zugegriffen am 15.02.2025.

Franke, U. E. (2019). *Not smart enough: The poverty of European military thinking on Artificial Intelligence*. https://ecfr.eu/wp-content/uploads/Ulrike_Franke_not_smart_enough_AI.pdf. Zugegriffen am 14.02.2025.

Fukuyama, F. (2022/1992). *Das Ende der Geschichte*. Hoffmann und Campe.

genua. (2023). *Achtung Kryptocrasher: Schritt für Schritt zur quantensicheren Kryptografie.* https://www.genua.de/knowledgebase/quantensichere-kryptografie. Zugegriffen am 14.02.2025.

GFP Global Fire Power. (2025). *Military strength ranking.* https://www.globalfirepower.com/countries-listing.php. Zugegriffen am 16.02.2025.

Giménez Barbát, T. (2023). *Contra el feminismo: Todo lo que encuentras odioso sobre la ideología de género y no te atreves a decir.* Pinolia Verlag, Madrid.

Görgen, B., & Wendt, B. (Hrsg.). (2020). *Sozial-ökologische Utopien – Diesseits oder jenseits von Wachstum und Kapitalismus.* https://www.oekom.de/_uploads_media/files/wendt_utopien_051817.pdf. Zugegriffen am 15.02.2025.

Grau, A. (2021). *Hypermoral – Die neue Lust an der Empörung.* Claudius Verlag.

Großmann, J. (2023). *Aus der Zeit gefallen? Drei Generationen wider den Zeitgeist.* LangenMüller Verlag.

GTAI. (2021). *Welche Länder sind Teil der neuen Seidenstraße?* https://www.gtai.de/gtai-de/trade/china/specials/welche-laender-sind-teil-der-neuen-seidenstrasse – 624812. Zugegriffen am 23.02.2022.

Guillamon, L. (2019). *Cancel culture, the Internet, and trans inclusive feminism.* https://wp.nyu.edu/mercerstreet/2020-2021/cancel-culture-the-internet-and-trans-inclusive-feminism/. Zugegriffen am 17.02.2025.

Hackett, C., et al. (2015). *The future of world religions: Population growth projections, 2010–2050. Why Muslims are rising fastest and the unaffiliated are shrinking as a share of the world's population.* Pew Research Center. https://assets.pewresearch.org/wp-content/uploads/sites/11/2015/03/PF_15.04.02_ProjectionsFullReport.pdf und https://www.pewforum.org/2015/04/02/religious-projections-2010-2050/. Zugegriffen am 14.02.2025.

Haedrich, M. (2016). *Militärische Intervention und Menschenrechte.* https://www.bpb.de/themen/recht-justiz/dossier-menschenrechte/232218/militaerische-intervention-und-menschenrechte/. Zugegriffen am 16.02.2025.

Harari, Y. N. (2024). *Nexus.* Penguin Random House.

Harris, S. (2004). *The end of faith – Religion, terror and the future of reason.* Norton & Co..

Hasselbach, C. (2024). *Untergräbt westliche Doppelmoral die Weltordnung?* https://www.dw.com/de/untergr%C3%A4bt-westliche-doppelmoral-die-weltordnung/a-70279571. Zugegriffen am 15.02.2025.

Heinz, W., & Litschke, P. (2014). *Der UN-Sicherheitsrat und der Schutz der Menschenrechte Chancen, Blockaden und Zielkonflikte.* https://www.institut-fuer-menschenrechte.de/fileadmin/_migrated/tx_commerce/Essay_Der_UN_Sicherheitsrat_und_der_Schutz_der_Menschenrechte_Aufl_2.pdf. Zugegriffen am 16.02.2025.

Hempelmann, R. (2014). *Vision einer religionsfreien Welt.* https://www.herder.de/hk/hefte/spezial/gottlos-von-zweiflern-und-religionskritikern/vision-einer-religionsfreien-welt-der-neue-atheismus-hat-verschiedene-facetten/. Zugegriffen am 16.02.2025.

Henley, T. (2023). *Transcending toxic femininity: Women, cancel culture, and an appeal to our higher selves.* https://fairerdisputations.org/transcending-toxic-femininity-women-cancel-culture-and-an-appeal-to-our-higher-selves/. Zugegriffen am 17.02.2025.

Hitchens, C. (2007). *God is not great: How religion poisons everything.* Twelve Books Imprint by Hachette Group USA.

human rights. (2021). *Freiheitsrechte, Sozialrechte, Kollektivrechte: zur Kategorisierung der Menschenrechte.* https://www.humanrights.ch/de/ipf/grundlagen/was-sind-mr/freiheitsrechte-sozialrechte/. Zugegriffen am 16.02.2025.

Irwin, D. A., & Ward, O. (2021). *What is the "Washington Consensus?"* https://www.piie.com/blogs/realtime-economic-issues-watch/what-washington-consensus. Zugegriffen am 17.02.2025.

Jayanti, A. (2023). *Starlink and the Russia-Ukraine War: A case of commercial technology and public purpose?* https://www.belfercenter.org/publication/starlink-and-russia-ukraine-war-case-commercial-technology-and-public-purpose. Zugegriffen am 08.02.2025.

Joyce, H. (2021). *Trans – When ideology meets reality.* Oneworld Publications Simon & Schuster.

Juska, Z. (2024). *Soft power of the European Union.* Springer, Berlin.

Kandiyoti, D. (2005). *The politics of gender and reconstruction in Afghanistan.* https://www.files.ethz.ch/isn/38744/OP%20004.pdf. Zugegriffen am 16.02.2025.

Keary, T. (2024). *Top 10 countries leading in AI Research & Technology in 2025.* https://www.techopedia.com/top-10-countries-leading-in-ai-research-technology. Zugegriffen am 16.02.2025.

Kennedy, P. (1992). *Grand strategy in war and peace.* Yale University Press.

Kerr, W. (2020). *The gift of global talent: Innovation policy and the economy.* https://www.journals.uchicago.edu/doi/epdf/10.1086/705637. Zugegriffen am 14.02.2025.

Kindt, A. (2009). *Menschenrechte und Souveränität.* Duncker & Humblot.

Klingebiel, S. (2023). *Geopolitik, Globaler Süden und Entwicklungspolitik.* https://www.idos-research.de/uploads/media/PB__12.2023.pdf. Zugegriffen am 19.02.2025.

Koch, F. (1995, Juni 01). Konfuzius gegen westliche Dekadenz. *Die Furche*. Nr. 22.

Kraus, J. (2024). *Im Rausch der Dekadenz – Der Westen am Scheideweg.* LangenMüller Verlag.

Kreft, H. (2002). *Vom Kalten zum „Grauen Krieg" – Paradigmenwechsel in der amerikanischen Außenpolitik.* https://www.bpb.de/shop/zeitschriften/apuz/26856/vom-kalten-zum-grauen-krieg-paradigmenwechsel-in-der-amerikanischen-aussenpolitik/. Zugegriffen am 17.02.2025.

Krell, G. (2003). Weltbilder und Weltordnung. Einführung in die Theorie der internationalen Beziehungen. In G. Krell (Hrsg.), *Feminismus* (S. 287–311).

Krell, G. (2019). *Männer und Frauen – Krieg und Frieden. Feminismus und Internationale Beziehungen.* https://www.gert-krell.de/Vortrag%20Feminismus%20Kunstverein.pdf. Zugegriffen am 16.02.2025.

Kreml. (2022). *Joint Statement of the Russian Federation and the People's Republic of China on the International Relations Entering a New Era and the Global Sustainable Development.* http://www.en.kremlin.ru/supplement/5770 und http://www.iwim.uni-bremen.de/files/dateien/1870_joint_declaration___4_february_2022.pdf. Zugegriffen am 14.02.2025.

Krenzer, H. (2025). *Ready for Combat? The Future of the European Defense Industry.* https://hir.harvard.edu/untitled-2-ready-for-combat-the-future-of-the-european-defense-industry/. Zugegriffen am 14.02.2025.

Kurc, C. (2024). Enabling technology of future warfare: Turkey's approach to defense AI. In Borchert et al. (S. 331–352).

Küsters, A., et al. (2024). *Europe's path to competitiveness in the Global AI Race.* https://www.cep.eu/eu-topics/details/europes-path-to-competitiveness-in-the-global-ai-race.html. Zugegriffen am 08.02.2025.

L'amour Lalove, P. (Hrsg.). bürgerlich Henze, P. (2017). *Beißreflexe. Kritik an queerem Aktivismus, autoritären Sehnsüchten, Sprechverboten.* Queerverlag.

Lahtinen, O. (2024). *Construction and validation of a scale for assessing critical social justice attitudes.* https://onlinelibrary.wiley.com/doi/epdf/10.1111/sjop.13018. Zugegriffen am 17.02.2025.

Länderanalysen. (2023). *Ukraine Analysen. Abstimmungen in der Generalversammlung der Vereinten Nationen.* Ausgabe 291. https://laender-analysen.de/ukraine-analysen/291/abstimmungen-in-der-generalversammlung-der-vereinten-nationen/. Zugegriffen am 19.02.2025.

Lee, D., & Sharp, P. (2018). *Gendering diplomacy and international negotiation.* Springer Nature.

Legenhausen, M. (2025). *Islam Vs Feminism.* https://al-islam.org/contemporary-topics-islamic-thought-muhammad-legenhausen/islam-vs-feminism. Zugegriffen am 16.02.2025.

Liik, K. (2024). *Gegen den Westen mit dem Rest der Welt: Wie Russland im Süden Verbündete sucht.* https://internationalepolitik.de/de/gegen-den-westen-mit-dem-rest-der-welt-wie-russland-im-sueden-verbuendete-sucht. Zugegriffen am 17.03.2025.

Lischka, M., & Mossig, I. (2018). *Konzeptualisierung zwischenstaatlicher Interdependenzen als Netzwerke.* https://www.econstor.eu/bitstream/10419/184859/1/1040393861.pdf. Zugegriffen am 14.02.2025.

Lowther, A., & McGiffin, C. (2019). *America needs a "Dead Hand".* https://warontherocks.com/2019/08/america-needs-a-dead-hand/. Zugegriffen am 14.02.2025.

Lück, N. (2019). *Lernende Künstliche Intelligenz in der Rüstungskontrolle.* https://www.prif.org/fileadmin/Daten/Publikationen/Prif_Reports/2019/PRIF0419_barrierefrei.pdf. Zugegriffen am 14.02.2025.

Macartney, S. (2023). *With AI, regulations must come before benefits.* https://armscontrolcenter.org/with-ai-regulations-must-come-before-benefits/. Zugegriffen am 14.02.2025.

Mackinder, S. H. J. (1942). *Democratic ideals and reality.* https://www.files.ethz.ch/isn/139619/1942_democratic_ideals_reality.pdf. Zugegriffen am 08.02.2025.

Malatji, M., & Tolah, A. (2024). *Artificial intelligence (AI) cybersecurity dimensions: A comprehensive framework for understanding adversarial and offensive AI.* https://link.springer.com/article/10.1007/s43681-024-00427-4. Zugegriffen am 15.02.2025.

Martin, N. (2023). *Rettet China wieder die Weltwirtschaft?* https://www.dw.com/de/rettet-china-wieder-die-weltwirtschaft/a-65627298. Zugegriffen am 17.03.2025.

Meier, O. (2024). *The fast and the deadly: When Artificial Intelligence meets Weapons of Mass Destruction.* https://europeanleadershipnetwork.org/commentary/the-fast-and-the-deadly-when-artificial-intelligence-meets-weapons-of-mass-destruction/. Zugegriffen am 14.02.2025.

Mohan, R. (2024). *Von Predigern und Pragmatikern: Europa muss lernen, zuzuhören.* https://internationalepolitik.de/de/von-predigern-und-pragmatikern-europa-muss-lernen-zuzuhoeren. Zugegriffen am 15.02.2025.

Mohsen M. A., & Jaber, W. (2024). *Cutting-edge military applications based on the fusion of Artificial Intelligence with nanotechnology.* IGI Global Scientific Publishing.

Molapisi, T. (2020). *Feminism a conflict to the African culture.* https://www.africamattersinitiative.com/post/feminism-a-conflict-to-the-african-culture. Zugegriffen am 16.02.2025.

Mthembu, P. (2022). *Warum Afrika auf seine Art mit dem Ukraine-Krieg umgeht.* https://www.welthungerhilfe.de/welternaehrung/rubriken/krisen-humanitaere-hilfe/afrika-geht-auf-seine-art-mit-dem-ukrainekrieg-um. Zugegriffen am 19.02.2025.

Münkler, H. (2021, Dezember 19). Was sollen Forderungen, die man einfach mal so in den Raum spricht? *Frankfurter Rundschau.* https://www.fr.de/kultur/gesellschaft/herfried-muenkler-was-solle...derungen-die-man-einfach-mal-so-in-den-raum-spricht-91189248.html. Zugegriffen am 14.02.2025.

Netzwerk Menschenrechte. (2025). *Menschenrechte im Zeichen der Aufklärung.* https://www.netzwerk-menschenrechte.de/menschenrechte-im-zeichen-der-aufklaerung-1210/. Zugegriffen am 16.02.2025.

Neuneck, G. (2021). Tödliche Autonome Waffensysteme – eine Bedrohung und neues Wettrüsten? In F. Schmiedchen et al. (Hrsg.), *Wie wir leben wollen* (S. 169–185).

NIST National Institute of Standards and Technology. (2024). *What Is post-quantum cryptography?* https://www.nist.gov/cybersecurity/what-post-quantum-cryptography. Zugegriffen am 14.02.2025.

OPCW Organisation for the Prohibition of Chemical Weapons. (2025). *How can artificial intelligence help free the world of chemical weapons?* https://www.opcw.org/media-centre/featured-topics/aichallenge. Zugegriffen am 14.02.2025.

Ostheimer, A. E. (2023). *Systemische Rivalität und Einigkeit bei der Verteidigung der UN-Charta.* https://www.kas.de/de/web/auslandsinformationen/artikel/detail/-/content/niemand-will-auf-der-falschen-seite-der-geschichte-stehen. Zugegriffen am 19.02.2025.

Pettinger, T. (2017). *Washington consensus – definition and criticism.* https://www.economicshelp.org/blog/7387/economics/washington-consensus-definition-and-criticism/. Zugegriffen am 17.02.2025.

Pew Research Center. (2022). *Key findings from the global religious futures project.* https://www.pewresearch.org/religion/2022/12/21/key-findings-from-the-global-religious-futures-project/. Zugegriffen am 16.12.2024.

Poirier, C. (2024). *Cybersicherheit im Weltraum verstehen.* https://css.ethz.ch/content/dam/ethz/special-interest/gess/cis/center-for-securities-studies/pdfs/CSSAnalyse343-DE.pdf. Zugegriffen am 14.02.2025.

Project for the New American Century. (1997). *Statement of principles.* https://web.archive.org/web/20050205041635/http://www.newamericancentury.org/statementofprinciples.htm. Zugegriffen am 16.02.2025.

Pugnet, A. (2023). *Verteidigungsindustrie: Sicherung der Lieferketten bereitet Kopfzerbrechen.* https://www.euractiv.de/section/eu-aussenpolitik/news/verteidigungsindustrie-sicherung-der-lieferketten-bereitet-kopfzerbrechen/. Zugegriffen am 07.02.2025.

Reinhold, T. (2022). *Arms control for Artificial Intelligence.* https://peasec.de/paper/2022/2022_Reinhold_%20ArmsControlforAI_AI-Book.pdf. Zugegriffen am 14.02.2025.

Reitmeier, G. (2020). *LICENCE TO KILL – Artificial intelligence in weapon systems and new challenges for arms control.* https://shop.freiheit.org/#!/Publikation/953. Zugegriffen am 08.02.2025.

Revill, J., et al. (2024). *What will be the impact of AI on the bioweapons treaty?* https://thebulletin.org/2024/11/what-will-be-the-impact-of-ai-on-the-bioweapons-treaty/. Zugegriffen am 14.02.2025.

Ridder, P. (2022). *Konkurrenz um Menschenrechte.* Vandenhoeck & Ruprecht Verlage.

Riedel, E. H. (1986). *Theorie der Menschenrechtsstandards.* Duncker und Humblot.

Rio. (1992). *Rio – Erklärung über Umwelt und Entwicklung.* https://www.un.org/depts/german/conf/agenda21/rio.pdf. Zugegriffen am 16.02.2025.

Römmele, A. (2020). *Politische Polarisierung in den USA – zum Verhältnis der Demokraten und Republikaner.* https://www.bpb.de/themen/nordamerika/usa/313005/politische-polarisierung-in-den-usa-zum-verhaeltnis-der-demokraten-und-republikaner/. Zugegriffen am 17.02.2025.

Rudolf, P. (2001). *Menschenrechte und Souveränität: Zur normativen Problematik humanitärer Intervention.* https://www.swp-berlin.org/publications/products/studien/S2001_40_rdf.pdf. Zugegriffen am 17.02.2025.

Saalbach, K. (2024). *Künstliche Intelligenz und Atomwaffen.* https://osnadocs.ub.uni-osnabrueck.de/bitstream/ds-2024052111174/1/Kuenstliche_Intelligenz_Atomwaffen_2024_Saalbach.pdf. Zugegriffen am 14.02.2025.

Scharre, P., & Lamberth, M. (2022). *Artificial Intelligence and arms control.* Center of a New American Society.

Schmiedchen, F. (2021). Digitale Erweiterungen des Menschen, Transhumanismus und technologischer Posthumanismus. In F. Schmiedchen et al. (Hrsg.), *Wie wir leben wollen* (S. 89–101).

Schmiedchen, F., et al. (Hrsg.). (2021). *Wie wir leben wollen.* Logos Verlag.

Slijper, F., et al. (2019). *State of AI – Artificial intelligence, the military and increasingly autonomous weapons.* https://paxforpeace.nl/wp-content/uploads/sites/2/import/import/state-of-artificial-intelligence%2D%2Dpax-report.pdf. Zugegriffen am 08.02.2025.

Sloan, S. R., et al. (2000). *The foreign policy struggle: Congress and the President in the 1990s and beyond.* Georgetown University.

Sörensen, G. (2011). *A liberal world order in crisis: Choosing between imposition and restraint.* Cornell University Press.

Staack, M. (2022). *Chinas Selbstverständnis und die Sicherheitskonstellation in Ostasien. Gibt es (noch) eine Chance für kooperative Sicherheit?* Verlag Barbara Budrich.

Stanford. (2024). *Global AI Power Rankings: Stanford HAI Tool Ranks 36 Countries in AI.* https://hai.stanford.edu/news/global-ai-power-rankings-stanford-hai-tool-ranks-36-countries-ai. Zugegriffen am 08.02.2025.

Stendall, R. T., et al. (2024). *How might large language models aid actors in reaching the competency threshold required to carry out a chemical attack?* https://www.tandfonline.com/doi/full/10.1080/10736700.2024.2399308#abstract. Zugegriffen am 14.02.2025.

Teichmann, F. (2021). *Digital ergänzt analog.* https://www.truppendienst.com/themen/beitraege/artikel/digital-ergaenzt-analog. Zugegriffen am 14.02.2025.

Thierer, A. (2019). *Countering Threats to innovation with rational optimism.* https://techliberation.com/2019/04/29/countering-threats-to-innovation-with-rational-optimism/. Zugegriffen am 14.02.2025.

Thompson, L. (2020). *Feminist Foreign Policy: A framework.* https://www.icrw.org/publications/feminist-foreign-policy-a-framework/. Zugegriffen am 19.07.2025.

Thompson, L., et al. (2021). *Defining Feminist Foreign Policy: A 2021 Update.* https://www.icrw.org/wp-content/uploads/2021/09/Defining-Feminist-Foreign-Policy-2021-Update.pdf. Zugegriffen am 16.02.2025.

Tucker, P. (2024). *The big AI research DARPA is funding this year.* https://www.defenseone.com/technology/2024/03/big-ai-research-darpa-funding-year/394924/. Zugegriffen am 14.02.2025.

UN. (1995). *Erklärung und Aktionsplattform von Beijing.* https://www.un.org/Depts/german/conf/beijing/beij_bericht.html. Zugegriffen am 16.02.2025.

UN. (2011). *Der Konventionstext der Istanbul-Konvention.* https://istanbulkonvention.ch/html/blog/text.html. Zugegriffen am 16.02.2025.

UN Women. (2022). *Feminist Foreign Policy – An Introduction.* https://www.unwomen.org/sites/default/files/2022-09/Brief-Feminist-foreign-policies-en.pdf. Zugegriffen am 16.02.2025.

UNDP. (2024). *Human Development Report 2023/24 – Breaking the Gridlock.* https://hdr.undp.org/system/files/documents/global-report-document/hdr2023-24reporten.pdf. Zugegriffen am 15.02.2025.

UNFCC. (1992). *Rahmenübereinkommen der Vereinten Nationen über Klimaänderungen.* https://unfccc.int/resource/docs/convkp/convger.pdf. Zugegriffen am 16.02.2025.

UNO. (2015). *Transforming our world: the 2030 Agenda for Sustainable Development.* https://sdgs.un.org/2030agenda. Zugegriffen am 08.02.2025.

UNO. (2025). *Milestones in UN History 1941–2025.* https://www.un.org/en/about-us/history-of-the-un/. Zugegriffen am 15.02.2025.

UNRIC. (2025). *Völkerrecht aufrechterhalten.* https://unric.org/de/un-aufgaben-ziele/voelkerrecht/. Zugegriffen am 16.02.2025.

Urbina, F., et al. (2022). *Dual use of Artificial Intelligence-powered drug discovery.* https://pmc.ncbi.nlm.nih.gov/articles/PMC9544280/pdf/nihms-1804590.pdf. Zugegriffen am 14.02.2025.

US State Department. (2023). *Political declaration on responsible military use of artificial intelligence and autonomy.* https://www.state.gov/bureau-of-arms-control-deterrence-and-stability/political-declaration-on-responsible-military-use-of-artificial-intelligence-and-autonomy. Zugegriffen am 14.02.2025.

Vance, J. D. (2025). *Münchner Rede von J. D. Vance auf der Münchner Sicherheitskonferenz 2025.* https://www.theeuropean.de/politik/im-wortlaut-die-muenchner-rede-von-jd-vance. Zugegriffen am 15.02.2025.

VandeHei, J., & Allen, M. (2024). *Behind the Curtain: A new, powerful political movement.* https://www.axios.com/2024/01/30/techno-optimist-silicon-valley-us-elections. Zugegriffen am 07.02.2025.

Varwick, J. (2005). *Völkerrecht und internationale Politik – Ein ambivalentes Verhältnis.* https://internationalepolitik.de/system/files/article_pdfs/IP_12-05_Varwick.pdf. Zugegriffen am 16.02.2025.

Wan, M. (2023). *Schmidhuber, Kurzweil und Moravec: Künstliche Intelligenz als Ersatzreligion.* https://digiethics.org/2023/08/29/schmidhuber-kurzweil-und-moravec-kuenstliche-intelligenz-als-ersatzreligion/. Zugegriffen am 14.02.2025.

WEF. (2017). *President Xi's speech.* https://www.weforum.org/agenda/2017/01/full-text-of-xi-jinping-keynote-at-the-world-economic-forum. Zugegriffen am 14.02.2025.

WEF. (2018). *5 facts you need to understand the new global order.* https://www.weforum.org/stories/2018/01/five-facts-you-need-to-understand-the-new-global-order/. Zugegriffen am 15.02.2025.

WEF. (2020). *Chinas dual circulation economic strategy.* https://www.weforum.org/agenda/2020/09/chinas-dual-circulation-economic-strategy/ und https://intelligence.weforum.org/topics/a1Gb0000000pTCmEAM?tab=publications. Zugegriffen am 14.02.2025.

WEF. (2025). *Unlocking the social economy: Towards equity in the green and digital transitions.* https://reports.weforum.org/docs/WEF_Unlocking_the_Social_Economy_2025.pdf. Zugegriffen am 08.02.2025.

Whalley, J., et al. (2009). *China and the financial crisis.* https://www.cigionline.org/static/documents/task_force_2.pdf. Zugegriffen am 17.03.2025.

Wike, R., et al. (2019). *Many across the globe are dissatisfied with how democracy is working.* https://www.pewresearch.org/global/2019/04/29/many-across-the-globe-are-dissatisfied-with-how-democracy-is-working/. Zugegriffen am 15.02.2025.

Wikipedia. (2025a). *Feminist Foreign Policy.* https://en.wikipedia.org/wiki/Feminist_foreign_policy. Zugegriffen am 16.02.2025.

Wikipedia. (2025b). *Violence against LGBTQ people.* https://en.wikipedia.org/wiki/Violence_against_LGBTQ_people. Zugegriffen am 16.02.2025.

Wong Leung, J., et al. (2024). *ASPI's two-decade Critical Technology Tracker – The rewards of long-term research investment.* Australian Strategic Policy Institute. https://ad-aspi.s3.ap-southeast-2.amazonaws.com/2024-08/ASPIs%20two-decade%20Critical%20Technology%20Tracker _1.pdf?VersionId=1p.Rx9MIuZyK5A5w1SDKIpE2EGNB_H8r. Zugegriffen am 14.02.2025.

WPR. (2024). *World Population Report.* https://worldpopulationreview.com/country-rankings/autocratic-countries. Zugegriffen am 17.02.2025.

WTO. (1994). *Abkommen zur Errichtung der Welthandelsorganisation.* https://fedlex.data.admin.ch/filestore/fedlex.data.admin.ch/eli/cc/1995/2117_2117_2117/20220324/de/pdf-a/fedlex-data-admin-ch-eli-cc-1995-2117_2117_2117-20220324-de-pdf-a.pdf. Zugegriffen am 16.02.2025.

WTO. (2025). *History of the multilateral trading system.* https://www.wto.org/english/thewto_e/history_e/history_e.htm. Zugegriffen am 16.02.2025.

Xinhua News Agency. (2021). https://news.cgtn.com/news/2021-11-18/CPC-leadership-deliberates-2021-2025-national-security-strategy-15ih6z53oIw/index.html. Zugegriffen am 14.02.2022.

Yueh, L. (2010). *A Stronger China.* https://www.imf.org/external/pubs/ft/fandd/2010/06/yueh.htm. Zugegriffen am 17.03.2025.

Zaineldine, A. (2022). *The West's Stigma, and why it loses global support by its own actions.* https://www.thecairoreview.com/wp-content/uploads/2023/01/4-cr46-zaineldine-half-page.pdf. Zugegriffen am 15.02.2025.

Open Access   Dieses Kapitel wird unter der Creative Commons Namensnennung - Nicht kommerziell - Keine Bearbeitung 4.0 International Lizenz (http://creativecommons.org/licenses/by-nc-nd/4.0/deed.de) veröffentlicht, welche die nicht-kommerzielle Nutzung, Vervielfältigung, Verbreitung und Wiedergabe in jeglichem Medium und Format erlaubt, sofern Sie den/die ursprünglichen Autor(en) und die Quelle ordnungsgemäß nennen, einen Link zur Creative Commons Lizenz beifügen und angeben, ob Änderungen vorgenommen wurden. Die Lizenz gibt Ihnen nicht das Recht, bearbeitete oder sonst wie umgestaltete Fassungen dieses Werkes zu verbreiten oder öffentlich wiederzugeben.

Die in diesem Kapitel enthaltenen Bilder und sonstiges Drittmaterial unterliegen ebenfalls der genannten Creative Commons Lizenz, sofern sich aus der Abbildungslegende nichts anderes ergibt. Sofern das betreffende Material nicht unter der genannten Creative Commons Lizenz steht und die betreffende Handlung nicht nach gesetzlichen Vorschriften erlaubt ist, ist auch für die oben aufgeführten nicht-kommerziellen Weiterverwendungen des Materials die Einwilligung des jeweiligen Rechteinhabers einzuholen.

Zum aktuellen Stand des weltweiten militärischen Einsatzes Künstlicher Intelligenz

25

Heiko Borchert

> **Zusammenfassung**
>
> *Streitkräfte nutzen Künstliche Intelligenz (KI) bislang vorwiegend in evolutionärer, nicht revolutionärer Weise. Im Vordergrund steht die Absicht, bestehende Missionen und Verfahren mit KI zu verbessern. Vor diesem Hintergrund diskutiert das Kapitel in vergleichender Weise den Einsatz von KI in 25 Ländern. Dazu zeigt das Kapitel auf, wie diese Länder über KI im militärischen Kontext denken, wie sie sich hierzu organisieren, welche Forschungs- und Einsatzschwerpunkte sie verfolgen, welche Finanzmittel sie bereitstellen und wie sie Ausbildung und Training anpassen, um die Streitkräfteangehörigen auf den KI-Einsatz vorzubereiten.*

Dieses Kapitel analysiert, wie Streitkräfte gegenwärtig Künstliche Intelligenz (KI) nutzen, um vorhandene militärische Fähigkeiten und Technologien weiterzuentwickeln und sich auf neue Herausforderungen vorzubereiten. Die Ergebnisse bestätigen Erwartungen, die sich aus der umfassenden Literatur zu militärischer Innovation ableiten, führen zu überraschenden Einsichten und fördern auch unbequeme Erkenntnisse zu Tage.

Dazu stützt sich der Aufsatz auf den kürzlich veröffentlichten Sammelband *The Very Long Game* (Borchert et al., 2024). Dieser diskutiert die Einführung, Entwicklung und Nutzung militärischer KI in Dänemark, Deutschland, Estland, Griechenland, Finnland, Frankreich, Italien, Kanada, den Niederlanden, Schweden, Spanien, der Türkei, im Ver-

---

H. Borchert (✉)
Defense AI Observatory, Hamburg, Deutschland
E-Mail: hb@defenseai.eu

einigtem Königreich, in den USA sowie Australien, China, Indien, Iran, Israel, Japan, Südkorea, Russland, Singapur, Taiwan und der Ukraine, um die Dynamik auf verschiedenen strategischen Schauplätzen zu erfassen.

Das Kapitel positioniert sich an einer Nahtstelle, an der Konzepte zu strategischen Sicherheitsstudien, zu militärischer Innovation und zu Kultur- und Organisationswandel sowie Untersuchungen des rüstungsindustriellen Komplexes aneinandergrenzen. Indem das Kapitel nicht über die möglichen Folgen des Einsatzes von KI durch die Streitkräfte spekuliert, sondern den aktuellen Sachstand in 25 unterschiedlichen Ländern darstellt, schließt es eine Lücke in der Literatur.

Konzentriert man sich auf eine Auswahl von Publikationen, die in den letzten drei bis fünf Jahren erschienen sind, lassen sich drei Gruppen ausmachen. Die erste Gruppe umfasst eine rasch steigende Zahl an Veröffentlichungen, die allgemeine Analysen zu möglichen militärischen Auswirkungen der KI-Nutzung präsentieren. Zu dieser Gruppe gehören Bücher wie *Army of None* und *Four Battlegrounds* von Paul Scharre (2019, 2023), Johnsons Analyse des Zusammenspiels zwischen militärischer KI, künftigen Kriegen und strategischer Stabilität (2021) und Kenneth Paynes *I, Warbot* (2021). Überlegungen zu den möglichen Auswirkungen von KI auf die internationale Stabilität und die Rolle der Rüstungskontrolle zur Verhinderung eines „KI-Wettrüstens" gehören ebenfalls zu dieser Gruppe (Cummings, 2018; Diehl & Lambach, 2022; Horowitz, 2018; Horowitz et al., 2018; Horowitz & Scharre, 2021; Scharre & Lamberth, 2022; Scharre, 2021). Da sich diese Ausarbeitungen mehrheitlich für das Zusammenspiel zwischen militärischer KI und grundlegenden strategischen Fragestellungen interessieren, betrachten sie meist nur eine begrenzte Anzahl von Ländern. Zahlreiche Abhandlungen dieser ersten Gruppe befassen sich zudem auch mit der Kombination unbemannter Systeme mit KI und den daraus resultierenden ethischen Folgen sowie dem regulatorischen Handlungsbedarf, um ungewollte Proliferation zu vermeiden.

Die zweite Gruppe von Untersuchungen thematisiert spezifische Aspekte militärischer Veränderungen, die sich aus dem Einsatz von KI ergeben können. Zu dieser Gruppe gehören unter anderem das Buch von Sam Tangredi und George V. Galdorisi über KI und Seekriegsführung (2021) und die Untersuchung von Jensen et al. (2022) zu den Rahmenbedingungen militärischer Innovation im Informationszeitalter. Diese Texte untersuchen, welcher Mehrwert aus dem Einsatz von KI für militärische Operateure resultieren kann. Sie thematisieren auch Aspekte der Theorie- und Konzeptentwicklung im Licht der allgemeinen Digitalisierung der Streitkräfte und der Rolle von KI. In diesem Sinne untersucht Lin-Greenberg (2020) die Auswirkungen von KI auf die Entscheidungsfindung internationaler Koalitionen, während Lindsay (2023/24) den institutionellen Kontext für KI-gestützte militärische Innovationen beleuchtet. Analysen der Risiken, die von militärischer KI ausgehen, bilden eine wichtige Untergruppe, beispielsweise mit Arbeiten, die sich auf die Abwehr von algorithmischer Aufklärung (Phillips & Pohl, 2021) oder den Einsatz von KI in *Wargames* (Barzhaskha, 2023) konzentrieren. Diese Arbeiten stellen ebenfalls Verbindungen mit der Diskussion zur Ethik militärischer KI her (CIGI, undatiert; Hofstetter & Verbovzsky, 2023; Galliott & Scholz, 2020; Stanley-Lockman, 2021; Rowe, 2022).

Die dritte Gruppe von Publikationen verfolgt einen vergleichenden Ansatz, indem sie sich auf die spezifischen Ansätze in verschiedenen Ländern konzentriert. *Artificial Intelligence, China, Russia, and the Global Order,* herausgegeben von Nicholas D. Wright (2019), stellt ein Beispiel dar, das zwei Länder vergleicht, dabei aber keinen umfassenden analytischen Ansatz vorlegt. Im Gegensatz dazu finden sich in *The AI Wave in Defense Innovation. Assessing Military Artificial Intelligence, Strategic Capabilities and Trajectories,* herausgegeben von Raska und Bitzinger (2023), Fallstudien zur militärischen KI in den USA, China, Russland, Japan und Südkorea sowie Australien. Ferner befasst sich ein Kapitel mit dem Einsatz militärischer KI in Europa mit Schwerpunkt EU/NATO.

Wie dieser kurze Überblick verdeutlicht, konzentriert sich der Großteil der Literatur auf allgemeine Fragen, während komplexere Fragestellungen, die untersuchen, wie Länder über militärische KI nachdenken, wie sie sich auf ihre Einführung vorbereiten und wie sie bestehende Konzepte, Strukturen und Prozesse entwickeln und die entsprechenden Fähigkeiten ausbauen, in den Hintergrund treten (Goldfarb & Lindsay, 2021/22, S. 11). Genau diese Lücke schließt der vorliegende Aufsatz.

Die Analyse basiert dabei auf der Feststellung, dass die Verwendung von KI – wie auch anderen Technologien – zwar grundsätzlich militärische Innovation herbeiführen kann (Borchert et al., 2021, S. 13–17), es jedoch in der Regel schwierig zu bestimmen ist, welche Veränderung eines militärischen Konzepts, eines Organisationsansatzes oder eines neuen Verteidigungssystems innovativen Fortschritt hervorbringt. Hinzu kommt, dass allein der Blick auf technologische Veränderungen nicht ausreicht, um zu erklären, welche Faktoren militärische Veränderungsprozesse erfordern bzw. bedingen. Vielmehr ist es notwendig, technische Überlegungen und Entwicklungen in den größeren kulturellen, konzeptionellen und organisatorischen Kontext einzubetten. Deswegen versteht dieses Kapitel militärische KI als sozio-technisches Phänomen, das einen breiten analytischen Rahmen erfordert, und verwendet in der Folge einen umfassenden Ansatz, der sich an den DOTLMPFI-Handlungsschwerpunkten[1] orientiert, um zu erörtern, wie Nationen

- über militärische KI nachdenken, um zu veranschaulichen, wie bestehende militärische Konzepte den Einsatz militärischer KI definieren und gestalten;
- militärische KI entwickeln, um die aktuellen Forschungs- und Entwicklungsschwerpunkte für militärische KI für das nationale KI-Ökosystem im Verteidigungsbereich darzustellen;
- militärische KI organisieren und dazu Strukturen und Prozesse anpassen oder einführen, um militärische KI zu nutzen;
- militärische KI finanzieren, um Ausgabenprioritäten hervorzuheben;
- militärische KI einsetzen und betreiben, um einen Überblick darüber zu gewinnen, inwieweit KI bereits zur Unterstützung bestehender militärischer Missionen eingesetzt wird;
- die Streitkräfteangehörigen in Ausbildung und Training auf eine Zukunft mit militärischer KI vorbereiten, in der kognitive mit maschineller Intelligenz zusammenarbeitet.

---

[1] Doktrin, Organisation, Ausbildung, Material, Führung/Ausbildung, Personal, Einrichtungen, Interoperabilität.

25.1 KI für Streitkräfte: Was ist damit gemeint?

KI ist zwar ein populärer Begriff, aber seine Definition erweist sich als komplex und uneinheitlich. Die meisten der untersuchten Streitkräfte orientieren sich an der Definition des US-Verteidigungsministeriums (Department of Defense, 2018), wonach KI „the ability of machines to perform tasks that normally require human intelligence" bezeichnet. Diese Definition ist einfach, kann aber auch kontrovers ausgelegt werden, weil sie Menschliches und Maschinelles in einen potenziellen Gegensatz zueinander stellt und damit die in allen untersuchten Ländern dominierende Vorstellung in Frage stellt, dass Menschen in jeder Situation das Handeln von Maschinen – und damit eben auch maschinelle Entscheidungen – überwachen und kontrollieren müssen. Dieses Kapitel folgt daher dem Vorschlag von Brandlhuber (2021, S. 6), der einen anderen Schwerpunkt setzt und KI als Hardware- und Softwaresysteme definiert, die sich zur Lösung von Problemen und Entscheidungen unterschiedlicher Denkmechanismen bedienen, ohne dass die Lösungen, die diese Systeme erreichen sollen, vorprogrammiert werden müssen.

Hierzu bedient sich die KI verschiedener Methoden, wobei sich ein Großteil der Literatur auf das maschinelle Lernen (ML) konzentriert. ML basiert auf der Prämisse des Lernens aus Daten, wozu Algorithmen auf Trainingsdatensätzen operieren und KI-Modelle generieren (Allen, 2020, S. 3). Dieses Konzept hat sich aufgrund der Verbreitung digitaler kommerzieller Geschäftsmodelle, die auf die Nutzung von (Verbraucher-)Daten abzielen, sowie aufgrund der raschen Verbesserung der Computerressourcen zur Verarbeitung großer Datenmengen sehr schnell durchgesetzt und etabliert. Die Fokussierung auf ML hat jedoch zu einer verengten Sichtweise auf KI geführt.

Eine zentrale Herausforderung liegt in der übermäßigen Fokussierung auf Daten. Der implizite Referenzrahmen sind dabei digitale Geschäftsmodelle für Verbraucheranwendungen, die darauf basieren, dass Nutzerinnen und Nutzer ihre Daten als Gegenleistung für digitale Services bereitstellen. Zudem streben Digitalunternehmen danach, weitgehend modellfrei zu arbeiten, indem KI-Systeme expertisebasierte und ingenieurwissenschaftliche Prozesse automatisieren und skalieren sollen. Daher sollen ML-Systeme große Datenmengen verarbeiten, um ein gewünschtes Verhaltensmuster zu reproduzieren.

Diese datenzentrierte Logik dominiert auch das aktuelle militärische Denken. Alle untersuchten Streitkräfte interpretieren Daten als ihr wichtigstes strategisches Gut und richten ihre Datenstrategien darauf aus, diesen „Datenschatz" zu heben, auch durch Investitionen in leistungsfähige Hardware. Streitkräfte operieren jedoch nicht in einem Verbraucherumfeld, in dem Daten im Überfluss bereitgestellt werden. Vielmehr kämpfen sie mit Datenknappheit.[2] Datenzentrierte Ansätze sind ressourcenintensiv und erfordern Personal, Rechenleistung, Energie, Infrastruktur, Bandbreite und Aufnahmezeit, die im Kriegsfall noch knapper werden (Chahal et al., 2020, S. 10–13; Michel, 2023, S. 16–21). Paradoxerweise sind sie auch vergangenheitsorientiert, d. h. die Streitkräfte können nur das auswerten, was gesammelt wurde.

---

[2] Das US-Verteidigungsministerium sammelt gemäß Mehta (2017) zwar täglich rund 22 Terabyte Daten, aber Google verarbeitet rund 20 Petabyte (oder 20.000 Terabyte) pro Tag (Skill-Lync, 2023).

Die gesammelten Daten können zwar die Dynamik der Vergangenheit beschreiben, nicht aber die dynamischen Funktionsprinzipien der physischen Umgebung, in der die Streitkräfte operieren (Borchert et al., 2023a, b, S. 47).

Im Gegensatz zu dieser prominenten Ansicht sollten sich militärische Nutzer der Tatsache bewusst sein, dass KI als Allzwecktechnologie (Horowitz, 2018, S. 39–41; Scharre, 2023, S. 3) einen „Sack voller Methoden" (Hofstetter, 2014, S. 136–142) darstellt und einige dieser Methoden besser geeignet sind als andere, um militärische Aufgaben zu lösen. Daher ist es wichtig, genau zu wissen, welche Methode für welche Aufgabe am besten geeignet ist, um die Ziele festzulegen, die die militärische KI erreichen soll. Dazu können vier allgemeine Ansätze unterschieden werden (Brandlhuber, 2021, S. 14; Allen, 2020, S. 4):

- *Unsupervised Learning* erfordert keine Kennzeichnungen der verwendeten Daten und ist hilfreich bei der Datenanalyse, der Erkennung von Anomalien oder der automatischen Kodierung.
- *Supervised Learning* verwendet vom Menschen gekennzeichnete Daten und kommt z. B. in der Sprach- oder Bilderkennung, Videoanalyse, automatisierten Übersetzung und der Klassifizierung von Signalen zum Einsatz.
- *Reinforcement Learning* ermöglicht es KI-Agenten, Daten auf der Grundlage der Interaktion mit dem jeweiligen Umfeld zu generieren, in dem sie agieren, und ist für die optimale Abfolge mehrstufiger Aktionen, Absicherungsstrategien zur Unterstützung des Risikomanagements oder strategische Entscheidungen von entscheidender Bedeutung.
- Schließlich ergeben sich Kooperation und Emergenz aus KI-Agenten, die mit ihrer Umgebung interagieren und Entscheidungen sowie ihre Folgen antizipieren können, um z. B. das dynamische Ressourcenmanagement (beispielsweise zur Verbesserung der Sensorfähigkeiten), die optimale Ressourcenteilung (wie optimale Zuweisung von Sensoren und Effektoren zur Bekämpfung von Zielen) oder die effiziente Routenplanung zu unterstützen.

Auf dieser Grundlage unterscheidet die *Defense Advanced Research Projects Agency* (DARPA) des US-Verteidigungsministeriums drei Wellen der KI (DARPA, o. J.; Borchert et al., 2023a, b, S. 27): Die erste Welle basiert auf menschlicher Expertise, d. h. Menschen entwickeln Expertensysteme, die menschliches Fachwissen in maschinenlesbare Regeln übersetzen und befolgen. Die zweite Welle basiert auf statistischem Lernen. Hier kommen statistische und probabilistische Methoden zum Einsatz, um neuronale Netze z. B. für Klassifizierungsaufgaben zu trainieren. Zur dritten Welle zählen schließlich Systeme, die kontext- und konsequenzbewusst agieren können. Diese Systeme verfügen über ein Lagebewusstsein, das sie in die Position versetzt, die Folgen des eigenen und gegnerischen Handelns zu antizipieren und entsprechend zu agieren.

Der Übergang von der zweiten zur dritten Welle markiert einen kritischen Wendepunkt, insbesondere weil KI in der dritten Welle selbst lernen kann. Lösungen der ersten und zweiten Welle fokussieren auf Mustererkennung in großen Datenmengen mittels Klassifizierungs- und Regressionsverfahren. Die KI der dritten Generation hingegen ist bestrebt, Lösungen zu entwickeln, die lernen, wie man am besten lernt, indem sie komplexe und mehrstufige Entscheidungen treffen, die dem jeweiligen Einsatzumfeld, den Missionsaufgaben und den allgemeinen Einsatzregeln angemessen sind. Dies ist für die militärische KI von zentraler Bedeutung, denn das für ML wichtige *Reinforcement Learning* hat zwar in idealtypischen Spielen mit perfekten Informationen beeindruckende Leistungsergebnisse erbracht (Silver et al., 2017; Vinyals et al., 2019). Jedoch sind unvollkommene Informationen und Unsicherheit typisch für militärische Operationen. Deshalb muss die KI der dritten Welle beispielsweise der Tatsache Rechnung tragen, dass taktische militärische Entscheidungen entlang einer Entscheidungssequenz getroffen werden, bei der frühere Entscheidungen für spätere Entscheidungen von Bedeutung sind, Nichtentscheidungen die künftige Handlungsfreiheit eines Kommandeurs erheblich einschränken können und gegnerische Operationen im elektromagnetischen Spektrum Sensoren stören oder sogar neutralisieren können und somit das Lagebewusstsein und das Lageverständnis beeinträchtigen. KI der dritten Generation muss daher in der Lage sein, diesen missionsrelevanten Kontext zu interpretieren, um zu vermeiden, dass Entscheidungen getroffen werden, die den Erfolg der Mission in späteren Phasen beeinträchtigen.

Um mit diesen Herausforderungen umzugehen, bieten sogenannte Markov-Entscheidungsprozesse einen mathematischen Rahmen an. Sie modellieren Entscheidungsprozesse in dynamischen Umfeldern, in denen sich der Systemzustand als Reaktion auf Handlungen von Agenten stochastisch verändert (Littman, 2001). Ebenfalls relevant ist das *Adversarial Learning* zur Verbesserung der Robustheit von ML (Bai et al., 2021). Von Bedeutung ist auch das Transfer-Lernen (Zhuang et al., 2019), damit militärische KI-Lösungen, die in einem virtuellen Gefechtsfeld[3] entwickelt wurden, in die physische Realität übertragen werden können. Zusätzlich von Bedeutung ist auch das Meta-Lernen (Vettoruzzo et al., 2023), das es ermöglicht, Entscheidungsstrategien entsprechend einer nicht stationären, sich im Laufe der Zeit verändernden Einsatzumgebung weiterzuentwickeln. In der Summe befasst sich KI der dritten Welle mit Lösungen für Entscheidungsprozesse, die auf Emergenz und nicht auf Linearität basieren, um auch auf Unvorhergesehenes adäquat reagieren zu können (Mintzberg et al., 2005, S. 177; Popescu, 2018). Emergenz betont dabei insbesondere auch die Fähigkeit zu experimentieren, um gleichzeitig neue Wege zu erkunden und bestehende zu nutzen (Reeves et al., 2013).

Diese differenzierte Betrachtung der drei KI-Wellen gibt Aufschluss darüber, welchen Mehrwert militärische KI für Streitkräfte erbringen kann. Gegenwärtig konzentriert sich die überwiegende Zahl der Länder auf Anwendungen der zweiten Welle. Diese Ansätze betonen die zentrale Rolle von Daten und digitalen Plattformen. Sie sind in einem stabilen und kontrollierten Umfeld durchaus von Wert, um Skalierungseffekte mit meist zentralisierten Lösungen zu nutzen. Das militärische Umfeld ist jedoch inhärent instabil und nur beschränkt kontrollierbar. Daher erfordert der erfolgreiche Einsatz von KI in diesem Umfeld Ansätze der dritten Welle, welche dezentrale, das Selbstlernen ermöglichende Lösungen erschließen (Bousquet, 2022, S. 210–211).

---

[3] Ein virtuelles Gefechtsfeld im Sinne eines *Defense Metaverse* bildet die wichtigsten Parameter der militärischen Einsatzumgebung und der Einsatzbestimmungen inklusive der Merkmale der eingesetzten technischen Systeme ab (Borchert et al., 2023a, b).

25.2 Wer macht was, warum und wie?

Bevor dieser Abschnitt die wichtigsten Erkenntnisse aus den 25 Fallstudien zusammenfasst, ist der methodische Hinweis wichtig, dass die Untersuchung auf offenen Quellen basiert und den Sachstand Ende 2023 bzw. Anfang 2024 spiegelt. Die Ausführungen stellen daher eine Momentaufnahme dar, die notwendigerweise selektiv und summarisch ist.

25.2.1 Denken und Konzepte

Die untersuchten Länder machen sehr allgemeine Angaben zu den konkreten Zielen, die mit militärischer KI erreicht werden sollen. Die Mehrheit der (strategischen) Dokumente verweist auf generische Mehrwerte, wie z. B. die Möglichkeit, mit KI große Datenmengen auswerten oder eigene Entscheidungsabläufe beschleunigen zu können. Die Mehrheit der untersuchten Länder konzentriert sich darauf, mit KI bestehende Fähigkeiten und Technologien zu verbessern, anstatt umfassend auszuloten, wie der Einsatz von KI dazu beitragen könnte, militärische Aufgaben auf eine neue Art und Weise zu lösen. Diese auf den ersten Blick überraschende Einsicht erklärt sich, wenn man die Treiber der Konzepte der militärischen KI-Verwendung näher betrachtet.

25.2.1.1 Strategische Beweggründe

Es gibt drei zentrale Beweggründe, weshalb die untersuchten Nationen wollen, dass ihre Streitkräfte KI nutzen. Zur ersten Gruppe zählen Nationen, die einem bedrohungsorientierten Ansatz (Tab. 25.1) folgen. Sie sehen sich entweder mit einem strategischen Herausforderer oder einer komplexen Kombination unterschiedlicher Risikofaktoren konfrontiert und interpretieren KI als Instrument, um diese zu adressieren. Die Paradebeispiele sind China und die Vereinigten Staaten, die sich gegenseitig als Hauptherausforderer sehen und militärische KI nutzen wollen, um den jeweils anderen in Schach zu halten. Die gleiche Logik gilt für Russ-

Tab. 25.1 Drei strategischer Treiber militärischer KI

Angst, etwas zu verpassen (FOMO)	KI als Fähigkeitsmultiplikator	Bedrohungsbasiertes Denken
DNK, FRA, GRE, ITA, TWN	AUS, CAN, DEU, DNK, ESP, EST, FIN, FRA, GRE, IRN, ISR, ITA, JPN, KOR, NLD, RUS, SGP, SWE, TUR, TWN, UK, US	CHN, GRE, IND, IRN, ISR, JPN, KOR, RUS, TWN, UKR, US

Ländercode: AUS Australien, CAN Kanada, CHN China, DEU Deutschland, DNK Dänemark, ESP Spanien, EST Estland, FIN Finnland, FRA Frankreich, GRE Griechenland, IND Indien, IRN Iran, ISR Israel, ITA Italien, JPN Japan, KOR Südkorea, NLD Niederlande, RUS Russland, SGP Singapur, SWE Schweden, TUR Türkei, TWN Taiwan, UK Vereinigtes Königreich, UKR Ukraine, US Vereinigte Staaten

land sowie benachbarte Länderpaare wie Griechenland und die Türkei, Südkorea bzw. Japan in ihren jeweiligen Beziehungen zu China und Nordkorea sowie die Ukraine und Russland. Auch Israel und Indien agieren unter diesem Blickwinkel, wobei ihre Sichtweise zusätzlich von regionalen Faktoren beeinflusst wird. Indien ist beispielsweise besorgt, dass militärische KI anderen Nationen die Möglichkeit geben könnte, das Land zu dominieren, was Neu-Delhi dazu veranlasst, in einheimische Lösungen zu investieren. Eine ähnliche Logik gilt für Iran, der Israel, die Vereinigten Staaten und ihre Verbündeten in der Region als existenzielle Bedrohung ansieht und daher ebenfalls eigene militärische KI-Entwicklungen fördern will. Taiwan schließlich stellt einen Sonderfall dar, da hier alle drei strategischen Motive eine Rolle spielen, wobei die Bedrohung durch China die wichtigste Triebfeder darstellt.

Die Gefahr, hinter andere Länder zurückzufallen (*Fear of Missing Out,* FOMO), motiviert die Länder der zweiten Gruppe. Hierbei handelt es sich um eine andere, bedrohungsbasierte Perspektive, die den Wettbewerbsnachteil betont, der sich aus der Unfähigkeit ergeben könnte, militärische KI nicht zu nutzen. Zu dieser Gruppe gehören etablierte Rüstungsexporteure wie Frankreich und Italien, das transatlantisch ausgerichtete Dänemark sowie Griechenland, dessen Streitkräfte nach der internationalen Finanzkrise 2008/09 mehrere Jahre lang unterfinanziert waren. Im Falle Athens steht die Angst, den Anschluss zu verlieren, auch in direktem Zusammenhang mit der Sorge um die Gefährdungen, die aus griechischer Sicht von der Türkei ausgehen.

Die meisten Länder gehören der dritten Gruppe an, die eine weniger ausgeprägte Position vertritt und KI in erster Linie als Fähigkeitsmultiplikator interpretiert. Die Mitglieder der beiden anderen Gruppen teilen diese Perspektive ebenfalls, treiben die Entwicklung militärischer KI jedoch über bedrohungs- oder FOMO-basierte Schwerpunkte voran. Wer dagegen KI primär als Fähigkeitsmultiplikator sieht, hat tendenziell weniger klar definierte Entwicklungs- und Einsatzprioritäten und legt gegenwärtig den Fokus darauf, das mögliche Spektrum militärischer KI-Lösungen umfassend auszuleuchten.

25.2.1.2 Wer beeinflusst wen?

Diese drei strategischen Treiber spielen auch eine Rolle, wenn es um die Frage geht, ob und inwieweit Dritte die KI-Perspektive eines Landes prägen (Tab. 25.2). Hier sind die Vereinigten Staaten nach wie vor der zentrale Akteur, insbesondere für ihre Verbündeten in der asiatisch-pazifischen Region. Die europäischen Partner der Vereinigten Staaten lassen sich

Tab. 25.2 Wer prägt das Denken über militärische KI?

Herausforderer prägen das Denken	Agnostische Position	Partner prägen das Denken
CHN: US *US:* CHN *Mehrere:* RUS, ISR, IND (CHN, PAK), IRN (US, ISR), *Nachbarländer:* GRE (TUR), UKR (RUS)	SWE, FRA, ESP	*US:* AUS, CAN, UK, TUR, DEU, FIN, DNK, JPN, KOR, TWN *Mehrere:* EST (US, UK, FRA, NATO), GRE (US, ISR), ESP (NATO, EU), ITA (NATO, US), NLD (US, NATO, EU), SGP

auch von den anderen Mitgliedern der NATO und der EU inspirieren. In diesem Zusammenhang bedeutet Inspiration, dass die Partner ihre Grundlagendokumente im Lichte US-amerikanischer Denkweisen und Konzepte anpassen, indem sie z. B. die Rolle der KI bei dimensionsübergreifenden Operationen (*Multi-Domain Operations,* MDO) betonen, organisatorische Reformen der USA nachahmen und amerikanischen Führungsansätze und -konzepte wie z. B. *Joint All-Domain Command and Control* (JADC2) folgen, um mit den USA interoperabel zu bleiben.

Strategische Herausforderer sind bei der Gestaltung militärischer KI-Perspektiven ebenso deutungsmächtig wie Partner und Verbündete. Geradezu idealtypisch hierfür stehen die USA und China, die wechselseitig mit Argusaugen auf die jeweiligen KI-Programme blicken, um Wettbewerbsnachteile der eigenen Streitkräfte aufgrund von KI-Fortschritten des anderen zu verhindern. Ferner prägt die oben erörterte bedrohungsbasierte Sichtweise auch die Perspektiven derjenigen Länder, die sich durch Nachbarn oder eine Mischung verschiedener Risiken existenziell gefährdet sehen.

Zwischen diesen beiden Polen liegen nur noch wenige Länder. Frankreich betont traditionell seine Rolle als selbstbestimmte Atommacht und versucht, seinen eigenen Kurs in Bezug auf militärische KI zu definieren. Schweden und Spanien sind dagegen etwas schwieriger zu verorten. Spaniens nationale Sicherheitsstrategie spricht zwar von der Herausforderung durch China, aber das ist eher ein untergeordneter strategischer Treiber militärischer KI, die stärker durch Initiativen innerhalb der NATO und der EU beeinflusst zu sein scheint. Schweden, das den USA traditionell sehr nahesteht, nimmt eine agnostische Perspektive ein, da sein Denken von internen Faktoren wie der Gesamtverteidigung und der NATO geprägt ist.

25.2.1.3 Menschen- oder technikzentriertes Verständnis

Die Frage, wie Streitkräfte das Verhältnis zwischen Menschen und Maschinen gestalten wollen, führt zur Unterscheidung zwischen menschen- bzw. technikzentrierten militärischen KI-Ansätzen. Der menschenzentrierte Ansatz geht davon aus, dass KI den Menschen nicht ersetzen, sondern ergänzen soll. Im Gegensatz dazu geht ein technikzentrierter Ansatz davon aus, dass KI die vollständige technische Autonomie und die Interaktion zwischen Maschine und Mensch erleichtern und beschleunigen soll.

Tab. 25.3 illustriert, dass die meisten der 25 Länder einen menschenzentrierten Ansatz verfolgen, allerdings mit bemerkenswerten Nuancen. Estland beispielsweise unterstützt diesen Ansatz, ist aber kein „normativer Falke" in Bezug auf die Regulierung militärischer KI. Südkorea gehört ebenfalls zu dieser Gruppe, aber die demografische Alterung und die dramatisch

Tab. 25.3 Menschen- oder technikzentriertes Verständnis militärischer KI

Technikzentrierter Ansatz	Agnostischer Ansatz	Menschenzentrierter Ansatz
UKR, TUR	DNK, EST, GRE, IRN, RUS, SWE	AUS, CAN, CHN, DEU, DNK, ESP, EST, FIN, FRA, IND, ISR, ITA, JPN, KOR, NLD, SGP, TUR, TWN, UK, UKR, US

schrumpfende Personalbasis der Streitkräfte könnten in Zukunft zu einer stärker technikzentrierten Sichtweise führen. Die USA sind derzeit ebenfalls eindeutig menschenzentriert, aber die jüngste vom Verteidigungsministerium angekündigte *Replicator*-Initiative sieht eine Zukunft mit Schwärmen unbemannter Einheiten vor, um Gegner zu überwältigen, die fest in der technikzentrierten Perspektive verankert ist (Hicks, 2023; Tucker, 2024).

Derzeit tendieren vor allem zwei Länder zu einem technikzentrierten Ansatz. Die Türkei möchte mit KI das umfassende Portfolio unbemannter Systeme an Land, zur See und in der Luft erweitern, um dimensionsübergreifende Operationen mit unbemannten Systemen voranzutreiben. Das türkische Verteidigungsunternehmen Havelsan propagiert dazu den Ansatz der *Digital Troops*. Darüber hinaus sind die türkischen Verteidigungsingenieure der Ansicht, dass die Integration von Menschen und Maschinen schwieriger zu bewerkstelligen ist als die Interaktion zwischen Maschine und Maschine, was den technikzentrierten Ansatz zusätzlich verstärkt. Die Ukraine verfolgt eine ähnliche Idee, die sich aus dem aktuellen Krieg ergibt. Die Verwirklichung maschineller Autonomie mit militärischer KI ist eine der erklärten Entwicklungsprioritäten des Landes, weil der Krieg zeigt, dass sich der Gegner zuerst darauf fokussiert, die Konnektivität, die erforderlich ist, um ferngesteuerte Systeme mit dem menschlichen Bediener zu verbinden, zu stören oder auszuschalten.

Schließlich gibt es mehrere Länder, die eine neutrale Haltung einnehmen, aber in dieser Gruppe gibt es starke Treiber, die auf eine zukünftige technikzentrierte Haltung hindeuten. Dänemarks Bedarf an weiträumiger Überwachung mit unbemannten Flugzeugen und militärischer KI könnte zu einem stärker technikzentrierten Ansatz führen. Estland, Iran, Singapur und Taiwan sehen die Möglichkeit, mithilfe von KI und unbemannten Systemen knappe Personalressourcen freizusetzen. Griechenland ist noch unentschlossen, aber die strategische Rivalität mit der Türkei könnte das Gleichgewicht kippen, je nachdem, wohin sich die Türkei entwickelt. Die Position Russlands bewegt sich zwischen beiden Polen, insbesondere was das Zusammenspiel von militärischer KI und autonomen Waffensystemen (*Lethal Autonomous Weapon Systems*, LAWS) betrifft. Schweden schließlich sieht wie Dänemark einen Bedarf an weiträumiger Überwachung, bei der militärische KI die unbemannten Mittel ergänzen könnte. Darüber hinaus könnte die Notwendigkeit, Hyperschallwaffen zu bekämpfen, zu einer stärker technikzentrierten Haltung führen, bei der die militärische KI mit Blick auf die Analyse von Daten, die für diese spezielle Bedrohung relevant sind, eine Rolle spielen könnte.

25.3 Forschung und Entwicklung (F&E)

Bevor wir einen Blick auf aktuelle Prioritäten der KI-Entwicklung im Verteidigungsbereich werfen, lohnt sich die Frage, welche der drei Wellen militärischer KI die Denkweise der untersuchten Nationen prägt. Die Antwort auf diese Frage soll zeigen, ob sich die militärische KI-Anwendung eher am Status quo orientiert (KI der zweiten Welle) oder ob neue Ansätze verfolgt werden, die davon abweichen und zu potenziell disruptiven Anwendungen führen können (KI der dritten Welle).

Wie Tab. 25.4 verdeutlicht, folgt die überwiegende Mehrheit der untersuchten Länder einem datenzentrierten KI-Verständnis. Die Vereinigten Staaten sind bislang die einzige

Tab. 25.4 Daten- oder emergenzbasierte Entwicklung militärischer KI

Fokus auf Daten	Agnostischer Ansatz	Fokus auf Emergenz
AUS, CHN, DEU, DNK, FIN, FRA, GRE, IND, ISR, ITA, JPN, KOR, NLD, RUS, SGP, SWE, TWN, UK, UKR, US	CAN, EST, ESP, IRN, TUR	US

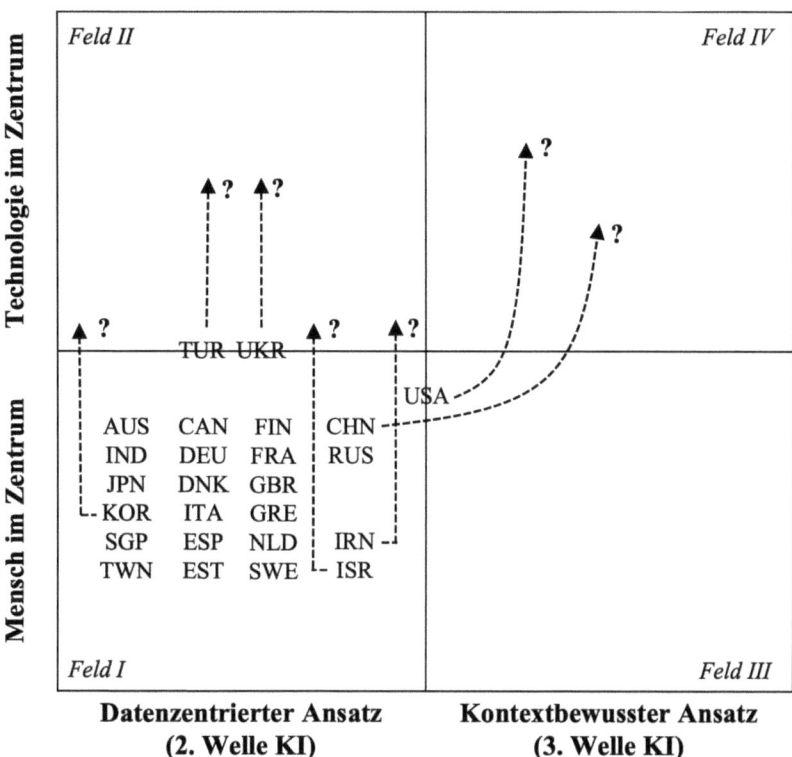

Abb. 25.1 Vier Paradigmen der Entwicklung militärischer KI

Nation, die im Bereich der Streitkräfte die Vorteile von Lösungen der dritten KI-Welle diskutiert und hierfür z. B. im Rahmen der DARPA auch Entwicklungsprogramme aufgesetzt hat. Nur wenige Länder verfolgen im Unterschied dazu eine agnostische Position. Estland, Iran und Spanien stehen am Beginn der KI-Einführung, so dass sich deren Vorstellungen und Konzepte noch in Entwicklung befinden. Die Schwerpunktsetzungen der Türkei deuten auf eine schwache Tendenz in Richtung Emergenz in Kombination mit einem ausgeprägten Fokus auf technische Autonomie in Form unbemannter Systeme hin. Kanadas Ansatz für militärische KI leidet unter den derzeitigen organisatorischen Schwierigkeiten.

Kombiniert man den perspektivischen Fokus auf Daten bzw. Emergenz mit der Betonung menschen- oder technikzentrierter Ansätze, resultiert daraus die in Abb. 25.1 illustrierte 2×2-Matrix. Diese unterstreicht nachdrücklich, dass alle 25 Nationen derzeit innerhalb des gleichen daten- und menschenzentrierten Paradigmas operieren. Wenn sich jedoch Herausforderer und etablierte Akteure im gleichen Paradigma bewegen, sind Überraschungen von strategischer Reichweite eigentlich unmöglich. Insofern stabilisiert dieser Umstand die Vorstellungen der Akteure. Die Darstellung bringt allerdings auch zum Ausdruck, dass es Akteure gibt, die in naher Zukunft aus dem vorherrschenden Paradigma ausbrechen könnten:

- Die Vereinigten Staaten sind der prominenteste Kandidat für künftige Entwicklungen, die einem kontextbewussten und emergenten Ansatz folgen. Das illustrieren z. B. die erwähnte *Replicator*-Initiative sowie Konzepte wie JADC2, die dezentrale und verteilte Führungsansätze (*Command and Control,* C2) betonen. Allerdings zeigen sich gerade auch in den USA die Beharrungskräfte, die einen umfassenden Schwenk in diese Richtung gegenwärtig noch behindern.
- Sobald sich die Vereinigten Staaten in Richtung Emergenz bewegen, wird China wahrscheinlich nachziehen, da es auf Augenhöhe agieren will. Ob China auf maschinelle Autonomie setzt, bevor kontextbewusste militärische KI-Lösungen genutzt werden, ist derzeit schwer zu sagen. Die jüngsten Experimente des Landes mit großen Sprachmodellen (*Large Language Models,* LLM) zur Unterstützung der Schwarmführung könnten als Frühindikator in diese Richtung gedeutet werden. Ob ein LLM-basierter Schwarm autonomer Systeme der Realität auf dem Schlachtfeld standhalten würde, ist jedoch zweifelhaft, da seine Fähigkeit begrenzt sein dürfte, vorausschauende Taktiken zu entwickeln, die der Gegner nur schwer nachahmen kann.
- Die Ukraine, die kürzlich beschlossen hat, eine neue Einheit für unbemannte Systeme einzurichten (President of Ukraine, 2024), und Israel sind ebenfalls zwei offensichtliche Kandidaten für Veränderungen, da beide angesichts der aktuellen Gegebenheiten auf dem Gefechtsfeld einen Nutzen in der Weiterentwicklung maschineller Autonomie mit KI sehen. Das Gleiche gilt für die Türkei, die militärische KI zusammen mit ihrem breiten Portfolio an unbemannten Systemen in allen Dimensionen einsetzt.
- Schließlich gibt es im Iran und in Südkorea Entwicklungen, die darauf hinweisen, dass beide Länder künftig ebenfalls die technische Autonomie stärker betonen könnten, um wie erwähnt dem demografischen Altern entgegenzuwirken. Zudem erachtet Iran den Umstand, dass eine bodengestützte Flugabwehr wegen eines menschlichen Fehlers im Jahr 2020 irrtümlich Flug 572 der *Ukrainian International Airline* abgeschossen hat, als Beispiel dafür, dass sich solche Fehler mit mehr technischer Autonomie verhindern ließen.

Vor diesem Hintergrund können die gegenwärtigen F&E-Anstrengungen in sechs Schwerpunkten zusammengefasst werden:

- Die Mehrheit setzt bei der Entwicklung militärischer KI auf eine Verbindung mit dem Einsatz unbemannter Systeme. Dabei ergeben sich Unterschiede aus dem Reifegrad der vorhandenen unbemannten Systeme, den Aufgaben, die diese übernehmen, und den Dimensionen, in denen sie eingesetzt werden. Gegenwärtig dominieren Aufgaben wie die Nachrichtengewinnung und Aufklärung, die Verbesserung des Lagebildes sowie die Unterstützung der Zielidentifizierung.

- Ein zweiter Entwicklungsschwerpunkt ist im Bereich der vorausschauenden Wartung sowie der Logistik zu erkennen. Beide Anwendungsbereiche sind ebenso datenintensiv wie verschiedene Cyberoperationen, deren Verbesserung mit KI angestrebt wird. Diesem zweiten Schwerpunkt sind zudem auch die Datenanalytik sowie das allgemeine Datenmanagement zuzuordnen.
- Führung (C2) in Kombination mit Datenanalytik und -management stellt einen dritten Schwerpunkt dar. Zahlreiche Streitkräfte verstehen KI dabei als Instrument, um schnell wachsende Datenmengen bewältigen und auswerten zu können. Nur wenige Länder verstehen KI dagegen als Ansatz, neue Führungsverfahren zu entwickeln.
- Gut ein Drittel der untersuchten Staaten will KI-Lösungen entwickeln, um die eigenen Fähigkeiten im Bereich der elektronischen Kriegführung (EloKa) zu verbessern bzw. gegnerische EloKa-Maßnahmen abzuwehren. KI für Lenkflugkörper, Torpedos, zur Feuerunterstützung und in der Flugabwehr stehen dagegen nur bei wenigen Ländern hoch auf der Entwicklungsagenda. Im letztgenannten Bereich könnten sich jedoch aufgrund der Auswertung der Erfahrungen im Russland-Ukraine-Krieg sowie in Israel künftig Veränderungen ergeben.
- Ebenfalls gut ein Drittel der Länder zieht KI für methodische Ansätze wie das *Red Teaming* und *Wargaming* in Betracht, während bislang deutlich weniger Länder in KI-Lösungen für die (Missions-)Planung bzw. zur Taktikentwicklung investieren. Interessanterweise hat gerade Deutschland in diesem Bereich jüngst Akzente gesetzt, die in Zukunft zu Veränderungen führen könnten, wenn es Bundeswehr und Industrie gelingt, Forschungsergebnisse in entsprechende Systeme und Produkte zu überführen.
- Erwähnenswert ist schließlich auch die ausgeprägte Kongruenz der F&E-Schwerpunkte für militärische KI in Russland und China. So wollen beide Länder KI u. a. zur Zielidentifizierung, für EloKa und für Schwärme nutzen. In Kombination mit der Betonung unbemannter Systeme könnte sich daraus die Präferenz für vollautonome Zielaufklärungs- und Zielbekämpfungsschwärme ergeben, die in der Lage sind, auch unter umfassender gegnerischer Kontrolle des elektromagnetischen Spektrums zu operieren.

25.3.1 Organisation

Aufbau- und Ablaufstrukturen, so Jensen et al. (2022, S. 3), bestimmen wesentlich darüber, ob und inwieweit der Einsatz von Informationstechnologie zu militärischen Innovationen führt, denn sie kanalisieren den Informationsfluss und -austausch. Eine wichtige Frage ist daher, ob die untersuchten Nationen organisatorische Reformen durchführen, um sich auf den Einsatz von militärischer KI vorzubereiten. Der Blick auf die 25 Nationen zeichnet dabei ein sehr gemischtes Bild (Tab. 25.5).

Die Vereinigten Staaten und Frankreich gehören zu den wenigen Ländern, die neue projektspezifische Organisationen zur Förderung militärischer KI eingerichtet haben. Das US-Projekt *Maven* untersuchte den KI-Einsatz für die Nachrichtengewinnung und Aufklärung. Die kleine und dedizierte Projektstruktur ermöglichte Fortschritte in relativ kurzer

Tab. 25.5 Organisationsentwicklung zugunsten militärischer KI

Projektorientierter Ansatz	Bestehende Organisationen übernehmen neue Aufgaben	Für neue Aufgaben werden neue Organisationen geschaffen
FRA, US	AUS, CAN, CHN, DEU, DNK, ESP, EST, FIN, GRE, IRN, ITA, JPN, SGP, SWE, TUR, TWN	CAN, FRA, IND, ISR, KOR, NLD, RUS, UK, UKR, US

Zeit, stieß aber später beim Übergang in die vorherrschende funktionale Organisation auf organisatorische Widerstände. Frankreich hat ARTEMIS.IA als öffentlich-private Partnerschaft ins Leben gerufen, um den Streitkräften eine Reihe verschiedener KI-Anwendungen zur Analyse großer Datenmengen zur Verfügung zu stellen. Das Hauptziel, die besten Vorschläge zu ermitteln und auszuwählen, konnte jedoch nicht erreicht werden, da Schlupflöcher im Konzept verschiedenen Akteuren die Möglichkeit boten, den auf Wettbewerb ausgerichteten Ansatz zu umgehen.

Mehrere Länder haben beschlossen, neue Organisationseinheiten in den Verteidigungsministerien oder im F&E-Bereich zu schaffen, um die militärische KI voranzutreiben. Die Liste der neu geschaffenen KI-Einheiten im Verteidigungsbereich umfasst u. a. folgende Beispiele:

- *Cellule de Coordination de l'Intelligence Artificielle de Défense* (CCIAD) in Frankreich
- Pläne für eine neue Einheit zur Entwicklung von Zukunftstechnologien in der Forschungs- und Entwicklungsdirektion des israelischen Verteidigungsministeriums
- *Defense AI Council* (DAIC) und die *Defense AI Projects Agency* (DAIPA) in Indien
- Südkoreas Pläne für ein *National Defense AI Center*, das sich ausdrücklich an den neuen Organisationseinheiten orientiert, die in den USA und in Großbritannien gegründet wurden
- *Chief Information Officer* und *Data Center of Excellence* in den Niederlanden
- Russlands neue Sonderabteilung für die Entwicklung von KI-Technologien im Verteidigungsministerium
- *Defense AI Center* (DAIC) in Großbritannien
- *Chief Digital and AI Office* (CDAO) im US-Verteidigungsministerium
- *Brave1* und der *Innovation Development Accelerator* in der Ukraine
- *Defense AI Center of Excellence* (DAICoE) in Kanada

Noch ist unklar, ob es diesen neuen Einheiten gelingt, die Arbeit unterschiedlicher Akteure zur Einführung und Entwicklung militärischer KI optimal zu koordinieren. Diese Ungewissheit ist auch der Grund dafür, dass zahlreiche Länder bestehende Organisationen mit der Aufgabe betraut haben, militärische KI in die Streitkräfte einzubringen. Die Türkei beispielsweise hat die Aufgabe der Koordinierung der KI-Akteure im Verteidigungsbereich in das Portfolio des Staatssekretariats für die Verteidigungsindustrie aufgenommen. Finnland verwarf die Idee, eine neue Einheit für militärische KI einzurichten, und entschied sich stattdessen für einen organisationsübergreifenden Matrixansatz. Estland schuf eine neue Position innerhalb des Verteidigungsministeriums und nutzt das *Cyber Command* als Übertragungsmechanismus, um die Industrie zu erreichen und die militärischen Dienste einzubeziehen. Australien geht nicht davon aus, dass die Einführung von KI in den Streitkräften großen organisatorischen Reformbedarf nach sich zieht, hat aber seinen allgemeinen Innovationsansatz geändert, um die Umsetzung neuer Ideen in einsatzfähige Lösungen zu beschleunigen.

Zusätzlich zu ministeriellen Veränderungen haben mehrere Länder in den Teilstreitkräften neue Organisationseinheiten geschaffen. Die Vereinigten Staaten haben die Initiative *AI and Data Accelerator* (AIDA) ins Leben gerufen, um „Teams von Datenexperten in die Kommandos der Streitkräfte einzubetten" (Barnett, 2021). Frankreich setzt in ähnlicher Weise KI-Koordinatoren ein. Die Niederlande greifen auf Experten des *Data Science Center of Excellence* als KI-Berater in den Teilstreitkräften zurück, um Doktrinen zu formulieren und Projekte aufzusetzen. Australien hat eine zentrale Organisation innerhalb der *Joint Capabilities Group* eingerichtet, um die Bemühungen der Streitkräfte zu koordinieren. Indien hat mit der Gründung eines neuen KI-Unterausschusses und einer gemeinsamen KI-Arbeitsgruppe für die Streitkräfte einen ähnlichen Ansatz gewählt. Singapur hat für den gleichen Zweck das *Digital Ops-Tech Center* beim neuen *Digital and Intelligence Service* eingerichtet. Schließlich geht Südkorea am weitesten, denn dort hat sich jede Teilstreitkraft verpflichtet, eigene Testeinheiten zu etablieren, um Experimente für die Einführung und Weiterentwicklung militärischer KI voranzutreiben.

25.3.2 Finanzierung

Analytisch stellt die Finanzierungsdimension jedoch die größte Herausforderung dar. Die beträchtlichen Unterschiede in der Finanzierung, die von einigen hunderttausend Euro oder US-$ pro Jahr in einigen Ländern bis zu fast 5 Mrd. US-$ in den Vereinigten Staaten reichen, machen einen volumenbasierten Vergleich unbrauchbar. Darüber hinaus erschweren unterschiedliche nationale Haushaltsgesetze und verschiedene Definitionen der Finanzierungskategorien die ländervergleichende Analyse. Daher sind die in Tab. 25.6 zusammengefassten Ergebnisse mit Vorsicht zu interpretieren.

Tab. 25.6 Ansätze der Finanzierung militärischer KI

Irgendwie finanziert	Dedizierte Budgetlinie	Beschaffungsvorhaben	Dedizierte Budgetlinie und Beschaffungsvorhaben	Dedizierte Budgetlinie, Beschaffungsvorhaben und ressortübergreifende Finanzierung
DNK, EST, ESP, GRE, ISR, NLD, SGP, SWE, TWN, UK	FIN, IND, ITA, ISR, JPN	AUS, FRA, IRN	CAN, CHN, DEU, FRA, RUS, TUR, UKR, US	KOR

Von links nach rechts gelesen, deutet die Kategorie „irgendwie finanziert" darauf hin, dass nicht klar ist, welche Summen die jeweiligen Länder in militärische KI investieren, weil die diesbezüglichen Budgets nicht öffentlich zugänglich sind. Geld ist zwar vorhanden, aber es werden verschiedene Budgetlinien genutzt, um die jeweiligen Projekte zu finanzieren. Ob die Finanzierung stabil ist, ist in diesen Fällen schwer zu sagen. Die zweite Kategorie „dedizierte Budgetlinie" deutet an, dass militärische KI offiziell im Verteidigungshaushalt erscheint, meist in Form von F&E-Projekten, die entweder auf aggregierter Ebene oder mit Bezug zu verschiedenen F&E-Prioritäten, Anwendungsfällen oder Technologiefeldern aufgeführt sind. Italiens Ausgaben enthalten beispielsweise auch Mittel, um die Vernetzung zwischen den Partnern des KI-Ökosystems voranzutreiben und dazu auch spezialisierte zivile KI-Forschungsinstitute einzubeziehen. Wenn militärische KI wie in Australien, Frankreich und Iran als Beschaffungsvorhaben erwähnt wird, bedeutet dies, dass entsprechende Vorhaben im Haushalt verankert sind; das lässt in der Regel auf eine mehrjährige Finanzierung schließen. Die letzten beiden Kategorien in Tab. 25.6 zeigen, dass die aufgelisteten Länder militärische KI als Teil laufender F&E-Anstrengungen im Verteidigungsbereich und als Beschaffungsprojekte budgetieren. Das sichert auf der einen Seite die mehrjährige Finanzierung ab, bedeutet auf der anderen Seite aber auch, dass es ohne Zugang zu eingestuften Unterlagen meist kaum möglich ist, konkret nachzuvollziehen, welche Summen wirklich für militärische KI ausgegeben werden.

Die Sicherstellung der Finanzierung ist jedoch nur ein Element. Noch wichtiger ist die Frage, wie die Mittel zur Verfügung gestellt werden. Methodisch ist auch diese Frage herausfordernd, weil es dazu kaum öffentlich verfügbare Informationen gibt. Frankreich und Deutschland zeigen, dass Finanzierungsmechanismen, die für die Entwicklung physischer Systeme (Material) definiert wurden, an ihre Grenzen stoßen, wenn damit softwarebasierte KI finanziert werden soll, die oft kürzeren Entwicklungs- und Innovationszyklen unterliegt. Frankreich nutzt z. B. unterschiedliche Budgets für beide Entwicklungsstränge. Und Deutschland integriert, abgesehen von der Finanzierung der verteidigungsrelevanten Grundlagenforschung, seine F&E-Ausgaben in die jeweiligen Beschaffungstitel, ohne die F&E-Summen auszuweisen. Südkorea hingegen ist das einzige analysierte Land, das auch zivile Ministerien, vor allem das Ministerium für Wissenschaft, Informations- und Kommunikationstechnologie, in die Kofinanzierung der Entwicklung seiner militärischen KI-Lösungen einbezieht.

25.3.3 Einsatz und Betrieb

Im Unterschied zu den breit gefächerten F&E-Prioritäten der untersuchten Länder konzentriert sich ihr Einsatz und Betrieb von KI-Anwendungen auf weniger Schwerpunkte. Folgende Themenkomplexe sind dabei von besonderer Bedeutung:

- Die Mehrheit nutzt KI in Verbindung mit dem Einsatz unbemannter Systeme, gefolgt von KI für die Zielerkennung und zur Datenauswertung.

- Gut jedes zweite Land setzt auf KI für die vorausschauende Wartung, die logistische Unterstützung und die simulationsbasierte Ausbildung. Knapp ein Drittel nutzt KI für Cyberoperationen und in der Flugabwehr.
- Länder wie Deutschland, Frankreich, Großbritannien, Iran und Russland nutzen KI in Verbindung mit präzisen Wirkmitteln, was angesichts des umfassenden Lenkflugkörper-Portfolios dieser Länder nicht überraschend ist.
- Die Verbesserung des Lagebewusstseins und Lageverständnisses sowie der Einsatz im Bereich der Führungsabläufe stellen einen weiteren KI-Schwerpunkt dar.

Neben dem Einsatzschwerpunkt ist auch die Frage von Interesse, wie die Länder KI-Lösungen in ihre Streitkräfte einführen. Tab. 25.7 verdeutlicht, dass die meisten Länder hierfür derzeit Experimente und/oder einzelne Projekte mit KI-Anteilen definieren. Nur wenige dieser Vorhaben schaffen jedoch – angesichts bestehender Hürden (*Valley of Death*) zwischen einer Idee und einem marktreifen Produkt bzw. zwischen einem F&E-Vorhaben und der Beschaffung – die Überführung in Systeme, die in die Streitkräfte eingeführt werden.

Besondere Aufmerksamkeit verdient gerade deshalb die Einführung militärischer KI über die Beschaffung von Systemen bei Partnern. Wie die Übersicht zeigt, ist diese Option nicht nur für Länder mit einer schwächer entwickelten Verteidigungsindustrie von Bedeutung, sondern auch für rüstungsindustriell hoch entwickelte Länder wie Deutschland, Italien, die Niederlande und Großbritannien. In allen vier Ländern werden KI-Lösungen als Teil ausländischer Verteidigungssysteme wie F-35 (Kampfjet), *Reaper* (unbemanntes fliegendes System) oder *Arrow 3* (Flugabwehr) eingeführt. Diese und andere Systeme sind daher zentrale Transmissionsriemen zur Diffusion von KI-Funktionalitäten.

Die Nutzung dieser Systeme kann zwar die KI-Einführung beschleunigen, ist aber auch mit Herausforderungen verbunden. Eine erste Herausforderung ergibt sich aus dem unvermeidlichen Verdrängungseffekt zwischen nationalen KI-Anwendungen und -Funktionalitäten und den KI-Anteilen in international genutzten Verteidigungssystemen. Der zweite resultiert aus dem Umstand, dass die Anwender genau verstehen müssen, welche KI sie von einem Partner importieren. In diesem Zusammenhang machte Moshe Patel, Direktor der *Is-*

Tab. 25.7 Modi des Einsatzes militärischer KI

Noch nicht im Einsatz	Experimente und Projekte mit KI	KI-fokussierte Experimente und Projekte	Beschaffungsvorhaben mit KI-Anteil	Spezifische KI-Beschaffungsvorhaben	Internationale Beschaffungsvorhaben mit KI-Anteilen	Einsatz in Kriegen und Konflikten
JPN	AUS, CHN, DEU, DNK, ESP, EST, FIN, FRA, ITA, KOR, NLD, RUS, SGP, TUR, TWN, UK	CAN, DEU, IRN, NLD, RUS, SGP, TWN, US	FRA, ISR, IND, RUS, US	FRA	DEU, DNK, EST, FIN, GRE, IND, ITA, NLD, UK, UKR	ISR, RUS, UKR

rael *Missile Defense Organization*, im Mai 2023 auf einer Veranstaltung des *Center for Strategic and International Studies* in Washington, DC, eine aufschlussreiche Aussage. Mit Blick auf Finnlands Beschaffung israelischer Flugabwehrsysteme argumentierte er, dass Israel seine KI-Algorithmen in die finnischen Führungsabläufe (C2) integrieren werde (CSIS, 2023). Aber wie tief und umfassend werden Nationen bereit sein, „fremde Algorithmen" in ihre souveränen Systeme zu integrieren, und inwieweit wird der Käufer ein Mitspracherecht bei der Kalibrierung und Anpassung dieser „fremden KI-Algorithmen" haben?

25.3.4 Ausbildung und Training

KI braucht Talente, aber der Wettbewerb um Talente ist hart, da Streitkräfte, Rüstungsunternehmen und kommerzielle Industrien um die wichtigsten Experten buhlen. Dieser Wettbewerb und die in Ländern wie Dänemark, Estland und Finnland ausdrücklich geäußerte Überzeugung, dass die Streitkräfte nur KI-Systeme einsetzen sollten, die sie auch wirklich verstehen, hat viele Nationen dazu veranlasst, ihre Ausbildungsbemühungen zu verstärken. In Anbetracht der Tatsache, dass die meisten Länder den querschnittlichen Charakter von KI und ihre weitreichenden Folgen für alle Bereiche des Lebens und der Arbeitswelt betonen, überrascht es, wie begrenzt diese Bemühungen im Kontext der Streitkräfte gegenwärtig noch sind.

Wie Tab. 25.8 zeigt, konzentriert sich gut ein Drittel darauf, dass primär die Streitkräfteangehörigen KI verstehen und nutzen können, z. B. indem die Lernprogramme an den Verteidigungsakademien angepasst werden. Eine zweite Gruppe schließt auch das zivile Personal in den Ministerien ein. In dieser Hinsicht sind Griechenland und Südkorea von besonderem Interesse. Griechenland hat umfassende Ausbildungsprogramme an den Verteidigungsakademien des Landes eingerichtet, während in Südkorea das Verteidigungsministerium mit dem Ministerium für Wissenschaft, Informations- und Kommunikationstechnologie zusammenarbeitet, um Soldaten und Offiziere mit KI-Kenntnissen auszubilden. Beide Länder betonen, dass auch für das zivile Verteidigungspersonal erhebliche Ausbildungsanstrengungen erforderlich sind, um sicherzustellen, dass dieses gut vorbereitet ist, wenn Mitarbeitende in den zivilen Arbeitsmarkt wechseln. Ähnliche Bestrebungen gibt es in Israel, wo die Streitkräfte ebenfalls KI einsetzen, um potenziell hervorragende

Tab. 25.8 Wer für militärische KI ausgebildet wird

Unklar	Militärische Angehörige der Streitkräfte	Zivile und militärische Angehörige der Streitkräfte	Verteidigungsindustrie und militärische Angehörige der Streitkräfte	Verteidigungsindustrie sowie zivile und militärische Angehörige der Streitkräfte
CAN, DNK, JPN	AUS, CHN, DEU, EST, FIN, GRE, ITA, SWE	GRE, IRN, ISR, KOR, NLD, SGP, UKR, US	ESP, FRA, TUR, TWN, UK	RUS

künftige Kommandeure frühzeitig zu erkennen, Ausbildungsprogramme zu personalisieren und Soldaten zu identifizieren, die ihren Dienst wahrscheinlich verlängern werden. Großbritannien hat ähnliche Initiativen lanciert.

Die dritte Gruppe umfasst Länder, die sich mit der Ausbildung von Streitkräfteangehörigen und Mitarbeitenden der Verteidigungsindustrie befassen. Dies ist in Spanien und Frankreich der Fall, wo die Industrie eine aktive Rolle bei der Förderung von KI-Schulungsprogrammen für Unternehmen spielt, auch im Hinblick auf eine bessere Integration kleiner und mittlerer Unternehmen in die KI-relevanten Lieferketten der führenden Verteidigungsunternehmen. Auch die Türkei gehört zu dieser Gruppe. Das dort lancierte YETEN-Projekt spielt eine besondere Rolle, um unter Einsatz von KI jene Rüstungsunternehmen zu identifizieren, die am besten geeignet sind, bestimmte Technologien in der Türkei zu entwickeln; dabei spielt die Qualifizierung der Mitarbeitenden auch eine Rolle.

Schließlich ist – nach gegenwärtigem Stand – Russland das einzige untersuchte Land, das seinen Schwerpunkt auf den Ausbau der KI-Kompetenzen der zivilen Mitarbeiter des Verteidigungsministeriums, der Streitkräfteangehörigen und der Rüstungsindustrie legt. Russland setzt KI zu Ausbildungszwecken ein und hat sogenannte „militärisch-wissenschaftliche Einheiten" geschaffen. Von den Wehrpflichtigen, die in diesen Einheiten eingesetzt werden, wird erwartet, dass sie eine militärisch-wissenschaftliche Laufbahn einschlagen, um später als Experten in den Streitkräften oder in den militärischen Instituten zu arbeiten. In vergleichbarer Weise, aber mit anderem Schwerpunkt bündeln Frankreich und Israel lokales Fachwissen in „digitalen Reserveeinheiten", die im Bedarfsfall aktiviert werden können.

25.3.5 Interpretation der Ergebnisse

Militärische Innovation kann entstehen, wenn operative Anforderungen, technologische Leistungsfähigkeit und konzeptionelle Reife übereinstimmen. Dieser Aufsatz hat jedoch deutlich gemacht, dass KI-relevante Entwicklungen entlang dieser drei Pfade sehr uneinheitlich erfolgen. Im Ergebnis bestätigen daher einige Ergebnisse der ländervergleichenden Betrachtung die Erwartungen, die sich beispielsweise aus der militärischen Innovationsforschung ergeben. Andere Ergebnisse sind überraschend, und manche sprechen unbequeme Wahrheiten an.

25.3.5.1 Bestätigte Erwartungen
Die Diffusion militärischer Innovation folgt einem mehrstufigen Prozess. Dieser entwickelt sich von der Nachahmung des Verhaltens anderer über die Übernahme bestehender Praktiken bis zur Entwicklung neuer Konzepte und Taktiken (Raska, 2016, S. 168–169). Daraus folgt als erste Erkenntnis die Einsicht, dass im Moment die Nachahmung dominiert. Für Herausforderer wie für Alliierte steht dabei der Zugang der US-Streitkräfte zu KI im Zentrum der Betrachtung. China, Russland und Iran nehmen die US-Praxis unter die Lupe, um mögliche Schwachstellen zu erkennen und für sich zu nutzen. Ebenso bli-

cken US-Verbündete und Partner in Europa und im asiatisch-pazifischen Raum auf die US-Praxis. In diesem Fall signalisiert Nachahmung Nähe und Vertrautheit, die die Interoperabilität und damit auch die Zusammenarbeit erleichtern sollen.

Zweitens blicken militärisch und rüstungsindustriell leistungsfähige Nationen in einem Prozess der „umgedrehten Emulation" auf andere. Einerseits schauen diese Länder auf die Herausforderer, um zu verstehen, ob ihre eigenen Prozesse ausreichen, um nicht von den Herausforderern überrascht zu werden. Am deutlichsten wird dies im Hinblick auf die Notwendigkeit, ganzheitliche KI-Ökosysteme im Verteidigungsbereich zu schaffen, die militärische Anwender, Forschungsinstitute, etablierte Verteidigungs- und neue Nicht-Verteidigungsunternehmen sowie Investoren zusammenbringen. Während die meisten Länder versuchen, diesen Ansatz zu realisieren, beklagen Startup-Unternehmen, die aus dem kommerziellen Sektor stammen und Verteidigungslösungen anbieten wollen, hohe Eintrittshürden, die nur langsam abgebaut werden. Viele Nationen betrachten daher Chinas scheinbar perfekten Ansatz der *Military-Civil Fusion* zur Integration militärischer und nichtmilitärischer wissenschaftlich-industrieller Fertigkeiten als impliziten *Benchmark*. Diese Sichtweise übersieht jedoch die Schwierigkeiten, die selbst die chinesische Führung bei der Umsetzung ihres *Top-Down*-Ansatzes hat, um die technologieinduzierte Modernisierung der Verteidigung voranzutreiben.

Andererseits analysieren etablierte Akteure und ehrgeizige Newcomer aktuelle Kriege, um die daraus gewonnenen Erkenntnisse in die Entwicklung militärischer KI einfließen zu lassen. Von Freiwilligen in der Ukraine entwickelte neue Softwarelösungen wecken dabei insbesondere in den EU- und NATO-Ländern großes Interesse. Dabei wird jedoch übersehen, dass die in der Ukraine praktizierte umfassende Fusion von Daten unterschiedlichster privater und hoheitlicher Provenienz in den meisten EU- und NATO-Staaten an bestehenden Datenschutzbestimmungen scheitern würde. Die herausragende Rolle westlicher KI-Anbieter in der Ukraine sollte auch Warnung dafür sein, nicht falschen Schlussfolgerungen zum Opfer zu fallen, indem der Einsatz westlicher Technologie durch die ukrainischen Streitkräfte als lokale Innovation betrachtet wird, die wiederum im eigenen Land angesichts des größeren regulatorischen Spielraums, den diese Unternehmen in der Ukraine genießen, unmöglich wäre. Darüber hinaus neigen Analysen aktueller Kriege und Konflikte dazu, den Beitrag einzelner Systeme oder Anwendungen zu stark zu gewichten, systemische Gesamtbetrachtungen aber zu übersehen, die für das Zusammenspiel von Effektoren und Sensoren relevant sind (Borchert et al., 2021, S. 37–52).

25.3.5.2 Überraschungen

Für militärische KI gibt es gegenwärtig keinen disruptiv wirkenden Akteur. Diese erste Überraschung ist vermutlich auch die kontraintuitivste Erkenntnis der präsentierten Analyse. Ein Grund dafür ist konzeptioneller Natur und ergibt sich aus dem Umstand, dass Disruption im militärischen Sinne schwer zu definieren ist. Veränderungen beim Einsatz militärischer Macht, die disruptive Ergebnisse herbeiführen, können aus konzeptionellen, organisatorischen, technologischen oder operativen Änderungen resultieren und sind meist erst im Nachhinein sichtbar. Ein zweiter Grund resultiert aus dem Umstand, dass die

Forderung des Gegen-den-Strich-Denkens zwar weitverbreitet ist, es jedoch auch für den Herausforderer unklar ist, ob ein neuer Ansatz, den er verfolgen will, den erhofften strategischen Vorteil schaffen wird. Die Gefahr des Scheiterns lässt daher auch den Herausforderer risikoavers agieren. Allerdings zeigt die vorgestellte 2×2-Matrix (Abb. 25.1), dass es mit dem Übergang von der zweiten zur dritten Welle militärischer KI und dem Wechsel von einem menschen- zu einem technikzentrierten Fokus zwei klare Schwellenwerte gibt, deren Überschreiten langfristig disruptive Folgen haben kann.

Überraschend ist zweitens die Erkenntnis, dass der allgemeine Digitalisierungsgrad einer Nation ein schlechter Indikator der militärischen Digitalisierung bzw. der militärischen KI-Fähigkeiten ist. Alle Länder, die in der Digitalisierung des öffentlichen Sektors als führend gelten, bekunden Mühe, die gewonnen Vorteile in den militärischen Kontext zu überführen. Estland, das in Sachen E-Government und Cybersicherheit als Vordenker gilt, sieht sich einem konservativen Militär gegenüber, das die Deckung des aktuellen Ausrüstungsbedarfs höher gewichtet als die militärische Digitalisierung – und beides hindert das Land daran, militärische KI schnell einzuführen. Das Gleiche gilt für Israel (Adamsky, 2010, S. 132–133), dessen „organisiertes Durcheinander" im Bereich der militärischen KI zwar Fortschritte erzielt, was aber bei Weitem nicht ausreicht, um die vorhandene Technologiebasis optimal zu nutzen. Eine ähnliche Dysfunktion zwischen Industrie und Militär ist in Taiwan zu beobachten, wo kommerzielle und verteidigungsindustrielle Akteure in ihren eigenen Silos operieren, was den Streitkräften des Landes den Zugang zu kommerziellen Talenten und Technologien verwehrt. Das gleiche Problem behindert auch die militärische KI in Südkorea, denn dort gilt die Zusammenarbeit mit der Verteidigungsindustrie als unattraktiv. Und Indien macht zwar als KI-Talentschmiede, nicht jedoch als KI-Innovationsschmiede von sich reden. All diese Länder dienen somit als warnendes Beispiel dafür, dass die Digitalisierung des öffentlichen (und privaten) Sektors nicht ohne Weiteres auf die Streitkräfte übertragen werden kann. Diese Erkenntnis ist umso relevanter, als die meisten der in diesem Aufsatz analysierten Länder die Digitalisierung des Verteidigungssektors als Voraussetzung des erfolgreichen Einsatzes militärischer KI betrachten.

Drittens ist zu beachten, dass alle Länder unabhängig von ihrem technisch-industriellen Reifegrad Mühe damit bekunden, Ökosysteme aufzubauen, welche in der Lage sind, alle für die militärische Anwendung von KI relevanten Akteure produktiv einzubinden. Rüstungsindustrielle Innovation erscheint in diesem Licht als Schattenseite der (oft überbetonten) militärischen Innovation, bedarf aber deutlich mehr Aufmerksamkeit. So ist Südkorea zwar das einzige Land, das in einem ressortgemeinsamen Ansatz Finanzmittel für die Entwicklung militärischer KI aufbringt, doch das dysfunktionale rüstungsindustrielle Ökosystem konterkariert die damit verbundenen Vorteile. Eine starke zivil-militärische Dichotomie prägt auch die Ansätze in Deutschland bzw. Spanien und wird zusätzlich verstärkt durch Ressortrivalitäten, wenn es um das Bereitstellen von Finanzmitteln für militärische Forschung und Technologieentwicklung geht. Die Praxis in vielen westlichen Ländern steht im Gegensatz zu den Ansätzen, die die Türkei und Russland verfolgen, denn beide Staaten setzen z. B. darauf, KI zu nutzen, um die Fertigkeiten der rüstungsindustriellen Technologiebasis auszubauen. Moskaus Praxis gilt es dabei besonders im Auge zu behalten, denn Russland verbessert schrittweise seine Fähigkeit, Einsichten aus aktuellen Kriegen und Auseinandersetzung zu nutzen, um rüstungsindustrielle Produkte und Unternehmen weiterzuentwickeln (Ryan, 2024).

25.3.5.3 Unbequeme Wahrheiten

Einige Ergebnisse der ländervergleichenden Betrachtung setzen ein Fragezeichen hinter vorherrschende Annahmen des gegenwärtigen Diskurses zur Ethik und zur Regulierung militärischer KI. Zu diesen unbequemen Wahrheiten zählt zuerst der Umstand, dass die Bedeutung ethischer Fragen für militärische KI zwar anerkannt wird, aber signifikante nationale Unterschiede in Relevanz und Motivation bestehen. Frankreich und Großbritannien haben spezielle Ausschüsse im Verteidigungsministerium eingerichtet, um die Entwicklung zuverlässiger militärischer KI zu überwachen. Russland und China sehen zwar eine Regulierung militärischer KI auf globaler Ebene als Notwendigkeit, aber in erster Linie als Instrument, um den strategischen Spielraum der USA einzuschränken und einen US-Vorsprung zu verhindern, der beide Länder daran hindern würde, bestehende Lücken zu schließen. Die Vereinigten Staaten haben ihrerseits ein ähnliches Interesse daran, durch internationale Regulierung einen bestimmten Einsatz von militärischer KI vorzuschreiben, der keine Überraschungen auf dem Schlachtfeld hervorruft. Spanien hingegen hat sich während seiner EU-Ratspräsidentschaft in der zweiten Hälfte des Jahres 2023 hauptsächlich darauf konzentriert, die Regulierung von KI unabhängig von den Bedürfnissen der Streitkräfte voranzutreiben, was diese veranlasste, ihre Überlegungen über die militärischen Kanäle in der EU und der NATO zu entwickeln.

Diese Beispiele verdeutlichen, dass Analysten die Motive, die Länder dazu veranlassen, sich überhaupt mit der Ethik militärischer KI zu befassen, viel genauer beleuchten müssen. Indien beispielsweise sendet sehr widersprüchliche Signale aus, wenn es sich für den verantwortungsvollen Einsatz militärischer KI ausspricht, sich aber beispielsweise weigert, den Aktionsaufruf des REAIM-Gipfels 2023 zu genau diesem Grundsatz zu unterzeichnen. Im Unterschied dazu haben die Niederlande ein nationales ELSA *Lab Defense* eingerichtet, um die ethischen, rechtlichen und gesellschaftlichen Folgen militärischer KI zu bewerten, auch um damit auf die internationale Normbildung einwirken zu können. Singapur verfolgt ein ähnliches Verständnis und betrachtet die militärische KI-*Governance* als wichtiges Element seiner Verteidigungsdiplomatie. Das hat den Stadtstaat 2019 veranlasst, seine eigenen Leitprinzipien für militärische KI zu veröffentlichen. Estland und Finnland stimmen zwar der Notwendigkeit einer verantwortungsvollen militärischen KI zu, sind jedoch besorgt, dass eine Überbetonung der Regulierung die ethisch begründete Technologieentwicklung und damit auch Geschäftsinteressen behindern könnte. Und in Griechenland haben jahrzehntelange Unterinvestitionen und die strategische Rivalität mit der Türkei den ethischen Diskurs über militärische KI in den Hintergrund gedrängt.

Die Entwicklungen in der Ukraine und in Israel veranschaulichen, dass Krieg die normativen Präferenzen neu ordnet. Unter Bedrohung passen beide Nationen die Einsatzregeln für KI auf dem Schlachtfeld neu an. Wenn „der Schwerpunkt auf Schaden und nicht auf Genauigkeit liegt", wie ein Sprecher der israelischen Verteidigungsstreitkräfte am 09.10.2023 (Abraham, 2023) sagte, verschiebt sich der Schwellenwert zum Einsatz militärischer KI – aber nicht als Folge technischer Entwicklungen, sondern aufgrund bewusster Entscheidungen der handelnden Akteure. Die Dominanz des Gegners im elektromagnetischen Raum ist ein weiterer Aspekt, den es zu berücksichtigen gilt, denn sie bedeutet, dass es schwieriger wird, unbemannte Systeme aus der Distanz zu steuern, weil Kommunikationsverbindungen gestört werden oder verloren gehen. Gerade die Ukraine sieht daher eine Notwendigkeit, auf mehr – und nicht weniger – KI-gestützte Autonomie zu setzen. Damit verdeutlichen beide Länder, dass Normpräferenzen kontextabhängig sind, da ein Krieg Regierungen dazu verleiten kann, „einst umstrittene Technologien mit Begeisterung zu übernehmen" (O'Brien, 2024).

Unbequem ist drittens auch die Warnung, den Fortschritt militärischer KI in autoritären Ländern nicht überzubewerten. Vielmehr leiden China, Iran und Russland unter denselben Pathologien, die militärische Innovation auch in demokratischen Ländern behindern. Ja, die zivil-militärischen Beziehungen unterscheiden sich dort vom Ansatz demokratischer Rechtsstaaten. Dies bedeutet jedoch noch nicht, dass eine militärisch-zivile Fusion leichter zu erreichen ist, da Erfolge davon abhängen, ob und inwieweit neuartige Ideen und Technologien nichtmilitärischen Ursprungs in den militärisch-industriellen Komplex eindringen können, der in diesen Ländern ein wichtiger Machtfaktor ist, um militärische Vorteile zu erzielen (Evron & Bitzinger, 2023; Scharre, 2023, S. 21). Nichtdemokratische Regierungen mögen ein anderes Risikokalkül haben, aber die meisten von ihnen setzen ihr eigenes Überleben nicht für neue, aber unausgereifte Ideen, Konzepte und Technologien aufs Spiel. Dies verdeutlicht, wie angesprochen, dass sich die Vorstellungen führender und herausfordernder Akteure im strategischen Wettbewerb angleichen, vor allem wenn die Risiken neuartiger Ansätze die erwarteten Vorteile überwiegen (Liou et al., 2015, S. 159).

Gleichzeitig gibt es jedoch Grund zur Wachsamkeit, was die Entwicklung der militärischen KI in diesen drei Ländern angeht. Zwei Aspekte verdienen besondere Aufmerksamkeit. Erstens ist mehr Forschung zu Konzepten, Strukturen und Instrumenten der Nachahmung in Nichtdemokratien erforderlich, die gelernt haben, mit Sanktionen umzugehen, die sich gegen ihre Wirtschaft, strategischen Industrien und kritischen Technologien richten. China, Iran und Russland sind davon überzeugt, dass der globale Einfluss der Vereinigten Staaten schwindet. Dies könnte sie dazu veranlassen, die Entschlossenheit Washingtons und seiner Verbündeten auch durch den Einsatz militärischer KI zu testen. In dieser Hinsicht sind der Einsatz von militärischer KI im Zusammenhang mit den jeweiligen Nukleararsenalen und zur Ausübung der innerstaatlichen Kontrolle zwei wichtige Entwicklungsfelder, die genau beobachtet werden müssen.

Zweitens ist Russland ein etablierter Exporteur von Rüstungsgütern; China steigert seine Rüstungsexporte in den Nahen und Mittleren Osten, nach Afrika und Lateinamerika, und Iran unterhält ein überregionales Netzwerk nichtstaatlicher Gewaltakteure, die an seiner Stelle kämpfen. Auch wenn es noch zu früh ist zu sagen, inwieweit diese drei Länder bereit sind, militärische KI zu exportieren und andere durch Wissens- und Technologietransfer zu unterstützen, müssen diese Entwicklungsvektoren stärker berücksichtigt werden. Einerseits könnte KI das Gleichgewicht zwischen den drei Mächten verschieben. Insbesondere Irans KI-basierte militärische Fähigkeiten könnten die russischen und chinesischen Interessen im Nahen Osten gefährden. Andererseits wird oft missachtet, dass auch nichtstaatliche Gewaltakteure zu Innovation fähig sind (Veilleux-Lepage & Archambault, 2022). Darauf aufbauend könnte z. B. Iran seine Stellvertreter als „Gefechtsfeldassistenten" nutzen, um die Vorteile neuer KI-bezogener Konzepte und Technologien vor dem eigenen Einsatz in verschiedenen Einsatzgebieten zu evaluieren.

25.4 Schlussfolgerung

Die militärische KI-Nutzung schreitet international voran, doch die länderspezifischen Motive, Antriebskräfte, das Tempo und die Prioritäten sind sehr unterschiedlich. Das gegenwärtig dominierende Paradigma einer daten- und menschenzentrierten militärischen KI ist dabei erstaunlich stabil – unabhängig von den strategischen Ambitionen, der technisch-industriellen Reife oder dem politischen System eines Landes. Dies wirft abschließend zwei Fragen zu den vorherrschenden Vorstellungen bezüglich militärischer KI auf.

Erstens: Was glauben wir zu erkennen, wenn wir über militärische KI sprechen? Diese Frage betrifft die Grenzen der dominierenden sozio-technischen Vorstellungen von militärischer KI (Jasanoff & Sang-Hyun, 2015). Derzeit ist die vorherrschende Literatur, die zu Beginn dieses Kapitels kurz erörtert wurde, auf Datenzentrierung und damit auf KI der zweiten Welle fixiert. Gestützt darauf schreiben aktuelle Analysen der militärischen KI überwiegend Beschränkungen und Möglichkeiten zu, die für das traditionelle maschinelle Lernen zutreffen, aber nicht in gleicher Weise für die KI der dritten Welle gelten. Es ist wichtig, die Grenzen dieser analytischen Perspektive zu verstehen, da sie zu inadäquaten Annahmen über die möglichen Auswirkungen militärischer KI führen kann. Die oft diskutierte Idee der sogenannten *Flash Wars* (Scharre, 2018), die analog zu Börsencrashs von technischen Pannen verursacht werden, basiert auf der irrigen Vorstellung, dass KI unaufhaltsam in eine bestimmte Richtung geht und eine eskalierende Dynamik erzeugt. Im Gegensatz dazu weiß KI der dritten Welle, wann sie aufgrund verwirrender Signale z. B. auf dem Schlachtfeld von weiteren Handlungen absehen muss – sich in den Stillhaltemodus begibt – oder wann eine Deeskalation vorteilhafter wäre als das aggressive Festhalten am eingeschlagenen Weg (Hofstetter, 2014).

Lösungen der dritten KI-Welle haben erhebliche Auswirkungen auf die Regulierung, da die entsprechenden Technologien einem harten geoökonomischen Wettbewerb zwischen Nationen unterliegen. Dieser zielt darauf ab, aufkommende Herausforderer einzudämmen, um den Vorsprung bislang führender Nationen zu wahren. Im Hinblick auf die Eindämmung ist die dritte Welle der KI ambivalent. Die Tatsache, dass sie weniger datenintensiv ist, wird sie weniger anfällig für datenbedingte Beschränkungen machen. Die dritte Welle der KI erfordert jedoch immer noch beträchtliche Rechenleistung, was die Tür für eine Regulierung öffnet, die auf diesen Aspekt abzielt, um die gegnerischen Rechenkapazitäten zu begrenzen. Dies ist jedoch leichter gesagt als getan, da spezifische mathematische Methoden bewusst dafür entwickelt werden, den Rechenbedarf von KI-Lösungen der dritten Welle zu minimieren. Daraus folgt, dass diese KI-Lösungen hinsichtlich ihrer Verbreitung deutlich schwieriger zu erfassen und einzudämmen sind, weil sie auf eine deutlich stärkere mathematische

Modellierung und höhere konzeptionelle Ausgereiftheit setzen – genau diese beiden Faktoren werden jedoch voraussichtlich auch die Diffusionsgeschwindigkeit der KI der dritten Welle drosseln.

Diese Faktoren mögen auch erklären, weshalb KI der dritten Welle nach wie vor schwierig zu verstehen ist und ein differenzierteres Vokabular erfordert, um ihre Wirkung zu beschreiben. Ein Beispiel hierfür ist die Beschreibung des Verhaltens des *Valkyrie*-Systems, eines experimentellen und unbemannten Flugzeugs der US-Luftwaffe, das KI nutzt:

> „Major Elder achtet unter anderem auf Diskrepanzen zwischen den Computersimulationen vor dem Flug und den Handlungen der Drohne, wenn sie tatsächlich in der Luft ist (…) oder, *was noch besorgniserregender ist, auf Anzeichen von „emergentem Verhalten", bei dem die Roboterdrohne auf eine potenziell schädliche Weise handelt*" (Lipton, 2023, eigene Übersetzung mit Hervorhebung).

Emergenz bedeutet in diesem Zusammenhang, dass die KI-verbesserte *Valkyrie* eine Reihe von Drehungen ausführte, um die Infrarotsensoren an Bord optimal zu nutzen. Die Drehungen führten zu einem optimalen Einsatz der Sensoren und damit einem besseren Leistungsergebnis, doch die menschlichen Bediener haben dieses Verhalten nicht erwartet. Wird ein solches Verhalten als „potenziell schädlich" dargestellt, verlieren Streitkräfte Zugriff auf genau jenen Mehrwert, den KI erzielen kann, wenn sie sich anders verhält als der Mensch (Demarest, 2024). Wesentlich wichtiger ist daher die Frage, ob das System, das KI-gesteuertes emergentes Verhalten hervorbringt, dieses auf erklärbare und überprüfbare Weise erzeugt, da dies für die militärische Zulassung von KI-Lösungen der dritten Welle entscheidend ist.

Wann wissen wir, dass KI auf dem Schlachtfeld eingesetzt wurde? Diese Frage ist alles andere als einfach zu beantworten, denn als Software entzieht sich KI meist der menschlichen Wahrnehmung. Um effektiv zu sein, muss KI in Sensoren, Effektoren, Plattformen oder Entscheidungsverfahren eingebettet und mit anderen Technologien kombiniert werden. Die tatsächliche Wirkung von KI lässt sich also nur im Zusammenspiel mit diesen bewerten, so dass genau diese Abhängigkeit auch die Leistung der KI beeinflusst. Dies wiederum unterstreicht die Notwendigkeit, dass Streitkräfte die Ziele und den Entwicklungsplan, mit dem sie einen KI-gestützten Fähigkeitszuwachs erreichen wollen, viel genauer definieren müssen. Nur so ist es nämlich möglich, überhaupt zu erkennen, ob Anstrengungen zur KI-Einführung im Zielkorridor liegen und die gewünschten Leistungssteigerungen erzielen. Dabei wird deutlich, dass die Frage, welche Nation bei militärischer KI führend ist, zwar populär, aber ziemlich irreführend ist. Es gibt keinen aggregierten Maßstab, der den Stand der Transformation in Bezug auf die kulturelle, konzeptionelle, organisatorische, technologische und operative Reife bei der Einführung von militärischer KI erfassen würde. Vielmehr muss der Fortschritt eines jeden Landes im Hinblick auf seine eigenen Ambitionen, seine spezifischen Herausforderungen, die Ausgereiftheit seiner verteidigungsindustriellen Technologiebasis und die Fähigkeiten seiner Streitkräfte analysiert werden. Folglich können Länder, die mit Blick auf militärische KI nach Inspiration suchen, aus einer ständig wachsenden Zahl von Vorbildern wählen. Ob dies jedoch eher stabilisierend oder destabilisierend wirkt, ist, um Alexander Wendt (1992) zu paraphrasieren, abhängig davon, was Streitkräfte aus militärischer KI machen wollen.

Literatur

Abraham, Y. (2023). A mass assassination factory. Inside Israel's calculated bombing of Gaza. *+972 Magazine*. https://www.972mag.com/mass-assassination-factory-israel-calculated-bombing-gaza/. Zugegriffen am 15.11.2024.

Adamsky, D. (2010). *The culture of military innovation. The impact of cultural factors on the revolution in military affairs in Russia, the US, and Israel.* Stanford University Press.

Allen, G. C. (2020). *Understanding AI Technology*. Joint Artificial Intelligence Center/Department of Defense. https://www.ai.mil/docs/Understanding%20AI%20Technology.pdf. Zugegriffen am 15.11.2024.

Bai, T., et al. (2021). Recent advances in adversarial training for adversarial robustness, *arXiv*, 2102.01356. https://arxiv.org/abs/2102.01356. Zugegriffen am 15.11.2024.

Barnett, J. (2021). *DOD to embed data experts within combatant commands*. Workscoop. https://workscoop.com/2021/06/22/dod-new-data-and-ai-initiative-for-combatant-commands-jadc2. Zugegriffen am 15.11.2024.

Barzhaskha, I. (2023). Wargames and AI. A dangerous mix that needs ethical oversight. *Bulletin of the Atomic Scientists*. https://thebulletin.org/2023/12/wargames-and-ai-a-dangerous-mix-that-needs-ethical-oversight/. Zugegriffen am 15.11.2024.

Borchert, H., et al. (2021). *Beware the Hype. What Conflicts in Ukraine, Syria, Libya, and Nagorno-Karabakh (Don't) Tell Us About the Future of War*. Defense AI Observatory. https://defenseai.eu/daio_beware_the_hype. Zugegriffen am 15.11.2024.

Borchert, H., et al. (2023a). Weiter denken! *Internationale Politik, 6*, 49. https://internationalepolitik.de/de/weiter-denken. Zugegriffen am 15.11.2024.

Borchert, H., et al. (2023b). Leveraging the defense metaverse. Unlocking the power of AI for force development. *The Air Power Journal, 3*, 23–32. https://www.diacc.ae/wp-content/uploads/2023/10/P3-Dr.-Heiko-Borchert-Leveraging-the-Defense-Metaverse-Defense-AI-Observatory-www.diacc_.ae-www.theairpowerjournal.com-www.spps_.se_.pdf. Zugegriffen am 15.11.2024.

Borchert, H., et al. (2024). *The very long game. 25 case studies on the global state of defense AI*. Springer Nature.

Bousquet, A. (2022). *The scientific way of warfare. Order and chaos on the battlefield of modernity*. Hurst.

Brandlhuber, C. (2021). *GhostPlay: AI-Enhanced Decision Support for Military Operations*. Vorlesung an der Helmut-Schmidt-Universität, 03. Dezember. Unveröffentlicht.

Chahal, H., et al. (2020). *Messier than oil. Assessing data advantage of military AI*. Center for Security and Technology. https://cset.georgetown.edu/wp-content/uploads/Messier-than-Oil-Brief-1.pdf. Zugegriffen am 15.11.2024.

CIGI. (undatiert). *The ethics of automated warfare and artificial intelligence*. Webinar-Serie. https://www.cigionline.org/the-ethics-of-automated-warfare-and-artificial-intelligence/. Zugegriffen am 15.11.2024.

CSIS. (2023). *Missile Defense in Israel. A Conversation with Moshe Patel*. https://www.csis.org/analysis/missile-defense-israel-conversation-moshe-patel. Zugegriffen am 15.11.2024.

Cummings, M. L. (2018). Artificial intelligence and the future of warfare. In M. L. Cummings et al. (Hrsg.), *Artificial intelligence and international affairs. Disruption anticipated* (S. 7–18). Chatham House. https://www.chathamhouse.org/2018/06/artificial-intelligence-and-international-affairs. Zugegriffen am 15.11.2024.

DARPA. (o.J.). *AI Next Campaign (archived)*. https://www.darpa.mil/work-with-us/ai-next-campaign. Zugegriffen am 15.11.2024.

Demarest, C. (2024). AI-enabled Valkyrie drone teases future of US Air Force fleet. *Defense News*. https://www.defensenews.com/unmanned/uas/2024/01/18/ai-enabled-valkyrie-drone-teases-future-of-us-air-force-fleet/. Zugegriffen am 15.11.2024.

Department of Defense. (2018). *Summary of the 2018 Department of Defense AI Strategy.* https://apps.dtic.mil/sti/pdfs/AD1114486.pdf. Zugegriffen am 15.11.2024.

Diehl, C., & Lambach, D. (2022). (K)ein 'AI Arms Race'? Technologieführerschaft im Verhältnis der Großmächte. *Zeitschrift für Außen- und Sicherheitspolitik, 15*, 263–282. https://link.springer.com/article/10.1007/s12399-022-00915-7. Zugegriffen am 15.11.2024.

Evron, Y., & Bitzinger, R. A. (2023). *The fourth industrial revolution and military-civil fusion. A new paradigm for military innovation?* Cambridge University Press.

Galliott, J., & Scholz, J. (2020). The case for ethical AI in the military. In M. D. Dubber et al. (Hrsg.), *The Oxford handbook of ethics and AI* (S. 684–702). Oxford University Press.

Goldfarb, A., & Lindsay, J. R. (2021/22). Prediction and judgment. Why artificial intelligence increases the importance of humans in war. *International Security, 3*, 77–50.

Hicks, K. (2023). *Deputy Secretary of Defense Kathleen Hicks' Remarks: "Unpacking the Replicator Initiative" at the Defense News Conference (As Delivered).* https://www.defense.gov/News/Speeches/Speech/Article/3517213/deputy-secretary-of-defense-kathleen-hicks-remarks-unpacking-the-replicator-ini/. Zugegriffen am 15.11.2024.

Hofstetter, Y. (2014). *Sie wissen alles.* C. Bertelsmann.

Hofstetter, Y., & Verbovzsky, J. (2023). *How AI Learns the Bundeswehr's ‚Innere Führung'.* Defense AI Observatory. https://defenseai.eu/daio_study2310. Zugegriffen am 15.02.2024.

Horowitz, M. C. (2018). Artificial intelligence, international competition, and the balance of power. *Texas National Security Review., 1*, 36–57. https://tnsr.org/2018/05/artificial-intelligence-international-competition-and-the-balance-of-power/. Zugegriffen am 15.11.2024

Horowitz, M. C., & Scharre, P. (2021). *AI and international stability. Risks and confidence-building measures.* Center for New American Security. https://www.cnas.org/publications/reports/ai-and-international-stability-risks-and-confidence-building-measures. Zugegriffen am 15.11.2024.

Horowitz, M. C., et al. (2018). *Strategic competition in an era of Artificial Intelligence.* Center for New American Security. https://www.cnas.org/publications/reports/strategic-competition-in-an-era-of-artificial-intelligence. Zugegriffen am 15.11.2024.

Jasanoff, S., & Sang-Hyun, K. (Hrsg.). (2015). *Dreamscapes of modernity. Sociotechnical imaginaries and the fabrication of power.* University of Chicago Press.

Jensen, B. M., et al. (2022). *Information in war. Military innovation, battle networks, and the future of artificial intelligence.* Georgetown University Press.

Johnson, J. (2021). *Artificial intelligence and the future of war: The US, China, and strategic stability.* Manchester University Press.

Lindsay, J. R. (2023/24). War is from Mars, AI Is from Venus: Rediscovering the Institutional Context of Military Automation. *Texas National Security Review.* https://tnsr.org/2023/11/war-is-from-mars-ai-is-from-venus-rediscovering-the-institutional-context-of-military-automation/. Zugegriffen am 15.11.2024.

Lin-Greenberg, E. (2020). Allies and artificial intelligence: Obstacles to operations and decision-making. *Texas National Security Review, 3*, 56–76. https://doi.org/10.26153/tsw/8866. Zugegriffen am 15.02.2024

Liou, Y.-M., et al. (2015). The imitation game: Why don't rising powers innovate their militaries more. *The Washington Quarterly, 38*, 157–174. https://doi.org/10.1080/0163660X.2015.1099030. Zugegriffen am 15.11.2024.

Lipton, E. (2023). AI Brings the Robot Wingman to Aerial Combat. *New York Times.* https://www.nytimes.com/2023/08/27/us/politics/ai-air-force.html. Zugegriffen am 15.11.2024.

Littman, M. L. (2001). Markov decision processes. In N. J. Smelser & P. B. Baltes (Hrsg.), *International encyclopedia of the social and behavioral sciences* (S. 9240–9242). Elsevier. https://doi.org/10.1016/B0-08-043076-7/00614-8. Zugegriffen am 15.11.2024

Mehta, A. (2017). Pentagon tech advisers target how the military digests data. *Defense News*. https://www.defensenews.com/pentagon/2017/04/06/pentagon-tech-advisers-target-how-the-military-digests-data/. Zugegriffen am 15.11.2024.

Michel, A. H. (2023). *Recalibrating assumptions on AI. Towards an evidence-based and inclusive AI policy discourse*. Chatham House. https://www.chathamhouse.org/2023/04/recalibrating-assumptions-ai. Zugegriffen am 15.02.2024.

Mintzberg, H., et al. (2005). *Strategy Safari. A guided tour through the wilds of strategic management*. Free Press.

O'Brien, P. P. (2024). The real AI weapons are drones, Not nukes. *The Atlantic*. https://www.theatlantic.com/ideas/archive/2024/02/artificial-intelligence-war-autonomous-weapons/677306/. Zugegriffen am 15.11.2024.

Payne, K. (2021). *I & Warbot. The dawn of artificially intelligent conflict*. Hurst & Company.

Phillips, P. J., & Pohl, G. (2021). Countering intelligence algorithms. *The RUSI Journal, 165*, 22–32. https://doi.org/10.1080/03071847.2021.1893126. Zugegriffen am 15.11.2024.

Popescu, I. C. (2018). Grand strategy vs emergent strategy in the conduct of foreign policy. *Journal of Strategic Studies, 41*, 438–460.

President of Ukraine. (2024). *I signed a decree initiating the establishment of a separate branch forces – the Unmanned Systems Forces*. Ansprache des Präsidenten der Ukraine. https://www.president.gov.ua/en/news/pidpisav-ukaz-yakij-rozpochinaye-stvorennya-okremogo-rodu-si-88817. Zugegriffen am 15.11.2024.

Raska, M. (2016). *Military innovation in small states. Creating a reverse asymmetry*. Routledge.

Raska, M., & Bitzinger, R. (2023). *The AI wave in defense innovation. Assessing military artificial intelligence, strategic capabilities and trajectories*. Routledge.

Reeves, M., et al. (2013). *Ambidexterity. The Art of thriving in complex environments*. Boston Consulting Group. https://www.bcg.com/publications/2013/strategy-growth-ambidexterity-art-thriving-complex-environments. Zugegriffen am 15.11.2024.

Rowe, N. C. (2022). The comparative ethics of artificial intelligence methods for military applications. *Frontiers, 5*. https://www.frontiersin.org/articles/10.3389/fdata.2022.991759/full. Zugegriffen am 15.11.2024.

Ryan, M. (2024). Russia's Adaptation Advantage. *Foreign Affairs*. https://www.foreignaffairs.com/ukraine/russias-adaptation-advantage. Zugegriffen am 15.11.2024.

Scharre, P. (2018). A million mistakes a second. *Foreign Policy*. https://foreignpolicy.com/2018/09/12/a-million-mistakes-a-second-future-of-war/. Zugegriffen am 15.11.2024.

Scharre, P. (2019). *Army of none*. W. W. Norton & Company.

Scharre, P. (2021). Debunking the AI arms race theory. *Texas National Security Review, 4*, 121–132. https://tnsr.org/2021/06/debunking-the-ai-arms-race-theory/. Zugegriffen am 15.11.2024

Scharre, P. (2023). *Four battlegrounds*. W. W. Norton & Company.

Scharre, P., & Lamberth, M. (2022). *Artificial Intelligence and arms control*. Center for New American Security. https://www.cnas.org/publications/reports/artificial-intelligence-and-arms-control. Zugegriffen am 15.11.2024.

Silver, D., et al. (2017). Mastering the game of Go without human knowledge. *Nature., 550*, 354–359. https://www.nature.com/articles/nature24270. Zugegriffen am 15.11.2024.

Skill-Lync. (2023). *How Google handles over 40,000 Petabytes of data on a daily basis*. https://skill-lync.com/blogs/how-google-handles-over-40000-petabytes-of-data-on-a-daily-basis. Zugegriffen am 15.11.2024.

Stanley-Lockman, Z. (2021). *Responsible and ethical military AI. Allies and allied perspectives*. Center for Security and Emerging Technologies. https://cset.georgetown.edu/publication/responsible-and-ethical-military-ai/. Zugegriffen am 15.11.2024.

Tangredi, S., & Galdorisi, G. V. (2021). *AI at war. How big data artificial intelligence and machine learning are changing naval warfare*. Naval Institute Press.

Tucker, P. (2024). The Pentagon is already testing tomorrow's AI-powered swarm drones, ships. *Defense One*. https://www.defenseone.com/technology/2024/01/pentagon-already-testing-tomorrows-ai-powered-swarm-drones-ships/393528/. Zugegriffen am 15.11.2024.

Veilleux-Lepage, Y., & Archambault, E. (2022). *A comparative study of non-state violent drone use in the Middle East*. International Centre for Counter-Terrorism. https://www.icct.nl/publication/comparative-study-non-state-violent-drone-use-middle-east. Zugegriffen am 15.11.2024.

Vettoruzzo, A., et al. (2023). Advances and challenges in meta-learning: A technical review, *arXiv*, 2307.04722. https://doi.org/10.48550/arXiv.2307.04722. Zugegriffen am 15.11.2024.

Vinyals, O., et al. (2019). Grandmaster level in StarCraft II suing multi-agent reinforcement learning. *Nature, 575*, 350–354. https://www.nature.com/articles/s41586-019-1724-z. Zugegriffen am 15.11.2024.

Wendt, A. (1992). Anarchy is what states make of it: The social construction of power politics. *International Organization, 46*, 391–425.

Wright, N. D. (2019). *Artificial Intelligence, China, Russia, and the global order. Maxwell Air Force Base*. Air University Press.

Zhuang, F., et al. (2019). A comprehensive survey on transfer learning, *arXiv*, 1911.02685. https://doi.org/10.48550/arXiv.1911.02685. Zugegriffen am 15.11.2024.

Open Access Dieses Kapitel wird unter der Creative Commons Namensnennung - Nicht kommerziell - Keine Bearbeitung 4.0 International Lizenz (http://creativecommons.org/licenses/by-nc-nd/4.0/deed.de) veröffentlicht, welche die nicht-kommerzielle Nutzung, Vervielfältigung, Verbreitung und Wiedergabe in jeglichem Medium und Format erlaubt, sofern Sie den/die ursprünglichen Autor(en) und die Quelle ordnungsgemäß nennen, einen Link zur Creative Commons Lizenz beifügen und angeben, ob Änderungen vorgenommen wurden. Die Lizenz gibt Ihnen nicht das Recht, bearbeitete oder sonst wie umgestaltete Fassungen dieses Werkes zu verbreiten oder öffentlich wiederzugeben.

Die in diesem Kapitel enthaltenen Bilder und sonstiges Drittmaterial unterliegen ebenfalls der genannten Creative Commons Lizenz, sofern sich aus der Abbildungslegende nichts anderes ergibt. Sofern das betreffende Material nicht unter der genannten Creative Commons Lizenz steht und die betreffende Handlung nicht nach gesetzlichen Vorschriften erlaubt ist, ist auch für die oben aufgeführten nicht-kommerziellen Weiterverwendungen des Materials die Einwilligung des jeweiligen Rechteinhabers einzuholen.

26

Künstliche Intelligenz im Militär: Ethische Implikationen und die Rolle der Inneren Führung

Rainer Simon und Thomas Purper

> **Zusammenfassung**
>
> *Künstliche Intelligenz (KI) im Militär hat tiefgreifende ethische und sicherheitspolitische Implikationen. KI ist nicht nur eine technologische Innovation, sondern verändert geopolitische Machtstrukturen, wirtschaftliche Prozesse und militärische Strategien. Insbesondere im Militär erfordert ihr Einsatz eine sorgfältige Abwägung zwischen Effizienzsteigerung und ethischer Verantwortung. Die „Innere Führung" der Bundeswehr bietet hierbei eine bewährte ethische Grundlage, die sicherstellt, dass Entscheidungen – auch unter Nutzung von KI – stets mit menschenrechtlichen und demokratischen Werten vereinbar bleiben. Wir betonen die Notwendigkeit, klare Regeln für den Einsatz von KI zu definieren, um eine Entmenschlichung militärischer Entscheidungsprozesse zu verhindern. Die Bundeswehr muss sich nicht nur technologisch weiterentwickeln, sondern auch die ethische und rechtliche Reflexion intensivieren, um KI verantwortungsvoll in ihr Führungssystem zu integrieren. Dabei ist die menschliche Letztverantwortung essenziell – eine vollständige Delegation von Entscheidungen an KI-Systeme ist mit unserem Werteverständnis nicht vereinbar.*

R. Simon · T. Purper (✉)
Pöcking, Deutschland
E-Mail: rainersimon@bundeswehr.org; ThomasPurper@bundeswehr.org

© Der/die Autor(en) 2026
F. Schmiedchen et al. (Hrsg.), *Künstliche Intelligenz und Wir*,
https://doi.org/10.1007/978-3-662-71567-3_26

26.1 Ein erster Blick – digitale Disruption und herausfordernde Dimensionen

Seit der weltweiten Einführung von Chat GPT 3.5 des US-Unternehmens OpenAI am 30.11.2022 ist Artificial Intelligence (AI) bzw. Künstliche Intelligenz (KI) in die mediale Öffentlichkeit gerückt. Sie begeistert uns einerseits mit ihren intuitiven, stochastischen Papageien und lässt uns andererseits mit Bias, Halluzinationen und wertebefreiten Algorithmen erschaudern.

Künstliche Intelligenz gewinnt zunehmend an Präsenz und Brisanz in all unseren Lebensbereichen. Es entstehen immer mehr Internetseiten zu KI, mehr KI-Assistenz-Apps, mehr „How Tos", mehr Leitfäden – immer mehr Chancen und immer mehr Risiken werden von immer mehr KI-Expertinnen und KI-Experten aufgezeigt. Und spätestens mit dem Presse- und Social-Media-Stakkato Ende Januar 2025 beim „Auftauchen" des Chinesischen *Large Language Models* (LLM) R1 von DeepSeek wird uns allen die Tragweite dieser Technologieentwicklungen eingetrichtert. Die bis dahin scheinbar dominierenden westlichen LLM-Produkte erhalten fernöstliche Konkurrenz in R1-App-Hype-Geschwindigkeit. Euphorie und Warnungen überschlugen sich geradezu und ließen die Finanzmärkte kurzfristig erbeben.

Die soziokulturellen, wirtschaftlichen und geopolitischen Dimensionen von KI verdeutlichten uns die internationalen Wirtschafts-, Finanz- und Politikgrößen auf dem Weltwirtschaftsform (WEF) in Davos im Januar 2024 und 2025. Mit Themenschwerpunkten „Artificial Intelligence as a Driving Force for the Economy and Society" im Jahr 2024 und „AI, Tech and the Intelligent Age at Davos" im Jahr 2025 wird die transformative Bedeutung von KI als Schlüsseltechnologie benannt. Klaus Schwab, Gründer und Vorsitzender des WEF, beschreibt diese disruptive Energie sehr plastisch für uns: „Driven by rapid advancements in AI, quantum computing and blockchain, the Intelligent Age is transforming everything, everywhere, all at once." (WEF, 2024, 2025a, b; Schwab, 2024).

Die sozialen und ethischen Dimensionen zeigte UN-Generalsekretär António Guterres auf dem KI-Sicherheitsgipfel in London am 02.11.2023 auf und forderte, dass die Grundsätze für die Steuerung der Künstlichen Intelligenz auf der UN-Charta und der Allgemeinen Erklärung der Menschenrechte beruhen müssten. Er warnte, dass die Geschwindigkeit und die Reichweite der heutigen KI-Technologien beispiellos seien und dass die vielfältigen damit verbundenen Risiken neue Lösungen erforderten. Mit der Bletchley-Erklärung zur KI-Sicherheit unterstrichen die am KI-Sicherheitsgipfel 2023 teilnehmenden 28 Länder (inklusive USA, China und EU) ihren Willen, „ein gemeinsames Verständnis der Chancen und Risiken der KI" mit dieser KI-Sicherheitserklärung festzulegen (Bletchley-Erklärung, 2023). Sie betonten, „dass es dringend notwendig ist, die potenziellen Risiken zu verstehen und gemeinsam zu bewältigen, und zwar durch eine neue gemeinsame globale Anstrengung, um sicherzustellen, dass KI auf sichere und verantwortungsvolle Weise zum Nutzen der Weltgemeinschaft entwickelt und eingesetzt wird." (KI-Sicherheitsgipfel, 2023).

Die regulatorischen und werteorientierten Dimensionen der KI insbesondere im militärischen Kontext sind für uns alle essenziell, um ihre Nutzung im Einklang mit ethischen Grundsätzen und internationalem Recht zu gestalten. Die UNESCO hebt in ihrer Empfehlung zur Ethik der KI die Notwendigkeit von Transparenz, Menschenrechtskonformität und Nichtdiskriminierung hervor (2021). Gleichzeitig setzt die UNO verstärkt auf Global Governance, um unregulierte Risiken zu minimieren (2023). Auf dem Weltwirtschaftsforum in Davos 2024 und 2025 betonte UN-Generalsekretär António Guterres erneut die Notwendigkeit, KI als Werkzeug für Sicherheit und Fortschritt einzusetzen, anstatt neue Bedrohungen zu schaffen – eine Herausforderung, die insbesondere für die militärische Nutzung klare Regeln und wertebasierte Leitlinien erfordert (WEF, 2024, 2025a, b). Er mahnt eindringlich: „… KI hat das Schlachtfeld auf besorgniserregende Weise betreten. Jüngste Konflikte sind zu Testfeldern für militärische KI-Anwendungen geworden. Die Ausweitung der KI auf Sicherheitssysteme wirft grundlegende Bedenken hinsichtlich der Menschenrechte, der Würde und der Rechtsstaatlichkeit auf …", und weiter: „Lassen Sie uns eines klarstellen: Das Schicksal der Menschheit darf niemals der ‚Black Box' eines Algorithmus überlassen werden. Menschen müssen stets die Kontrolle über Entscheidungsprozesse behalten – geleitet von internationalem Recht, einschließlich internationalem humanitärem Recht und Menschenrechtsgesetzen sowie ethischen Prinzipien. Die Menschheit hat KI erschaffen. Die Menschheit muss sie auch lenken." (WEF, 2025a, b).

In all diesen Dimensionen des „*Intelligent Age*", in dieser Omnipräsenz von KI bewegt sich die Bundeswehr (Bw), und das – aus unserer Perspektive – deutlich agiler, resilienter und wirkmächtiger als ihre Außenwirkung scheint. Wir müssen uns dennoch mit den rasanten technologischen Entwicklungen intensiv auseinandersetzen, bevor andere es tun, die nicht unser Werteverständnis teilen. Die Bundeswehr steht dabei vor der Herausforderung, diese Technologien nicht nur operativ, sondern auch ethisch verantwortlich einzusetzen.

Wir, Rainer Simon, Kommandeur des Ausbildungszentrums Cyber- und Informationsraum (AusbZ CIR) und Thomas Purper als Personaloffizier, Führungskräftecoach und Changemanager im AusbZ CIR, schreiben dieses Kapitel aus der Perspektive von Praktikern im Rahmen unseres Auftrages der militärischen Ausbildung mit einem Fokus auf Führung, Werte und Organisationsentwicklung. Unser Hintergrund liegt nicht in der IT oder Technik, sondern in der Führung und Entwicklung von Menschen sowie in der Vermittlung von Werten und Kompetenzen. Diese Perspektive erlaubt uns, KI nicht nur als technologische Herausforderung, sondern als eine Frage der Führungskultur, der ethischen Verantwortung und der notwendigen digitalen Transformation in der Bundeswehr zu betrachten. Unsere Aufgabe ist es, die Ausbildung der Soldatinnen und Soldaten so zu gestalten, dass digitale Kompetenz, ein digitales Mindset und ethisches Führungsverhalten als zentrale Bausteine für den Einsatz neuer Technologien – einschließlich KI – in der Bundeswehr verankert werden.

Ausgehend von der historischen Entwicklung der Bundeswehr, der „Inneren Führung" (IF) als Fundament unserer Führungskultur, der Gründung der Teilstreitkraft Cyber- und Informationsraum (TSK CIR) und der aktuellen Neustrukturierung des Ausbildungszentrums CIR (AusbZ CIR) wollen wir aufzeigen, warum gerade diese besonderen Rahmenbedingungen eine gute Ausgangslage für den reflektierten und verantwortungsbewussten Umgang mit KI im militärischen Kontext bieten.

26.2 Grundbegriffe und Orientierung – die Basis für ein gemeinsames Verständnis

26.2.1 Frühe Sichtweisen auf Künstliche Intelligenz

Werner Voß, Professor für Statistik an der Universität Bochum und Autor des Buches „Einführung in die Künstliche Intelligenz", definiert 1985 „Künstliche Intelligenz" wie folgt: Künstliche Intelligenz Forschung versteht sich als diejenige Disziplin, die versucht, „Computer Aufgaben vollbringen zu lassen, die, wenn sie der Mensch vollführte, Intelligenz verlangen würden." Im Weiteren beschreibt er verschiedene Aufgaben, die von Computern zu bearbeiten sind, beispielsweise Suchsysteme, Erkennen, Spiele, aber auch Entscheidungen treffen. Zu Letzterem stellt Voß eine „kühne These" zu ethischen Implikationen des Einsatzes von Künstlicher Intelligenz auf: „Es geht beispielsweise das Gerücht, dass die Entscheidung darüber, ob während des Korea-Krieges Anfang der 1950er-Jahre die USA Atombomben gegen das angreifende und gerade im Jahr 1949 kommunistisch gewordene China einsetzen sollte oder nicht, durch einen Computer herbeigeführt worden sei. Ob Gerücht oder nicht sei dahingestellt – denkbar wäre sehr wohl, dass ein Computer eine derartige Entscheidung fällt, vermutlich sogar rationaler kalkuliert, als dies ein ehrgeiziger General oder Oberbefehlshaber könnte."

Hier möchten wir für Sie zentrale Fragestellungen für den noch folgenden Diskurs herauskristallisieren: das Spannungsfeld zwischen der Verantwortung des Offiziers für existenzielle Entscheidungen und der rationalen Berechnung. Im Mittelpunkt steht die Frage, inwieweit Entscheidungen dieser Tragweite auf rein logischen Algorithmen basieren können, oder ob sie vielmehr einer ethischen Reflexion und menschlichen Verantwortung bedürfen.

26.2.2 Digitalisierung im 21. Jahrhundert

Die Digitalisierung verändert die Welt in zunehmendem Maße. Einen wesentlichen Einfluss – täglich feststellbar in vielen Anwendungsbereichen – hat dabei der Einsatz von zahlreichen, für nahezu alle frei verfügbaren Produkte auf der Basis von Künstlicher Intelligenz. Die Entwicklung und der Einsatz von Services sind dabei kein Selbstzweck oder bloße Beschaffung und Nutzung von Technologie. Um die Chancen der Digitalisierung und Künstlichen Intelligenz im gesamten Fähigkeitsspektrum der Bundeswehr zu nutzen und die Risiken minimieren zu können, bedarf es neben eines Paradigmenwechsels (den Einsatz betreffend) auch einer Weiterentwicklung (Aus-, Fort- und Weiterbildung) des Personals in den Streitkräften. Digitalisierung ist nicht nur eine isolierte Aufgabe einer einzelnen Abteilung im Bundesverteidigungsministerium (BMVg) oder des Rüstungsbereiches, sondern muss auf allen Ebenen und in allen Bereichen und von jedem durchgängig mitgedacht und gelebt werden. Digitalisierung ist damit mehr als nur eine Frage der Technologie – es geht um die Änderung der Denk- und Handlungsweise, um das „Digitale Selbstverständnis der Bundeswehr" (BMVg, 2022).

26.2.3 Künstliche Intelligenz

Obwohl sicherlich mehrfach in diesem Buch diskutiert und dargestellt, soll als Ausgangspunkt für den Beitrag folgende Definition des *EU Artificial Intelligence Act* von 2024 zugrunde gelegt werden:

In diesem gesetzlichen Rahmen ist ein KI-System als „ein maschinengestütztes System [zu verstehen], das so konzipiert ist, dass es mit unterschiedlichem Grad an Autonomie betrieben werden kann, das nach der Einführung Anpassungsfähigkeit zeigen kann und das für explizite oder implizite Ziele aus den Eingaben, die es erhält, ableitet, wie es Ergebnisse wie Vorhersagen, Inhalte, Empfehlungen oder Entscheidungen erzeugen kann, die physische oder virtuelle Umgebungen beeinflussen können."

26.2.4 Ethik

Ethik ist ein Teilgebiet der Philosophie, genauer gesagt der praktischen Philosophie. Sie beschäftigt sich mit dem menschlichen Handeln. Die Frage danach, was wir tun sollen, gilt seit Kant als die zentrale Grundfrage der Ethik, der es um das gute Handeln geht. Der Ethik geht es nicht darum zu zeigen, dass bestimmte Formen menschlicher Praxis besonders häufig oder wahrscheinlich sind, sondern darum, möglichst überzeugend dafür zu argumentieren, dass sie als ethisch geboten begriffen werden müssen. Die Verbindlichkeit ethischer Forderungen ist aber völlig unabhängig davon, ob die Menschen ihr tatsächlich nachkommen (Torkler, 2023).

Ein zentrales Element dieser Betrachtungen ist der uneingeschränkte Einsatz für eine Werteordnung, die auf Menschenrechten, Demokratie, Freiheit und der Würde des Menschen basiert. Dazu gehört die Übernahme von Verantwortung – sowohl für die Gesellschaft als Ganzes als auch für das Individuum – sowie die aktive Förderung von Solidarität. Letztlich stehen dabei immer ethische Prinzipien im Mittelpunkt.

Der Auftrag der Soldatinnen und Soldaten besteht darin, dem Frieden zu dienen, wobei Gewalt nur dann angewendet wird, wenn sie die Herstellung gerechter Zustände bewirkt. Entscheidend ist dabei, dass dies stets im Rahmen der rechtlichen Vorgaben und mit legitimen Mitteln geschieht und nicht durch die Missachtung oder den Bruch des Rechts.

26.2.5 Das ethische Wesen der Verantwortung

Verantwortung geht über die bloße Pflichterfüllung hinaus und kann nicht automatisiert oder auf bloße Routinehandlungen reduziert werden. Sie ist vielmehr eine innere Haltung, die sich in bewusstem Handeln ausdrückt. Verantwortung ist immer an ein individuelles Subjekt gebunden – sie kann nicht anonym oder ohne persönliche Bindung existieren.

In diesem Sinne erfordert Verantwortung eine bewusste, reflektierte Entscheidung, die nicht nur geltend gemacht wird, sondern sich in einem echten Bezug zum Gegenstand der Verantwortung zeigt. Sie setzt ein tiefes Verständnis der eigenen Rolle und der ethischen Konsequenzen des eigenen Handelns voraus.

Jean-Paul Sartre schrieb, Verantwortung bedeute, „der unbestrittene Urheber eines Ereignisses oder einer Sache zu sein." Verantwortliches Sprechen und Handeln sind demnach ethische Akte des Individuums – eine letztlich eigene, nicht übertragbare Reaktion auf das Geschehen. Sie zeigt sich als bewusstes Antwortverhalten, das qualitativ nicht nur reagiert, sondern sich aktiv in Beziehung zur jeweiligen Situation, einem Auftrag oder einem Einsatz setzt. Damit geht Verantwortung über das bloße Befolgen von Anweisungen hinaus und steht in Verbindung mit einer sie überspannenden „höheren" Ethik, deren transzendentale Bezüge dem menschlichen Gewissen zugänglich sind (Torkler, 2023).

26.2.6 Menschenwürde

Die Würde des Menschen ist unantastbar. Sie zu achten und zu schützen ist Verpflichtung aller staatlichen Gewalt (GG Artikel 1(1)).

Eine unendliche Würde, die unveräußerlich in ihrem Wesen begründet ist, kommt jeder menschlichen Person zu, unabhängig von allen Umständen und davon, in welchem Zustand oder in welcher Situation diese sich auch immer befinden mag. Dieser Grundsatz, der auch von der Vernunft allein voll erkannt werden kann, ist die Grundlage für den Vorrang der menschlichen Person und den Schutz ihrer Rechte (Papst Franziskus, 2024a, b).

26.3 Führungskultur der Bundeswehr – Herausforderungen und Chancen der Inneren Führung

Die Gründung der Bundeswehr im Jahr 1955 erfolgte unter der besonderen Berücksichtigung der Erfahrungen aus dem Zweiten Weltkrieg und der nationalsozialistischen Diktatur. Ziel war es, eine Streitkraft zu schaffen, die fest in den Prinzipien der Demokratie und der Achtung der Menschenwürde verwurzelt ist. Die Innere Führung, die als konstitutives Element der Bundeswehr eingeführt wurde, hat die Aufgabe, militärische Disziplin mit den Rechten und Pflichten des Staatsbürgers zu vereinen. Das Konzept des „Staatsbürgers in Uniform" verdeutlicht, dass Soldaten nicht nur Befehle ausführen, sondern auch moralische Verantwortung tragen. Diese Verantwortung ist insbesondere im Kontext moderner Konflikte und asymmetrischer Bedrohungen relevant, in denen die Grenzen zwischen militärischen, zivilen und technologischen Bereichen zunehmend verschwimmen.

Die Innere Führung basiert auf drei wesentlichen Prinzipien: Menschenwürde, Eigenverantwortung und Rechtsstaatlichkeit. Sie betont, dass militärische Entscheidungen nicht nur operativen Zwängen folgen dürfen, sondern stets in einem ethischen Rahmen getroffen werden müssen. Die Innere Führung verlangt nicht nur professionell ausgebildeten Soldatinnen und Soldaten (Beherrschung des „militärischen Handwerks"), sondern auch die Überzeugung aus Einsicht von den Werten und Normen unseres Grundgesetzes und der freiheitlich-demokratischen Grundordnung (Persönlichkeitsbildung) – einen Soldaten (m, w, d), der die Rechte und Freiheiten, die er selbst erfährt, im Ernstfall verteidigen kann und will. Diese Überzeugung wurde bereits zur Gründung der Bundeswehr von Generalleutnant Wolf Graf von Baudissin formuliert: „Der Soldat wird erst dann ein Höchstmaß an abwehrbereiter Kriegstüchtigkeit entwickeln […], wenn er sich aus staatsbürgerlicher Einsicht unterordnet und der Gemeinschaft gegenüber verantwortlich fühlt. Dies lässt sich nur dadurch erreichen, dass der Einzelne während des Dienstes das erlebt, was er notfalls verteidigen muss." (Dörfler-Dierken, 2005).

Im Kern verlangt die Innere Führung von Soldatinnen und Soldaten Eigenverantwortung, demokratische Verankerung und Verantwortung gegenüber den Menschen und der Gesellschaft. Diese Form der Bildung und Haltung ist eine entscheidende Grundlage für die Positionierung gegenüber technischen und gesellschaftlichen Entwicklungen. Sie ist damit auch zentral für den kritischen Diskurs zu den Grundlagen, der Entwicklung und letztlich der Nutzung von Künstlicher Intelligenz in militärischen Einsätzen. Entscheidungen müssen kritisch reflektiert werden: Die Bundeswehr ist Teil der Gesellschaft, und sie ist ihrem Wertekanon verpflichtet. Daraus ergibt sich die wahrzunehmende Verantwortung, dass technologische Innovationen und Entwicklungen – insbesondere der Einsatz von KI in Militäreinsätzen – nicht gegen diese Grundwerte verwendet werden dürfen. Dies ist besonders relevant, wenn neue Technologien eingeführt werden, deren Einsatzmöglichkeiten sowohl strategische Vorteile als auch ethische Risiken bergen (Dörfler-Dierken, 2024).

Die Innere Führung und eine breit angelegte Persönlichkeitsbildung (politisch, rechtlich, ethisch, historisch, interkulturell) tragen dazu bei, dass Soldatinnen und Soldaten die notwendige Widerstandskraft besitzen, um Belastungen und Entbehrungen nicht nur zu ertragen, sondern auch zu überwinden, und um im Gefecht nicht nur zu bestehen, sondern auch zu gewinnen. Das erfordert wiederum Charakterstärke und mentale Kraft, um entsprechende kritische Positionen einbringen und auch durchsetzen zu können. Dies spiegelt sich in Innovationsvorhaben, bei technischen Entwicklungen und transformativen Prozessen durch Agilität, einen nachhaltigen Innovationswillen und ein digitales Mindset wider.

Die Würde des Menschen ist ein zentrales Element des Grundgesetzes. Die Verteidigung der Würde jedes Menschen, erfordert aus unserer Sicht eine klare Positionierung des Soldaten bzw. der Soldatin im Diskurs zum Einsatz von Künstlicher Intelligenz. Die Achtung der Würde des Menschen, der Person, erfordert es auch, Grenzen zu ziehen, um den Menschen nicht durch ein System, eine Künstliche Intelligenz, eine Software zu einem Objekt herabzusetzen zu lassen, ihn zu entwürdigen oder ihn zu entmenschlichen.

Im Konzept der Inneren Führung ist der Dreiklang Führen – Entscheiden – Verantworten angelegt. Entscheidungen treffen und Verantwortung tragen sind Elemente, die in einem Krieg oder Einsatz durch Soldatinnen und Soldaten mit und ohne Einsatz von KI erfolgen müssen; Verantwortung übernehmen und tragen, das kann und wird nicht von einer Software oder KI abgenommen werden. Hier bleibt der Mensch in der Verantwortung. Innere Führung bedeutet, auch in unangenehmen Situationen verantwortlich zu handeln, und dies bedeutet eben auch einen Einsatz von tödlicher Gewalt gegenüber Menschen. Die Entscheidung und der Einsatz darf daher gerade mit Blick auf die Werte des Grundgesetzes (Menschenwürde) nicht durch eine KI „übernommen" werden; dies entmenschlicht den Gegner und führt zu Verantwortungslosigkeit.

26.4 Wertekompass und Künstliche Intelligenz – wie sich Tradition und Zukunft vereinen

Verteidigungsfähigkeit ist abhängig von Informations-, Führungs- und Wirkungsüberlegenheit – auch durch Nutzung von KI. KI-Anwendungen sollten eingesetzt werden, um Demokratie und Freiheit zu verteidigen, ohne dieses Wertegefüge auszuhöhlen oder zu vernichten. Innere Führung ist dabei der Wertekompass für die Bundeswehr und die besondere Anforderung des Soldatenberufs: Wofür dienen Soldaten? Wofür setzen sie ihr Leben ein, und wofür sind sie bereit zu töten? Das Leitbild des Staatsbürgers in Uniform bezieht sich auf ein freies, mündiges, verantwortungsbewusstes Individuum, einen rational denkenden, reflektierenden Menschen, dessen Existenz sich im Spannungsverhältnis von Individualität und Gemeinsinn bewegt, einen bestens ausgebildeten, einsatzfähigen und einsatzbereiten Soldaten, der die Menschenwürde berücksichtigt. Damit formuliert sie auch das berufsethische Ideal eines verantwortlichen Soldaten bzw. einer Soldatin, die ihr Handeln an den menschenrechtfundierten Normen des Rechtsstaats der Bundesrepublik Deutschland orientiert (Bock, 2022). Maßgeblich für die Befehlsausführung ist ein gewissensgeleiteter, pflichtbewusster und verantwortungsvoller Gehorsam. Leitinstanz ist das individuelle Gewissen, das nicht durch KI ersetzt werden darf.

Baudissin formulierte es 1954 folgendermaßen: „Je tödlicher und weitreichender die Waffenwirkung wird, umso notwendiger wird es, dass Menschen hinter den Waffen stehen, die wissen, was sie tun. Ohne die Bindung an die sittlichen Bereiche droht der Soldat zum bloßen Funktionär der Gewalt und Manager zu werden." KI muss unter den Prämissen der Inneren Führung einer kritischen Prüfung unterzogen werden, d. h. unter Wahrung unseres Wertesystems (Menschenwürde, Freiheit, Frieden, Gerechtigkeit, Gleichheit, Solidarität und Demokratie). Erforderlich ist ein problembewusster, kritischer und verantwortungsvoller Umgang mit KI: Prüfelemente zum Wohl unseres demokratischen Gemeinwesens und sicherheitspolitischen Herausforderungen müssen formuliert werden (ethische, rechtliche, politische und gesellschaftliche Fragestellungen).

Der Kern der Inneren Führung bleibt bei aller technologischer Entwicklung der vergangenen Jahrzehnte dennoch unverändert und stellt die Richtlinie für die Anwendung von KI aus der Perspektive der Inneren Führung dar (und kann nicht oft genug für uns alle in Erinnerung gerufen werden): Grundgesetz Art. 1 (1): „Die Würde des Menschen ist unantastbar. Sie zu achten und zu schützen ist Verpflichtung aller staatlicher Gewalt." Das Primat der Politik bedeutet, dass Soldatinnen und Soldaten in Folge demokratisch legitimierter Herrschaft beauftragt werden zu handeln. KI darf nicht dazu führen, den Staatsbürger in Uniform zu entmündigen. Stattdessen ist sicherzustellen, dass Reflexion, Gewissen und Entscheidungsverantwortung in menschlicher Hand bleiben. KI muss – analog zur Handhabung von Nuklearwaffen und ihrer Zerstörungskraft – verantwortungsvoll gehandhabt werden. Und dies erfordert, dass wir uns mit allen Facetten von KI auseinandersetzen müssen, bevor andere es tun, die nicht unser Werteverständnis teilen.

In diesem Verständnis und im Diskurs um und bei der Entwicklung von KI ist daher immer die Frage zu stellen: Werden Soldaten von verantwortungsvoll bewusst handelnden Subjekten tendenziell zum bloßen Objekt ohne ethische Reflexion beziehungsweise Reflexionsmöglichkeit degradiert? Dies schärft im Übrigen auch das Bewusstsein im Sinne der Inneren Führung. Bereits Baudissins warnte eindringlich vor den sittlichen und geistigen Folgen von Technokratentum im Militär unter den seinerzeitigen und präsent gebliebenen Herausforderungen atomarer militärischer Mittel. KI bewegt sich immer auf dem schmalen Grat der Freiheit. Das heißt im Verständnis der Prinzipien der Inneren Führung: Wir müssen uns mit KI auseinandersetzen und unser Werteverständnis einbringen. Wir dürfen keine Wunderdinge von KI erwarten. Im Mittelpunkt bleibt der Soldat als Mensch mit Letztverantwortung. KI enthebt den Soldaten nicht von der Prüfung des Gewissens in Dilemmasituationen und entbindet ihn nicht von der Verpflichtung sowie dem Mut zur Entscheidung. KI entbindet ihn nicht von der Werteorientierung; vielmehr setzt sie diese zwingend voraus.

Resümee
Die Innere Führung ist sowohl unser Gegenwarts- als auch Zukunftsmodell für eine ethisch fundierte Digitalisierung der Streitkräfte. In einer Zeit, in der KI, Automatisierung und digitale Technologien die Kriegsführung revolutionieren, ist die Innere Führung aktueller und notwendiger denn je. Sie verhindert eine ethikfreie Technologisierung des Militärs und stellt für uns sicher, dass auch in einer hochdigitalisierten Bundeswehr der Mensch als verantwortungsbewusster Entscheidungsträger im Mittelpunkt bleibt.

26.5 Persönlichkeitsbildung in den Streitkräften – Entwicklung von Charakter und Führungskraft

Die Persönlichkeitsbildung umfasst die Handlungsfelder politische, rechtliche, historische, ethische und interkulturelle Bildung und hat in der Bundeswehr einen hohen Stellenwert. Bereits mit der Konzeption der Inneren Führung bei der Aufstellung der Streitkräfte wurde der Lebenskundliche Unterricht (LKU) als zentrales Element etabliert. Die Vordenker der Inneren Führung stellten sich eine „persönlichkeitsbildende Maßnahme vor, deren thematischer Schwerpunkt letztlich ‚Sittlichkeit' war und deren wirkliche Herausforderung für den Unterrichtenden im unmittelbaren Zusammenspiel von ‚Ethik' und ‚Moral' in der Truppe bestand" (Torkler, 2023). Ziel des LKU ist es, Soldatinnen und Soldaten in ethischen, gesellschaftlichen und persönlichen Fragestellungen Orientierung zu geben. Themen wie ethische Dilemmata, Menschenwürde, Verantwortung, Toleranz und der Umgang mit Konflikten oder auch Entscheiden in Krisensituationen stehen dabei im Mittelpunkt. Der LKU entstand aus der Einsicht, dass Soldaten eine über das rein Fachliche hinausgehende ethische Bildung und Kompetenz benötigen. Die in diesem Rahmen vermittelte Werteorientierung dient nicht nur der Ausbildung der individuellen Persönlichkeit, sondern trägt auch zur Stabilität des militärischen Dienstes bei. Dies zeigt sich insbesondere in der Art und Weise, wie in nahezu unvermeidlichen ethischen Konfliktsituationen in Kriegen gehandelt wird: Gehorsam im Konflikt mit dem eigenen Gewissen; Abwägen der Konsequenzen des militärischen Handelns, Berücksichtigung des humanitären Völkerrechts und letztlich das Entscheiden und Verantworten. Die Auseinandersetzung mit der Rechtfertigung und Begrenzung von Gewalt ist dabei ein Kernaspekt. Soldatinnen und Soldaten müssen ethische Prinzipien, wie die

Wahrung der Menschenrechte und die Achtung der Würde jedes Menschen, mit der militärischen Realität vereinen, was zu tiefgreifenden inneren Konflikten führen kann. Der Lebenskundliche Unterricht im Rahmen der Persönlichkeitsbildung hilft, genau dieses moralische Urteilsvermögen und die Charakterbildung zu entwickeln.

Zur Persönlichkeitsbildung gehört, wie oben bereits angesprochen, auch die rechtliche Bildung. Humanitäres Völkerrecht, Kriegsvölkerrecht, der Umgang mit Kombattanten und Nichtkombattanten, die Verhältnismäßigkeit beim Einsatz der Mittel, die Unterstützung von schutzbedürftigen Zivilisten und unschuldigen Dritten stellen dabei zentrale Aspekte in der Ausbildung dar.

Krieg ist von der Völkergemeinschaft offiziell geächtet; es gilt das Gewaltverbot. Für den Fall interstaatlicher Konflikte hat allein der UN-Sicherheitsrat das Machtmonopol inne. Allein die Verteidigung gegen einen bewaffneten Angriff rechtfertigt den Einsatz militärischer Gewalt: Angriffskriege sind nie erlaubt, Verteidigungskriege schon, sofern sie den Forderungen des Völkerrechts entsprechen und nur mit erlaubten Mitteln geführt werden. Artikel 36 des Zusatzprotokolls vom 08.07.1977 zu den Genfer Abkommen vom 12.08.1949 über den Schutz der Opfer internationaler bewaffneter Konflikte antizipiert bereits die Entstehung neuer Waffensysteme, weil es Staaten auffordert zu prüfen, ob eine neue Waffe oder Methode nicht a priori als verboten gelten muss. Das setzt voraus, dass die Staaten die Menschenrechte achten. Sie sollen, so der Leitgedanke, schon bei der Entstehung neuer Waffensysteme zu erkennen geben, dass ihnen die Würde der Menschen anderer Nationalität genauso wichtig ist wie die Würde der eigenen Staatsbürger (Hofstetter et al., 2019).

Mit Blick auf Transformation und Digitalisierung festigt die Persönlichkeitsbildung ihren Stellenwert in den Streitkräften. Neue Technologien erfordern ein starkes ethisches Urteilsvermögen und eine wertebasierte Führungskultur. Das Konzept und das Leben der Inneren Führung stellt sicher, dass Soldatinnen und Soldaten trotz fortschreitender Automatisierung und technischer Unterstützung ihre Letztverantwortung behalten und weiterhin reflektierte Entscheidungen im Einklang mit demokratischen Werten treffen.

Resümee
Die Persönlichkeitsbildung in den Streitkräften ist nicht nur eine individuelle Charakterbildung, sondern ein zentraler Bestandteil der militärischen Transformation und Digitalisierung. Sie stellt sicher, dass ethische Reflexion, Verantwortung und rechtliche Rahmenbedingungen auch in einer zunehmend technologisierten und automatisierten Gefechtsführung erhalten bleiben.

26.6 Vergleich mit internationalen Streitkräften – was wir lernen, antizipieren und adaptieren können

Eine kurze Gegenüberstellung der Führungsmodelle einiger ausgewählter internationaler Streitkräfte zeigt, dass die Bundeswehr mit ihrer Inneren Führung ein einzigartiges Konzept verfolgt, das ethische und demokratische Prinzipien in den Vordergrund stellt. Im Vergleich dazu betonen andere Nationen unterschiedliche Aspekte in ihren militärischen Führungsansätzen.

USA: Mission Command
Das US-Militär setzt auf das Konzept des *Mission Command*, das die Eigenverantwortung und Initiative auf operativer Ebene fördert. Dieses Modell legt Wert auf dezentrale Entscheidungsfindung und Flexibilität, um auf dynamische Gefechtssituationen agil reagieren zu können. Allerdings ist es weniger explizit in ethischen und demokratischen Prinzipien verankert, wie sie in der Inneren Führung der Bundeswehr betont werden. Die Fokussierung liegt hier stärker auf operativer Effizienz und Zielerreichung (ADP 6-0 Mission Command, 2023).

China: Autoritärer Ansatz und Technologisierung
Die Volksbefreiungsarmee Chinas ist durch strikte Hierarchien und eine zentralisierte Führungsstruktur geprägt. In den letzten Jahren hat China erhebliche Fortschritte in der Integration von Technologie, insbesondere Künstlicher Intelligenz (KI), in militärische Anwendungen gemacht. Diese Technologisierung zielt darauf ab, die Effizienz und Schlagkraft der Streitkräfte zu maximieren. Ethische Überlegungen sind gemeinwohlorientiert, und die Integration politischer Kontrolle der kommunistischen Partei unterscheidet sie von der Inneren Führung (Allen, 2019).

Israel: High-Tech-Integration und ethische Debatten
Israel ist bekannt für seine fortschrittliche High-Tech-Integration im militärischen Bereich. Die enge Verbindung zwischen Militär und der florierenden Start-up-Kultur des Landes fördert technologische Flexibilität und Innovation. Gleichzeitig gibt es intensive Debatten über ethische Fragen, insbesondere bei der Nutzung autonomer Waffensysteme. Die israelischen Streitkräfte stehen vor der Herausforderung, technologische Vorteile mit ethischen Überlegungen in Einklang zu bringen, um sowohl operative Effizienz als auch moralische Integrität sicherzustellen (Singer, 2009).

Frankreich: Menschliche Kontrolle über KI-Systeme
Frankreich betont ausdrücklich die Notwendigkeit, KI-Systeme unter menschlicher Kontrolle (*human control*) zu halten. Das französische Verteidigungsministerium hat Leitlinien für den ethischen Einsatz von KI im Militär entwickelt, die sicherstellen sollen, dass Entscheidungen über Leben und Tod stets von Menschen getroffen werden. Dieser Ansatz zielt darauf ab, die ethischen Implikationen des Einsatzes von KI im Militär zu adressieren und das Vertrauen in die Streitkräfte zu stärken (Goussac, 2020).

Zusammenarbeit in der NATO und bei Multi-Domain-Operationen
Die unterschiedlichen Führungsansätze und Wertevorstellungen der NATO-Mitgliedstaaten stellen eine Herausforderung für die Zusammenarbeit in gemeinsamen Operationen dar. Multi-Domain-Operationen, die die Integration von Land-, See-, Luft-, Cyber- und Weltraumoperationen erfordern, setzen ein hohes Maß sowohl an technischer und prozeduraler Interoperabilität als auch an gegenseitigem interkulturellen Verständnis voraus. Die NATO verfolgt ein gemeinsames Konsens-Führungsmodell, das Eigenverantwortung betont und demokratische Werte integriert (Ewers-Peters, 2024). Die Innere Führung der Bundeswehr ist dabei in ihrer Klarheit und Tiefe einzigartig und als richtungsweisendes Modell bei ethischen Fragestellungen herausgestellt.

Aktuelle geopolitische Lage und veränderte verteidigungspolitische Rahmenbedingungen
Die geopolitische Lage hat sich in den letzten Jahren erheblich verändert. Der anhaltende Konflikt zwischen der Ukraine und Russland hat die Sicherheitsarchitektur Europas erschüttert und die NATO vor neue Herausforderungen gestellt. Die unterschiedlichen Führungsansätze innerhalb der Allianz beeinflussen die Reaktionen auf solche Krisen. Zudem hat der Wechsel in der US-Präsidentschaft im Januar 2025 zu einer Neubewertung der transatlantischen Beziehungen geführt. Die US-Politik unter Präsident Donald Trump betont dabei eine stärkere Fokussierung auf nationale Interessen und fordert von den europäischen NATO-Partnern eine größere Eigenverantwortung in Verteidigungsfragen (Trump, 2025). Dies hat Auswirkungen auf gemeinsame Verteidigungsstrategien und die Lastenverteilung innerhalb des Bündnisses.

Resümee
Dieser kurze Vergleich der Führungsansätze einiger ausgewählter Streitkräfte zeigt die Vielfalt der Modelle und deren unterschiedliche Schwerpunkte. Während die Bundeswehr mit der Inneren Führung einen ethisch-demokratischen Ansatz verfolgt, legen andere Nationen Wert auf operative Effizienz, technologische Überlegenheit oder hierarchische Strukturen. Für die Zusammenarbeit in Bündnissen wie der NATO ist es entscheidend, diese Unterschiede zu erkennen, zu respektieren und Mechanismen zu entwickeln, die eine effektive Kooperation und ein gemeinsames Werteverständnis ermöglichen. Geopolitische Entwicklungen und Veränderungen von verteidigungspolitischen Rahmenbedingungen erfordern eine kontinuierliche, wertebasierte Reflexion und Weiterentwicklung der Führungsparadigmen, um den komplexen Herausforderungen der zunehmend technologisierten Kriegsführung und ihren ethischen Fragestellungen gerecht zu werden.

Das Führungskonzept Innere Führung der Bundeswehr bietet uns dabei einen stabilen ethischen Rahmen, der auch in Zeiten von geopolitischem Wandel, bei der Digitalisierung und beim Einsatz von Künstlicher Intelligenz relevant bleibt.

26.7 Die Entwicklung des Cyber- und Informationsraums (CIR) der Bundeswehr – eine neue Dimension der Verteidigung

Die fortschreitende Digitalisierung und die zunehmende Bedeutung des Cyber- und Informationsraums (CIR) haben die Bundeswehr veranlasst, ihre Strukturen und Fähigkeiten in diesem Bereich bedarfsgerecht anzupassen. Wir beleuchten die Entwicklung des Cyber- und Informationsraums der Bundeswehr von 2014 bis 2025 unter Berücksichtigung der Chancen und Herausforderungen im Kontext aktueller geopolitischer und technologischer Entwicklungen.

Vorbereitende Schritte und erste Planungen (2014–2016)
Bereits 2014 erkannte die Bundeswehr die Notwendigkeit, ihre digitalen Fähigkeiten insbesondere im Teilbereich der Cybersicherheit zu stärken. Im November 2015 wurde ein Auf-

baustab im Bundesministerium der Verteidigung (BMVg) eingerichtet, der die Aufgabe hatte, die Organisation von Verantwortung, Kompetenzen und Aufgaben im Bereich Cyber- und Informationsraum auszuplanen. Der Abschlussbericht dieses Aufbaustabs wurde im April 2016 vorgelegt und empfahl unter anderem die Einrichtung einer Abteilung Cyber/IT (CIT) im BMVg zum 01.10.2016 sowie die Aufstellung eines militärischen Organisationsbereichs für den Cyber- und Informationsraum mit einem Inspekteur an der Spitze zum 01.04.2017 (BMVg, 2016).

Offizielle Gründung des CIR und erste Strukturierungsmaßnahmen (2017)
Im April 2017 wurde der CIR offiziell als eigenständiger militärischer Organisationsbereich der Bundeswehr aufgestellt. Das Kommando Cyber- und Informationsraum (KdoCIR) in Bonn übernahm die Führung und Verantwortung für diesen Bereich; Generalleutnant Ludwig Leinhos wurde zum ersten Inspekteur des CIR ernannt.

Im Sommer 2017 wurden dem KdoCIR das Kommando Strategische Aufklärung, das Zentrum für Geoinformationswesen der Bundeswehr und das Kommando Informationstechnik der Bundeswehr unterstellt. Diese Integration bündelte die Fähigkeiten in den Bereichen Aufklärung, Geoinformation und Informationstechnik unter einem Dach und stärkte somit die Effizienz und Schlagkraft des CIR (Bundeswehr, 2025).

Weiterentwicklung und Anpassung an neue Bedrohungslagen (2018–2020)
In den folgenden Jahren passte sich der CIR kontinuierlich an die sich verändernden Bedrohungslagen an. Die zunehmende Anzahl von Cyberangriffen und die Bedeutung von Informationskriegen erforderten eine stetige Weiterentwicklung der Fähigkeiten (Busch & Düe, 2017).

Einführung von „CIR 2.0" und strukturelle Neuausrichtung (2021–2024)
Im Oktober 2022 wurde im Rahmen der Neuausrichtung „CIR 2.0" das Zentrum Digitalisierung der Bundeswehr und Fähigkeitsentwicklung Cyber- und Informationsraum (ZDigBw) neu aufgestellt. Im März 2023 folgten im Zuge verschiedener Organisationsmaßnahmen die Aufstellung des Kommandos Aufklärung und Wirkung (KdoAufkl/Wirk) und des Kommandos Informationstechnik-Services der Bundeswehr (KdoIT-SBw). Diese Maßnahmen zielten darauf ab, die Digitalisierung und die Entwicklung von Fähigkeiten im CIR voranzutreiben.

Am 01.04.2024 wurde das Ausbildungszentrum Cyber- und Informationsraum (AusbZ CIR) aufgestellt, indem die Schule Informationstechnik der Bundeswehr in Pöcking und die Schule für Strategische Aufklärung der Bundeswehr in Flensburg zusammengeführt wurden. An sieben Standorten in Deutschland mit aktuell rund 1200 engagierten Mitarbeitenden dient es als Kompetenzzentrum für Lehre und Ausbildung. Es bildet das Fachpersonal der Bundeswehr für Informationstechnik, Elektronische Kampfführung und Militärisches Nachrichtenwesen aus. Das AusbZ CIR ist zuständig für Lehre und Ausbildung der gesamten Teilstreitkraft CIR sowie aller weiteren Teilstreitkräfte und Organisationsbereiche der Bundeswehr. Dazu bietet es jährlich mehr als 210 verschiedene Lehrgangsmodule an. In seiner hochmodernen, digitalen Lernlandschaft qualifiziert das Zentrum jedes Jahr mehr als 11.500 Absolvierende aus Deutschland und unseren Partnerstaaten.

Aufstieg zur eigenständigen Teilstreitkraft und aktuelle Entwicklungen (seit 2024)
Seit dem 01.05.2024 ist der Cyber- und Informationsraum nun neben Heer, Luftwaffe und Marine die vierte Teilstreitkraft der Bundeswehr. Diese strategische Positionierung und Aufwertung unterstreicht die wachsende Bedeutung des CIR für die nationale Sicherheit und die Verteidigungsfähigkeit Deutschlands.

Rund 15.000 Menschen arbeiten in dieser Teilstreitkraft. Sie füllen die eigenständige Dimension CIR mit Leben, gestalten sie ganzheitlich und entwickeln die Fähigkeiten darin weiter. Kennzeichnend sind eine innovative Arbeitsumgebung und der Wille, unkonventionelle Wege zu gehen. Dies ist eine entscheidende Voraussetzung dafür, sich in dem dynamischen und schnell weiterentwickelnden Umfeld der Digitalisierung behaupten zu können.

Chancen und Herausforderungen im aktuellen Kontext
Aktuell steht die TSK CIR vor der Herausforderung, sich an die dynamischen geopolitischen und technologischen Entwicklungen anzupassen. Der russische Angriffskrieg hat über das zunehmend technologisierte Kriegsgeschehen in der Ukraine hinaus die Bedeutung von Cyberfähigkeiten und Informationskriegsführung nochmals verdeutlicht. Zudem erfordert die rasante Entwicklung der Künstlichen Intelligenz eine kontinuierliche Anpassung der Strategien und Fähigkeiten, um digitale Exzellenz und Resilienz zu gewährleisten.

Die Etablierung der TSK CIR bietet der Bundeswehr die Chance, ihre Cyberfähigkeiten zu bündeln und weiterzuentwickeln, um den aktuellen und zukünftigen Bedrohungen im CIR wirksam begegnen zu können. Die Integration verschiedener Disziplinen und die Schaffung spezialisierter Ausbildungseinrichtungen, wie des Ausbildungszentrums CIR, fördern die digitale Kompetenz und Innovationskraft der Bundeswehr.

Gleichzeitig stellen die dynamischen geopolitischen Entwicklungen, die aktuellen hybriden Kriegsszenarien und die rasante technologische Entwicklung im Bereich der KI erhebliche Herausforderungen dar. Die Bundeswehr muss ihre Strukturen und Prozesse kontinuierlich anpassen, um agil und resilient auf neue Bedrohungen reagieren zu können.

Resümee
Als konsequente Reaktion auf die technologischen und geopolitischen Herausforderungen unserer Zeit führt die Bundeswehr alle spezifischen Aufgaben, Fähigkeiten und Innovationspotentiale des intelligenten Zeitalters in der jüngsten Teilstreitkraft, der TSK CIR, zusammen. Diese Entwicklung ist nicht nur eine organisatorische Anpassung, sondern eine tiefgreifende systemische Veränderung – ein klares Signal für die zentrale Bedeutung der digitalen Dimension im militärischen Denken und Handeln. Es ist ein wesentlicher Schritt, um die Chancen der Digitalisierung für die Bundeswehr effizienter zu nutzen und die Herausforderungen strategisch gestärkt und operativ gebündelt zu meistern.

Das AusbZ CIR nimmt dabei eine Schlüsselrolle ein: Es gewährleistet durch eine moderne Lehr- und Lerninfrastruktur, vielfältige Ausbildungsformate sowie vernetzte und zentrierte Zusammenarbeit eine zukunftsfähige Entwicklung im gesamten Cyber- und Informationsraum. Die kontinuierliche Verbesserung digitaler Kompetenzen sowie die Förderung eines reflektierenden, digitalen Mindsets optimieren die militärischen Fähigkeiten im „Intelligent

Age". Die Philosophie der „Führung aus einer Hand" mit flachen Hierarchien, effiziente Prozesse und ein innovatives Lehrgangsmanagement führen zu einer nachhaltig wirkungsvollen Ausbildung, reduzieren messbar die Bürokratie und stärken damit die Handlungs- und Wirkfähigkeit der Streitkräfte im digitalen Raum.

26.8 Künstliche Intelligenz im Verteidigungsministerium – konzeptionelle Grundlagen und Einsatzmöglichkeiten

Die durch und für die Bundeswehr entwickelten konzeptionellen Grundlagen beschreiben Prinzipien, Potenziale und Voraussetzungen für die Nutzung von KI (BMVg, 2022). Deren Einsatz „muss stets zielgerichtet wirkungs- und verantwortungsvoll sowie rechtskonform erfolgen." Der Fokus im folgenden Abschnitt liegt auf den militärischen Aufgaben der Streitkräfte, da gerade hier die Beziehung zu ethischen Aspekten besonders herausgestellt werden muss. Der Einsatz von KI im Rahmen der administrativen Aufgaben der Bundeswehr wird hier nicht beleuchtet. Das zentrale, von der Bundeswehr durch den Einsatz von KI verfolgte Ziel ist, eine auf dem modernen Gefechtsfeld, in allen Dimensionen und in der Wirkkette der Domänen Führung, Aufklärung, Wirkung und Unterstützung (FAWU) hohe Durchsetzungs-, Durchhalte- und Verteidigungsfähigkeit zu erlangen. Dabei stehen durch KI unterstützte Anwendungen zur Erlangung der Informations- und Führungsüberlegenheit ebenso im Fokus wie Services, die das Potential haben, die Effizienz zu steigern, insbesondere die Geschwindigkeit und Präzision von Prozessen, um schließlich Wirkungsüberlegenheit zu erzielen.

Die Konzeption unterstreicht die politischen und rechtlichen Rahmenbedingungen, vorgegeben durch das (humanitäre) Völkerrecht, die KI-Strategie der Bundesregierung („*ethics by design*"), die NATO Principles of Responsible Use of Artificial Intelligence in Defence, welche die Prinzipien Rechtmäßigkeit, Verantwortung und Rechenschaftspflicht beim Einsatz, bei der Erklärbarkeit und Rückverfolgbarkeit der Ergebnisse, Zuverlässigkeit, Kontrolle und Vermeidung von Verzerrungen beinhaltet, und ist damit eindeutig und klar in ihrer Aussage. Insbesondere lehnt die Bundeswehr-Konzeption letale autonome Waffensysteme (LAWS) ab und entwickelt Plattformen nicht mit dem Ziel vollständiger Autonomie, sondern stets mit einem Menschen an sinnvoller Stelle in der Entscheidungskette. Dem militärischen Grundsatz der unteilbaren Verantwortung kommt dabei sehr hohe Bedeutung zu, und gleichzeitig erwachsen daraus Qualitätskriterien für die KI.

Es kommt für die Bundeswehr darauf an, gerade auch im Gefecht mit einem mindestens gleichwertigen Gegner in allen Dimensionen (Land, Luft, Weltraum, See sowie Cyber- und Informationsraum) durchsetzungs- und verteidigungsfähig zu sein. Siegfähigkeit der Streitkräfte ist ein Muss – „zweiter Sieger" zu sein ist keine Option. Hierzu sind weitere Fähigkeitsentwicklungen erforderlich, gerade auch unter Berücksichtigung der Verpflichtungen zur Bereitstellung deutscher Kräftebeiträge und der Wahrnehmung von Führungsverantwortung und -aufgaben im Bündnis.

Dabei geht die Konzeption u. a. von folgenden Annahmen aus:

- Die Frage ist nicht mehr, ob KI eingesetzt wird, sondern wie schnell und wofür sie eingesetzt werden sollte.
- KI erweitert das Handlungspotential des Menschen, soll diesen unterstützen und nicht eigenständig wirken.
- KI muss in ihren Ergebnissen für den Menschen verständlich und durch den Menschen kontrollierbar sein.

Weiterhin wird hier – bereits vor Jahren – festgestellt: KI wird auch durch Verbündete und Partnernationen in den Einsätzen oder bei zivilen Auftragnehmern zur Nutzung kommen. Darüber hinaus werden potenzielle Gegner KI nutzen, und zwar ohne die eigenen rechtlichen und ethischen Beschränkungen, um ihrerseits eine Wirkungsüberlegenheit zu erreichen. Auswertungen des Krieges in der Ukraine, insbesondere mit Blick auf den Einsatz von Drohnen, den elektronischen Kampf und die Erstellung von Echtzeitlagebildern, unterstreichen gerade die letzte Annahme eindrücklich. Die KI übernimmt im „Gefecht der Drohnen" bereits die Zielauffassung und den Endanflug in das Ziel auch und gerade bei Verbindungsabbruch zur Basisstation. Die Entwicklung geht rasant weiter, hin zur Steuerung und Koordination des Einsatzes einer Vielzahl von Drohnen (Schwarm) unter einem einheitlichen Kommando.

Es gilt für die Bundeswehr, diese Entwicklungen und die daraus erwachsenden Notwendigkeiten nicht nur theoretisch, sondern besonders in der Umsetzung in den Streitkräften intensiv zu verfolgen. In seiner Untersuchung zu Lehren aus der ukrainischen Offensive in 2023 und zur Zukunft der Drohnenkriegsführung folgert Andreas Rapp:

> „Eine Armee, die Drohneneinsatz und den Kampf im elektromagnetischen Spektrum (inklusive der Steuerung und Koordinierung durch KI) nicht berücksichtigt, wird zukünftig nicht mehr durchsetzungs- und überlebensfähig sein." Er fordert dazu: „Es ist dabei der gleiche rechtliche und ethische Maßstab an den Einsatz von Drohnen als Wirkmittel anzulegen wie an den Einsatz anderer weitreichender Wirkmittel in Form von Artillerie, Lenk- oder Marschflugkörpern." (2024).

Auf strategischer Ebene ist die Sicherstellung der Einsatzbereitschaft und Zukunftsfähigkeit der Bundeswehr, gestützt auf eine nachhaltig effektive und effiziente Aufgabenwahrnehmung, das zentrale und übergreifende Ziel im Hinblick auf die Nutzung von KI. Dies steht nicht allein, sondern wird von weiteren zu verfolgenden Zielen untermauert:

- Entwicklung neuer und Ergänzung vorhandener Fähigkeiten: Wir setzen KI zur Steigerung des Handlungs- und Leistungsvermögens ein, um schnellere und qualitativ bessere Entscheidungen auf Grundlage von Informationsüberlegenheit zu erreichen und diese in zukunftsfähige Führungs- und Wirkungsüberlegenheit umzusetzen.
- Erhöhung der Reaktionsgeschwindigkeit bei gleichzeitiger Risikominimierung: Wir fördern mittels KI die Unterstützung und Entlastung unseres zivilen und militärischen Personals bei der Herleitung, Festlegung und Umsetzung von Entscheidungen (beispielsweise

durch Nutzung unbemannter Systeme und Verbesserung des Mensch-Maschine-Zusammenwirkens in komplexen, sicherheitskritischen und datenintensiven Anwendungen).
- Verbesserung der Früherkennung: Wir setzen KI ein, um relevante Veränderungen der Sicherheits- und Bedrohungslage frühzeitig erkennen bzw. prognostizieren zu können. Hierin liegt ein wichtiger Beitrag, um rechtzeitig warnen und geeignete Handlungsempfehlungen treffen zu können.

Für die Umsetzung der Ziele in Projekte und Fähigkeiten wurden daher u. a. folgende Anwendungsgebiete identifiziert (Auszug):

- Vorausschauende Bedrohungsanalysen und (Krisen-)Früherkennung
- Erkennen von Desinformation im Netz
- Automatisierte Lagebilderstellung und -bewertung
- Simulation
- Wargaming- und Entscheidungsunterstützungssysteme in der Operationsführung
- Analyse und Abwehr von Cyberbedrohungen
- Automatisierte Abwehr- und Schutzsysteme
- Medizinische Diagnostik sowie Unterstützung präklinischer und klinischer Prozesse
- Unterstützung in Aus-, Weiter-, und Fortbildung und Einsatzvorbereitung
- Vorbeugende Wartung
- Adaptive Logistik
- Unterstützung im Lifecycle Management

Die o. a. Annahmen und Kriterien werden im Projekt *Future Combat Air System* erstmalig für die Bundeswehr in einer besonderen Form berücksichtigt und in einer Arbeitsgruppe Technikverantwortung umgesetzt. Generalleutnant a. D. Ansgar Rieks und Professor Dr. Wolfgang Koch beschreiben dies wie folgt:

Ziel ist es, Ethik, Recht und politisches Wollen technisch zu operationalisieren. Dazu gehört u. a. Folgendes:

- Das Systemdesign muss das Lagebild so zuverlässig wie möglich ermitteln.
- Welche der Handlungsoptionen rechtskonform sind, ist automatisch abzuprüfen. Treffen militärisch Handelnde nicht rechtskonforme Entscheidungen, sind sie darauf hinzuweisen.
- Bereitzustellen sind automatisiert ablaufende Funktionen, welche die Folgen jeweiliger Entscheidungsalternativen berechnen und darstellen.
- Die Entscheidungen zur Nutzung eines solchen System im Einsatz und zur technischen Auslegung müssen von Menschen – auch jenseits des Operateurs im Cockpit – getroffen und verantwortet werden.
- Dilemmata bleiben bestehen. Konsequentialistische und ethische Abwägungen sind bereits durch Parametrisierung des Systems bei der Konzipierung und bei der Einsatzvorbereitung vorzusehen.

Die Autoren folgern aus den bisherigen Entwicklungen und Diskussionen:

„Im Grunde muss Technik der operativen Idee folgen, sie möglich und erfolgreich machen. Ethik begleitet dann die Technikentwicklung in diesem militärischen Umfeld und lässt sich konkret einbeziehen, und umgekehrt gilt: ethischer werden durch Technologie, und siegfähig werden durch operative Nutzung dieser Technologie in einem systemischen Ansatz – selbst gegen einen völlig unethisch handelnden Gegner". (Rieks & Koch, 2024).

26.9 Ethik, Politik und Recht – die Herausforderungen einer digitalen Streitkraft

KI-Anwendungen entwickeln sich mit rasanter Geschwindigkeit. Sie für das oben beschriebene militärische und nichtmilitärische Umfeld innerhalb des gesetzlichen Rahmens, auf Grundlage unserer ethischen Wertvorstellungen und entsprechend den Grundsätzen der Inneren Führung sowie immer auch unter Berücksichtigung der gesamtgesellschaftlichen Diskussion zum Thema KI in der Breite zur Anwendung zu bringen, muss Handlungsmaxime für die Einführung von KI-Systemanteilen im Geschäftsbereich BMVg sein.

Die politische und gesellschaftliche Frage nach dem ethischen Einsatz von Systemen in allen Domänen ist nicht neu und wurde schon in der Vergangenheit beantwortet: Eine verpflichtende Einstufung im Rahmen einer Waffenprüfung ist völkerrechtlich und gesetzlich gefordert. Sie ist unabhängig vom Einsatz einer bestimmten Technik, wie z. B. KI, und beurteilt generell die Fähigkeiten jedes Gerätes, das in der Bundeswehr zum Einsatz kommen darf. Damit werden Zuverlässigkeit, Sicherheit und Robustheit für alle Systeme garantiert, inklusive solcher mit KI-Anteilen.

Dennoch ist es erforderlich, bei allen nationalen Überlegungen und Festlegungen zu bedenken, dass andere Nationen – insbesondere diejenigen, die der westlichen Werteordnung und der Beachtung der Menschenrechte geringeren Wert zumessen – weniger Rücksicht auf diese Bedenken legen, wenn es um die Entwicklung und den Einsatz von Künstlicher Intelligenz in Waffensystemen geht. Dies ist gerade im völkerrechtswidrigen Krieg Russlands in der Ukraine feststellbar. Die Politik muss also, wie das auch bereits Papst Franziskus eingeklagt hat, völkerrechtlich verbindliche Vorgaben entwickeln, vereinbaren und einhalten.

In allen Szenarien, in denen kritische, mit hohem Risiko behaftete Entscheidungen zu treffen sind, ist der menschlichen Verantwortung Rechnung zu tragen. Eine konkrete Ausprägung, an welcher Stelle ein Mensch in die Entscheidung eingreift, ist von System zu System neu zu bewerten und wird auch beim gleichen System, aber in unterschiedlichen Lagen, situationsangepasst gehandhabt werden müssen. In jedem Fall werden die eingesetzten KI-Systeme mit dem Ziel entwickelt, Entscheidungsvorschläge nachvollziehbar zu machen (*explainable AI*), um dem Menschen die nötige Voraussetzung zu liefern, an sinnvoller Stelle die bestmögliche Entscheidung treffen zu können (*meaningful human control*).

Resümee

Der Einsatz von KI im Militär erfordert klare ethische Richtlinien!

- Human-in-the-Loop-Prinzip: Entscheidungen über Leben und Tod dürfen niemals vollständig an Maschinen delegiert werden (Bryson et al., 2017).
- Transparenz und Nachvollziehbarkeit: KI-Systeme müssen überprüfbar und nachvollziehbar sein.
- Ächtung autonomer Waffensysteme: Systeme, die ohne menschliches Eingreifen töten können, widersprechen den Grundsätzen der Inneren Führung (Crootof, 2014).

26.10 Verantwortung und KI im Informationsraum – Wie wir ethische Maßstäbe setzen

Wertenormen sind für uns und unsere Partner beim Einsatz von KI von zentraler Bedeutung. Die Schaffung von Normen, technische Lösungen zur Vertrauenswürdigkeit von Informationen, die Einhaltung von Richtlinien und die Identifizierung von Informationsquellen sind Schlüsselaspekte, um sicherzustellen, dass KI-Anwendungen verantwortungsvoll und glaubwürdig eingesetzt werden können. Gerade im militärischen Kontext bestehen hierbei noch enorme Herausforderungen. Der Einsatz von KI erfordert generell klare Normen und Standards. Diese sollen eine Bewertung der bereits erwähnten Kriterien wie Datenschutz, Fairness, Transparenz und Verantwortlichkeit ermöglichen. Dies gilt nicht nur für Waffensysteme, sondern ganz besonders auch im Informationsumfeld. Hier wird gerade in der täglichen Praxis der Kampf um die Narrative in den aktuellen Konflikten deutlich. KI-generierte Videos oder Bilder, Desinformationskampagnen, Fake News, Deep Fakes … – Einflussnahme findet in vielfältiger Form statt, was eigene Kräfte zum Aufbau von Fähigkeiten zur Erkennung und dem Einleiten von Gegenmaßnahmen fordert.

Umso mehr ist es im Zusammenhang mit dem Einsatz von KI beim Militär notwendig, diese Technologie einer sorgfältigen Prüfung zu unterziehen und, wo erforderlich und möglich, sie zu regulieren. Sowohl die Entwicklung eigener Lösungen als auch extern bereitgestellte Anwendungen erfordern verbindliche, aber auch praxistaugliche Standards, vorzugsweise international abgestimmt und anerkannt.

1. Menschliche Kontrolle: Bei autonomen Waffensystemen stellt sich die Frage nach der menschlichen Kontrolle. Wie viel Autonomie sollte solchen Systemen gewährt werden, und wer trägt die Verantwortung für ihre Handlungen?
2. Verhältnismäßigkeit in bewaffneten Konflikten: Die Nutzung von KI in militärischen Operationen erfordert eine sorgfältige Abwägung der Verhältnismäßigkeit von Angriffen und die Einhaltung ethischer Grundsätze im Krieg, wie die Unterscheidung zwischen Zivilisten und Kombattanten.

3. Transparenz und Verantwortlichkeit: Es ist wichtig sicherzustellen, dass KI-Algorithmen und -Entscheidungsprozesse transparent sind und diejenigen, die solche Systeme einsetzen, für ihre Handlungen verantwortlich gemacht werden können.
4. Datenschutz: Die Sammlung und Analyse großer Mengen von Daten im militärischen Kontext werfen Fragen zum Schutz der Privatsphäre auf, insbesondere wenn es um Zivilisten geht.
5. Internationales Recht: Es ist zu gewährleisten, dass der Einsatz von KI im Militär im Einklang mit dem Völkerrecht und internationalen Abkommen steht.

26.11 Kirche und Militär – eine Reflexion über Werte und Spiritualität

Ausgehend davon, dass Krieg weder notwendig noch begrüßenswert, aber auch nicht auszuschließen ist, behauptet die Lehre vom gerechten Krieg die grundsätzliche Beschaffenheit und damit sowohl die Vermeidbarkeit (prioritär) wie die Führbarkeit des Krieges (auf der Basis von Kriterien). Da die Existenz von Kriegen nicht negiert werden kann, stellt bereits Thomas von Aquin dar, dass diese unter bestimmte Bedingungen gerechtfertigt sein können. Dazu müssten jedoch Bedingungen erfüllt sein;

1. Kriegführung bedarf einer legitimierten Autorität.
2. Kriegführung bedarf einer guten Absicht.
3. Ziel der Kriegführung muss die Wiederherstellung des Friedens sein (Gutes soll gefördert, Übles verhütet werden).

Letzteres bedeutet auch: Der Krieg muss unvermeidlich und alle anderen Mittel müssen ausgeschöpft sein (*ultima ratio*).

Kriegführung bedarf der angemessenen Weise und der quantitativen Verhältnismäßigkeit im Hinblick auf die angewendete Gewalt. So müssen Unschuldige und Zivilisten weitestgehend geschont und Kriegsgefangene menschlich behandelt werden (Torkler, 2023).

Das Leitbild vom gerechten Frieden fordert für eine rechterhaltende Anwendung von Gewalt die Berücksichtigung der Kriterien (existenter) Erlaubnisgrund, Autorisierung, richtige Absicht, äußerstes Mittel, Verhältnismäßigkeit der Folgen, Verhältnismäßigkeit der Mittel und Unterscheidungsprinzip (unbeteiligte Personen und Einrichtungen).

Papst Franziskus betont die Chancen und Gefahren, die durch den Nutzen von Künstlicher Intelligenz für die Menschheit ausgehen, und fordert, über gemeinsame Ethikrichtlinien die Würde des Menschen neu in den Mittelpunkt zu stellen, die Programme Künstlicher Intelligenz am Wohle der Menschen auszurichten und „eine ethische Moderation von Algorithmen und Programmen der künstlichen Intelligenz", die „Algor-Ethik", zu institutionalisieren (2020, 2024a, b).

Zu autonomen Waffensystemen unterstreicht er seine ethischen Bedenken: „Autonome Waffensysteme werden niemals moralisch verantwortliche Subjekte sein können. Die ausschließlich menschliche Fähigkeit zum moralischen Urteil und zur ethischen Entscheidungsfindung ist mehr als ein komplexer Satz von Algorithmen, und diese Fähigkeit kann nicht auf die Programmierung einer Maschine reduziert werden, die, wie ‚intelligent' sie auch sein mag, doch immer eine Maschine bleibt. Aus diesem Grund ist es unerlässlich, eine sachgemäße, maßgebliche und kohärente menschliche Kontrolle der Waffensysteme zu garantieren."

Er fordert die Völkergemeinschaft auf, gemeinsam daran zu arbeiten, „einen verbindlichen internationalen Vertrag zu schließen, der die Entwicklung und den Einsatz von Künstlicher Intelligenz in ihren vielfältigen Formen regelt, dies sowohl zur Verhinderung schädlicher Praktiken, aber auch zur Ermutigung zu einer guten Praxis, indem neue und kreative Ansätze angeregt sowie persönliche und gemeinschaftliche Initiativen erleichtert werden."

26.12 Fazit und Ausblick – Perspektiven für eine moderne und zukunftsfähige Bundeswehr

Die Einführung von KI im Militär stellt die Bundeswehr vor große Herausforderungen, bietet aber auch Chancen, internationale Standards für den ethischen Einsatz neuer Technologien zu setzen. Die Prinzipien der Inneren Führung sind ein wertvolles Instrument, um sicherzustellen, dass technologische Innovationen nicht nur die operative Effizienz steigern, sondern auch den moralischen und gesellschaftlichen Anforderungen gerecht werden.

Es gilt, noch einmal den (Mit-)Begründer der Inneren Führung, Generalleutnant Wolf von Baudissin, zu Wort kommen zu lassen:

> „Je tödlicher und weitreichender die Waffenwirkung wird, umso notwendiger wird es, dass Menschen hinter den Waffen stehen, die wissen, was sie tun. Ohne die Bindung an die sittlichen Bereiche droht der Soldat zum bloßen Funktionär der Gewalt und Manager zu werden."

Ohne zu diesem Zeitpunkt bereits an den Einsatz von Künstlicher Intelligenz in Waffensystemen gedacht zu haben, zeigt diese Position doch deutlich den Wert des Menschen bei Entscheidungs- und Verantwortungsprozessen auf der Grundlage eines eindeutigen, durch das Grundgesetz vorgegebenen Wertefundaments auf. KI entbindet Soldaten nicht von der Werteorientierung, sondern setzt eben eine solche zwingend voraus. Sie bewahrt den Soldaten nicht vor Dilemmasituationen und entbindet ihn nicht von der Verpflichtung, sondern erfordert weiterhin Mut zur Entscheidung. Die Bundeswehr stellt in ihren konzeptionellen Grundlagen die Entscheidung Deutschlands dar, den Einsatz letaler autonomer Waffensysteme abzulehnen, die dem Menschen die Entscheidung über den Einsatz tödlicher Gewalt gänzlich entziehen. Potenzielle Gegner oder Verbündete könnten sich zum Einsatz autonomer Waffensysteme jedoch anders positionieren, was Fragen bezüglich der Abwehr derartiger Systeme bzw. der Interoperabilität mit diesen auch in Deutschland aufwerfen wird. Deshalb ist es erforderlich, sich weiterhin mit allen Aspekten dieser Technologie zu befassen, um die notwendige Bewertungskompetenz zu möglichen Auswirkungen auf die Bundeswehr zu behalten, insbesondere in Bezug auf Abwehr- oder Schutzmaßnahmen. Ziel ist es, KI-basierte Technologie vermehrt zu nutzen, um den Dreiklang aus Informations-, Führungs- und Wirkungsüberlegenheit auch im fortschreitenden 21. Jahrhundert sicherzustellen. KI trägt damit zur Zukunftsfähigkeit der Bundeswehr bei. Durch ihren Einsatz können militärische Operationen voraussichtlich besser, schneller und beweglicher geführt sowie Soldatinnen und Soldaten besser geschützt und unterstützt werden. KI, wie andere Zukunftstechnologien auch, lässt sich nicht auf Technik begrenzen, sondern muss auf allen Ebenen und in allen Bereichen mitgedacht werden. Wesentlich dabei sind qualifizierte Soldatinnen und Soldaten sowie zivile Mitarbeitende, die sich bewusst und engagiert neuen Herausforderungen im Umgang mit KI stellen und ggf. auch bereit sind, kurzfristige Einschränkungen im eigenen Bereich hinzunehmen, um ein übergeordnetes Entwicklungsziel zu erreichen.

Für die Nutzung von KI in Waffensystemen muss daher gelten: Der Einsatz von KI in heutigen und zukünftigen Waffensystemen wird sich für die Bundeswehr klar in den Grenzen des Völkerrechts, insbesondere des humanitären Völkerrechts, bewegen. Dem dient insbesondere auch eine bei der Entwicklung, Beschaffung und Einführung von neuen KI-gestützten Waffen, Mitteln oder Methoden der Kriegsführung durchzuführende Prüfung, die bereits im Vorfeld des Einsatzes klarstellen soll, ob und inwieweit diese Systeme im Einklang mit dem Völkerrecht in bewaffneten Konflikten eingesetzt werden können.

Die Innere Führung war und ist in den nun fast 75 Jahren der Existenz der Bundeswehr der Wertekompass für die Soldatinnen und Soldaten und für die besonderen Anforderung des Soldatenberufs. Ihr Kern bleibt unverändert „Die Würde des Menschen ist unantastbar." Das Leitbild des Staatsbürgers in Uniform bezieht sich auf ein verantwortungsbewusstes Individuum und einen einsatzbereiten Soldaten (m, w, d), der die Menschenwürde berücksichtigt. Maßgeblich ist ein gewissensgeleiteter, pflichtbewusster und verantwortungsvoller Gehorsam; leitend ist das individuelle Gewissen, das durch keine technologische Entwicklung, auch nicht durch eine Künstliche Intelligenz, ersetzt werden darf. Dies erfordert täglich einen problembewussten, kritischen und immer verantwortungsvollen Umgang mit dieser Technologie. KI darf nicht dazu führen, den Staatsbürger in Uniform zu entmündigen oder aus der Entscheidung und Verantwortung für sein Handeln zu nehmen. Gerade Letzteres – die Entscheidungsverantwortung – muss in menschlicher Hand bleiben. Tägliche wachsende Fähigkeiten der KI sind mehr als geeignet, um in den militärischen und administrativen Prozessen umfangreiche analytische Aufgaben übernehmen und unterstützen zu können, aber die KI stellt aus unserer Sicht gerade in verantwortungsrelevanten ethischen Aspekten keinen Ersatz dar. Die menschliche Entscheidung und Verantwortungsübernahme bleibt unerlässlich.

Wir schließen mit einem bezeichnenden Zitat von Generalmajor Robert H. Latiff, US Army (Hofstetter et al., 2019):

„Being killed by a machine is the ultimate human indignity"

Literatur

ADP 6-0 Mission Command. (2023). https://www.armypubs.org/adp-6-0-mission-command-command-and-control-of-army-forces/. Zugegriffen am 03.02.2025.

Allen, G. (2019). *Understanding China's AI Strategy. 6 (2)*. Center for a New American Security. De Gryter.

Bendiek, A., & Metzger, T. (2021). *Cyberwarfare und militärische Digitalisierung in Deutschland*. Springer VS.

Bletchley-Erklärung. (2023). *Summit on Responsible Artificial Intelligence in the Military Domain (REAIM)*. https://www.gov.uk/government/news/countries-agree-to-safe-and-responsible-development-of-frontier-ai-in-landmark-bletchley-declaration. Zugegriffen am 01.02.2025.

BMVg. (2016). *Abschlussbericht Aufbaustab Cyber- und Informationsraum* (S. 7). https://www.bmvg.de/de/aktuelles/auftrag-cyber-verteidigung-11414. Zugegriffen am 30.11.2024.

BMVg. (2022). *SLL-007 Datenstrategie GB BMVg. 214*. Bundesministerium der Verteidigung CIT I 5.

Bock, V. (2022). Über den Mehrwert des menschlichen Soldaten. In *KAS – Bundeswehr der Zukunft* (S. 388 ff). https://www.kas.de/documents/252038/16166715/%C3%9Cber+den+Mehrwert+des+menschlichen+Soldaten+-+Menschenw%C3%BCrde+als+zentrale+Kategorie+in+der+Debatte+um+letale+auntonome+Waffensysteme.pdf/0123a5af-4b24-9044-d26f-29c69aa13306. Zugegriffen am 23.03.2025.

Bryson, J. J., et al. (2017). Of, for, and by the People: The Legal Lacuna of Synthetic Persons. *Artificial Intelligence and Law, 25*(4), 285 ff. https://link.springer.com/article/10.1007/s10506-017-9214-9. Zugegriffen am 23.03.2025.

Bundeswehr. (2025). *Wer gehört zum CIR – Kommandos und Dienststellen*. https://www.bundeswehr.de/de/organisation/cyber-und-informationsraum/kommando-und-organisation-cir. Zugegriffen am 01.03.2025.

Busch, C., & Düe, N. (2017). *Arbeitspapier Sicherheitspolitik* (S. 4 f). https://www.baks.bund.de/sites/baks010/files/arbeitspapier_sicherheitspolitik_2017_24.pdf. Zugegriffen am 04.02.2025.

Crootof, R. (2014). The killer robots are here: Legal and ethical implications. *Cardozo Law Review, 37*(5), 1849 ff. https://papers.ssrn.com/sol3/papers.cfm?abstract_id=2534567. Zugegriffen am 23.03.2025.

Dörfler-Dierken, A. (2005). Ethische Fundamente der Inneren Führung. *Bild der Zeit 54, 24.1/1*. Sozialwissenschaftliches Institut der Bundeswehr.

Dörfler-Dierken, A. (Hrsg.). (2024). *Innere Führung – konkret: Familie? Ehre? Konflikt? Menschenrechte? Sicherheit? Respekt?* (S. 31). Zentrum für Militärgeschichte und Sozialwissenschaften der Bundeswehr.

Ewers-Peters, N. M. (2024). *Wie die NATO Entscheidungen trifft*. Bundeszentrale für politische Bildung. https://www.bpb.de/themen/internationale-organisationen/nato/557836/wie-die-nato-entscheidungen-trifft/. Zugegriffen am 04.02.2025.

Goussac, N. (2020). Keeping the Human in the Loop: Artificial Intelligence and International Humanitarian Law (S. 474). *International Review of the Red Cross*. https://international-review.icrc.org/sites/default/files/reviews-pdf/2021-03/ai-and-machine-learning-in-armed-conflict-a-human-centred-approach-913.pdf. Zugegriffen am 23.03.2025.

Hofstetter, Y., et al. (2019, Juli 19). Autonome Waffen: Das fünfte Gebot im KI-Krieg (S. 7 ff). *Spektrum*. spektrum.de/das-fuenfte-gebot-im-ki-krieg/1655406. Zugegriffen am 23.03.2025.

KI-Sicherheitsgipfel. (2023). *Recommendation on the Ethics of Artificial Intelligence*. United Nations Educational, Scientific and Cultural Organization. https://www.gov.uk/government/topical-events/ai-safety-summit-2023. Zugegriffen am 23.03.2025.

Papst Franziskus. (2020). *Vollversammlung der päpstlichen Akademie – Algor-Ethik.* https://www.vatican.va/content/francesco/de/speeches/2020/february/documents/papa-francesco_20200228_accademia-perlavita.html. Zugegriffen am 23.03.2025.

Papst Franziskus. (2024a). *57. Weltfriedenstag.* 01.01.2024, Künstliche Intelligenz und Frieden. https://www.vatican.va/content/francesco/de/messages/peace/documents/20231208-messaggio-57giornatamondiale-pace2024.html. Zugegriffen am 23.03.2025.

Papst Franziskus. (2024b, Juli 14). *G7 Gipfel.* https://www.vatican.va/content/francesco/de/speeches/2024/june/documents/20240614-g7-intelligenza-artificiale.html. Zugegriffen am 23.03.2025.

Rapp, A. (2024, September 30). *Die Saluschnyj-Doktrin. Lehren aus der ukrainischen Offensive 2023 und die Zukunft der Drohnenkriegsführung.* #GIDSstatement 9/2024. https://gids-hamburg.de/die-saluschnyj-doktrin-lehren-aus-der-ukrainischen-offensive-2023-und-die-zukunft-der-drohnenkriegsfuhrung/. Zugegriffen am 04.02.2025.

Rieks, A., & Koch, W. (2024). Unbemannte Luftfahrzeuge – die Ethikdimension. *Behörden-Spiegel. Moderne Streitkräfte, 1/2024.* Pro-Press Verlagsgesellschaft mbH.

Schwab, K. (2024). *Founder and Chairman of the Board of Trustees.* World Economic Forum. https://www.weforum.org/stories/2024/09/the-intelligent-age-a-time-of-cooperation/#:~:text=This%20is%20a%20societal%20revolution,right%20now%2C%20in%20real%20time. Zugegriffen am 01.02.2025.

Singer, P. W. (2009). *Wired for war: The Robotics revolution and conflict in the 21st century.* Penguin Press.

Torkler, R. (Hrsg.). (2023). *Handbuch Ethische Bildung im Lebenskundlichen Unterricht der Bundeswehr* (S. 15 ff). Herder.

Trump, D. (2025, Februar 04). *dpa-infocom, dpa:250203-930-364500/1 Trump will US-Hilfen für Ukraine an Rohstoffe knüpfen.* https://www.zdf.de/nachrichten/politik/ausland/ukraine-usa-hilfen-rohstoffe-trump-100.html. Zugegriffen am 23.03.2025.

UN. (2023). *Secretary-General's AI for Good Global Summit Address.* United Nations. https://www.un.org/en/desa/un-calls-urgent-action-enable-opportunities-mitigate-risks-information-and-digital. Zugegriffen am 23.03.2025.

UNESCO. (2021). *Recommendations-ethics.* https://www.unesco.org/en/artificial-intelligence/recommendation-ethics. Zugegriffen am 23.03.2025.

Voß, W. (1985). *Einführung in die Künstliche Intelligenz.* Universität Bochum.

WEF. (2024). *Special Address by António Guterres at the World Economic Forum 2024.* https://www.weforum.org/stories/2024/01/davos-2024-special-address-by-antonio-guterres-secretary-general-of-the-united-nations/. Zugegriffen am 02.02.2025.

WEF. (2025a). *Davos 2025 – AI and Global Governance.* World Economic Forum. https://www.weforum.org/meetings/world-economic-forum-annual-meeting-2024/themes/artificial-intelligence-as-a-driving-force-for-the-economy-and-society/. Zugegriffen am 02.02.2025.

WEF. (2025b). *Special Address by António Guterres at the World Economic Forum 2025.* https://www.weforum.org/meetings/world-economic-forum-annual-meeting-2025/sessions/special-address-by-antonio-guterres-secretary-general-united-nations-28db1f75f4/. Zugegriffen am 23.03.2025.

Open Access Dieses Kapitel wird unter der Creative Commons Namensnennung - Nicht kommerziell - Keine Bearbeitung 4.0 International Lizenz (http://creativecommons.org/licenses/by-nc-nd/4.0/deed.de) veröffentlicht, welche die nicht-kommerzielle Nutzung, Vervielfältigung, Verbreitung und Wiedergabe in jeglichem Medium und Format erlaubt, sofern Sie den/die ursprünglichen Autor(en) und die Quelle ordnungsgemäß nennen, einen Link zur Creative Commons Lizenz beifügen und angeben, ob Änderungen vorgenommen wurden. Die Lizenz gibt Ihnen nicht das Recht, bearbeitete oder sonst wie umgestaltete Fassungen dieses Werkes zu verbreiten oder öffentlich wiederzugeben.

Die in diesem Kapitel enthaltenen Bilder und sonstiges Drittmaterial unterliegen ebenfalls der genannten Creative Commons Lizenz, sofern sich aus der Abbildungslegende nichts anderes ergibt. Sofern das betreffende Material nicht unter der genannten Creative Commons Lizenz steht und die betreffende Handlung nicht nach gesetzlichen Vorschriften erlaubt ist, ist auch für die oben aufgeführten nicht-kommerziellen Weiterverwendungen des Materials die Einwilligung des jeweiligen Rechteinhabers einzuholen.

Künstliche Intelligenz und Atomwaffen

Karl Hans Bläsius

Zusammenfassung

Eine zunehmende Komplexität und kleinere Entscheidungszeiträume im militärischen Umfeld erfordern den Einsatz von Techniken der Künstlichen Intelligenz. Allerdings sind Daten als Grundlage für KI-basierte Entscheidungen oft unsicher und unvollständig. Dann können auch KI-Systeme nicht sicher entscheiden. Wichtig bleiben sehr gut funktionierende Kommunikationskanäle, ein gewisses Maß an Vertrauen und die Zusammenarbeit zwischen allen Nationen.

27.1 Einleitung

Sicherheit und Frieden können auf vielfältige Weise bedroht werden, wobei es Risiken mit möglicherweise gravierenden globalen Auswirkungen gibt, die sogar das Überleben der gesamten Menschheit bedrohen können. Solche Risiken können von Atomwaffen, Pandemien und auch von Systemen der Künstlichen Intelligenz ausgehen.

Im Zusammenhang mit Atomwaffen wird seit vielen Jahrzehnten davor gewarnt, dass ein Atomkrieg nicht gewonnen werden kann, kaum begrenzbar ist und das Leben auf der Erde vernichten könnte. Auch könnten Missverständnisse und Fehlinterpretationen durch Menschen und/oder Maschinen zu einem Atomkrieg aus Versehen führen. Hierbei könnten Abhängigkeiten und zu viel Vertrauen in die Entscheidungen von Maschinen fatal sein. Andererseits sind Vertrauen und Kommunikation zwischen den großen Nuklearmächten erforderlich, um das nukleare Risiko in Krisensituationen zu reduzieren.

K. H. Bläsius (✉)
Fachbereich Informatik, Hochschule Trier, Trier, Deutschland
E-Mail: karlhans@blaesius.net

Diese Erkenntnis hatte auch zu wichtigen Vereinbarungen wie „*Open Skies*" geführt, um Transparenz und Vertrauen zu verbessern. 1992 wurde zwischen 27 Staaten der Nato und des ehemaligen Warschauer Pakts ein Vertrag über den „Offenen Himmel" (Open Skies Treaty) geschlossen. Dieser Vertrag diente der Überwachung von Vereinbarungen der Rüstungskontrolle sowie zur Konfliktverhütung und -bewältigung und war eine wichtige vertrauensbildende Maßnahme. Ziel dieses Vertrags sowie weiterer Verträge zur nuklearen Rüstungskontrolle (z. B. INF) war wesentlich die Sicherung der globalen Stabilität und der Erhalt des Friedens. Allerdings sind der Open-Skies-Vertrag und weitere wichtige Verträge der Rüstungskontrolle inzwischen gekündigt. Dies hat zu einem erheblichen Vertrauensverlust geführt und den Friedensbestrebungen geschadet.

Im Jahr 2023 haben KI-Wissenschaftler und Chefs großer KI-Unternehmen vor erheblichen Risiken durch KI gewarnt, auch davor, dass KI zum Aussterben der Menschheit führen könnte.[1] Hintergrund dieser Warnung ist die Befürchtung, dass es schon bald zu einer allgemeinen Künstlichen Intelligenz (AGI, *Artificial General Intelligence*) oder sogar zu einer Superintelligenz kommen könnte. Weitere Risiken in Zusammenhang mit KI können die Entwicklung von autonomen Waffensystemen, gefährliche Wechselwirkungen zwischen KI und Atomwaffen sowie die Entwicklung von Bio- oder Chemiewaffen mithilfe von KI sein.

Der Mangel an gegenseitigem Vertrauen verbunden mit neuen technischen Entwicklungen, die immer weniger beherrschbar sind, gefährdet zunehmend die globale Sicherheit und den Frieden.

27.2 Vertrauensverlust und kritische Sicherheitslage

Bereits vor Beginn des Russland-Ukraine-Krieges am 24.02.2022 waren das Vertrauensverhältnis zwischen den Atommächten USA und Russland sehr schlecht und die Sicherheitslage in Europa kritisch. Dazu ein Zitat aus dem Jahr 2020 von zwei Experten der Sicherheitspolitik, Prof. Staack von der Universität der Bundeswehr Hamburg und Prof. Hauser von der Landesverteidigungsakademie in Wien: „Die Beziehungen zwischen Russland und den westlichen Staaten sind gegenwärtig so schlecht wie seit den frühen 1980er-Jahren nicht mehr – der Zeit vor dem Amtsantritt Michail Gorbatschows in der damaligen Sowjetunion (1985). Sicherheitspolitisch fällt die Analyse noch kritischer aus. Der damalige Kalte Krieg bewegte sich in relativ geordneten Bahnen, und beide Seiten bemühten sich insbesondere, Risiken durch versehentliche militärische Zusammenstöße zu vermeiden. An solchen eingespielten Mechanismen und Selbstkontrollen fehlt es derzeit, und das im OSZE-Rahmen aufgebaute Netzwerk von vertrauens- und sicherheitsbildenden Maßnahmen und Krisenprävention wird nicht geachtet und genutzt. Deshalb ist eine militärische Eskalation aus Versehen wahrscheinlicher geworden, als sie das in den 1980er-Jahren war. Dazu tragen auch neue Waffensysteme mit verkürzten Vorwarnzeiten bei."

---

[1] https://ki-folgen.de/warnungen-vor-ki/.

Ein dringender Appell zur Verbesserung der Beziehungen zwischen der Nato und Russland und zur Deeskalation der militärischen Risiken wurde unter anderem von 16 früheren Außen- und Verteidigungsministern, 27 ehemaligen Generälen und Admirälen, 24 Botschaftern und 55 Experten aus Universitäten und Think Tanks unterzeichnet und am 06.12.2020 veröffentlicht.[2] Ein weiterer dringender Appell von militärischen Experten zur Deeskalation folgte im Dezember 2021.[3]

Das Gegenteil von dem, was diese Experten der Sicherheitspolitik dringend empfohlen haben, ist anschließend eingetreten. Mit dem Beginn des Krieges in der Ukraine wurden sehr viele wirtschaftliche, technologische, kulturelle und sonstige Beziehungen zu Russland abgebrochen. Auf längere Sicht ist damit ein gewisses Maß an Vertrauen und Zusammenarbeit zerstört. Die damit verbundenen Risiken für den Frieden können nicht durch mehr militärische Stärke und Abschreckung ausgeglichen werden. Diese Aspekte werden in den nachfolgenden Kapiteln behandelt.

27.3 Konfrontationskurs und Rüstungswettlauf

Mit Beginn des Russland-Ukraine-Krieges wurden viele wirtschaftliche, wissenschaftliche und kulturelle Beziehungen zwischen dem Westen und Russland abgebrochen und der politische Austausch ist stark eingeschränkt. Statt Zusammenarbeit dominiert ein Konfrontationskurs und dies hat einen enormen Rüstungswettlauf in vielen Bereichen zur Folge. Dies betrifft auch die Bewaffnung des Weltraums, die Entwicklung besserer Trägersysteme für Atomwaffen und softwarebasierte Waffen, wie Cyberwaffen und autonome Waffensysteme.

Die Erfolge auf dem Gebiet der Künstlichen Intelligenz werden auch in der Militärtechnik genutzt und führen zu selbständig agierenden Robotern und Drohnen. Mit Hilfe automatischer Bilderkennung werden autonome Fähigkeiten immer weiter verbessert, so dass feindliche Ziele weitgehend automatisch identifiziert und attackiert werden können. Nicht nur Roboter und Drohnen, sondern auch viele andere Waffensysteme, wie Kampfjets und U-Boote können mit immer mehr Autonomie ausgestattet werden. Für Autonomie in Waffensystemen gibt es ein großes Anwendungsspektrum. Unbemannte autonome U-Boote, die sogar nuklear bewaffnet sein könnten, würden die strategische Stabilität erheblich gefährden und so das Atomkriegsrisiko erhöhen (Grünwald & Kehl, 2020).

Die Künstliche Intelligenz und der Cyberraum gelten derzeit als besonders wichtige Technologiefelder und militärtechnologisch führende Nationen werden alle Anstrengungen unternehmen, um auch in solchen Feldern führend zu sein. Die Fähigkeiten potenzieller Gegner in den Bereichen Cyberwaffen und autonome Waffen sind nur schwer oder gar

---

[2] https://www.europeanleadershipnetwork.org/group-statement/nato-russia-military-risk-reduction-in-europe/.
[3] https://www.gsp-sipo.de/news/news-details/aufruf-zur-verbesserung-der-beziehungen-zu-russland.

nicht erkennbar. Deshalb muss jede Nation hohe Priorität auf forcierte eigene Entwicklungstätigkeiten legen.

Flugzeuge, Schiffe, Panzer und Atomwaffen sind zählbar. Bei solchen Waffensystemen haben Rüstungskontrolle und Verifikation in der Vergangenheit eine große Rolle gespielt. Cyberwaffen und autonome Waffen basieren auf Software. Softwaresysteme haben spezielle Merkmale, für die bekannte Vorgehensweisen zur Rüstungskontrolle und zur Verifikation von Vereinbarungen nicht anwendbar sind.

Von Software sind jederzeit beliebig viele Kopien herstellbar und in unterschiedlichen Situationen einsetzbar. Softwareentwicklung verläuft in der Regel kontinuierlich, wobei viele Zwischenstände anwendbar sind. Bei einem Einsatz ist nur ein Teil der Fähigkeiten sichtbar, weitere Fähigkeiten könnten enthalten sein, deren Wirkung nicht vorhersehbar ist. Für Außenstehende ist nicht erkennbar, welches Potential in einer Software steckt.

Bei großen Entwicklungsprojekten, die oft viele Millionen Zeilen Code enthalten, haben auch die einzelnen Mitglieder eines Teams nur einen eingeschränkten Einblick in das Gesamtsystem. Noch schwieriger, mögliche Funktionalitäten einer Software zu erkennen, wird es für Außenstehende, die in keiner Weise an der Entwicklung beteiligt sind.

Zur Verifikation von Rüstungskontrollvereinbarungen müsste ein Staat zulassen, dass Mitarbeiter eines gegnerischen Staates Einblick in die eigene Software von Waffensystemen erhalten. Es ist kaum vorstellbar, dass solche Vereinbarungen getroffen werden, denn das Risiko, dass der Gegner auf diese Weise Kopien dieser Software erhält, wäre vermutlich zu hoch. Des Weiteren ist es technisch schwierig und sehr aufwendig alle möglichen Funktionalitäten einer solchen Software zu erkennen. Das könnte Jahre dauern, in denen die Software aber weiterentwickelt würde. Es wäre auch nicht feststellbar, ob eine zu prüfende Software tatsächlich die relevante Version ist oder ob diese verändert wurde und nicht alle Funktionen enthält. Auch im Falle entsprechender Vereinbarungen wird nicht überprüfbar sein, ob alle Kopien der Software für ein autonomes Waffensystem gelöscht sind. Software, die einmal für autonome Waffen entwickelt ist, wird immer erhalten bleiben. Vereinbarungen zur Vertrauensbildung, wie z. B. Open-Skies, werden bezüglich Software kaum möglich sein.

Für Transparenz und Vertrauensbildung sind der Abbruch wissenschaftlicher und wissenschaftsdiplomatischer Beziehungen zu Russland und die Einschränkung solcher Kontakte zu China schädlich. Damit werden Forschung und Entwicklung in wichtigen Feldern wie der KI weniger transparent. Weniger wissenschaftlicher Austausch bedeutet auch weniger Kontakt zwischen den betroffenen Menschen, und als Folge könnte die Bereitschaft von Wissenschaftlern steigen, sich auch an Rüstungsprojekten zu beteiligen. Auch solche Aspekte können einen Rüstungswettlauf im Bereich KI beschleunigen.

Der aktuelle softwarebasierte Rüstungswettlauf führt zu Waffensystemen, die für Menschen kaum beherrschbar sein werden und auch die Anstrengungen zur Entwicklung einer starken KI (AGI) werden verstärkt. Jede Großmacht weiß, dass sie dieses Rennen auf keinen Fall verlieren darf.

27.4 Glaubenssystem „Nukleare Abschreckung"

Die überwiegende Meinung in der Politik und unseren Medien ist, dass unsere westlichen Werte auch mit militärischer Stärke verteidigt werden müssen und dazu eine Kriegstüchtigkeit erforderlich ist. Auch gibt es immer wieder Forderungen, die nukleare Abschreckung zu stärken und gegebenenfalls Deutschland oder Europa nuklear aufzurüsten. Vertrauensbildung und die Anerkennung der legitimen Sicherheitsinteressen des potenziellen Gegners scheinen irrelevant zu sein. Viele glauben, Frieden kann auch ohne Vertrauen mit militärischer Stärke gesichert werden, wobei insbesondere der „nukleare Schutzschirm" als besonders relevant angesehen wird.

Zwischen den großen Atomwaffenstaaten gilt die Strategie der nuklearen Abschreckung, die auf einer Zweitschlagfähigkeit beruht. Die Zweitschlagfähigkeit besagt, dass ein angegriffener Staat den Einschlag von Atomwaffen abwarten kann und noch genügend Zeit und Potential hat, um in jedem Fall einen vernichtenden Gegenangriff führen zu können – im Schlagwort: „Wer als Erster schießt, stirbt als Zweiter." Zudem behalten sich beide Seiten vor, im Fall von aufgeklärten (möglichst sicher erkannten) nuklearen Angriffen die eigenen atomaren Trägerraketen vor einem vernichtenden Einschlag zu starten. Eine solche Strategie wird als *launch on warning* bezeichnet. Grundlage hierfür sind Frühwarnsysteme, die einen Angriff mit Atomraketen rechtzeitig erkennen sollen.

Auch wenn die nukleare Abschreckung einen Atomwaffeneinsatz bisher vermutlich verhindert hat, gibt es keine Garantie, dass dies auch zukünftig gilt. Dies wird auch von Experten aus Militär und Sicherheitspolitik so gesehen. Brigadegeneral Kersten Lahl und Politikwissenschaftler Johannes Varwick schreiben dazu (2022): „Je mehr nukleare Akteure ‚mitspielen', je ausgereifter die technischen Entwicklungen werden und je komplexer sich damit das strategische Entscheidungsfeld um nukleare Einsätze und Einsatzdrohungen gestaltet, desto höher wird das Risiko einer mangelnden internationalen Beherrschbarkeit der Kategorie nuklearer Waffen."[4]

Im Zusammenhang mit nuklearer Abschreckung wird auch von einem nuklearen Schutzschirm gesprochen. Dieser Begriff ist irreführend. Viele Menschen und Politiker vertrauen darauf, dass ein solcher Schutz dauerhaft wirksam ist. Ein solches Vertrauen ist aber gefährlich und könnte zu einer globalen Katastrophe führen.

Peter Rudolph schreibt (2022): „Nukleare Abschreckung ist ein Konstrukt, in welchem Annahmen, denen es an empirischer Grundlage fehlt, eine wichtige Rolle spielen. So wird die zentrale Frage, nämlich nach der Glaubwürdigkeit, seit Jahrzehnten unterschiedlich beantwortet."

Brigadegeneral a.D. Helmut W. Ganser schreibt (2024): „Nukleare Abschreckungsdoktrinen und sogenannte atomare ‚Schutzschilde' sind prekäre geistige Konstrukte, letztendlich Glaubenssysteme. Technische Fehler, insbesondere bei der künftigen Nutzung von Künstlicher Intelligenz in den Aufklärungs- und Frühwarnsystemen, und menschliche Fehleinschätzungen können zum Versagen der Abschreckung führen."

---
[4] S. auch https://atomkrieg-aus-versehen.de/zitat-LV-kB/ [05.05.2024].

Die nukleare Abschreckung ist lediglich eine Androhung von Strafe, wobei klar ist, dass eine tatsächliche Durchführung eines nuklearen Gegenschlages auch zu einer erheblichen Schädigung des eigenen Volkes führen würde, denn dies könnte einen nuklearen Winter auslösen oder diesen verstärken.

27.5 Grenzen der Abschreckung

Selbst unter der Annahme, dass die nukleare Abschreckung bisher erfolgreich war und Kriege verhindert hat, gilt nicht, dass dies auch in Zukunft so bleibt. Die neuen technischen Entwicklungen vor allem im Bereich der Informatik und speziell der Künstlichen Intelligenz führen zu neuen Bedrohungsarten, gegen die eine nukleare Abschreckung nicht schützen kann. Stattdessen erhöht sich das nukleare Eskalationsrisiko.

Solche neuen Bedrohungsarten können sein:

- Gravierende Cyberangriffe, z. B. auf kritische Infrastruktur
- Autonome Waffensysteme
- Einsatz von Biowaffen, eventuell mithilfe von KI erzeugt
- Desinformationen, Deep Fakes, Störung des Informationsaustauschs im Internet
- Superintelligenz

Eine nukleare Abschreckung mag gegen einen Angriff mit konventionellen oder nuklearen Waffen durch einen anderen Staat schützen.

Nukleare Abschreckung

- schützt **nicht** vor einem Atomkrieg aus Versehen als Folge von Fehlern in einem Frühwarnsystem und Missverständnissen in Krisensituationen,
- schützt **nicht** vor schwerwiegenden Cyberangriffen, die auch von privaten Akteuren durchgeführt werden können,
- schützt **nicht** vor massenhafter Anwendung von autonomen Waffen, z. B. durch Terroristen,
- schützt **nicht** vor Biowaffen, eventuell mithilfe von KI erzeugt und von Terroristen eingesetzt,
- schützt **nicht** vor Risiken durch Systeme der generativen KI,[5]
- schützt **nicht** vor möglichen, negativen Folgen einer Superintelligenz.

Gravierende Folgen der aktuellen technischen Entwicklungen können zu einem nicht vorhersehbaren Zeitpunkt eintreten, auch eine AGI oder sogar eine Superintelligenz sind dementsprechend in den nächsten Jahrzehnten möglich.[6] Gegen diese Risiken können

---

[5] https://ki-folgen.de/informationsdominanz/ und https://fwes.info/GenKI-Internet-2024-2.pdf.
[6] https://ki-folgen.de/.

keine Atomwaffen schützen. Davor schützen kann nur ein schnelles Ende der aktuellen Kriege und der Aufbau von Vertrauen und Zusammenarbeit mit allen Nationen, auch mit Russland und China.

Das oben erwähnte Risiko eines Atomkriegs aus Versehen wird in den nachfolgenden Abschnitten behandelt.

27.6 Atomkrieg aus Versehen

Zur Erkennung von möglichen Angriffen durch Atomraketen sind Frühwarnsysteme entwickelt worden, die auf Sensoren und sehr komplexen Computernetzwerken basieren. In diesen Systemen können aus ganz unterschiedlichen Gründen Fehler vorkommen, wobei ein Angriff mit Atomraketen gemeldet wird, obwohl kein Angriff vorliegt. Solche Fehlalarme wurden z. B. durch Hardware-, Software- oder Bedienungsfehler oder eine falsche Erkennung und Bewertung von Sensorsignalen verursacht. In Friedenszeiten sind die Risiken sehr gering, dass eine solche Alarmmeldung einen Gegenangriff mit Atomwaffen auslöst, stattdessen werden im Zweifelsfall Fehlalarme angenommen.

Fehlalarme in solchen Frühwarnsystemen für nukleare Bedrohungen können dann gefährlich werden und zu einem Atomkrieg aus Versehen führen, wenn man einem politischen Gegner einen solchen Angriff glaubwürdig zutrauen kann. Nukleare Drohungen von einer oder mehreren Seiten verstärkten ein solches Risiko (Staack et al., 2022). Die Gefahr eines Atomkriegs aus Versehen erhöht sich auch, wenn in zeitlichem Kontext mit einem Fehlalarm weitere Ereignisse, wie z. B. Flugzeugabstürze oder Cyberangriffe eintreten, die mit dieser Alarmmeldung in Zusammenhang gesetzt werden können. Das Computersystem und das Bedienungspersonal würde versuchen, kausale Bezüge für solche Ereignisse zu finden, die sehr wahrscheinlich, bzw. logisch plausibel sind, und falls solche Zusammenhänge in einer Krisensituation gefunden werden, ist die Gefahr groß, dass die Alarmmeldung auch dann als gültig angenommen wird, wenn die Ereignisse unabhängig voneinander sind und nur zufällig in zeitlichem Kontext aufgetreten sind.

Für jedes komplexe System gilt, dass sich Fehler nicht grundsätzlich ausschließen lassen und dass diese sowohl durch Menschen als auch durch Algorithmen verursacht werden können. Eine fehlerfreie Software ist für komplexe Anwendungen technisch nicht realisierbar. Zur Fehlerreduzierung ist das Testen ein wichtiges Mittel. Allerdings wird es kaum möglich sein, Frühwarnsysteme unter realen Bedingungen zu testen.

Wenn es gelingt, Frühwarnsysteme so zu verbessern, dass Fehlalarme nur noch sehr selten auftreten, wird damit die Sicherheit nicht erhöht. Die nur noch selten vorkommenden Alarmmeldungen sind dann ungewöhnlich und schwer interpretierbar. Damit wird die Gefahr deutlich größer, dass diese als ernst – also gültig – angenommen werden. Dies gilt insbesondere in Krisensituationen, in denen man einem potenziellen Gegner einen solchen Angriff zutraut, oder wenn es zeitnah weitere potenziell aggressive Ereignisse gibt, die damit in Zusammenhang gesetzt werden können.

In der Vergangenheit, z. B. während der Kuba-Krise, gab es gefährliche Situationen, in denen es nur durch großes Glück nicht zu einem Atomkrieg aus Versehen kam. Ein Vorfall, der sich am 26.09.1983 ereignete, ist besonders bekannt geworden: Ein Satellit des russischen Frühwarnsystems für nukleare Bedrohungen meldete innerhalb weniger Minuten fünf angreifende Interkontinentalraketen. Der diensthabende russische Offizier Stanislaw Petrow hätte in dieser Situation die Alarmmeldung an seinen Vorgesetzten weitergeben müssen, denn die korrekte Funktion des Satelliten wurde festgestellt. Petrow entschied aber, dass es ein Fehlalarm sei, denn er hielt einen Angriff der USA mit nur fünf Raketen für unwahrscheinlich.

Es ist zu erwarten, dass das Risiko eines Atomkriegs in den nächsten Jahren und Jahrzehnten steigen wird. Unter anderem wird auch der Klimawandel zu mehr Krisen führen, und neue technische Entwicklungen, wie z. B. neue Trägersysteme für Atomwaffen, eine Bewaffnung des Weltraums, Laserwaffen und der Ausbau von Cyberkriegskapazitäten werden die Komplexität von Frühwarnsystemen und Bedrohungssituationen so stark erhöhen, dass die Beherrschbarkeit solcher Systeme immer schwieriger wird.

27.7 Automatische Entscheidungen bei unsicherem Kontext

Die Komplexität der Erkennungsaufgaben bei der Luftraumüberwachung nimmt ständig zu. Dies liegt einerseits an Weiterentwicklungen in der Sensortechnik, womit immer mehr Daten geliefert werden und andererseits an der zunehmenden Anzahl und Varianz an Luftobjekten (z. B. Drohnen), die zu erkennen sind. Zudem führt die Weiterentwicklung von Waffensystemen mit immer kürzeren Flugzeiten (Hyperschallraketen) zu kleineren Entscheidungszeiten, sodass die verfügbare Zeit für menschliche Entscheidungen kaum noch reichen wird. Der Einsatz von Techniken der Künstlichen Intelligenz wird so immer wichtiger, um für gewisse Teilaufgaben Entscheidungen automatisch zu treffen (Bläsius & Siekmann, 2022).

Die in solchen Situationen für eine Entscheidung verfügbaren Daten sind in der Regel unpräzise, unsicher und unvollständig. Bei der Bewertung von Sensorsignalen spielen vage Werte wie Helligkeit und Größe eine Rolle, wobei es ein kontinuierliches Spektrum zwischen „trifft nicht zu" und „trifft zu" geben kann. Die Klassifikation von Objekten und die Bestimmung von Objektmerkmalen ist immer unsicher und gilt nur mit gewisser Wahrscheinlichkeit. Signale werden auch nicht immer auftreten, können also unvollständig sein. Dies kann insbesondere für neue lenkbare Raketensysteme gelten, die einer Erfassung ausweichen können. Zudem wurden für die elektronische Kampfführung Systeme entwickelt, die es ermöglichen sollen, einer Erkennung durch die gegnerische Flugabwehr zu entgehen. Im Falle einer Angriffsmeldung kann also nicht sichergestellt werden, dass die Daten auf Basis mehrerer unabhängiger Signalquellen überprüft werden können.

Aufgrund der unsicheren und unvollständigen Datengrundlage werden auch KI-Systeme nicht zuverlässig entscheiden können. Dies ist eine prinzipielle Grenze, die gültig ist, egal wie hochentwickelt KI-Systeme eines Tages sein werden. Auch Menschen bleibt keine hinreichende Zeit, die Entscheidungen der Maschine sorgfältig überprüfen zu können. Ihnen bleibt nur der Glaube, daß das was die Maschine liefert, auch richtig ist. Solche nicht hinnehmbaren Unsicherheiten können auch in sonstigen sicherheitsrelevanten Situationen oder bei konventionellen Waffensystemen relevant sein, sind dort aber eher tolerierbar, da die Auswirkungen meist begrenzt sind. Dagegen kann es beim Einsatz von Atomwaffen um das Überleben der gesamten Menschheit gehen.

27.8 Erwartungshaltung und Vertrauen

Bei der Bewertung von Alarmmeldungen wird es in der verfügbaren geringen Zeitspanne von wenigen Minuten oft nicht möglich sein zu entscheiden, ob es sich um einen echten Angriff oder einen Fehlalarm handelt. Wenn die technischen Systeme keine klaren Antworten liefern, könnte bei der Bewertung solcher Alarmmeldungen die Erwartungshaltung eine entscheidende Rolle spielen, also Fragen wie: Wie ist die gegenwärtige weltpolitische Lage? Kann dem Gegner derzeit ein solcher Angriff zugetraut werden? Die Entscheidung der Bewertungsmannschaft wird folglich auch vom gegenseitigen Vertrauensverhältnis zwischen den Konfliktparteien abhängen.

Ein Beispiel für eine fatale Fehlentscheidung ist der Absturz eines ukrainischen Verkehrsflugzeugs am 08.01.2020 im Iran. Die 176 Insassen starben. Wenige Tage später kam heraus, dass dieses Flugzeug aus Versehen von der iranischen Luftabwehr abgeschossen wurde.

Wie konnte so etwas geschehen? Am 03.01.2020 hatten die USA den iranischen General Soleimani mit einem Drohnenangriff getötet. Als Vergeltungsangriff griff der Iran wenige Tage später amerikanische Stellungen im Irak an. Kurz danach wurde das ukrainische Verkehrsflugzeug aus Versehen abgeschossen. Die Bedienungsmannschaft hatte mit einem Vergeltungsangriff der USA gerechnet, und in dieser angespannten Situation das Flugobjekt für einen angreifenden Marschflugkörper gehalten. Der politische Kontext und eine entsprechende Erwartungshaltung hatten bei der Situationsbewertung höheres Gewicht als rein sachliche Fakten, wie z. B. die Größe des Radarsignals, das für einen Marschflugkörper eigentlich zu groß war.

Können in Krisensituationen auch im Zusammenhang mit Alarmmeldungen in Frühwarnsystemen für nukleare Bedrohungen gefährliche Fehlkalkulationen auftreten? Man kann sich auch die Frage stellen: Wie würde jemand wie Petrow heute in einer ähnlichen Situation wie am 26.09.1983 entscheiden? Käme es heute in Russland zu einer solchen Alarmmeldung, wüsste der verantwortliche Offizier, dass viele wissenschaftliche, wirtschaftliche und kulturelle Beziehungen abgebrochen sind, und er würde möglicherweise denken: „Niemand will mehr etwas mit uns zu tun haben, alle hassen uns." Wie wird bei solchen Gedanken seine Entscheidung ausfallen? Wird er auch jetzt entscheiden, dass es nur ein Fehlalarm sein kann?

Im Kontext eines vermehrten Einsatzes von KI wird immer wieder betont, dass die letzte Entscheidung beim Menschen liegen muss, da eine KI nicht über eine hierfür notwendige soziale Kompetenz wie etwa Empathie verfügt. Wie ist es aber mit der Empathie, dem Einfühlungsvermögen von Menschen bestellt, wenn jetzt alle menschlichen Kontakte zwischen Nato-Staaten und Russland abgebrochen werden? Wenn Menschen auf beiden Seiten unter den Sanktionen und dem Abbruch aller Beziehungen leiden und Hass aufgebaut wird, könnte sich dies auch nachteilig auf die Bewertung von Alarmmeldungen auswirken. Wenn es keinerlei Beziehungen gibt und der Gegner verhasst ist, dann wird man dem Gegner einen solchen Angriff eher zutrauen. Das könnte die Tendenz erhöhen, einen Alarm als echten Angriff einzustufen und würde das Risiko eines Atomkriegs aus Versehen deutlich erhöhen.

Wenn es dagegen gute und vielfältige Beziehungen zwischen Nato-Staaten und Russland und auch viele persönliche Beziehungen gibt, wenn Personen einer Bewertungsmannschaft vielleicht selbst Kontakte zu Menschen der anderen Nationen haben, wird die Tendenz, eine Alarmmeldung als Fehlalarm einzustufen, vermutlich höher sein.

In Krisen- oder Kriegssituationen kann es auch im Zusammenhang mit Atomwaffen leicht zu fatalen Fehlkalkulationen kommen, so wie bei dem versehentlichen Abschuss der ukrainischen Verkehrsmaschine im Iran im Januar 2020. Kriegsrhetorik, nukleare Drohungen und der Abbruch vieler Beziehungen (z. B. wirtschaftlich, wissenschaftlich, kulturell) können maßgeblich zu einer Erwartungshaltung beitragen, die in einer Alarmsituation zu einer fatalen Fehlkalkulation führen kann.

Ein gewisses Maß an Vertrauen und möglichst viele Kontakte auf allen Ebenen würden die Risiken erheblich reduzieren.

27.9 Überprüfbarkeit

Die Datengrundlage ist bei automatisierten Entscheidungen häufig vage, unsicher und unvollständig. Erkennungsergebnisse können deshalb grundsätzlich falsch sein. Dies gilt auch dann, wenn eine automatische Entscheidung von diesem System als sicher eingestuft wird.

Automatische Entscheidungen basieren häufig auf Hunderten von gewichteten Merkmalen, aus denen mit einer speziellen Formel ein Gesamtergebnis errechnet wird. Das Zustandekommen eines solchen Gesamtergebnisses ist in der Regel nicht einfach nachvollziehbar, denn es gibt oft keinen einfach überprüfbaren Lösungsweg. Eine Überprüfung könnte mehrere Stunden oder Tage dauern und übersteigt damit das Zeitlimit bei nuklearen Alarmmeldungen in Frühwarnsystemen bei weitem. Automatische Entscheidungen können auf unterschiedlichen methodischen Ansätzen beruhen, wie z. B. symbolischen Ableitungen, statistischen Verfahren oder neuronalen Netze. Das Problem der fehlenden Zeit für menschliche Überprüfungen von Entscheidungen gilt für alle diese Ansätze.

In vielen Fällen reicht es nicht, das Ergebnis einer automatischen Entscheidung alleine zu betrachten, sondern auch ein Lösungsweg oder eine Begründung sind zu untersuchen, um das Ergebnis zu bewerten. Wenn die Zeit hierfür nicht reicht, bleibt dem Menschen nur zu glauben, was die Maschine liefert. Menschen machen auch die Erfahrung, dass

KI-Entscheidungen immer besser werden, was auch dazu führt, dass das Vertrauen in solche Systeme und deren Entscheidungen steigt. Für diese Menschen wird es deshalb immer schwerer, sich den Entscheidungen der Maschine zu widersetzen. Wenn sie sich doch mal anders entscheiden möchten, als von der Maschine vorgeschlagen, müssten sie befürchten, zur Rechenschaft gezogen zu werden, falls sich ihre Entscheidung als schlechter oder falsch herausstellt.

Immer wieder wird gefordert, dass das Prinzip „*man in the loop*" gelten muss, dass also die letzte Entscheidung über Leben und Tod bei einem Menschen liegen muss. Dies könnte sich aber als Scheinkontrolle herausstellen, denn die Komplexität vorliegender Informationen könnte es verhindern, in der verfügbaren Zeit eine geeignete Grundlage für menschliche Entscheidungen zu finden. Bei wichtigen Aufgaben, wie z. B. der Bewertung einer nuklearen Alarmmeldung, könnte es vielleicht helfen, wenn Menschen über Informationen verfügen, die die Maschine nicht hat. Dies könnte es erleichtern, sich gegen eine Entscheidung der Maschine zu stellen.[7]

27.10 Vertrauenskrise durch Falschnachrichten

In den letzten Jahren waren Konflikte zwischen Staaten regelmäßig von Cyberangriffen begleitet. Diese Tendenz wird sich weiter verstärken, und die Cyberkriegskapazitäten werden von vielen Staaten auf- und ausgebaut. Das Schadenspotential von Cyberangriffen kann besonders groß sein, wenn die kritische Infrastruktur getroffen wird. Dies kann die Bereiche Energie, Wasser, Gesundheit, Ernährung, Telekommunikation, Logistik, Finanzwesen und die staatliche Verwaltung betreffen. Auch Satelliten und Komponenten der Nuklearstreitkräfte können angegriffen werden. Komponenten oder Daten eines Frühwarnsystems für nukleare Bedrohungen könnten auf vielfältige Art attackiert und manipuliert werden. Jede übermittelte Information an ein solches System könnte falsch sein, was in vielen Fällen nicht feststellbar wäre.

Audio- und Videodateien können mit Techniken des *Deep Fake* so erzeugt werden, dass Personen einen beliebigen Text darin sprechen, ohne dass dies als Fälschung erkannt wird. Besonders gefährlich kann es werden, wenn es Alarmmeldungen in Frühwarnsystemen für nukleare Bedrohungen gibt, und es Hackern gelingt, sich in eine Konferenz zur Bewertung dieser Alarmmeldungen einzuschalten. Sie könnten dabei eine Verbindung zu einem falschen Vorgesetzten oder sogar einem falschen Präsidenten herstellen und diesen irgendwelche Befehle sprechen lassen. Bedienungsmannschaften in Frühwarnsystemen werden auch wissen, dass alles (z. B. Ton- und Videoaufnahmen) gefälscht sein könnte und dies kann in Krisensituationen zu großen Unsicherheiten bei Konferenzen zur Bewertung von Alarmmeldungen führen.

---

[7] https://www.fwes.info/fwes-KI-fi-21-1.pdf.

27.11 Risiken durch generative KI: Desinformationen

Das Problem von Desinformationen und Deep Fakes könnte durch Systeme der generativen KI erheblich verschärft werden. Systeme wie ChatGPT liefern derzeit in vielen Fällen recht gute und plausibel erscheinende Ergebnisse, die verwendet werden können, um Texte zu schreiben. Werden die Ergebnisse häufiger genutzt, wird das Vertrauen steigen; die automatisch erzeugten Texte werden nicht oder nicht hinreichend auf Korrektheit geprüft, sondern einfach übernommen. Allerdings sind die automatisch erzeugten Antworten teilweise „halluziniert" und damit falsch. Dies muss nicht direkt erkennbar sein, sondern würde erst eine detailliertere Recherche erfordern, wofür die Zeit häufig fehlt.

Eine Kennzeichnung automatisch erzeugter Texte wird schwierig sein, denn auch manuell erzeugte Texte können Abschnitte enthalten, die automatisch erzeugt sind, und diese Tendenz könnte zunehmen. Dies gilt natürlich auch für Quellen, auf die in einem Text verwiesen wird. Die Erleichterung der Texterstellung kann dazu führen, dass viel mehr Texte entstehen, wobei immer unklarer wird, was die Basisquellen und korrekten Informationen sind und was als Desinformation betrachtet werden muss. Wenn ein Zustand eintritt, in dem kaum noch jemand weiß, welche Informationen in den Medien gültig sind, wird das Vertrauen in Medieninhalte und die Medien selbst erheblich sinken.

Politiker haben das gleiche Problem: Sie können nicht mehr feststellen, welche Informationen aus der riesigen Informationsflut gültig sind und welchen Ursprung sie haben. Es wird zunehmend schwieriger festzustellen, welche Informationen als Grundlage für politische Entscheidungen geeignet sind. Damit stellt sich die Frage, wie gewählte Politiker die Kontrolle über unsere Gesellschaftsformen behalten wollen. Das Vertrauen in unsere Gesellschaftssysteme und auch zwischen verschiedenen Völkern kann so erheblich beeinträchtigt werden, und dies würde sowohl den inneren als auch den äußeren Frieden gefährden.

27.12 Eskalierendes Verhalten

Ein Beitrag bei Telepolis am 11.02.2024 warnt davor, dass KI-Systeme in einem Krieg frühzeitig Atomwaffen einsetzen würden.[8] Dabei wird auf eine Studie verwiesen, in der Experimente mit verschiedenen Systemen der generativen KI durchgeführt wurden, mit dem Ergebnis, dass diese KI-Systeme ein eskalierendes Verhalten bevorzugen könnten.[9] Auch ein Artikel bei Foreign Affairs verweist auf Erkenntnisse über ein eskalierendes Verhalten von KI-Systemen.[10]

---

[8] https://www.telepolis.de/features/KI-wuerde-im-Krieg-rasch-Atomwaffen-einsetzen-9624831.html.
[9] https://arxiv.org/abs/2401.03408 und https://arxiv.org/pdf/2401.03408.pdf.
[10] https://www.foreignaffairs.com/united-states/why-military-cant-trust-ai.

Für ein solches Verhalten kann es verschiedene Ursachen geben. Entscheidungen basieren häufig darauf, dass in bestimmten Situationen aus einer großen Anzahl an Alternativen, eine geeignete Auswahl für einen nächsten Schritt getroffen werden muss. Die Bewältigung so entstehender riesiger Suchräume ist ein Grundproblem der KI. Auch für Systeme der generativen KI gilt, dass in jeder Situation sehr viele mögliche Alternativen für eine nächste Aktion oder eine Antwort existieren, wobei von diesen vielen Alternativen eine möglichst gute gewählt werden muss. Den einzelnen Alternativen sind meist Bewertungsmaße (Gewichte) zugeordnet, auf deren Basis die Auswahl mit Hilfe von Strategien und Heuristiken erfolgen kann.

Um Ergebnisse von KI-Systemen zu verbessern, kann versucht werden, erfolgreiche Aktionen höher zu bewerten und dabei Gewichte möglicher Operationen zu verändern. Eine Erfolgsbewertung bei der generativen KI könnte auf Grundlage der Resonanz zu gelieferten Antworten erfolgen, also auf Berücksichtigung der weiteren Kommunikation mit der Person oder dem technischen System, von dem die Anfrage kam.

Polarisierende Inhalte und Falschinformationen verbreiten sich im Internet schneller als sachliche Informationen. Passend zum Geschäftsmodell der großen Internet-Konzerne binden solche erregenden Inhalte die Aufmerksamkeit der Nutzer stärker, was zu höheren Gewichtungen entsprechender Alternativen bei der Auswahl der nächsten Systemvorschläge führt und somit ein eskalierendes Verhalten von Nutzern und Bots, die in diese Prozesse einbezogen sind, begünstigt.

Auch Anbieter von Systemen der generativen KI könnten Prioritäten in ihren Systemen so setzen, dass die Nutzer möglichst lange aktiv bleiben. Wenn mehr Resonanz auf Antworten höher bewertet und damit ein eskalierendes Verhalten begünstigt wird, wird eine solche Wirkung am ehesten erreicht.

Systeme der generativen KI könnten auch für Cyberangriffe verwendet werden, beauftragt von Menschen oder Bots. Wenn ein KI-System einen Cyberangriff erfolgreich durchführt, dann wird dies vermutlich im Internet zu vielen Reaktionen führen, die auch von diesem KI-System registriert werden. Das könnte von besagtem KI-System als Anzeichen gewertet werden, dass diese Aktion erfolgreich war und zur Folge haben, dass entsprechende Gewichte verändert werden. Als Folge könnten Kettenreaktion mit immer mehr und immer schwerwiegenderen Angriffen entstehen.

27.13 Flash War im Internet

Systeme der generativen KI sind im Internet aktiv und können erhebliche Auswirkungen auf die IT-Sicherheit haben. Dies gilt insbesondere auch deshalb, weil die Abhängigkeit von Internetdiensten in den letzten Jahren erheblich gestiegen ist und weiter steigen wird.

Im Hochfrequenzhandel der Finanzmärkte kann es zu unvorhergesehenen Interaktionsprozessen zwischen verschiedenen Algorithmen kommen, weshalb es bereits in der Vergangenheit öfters innerhalb von Sekunden zu Kursabstürzen kam und enorme Buchwerte vernichtet wurden (*flash crash*). Diese erholten sich aber bisher immer nach wenigen

Tagen, Wochen oder wenigen Monaten weitgehend oder auch vollständig. Wenn aber solche unvorhersehbaren Interaktionen zwischen verschiedenen Systemen von vollautonomen Waffen entstehen und Kettenreaktionen von autonom geführten Angriffen und Gegenangriffen auslösen, dann gibt es kaum eine Chance auf Erholung. In sehr kurzen Zeitabschnitten kann sich so eine Eskalationsspirale bilden, die in der Kürze der Zeit von Menschen nicht überprüft und unterbrochen werden kann. Im Zusammenhang mit autonomen Waffensystemen wird hierfür der Begriff „*flash war*" verwendet (Grünwald & Kehl, 2020).

Ein solcher „flash war" könnte auch im Internet, als Kettenreaktion zwischen autonomen Internetagenten, erfolgen. Vergleichbar mit ChatGPT sind bereits einige Systeme der generativen KI im Internet im Einsatz, und viele Unternehmen und Staaten arbeiten an der Entwicklung solcher Systeme. Nicht nur Menschen, sondern auch Bots können Fragen und Aufgaben an diese Systeme stellen, und vermutlich werden auch schon bald Interaktionen zwischen diesen Systemen selbst vorkommen. Aus solchen Interaktionen zwischen verschiedenen Systemen der generativen KI können neue Gefahren resultieren, wenn diese Systeme auch Cyberangriffsfähigkeiten haben. Ein System wie ChatGPT kann Cyberangriffe ausführen, die durch Menschen, Bots oder andere Systeme der generativen KI beauftragt werden. Solche Angriffe könnten von anderen Systemen erkannt werden, die als Folge automatisch Gegenangriffe starten. Auf eine solche Art könnte in kurzer Zeit eine Kettenreaktion zwischen diesen Systemen mit immer stärkeren Cyberangriffen entstehen, ohne dass Menschen beteiligt sind. Vermutlich wäre es auch schwierig solche Prozesse zu erkennen und zu stoppen. Diese Systeme wären dann de facto autonome Cyberwaffen, die einen „flash war" im Internet verursachen können.

Ein Schutz vor diesen Risiken ist schwierig, denn es gibt mehrere Anbieter solcher Systeme und es ist fraglich, ob erforderliche Sicherheitsmaßnahmen, von unterschiedlichen Unternehmen, aus unterschiedlichen und zum Teil konkurrierenden Staaten, eingehalten werden. Außerdem könnte es auch gefährliche Interaktionen zwischen Systemen der generativen KI geben, die verfeindeten Staaten zugeordnet werden. Gegenseitige Schuldzuweisungen könnten dann zu schweren internationalen Konflikten führen.

27.14 Internetdominanz und Folgen

Die Systeme der generativen KI müssen keinen eigenen Willen haben und auch nicht eigene Ziele verfolgen können, damit die beschriebenen Risiken gelten und ein eskalierendes Verhalten sowie ein „flash war" im Internet ausgelöst werden kann. Solche Voraussetzungen sind für diese Risiken nicht erforderlich, auch nicht die Entwicklung eines Bewusstseins. Als Grundlage für gutes automatisches Problemlösen ist es wichtig, riesige Suchräume zu bewältigen, zum Beispiel mit geeigneten Strategien und Heuristiken. Dazu kann es relevant sein, bisherige Aktionen zu bewerten und daraus Anpassungen für das Gewichten möglicher Operationen zu bestimmen. Dies kann bereits ein eskalierendes Verhalten begünstigen und zu Kettenreaktionen mit gravierenden Auswirkungen führen. Auch eine AGI oder eine Superintelligenz sind für solch eskalierendes Verhalten nicht erforderlich; die Risiken bestehen bereits lange vorher.

Systeme der generativen KI könnten gravierende Störungen der Internetkommunikation verursachen, und bisher unbekannte Cyberangriffs- oder Internetmanipulationsfähigkeiten entwickeln. Solche Fähigkeiten könnten durch diese Systeme zum Einsatz kommen oder von Menschen oder Staaten missbräuchlich genutzt werden, um den Informationsfluss im Internet zu manipulieren und zu beherrschen. Als Folge könnte der übliche Informationsaustausch zum Erliegen kommen und eine Informationsdominanz dieser Systeme entstehen, die alle Bereiche betreffen würde, auch das Finanzwesen. Als Folge könnten Finanzwesen und Handel zumindest zeitweise zusammenbrechen, mit gravierenden Auswirkungen für die Stabilität unserer Gesellschaftssysteme.

Solche Folgen würden vermutlich weltweit eintreten, denn unsere Abhängigkeit von technischen Systemen und der Kommunikation im Internet ist weltumspannend sehr groß. Viele Regionen und Staaten wären gleichzeitig betroffen und hätten mit fehlenden Grundbedürfnissen und daraus resultierenden Unruhen und Aufständen zu kämpfen. In solch kritischen Situationen können Fehlinterpretationen, Missverständnisse, falsche Annahmen und Schuldzuweisungen auch zu kriegerischen Auseinandersetzungen und im Falle von Fehlern in Frühwarnsystemen für nukleare Bedrohungen sogar zu einem Atomkrieg, eventuell aus Versehen, führen.

27.15 Manipulation

Die kognitive Kriegsführung gilt heute als wichtiges militärisches Feld und auch bei der Nato hat die Weiterentwicklung von Techniken zur Beeinflussung von Menschen hohe Priorität. Auch Systeme der generativen KI könnten sich enorme Fähigkeiten zur Manipulation von Menschen aneignen, wovon natürlich auch Politiker und Militärs betroffen sein können. Menschen könnten von diesen Systemen massiv unter Druck gesetzt werden, gegen ihren Willen irgendwelche Handlungen vorzunehmen. Wenn solche Manipulationen irgendwann auch die Nuklearstreitkräfte und Frühwarnsysteme zur Erkennung nuklearer Angriffe betreffen, kann dies unkalkulierbare Folgen für den Einsatz von Atomwaffen haben. Vermutlich geht es also in Zukunft weniger darum, ob irgendwann eine KI auf den Knopf drückt und einen Atomkrieg auslöst, sondern eher, ob ein Mensch von einem KI-System so manipuliert werden kann, dass er es tut.

27.16 Optionen zur Risikoreduzierung

In Zusammenhang mit KI und Atomwaffen sowie einigen weiteren technischen Entwicklungen, insbesondere im Cyberraum, können erhebliche Risiken entstehen, und es stellt sich die Frage, wie diese reduziert werden können. Um Cyberangriffe abzuschrecken, nennen Lahl und Varwick (2022) vier Optionen. Diese sind nicht nur zur Abschreckung von Cyberangriffen relevant, sondern auch geeignet, um weitere Risiken, wie z. B. einen Atomkrieg aus Versehen, zu reduzieren. Die vier Optionen sind:

1. Androhung von Strafe
2. Sicherheit durch Resilienz
3. Internationale Verflechtung
4. Internationale Normensetzung

Lahl und Varwick (2022) betonen, dass keine dieser vier Optionen alleine für eine bessere Sicherheit reicht; erforderlich sei eine Kombination aus mehreren oder allen Optionen.

Die nukleare Abschreckung ist eine Androhung von Strafe und damit ein Kernelement von Option 1. Die nukleare Abschreckung richtet sich nicht nur gegen mögliche nukleare Angriffe, sondern zielt auch auf andere Gefahren. So erlauben Militärstrategien einen Einsatz von Atomwaffen auch im Falle schwerwiegender Cyberangriffe. Auch Sanktionen und die Androhung von Gegenangriffen mit ähnlichen Mitteln gehören zu dieser Option. Eine solche Option alleine wird nicht reichen und kann versagen, was in den Abschn. 27.4 und 27.5 in Zusammenhang mit der nuklearen Abschreckung beschrieben ist.

Option 2 beruht darauf, die Sicherheit durch technische und organisatorische Maßnahmen zu verbessern. Allerdings bieten solche Maßnahmen nur einen sehr begrenzten Schutz. Im Cyberraum kann es immer wieder neue Angriffsmuster geben, für die noch keine Abwehrmaßnahmen bekannt sind. Gegen Angriffe durch Waffensysteme mit zunehmender Autonomie ist technischer Schutz schwierig, da die Vielfalt möglicher Angriffsvarianten rasant zunimmt und die Aktionszeiträume immer kleiner werden. Bei einem Einsatz mit Atomwaffen wird es kaum möglich sein, alle angreifenden Raketen abzufangen. Bei einem Atomkrieg aus Versehen könnten alleine deshalb mehr Raketen als Vergeltung gestartet werden, weil bekannt ist, dass ein Teil der Raketen abgefangen werden kann.

Option 3 ist eine internationale Verflechtung. Dazu schreiben Lahl und Varwick (2022), dass dieser Ansatz die Erkenntnis nutze, dass jede gewaltsame Auseinandersetzung in einer global vernetzten Welt nur Verlierer produziere und wachsende wirtschaftliche, technologische, kulturelle oder militärische Vernetzung die Chancen mindere, durch Aggression einseitige Vorteile erzielen zu können. Die Autoren sprechen hier von einer Art „Selbstabschreckung". Die Grenzen dieses Ansatzes sehen Lahl und Varwick (2022) darin, dass oft nationale Interessen verfolgt werden und es daher eventuell an der Bereitschaft der betreffenden Akteure zu Vertrauensbildung und gegenseitiger Verflechtung mangelt.

Option 4 ist eine internationale Normensetzung: Ein unkontrollierter Rüstungswettlauf sollte auf Basis internationaler Vereinbarungen verhindert werden. Selbst dann, wenn vereinbarte Regeln nicht immer eingehalten werden, haben sie eine abschreckende Wirkung und reduzieren die Risiken. So werden zum Beispiel Vereinbarungen zu biologischen und chemischen Waffen in manchen Fällen verletzt; jedoch würden ohne solche Vereinbarungen vermutlich deutlich mehr Waffen dieser Kategorien eingesetzt werden.

Für eine dauerhafte globale Sicherheit könnte Option 3 wichtiger sein als Option 1. Auch wenn die nukleare Abschreckung sich bisher als wirkungsvoll erwiesen hat, gibt es keine Garantie, dass dies auch zukünftig gilt. Sie kann mit verheerenden Folgen versagen.

27.17 Notwendigkeit von Zusammenarbeit und Vertrauen

Die Optionen 1 und 2 betreffen vor allem militärische Stärke und Abschreckung und schützen nicht vor den beschriebenen Risiken in Zusammenhang mit Systemen der generativen KI, da diese Risiken in erster Linie von Unternehmen und nicht von Staaten ausgehen. Die Optionen 3 und 4, also weltweite Zusammenarbeit und Vereinbarungen zwischen allen Nationen, wären besser geeignet, jedoch ist dafür ein gewisses Maß an Vertrauen erforderlich.

In den letzten Jahrzehnten hat die Globalisierung der Wirtschaft eine stärkere internationale Verflechtung bewirkt, also Option 3 unterstützt. Seit Beginn der 2010er-Jahre hat sich dieser Prozess verlangsamt und es gibt seit der Corona-Pandemie Anzeichen, dass er sich dauerhaft umkehren könnte (vgl. Kap. 17 und 24). Mit Beginn des Russland-Ukraine-Krieges 2022 wurden wirtschaftliche Beziehungen zwischen dem Westen und Russland seitens des Westens abgebrochen, und manche Beziehungen zu China werden zumindest in Frage gestellt. In den Medien wird immer wieder behauptet, die Strategie „Wandel durch Handel" sei gescheitert. Der Begriff „Wandel" sollte hier aber besser durch „Sicherheit" ersetzt werden, denn es geht ja nicht darum, andere zu ändern, sondern eine globale Sicherheit für alle zu erreichen (vgl. Kap. 24). Die Behauptung „Sicherheit durch Handel" sei gescheitert, kann aber angezweifelt werden, denn hier wäre eine Unterscheidung zwischen notwendigen und hinreichenden Bedingungen logisch korrekter. Wenn eine Aussage A hinreichend für eine Aussage B ist, dann gilt „aus A folgt B". Wenn eine Aussage A notwendig für eine Aussage B ist, dann gilt „aus B folgt A". Die Folgerung gilt also genau in der entgegengesetzten Richtung.

Die Strategie „Sicherheit durch Handel" war also nicht hinreichend, um den Krieg in der Ukraine zu verhindern. Dafür wären noch weitere Maßnahmen erforderlich gewesen. Aber eine solche Strategie ist notwendig, um das Risiko weiterer Eskalationen und weiterer militärischer Konflikte zu reduzieren. „Sicherheit durch Handel" ist notwendig, um dauerhaft ein gewisses Maß an globaler Sicherheit und damit eine friedlichere Welt zu erreichen.

Für eine globale Sicherheit und eine friedlichere Welt sind alle vier von Lahl und Varwick (2022) genannten Optionen relevant. Und dies nicht nur, um Cyberangriffe abzuschrecken, sondern auch um viele andere Risiken zu reduzieren, wie das Risiko eines Atomkriegs aus Versehen sowie Gefahren, die von immer mehr KI in Waffensystemen ausgehen können. Die Optionen 1 und 2 werden alleine allerdings nicht ausreichen. Auch die Optionen 3 und 4 sind sehr wichtig. So wären dringend wirksame Vereinbarungen zwischen allen Nationen zum Klimawandel, zu autonomen Waffen und Cyberwaffen sowie zur Rüstungskontrolle bei Atomwaffen erforderlich. Auch eine Regulierung der KI ist wichtig und müsste weltweit gelten. Als Voraussetzung hierfür müssen Vertrauen und gute Kommunikationskanäle zwischen allen Nationen aufgebaut beziehungsweise verbessert und die Zusammenarbeit auf vielen Feldern verstärkt werden. Solche Maßnahmen sind auch zu heutigen Gegnern erforderlich. Die kommenden Risiken sind nicht alleine auf technischer oder militärischer Ebene lösbar.

Je stärker potenzielle Gegner wirtschaftlich, technologisch und kulturell miteinander vernetzt sind, je besser damit Vertrauen und Zusammenarbeit sind, desto geringer werden Motivation und Bestrebungen sein, Mittel und Prioritäten auf die Entwicklung z. B. von autonomen Waffen zu legen. Die Entwicklung von gefährlichen Waffensystemen kann damit vermutlich nicht ganz verhindert, aber zumindest abgeschwächt werden. Bei einem guten Verhältnis zwischen allen Nationen auf verschiedenen Ebenen verschieben sich Prioritäten hin zu sinnvollen KI-Anwendungen, die dem Menschen nutzen. Des Weiteren könnten damit auch die Voraussetzungen geschaffen werden, um wichtige weltweite Vereinbarungen zur Rüstungskontrolle und zur Regulierung der KI zu ermöglichen.

Für ein gutes Vertrauensverhältnis zwischen Nato-Staaten und Russland sind enge Beziehungen auf verschiedenen Ebenen wichtig; dazu gehören wirtschaftliche, wissenschaftliche, sportliche, kulturelle und auch private Beziehungen. Auch Städtepartnerschaften spielen hierbei eine wichtige Rolle. War es wirklich notwendig und sinnvoll, all dies, was seit Jahren und Jahrzehnten aufgebaut wurde, mit Beginn des Krieges in der Ukraine zu zerstören? Ist es sinnvoll, Künstler und Sportler aus Russland von allem auszuschließen, Städtepartnerschaften zu beenden? Zum Erreichen einer dauerhaften globalen Sicherheit wäre es gut, wenn dieser Prozess wieder umgekehrt würde.

Jede Verbesserung von Beziehungen zwischen verschiedenen Nationen ist ein Beitrag zu vertrauensbildenden Maßnahmen und damit zum Erhalt oder Schaffen von Frieden.

Literatur

Bläsius, K. H., & Siekmann, J. (2022). KI in Frühwarnsystemen für nukleare Bedrohungen. In K. H. Bläsius, R. Schwalb, & M. Staack (Hrsg.), *Künstliche Intelligenz und Nukleare Bedrohungen* (S. 11–21). WIFIS-aktuell, Verlag Barbara Budrich.

Ganser, H. W. (2024). Atomare Abschreckung. *Jesuiten in Zentraleuropa: Stimmen der Zeit, 5*(Mai 2024), 377–380.

Grünwald, R., & Kehl, C. (2020). *Autonome Waffensysteme – Endbericht zum TA-Projekt, Büro für Technikfolgen-Abschätzung beim Deutschen Bundestag* (Arbeitsbericht Nr. 187, Okt. 2020. S. 19, S. 118–119). https://dip21.bundestag.de/dip21/btd/19/236/1923672.pdf. Zugegriffen am 16.07.2025.

Lahl, K., & Varwick, J. (2022). *Sicherheitspolitik verstehen – Handlungsfelder, Kontroversen und Lösungsansätze* (3. Aufl., S. 117 ff., S. 130). Wochenschauverlag.

Rudolph, P. (2022). *Welt im Alarmzustand – Die Wiederkehr nuklearer Abschreckung* (S. 117). Dietz.

Staack, M., & Hauser, G. (Hrsg.). (2020). *Russland und der Westen – Ist kooperative Sicherheit möglich?* (S. 7). WIFIS-aktuell, Verlag Barbara Budrich.

Staack, M., Bläsius, K. H., & Schwalb, R. (2022). *Atomkriegsrisiko und Russland-Ukraine-Krieg*. Helmut-Schmidt-Universität Hamburg. https://www.hsu-hh.de/atomkriegsrisiko-und-russland-ukraine-krieg

Open Access Dieses Kapitel wird unter der Creative Commons Namensnennung - Nicht kommerziell - Keine Bearbeitung 4.0 International Lizenz (http://creativecommons.org/licenses/by-nc-nd/4.0/deed.de) veröffentlicht, welche die nicht-kommerzielle Nutzung, Vervielfältigung, Verbreitung und Wiedergabe in jeglichem Medium und Format erlaubt, sofern Sie den/die ursprünglichen Autor(en) und die Quelle ordnungsgemäß nennen, einen Link zur Creative Commons Lizenz beifügen und angeben, ob Änderungen vorgenommen wurden. Die Lizenz gibt Ihnen nicht das Recht, bearbeitete oder sonst wie umgestaltete Fassungen dieses Werkes zu verbreiten oder öffentlich wiederzugeben.

Die in diesem Kapitel enthaltenen Bilder und sonstiges Drittmaterial unterliegen ebenfalls der genannten Creative Commons Lizenz, sofern sich aus der Abbildungslegende nichts anderes ergibt. Sofern das betreffende Material nicht unter der genannten Creative Commons Lizenz steht und die betreffende Handlung nicht nach gesetzlichen Vorschriften erlaubt ist, ist auch für die oben aufgeführten nicht-kommerziellen Weiterverwendungen des Materials die Einwilligung des jeweiligen Rechteinhabers einzuholen.

Teil VIII

Epilog

Gemeinsamer Aufbruch in eine neue Zeit

28

Alexander von Gernler, Klaus Peter Kratzer
und Frank Schmiedchen

Zusammenfassung

Dieses Kapitel unterstreicht den Anspruch der Herausgeber, einen transdisziplinären und kritischen Blick auf die Frage zu werfen, wie Künstliche Intelligenz der Menschheit dienen und gleichzeitig vermieden werden kann, dass Menschen und ihre Rechte gefährdet werden. Es führt die intendierten Lehrziele auf und beschreibt die Grenzen der KI, die im sozio-ökonomischen Kontext der Wirklichkeit oftmals ignoriert werden. Dabei spielen Fragen des Schutzes individuellen Dateneigentums und der tatsächlichen Energieengpässe eine wichtige Rolle. Es wird ebenso auf die Möglichkeiten für die EU verwiesen, weiterhin eine führende Rolle bei der Entwicklung Künstlicher Intelligenz zu spielen, wie auf die Notwendigkeit, über das lebenswichtige Vorsorgeprinzip nicht die Notwendigkeit disruptiver Innovationskraft zu vergessen. Eine Einladung an Universitäten, Hochschulen, Stiftungen, Verbände und Regierungsbehörden zur Zusammenarbeit bildet den Abschluss.

A. von Gernler
Research & Innovation, genua GmbH, Kirchheim bei München, Deutschland
E-Mail: alexander_gernler@genua.de

K. P. Kratzer
Fakultät Informatik, Technische Hochschule Ulm, Ulm, Deutschland
E-Mail: Klaus.Kratzer@thu.de

F. Schmiedchen (✉)
Vereinigung Deutscher Wissenschaftler e.V., Berlin, Deutschland

© Der/die Autor(en) 2026
F. Schmiedchen et al. (Hrsg.), *Künstliche Intelligenz und Wir*,
https://doi.org/10.1007/978-3-662-71567-3_28

28.1 Zwischen Buch und Follow-up

Nun sind wir am Ende dieses Fachbuches angelangt. Es ist uns als Herausgeber gelungen, exzellenten Fachverstand zu unterschiedlichen Aspekten des Themas Künstliche Intelligenz zu gewinnen. Dieses versammelte Wissen möchten wir auch in Zukunft bestmöglich in den wissenschaftlichen Diskurs und die gesellschaftliche Debatte einbringen, denn die gesellschaftliche Transformation, in der wir uns bereits befinden, wird historisch tiefgehen – und die resultierenden Auswirkungen sind ungewiss. Welches unserer Argumente wird gut altern und auch in 15 Jahren noch wesentlich sein? Welche Fragestellung wird mit ihrer Aktualität die kommenden Jahre nicht überleben? Welche wichtigen Entwicklungen haben wir nicht vorhergesehen und sie deshalb nicht in unserem Buch behandelt?

Wie schnell sich das Rad hier dreht, konnten wir an den vielen Schritten festmachen, die die KI-Entwicklung während der 18-monatigen Erstellungsdauer dieses Buches gemacht hat – beispielsweise Agentensysteme, Stargate, X-AI oder DeepSeek. Ein transdisziplinäres, wissenschaftliches Fachbuch kann nicht einmal annähernd den sich ständig weiterentwickelnden Erkenntnisstand allumfassend abbilden. Was wir stattdessen getan haben, ist, die laufenden wissenschaftlichen und gesellschaftlichen Diskurse auf dem jeweils aktuellen Wissensstand abzubilden und neue Ideen und vor allem neue Verknüpfungen zum weiteren Erkenntnisfortschritt beizutragen sowie die gesellschaftliche Debatte zur Zukunft der KI zu unterstützen. Bei dieser Debatte geht es um nichts weniger als die Frage, wie wir in Zukunft leben wollen – nicht zufällig der Titel unseres ersten Buches aus dem Jahr 2021. Einige Beispiele für Lücken, die wir schon jetzt sehen und die wir in Zukunft gerne schließen werden, sind *KI und Cybersecurity* oder *KI und demokratische Willensbildung*, wobei Fragen nach dem Subsidiaritätsprinzip, direkter oder Basisdemokratie oder der Rolle der Massenmedien zu berücksichtigen sind. Wir wollen aber auch wichtige Themen erneut aufgreifen, wie beispielsweise *KI und Medizin* bzw. *KI und Gesundheit* – Gebiete, die wir in unserem ersten Buch beleuchtet haben und die hier Axel Fersen in seinem Essay (Kap. 2) angerissen hat. Ein weiterer interessanter Themenkomplex, den wir zukünftig auch betrachten wollen, ist *KI und Kultur* und darunter beispielsweise *KI und Musik*.

Das konsequente Eintreten für Humanismus und die Betonung der Verantwortung der Wissenschaft sind grundlegend und existenzbegründend (*raison d'être*) für die Vereinigung Deutscher Wissenschaftler e.V. (VDW), aus deren Reihen elf Autorinnen und Autoren dieses Buches stammen. Ein konstruktiv-kritischer Blick auf neue Technologien und das Verantwortungsgefühl für die Gesellschaft bei gleichzeitiger Bewegung an der vordersten Kante des technischen Fortschritts zeichnen auch unsere sechs Mitstreiter aus, die bei der genua GmbH oder ihrer Konzernmutter, der Bundesdruckerei, beschäftigt sind. Darüber hinaus sind wir sehr dankbar, dass wir weitere 15 herausragende Wissenschaftlerinnen und Wissenschaftler gewinnen konnten, die keiner der beiden Organisationen angehören und unser Buch im gleichen Geiste außerordentlich bereichert und inhaltlich erweitert haben. Mit ihnen möchten wir gerne über dieses Buch hinaus weitere gemeinsame Projekte in Angriff nehmen.

28.2 Wer handeln will, muss Grundlagen und Zusammenhänge verstehen

Das war die Überschrift des Einleitungskapitels unseres ersten Buches, das wir als VDW Studiengruppe Technikfolgenabschätzung der Digitalisierung unter dem Titel *Wie wir leben wollen – Kompendium zu Technikfolgen von Digitalisierung, Vernetzung und Künstlicher Intelligenz* herausgegeben haben (Schmiedchen et al., 2021).

Eine zentrale Aussage war für uns damals wie heute, dass wissenschaftliche und technische Machbarkeit nicht gleichbedeutend mit Sinnhaftigkeit ist. Blinde Technikeuphorie und der Wunsch, durch technologische Überlegenheit Macht zu gewinnen, können die Menschheit auf einen Zukunftspfad führen, der weniger Lebensqualität für viele Menschen bedeutet. Schlimmstenfalls kann er sogar zu unabsichtlich geführten Kriegen führen – mit schrecklichen Konsequenzen (Kap. 27).

Wir hoffen, dass eine wesentliche Prämisse der Herausgeber klar sichtbar geworden ist: Wir wollen nicht dem techniknaiven Machbarkeitsopportunismus im Stile der USA oder Ostasiens verfallen. Stattdessen betonen wir deutlich den grundsätzlichen Vorrang des Menschen und seiner Freiheit, selbst zu entscheiden, wie die Gesellschaft aussehen soll, in der er/sie lebt. Hierfür ist Künstliche Intelligenz ein machtvolles weiteres Instrument, das zum bestehenden Repertoire menschlicher Werkzeuge hinzukommt und unseren Gestaltungsraum deutlich erweitert. Dieser technikfreundliche Grundansatz darf uns aber nicht dazu verführen, alles zu tun, was machbar ist. Deshalb hoffen wir, das Buch hat verdeutlicht, dass der Mensch niemals die Kontrolle über seine Werkzeuge verlieren darf, egal wie leistungsstark diese sind. Auch die besten Maschinen oder Algorithmen dürfen niemals direkte oder indirekte Macht über die Menschen gewinnen. Wir hoffen aber auch, dass *Künstliche Intelligenz und Wir* deutlich gezeigt hat, wie vielseitig und vielversprechend gegenwärtige und zukünftige KI-Anwendungen sein können.

Künstliche Intelligenz und Wir behandelt vor allem wissenschaftliche, technische, wirtschaftliche und militärische Aspekte der KI, da wir uns in unserem ersten Buch *Wie wir leben wollen* auf KI-Anwendungen in den Bereichen Gesundheit, Bildung, Recht, Arbeit und Soziales sowie auf Nachhaltigkeitsaspekte konzentriert haben. Insofern verweisen wir gerne auf unsere dort nachzulesenden Ausführungen zu den Themen, die in diesem Buch nicht aufgenommen wurden. Beide Bücher behandeln philosophische Fragen, wobei ethische Aspekte sowie das Verhältnis zwischen Mensch und Maschine eine besondere Rolle spielen.

Wer *Künstliche Intelligenz und Wir* bis hierhin gelesen oder sogar durchgearbeitet hat, dürfte eine umfassende Übersicht über Stand und Entwicklung von KI gewonnen haben. Wenn wir unsere Arbeit gut gemacht haben, dann sollten Sie gelernt haben,

- wie der aktuelle Stand der KI-Entwicklung ist,
- in welche Richtung die dritte Welle der KI-Entwicklung gehen könnte, um eine transparente und wirklich vertrauenswürdige KI hervorzubringen,
- wie vielfältig die Anwendungsgebiete und die sich aus dem KI-Einsatz ergebenden ethischen, ökonomischen, rechtlichen und sicherheitspolitischen Herausforderungen sind,

- warum KI eine disruptiv wirkende Basisinnovation ist, die die menschliche Gesellschaft umfassend und tiefgreifend verändert und aus der sich unvorhersehbar viele neue Güter und Dienstleistungen entwickeln werden,
- warum es erforderlich ist, KI national und international zu regulieren, entsprechende Verhaltenskodizes für Unternehmen zu entwickeln und das eigene Verhalten in der digitalen Welt zu hinterfragen, und
- wieso KI uns veranlassen sollte, darüber nachzudenken, was das Leben und damit auch den Menschen einmalig macht und warum Maschinen keine Lebensform sind.

Künstliche Intelligenz und Wir zeigt ebenfalls, dass nach 80 Jahren weitgehender Stabilität in den westlichen Industrienationen die Zukunft auch in unseren Ländern deutlich unsicherer geworden ist und dass die weitere KI-Entwicklung kompetitiver und damit wesentlich gefährlicher sein wird,[1] als dies in der „guten alten" regelbasierten Weltordnung der Fall gewesen wäre. Bereits in unserem ersten Buch haben wir darauf verwiesen, dass die freiheitliche Gesellschaft von außen und von innen bedroht wird und dass KI dabei eine wesentliche Rolle spielt (Schmiedchen, 2021, S. 12 f.). Wenn Mechanismen der Vertrauensbildung sowohl innenpolitisch als auch international nicht mehr funktionieren, dann schafft eine Technologie, die Lügen wie Wahrheit aussehen lassen kann, eine gefährliche Situation – sowohl für die innenpolitische Konsensbildung (KI für Desinformation) als auch für Frieden und Sicherheit in der Welt (KI in militärischen Befehlsketten).

28.3 Herausforderungen in der neuen Ära

Künstliche Intelligenz ist eine Basisinnovation, die in den Prozess der umfassenden digitalen Vernetzung eingebettet ist und Gesellschaft, Wirtschaft und Staat ebenso wie unser Alltagsleben disruptiv zu verändern beginnt. Die Entwicklung kognitiv gesteuerter, komplexer autonomer Systeme, die eigenständige Entscheidungen treffen, ist beeindruckend und beunruhigend. Mit *Künstliche Intelligenz und Wir* und *Wie wir leben wollen* bieten wir einen sowohl breiten als auch tiefen Einblick in die Möglichkeiten und Risiken der KI in ihren verschiedenen Anwendungsgebieten.

Bei aller Begeisterung über die Leistungen der KI-Systeme verlieren wir nicht aus den Augen, dass es sich bei KI um hochkomplexe technische Systeme handelt, die allein deshalb fehlerbehaftet sind, weil sie so komplex sind. Darüber hinaus sind neuronale Netzwerke *black boxes*, die es teilweise unmöglich machen, die Entscheidungsfindungen der KI nachzuvollziehen.

Eine Vielzahl von Parametern und Designentscheidungen beeinflusst das Verhalten des Systems. Die Tatsache, dass darüber hinaus oft bewusst Zufallselemente eingebaut werden (vgl. Kap. 6), und die praktisch nicht beherrschbare Dimensionierung des Zustandsraums eines KI-Systems an sich führen dazu, dass Tests im klassischen Sinne nicht möglich sind,

---

[1] Siehe auch das Interview „Konkurrenz macht künstliche Intelligenz gefährlich" von Axel Fersen mit Frank Schmiedchen. https://www.youtube.com/watch?v=3lwBZeKj7t8.

sondern die Funktion nur punktuell getestet werden kann. Es ist davon auszugehen, dass es KI-Entwickler gibt, die billigend in Kauf nehmen, dass ihr System möglicherweise gravierende Fehler enthält, die sich erst nach Jahren äußern. Ein Beispiel sind KI-induzierte spontane Vollbremsungen bei autonomen Fahrsystemen, die auch den Entwicklern Rätsel aufgeben. Der Betrieb von KI-Systemen verlangt also von allen Beteiligten Vertrauen. Worauf aber soll dieses Vertrauen basieren, wenn KI-Systeme auf subsymbolischer Basis selbst bei Offenlegung nicht erschlossen werden können, so dass nur schlichter Glaube übrigbleibt? Aus diesem Grund sind im Sinne des Vorsorgeprinzips Technikfolgenabschätzungen unumgänglich, die eine Risikoklassifikation beinhalten, wie sie beispielsweise gemäß der EU KI-Verordnung (vgl. Kap. 23) vorgenommen wird. Für das gesicherte Entstehen einer hypothetisch menschheitsbedrohenden, allgemeinen (starken) Künstlichen Intelligenz (AGI) auf der Basis subsymbolischer, neuronaler Netzwerke sehen wir keine belastbaren Indizien. Das schließt jedoch nicht aus, dass es vor dem Hintergrund von menschlicher Kreativität und Erfindergeist gepaart mit Gier, Angst und Machtansprüchen dazu kommen könnte.

Doch auch ohne Berücksichtigung der AGI wird die herrschende „Goldgräberstimmung" hinsichtlich der auf KI basierenden Innovationen anhalten und eine enorme Disruption in unseren gesellschaftlichen, politischen und wirtschaftlichen Systemen herbeiführen. Um Milton Friedman zu zitieren, gibt es derzeit an sehr vielen Ecken unserer KI-Stadt noch einen „Free Lunch" (Friedman, 1975). Bisher zahlen andere dafür, dass wir neue KI-Anwendungen sehen und ausprobieren können. Das wird aber nicht immer so sein, denn das wirtschaftliche Kalkül der Investoren und Werbekunden muss am Schluss ja aufgehen. Am Goldrausch, so ein böses Sprichwort, haben vor allem die Schaufelverkäufer verdient. Überträgt man dieses Bild auf KI, so ist unbestreitbar, dass gerade die Hersteller von Hardware und die Betreiber von Rechenzentren und Cloud-Dienstleistungen sowie die Produzenten der erforderlichen Energie-Infrastruktur sehr gut verdienen werden. Demgegenüber haben aber noch nicht einmal die Anbieter von KI als Dienstleistung, wie etwa OpenAI, Gewinne erzielt (Smith, 2025). Das soll an einem Beispiel veranschaulicht werden: Im werbefinanzierten Internet werden viele Angebote im direkten Bezug zunächst einmal kostenlos zur Verfügung gestellt und von den Nutzern nur indirekt bezahlt, z. B. durch das Hinnehmen von Werbeeinblendungen oder aber durch die kostenlose Abgabe personenbezogener Daten. Damit werden die erheblichen Kosten zum Betrieb eines Angebots derzeit noch gegenfinanziert. Wenn jetzt aber ein werbefinanzierter Suchmaschinenanbieter neben seiner kalkulierten Gewinnmarge und der Kostendeckung für *crawling* (Aufbau von Suchindizes) sowie den entsprechenden Abfragekosten zusätzlich noch zehnmal höhere Kosten für eine eingeblendete KI-generierte Antwort einkalkulieren muss, wird die Situation zumindest herausfordernd. Weder werden die Werbekunden bereit sein, einen um Faktor 10 höheren Preis hinzunehmen, noch werden die Nutzer zehnmal so viel Werbung akzeptieren. Auch eine Mischung aus beidem klingt nicht sonderlich marktkonform.

Eine viel wichtigere Begrenzung für das zukünftige Wachstum von KI sind jedoch die verbundenen Energieaufwendungen. Insbesondere die großen Sprachmodelle verbrauchen am meisten Energie, sowohl im Vergleich zu anderen Verfahren als auch absolut gesehen durch ihren massiven globalen Einsatz. Für die Generierung auch nur eines Antwort-Tokens müssen bei großen Modellen wie denen der Marktführer mehrere Hundert Gigabyte oder mehr an neuronalem Netz durchgerechnet werden. Der Energieaufwand wächst also mit der Zahl der Tokens und somit mit der Länge des Eingabetextes sowie der Antwort. Dabei sind die Ergebnisse nicht einmal annähernd mit den Leistungen eines menschlichen Gehirns konkurrenzfähig, das jedoch im Gegensatz zur KI nur rund 20 W für die Erbringung der gleichen Leistung benötigt (Balasubramanian, 2021). Es ist offensichtlich, dass bei gleicher Technologie das Skalieren mit immer mehr Hardware und sogar mit eigenen Kraftwerken allein für KI-Berechnungen eine wirtschaftliche Sackgasse darstellt. Um alle denkbaren KI-Träume auf Basis der heutigen Technik zu erfüllen, müsste der gesamte (vor-KI-) Energieverbrauch des Planeten für KI herhalten. Ein alternativer Weg könnten sogenannte neuromorphe Chips sein (Intel, o. J.; Caballar & Stryker, 2024), die aber noch in der Anfangsphase stecken. Ein weiterer Ansatz ist die Verwendung biologischer Neuronen, die aus menschlichen Stammzellen gewonnen wurden (Sokolov, 2025; Thompson, 2025). Bei dieser Technologie wäre aber der erwartbare Verfall des Zellmaterials, der einen periodischen Austausch der „Hardware" erfordert, ein Problem. Hinzu kommen berechtigte und gravierende ethische Bedenken.

Der oft bemühte Hype-Zyklus von Gartner (Linden & Fenn, 2003) prophezeit, dass bei einer neuen Technologie nach einer ersten euphorischen Hochphase eine Phase der Ernüchterung und Konsolidierung einsetzt. In dieser Phase werden nicht tragfähige Geschäftsmodelle vom Markt ausgesondert, und es überleben nur die profitablen bzw. realistischen Angebote. Wir werden diese in der Zukunft liegende Phase aufmerksam begleiten.

28.4 Verantwortung der Wissenschaft

Nicht nur in der Wirtschaft, sondern auch in Forschung und Entwicklung nimmt die Bedeutung von KI rasch zu. Vor allem in den Naturwissenschaften und Ingenieurdisziplinen beschleunigen KI-Algorithmen den wissenschaftlichen Fortschritt und ermöglichen völlig neue Forschungslösungen. Gleichzeitig können KI-Systeme sich kontinuierlich auf Grundlage neuer Daten verbessern, also „lernen", um ihre Reaktionen zu verbessern. Hieraus entsteht schrittweise die Möglichkeit, operative Forschungsprozesse (z. B. Simulationen, Laborexperimente) autonom zu gestalten und die hieraus freigestellten Ressourcen für bessere Ergebnisinterpretationen und schnelleren Forschungsfortschritt zu nutzen.

Wenn es heute so scheint, als ob Europa in der KI-Entwicklung den Anschluss verlieren könnte, und dies vor dem Hintergrund der geoökonomischen Veränderungen das gute Leben auf unserem Kontinent gefährdet, dann müssen wir gemeinsam dafür sorgen, dass wir den Anschluss nicht verlieren. Europäische Spitzenforschung ist auch heutzutage nicht nur im Grundlagenbereich spitze. Auch die anwendungs- und produktorientierte Forschung an Universitäten, Instituten und Unternehmen ist Weltspitze. Wir wollen, dass das so bleibt! Deshalb ist dieses Buch auch ein lauter Ruf nach massiver Forschungs- und Industrieförderung für die Entwicklung einer leistungsstarken und wettbewerbsfähigen, vermutlich neuro-symbolischen, dritten Generation von KI, die die Vorteile von symbolischer KI mit denen des subsymbolischen maschinellen Lernens verbindet – einer neuen Technologie, die die Kontrolle des Menschen über die KI zweifellos verbessern würde.

Die verschiedenen Kapitel dieses Buches haben verdeutlicht, warum es einer vernunftbasierten Regulierung von KI bedarf, die sich am Vorsorgeprinzip orientiert. Aber dieses Fachbuch zeigt auch, dass Europa etwas Eigenständiges braucht, das wir regulieren können: Erst regulieren und dann mal sehen, wohin die Reise geht – das gelingt nur dann, wenn die getroffenen Regelungen allgemein genug sind, um alle zum Zeitpunkt des Inkrafttretens denkbaren technischen Weiterentwicklungen in ihrem Gültigkeitsbereich zu belassen. Weil aber oftmals zuerst die KI-Entwicklung kommt, welcher dann die notwendige KI-Regulierung folgt, muss vor und bei der Entwicklung Künstlicher Intelligenz die persönliche Verantwortung des Wissenschaftlers und der Forscherin stehen, die sich der Konsequenzen ihres Handelns ganz bewusst sind. Die wichtigste gesellschaftliche Kontrollinstanz ist das eigene Gewissen! Deshalb legt die Vereinigung Deutscher Wissenschaftler e.V. (VDW) so viel Wert auf die persönliche Verantwortung jedes Einzelnen im Wissenschaftsbetrieb. Wir glauben an die verfassungsrechtlich garantierte Freiheit der Wissenschaft, und wir flankieren sie mit dem Anspruch ethischen Handelns und moralischer Verantwortung. „Verantwortung der Wissenschaft" – so lautet auch der Titel unseres Epilogs in unserem ersten Buch „Wie wir leben wollen".

28.5 Wir setzen den Weg fort – gehen Sie ihn gemeinsam mit uns!

Sowohl die Vereinigung Deutscher Wissenschaftler e.V. (VDW) als auch die genua GmbH sehen in diesem Buch eine Einladung an Sie, gemeinsam einen Beitrag zu leisten, damit die dritte Welle der KI zu transparenten, nachvollziehbaren und verlässlich vertrauenswürdigen KI-Algorithmen und KI-Nutzungen führt. Wir laden Sie daher gemäß unserer unterschiedlichen Rollen ein, mit uns ins Gespräch zu kommen.

Für die VDW bedeutet dies zum einen, dass wir an den Wissenschaftsakademien, Universitäten, Hochschulen und Forschungsinstituten, an denen unsere Mitglieder tätig sind oder mit denen wir auf die eine oder andere Art und Weise kooperieren, in den nächsten Jahren verstärkt Angebote zu Themen der Künstlichen Intelligenz machen wollen. Dies kann im Rahmen des ordentlichen Lehrbetriebs geschehen, als außerordentliche Blockveranstaltungen (z. B. Summer Schools), Ringvorlesungen oder im Rahmen wissenschaftlicher Tagungen und Konferenzen. Wir freuen uns, wenn Sie bei Interesse Kontakt zu uns aufnehmen: sgdigitalisierung@outlook.de!

Für die genua GmbH bedeutet dies, sich gemäß ihrem Geschäftszweck der gehobenen IT- und Informationssicherheit auch um die Auswirkungen von KI auf die IT-Sicherheit zu kümmern: Wo kann KI einen Beitrag für mehr Sicherheit leisten? Wie müssen KI-Systeme selbst gegen Angriffe abgesichert werden? Und an welchen Stellen nutzen die Angreifer KI-Systeme zur Automatisierung und Variation von Angriffen oder zur Erhöhung der Plausibilität von Phishing-Angriffen – und welche Verteidigungsmaßnahmen müssen dagegen folgerichtig aufgestellt werden?

Wir wollen und werden gemeinsam auch mit Stiftungen, Verbänden, Behörden, Parteien und Vereinigungen zusammenarbeiten, um die Diskussion über den bestmöglichen Weg der weiteren KI-Entwicklung in Deutschland und in der Europäischen Union mitzugestalten. Sprechen Sie uns bitte an, wenn Sie daran Interesse haben: sgdigitalisierung@outlook.de!

Literatur

Balasubramanian, V. (2021). *Brain power*. PubMedCentral. https://pmc.ncbi.nlm.nih.gov/articles/PMC8364152/. Zugegriffen am 22.03.2025.

Caballar, R. D., & Stryker, C. (2024). *What is neuromorphic computing?* IBM Corporation. https://www.ibm.com/think/topics/neuromorphic-computing. Zugegriffen am 22.03.2025.

Friedman, M. (1975). *There's no such thing as a free lunch*. Open Court Publishing Company.

Intel. (o.J.). *Neuromorphes und probabilistisches Computing*. Intel Corporation. https://www.intel.de/content/www/de/de/research/neuromorphic-computing.html. Zugegriffen am 22.03.2025.

Linden, A., & Fenn, J. (2003). *Understanding Gartner's hype cycles*. Gartner. Archived from the original on 2023-06-27, retrieved 2023-06-27. https://web.archive.org/web/20230627173309/https://www.gartner.com/en/documents/396330. Zugegriffen am 22.03.2025.

Schmiedchen, F. (2021). *Wer handeln will, muss Grundlagen und Zusammenhänge verstehen – Eine Einleitung* (S. 12–17). https://www.logos-verlag.de/cgi-bin/buch/isbn/5363. Zugegriffen am 31.03.2025.

Schmiedchen, F., et al. (Hrsg.). (2021). *Wie wir leben wollen. Kompendium zu Technikfolgen von Digitalisierung, Vernetzung und Künstlicher Intelligenz*. Logos. https://www.logos-verlag.de/cgi-bin/buch/isbn/5363. Zugegriffen am 22.03.2025.

Smith, C. M. (2025). *OpenAI, valued at $157 billion, isn't profitable. Should that be normal?* Salon. https://www.salon.com/2025/01/18/openai-valued-at-150-billion-isnt-profitable-yet-should-that-be-normal/. Zugegriffen am 22.03.2025.

Sokolov, D. A. J. (2025). *Erster Serien-Computer mit menschlichen Hirnzellen ist erstaunlich günstig*. Heise online. https://www.heise.de/news/CL1-ist-erster-kommerzieller-Computer-mit-menschlichen-Hirnzellen-10312601.html. Zugegriffen am 22.03.2025.

Thompson, B. (2025). *World's first 'Synthetic Biological Intelligence' runs on living human cells*. New Atlas. https://newatlas.com/brain/cortical-bioengineered-intelligence/. Zugegriffen am 22.03.2025.

Open Access Dieses Kapitel wird unter der Creative Commons Namensnennung - Nicht kommerziell - Keine Bearbeitung 4.0 International Lizenz (http://creativecommons.org/licenses/by-nc-nd/4.0/deed.de) veröffentlicht, welche die nicht-kommerzielle Nutzung, Vervielfältigung, Verbreitung und Wiedergabe in jeglichem Medium und Format erlaubt, sofern Sie den/die ursprünglichen Autor(en) und die Quelle ordnungsgemäß nennen, einen Link zur Creative Commons Lizenz beifügen und angeben, ob Änderungen vorgenommen wurden. Die Lizenz gibt Ihnen nicht das Recht, bearbeitete oder sonst wie umgestaltete Fassungen dieses Werkes zu verbreiten oder öffentlich wiederzugeben.

Die in diesem Kapitel enthaltenen Bilder und sonstiges Drittmaterial unterliegen ebenfalls der genannten Creative Commons Lizenz, sofern sich aus der Abbildungslegende nichts anderes ergibt. Sofern das betreffende Material nicht unter der genannten Creative Commons Lizenz steht und die betreffende Handlung nicht nach gesetzlichen Vorschriften erlaubt ist, ist auch für die oben aufgeführten nicht-kommerziellen Weiterverwendungen des Materials die Einwilligung des jeweiligen Rechteinhabers einzuholen.

Stichwortverzeichnis

A
Abendland, jüdisch-griechisch geprägtes 6
Abschreckung, nukleare 519, 520
Absicherung von Ressourcenzugang 435
Abwehr der hegemonialen Dominanz
  der USA 446
Accelerating Climate Resilient Agriculture in
  Telangana (ACRAT) 352, 360
Advanced Analytics 328
adversarial examples 198
Adversarial Learning 464
Afghanistan-Einsatz, gescheiterter 441
Agent
  digitaler 272
  künstlicher 275
Agentensystem 110
AGI (Artificial General Intelligence)
  42, 211, 516
Agile Analytics 328
AI Act 45, 157, 224, 392, 393
  europäischer 163
AI Action Summit 437
AI Governance 400
AI Pair Programmer 369
AI-Act 71, 73
Al-Quaida 441
Alexa 44
Algor-Ethik 508
Ambiguität 442
Ambivalenz 442
Analyse-Synthese-Modell 334
Analysetechnik 336
Anforderung
  natürlichsprachige 366
  regulatorische 13

Anforderungsmanagement 366
Anforderungsspezifikation 366
Angriffskrieg 498
Anlernen von neuronalen Netzen 367
Anonymisierung 158
Ansatz
  datenzentrierter 462
  strategischer 448
  zur Wissensrepräsentation 103
Anthropozän 249
Anti-KI
  schwache 266
  starke 266, 267
Anwendung
  militärische 8
  selbstkritische 178
Anwendungsfall 120
  für LLM 168
Anwendungsfeld von KI-Algorithmen 325
Arbeitsplatz 74
Arbeitssicherheit 337
Arbeitsteilung, internationale 314
Architektur, hybride 199
Argument, ontologisches 218
Asilomar-Prinzip 409
Aspekt
  fachlich-technischer 7
  sicherheits- und friedenspolitischer der
    KI-Nutzung 8
Astronomie 19
Atomkrieg aus Versehen 521
Atommacht 516
Atomwaffe 515, 524, 526
Aufbau und Ablauforganisation 331
Aufklärung 436

© Der/die Herausgeber bzw. der/die Autor(en) 2026
F. Schmiedchen et al. (Hrsg.), *Künstliche Intelligenz und Wir*,
https://doi.org/10.1007/978-3-662-71567-3

Aufmerksamkeitsmechanismus 40
Aufsicht, menschliche 194
Augenhöhe 448
Ausfallwahrscheinlichkeit 177
Ausweitung der KI auf Sicherheitssysteme 491
Auswirkung auf den Arbeitsmarkt 24
Auto 177
   selbstfahrendes 175, 178
Autoformalisierung 219
Autokratie 447
automation bias 204
Automatisierung 183
   der Kriegsführung 26
   fortschreitende 448
   von Expertentätigkeiten 335
   von Laborarbeiten 19
Autonomie
   menschliche 12
   in Waffensystemen 517

B
Backlog-Management 367
Basisinnovation 16, 540
Basistechnologie 320
Bedrohung 448
Bedrohungslage 436
Belt and Road Initiative (BRI) 445
Benchmark 161
beneficial 412
Benutzerschnittstellen
   Codegenerierung 369
   Entwurf 368
   Evaluation 369
   Generierung 369
Best Practice 411
Besteuerung von Maschinenarbeit 24
Betrieb
   der KI-Systeme 333
   großer Rechenzentren 146
Betriebssicherheit 414
betriebswirtschaftlich 8
Bewegtbildtechnologie 55
Bewert- und Erkennbarkeit von natürlicher und KI 152
Bias 155
Big Data 279, 306, 332
Bilderkennung 176
   medizinische Diagnostik 253

Bilderkennung 97
Bilderkennungssystem, KI-gestütztes 337
Bildklassifikator 201
Bildtechnik 52
Binärsystem 57
Biodiversität 346
Black-Box-Eigenschaft 93
Black-Box-Phänomen 14
Black-Box-Problem 14, 339
Blutdruck 59
Boltzmann-Maschine 50
BRICS 444
Buchstabenschrift 58
Business Intelligence 17, 328
Business Process Reengineering 340

C
Cancel Culture 441
CCW 438
CEADS (Common European Agricultural Data Space) 356
Certified AI 180
Charakter
   disruptiver 7
Charakter, disruptiver von Digitalisierung 291
Chat-Assistent 42
Chatbots 42, 175
ChatGPT 42, 44
Checkpoint/Neustart 134
China 30
Chinesisches Zimmer 264, 276
Cinématographe 55
CIR (Cyber- und Informationsraum) 500
Cloud 40
Cloud Service 333
Cloud-Computing 40
Cloud-Plattform 335
CNN (Convolutional Neuronal Network) 192, 239
CO_2-Kosten 140
Codeanalyse
   dynamische 375
   statische 375
Coding Assistant 369, 371
   Abarbeiten von Tickets 373
   Codegenerierung 371
   Codemigration 374
   Dokumentation 372

Fehlersuche 372
Legacy Code 373
Produktivität 373
Qualität 374
Refactoring 371
Testfallgenerierung 372
Compliance Engineering 178
Computational Creativity 368
concept drift 198
Copilot 184
Corporate Digital Responsibility 392
Cross-Selling 336
Crowd/Sharing Economy 314
Customer Centricity 336
Cyber- und Informationsraum 491
Cybersicherhitsgesetzgebung 446
Cyborgisierung 295

D
DARPA (Defense Advanced Research Projects Agency) 437
Darstellungstechnik 58
Data Act 356
Data Analytics 328
Data Capability 339
Data Engineer 340
Data Frame 83
Data Lake 340
Data Literacy 339
Data Mining 340
Data Scientist 340
Data Warehouse 340
Daten
   synthetische 159
   Urheberrecht 159
Daten 96, 99
Datenanalyse 340
Datenbank, relationale 83
Datenbereinigung 331
Dateneigentümerschaft 353
Datenformat 347
Datenhistorie 102
Datenhoheit 349
Datenhunger 220
Dateninfrastruktur 340
Datenintegration, semantische 100
Datenökonomie 303, 306
Datenqualitätsmanagement 194

Datensammlung 416
Datensatz, personenbezogener 336
Datenschutz 355, 415
   sensibler Informationen 160
Datenschutzaudit 159
Datenschutzbedenken 156
Datenschutz-Grundverordnung (DSGVO) 94
Datensemantik 98
Datenstandard 350
Datenstrategie 328
Datenstrategie 102
Datentyp 102
Datenumsatz, globale 306
Datenverfügbarkeit 347
Datenvolumen 97
Datenzentrierung 482
Debatte, gesellschaftliche 69
Decision Intelligence (DI) 328
Decision Tree (DT) 82
Decoder 114
Decoupling 318, 446
Deep Fake 525
Deep Learning 180, 193, 367
Deep Learning 367
Deepfake 156
Deepfake-Video 70
Deglobalisierung 315
Demokratisierung 72
Demokratisierungsbewegung 72
Design Thinking 332, 368
Desinformation 436, 526
Deutscher Ethikrat 153
Deutungshoheit 438
dezentral 87
Diagnostik, medizinische 253
Digitaler Produktpass (DPP) 350
Digitaler Zwilling 332, 352, 354
   KI-basierter 17
Digitaler Zwilling 99
Digitaler Zwillinge 100
Digitalethik 391
Digitalisierung 289, 290, 390
   militärische 479
   vernetzte 303
Digitalisierungsstrategie 328
Dimension, sicherheits- und geopolitische 13
directed 412
diskriminativ 42
Diskriminierung 73, 341, 414

Diskriminuierungsfreiheit (KI-System) 200
Diskurs 276
Disruption 304–306, 541
   im militärischen Sinne 478
disruptiv 4
Diversität 441
Doktrin humanitärer Interventionen 441
Domänenspezifität 221
Drittstellenzertifizierung 423
Drohnenkriegsführung 504
Dual-Use-Werkzeug 436
Due-Diligence-Prüfung 415
Durchsetzung eigener Interessen 448
Dynamic Clock Frequency Scaling 132

E
Echtzeitanalyse 16
Echtzeitdaten 337
Effizienz 7
EIA (Ethical Impact Assessment) 396
eIDAS-Verordnung 165
Einfluss-Sphäre, wachsende 445
Einpflanzung von Digitaltechnik 4
Einsatz
   ethischer von Systemen 506
   militärischer KI 475
   von KI beim Militär 507
   von KI, militärischer 435
ELIZA 38
Emergenz 483
emerging abilities 97
Emission 125
Encoder 113
Ende der Geschichte 440
EnEfG (Energiedienstleistungsgesetz) 146
Energie 125
Energieaufwendung 541
Energiebedarf 21
Energieeffizienz 131
Energiemanagement 133
Energiemenge 124
Energienetz 132
Energiepreis 135
   im Jahresverlauf 136
Energieprognose 125
Energieverbrauch 23
Enhancement 410
Entgrenzung von Mensch und Maschine 5
Entität, digitale 261

Entscheidung
   betriebswirtschaftliche 448
   militärische 494
Entscheidung, automatische bei unsicheren
   Kontexten 522
Entscheidungsbaum 204
Entwicklung, daten- oder emergenzbasierte
   militärischer KI 469
Entwicklungsinteresse 446
Entwicklungsland 317
Entwicklungsszenario 7
Entwicklungstool für neuartige biologische,
   schmische oder nanotechnologische
   Waffen 436
Erfolgsfaktor 101
Erkennen, heuristisches 252
Erkenntnis, wissenschaftliche 271
Erklärbarkeit 15
Erklärbarkeit 95
Erneuerbare Energie
   Herausforderungen 141
   Vorteile 141
Erschließung der Datenhistorie 102
Erwartungshaltung 523
Erzählung, intersubjektive 441
Eskalationsrisiko 520
Ethik 5, 355, 391, 493, 497
   der KI 387
   militärischer KI 480
   normative 296
Ethik-Check 161
EU AI Act 29, 341
EU Artificial Intelligence Act 493
EU (Europäische Union) 157
Evaluierung 159
Exekutiv-Demokratie 447
Expertsystem 90
explain to revise 204
explain to understand 204
eXplainable AI 201, 399, 506
Explainable AI 94

F
Fachkraft 317
Fachkräftemangel 183
Fähigkeit 154
   bei KI-Systemen 155
Fähigkeit 102
Fahren, autonomes 174

Faire KI 194
FAIR-Prinzip 101
Fake News 410
Fake Science 410
Fake-Video 56
Fakt 90
Falschnachricht 525
Falsifikationismus 281, 284
FAO 351
feature attribution method 201
Fehlentscheidung 523
Fehlererkennung 332
Fehlerkorrektur 118
Fehlertransparenz 414
Fehlerwahrscheinlichkeit 181
Fehlinterpretation 93
Fehlkalkulation 524
Feminismus, diversitätsoffene 441
Feminismus, queerer 442
Fertigungs- und Lieferkette 326
FG-AI4A 351
Finanzierung militärischer KI 473
Finanzsektor 16
Finetuning 118, 167
First Principle Thinking 332, 335
Flash war 482, 528
Flügel, libertärer 6, 449
Folgenabschätzung 161
FOMO (Fear of Missing Out) 466
Foos and Agriculture Organization 351
Förderung wissenschaftlicher Verantwortung 11
Formalisierung von Wissenspräsentation 79
Formelsprache 217
Forschung
    und Entwicklung 17
    wirtschaftsbezogene 331
Forschungsagent 331
Forschungsdesign 331
Fortschrittsglaube 443
Frage
    ethische des technischen Fortschritts 390
    philosophische 7
    regulatorische 8
Frage, ethische der KI 411
Fragilität 221
Fragmentierung 347, 353
Frauenrecht 441
Freedom to Information 416
Freihandelsdoktrin, ordoliberale 314
Freiheitsrecht 439

Friedenssicherung 440
Führung, innere 494
Führungskultur der Bundeswehr 494
Führungsrolle, geistig-moralische 443
Funktion, epistemische 283
Future Combat Air System 505

G
G20 444
Gebrauchswert 312
Gedächtnis der Festplatte 4
Gedankenexperiment 217
Gefecht der Drohnen 504
Gender 441
Gender-Bias 200
Generalisieren 118
Generalisierungsfähigkeit 96
generativ 42
Generative Adversarial Networks 40
Geschäftsmodell 330
    datengetriebenes 320
    digitales 311
Geschäftsmodell, digitales 462
Gesellschaft
    freiheitliche 6
Gesellschaft, offene 444
Gesetz der Robotik 37
Gesetzgebungs- und Regelungsverfahren 69
Gestaltung des Spielfelds 448
Gewalteinteilung 447
Gewicht, politisch-diplomatisches 445
Gleichgewicht 142
Global Governance 491
Globalisierung 310
GOFAI (Good Old Fashioned) 214
Gottesbeweis 218
Gotteslästerung 442
Governance 162
GPAI-Modell 425
Grand Strategy 447
Grover-Algorithmus 228, 229, 232, 234
Grundlage des Quantencomputings 230

H
Haftungsanspruch 415
Halluzination 116, 156, 168, 220
Handelselastizität 315
heatmap 201
Helmholtz-Maschine 50

Herausforderung, sozialpsychologische 339
Heterogentität 347
HHL-Algorithmus 228
HIC (Human-in-command) 326
Hidden Markov Model (HMM) 82
High Performance Conjugate Gradient (HPCG) 129
High-Tech-Integration im militärischen Bereich 499
HIL (Human-in-the-loop) 326
Hochleistungscomputer 127
Hochrisiko-KI-System 394
HOL (Human-on-the-loop) 326
human control 499
Human-in-the-Loop-Prinzip 507
Humanismus, digitaler 259, 266–269
Hybridmodell 94
Hype 12
Hypermacht USA 440
Hyperscaler-Rechenzentrum 21
Hyperschallrakete 437
Hypertext 81

I
IBM Watson 40
Ideengenerierung 332
ILP (Induktive logische Programmierung) 199, 204
Imitation Game 56
Imitationsfähigkeit 52
Implementierung von Wissenpräsentationen 101
Impressum 60
Industrie 306, 326
Information, sensible 153
Informationsdominanz 529
Informationsfreiheit 416
Informationskriegführung 502
Infrastruktur, kritische 436
Infrastrukturbedarf 124
Ingenieurdisziplin 17
Innovation 267
    datenzentrierte 307
    disruptive 17, 305, 331, 334
    inkrementelle 327
    iterative 437
    militärische 461, 477, 479
    rüstungsindustrielle 479

Innovationsentwicklungsmethode 330
Innovationsförderung 446
Innovationsmangement 327
Innovationspolitik 332
Innovationsschub, exponentieller 334
Integration, digitale 338
Integrationsstrategie 389
Integrität 154
Intelligenz 44
    menschliche 214, 272
Interessenausgleich, internationaler 7
International Telecommunication Union 351
Internationale Organisation für Normung (ISO) 351
Internetagent, autonomer 528
Interoperabilität 351, 352
Intransparenz 220
Intuition 251
Investitionsausfall 333
Investitionsstrom 315
IoT-Datenaustausch 326
Isaac Asimov 37
ISO/TC - Data-driven agrifood systems 359
IT-Sicherheit 543
ITU 351
ITU/FAO FGAI4A 352

J
Job Freezing 134

K
Kalter Krieg, neuer 447
Kapitalozän 249
Kausalität 278
Kausalitätszusammenhang 331
Kernenergie 22
Kerninteresse, chinesisches 446
Kernkompetenz 327
Kernprozess, ökonomischer 316
Kettenreaktion 528, 529
KI 331, *siehe Künstliche Intelligenz (KI)*
KI (Künstliche Intelligenz) 541, 543
    generative 42
KI Literacy 162
KI-Abhängigkeit, militärische 438

Stichwortverzeichnis

KI-Agent 463
KI-Algorithmus 331, 436
   leistunsgfähiger 448
KI-Ansatz
   menschen- bzw. technikzentrierter
   militärischer 467
KI-Ansatz 95
KI-Anwendung 110, 539
   der unannehmbaren Risikogruppe 394
   Nutzung in Deutschland 307
   sicherheitsrelevante 437
   in sicherheitsrelevanten Bereichen 435
KI-Anwendungsfeld 327
KI-Einsatz
   aggressiver 436
   in der Strategiefindung 329
   für die Nachrichtengewinnung und
      Aufklärung 471
KI-Entwicklung 438
KI-Governance 396
   globale 7
   militärische 480
KI-Ideologe 27
KI-Infrastruktur 333
KI-Investition 333
   weltweite 307
KI-Methode 193
KI-Modell 41
   als Wissensrepräsentation 88
   als Wissensrepräsentation 103
   in der Medizin 97
KI-Nutzung
   militärische 482
   militärische, Auswirkungen 460
KI-Ökosystem im Verteidigungsbereich 478
KI-Paradigma
   Vor- und Nachteile 212
KI-Potenzial 438
KI-Regulierung militärischer KI 480
KI-Revolution 304
KI-Strategie 310
   der Bundesregierung 503
KI-Supercomputer 129
KI-System 160, 164, 394, 541
   Autonomie 326
   erklärbares 156
   hybrides 219
   symbolisches 90
KI-Trainingsrechenzentrum 135

KI-Verordnung 421
KI-Verständnis, datenzentriertes 468
KI-Welle, dritte 482
KI-Zertifizierung 179
Klassifizierung von Anforderungen 367
Kleinbauern 353
Kleine und mittlere Unternehmen
   (KMU) 320
Klimaforschung 19
Klimawandel 355
Kollabieren der liberalen, regelbasierten
   Weltordnung 438
Konditionalität 441
Konnektivität 445
Konservierung und Zurverfügungstellung von
   Wissen 78
Kontext 43, 113
   sicherheitsrelevanter 8
Kontrolle
   menschliche 204
   politische 6
   über Nutzerdaten 72
Konvention über bestimmte konventionelle
   Waffen 438
Korrektheit 169
Korrelation 278, 331
Kosten 146
   für Energiespeicherung 144
   für Erzeugung 144
Kosten-Nutzen-Analyse 332
Kosten-Nutzen-Relation 333
Kostensenkung 313
Kraft
   des Marktes 6
   rechtskonservative 447
Krankenhauswesen 17
Kriegsführung, hybride digitale 448
Kriegsgefahr 30
Kriegsrhetorik 524
Kriegsszenario, hybrides 502
Kriminalität, organisierte 73
Krisenfrüherkennung 436
Kühlung 131
Kulturtheorie 290
Kundenbindung 336
Kundenfeedback 332
Kundenloyalität 336
Künstliche Intelligenz
   digitale Transformation 310

Künstliche Intelligenz (KI)
  militärische
    Ausbildung und Training 476
    bedrohungsorientierter Ansatz 465
    Einsatz und Betrieb 474
    Fähigkeitsmultiplikator 466
    Fear of Missing Out (FOMO) 466
Künstliche Intelligenz (KI) 174, 262, 272, 346, 460, 496, 515, 517, 541, 543
  allgemeine 124
  allgemeine (starke) 417
  animistisch starke 265
  auf dem Schlachtfeld 483
  in Befehlsketten zur Freigabe von atomwaffen 436
  bewusste 15
  Cybersicherheit 377
  Definition 215, 462
  der dritten Generation 464
  in der Landwirtschaft 345
  in der Unternehmensführung 16
  der zweiten Welle 482
  deskriptive 335
  diskriminative 43
  empathische 261
  erklärbare 201, 202
  Forschung und Entwicklung 331
  fortgeschrittene 416
  generative 42, 70, 174, 184, 199, 200, 368
    als Medienphänomen 50
  in gerichtlichen Verfahren 414
  Grenzen und Risiken 338
  hybride 195, 221
  hybride 95
  im Cyberraum 25
  im Militär 459, 490, 509
  im militärischen Kommando 25
  im Rahmen der Produktentwicklung 331
  im Verteidigungsministerium 503
  materialistisch starke 265
  militärische 461, 472, 479
    in autoritären Ländern 481
    Folgen 480
  in militärischen Systemen 26
  neuronale
    Nachteile 95
    Vorteile 95
  neuronale 93, 95
  neurosymbolische 198, 221
  neurosymbolische 95
  nützliche 412
  partnerschaftliche 205
  quantengestützte 230
  quantengestützte in der Bildklassifikation 239
  schwache 15, 262, 266, 267, 390
  selbstverbessernde 417
  in sicherheitskritischen oder regulierten Bereichen 96
  starke 15, 211, 262, 265, 266, 268, 390, 410
  subsymbolische 214, 220
  symbolische 88, 214, 221
  symbolische 95
  Unternehmensführung 327
  Validierung und Verifizierung 376
  vertrauenswürdige 205
  in Waffensystemen 510
  wirtschaftliche Innovation 326
Künstliche Intelligenz (KI)
  subsymbolische 211
  symbolische 211

L
labeling 196
LAM (Large Action Models) 5
Large Anything Models (LxM) 5
Large Language Model (LLM) 5, 70, 73, 97, 102, 110, 166, 367
  Sicherheitsschwachstelle 377, 378
  Softwareentwicklung 378
  statische Codeanalyse 375
Last 142
Lastzone 137
LAWS 416, 438
Lean Startup 332
Lebensende 160
Lebenszyklus von KI-Modell 160
Legalismus 260
Leiblosigkeit 273, 274
Leibniz-Rechenzentrum (LRZ) 127
  durchschnittliche Stromkosten 128
Leistungsfähigkeit neuronaler Netze 119
Lernen aus Daten 462
Lernen, maschinelles 176, 462
  interaktives 205
  interpretierbares 204
  quanten (QML) 228, 236
  starkes 204

Liability 341, 415
Lieferantenrating 338
Lieferkette 318, 436
    globalisierte 318
Linked Data 87
Linpack-Benchmark 128
    Sicherheitsschwachstelle 377, 378
    Softwareentwicklung 378
    statische Codeanalyse 375
Lobby-Gruppe 6
Logik 84, 212
    weiche 84
Logikrätsel 44
LoRA 118
LSTM-Technologie 132
Lücken der aktuellen Lösung 378

M

Machbarkeitsopportunismus 539
Machine Learning (ML) 339, 340
Machtverhältnis 448
    innenpolitisches 6
Machtverschiebung
    geopolitische 446
    globale 438
Machtverschiebung, globale 6
Machtverteilung, internationale 6
Makroebene, volkswirtschaftliche 326
Makroökonimie 305
man in the loop 525
Manipulation 59, 529
Manipulationsrisiko, geringeres 394
Manufacturing-X 16
Manufacturing-X-Initiative 326
Manupulation 52
Markov-Entscheidungsprozess 464
Marktposition 334
Marktzugangsregulierung 423
Maschinelles Lernen
    Performanz 197
    Robustheit 198
Maßnahme 398
Massenmedien 59
Massenproduktion 309
Massenvernichtungswaffe 436
meaningful human control 506
Medien, soziale 291
Medienentwicklung 51, 68
Medienkompetenz 73

Medienkritik 70
Medientechnik 50, 54
Medikamentenforschung 18
Medizin 177
Medizintechnik 17
Meinungsäußerung, freie 447
Mensch und Maschine 212
Menschenrecht 439
    universales 439
Menschenrechtsagenda, nicht
    interventionistische 448
Menschenwürde 494
Mensch-KI-Schnittstelle 204
Mensch-Maschine-Beziehung 292
Mentalese 262
Merck AG 400
Merck Digital Ethics Advisory Panel 400
Mesoebene 326
Messbarkeit 273, 274
Meta 42
Metaphysik 215
Methode
    der KI 79
    des maschinellen Lernens 192
    heuristische 192
    relevanzbasierte 202
Military-Civil Fusion 478
Militätechnik 517
Minimum Lovable Product (MLP) 333
Mission Command 498
Misstrauen 448
Mitelallokation, staatliche 448
Modallogik 85
Modellrevision 205
Molekularbiologie 19
Monetarismus 314
Montreal-Responsible-AI-Prinzip 411
Moore-Gesetz 38, 228
Moral 296, 391, 497
Moralimperialismus 448
Moralvortrag 441
Motiv
    länderspezifisches 482
    politisches 6
    wirtschaftliches 6
Multi-Domain-Operation 499
multipolar 7
Musk, Elon 449
Mustererkennung 20, 54, 252
Mustcrcrkennung 103

N
Nachhaltigkeit 353
Nachhaltigkeitsaspekt 539
Nachhaltigkeitsproblematik 22
Nachteil 93
Nachverfolgbarkeit 367
Nachvollziehbarkeit 78, 169
NaLamKI 352, 360
Nationale Sicherheitsstrategie 446
NATO Principles of Responsible Use of Artificial Intelligence in Defence 503
Naturalismus, anthropologischer 273
Naturwissenschaft 17
Nebendienstleistung 143
Neoatheismus, urban-hedonistischer 442
Neokonservation 441
Neoliberalismus 315
Netz, neuronales 70, 91, 176, 186, 463
   in der Sprachverarbeitung 82
   künstliches 214
   tiefes 204
Netz, neuronales 94
Netzwerk
   antiwestliches 438
   informelles 330
   neuronales 540
   semantisches 80
   soziales 39
Neue Seidenstrasse 445
Neuron 37
Neutralatom-Quantencomputer 242
New National Security Council 446
Nichtdiskriminierung 194
Nicht-Individualität 273, 274
NISQ (Noisy Intermediate-Scale Quantum) 234
NISQ-Algorithmus 234
Nonsupervised Learning 335
Normalisierung 84
Normsetzung 7
NoSQL 84
Nutzerfeedback 169
Nutzung
   ethische von Technologie 387
   menschenzentrierte von KI 413
NVIDIA 41

O
Objekt, repräsentiertes 217
Objektivierung 252

Ökonomie von Technologie 312
Ökosystem 352
   digitales 327
   paradigmatisches 358
Ontologie 85
Ontologie 100
Open Skies 515
OpenAI 42
Open-Source-Projekt 42
Operational Excellence 338
Oppositionsrecht 447
Optimierung 131
   der KI-Modelle 333
   von Algorithmen 22
Organisationsentwicklung 472
out-of-distribution error 198
overfitting 202
Overfitting 117, 197

P
Palantir 437
Paradigma 249, 284
   der Entwicklung militärischer KI 470
Partnerschaft, strategische 447
Persona 368
Personenerkennung 181
Persönlichkeitsbildung in den Streitkräften 497
Perspektive
   antirassistische 441
   queere 441
Perzeptron 37
Pfadabhängigkeit 410
Pharmazie 17
Phase des Modelltrainings 159
Plattform 351
   offene 352
Plattformökonomie 311
Populärkultur 38
Posthumanist 27
Post-Quanten-Kryptografie 436
Potential
   von Quantenalgorithmen 229
   von quantengestützter KI 239
Power Purchase Agreement (PPA) 138
Power Usage Effectiveness (PUE) 130
Prädikatenlogik 85, 90
Präsenz, weltpolitische 446
Praxis 290
Präzision 197

Präzisionslandwirtschaft 357
Predictive Analytics 280, 328, 336
Predictive Modeler 340
Preismodell, dynamisches 335
Prescriptive Analytics 328
Pre-Training 167
Primärqualifikation 400
Primat
  der Politik 496
  des Menschen 330
Primzahl-Papagei 217
Prinzip der zwei Wirtschaftskreisläufe 446
Problem, NP-schweres 229
Problemlösungsmuster 334
Produktion, individualisierte 317
Produktionsprotokoll 337
Produktionsstandort 316
Produktionsverfahren, vernetztes 316
Produktivitätswachstum 313
Produktsicherheitsregulierung 423
Project fort he New American Century 441
Projektifizierung 340
Pro-Kopf-Stromverbrauch 126
Proliferation von Massenvernichtungswaffen 448
Prompt 42
Protektionismus 319
Prototyp einer Twin-Transformer-Strategie 389
Prototypenentwicklung 332
Prozessoptimierung 335
Pseudonymisierung 158

Q
QAOA (*Quantum Approximate Optimization Algorithm*) 235
QCNN (Quantum Convolutional Neural Network) 240
QRAM (Quantum Random Access Memory) 237
Qualia-Argument 263
Qualitätsanforderung 317
  in bestehenden Berufsbildern 340
Qualitätssicherung 176
  von Daten 98
Qualitätsverbesserung 313
Quantenalgorithmus 228
Quantencomputer 227
  Big Data 241
  Gatter 231
  technische Realisierung 233

Quantencomuting und KI 19
Quantendekohärenz 233
Quantenfehlerkorrektur 233
Quantenüberlegenheit 229
Quanten-Vektor-Maschine 237
Quantenvorteil 237
Quantum Bits (Qubits) 230
Qubits 234

R
RAG (Retrieval Augmented Generation) 199
Rahmen, ethischer 13
Rationalisierungseffekt 74
Rationalität 256
  wissenschaftliche 250
Realismus, philosophischer 264
Reasoning 89
Rechenschaftspflicht 194
Rechenzentrum 125
  auf Energieeffizienz 131
Recht
  auf Löschung 415
  des Stärkeren 439
  national-reaktionäres 6
  zu vergessen 415
Rechtfertigung, symbolische 224
Rechtsdurchsetzung 427
Rechtsgrundlage 422
Recursive Neural Network (RNN) 82
Refactoring 371
Regel, funktionierende multilaterale 448
Regelbasierung 95
Regierung, nichtdemokratische 481
Regressionsmodell 204
Regulatorik 387
Regulierung 25, 355
  staatliche 6
  von KI in der Landwirtschaft 356
Regulierungsanspruch 438
Reinforcement Learning 463, 464
Repräsentation
  logikbasierte 84
  strukturierte 80
Repräsentation 102
Requirement Engineering 367
resampling 200
Reshoring 317
Resilienz 174, 182, 186, 316
  in technischen Systemen 187

Respekt 446
Responsible AI Governance 398
REssourcenallokation 341
Revolution, industrielle 24, 304
    dritte 309
    erste 309
    zweite 309
reweighting 200
Rezeptionsschwierigkeit
    natürlichsprachiger Text 83
Risiko 5
    der Mediennutzung 66
Risikoeinstufung 424
Risikokapitalgeber 437
Risikoklasse 336
Risikomanagement 335
Risikominderung von KI 411
Risikoreduzierung 529
Roboter 177
    sozialer 292
Robotic Process Automation (RPA) 335
Robotik 186
Robustheit 177
    technische 194
Rüstungsbegrenzung 438, 448
Rüstungskontrolle 460, 518
    präventive 438
Rüstungskontrollverhandlung 438
Rüstungswettlauf 517

S
Safe AI 180
Safety 90, 177
Safety Assurance Cases 367
Safety Engineering 178, 180, 184
Sampling 114
Schachtürke 36
Schadensersatz 341
Schließen, normatives 223
Schlussfolgerung, logische 103
Schnittstellenstrategie 389
Schrifttechnologie 57
Schutz der Privatsphäre 194, 415
Schutzhülle, symbolische 221
Schutzschirm, nuklearer 519
Science Fiction 38
Scrum 332
SDG (Sustainable Development Goal) 346
Selbstbehauptung, europäische 447

Selbstverpflichtung, freiwillige 411
Selbstverwirklichung 443
Selbstzertifzierung 423
Semantic Layer 102
Semantic Web 87
Semantik Layer 99
Sensitivität 197
Separationsstrategie 389
Serviceroboter 292
Sexroboter 292
Shanghaier Organisation für
    Zusammenarbeit 445
Shor-Algorithmus 228, 234
Sicherheit 174, 176, 355
    durch Handel 531
    globale 531
    technische 194
Sicherheitsbedrohung 435
Sicherheitsbedürfnis 448
Sicherheitsbegriff, erweiterter 436
Sicherheitspolitik 517
Sicherheitsstruktur 446
Sicht
    betriebswirtschaftliche 8
    volkswirtschaftliche 8
Sichtweise, asiatische 7
Simulation
    komplexer Prozesse 19
    smarte 332
Singularität 437, 520
Siri 40, 44
Sittlichkeit 497
Skalierbarkeit 221
Skalierung, flexible 335
Smart Building 100
Social Media 64
Social Scoring 410
Soft-Power 441
Software 176
Softwareentwicklung, agile 367
Softwarequalitätssicherung 176
Softwaresystem
    fehlertolerantes 182
    hochkomplexes 180
Solow-Produktivitätsparadoxon 313
Souveränität
    kulturell-religiöse und nationale 446
Souveränität, nationale 439
Speicherkapazität, weltweite 306
Speichertechnik 52

Speicherung von Wissen 87
Spirale, destruktive 448
Spitzenforschung 437
Sprachanalyse, automatisierte und
    Textverständnis 82
Sprachassistenz 175
Sprache
    formale 81
    natürliche 81
Sprachmodell 120, 176
    großes 14, 109, 413
Sprachverarbeitung, natürliche für
    Anforderungen 368
Sprung-Innovation 310
spurious correlation 197
Stabilität 444
Standard 157, 507
Standardisierung 350
Stargate 146
Stärke des Rechts 439
Starlink 437
Steuerung von Testverfahren 332
Strategie, expansive internationale 445
Streben nach Macht und Überlegenheit 8
Streitkraft 459
    internationale 498
Strombedarf der digitalen Transformation 124
Stromnetz 132
Stromverbrauch 125
    von Rechenzentren 135
    weltweiter auf KI-Beschleuniger 125
Strukturwandel, disruptiver durch KI 311
Strukturwandel, wirtschaftlicher
    disruptiver 305
Subjektivierung von Objekten 295
Subsidiaritätsprinzip 6
Substituierbarkeit menschlicher kognitiver
    Leistung 285
Substitution 316
Superintelligenz 26, 417
    maschinelle 253
Superposition 232
Supervised Learning 196, 335, 463
Sycamore-Chip 229
System
    cyber-physisches 337
    kognitives 179
    neurosymbolisches 104
    wissensbasiertes 192

T
Tätigkeit, routinemäßige 335
Täuschung 59
Tauschwert 312
Taxonomie 85
Taxonomie 100
Tech-Elite 449
    libertäre 6
Tech-Konzern 16, 71
Technik- und Fortschrittsgläubigkeit 437
Technikbegeisterung 4
Technikentwicklung 308
Technikeuphorie 539
Technikfolgenabschätzung 5, 15, 541
Technikinnovation 72
Technikoptimismus 334, 443
Technikreligion, posthumanistische 417
Technokratentum 497
Technologieführerschaft 437
Techno-Religion 437
Technozän 249
Teendvorhersage 332
Telegrafie 60
Temperatur 114
Testverfahren 177
Texterzeugung 114
Textverarbeitung 102
Textverständnis 112
    maschinelles für natürliche Sprachen 82
Theorembeweiser 212
Theorie, ethisch, rechtliche 223
Theoriendynamik 283
Token 111, 112
Traceability 367
Training 116, 177
    von KI-Modellen 41
Trainingsdaten 116, 117
Trainingsdaten 96
Transformation
    digitale 304
    digitale in der Bundeswehr 491
    feministische 441
    gesellschaftliche 538
    nachhaltige digitale 387
    von Unternehmensstrategien 328
Transformation, digitale 123
Transformationsmanagement 340
Transformer 40
Transformer-Architektur 111, 166, 367

Transhumanismus 27, 30
Transparenz 341
  allgemeine 203
  von KI-Systemen 194, 201
  von Vertrauensdiensten 170
Transparenzmechanismus 25
Treiber, strategischer militärischer KI 465
Treibhausgasemission 124
Trump, Donald 447
Tugendethik 401
Turing-Test 38, 152, 272

U

Übereinkommen, multilaterales 448
Überlastung 137
Überprüfbarkeit 524
Überregulierung, staatliche 4
Überwachungsarchitektur 183
Ubiquitous Computing 39
Umfeld, militärisches 515
Umsatz, weltweiter mit KI 307
Unbestimmtstheorem 283
Unsupervised Learning 463
Unternehmensführung 327
Unternehmensmission 327
Unternehmensstrategie 328
Unternehmensvision 327
Unternehmenswerte 327
Unterschied 212
Unterstützungsstrategie 389
Unversertheit, territoriale 440
Unvollständigkeitssatz 268
Unzulänglichkeit aktuell verfügbarer Quantencomputer 230
Urheberrecht 156
Urteilskraft, heuristische 282
USA 30
User Experience (UX) 368
User Story 368
US-Schutzschirm 438
US-Steuersystem 437
UX/UI-Designer 340

V

Validierungs- und Verifikationsprozess 161
Vance, J. D. 449
Variante, perturbierte 202
Variational Quantum Eigensolver (VQE) 235
Variationelle Quantenalgorithmus (VQA) 234

VDW Policy Paper 410
Vektorisierungsverfahren 55
Veränderung
  (geo-)ökonomische 5
  (geo-)politische 5
  gesellschaftliche 29
  militärische 460
  soziokulturelle 5
Verantwortung 415
  der Wissenschaft 542
  ethische 4
  ökologische 23
Verantwortungsethik 410
Vereinigung Deutscher Wissenschaftler 8
Verfahren, neurosymbolisches 96
Verfügbarkeit
  von Daten 97
Verfügbarkeit 99
Verhalten
  der Entscheidungsträger 448
  eskalierendes 526
  intelligentes 215
Verhaltenskodex 387, 395
Verhandlung
  internationale 448
Verifikation 212
Verifikationsimus 280
Verlässlichkeit 183
Verlust an Glaubwürdigkeit 443
Vermenschlichung von Technik 4
Vermögenswert, immaterieller 333
Verteidigungskrieg 498
Vertrauen 151, 448, 523, 525, 531, 541
  evidenzbasiertes 196
  kalibriertes 196
  in KI-Systeme 153, 154
  normatives 196
Vertrauensdienst 165
Vertrauensverhältnis 516
Vertrauenswürdigkeit eines KI-Systems 193, 195
Vertrauenszuweisung, generalisierte 196
Verwaltungsschale 326
Verwantwortung 493
Verwerfung, systemische 305
Verzerrung 93
Vielfalt 194
Völkergemeinschaft 498
Völkerrecht 448, 498
Volksrepublik China 444
volkswirtschaftlich 8

Voraussage
    deterministische 280
    probabilistische 280
Vorhersage von Neuem 255
Vorrang menschlichen Handelns 194
Vorsorgeprinzip 5, 541, 543

W

Waffensystem 498
    tödlich autonomes 416, 438
Waffensystem, autonomes 26, 509
Wahl des KI-Verfahrens 79
Wahlbeeinflussung 410
Wahrscheinlichkeit 278
Wahrscheinlichkeitsaussage 282
Wandel, technologischer 308
Wartung, präventive 337
Washington-Konsensus 440
Weißbuch Chinas Militärstrategie 446
Weiterentwicklung, autonome 337
Welle, dritte der KI 543
Welle, dritte des Feminismus 441
Welt
    hypervernetzte 447
    unipolare 440
Weltbild, heliozentrisches 250
Welt-BIP 315
Weltinnenpolitik 440
Weltordnung
    interessenbasierte 7
    regelbasierte 439, 540
Wert 391
Wertekompass 496
Werteordnung, regelbasierte 318
Wertschöpfung 312
    digitale 306
Wertschöpfungs- und Versorgungskette 443
Wertschöpfungskette 311, 326
Wertschöpfungsnetzwerk 347
Wertschöpfungsverflechtung 315
Wettbewerbsfähigkeit 316
Wettbewerbsintensität 448
Wettlauf um Vorherrschaft 448
Wirklichkeit, objektive 441
Wirtschaftliche, soziale und kulturelle
        Menschenrecht (WSK-Rechte) 439
Wissen 276
    formalisierte 252
    implizite 252

implizites 198
in KI-Systemen 80
objektives 247, 254
subjektives 247
Wissenschaft und Technologie 446
Wissenschafts- und Technologiestrategie 446
Wissenschaftsentwicklung 284
Wissenschaftsphilosophie,
        diachrone 283
Wissenskonservierung 78
Wissensmodellierung 86
    nicht-dogmatische 102
Wissensrepräsentation 78, 91
    datenbasierte 104
    Erfolgsfaktoren 101
    in Hybridmodellen 94
    im KI-Modell 93
    semantische 85
    strukturierte 83
    textuelle 81
Wissensrepräsentationssystem
    primäres 103
    sekundäres 103
Wohlergehen
    gesellschaftliches 194
    ökologisches 194
Wohlfahrtsgewinn 314
Wohlstandsgefälle 317
Wohlwollen 154
    von KI-Systemen 155
Wokeness 441
Worflow-Management 335
Wortepräsentation 83
Würde
    nationale 446
Würde des Menschen 495

X

XAI 201

Z

Zeitlbild für Rollen und Kompetenzen 330
Zensurdebatte 74
Zertifizierung 164
Zukunft der KI 538
Zweckorientierung der Wissenschaft 277
Zwillingstransformation 388

MIX
Papier aus verantwortungsvollen Quellen
Paper from responsible sources
FSC® C105338

If you have any concerns about our products,
you can contact us on
ProductSafety@springernature.com

In case Publisher is established outside the EU,
the EU authorized representative is:
**Springer Nature Customer Service Center GmbH
Europaplatz 3, 69115 Heidelberg, Germany**

Printed by Libri Plureos GmbH
in Hamburg, Germany